中国传统设计思想史纲

OUTLINE OF TRADITIONAL CHINESE DESIGN THOUGHT HISTORY

卷上

四篇六作

王强 著

人民美術出版社
北京

图书在版编目（CIP）数据

中国传统设计思想史纲 / 王强著. -- 北京 : 人民美术出版社, 2023.12
ISBN 978-7-102-09255-3

Ⅰ. ①中… Ⅱ. ①王… Ⅲ. ①设计－工艺美术史－研究－中国 Ⅳ. ①J509.2

中国国家版本馆CIP数据核字(2023)第205851号

中国传统设计思想史纲

ZHONGGUO CHUANTONG SHEJI SIXIANGSHI GANG

编辑出版 人民美術出版社
（北京市朝阳区东三环南路甲3号 邮编：100022）
http://www.renmei.com.cn
发行部：（010）67517799
网购部：（010）67517743

著　　者 王 强
责任编辑 教富斌 胡晓航 李春立 范 榕 鲍明源
装帧设计 黄政祺
责任校对 白劲光 卢 莹 魏平远 朱康莉
责任印制 胡雨竹
制　　版 朝花制版中心
印　　刷 天津裕同印刷有限公司
经　　销 全国新华书店

开　本：889mm×1194mm 1/16
印　张：107
字　数：1921千
版　次：2023年12月 第1版
印　次：2023年12月 第1次印刷
印　数：0001—1600
ISBN 978-7-102-09255-3
定　价：796.00元（全二册）

国家社科基金艺术学重点项目
“十四五”国家重点出版规划图书项目
2023年度国家出版基金资助项目

前　言

20世纪以来，人类在追求生存与发展过程中造成了全球性问题频发，其中区域冲突、人口危机、能源短缺、生态环境等问题已经愈演愈烈，对人类健康生活和社会经济持续发展造成了不同程度的影响。面对复杂而多元的全球性挑战，就需要凝聚各国的智慧和力量，从而实现弘扬全人类共同价值、构建人类命运共同体的全球治理理念。

“思”与“想”都从心，都与人们的心理活动有关，也深深根植于人们的日常生产与生活之中。“思”主要是指针对过去与当下发生的问题所做出的考虑与深思，也常引申为“怀念、悲伤”等；“想”则多指对未来的思索与想象，常引申为“推测、认为”等。“思想”是人们面对客观和主观世界，经大脑思维活动后产生的认识、理解与思考的产物，具有一定的延续性、复杂性、差异性及多样性等特征。“思想”不仅产生、存在于对外部世界的直接感知，还贯穿于认识、行为发生、发展的各个阶段亦或全部过程。就个体生命而言，“思想”亦是人类所独有，且对于自我人生价值、意义的思维探索，是人们看待自身与认识世界的重要方式与方法，也是人们进行策划、行动和创造的意识根基。英国现代著名哲学家、历史学家兼考古学家罗宾•乔治•科林伍德曾说：“要把思想史看作是唯一的历史。思想的承续，是以一种宏大而细小、显豁而隐秘的方式发生的。”[1] 人类文明是随着造物水平的不断提高而持续进步的，通常以人作为主体，基于满足某种需求，运用不同的材料与方法，为达到某种目的而产生的造物都被称为“人造物”，人在其中发挥着至关重要的作用，这也是“人造物”区别于自然客观事物与其他动物造物行为的本质所在。“人造物”中有些事物的存在是人在无意识或偶发情况下产生的，而大多数则是经过人为思考，在有计划、有意图、有预见的条件下创造产生的，所有与造物相关的各要素、环节及技术等多个方面都与人的思想筹划不可分离。古希腊哲学家亚里士多德曾言：“关于制造过程，一部分称为‘思想’，一部分称为‘制作’——起点与形式是由思想进行的，从思想的末一步再进行的工夫为制作。”[2] 因此在某种程度上，一部造物的历史也是一部人类思想的历史。

---

[1] 梁涛、杨立华等：《谁塑造了我们》，陕西人民出版社，2022，第1页。

[2]〔古希腊〕亚里士多德：《形而上学》，吴寿彭译，商务印书馆，1997，第140页。

“设计思想”特指人类在生产与生活过程中基于造物与用物等领域展开的系列思维活动，并由此而产生的人类独有的观点与观念体系。设计思想的形成和发展不仅受到自然环境、社会制度与文化艺术等宏观层面的影响，同时也受到材料、工艺、技术、结构及装饰等微观层面的影响，由此造就了形态差异化、结构严谨化、内涵丰富化的人类设计思想价值体系，不断成为帮助人们探索未知领域、开拓新思路、创作新事物的重要指引。长期以来，人类设计思想的发展具有延续性与整体性的特征。关注设计思想的延续性是我们研究历史的关键点，思想的生命力需要我们以不断发展、演化、交错的视角去审视历史，犹如以编辫子的方式将过去、当下及未来进行有机的串联，形成一种对传统与创新，历史与当下的编织与交叠。与此同时，我们亦要认可人类设计思想发展的整体性特征，这种思想的整体性是指一个民族文化内部结构与外在表现等方面相对固定、恒常的一种特质，既是区别于其他民族的重要因素，也是根植于每个民族内心深处的文化基因与沿袭至今的思维模式、行为方式与价值遵循。

“传”，本意是传递、传送。一方面具有时间上的延续性与传承性，是指事物从过去一直延伸到现在的发展状态；另一方面则具有空间的拓展性与普遍性，是指不同空间、地域普遍存在的事物。“统”的本意是指丝的头绪，又指抽丝剥茧的行为，一方面表示事物的发展具有秩序性与统合性，是指一脉相承、世代相继的事物；另一方面也具有整体性与系统性的特征，是指在一定时空条件下演进逻辑清晰且具有一定参照标准、可通约的事物范畴。传统是历史上延传下来的政治制度、社会秩序、科学技术、伦理道德、文化艺术与生活方式等多方面的总和，存在于人类生存的各个领域，深刻地影响着人们的行为、习惯与价值观念。换而言之，传统也是一切事物发展演化的根基与源头，世界上没有一个国家或地区是在脱离“传统”的基础上实现“现代化”的。著名学者余英时认为：“所谓‘现代’即是‘传统’的‘现代化’；离开了‘传统’这一主体，‘现代化’根本无所附丽。”[3]因此，探寻人类最原始的社会生活场景与解决问题的思路，总结人类发展与演变的规律，指明未来的方向，必须要从传统出发。在设计历史的领域，传统一直是我们评价自身设计发展与明确前进方向中不可忽视的关键内容与重要经验。依循“传统”的内涵，我们可以这样认为：但凡延传时间不长，流行程度不高，影响范围不广且没有统合性的事物均不能称之为传统设计。显而易见，中国传统设计就是兼具传承性与统合性等特点的产物，其发展既有纵向历时性的延伸、衔接的特点，也有横向共时性拓展、共存的特质，更为重要的是，

[3] 余英时：《文史传统与文化重建》，生活 · 读书 · 新知三联书店，2004，第8页。

中国传统设计蕴涵着深厚的文化思想与价值观念，是我们审视自身民族文化属性、定位所处历史阶段、明确未来发展方向与传播普世价值观念的判断标准与有力参照。

因此，我们一方面要正视“传统”设计所蕴含的广度、深度与高度及其在发展演变过程中的标杆性、延续性及复杂性等特征，以沙里淘金的方式去粗取精、去伪存真地弘扬与继承传统；另一方面也要从现实实际出发，通过对传统文化价值的不断发现、检验与反思等过程，进一步对传统设计中的宝贵与精妙之处进行合理的创造性转化与创新性发展。那么我们该如何利用传统更好地服务于当下的设计？这就要求我们要以辩证发展的眼光看待传统设计，一直以来，人类认识世界的态度、方式与观念等要素都是影响“传统”延续至今且具有蓬勃生命力的根源，亦可以说正是思想影响了传统的生成与走向，思想就犹如一条从古至今绵延曲折、川流不息的大河，长久地贯穿于传统历史的进程之中。因此我们要讨论传统设计，就不能缺少对于传统设计思想挖掘与持续探索的学术自觉意识。王琥教授曾讲道：“一个民族特有的自然条件和依附它而形成的特有生活方式、技术经验，也决定了这个民族特有的文化品质——我们把经过时空不断筛选、精炼、传承后形成的民族文化优良品质，统称为这个民族的‘思想传统’。”[4] 传统设计思想也是一个民族精神特质与思想内核的重要表征之一。由此，我们可以认为不同民族内部之所以形成差异化的生产与生活方式，并孕育出各自不同的文化传统，一定程度上与这个民族的传统设计思想是密切相关的。然而，设计思想与具体的设计行为、技术手段及目的需求之间是相互影响作用的，随着生产技术的提高与人们生活需求的变化，不仅为设计事物的持续迭代与创新营造了良好的外部条件，也为设计思想的进一步深化提供了新的契机。

在生产技术层面，中国传统的造物门类广博，技术的专业化程度高，影响程度至深至广，不仅为本国生产技术、工具及观念的更新与迭代提供了重要支撑，同时放眼全球，也为世界各国、各地区带去了精良、先进的生产方式与技术观念，在诸多领域产生了广泛影响，形成了众多有标志性、典范意义的全球化商品。在主干型的产业技术与造物层面，有烧造而成的陶器、瓷器、琉璃与砖瓦等；营造技术形成的木构架承重体系、榫卯、斗拱、拱券与长城等；织造中的缫纺、织机、印染与刺绣等；铸造中的模具浇注、熔炉、钱币与铜镜等。在枝干型的产业技术与造物层面，亦包含木作技术中的锯、刨、墨斗等工具、装饰技艺与

[4] 王琥：《设计史鉴：中国传统设计思想研究 · 思想篇》，江苏美术出版社，2010，第9页。

特色家具等；编作而成的捕鱼器具、绳结、竹席与蓑衣等；石作而成的玉器、石像生与叠石等；金作中的锤錾、错金银、镀金工艺与金箔等；纸作相关的造纸工具、纸马、笺纸与书籍等；漆作中的夹纻、髹漆、镶嵌与雕漆等工艺技术。

在日常生活层面，传统设计事物群星闪耀、精彩纷呈，形成了中华民族独具特色的生活方式与美学价值观念。在以生存与生活为基本要素的“衣、食、住、行”层面，如与衣着打扮相关的深衣、冠帽、妆容与袍服等；食俗相关的鲁菜、灶具与饮食器具等；居住所包含的地方民居、文人庭院与空间区隔设计等；出行方面的车舆、马鞍、画舫与郑和宝船等。在以陶冶心性与惠及民生的“闲、用、文、俗”层面，如可以闲情逸兴的投壶、蹴鞠、风筝、围棋与纸牌等；可供日用的灯具、伞具、提盒、装具与计量器具等；文娱活动中的书画工具、笔墨、砚台、印章与古琴等；礼俗文化中的冠婚丧礼、年画与舞狮等。中华文明是人类历史上唯一连绵不断且更迭有序，并以辉煌造物成就享誉世界的文明形态，其所具有的连续性、多样性、创新性、统一性、包容性与和平性等文化特质是中华民族智慧与才能的结晶。纵横数千年迭代、演进的产业技术与造物文化，不但持续深刻影响、塑造着中华民族特有的生产、生活方式，也在世界的多元化、多极化发展进程中发挥着巨大作用，不断丰富和发展着人类文明的新形态。

回溯历史我们可以发现，中国传统设计思想中包含有一系列尊重自然的生存智慧与以和谐为本的价值观念，诸如此类的思想观念层出不穷且绵延至今，对解决当代社会的诸多问题仍具有极高的参考价值与启示意义。当前人类正面临着生存、生产与生活等多方面的危机与挑战，因而我们只有深度挖掘并汲取中国传统设计思想中的价值观念、智慧精华，并对其进行科学的、适时的利用与转化，从而更好地服务、促进人与自然、人与物、人与社会、人与人的和谐共生及其复杂关系的重构，更加有效地解决诸多关乎现实社会的问题。对此，通过对中国传统设计思想的挖掘，进行传统与创新、历史与当下的对话与交流，我想这应当是当代设计研究者不容忽视与持续关切的重要议题。

一、中国传统设计思想的理论体系

中国传统设计思想研究主要以传统社会的设计现象、事物为分析对象，其中“道”“器”关系是中国传统设计的思想核心（图1）。《周易·系辞上》有云：“形而上者谓之道，形而下者谓之器。”“道”是抽象的，无形的，是世界的本源，指自然世界与人类社会存在、运动、发展的普遍规律，具有隐喻与象征的属性。“器”是具象的，有形的，是人类追求终极目标的手段与工具，作为人类造物的

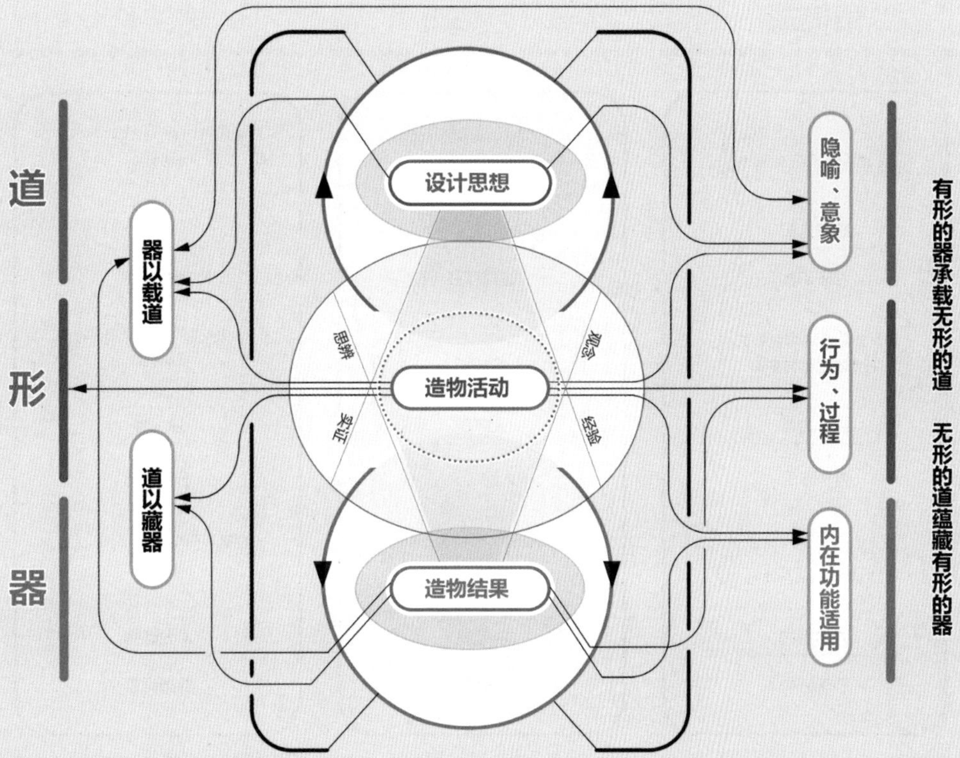

图1　“道”与“器”的关系分析图

结果，不单指日常生活器具，也囊括生产器具，包含所有具有实用功能的人造物，具有适人的属性。“形”是指人类造物活动过程中的具体行为与方式，由“形”及“道”主要体现在思辨与观念层面，而由“形”及“器”主要体现在实证与经验层面。其中所蕴藏的哲学辩证关系通过“器以载道”（有形的器承载无形的道）与“道以藏器”（无形的道蕴藏有形的器）共同构成了中国传统的“道器并重”的设计思想。中国传统的技术与造物皆是这种思维模式的具体体现，在全球化的今天仍然是值得我们继承与发展的重要核心思想。

中国传统造物历经数千年的发展，形成了以世界观为中心，以自然观（天地之道）、人际观（人道）及物用观（造物与用物之道）为维度，以价值观（社会话语）与方法论（设计语言）为两翼，凸显价值、社会与商品关系的传统设计思想体系（图2）。中国古代造物的世界观主要集中体现在《易经》《道德经》《庄子》等先秦时期经典著作中，强调遵循宇宙秩序，人与自然和谐共处，追求内心的平静和宇宙的和谐。具体而言，以天地之道论及人伦之道，从天行健与地势坤论及人的自强不息与厚德载物；从始万物与生万物论及成万物，一方面要求人要顺天时，相地利，安人和，要尊重客观世界运行规律，另一方面也提出了参赞天地之化育，发挥人的主体能动性，克服不利因素，弥补天地化育的不足。这是中国哲学

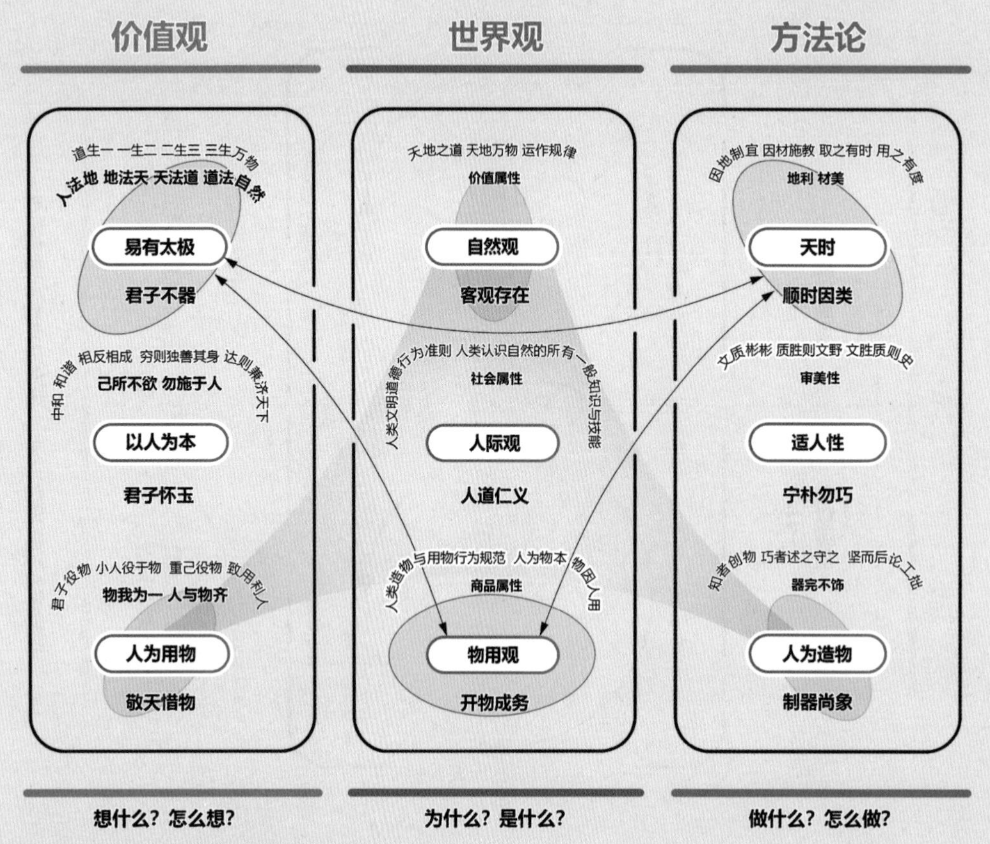

图 2　中国传统设计思想关系结构图

在逐渐体系化过程中所形成的认识与应对世界（自然、人与物）的主要原则，也是中国传统设计所遵循的重要准则，其所包含的自然观、人际观与物用观是我们理解中华传统设计的重要维度，反映了传统造物的价值属性、社会属性与商品属性，主要回应人们在造物过程中为什么与是什么的问题；中国传统设计价值观形成了追求仁义、崇尚自然、主张兼爱与注重功利的价值取向，直接指向了人们在造物过程中想什么与怎么想的问题；中国传统设计的方法论注重从整体出发，将产品的实用性和功能性相结合，强调各个部分之间的相互关系和“天人合一”思想统摄下的协调共生，主要回应了人们在造物过程中做什么与怎么做的问题。

传统设计思想中的自然观具有价值属性，自然观就是人们对待自然世界的基本思想观念，具体到造物领域主要指如何看待自然、利用自然的态度。人与自然的关系及其规律性的设计观点，是传统设计价值观的重要体现。不同民族、区域的自然资源因其地理位置、气候等各异，人们在造物过程中对待与利用自然资源的方法也有各自鲜明的特色。如黑河至腾冲线的东部以农耕为主，以宗法制度建立社会秩序和权力结构，主要信仰儒教、道教与佛教；它的西部以游牧与狩猎为主，以部族与血缘建立社会组织结构，有着多元化的信仰和生活方式。随着人们认识自然、改造自然能力的不断提升，人们对待自然的态度也会随之产生变化。在价值观方面分别表现为“易有太极，是生两仪，两仪生四象，四象生八卦”“道生一，一生二，二生三，三生万物”等大宇宙观以及“君子不器”等人生观；在方法论层面主要表现为“顺时因类”“因地制宜”“取之有时，用之有度”等造物观。

尽管中国传统社会的自然观与现代西方科学的自然观存在巨大差异，但其在古代社会中认识自然与改造自然过程中所蕴含的设计思想在当代生态设计中仍焕发着科学的光辉与旺盛的生命力。传统设计思想中的人际观具有社会属性，主要反映造物过程中设计者、消费者与物之间的关系，体现了设计者认识自然并掌握一般知识与技能的水平，消费者对于产品功能的需求以及人们使用产品后对生活所产生的影响。儒家的“仁、义”是中华伦理价值体系中最主要、影响最为深远的伦理范畴和道德准则，“仁”始终是孔子思想的核心范畴，孟子在“仁”的基础上发展为“仁义并举”的人际观。道家的“清静无为”“返朴归真”则体现了重道弃器的人际思想。中国传统设计思想的人际观是不同时期政治制度、文化思想的集中体现，也从不同方面反映了各时期生产力发展的水平与人们日常生活的精神面貌。其在价值观方面分别表现为“以人为本”“中和”“仁义”“和谐”“己所不欲勿施于人”等人生观；在方法论层面主要表现为“适人性”“工巧”“文质彬彬”等造物观。这些极具中国特色的人际观念在很大程度上影响了从古至今的造物行为，在当代设计中仍然具有积极的意义。传统设计思想中的物用观具有商品属性，主要反映造物与用物的观念与行为规范。其在造物层面主要体现设计者在设计过程中运用不同理念与方法，对于人造物的功能考量以及造物造美的态度；在用物层面主要体现在消费者对于造物功能性的需求，人为用物的态度及其所反映的人与自然的关系。传统造物历经不断的改良，使得产品功能渐趋完善，造物技术的进步与发展也促进了新产品的诞生，这也会在很大程度上改变人们用物的态度。其在价值观方面分别表现为“敬天惜物”“重己役物，致用利人”“君子役物，小人役于物”等用物观；在方法论方面表现为“制器尚象”“知者创物，巧者述之”“坚而后论工拙”“器完不饰”等造物观。

二、中国传统设计中的“四造六作”与“民生八维”

目前中国的设计理论与实践研究都过多聚焦于彰显度高、影响力大的经典设计事物，而对于在全民族及世界范围内产生深刻影响且具有普遍性、广泛性的中国传统民生设计成就则缺乏应有的观照。学界虽已有诸多关于中国传统社会生产领域变迁、生活方式演变等话题的设计研究成果，但在时间、空间及体量上所承载的内容均较为有限，或仅是对具体类别工艺、技术的研究，亦或是对历史上造物成果的现象性描述与阶段性总结，缺乏从政治制度、经济形势、社会结构、价值观念、社会风俗及文化交流互鉴等视角切入对传统设计展开跨学科、长时段、全方位、系统性与多维度的研究，因而难以阐释中国传统生产技术、生活方式与造物系统的整体性发展脉络与思想内涵。

《中国传统设计思想史纲》的撰写改变以往按照政治、历史的分期以及产品类型、材料、功能等分类方法，既参照已有的历史学研究法，也借鉴西方设计史的书写方式，围绕中国传统社会中以“提高生产效率”与“改善生活品质”为主要核心价值的诸多方面作为研究的重心，主要从生产方式与生活方式两个层面展开。本书一方面以普遍的、大众的民生设计成就为主线，以精英的、经典的官作设计为辅线；另一方面注重传统设计的“中心”与“边缘”关系的研究，突出汉族与少数民族在技术与造物等方面相互吸纳、相互融合、相互依存的关系，同时也十分注重中外技术、商品贸易的双向交流与文明互鉴。本书是以“中国传统设计”为核心研究对象，以“造物与技术、生活的互为关系”作为主要研究视角，并以“设计思想”为重点研究目标，从中国古代社会的生产技术与生活方式两个方面对中国传统设计思想展开长时段、全方位、整体性的研究，分两卷归纳中国传统设计思想的发展与演变脉络，即卷上《四造六作：中国传统产业技术的演进与迭代》与卷下《民生八维：中国传统生活方式的流行与演变》。本书主要力求回应以下几个问题：中国传统设计中哪些是真正具有适人性的早期设计事物？中国传统技术走过了怎样的进阶之路？哪些是一直延续至今的？哪些在流传过程中逐渐消失？又有哪些是强势崛起的？这些技术对人们的生产与生活产生了怎样的影响？华夏各民族间的融合及中外交流互鉴过程中的哪些因素共同促进了日常生活的演化与进步？对当代设计的发展是否有借鉴价值？能否成为决定未来设计走向的根本因素？对筑牢中华民族共同体具有怎样的启示？对构建人类命运共同体又有着怎样的价值与意义？

关于设计的起源问题，目前学界的认识尚未达成一个共识。从设计最初的动机，即弥补人类身体某种机能的不足而产生的有意识的创造行为这一初衷出发，新石器时期人类实现了从“采食行为”到“产食行为”的社会生产方式转换，开始出现了单一功能的实用器物、组合性材料加工技术和综合性制造技术，基本具备了早期人造物的可能性与基础条件，即人类可以在生产、生活领域开展各类满足自身需要且有意识、有计划、有目的生产活动，这种由人的主观意志和人特有肢体技巧起支配性作用的造物行为，即为人类最初的设计行为。由此形成早期初步具有形制化、批量化、标准化等特点的手工造物生产方式，通过早期人类生产与生活实物资料的考古发现与文化人类学对于人类起源、技术积累的推断及知识总结，种种迹象表明这一阶段的造物活动理应成为人类设计的起源，也应成为人类设计思想产生的根源。我们不难发现，人的简单劳动创造了人类社会，但真正起决定作用的则是人类伟大的设计思想。

1.“四造六作”：中国传统产业技术的演进与迭代

技术是人类文明发展的重要推动力量，它不仅决定着人类社会的生产方式和生活方式，还影响着人类文明的发展方向。中国古代社会生产领域的技术发明与持续进步是保持中国传统生产方式先进性与生活方式繁荣性的重要条件。如集先进工艺技术、独特表现手法、适人功能属性与深厚文化底蕴于一身的中国古代瓷器，其发展不仅满足了不同时期人们对于日常生活、精神享受等方面的需求，同时也为世界制瓷技术的提高、产品风格的形塑与贸易系统的完备做出了应有的贡献，有效地推进了世界范围内制瓷业的迅速发展。回溯中国历史上的传统技术门类，其发展历程各不相同，有些是逐渐被新的技术所替代，而有些则是以较为惊人的态势强势崛起的。技术的迭代往往主要由对原有技术进行的改良，不同技术间的借鉴与互仿及突发的具有颠覆性的创新等三种类型共同促进的。技术演进最为真实的路径总是呈现出渐次更替、螺旋式上升发展的态势，很少出现断崖式的局面，这种发展态势是由技术演进的内在规律性所决定的。如古代织造业从史前徒手平织、殷商腰机、汉代民间纺车、唐宋织机到明代大型织机的发展，清晰地表明了中国古代织造技术阶段性提高、创新与突破的发展历程。因此，历史告诉我们要在对传统技术真实演进轨迹的回顾与反思中积极寻找符合中国当代科技再创辉煌的发展之路。

上卷主要针对中国传统社会生产领域“四造六作”中技术演进与造物演变的互为关系展开，包含与社会生产领域密切相关的四大主干型产业与六大枝干型产业，以中国传统烧造、织造、营造、铸造、木作、编作、石作、金作、纸作、漆作等工艺技术为研究对象。重点从主要工具、基本材料、核心形制、关键技术及各时期经典文献等方面展开，探求主干型与枝干型产业技术的发展演变对社会生产的影响与作用，剖析中国传统设计的演变规律，系统总结中国传统生产技术的成就与设计思想。从而揭示出中国传统产业技术所包含的整体性思维方式。技术是人为满足自身需求而产生的改造世界的工具或手段，当我们审视人与技术的关系时，技术在事物发展过程中的媒介性尤为凸显，换句话说，人与技术的关系如何本质上取决于人与人之间的关系模式。现如今，新技术的发展虽然为人们带来了现代化的生活方式与物质条件，但也同时令人们产生了前所未有的生存危机与普遍困扰，技术开始向着人类无法预期的方向发展，特别是近年来大数据、AI等新兴技术突飞猛进，不仅为人类带来已有技术上的再次升级，也将彻底改变并重新定义人们未来的生存与发展模式。对此，我们该如何确保人与人之间平等、自由的关系？如何确保人类未来朝着健康可持续的方向发展？中国传统产业技术中的整体性思维方式是从系统的角度看待问题，将研究对象视为一个整体，通过分析其内在结构和外在表现，以期达到对事物全面、多维的认识程度。如今在人工智能领域，我们亦需要从整体的角度看待机器学习、深度学习等技术的发展，分析其内在机理和外在语言，以期达到更好的应用效果。在信息技术领域，我们需要平衡技术创新与人文关怀之间的关系，避免技术发展带来的负面影响。因此我们应该运用系统性思维、跨学科研究等原则与方法，不断汲取中国传统产业技术的智慧，从而更好地推动当代技术的创新发展。

2.“民生八维”：中国传统生活方式的流行与演变

生活方式是关于人在生存、延续、发展等方面的社会活动形式、文化习惯与价值观念的总和，也是一个动态的、系统的、超稳定的结构。主要包含物质生活资料与精神生活资料，二者相辅相成，不可分割。中国古代先民造物能力与设计水平的不断提升，一方面促进了人们对于造物原理与设计内涵等认识的不断深化，另一方面与中华文明的演进形成了互促共生的关系，这些因素与变化都深刻地影响着人们的生活方式。先秦时期，中国传统造物的基本框架得以初步构建，形成了以实用功能为主的造物思想。秦汉以后进一步拓展实现了“附丽价值”的创造，形成了功能与审美并存的造物思想，后来也因此而成为一切人造物的主体形式及推动社会文化进步的重要因素，从而极大地促进了人们日常生活方式的改良与生活水平的提升。如今，我们生活在由中华民族先民集体塑造的历史与传统之中，当代中国人的“衣食住行”与“闲用文俗”等生活方式是在历史传统的基础上不断演变形成的，这既是对过去传统的一种延续，也是为符合当下需求的一种持续创新。由此看来，许多传统的生活方式延传至今并以较为稳定的态势长久地留存于现代人的日常生活之中，相信在未来很长一段时间内仍是主流的趋势。正是这种持久的、顽强的日常生活方式造就了我们独有的民族性格。历史发展至今天，不同地域人们的生活方式因其所处自然、社会环境中资源结构、政治经济、文化制度、科学技术与文化观念等方面的差异，人们看待自然、适应自然与改造自然的观念、知识与技术也不尽相同，也就形成了“百里不同风，十里不同俗”的生活方式与差异化的社会发展模式。如黄河流域的半坡原始居民多使用半地穴式房屋，长江流域的河姆渡原始居民则多建造干栏式房屋。饮食方面，北方地区先后以黍、粟、麦等作为主粮，而南方地区在长时期内始终以稻米作为主粮。

下卷主要围绕生活领域“民生八维”造物的内在发展逻辑与中国传统生活方式的演进展开研究，主要涵盖与社会生活方式紧密相连的“衣食住行”“闲用文俗”等民生领域，以中国传统衣着方式、餐饮方式、居住方式、出行方式，以及休闲方式、日常杂用、文化娱乐、礼俗生活等为研究对象，重点从设计原理、操持方式、适人尺度、使用环境、审美意趣及各时期经典设计文献等方面展开研究，对在不同时期政治制度、社会文化、工艺技术、材料功能及思想观念等方面影响下的“人与自然”“人与物”“人与人”的关系进行探讨，全面系统梳理中国传统生活方式与文化生活，对中国传统设计思想进行学理化的归纳和总结。按照中国传统社会生产、生活最本真的状况来阐述传统造物历史，尝试在更加广阔的范围与视野内探讨中国传统造物对生活方式的影响与作用。此外，传统的生活方式、文化观念与设计思想在很大程度上一直影响着现代人们的行为方式和思想意识，民用及民俗的价值观和思维理念持久影响着当代社会文化风气的塑造及伦理道德建设。总体而言，中国古代社会创造的物质生活方式与精神价值追求无疑是中华民族最为宝贵的文化遗产，尤其在数智时代来临的今天，对于推动社会经济稳步增长、维护生态环境和谐、促进文化艺术繁荣与增强民族文化自信等各个方面仍具有重要的价值与意义。

本书上、下两卷内容虽相对独立，但在研究中始终注入“整体性”意识。上卷中国传统社会生产领域“四造六作”的技术变迁，侧重探讨社会“生产技术演进”与“生产效率提高”之间的互为关系。技术积累作为人类历史开端的重要标志之一，当人们开始有筹划、有目的地制造与使用工具之时，以技术为主要手段、媒介的人类生产活动也就应运而生。技术的发展源于人们对生产效率的提升，新技术的发明往往会给人们的生产带来革命性的推进。下卷中国传统社会生活方式“民生八维”的流行与演变，侧重探究人们社会生活相关“造物的进化”与人们“生活品质提高”之间的相互作用关系。造物技术的发展源于人们生产生活的需要，最终会走进人们的社会生活。因此，作为中国传统社会物质文化与精神文明代表的“衣食住行”与“闲用文俗”，涉及历史生活发展进程中的每一个人，具有一定的普遍性、广泛性意义。

3.“多元一体、文明包容”的中华传统造物思想

在晚清以前数千年的大多数时间里，中国一向以先进的设计技术与造物成就领先于世界，也深刻影响了全人类的文明进程。许多传统造物曾经先后被周边国家与地区以及全世界诸多民族当成范本被临摹、借鉴与使用，很多生产技

术与造物活动成为此后多个国家与地区设计创意与生产制造的源头。如16至18世纪在欧洲广泛流行的“中国风”现象，彼时中国向欧洲销售了大量的饮茶器具，中国工匠为适应西方人的使用习惯而有意在杯身增加把手，同样欧洲工匠也会对中国饮茶器具的壶口、壶颈或壶盖等部位进行金银材料的加装与镶嵌，形成了一种东西文化杂糅的产品风格。随着饮茶喜好在欧洲的普及与流行，中国生产的茶具因其瓷质的硬度较高，一般先冲泡茶叶后再加牛奶，而欧洲生产的茶具瓷质相对脆弱，一般要先加入牛奶后，再冲泡茶叶，这些都是当时较为流行的冲泡方式。

同样，古代汉民族既善于向其他少数民族学习，也非常注重与域外生产技术、造物经验的交流互鉴，更加擅长将众多外来的、新鲜的设计事物进行本土化改造。如受到胡汉文化交流与华夷杂居世俗生活影响的胡服，其在中原地区的传播与流行历经了早期的借鉴、后期的选择性接受与改造发展等过程。又如在唐宋时期，东西方文化交流日益频繁，原以铸造为主要加工工艺的中国金银器制作技术逐渐引入西方金银器常用的锤揲加工工艺，这一改变不但丰富了中国金银器加工的种类，而且达到了制作技术的完备，从而实现了对外来技术的中国式改造。因此，善于将外来的先进知识与技术的进行吸纳、改良与创新，这既是华夏人博采众长、兼容并包之民族性格的生动体现，也是推动中华民族不断向前发展的思想动力，更是不断对照、提升、优化民族文化中关于自然观、人际观与物用观等多种观念认识的有效途径。

三、“在造物中重新发现中国”的价值与意义

近代以来，康有为、梁启超、蔡元培、陈之佛、庞薰琹、雷圭元等先辈学者最初将西方设计学理论与研究方法引入中国，形成了中国早期的设计教育体系，现如今中国现代设计发展中的很多方面都与西方设计传统有着千丝万缕的联系。面对历史上种种中外设计文化交流、冲突和碰撞的现象与史实，作为承载中国文化底蕴的古代造物知识体系，能否成为当下构建中国特色设计学体系的重要组成部分与理论支撑？能否为实现中华传统文化的弘扬与复兴提供思想指引和价值遵循？能否为筑牢人类命运共同体贡献中国设计的力量？

人对待自然的态度不仅是区分不同文明的重要标准之一，也是映射不同文化区域内人们设计思想差异化的主要表现。中国古代先民与自然的关系是将自然主体化的方式进行表征，反观主体的人常常以客体化的方式被看待，即人要因地制宜，顺应自然，按照自然的发展规律去开发、利用自然。这与西方对待人

与自然关系的态度存在较大差异，美国学者费正清认为："人，在西方世界中居于中心地位，自然界其他东西所起的作用，是作为色彩不鲜明的背景材料，或是作为他们的对手。而中国人依靠环境超过他们自己的主动性。"[5] 从文化角度而言，由于中西方生存环境的差异，影响人们形成了独特、适应自身的生产、生活方式与思维模式，这也决定了中国设计与西方设计在起源、发展与本质认识等方面均存在一定的差异。无可否认，任何一种文明或文化主体在历史发展语境中，他者视角是无法回避影响因素。比利时汉学家莱斯曾言："中国具有如此彻底的独特性，又如此富于启发性。仅当端详中国时，我们才能够更准确地掂量自己的身份，最终认识到我们遗产的哪些部分体现了普遍人性，哪些仅是印欧人的特异性。若没有与中国这个完全的他者的相遇，西方就无法真正意识到其文化本我的框架与局限。"[6] 莱斯以他者的视角，将中国文化作为东方文明的重要表征，强调其在全球文化中的地位与贡献，积极发掘中国文化作为文明镜鉴、文明影响的价值与意义，这在一定程度上肯定了中国文化中主体地位的差异性与包容性。因此这也是我们解读中国设计主体特征的重要视角之一。

摩根·豪塞尔曾言："历史研究的一个讽刺之处在于我们常常确切知道一个事件是如何结束的，但是浑然不知它是从哪里开始的。"[7] 环顾当下中国设计的发展，其所面对、经历的问题大多与传统设计中的众多现象有相似之处，而这些相似性正是我们将历史与当代建立连接与对话的重要依据，更是我们以历史的延续性来认识中国设计发生与发展的必要条件。我们亦可以从思辨的视角出发，探寻历史上重要技术变革、造物成就与生活方式等各个方面有着怎样的联系与影响？又是如何发生、发展与演进的？如何理解人与自然的关系？这些宝贵的历史经验与思想源泉，不仅是我们发现、评估和解决当下设计问题的历史坐标，也是实现传统设计思想创造性发展与创新性转化的根本路径。

倪端评价黄仁宇先生提出的"大历史观"，可以归纳为两种切入历史的路径：一种系以宏观历史之角度，从历史的纵横总体联系上把握微观的历史研究对象，即"把握"是宏观的，研究仍是微观的。另一种强调从较长的时段来观察历史，注重历史的结构性变动和长期发展趋势。[8] 回看传统设计思想的发展特点亦是如此，设计思想的发展是主体意识在不同时空下对设计诸多环节的综合反映，蕴涵着绵长的思想力量与丰富的文化特质，其差异性、规律性及延续性的

[5]〔美〕费正清：《美国与中国》，张理京译，世界知识出版社，1999，第14页。
[6]〔法〕程艾蓝：《中国思想史》，冬一、戎恒颖译，河南大学出版社，2018，第9页。
[7] M. Housel, *Same as Ever*. Penguin, 2023, p. 20.
[8] 倪端：《历史的主角：黄仁宇的大历史观》，新世界出版社，2012，第1页。

特点需将其置于历史纵深与横向现实之处进行考量。因此我们便可以用俯瞰的视角来对传统生产技术演进与日常生活方式迭代之间的内在关联、互动逻辑与隐藏变量等问题进行审视，建立系统性结构，探寻传统设计所具有的典范意义，从而为当下设计价值的重塑提供启示。

长久以来，中国传统设计思想深深根植于中国特殊的地理环境与社会制度，并结合先进的科学技术、价值观念与生产生活模式不断形塑了中华民族独有的文化特质。当我们用辩证的眼光重新审视传统造物的历史，将其置于世界造物文明的范畴中进行比较，探寻、辨识中华民族独有的造物文化基因与传统优势，并力求在当下设计发展中充分表达出来，这不仅关乎中国设计发展的道路与方向，更关乎世界设计的趋势与未来。当前，文化自信与民族复兴事业中最为重要的就是从传统文化出发，挖掘并探寻符合现代文明价值体系的历史经验和伟大成就。因此，这就需要我们围绕中国设计形成的源头与丰富多元的造物体系，不断回溯中华民族在漫长的时间长河里逐渐形成的宏大、深刻且影响深远的设计历史记忆，以此来总结中华民族所独有的、富有生命力且具有普遍价值与意义的设计思想。当今中国正历经着许多前所未有之巨变，当代中国经济正在历经由物质资本投资驱动的发展模式向由知识、社会资本和自然资本投资驱动模式的转变，以及从信息社会迈向智能化社会的跨越式发展，这些变革不仅影响了社会生产、人民生活等诸多方面，也为社会的转型提供了重要的契机。诸如此类的现代转型还在持续进行中，未来世界仍有许多的不确定性。意大利哲学家、历史学家克罗齐曾讲道“一切历史都是当代史”。他通过历史的动态性与现时性特征，强调了历史与现实世界的密切关联。因此我们既要通过对历史的回望，真正理解漫长而又宏大的造物成就与思想，同时也要探寻中国传统造物体系的精神内核与思想特质，集合历史长空中设计思想的点点星光，照亮中国设计的发展之道。当前中国经济的增长速度与发展规模正在深刻影响着世界经济与地缘政治格局。在此过程中，“中国式现代化”作为推动世界各国发展进步的中国方案，其所具有的重要内涵与价值意义为各项事业的发展指明了方向。中国式现代化不同于西方现代化的发展模式，是人口规模巨大的现代化，是全体人民共同富裕的现代化，是物质文明和精神文明相协调的现代化，是人与自然和谐共生的现代化，是走和平发展道路的现代化。

本书着力从中国传统社会的产业技术迭代与日常生活方式演变的漫长历程中回溯中国传统设计的发生与发展，总结中国传统设计文化中博大精深、影响深远的设计思想，同时紧跟全球前沿的创新科技趋势，努力讲好“中国设计的故事”，形成可以在全球范围内广泛传播与普遍认同的设计价值观，更好地让其他不同文化主体认同、接受"中国式设计方案"。本书的出版以期能为当下乃至未来中国设计理论与设计实践的发展做一些有价值的学术贡献，这应是我们从传统造物中重新探索中国设计的目标与意义之所在，也是为搭建中国设计与全球设计形成对话、交流平台的一次尝试，更是为构建中国特色设计学话语体系的有益理论探索。

王　强

癸卯年11月于蠡湖校区

目录

第一章
中国烧造技术的演进与全球化商品

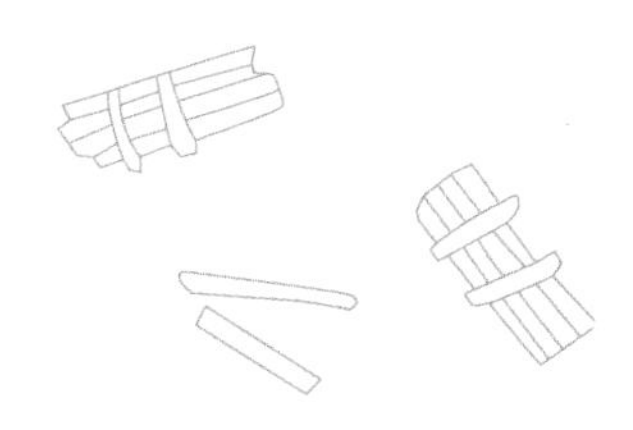

陶瓷的孕育、发生与发展，与人类社会的发展及生产力的不断提高紧密关联。陶器的发明在人类文化发展史上具有划时代的意义，它是新石器时代的重要标志之一。恩格斯根据摩尔根所述，将生活资料生产的进步作为划分蒙昧时代与野蛮时代各个阶段的依据，蒙昧时代的高级阶段是“还不知道制陶术”，野蛮时代是“从学会制陶术开始”[1]。中国是世界闻名的陶瓷古国，早在一万多年前，我国先民就已经使用陶土烧造出了陶器。在江西万年仙人洞遗址发现了采用就地取土烧造出的夹砂陶，部分陶片表面遗有火烧痕迹，说明此时的陶器极有可能被用作炊煮器加热食物。陶器的出现使人们能够从富含淀粉的食物或肉类食物中获取更多能量，让人类饮食习性发生了根本性变化[2]。

瓷器是中国古代最为重大的技术发明之一，为人类文明的进步与发展做出了卓越贡献。中国作为瓷器的发明地与主要生产地，历经千年，逐渐形成了自身完备的工艺流程与技术体系。每一件陶瓷器物的烧成需历经原料制备、制坯成型、装饰上釉、入窑焙烧等多重繁复的工序，各技术环节之间环环相扣，缺一不可，其中入窑焙烧更是关乎成品质量、实现陶瓷功能的关键技术。陶瓷器物的烧成则与窑炉结构的改进、装烧窑具的革新与燃料类型的选用等要素密不可分。窑炉、窑具、燃料这三大技术要素互为影响，皆以提高产品质量为最终目的。而窑炉作为陶瓷烧成的核心设施以及窑业技术的重要物质载体，其自身技术演进以及烧造产品的向外传播，既是当地窑业兴衰的直观反映，也是地区文化向四周渗透的过程。

我国古代拥有种类繁多、色彩绚丽、数量庞大的陶瓷产品，涉及人们生产生活的方方面面，这些陶瓷器物是如何烧造而成的？我国古代南北方地区普遍采用的窑炉形制有哪些？它们之间有何区别？各自成因又是如何？不同的窑炉形制对于陶瓷质量之精粗、产量之大小、品类之异同等有何影响？我国最早的青釉、黑釉、白釉等单色釉瓷器是在何种窑炉中烧成的？此外，作为我国传统建筑材料的砖瓦何时出现？明清时期盛行的琉璃建筑构件拥有怎样的前世今生，它们分别呈现出怎样的发展轨迹，又与我国传统建筑的发展进程有何关联？这些问题将在文中一一探讨。

遍及江南丘陵的龙窑、北方土壤孕育下的馒头窑与景德镇地区的特形窑是中国古代陶瓷烧成的主要窑炉形制。从物质文化史视角来看，它们贯穿于南北

---

[1]〔美〕路易斯·亨利·摩尔根：《古代社会》上册，杨东莼、马雍、马巨译，商务印书馆，1997，第4、9、10页；〔德〕弗·恩格斯：《家庭、私有制和国家的起源》，载中共中央马克思恩格斯列宁斯大林著作编译局编译《马克思恩格斯选集》（第四卷），人民出版社，2012，第31页。

[2] 吴小红、张弛、保罗·格德伯格、大卫·科恩、潘岩、蒂娜·阿平、欧弗·巴尔-约瑟夫：《江西仙人洞遗址两万年前陶器的年代研究》，《南方文物》2012年第3期。

方窑炉技术体系的形成与衍化之中。探索中国古代窑炉结构的改进、装烧技术的革新、燃料类型的更替与产品烧造之间互为驱动的关系，为了解中国古代窑炉形制谱系的构成、分布演变规律及其产品结构特性等提供了认知基础。

龙窑由南方自然资源与环境衍生而出，是我国古代南方地区使用数量较多、应用范围较广的窑炉形制。第一节“遍及江南丘陵的龙窑”，以古代龙窑为主线。其窑体沿山势起筑，构筑材料取自山林，循形而作，因势而为。历代窑工以降低生产成本，提升烧造质量，扩大装烧量为目的，不断改进龙窑形制与结构。在提高龙窑装烧量与稳定性的同时，调整龙窑坡度获取高温，完成了由陶器向瓷器的过渡与转变，实现了制瓷史上第一次质的飞跃。随着龙窑结构的改进与烧造技术的进步，以及窑工对控火控温技术的熟练掌握，烧造出的产品趋向专业化与精细化，质量由厚重粗松转为精巧坚致，品类也由单一渐至多元。

馒头窑在我国古代南北方地区皆有所见，在北方地区较为多见，后期或伴随着砖瓦技术的传播，呈现由北向南的传衍趋势。第二节“北方土壤孕育下的馒头窑”，以古代馒头窑为主线。历代馒头窑的结构改进是窑工对于建窑技术以及控火控温技术逐步提高、渐至完善的表现。南北各大窑场为了迎合市场需求，提高产品竞争力，节约生产成本，在气候变迁与人口增长等自然与社会环境因素的共同影响下，不断推进馒头窑的结构升级与技术革新。依托于烧成技术的改革，燃料类型由柴薪改为煤炭，烧成温度实现新突破，促成了白釉瓷的烧成。产品烧造渐由朴拙粗厚到精巧致美，质量与品类趋向精细化与多样化。

景德镇特有的葫芦窑与蛋形窑，二者作为南北技术交融下的产物，兼备我国南北方窑炉的结构特点与烧成特性。第三节“瓷都的语境与角色”，相较于同时期其他地区的窑场，景德镇在窑炉技术上的发展与变革具有前瞻性与创新力，形成了极具地方特色的窑炉发展路径。景德镇更是凭借其得天独厚的地理、资源、人才与技术优势，依山筑窑，傍水建碓，推行制度改革、日益分工细化、革新烧造技术、创新产品种类及开拓海内外市场，所产瓷器“行于九域，施及外洋”，成为“工匠来八方，器成天下走”的全国制瓷中心与“世界瓷都”。特别是自明代御器厂创建以来，景德镇制瓷业突飞猛进，官窑与民窑深受其惠，工匠的劳动自主性与积极性得到提高，产品质量、品种屡有创新与突破，形成官民竞市的新局面，出现了官窑与民窑俱盛、彩瓷与釉色并举的繁荣景象，创造了我国古代制瓷技术的又一黄金时代。

作为建筑材料的砖瓦以及美轮美奂的琉璃制品，是古代陶瓷烧造技术的重要衍生型产物，本章将二者置于文化与技术交流史中去考察，追溯砖瓦与琉璃的发展源流，着眼于地理环境、经济土壤、社会组织、政治制度等叠合关系，以及民众思维、行为方式、审美取向等在技术系统上的活跃度，继而窥知器物生成中的他因与自因，探究在烧造技术革新之下产品的迭新与演变路径。

砖瓦作为中国传统建筑材料，由陶器烧造技术促生而成。其凭借重复利用率高、防潮防渗漏、保温性能良好等特性，兼具实用与美化的双重功效，广泛应用于房屋建筑、园林建设、墓葬修建等工程。第四节“作为建筑的材料”，以古代砖瓦烧造技术为主线。新石器时代，砖瓦已基本具备实用功能。先秦时期，长方形砖、板瓦、筒瓦、瓦当的制作初具规模，在“物勒功名”制度影响下，工匠通过更新原料，利用模印、雕刻、绘制等技术手段，采用多人合作的生产模式，促使砖瓦品类趋向多样，装饰纹样日益精巧，组合方式渐趋灵活，尤其是空心画像砖的烧成，实现了建筑构件与艺术创作的统一。随着人们对于建筑舒适度需求的提升以及审美意识的提高，砖瓦烧造技术不断优化，砖瓦的使用范围由日常居住空间延伸至墓葬空间、宗教场所以及军事防御工事的建造等。至宋代，砖瓦烧造技术逐渐规范化，规格尺寸渐趋统一，产量大幅提升。由此可见，砖瓦烧造技术的革新及产品种类的迭新与历代建筑的发展相辅相成。

中国古代琉璃自青铜、瓷器烧造技术中孕育而生，随着烧造技术的发展，由点至面地形成了以铅釉为主要构成的琉璃建筑体系。第五节“美轮美奂的琉璃”，以低温铅釉琉璃发展为主线。中国琉璃的发展基于特有的国产原料、制瓷工艺与特殊体制，以技术变革为依托，沿着朝代更迭的脉络，经历了费昂斯釉砂玻砂时期、热成型铅制琉璃时期、二次烧制低温铅釉时期三个主要发展阶段。随着琉璃制作技术的不断规范，其配方原料也呈现出由挖掘更新到逐步固定成为范式的趋势，相应的琉璃产品涵盖范围不断扩大，又趋向了建筑材料专门化的过程，这也是中国琉璃形成自身程式，不断成熟的过程。

博览可知，中国古代陶瓷烧造技术的发展，无论是先民对于原料与设施从反复试验到精确把握，还是日渐精细化的管理制度、日臻完善的工艺体系以及不断推动技术演进的革新思想，皆为本土乃至世界各地陶瓷烧造技术的精进带来了不同程度的影响，为独具地域风貌的陶瓷制品与技术体系的形成奠定了根基。统观中国古代窑炉结构的演变、烧造技术的革新与陶瓷器物的发展可知，窑炉结构改革的突出时期也是陶瓷产业飞跃提升的重要阶段。在不同的地域环境与技术体系下，历代窑工基于各自所处的自然条件，逐步建立并完善了自身的技术体系，在时间上呈现出显著的阶段性特征，在空间上呈现出浓厚的地域性特征。我国古代砖瓦与琉璃的发展承载着封建王朝礼俗文化与烧造技术的历史变迁，它们自陶瓷烧造技术中汲取灵感，于宫廷官造工坊中加以规范，通过批量化产出、灵活的组合方式与多变的装饰手段，赋予了我国古代建筑发展更多的可能性，从而推动了传统建筑体系的构建与独特建筑风格的形成。我国古代各式窑炉形制与陶瓷器物皆是不同自然环境与文化背景下的产物，对地方自然环境与资源以及当地原有的技术经验有着较强的依存度，也是陶瓷烧造技术在地性的深刻呈现。历代陶瓷烧造技术与器物之间，保持着双向驱动、技器相成的动态发展，并存于演进序列之中。

瓷器作为中国古代全球化商品之一，因其流传时间较长、物理性状较为稳定，自汉晋时期，陶瓷器物逐渐成为我国古代大规模的外销商品，继而开启了中国古代陶瓷外销的璀璨历程。随着中国陶瓷的到来，其自身携带的技术基因也随其流转传至世界其他地区，邻近的朝鲜、越南、泰国与日本等国家的窑业技术深受我国影响，随后传播至伊朗、土耳其等地，再扩展至欧洲大陆，乃至美洲各地。清光绪时期，江西巡抚柯逢时在《开办江西瓷器公司折》的陶务奏折中记载："始由朝鲜学制，渐达于东西各洋，诧为瑰宝，经营仿造，乃克有成。较之华瓷，终有未逮。往者该镇工匠，曾赴东瀛，见其诣力求深，爽然若失。即外洋各国，亦以为弗如也。"[3]随着中国瓷器的传播，各国竞相求索其烧成奥秘。面对中国瓷器带来的东方财富与其夺目的东方风情，催动了陶瓷贸易规模的不断扩大、贸易商船的日益增多以及地区之间的频繁交流，以中国为主导的陶瓷贸易体系渐次形成，推进了早期贸易全球化的形成与发展。在全球化瓷器贸易网络形成的同时，中国外销瓷的产品种类、消费对象、贸易模式等也随之改变。中国瓷器作为中国技术与文化的重要承载物，迎来了从区域走向全球的新趋势，成为西方世界认知中国、了解中国文化的重要媒介与渠道。中国瓷器所及之处，各国本土窑业技术、社会审美风尚以及生活方式等发生变革，呈现出技术互渗、文化互融的世界性文化景观。

鉴往知来，对中国古代陶瓷烧造技术的探源溯流，皆为观照当代现实所服务。现代科学技术手段令影响世界上千年的传统制瓷技艺和造物理念在现代工业化生产中出现新的转向与愿景。将中国传统烧造技术置于新的时代背景与造物语境之下，提取本土文脉基因，加强文化基因解码，将为实现古窑址文化遗产保护及复兴瓷业人文景观的活力提供更具针对性、可达性与持续性的智力支持与适配路径。

---

[3]〔清〕柯逢时：《开办江西瓷器公司折》，载熊寥、熊微编注《中国陶瓷古籍集成》，上海文化出版社，2006，第133页。

第一节 遍及江南丘陵的龙窑

龙窑大多依山而建，窑身倾斜，头低尾高，形似长龙，故被称为龙窑，也被称为“蛇窑”或“蜈蚣窑”，是我国南方地区流行的烧造陶瓷器的窑炉形制之一。龙窑主要由窑头、窑室与窑尾三个部分组成（图 1-1-1）。火膛，即燃烧室，位于窑头，具有进柴、点火与送风的作用。火膛前筑有火门，设有通风口，由此向火膛送风，可以使茅草、木柴等燃料充分燃烧。窑室，即烧成室，是装烧坯件的空间。窑室的底部通常铺垫砂层，起到保护窑底、垫平并固定垫底窑具的作用。窑尾主要由挡火墙与排烟孔等排烟设施构成。为防止火焰流速过快，窑室后段筑有挡火墙，墙下设有烟火弄，窑内烟与废气由此进入出烟坑并被排出窑外。在后期，龙窑又增加了投柴孔、窑门及挡火墙等结构。

随着龙窑构造的改良与烧造技术的进步，其烧造的产品也由印纹硬陶与原始瓷发展为青瓷、黑瓷、白瓷、青白瓷、青花瓷、紫砂器等品类。龙窑斜伏于山坡，烧窑时，依靠窑身坡度能够产生抽力，将空气抽吸进入窑内[1]。窑工通过控

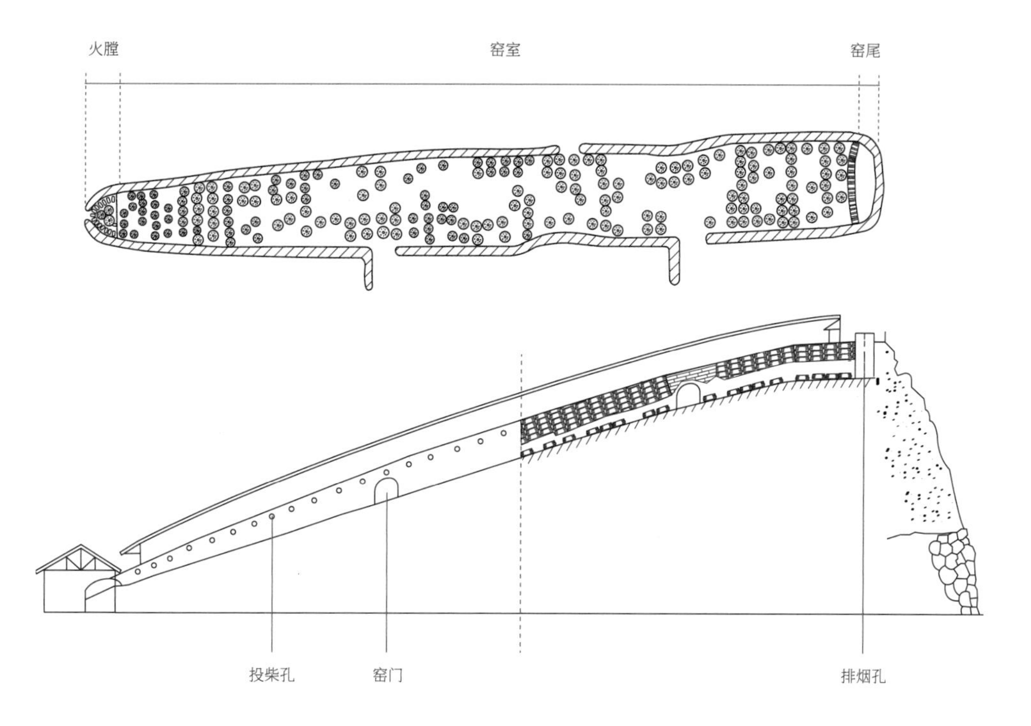

图 1-1-1 古代龙窑构造示意图

[1] 刘振群：《窑炉的改进和古陶瓷发展的关系》，《华南工学院学报》1978 年第 3 期。

图 1-1-2 苦寨坑窑址

制入窑的空气量，不仅能够获得产品所需的烧成温度，也容易形成还原气氛，使胎釉中的氧化铁还原成青色，因此龙窑更适宜烧造青釉瓷器。

根据考古发掘资料可知[2]，福建省泉州市永春县介福乡的苦寨坑原始瓷窑址是我国目前已知的较早使用龙窑烧制原始青瓷的遗址之一（图 1-1-2）[3]。本节通过梳理考古发掘报告与文献资料，搜集到古代龙窑主要分布在我国 12 个省市区域内。其中，浙江地区龙窑遗址数量最多，福建与江西地区相对较多，另在台湾、广东、广西、安徽、江苏、云南等地均有分布。由此可知，龙窑分布的范围大致为北至长江，南至两广，东至东海，西至云贵高原地区，分布区域的地形以低山丘陵为主，分布范围与我国东南丘陵的分布基本吻合。

龙窑遍布江南丘陵地区，依山而建，主要是出于对南方自然资源、地形气候与土地利用等三个方面的考量。其一，南方山林植被茂密，矿藏丰富，在原料制备、坯件制作、窑炉砌筑及入窑焙烧等过程中，所需瓷土、釉料、建材及燃料等均可就地取材。龙窑主要以松柴为燃料，松柴的挥发分多、灰分熔点高、着火温度低、燃烧速度快，有利于快速烧成[4]。松柴火力虽弱，但火焰较长，易于控制烧成气氛，可使胎骨致密，使釉色纯正晶莹[5]。其二，南方山地多，并且气候条件多雨潮湿，这些既关乎龙窑的选址，也关乎烧窑时的投柴数量与窑温控制。《天工开物》记载："盖依傍山势，所以驱流水湿滋之患，而火气又循级透上。"[6]龙窑建于山坡高敞之地，既能避免积水渗透窑基，令水流顺势流走，防止淤堵在

[2] 本节关于古代龙窑的考古发掘报告与文献资料梳理截至2020年。

[3] 羊泽林：《福建泉州辽田尖山、苦寨坑原始青瓷窑址》，《大众考古》2016年第11期。

[4] 叶宏明：《中国瓷器的起源》，《天津大学学报》1995年第4期。

[5] 傅振伦：《中国伟大的发明——瓷器》，轻工业出版社，1988，第39页。

[6]〔明〕宋应星：《天工开物》，钟广言注释，中华书局香港分局，1978，第192页。

窑基底部破坏窑体，又能使余热得到充分利用，提高热能效率，节省单位燃料，降低产品成本，故龙窑选址注重干燥且易于散水的地形[7]。《陶说》记载："遇久雨窑湿，又加十之二。秋阳烈日，即大器，薪可不加。"[8]多雨潮湿的气候环境加大了窑体、坯件与燃料的湿度，因此，烧窑时需增加投柴量以蒸发多余水分，从而提高窑温。《南窑笔记》记载："而釉水色泽，全资窑火，或风雨阴霾，地气蒸湿，则釉色暗黄惊裂，种种诸疵，皆窑病也。"[9]也就是说，适宜的季节与充足的日照有助于维持干燥的环境，利于柴薪燃烧与坯件烧成。综上所述，窑炉的选址具有一定的向阳性与趋光性。其三，南方地区，尤其是龙窑较为集中的浙江、福建与江西等地，山多地少，窑业以山地为基础，不与农业分地，在一定程度上保证了农耕用地。另有龙窑平地起建，建筑在匣钵、瓷片与窑渣等废弃窑业堆积上，多是为了节约成本，避免劳动力与财力过度消耗。

一、古代龙窑的形制分类

从古代窑炉的火焰流动方向来看，窑炉主要分为升焰式、平焰式、倒焰式等。龙窑属于平焰式，火焰自火膛升起，流动方向与窑身平行，倾斜向上排出。依据本文搜集到的龙窑窑床结构与坡度变化分类，可以划分为A型斜底龙窑、B型斜底阶梯式龙窑与C型斜底障焰柱式龙窑三型（图1-1-3）[10]。

A型：斜底龙窑。窑底呈斜坡状，根据坡度变化，可分为同一坡度与分段式坡度两式。

Ⅰ式（同一坡度）：窑头至窑尾同一坡度，如浙江湖州瓢山窑址夏代龙窑Y2[11]、江西鹰潭角山窑址商代早期龙窑Y4[12]、浙江湖州南山窑址商代龙窑Y2与Y3[13]、浙江上虞李家山商代龙窑Y2[14]、浙江萧山前山窑址春秋中期龙窑Y2[15]、浙江德清亭子桥窑址战国龙窑Y1[16]、浙江奉化长汀山东汉中晚期龙窑

[7] 沈岳明：《龙窑生产中的几个问题》，《文物》2009年第9期。

[8]〔清〕朱琰：《陶说》，杜斌校注，山东画报出版社，2010，第96页。

[9] 黄宾虹、邓实编《美术丛书 · 南窑笔记》第三册，江苏古籍出版社，1997，第2063页。

[10] 熊海堂：《东亚窑业技术发展与交流史研究》，南京大学出版社，1995，第28、48页。

[11] 浙江省文物考古研究所、湖州市博物馆、德清县博物馆编著《东苕溪流域夏商时期原始瓷窑址》，文物出版社，2015，第37、237页；施加农：《陶瓷之间——略论印纹陶的发展及印纹硬陶与原始瓷的关系》，载中国古陶瓷学会编《印纹硬陶与原始瓷研究》，故宫出版社，2016，第236页。

[12] 江西省文物考古研究院、鹰潭市博物馆编著《角山窑址：1983～2007年考古发掘报告》，文物出版社，2017，第12页。

[13] 浙江省文物考古研究所、湖州市博物馆、德清县博物馆编著《东苕溪流域夏商时期原始瓷窑址》，文物出版社，2015，第115、116页。

[14] 胡继根：《浙江上虞县商代印纹陶窑址发掘简报》，《考古》1987年第11期。

[15] 沈岳明、王屹峰：《浙江萧山前山窑址发掘简报》，《文物》2005年第5期。

[16] 浙江省文物考古研究所、德清县博物馆编著《德清亭子桥：战国原始瓷窑址发掘报告》，文物出版社，2011，第23—24页。

Y1[17]、广东高明大岗山唐代中晚期龙窑[18]、江西景德镇道塘里北宋早中期龙窑Y1[19]、广西永福窑田岭窑址北宋中晚期龙窑Y8[20]、浙江慈溪上林湖荷花芯窑址北宋时期龙窑Y36[21]、福建建阳水吉镇北宋龙窑Y3[22]、浙江龙泉杉木林窑址南宋末年至元代晚期龙窑EY16y1与y2[23]、江西景德镇碓臼山窑址元代龙窑Y2[24]、云南玉溪囫囵山瓦渣地明代1号龙窑[25]等。

Ⅱ式（分段式坡度）：坡度呈分段式，可分为前缓后陡、前陡后缓与多段式三类。

Ⅱa式（前缓后陡）：坡度呈前缓后陡，如福建武夷山竹林坑1区西周早中期龙窑Y1[26]、浙江宁波老虎岩窑址东汉晚期龙窑Y1[27]、浙江上虞鞍山三国龙窑[28]、浙江上虞尼姑婆山窑址三国西晋龙窑Y1[29]、江西景德镇乐平南窑村唐代中晚期龙窑Y1[30]、福建建阳芦花坪窑址晚唐五代至南宋龙窑[31]、安徽繁昌柯家冲窑址五代至北宋中期龙窑Y1[32]、江西景德镇浮梁凤凰山窑址北宋中晚期龙窑Y1[33]、福建闽侯碗窑山窑址南宋中晚期龙窑Y2等[34]。

Ⅱb式（前陡后缓）：坡度呈前陡后缓，如广东博罗梅花墩窑址春秋早期龙窑[35]、浙江上虞帐子山东汉龙窑[36]、江西景德镇万窑坞晚唐五代时期龙窑Y1[37]、湖南洪江烟口窑址北宋龙窑Y1[38]、浙江慈溪寺龙口窑址南宋初期龙窑

---

[17] 罗鹏：《浙江奉化江口长汀山窑址发掘简报》，《南方文物》2012年第3期。

[18] 杨少祥、崔勇：《广东高明唐代窑址发掘简报》，《考古》1993年第9期。

[19] 付雪如、李育远、戴仪辉、赵可明、张文江、吴太平：《江西景德镇道塘里宋代窑址发掘简报》，《文物》2011年第10期。

[20] 何安益、彭长林、韦军、袁俊杰：《广西永福县窑田岭Ⅲ区宋代窑址2010年发掘简报》，《考古》2014年第2期。

[21] 沈岳明：《慈溪上林湖荷花芯窑址发掘简报》，《文物》2003年第11期。

[22] 李德金：《福建建阳县水吉北宋建窑遗址发掘简报》，《考古》1990年第12期。

[23] 浙江省文物考古研究所：《龙泉东区窑址发掘报告》，文物出版社，2005，第248、256页。

[24] 戴仪辉、赵可明、王上海、江建新、胡胜、王光尧：《江西景德镇丽阳碓臼山元代窑址发掘简报》，《文物》2007年第3期。

[25] 苏伏涛：《云南玉溪元末明初龙窑的发掘》，《考古》1987年第8期。

[26] 郑辉：《福建先秦窑炉的发现与研究》，《南方文物》2013年第1期。

[27] 李永宁：《浙江宁波鄞州栎斜老虎岩窑址发掘简报》，《南方文物》2011年第1期。

[28] 中国硅酸盐学会主编《中国陶瓷史》，文物出版社，1982，第153页。

[29] 郑嘉励、张盈：《三国西晋时期越窑青瓷的生产工艺及相关问题——以上虞尼姑婆山窑址为例》，《东方博物》2010年第2期。

[30] 张文江、崔涛、顾志洋：《景德镇南窑遗址考古发掘的主要收获》，载江西省文物考古研究所、乐平市博物馆编著《景德镇南窑考古发掘与研究：2014年南窑学术研讨会论文集》，科学出版社，2015，第11页。

[31] 福建省博物馆、厦门大学、建阳县文化馆：《福建建阳芦花坪窑址发掘简报》，载文物编辑委员会编《中国古代窑址调查发掘报告集》，文物出版社，1984，第137—145页。

[32] 杨玉璋、张居中、李广宁、徐繁：《安徽繁昌县柯家冲瓷窑遗址发掘简报》，《考古》2006年第4期。

[33] 崔涛、李新才、何敬、戴炜、周剑、郑冰、肖冰、童林、张文江、何国良、李育远、赵可明、叶飚：《江西浮梁凤凰山宋代窑址发掘简报》，《文物》2009年第12期。

[34] 温松全：《福建闽侯县碗窑山宋代窑址的发掘》，《考古》2014年第2期。

[35] 刘成基、杨少祥：《广东博罗县园洲梅花墩窑址的发掘》，《考古》1998年第7期。

[36] 中国硅酸盐学会主编《中国陶瓷史》，文物出版社，1982，第131—132页。

[37] 秦大树、刘静、江小民、李颖翀：《景德镇早期窑业的探索——兰田窑发掘的主要收获》，《南方文物》2015年第2期。

[38] 向开旺、拂晓：《湖南洪江市宋代烟口窑址的发掘》，《考古》2006年第11期。

Y1[39]、浙江丽水横山周窑址元明时期龙窑甲Y1[40]等。

Ⅱc式（多段式）：坡度大小不一，呈多段式，如浙江德清亭子桥窑址战国龙窑Y2[41]、江苏宜兴涧滦窑址唐代中晚期龙窑Y1[42]、江西丰城罗湖寺前山窑址唐代中晚期龙窑Y1[43]、浙江龙泉山头窑窑址北宋晚期至南宋中期龙窑BY13[44]、浙江龙泉金钟湾窑址北宋晚期至明代中期龙窑BY22[45]等。

B型：斜底阶梯式龙窑。窑床底部分级，各级之间有水平高差。根据坡度变化，也可分为同一坡度与分段式坡度两式。

Ⅰ式（同一坡度）：窑头至窑尾为同一坡度，如浙江龙泉金坝坨窑址宋代龙窑Y18[46]、广西桂林桂州窑址北宋2号龙窑[47]等。

Ⅱ式（分段式坡度）：坡度呈分段式，以前缓后陡为主，如广西藤县中和窑址北宋至南宋晚期龙窑Y1与Y2[48]等。

C型：斜底障焰柱式龙窑。窑底呈斜坡状，窑室设置障焰设施。该类型龙窑现有搜集数量有限，如浙江泰顺玉塔古窑址北宋晚期至南宋初期1号龙窑[49]等，坡度呈前缓后陡。

结合龙窑数量、分布地区与流行时期分析可知（图1-1-4），A型龙窑占现有搜集龙窑数量的95.83%，B型龙窑占3.57%，C型龙窑占0.6%，各地龙窑呈现出了在不同时期坚守传统或融合创新的区域性特征。A型龙窑是古代龙窑的

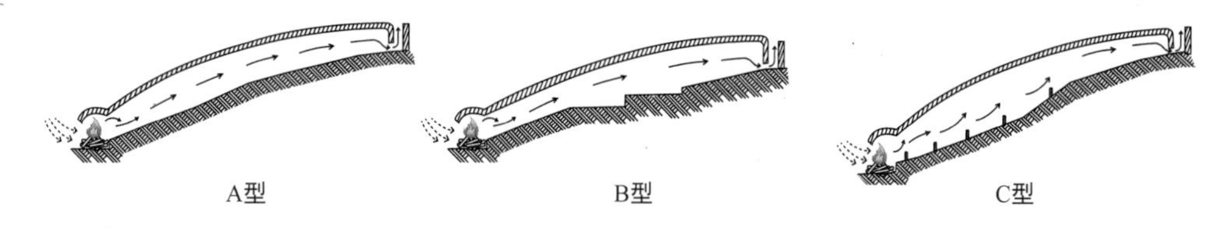

图1-1-3　古代平焰式龙窑A型、B型与C型结构示意图[50]

---

[39]许慈波、黄义军、李永嘉、沈岳明、郑嘉励：《浙江越窑寺龙口窑址发掘简报》，《文物》2001年第11期。

[40]沈岳明、刘毅、胡继根、王培玉、崔丽萍、徐学琳、许印琪、项光有、齐东林：《云和县横山周窑址发掘简报》，《东方博物》2009年第4期。

[41]浙江省文物考古研究所、德清县博物馆编著《德清亭子桥：战国原始瓷窑址发掘报告》，文物出版社，2011，第21、22页。

[42]南京博物院：《江苏宜兴涧滦窑》，载文物编辑委员会编《中国古代窑址调查发掘报告集》，文物出版社，1984，第51—58页。

[43]北京大学中国考古学研究中心、江西省文物考古研究院、江西省丰城市博物馆编著《丰城洪州窑址》，文物出版社，2018，第112页。

[44]浙江省文物考古研究所：《龙泉东区窑址发掘报告》，文物出版社，2005，第61、71页。

[45]同上书，第117、118页。

[46]蒋忠义：《浙江龙泉县安福龙泉窑址发掘简报》，《考古》1981年第6期。

[47]曾少立、韦卫能：《广西桂州窑遗址》，《考古学报》1994年第4期。

[48]广西壮族自治区文物工作队：《广西藤县宋代中和窑》，载文物编辑委员会编《中国古代窑址调查发掘报告集》，文物出版社，1984，第179—194页。

[49]浙江省考古所，温州地、市文管会：《浙江泰顺玉塔古窑址的调查与发掘》，载《考古》编辑部编辑《考古学集刊1》，中国社会科学出版社，1981，第212—223页。

[50]参考熊海堂：《东亚窑业技术发展与交流史研究》，南京大学出版社，1995，第28页。

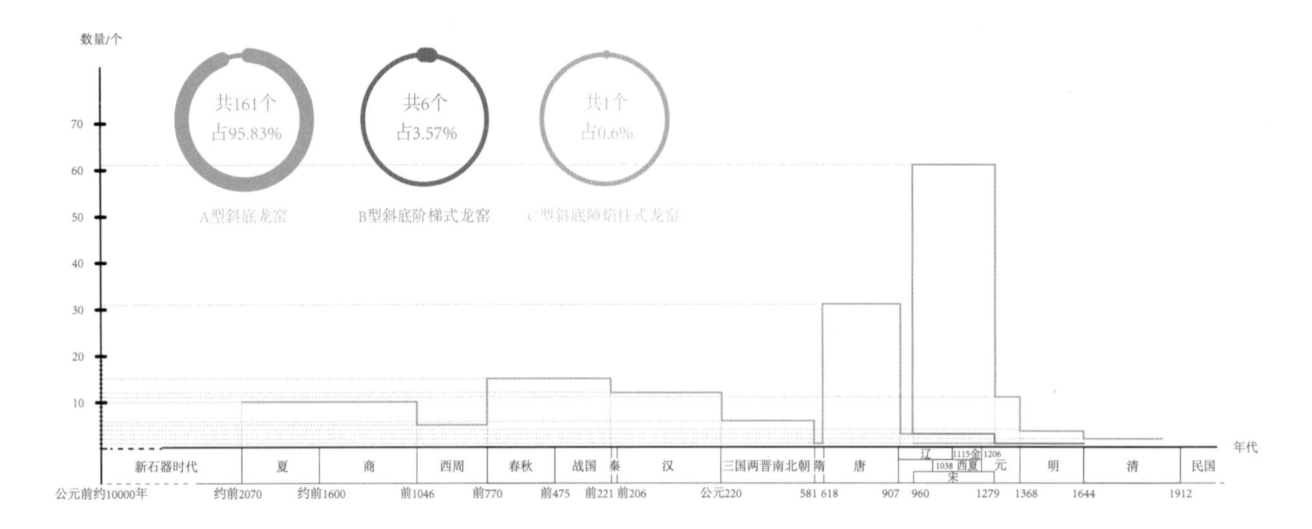

图 1-1-4　古代A型、B型与C型龙窑数量与流行时期统计图

主流形制，始见于夏商之际，至三国两晋南北朝时期已遍及长江流域，其分布范围几乎涵盖了长江流域以南地区，广泛分布在我国东南丘陵地区，贯穿于整个龙窑发展阶段。B型龙窑与C型龙窑是在A型龙窑的基础上进行技术探索与革新的产物，数量较少且烧造时期偏晚，主要集中在东南沿海地区。B型龙窑主要分布在江西、广东、浙江等地，C型龙窑集中出现在浙江地区。A、B、C型龙窑在宋代并行发展达到鼎盛，元代之后龙窑数量骤减，龙窑发展呈衰退之势。

二、古代龙窑的演变规律

为探究古代龙窑形制的演变规律，本文以搜集到的古代龙窑为例，运用统计学方法，对龙窑的长度、宽度、高度、火膛与窑室面积以及坡度等结构数值进行纵向梳理，通过数据与图表对龙窑形制展开量化分析（由于部分窑体残损严重，下文按照实际有效数据进行统计）。

（一）龙窑长度、宽度与高度分析

根据对古代龙窑的长度、宽度、高度、火膛以及窑室面积进行统计可知（图1-1-5），先秦时期，龙窑窑身普遍较短。夏商之际，龙窑平均长度约6.42米；西周时期约9.52米；春秋战国时期约8.8米。汉代龙窑平均长度提升至15.82米；至隋唐时期，陡增至约53.5米。宋代，龙窑窑身长短波动较大，平均长度约57.47米；宋代早中期，龙窑窑身普遍较长；宋代晚期，龙窑功能性渐趋专业化，龙窑窑身趋向变短。元代之后，因搜集到的龙窑数量有限，目前所发现的元代龙窑所统计的平均长度约35.4米。明清时期约38米。

先秦时期，龙窑的平均宽度呈缓慢递增趋势，平均宽度由早期约1.77米递增至春秋战国时期约2.57米；至三国两晋南北朝时期，龙窑平均宽度约2.08米，变化较小；隋唐时期，龙窑平均宽度增加至约2.6米；宋代，平均宽度约2.31米；元代约2.2米；明清时期约2米。可见，龙窑平均宽度渐趋稳定在2至2.6米之间。

龙窑窑室的平均高度从春秋战国时期约1.13米递增至明清时期约1.75米。早期龙窑多以竹木骨、草拌泥与黏土等砌筑窑壁，尚未砌筑窑墙，自窑底起券拱顶[51]，窑室高度可通过迭代法推算。如图1-1-6所示，已知龙窑底宽为B，假设拱顶高度为H，弧长为L，半径为r，H与r相交形成倒角θ，当H与r成90°，θ位于水平状态时，即$\theta=\pi/2$，B与L的比例关系为$L=B\pi/2\approx1.57B$，即$H=B/2=r$，拱顶高度应符合$H\leqslant B/2$，即可推算窑室高度H的最大值。

火膛平均面积从早期约3.77平方米递减至宋代约0.9平方米。先秦时期，火膛平面形制主要有长方形、半圆形、半椭圆形、圆形与椭圆形等，以长方形为主流形制。汉晋时期，长方形仍占据主流趋势。隋唐之后，半圆形的火膛形制增多，长方形渐少。由此可知，早期龙窑的火膛平面形制以长方形为主，隋唐之后以半圆形为主。

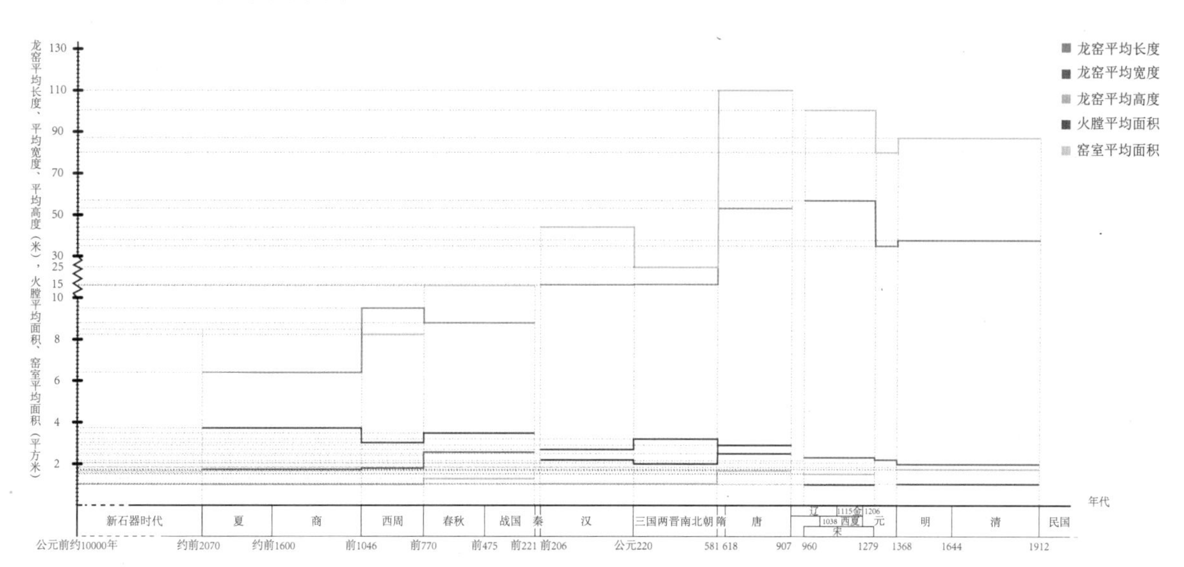

图1-1-5　古代龙窑长度、宽度、高度以及火膛与窑室面积统计图[52]

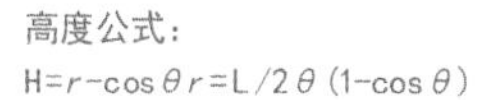
高度公式：
H=r-cosθ r=L/2θ (1-cosθ)

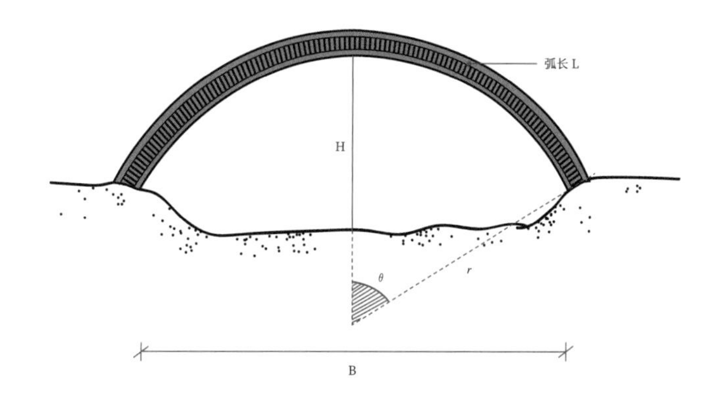

图1-1-6　早期龙窑窑室高度统计示意图

[51] 谦逊：《浙江绍兴富盛战国窑址》，《考古》1979年第3期。

[52] 受篇幅限制，图中纵轴所示数据间隔有所区别。

窑室平均面积由早期约8.47平方米递增至隋唐时期约110平方米，宋代之后略微下降。龙窑的窑室平面形制主要有前后等宽、前窄后宽、中间宽两端窄与前宽后窄等四类，其中，前后等宽与前窄后宽的形制较为多见。

综上所述，古代龙窑的平均长度在宋代达到最高值，宋代之后呈下降趋势。龙窑的平均宽度在隋唐时期达到最大值，宋代之后渐趋稳定。龙窑平均高度呈现递增态势。火膛平均面积呈递减态势，在宋代达到最低值。窑室平均面积呈递增态势，在唐代达到最高值，宋代之后有所下降。

（二）龙窑坡度分析

龙窑的坡度决定了窑内自然抽力的大小，关系着窑室不同部位的烧成温度与气氛。坡度越大，抽力越大，升温越快，温度越高，反之则相反。由图1-1-7可知，同一坡度与分段式坡度在各个历史时期都有遗存。先秦时期以同一坡度为主，分段式坡度已经出现；至东汉时期，分段式坡度逐渐增多；隋唐之后，窑工利用坡度调节窑温的技术逐渐成熟，二者发展趋于均衡。

采用同一坡度建造的龙窑，其坡度值主要分布于1°54′至25°，集中在10°至20°之间（图1-1-8）。自先秦时期至宋代，平均坡度约为15°或16°。元代之后，平均坡度约为12°，坡度渐缓。由此可知，15°或16°或是古代龙窑建造时选择较多的同一坡度值。

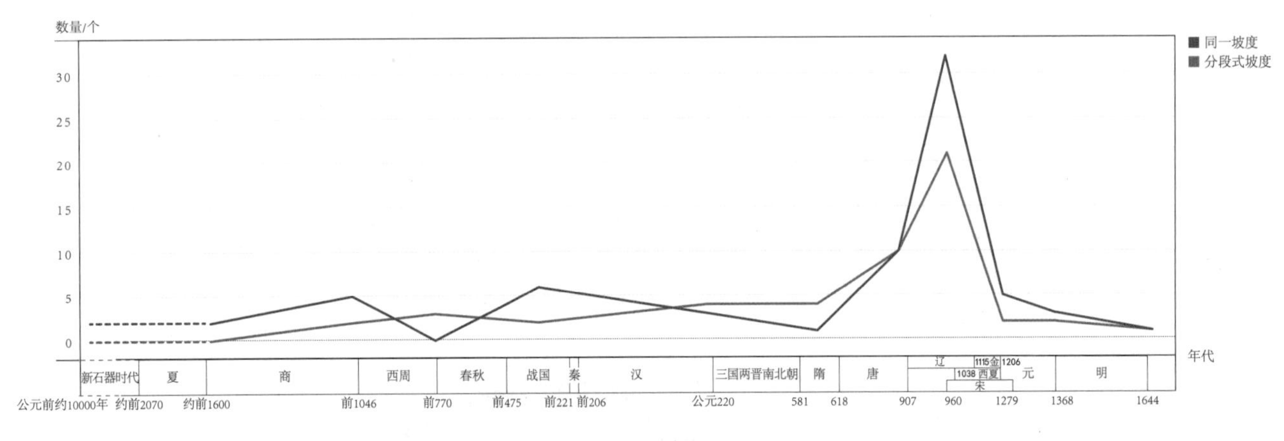

图1-1-7（上） 同一坡度与分段式坡度数量统计图

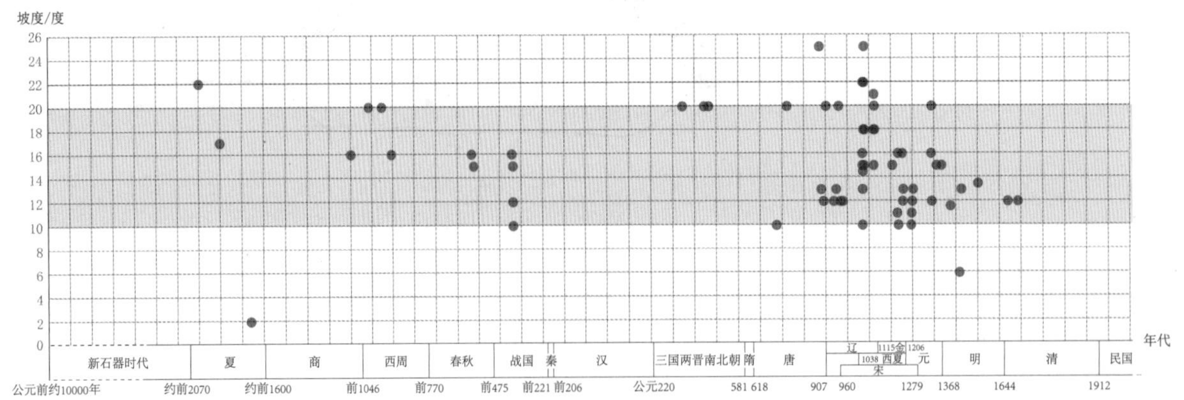

图1-1-8（下） 古代龙窑同一坡度数值统计图

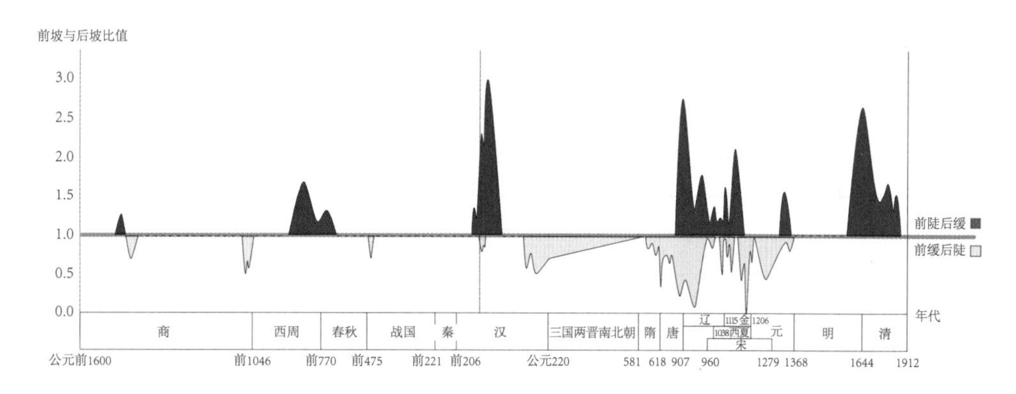

图 1-1-9 古代龙窑分段式坡度演变规律分析图

运用前段坡度与后段坡度的比值，可以窥见分段式坡度的演变规律（图1-1-9）。当前坡∶后坡＜1时，表示前缓后陡；前坡∶后坡＞1时，表示前陡后缓。由于多段式坡度各段大小因窑而异，故不在分析范围内。

先秦时期，分段式坡度比值在1上下浮动，前坡与后坡坡度变化甚微。东汉时期，最小比值为0.89，最大比值陡增近3，说明这一时期窑工在利用坡度对火焰流速进行控制与调节的技术方面，仍处于探索与革新阶段。三国两晋南北朝时期，坡度主要呈前缓后陡。隋唐时期，比值普遍小于1。宋代之后，前缓后陡与前陡后缓皆有一定程度的发展。

三、古代龙窑烧造技术的演变

本文将结合各历史时期烧造的典型产品，探讨历代龙窑结构改进与烧造技术的演变，以此探析烧造技术与产品之间互为驱动的关系。

（一）间隔叠烧与支垫具的创制

先秦时期，龙窑主要分布在浙江[53]、江西[54]、福建[55]与广东[56]等地。龙窑依靠自身的坡度所获得的高温基本满足了印纹硬陶与原始瓷的烧成，烧成温

[53] 谦逊：《浙江绍兴富盛战国窑址》，《考古》1979年第3期；胡继根：《浙江上虞县商代印纹陶窑址发掘简报》，《考古》1987年第11期；沈岳明、王屹峰：《浙江萧山前山窑址发掘简报》，《文物》2005年第5期；郑建明、陈元甫、沈岳明、陈云、孙晓智、王春民、程爱兰：《浙江湖州南山商代原始瓷窑址发掘简报》，《文物》2012年第11期；浙江省文物考古研究所、故宫博物院、德清县博物馆编著《德清火烧山：原始瓷窑址发掘报告》，文物出版社，2008，第16—17页；浙江省文物考古研究所、德清县博物馆编著《德清亭子桥：战国原始瓷窑址发掘报告》，文物出版社，2011，第24页。

[54] 李玉林：《吴城商代龙窑》，《文物》1989年第1期；江西省文物考古研究院、鹰潭市博物馆编著《角山窑址：1983～2007年考古发掘报告》，文物出版社，2017，第12页。

[55] 羊泽林、栗建安、王芳、宋蓬勃、陈浩、陈建国、赵爱玉、林繁德、高绍萍、赵兰玉：《武夷山市竹林坑一号原始瓷窑址发掘简报》，《福建文博》2012年第3期；郑辉：《福建先秦窑炉的发现与研究》，《南方文物》2013年第1期。

[56] 莫稚、李始文：《广东增城、始兴的战国遗址》，《考古》1964年第3期；曾广亿：《广东古陶瓷窑炉及有关问题初探》，载中国考古学会编辑《中国考古学会第二次年会论文集1980》，文物出版社，1982，第205—216页；廖晋雄：《广东始兴县白石坪山战国晚期遗址》，《考古》1996年第9期；刘成基、杨少祥：《广东博罗县园洲梅花墩窑址的发掘》，《考古》1998年第7期。

度达到1100℃至1200℃，在多处窑址中，这两类产品均有出土。早期的龙窑在筑窑材料、砌筑方式与功能结构上存在不合理性与原始性，使窑体的使用率、热能利用率与产品烧成率普遍较低。与此同时，龙窑短、宽、矮、陡的结构特征造成了窑内火焰流速过快、窑温分布不均等问题，窑内产品多有生烧现象，如浙江东苕溪流域夏商时期原始瓷窑址烧造的印纹硬陶与原始瓷，胎色多呈灰黑色、青灰色、土黄色等，多数胎呈夹心状，胎质疏松，夹有气孔，吸水率高，胎釉结合较差，剥釉严重，产品质量不高（图1-1-10）[57]。此外，另有印纹硬陶与原始瓷同窑合烧的龙窑，说明此时的窑工已经意识到窑内各部位的烧成温度具有差异性。窑工巧妙地利用了坡度造成的前后温差，装烧不同器物，以适应不同器物的烧成，从而增加了装烧量。春秋中期，浙江萧山前山窑址的窑工根据印纹硬陶与原始瓷具有不同的烧成温度，合理利用窑室的空间装烧产品[58]。相较于印纹硬陶，原始瓷的烧成温度更高，窑工将其置于窑室前段装烧，后段温度降低，用于装烧印纹硬陶。窑工对火焰的调节技术尚处于摸索阶段，导致部分原始瓷瓷胎出现尚未完全烧结的现象，玻化程度较差，而印纹硬陶则已达到烧成要求，甚至出现因过烧而器身下塌等变形现象。

除了窑室前后段烧成温度不同，窑室上下部的烧成温度也有差异。由于火焰是向上流动的，故窑室下部尤其是接近窑床处温度较低。至春秋战国时期，器物大多采用单件着地装烧或多件叠烧的方式，并以明火裸烧。着地装烧的器物因其底部直接置于窑床，故器物底部常见黏结的砂粒，又因器物下部受火不均而常见生烧现象。商代晚期至周代初期，浙江湖州黄梅山原始瓷窑址中未见任

夏代东苕溪原始瓷豆

商代东苕溪原始瓷豆

图1-1-10 东苕溪流域夏商时期原始瓷窑址烧造的原始瓷豆[59]

[57] 浙江省文物考古研究所、湖州市博物馆、德清县博物馆编著《东苕溪流域夏商时期原始瓷窑址》，文物出版社，2015，第27、60、102页。

[58] 沈岳明、王屹峰：《浙江萧山前山窑址发掘简报》，《文物》2005年第5期。

[59] 浙江省文物考古研究所、湖州市博物馆、德清县博物馆编著《东苕溪流域夏商时期原始瓷窑址》，文物出版社，2015，彩版二九、彩版八三。

何窑具[60]。窑内因采用着地装烧的方式，大部分瓷豆的下部分胎质松软，呈黄褐色，圈足内多粘有烧结的泥沙。其中一件原始瓷罐底部粘连有同类型的罐或接触性叠烧的产物。此外，浙江绍兴富盛战国窑址中也未发现支垫具，表明此时该窑址的坯件也是采用直接着地装烧的方式[61]。部分原始瓷器，出现了同一器物不同部位烧结程度不一的现象，即器物上部与中部已经烧结，胎骨坚硬，但底部严重生烧，呈砖红色，胎骨疏松，易透水。浙江东苕溪流域夏商时期原始瓷窑址中，除了一些大型印纹硬陶罐、簋、盆、钵等器物采用了单件着地装烧的方式，多数器物已采用叠烧的方式[62]。浙江湖州南山商代原始瓷窑址中，大多数原始瓷豆、罐、尊等器物采用了叠烧的方式[63]。一般情况下，窑工将2到3件同类器物叠烧，故在遗存中常常见到器物之间叠烧黏结的痕迹。叠烧除了同类器物叠烧外，还有非同类器物叠烧，如在大型印纹硬陶罐上叠烧原始瓷罐，或是在多件原始瓷豆上叠烧一件器盖等。

在江苏句容浮山果园墓出土的西周时期的器物已采用间隔叠烧技术[64]。其中有两件带釉的瓷豆，在盘底部有3个"直条形支痕"，盘壁上有2处窑粘，在部分原始瓷的器底留有叠烧时黏结的白泥丁[65]，这些痕迹的存在都充分表明了西周时期原始瓷器的烧造已采用间隔叠烧技术。春秋中期，浙江萧山前山窑址的原始瓷器采用了大件套小件的装烧方式[66]，在器物之间用3个泥饼作为间隔。浙江绍兴战国墓出土的釉陶使用了粉末间隔叠烧的方式[67]，但因受火不足，器壁的上部火候较高，胎呈灰白色，击之铿锵有声。器底部分胎质松软，部分呈粉红色，且多数器物由于釉层较薄，还原不足，釉色普遍青中泛黄。浙江绍兴富盛战国窑址的龙窑遗迹周围，发现有大量扁圆形托珠[68]，大多数原始瓷碗、盘、碟、钵等器物的内外底部留存有3个托珠垫隔痕迹，部分废品还黏附有1至3颗托珠，说明窑工采用了托珠间隔叠烧的方法装烧产品[69]。采用托珠或印纹硬陶

[60] 潘林荣：《湖州黄梅山原始瓷窑址调查简报》，载浙江省博物馆编《东方博物》（第四辑），浙江大学出版社，1999，第249—254页。
[61] 谦逊：《浙江绍兴富盛战国窑址》，《考古》1979年第3期。
[62] 浙江省文物考古研究所、湖州市博物馆、德清县博物馆编著《东苕溪流域夏商时期原始瓷窑址》，文物出版社，2015，第250页。
[63] 郑建明、陈元甫、沈岳明、陈云、孙晓智、王春民、程爱兰：《浙江湖州南山商代原始瓷窑址发掘简报》，《文物》2012年第11期。
[64] 宁结：《江苏句容县浮山果园西周墓》，《考古》1977年第5期。
[65] 李毅华：《浙江绍兴富盛窑——兼谈原始青瓷》，载文物编辑委员会编《中国古代窑址调查发掘报告集》，文物出版社，1984，第1—8页。
[66] 沈岳明、王屹峰：《浙江萧山前山窑址发掘简报》，《文物》2005年第5期。
[67] 朱伯谦：《绍兴漓渚的汉墓》，《考古学报》1957年第1期。
[68] 谦逊：《浙江绍兴富盛战国窑址》，《考古》1979年第3期。
[69] 南京博物院：《江苏句容浮山果园土墩墓第二次发掘报告》，载文物编辑委员会编《文物资料丛刊6》，文物出版社，1982，第37—57页。

残片垫隔在坯件与窑床砂底之间，可以防止坯件底部黏附砂粒。利用托珠作为坯件之间的间隔具，可以避免烧窑过程中产生釉液粘连现象。托珠是伴随着施釉技术的进步而出现的，此类间隔器具的使用一直沿用至唐代。同时，为了缓解坯件叠装时器物底部承受的重压，大多数器物在烧制时加厚了底部，从而形成了这一时期器物底部普遍较厚的造型特征。

战国时期，支垫具的创制与使用减少了产品的生烧或欠烧现象。人们利用支垫具升高窑位，使坯件位于最佳烧成带，让其下腹与底部充分受火，以减少因窑底温度过低造成的产品生烧现象，从而提高成品率。浙江德清亭子桥战国窑址利用支垫具，采用单件支烧的方法，烧造了大量器形硕大厚重的仿铜礼器与乐器的原始瓷器（图1-1-11）[70]。

图1-1-11　浙江德清亭子桥战国原始瓷窑址句鑃与支垫具的装烧方式[71]

（二）同窑合烧结束　单纯瓷窑出现

东汉时期，龙窑主要集中在浙江上虞、慈溪、宁波与永嘉等地。东汉早中期，龙窑以烧造印纹硬陶与釉陶为主，兼烧少量原始瓷器。在烧造过程中，龙窑窑身分段起到预热、烧成、冷却的作用，挡火墙与分段式坡度的设置均有利于调节窑内火焰流速，延长火焰与坯件的接触时间，有利于维持窑内高温与还原气氛，使热能得到合理利用[72]。烧成温度提升至1300℃后，为瓷器的烧成创造了条件，加之龙窑窑壁较薄，具有快速升温与冷却的结构特性，又进一步创造了烧成条件。

东汉晚期，青釉瓷与黑釉瓷在浙江越窑烧造成功，出现了专烧青釉瓷或兼烧青釉瓷与黑釉瓷的龙窑[73]。浙江地区原料中的铁含量较高，适宜在还原气氛中烧成，这就要求烧制时能快速冷却，以减轻铁的二次氧化，而龙窑的结构特性恰好符合了青釉瓷与黑釉瓷的烧成要求[74]。窑内还原气氛的强弱则会影响青瓷釉色，在弱还原气氛中，釉色青中泛黄；在强还原气氛中，釉色呈较深的青色，甚至是色调纯正的淡青色。在冷却阶段，窑工会着重控制冷却速度，这是因为

[70] 浙江省文物考古研究所、德清县博物馆编著《德清亭子桥：战国原始瓷窑址发掘报告》，文物出版社，2011，第29页。
[71] 同上书，彩版二〇。
[72] 卢嘉锡总主编，李家治分卷主编《中国科学技术史：陶瓷卷》，科学出版社，1998，第83页。
[73] 同上书，第114、185页。
[74] 叶宏明：《中国瓷器的起源》，《天津大学学报》1995年第4期。

速度过慢会发生二次氧化使釉色青中泛黄，过快则会产生“惊风”，造成器壁开裂[75]。

从浙江上虞小仙坛、帐子山[76]与宁波郭塘岙[77]等窑址所出瓷器可知，这些窑址已单纯生产瓷器，并以烧造青釉瓷器为主，仅有帐子山生产青釉与黑釉瓷器两类产品。[78]各窑所出的青釉瓷器胎质细腻，呈灰白色，完全烧结，不吸水，击之有铿锵声，表明窑工已经掌握了青釉瓷器的烧成技术。小仙坛所产青釉瓷器均在还原气氛中烧成，釉色呈较为纯正的青色，没有流釉现象，烧成温度达到1310℃ ±20℃。由于烧成温度较高，胎的透光性较好。从帐子山两座龙窑烧造的产品种类上看，两窑似已有分工：1号窑以烧造碗、盏类小件器物为主，2号窑以烧造罍、瓿、罐、壶等大件器物为主。此外，郭塘岙窑址堆积中发现了大量青釉瓷片与少量酱褐色瓷片，但未出现釉陶类产品，也无印纹硬陶与原始瓷同窑合烧的现象，表明在东汉晚期，陶器、瓷器同窑合烧的现象结束了，郭塘岙窑址已经发展为单纯的瓷窑[79]。另在湖南湘阴青竹寺窑址也发现了烧造青釉瓷器的龙窑[80]。随着专烧青釉瓷器的瓷窑陆续出现，瓷器生产开始成为新的独立手工业部门[81]。

（三）分段烧成实现　粗质匣钵使用

三国两晋南北朝时期，龙窑分段烧成技术得到解决，龙窑结构渐趋合理，并走向定型。在分段烧成技术未解决之前，龙窑火膛较大，窑身短宽，单纯依靠火膛提供的热能仅基本满足烧成要求，但无法保证产品烧成率。早在商代已有极少数窑场为了提高烧成温度，尝试开设投柴孔，采用逐层加温的方法提高窑温。在江西吴城商代遗址的6号龙窑上发现了投柴孔痕迹，9个投柴孔均设于窑壁一侧，有别于后期窑壁两侧均设投柴孔的形式[82]。窑内所出土的原始瓷器烧成温度达到了1200℃，质地坚硬，叩击有铿锵金属声。春秋中期，浙江萧山前山窑址的龙窑Y2似有投柴孔痕迹，或已有采用分段烧成技术的可能性[83]。三国时期，为了扩大窑位增加产量，龙窑长度增加，但处于窑室后段的坯件常因烧成温

[75] 中国硅酸盐学会主编《中国陶瓷史》，文物出版社，1982，第133页。

[76] 叶宏明、曹鹤鸣：《浙江古代龙窑》，《河北陶瓷》1979年第3期；朱伯谦：《浙江上虞县发现的东汉瓷窑址》，《文物》1981年第10期；中国硅酸盐学会主编《中国陶瓷史》，文物出版社，1982，第131—132页。

[77] 林士民：《浙江宁波汉代瓷窑调查》，《考古》1980年第4期。

[78] 朱伯谦：《浙江上虞县发现的东汉瓷窑址》，《文物》1981年第10期。

[79] 林士民：《浙江宁波汉代瓷窑调查》，《考古》1980年第4期。

[80] 杨宁波：《湖南湘阴青竹寺窑址》，《大众考古》2018年第6期。

[81] 中国硅酸盐学会主编《中国陶瓷史》，文物出版社，1982，第127页。

[82] 李玉林：《吴城商代龙窑》，《文物》1989年第1期。

[83] 沈岳明、王屹峰：《浙江萧山前山窑址发掘简报》，《文物》2005年第5期。

度分布不均，出现次品或废品，成品率较低。为了调节窑内烧成温度，浙江上虞联江鞍山龙窑通过砌筑挡火墙或用砖与黏土堵塞排烟孔的方法调节窑内火焰流速，说明窑工在控制与调节窑温技术上有着不断探索与革新的意识[84]。

大约在西晋时期，为了提高成品率，人们使用了分段烧成技术，即火膛移位技术[85]。投柴孔的开设不仅可以实现燃料的分段投放，也有利于窑工透过投柴孔观测窑内火候与烧成温度，从而改善烧造环境、提高成品率。分段烧成技术的运用与掌握，使龙窑热能不再单纯依靠火膛，对火膛的依赖性减小，龙窑长度得以延长，从而使火膛面积逐渐减小，使窑室面积增大，装烧量随之增加。随着投柴孔的开设与分段烧成技术的应用，至南朝时期，龙窑窑身长度增长，宽度随之变窄，其长度取决于窑场的生产能力与需求。

三国两晋时期，越窑出现了大量以动物造型为主要特征的器物，如羊形尊、熊形灯及较为复杂的人物堆塑罐等，坯件装烧以单件着地装烧、单件支烧与叠烧方式并存。为了增加装烧量，窑工适当改变了产品的局部造型。以虎子为例，将虎身的中间部分适当压缩，臀部多制成圆形扁平状，而非鼓出状的圆臀。这是由于鼓出状的圆臀在装窑时只能四肢着地，会占据较大横向空间，不利于提高产量，而臀部呈圆形扁平状则可以将臀部直接着地装烧，能够更好利用窑室的竖向空间，提高生产率。在浙江鄞州老虎岩M9[86]、江苏邳州煎药庙M7[87]与南京板桥新凹子M8[88]等西晋墓葬出土的青瓷虎子（图1-1-12），臀部均呈圆形扁

图1-1-12　浙江宁波鄞州老虎岩西晋墓出土的青瓷虎子[89]

[84] 中国硅酸盐学会主编《中国陶瓷史》，文物出版社，1982，第152页。

[85] 权奎山：《三国两晋南北朝时期制瓷工艺的突出成就》，载于炳文主编《跋涉集：北京大学历史系考古专业七五届毕业生论文集》，北京图书馆出版社，1998，第228—233页；熊海堂：《东亚窑业技术发展与交流史研究》，南京大学出版社，1995，第84页。

[86] 李永宁、彤海元、齐相福、刘文平、刘晓红、范新伟、吴东清、王光远、罗鹏：《宁波鄞州老虎岩三国至唐代墓葬发掘报告》，《东南文化》2011年第2期。

[87] 马永强、程卫、许定富：《江苏邳州煎药庙西晋墓地发掘》，《考古学报》2019年第2期。

[88] 龚巨平、王海平、骆鹏、邰建胜、董补顺、雷雨、蒋艳华、祝乃军：《南京板桥新凹子两座西晋纪年墓》，《中国国家博物馆馆刊》2015年第12期。

[89] 李永宁、彤海元、齐相福、刘文平、刘晓红、范新伟、吴东清、王光远、罗鹏：《宁波鄞州老虎岩三国至唐代墓葬发掘报告》，《东南文化》2011年第2期。

平状，相较于臀部呈圆形鼓出状的虎子，装烧量可增加1倍以上。

东晋之后，青釉瓷器得到大量生产，青铜、漆、木等材质的饮食器具逐渐被瓷器取代，人们的日常用器发生了结构性改变，随之而来的是对瓷器高质量与高产量的双重需求[90]。为了适应社会对瓷器需求日益增长的新形势，窑场主意识到需要充分利用龙窑窑室的竖向空间，以增加装烧量，提高成品率，进而促使匣钵与试火具等窑具的相继出现。窑具的改革与创新推动了装烧技术的迭新，从明火支烧到匣钵装烧是烧造技术上的重大突破。匣钵的创制与使用极大程度地利用了窑室的竖向空间，对防止釉面污染、消除支烧痕迹、提高产品质量及增加装烧量等都起到了积极的推动作用。

（四）龙窑窑室增高　釉色多有创新

隋、唐、五代时期，龙窑广泛分布于浙江、江西、福建、广东、安徽与江苏等地。筑窑材料的更新、砌筑方式的改进与匣钵装烧的推广使窑室增高成为可能，也使龙窑结构趋向成熟。唐代龙窑的砌筑方式多由土坯砖砌、砖砌、夯土与砖合筑、匣钵与砖合筑等多种形式构成，加之龙窑窑身变窄，窑顶更加坚固耐用不易倒塌，延长了窑体的使用寿命。东晋、南朝时期使用的匣钵较好地解决了生坯叠装时的负重问题，使窑室竖向空间得到充分利用。至唐、五代时期，南方地区使用匣钵装烧的窑场数量逐渐增多。唐代晚期，浙江慈溪上林湖窑址使用的匣钵得到改进，由早期的夹砂耐火土、夹砂瓷质匣钵发展到瓷质匣钵，并使用瓷质匣钵烧造出秘色瓷[91]。与此同时，窑室增高，窑门得以开设，便于窑工装窑与出窑，窑工的工作姿态从半蹲弯腰变为直腰操作，在提高工作效率的同时降低了劳动强度与人为破损率。随着龙窑窑身的延长与匣钵的普及，龙窑装烧量攀升，有利于实现瓷器量产[92]。

宋代出现了专烧或主烧一种釉色或一种器型的窑场。北宋时期，龙窑窑身较长，个别窑场为了更好地控制火焰流速与烧成气氛，通过窑床分级、窑身弯曲、设置障焰柱等技术改善龙窑的烧造环境。另有龙窑的窑室内砌筑了多道挡火墙，将窑室分成若干个小室，挡火墙下部设有烟火孔，使室与室相通，即出现了所谓的“分室龙窑”。窑工较好地掌握了窑温与烧成气氛等技术，使得青瓷与黑瓷的烧造愈加成熟，在釉色上也多有创新。此时，建窑大量烧造了黑釉茶盏，以兔毫釉最著。龙窑所用的燃料与窑工掌握的分段烧成技术，为兔毫釉的烧造

---

[90] 傅振伦：《中国瓷器的发明和发展》，《史学月刊》1980年第1期。

[91] 余琴仙：《景德镇市乐平南窑装烧工艺初探》，载江西省文物考古研究所、乐平市博物馆编著《景德镇南窑考古发掘与研究：2014年南窑学术研讨会论文集》，科学出版社，2015，第80—86页。

[92] 叶宏明、曹鹤鸣、程朱海：《浙江古代青瓷工艺发展过程的研究》，《硅酸盐》1980年第3期。

提供了釉料成分与高温条件。因龙窑以木柴为燃料，在清灰时即可获得兔毫釉料所需的木灰[93]。龙窑前段与中段有来自火膛的热量供应与投柴孔的燃料供应，当窑温达到1300℃以上，釉层流动，可以产生兔毫纹。南宋时期，龙泉窑的多层厚釉技术与充分还原技术使龙泉白胎青瓷创烧出了粉青釉与梅子青釉。龙泉青釉主要有石灰釉与石灰碱釉两类，石灰釉在高温下黏度较小，即在高温下易于流釉。石灰碱釉在高温下黏度较大，即在高温下不易流釉。窑工控制窑温与烧成气氛，利用石灰碱釉在高温下不易流釉的特点，将釉层施厚，创烧出粉青釉。随着龙窑窑身变短，窑工利用匣钵的排列组合与疏密程度进行火路分布，获取到更高的窑温与较强的还原气氛，创烧出梅子青釉。

元代，龙窑窑身缩短、坡度变缓，这一改变有助于提高窑内温度，使热量分布更均匀合理，减小了器物变形的可能，提升了大型瓷器的烧成效率。从出土发掘的实物来看，这一时期出现了较多的大型瓷器。此后，在龙窑结构的基础上逐渐演变出了葫芦窑、阶级窑等新型窑炉形制。至此，龙窑的发展日渐式微。

结语

纵观我国古代龙窑的形制发展与烧造技术的演变，龙窑凭借其材料易得、结构简单、造价低廉、装烧量大、热效率高、节省燃料与单件产品成本低等优势，成为南方地区重要的陶瓷生产工具之一。依据龙窑的窑床结构，主要分为A型斜底龙窑、B型斜底阶梯式龙窑与C型斜底障焰柱式龙窑，即三型四式。通过对A、B、C型龙窑的外部形态与内部构造进行分析归纳，总结出各类型龙窑的形制特征，龙窑的外部形态多为规整的长条形，前直后弯形少见。窑床结构A型与C型相似，与B型有较大差异，A型与C型：窑底斜平，呈斜坡状。B型：窑床底部分级，各级之间有高差。通过对龙窑的长度、宽度、高度、火膛与窑室面积以及坡度的数值分析可知，古代龙窑的演变规律总体呈现出：窑身由短及长、由矮到高，火膛由大到小，窑室由小到大，坡度由陡及缓；宽度变化相对较小，集中在2到2.6米。

从历史文献上看，有关龙窑的记载甚少，直至宋元时期，才被重视生产实践的政府官员与识字工匠所关注。从已发掘的龙窑遗迹上看，龙窑由南方自然资源与环境衍生而出，窑体沿山势起筑，构筑材料取自山林，循形而作，因势而为，砌筑方式经历了由简单粗拙到多元混搭的发展过程，体现了龙窑因地制宜与因

[93]卢嘉锡总主编，李家治分卷主编《中国科学技术史：陶瓷卷》，科学出版社，1998，第201页。

材施工的设计原则。历代窑工以降低生产成本、提升烧造质量、扩大装烧量为目的，不断改进龙窑的形制与结构，不仅提高了龙窑的装烧量与稳定性，也增强了窑工的控火控温技术，所出产品趋向专业化与精细化。合而观之，古代龙窑的规模尺寸与功能结构经历了由分散波动到聚集稳定、由单一简朴到完备规范的演变过程，历代龙窑的结构与形制处于升降有序、变化有因的动态发展中。

图 1-2-4　河北曲阳北镇定窑遗址 [11]

个省市区域内。其中河南地区的馒头窑遗址数量最多，陕西、重庆与河北相对较多，北京、山东、广西、江西、江苏、浙江、四川、福建、广东等地也均有分布，尤其在河南北部、河北南部（图 1-2-4）以及陕西中部，馒头窑的遗址较为集中。由此可见，馒头窑在我国分布范围较广，重点分布在北方地区，集中分布在广大中东部地区，总体呈现出多点式分布、规模相对集中的散播特征。

一、古代馒头窑的演变规律

为探究古代馒头窑形制的演变规律，下文将以搜集到的古代馒头窑为例，运用统计学方法，对馒头窑的长度（从窑门到窑尾的距离）、宽度以及火膛与窑床的形制与面积等进行纵向梳理，通过数据与图表展开对馒头窑形制的量化分析。由于部分窑体残损严重，以下数据按照实际有效数据进行统计。

（一）馒头窑长度与宽度分析

商代，馒头窑数量较少且体量普遍较小，偶见体量较大者，平均长度约 1.86 米。至春秋战国时期，馒头窑数量增多，平均长度约 4.06 米。秦汉时期，馒头窑平均长度递增至约 5.45 米。隋唐时期，馒头窑平均长度变化略微小，至宋代平均长度下降至约 4.52 米，此间数值波动较大。值得注意的是金代之后馒头窑的长度明显趋大（图 1-2-5）。元代，馒头窑平均长度约 5.69 米，明清时期有提升，

[11] 李鑫、秦大树、高美京、陈殿：《河北曲阳北镇定窑遗址发掘简报》，《文物》2021 年第 1 期。

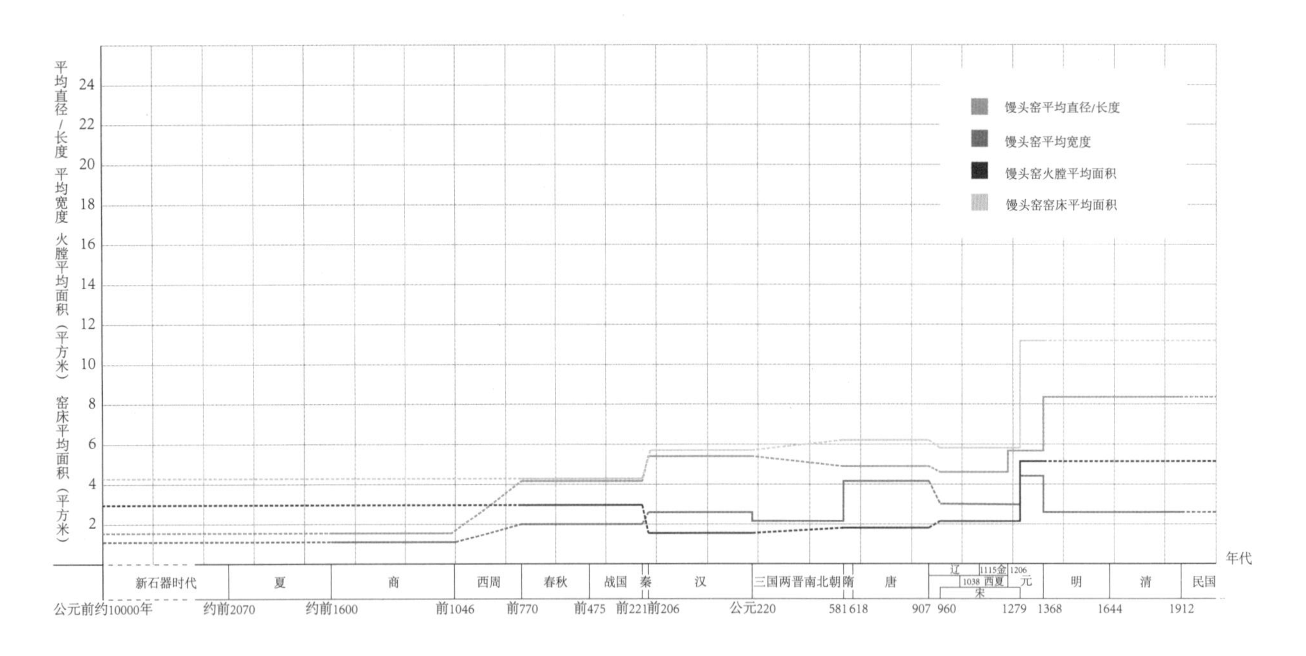

图 1-2-5　古代馒头窑平均直径 / 长度、宽度以及火膛与窑床平均面积统计图

平均长度变化较小。

商代，馒头窑平均宽度约 1.2 米，春秋战国时期约 2 米，汉代略提升至约 2.47 米。至三国两晋南北朝时期，馒头窑平均宽度回落至约 2.1 米。隋唐时期，馒头窑平均宽度递增至约 4.1 米。宋代馒头窑平均宽度又下降至约 3.04 米。至元代，馒头窑的平均宽度增加至约 4.13 米。

（二）馒头窑平面、火膛与窑床形制分析

通过对馒头窑平面形制的统计与分析可知：隋唐之前，馒头窑的平面形制以椭圆形与漏斗形为主；隋唐时期，马蹄形开始成为馒头窑的主流形制（图 1-2-6）。

商周时期，馒头窑平面形制主要有圆形、马蹄形、椭圆形、瓢形、葫芦形与长方形等六类，其中椭圆形与圆形是这一时期的主流形制。秦汉时期，馒头窑平面形制主要有长方形、马蹄形、椭圆形与漏斗形等四类，以漏斗形为主，马蹄形与长方形次之，椭圆形少见。隋唐时期，馒头窑平面形制主要有马蹄形、方形、圆形、椭圆形与长方形等五类，其中马蹄形占比最大，为馒头窑的主流形制。宋代，馒头窑平面形制主要有马蹄形、腰鼓形、椭圆形、甲字形、长方形与葫芦形等六类，马蹄形占比最大，并在此后仍以马蹄形为主流形制。

通过对馒头窑火膛形制的统计与分析可知，早期馒头窑火膛以半圆形、梯形、三角形等多种形制并存。至三国两晋南北朝时期，梯形占据主流趋势。隋唐时期，半圆形与扇形数量占比较多。宋代，半圆形、半月形、扇形成为主流（图 1-2-7）。

春秋战国时期，火膛的平面形制主要有扇形、椭圆形、梯形、半圆形、三角形与圆形等六类，其中以半圆形为主，梯形与三角形次之，扇形、椭圆形与圆形

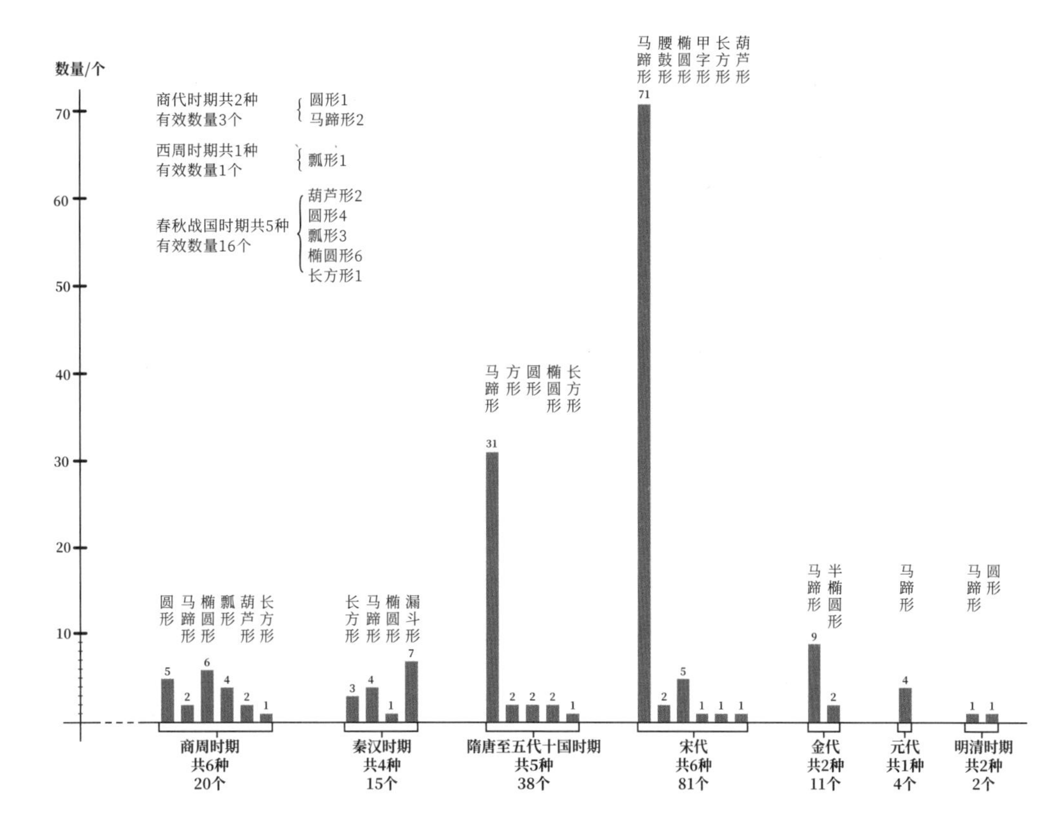

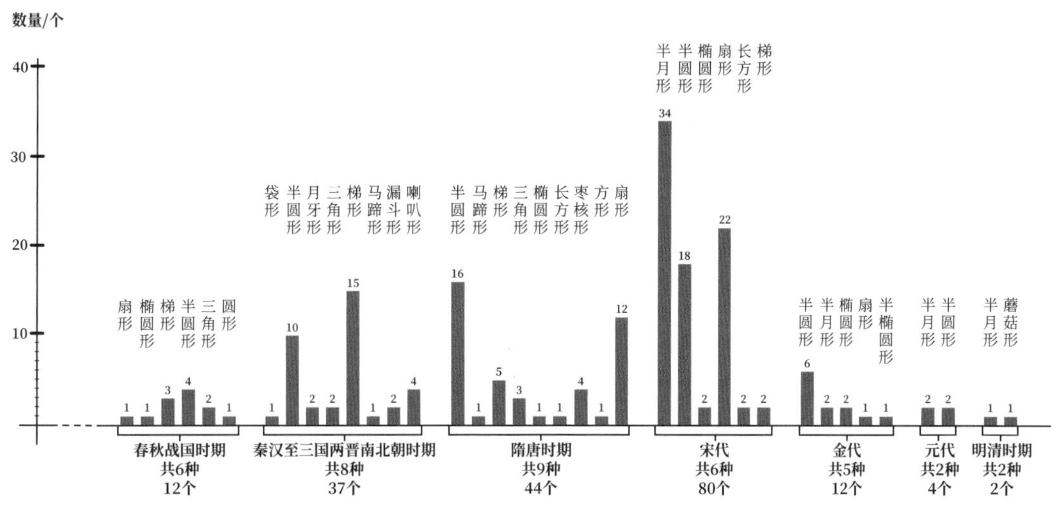

图 1-2-6（上）　古代馒头窑形制统计图

图 1-2-7（下）　古代馒头窑火膛形制统计图

少见。至三国两晋南北朝时期，火膛的平面形制主要有袋形、半圆形、月牙形、三角形、梯形、马蹄形、漏斗形与喇叭形等八类，其中以梯形与半圆形为主。隋唐时期，火膛的平面形制主要有半圆形、马蹄形、梯形、三角形、椭圆形、长方形、枣核形、方形与扇形等九类，其中半圆形与扇形成为火膛的主流形制。宋代，火膛的平面形制主要有半月形、半圆形、椭圆形、扇形、长方形与梯形等六类，其中半月形、扇形、半圆形占比较多，尤以半月形较为多见。金代，火膛的平面形制主要有半圆形、半月形、椭圆形、扇形与半椭圆形等五类，其中半圆形为火膛的主流形制。元代之后，火膛的平面形制以半月形或半圆形为主。

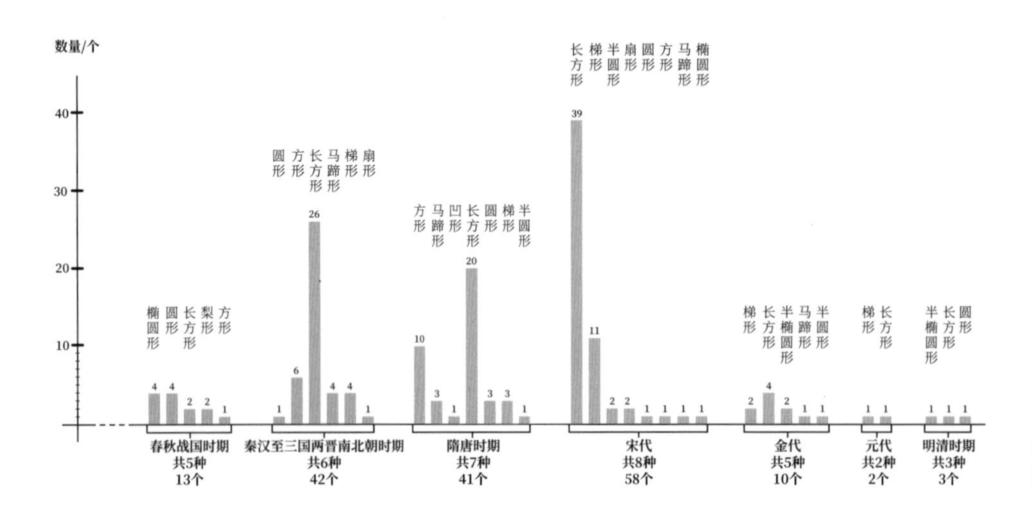

图 1-2-8 古代馒头窑窑床形制统计图

通过对馒头窑窑床平面形制的统计与分析可知，早期馒头窑窑床以椭圆形、圆形、长方形、梨形、方形等多种形制并存为主，自秦汉时期长方形渐成主流（图1-2-8）。

春秋战国时期，窑床的平面形制主要有椭圆形、圆形、长方形、梨形与方形等五类，其中椭圆形与圆形是主流形制。至三国两晋南北朝时期，窑床的平面形制主要有圆形、方形、长方形、马蹄形、梯形与扇形等六类，其中长方形开始成为主流形制。隋唐时期，窑床的平面形制主要有方形、马蹄形、凹形、长方形、圆形、梯形与半圆形等七类，其中长方形仍为窑床的主流形制。宋代，窑床平面呈长方形的馒头窑数量递增。

（三）馒头窑火膛与窑床面积分析

春秋战国时期，馒头窑火膛平均面积约 2.96 平方米，至秦汉时期，面积略下降至约 1.8 平方米。隋唐时期，火膛平均面积约 1.93 平方米，与秦汉时期差距较小。宋代，火膛平均面积约 2.09 平方米，至元代上升至约 5.35 平方米，火膛变大面积陡增。

春秋战国时期，馒头窑窑床平均面积约 4.16 平方米，秦汉时期递增至约 5.68 平方米。至隋唐时期，馒头窑窑床平均面积上升至约 6.1 平方米。宋代，馒头窑窑床平均面积约 5.74 平方米。至元代，窑床平均面积陡增至约 11.37 平方米。

（四）馒头窑排烟设施数量分析

商周时期，馒头窑所设排烟孔多呈长方形或方形。烟道多呈长方形，构筑方式主要有单烟道、双烟道与三烟道等。秦汉时期，排烟孔多呈方形、喇叭形、三角形与梯形等，大多数馒头窑将排烟孔增设至 3 个。烟道数量与形制各异，通常设有烟道 1 至 4 条，大多数馒头窑设有 3 条烟道。隋唐时期，排烟孔以长方形为主，大多设有2至17个。宋代之后，排烟孔数量一般设有3至16个，呈1至3排布列，排烟孔数量的增加能够使窑内火焰分布更为均匀。

商周时期，馒头窑烟囱的形制主要有方形、椭圆形、半圆形与长方形等四类，数量多为1至3个，宽度集中在0.2至0.46米。秦汉时期，烟囱主要有单烟囱、三烟囱与四烟囱等三种形式，其中以单烟囱最为常见。隋唐时期，烟囱主要有双烟囱与单烟囱两类，其中以双烟囱最为常见。宋代，烟囱主要有方形、半圆形、半月形、圆形、长方形、扇形与漏斗形等七类，主要有单烟囱、双烟囱与三烟囱等形式，其中绝大多数的馒头窑设有双烟囱，砌筑材料多以砖、耐火砖、废匣钵与黏土等为主。

综上所述，馒头窑的平均长度、平均宽度、火膛与窑床平均面积均在元代处于较为明显的上升阶段。馒头窑平均长度在发展期间有微小波动，但整体处于递增态势。平均宽度整体亦呈递增态势，在隋唐时期向上浮动明显，至宋代略有下降，元代数值回升。火膛平均面积在春秋战国时期处于略大值，之后略有下降，至宋代数值相对稳定，在元代数值攀升。窑床平均面积至隋唐时期呈递增态势，宋代略有下降，在元代数值攀升。馒头窑的平面形制以及火膛、窑床、排烟设施形制与大小等都处于不断变化中。早期馒头窑形制以椭圆形或漏斗形为主，隋唐之后以马蹄形为主。火膛平面形制早期以梯形为主，后期以半圆形为主。窑床平面形制早期以椭圆形或圆形为主，后期以长方形为主。

二、古代馒头窑烧造技术的传衍

古代馒头窑的技术革新主要集中在火膛结构、燃料选用、排烟孔以及烟囱数量等有关控火、控温技术方面。本节将结合各时期的代表性产品，探讨馒头窑的结构改进与烧造技术的演变，以期探析烧造技术与产品创新之间的关系。

（一）从挖穴为窑到筑墙为窑

先秦时期，馒头窑多为地穴式或半地穴式，窑体多从生土层掏挖或用土坯、小砖垒砌而成，以烧造陶器为主。窑工利用热气向上的原理，依靠烟囱产生的抽力控制进窑的空气量，利用烟囱与排烟孔等结构对热气流进行引导，延长了火焰在窑内的流动路线与停留时间，增加了火焰与坯件的接触时间，使热效率得以提高或能得到充分利用，为提高烧成温度创造了条件。在陕西张家坡窑与河南洛阳王湾窑发现的西周晚期残窑留存了烟囱与排烟孔痕迹[12]，张家坡窑烧造

[12] 刘可栋：《试论我国古代的馒头窑》，载中国硅酸盐学会编《中国古陶瓷论文集》，文物出版社，1982，第181页。

的陶器大多呈浅灰色，器表无斑驳现象[13]。王湾窑的窑炉结构更接近于馒头窑，但此时仍建于地面之下。

东周时期，湖北江陵毛家山发现了第一座建于地面且完整的馒头窑[14]。该窑在地面直接砌筑窑床，在其火膛南部堆积了二十多个尚未烧好的陶豆，或是因为窑床呈水平状态，坯件受热不均，靠近火膛的坯件前半部分常因受热较快产生收缩，坯件极易前倾倒入火膛而致废。战国时期，火膛与窑床面积增大，既可以获取到更高的烧成温度，也能够适应大件陶器的烧造。河北武安午汲古城春秋时期的陶窑内遗存着一些烧制变形的废品[15]，在同时期墓葬中出土的陶器，火候不高，胎色发黄，质地松脆，且产品形制较小，但在同一地点的战国墓葬中出土的泥质灰陶火候均较高。另在秦都咸阳故城遗址发现的战国陶窑、窖穴与水井内出土了鬲、盆、茧形壶等器形较大的陶器，这在前代较为少见[16]。

秦汉时期，馒头窑的火膛与窑床面积趋大。长安与洛阳等大型城市的建设以及大型砖室墓的建造，促使北方砖瓦烧造日盛，因此大火膛与大窑室的出现是为了适应大型砖以及数量较多的瓦的烧造。砖瓦的大量烧造丰富了筑窑材料。同时，砖室墓普遍使用的砖起拱券或为馒头窑的砌筑提供了技术借鉴，推动了建窑技术的提高[17]。

随着筑窑材料的更新与砌筑方式的改变，馒头窑的建造不再受地上地下的条件限制，出现了由挖穴为窑到筑墙为窑的转变，窑体的建造朝着规范化方向发展。西汉之前，馒头窑多建筑在生土内，建窑技术尚未成熟，筑窑材料较为原始，扩大窑室规模具有一定难度。西汉之后，砖作为建筑材料已较为普遍，馒头窑也开始使用砖筑封砌，建窑技术逐渐成熟。砖的运用不仅增加了窑壁的强度与窑体的使用寿命，也推动了馒头窑的普及，使扩大窑室与提高装烧量成为可能。

这一时期除了筑窑材料与窑体砌筑方式的更新，窑工对窑炉结构、排烟设施与烧窑燃料等方面仍不断进行调整改进与尝试，进而使窑内火焰分布与烧成温度在一定程度上得到了改善与提升，促使馒头窑的应用范围扩大，产品种类也随之增多。从窑炉结构上看，为了避免大型坯件或叠置较高的坯件因前倾而致废，窑工尝试对窑床坡度进行调整。如秦都咸阳故城遗址滩毛村4号陶窑[18]，

---

[13] 刘可栋：《试论我国古代的馒头窑》，载中国硅酸盐学会编《中国古陶瓷论文集》，文物出版社，1982，第182页。

[14] 纪南城文物考古发掘队：《江陵毛家山发掘记》，《考古》1977年第3期。

[15] 孟浩：《河北武安县午汲古城中的窑址》，《考古》1959年第7期；陈惠：《河北武安县午汲古城的周、汉墓葬发掘简报》，《考古》1959年第7期。

[16] 吴梓林、郭长江：《秦都咸阳故城遗址的调查和试掘》，《考古》1962年第6期。

[17] 顾幼静：《中国早期半倒焰窑的发展过程》，《东方博物》2007年第3期。

[18] 陕西省博物馆、文管会勘查小组：《秦都咸阳故城遗址发现的窑址和铜器》，《考古》1974年第1期。

窑床呈前高后低状，坡度约7°。窑床坡度的设计可使坯件重心稍向后移，当坯件前半部分受火产生收缩时，将坯件重心移回中心线，可以有效防止窑床前后坯件因受热不均而发生倾倒，从而提高成品率。但值得注意的是，滩毛村4号陶窑的窑床，色呈青灰而质坚硬，窑床中部厚0.1米，而两侧近窑壁处厚0.05米。这是由于此窑仅设有1个烟囱，且位于窑室后部中央位置，火焰与烟由窑室中部进入烟囱，所以窑室中部温度明显比两侧温度高，使得窑床厚度不均。这也说明了此时的窑工虽然已经有意识地对窑床坡度进行了调整，但对于控火设施的设计与处理仍不够成熟，导致窑内烧成温度分布不匀，影响了产品的质量与产量。

为了改善窑内温度分布不均的现象，窑工通过调整排烟孔位置、增加排烟孔与烟囱数量、开设烟室等技术手段对排烟设施进行改良。窑工将排烟孔位置调整至窑室后壁下方的中央与两侧，引导火焰向窑室两侧流动，使火焰与烟的流动更趋合理。排烟孔数量则大多由1个增加至3个。由于火路更加分散，窑内温度分布则更为均匀，窑炉平面结构也随之变宽。烟道由1个增至2个或3个，但出烟口仍为1个，两侧烟道皆向内弯曲汇聚到中间烟道，再由出烟口排出窑外。东汉时期，河北武安午汲18号窑出现了烟室[19]。在窑室后壁前方用土坯砌筑隔墙，在隔墙底部与窑床的相接处，开设等距的排烟孔3个，使隔墙与后壁之间形成半月形的烟室，可将烟火聚集于此，经烟囱排出窑外。此窑虽在结构上有所创新，但窑内仍有较多陶器废品出现，说明窑工对火候与温度的控制仍处于探索阶段。

从燃料使用上看，煤炭或已作为烧窑燃料使用[20]，如在河南偃师翟镇乡汉魏洛阳城遗址[21]、郑州古荥镇汉代冶铁遗址[22]都发现了煤的存在。在汉魏洛阳城发现的东汉烧瓦窑遗址的火膛与附近废弃堆积层中皆发现了煤渣，窑内出土有砖、瓦等建筑材料。郑州古荥镇汉代冶铁遗址发现的窑炉，兼具烘范、铁器热处理与烧造陶器等多种用途，该窑以烧造砖、瓦、鼓风管等建筑材料为主。在其“窑5”的火膛内堆放了经加工制作的煤饼，并在火膛内用砖架设风道，燃料置于其上。此外，河南温县汉代烘范窑内已有砖砌的炉箅出现，炉箅下遗留有白灰与未燃尽的木炭，出土器物有陶甑、盆、澄滤器与筒瓦、板瓦等，表明窑工已经有意识地创造通风条件来助燃[23]。

[19] 孟浩：《河北武安县午汲古城中的窑址》，《考古》1959年第7期。

[20] 刘可栋：《试论我国古代的馒头窑》，载中国硅酸盐学会编《中国古陶瓷论文集》，文物出版社，1982，第184页；柴国生：《中原地区汉代煤炭利用的新发展》，《南阳理工学院学报》2015年第3期。

[21] 钱国祥：《汉魏洛阳城发现的东汉烧煤瓦窑遗址》，《考古》1997年第2期。

[22] 郑州市博物馆：《郑州古荥镇汉代冶铁遗址发掘简报》，《文物》1978年第2期。

[23] 汤文兴：《河南省温县汉代烘范窑发掘简报》，《文物》1976年第9期。

基于烧造技术的革新，从馒头窑的应用范围上看，陶窑、砖瓦窑、烘范窑以及专门烧制陶俑的窑炉多采用馒头窑。窑工通过控制进入窑室的空气量，使火焰中保持约4%的一氧化碳，形成还原气氛，从而烧造出灰陶或青砖。秦代砖瓦的烧成温度达到1000℃，秦始皇陵出土的千余件陶俑与陶马，烧成温度为950℃至1050℃，质地坚硬，火候均匀，无炸裂与扭曲变形现象。在陕西西安未央区发现的21座烧造陶俑的汉代馒头窑，大部分陶俑还原较为充分，通体呈青灰色，致密度高，硬度强，烧结情况良好[24]。

（二）双烟囱趋向定式　烧成温度实现突破

隋唐时期，馒头窑主要分布在河南、陕西、河北与广东等地。这一时期长安与洛阳等大型城市的建设与黄河流域的人口增长，使人们对砖瓦与陶瓷器物的需求量增加，也促使馒头窑朝着大型化方向发展，所以此时无论是砖瓦生产还是陶瓷烧造都呈直线上升的趋势[25]。

馒头窑火膛变深、火膛与窑床面积变大、火膛形制趋向半圆形，烟囱体量增大，窑炉整体体量趋大。根据现有搜集到的馒头窑而言，隋代馒头窑的火膛底部略微低于窑床面，而唐代火膛底部已普遍低于窑床面。火膛变深有助于柴薪燃烧，即有利于升温，调整窑内上下温差。同时，抬高了窑床上坯件的位置，有利于坯件受热均匀[26]。火膛形制渐至半圆形，火膛与窑床的接触面由直壁变为曲面，相应增大了火膛与窑床之间的接触面积，有利于火焰热量更快地传递至窑床上的坯件。排烟设施主要有两种方式构成：一是通过窑室后壁的排烟孔与烟囱相连；二是通过窑室后壁的烟道与烟室相连，多见由三条烟道交汇到一个烟囱的设计。烟囱由单烟道改为多烟道，由早期的单烟囱多转向双烟囱。馒头窑整体体量变大，装烧量随之增加。

北方邢、巩、定等窑烧制的瓷器均属于高铝质瓷，所需烧成温度较高。北方白釉瓷的烧成温度一般能达到1300℃[27]，其中巩县窑的最高烧成温度达到1380℃，是我国南北方古瓷的最高烧成温度[28]。因胎内含有较高的氧化铝，所以在窑内高温的作用下，经反应后会有较多的氧化铝熔入釉中，在胎釉交界处形成反应层，即在靠近釉的一面有长短不一的斜长石自胎向釉生长[29]。烧成温度的提高既能增加瓷胎强度，又可使胎、釉之间结合紧密，提高产品质量。馒头

[24] 刘庆柱、李毓芳、刘振东、杨灵山：《汉长安城窑址发掘报告》，《考古学报》1994年第1期。
[25] 熊海堂：《东亚窑业技术发展与交流史研究》，南京大学出版社，1995，第65页。
[26] 刘凤君：《山东古代烧瓷窑炉结构和装烧技术发展序列初探》，《考古》1997年第4期。
[27] 熊寥：《中国古代制瓷工程技术史》，山西教育出版社，2014，第228页。
[28] 卢嘉锡总主编，李家治分卷主编《中国科学技术史：陶瓷卷》，科学出版社，1998，第10页。
[29] 李家治、陈显求、张福康、郭演仪、陈士萍等：《中国古代陶瓷科学技术成就》，上海科学技术出版社，1985，第184页。

窑的降温速度缓慢，一方面会限制产品快烧的速冷，减轻瓷器的半透明度与白度，而为了减少产品变形，遂将胎体变厚，最终形成北方瓷器器型硕大、浑厚凝重的特色；另一方面，由于容易产生二次氧化，北方瓷器的釉色多为白中泛黄或青中泛黄[30]。

在河北临城祁村发现了唐末、五代时期使用的馒头窑，窑工在原有的大火膛内加建了小火膛，并且是在大火膛使用一段时间后所加筑[31]。原有火膛面积较大，或专为烧造细白瓷器而设计。至唐代晚期，邢窑逐渐衰落。唐末、五代时期，窑场由生产细白瓷器逐渐改为粗白瓷器与青釉瓷器。相较于细白瓷器的烧成温度，粗白瓷器与青釉瓷器的烧成温度较低，为了节省燃料，不再需要大火膛，故而加建小火膛[32]。

隋、唐、五代时期，匣钵在北方窑场相继使用。邢窑作为较早使用匣钵装烧的窑场之一，经历了从明火支烧到匣钵装烧的发展过程。隋代末期，邢窑已有筒形匣钵出现，应是专门为精细白釉瓷的烧造而设计制作的[33]。基于胎釉配方的改良与匣钵装烧的使用，邢窑烧造出薄胎"透影白釉瓷"。透影白釉瓷采用筒形匣钵装烧，并与粗白釉瓷、青釉瓷器同窑烧造。因匣钵与粗白釉瓷为同一原料制成，在窑内受高温焙烧时，膨胀系数与收缩率相一致，减少或避免了产品变形的现象[34]。由于透影白釉瓷胎的烧成范围较窄，在装窑时可能选择火焰温度较高且较为稳定的中上部窑位。据推测，透影白釉瓷的烧成温度约在1280℃，或在还原气氛中以柴为燃料一次烧成[35]。唐代早期，邢窑首创漏斗形匣钵，独创盒状组合式匣钵。匣钵可根据产品大小定制，采用一匣一器的装烧方式，各式匣钵的灵活配置、组合使用，为精细白釉瓷的大量烧造创造了条件[36]。

窑炉结构的改进与装烧技术的革新有利于控制与提高烧成温度，产品开发随之蓬勃发展。唐代制瓷工匠通过控制烧成温度、调整烧成气氛与装烧窑位等技术手段，创新产品釉色与种类，使青釉瓷、白釉瓷、黑釉瓷、三彩器、绞胎

[30] 熊寥：《中国古代制瓷工程技术史》，山西教育出版社，2014，第409页；刘振群：《窑炉的改进和古陶瓷发展的关系》，《华南工学院学报》1978年第3期。

[31] 河北省文物研究所、内丘县文物保管所、临城县文物保管所：《邢窑遗址调查、试掘报告》，载刘庆柱主编《考古学集刊14》，文物出版社，2004，第191—237页。

[32] 毕南海、张志忠：《邢窑历代窑具和装烧方法》，载李家治、孙显求主编《古陶瓷科学技术1：1989年国际讨论会论文集》，上海科学技术文献出版社，1992，第446页；卢嘉锡总主编，李家治主编《中国科学技术史：陶瓷卷》，科学出版社，1998，第169页。

[33] 河北省文物研究所、内丘县文物保管所、临城县文物保管所：《邢窑遗址调查、试掘报告》，载刘庆柱主编《考古学集刊14》，文物出版社，2004，第191—237页。

[34] 智雁：《隋代瓷器的发展》，《文物》1977年第2期。

[35] 张志中、王会民：《邢窑隋代透影白瓷》，《文物春秋》1997年第S1期。

[36] 毕南海、张志忠：《邢窑历代窑具和装烧方法》，载李家治、孙显求主编《古陶瓷科学技术1：1989年国际讨论会论文集》，上海科学技术文献出版社，1992，第448页。

器与花釉器等在北方窑场相继出现，逐渐形成了以邢窑为代表的北方窑业生产中心。

（三）以煤代薪推而广之　白中泛黄渐呈主流

宋代馒头窑数量激增，分布在陕西、河南、河北、北京、山东、重庆、四川、江西与宁夏等地，生产范围与规模逐渐扩大，馒头窑的发展也达到顶峰。随着筑窑材料趋向多元，窑体多由耐火砖、废窑柱、碎砖、匣钵与匣钵片等材料混筑或由夯土构筑。馒头窑结构已大同小异，其技术突破主要表现在新燃料渐趋普及之势。为了适应燃料改变，在窑炉结构与装烧窑具上都有所改良与创新。燃料类型的选用上出现了由柴到煤的转变，从而促成北方白瓷釉色白中泛黄特征的形成。

相较于以柴为燃料的馒头窑，以煤为燃料的馒头窑在窑炉结构上呈现出火膛面积增大、窑床变短、烟囱体量增大、排烟孔密集的特征。火膛面积增大是为了增加火力，达到短时间内升温的目的。由于煤块在火膛中承托才得以燃烧，宋代馒头窑在火膛内增设了窑箅与漏灰装置，二者兼具通风助燃的作用。宋代，馒头窑的火膛结构逐渐完善，主要由火膛、炉栅、落灰坑、通风道或出灰道等部分组成。因煤块燃烧时火焰较短，所以窑床变短。同时，火焰的流向需要依靠排烟孔产生的抽力形成半倒焰，而煤块的燃烧所需抽力更大，为获得更多氧气助燃，烟囱砌筑得更为粗大，排烟孔的排布更为密集，抽力更强、更均匀[37]。

根据现有资料统计，唐代之前，馒头窑的燃料以柴薪为主（图1-2-9）。尤其是松柴，含松脂，火焰长，升温速度快，且柴灰少，是各地窑场的理想燃料，如唐代邢窑使用松柴作为燃料，能较好地适应邢窑细白瓷器对烧成温度的要求。唐代晚期之后，以煤炭为燃料的馒头窑数量逐渐增多，相较于柴薪，煤炭的特点是燃点高，不易起燃，火焰短，但着火后火焰猛烈，温度高，燃烧时间长，对控火控温技术要求较高[38]。入宋之后，以煤炭为燃料的馒头窑数量攀升，以柴薪为燃料的馒头窑数量下降。

从燃料类型的使用地区上看（图1-2-10），以煤炭为燃料的馒头窑主要集中分布在河北、北京、陕西、河南、山东等北方地区，如河北定窑、磁州窑，河南汝窑、钧窑，陕西耀州窑等。这些大型窑场规模大，瓷窑数量众多，用煤量巨大，促进了制瓷业与煤业共同发展，产品质量整体较高，影响最为深远[39]。以柴薪

---

[37] 熊海堂：《东亚窑业技术发展与交流史研究》，南京大学出版社，1995，第107页。

[38] 水既生：《煤烧馒头窑的烧成特点》，载李家治、孙显求主编《古陶瓷科学技术1：1989年国际讨论会论文集》，上海科学技术文献出版社，1992，第449页。

[39] 祁守华：《关于古代用煤烧瓷》，《河北陶瓷》1985年第3期；郑军：《煤炭与古代陶瓷烧造的关系浅析——以中国煤炭博物馆馆藏瓷器为例》，《文物世界》2018年第5期。

为燃料的馒头窑集中分布在江西、江苏、安徽、广东等南方地区。另有煤柴兼用的馒头窑，数量较少。此外，以柴薪或煤炭为燃料的馒头窑在南、北地区均有分布。在河北、陕西、北京与山东等北方地区的部分窑场也会以柴薪为燃料，在四川、重庆、安徽等南方地区的部分窑场也会以煤炭为燃料。唐代之前馒头窑的燃料以柴薪为主；唐代之后，北方地区以煤炭为主，南方地区仍以柴薪为主。北宋中期之后，煤炭作为烧窑燃料逐渐普及。各地馒头窑以煤为主或完全以煤为燃料，但部分窑场仍沿用柴薪，少数窑场煤柴兼用。

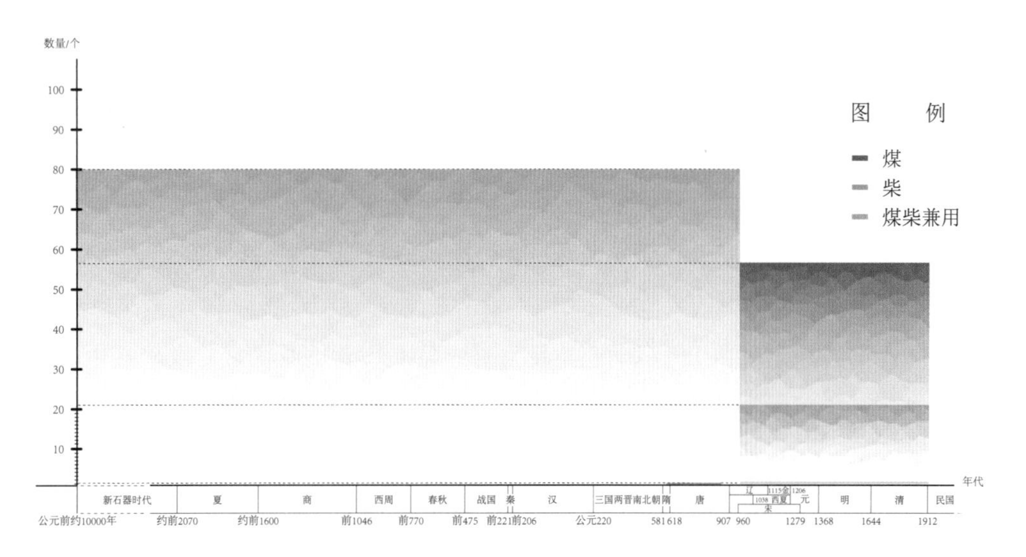

图 1-2-9 历代所用燃料类型数量统计图

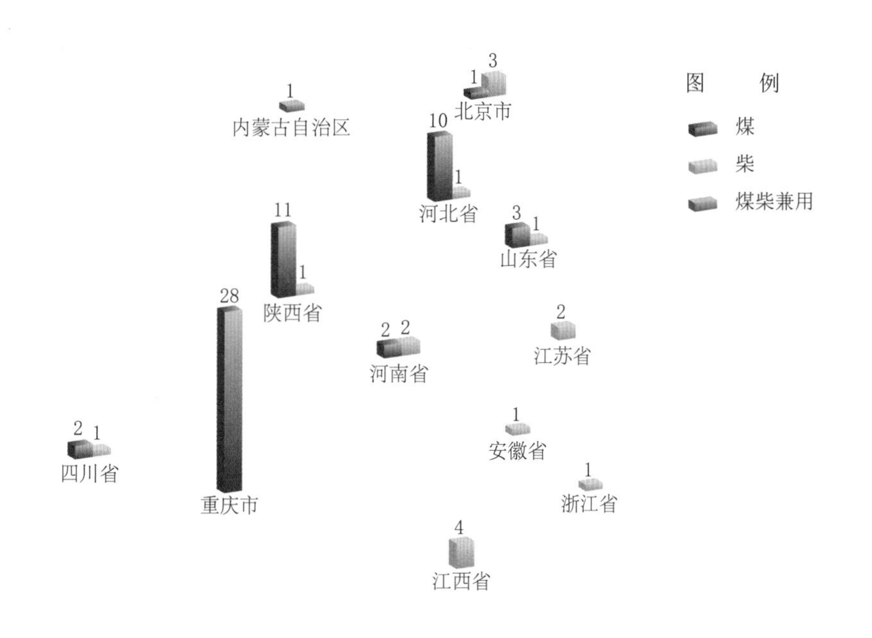

图 1-2-10 燃料类型分布图

古代以煤炭为燃料的馒头窑之所以大多集中在北方，与燃料的获取途径、窑场周边自然资源、煤炭资源分布与交通运输条件等因素息息相关。首先，南方地区林木茂盛，柴薪资源丰富，诸如竹、木等燃料富足，基本能够保证窑业生产所需；而北方地区林木资源相对匮乏，不足以满足日益增长的陶瓷生产需求[40]。其次，我国煤炭资源蕴藏较大，尤其是一些大型煤田主要集中在北方地区，而南方地区的煤田则规模较小且相对分散；加之宋代渐趋规范化与系统性的煤炭开采技术，也为煤炭资源的利用与推广奠定了基础。在今河南鹤壁[41]、禹州神垕[42]工作人员均发现了规模较大的、宋元时期的煤矿遗址，这些古代采煤区域也是鹤壁窑与钧窑等北方重要的陶瓷生产区域。因此，北方地区就将储量丰富、开采技术相对成熟的煤炭资源作为烧窑燃料。煤炭资源的大规模开采也为陶瓷的大量生产提供了燃料保障。另在安徽、四川等煤柴兼用的南方地区，因地处南北方交界，成为技术吸收型地带，故烧造技术受南北双方的影响。尤其是四川地区，早期冶铁等手工业发达，用煤经验丰富，这对烧窑燃料的选择产生了直接影响。再次，北方制瓷原料所用的瓷土，多为二次沉积黏土，与南方粉碎瓷石或者直接利用风化瓷土进行泥料加工不同。这类黏土质或黏土长石质原料常与煤矿共生，在开发利用上互为依存。自宋代以煤为燃料后，陶瓷窑场与露天煤矿除了在分布上相互叠合外，二者的依存关系也更为密切[43]。窑场分布与产煤区域的高度叠合不仅说明了宋代煤炭开采规模之大、开采技术水平之高，也说明了古代陶瓷生产地相对集中，与燃料产地之间存在较强的依存关系。最后，制瓷业作为高耗能手工业，在生产过程中需要消耗大量柴薪或煤炭。古代受到交通运输条件与生产成本等因素的制约，烧窑所用的燃料大多是就地取材或短途调运。北方多平原，为煤炭运输提供了便利。南方多丘陵山地，对煤炭运输造成了一定困难。

以煤炭作燃料在宋代的普及，除了与丰富的煤炭资源储量、成熟的开采技术有关之外，可能还与当时的气候变迁、人口变化以及相关手工业生产影响下的燃料危机有关。宋代，我国气温开始持续走低，冬季气候寒冷，寒潮频率增加，长江下游地区河港结冰现象普遍[44]，加之北宋时期人口数量总体稳步上升，且增长速度较快[45]。这使得民众生活用柴的需求量急剧增加，加剧了燃料供需矛

[40] 郑军：《煤炭与古代陶瓷烧造的关系浅析——以中国煤炭博物馆馆藏瓷器为例》，《文物世界》2018年第5期。

[41] 河南省文化局文物工作队：《河南鹤壁市古煤矿遗址调查简报》，《考古》1960年第3期。

[42] 安廷瑞：《河南禹县神垕镇北宋煤矿遗址的发现》，《考古》1989年第8期。

[43] 郑军：《煤炭与古代陶瓷烧造的关系浅析——以中国煤炭博物馆馆藏瓷器为例》，《文物世界》2018年第5期。

[44] 刘昭民：《中国历史上气候之变迁》，台湾商务印书馆，1982，第95页；葛全胜等：《中国历朝气候变化》，科学出版社，2011，第393—395页。

[45] 张呈琮：《中国人口发展史》，中国人口出版社，1998，第81页；葛剑雄：《中国人口发展史》，四川人民出版社，2020，第219页。

盾[46]。同样作为高耗能的冶铁业等手工业生产蓬勃发展，进一步加剧了燃料消耗，柴薪资源日趋减少，传统燃料蓄积量下降，燃料问题日益凸显，宋代部分地区出现了燃料资源“供需难足”的状况[47]。传统燃料的危机迫使人们开发新能源，得益于宋代矿冶手工业的大力发展，煤炭资源才在宋代得到广泛应用。随着煤炭使用范围的不断扩大，人们在饮食与取暖等生活方式上也发生了新变化。无论是对煤炭资源的开采与利用，还是对煤炭资源的依赖程度上，传统燃料危机在南方的影响力都不及北方深远[48]。

不同的燃料类型会使釉的呈色发生变化，柴薪燃烧时，能够在半缺氧的状态下形成还原气氛，烧造的白釉瓷多呈白中泛青，釉面柔和温润。煤炭燃烧时需要充足的氧气，窑内易形成氧化气氛或弱还原气氛，烧造的白釉瓷多呈白中泛黄，黑釉瓷亮黑，釉面质感较硬。

宋代定窑、耀州窑、汝窑、磁州窑与钧窑等大型窑场，合理利用窑炉结构，控制烧成温度与烧成气氛，创新装烧窑具与装烧方法，推动了特色产品的烧成。唐、五代时期，定窑继承了邢窑的高温技术，以木柴为燃料，燃烧与升温速度快，使白釉瓷在还原气氛中烧成，釉色白中泛青。北宋之后，定窑改用煤作为燃料，烧成气氛从还原气氛改为氧化气氛，产品均在氧化气氛中烧成[49]。由于定窑白釉瓷的着色氧化物是铁和钛，煤中所含硫化物与瓷器胎釉中的铁的化合物作用，白釉瓷胎釉微泛黄色[50]。由此可知，燃料类型与烧成气氛的改变是定窑瓷器釉色从白中泛青变为白中泛黄的主要原因之一[51]。定窑的制瓷工匠在白中泛黄的瓷地上创造了刻划花装饰，并随着覆烧法的创制，印花装饰被大量使用。所以定窑印花产品多采用支圈覆烧法，口沿无釉者居多，从而形成定窑瓷器的独特风格[52]。

宋代各大窑场的烧造活动均需消耗大量柴薪，为了节约燃料，降低生产成本，提高装烧量，实现批量化生产，窑具与装烧技术均有较大程度的创新。北宋中期，定窑首创了覆烧法，即在支圈座上倒扣一坯件，在支圈座上叠置一环形支圈，坯件倒扣在支圈内，如此一圈一器逐层叠放，装在匣钵内烧制（图1-2-11）。覆烧法属于支圈与匣钵组合式装烧，可以一次性装烧多件碗、盘类产品，既充分利用了窑室空间、扩大了装烧量，又节约了燃料、降低了生产成本，因此全国各

[46] 文焕然著，文榕生选编整理《历史时期中国森林地理分布与变迁》，山东科学技术出版社，2019，第10—11页。
[47] 柴国生：《“燃料荒”还是“燃料危机”：再论宋代燃料安全问题——兼与赵九洲商榷》，《中国农史》2019年第1期。
[48] 许惠民：《南宋时期煤炭的开发利用——兼对两宋煤炭开采的总结》，《云南社会科学》1994年第6期。
[49] 张进、刘木锁、刘可栋：《定窑工艺技术的研究与仿制》，《河北陶瓷》1983年第4期。
[50] 卢嘉锡总主编，李家治分卷主编《中国科学技术史：陶瓷卷》，科学出版社，1998，第168页。
[51] 李国桢、郭演仪：《历代定窑白瓷的研究》，《硅酸盐学报》1983年第3期。
[52] 李辉柄、毕南海：《论定窑烧瓷工艺的发展与历史分期》，《考古》1987年第12期。

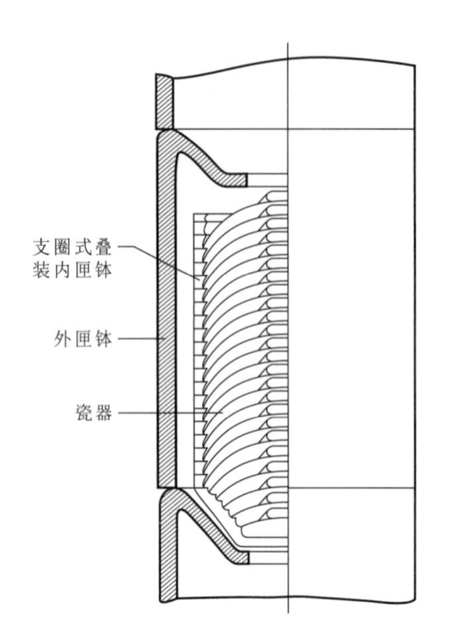

图 1-2-11 宋代定窑匣钵支圈覆烧示意图[54]

大窑场纷纷效仿。然而，过密的装窑在一定程度上阻碍了窑内排湿与传热，升温与降温速度过慢，致使倒窑现象时有发生[53]。此外，由于器口与支圈直接接触，需刮去口沿的釉层，避免二者粘连，从而导致了定窑碗、盘类产品口沿无釉的缺陷，即芒口。北宋后期，为了解决芒口的缺陷，定窑器采用金、银或铜等金属物对口沿包镶，形成金、银、铜扣。一些大型芒口金银扣碗、盘类器物也因支圈覆烧法的采用极少发生变形。但是由于芒口始终无法避免，宋代之后覆烧法较少使用。

基于对半倒焰技术的充分运用，明代在江苏南京地区已采用全倒焰窑烧造产品，主要以琉璃建筑构件为主。在安徽[55]、江苏[56]、陕西[57]等地发现明代琉璃窑，窑炉形制主要包括半倒焰窑与全倒焰窑两类。陕西西岳庙明代琉璃窑仍采用半倒焰窑[58]，从出土的绿色琉璃瓦件上看，由于釉料配制与烧造技术的不成熟，出现了釉层薄厚不一、釉色深浅不一的现象。相较于半倒焰窑，全倒焰窑通过窑床上的吸火孔，将火焰引至窑床面，使得火焰能够覆盖全部产品，最大程度地利用了热量，缩小了窑内各部位的温差。因此，在江苏南京聚宝山与窑岗

[53] 郑乃章：《中国传统陶瓷窑炉结构与烧成方法》，《陶瓷工程》1999年第5期。

[54] 李家治、陈显求、张福康、郭演仪、陈士萍等：《中国古代陶瓷科学技术成就》，上海科学技术出版社，1985，第187页。

[55] 卢茂村：《当涂县明代琉璃窑考察记》，《东南文化》1996年第1期；罗虎、唐更生、朱江：《凤阳乔涧子明代琉璃官窑遗址》，《大众考古》2014年第4期。

[56] 南京博物院：《明代南京聚宝山琉璃窑》，《文物》1960年第2期；陈钦龙：《江苏南京雨花台窑岗村明代琉璃窑址发掘简报》，《文物》2015年第10期。

[57] 吕智荣：《西岳庙一号琉璃瓦窑址发掘简报》，《考古与文物》2005年第6期。

[58] 同上。

村发现的琉璃窑内的产品甚少出现过烧或欠烧现象。琉璃器均采用高温素烧坯件与低温釉烧二次烧成方法，素烧温度约1100℃，釉烧温度800℃至900℃[59]。经二次烧成的产品具有强度较高、龟裂较小、釉色一致的优势。此后，广东、江西、重庆与内蒙古等地仍使用馒头窑烧造青釉瓷、黄釉瓷、白釉瓷与青花瓷等产品，但数量明显减少。

结语

综上所述，馒头窑因其建造方便、结构稳定、坚固耐用、利于控火、装窑与出窑便利等优势，成为我国古代使用范围较为广泛的窑炉形制。纵观古代馒头窑的形制发展，通过对馒头窑长度、宽度、火膛与窑床面积以及烟囱数值分析可知，其形制演变总体呈现出窑身由短及长，宽度由窄及宽，火膛与窑床面积均由小到大，火膛由浅变深，窑床由低渐高，烟囱数量由少及多的特征。馒头窑各项结构数值呈现出局部波动、整体递增的发展态势，筑窑材料与砌筑方式由原始无序渐至先进规范。以上皆是古代窑工在长期生产实践中，对建窑技术与控火、控温技术逐步提高、渐至完善的表现。

我国古代馒头窑的砌筑与北方干燥少雨的气候条件以及黄土地带的土壤堆积特征等因素相适宜。窑工适时改变火焰流动方向，由升焰式转变为半倒焰式乃至全倒焰式，提高了热能利用率，体现了馒头窑因地制宜、因时施宜的设计原则。基于对煤炭资源的开发与利用以及对燃料性能的科学认识，烧窑燃料在宋代由柴薪改为煤炭，也使得古代窑业燃料从开发地表植被燃料进入到利用地下化石燃料的时代[60]。依托于窑炉结构的改进、装烧方式的革新以及烧窑燃料的发展，馒头窑所烧造的产品质量与种类也渐至精巧、多元，体现了馒头窑与产品创新之间双向驱动与相辅相成的关系。

[59] 杨捷明、杨联伟：《南京明代琉璃御窑传统技艺探究》，《江苏陶瓷》2020年第3期。
[60] 熊海堂：《东亚窑业技术发展与交流史研究》，南京大学出版社，1995，第109页。

第三节　瓷都的语境与角色

景德镇市位于江西省东北部，地处赣、浙、皖三省交界处，是我国古代陶瓷的重要产区之一。景德镇古有“江南雄镇”之称，并非因水陆交通的要冲或百货吞吐的商埠成名，而是独因制瓷业成为我国古代四大名镇之一，以出产名瓷饮誉全球[1]。《南窑笔记》记载：“新平之景德镇，在昌江之南”[2]，另在《景德镇陶录》卷一《图说》与清康熙二十一年（1682）刊本《浮梁县志》卷四《陶政》中皆有关于对景德镇之名由来较为详细的记载，前者有载：“景德镇属浮梁之兴西乡，去城二十五里，在昌江之南，故称昌南镇。其巨观音阁江南雄镇坊至小港嘴，前后街计十三里，故又有陶阳十三里之称。水土宜陶，陈以来土人多业此。至宋景德年始置镇，奉御董造，因改名景德镇。”[3]后者有载：“陶厂自唐武德二年陶人献假玉器，由是置务，宋景德中始置镇，因名。”[4]由文献可知，宋代之前，景德镇被称为“新平镇”，因地处“昌江之南”也被称为“昌南镇”。独特的地理条件与自然资源，造就了景德镇适宜陶瓷烧造的技术环境，北宋真宗景德元年（1004），“昌南镇”改名为“景德镇”[5]。这在《大清一统志（七）》卷三一二《饶州府二·景德镇》中亦有佐证：“浮梁县有景德镇，旧志，其地水土宜陶，宋景德中，置镇于此，因名。”[6]

一、景德镇陶瓷烧造概貌

景德镇陶瓷烧造历史悠久，《南窑笔记》记载：“其治陶始于季汉。埏埴朴素，即古之土脱碗也。陈至德元年（583），相传有贡陶础者，不堪用。而至隋大业（605—618）中，始作狮象大兽二座，奉于显仁宫。令太原陶工制造，入火而

[1] 江西省轻工业厅景德镇陶瓷研究所编著《中国的瓷器》，中国财政经济出版社，1963，第159页；景德镇市地方志编纂委员会编《景德镇市志》（第一卷），中国文史出版社，1991，第3页。

[2] 黄宾虹、邓实编《美术丛书·南窑笔记》第三册，江苏古籍出版社，1997，第2058页。

[3]〔清〕蓝浦：《景德镇陶录》卷一《图说》，郑廷桂补辑，京都书业堂藏版。

[4]〔清〕陈淯等修，邓爊等纂《江西省浮梁县志（二）》卷四《陶政》，清康熙二十一年刊本，成文出版社有限公司，1989，第391页。

[5] 熊寥编著《景德镇陶瓷艺术》，江西美术出版社，1994，第14页。

[6]〔清〕穆彰阿、潘锡恩等纂修《大清一统志（七）》卷三一二《饶州府二·景德镇》，上海古籍出版社，2008，第461页。

裂。”[7] 另在《景德镇陶录》卷五《景德镇历代窑考》及《书后》有所记载：“陈至德元年诏镇以陶础贡建康”[8]，“镇陶自陈以来名天下”[9]。由文献可知，景德镇制陶始于汉代，三国两晋南北朝时期已为社会瞩目[10]。《江西省大志》卷七《陶书》“建置”条记载：“唐武德二年（619），里人陶王献假玉器，由是置务设镇，历代相因。”[11] 在《景德镇陶录》卷五《景德镇历代窑考》“陶窑”条中亦有记载：“唐初器也。土惟白壤，体稍薄，色素润，镇钟秀里人陶氏所烧造，《邑志》云：唐武德中，镇民陶玉者，载瓷入关中，称为假玉器，且贡于朝，于是昌南镇瓷名天下。”[12]“霍窑”条记载：“土墡腻质薄，佳者莹缜如玉，为东山里人霍仲初所作，当时呼为霍器。《邑志》云：唐武德四年，诏新平民霍仲初等制器进御。”[13] 由文献可知，唐武德二年，里人陶氏造器贡于朝廷，人称假玉器。唐武德四年，东山里霍仲初造瓷进御。唐代之前，景德镇以烧造粗陶与建筑用陶等产品为主[14]。入唐之后，景德镇烧造出白釉瓷器，打破了唐代制瓷业长期以来的“南青北白”格局，景德镇制瓷业进入肇始期。

北宋景德年间（1004—1007），真宗命镇烧造御器，“土白壤而埴，质薄腻，色滋润……底书‘景德年制’四字”[15]，因烧造的瓷器“尤光致茂美，当时则效，著行海内，于是天下咸称景德镇瓷器，而昌南之名遂微”[16]。宋代，景德镇窑创烧出青白釉瓷器，继而成为全国青白瓷系的烧造中心。

元代，除景德镇外，浙江龙泉窑、河北磁州窑、河南钧窑等各大窑场仍在盛烧[17]。元朝廷在景德镇设立“浮梁磁局”，全国制瓷中心开始转移至景德镇，并且一改宋以来主烧青白釉瓷器的局面，出现了卵白釉瓷、青花、釉里红、高温蓝釉、戗金五色花等名瓷，产品趋向多元，为明代彩瓷与单色釉的发展奠定了技术基础[18]。

入明之后，朝廷在景德镇设立御器厂，专门烧造御用瓷器，青花、釉上彩及颜色釉瓷等技术更盛，新品频出。然景德镇以外的窑场日渐衰落，除龙泉窑仍以

[7] 黄宾虹、邓实编《美术丛书 · 南窑笔记》第三册，江苏古籍出版社，1997，第2058页。
[8]〔清〕蓝浦：《景德镇陶录》卷五《景德镇历代窑考》，郑廷桂补辑，京都书业堂藏版。
[9]〔清〕蓝浦：《景德镇陶录》书后，郑廷桂补辑，京都书业堂藏版。
[10] 熊寥编著《景德镇陶瓷艺术》，江西美术出版社，1994，第14页。
[11]〔明〕王宗沐纂修，陆万垓增修《江西省大志（二）》卷七《陶书》，明万历二十五年刊本，成文出版社有限公司，1989，第815页。
[12]〔清〕蓝浦：《景德镇陶录》卷五《景德镇历代窑考》，郑廷桂补辑，京都书业堂藏版。
[13] 同上。
[14] 陈燕华：《唐代景德镇早期窑业探索》，《东南文化》2017年第2期。
[15]〔清〕蓝浦：《景德镇陶录》卷五《景德镇历代窑考》，郑廷桂补辑，京都书业堂藏版。
[16] 同上。
[17] 中国硅酸盐学会主编《中国陶瓷史》，文物出版社，1982，第359页。
[18] 同上书，第357页。

烧造青瓷为主外，多数窑场或因技艺停滞而萧条，或因战乱困扰而衰落，唯有景德镇制瓷工匠擅于吸纳新技术，“为天下窑器所聚，其民繁富甲于一省”[19]，从而形成全国制瓷中心。清康熙、雍正、乾隆三朝制瓷技术精良，民窑日盛，所产瓷器“行于九域，施及外洋”[20]。至此，景德镇历经唐、宋时期的发展，于元、明、清时期逐渐成为工匠来八方，器成天下走[21]的全国制瓷中心与“世界瓷都”。

二、得天独厚的瓷业都会

景德镇凭借优越的自然资源、成熟的技术条件与兴盛的国内外市场等因素，共同保障了其在制瓷原料、烧窑燃料、交通运输、劳动力资源、产品销售等瓷业生产上的优势，这些都是景德镇能够成为“全国制瓷中心”与“瓷都”的重要原因。

（一）水土宜陶　昌江通衢

优越的自然资源为景德镇制瓷业提供了良好的气候条件、丰富的瓷土矿藏、燃料与水利资源以及便利的交通运输体系。

1. 适宜良好的气候条件

景德镇系亚热带季风性气候，气候温润，热量丰富，雨量充沛，日照充足，无霜期长。受季风影响，冬夏多偏北风，春夏之交梅雨绵绵，夏秋之际天气晴热，典型的丘陵山区气候特征对自然植被的生长、水路运输、水利利用以及瓷业生产极为有利[22]。

2. 蕴藏丰富的瓷土矿藏

景德镇全境山峦起伏，从地质上看，其境内分布着大量的花岗岩体，最大的岩浆体为鹅湖富斜花岗岩，出露面积约100平方千米，其次为大洲、桃岭、金村与瑶里等零星分布的小岩体，面积1平方千米至数平方千米不等[23]。这些脉岩断续出露，岩体经风化蚀变常形成风化残积型高岭土矿床。境内还有长英岩、微晶花岗岩、细晶岩、长石石英斑岩等脉状岩浆岩，经风化蚀变后常形成软质或硬质瓷石矿床，是景德镇瓷业的主要矿产资源[24]。

唐宋时期，瓷业生产属于农村副业，制瓷原料就地取材。元代之后，关于景德镇制瓷所用原料开始有了关于产地、质量、运输等信息的零星记载。明清时

[19]〔明〕王世懋：《二酉委谭摘录》，中华书局，1985，第14页。

[20]〔清〕蓝浦：《景德镇陶录》卷八《陶说杂编上》，郑廷桂补辑，京都书业堂藏版。

[21]〔清〕沈嘉徵：《窑民行》，载龚农民、谢景星、童光侠编注《景德镇历代诗选》，中州古籍出版社，1994，第62页。

[22]刘朝晖：《明清以来景德镇瓷业与社会》，上海书店出版社，2010，第18页。

[23]景德镇市志编纂委员会编《景德镇市志略》，汉语大词典出版社，1989，第18—19页。

[24]景德镇市地方志编纂委员会编《景德镇市志》（第一卷），中国文史出版社，1991，第30页。

期，除了本地所产制瓷原料之外，多数原料需要依靠外来输送。浮梁县境内的麻仓山、湖田与附近的余干、婺源等地蕴藏着丰富的制瓷原料，周边地区的矿藏资源主要分布在高岭、瑶里、三宝蓬、银坑、寿溪等地。邻近的星子、临川、乐平以及安徽祁门等地都蕴藏着高岭土、瓷土、釉果与耐火土等制瓷原料。清代的原料开采范围扩大，瓷石类原料主要在祁门的溶口、高沙、东埠、平里、郭口等地开采，其中平里最佳，郭口次之。清代中期逐渐被余干瓷石所取代，《景德镇陶录》记载："坪里土、葛口土、皆祁门县所产，自余干出，而坪里、葛口之土用者少矣。近邑南有小里土，亦可用，舂户多合用之，然不及余干土也。"[25] 由表 1-3-1 可知，这些地区的原料为景德镇的瓷业发展提供了充足的原料保障[26]。

表 1-3-1　景德镇主要制瓷原料产地分布[27]

原料名称	产地	原料用途
东港釉果	江西浮梁东乡瑶里	凡瓷器表面欲使其光泽，除灰渣器有一部分采用三宝蓬、陈湾外，其余均需敷此釉果
明砂高岭	江西浮梁东乡高岭	制瓷坯，普通瓷器采用星子瓷土代用
星子高岭[28]	江西庐山星子县	制瓷坯，与明砂高岭略同
祁门瓷土	安徽黄山祁门县	配合制作上等瓷器
寿溪瓷土	/	制坯
贵溪瓷土	江西贵溪县	制坯
余干瓷土	江西余干县	多为下等瓷器制坯
安仁瓷土	江西余江县	制坯
乐平瓷土	江西乐平县	制坯
临川瓷土	江西临川县	制坯
三宝蓬瓷土	江西浮梁县	制瓷坯
银坑坞瓷土	江西浮梁县	制瓷坯
陈湾瓷土	江西浮梁县	制瓷坯

[25]〔清〕蓝浦：《景德镇陶录》卷四《陶务方略》，郑廷桂补辑，京都书业堂藏版。

[26] 江思清：《景德镇瓷业史》，中华书局，1936，第 46 页。

[27] 数据来源江思清：《景德镇瓷业史》，中华书局，1936，第 46—47 页；刘治乾主编《江西年鉴 · 第二十三编 · 工业 · 第七章 · 窑业工业》，江西省政府统计室，1936，第 970 页；曹栋、程其保：《景德镇磁业之调查》，《清华大学学报（自然科学版）》1915 年第 00 期。

[28] 郑国良、刘自洲、李妙良：《星子高岭土矿的调查》，《瓷器》1965 年第 4 期。

3. 供给充沛的燃料资源

景德镇“浮处万山之中”[29]，四面环山，良好的气候条件与中低山丘陵地貌适宜植被生长，境内覆盖着茂密的森林资源，不仅为烧窑提供了丰富燃料，也为窑房、坯房以及各类工具提供了建造与制作材料。景德镇瓷窑根据燃料的不同分为柴窑与槎窑，即分别以松柴与杂柴为燃料。浮梁与附近地区多产松柴，马尾松是境内优势植物种群的一种。松柴的使用在一定程度上提高了景德镇瓷窑的产品质量，提升了景德镇与其他窑场的竞争力。高大的杂木结实坚硬，多弯曲不直，景德镇木工利用树势的支撑力，建造了独有的窑房与坯房。除此之外，淘洗原料所需料桶、制坯所用陶车、托坯所用料板、彩绘所用桌案、选瓷所用堆架等都需要消耗大量木材，丰富的森林资源为这些建材与用料提供了保障[30]。明清时期，由于瓷器产量较大，燃料需求量激增，景德镇所用燃料除了由浮梁各乡供应之外，东至婺源，南至乐平，西至鄱阳东北各乡，都是其主要的燃料供应地区[31]。

4. 便利发达的昌江水系

景德镇市位于昌江及其支流西河、东河汇合处，上溯可至祁门，下流可至鄱阳，江水穿城而过，呈三水环城之势，形成了纵横交错的河网，四通八达的昌江水系为货物运输与瓷业生产提供了便利。上游的瓷土与燃料沿昌江水系顺流而下，通过航运不断运至景德镇。景德镇烧造的瓷器顺昌江而下，经鄱阳湖入长江，运往全国各地乃至海外。昌江支流之一东河发源于皖赣边界的白石桥南侧山地，春夏可行木船，秋冬可通木筏。此河流经瑶里、东埠、鹅湖等制瓷原料与燃料产地。南河发源于婺源县五股尖南麓，常年可通木船与木筏，此河流经浮梁南乡程村、东流、湘湖、湖田等制瓷原料与燃料产地。西河发源于皖赣交界的分水岭西侧，此河流经浮梁北乡礼门、港口、大洲等原料与燃料产地[32]。因瓷器在陆路运输过程中容易破碎，景德镇在明代开始利用水路运输瓷器。“陶厂皆自水运达京，由陆运者中官裁革后始也。后潘太监仍设水运舡甚便”[33]，明代御器由陆路运输改为水路运输。清代的民窑瓷器为了增加装载量，节省运费，则更加依靠水路运输。清代郑廷桂诗云：“坯房挑得白釉去，匣厂装将黄土来。上下纷争中渡口，柴船才拢槎船开”[34]，足见当时渡口的繁忙。

---

[29]〔清〕蓝浦：《景德镇陶录》卷八《陶说杂编上》，郑廷桂补辑，京都书业堂藏版。

[30] 刘朝晖：《明清以来景德镇瓷业与社会》，上海书店出版社，2010，第22页。

[31] 江西省轻工业厅陶瓷研究所编《景德镇陶瓷史稿》，生活 · 读书 · 新知三联书店，1959，第40页。

[32] 江西省轻工业厅陶瓷研究所编《景德镇陶瓷史稿》，生活 · 读书 · 新知三联书店，1959，第29页；林景梧、汪宗达主编《景德镇》，中国建筑工业出版社，1989，第8页。

[33]〔清〕陈淯等修，邓𪸩等纂《江西省浮梁县志（二）》卷四《陶政》，清康熙二十一年刊本，成文出版社有限公司，1989，第400页。

[34]〔清〕郑廷桂《陶阳竹枝词·其四》，载龚农民、谢景星、童光侠编注《景德镇历代诗选》，中州古籍出版社，1994，第114页。

昌江下游水流平缓，河床稳定，水质与水量确保了瓷业用水。原料淘洗、粉碎加工、制坯成型、坯胎上釉等环节都利用了水力资源[35]。古代制瓷矿石依靠人工粉碎，所耗人力甚多。景德镇的工匠早已意识到利用天然水流落差的动力，沿河设置水轮车与水碓，不仅可以淘洗瓷土，还可以利用水力粉碎瓷石，制作瓷土与釉果等，达到借助水力节省人力的目的。如东河流域是各类瓷土矿的主要产地，其上游地区的瑶里山势陡峭，水流落差较大，沿河设置水碓，可充分利用水力资源粉碎瓷土。《景德镇陶录》卷一《图说》“取土”条记载：“陶用泥土，皆须采石制练。土人设厂采取，藉溪流为水碓舂之，澄细淘净制如砖式。”[36]古诗中：“重重水碓夹江开，未雨殷传数里雷”[37]“天宝桥边水碓舂，麻村老土胜提红”[38]，皆是对沿河水碓场景的描述。

蕴藏丰富、性能多样、加工精良的原料与燃料，通过昌江及其支流源源不断地运至景德镇，构成了利于窑业生产的天然供给系统，形成了水土宜陶的地域优势。

（二）北匠南调　人口递增

宋元时期，气候变化、战乱灾荒、经济中心南移等因素导致人口大量南迁。从气候变化特征上看，宋元时期，中国完成了中世纪暖期向小冰期的转变[39]。宋元之际，在1260年前后开始转冷。元代中期，约在1320年进入长达几个世纪的小冰期，气候变冷迫使人们向较为温暖的南方迁移。与此同时，我国经济中心在宋元之际彻底完成了由北向南的转移[40]。

北宋时期，北方的辽、金、西夏不断南侵，大批中原士民纷纷南迁。景德镇地处皖赣山区，交通闭塞，非兵家必争之地，在元世祖忽必烈与南宋王朝的军事对抗中并未受到战祸侵扰，这为瓷业发展提供了相对安定的生产环境[41]。当国内各大窑场遭受战祸时，景德镇却安然无恙，反倒成了吸纳能工巧匠与廉价劳动力的天然场所[42]。因北方名窑受挫，能工巧匠随即迁往景德镇。如吉州窑场的陶工大多逃至景德镇，出现了许多永和陶工[43]。大量为逃避战乱的人口为景德镇带来了充足的劳动力、先进的制瓷技术与生产理念，这进一步促进了景德

[35] 刘江辉、丁传国、欧阳小胜：《历史的必然：明代陶瓷御器厂在景德镇的设置》，《陶瓷学报》2016年第6期。

[36]〔清〕蓝浦：《景德镇陶录》卷一《图说》，郑廷桂补辑，京都书业堂藏版。

[37]〔清〕凌汝绵：《昌江杂咏·其三》，载龚农民、谢景星、童光侠编注《景德镇历代诗选》，中州古籍出版社，1994，第102页。

[38]〔清〕郑廷桂：《陶阳竹枝词·其五》，载龚农民、谢景星、童光侠编注《景德镇历代诗选》，中州古籍出版社，1994，第115页。

[39] 葛全胜等：《中国历朝气候变化》，科学出版社，2011，第439页。

[40] 同上书，第437页。

[41] 熊寥：《中国古陶瓷研究中若干“悬案”的新证》，上海三联书店，2008，第316—317页。

[42] 熊寥：《浮梁瓷局的设置与撤销》，《河北陶瓷》1986年第1期。

[43] 梁淼泰：《明清景德镇城市经济研究》（增订版），江西人民出版社，2004，第10页。

镇制瓷业的发展[44]。

随着劳动力资源的大量输入，外来工匠与本地工匠基于老传统，融合新技术，实现了南北窑业技术的交流与互相吸收，使景德镇瓷器在原料、装饰、窑炉等各项技术上屡有突破与创新。自元代“浮梁磁局”设立后，景德镇制瓷技术遥遥领先，瓷业生产规模迅速扩大，来此学艺、谋生、经商的人口增加[45]。明代，朝廷在景德镇设立御器厂，专烧御器贡京师，使城镇人口增加。除官窑之外，明代中后期，民窑崛起，精粗兼备，数量激增。饶州所属七县以及南昌、都昌等地民众涌向景德镇，《景德镇陶录》记载：“四方远近，挟其技能以食力者，莫不趋之如鹜”[46]。

（三）供销两旺 市场兴盛

元代，尤其是入明之后，景德镇作为全国制瓷中心，不仅要满足国内外市场的需要，而且还担负着宫廷御器与对内、对外赐赏及交换的全部官窑器的制作工作。得益于相对安定的社会环境与镇市的繁荣，景德镇贸易中心的地位日益凸显[47]。在国内外市场需求扩张之下，景德镇瓷业蓬勃发展，出现了供销两旺的新局面。

在窑业规模方面，景德镇民窑数量增多，瓷窑规模扩大。明代王世懋《二酉委谭》记载：“万杵之声殷地，火光烛天，夜令人不能寝。戏目之曰：四时雷电镇。”[48]明代王士性《广志绎》卷四《江南诸省》记载：“浮梁景德镇雄村十里皆火山发焰，故其下当有陶埴”[49]，可见明代景德镇地区瓷窑兴烧的场景。

在产品销售方面，我们亦可从历史文献中窥见一二。宋代汪肩吾《昌江风土记》载浮梁：“其货之大者，摘叶为茗，伐楮为纸，坯土为器，自行就荆湘吴越间为国家利。”[50]说明宋代景德镇地区的茶叶、纸张与瓷器已经行销海内外市场。至明代，关乎景德镇所制瓷器的质量、产量、销售等记载更为多见。宋应星在其《天工开物》卷七《陶埏》“白瓷”条中记载：“合并数郡，不敌江西饶郡产……若夫中华四裔，驰名猎取者，皆饶郡浮梁景德镇之产也。”[51]王士性在其《广志绎》卷四《江南诸省》中记载：“遍国中以至海外夷方，凡舟车所到，无非饶器

[44] 张呈琮：《中国人口发展史》，中国人口出版社，1998，第84页；葛全胜等：《中国历朝气候变化》，科学出版社，2011，第437页。

[45] 景德镇市地方志编纂委员会编《景德镇市志》（第一卷），中国文史出版社，1991，第74页。

[46]〔清〕蓝浦：《景德镇陶录》卷八《陶说杂编上》，郑廷桂补辑，京都书业堂藏版。

[47] 权奎山：《试论南方古代名窑中心区域移动》，载王仲殊主编，考古杂志社编《考古学集刊11》，中国大百科全书出版社，1997，第285页。

[48]〔明〕王世懋：《二酉委谭摘录》，中华书局，1985，第14页。

[49]〔明〕王士性：《元明史料笔记丛刊：广志绎》卷四《江南诸省》，吕景琳点校，中华书局，1981，第83页。

[50]〔清〕陈淯等修，邓熝等纂《江西省浮梁县志（三）》卷八《记》，清康熙二十一年刊本，成文出版社有限公司，1989，第931页。

[51]〔明〕宋应星：《天工开物》，钟广言注释，中华书局香港分局，1978，第196页。

也。”[52] 足见景德镇瓷器产量日盛、行销之广。清代，在《景德镇陶录》卷八《陶说杂编上》中记载：“昌南镇陶器，行于九域，施及外洋，事陶之人，动以数万计。海樽山俎，咸萃于斯。盖以山国之险，兼都会之雄也。”[53] 可见当时的景德镇民窑兴盛，遍布窑场，吸引了“海樽山俎”的瓷商，产品行销海内外。

三、南北技术交融下的产物——葫芦窑与蛋形窑

自五代至元代，景德镇地区基本采用龙窑烧造瓷器。元代之前，景德镇瓷器普遍单用瓷石制胎，釉的配制采用石灰钙釉，钙、铁含量偏高，钾、钠含量偏低，釉的流动性较强，龙窑的烧成温度与气氛足以满足瓷器的烧成要求。元代之后，胎料由单用瓷石制胎变为瓷石掺入高岭土的“二元配方”。由于龙窑升温速度较快，高温黏度较大的石灰碱釉容易在高温阶段结晶，影响产品质量。因此，龙窑已无法满足“二元配方”与各类高温颜色釉的烧成需求[54]。至此，胎釉配方的改良导致龙窑不再能适应景德镇瓷器的烧造，窑工迫切要求窑炉结构改革以满足瓷器烧成。

（一）优化兼容的葫芦窑

目前在福建南安发现了一座宋代葫芦形窑炉遗迹，似为最早的葫芦窑[55]。该窑平面呈长条束腰状的葫芦形，以烧造青釉瓷器为主，米黄、黄绿、灰白、蟹青、青白釉瓷器次之。元代晚期，景德镇开始使用葫芦窑烧造瓷器。从外部形态上看，葫芦窑因其“窑形似卧地葫芦，前大后小，如育婴儿鼎器也”[56] 而得名。葫芦窑的图像见载于宋应星的《天工开物》中（图 1-3-1）。葫芦窑主要由火膛、窑室与烟囱三部分组成（图 1-3-2）。火膛位于窑头，设置炉栅与落灰坑，窑体中部束腰，即腰部内折，分前、后两个窑室，前高后低，但窑内并未设置挡火墙等结构，为单室窑[57]。窑顶两侧设投柴孔，窑后设独立的烟囱[58]。清代，《南窑笔记》记载了清雍正至乾隆初年景德镇使用的葫芦窑形制[59]，葫芦窑的结构更为完善。

---

[52]〔明〕王士性：《元明史料笔记丛刊：广志绎》卷四《江南诸省》，吕景琳点校，中华书局，1981，第84页。

[53]〔清〕蓝浦：《景德镇陶录》卷八《陶说杂编上》，郑廷桂补辑，京都书业堂藏版。

[54] 刘海龙：《略谈景德镇古代陶瓷窑炉的发展与演变》，《陶瓷研究》2009年第2期。

[55] 黄炳元：《福建南安石壁水库古窑址试掘情况》，《文物参考资料》1957年第12期；李清临、孙燃：《中国古代陶瓷窑炉分类浅议》，《江汉考古》2017年第6期。

[56] 黄宾虹、邓实编《美术丛书 · 南窑笔记》第三册，江苏古籍出版社，1997，第2063页。

[57] 熊海堂：《东亚窑业技术发展与交流史研究》，南京大学出版社，1995，第102页。

[58] 曹荣海：《景德镇柴窑简介》，《景德镇陶瓷》1985年第2期。

[59] 黄宾虹、邓实编《美术丛书 · 南窑笔记》第三册，江苏古籍出版社，1997，第2063页。

图 1-3-1　宋应星《天工开物》中的葫芦窑[60]

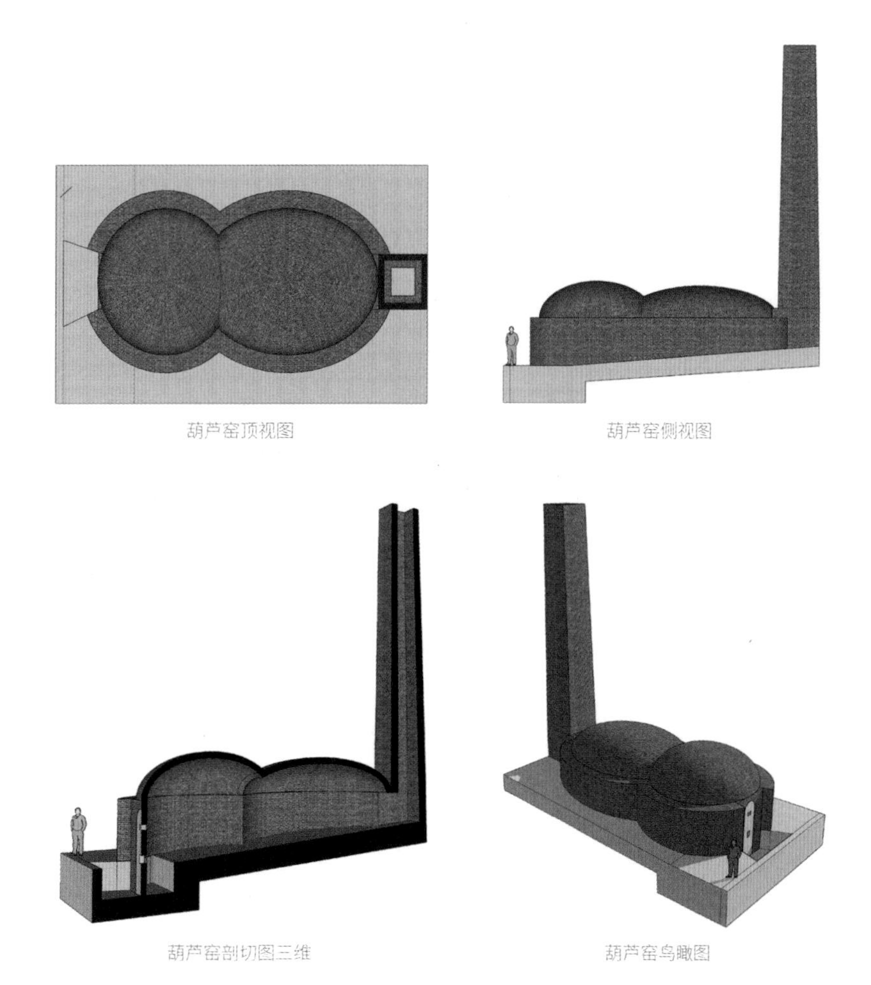

图 1-3-2　葫芦窑构造示意图

[60]〔明〕宋应星：《天工开物》，钟广言注释，中华书局香港分局，1978，第201页。

葫芦窑体量较小，前大后小与束腰结构设计均有利于这类小型窑内温度的均匀分布，适合小规模生产，可以缩短烧成周期。为了能够更好地控制烧成温度与气氛，窑体砌建并未无限延长窑身，但束腰结构给葫芦窑的砌筑与后期维护带来不便[61]。投柴孔在烧成后期用于补投燃料，调节窑内上下、前后的烧成温度与气氛。《天工开物》载："凡匣钵装器入窑，然后举火。其窑上空十二圆眼，名曰天窗。火以十二时辰为足。先发门火十个时，火力从下攻上；然后天窗掷柴烧两时，火力从上透下。"[62]"圆眼"与"天窗"皆为投柴孔，说明葫芦窑沿用了龙窑的投柴孔设计。窑顶正中的观察孔便于观察及后期勾取火照，以验生熟，决定止火时间[63]。"器在火中，其软如棉絮，以铁叉取一以验火候之足。辩认真足，然后绝薪止火。"[64]由于烟囱的抽力作用，窑内压力基本处于零压或负压状态，易于控制窑内温度与烧成气氛。

根据火焰流动方向分析，葫芦窑属于半倒焰式（图 1-3-3）。火焰自火膛升起，沿前室窑顶向下，再进入后室，最后从烟囱排出。

在江西景德镇的湖田窑址[65]、珠山北麓[66]、丽阳瓷器山[67]以及乌鱼岭[68]等地工作人员均发现了葫芦窑的实物遗存（表 1-3-2）。通过对现有搜集到的葫芦窑各项结构数值梳理可知，元代晚期，葫芦窑的窑身较长，后室左右两壁微呈

图 1-3-3 葫芦窑火焰流动方向示意图[69]

[61] 颜新华、李长塔、冯青、陆琳：《葫芦窑与景德镇窑结构关系的研究》，《中国陶瓷》2018 年第 8 期。
[62]〔明〕宋应星：《天工开物》，钟广言注释，中华书局香港分局，1978，第 202 页。
[63] 李猛、胡国林、周荣林、吴永开：《明代葫芦窑复活探索》，《中国陶瓷工业》2011 年第 1 期。
[64]〔明〕宋应星：《天工开物》，钟广言注释，中华书局香港分局，1978，第 202 页。
[65] 刘新园、白焜：《景德镇湖田窑考察纪要》，《文物》1980 年第 11 期；江西省文物考古研究所、景德镇民窑博物馆编著《景德镇湖田窑址：1988—1999 年考古发掘报告》，文物出版社，2007，第 45 页；何俊主编，景德镇民窑博物馆编著《湖田古窑》，科学出版社，2015，第 68 页。
[66] 刘新园、李一平、江小民、权奎山、张文江、江建新、孟原召：《江西景德镇明清御窑遗址发掘简报》，《文物》2007 年第 5 期。
[67] 戴仪辉、黄细桃、赵可明、王上海、王光尧、余江安：《江西景德镇丽阳瓷器山明代窑址发掘简报》，《文物》2007 年第 3 期。
[68] 刘新园、白焜：《景德镇湖田窑考察纪要》，《文物》1980 年第 11 期；江西省文物考古研究所、景德镇民窑博物馆编著《景德镇湖田窑址：1988—1999 年考古发掘报告》，文物出版社，2007，第 45 页；何俊主编，景德镇民窑博物馆编著《湖田古窑》，科学出版社，2015，第 68 页。
[69] 熊海堂：《东亚窑业技术发展与交流史研究》，南京大学出版社，1995，第 36 页。

表 1-3-2　江西景德镇地区葫芦窑数据统计[70]

时期	发掘地点	图示	形制规格（单位 / 米）						坡度
			全长	前室		束腰	后室		
				长	宽	宽	长	宽	
元代晚期	竟成镇湖田村南河北岸印刷机械厂	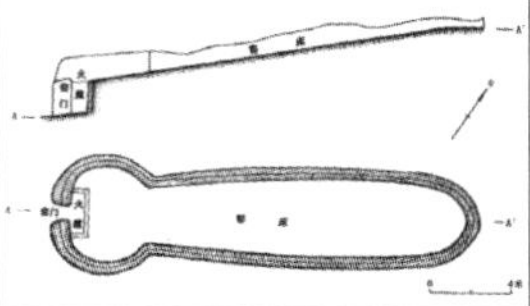	21.1	4.1	4.5	2.7	17	3.75	12°
明代早期	珠山北麓	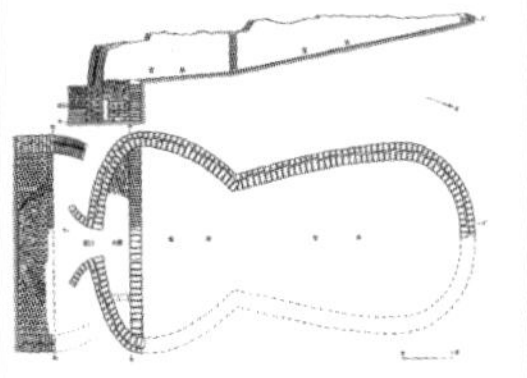	10.66	2.5	3.2 至 3.78	1.9	6.9	1.96 至 2.28	8° 至 10°
明代早期	丽阳乡彭家村瓷器山	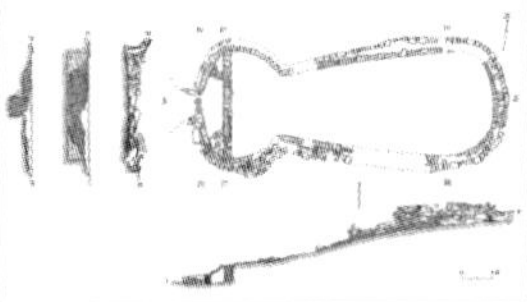	9.6	2.32	3.6	1.98	7.16	3.4	4° 至 13°
明代早中期	竟成镇湖田村乌鱼岭	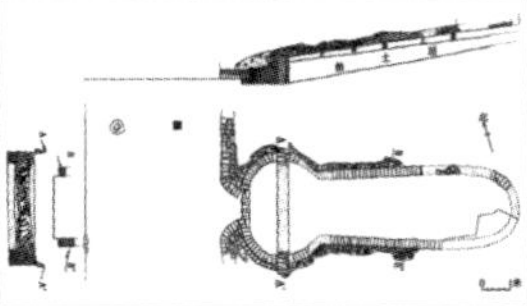	7.06	2.2	1.9 至 3.7	2.1	4.86	1.9 至 3	4° 至 10°

弧形，窑尾圆收。如湖田村南河北岸印刷机械厂发现的元代晚期葫芦窑，虽已有束腰与前、后室之分，但窑身整体较长，尤其是后室长达17米，此窑或处于向葫芦窑过渡的阶段。明代，葫芦窑的长度普遍缩短，相较于元代葫芦窑，窑身长度缩小近一半。前室与后室的长度、宽度与束腰部分均变窄。随着窑身长度与宽度的缩小，窑室面积随之变小，明代窑室面积较元代明显减小。

总而言之，自元代晚期葫芦窑出现。至明代，葫芦窑总体呈现出了窑身前短后长、前宽后窄，即前室短而宽、后室长而窄的结构特征，窑身则呈现由长变短，且后室显著缩短变窄的发展趋势。

明代景德镇葫芦窑装烧瓷器，采用匣钵装烧，利用匣钵排布以通火路。“钵以粗泥造，其中一泥饼托一器，底空处以沙实之。大器一匣装一个，小器十余共一匣钵。钵佳者装烧十余度，劣者一二次即坏。”[71] 使用胎泥制成的垫饼承托坯件入匣钵装烧，所以除了圈足底部不施釉，其余部分均可上釉。另从明代御器厂与民窑所用葫芦窑的装烧量来看，明嘉靖时期民间所用葫芦窑的装烧量是

[70] 明代中晚期葫芦窑数据以及“束腰宽”部分数据来源于王上海：《从景德镇制瓷工艺的发展谈葫芦形窑的演变》，《文物》2007年第3期。

[71]〔明〕宋应星：《天工开物》，钟广言注释，中华书局香港分局，1978，第202页。

御器厂所用葫芦窑的三倍多[72]。明嘉靖时期，御器厂专门烧造小件青花瓷器的青窑采用葫芦窑形制[73]，《江西省大志》卷七《陶书》“窑制”条记载：“陶窑官五十八座，除缸窑三十余座烧鱼缸外，内有青窑，系烧小器，有色窑造颜色，制员而狭，每座止容烧小器三百余件，用柴八九十杠。民间青窑约二十余座，制长阔大，每座容烧小器千余件”[74]。由此可知，在同等燃料消耗量的情况下，御器厂所用青窑“每座容烧小器三百余件”，而民间青窑“每座容烧小器千余件”。从产品种类上看，元代晚期葫芦窑以烧造卵白釉瓷器为主，少量青花瓷器。明代，民间窑场所用葫芦窑以烧造青花、白釉、仿龙泉釉、仿哥釉以及紫金釉瓷器等产品为主[75]。在御窑遗址发现的葫芦窑开始出现青花釉里红、釉里红、红釉、蓝釉、洒蓝釉、孔雀绿釉、黄釉等多种颜色釉瓷器，说明瓷器出现了由单色釉向多色釉发展的趋势。

（二）集大成者之蛋形窑

明末清初，随着制瓷技术快速发展，人们开始追求釉色多样化与高质量的陶瓷制品。葫芦窑因容积较小，装烧量有限，且只适合烧造小件器物，已无法适应生产需要。为了满足市场需求，景德镇窑工不断优化窑炉结构，渐由葫芦窑演变为蛋形窑，因其为景德镇地区特有的窑炉形制，所以简称“镇窑”。从外部形态上看，“窑制长圆形如覆瓮。高宽皆丈余，深长倍之。上罩窑棚。其烟突围圆，高二丈余，在窑棚之外”。[76]窑形似半个鸭蛋平卧地面，故称为“蛋形窑”或“覆瓮窑”。又因其以松柴为燃料，当地也称为“柴窑”。在清乾隆时期，督窑官唐英所绘制的《陶成图》中可见到蛋形窑的图像信息（图1-3-4）。

图1-3-4 《陶成图》中的蛋形窑[77]

[72] 熊寥：《中国古代制瓷工程技术史》，山西教育出版社，2014，第560页。
[73]〔明〕宋应星：《天工开物》，钟广言注释，中华书局香港分局，1978，第202页。
[74]〔明〕王宗沐纂修，陆万垓增修《江西省大志（二）》卷七《陶书》，明万历二十五年刊本，成文出版社有限公司，第843—844页。
[75] 戴仪辉、黄细桃、赵可明、王上海、王光尧、余江安：《江西景德镇丽阳瓷器山明代窑址发掘简报》，《文物》2007年第3期。
[76]〔清〕蓝浦：《景德镇陶录》卷一《图说》，郑廷桂补辑，京都书业堂藏版。
[77]《粉彩陶成图瓷板》，《中国国家博物馆馆刊》2018年第5期。

周仁[78]、刘桢[79]等学者对蛋形窑进行了复原，蛋形窑主要由护墙、可拆卸的砖撑与窑体三部分组成。护墙为前高后低的环形墙体，内呈蛋形，外呈长方形，属于窑体的永久性加固设施。可拆卸砖撑作为护墙的延伸，位于护墙与窑体之间，为非砌结砖撑层。当窑炉运转时，窑体的拱篷出现较大热应变可能会变形走样，此时砖撑可以调整不同部位砖的重量，以矫正拱篷形状[80]。窑体主要由窑门、火膛、窑床、拱篷与烟囱等部分组成（图 1-3-5）。火膛位于窑头，窑床呈前宽后窄的长椭圆形，由前向后倾斜形成坡度，窑底铺设石英砂垫层。石英砂的铺垫既可避免匣钵柱底面与窑床底部黏结，也有利于匣钵柱的平稳放置。窑室前高后矮，近窑门处宽而高，靠近烟囱处逐渐狭窄矮小。窑内壁均涂抹黏土，以增强窑体气密性。拱蓬的横截面呈半个超椭圆形。烟囱位于拱篷与窑尾护墙之间，顶部呈钢笔尖形，其高度略大于窑长[81]。

根据火焰流动方向分析，蛋形窑因取消了葫芦窑的束腰部分，后室消失，因而从半倒焰式演变为平焰式（图 1-3-6）。火焰流动方向与窑身平行，窑工通过调整进风口的空气量与烟囱抽力，控制窑内烧成气氛，可以减小因倒焰流动造成的窑内上下温差过大的问题，从而提高了热利用率与烧成质量。

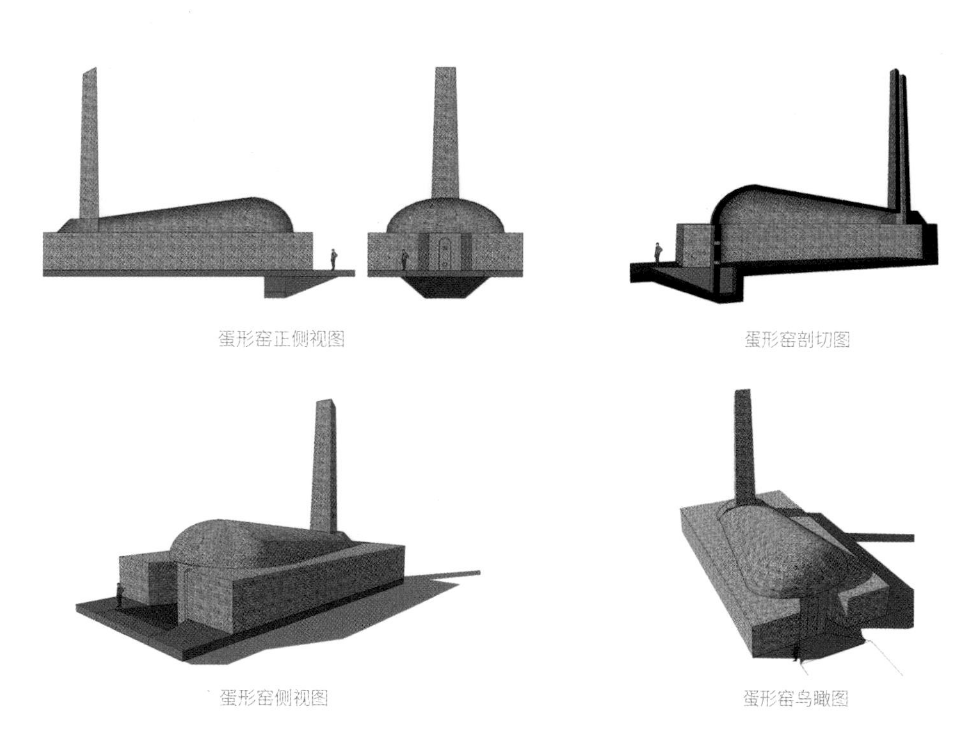

图 1-3-5 蛋形窑构造示意图[82]

[78] 周仁等：《景德镇瓷器的研究》，科学出版社，1958，第 61 页。
[79] 刘桢、郑乃章、胡由之：《景德镇窑及其构造特征》，《硅酸盐通报》1989 年第 2 期。
[80] 郑乃章：《中国传统陶瓷窑炉结构与烧成方法》，《陶瓷工程》1999 年第 5 期。
[81] 刘桢、郑乃章、胡由之：《景德镇窑及其构造特征》，《硅酸盐通报》1989 年第 2 期。
[82]《粉彩陶成图瓷板》，《中国国家博物馆馆刊》2018 年第 5 期。

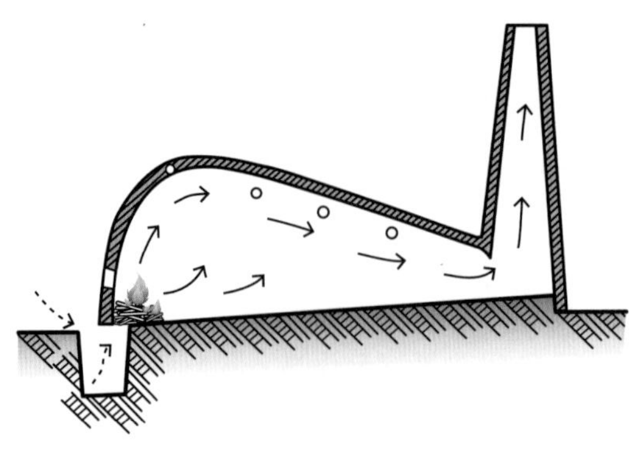

图 1-3-6 蛋形窑火焰流动方向示意图[83]

蛋形窑的砌筑采用了双曲砖薄壳拱顶、超椭圆拱形结构[84]、倾斜套叠式拱环组合结构、无托架支撑的拱环砌筑方式与薄壁烟囱等先进技术。蛋形窑窑体为薄壁结构，采用双曲砖薄壳拱顶，降低了对砌块强度的要求，减少蓄热损失，便于快速升温与降温，加速了生产周期。拱篷的拱高与拱跨沿着窑身长度不断变化，横截面呈半个超椭圆形，有助于缩小窑内顶部与两侧的烧成温差[85]。拱环采用独特的“倾斜套叠式拱环组合”砌合方式，属于环砌拱与错砌拱的技术结合，兼具环砌拱的易拆性以及错砌拱的整体性。这种砌合方式有利于窑体拆解，有助于增强窑体强度与严密性，同时也是实现徒手无托架砌拱技术的结构基础[86]。因蛋形窑的烟囱厚度约 0.85 米，故称为薄壁烟囱[87]。烟囱圈足较大，自重较轻，伸出屋顶露出屋外经受风压的部分为 6 至 7 米，结构稳固。

蛋形窑的砌筑材料与烧窑燃料均就地取材，简单易得，造价低廉。砌窑用砖采用当地红黏土烧制而成，每次在窑内搭烧，累积一年则可将原有窑体拆旧换新，砌砖所用泥浆采用当地易烧结的黄土调水制成。拆解的窑体用砖可循环利用，用来铺设窑场区域道路等。蛋形窑的窑房也是采用当地木质密实的香樟木等杂木建造，大多弯曲不直，这是因为：一方面利用廉价木材，可以节约成本；另一方面，房梁的曲折表面可以避免热源之间的往返热辐射，从而延长窑房的使用寿命[88]。

从燃料类型上看，蛋形窑仍以木柴为燃料，根据木材种类的不同可分为柴窑与槎窑[89]。《景德镇陶录》卷四《陶务方略》记载：“今悉搭民窑，分柴、槎为二帮，故有柴窑、槎窑之称，其中又分大器窑、小器窑、包青窑诸号。”[90] 清代郑廷

[83] 熊海堂：《东亚窑业技术发展与交流史研究》，南京大学出版社，1995，第 36 页。
[84] 刘桢、郑乃章、胡由之：《镇窑的构造及其砌筑技术的研究》，《景德镇陶瓷学院学报》1984 年第 2 期。
[85] 刘振群、羊淑子、黄炳钧：《陶瓷工业窑炉》，中国建筑工业出版社，1978，第 13 页。
[86] 刘桢、郑乃章、胡由之：《镇窑的构造及其砌筑技术的研究》，《景德镇陶瓷学院学报》1984 年第 2 期。
[87] 刘桢、郑乃章、胡由之：《景德镇窑及其构造特征》，《硅酸盐通报》1989 年第 2 期。
[88] 郑乃章：《中国传统陶瓷窑炉结构与烧成方法》，《陶瓷工程》1999 年第 5 期。
[89]〔日〕铃木巳代三：《窑炉》，刘可栋、谢宗辅译，建筑工程出版社，1959，第 18 页。
[90]〔清〕蓝浦：《景德镇陶录》卷四《陶务方略》，郑廷桂补辑，京都书业堂藏版。

图1-3-7　江西景德镇蛋形窑烧窑燃料之松柴[91]

桂诗云："码头柴槎各分堆，伙计收筹计数来。"[92]柴窑以当地盛产的马尾松柴为燃料，将松树锯成木段，劈开成块作燃料（图1-3-7）。松柴木质结构粗松，富有油脂，且挥发分多，火焰长，灰分少，熔点高，具有火力均匀持久、燃烧速度快、燃烧温度高等特性，最高烧成温度可达1300℃，是较为理想的烧窑燃料。槎窑以松枝与其他灌木、茅草等杂枝为燃料，槎柴易于传焰，但火力不够持久均匀。根据柴窑与槎窑烧造的产品种类分析可知，柴窑以烧造大件与精细瓷器为主，槎窑以烧造粗瓷为主，其产品主要销售给广大农村与城市的中低收入群体[93]。见《景德镇陶录》卷四《陶务方略》记载："柴窑多烧细器，槎窑多烧粗器。"[94]

在烧成阶段，蛋形窑所需热量单纯依靠火膛与窑前投柴孔。《陶冶图说》记载："坯器满足始为发火，随将窑门砖砌，止留一方孔，将松柴投入，片刻不停。"[95]窑工通过投柴孔与烟囱调节窑内抽力与烧成温度。又因窑身较长，窑室较大，窑内极易形成多温度与多气氛区域[96]。根据烧成温度的不同，全窑大致可分为Ⅰ大肚区、Ⅱ小肚区、Ⅲ理想区、Ⅳ余堂与Ⅴ观音堂等五个主要区域，大肚区可烧造精细瓷器，小肚区可装烧颜色釉瓷器或普通瓷器，理想区可装烧釉色微泛青且白度较低的瓷器，即粗瓷制品，余堂与观音堂可装烧坯釉较为粗糙的瓷器，或是土制匣钵与搭烧窑砖等（图1-3-8）[97]。

---

[91] 由作者拍摄于景德镇古窑民俗博览区。

[92]〔清〕郑廷桂：《陶阳竹枝词 · 其七》，载龚农民、谢景星、童光侠编注《景德镇历代诗选》，中州古籍出版社，1994，第116页。

[93] 李兴华、肖绚、李松杰：《技术 · 制度 · 文化——"镇窑"三百年与景德镇瓷业发展》，《南京艺术学院学报（美术与设计版）》2012年第5期。

[94]〔清〕蓝浦：《景德镇陶录》卷四《陶务方略》，郑廷桂补辑，京都书业堂藏版。

[95]〔清〕唐英：《陶冶图说》，中国书店，1993，第6页。

[96] 张雷：《景德镇丙丁柴窑的场所精神》，《建筑学报》2020年第1期。

[97] 刘桢、郑乃章、胡由之：《景德镇窑及其构造特征》，《硅酸盐通报》1989年第2期。

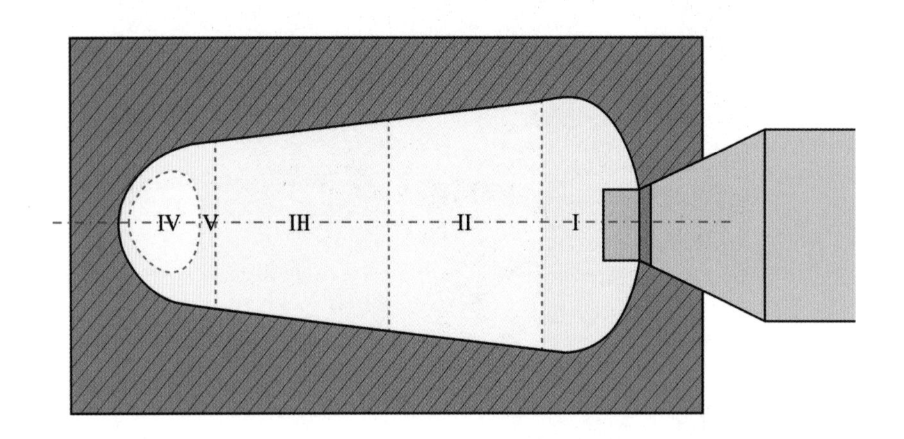

图 1-3-8　江西景德镇蛋形窑装烧区域分布图[98]

蛋形窑取消了葫芦窑的束腰部分，不仅提升了装烧量，也改善了葫芦窑前后温差大、装烧量小、不易砌筑与后期较难维护的缺陷。蛋形窑的窑室前部升高变大，扩大了竖向空间，便于装烧大件瓷器，也可使用匣钵装烧小件器物，装烧量增加，一次性装烧瓷坯可达8至15吨，窑体的砌筑与维护也更为方便简捷[99]。相较于其他窑炉形制，蛋形窑能够同时满足不同器型与多种釉色瓷的装烧需求。窑工可以根据产品烧成温度与烧成要求的差异选择合适的窑位装烧，其适应性较强，且废品率通常低于5%[100]。相较于龙窑、馒头窑与葫芦窑，蛋形窑在窑炉结构、砌筑方式、装烧技术上以及燃料消耗等方面更具科学性与合理性。

因窑炉结构改进，瓷器烧成时间缩短，烧成效率提高。《陶冶图说》记载："计入窑至窑出类以三日为率，至第四日清晨开窑。"[101]清雍正、乾隆时期，"俟窑内匣钵作银红色时止火，窨一昼夜始开"[102]。烧成开窑时，"窑中套装瓷器之匣钵尚带紫红色，人不能近，惟开窑之匠用布十数层制成手套，蘸以冷水护手，复用湿布包裹头面肩背，方能入窑搬取瓷器"[103]。待窑内器物尽出，窑工利用余热安放新坯入窑。"既出，乘热窑以安放新坯，因新坯潮湿就热窑烘焙，可免火后折裂穿漏之病。"[104]利用窑内余热烘焙新坯，可去除坯件内的湿气，提高热能利用率，保证瓷器质量。

20世纪50年代，由于松柴供应困难以及窑炉自身缺点，景德镇地区的蛋形窑逐渐被以煤或油为燃料的隧道窑或倒焰圆窑取代。目前在景德镇古窑民俗博

[98] 数据采集自刘桢、郑乃章、胡由之：《景德镇窑及其构造特征》，《硅酸盐通报》1989年第2期。
[99] 曹荣海：《景德镇柴窑简介》，《景德镇陶瓷》1985年第2期。
[100] 熊海堂：《东亚窑业技术发展与交流史研究》，南京大学出版社，1995，第103页。
[101]〔清〕唐英：《陶冶图说》，中国书店，1993，第6页。
[102] 同上。
[103] 同上。
[104] 同上。

览区与御窑遗址公园内尚存仍在使用的蛋形窑（图1-3-9），窑房均为二层砖木结构，以烧造铜红釉或石灰釉产品为主[105]。蛋形窑的出现不仅对我国陶瓷烧造技术产生了重要作用，也对国外的窑炉设计产生了重大影响。18世纪英国的纽卡斯尔窑（Newcastle Kiln）与德国卡塞勒窑（Kasseler Ofen）均受蛋形窑影响，采用了与蛋形窑几乎一样的构造方式（图1-3-10）[106]。

景德镇古窑民俗博览区　　御窑厂遗址

图1-3-9　江西景德镇现存蛋形窑[107]

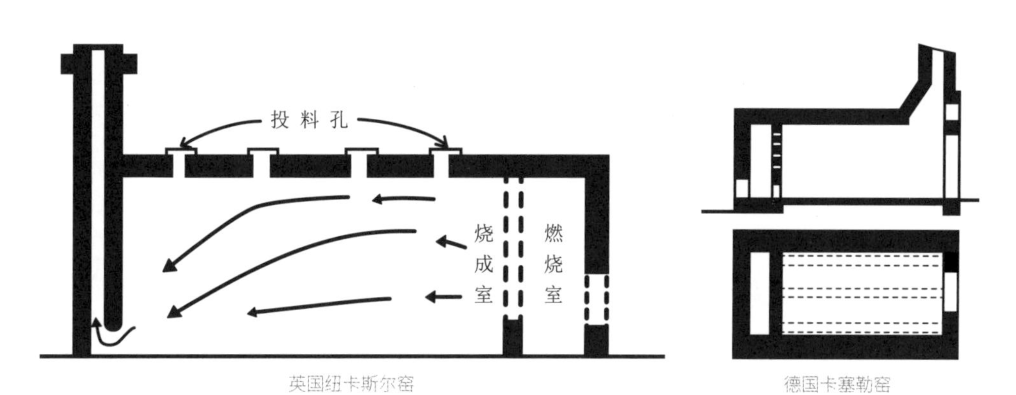

英国纽卡斯尔窑　　德国卡塞勒窑

图1-3-10　英国纽卡斯尔窑与德国卡塞勒窑[108]

结语

综上所述，景德镇的陶瓷窑炉经历了由龙窑、馒头窑到葫芦窑，再到蛋形窑的演变序列，既有流行于南方的龙窑，也有盛行于北方的馒头窑，出现了兼而有之、多种并存的局面。元代景德镇地区的龙窑并未朝着分室龙窑与阶级窑的方向发展，而是在龙窑的基础上，结合馒头窑技术，创制了葫芦窑。元代晚期，龙

[105] 刘桢、郑乃章、胡由之：《景德镇窑及其构造特征》，《硅酸盐通报》1989年第2期。

[106]〔日〕铃木巳代三：《窑炉》，刘可栋、谢宗辅译，建筑工程出版社，1959，第15页。

[107] 由作者拍摄于江西景德镇古窑民俗博览区与御窑厂遗址。

[108]〔日〕铃木巳代三：《窑炉》，刘可栋、谢宗辅译，建筑工程出版社，1959，第15页。

窑逐渐被葫芦窑所代替。入明之后，葫芦窑与馒头窑成为景德镇地区瓷器烧造的主流形制。明末清初，葫芦窑又派生出蛋形窑，即景德镇窑，沿用至今。

通过对葫芦窑与蛋形窑在窑炉构造、装烧产品等方面的梳理可知，由葫芦窑演变而来的蛋形窑兼备了我国南北方窑炉的结构特点与烧成特性。蛋形窑以其独特的窑顶结构、巧妙的砌拱技术、合理的活动支撑、轻巧稳固的薄壁烟囱、简单快捷的筑窑施工等先进技术成为景德镇最具代表性的窑炉[109]，并且凭借结构简单、建造速度快、建造成本低、热利用率高、装烧产量大、装烧品种多、烧成周期短、烧成质量高以及单位千克燃料消耗量较小等优势，达到了我国古代窑炉发展的最高水平，成为中国古代陶瓷窑炉的集大成者[110]。相较于同时期其他地区的窑场，景德镇在窑炉技术上的发展与变革最具前瞻性与创新力，使其与其他南方地区，尤其是东南沿海地区的窑炉演变形成差异化，开拓出极具地方特色的发展路径。在此过程中，窑炉技术与制瓷技术互相成就，极大地推动了景德镇民窑的发展与兴盛，形成官民竞市的新局面。

[109] 刘桢、郑乃章、胡由之：《镇窑的构造及其砌筑技术的研究》，《景德镇陶瓷学院学报》1984年第2期。
[110] 江建新：《景德镇窑业遗存考察述要》，《江西文物》1991年第3期。

第四节　作为建筑的材料

根据历史文献可知，“砖”字最早出现于北齐颜之推《颜氏家训·终制第二十》中：“已启求扬都，欲营迁厝。蒙诏赐银百两，已于扬州小郊北地烧砖。”[1]与“砖”相关的有“甓”“塼”“甎”“毂”和“瓻”等字。春秋时期，《诗经·陈风·防有鹊巢》记载：“中唐有甓”[2]，通释“甓”为砖。战国晚期，《荀子》记载：“是犹以垮涂塞江海也”[3]，其中“垮（塼）”为土坯，经火烧结谓之“垮（甎）”。西汉时期出现了专门的制砖工匠，称为“甓师”。《尔雅·释宫》记载：“瓴甋谓之甓”[4]，因“甓”通常释为条砖，由此可知，古代条砖也称为“瓴甋”。东汉许慎所著《说文解字》记载：“甓，从瓦，辟声”。“瓦，土器已烧成者之总名。”[5]由此可见，东汉时的“瓦”已为焙烧土器的总称，“砖”也包含在“瓦”内，属于焙烧土器。北宋李诫编修《营造法式》记载：“塼其名有四：一曰甓，二曰瓴甋，三曰毂，四曰瓻砖。”[6]其中“甓”与“瓴甋”在先秦时期就已经出现，二者皆指条砖，“毂”指未烧制的砖，即砖坯，“瓻”则指长方砖。

“瓦”字在春秋时期就已出现，左丘明著《国语·周语下》记载：“瓦以赞之”[7]。在“瓦”尚未与“焙烧土器”有所区分时，“瓦”包括覆盖屋面的瓦与其他焙烧土器。魏晋时期，谯周所著《古史考》记载：“夏时昆吾氏作瓦”[8]，“瓦”与“焙烧土器”有所区分，“瓦”引申为屋面材料，作覆盖屋面的瓦。

以黏土为原料，经原料制备、塑性成型、修整晾干后入窑，再经高温烧造而成的砖瓦产品是中国传统的建筑材料。砖瓦的发明与应用对我国古代建筑的发展具有里程碑式的重要意义[9]。经高温焙烧制成的砖瓦，集防火防潮、防蛀防霉、隔热保温、耐腐蚀以及装饰美化等功能于一体，通常用于建筑墙体砌筑、地

[1]〔北朝齐〕颜之推：《颜氏家训》，〔清〕赵曦明注，〔清〕卢文弨补注，颜敏翔校点，上海古籍出版社，2017，第236页。
[2]王秀梅译注《诗经》，中华书局，2015，第277页。
[3]方勇、李波译注《荀子》，中华书局，2011，第296页。
[4]〔晋〕郭璞注，王世伟校点《尔雅》，上海古籍出版社，2015，第79页。
[5]〔汉〕许慎：《说文解字》，〔宋〕徐铉等校，上海古籍出版社，2007，第642页。
[6]梁思成：《中国古典建筑典范——<营造法式>注释》，三联书店（香港）有限公司，2015，第322页。
[7]上海师范大学古籍整理研究所校点《国语》，上海古籍出版社，1998，第128页。
[8]转引自湛轩业、傅善忠、梁家琪主编《中华砖瓦史话》，中国建材工业出版社，2006，第14页。
[9]曹红红、曹然：《对我国古代砖瓦起源问题的探讨》，《砖瓦世界》2016年第7期。

面铺设与屋面材料。与其他建筑材料相比，砖瓦制品所用的泥料具有可塑性，因此，可以烧造出形制大小各异的产品，满足不同建筑的需求。结合我国古代砖瓦的出土时期与地域分布可知，砖瓦在全国均有出土，广泛分布在黄河中游地区，重点分布于陕西、河南与山西等地，尤以陕西地区最为集中。

一、从考古实物看早期砖瓦的演进

（一）初现于仰韶文化晚期的烧结红砖

我国古代先民在用火取暖、烧烤、煮熟食物的过程中发现，经火烧烤后的地面或墙面变硬，可以达到防水防潮、坚固耐用的效果。先民在长期的实践过程中逐渐认识到这类烧土的特性，考古学家将此类呈块状或粒状的烧土称为“红烧土”[10]。

新石器时代早期，我国先民结合建筑技术与制陶技术，在建筑上使用了“红烧土”。在距今约6400年的大溪文化时期的湖南澧县城头山遗址，已出现专门烧造“红烧土块”的陶窑，其窑室内全部为红烧土堆积，应是作为建筑材料使用[11]。同一时期，在湖北枝江关庙山遗址，发现了大溪文化的红烧土房屋[12]，以黏土泥料砌筑成墙壁、居住面、屋内设施、屋面等建筑的构件，烧制之后使房屋整体达到陶化程度。在距今5500至5300年的安徽含山凌家滩遗址，工作人员发现了面积约3000平方米的红烧土痕迹，由大小、形状不一的红烧土块加少量黄黏土堆筑而成[13]。据推测，“红烧土块”系由人工制作土坯，将稻秆、稻壳等搅拌于黏土原料中，摔打成型后再置于窑内，经800℃至1000℃的高温烧造成陶质团块状物。这些红烧土块即为“红陶块”，质地坚硬，颜色因烧成温度不同，多数呈鲜艳的砖红色与黄色，少量呈玫瑰红色、黄褐色或炭黑色，亦有少量烧土块因在烧造过程中淋水发生氧化还原反应而呈青色[14]。李乃胜等学者通过对凌家滩“红陶块”的物相组成、烧成温度、吸水率与抗压强度等进行测验，并将其与明砖、汉砖以及现代砖的物理性能进行分析对比，认为凌家滩“红陶块”的物理性能与砖类建筑材料较为接近，应为砖的雏形，是我国最早的陶质建

[10] 廖彩樑：《陕西西乡李家村新石器时代遗址》，《考古》1961年第7期；魏京武：《陕西西乡李家村新石器时代遗址一九六一年发掘简报》，《考古》1962年第6期。

[11] 湖南省文物考古研究所：《澧县城头山：新石器时代遗址发掘报告》上，文物出版社，2007，第258—259页。

[12] 李文杰：《大溪文化红烧土房屋研究》，《中国国家博物馆馆刊》2012年第6期。

[13] 李乃胜：《凌家滩红烧土遗迹建筑基础初探》，《中国文物科学研究》2008年第3期。

[14] 李乃胜：《凌家滩红烧土遗迹建筑基础初探》，《中国文物科学研究》2008年第3期；张敬国、杨竹英：《凌家滩发现我国最早红陶块铺装大型广场》，《中国文物报》2000年第1版。

材[15]。由此可见，凌家滩“红陶块”系人为有意识地加工且技术较为先进的一种新型建筑材料[16]。

在以黄河中游地区为中心的仰韶文化时期，制陶技术较为发达，很大程度上促成了烧结砖的出现。在陕西西安蓝田新街遗址发现了仰韶文化晚期的砖形器（图1-4-1），根据其形状推测应为板砖，或为我国乃至世界上年代最早的烧结砖[17]。烧结砖实物的出现表明了我国至迟于仰韶文化晚期就已经出现了规整长条形的烧结红砖。

在以长江下游为中心的良渚文化区域，发现多处红烧土与红烧土坯遗存。在浙江余杭莫角山遗址的13个探方中均有厚薄不等的红烧土坯堆积[18]。这些红烧土坯表面多呈红色，内里因未烧透而呈灰黑色。这些土坯应是房屋建筑材料，且土坯数量超过了同时代诸遗址土坯的总和，可见当时的建筑规模之大、技术之先进[19]。大批量红烧土坯的出现不仅说明了这些重要的建筑材料是人们有意为之进行烧造的，同时也表明了在距今5300至4200年前，我国红烧土坯小砖已经在定型中问世，并已在苏杭地区用于建筑砌筑[20]。此外，在江苏昆山赵陵山遗址发现多处成规模的良渚文化红烧土痕迹，红烧土堆积多呈块状，棱边方正，表面齐平，由外至里呈红、橘红、黄色，内芯呈未烧透的炭黑色，具有典型的早期建筑砖坯特征[21]。

图1-4-1　陕西西安蓝田新街遗址出土的砖[22]

[15] 李乃胜、张敬国、毛振伟、冯敏、胡耀武、王昌燧：《五千年前陶质建材的测试研究》，《文物保护与考古科学》2004年第2期；李乃胜、张敬国、毛振伟、冯敏、王昌燧：《我国最早的陶质建材——凌家滩“红陶块”》，《建筑材料学报》2004年第2期。

[16] 李乃胜：《凌家滩红烧土遗迹建筑基础初探》，《中国文物科学研究》2008年第3期。

[17] 杨亚长、刘军幸、张明惠、李钦宇、邵晶、邸楠：《陕西蓝田新街遗址发掘简报》，《考古与文物》2014年第4期。

[18] 严文明：《良渚随笔》，《文物》1996年第3期。

[19] 魏京武：《对良渚文化莫角山城址的认识》，《文博》1998年第1期；费国平：《浙江古上顶（莫角山）遗址初探》，《长江文化论丛》2005年第00期。

[20] 湛轩业：《关于<对我国古代砖瓦起源问题的探讨>一文的商榷》，《砖瓦世界》2016年第10期。

[21] 南京博物院编著《赵陵山——1990～1995年度发掘报告》，文物出版社，2012，第42页。

[22] 杨亚长、刘军幸、张明惠、李钦宇、邵晶、邸楠：《陕西蓝田新街遗址发掘简报》，《考古与文物》2014年第4期。

（二）龙山文化时期兼具实用与礼仪的筒瓦与板瓦

目前世界上最早的烧结屋面瓦出土于陕西宝鸡桥镇村，此地发现了距今约4000年的龙山文化时期的筒瓦、板瓦与槽形瓦（图1-4-2）[23]。其中泥质红陶篮纹筒瓦，一端略宽，另一端略窄，未有瓦舌，瓦壁薄厚不均，因烧成温度较低，质地不甚细密，外壁饰简单粗篮纹。据推测，应是先采用泥条盘筑法制成圆筒形泥坯，再将其切割，一分为二，制成两个半圆形筒瓦，两端均未有瓦钉或瓦环。该筒瓦的构成原理与制作技术虽简易，但已具备了瓦的实用功能[24]。甘肃灵台桥村遗址出土了大量龙山文化晚期的陶瓦标本与碎片约2800件，主要包括筒瓦与板瓦两种[25]。与目前已知这一时期的陶瓦遗址相比，桥村遗址出土的陶瓦数量最多，类型也最为丰富，在已使用瓦覆盖屋顶的当时，瓦片数量侧面反映了建筑的体量，表明该遗址可能存在大型"覆瓦类"建筑[26]。因在桥村遗址区域发现较多玉器，珍贵的玉器彰显了屋主的身份，又因区域内有大量陶瓦出土，故推测陶瓦似主要应用于具有礼仪性质的高等级建筑上。由此可见，我国至迟于龙山文化时期已出现筒瓦与板瓦这些功能明确的建筑用瓦，瓦面附有装饰，基本具备了瓦的防雨与排水的实用功能。除具有遮顶护檐的实用性外，瓦还具有明辨等级、彰显身份的作用[27]。

除筒瓦外，工作人员在河南郑州商城早期的宫殿区遗址中还发现了建筑用的板瓦，板瓦均呈长方形板状，横断面呈弧形，以泥质灰陶为主，胎体薄厚不均，颜色不匀，表面饰绳纹。其制法应是先采用泥条盘筑法制成圆筒形坯体，再经慢轮修整制成。这些板瓦出土数量相对较少，形制较为单一，尺寸差异较大，在烧造技术与形制规格等方面具有一定原始性。根据板瓦所处位置来看，其出土

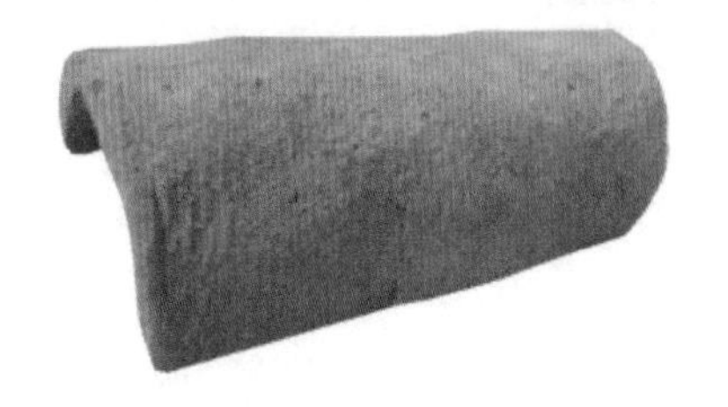

图1-4-2 陕西宝鸡桥镇遗址出土的筒瓦[28]

[23] 刘军社：《宝鸡发现龙山文化时期建筑构件》，《文物》2011年第3期。

[24] 陈亮：《宝鸡桥镇出土龙山时期筒瓦略谈》，《宝鸡文理学院学报（社会科学版）》2010年第3期。

[25] 赵建龙、周静、张海、李文、李万荣、李建军、张举文、张乐城、陈绰敏、徐艺菁、景小庆、郑玲霞：《甘肃灵台桥村遗址Ⅰ区发掘简报》，《考古与文物》2022年第2期。

[26] 同上。

[27] 陈亮：《宝鸡桥镇出土龙山时期筒瓦略谈》，《宝鸡文理学院学报（社会科学版）》2010年第3期。

[28] 刘军社：《宝鸡发现龙山文化时期建筑构件》，《文物》2011年第3期。

地多位于大型宫殿基址分布相对集中的区域，说明板瓦主要应用于礼制性建筑。又因板瓦出土数量较少，不足以覆盖整个建筑屋面，故推断它多应用于屋脊两侧歇山、前后屋檐附近容易被风吹动或裂开的部位[29]。值得注意的是，瓦作为排水构件，通常被认为仅应用于屋顶排水，但在该遗址中，木质房柱的根部被埋入土中，人们利用规格较大的瓦来围护房柱根部，从而起到防潮、防水与防腐的作用。由此可见，瓦作为一种新型建筑材料，不仅单纯用于覆盖建筑屋面，亦可用来围护建筑，存在一器多用的现象，但始终与排水功能相关。郑州商城遗址出土的板瓦已符合一般意义上瓦的标准，表明我国在商代早期就已能够烧造出工艺性能良好的建筑用瓦[30]。

二、浇水转釉技术的掌握

夏代初期，先民已经能够利用还原法烧造出青灰色砖瓦，此后，青灰色砖瓦成为中国古代砖瓦的主流产品[31]。湖南桑植朱家台遗址出土了战国时期的瓦窑[32]，表明战国时期的工匠已掌握浇水转釉技术，并且烧造出青灰色砖瓦。砖瓦呈色与颜色深浅视原料中的着色剂氧化铁含量的多少、烧成温度的高低以及烧成气氛而定。在还原气氛中烧成，陶坯中的铁质大部分转化为二价铁，砖呈青灰色，硬度较高；在氧化气氛中烧成，陶坯中的铁质转化成三价铁，砖呈红色，硬度较低（图1-4-3）。“浇水转釉”技术，即在烧造时从窑顶向窑内渗水，使窑内长时间保持缺氧状态，从而获得还原气氛，防止因窑内烧成气氛的变化而使青灰色砖瓦再次转变为红色，以确保砖瓦能够获得稳定的青灰色[33]。明代宋应星在《天工开物》中绘述了“浇水转釉”技术的应用场景（图1-4-4）。

三、秦砖汉瓦的盛烧

秦汉时期，工匠为适应建筑结构的需要，在砖瓦形制和制作技术方面进行了多方探索，在烧造技术、生产规模以及产量与质量上均有较大进步。这一时期，砖瓦的使用范围广、质量高、装饰性强，因而享有“秦砖汉瓦”之誉。

[29] 曾晓敏、韩朝会、宋国定、李文健、张清池、王蔚波：《郑州商城宫殿区商代板瓦发掘简报》，《华夏考古》2007年第3期。
[30] 李乃胜、李清临、曾晓敏、宋国定：《郑州商城遗址出土商代陶板瓦的工艺研究》，《建筑材料学报》2012年第4期。
[31] 南京博物院编著《赵陵山——1990～1995年度发掘报告》，文物出版社，2012，第42页。
[32] 桑植县文物管理所：《湖南桑植县朱家台战国瓦窑和水井发掘报告》，《江汉考古》1994年第2期。
[33] 李清临：《中国古代砖瓦生产中“浇水转釉”技术的起源与发展》，《考古与文物》2016年第1期。

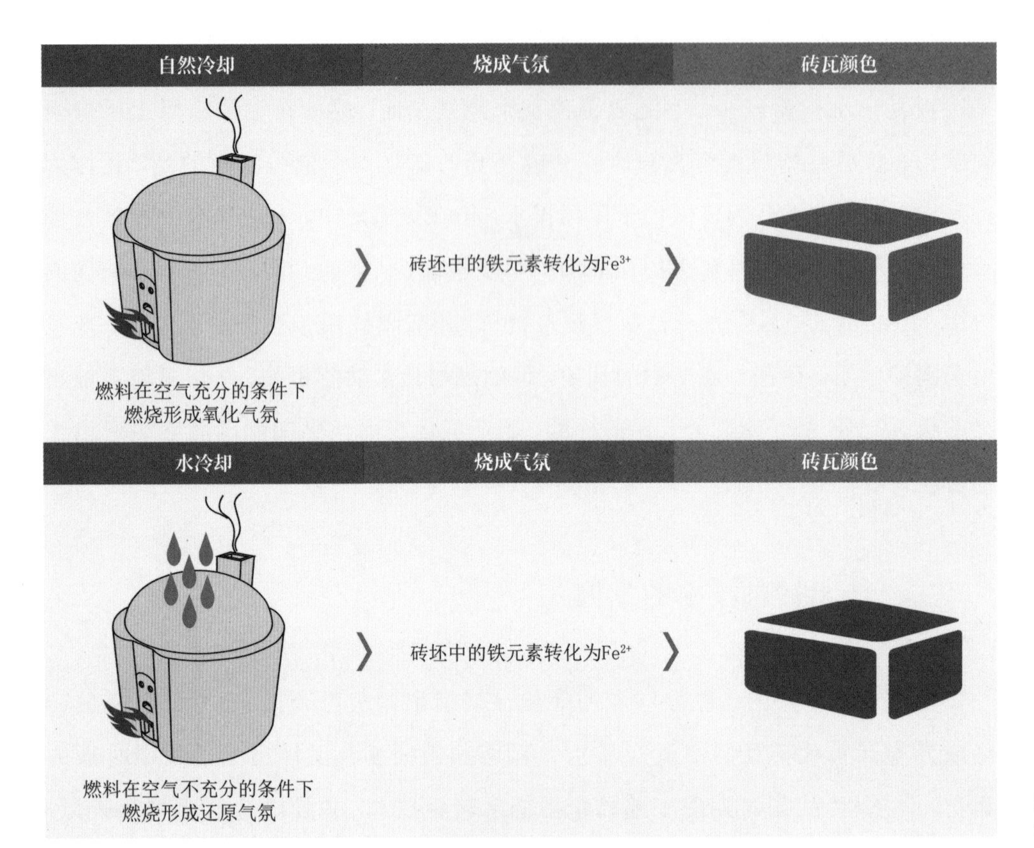

图 1-4-3　砖瓦呈现不同颜色的原理分析图

图 1-4-4　《天工开物》所示浇水转釉技术[34]

[34]〔明〕宋应星：《天工开物》，钟广言注释，中华书局香港分局，1978，第187页。

（一）大型空心砖的制作与发展

西周时期，我国先民已发明并使用了大型空心砖。考古人员在陕西岐山周公庙遗址[35]、赵家台遗址[36]与宝鸡扶风岐山一带周原遗址[37]均发现了空心砖（图1-4-5），其中赵家台遗址曾是专门烧造砖的制陶作坊。空心砖大而稳重，坚硬结实，既能节省原料又可减轻自重，不仅能够承受较大的压力，用于建筑之上还可增添端庄雄伟之势。空心砖的出现表明，西周早期的陶工已掌握空心物体与实心物体所承受的压力相同的原理。春秋战国时期，空心砖常用于铺筑大型建筑的台阶或踏步，也用于建造墓葬中的椁室，以代替木制椁板。

西汉时期，受儒家"慎终追远"的思想影响，盛行用空心砖建造墓室，厚葬制度使陵墓规模日益壮大。因此，汉代空心砖数量较多且具有一定代表性。为探究先秦至汉代出土的空心砖体积的演变规律，本文以搜集到的空心砖为例，运用统计学方法，对空心砖的长度、宽度、厚度以及体积等数值进行纵向梳理，通过数据与图表展开对空心砖形制的量化分析。由图1-4-6可知，空心砖均值在各时期均有不同程度的波动。先秦时期的空心砖长约102厘米，宽约35.77厘米，厚约14.92厘米；西汉时期的空心砖长约112.5厘米，宽约33.54厘米，厚约13.85厘米；东汉时期的空心砖长约121厘米，宽约36厘米，厚约14.29厘米。由此可见，空心砖长度随时代演替逐渐增长，宽度基本一致，厚度变薄。同时通过测算，先秦至汉代的空心砖体积平均值波动较小，呈先下降后上升的趋势。

图1-4-5　陕西岐山周公庙遗址出土的空心砖残块

[35] 徐天进：《周公庙遗址的考古所获及所思》，《文物》2006年第8期；种建荣、雷兴山：《周公庙遗址商周时期陶器分期研究》，《西部考古》2008年第00期。

[36] 陕西省考古研究所宝鸡工作站：《陕西岐山赵家台遗址试掘简报》，《考古与文物》1994年第2期。

[37] 种建荣、雷兴山、郑红莉：《试论周原遗址新发现的空心砖》，《文博》2012年第6期。

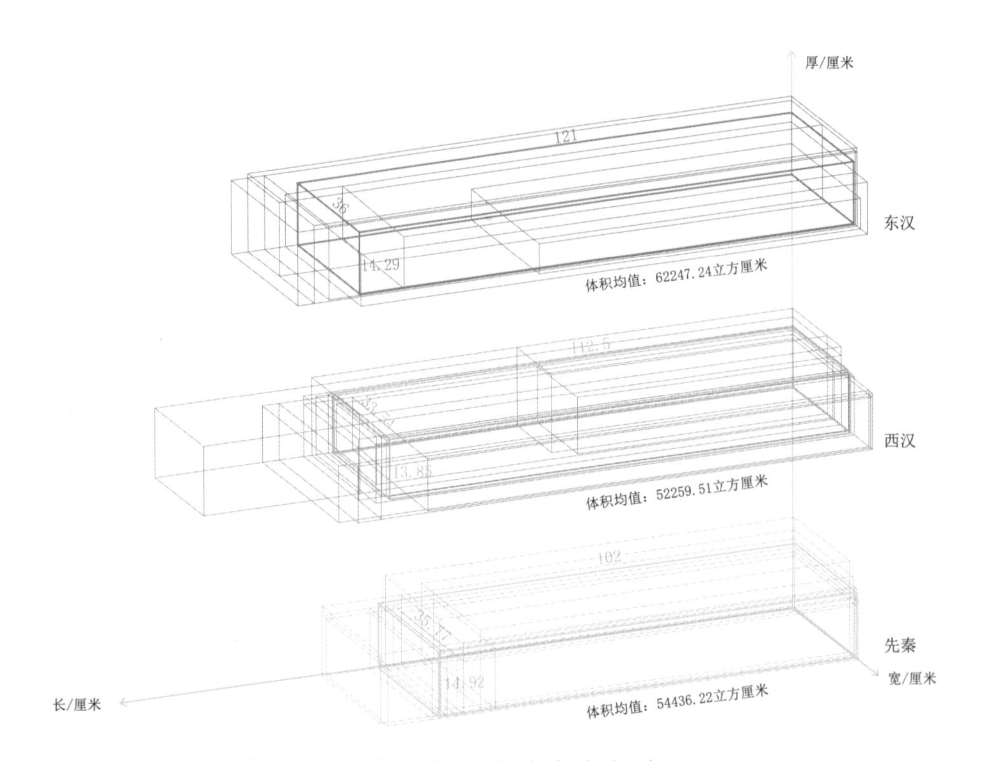

图 1-4-6 先秦至汉空心砖体积分析

（二）适人尺度的条砖替代空心砖并成为主流

西汉时期，条砖的使用范围渐次扩大。与体积庞大的空心砖相比，条砖的制作工序简单，形制小而规整，承重更强，只需更改砌筑方式便可适用于不同的建筑需要。工匠还设计制作了榫卯砖、企口砖、楔形砖等多种异型砖，以配合条砖使用。因此，条砖凭借制作简易、形制规整小巧、组合搭配灵活等优势，逐渐替代空心砖成为建筑用砖的主体。

本节通过对部分考古报告中出土的70件汉代条砖的尺寸进行统计并整理（图1-4-7），归纳分析可知，从西汉至东汉，条砖的尺寸均值发生细微波动。西汉时期，条砖长约36.2厘米，宽约17.23厘米，厚约6.57厘米；东汉时期，条砖长约33.4厘米，宽约18.31厘米，厚约7.32厘米。整合后，汉代条砖的尺寸均值长约34.1厘米，宽约18.07厘米，厚约7.15厘米。图示中线条集中，表明汉代条砖形制相对统一，尺寸相差较小，大部分砖的长度在33至36厘米，宽度在17到19厘米，厚度在6至8厘米。汉代虽依旧是工匠手工制坯，难免存在误差，但已普遍使用模制法制作砖坯，从量表中可推知，砖的尺寸在汉代渐趋固定。

（三）条砖尺寸整体演变规律

为了进一步对条砖的尺寸演变进行分析，下文将以搜集到的232件各个时期的条砖为例，分别提取出长度、宽度、厚度的数值展开梳理，以此为基础绘制出坐标图（图1-4-8），由图可知，条砖的长度多集中于30至40厘米，条砖的宽度多集中于12至20厘米，条砖的厚度多集中于5至8厘米，条砖的尺寸在发展过程中基本固定，长、宽、厚数值与比例均相近。

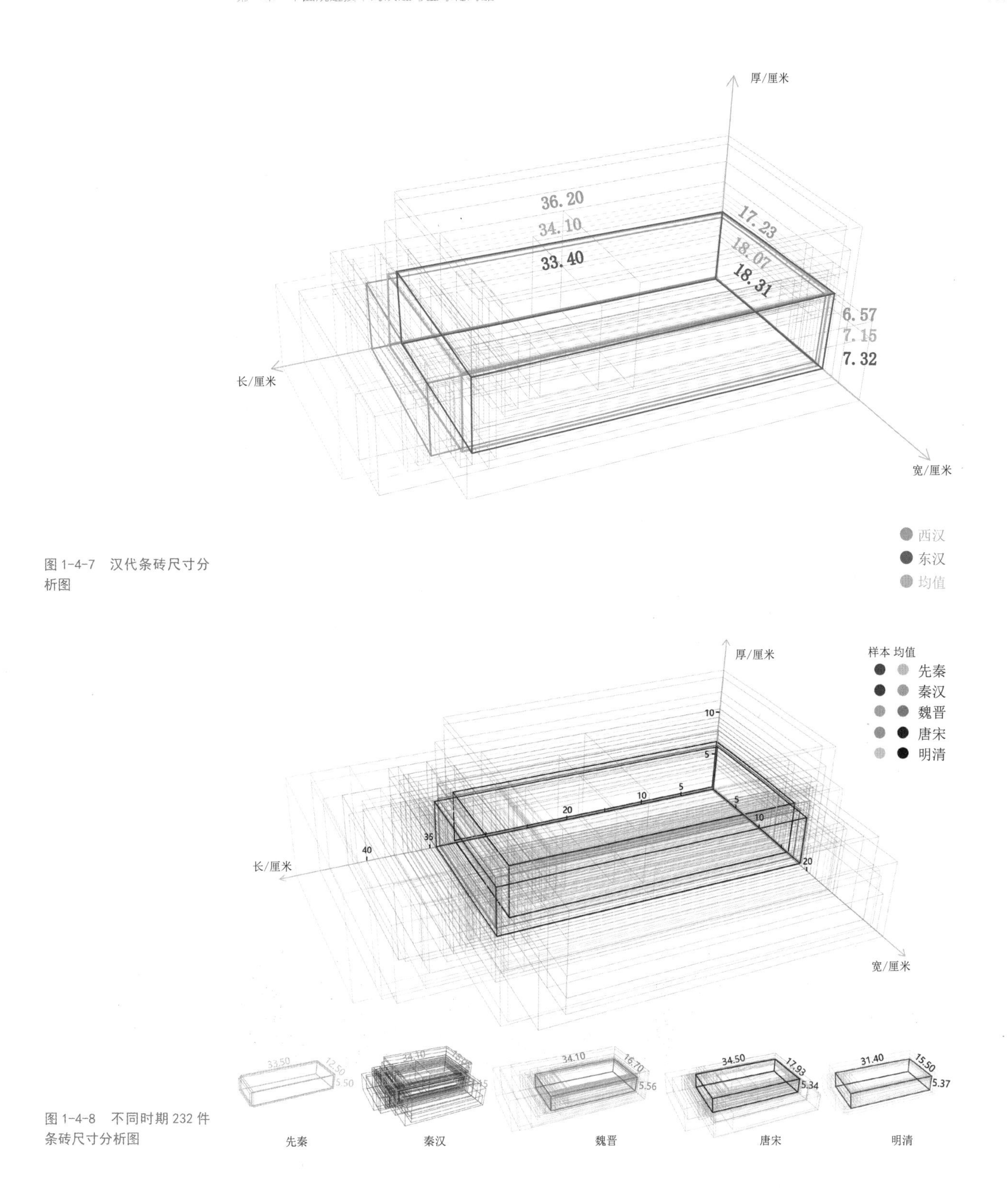

图 1-4-7　汉代条砖尺寸分析图

图 1-4-8　不同时期 232 件条砖尺寸分析图

通过数据与图表展开对232件历代条砖的量化分析，条砖的长度、宽度及厚度自秦汉时期数值有所上升，至宋代之后呈递减趋势。至明清时期，条砖长度约31.4厘米，宽度约15.5厘米，厚度约5.37厘米，与现代实心标准砖厚度5.3厘米并无二致。因砖的使用需要工匠用手直接接触砌筑，故条砖的尺寸固定与人类手掌的尺寸相关。东方人手掌长度在16至20厘米，拇指与中指的距离约

20厘米，手掌的宽度为7至10厘米[38]。当砖的宽度小于手掌的长度，砖的厚度小于拇指和其余几指所能钳住的尺寸时，最有利于工匠操持。条砖在汉代开始广泛应用，其宽度与人的手掌长度基本吻合。汉代以降，条砖的尺寸略小于人类手掌尺寸，便于操持，提升了工作效率。

（四）楔形砖与曲尺形砖的创制及大半圆瓦当的普及

汉代，砖的功能用途与形制尺寸增多，除条砖与方砖外，还出现了楔形砖与曲尺形砖等新产品。楔形砖可用于错缝砌造，条砖与楔形砖均可用于铺地。曲尺形砖主要用于土筑的台阶、踏步等，起到坚固土台与雨天防滑的作用。与大型空心砖相比，曲尺形砖的制作更为简单，形制更为轻便灵活，更换亦较为方便。陕西兴平黄山宫遗址出土的曲尺形砖（图1-4-9a），根据其虎纹曲尺形砖上残留的踩踏磨损痕迹，可证明其为一种宫殿踏步砖[39]。在秦始皇陵北建筑遗址[40]和汉长安城桂宫2号建筑遗址[41]中发现的曲尺形砖，均为铺垫在台阶上的踏步砖。

自秦以来，瓦的技术革新主要集中于排水功能的改进。由于对建筑空间的不断探索，建筑材料的尺度也随之增大。陕西临潼秦始皇陵园内出土了大半圆瓦当，该瓦当直径达61厘米，俗称“瓦当王”（图1-4-9b），其形制是在整圆的下底横向切去约1/4，形成平底[42]。大半圆瓦当位于屋脊两侧，解决了大跨度房梁上小瓦当间接缝密封不严的缺陷，兼具防腐与装饰的双重功效。河北秦皇岛金山咀遗址[43]与辽宁绥中石碑地秦始皇行宫遗址[44]等遗址中，均有大半圆瓦当的出土，这类瓦当的出现体现了当时的建筑规模与手工业的发展水平。

a 黄山宫遗址出土曲尺形踏步砖装饰图及其左视图　b 陕西临潼博物馆藏夔纹大半圆瓦当

图1-4-9 曲尺形砖与大半圆瓦当

[38] 杭间：《手艺的思想》，山东画报出版社，2001，第216页。
[39] 张海云：《黄山宫遗址出土罕见的踏步砖》，《考古与文物》2005年第5期。
[40] 赵康民：《秦始皇陵北二、三、四号建筑遗迹》，《文物》1979年第12期。
[41] 中国社会科学院考古研究所、日本奈良国立文化财研究所中日联合考古队：《汉长安城桂宫二号建筑遗址发掘简报》，《考古》1999年第1期。
[42] 赵康民：《秦始皇陵北二、三、四号建筑遗迹》，《文物》1979年第12期。
[43] 孔哲生、李恩佳：《金山咀秦代建筑遗址发掘报告》，《文物春秋》1992年第S1期。
[44] 陈大为、王成生、李宇峰、辛岩：《辽宁绥中县“姜女坟”秦汉建筑遗址发掘简报》，《文物》1986年第8期。

四、琉璃制作技术的发展及琉璃瓦在高等级建筑中的运用

早期的宫殿建筑多使用传统的青瓦铺设屋顶。青瓦吸水率较高，雨雪过后，瓦吸收水分，或使房屋负荷猛增，致建筑物损坏或坍塌。伴随着建筑物规模的不断变大，建筑屋面亦增大。至北魏时期，基于较为成熟的砖瓦烧造技术与琉璃制作技术，琉璃瓦作为新型建筑材料开始出现[45]。工匠将琉璃釉涂在瓦坯上，烧制后的瓦面光洁且不吸水，雨雪后屋面负荷不会增加，屋顶重量恒定，排水顺畅，此后，琉璃瓦制作技术开始发展。通常，我国古代琉璃瓦都会经历二次烧成技术。首先，在阴干瓦坯后进行素烧，素烧的烧成温度一般为1100℃至1200℃，而后施釉，瓦坯再次入窑烧造，烧成温度为800℃至900℃。

北魏平城时期，琉璃瓦最先发现于山西大同云冈石窟窟顶西部寺院遗址[46]。瓦的凸面为素面，颜色为浅灰色，质地较好，火候较高。凹面施有深褐色的釉，釉层较浅仅一层，但凹面涂抹光亮，后在同一遗址出土了大量琉璃瓦。至唐代，琉璃瓦因其视觉效果通透美丽，成为皇家建筑必备之物。陕西西安唐代长安宫殿出土的琉璃瓦以绿色居多，黄色、蓝色次之，并有绿色琉璃砖[47]。屋脊及鸱尾等琉璃瓦件的使用，彰显了高等级建筑的身份属性。

五、始于宋代的砖瓦模数制

宋代是我国砖瓦发展规范化时期的开端。北宋著名建筑学家李诫奉敕编修《营造法式》一书，在窑作制度中，首次对砖瓦的成型技术、纹饰技术、烧造技术以及砖窑的规格和砌筑施工做了较为科学系统的规定和总结[48]，并以文字记载了砖瓦的各种分类名称、具体尺寸及其用途、位置。

宋代砖瓦制作的规范化有利于提高产量。据《营造法式》记载，宋时用砖种类较多，主要有方砖、条砖，另有压阑砖、砖碇、牛头砖、走趄砖、趄条砖、镇子砖等[49]。其中方砖列举有五种，仅有“铺砌功”而无“垒砌功”，可知宋代方砖多用于铺地，而条砖主要用于砖墙与阶基砌筑。牛头砖、走趄砖、趄条砖一面呈倾斜状，主要用于砌筑城壁壁面及城壁水道。各种砖型具体规格见表1-4-1。

---

[45] 徐国栋、林海慧：《北魏平城时期的板瓦和筒瓦》，《华夏考古》2014年第4期。

[46] 安家瑶、李春林：《唐大明宫含元殿遗址1995—1996年发掘报告》，《考古学报》1997年第3期。

[47] 同上。

[48] 梁思成：《中国古典建筑典范——<营造法式>注释》，三联书店（香港）有限公司，2015，第315—325页。

[49] 同上书，第322—323页。

表 1-4-1 《营造法式》与宋代遗址中砖的尺寸对比

	《营造法式》之“砖”条尺寸	用途、位置	转换单位后尺寸（单位 / 厘米）	考古实例尺寸（单位 / 厘米）	出土地点
方砖	方 2 尺，厚 3 寸	用于 11 间殿阁以上等铺地面	约边长 62，厚 9.3	/	/
	方 1 尺 7 寸，厚 2 寸 8 分	用于 7 间殿阁以上等铺地面	约边长 52.7，厚 8.68	/	/
	方 1 尺 5 寸，厚 2 寸 7 分	用于 5 间殿阁以上等铺地面	约边长 46.5，厚 8.37	/	/
	方 1 尺 3 寸，厚 2 寸 5 分	用于殿阁、厅堂、亭榭等铺地面	约边长 40.3，厚 7.75	边长 39，厚 6.5	河南洛阳市唐宫中路宋代大型殿址[50]
	方 1 尺 2 寸，厚 2 寸	用于行廊、小亭榭、散屋等铺地面	约边长 37.2，厚 6.1	边长 35.5，厚 7	河南洛阳市唐宫中路宋代大型殿址
条砖	长 1 尺 3 寸，宽 6 寸 5 分，厚 2 寸 5 分	可用于铺砌殿阁、厅堂、亭榭地面	约长 40.3，宽 20.15，厚 7.75	长 38，宽 19.5，厚 7	河南洛阳市唐宫中路宋代大型殿址
	长 1 尺 2 寸，宽 6 寸，厚 2 寸	可用于铺砌小亭榭、行廊、散屋等地面	约长 37.2，宽 18.6，厚 6.1	长 38，宽 18，厚 6.5	河南洛阳市中州路北唐宋建筑基址[51]
压阑砖	长 2 尺 1 寸，宽 1 尺 1 寸，厚 2 寸 5 分	用于阶基外沿压边	约长 65.1，宽 34.1，厚 7.75	/	/
砖碇	方 1 尺 1 寸 5 分，厚 4 寸 3 分	用作柱础	约边长 35.65，厚 13.33	/	/
牛头砖（即楔形砖）	长 1 尺 3 寸，宽 6 寸 5 分，厚度分大小头，大头 2 寸 5 分，小头 2 寸 2 分	供砌筑拱券之用	约长 40.3，宽 20.15，厚度分大小头，大头 7.75，小头 6.82	/	/
走趄砖	长 1 尺 2 寸，面宽 5 寸 5 分，底宽 6 寸，厚 2 寸	用于砌筑收分较大的高阶基或城壁水道	约长 37.2，面宽 17.05，底长 18.6 寸，厚 6.2	/	/
趄条砖	面长 1 尺 1 寸 5 分，底长 1 尺 2 寸，宽 6 寸，厚 2 寸	与走趄砖共同使用砌筑高阶基或城壁水道，其中走趄砖是走砖，趄条砖是丁砖，两者合称趄面砖	约面长 35.65，底长 37.2，宽 18.6，厚 6.2	长 24—36.8，宽 13，厚 6.5	北宋皇陵永定陵[52]
镇子砖	方 6 寸 5 分，厚 2 寸	用途不明	约边长 20.15，厚 6.2	/	/

注：根据《中国科学技术史：度量衡卷》中北宋省尺 1 尺长合 30.8 至 31 厘米[53]。此表计算时取 1 尺合今 31 厘米，1 寸为 3.1 厘米，1 分为 0.3 厘米，1 厘为 0.03 厘米。

瓦有筒瓦与板瓦两种，其等级差别甚明。“筒瓦，施之于殿、阁、厅、堂、亭、榭等[54]”，“瓪瓦，施之于厅堂及常行屋舍等[55]”。宋代初期，太祖为郭进建造

[50] 中国社会科学院考古研究所洛阳唐城队：《河南洛阳市唐宫中路宋代大型殿址的发掘》，《考古》1999 年第 3 期。

[51] 石自社、陈良伟：《河南洛阳市中州路北唐宋建筑基址发掘简报》，《考古》2005 年第 2 期。

[52] 河南省文物考古研究所编《北宋皇陵》，中州古籍出版社，1997，第 302—307 页。

[53] 卢嘉锡总主编，丘光明等著《中国科学技术史：度量衡卷》，科学出版社，2001，第 362—369 页。

[54] 梁思成：《中国古典建筑典范——<营造法式>注释》，三联书店（香港）有限公司，2015，第 292 页。

[55] 同上书，第 293 页。

府第，使尽用筒瓦，有人反对，认为“非亲王、公主，例不应用”[56]。表明筒瓦是特定身份的象征，民间难有一用。筒瓦与板瓦的规格有多种，见表 1-4-2。

表 1-4-2 《营造法式》与宋代遗址中瓦的尺寸对比

	《营造法式》“窑作制度”之“瓦”条	用途、位置	转换单位后尺寸（单位 / 厘米）	考古实例（单位 / 厘米）	出土地点
筒瓦	长 1 尺 4 寸，口径 6 寸，厚 8 分	用于 5 间以上殿阁、厅堂等	约长 43.4，口径 18.6，厚 2.4	长 41—42， 宽 19—20，厚 3	北宋皇陵寺院[57]
	长 1 尺 2 寸，口径 5 寸，厚 5 分	用于 3 间以下殿阁、厅堂等	约长 37.2，口径 15.5，厚 1.5	长 34.9，宽 15.2，厚 1.7—2.3	北宋皇陵永昌陵[58]
	长 1 尺，口径 4 寸，厚 4 分	用于零散的建筑物	约长 31，口径 12.4，厚 1.24	长 33，宽 14.5，厚 1	河南洛阳市中州路北唐宋建筑遗址
	长 8 寸，口径 3 寸 5 分，厚 3 分 5 厘	用于柱心相去方 1 丈以上的小亭榭	约长 24.8，口径 10.85，厚 1.09	/	/
	长 6 寸，口径 3 寸，厚 3 分	用于柱心相去方 1 丈的小亭榭	约长 18.6，口径 9.3，厚 0.93	/	/
	长 4 寸，口径 2 寸 5 分，厚 2 分 5 厘	用于柱心相去方 9 寸以下的小亭榭	约长 12.4，口径 7.75，厚 0.78	/	/
板瓦	长 1 尺 6 寸， 大头广 9 寸 5 分，厚 1 寸， 小头广 8 寸 5 分，厚 8 分	/	约长 49.6， 大头宽 29.45，厚 3.1， 小头宽 26.35，厚 2.48	长 40.5—42.4， 大头宽 22.5—25.3， 小头宽 17.8—19.2， 厚 1.5—2.6	北宋皇陵寺院
	长 1 尺 4 寸， 大头广 7 寸，厚 7 分， 小头广 6 寸，厚 6 分	用于 5 间以上的厅堂	约长 43.4， 大头宽 21.7，厚 2.17， 小头宽 18.6，厚 18.6	长 42.5， 大头宽 21.5，厚 1.8， 小头宽 19，厚 1.4	北宋皇陵永熙陵[59]
	长 1 尺 3 寸， 大头广 6 寸 5 分，厚 6 分， 小头广 5 寸 5 分，厚 5 分 5 厘	用于 3 间以下，及廊屋六椽以上的厅堂	约长 40.3， 大头宽 20.15，厚 1.86， 小头宽 17.05，厚 1.71	长 42.5， 大头宽 22，厚 1.8， 小头宽 19.5，厚 1.5	北宋皇陵永定陵
	长 1 尺 2 寸， 大头广 6 寸，厚 6 分， 小头广 5 寸，厚 5 分	用于廊屋四椽以下的厅堂和零散的房屋	约长 37.2， 大头宽 18.6，厚 1.86， 小头宽 15.5，厚 1.55	/	/
	长 1 尺， 大头广 5 寸，厚 5 分， 小头广 4 寸，厚 4 分	/	约长 31， 大头宽 15.5，厚 1.55， 小头宽 12.3，厚 1.23	/	/
	长 8 寸， 大头广 4 寸 5 分，厚 4 分， 小头广 4 寸，厚 3 分 5 厘	/	约长 24.8， 大头宽 13.95，厚 1.24， 小头宽 12.4，厚 1.09	/	/
	长 6 寸， 大头广 4 寸，厚 4 分， 小头广 3 寸 5 分，厚 3 分	/	约长 18.6， 大头宽 12.4，厚 1.24， 小头宽 10.58，厚 0.93	/	/

注：根据《中国科学技术史：度量衡卷》中北宋省尺 1 尺长合 30.8 至 31 厘米[60]。此表计算时取 1 尺合今 31 厘米，1 寸为 3.1 厘米，1 分为 0.3 厘米，1 厘为 0.03 厘米。

[56]〔宋〕叶梦得：《石林燕语》，载上海古籍出版社编《宋元笔记小说大观》三，上海古籍出版社，2007，第 2492 页。

[57] 河南省文物考古研究所编《北宋皇陵》，中州古籍出版社，1997，第 420—425 页。

[58] 同上书，第 88 页。

[59] 同上书，第 283 页。

[60] 卢嘉锡总主编，丘光明等著《中国科学技术史：度量衡卷》，科学出版社，2001，第 362—369 页。

《营造法式》规定了砖瓦的类型，且全部模数化，适合于彼此搭配、互相代替，对大部分建筑都有广泛的适应性。通过表1-4-1与表1-4-2可知《营造法式》中记载的砖瓦尺寸与北宋皇陵等遗址中的砖瓦尺寸基本对应，进一步证实了北宋时期建筑材料已基本上实现了规范化与统一化。

结语

砖瓦的出现是我国建筑材料的一大技术突破，推动了我国建筑技术发生质的变化。砖瓦在新石器时期就已经出现，且基本具备了实用功能。先秦时期，各类砖瓦烧造均已初具规模，浇水转釉技术的应用标志着砖瓦烧造技术的成熟，还原气氛的运用与掌握使青灰色砖瓦成为我国砖瓦的主流产品。秦汉时期，大型空心砖、曲尺形砖与瓦当等建筑材料的出现，使建筑规格增高变大。条砖的尺寸在汉代之后日趋变小并渐趋固定，更适于人手的生理结构，表明条砖逐渐替代了大型空心砖成为主流。魏晋时期，高等级建筑的屋顶建造已开始使用琉璃瓦。及至宋代，砖瓦烧造技术与规格尺寸逐渐规范化、统一化，产量也大幅提升。由此可见，砖瓦烧造技术的革新及产品种类的迭新与历代建筑的发展相辅相成。我国古代早期建筑材料由红烧土块向红烧土坯发展，继而转化成烧结砖瓦，总体朝着实用耐久性演进。概言之，建筑材料的更新提高了建筑质量，砖瓦品类趋向多样、装饰纹样日益精巧，组合方式渐趋灵活，改变并丰富了建筑形式。

第五节 美轮美奂的琉璃

“琉璃”一词最早在中国古籍记载中出现，应是西汉桓宽《盐铁论》中的“而璧玉珊瑚琉璃，咸为国之宝”[1]一句。综合文献史料与考古资料可知，琉璃在中国古代既指釉砂、玻砂浇注成型的原始玻璃制品，又指高铅成分模压、吹制的透明半透明玻璃制品，之后建筑中的二次烧制釉态构件也被纳入“琉璃”的定义范畴中，成为传统烧造文化中独具特色的一环。

中国最早出现琉璃制品的时间可推测为西周时期[2]。在河南、陕西、北京等地出土了西周时期的釉砂管、釉砂珠以及各色料珠[3]，至今已有2700余年历史，它们是最早使用的人工材料之一。西周至春秋战国时期，我国已经生产以釉砂及玻砂为原料的珠、管、环、璧等作为装饰物，色泽艳丽，其中一部分质地较为纯净的制品甚至被当作玉的替代品。早期琉璃的配方和制作工艺由于社会动荡导致失传，直至隋代，工匠何稠在统治阶层的要求下，融合了外来工艺，复原了琉璃制作技术，复原后的琉璃制作以铅钡系统与高铅系统的日用盛器为主。此后琉璃发展呈现两方面的特点：一方面，釉质细腻的琉璃成为玉的替代品；另一方面，宋代以后，透光澈亮的琉璃开始走向琉璃与玻璃的分化阶段。元代始，低温铅釉琉璃作为建筑构件开始被皇室使用，至明清盛行，美轮美奂的五色瓦成为中国烧造史及建筑史上的一抹重彩记号。

中国琉璃从诞生到发展，见证着中国造物的烧造历程，下文首先将通过中国琉璃的起源，探究古老技艺和配方的渐进，继而纵观其历史轴线，在时间的横梁上厘清其地域分布与成分演变，最后运用技术对成分进行分析，深入划分中国琉璃的历史节点，分析以烧造技术穿缀的琉璃产品所呈现的特征，由表及里，以小见大，实现对中国琉璃的综合观照。

---

[1] 陈桐生译注《盐铁论》，中华书局，2015，第22页。

[2] 王承遇、陶瑛、郑闻卿编著《琉璃的制造》，国防工业出版社，2017，第5页。

[3] 洛阳博物馆：《洛阳庞家沟五座西周墓的清理》，《文物》1972年第10期。

一、寻根溯源：中国琉璃的起源

关于中国琉璃源流说，学界至今莫衷一是，早期学界多持西方传入说，以技术背景和现存考古出土文物为依据点，认为中国琉璃源于西方。但随着1949年以后考古工作的系统展开，中国考古工作人员在对战国出土文物进行分析检测后，以古代琉璃成分分析为依据，学界主张我国早期琉璃为古代工匠自行创造[4]。

（一）技艺传承的痕迹——西方传入说

琉璃的起源离不开原始玻璃，在一定程度上可以说原始玻璃的出现就是琉璃发展史的开端。原始玻璃最早出现于两河流域地区，约公元前3000年，美索不达米亚地区人工合成了所谓的“原始玻璃”；约公元前1000年，埃及出现了形似“蜻蜓眼”的镶嵌玻璃珠[5]。根据对现有出土文物的研究，中国最早的琉璃出现的时间晚于西方[6]。“琉璃”一词最初并非源于中国本土，而是对巴利文“Veluriyam”的翻译，随着中外交流，古代“琉璃”也被译作“流离”或“瑠璃”。中国古籍中对此类珍贵的人工制品还有“琳”“璆”“琉琳”“陆离”“琅玕”等称谓。东汉班固所著的《汉书·西域传上·罽宾国》中提及，“罽宾地平，温和……（出）珠玑、珊瑚、虎魄、璧流离……”[7]，地质学家章鸿钊在《石雅》中对此做出了考证，“罽宾即今克什米尔，正属北印度境。”[8]这不仅对“璧流离”的传入地做了说明，同时也强调了该名称出自梵语，属外来词汇，由此推测，“璧流离”作为古代印度的珍贵交易品曾流入中原。

通过研究发现，国内出土的西周原始琉璃大多是用石英砂一次性塑造烧制形成，其成分、技法与公元前15世纪的埃及费昂斯制造法极为相似。出土于陕西的西周弜国墓地原始琉璃[9]，经研究确认，其成分中含有大量石英晶体，是用石英砂塑造成型的方法，这与古埃及费昂斯的生产技术基本上相同，都是通过高温加热使部分石英晶粒熔合黏结成型。除技术构成方面，国内早期釉砂珠外形形制也与埃及的“蜻蜓眼”相似（图1-5-1），由于当时中西方已有交流途径，具有商品进口和技术传入的可能性。因此，从成分、技法、传入渠道等方面综合来看，中国最早的琉璃受到了外来影响，因而西方传入说认为中国琉璃或由西方传入，但随着我国对考古文物的深入研究，此类说法逐渐被淡化，中国独创说

[4] 杨伯达：《关于我国古玻璃史研究的几个问题》，《文物》1979年第5期。

[5] 关善明：《中国古代玻璃》，香港中文大学文物馆，2001，第8页。

[6] 杨伯达：《关于我国古玻璃史研究的几个问题》，《文物》1979年第5期。

[7]〔汉〕班固：《汉书》，中华书局，2007，第965页。

[8] 章鸿钊：《石雅》，百花文艺出版社，2010，第6页。

[9] 卢连成、胡智生、宝鸡市博物馆编辑《宝鸡弜国墓地》上，文物出版社，1988，第329页。

图 1-5-1　琉璃串珠

开始得到国内外的认可。

（二）原料构成的线索——中国独创说

我国自行创造琉璃的论据来源于中国琉璃的工艺技术与原材料成分。中国古代社会最早普及的青铜器和陶瓷制造为琉璃的出现创造了条件，可以说，中国的琉璃最初是作为冶铜的副产品出现的。青铜冶炼技术早在殷商时期就已成熟，铸造原料中有红铜、锡、铅合金等，在此基础上，琉璃制作技术得以发展。

春秋时期以后，国内出土的琉璃中含铅、钡成分居多，但在西方玻璃的配方中却罕有“钡”的成分。战国中晚期，湖北江陵九店楚墓及同时期的江陵雨台山楚墓出土的批量料管[10][11]，经相关技术检测，其成分中含有一定比例的氧化钡及氧化铅，即铅钡系统琉璃[12]。与此同时，西方铅玻璃的成熟时期在时间上最早只能追溯到17、18世纪。综上，中国出现了当时具有独创性的铅钡琉璃，与西方石英玻璃具有明显区别，成为中国本土琉璃的代名词，是我国自行制造琉璃的有力佐证。

琉璃作为中国传统造物源长历史中的分支，以工艺技术变革为依托，成分不断精进，形制日渐精致。无论中国琉璃的起源是铅钡玻璃还是石英玻璃，都不影响其独特的魅力。纵观中国古代琉璃的发展历程，其在原料制备、工艺技术、造型特征等方面均与外国琉璃有所区别，且随着政权更迭、皇室兴衰，中国琉璃的发展也呈现出相应阶段性的特征。

二、脉络纵横：中国琉璃的地域分布及成分演变

通过相关文物收集和资料整合，现将中国琉璃的历史发展脉络进行梳理，一方面通过地域分布特征，可以发掘琉璃由点及面的历史分布规律；另一方面，通

[10] 杨定爱、韩楚文：《江陵马山十座楚墓》，《江汉考古》1988年第3期。
[11] 荆州博物馆：《江陵雨台山楚墓发掘简报》，《江汉考古》1980年第3期。
[12] 干福熹、黄振发、肖炳荣：《我国古代玻璃的起源问题》，《硅酸盐学报》1978年第Z1期。

过成分演变这一线性发展历程，还可以归纳出琉璃成分由单轨到双轨的迭代过程。

根据对现有考古发掘及其他遗存文物的统计，本文共搜集整理了283件琉璃器具（串珠类如属同串串珠，多颗按照一件计算）。这些器具主要分布在我国22个省市区域内，包括以北京、河北、山西等为代表的华北地区，河南、湖北、湖南等为代表的华中地区；以上海、江苏、浙江、安徽、山东为代表的华东地区，这一地区是琉璃出土的主要分布区域；而东北、华南、西南、西北地区则呈现出时代性分布特点，出土的琉璃数量随时代政权的更迭而变化。

综合来看，中国古代琉璃发展的时间跨度大、空间维度广，琉璃遗存数量在分布上呈现由散点到聚集面的变化趋势，区块分布上呈现由南至北、由西向东的重心偏移，整体发展随时代变革发展方向演进，逐步收紧集中于政治经济文化繁荣地区。

通过对出土文物的时间线梳理及成分检测结果统计分析，古代琉璃的成分演变呈现单轨至双轨的变化趋向，具体而言，是由西周时期单一的釉砂玻砂系统发展为春秋战国时期的釉砂玻砂系统与铅钡琉璃系统两条成分系统演变路线，实现了从单一生活琉璃到生活琉璃、建筑琉璃两条并行的成分轨道。其中，生活琉璃的成分演变呈现精细化、标准化的特征，直接影响了成器工艺制作及产品形制的发展轨迹，而建筑琉璃的成分演变整体波动不明显，主要变化在于着色剂的不断丰富和提纯。

三、由表及里：中国琉璃的发展阶段

根据中国琉璃成分演变和技术更新的主要特征，可将其分为费昂斯釉砂及玻璃化的费昂斯玻砂时期——热成型铅制琉璃时期——二次烧制低温铅釉时期三个主要发展阶段。

（一）琉璃初印象——费昂斯釉砂玻砂及玻璃化的费昂斯时期

“费昂斯”是“Faience”（陶器、瓷器）的音译，源于意大利出产蓝色釉陶的地区“费安斯”，因欧洲最早发现的原始玻璃与其颜色相似，故“费昂斯”成为西方原始玻璃的总称。有专家学者对我国最早出产的琉璃类管珠进行了光学显微镜观察研究，发现西周时期的琉璃成型技术与“费昂斯”生产特性极为相似，都是通过加热使部分晶粒熔融黏结塑造成型，因此，根据其生产工艺特性，中国最早的琉璃被称为“中国费昂斯”[13]（图1-5-2）。

[13] 关善明：《中国古代玻璃》，香港中文大学文物馆，2001，第10页。

1. 中国费昂斯的成型技术与施釉技术

中国费昂斯的制作主要包含成型与施釉两个技术流程，成型技术按器型的大小可以分为缠丝法与模制成型法两种。施釉技术根据器物所采用的不同成型技术，主要形成了风干施釉法与直接施釉法两种方法。

成型技术中，缠丝法，又称内芯成型法，始于战国时期的琉璃烧造技术，属于陶器烧造的衍生型技术之一。以一根铁丝或木棒为中轴，将原料熔融至液态后缓慢均匀浇至轴棒表面，同时转动轴棒，使原料均匀覆盖在轴棒上，待其稍加冷却后，制成形状较为规则的管型、珠型或连珠型，待完全冷却成型后取下（图1-5-3），该技术主要用于制作管珠等小型中国费昂斯，成器的规格多在直径2厘米以内。汉代之后，随着模压法、吹制法的出现，缠丝法逐渐被淘汰。

模制成型法自青铜成型技术中汲取而来，主要用以制作非管珠类器具或装饰用品，此类技术制作的成品规格不等，较管珠类略大，是战国中后期之后常用的成型技术。如湖南长沙楚墓中出土的批量琉璃璧，纹样精美，模印清晰，均为模制成型法制作而成[14]。模制成型法的使用为我国琉璃制作开创了模范制作的先河，至汉代逐渐衍生出单面模压法与双面模压法等多种成型技术，并在不断的技术改革后沿用至今[15]。

施釉技术中，根据对出土文物的成分及外观分析，风干施釉法主要实行于西周至春秋时期，多用于管珠类多面上釉的器物。一般先由缠丝法将胎体塑至

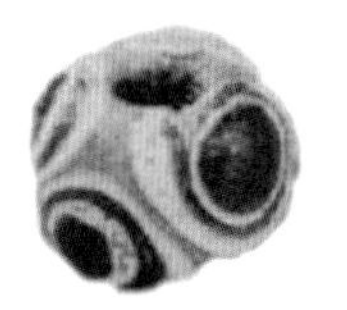

图1-5-2　东周蓝底涡纹琉璃料珠[16]

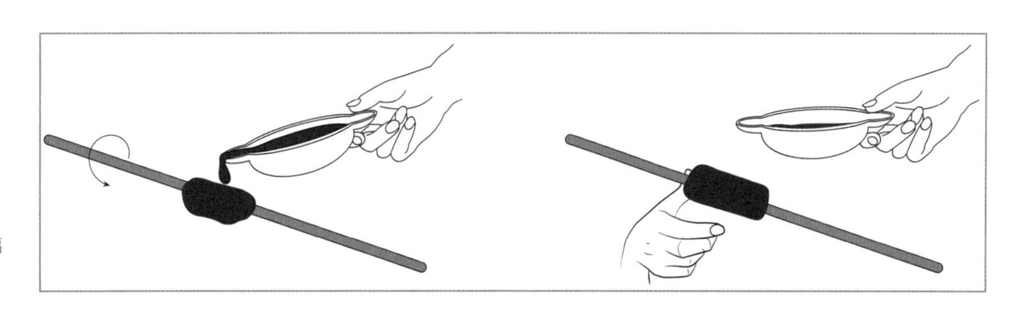

图1-5-3　缠丝法——琉璃成型技术工艺示意图

[14] 湖南省博物馆、湖南省文物考古研究所、长沙市博物馆、长沙市考古研究所编《长沙楚墓》上，文物出版社，2000，第333页。

[15] 关善明：《中国古代玻璃》，香港中文大学文物馆，2001，第51页。

[16] 司马国红、尚巧云：《洛阳中州中路东周墓发掘简报》，《文物》2006年第3期。

管状，待风干后进行施釉；直接施釉法主要流行于战国时期，常见于“蜻蜓眼”式琉璃珠饰品及单面上釉的雕砖等产品，除这两种主要的施釉技术外，还有部分使用包埋法的费昂斯产品。现存可考的这三种施釉技术在后期琉璃制作中受成型技术的影响，直接施釉法在二次成型的低温铅釉琉璃制作中趋向规范性，而风干施釉法和包埋法则随着宋代琉璃和玻璃的分化而被淘汰。

2. 自釉砂至玻砂的成分演变

西周至战国时期，中国费昂斯的主要原料成分为釉砂与玻砂[17]，该成分在具体应用中呈现出时代性的差异，釉砂是在烧结的石英砂体上涂釉，而玻砂为石英砂和玻璃的混合体。两者都是以二氧化硅为主要成分的烧结体。西周早期至春秋时期，费昂斯产品主要以釉砂原料为主，中国的釉砂和玻砂主要出土于北方地区，分布于黄河流域。春秋至战国中晚期，玻砂的出现与发展逐步替代了釉砂，成为费昂斯的主要构成，出土物主要分布于长江流域[18]。

据陕西宝鸡、沣西、扶风，河南洛阳、内蒙古额济纳旗等地出土的西周早期釉砂费昂斯成分分析，这一时期产品的主要化学成分均为二氧化硅，含量约在90%，助熔剂主要为氧化钾，但含量较低，在0.5%至3%[19]。而河南出土的春秋中晚期釉砂成分中，纯度较高的石英砂被含铝较高的黏土所替代，氧化钾、氧化钙含量也有所提高。在河南叶县旧县4号墓出土的春秋晚期“蜻蜓眼”琉璃珠[20]，通过X射线衍射分析，其助熔剂主要为氧化钙，含量在9.58%至9.89%，并含有少量氧化铅，含量在0.48%至0.59%[21]。组成成分及助熔剂含量的比例变化表明，在釉砂成分上，春秋时期采用了与西周时期不同的原料。

至战国时期，玻砂的出现逐步替代了以石英砂为主的釉砂，成为琉璃的主要原料，据出土物成分检测，玻砂大多属铅钡硅酸盐玻璃系统，属中国独创琉璃成分系统，此时釉砂制品的数量已经明显减少。但以氧化钾为主要助熔剂的钾钙硅酸盐成分系统仍存在于当时的琉璃制作中，该助熔剂成分的保留使用充分体现了战国时期的琉璃制作是西周至春秋时期釉砂制作技术的继承与发展。

3. 早期琉璃成器的缩影

我国早期的生产技术条件有限，对于琉璃技术的掌握尚未成熟，制品的精

[17] 李青会、干福熹、顾冬红：《关于中国古代玻璃研究的几个问题》，《自然科学史研究》2007年第2期。
[18] 干福熹等：《中国古代玻璃技术的发展》，上海科学技术出版社，2005，第54页。
[19] 干福熹、胡永庆、董俊卿、王龙正、承焕生：《河南平顶山应国墓地出土料珠和料管的分析》，《硅酸盐学报》2009年第6期。
[20] 鲁红卫、钟镇远、郑永东、陈英、耿祥玲、吕翠萍、范纪红、李元芝、米柯莱、张方涛、卢小奇、王瑞芳：《河南叶县旧县四号春秋墓发掘简报》，《文物》2007年第9期。
[21] 干福熹等：《中国古代玻璃技术的发展》，上海科学技术出版社，2005，第324页。

致程度有限，瑕疵较多。成品大多为珠管类琉璃装饰品，或作为其他器物的装饰镶嵌、串连使用，其中最突出的代表为"蜻蜓眼"式琉璃珠（图1-5-4），该琉璃珠表面以圆圈作装饰，或凸起或平伏，形似蜻蜓的复眼，颜色丰富。制作时要求在玻璃熔液半凝未凝的瞬间迅速将其粘于珠体上，形成预设的图案（图1-5-5）。

"蜻蜓眼"式琉璃珠在国内最早出现于春秋末期至战国初期，根据现有文献资料来看，"蜻蜓眼"式琉璃珠多见于战国时期，且在战国时期各个阶段出土的数量并不均衡。战国中期之后，"蜻蜓眼"式琉璃珠出土数量大幅增加，分布地点也更为密集（图1-5-6）。

根据发展特征，"蜻蜓眼"式琉璃珠大致可分为春秋至战国初期与战国中期至晚期两个阶段。春秋至战国初期，琉璃珠数量较少，出土地点主要集中于山西、河南、湖南、山东、湖北等地区。珠体多为绿色、浅绿色、蓝色，造型上大多为圆圈纹构成的单体纹饰，珠子规格较小，多为不规则球形，直径一般在1至

图1-5-4　战国"蜻蜓眼"式琉璃珠

图1-5-5　琉璃珠

图1-5-6　战国"蜻蜓眼"式琉璃珠

1.5厘米之间，仅有极少数的珠子直径大于2厘米[22]。

以战国早期曾侯乙墓出土的“蜻蜓眼”式镶嵌珠为例，我们可以窥见春秋至战国早期琉璃制“蜻蜓眼”式琉璃珠的规格制式、原料成分及造型特色。据考，湖北随州擂鼓墩曾侯乙墓共出土173颗“蜻蜓眼”式琉璃珠[23]，直径大多集中在1至1.5厘米之间，仅有两颗直径大于2厘米。珠胎母体颜色多为半透明蓝色、绿色和黄色三种。根据原报告刊出，其中一枚绿色琉璃珠的样本成分测试结果显示，其主要成分为二氧化硅，氧化钙和氧化钾含量较高，且含有氧化钠，不含氧化铅和氧化钡。根据检测结果可推测出曾侯乙墓的琉璃珠为钾钙琉璃，与同时期阿拉伯琉璃制品成分相近，推测为阿拉伯料珠[24]。曾侯乙墓中出土的“蜻蜓眼”式琉璃珠在造型上与同时期西亚独有的样式雷同，可见西亚流入的“蜻蜓眼”式琉璃珠在形制和技术上对中原地区具有一定的影响。曾侯乙墓出土的琉璃珠纹饰简单，均以同心圆为主题图案，同心圆圆心大多采用蓝色，外圈层色多为白褐相间或白蓝相间，层数少则三层，多则达五六层。珠体上嵌入的同心圆数量不尽相同，均于珠体腹部嵌入。

战国中期至晚期，“蜻蜓眼”式琉璃珠的出土数量和地点明显增多，集中在湖南、湖北、河南、陕西、山西等楚国、秦国的所属地，这与战国时期各地的经济文化发展程度有着莫大关系。在此阶段出土的“蜻蜓眼”式琉璃珠在成分上与上一阶段相似，但在造型和规格形制上有了新的技术突破。与早期珠子相比，珠体仍以球状为主，但形状更为规整，趋向标准球体，尺寸普遍在2至3厘米之间。同时，镶嵌型琉璃制品造型不再以同心圆为核心主题，纹饰花样渐趋丰富，还出现了与“蜻蜓眼”式琉璃珠镶嵌技术相似的管状琉璃制品。

这一时期最流行的纹饰是突破同心圆主题的复合纹饰。一种组合是以大圆圈为外框，其中并存3至9个大小不一的小圆圈，呈梅花形分布，如湖北江陵雨台山楚墓、江陵马山、长沙楚墓、与河南信阳楚墓等出土的“蜻蜓眼”式琉璃珠。另一种组合是在保留同心圆的基础上，将其与其他几何纹饰相结合。以弦纹、菱形纹等几何纹样作为地纹覆盖于珠体上，再将同心圆均匀地分布在地纹上，以连点布出网纹，形成规则分布的单元图样（图1-5-7）。战国中晚期的“蜻蜓眼”式琉璃珠的造型颇为丰富：一方面是因为能工巧匠的长期探索推动了技术的成熟，使琉璃珠的成珠率、规整度得到保障，同时开拓了新的图案纹样；另一方面

[22] 李会：《蜻蜓眼式玻璃珠的初步研究》，硕士学位论文，四川大学历史文化学院，2004，第14页。
[23] 左得田：《湖北随州擂鼓墩战国东汉墓发掘简报》，《江汉考古》1992年第2期。
[24] 湖北省博物馆编《曾侯乙墓》，文物出版社，1989，第657、658页。

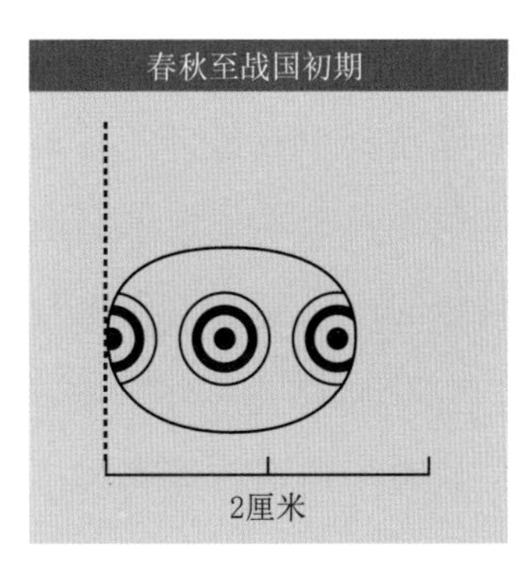

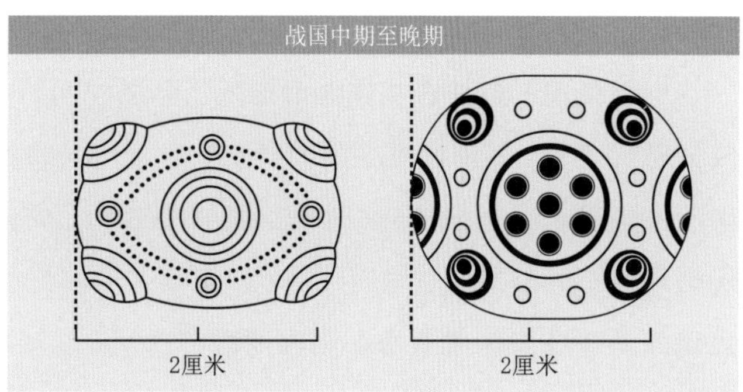

图 1-5-7 春秋战国时期的“蜻蜓眼”造型变化概览图

是受地区经济文化的影响，楚文化的繁荣发展在一定程度上推动了人们对于琉璃制品等装饰品的需求。该时期出土的琉璃珠不仅存在于大型王公贵族墓葬中，在普通的小型墓葬中亦有出土，可见战国中期至晚期琉璃制品的发展之快、范围之大。

结合文献与琉璃珠的化学成分分析，早期“蜻蜓眼”式琉璃珠虽为西亚舶来品，但在中国本土的流动发展状况并非自西向东，而是经由春秋战国时期经济文化枢纽地，即黄河中下游的山西、河南、山东等地移散，随后向西向南发展，聚集在秦国领土内的甘肃、陕西、四川和楚国领土内的湖南、湖北等地。这种具有独特眼睛纹样的琉璃珠，通过埃及早期游牧民族的自由贸易，流传到春秋战国时期的中国，受到了欢迎。在中国费昂斯的工艺改造下，“蜻蜓眼”式琉璃样式渐渐丰富，形成了具有中式生活化特色的“蜻蜓眼”式琉璃珠，是中国早期的琉璃缩影。

自西周至春秋战国时期，中国费昂斯制作工艺上融合了部分西方技术传统，由青铜冶炼、陶瓷烧制技术中探索出了缠丝法和模制成型法，为中国古代琉璃的发展提供了有力的技术支撑。施釉工艺技术在此期间仍处于探索阶段，根据不同的成型技术，选择合适的施釉技术。需要说明的是，由于风干施釉法是将胎体原料和釉料混合风干而成，需要依靠釉料来增强胎体的强度，故风干施釉法一般用于缠丝法等一次成型的制作技术；而“蜻蜓眼”琉璃珠饰或其他单面上釉的模制法成品，由于技术迭代及批量生产等规范需求，需遵循先成型后上釉的制作工序，故一般采用直接施釉法。该时期琉璃在成分上同样呈现出较为明显的衍变，助熔剂成分逐渐由钠、钾为主向铅、钡为主发展，加强了制品的玻璃化特征，经历了釉砂至玻砂的发展变化，主导中国费昂斯百年的钾钙成分系统延续至战国中晚期，渐而衍生出铅钡成分体系。由于铅钡成分为独属于中国的琉璃生产原料，因此，当中国自制缠丝法出现并流行起来时，便意味着我国本土铅钡琉璃随之诞生。

（二）交融下的创新——热成型铅制琉璃时期

中国琉璃的制作在战国之后迸发出勃勃生机，铅钡系统逐步代替钾钙系统成为时代主流。随着丝绸之路的开启，西亚传入的玻璃制作技术不仅为中国琉璃的发展带来了新的风向，而且因其成型技术、成分系统的变化逐步衍生出与烧制琉璃不同的热成型铅制琉璃，即现代人们定义的“玻璃”的前身，对该形态琉璃的追捧在秦汉魏晋南北朝时期蔚然成风。同时，北魏时期出现的琉璃瓦成为烧制琉璃在这一时期的主要代表。

1. 模制工艺的深入与分化

至汉代，在早期中国费昂斯技术的发展下，琉璃制造方法更为成熟，除了制作小型珠饰的拉管法外，单面模压法和双面模压法成为汉代应用最为普遍的琉璃制法。汉代之后，大量玻璃制品和全新的热成型玻璃制作工艺通过丝绸之路传入中原。

单面模压法主要适用于琉璃璧、琉璃环和琉璃片等厚度较薄的片状工艺品（图1-5-8），制作时将玻璃液倒入模具，并碾压均匀成型，成品脱模后向模面光滑，朝天面较粗糙，此种制法在不少汉代出土的文物上得到了证实，如江苏东海尹湾M6墓出土的玻璃印谷纹璧，表面暗涩无光，只有一面有纹饰，背面平滑。正面的内外沿平齐，中间纹饰稍高，为纵横排列的方格纹[25]。双面模压法则更多应用于琉璃串珠等实心饰物，这种制法可以视作最早的“缠丝法”改良版本，二者区别在于：待玻璃丝缠于铁棒后，缠丝法是将其在平面板上滚压成型；双面模压法则是将其放入上下两部分拼合而成的陶制模具中，使挤压成型，冷却后脱模。采用双面模压法制成的产品表面更为光滑，形状更为规范。除此之外，广西贵港市东汉墓出土的一盏浅绿色玻璃杯，外壁打磨光滑，有车磨痕迹，经鉴

图1-5-8　汉代谷纹琉璃璧

[25] 纪达凯、刘劲松：《江苏东海县尹湾汉墓群发掘简报》，《文物》1996年第8期。

定，此杯系模压成型，成型后又经过抛光。同时期此类琉璃杯的铸造均使用了一次性陶制模具，将热熔后的玻璃液注入模具，待冷却后脱模成型。

汉代以后，罗马玻璃以及西亚琉璃器的传入不仅改变了当时人们的审美观，同样也带来了新的玻璃吹制技术和配方[26]。《魏书·卷一百二·列传第九十·西域》中对大月氏有这样的记载："世祖时（北魏太武帝在位期间，424—451），其国人（大月氏人）商贩京师，自云能铸石为五色琉璃。于是采矿山中，于京师铸之。既成，光泽乃美于西来者。乃诏为行殿，容百余人，光色映彻，观者见之，莫不惊骇，以为神明所作。自此，中国琉璃遂贱，人不复珍之。"[27]

据考证，河北定县出土的玻璃器皿即采用了引进而来的无模吹制法，如定县北魏塔基石函出土的7件玻璃器皿，其中包含天青色玻璃钵一件、天青色透明玻璃瓶两件、浅蓝色葫芦形长颈玻璃瓶三件和藏品一件[28]。这7件透明玻璃器皿器壁薄最薄处仅0.1厘米，最厚处不超过0.5厘米，具有典型的无模吹制法制品的特点，如此薄且均匀的器壁在此前中国琉璃器中还未曾出现过，且器口口沿有烧口特征，部分口沿似内卷成圆唇，器底缠贴玻璃条为圈足。这些玻璃制造技术皆为罗马玻璃和萨珊玻璃的传统技术，均采用了无模吹制成型技术。北魏以前出土的琉璃器从未出现过这些技术的痕迹，北魏以后，这些技术得以沿用[29]。

2. 成分系统的精进与演变

汉代初期的琉璃成分继承秦时期的铅钡系统，含有较高的氧化铅和氧化钡，为铅钡硅酸盐成分，色泽以绿色、蓝色、蓝绿色、乳黄色、黄色为主（图1-5-9）。但汉代中后期出现了以氧化锰作为着色剂的紫色琉璃，在当时较为罕见，被称为"中国紫"。而琉璃的烧制特色也从早期仿玉不透明逐渐向"光明洞彻"的高透明转化，《西京杂记》中记载赵飞燕居住的昭阳殿："窗扉多是绿琉璃，亦皆达照，毛发不得藏焉。"[30]琉璃透明度的大幅提高，必然伴随着工艺的改良。根据史料与样本分析，西汉中期至东汉时期，部分琉璃制作在追求透明度的同时降低了钡的含量，形成高铅琉璃系统。而高铅琉璃系统的诞生意味着

图1-5-9 穿孔蓝琉璃饰件

[26] 关善明：《中国古代玻璃》，香港中文大学文物馆，2001，第55页。
[27]〔北齐〕魏收：《魏书》，http://www.guoxuemi.com/gjzx/925452dtay/117400/，访问日期：2023年9月17日。
[28] 刘来成：《河北定县出土北魏石函》，《考古》1966年第5期。
[29] 干福熹等：《中国古代玻璃技术发展史》，上海科学技术出版社，2016，第163页。
[30]〔晋〕葛洪：《西京杂记》，周天游校注，三秦出版社，2006，第46页。

琉璃技术工艺进入了一个全新的阶段。

3. 成器类型的延展与丰富

汉代琉璃制作技术的普及和成熟丰富了琉璃制品的品种，除了各类珠饰、耳珰、带钩、剑饰、佩饰外，还出现了仿玉璧、琉璃玉衣片、琉璃制容器和各类动物形态的琉璃殉葬品。汉代琉璃手工业的发展，相较之前的春秋战国时期，琉璃不再是皇室的专享，已经从高不可攀的装饰珍品逐渐走入日常实用器具的行列（图1-5-10、图1-5-11），这一现象更是随着丝绸之路的开通，在魏晋南北朝时期达到盛况。

魏晋南北朝时期，社会动荡，政权更迭，汉代所流传的琉璃制作工艺到此时已几近失传，但魏晋奢靡之风却并未使琉璃淡出贵族市场。相反，攀比的风气又使琉璃这一宝器得到了推崇。北魏《洛阳伽蓝记》记载："自余酒器，有水晶钵、玛瑙琉璃碗……作工奇妙，中土所无，皆从西域而来"[31]。说明此时人们所用的琉璃器多具有晶莹透亮之感，这与此前由外传进入中国的具有仿玉特质的琉璃器不同。

当时经由西亚传入我国并产生较大影响的制品主要为罗马玻璃、萨珊玻璃和印度玻璃珠三种。罗马玻璃是指公元前1世纪至公元5世纪，罗马帝国在今叙利亚和埃及亚历山大等地生产的玻璃制品，经由丝绸之路传入中国，但在5世纪罗马帝国分裂后，其玻璃产销链出现问题，逐渐淡出中国市场。萨珊玻璃则是指古代伊朗萨珊王朝（224—651）制造的精美玻璃器皿，受两河流域玻璃制造技术的影响，萨珊王朝的玻璃制造业历史悠久，兴旺发达。因其正处于"丝绸之路"的交流路线上，在罗马帝国分裂后，自然而然地取代其成为中国进口玻璃的主要供货商。印度玻璃珠的传入，则伴随着宗教色彩。随着魏晋南北朝时期佛教的兴盛，大批量的琉璃制宗教用具的需求带动了印度玻璃珠的传入，但流动范围仅限于大型寺院和皇室贵族中，并未流入市场。

《世说新语》中载："王公与朝士共饮酒，举琉璃碗谓伯仁曰：'此碗腹殊空，

图1-5-10（左） 东汉蓝色半透明琉璃洗

图1-5-11（右） 西汉淡绿半透明琉璃盘

[31] 尚荣译注《洛阳伽蓝记》，中华书局，2012，第308页。

图 1-5-12（左）　椭圆形绿玻璃瓶

图 1-5-13（右）　绿玻璃盖罐

谓之宝器，何邪？’答曰：‘此碗英英，诚为清彻，所以为宝耳。’”[32]可见西域而来的琉璃器使得人们对琉璃器的审美观发生改变，以往以仿玉为主的琉璃制造逐渐开始为透明纯净的琉璃器让位，魏晋南北朝时期无疑是琉璃发展史上一个重要的分水岭（图1-5-12、图1-5-13）。

4. 小结

自秦汉至魏晋南北朝，中国本土琉璃随着丝绸之路的开通，在中西文化交流的大环境下逐步形成规模化制造。在材质成分上，由于透明琉璃代替仿玉琉璃成为新的追求趋势，提高透明度的高铅系统便占据了主要市场。在制作工艺上，吹制技术过渡为制造实用器具的主流工艺。在数量规格上，随着技术精进，琉璃大幅增产，成器的高度、径宽等单位规格也大多突破了10厘米，迈入新阶段。在造型种类上，琉璃制品开始步入日常生活器皿领域，成为继陶瓷、青铜后又一实用器具类型。

（三）烧结的产物——二次烧制低温铅釉时期

汉代高铅琉璃衍生出的热成型工艺技术及审美观念变革因政局动荡、连年战乱并未得到延续，后于宋代与烧制琉璃彻底分化形成独特门类。而低温铅釉琉璃作为北魏始出现的建筑琉璃，更是受到严重打击，失传近300年。在陶瓷的发展影响下，低温釉陶制琉璃技术得到发展，专供建筑使用的套系烧制琉璃逐步形成系统，至明清已进入全盛时期（图1-5-14）。北京地区可考的明清时期官府琉璃窑厂有明代的北窑厂、南窑厂、琉璃窑和京师琉璃窑等。至今，以上窑厂除门头沟区琉璃渠村的窑厂仍在为北京地区古代琉璃建筑的维修烧造琉璃构件外，其他窑厂均被废弃，缺少可供研究的实物标本，因此，低温铅釉琉璃烧制的制作工艺主要以北京门头沟区琉璃渠村的窑厂为研究对象。

1. 低温铅釉琉璃的烧制技术

隋代工匠何稠以“绿瓷”技术复原在汉末失传的琉璃制造工艺，带来了绿瓷

[32]〔南朝宋〕刘义庆：《世说新语》，〔南朝梁〕刘孝标注，徐传武校点，上海古籍出版社，2013，第329页。

图 1-5-14 故宫太和殿琉璃建筑构件

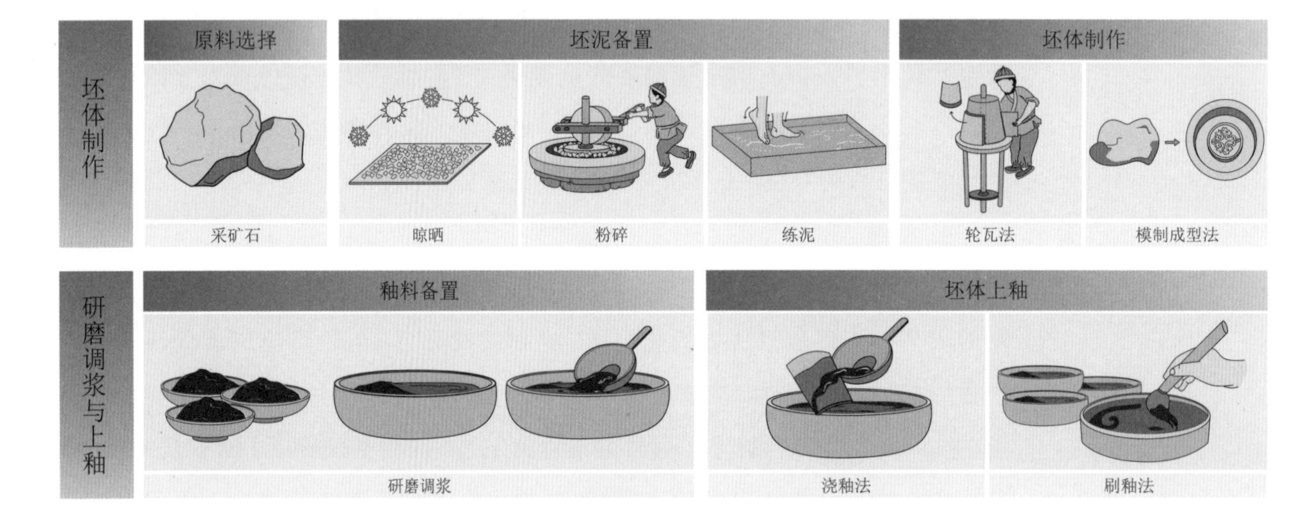

图 1-5-15 琉璃瓦烧前制作工艺流程图

仿琉璃器皿，虽然何稠没有复原真正意义上的琉璃，但其制作出的“绿釉”为建筑琉璃构件的发展打下了一定的基础。建筑琉璃是二次烧成的低温铅釉陶，制作方式与秦汉魏晋时期盛行的高铅琉璃有所不同，其烧前制作可分为坯体制作和研磨调浆与上釉两部分。坯体制作包含原料选择、坯泥备置、坯体制作三个环节，之后进行第一次素坯烧制。研磨调浆与上釉包含釉料备置、坯体上釉两个环节，将素坯上釉后进行二次烧制（图 1-5-15）。

明清时期的琉璃建筑构件因官窑的设立，在形制和应用上已具有固定的礼制规范，建筑琉璃的制作过程亦受专门机构管制，制作流程呈体系化。

坯体烧制是低温铅釉琉璃制作过程中的第一次烧制，建筑琉璃的坯体原料一般采用煤矸石，该原料以石英为主要成分，但新采的煤矸石往往风化程度较低，可塑性较差，需要经过进一步的坯泥备置才可用于建筑琉璃的烧制。

坯泥制备在明清时期有着完整的流程——晾晒、粉碎、闷料、练泥，往往需要 2 至 3 年不等。据明代万历年间《工部厂库须知》的“烧造琉璃瓦料，合用物料、工匠规则”[33] 中记载，该步骤为去渣晾晒，即剔除原料（矸石）中的杂物，并将

[33]〔明〕何士晋：《工部厂库须知》，江牧校注，人民出版社，第 129 页。

其摊开在阳光下晾晒一段时间。据记载，明清时期的晾晒时间约为“三伏两夏”，即1至2年，且晾晒时间越长，制成坯泥的可塑性就越好。经过充分晾晒风化，古时往往使用石碾等工具将原料进行粉碎，使其达到颗粒均匀的状态，以便烧制时增加坯体成型的一致性。闷料与练泥则是为了增加坯体的可塑性，将石碾粉碎后的粉料置于清水池中，用清水浸泡，古法浸泡期限为5至7天，后由人工双脚反复踩踏进行练泥。

坯体制作的环节步骤因不同的制作方式进行相应的增减，素坯制作完成后，入窑进行第一次烧制。坯体制作主要有轮瓦法和模制成型法两种。轮瓦法省时省力，但成器造型有限，主要适用于板瓦和筒瓦的坯体制作。据《天工开物》中对轮瓦法坯体成型的制作记载，古人以木质或竹质圆桶为模体，将练制好的泥料贴敷在桶模外表面，以桶模自身的弧度给泥料塑型，操作简单且能够快速批量生产，且规格尺寸统一，是建筑琉璃中板瓦和筒瓦的常用制作方法。模制成型法承袭自之前各朝各代，需先依照建筑琉璃构件所需尺寸及花样制作模具，再将制备好的泥料填入其中，填入后以木杖捶实，待其自然干燥至微干时，从模匣内取出。明清时期的建筑琉璃如瓦头、吻兽、脊兽等配件均由此法批量生产。

低温铅釉琉璃的第二次烧制即上釉烧制，明清建筑琉璃的釉彩属于明清礼制建筑色彩的一部分，故上釉烧制时，要受到色彩搭配的制约。又因此时琉璃着色剂自原料选配、研磨调浆、施釉上色到入窑烧制的整个流程并不完善，从而又受到琉璃制作技艺水平的限制。

明清建筑琉璃釉的原料选配主要沿袭自前代高铅硅酸盐及钾硅酸盐系统，原料系统与着色剂的选配关乎上釉烧制后的构件规格与应用对象等级。选配原料后将其研磨成粉末状，有助于上釉时均匀细腻，使烧制的成品色泽均匀，加水调制后，黏稠度、流动性及细腻度能够达到上釉标准（图1-5-16）。

明清建筑琉璃施釉技术主要有浇釉与刷釉两种方式。浇釉主要用于板瓦、筒瓦等需要批量单色上釉的瓦件，用大勺将具有一定黏稠度及流动性的釉料舀起，从瓦件上方浇下，使其均匀着色，以此方式上釉速度较快，且色差及釉料浓

图1-5-16　明初黄釉琉璃底瓦

度差别小。刷釉相对浇釉而言则更为烦琐，其优势在于可以根据不同的纹样、造型绘制不同釉色，成品釉厚适中，富有光泽，更为精美，多用于吻兽、脊兽等造型复杂、纹样多变的构件（图1-5-17）。

图1-5-17 明代龙纹黄釉琉璃瓦当

2. 低温铅釉琉璃的系统色彩

琉璃釉指施于建筑琉璃构件胎体表面，起防水和装饰功能的硅酸铅玻璃态物质（图1-5-18）。明清建筑琉璃釉一般由玻璃质生成体石英、助熔剂氧化铅及各种氧化物着色剂构成[34]。

低温铅釉琉璃发展至明清，其釉色配制已形成礼制规范，琉璃建筑构件主要服务于皇室贵族及寺庙僧院等，明万历《工部厂库须知》提到琉璃黑窑厂，专管烧造琉璃瓦件并黑窑砖料，所烧琉璃瓦件有黄色、青色、绿色、蓝色、黑色及白色等各种釉子。[35]《周礼·考工记》记载："杂五色，东方谓之青，南方谓之赤，西方谓之白，北方谓之黑，天谓之玄，地谓之黄。"[36]可见在传统观念中，青、赤、白、玄、黄五色为正统之色，对应天地五方。因此，在建筑琉璃瓦釉色的选择上，明清时期延续了部分传统色彩理念。据离子着色剂的成分分析，琉璃釉色主要可分为黄、赤、青、紫、绿五色（图1-5-19、图1-5-20）。

黄色琉璃釉的着色成分主要为铁离子及铜离子。单独的二价铜离子虽是蓝色，但与铁共存后，就成为绿色或黄绿色[37]。受早期烧制技术及窑炉条件限制，

图1-5-18 故宫琉璃建筑构件

[34] 丁银忠、李合、康葆强、陈铁梅、苗建民：《北京地区明清建筑琉璃构件制作工艺的初步研究》，《故宫学刊》2015年第1期。

[35]〔明〕何士晋：《工部厂库须知》，江牧校注，人民出版社，第129—130页。

[36] 转引自刘大可：《明、清宫式琉璃艺术概论（上）》，《古建园林技术》1995年第4期。

[37] 王承遇、卢琪：《中国古代琉璃着色剂的演变》，《玻璃与搪瓷》2017年第5期。

图 1-5-19（左） 明代琉璃龙吻建筑构件

图 1-5-20（右） 明代琉璃持钵佛像砖

琉璃烧造时极易混入铁、铜等元素，故早期琉璃制品多呈黄色或黄绿色；至明清，在烧制琉璃建筑构件时，着色配方在早期基础上精进，以硫化铁为黄色琉璃釉的主要着色剂成分。明清时期，明确规定该釉色琉璃瓦件仅应用于帝王宫殿、陵庙等皇室贵族建筑，如故宫及明十三陵。

赤色琉璃釉往往由铜原子着色，但铜原子提取不易，往往采用红铜粉末或与少量铁成比例进行反应后取得，如故宫养心殿造办处的赤色琉璃瓦，采用红铜粉末染制而成。

青色琉璃釉由氧化钴进行着色。钴离子着色能力强且稳定，仅需 0.01% 即可呈色，一般呈蓝色或群青色，亦有说法称，该着色剂的使用自青花瓷制作过程中套用而来。因中国传统建筑色彩理念中，黄、蓝、绿三色分别代表皇帝、上天、庶民，这一色彩理念在琉璃瓦的釉色上得到充分体现，故明清时期青色琉璃瓦一般用于祭祀建筑，如北京天坛的祈年殿殿顶的青瓦，象征头顶青天。

紫色琉璃釉呈色元素为锰，锰离子需在充分氧化的情况下才可呈色。早在西汉时期，就出现采用锰为琉璃着色剂的现象，甚至被西方称为中国紫，一般是从含锰的矿石中提取着色。紫色或玄色的琉璃釉受限较少，故常被用于帝王园林中的亭台楼阁。

绿色琉璃釉由铬或铜铬混合物为着色剂。古籍中以铬或相关矿物为专门着色剂的论述并不常见，但在专家学者对于琉璃釉及出土琉璃器的成分分析中，可见部分绿色或黄绿色琉璃含铬成分，分析其配比及关系得出氧化铬或铜铬混合物在釉料中起着色作用。绿色琉璃瓦往往用作王公贵族的府邸建设。

除此之外，还有诸如镍、钒、铀、铒等离子元素或多或少存在于琉璃釉的着色中，但因中国古代琉璃制作过程的场地环境限制，缺乏现代先进的科学理念及提纯措施，不可避免存在某些杂质元素影响，故此处不做具体针对性分析。

3. 低温铅釉琉璃的应用范畴

明代琉璃整体朝着高铅玻璃贡品、仿玉琉璃礼器、低温釉琉璃建筑构件三个方向发展，因明清时期的琉璃在建筑应用上达到了历史顶峰，在烧造艺术中大放异彩，故下文主要针对明清建筑琉璃进行探讨。清《大清会典》中记载，康熙三十五年（1696），宫中专门设置琉璃工坊，负责供应王公贵族住所所需琉璃瓦，依据不同的等级地位，采用不同颜色、种类的琉璃瓦，规制严格。在君权至上的影响下，城市规划和建设披上了一层等级的外衣，华丽的琉璃装饰使用范围仅限于皇宫、皇家园林、陵寝、坛庙、王府等，琉璃饰品也仅限于皇帝、妃子、亲王等[38]，平民阶级无法触及，这也是琉璃的使用始终难以普及到寻常百姓家的原因。

琉璃建筑构件主要集中于屋顶，常见的琉璃瓦件分为三类：其一是最为普遍的瓦类，涵盖板瓦、筒瓦、勾头瓦、滴水瓦等基础构成瓦（图1-5-21）；其二是屋顶转折面处的脊件类，主要有正脊筒、垂脊、戗脊等构成；其三是体现等级尊卑、起装饰美化作用的饰件类，该类中以吻、脊兽、博古等为主（图1-5-22、图1-5-23）。除屋顶的琉璃构件外，明清时期还有琉璃砖、琉璃壁砖、琉璃壁画等建筑构件（图1-5-24），但数量较少，且多为龙纹，是皇室专用。

图1-5-21（左） 绿釉龙纹瓦当[39]

图1-5-22（右） 绿釉龙纹琉璃吻

图1-5-23（左） 明代三彩琉璃手托兔人像瓦

图1-5-24（右） 明代黄釉缠枝莲纹琉璃砖

[38] 刘大可：《明、清官式琉璃艺术概论（上）》，《古建园林技术》1995年第4期。
[39] 孟耀虎：《孟家井窑烧造的建筑琉璃》，《文物世界》2004年第3期。

4. 小结

明清时期，琉璃制造的发展相较元代更为规范，不但将琉璃日用品与琉璃装饰品区分开，并且把传统的琉璃制品与建筑使用的琉璃瓦也进行了明确区分，使烧造琉璃得到了空前发展。

明清琉璃建筑构件在工艺上以官制为主，烧制技术及生产流程沿用并精进了低温铅釉陶制作过程，以二次烧制为主，主要运用模制法、轮瓦法等成型技术。釉色为二次烧造而成，釉料配方不断丰富。至清康熙、乾隆年间，我国琉璃烧造中心聚集于山东博山一带，博山琉璃生产地利用当地长石、石灰岩、萤石原料形成了钾钙硅酸盐系统[40]，配比出白色、粉红色、金红色、琥珀色、雨过天晴色及各种套色、复色等数十种颜色系统。整体来看，烧造琉璃发展至明清时期，生产规范，制作考究，色彩明丽，造型典雅，其造型、釉料、工艺的独特设计，无论是承袭前朝的成型技术，还是不断改进的着色剂配方，都是当时琉璃烧造业的辉煌写照。

明清时期琉璃瓦制品受到统治阶级的推崇而迅猛发展，又因是特定时代和特定社会背景下发展的产物而被赋予了丰厚的文化内涵，琉璃建筑构件的烧造不仅是一种技艺传承，更是一段看得见的鲜活“历史”。

结语

琉璃作为中国传统烧造工艺历史中的一环，自青铜、瓷器中孕育而生，伴随着技术与文化的融合交流，发展出具有中国独特配方、工艺、色彩套系的琉璃烧制体系。纵观琉璃自先秦至明清的发展历程，时间维度广、应用范畴多、分布地区散，故以费昂斯釉砂及玻璃化的费昂斯玻砂时期、热成型铅制琉璃时期、二次烧制低温铅釉时期三个主要发展阶段切入国产琉璃的烧造特征表现，以技艺变革为引线，重点穿缀其配方演变、工艺变革、产品迭代、领域拓展等方面。中国古代琉璃成型工艺主要围绕烧造与热成型两种方式进行，工艺变革整体以烧造为主脉络，其间以缠丝法、吹制法为代表的热成型工艺在汉代后成为兴盛的新范式，并延续至今，但主要运用于生活琉璃中，逐步发展为当代玻璃制作工艺。国产琉璃工艺变革映射在产品迭代上最为直接的变化在于成器规格，从而衍变至种类的丰盛、领域的延伸，自串珠饰品到日用器具再到建筑构件，琉璃应用领

[40] 王承遇、卢琪：《中国古代琉璃着色剂的演变》，《玻璃与搪瓷》2017年第5期。

域在不断拓展的同时，各领域层面也有自身的产品迭代特征，逐步形成规范的产业链及琉璃系统。中国琉璃在烧造技术支撑下，实现由点及面的系统管理和生产，从配方到工艺至颜色造型都伴随着封建礼制的规范，不但成为皇权的承载与象征，更是构筑了中国传统建筑上的独特风格。

第二章 中国营造技术的经验性

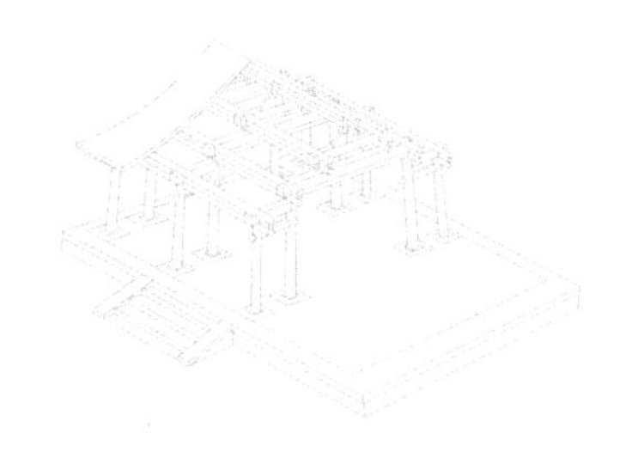

营造是指中国古代涉及建造、构造、建筑工程等方面事宜的活动。传统中国建筑主要使用土、木、砖、瓦和石作为建筑材料，其中木构建筑和砖石建筑是两大主要体系。木构建筑以大木架结构、斗拱和榫卯等为主要特色，在合理选用材料、确定结构方式、权衡与计算模数尺寸、加工与制作构件、处理节点和细部以及施工安装等方面皆有独特的系统技艺；砖石建筑受到木构建筑的影响，发展出拱券这类独特的构造，是中国古代造物技术的集大成体现。

建筑形式的变化受营造技术的创新影响。我们不禁思考，中国木构建筑的架构方式和延展方向是什么？模数计算是如何进行的？如何运用木材的特性对建筑构件进行固定？砖石建筑的受力问题如何解决？作为防御性建筑的长城，其防御体系是如何逐步形成的？

本章围绕中国古代木构建筑技术演进规律、砖石建筑技术的应用与迭新、营造活动与技术的互动三个层面，分五小节展开讨论。首先以贯穿中国古代木建筑体系的结构部件为研究对象，重点通过木构架、斗拱以及榫卯，探析木构建筑的承重、模数制与连接的方式。其次以中国古代拱券结构为研究重点，分析中国古代石材建筑与木材建筑的差异性。最后从长城这一融合了土木、砖石等多种材料的建筑物出发，分析中国古代防御性建筑的发展与完善过程。

第一节“木建筑的承重框架体系”。木构架是中国木构建筑的基本结构形式，其特征为梁柱网格承托屋顶的框架式构造。木构架结构有纵向和横向两个发展维度。纵向发展拓展了建筑的高度；横向发展扩大了建筑的面积，后又通过“减柱”“移柱”等方法进一步简化了建筑结构，降低了立柱对室内空间的影响。可见木结构技术的发展影响了木建筑承重体系的发展，突破了木结构不足以构成大型建筑物的局限。

第二节“中国木建筑中的模数制”。以中国古代建筑中的斗拱为载体研究建筑模数制的演进。模数制是为实现设计的标准化而制定的一套基本准则，而斗拱是这套标准的重要参考节点。以斗拱做参照物之一的模数制，降低了对工匠经验的要求，大大提升了营造活动中的劳动效率。斗拱既是一种文化符号，也是模数制的载体之一，其蕴含的现代设计思维特点，仍为如今的设计活动带来思考。

第三节“一凹一凸的扣合”。在中国古代木建筑中，各构件间以榫卯方式相结合，从而构成了富有弹性的框架。榫卯这种精巧的连接方式，不仅可以承受较大的荷载，而且允许产生一定的变形，在地震中可抵消很大一部分地震能量，减少对建筑的伤害。除了应用于建筑之中，榫卯结构在日常造物中也发挥着重要作用。

第四节“弯曲轩弧的拱券”。拱券是为满足两汉时期墓室营建需求而产生的一种弧形的建筑承重结构，其应用经历了从地下建筑走向地面建筑的过程。早期拱券多运用在墓葬、函道及地道中，后出现于地面宗教建筑，且被施以彩绘。而民居建筑、防御性建筑、功能性建筑中也有拱券出现。晚清时期，随着中西方文化的交流，拱券的发展出现了中、西建筑技术碰撞与融合的趋势。

第五节“中原与草原空间的区隔”。历代统治者通过对长城的营建，力图维护中原地区政治、经济的稳定。长城是中原与草原的分界线。它是集多种建筑材料，依据地形地貌就地取材、顺势而为的古代军事防御工程。长城的建造雏形为土、石所筑的聚落墙垣，后又经历了从功能单一的城墙发展为综合性城墙的过程。随着砖砌技术的发展，长城达到了修筑规模的顶峰，衍生出空心敌台、军防城堡等新型建筑形式，彻底完成了从“堡城”到“城堡”的转变，形成了多重防御体系。

营造活动的对象为“土木之功”，中国传统的营造活动具有完善的体系和鲜明的特征，其发展有着清晰的技术演进路线，在世界范围内更是形成了别具一格的建筑体系，对周边国家的建筑发展产生了深刻的影响。本章对于中国古代营造技术演进的研究主要集中在技术和思想两个层面。技术层面的研究以中国古代建筑中具有代表性的建筑或局部构件为对象，通过对建筑材料的组合方式、加工方式、设计方式进行研究，以历史发展脉络为依据进行比较分析，梳理出营造技术发展的轨迹。思想层面的研究主要集中于人对生活空间的思考和相应时代背景下工艺发展水平两方面。在不同的历史时期，都会形成符合当时社会背景的造物行为和造物思想，营造活动不仅与社会制度、人与自然的关系、政治诉求之间有着紧密的联系，同时还可以反映社会发展的技术水平。从中体现出造物思想与造物需求之间相互促进的作用，更突出了营造活动中技术与形式、形式与功能、功能与审美等要素之间的辩证关系，而最终呈现的建筑形式，则是诸多思想博弈后的产物。

尽管在全球化背景下现代建筑十分流行，但中国传统建筑所承载的文化符号依然有其现实意义，不少建筑师、设计师继承并发扬了中国传统建筑设计思想，古今结合，探索实践了大量当代建筑。在倡导文化自信的大背景下，中国传统建筑不应仅停留在造型符号的层面，我们应当进一步挖掘其背后的设计思想，为具有中国特色的现代建筑设计提供灵感来源。

第一节　木建筑的承重框架体系

木构架是以木材构成的多种形式的框架结构，包括柱、梁、桁、枋、椽以及斗拱等构件。作为木质建筑的骨架，木构架在建筑中起承重作用，而墙壁只起围护作用，不承担荷载。中国传统建筑的木构架体系至迟成型于春秋时期，中国的木构建筑之所以能做到“墙倒屋不塌”是因为木构架可以起到支撑荷载、稳固整体的作用。

木构架建筑技术是原始人类早期掌握的人工建筑技术之一。中国现存最早的木构架建筑实例是山西五台山唐代的南禅寺大殿，而最早的图像资料则来源于战国早期采桑猎钫图上的建筑图像。该图像中的高台建筑实际上是将木构技术与夯土技术结合使用所构筑的大型建筑。然而，夯土营造费时耗力，至东汉时期，房屋建造逐渐摒弃夯土形式，沿着以木构架为主体的方向发展[1]。中国古代建筑一直以木结构为主流，而木结构建筑又以木构架为框架，其营建属于大木作技术范畴，下文将从木构架的基本构件、主要类型和历史沿革三个方面厘清其建造技术的革新与设计面貌的演变之间的联系。

一、木构架的基本构件和主要类型

（一）以“间架”为单位的木构架

依照宋代《木经》所述，中国传统建筑从外观上分为屋顶、屋身、台基三部分，木构架属于传统木构建筑的屋身部分。不同建筑之间木构架的形制、尺度各有不一。中国古建筑有大式与小式之分，前者主要指为统治阶层所服务的宫殿、府邸、衙署以及皇家园林等，后者以民居为主[2]，大式建筑木构架的体量远高于小式建筑，且很好地体现了建筑的等级性。在封建等级制度下，木构架有严格的规制，其基本构成单位为间架，“间”用以测算房屋宽度，“架”用以衡量房屋深度。木构架中面阔方向上的两柱之间算为一间，而屋顶内部用几根檩条就看作

---

[1] 中国科学院自然科学史研究所主编《中国古代建筑技术史》，科学出版社，2016，第57页。

[2] 傅熹年：《傅熹年建筑史论文选》，百花文艺出版社，2009，第10页。

几架。“间架”一词早在汉代便用来形容建筑的大小比例。中国传统木构架以间、架为营造尺度，从其构件组成到结构分类都直接或间接地反映了木构架的建构特征与建造技术。

中国木构架建筑中，木构件种类繁多，历代称谓不一，在不同建筑形式中其构件的形制、规格与功用也略有不同，本节以宋代《营造法式》为参本，以后世现存较为完整的清式尖山顶木构架为例，将木构架构件主要分为柱子类、梁类和桁、枋、椽类三种（图2-1-1）。

1. 柱子类构件

柱子类构件是指木构架中支撑梁架的立柱，作为垂直受力的构件，无论是落地长柱还是梁与梁之间的短柱，都是传递重量的基础，这些柱子的名称皆由柱子所在的位置确定[3]。立于地面的柱子有檐柱、角柱、金柱、山柱与中柱五种，以上柱子的下脚都置于柱顶石之上。使层层梁架叠起的短柱有瓜柱、童柱、雷公柱、垂柱、草架柱等。柱的用材包括木与石，也有下段为石、上段为木的混合柱型，其间多饰有云纹、龙纹、花鸟纹等纹饰，极富装饰性。

2. 梁类构件

梁，是建筑中的水平受力构件，常支承于二柱顶端或其他梁枋上。梁的名称一般由其位置与形制决定，我国北方多以梁上所承枋或檩的数目来命名，如三架梁、五架梁等。“三架梁”是指承托三条桁的梁，以此类推，“九架梁”是承托九条桁的梁，此外还有双步梁、三步梁。步架是测算相邻两条桁之间水平距离的计量单位。“双步梁”是指两步架的梁，以及短梁，如檐柱与金柱（老檐柱）之间

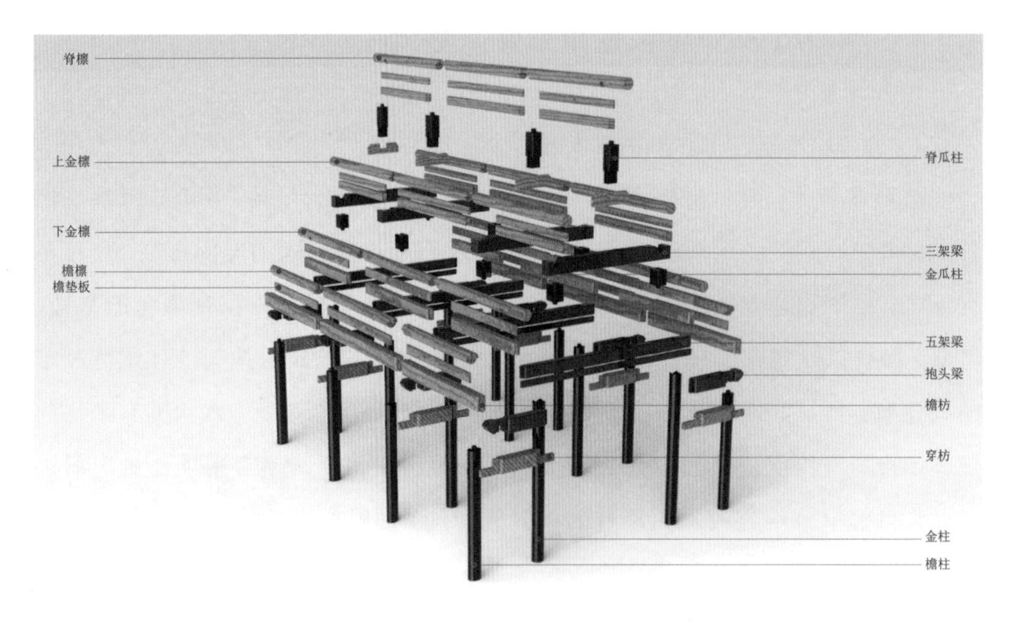

图2-1-1 清式尖山顶木构架部件称谓图

[3] 白丽娟、王景福编著《清代官式建筑构造》，北京工业大学出版社，2000，第46页。

的抱头梁、顺面阔方向设置的顺梁[4]。除以上几种外，还有用于歇山顶的穿梁、踩步金，用于庑殿顶的太平梁，用于卷棚顶的月梁、四架梁、六架梁以及转角建筑中的递角梁等，设置的位置与比例虽然各有不同，但都是屋架系统中作为承托屋顶或连接柱子的重要构件。

3. 桁、枋、椽类构件

桁、枋、椽类等构件中，桁又称“檩”，唐宋时称“槫”，是安置在梁架间支撑椽与屋面的构件，其断面为圆形，屋面重量由椽全部传递给桁。桁主要有五种，分别为挑檐桁、正心桁、檐桁、金桁与脊桁，其中，金桁在大式建筑中又分上、中、下金桁。

枋类构件中，既有可以作为安置在柱头或柱身之间的受力构件，也有可以连接于斗拱与斗拱之间的构件，还有兼具两种作用的构件。枋分为三种类型：一是只起连接作用的枋，有穿枋、跨空枋、斗拱中的枋；二是既能连接又承接受力的枋，有额枋、随梁枋、踩步金枋、承椽枋、天花枋以及与桁同时使用的枋；三是木结构中作为约束构件的平板枋[5]。

椽又称“椽子”，是安置在桁上与之交叉排布的构件，主要承托望板以上的屋面重量，望板即屋面板。椽的断面与桁不同，多为圆形、方形、扁方形等。

除以上主要构件外，木构架还有博缝板与雀替等构件，前者主要起遮风避雨的作用，后者主要是为了减少梁、枋跨距，增加抗剪能力。

（二）抬梁式、穿斗式与井干式木构架

当前学界对于木构架的分类方式意见不一，大致有以下几种分类方式：其一，从构造关系的表象归类，由梁思成等学者最早提出，将木构架分为抬梁式与穿斗式；其二，以北宋《营造法式》为参本，从结构角度将其分为殿堂式与厅堂式；其三，从建构思维的角度出发，可将其分为层叠式与连架式。由于后两种分类方式皆是在前人研究的基础上所提出，且中国建筑史学界共识的主流是将古建筑划分为抬梁式、穿斗式与井干式三类，因此，本节将沿用刘敦桢在《中国古代建筑史》中的分类，详解木构架中抬梁式、穿斗式与井干式三种木构架的异同。

1. 抬梁式

区分木构架的类别主要是由柱、梁与桁条交接关系的不同所决定，即构造层面的区别。抬梁式木构架是指沿着房屋的进深方向，在石础上立柱，柱上架梁，再在梁上重叠架设数层瓜柱及逐层缩短的小梁，至最上层梁上立脊瓜柱，将

[4] 李浈编著《中国传统建筑形制与工艺》（第3版），同济大学出版社，2015，第54页。
[5] 白丽娟、王景福编著《清代宫式建筑构造》，北京工业大学出版社，2000，第54—55页。

小梁抬至所需高度，从而组成的木构架[6]。抬梁式木构架建筑中的基本形式是叠梁，宋代有详细的“侧样”。叠梁构架分为有正脊的构架和卷棚顶的构架两种形式，从“桁”的构件数排布发现，桁数越多，其构架形式越复杂，屋架体量越大（图2-1-2）。抬梁式木构架至迟在春秋时代已初步完备，此后在长江以北地区十分兴盛。此类木构架易满足多种建造的需求，适用于多角、圆形、扇面、万字、田字及其他特殊平面的建筑，这一点从后世大量楼阁、佛塔以及宫殿中都可得到印证。

2. 穿斗式

穿斗式木构架是指沿着房屋进深方向立柱，柱与柱之间的间距较密，柱直接承受桁的重量，不使用抬梁，而以数层穿枋贯通各柱，使之连为一体，构成一组组的构架类别[7]（图2-1-3）。它的特征主要是梁架与檐柱数目不一致，且梁

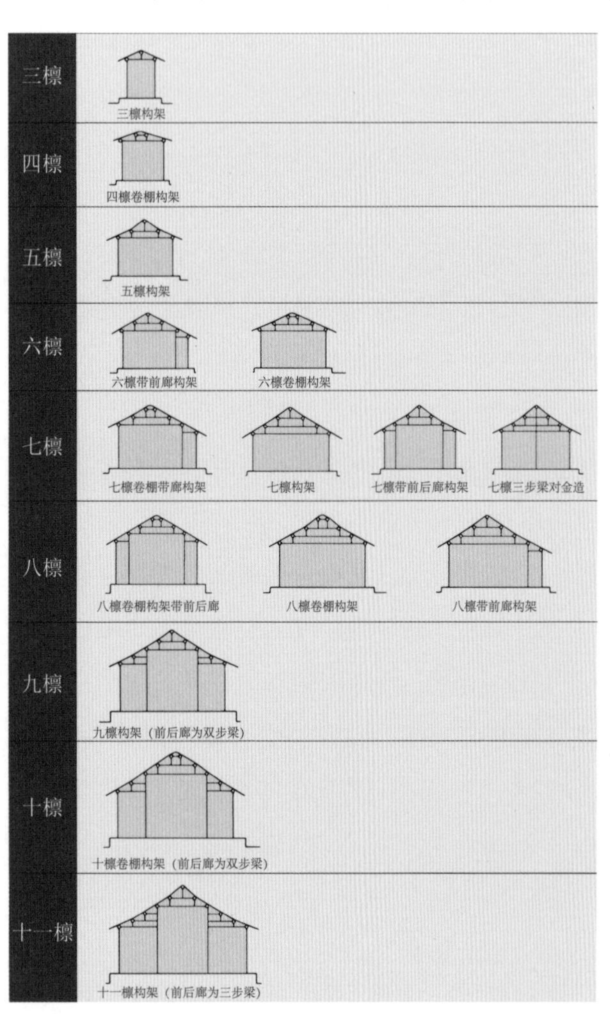

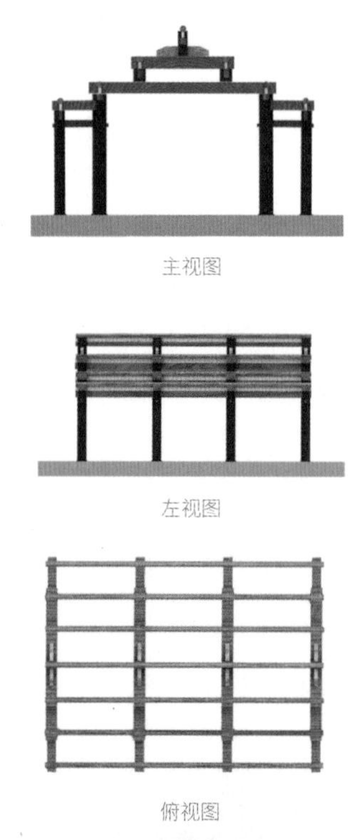

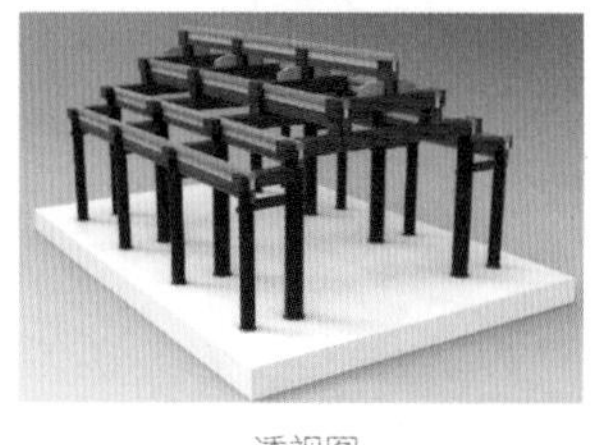

图2-1-2（左） 叠梁构架断面示例图[8]

图2-1-3（右） 穿斗式木构架模型四视图[9]

[6] 周作明编著《中国起居图说2000例》，漓江出版社，1999，第8页。
[7] 舒生：《历代建筑艺术》，四川人民出版社，2009，第21页。
[8] 白丽娟、王景福编著《古建清代木构造》，中国建筑工业出版社，2007，第125页。
[9] 谢玉明主编《中国传统建筑细部设计》，中国建筑工业出版社，2001，第98页。

架荷载须借助檐额传递至檐柱。有学者依据穿斗式构架的特征，将其进一步分为三类，即完全式纵向构架、不完全式纵向构架与假式纵向构架。完全式纵向构架以陕西省韩城市大禹庙为例，该大殿用额枋使梁架荷载呈进深式纵向传递[10]；不完全式纵向构架即局部采用纵向构架，最终形成穿斗与抬梁混合布置的形式，典型实例有山西洪洞广胜下寺大殿的结构；假式纵向构架的梁架和檐柱之间的轴线是对缝重合的，局部使用檐额加宽间阔，如河南济源的济渎龙亭和陕西三原的城隍庙献殿。需要说明的是，学界常提到的“干栏式”，强调的是建筑与地面的接触关系，而非强调其结构。从结构上看，“干栏式”相当于是在“穿斗式”木构架中，将柱的下端向下继续延伸，从而形成了底层被架空的形式，因此，“干栏式”应归属于“穿斗式”一类[11]。

穿斗式木构架形式多样，按柱子和穿枋的配列方式，共分为五种形式（图2-1-4）。第一种，全用落地长柱，柱子间用通长穿枋相连；第二种，落地长柱与瓜柱相间使用，仍用通长穿枋相连；第三种，全部瓜柱的长度均相等，落地长柱、穿枋的用法与第二种相同；第四种，落地长柱、瓜柱的用法同第三种，而穿枋的用法则是只用于每两瓜柱和每两落地长柱之间用短穿枋穿插；第五种，在柱上使用人字斜梁[12]。除以上五种外，还有抬梁式与穿斗式的混合结构，抬梁式和穿斗式木构架在平面形制上皆以桁与柱交叠产生的区域“间”为基本单位。同一座建筑中亦有明间用抬梁，次间和梢间用穿斗的方式。穿斗式木构架至迟在汉代已经成熟，此后在长江流域及以南地区的建筑中得到普遍应用。

3. 井干式

井干式木构架是将天然圆木或方形、矩形、六角形断面的木料层层叠置后构成的房屋壁体[14]（图2-1-5）。它的主要特征是不使用立柱和大梁，构造原理简单，选用木材交叉堆叠而成。此类木构架大致产生于商代，我们能从商朝后期的井干式木椁发现这一构造形式。此后，周代至汉代的陵墓中，大量出现用榫卯

图2-1-4　穿斗式木构架主要形式示意图[13]

[10] 刘临安：《中国古代建筑的纵向构架》，《文物》1997年第6期。
[11] 赵潇欣：《抬梁？穿斗？中国传统木构架分类辨析——中国传统木构架发展规律研究（上）》，《华中建筑》2018年第36期。
[12] 陈明达：《中国古代木结构建筑技术（战国——北宋）》，文物出版社，1990，第13—14页。
[13] 同上书，第69页。
[14] 罗哲文主编《中国古代建筑》，上海古籍出版社，2001，第112页。

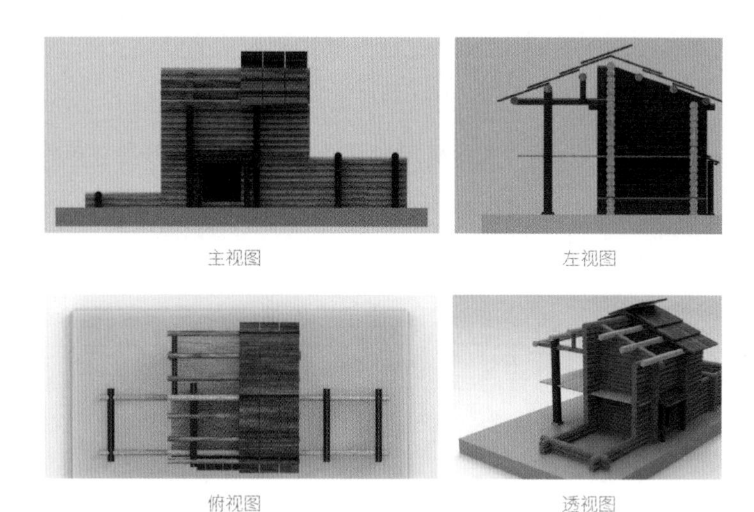

图 2-1-5 井干式木构架模型四视图[16]

加工的井干式木椁；在汉初宫苑中，地面建筑里还有井干楼[15]。云南地区出土的战国末年至汉代初年的铜器，图像多绘有井干式房屋结构，此类构架既可直接建于地上，也可同穿斗式构架一样，建于干栏式木架之上。由于耗材量大，建筑面阔和进深受木材长度限制，因此应用范围远不及前两类构架。

二、木构架的历史沿革

（一）技术背景

中国木构架建筑的技术背景可追溯至新石器时代，浙江余姚河姆渡出土的早期干栏建筑中出现的榫卯结构，标志着我国木结构发展初期的重大进步[17]。进入奴隶制社会，木构技术的进一步发展有赖于青铜工具的使用、夯土技术的推广以及陶制建筑材料的应用等多方面因素的影响。与此同时，在建筑技术演进过程中，经济与政治制度极大保障了技术的发生条件。封建社会自给自足的自然经济一方面影响了人们对于木材的加工与使用的方式；另一方面由于领土扩张，为适应地域环境的多样性与复杂性，产生了多种木结构建筑形式。考古发现，东汉时期陶楼中的高层建筑形式以及仿木构雕成的石阙中的建筑图像，反映了木结构建筑体系的初步形成。这一时期，房屋通常会在外围柱子中部加一横枋以加强屋架间的联系，使之组成一个整体框架，这种结构改进方式明显体现了木构架在建筑中的支承稳固作用。综上而言，木构架体系是伴随木构建筑产生的，在研究木构架体系的技术演进时，需要以木构建筑的发展变化为依托。

[15] 刘敦桢主编，中国科学研究院建筑史编委会组织编写《中国古代建筑史》（第二版），中国建筑工业出版社，1984，第6页。
[16] 谢玉明主编《中国传统建筑细部设计》，中国建筑工业出版社，2001，第98页。
[17] 浙江省文物管理委员会、浙江省博物馆：《河姆渡遗址第一期发掘报告》，《考古学报》1978年第1期。

（二）木构架体系的形成与技术演进

木构架建筑自唐代开始才有大量实物遗存，主要出现在北方官式建筑与南方民居建筑之中。历代木构架实物遗存的地域分布基本与历朝政治经济中心的迁移路径相契合：唐代、五代遗存主要分布于山西、辽宁和福建等地，宋辽金元时期遗存主要集中于山西、陕西、河北、天津、浙江及其周边地区，明代遗存分布在山西、北京以及四川三个区域，清代遗存主要集中于北京、江苏和广东等地。本文依据案例的初始性、完整性和差异性等原则，选取了历代较典型的木构架建筑进行分析，分别为山西的南禅寺大殿、佛光寺大殿、镇国寺大殿、大云院大佛殿、应县木塔、晋祠圣母殿、普照寺大殿、广胜下寺后大殿、广胜上寺弥陀殿、城隍庙献殿，河北的北岳庙宁德之殿，天津的独乐寺观音阁，北京的故宫太和殿与钦安殿、中华圣公会救主堂，辽宁的奉国寺大殿，陕西的大禹庙，江苏的真如寺大殿、镇江英国领事官邸，浙江的保国寺大殿，四川的报恩寺万佛阁，福建的华林寺大殿、开元寺大殿，广东的广州西式货栈，共24个案例。本文从结构尺度和工艺技术两方面，对历代木构架的设计面貌和演变脉络进行梳理，以洞察其不同的建筑设计思想与社会文化语境。其中也存在始建与重修年代相隔甚远的情况，此处统一遵循图文一致的方式，以木构架保存完整的修筑年代为准。

1. 井干式木构架与高台建筑的初现

商周时期，木构架建筑无实物遗存且文献资料匮乏，但从大量遗址与青铜器中能够捕捉到木构件与木构建筑的图像。奴隶制社会，父系氏族关系下私有制经济的产生使得生产力大幅提升，对建筑形制及木构架建筑技术的发展起到了关键作用。这一时期，人们在新石器时代土木复合的木构架形式基础上，已开始运用木材、草泥、夯土等材料兴建高台建筑。据文献记载以及燕下都、邯郸、秦都栎阳等遗址的发掘资料可知，单体建筑由夯土和木结构组成，再将多个单体建筑聚合于一个台基之上[18]。与此同时，在商代与西周早期的柱础遗迹，如湖北盘龙城商代宫殿遗址和陕西扶风召陈村西周建筑遗址之一的F8的构架中可以发现[19]，当时已出现纵向排布和横纵两个方向均有排布的柱础系统，由此分析该建筑使用了木构架，结合上文提及的井干式墓椁，可以判断此时至少已有井干、木板、简单木构架三种结构形式，但构架的具体做法尚难确定。

当前学者依据双坡屋顶的结构形式和构架步骤，推测当时房屋构架的普遍做法可能是首先沿着房屋的纵向布置立柱，柱头上搭置纵向的横梁，横梁上再

[18] 陈明达：《中国古代木结构建筑技术（战国——北宋）》，文物出版社，1990，第18页。

[19] 傅熹年：《陕西扶风召陈西周建筑遗址初探——周原西周建筑遗址研究之二》，《文物》1981年第3期。

架设大叉手，形成双坡屋架，大叉手上再铺桁、椽，最后形成整体构架[20]。木构架的构件连接方式是一个时期建筑技术的集中体现。从榫卯工艺的水平来看，西周已出现单体榫卯形式，以湖北蕲春毛家咀出土的长方形木板遗迹为例，木板呈平行排列且有榫槽，穿插木棍使木板连接在一起，从侧面说明了这一时期人们已经掌握了将不同木构件组合成一个牢固木构架的榫卯工艺。

2. 木构架体系的形成

春秋战国时期，只有少量建筑遗存及间接资料，但通过文献与考古资料的相互印证可以确定，此时木构架在结构上取得了重要突破——已有抬梁式木构架，且出现了简单的斗拱，取代了原有的擎檐柱。木构架此时已成为封建王朝建筑的主流形式。四川成都百花潭战国墓出土的嵌错赏功宴乐铜壶中的二层宴乐建筑，下层左、右两侧的檐柱上有斗拱，用以上承楼层。

秦汉时期，从咸阳秦宫1号、2号、3号遗址以及数量众多的汉代明器、画像砖等古物中可以发现，在当时，普通建筑房屋的构架已经开始使用穿斗、抬梁、三角架、纵架和挑架出屋檐等结构形式[21]。与此同时，秦汉时期制砖技术的应用和发展，解决了地面的铺作问题，完善了木构建筑修筑技术。《汉书》载："井干楼积木而高，为楼若井干之形也。井干者，井上木栏也，其形或四角、或八角。"[22]从文献记载来看，汉代井干式木构架较商周时期更加复杂，已构成高楼形式，其井干结构由木构层层垒加，高度超过一层便形成楼。与此同时，大量东汉明器陶屋上出现有抬梁式与穿斗式木构架（图2-1-6），此时做法也有了改进，即在外围柱间使用横枋，还在横枋上加用短柱，使得外围柱子全部连成一个整

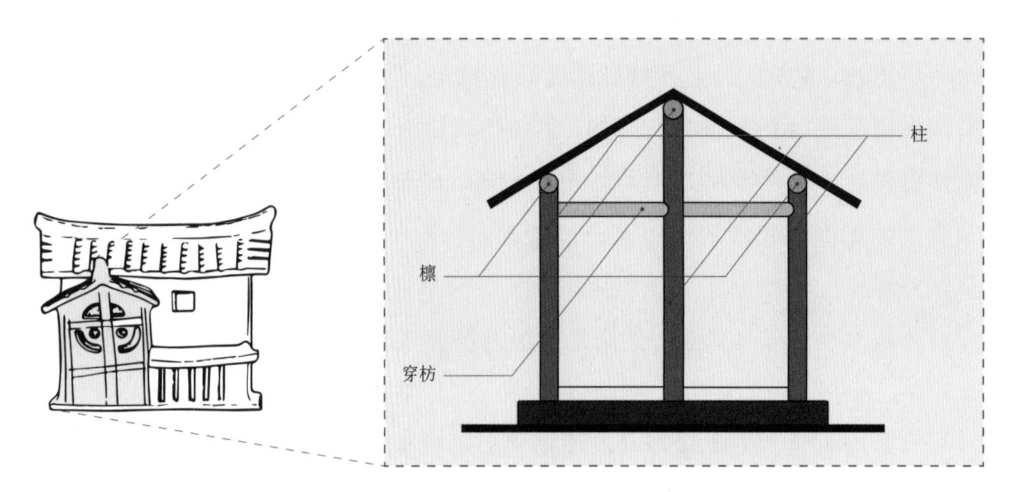

图2-1-6 东汉陶屋中的穿斗架图像[23]

[20] 刘临安：《中国古代建筑的纵向构架》，《文物》1997年第6期。
[21] 陈明达：《中国古代木结构建筑技术（战国——北宋）》，文物出版社，1990，第29页。
[22]〔汉〕班固：《汉书》，〔唐〕颜师古注，中华书局，1962，第1245页。
[23] 卢嘉锡总主编，傅熹年著《中国科学技术史：建筑卷》，科学出版社，2008，第185页。

体框架，以达到稳固结构的作用。较大体量的木构建筑虽无法判断具体的构架形式，但可以厘清其做法为三种：其一是在柱上用斗拱承托檐枋及横梁；其二是在柱头上用斗拱承托纵架；其三是在第二种方法的基础上，将纵架下的额枋位置下移至柱头之间，直接连接起柱子，让斗拱直接置于柱头之上，使得纵架与檐柱的联系更加密切[24]。传统木构架体系包括井干式、抬梁式、穿斗式。至汉代，这些结构已全部出现，可以说汉代已形成了完整的传统木构架体系。

值得一提的是，这一时期在高台建筑仍占主导地位的情况下，也出现了阙楼这样的木构建筑形式。《淮南子》中的“高台层榭，接屋连阁”[25]，描述的正是战国时期的高台建筑。在出土的西汉长安建筑遗址及铜器上刻画的建筑图像中可以看到这种样式。多类型木构架的出现应与高台建筑的兴盛有关，大型建筑对大木构架的需求增加，也使匠人积累了木材加工经验与多层建筑的营建方法。

3. 井干式与穿斗式木构架的纵向层叠

魏晋南北朝时期，大多数建筑空间较以往有空间增高、平面扩大的总趋势，木构架对此起到关键作用。依据《世说新语》中“先秤平众木轻重”[26]的描述，说明当时已认识到荷载的平衡对建筑的重要性。此时建筑技术理论与实践都有所提升，牢固的结构是扩展建筑进深、高度的重要基础。具体来看，无论是宫阙楼阁还是佛塔建筑，不同的建筑形式下，井干式木构架与穿斗式木构架都呈现纵向层叠的发展倾向。

这一时期木构架资料主要集中在石窟壁画、仿木构石阙以及雕刻与绘画中的建筑图像，在纵向发展之时也多有遗承汉制的特征（图2-1-7）。例如北魏壁画中的阙，其结构特点是屋面或斗拱下有纵横相叠的方木，下层柱子显著向内倾斜，使用“侧脚”方法，把檐柱柱脚向外抛出，柱头向内收进，借助屋顶重量产生水平推力，增加木构架的内聚力，以防散架或倾侧。这种构造延续了东汉石阙的结构形象，增加层叠实质上是技术突破的表现，因此进一步推测，其与西汉初期井干楼也应有着继承演化的关系。除此以外，包括南北朝佛塔也部分延续东汉多层楼塔建筑的做法，建造高达9层的木结构佛塔，如北魏洛阳永宁寺塔。

自东汉以后，早期高台建筑方式逐渐衰落，随着佛教的传入与多层建筑的迅速兴起，佛塔作为多层建筑的代表也极大地体现了南北朝木构架技术的提升。以文献记载最为全面的永宁寺塔为例（图2-1-8、图2-1-9），综合北魏杨衒之《洛阳伽蓝记》中的记述与考古挖掘的柱础遗址表明，永宁寺塔的塔身结构已具

[24] 陈明达：《中国古代木结构建筑技术（战国——北宋）》，文物出版社，1990，第29—30页。
[25] 陈广忠译注《淮南子》，中华书局，2012，第481页。
[26] 朱碧莲、沈海波译注《世说新语》，中华书局，2011，第702页。

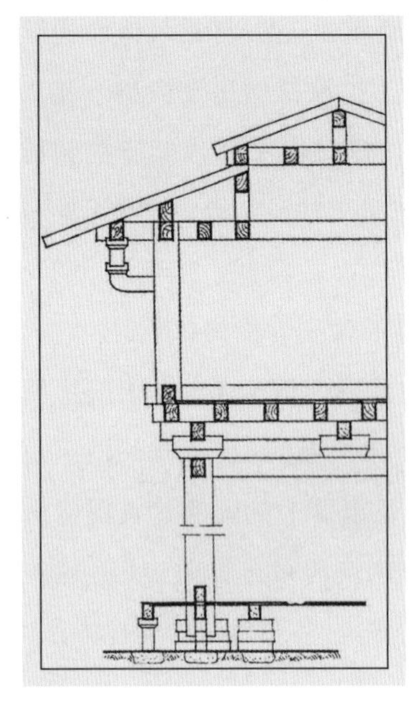

图 2-1-7（左） 汉阙结构想象图[27]

图 2-1-8（中） 永宁寺塔立面复原图[28]

图 2-1-9（右） 永宁寺塔复原图[29]

备完整的木构架体系，塔基沿用汉代土坯高台砌筑，塔身木构架则以井干式铺作层及内三圈柱网构成，通过铺作层与外圈柱子相连接，形成方筒状的整体构架[30]。总体来看，构架的转角处加用柱子相承，这种做法在汉代辟雍建筑遗址中就曾出现，完整木构架是以柱网层和铺作层相间层叠而成[31]，根据平面布置，可推测此塔应以纵向构架为主，因而其技术在承袭前代的同时亦为后世井干式和穿斗式木构架的发展起到推动作用。另外，在建筑形制上，南北朝时期在木构架的艺术加工方面有了新的突破，能够从佛教石窟中大量仿木结构雕凿出的窟廊中追寻到柱头、椽飞的卷杀、梭柱及束竹柱等的踪影[32]。

4. 从“组合式”结构到“搭压式”结构

隋代在建筑技术与风格上依然力求恢复汉制，木构架技术并未有新的突破。而自唐代开始，古代木结构技术达到高峰，木构架建筑众多，且实物保存完整，体量较大。现存实例有南禅寺大殿、佛光寺大殿、善化寺大殿等，地点集中于山西，前两者间广可达5米，后者为唐末代表建筑，间广约大于7米。中唐时期便有规制记载：“王公之居，不施重栱、藻井。三品堂五间九架，门三间五架；五品堂五间七架，门三间两架；六品、七品堂三间五架，庶人四架，而门皆一间两

[27] 陈明达：《中国古代木结构建筑技术（战国——北宋）》，文物出版社，1990，图22。

[28] 钟晓青：《北魏洛阳永宁寺塔复原探讨》，《文物》1998年第5期。

[29] 杨鸿勋：《关于北魏洛阳永宁寺塔复原草图的说明》，《文物》1992年第9期。

[30] 钟晓青：《北魏洛阳永宁寺塔复原探讨》，《文物》1998年第5期。

[31] 铺作：由斗、拱、昂等构件组合成的结构单元。

[32] 中国科学院自然科学史研究所主编《中国古代建筑技术史》，科学出版社，1985，第63页。

架。”[33]由此可见，唐代正式确立了间、架等成为衡量房屋规模尺度的制度并使之成为封建阶级私宅制度标准化、规格化的重要手段。建筑体量规模的增大也反映出木构建筑整个结构形式的发展。

唐代以抬梁式木构架为主，大式建筑几乎都采用斗拱结构，使用不施侏儒柱的“人字形”大叉手亦是唐代大木架构的特征之一，如佛光寺大殿。又如南禅寺大殿平梁上叉手相对处，使用榫卯方式连接，叉手根部插入平梁内，并用木楔卡牢[34]。独乐寺的观音阁，除了使用叉手以外，还将侏儒柱抵住脊梁下方，这是在唐代基础上的探索，但由于无法成为独立的受力体，因此没有在后世得以沿用（图2-1-10）。另外在隋唐时，木构架还克服了井干式与纵架结构易变形的弱点，具体做法是将柱子升高到纵架的上枋之下，与此同时，纵架之上的横架降低，使纵横两架可以相互结合[35]。此时，较小的横架多采用三角架的形式，较大的则采用化大为小的形式，分割成多段，既能保障结构强度的稳定性，又能将木构建筑中的结构按照水平方向分层制作，以便施工安装。

五代时期，木构架结构的典型实例有山西平遥镇国寺大殿、福建福州华林寺大殿以及山西平顺大云院大佛殿。其中，镇国寺大殿的做法与佛光寺东大殿相同，华林寺大殿保留了唐代木构架做法，大云院大佛殿完整保留了五代的风貌（图2-1-11）。大云院大佛殿内的梁已不伸出檐外做华栱出挑，梁的项首之底完全压在斗拱铺作层上，与斗拱形成“搭压式”结构，斗拱与梁分离为两个结构层，和唐代佛光寺东大殿梁与斗拱的“组合式”结构相比有了本质上的区别。大云院大佛殿还有三种特殊做法：其一是柱头、阑额之上施普拍枋；其二是大佛

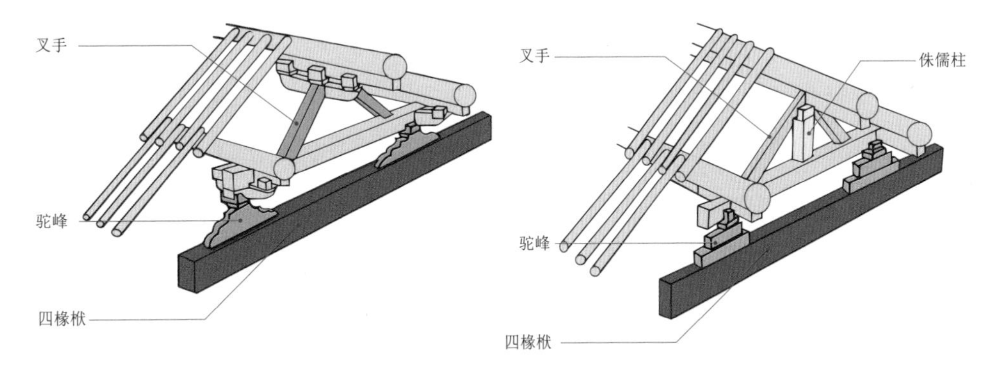

图2-1-10 南禅寺大殿“大叉手”和独乐寺观音阁“叉手与侏儒柱并用”示意图[36]

[33]〔宋〕欧阳修、宋祁：《新唐书》（全二十册），中华书局，1975，第532页。

[34] 马晓：《中国古代木构架建筑建构思维方式初探》，《建筑史》2008年第00期。

[35] 横架：内外柱头间的构架，由内外柱头上的斗、栱、乳栿、平綦方、草乳栿等组成，一般长两椽。

[36] 李乾朗：《穿墙透壁：剖视中国经典古建筑》，广西师范大学出版社，2009，第34页。

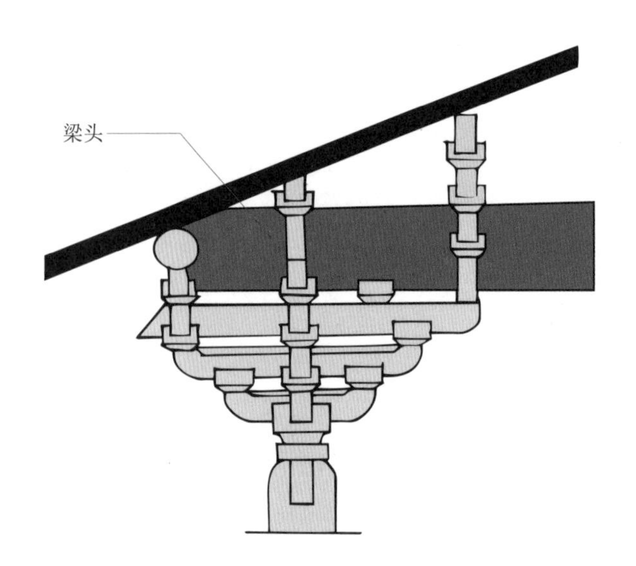

图 2-1-11　山西平顺大云院大佛殿柱头辅作斗拱[37]

殿翼角椽的布列为早期平行布角椽的做法；其三是殿内斗、枋、替木等构件上还保存有部分五代彩绘。以上做法均是这一时期最早出现的技术手段，代表着五代时期木构建筑技术的不断进步。隋唐五代时期，无论是抬梁式建筑的做法补充还是斗拱、椽、枋等部件的技术改良，都体现了木构架技术的全方位完善，尤其以唐代为主的木构技术，对同时期日本飞鸟、奈良时代的佛塔、寺庙等建筑都产生了深远影响。

5. 大木作技术架构的变化与创新

宋代木构架呈简化之势，李诫所编建筑专著《营造法式》集中了宋代及宋以前历代建筑技术的理论与实践之大成，提出大木作制度，对木构架建造技术有了新的认识。其中主要有以下三大重要成就：首先是书中从结构、形制等级等角度出发载有多种建筑形式，后世学者总结为"殿堂""厅堂"两种形式的木构架，前者多用于等级较高的殿阁建筑，后者则用于等级较低的房屋建筑；其次是模数制、材分制的正式确立，木材分为八个等级，根据房屋的类型和级别采用相对应的木材（图 2-1-12），规定"凡用柱之制，若殿阁，即径两材两契至三材，若厅堂柱即径两材一契，余屋即径一材一契至两材"[38]，对不同类型木构架的用材和做法提出明确的尺度规制。书中以"几架椽、屋用几柱"来描述屋架，还限定柱高不超过明间的面中宽，即柱"不越间之广"[39]。最后是《营造法式》一书阐明了宋代大木作的营造工序及建筑设计方法，表明此时木构架中"减柱""移柱"的做法和"叉手""斜撑"的结构应用较多。

[37] 清华大学建筑系编《建筑史论文集》第七辑，清华大学出版社，1985，第 8 页。
[38] 李诫：《<营造法式>注释与解读》，吴吉明译注，化学工业出版社，2017，第 111 页。
[39] 李浈编著《中国传统建筑形制与工艺》（第 3 版），同济大学出版社，2015，第 45 页。

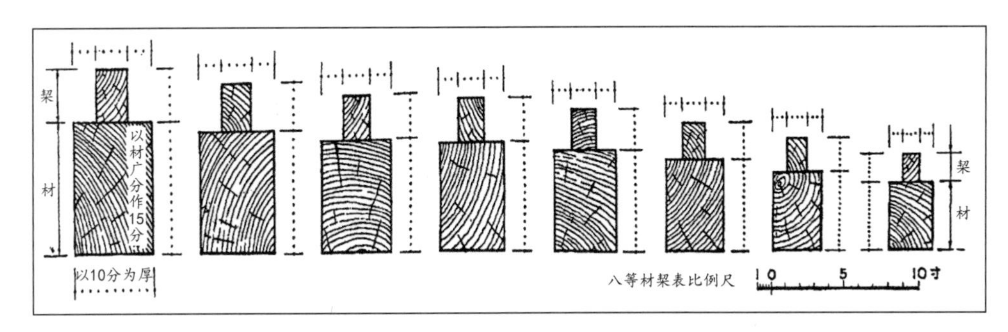

图 2-1-12 《营造法式》中“材分八等”概念示意图[40]

结合两宋时期山西晋祠圣母殿、保国寺大殿、真如寺大殿以及平顺大云院大佛殿可以发现，木构架建筑主要分布在北方地区的山西和南方地区的浙江、上海一带，抬梁式木构架在此时成为主流结构类型，这一时期结构与建筑形式密切配合，从诸多绘画中的木构建筑形象可看到这一点。同时期，辽、金的木构建筑中以辽代的辽宁义县奉国寺大殿、山西应县木塔、天津独乐寺观音阁、金代的山西沁县普照寺大殿为主要实例，辽金时期木构架沿袭了同时期宋代木构架的做法，更加注重木构中的装饰，彩饰繁缛，偶有创新之举。具体来看，辽代独乐寺的山门，其木构架做法正好对应了《营造法式》中的“彻上露明造”，即所有梁架结构毕露。金代木构建筑则大胆采用“减柱法”，出现前所未有的长跨两三间的复梁，如山西五台山佛光寺文殊殿[41]。据考古报告数据统计，晋东南地区宋金建筑中，宋代建筑柱子比值在1/7至1/10之间，金代则在1/8至1/10之间，柱子由粗趋向于细长，是金代木构架建筑的独有特征。

此后，元代则大量出现宋代已有但尚不普遍的殿堂式与厅堂式混合的木构架建筑结构，如山东曲阜颜庙中的杞国公殿，还出现穿枋、随梁枋和额枋等辅助性构件[42]，并对梁与桁条间的连接进行简化。元代普遍还有大额式做法，这是一种创新型技术改进方式，匠人在柱头上按面阔架设圆木作为横梁，从而代替阑额与普拍枋，使得立柱可随具体情况进行移动或增减，从而在一定程度上扩展空间，如普净寺大殿、广胜寺下寺前殿等都采用此做法（图2-1-13）。此外，元代工匠在实践中把握了连续梁的力学性能经验，因此，元代木构架的发展还包括梁的作用增强、构架技巧化、斗拱地位下降与建筑用材多变等由木构技术变化所带来的特征。

综合而言，宋元时期的木构架在沿袭唐、五代技术的同时，其体量形制和结构多遵循《营造法式》大木作制度的要求，无论营造技术还是材料尺度基本依照宋代官定法制实施，后世的木构架做法皆受其影响，只是在此基础上进行了增

[40] 梁思成：《<营造法式>注释》，生活 · 读书 · 新知三联书店，2013，第468页。
[41] 李浈编著《中国传统建筑形制与工艺》（第3版），同济大学出版社，2015，第46页。
[42] 中国科学院自然科学史研究所主编《中国古代建筑技术史》，科学出版社，2016，第123页。

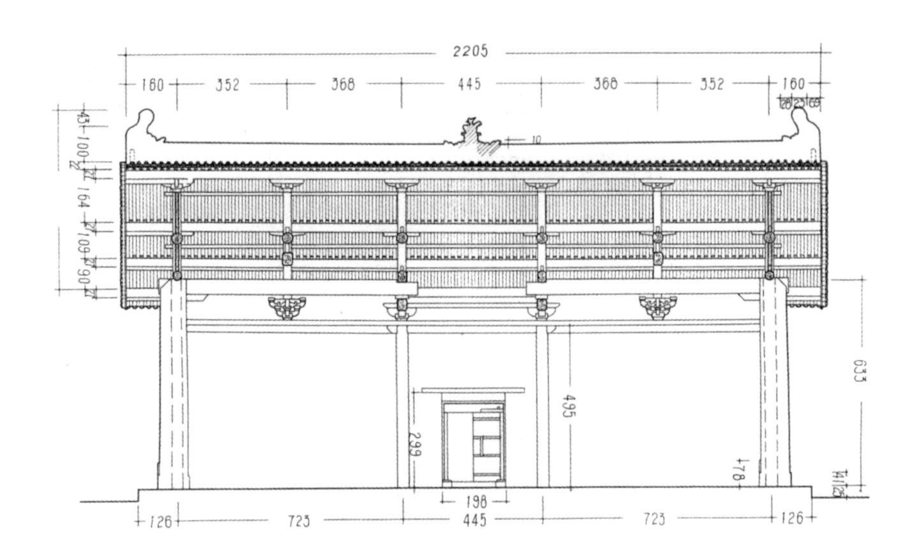

图 2-1-13 山西洪洞县广胜寺下寺前殿纵剖面图 [43]

补或简化。

6. 向整齐化、秩序化转变的梁柱关系

明清时期，传统建筑技术经历了从“材分”到“斗口”的基本模数制度更替，木构架在做法和形制上皆发生重大变革，明清两代在建筑形式、材料、技术以及法式则例上遵循“因袭相承，变易较微”的原则，同时期来看有诸多相似做法，相较于前代宋元时期，木构建筑更加规范化、程式化。

明代木结构建筑技术在14世纪末15世纪初取得飞跃发展，木构架建筑从形制上经历了早期古拙朴实、用材雄大、形体壮硕、布局疏朗的阶段之后，除了沿着元代已经出现的变化形式发展外，整体外观更加纤巧，布局也更为紧密。明代实物保存较为丰富，以我国现存规模最大的木结构宫殿，即北京故宫太和殿为例，其面阔11间，进深5间，中心主架是13根桁条的大型木构架，普遍使用穿枋、随梁枋，没有沿用宋元时期的减柱做法，而是直接加强了梁柱之间的联系，使柱网向整齐化、秩序化转变。除了柱梁体系的改进，明代木构架技术发展亦表现在技术处理方法上的进一步简化，一改唐宋时期以铺作层联系柱子和屋顶的复杂结构（图2-1-14），取消了加侧脚、生起等使柱头内聚以加强稳定的措施[44]，同时，杀梭柱和月梁也不再用，而是改用圆直柱和直梁，甚至连斗拱也变成了装饰大于功能的结构。尽管明代有诸多承袭宋代的实例，如福建泉州开元寺大殿的月梁型抬梁式木构架，但明代强调建筑等级制度划分，并且弱化木构件力学功能的发展趋势已然明朗。

清代建筑与明代建筑相比，大体形制不变，在局部构造与做法方面略有变

[43] 柴泽俊、任毅敏：《洪洞广胜寺》，文物出版社，2006，第194页。

[44] 傅熹年：《试论唐至明代官式建筑发展的脉络及其与地方传统的关系》，《文物》1999年第10期。

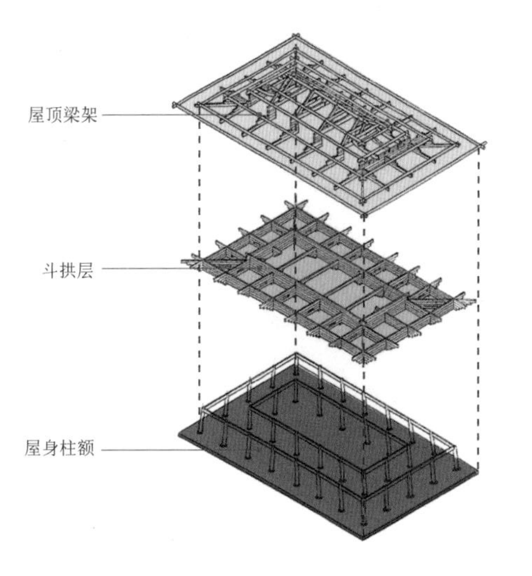

唐代山西五台县佛光寺大殿架构示意图

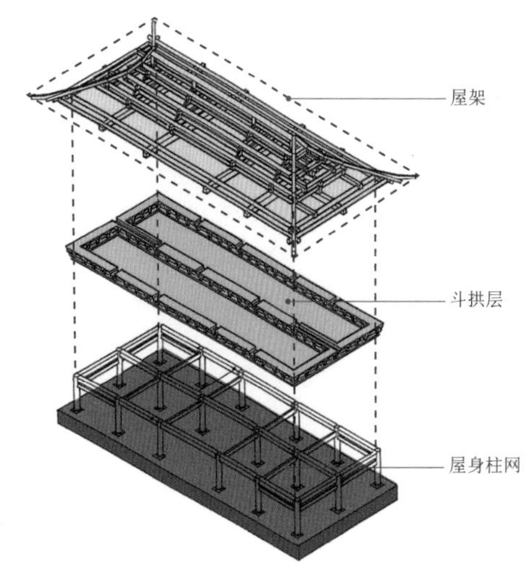

明代北京明太庙戟门架构示意图

图 2-1-14　唐代建筑构架与明代建筑构架分解示意图[45]

化。清代颁布的《工程做法则例》总结了明清建筑设计经验，“做法”指房屋的具体施工、安装工序，“则例”则是标明构件的尺寸等，该专著在沿用明代模数与权衡制度的基础上，对用材的标准、局部构造的做法提出了新的要求。通过比照《工程做法则例》与《营造法式》两部建筑技术书籍可以发现，清代在木构架做法方面有所进步，例如清代规定大木构架的柱径为6斗口（即宋制4材），柱高60斗口，即柱径的10倍[46]，因此，清代柱的比例较宋代《营造法式》中所载加大很多，两柱间的斗拱数也远高于宋代。由于斗拱数目决定了柱与柱的间距，由此推测出建筑的面阔和进深的比例关系也进一步加大。总结与比较宋代和清代模数制度，发现有以下显著变化：一为材的高度减少，清代一改宋制材、分的概念，规定以斗口“口份”作为大式建筑权衡的度量单位；二是清代规定建筑物立面柱高皆相等，从整体形制来看，取消了柱高向着屋角逐步增加的做法后，柱身呈直线，建筑更板直均衡；三是梁的宽度增加，清制限定梁的高度与宽度之比约为5 ∶ 4或6 ∶ 5，在此之前，宋代仅为3 ∶ 2，且清代规定梁枋断面高宽比为10 ∶ 8或12 ∶ 10，接近于正方形，并不符合材料力学的原理，且结构自重加重，是一种技术发展停滞的现象[47]。

清中晚期，大量西式洋楼中采用了木构架技术，如广州西式货栈建筑、镇江英国领事官邸与北京中华圣公会救主堂等，这些木构架建筑，在保有木构技艺的同时，还荟萃了西式建筑特色，构成砖木结构混合承重体系。自明清始，木材匮乏、封建等级制度加强，而拼合梁柱构件技术与穿斗式木构架的发展、模数制

[45] 傅熹年：《试论唐至明代官式建筑发展的脉络及其与地方传统的关系》，《文物》1999年第10期。
[46] 梁思成：《图像中国建筑史》，生活 · 读书 · 新知三联书店，2011，第17页。
[47] 中国科学院自然科学史研究所主编《中国古代建筑技术史》，科学出版社，2016，第123页。

度的改革，标志着木构架技术突破了诸多条件的限制，常常将穿斗式和抬梁式木构架混合使用彻底打破了以抬梁式木构架为主导的建筑形式格局。

结语

追根溯源，中国传统建筑始于新石器时代河姆渡遗址出土的木构架建筑，尽管随着营造技术的改进，木构架经历了从多样化到规范化的发展过程，但其基本结构形式并未受到其他建筑类型的影响，体现了中国传统建筑文化的传承性与连续性，也彰显了中国传统建筑的特色。千百年来，无论木构架建筑外部形态如何变化，其结构类型没有较大改变，也从更深层次反映了“以不变应万变”的中国古代哲学思想。

框架结构是中国古代建筑在结构设计上的重要特征，先后经历了新石器时代的土木复合形式，秦汉时期的穿斗式、抬梁式、三角架式、纵架和挑架出屋檐的形式，南北朝和隋唐时期的抬梁式，宋代以抬梁式、穿斗式与井干式为主的构架形式。至明清时期，三大构架形式更加规范化。

模数制是中国古代建筑的又一重要特点，宋代木构架的长、宽、高和构件尺寸均以建筑所用的枋或栱的断面为基本模数，称为“材”。清代建立了“斗口制”，促进了模数制的发展，使木构架的尺寸、比例更加规范、统一。

木构建筑的框架形式自由度大，承重和围护分工明确，易于建造和搬迁，体现了中国建筑文化中的通用式设计思想，还可以有效减少地震的破坏性。构架建筑注重各部件之间的对称、平衡、比例与秩序，在空间规划上更加灵活，体现了中国建筑美学中的序列层次美、自然和谐美、结构精巧美与逻辑严密美，形成中国特有的和谐空间观。中国传统木构架建筑的结构形式、营造技术与建筑理念是中华文化的瑰宝，也是值得被继承和发扬的文化基因。

第二节　中国木建筑中的模数制

斗拱作为中国古代建筑特有的构件，其出现与发展几乎伴随了整个中国建筑发展史，如西周[1]和战国[2]的青铜器以及汉代明器陶楼[3]、石阙、崖墓、壁画等古代文物上，都有早期斗拱的痕迹。只是由于年代久远，建筑实物缺失，现存较早有斗拱的建筑是山西五台李家庄的南禅寺大殿，距今约1200年。该建筑是研究斗拱的重要实物（图2-2-1），虽历经数次修缮，但基本保持了唐代原构[4]。斗拱的起源至今没有明确结论，能追溯到的最早痕迹是西周青铜器上出现的斗拱构件。对于斗拱最初的形式，目前主要有几种推测：由井干结构的交叉支撑经验衍生出来；由穿出柱外支承出檐的挑梁变化而成；由外围的擎檐柱进一步变成托挑梁的斜撑，最后成为斗拱的形制[5]。要将如此复杂的结构运用于建筑之上，需要了解木材本身的特性并熟练掌握榫卯结构的相关技法，汉代石阙上已出现大量斗拱造型，可以推测，中国古代的建筑工匠很早就掌握了如此高超的技艺。

整体图[6]

斗拱部分[7]

图2-2-1　现存较早的斗拱实物——南禅寺大殿

[1] 陈梦家：《西周铜器断代（二）》，《考古学报》1955年第2期。
[2] 唐昱：《登峰造极的战国青铜家具》，《家具》1995年第2期。
[3] 河南博物院编著《河南出土汉代建筑明器》，大象出版社，2002，第16页。
[4] 柴泽俊、刘宪武：《南禅寺》，《文物》1980年第11期。
[5] 赵广超编著《不只中国木建筑》，生活·读书·新知三联书店，2006，第70页。
[6] 崔正森等编著《东方寺庙明珠：南禅寺、佛光寺》，山西人民出版社，2002，第19页。
[7] 潘德华：《斗栱》上册，东南大学出版社，2004，第66页。

斗拱主要起挑出屋檐及承托屋顶的作用，其非梁非柱，是存在于梁檩和立柱之间独立的过渡结构。从功能角度而言，斗拱可以支撑跨度更大的外挑屋檐。早期的建筑墙面不具备良好的防水性，因此更加宽大的屋檐可以保护墙体不受雨水侵蚀；另外，斗拱结构相当于扩大了屋顶的受力面积，增加了着力点，使屋顶的承托受力更加均匀，从而降低屋顶重量对梁架的剪力作用，将整个屋顶的重量引至立柱之上。斗拱的减震作用很大程度上降低了地震对建筑的毁坏程度，在突发地震时，斗拱更像是一个弹簧，可以抵消木结构之间颠簸产生的扭力，确保了整个木架结构的稳定。石造建筑往往会在地震中倒塌，木架结构建筑则会出现“墙倒而屋不塌”的情况。从社会角度而言，斗拱一般出现在高级别的官式建筑或宗教建筑当中，其规格有着森严的等级制度，不可随意使用。斗拱的样式及规范也是古代封建制度下社会等级差别的重要体现[8]。从设计角度而言，斗拱的外形具备结构美感，并且逐渐发展出完善的模数制。所谓模数制就是能够通过一个基本构件的尺寸推断出整座建筑所有构件的尺寸，具有模块化、系统化的特征。斗拱从重功能向重装饰的演变过程也从侧面反映了古人的生活方式与建筑技艺发生了演变。

斗拱作为中国传统建筑的重要组成部分，对研究中国传统建筑设计思维有至关重要的作用。梁思成认为后世的斗栱日趋标准化，建筑物的权衡比例都以“材”为度量单位，犹罗马建筑之柱式以柱径为度量单位，建筑学者必习。[9]

一、斗拱的结构与部件称谓解析

斗拱的形态在视觉呈现上十分复杂，由密密麻麻的木料堆积成一个类似倒金字塔形的构件，给人以错综复杂的视觉感。但是实际上斗拱的组成部件遵循着清晰的结构逻辑，从其“斗拱”的称呼即可看出端倪。“斗拱”这一名称本身是由两个不同名称的建筑构件所构成的，即“斗”和“栱”。“斗”与古代一种盛米的容器十分相似，“栱”则好似一把弯弓，这两个部件构成了斗拱的基本结构（图2-2-2）。要研究斗拱首先就要明确其具体的结构部件名称，由于一组斗拱当中包含的部件可达数十个之多（图2-2-3），并且斗拱本身的发展及演变时间跨度很长，因此在查阅古籍或资料时会发现一些部件的名称在不同时期也有差异，或存在多种名称共存的现象（为方便描述，本节统一采用宋代称谓）。如宋代《营

[8] 潘谷西主编《中国建筑史》，中国建筑工业出版社，2009，第276页。

[9] 梁思成：《中国建筑史》，生活 · 读书 · 新知三联书店，2011，第3页。

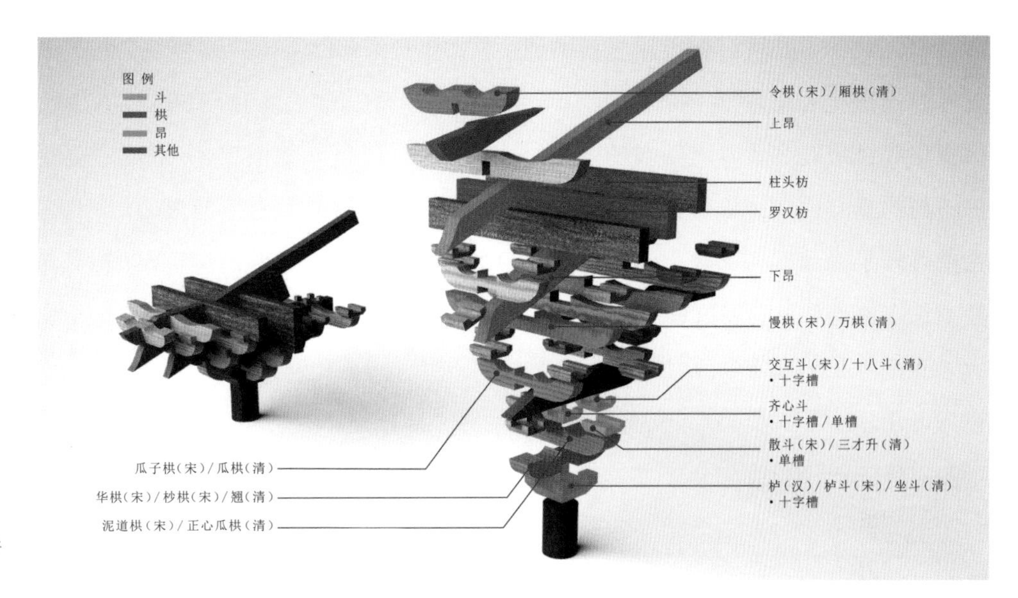

图 2-2-2 斗拱中不同部件的称谓

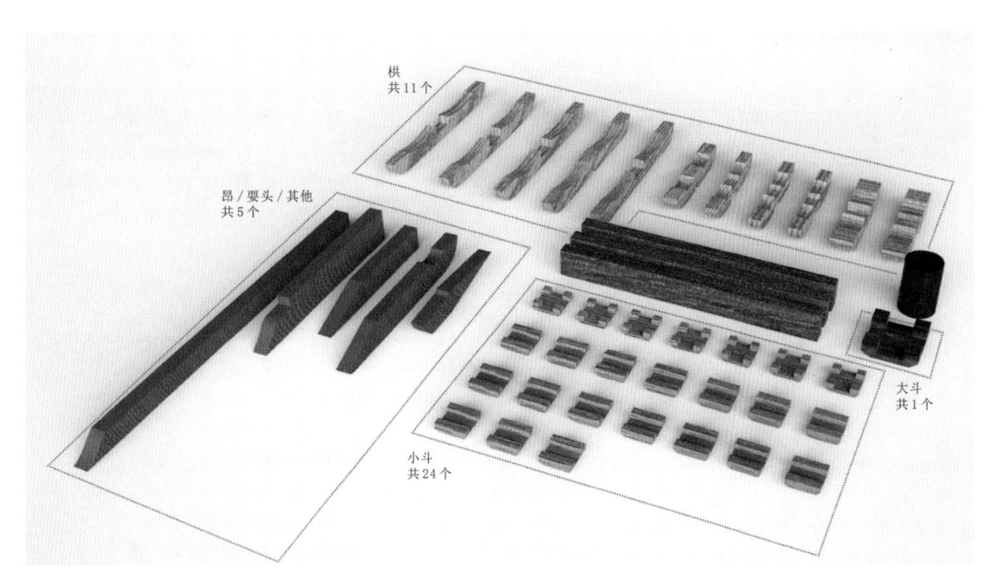

图 2-2-3 一组斗拱中的部件数量

造法式》中记载："栱，其名有六：一曰閞，二曰槉，三曰欂，四曰曲枅，五曰栾，六曰栱。""枓，其名有五，一曰楶，二曰栭，三曰栌，四曰楮，五曰枓。"[10] 这就为研究斗拱的结构带来了很多困扰，因此有必要对斗拱的部件名称进行有效的梳理与归纳。

斗拱的称谓由大至小大致可以分为三个层次：一是斗拱在建筑整体中的称谓；二是斗拱在铺作层中的称谓；三是斗拱组成部件的称谓。通过这三种不同层次的描述，可以更为清晰地了解斗拱这一复杂的结构。

对建筑整体而言，斗拱所处的位置被称为铺作层，"铺作层"这一称谓并非

[10] 梁思成：《中国古典建筑典范——<营造法式>注释》，三联书店（香港）有限公司，2015，第97、118页。

自古有之，而是近几十年出现的新名词。傅熹年在《五台山佛光寺建筑》一文中将斗拱所处的位置称为铺作层[11]。陈明达在《营造法式大木作研究》一书中明确指出斗拱所在位置具有明显的水平层次，即铺作层[12]。如图2-2-4，从建筑整体结构的侧立面图可以看出，斗拱所处的铺作层是结构最为密集与复杂的一层，这也解释了为什么斗拱是中国传统建筑中最具特色也最为核心的构件，同时，其复杂性也使得斗拱发展过程中的模数制趋势不可避免。

在铺作层内部，斗拱因为所处位置的不同也有不同的称谓。一组斗拱在宋代称为一朵，清代称为一攒。宋代对不同位置的斗拱分别称为转角铺作、柱头铺作、

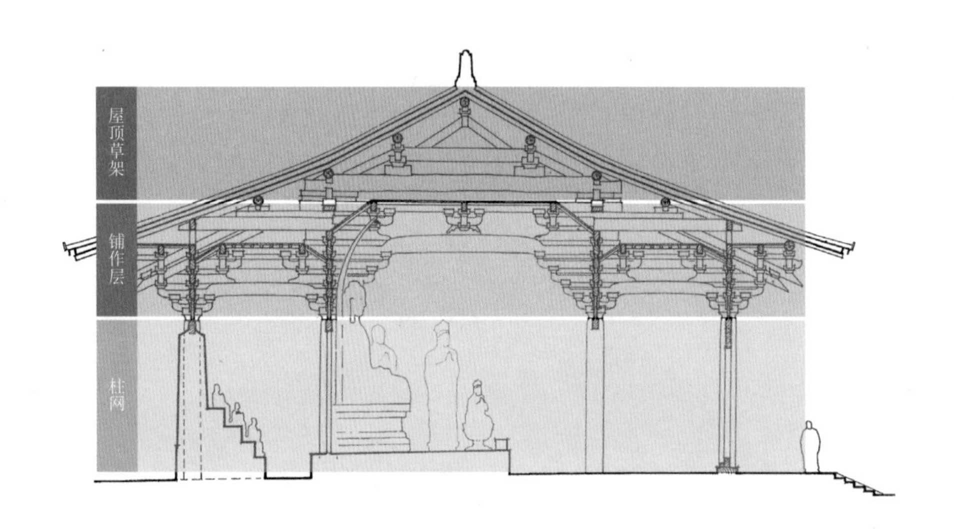

图 2-2-4 斗拱在建筑整体中的位置示意图

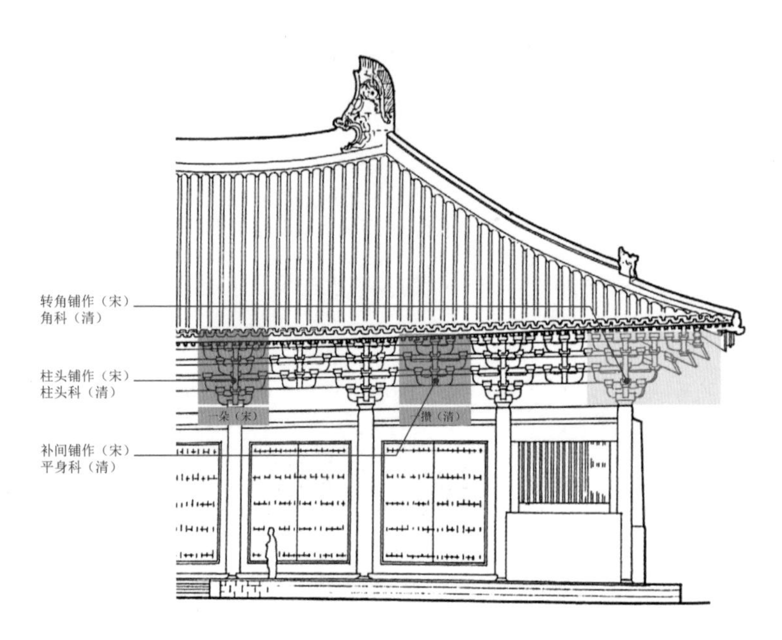

图 2-2-5 铺作层中不同斗拱的称谓

[11] 傅熹年：《傅熹年建筑史论文集》，文物出版社，1998，第237页。
[12] 陈明达：《营造法式大木作研究》，文物出版社，1981，第203页。

补间铺作，清代前期沿用宋代叫法，后期重新命名为柱头科、平身科、角科[13]（图2-2-5）。本节主要通过柱头铺作对斗拱进行分析，柱头铺作在建筑中的作用相较于补间铺作来说，功能性更强且结构较为完整，相较于转角铺作来说，数量更多更具有代表性。因此，以柱头铺作为研究基础有助于全面且系统地分析斗拱的特征。

具体到一组斗拱中，每一个构件的称谓都更加具体，主要分为斗、栱、昂等。就结构逻辑来说，斗拱并不复杂，无非就是斗上置栱，栱上置斗，斗上再置栱，如此循环。但是，同样是栱或斗，由于其出现的位置、时期等因素的不同，其名称也不尽相同，这就给斗拱研究造成了诸多不便。图2-2-2根据斗拱构件的不同位置及其所处朝代，对斗拱构件的名称进行了梳理，并使用不同颜色区分了构件类别。从发展史来看，斗拱经历了一个由简入繁的发展过程，并且具有很强的传承性，具体体现在最下层的栌斗结构出现较早，早期的斗拱形态多以单栌斗或是加上第一层的泥道栱为主，随后则在栱上施以散斗，形成一斗三升的形态。简单来说，斗拱目前呈现出的复杂结构，就像积木一样是在历史的发展中由下至上逐渐堆积而成的。

对斗的分类还有一种独特的方式，即顺纹斗和截纹斗。这种分类方式是根据木材纹路进行划分的。所谓顺纹斗和截纹斗，根据现存实物来看，均是针对单槽斗而言的。具体来说，若木材年轮纹路出现在开槽面，其顺槽斗面为顺纹形式，则为顺纹斗；若木材年轮纹路出现在开槽侧面，其顺槽斗面为截纹形式，即为截纹斗（图2-2-6）。截纹斗做法可视为江南木构技术传统的典型表现，北方唐宋木结构建筑当中的散斗几乎全部采用顺纹做法。究竟为何要特意用木材的纹路来区分散斗的开槽方向呢？从技术上讲，二者的差异并非到了非此即彼的程度，从装饰效果上讲，顺纹或是截纹没有太大意义，因为纹路最终也会被漆覆盖。较为合理的推测是在建筑过程中作为分类或是识别的符号，亦或是由于工匠的师承形成的特定习惯[14]。

顺纹斗

截纹斗

图2-2-6　顺纹斗与截纹斗

[13] 潘谷西主编《中国建筑史》，中国建筑工业出版社，2009，第5页。
[14] 张十庆：《斗拱的斗纹形式与意义——保国寺大殿截纹斗现象分析》，《文物》2012年第9期。

二、斗拱样式的多样化发展与定型化趋势

西周至战国时期为斗拱的萌芽期，目前留存的主要证据都是来自青铜器或是拓本上描述当时生活的图画上。例如西周铜器矢令簋、战国错金银四龙四凤铜方案等（图2-2-7），这些青铜器在承托的位置上已经出现斗拱的部分结构部件。西周至战国时期的斗拱结构通常都较为单一，往往是以单栱形式出现的，战国采桑猎钫宫室图就描述了当时的建筑形象，其中就已经有类似斗拱的形象出现在梁架与柱之间起到过渡作用。梁和柱原本形成的直角关系，在斗拱的加入之后呈现出更为自然的弧度（图2-2-8）。与结构简单而单一不同的是，西周至战国时期的斗拱造型少有雷同，并未有标准化样式的迹象，但是受限于此时斗拱的体量相对较小，其样式特征并不明显。

汉代斗拱在样式上有了长足的发展，汉代斗拱现存的痕迹主要是以过石阙、崖墓、明器等为载体，尤其是仿木结构的石阙，对斗拱的样式表现得最为清晰。如雅安高颐阙、绵阳平阳府君阙、渠县冯焕阙。三处石阙的斗拱形制均为一斗二

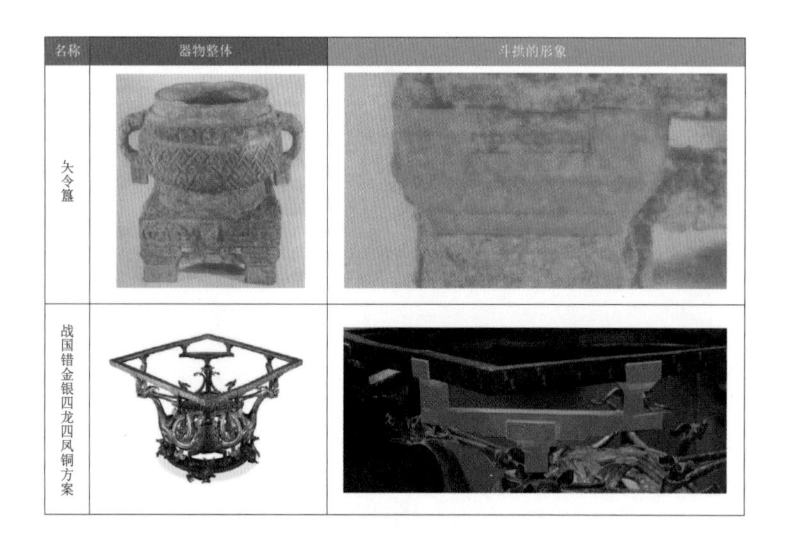

图2-2-7　青铜器上的斗拱形象[15][16]

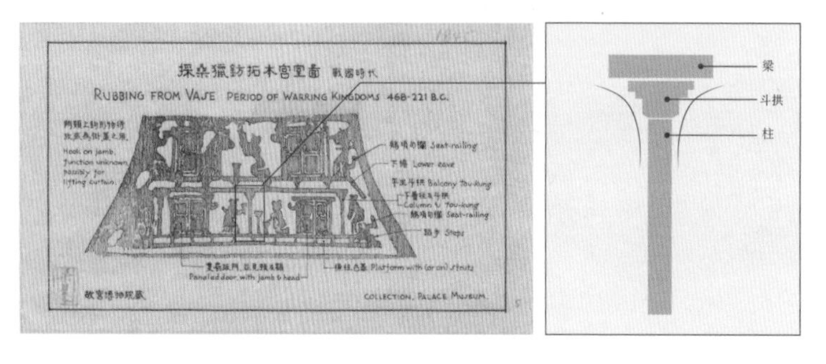

图2-2-8　采桑猎钫拓本宫室图斗拱局部

[15] 陈梦家：《西周铜器断代（二）》，《考古学报》1955年第2期。
[16] 中国青铜器全集编辑委员会编《中国青铜器全集 · 东周3》第9卷，文物出版社，1997，第168页。

升，显示出两汉时期斗拱的结构依然较为简单，呈现出几何形轮廓，栱上出现了卷杀，几何形的部件为将来发展出斗与栱的纵向堆叠打下了造型基础。汉代崖墓经常仿造墓主生前的生活场景，因此留有很多当时建筑中斗拱的痕迹。如江口崖墓中就存在不少石质建筑构件或建筑构件的石刻图案[17]，与后世不同的是，有些斗下有皿板，说明此时的斗拱尚未形成标准的制式[18]，有很多工匠原创的斗拱样式。汉代明器中建筑题材较为常见，其上有十分清晰的斗拱形象，说明在两汉时期斗拱已经广泛出现在当时的建筑当中。值得注意的是，此时斗拱样式的多样化发展已经相当明显，从石阙、崖墓、明器中所见到的斗拱样式存在明显的差异（图2-2-9）。

斗拱在西周至两汉这一阶段结构较为简单，呈现出个性化与多样化的造型风格，斗拱造型尚未形成统一的标准制作规范，多为工匠凭借个人习惯与经验进行自主设计。特别是栱的卷杀造型，具有明显的区别，弓形、折角、直角、异形等形态均有出现，即使均为弓形，其弧度、曲率也有区别（图2-2-9）。从美学角度体现出当时工匠所创造的独特秩序美，从技术层面也体现出当时工匠已经熟练掌握了合力、分力这类经验力学的知识[19]。

唐代以后，特别是宋代斗拱模数制的成熟，斗拱的样式逐渐趋于定型化、规范化与制度化，直至清代都未曾有明显变化。一方面，相关营造著作中绘制了大量的斗拱样式图纸，工匠仅需依图制作即可；另一方面，随着斗拱的结构渐趋复杂，工匠在个别构件上的样式创新对斗拱整体的样式风格并无影响。

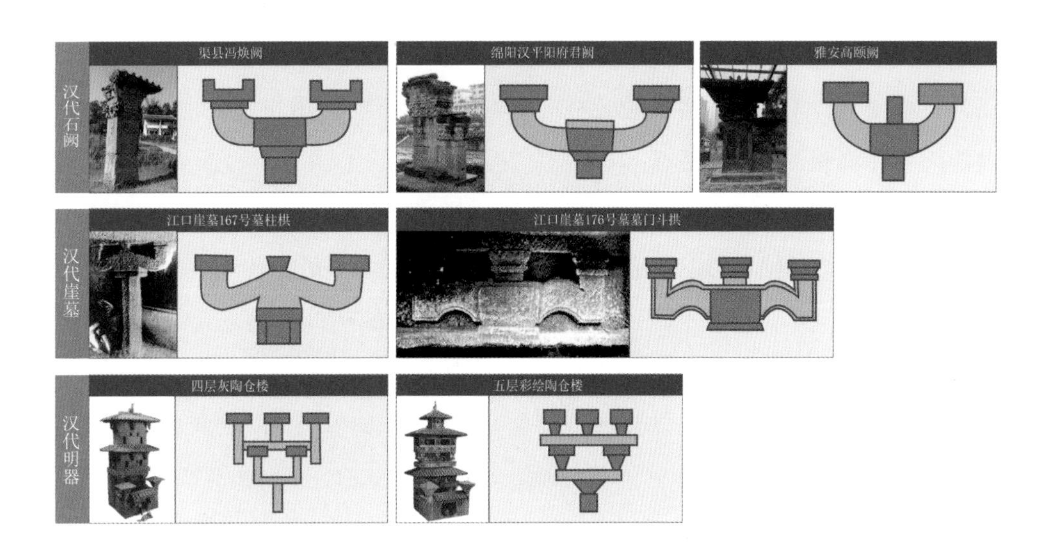

图2-2-9　汉代斗拱样式

[17] 陈明达：《崖墓建筑（上）——彭山发掘报告之一》，《建筑史论文集》2003年第1期。
[18] 梁思成：《中国建筑史》，生活·读书·新知三联书店，2011，第46页。
[19] 杜石然等编著《中国科学技术史稿》，北京大学出版社，2012，第126页。

三、基于斗拱尺寸的木建筑模数制

模数制是中国传统木建筑得以长久发展与大规模推广的重要保证，作为度量整座建筑物尺寸的工具，其必然需要一个标的物作为标准，由于斗拱具备模数特征，自然就成为这一重要的标的物。

目前还没有明显证据表明唐宋之前的斗拱与建筑模数制存在直接关系。唐代斗拱已经形成了完整的体系[20]，宋代斗拱在唐代的基础上，进一步完善了建筑构件的标准化程度，特别是出现了《营造法式》这种在整个中国建筑史上举足轻重的著作。北宋崇宁二年（1103），李诫所作的《营造法式》成为建筑模数制成熟的主要依据。在所谓“格式”确定之前，斗拱本身是一种办法——解决建筑结构问题的办法，工匠根据前人的经验进行建造，但不拘泥于经验，自由发挥的空间较大，种类繁多庞杂，充满了创造性[21]。然而，以经验为主导的营造活动也存在弊端，根据经验建造房屋会受限于建筑的体量，毕竟大型的营造活动不事先规划好建筑的尺寸、用料等因素，不仅工程推进缓慢，甚至还会导致营造活动因规划不周而难以完成。中国木建筑的模数以斗拱为基础规定了建筑的整体用材尺寸，这一点类似于西方柱式建筑以柱径作为度量单位，是建筑研究者必须学习重视的部分[22]。《营造法式》中已经形成了高度标准化的用材尺寸，其所规定的各栱和斗的长度及出挑长度直至清代都没有变化[23]。《营造法式》中，在建筑模数的规定方面主要通过材、契、分°（按《营造法式》注释中的标注方式，分°音同“份”）来描述单个部件或整个建筑的尺寸，其中一材等于15分°，一契等于6分°，足材是一材加一契，即足材栱广21分°，通常也可称为“一材一契”。任何一栋建筑，其尺寸都可以通过分°来标注。在不同的用材等级中，1分°对应的尺寸并不相同，也就是说，在不同的建筑当中，分°并非一个恒定的尺寸而是动态的。

《营造法式》对材的规定为“材有八等”。材的八个等级具体为：第一等，广九寸，厚六寸（以六分为一分°）；第二等，广八寸二分五厘，厚五寸五分（以五分五厘为一分°）；第三等，广七寸五分，厚五寸（以五分为一分°）；第四等，广七寸二分，厚四寸八分（以四分八厘为一分°）；第五等，广六寸六分，厚四寸四分（以四分四厘为一分°）；第六等，广六寸，厚四寸（以四分为一分°）；

[20] 潘德华：《斗栱》上册，东南大学出版社，2004，第15页。
[21] 赵广超编著《不只中国木建筑》，生活 · 读书 · 新知三联书店，2006，第71页。
[22] 梁思成：《中国建筑史》，生活 · 读书 · 新知三联书店，2011，第3页。
[23] 同上书，第215页。

第七等，广五寸二分五厘，厚三寸五分（以三分五厘为一分°）；第八等，广四寸五分，厚三寸（以三分为一分°）[24]。其中一寸等于十分，约等于3.33厘米，具体等级尺寸及现代尺寸换算见图2-2-10。不同等级的材自身的广厚比均为3∶2，反映在建筑形态当中，不同等级的建筑也会呈现出较为和谐的视觉比例。经现代科学计算3∶2的比值是最为符合力学原理的，对于古人是如何确定这一比值为最佳比例的，目前尚无确切结论。[25]

	《营造法式》描述	合分°数	合厘米	适用场景	材的比例
一等材	广9寸 厚6寸 （以6分为1分°）	广15分° 厚10分°	广29.97厘米 厚19.98厘米	殿身9间至11间	厚 / 广
二等材	广8寸2分5厘 厚5寸5分 （以5分5厘为1分°）	广15分° 厚10分°	广27.47厘米 厚18.32厘米	殿身5间至7间	
三等材	广7寸5分 厚5寸 （以5分为1分°）	广15分° 厚10分°	广24.98厘米 厚16.65厘米	殿身3间至5间 或堂7间	
四等材	广7寸2分 厚4寸8分 （以4分8厘为1分°）	广15分° 厚10分°	广23.98厘米 厚15.98厘米	殿身3间 或堂5间	
五等材	广6寸6分 厚4寸4分 （以4分4厘为1分°）	广15分° 厚10分°	广21.98厘米 厚14.65厘米	殿小3间 或堂大5间	
六等材	广6寸 厚4寸 （以4分为1分°）	广15分° 厚10分°	广19.98厘米 厚13.32厘米	亭榭 或小厅堂	
七等材	广5寸2分5厘 厚3寸5分 （以3分5厘为1分°）	广15分° 厚10分°	广17.48厘米 厚11.66厘米	小殿及亭榭等	
八等材	广4寸5分 厚3寸 （以3分为1分°）	广15分° 厚10分°	广14.99厘米 厚9.99厘米	殿内藻井 或小榭施铺作	

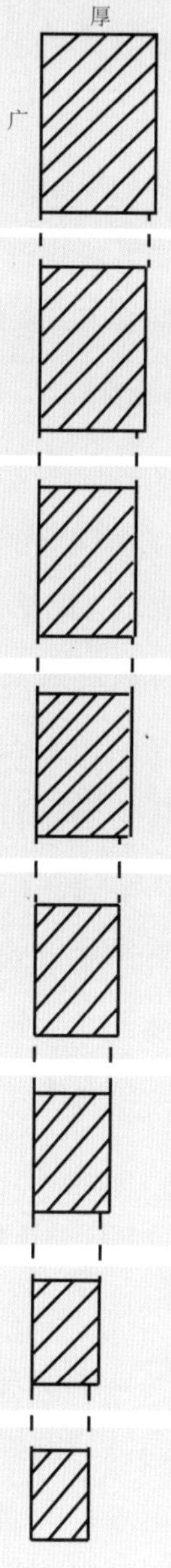

图2-2-10　《营造法式》材契尺度

[24] 梁思成：《中国古典建筑典范——<营造法式>注释》，三联书店（香港）有限公司，2015，第95—97页。
[25] 王天：《古代大木作静力初探》，文物出版社，1992，第6—7页。

《营造法式》的出现形成了完善的、成体系的建筑模数制，对斗拱的发展具有十分积极的意义。首先，模数制的出现使所有建筑的尺寸可以统一进行计算，建筑在设计时就可以明确所有部件的大小、位置等要素，有利于建造过程中的分工合作，使得大量劳动力同时施工成为可能，极大地降低了大型建筑的建造时间与建造成本，特别是对斗拱这种部件多且结构复杂的建筑构件来说，更是大大地缩减了工期；其次，大量的建筑制式被记录下来，大型建筑的设计也不再是问题，工匠只需根据图纸就可以建造复杂的建筑。《营造法式》中除了规定了斗拱的结构和尺度标准以外，在斗拱的装饰性上也有所提及，例如在昂尖与耍头的造型描述上就考虑到了美观的因素，同时还记录了斗拱上大量的装饰纹样。斗拱在作为建筑结构构件的基础上，其装饰作用也得到了重视，为将来脱实入虚，成为装饰性构件埋下了伏笔。但从另一个角度来看，制式化的出现也间接导致了斗拱的衰弱，对于成本和效率的追求使斗拱的发展逐渐向着简化结构的方向前进，最后仅存象征意义和装饰意义。此外，封建社会的历史背景和标准化图纸相结合，极大地打击了斗拱的创新，皇权神圣不可侵犯，属于皇族的标准制式自然也就不可随意修改了。

模数制的另一发展高峰为明清时期，明清时期的斗拱虽然在功能性方面迅速衰退，但是在模数制方面又有了进一步的发展。清代的《工程做法则例》已经不再沿用宋代《营造法式》中材、契、分°的概念，转而以“斗口”作为基本的单位，宋代材分八等的标准在清代进一步被细分为11个等级。所谓“斗口”也就是大斗上的槽口，斗拱的比例依据就是以斗口的倍数或者分数为准。值得一提的是，与《营造法式》中模数制的原理类似，《工程做法则例》依旧可以用斗口去标注整栋建筑的尺度。清代的斗口分为11个等级，从1寸至6寸，每0.5寸为一个等级。如一等材斗口6寸，二等材斗口5.5寸，三等材斗口5寸，以此类推直至十一等材的斗口1寸[26]。具体等级尺寸见图2-2-11。

四、斗拱从偏重功能性到偏重装饰性的转变

斗拱的功能性主要体现在支撑重量和稳定房屋结构两个方面，由于汉代常见的一斗两升、一斗三升的形态已经逐渐无法满足更大的建筑开间对于屋顶更大出檐的要求，更大的屋檐势必需要更加稳定的屋顶承托。唐代建筑在继承两汉的基础上，汲取、消化了外来建筑的元素，形成了更为丰富的建筑体系。目前

[26] 吴吉明译注《清工部<工程做法则例>注释与解读》，化学工业出版社，2018，第195页。

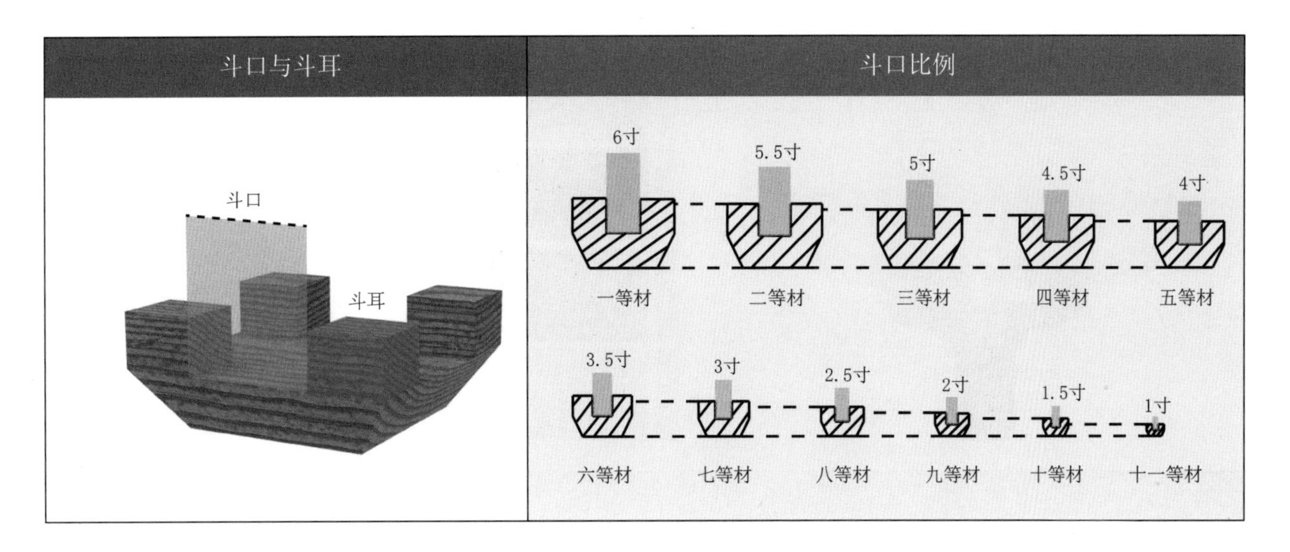

图 2-2-11 清工部《工程做法则例》斗口尺度

能找到的最早的斗拱建筑实物留存就是从唐代开始的。唐代斗拱体积庞大，高度近乎柱高的一半。形成这一夸张比例的原因主要有两个方面：一方面由于当时柱身普遍较为低矮，室内空间较低；另一方面斗拱结构的体量在建筑的整体体量上占比较高[27]，说明斗拱在当时建筑结构中承担着重要的角色。唐代的斗拱形制已经较为成熟，根据实物观测和文字记载，大致分为以下六种：一斗、一斗三升、双杪单栱（出一挑华栱为单杪，出两挑华栱为双杪）、人字形补间铺作、双杪双下昂、四杪偷心[28]。所谓一斗就是柱头上放置一枚大斗直接承载屋顶重量；一斗三升为大斗上加一道栱，栱上放三个小斗；双杪单栱为第一挑偷心做法，第二挑上放置令栱；人字形补间为在补间铺作中采用人字形结构；双杪双下昂为出挑两华栱置双层下昂；四杪偷心为华栱四挑承载四椽栿，采用不施加横栱的偷心做法。唐代柱头铺作与补间铺作由于职能上的区别，在造型上有着明显的差异，柱头铺作已经出现出挑的水平栱，补间铺作初期多采用人字栱。出挑水平栱的出现，不仅确立了后来斗拱最基本的形态结构，同时也是斗拱功能属性得到加强的重要标志。从时间维度看，斗拱的形态随其功能需求呈现出明显的生长趋势，即从最开始的单栌向上发展出单栱，继续向上生长出重栱、昂、重昂等，宛如树木向上生长一般，在根茎的基础上不断生长出新的枝丫，最终发展出横向纵向双向延伸的倒三角形态（图 2-2-12）。

斗拱由偷心造向计心造乃至重栱计心造发展，体现了随着栱的层数增加其受力平衡性增强的特性。如图 2-2-13 所示，屋顶重量施加给斗拱的力 F 因建筑开间的差异，并非处于斗拱结构的正中。这就造成了斗拱两边存在受力差，影响

[27] 刘敦桢主编，中国科学研究院建筑史编委会组织编写《中国古代建筑史》（第二版），中国建筑工业出版社，1984，第 170—171 页。

[28] 梁思成：《中国建筑史》，生活 · 读书 · 新知三联书店，2011，第 103 页。

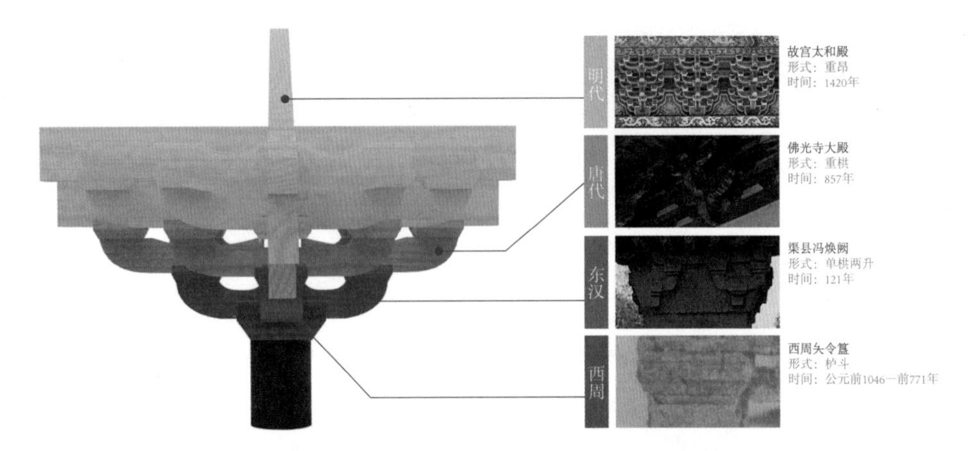

图 2-2-12　斗拱形态的生长性特征

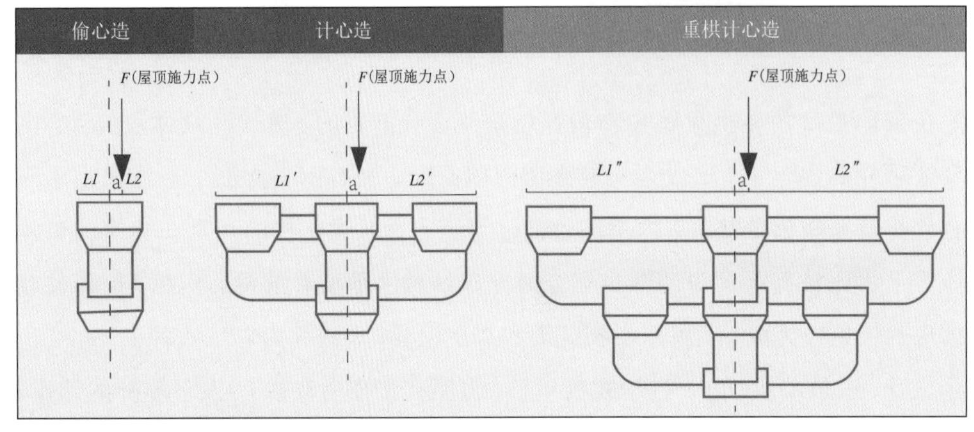

图 2-2-13　斗拱层数与受力关系[29]

屋顶与斗拱结构的稳定性。其中偷心造没有出挑，以屋顶施力点为中心分为*L1*、*L2*两段长度，此时这两段长度存在一个差值a。随着计心造将*L1*、*L2*的长度扩大为*L1′*和*L2′*，差值a对于两边受力差值的影响降低了，重栱计心造进一步延长到*L1″*和*L2″*，此时差值a对受力差值的影响又进一步得到了缓解[30]。斗拱减震的功能就体现于此，运用结构将屋顶的重力均匀地进行分散，从而能创造出更为稳定的房屋结构。

唐大中十一年（857）所建的五台山佛光寺大殿上的柱头铺作，其结构为双杪双下昂结构斗拱，这是昂出现的最古老的实例（图2-2-14）。这一时期斗拱的功能性价值得到了较为完整的体现，斗拱结构与屋顶草架直接相连，既承托屋顶又出挑屋檐，同时还具备装饰美感，在斗拱的后续发展中，这种功能性特别是承托上的功能性逐渐被削弱，到了清代彻底与屋顶分离不再具备承重功能，成为彻底的装饰构件。双杪栱的设计均匀地承托了屋顶受力，正如前文重栱计心造所示，在此实例中，一方面斗拱均匀承受了屋顶重量，降低了斗拱受力不均所

[29] 王强、张金威：《唐宋斗栱设计研究》，《艺术百家》2015年第2期。

[30] 同上。

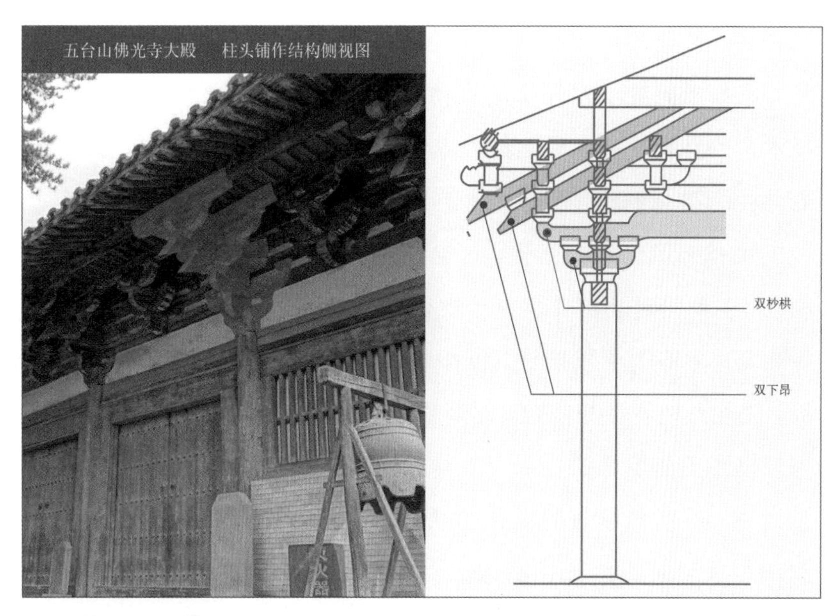

图 2-2-14 五台山佛光寺大殿斗拱（柱头铺作）

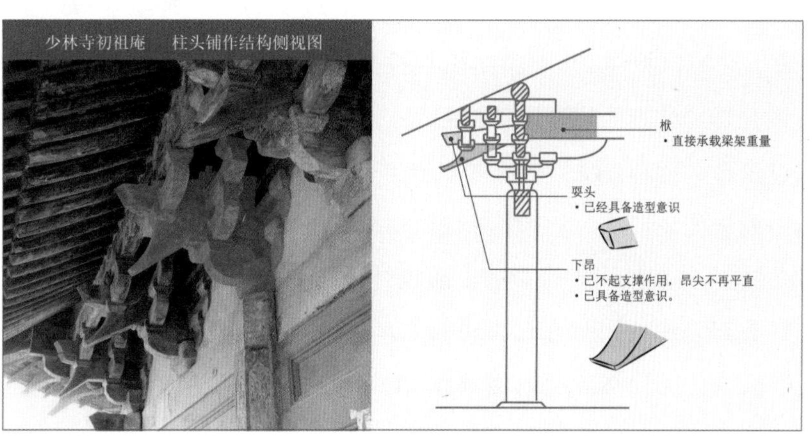

图 2-2-15 少林寺初祖庵斗拱（柱头铺作）

产生的影响，另一方面唐代也约束了斗拱的样式。此前多样化的斗拱样式逐渐被统一，为宋代斗拱形成成熟的模数制打下了基础。

宋代斗拱虽仍然处于斗拱功能属性的巅峰，但是已经出现了功能性向装饰性转变的迹象。宋代的建筑审美具有时代特征，宋代在对外政治上经常采用妥协政策，对内则安于现状，得过且过，这种风气对社会整体的意识形态产生了深远的影响。因此，宋代斗拱体型逐渐趋于纤细、精巧，在气势上与唐代的大气磅礴有较为明显的区别。与唐代相比，宋代斗拱的功能性在一定程度上已经出现弱化的趋势，例如斗拱在建筑整体比例中减小了尺度，补间铺作增加，结构上重要的下昂有些已被斜栿替代[31]。河南嵩山如少林寺初祖庵的柱头铺作，显露在造型外的下昂已经不再与屋顶相连，成为装饰构件（图 2-2-15）。由于宋代手工

[31] 刘敦桢主编，中国科学研究院建筑史编委会组织编写《中国古代建筑史》（第二版），中国建筑工业出版社，1984，第246页。

业水平的发展，建筑在精巧细致方面的进步尤为明显，作为结构较复杂的建筑构件，手工业水平的进步对斗拱制造精度的提高有十分重要的意义，精确的尺寸加工技术也为斗拱发展出成熟的模数制提供了技术支持。

随着斗拱标准化的持续发展，建筑在降低建造成本、缩短建造时间的同时，一定程度上也抑制了创新与变化，这也使得明清时期建筑的发展集中在对于装饰的堆砌之上。明清时期的斗拱结构中，昂不再是承托屋顶的结构，而是弯折后再向外探出，基本丧失了功能性，仅作装饰之用（图2-2-16）。斗拱从原本的简洁朴实、审美性与功能性相结合，逐渐变成徒有装饰的建筑附庸，从纯粹的结构之美沦为烦琐虚无的矫饰。

明清时期，斗拱最显著的变化是从功能性结构彻底转变为装饰性结构，梁外端被制成巨大耍头直接承托檐檩，屋梁直接向外伸出承托于立柱之上，撑起整个屋顶，下昂就失去了支撑结构的作用，补间平身科的昂也多数不再向后延伸，变成了纯装饰构件。从斗拱结构与柱身高度的比例关系也可以看出斗拱的地位在建筑功能性方面逐渐降低的趋势。斗拱高度与柱高的比值从唐代形成标准制式以来持续缩小，到了明清时期与唐代的差距已经十分显著了：唐宋时期斗拱比例近乎柱高二分之一，明清时期缩减到仅为五分或六分之一[32]（图2-2-17）。斗拱尺度的缩减同时也影响了建筑外观的视觉效果，原本作为主要建筑结构的斗拱在建筑中的视觉存在感也随之降低。本节选择了唐代（佛光寺大殿建于857年）、宋代（少林寺初祖庵建于1125年）、清代（太和殿始建于1420年）

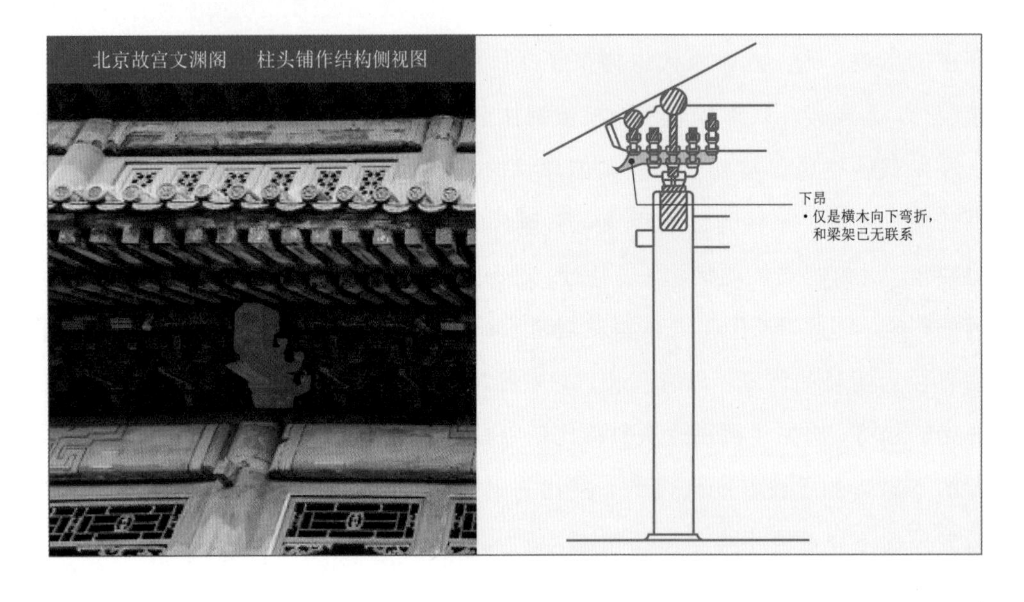

图2-2-16 北京故宫文渊阁斗拱（柱头铺作）

[32] 梁思成：《中国建筑史》，生活·读书·新知三联书店，2011，第315页。

三个时期较有代表性的建筑正立面进行对比。如图2-2-18所示，唐代佛光寺大殿的正立面视图中，斗拱与柱身高度比值约为0.49[33]，在宋代的少林寺初祖庵中，这一比值降至0.33[34]，再到明清时期的故宫太和殿，下层的栱柱高度比进一步降低至0.15[35]。从建筑的整体视觉感受上来讲，斗拱在唐代是以“面”的形式存在的，到宋代逐渐缩小成“带”，最终在明清时期仅为建筑上的装饰“线”。斗拱体积缩小也就意味着屋檐向外伸出的距离相应缩短了，以往建筑如展翅雄鹰般的气势收敛了许多，变得更加庄严肃穆。斗拱的装饰性增强除了体现在体量上的弱化以外，还体现在朵数的增多，唐代补间铺作通常仅为一朵，到清代补间铺作放置八朵斗拱几乎已成定式，密集的排列更具整体感，能够突出装饰线的视觉效果，并且由于斗拱不再连接屋顶，不再承重，数量上的堆砌并不会对房屋整体结构造成太多影响。此时的斗拱对提高建筑稳定性方面已经不再具备以

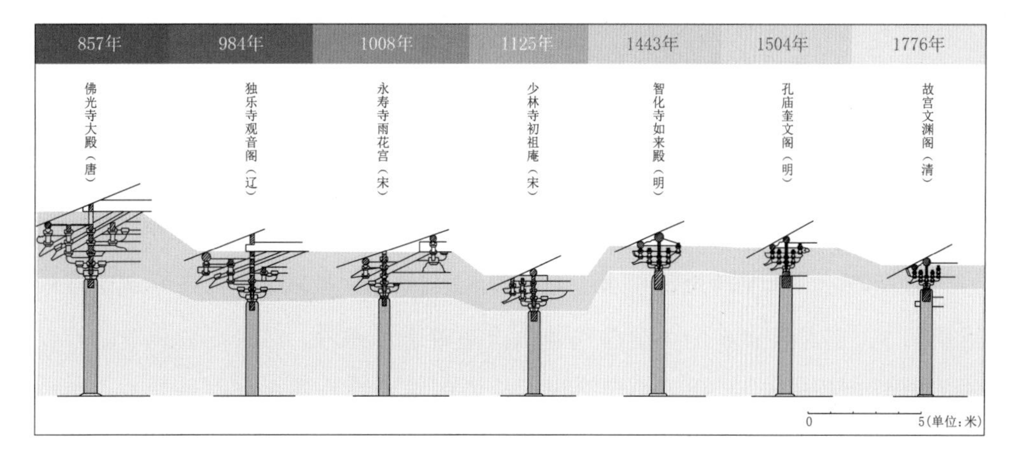

图2-2-17　斗拱高度与柱高比例演变图

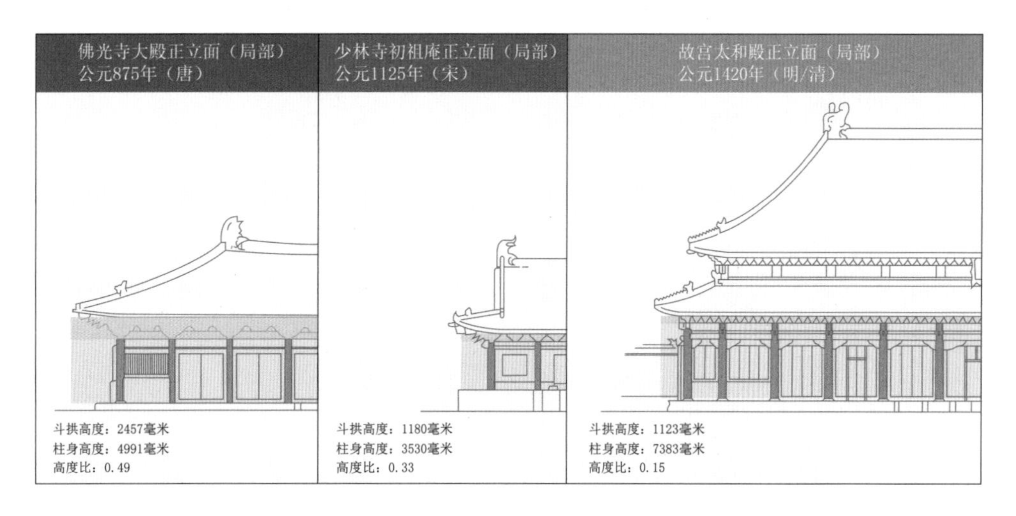

图2-2-18　斗拱在建筑中的视觉占比演变图

[33]清华大学建筑设计研究院、北京清华城市规划设计研究院文化遗产保护研究所编著《佛光寺东大殿建筑勘察研究报告》，文物出版社，2011，第106—107页。

[34]刘畅、孙闯：《少林寺初祖庵实测数据解读》，《中国建筑史论汇刊》2009年第00期。

[35]张学芹、刘畅：《康熙三十四年建太和殿大木结构研究》，《故宫博物院院刊》2007年第4期。

往的作用，从实用性角度来说已经成为可以去除的结构，而作为建筑模数制中的基本度量单位或许就是斗拱仅存的功能性价值了。自此，斗拱在建筑领域便丧失了继续发展的意义与动力，却在装饰领域迎来了高峰。

结语

斗拱作为中国古代建筑独创的结构，其发展脉络伴随着中国古建筑的兴衰。如果说西方建筑是以纵向延伸为发展方向的话，中国传统建筑则是以横向拓展为发展方向。在横向延伸过程中，建筑的屋顶越来越大，这就需要斗拱这一独特的建筑结构去平衡垂直和水平两种构件之间的受力。从功能性角度来看，为了承托更大的屋顶，就需要更为巨大的斗拱，这便使斗拱结构逐渐变得复杂，为了方便建造和技术传承，斗拱的形制逐渐统一。从设计思想来看，以斗拱为基础的标准制式和模数制已经具备了现代设计所倡导的模块化设计思维，模数制的推广为斗拱扫清了成本、劳动力等因素的制约，为中国营造活动的发展提供了强大的动力。从美学角度来看，斗拱也不免陷入了造型艺术常见的发展逻辑，从简洁质朴开始，以矫揉造作结束，由实用价值向装饰价值转变。

时至今日，建筑理念与技术日新月异，中国传统建筑已不再是建造房屋的惯用形式，但是斗拱作为中国传统建筑上最璀璨的明珠，仍然以各种形式存在于人们的生活环境中，作为中国传统文化中的重要符号仍在众多设计当中彰显其魅力。

第三节 一凹一凸的扣合

中国传统建筑形式具有完整的发展脉络且自成体系，如果说西方建筑是以石材为基础的刚性建筑体系，那中国传统建筑则是以木材为基础的柔性建筑体系[1]。所谓柔性，即建筑结构犹如拥有“关节”一样，除了在平时承受建筑本身的重量之外，在地震这类极端情况中，建筑结构能在产生一定范围内的形变后恢复如初，抵消地震对建筑产生的扭力。榫卯结构正是柔性建筑的关节，也是柔性建筑得以存在的技术基础。

榫卯的出现目前可以追溯到距今7000多年新石器时代河姆渡时期，从浙江余姚河姆渡遗址中清理出的建筑构件主要有木桩、地板、柱、梁、枋等，数量达数百件，表明此时的榫卯技术已经得到了相当广泛的运用。“榫卯”这一称谓起始于清，春秋战国时期称为“枘凿”，屈原在《楚辞》中写道“圜凿而方枘兮”[2]。隋唐时期榫卯被称为“笋”或“笋头”，司马贞在《史记》中写道“方枘是笋也”[3]。不同时期对榫卯的称呼并不相同。现代常见的“榫”这一称谓始见于宋代，丁度在《集韵》中写道“榫剡木相入”[4]。直到清代，“榫卯”这一称呼才被确立并沿用至今。由榫卯结构名称的演变可以推知，宋代之前的榫卯并未形成较为完善的体系，因此各种名称区别较大，而在宋代以后“榫”字成为榫卯结构的命名核心，并且沿用至清代都未有明显变化，故榫卯结构体系发展成熟的时间约为宋代。榫卯结构是中国营造活动中最为重要的技术基础，为中国传统建筑的发展特别是以木材为主要材料的梁架式建筑的发展指明了正确的技术路径，榫卯所具有的结构特性也是中国传统道家思想中提到的“柔之胜刚，弱之胜强”的具体表现。

在设计视角下，榫卯是对造物材料本身进行改造、用造物自身的结构去解决造物自身问题的一种技术。这不仅减少了所需部件的数量，同时也无须考虑不同材料间的结合问题。榫卯对于木材自身特性的考量是十分完善的，遣木造

[1] 罗艺晴：《浅谈中国传统的榫卯结构》，《山西建筑》2009年第24期。
[2] 林家骊译注《楚辞》，中华书局，2010，第197页。
[3]〔汉〕司马迁：《史记》，〔宋〕裴骃集解，〔唐〕司马贞索隐，〔唐〕张守节正义，中华书局，1999，第1841页。
[4] 丁度等编《宋刻集韵》，中华书局，1989，第103页。

物是中国传统造物的重要方式，在现代科学尚未出现时，工匠就已能充分运用材质自身的物理特性，例如借助木材在不同气候下的胀缩构筑榫卯结构间的受力平衡，通过增加接触面积的方式来增加材质之间的摩擦力，以榫卯为节点借助结构刚性降低地震的危害等。此外，利用模块化的思维还可以使建筑具有可拆卸性，榫卯结构几乎不需要使用黏合剂或钉子等材料辅助固定，这使得建筑物不仅可以自由拆解与重组，还能在建筑局部损坏时仅将损坏部件进行替换即可，建筑物日常维修的成本大大降低。榫卯作为一项技术，其应用场景并不局限于中国古代建筑当中，传统造物的诸多领域都采用了榫卯结构进行固定，榫卯结构是中国传统造物活动中普遍存在的固定方式。

一、榫卯结构的分类与归纳

榫卯在中国几千年的发展过程中存在多种形式，虽然都是在解决材料间的固定问题，但由于面对的场景不同、连接的方式不同等因素，榫卯的类型繁多。时至今日，为了适应新的应用场景，依然在不断更新榫卯的结构形式。榫卯结构具有出现时间早、存在时间跨度大、应用范围广等特点。这些特点决定了榫卯结构存在的应用载体、应用场景非常复杂，这就给榫卯结构的归纳与分类造成了混乱。由于榫卯结构主要是一种解决材料间连接的技术，因此，其存在的形式具有很强的同质性。例如榫卯结构在家具和建筑中的应用就具有明显的同质性，并且彼此之间在发展过程中还会互相影响，两者从应用场景来说，看似是两个相对独立的领域，但实际上在人类开始建造房屋的时候，家具就已经产生了，两者是相互依存、共同发展的关系[5]。特别是早期家具中运用的榫卯结构，很大一部分都是从建筑中继承而来，在后续又根据家具本身的特性进一步演变与发展，乃至反过来影响建筑的发展。例如，唐代由席地而坐转变为垂足而坐，使得人的坐姿改变、坐高上升、视线上移，建筑为了适应人们坐姿的变化，其高度空间也发生了改变；到了宋代，家具受到建筑的影响，从箱式结构逐渐变为梁架式结构。家具与建筑相互影响，在史料研究中屡见不鲜，逐渐趋于同构化[6]。

综上所述，关于榫卯的研究，除了可以对具体研究对象上的榫卯进行研究外，还可以通过对其他造物上的榫卯结构进行补充研究。本节主要阐述的内容是榫卯结构在建筑中的应用，故研究的榫卯结构以建筑中出现的案例为准，由

[5] 郑绍江、叶喜、强明礼：《论中国传统家具与传统建筑的联系》，《包装工程》2010年第6期。

[6] 楚小庆：《中国古代木构架建筑与家具同构性分析》，《东南大学学报（哲学社会科学版）》2009年第3期。

于唐代以前的完整建筑尚未发现实物留存，因此本文在归纳建筑榫卯结构的过程中酌情参考了部分其他造物中的榫卯结构，将同质化的榫卯结构进行统一归纳与命名，力图构建更为完整的榫卯营造谱系。

（一）榫卯结构的不同分类方式

榫卯结构目前主要的分类方式多是客观的，常用的命名原则往往是以需要连接的建筑构件之间的空间关系、作用、数量等客观条件作为分类的主要依据，即不以建筑本身的结构名称作为分类依据，因此鲜有采用梁架榫卯、斗拱榫卯此类称呼的。目前的分类依据主要有以下四种：①按线性特征分类[7]；②按连接构件的相对位置分类[8]；③按构件所涉及的维度数量分类[9]；④按榫卯结构的作用分类[10]。图 2-3-1 根据不同分类方式对部分榫形进行了举例。

造成榫卯结构分类标准不同的原因主要是其分类逻辑不同：按照榫卯的线性特征分类是将榫接后的构件连成线，通过线的垂直、水平及倾斜来区分榫卯的种类；按照连接构件的相对位置分类是目前较为系统化的分类方式，相较于按照线性特征分类更为具体与严谨，在查找时也更容易定位榫卯的类别；按照构件涉及的维度数量来分类是一种较为独特的分类思路，此种分类方式将榫卯

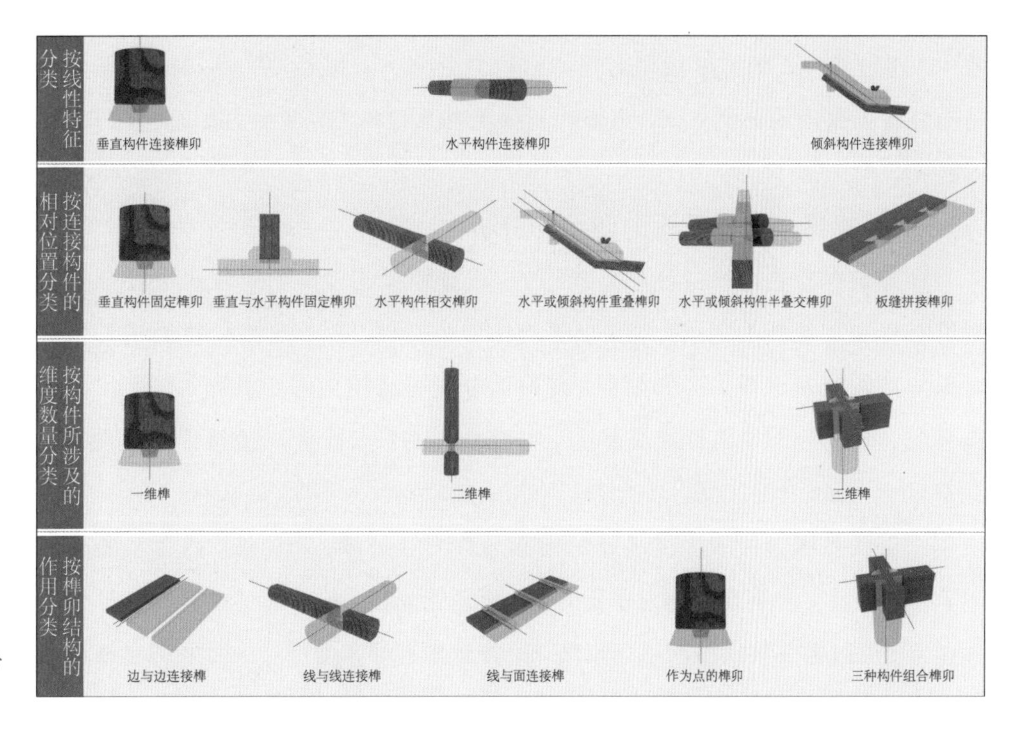

图 2-3-1 榫卯结构的不同分类方式

---

[7] 刘佳慧、宋莎莎：《榫卯结构在木构建筑中的传承与发展》，《林产工业》2019 年第 3 期。

[8] 程万里、马炳坚：《清式木构建筑的节点和榫卯》，《建筑技术》1981 年第 3 期。

[9] 王钟箐、路峻、吴启红：《基于装配式的古建筑榫卯库的参数化构建》，《成都大学学报（自然科学版）》2021 年第 4 期。

[10] 钱谦、马雪馨：《浅析中国传统榫卯建筑结构对现代设计的启示》，《中外建筑》2015 年第 3 期。

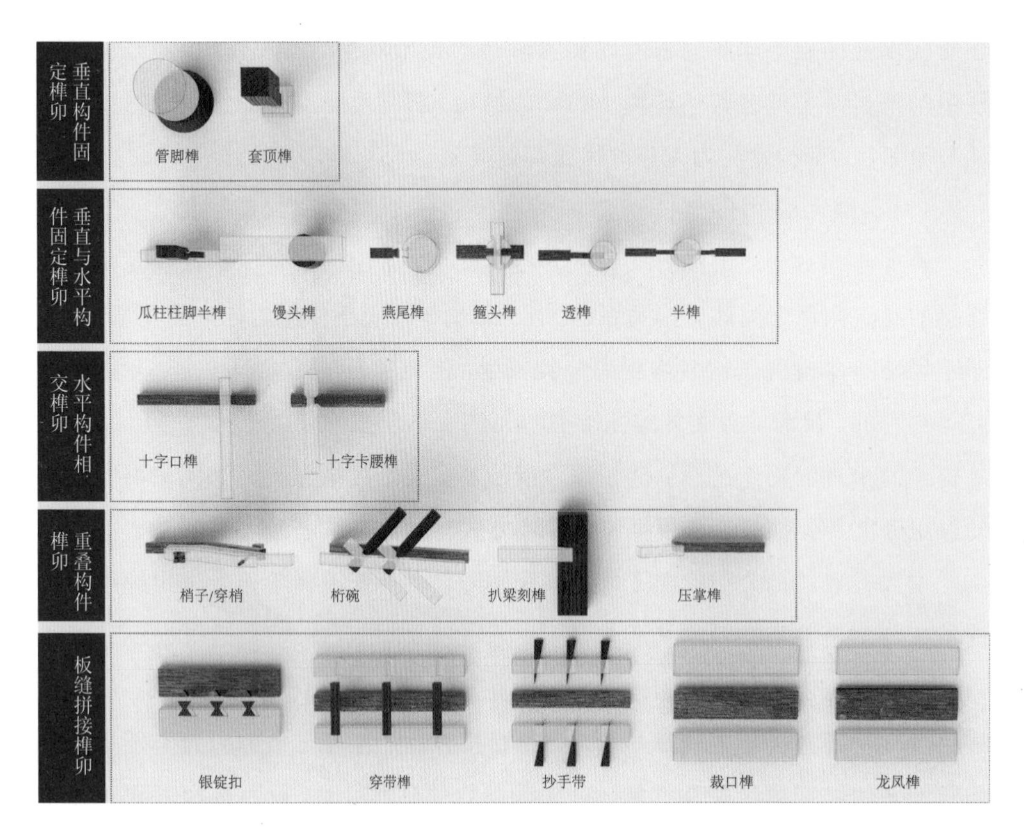

图 2-3-2 基于相对位置的榫卯结构分类图

连接的空间关系按照数学的方式进行了区分，将榫卯的连接结构放入一个坐标系中，通过其涉及的维度数量对榫卯结构进行分类；按照榫卯结构的作用分类是一种较为直观的分类方式，将榫卯部件的抽象化形态，即点、线、面作为分类依据。

（二）建筑中榫卯结构的归纳与分析

在建筑榫卯结构的多种分类方式中，根据连接构件的相对位置进行分类较为符合榫卯功能性的特点。本文以清代榫卯为基础，基于连接构件的相对位置对榫卯结构重新进行了类别划分，将榫卯分为垂直构件固定榫卯、垂直与水平构件固定榫卯、水平构件相交榫卯、重叠构件榫卯、板缝拼接榫卯这五类（图 2-3-2）。

垂直构件固定榫卯主要涉及的榫卯名称为管脚榫、套顶榫。两者主要应用于承重柱之上，安装方向均为垂直方向。所谓管脚榫，顾名思义就是固定柱脚的榫卯，使用时需在柱底石墩上凿出海眼，将管脚榫插入海眼，从而限制立柱在水平方向上的移动（图 2-3-3a）。套顶榫从功能角度而言，除了用于限制立柱的水平方向位移外，还承担了地基的作用，可视作特定环境下管脚榫的加强形式（图 2-3-3b）。

垂直与水平构件固定榫卯主要包括瓜柱柱脚半榫、馒头榫、燕尾榫、箍头榫、透榫和半榫，应用位置主要是立柱与横梁的连接处。根据构件安装的方向可

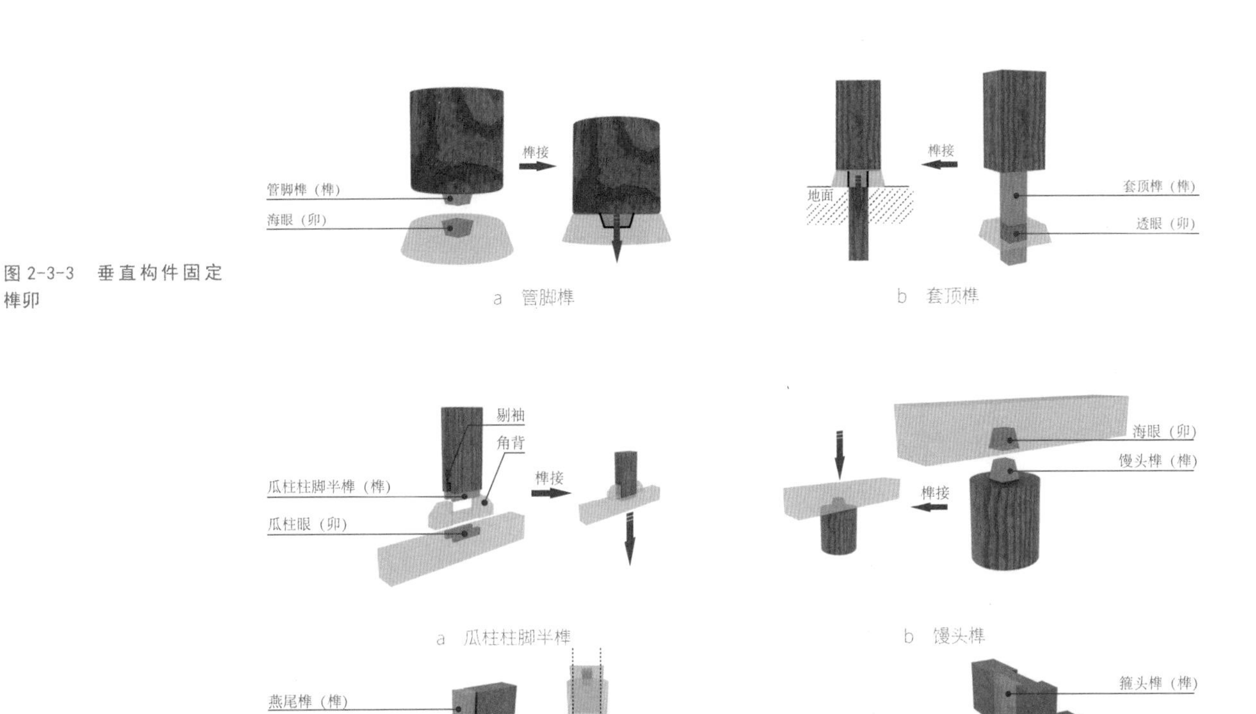

图 2-3-3　垂直构件固定榫卯

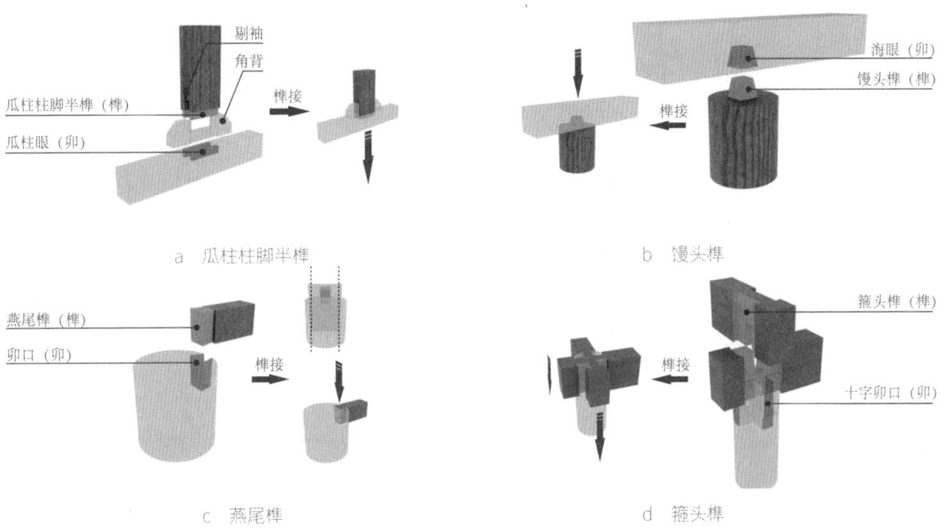

a　瓜柱柱脚半榫　　b　馒头榫

c　燕尾榫　　d　箍头榫

图 2-3-4　垂直与水平构件固定榫卯（垂直方向安装）

以大致分为两类，其中瓜柱柱脚半榫、馒头榫、燕尾榫和箍头榫是从垂直方向上进行安装的榫卯结构。瓜柱柱脚半榫用于两层梁架之间或梁檩之间的瓜柱之上，不与地面相接，呈现条状双榫形象，常常与角背结合使用（图 2-3-4a）。馒头榫和管脚榫在形态上具有高度的相似性，基本可以看作是一个固定柱脚与一个固定柱头的镜像关系，馒头榫对应的卯是横梁下方的海眼（图 2-3-4b）。燕尾榫又称“大头榫”，其榫头并非常见的长方体，而是一端较宽一端较窄的梯形，因此得名“大头榫”。燕尾榫从侧面对建筑构件进行拉结固定，不仅具有限制构件位移的作用，同时可以在构件之间形成牵引力，使得建筑结构更为紧凑，立柱之间的受力更为均匀。燕尾榫具有泛用性，除了用在垂直与水平构件之间的固定之外，在水平构件之间、板材连接等位置也多有使用（图 2-3-4c）。箍头榫在建筑榫卯中属于较为复杂的结构，其命名方式直观地体现了其作用，即箍住柱子的头部。箍头榫不仅可以在建筑构件之间产生强有力的牵引拉扯力，同时也可以对立柱头部这样的重要建筑结构节点进行保护（图 2-3-4d）。

用于垂直与水平构件固定的榫卯还包括从侧面进行安装的透榫和半榫。透榫的结构较为简单，在立柱的侧面开出贯穿式的卯口，将水平构件的榫头从侧面穿入，从而起到固定作用。透榫的榫接方式虽然是简单的侧面插入，但是水平构件采用“大进小出”的结构形态充满了设计思考，这种做法增加了榫头和卯口的接触面积，加强了榫卯结构的牢固程度（图2-3-5a）。当立柱两侧都需要插入水平构件时，半榫就是较为合理的解决方式。两个水平构件的榫头除了与卯口进行榫接之外，在卯口内部也通过等掌和压掌的方式互相榫接，水平构件之间的接触面积增加，结构刚性增强。半榫的出现时间虽早，但这种压掌做法在河姆渡遗址中的半榫形态上并未出现，应是后世改良的做法（图2-3-5b）。

水平构件相交榫卯主要包括燕尾榫、十字口榫（也称交口榫）和十字卡腰榫，主要应用于横梁间的交叉或转角处。其中燕尾榫与上文提到的结构基本一致，将垂直构件替换为水平构件即可，燕尾榫连接水平构件后为“T”字形，即构件的一端与另一构件的中部相连。十字口榫和十字卡腰榫，顾名思义，就是可以在两个水平构件的中段进行榫接，使结构呈“十”字形。两者结构无太大区别，但是与其他榫卯结构相比，两者没有运用榫卯结构通常所具有的一凹一凸的榫接逻辑，而是两个水平构件均以类似卯口的形态进行咬合，这一做法应是为了提升构件榫接后的整体平整度与受力均衡度。十字口榫多用于方形截面构件（图2-3-6a），十字卡腰榫则多用于圆形截面构件。因此，从顶视图来看，十字卡腰榫的两个构件的接触面有类似收腰的视觉效果，故十字卡腰榫也常被称作“马蜂腰”（图2-3-6b）。

重叠构件榫卯所指的重叠关系主要有两种，一种是上下垂直相交重叠。与上述水平构件相交榫卯不同的是，重叠构件榫卯在水平方向上并非处于同一平面，而是存在层级关系，主要包括梢子与穿梢。梢子与穿梢主要用于存在多层关

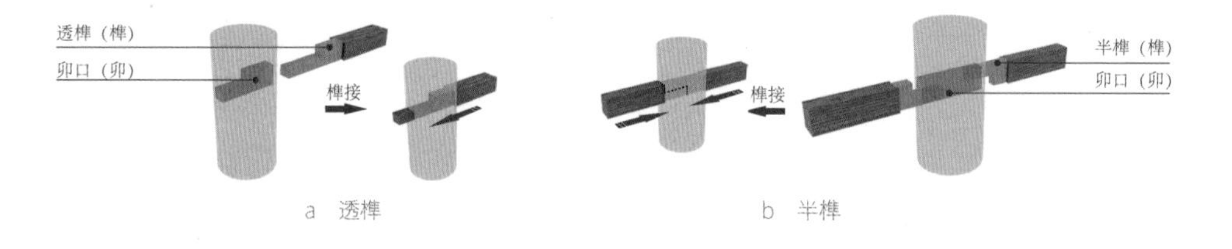

a 透榫　b 半榫

图2-3-5 垂直与水平构件固定榫卯（水平方向安装）

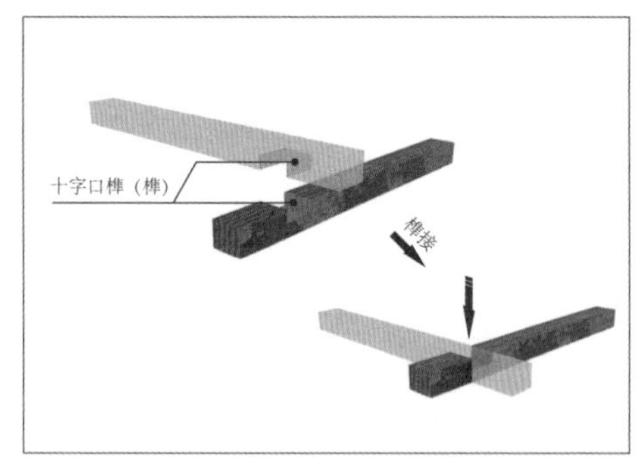

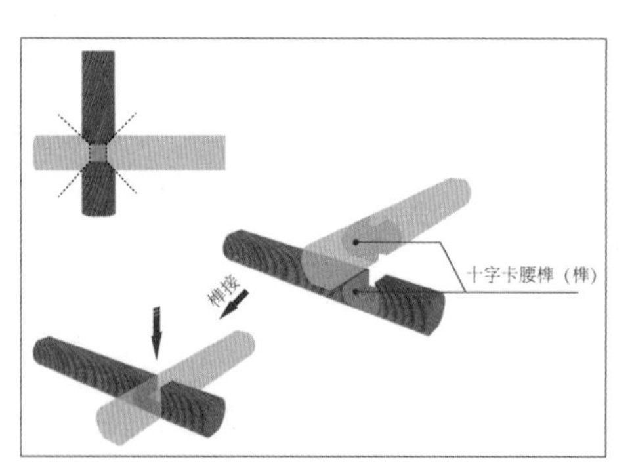

a 十字口榫　b 十字卡腰榫

图2-3-6 水平构件相交榫卯

系的斗拱结构当中，也就是大木架建筑中最复杂的铺作层中。然而，用来固定如此复杂的结构体系所运用的榫接原理却非常简单，梢子和穿梢的原理是一致的，在上下重叠的构件之间用数量适宜的梢子进行固定。梢子从造型上可以看作是较小的馒头榫，穿梢则是穿透多层重叠构件的长梢子（图2-3-7a）。另一种重叠构件榫卯的形式是构件之间呈非垂直相交的情况，此时采用的榫卯主要有桁碗、扒梁刻榫和压掌榫。桁碗的形态较为特殊，并非是标准几何形态，而是呈现较为复杂的自由弧度，其弧度依据来自重叠部分的截面形状，故在制作时需要对其形态有精确的把控（图2-3-7b）。扒梁刻榫则是应用于构件之间呈现半重叠的情况，并且构件之间存在高度差，这是其未被归纳为水平构件相交榫卯的根本原因（图2-3-7c）。压掌榫的结构与上文的半榫基本一致，只是角度与半榫中的压掌做法有所区别，且并未插入柱中（图2-3-7d）。

板缝拼接榫卯主要用于建筑板材的连接，即面与面的榫接。因此，板缝拼接榫卯除了运用于建筑之外，也大量运用于榫卯家具中。板缝拼接榫卯主要包括银锭扣、穿带榫、抄手带、裁口榫和龙凤榫。其中又可以分为需要凿卯孔和无须凿卯孔两类。银锭扣、穿带榫和抄手带需要凿卯孔。银锭扣是一种极具装饰性的板材榫接方式，其造型类似古时的银锭，故此得名。银锭扣的连接方式类似于燕尾榫，相当于两个燕尾榫的榫头相结合，从而分别拉结两侧的板材（图2-3-8a）。穿带榫可以看作拉长的燕尾榫，在拼好的板材上横向凿出燕尾槽，再将燕尾带插入槽内，从而将板材固定（图2-3-8b）。抄手带的原理与穿梢类似，在拼好的板材侧面打好卯孔，然后分别从两端打入抄手带，两侧打入的抄手带受卯孔壁挤压后，在卯孔内固定（图2-3-8c）。

裁口榫和龙凤榫无须凿卯孔。裁口榫的榫接原理类似于压掌榫，将两块板材的边截面分别截去一半然后相互搭接（图2-3-9a）。龙凤榫是较为典型的一凹一凸的榫卯造型，将需要拼接的板材边缘分别做出凸起和凹槽，边缘相互咬合即可，龙凤榫亦可称为“企口”（图2-3-9b）。

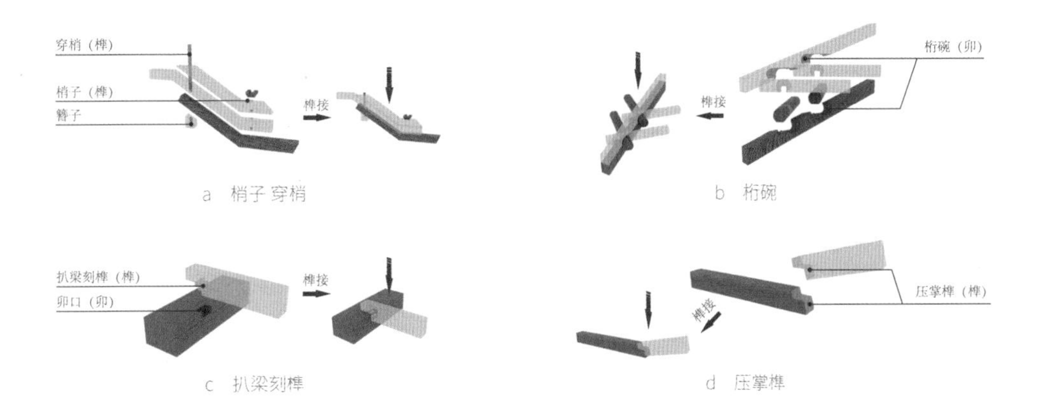

a 梢子 穿梢　b 桁碗　c 扒梁刻榫　d 压掌榫

图2-3-7 重叠构件榫卯

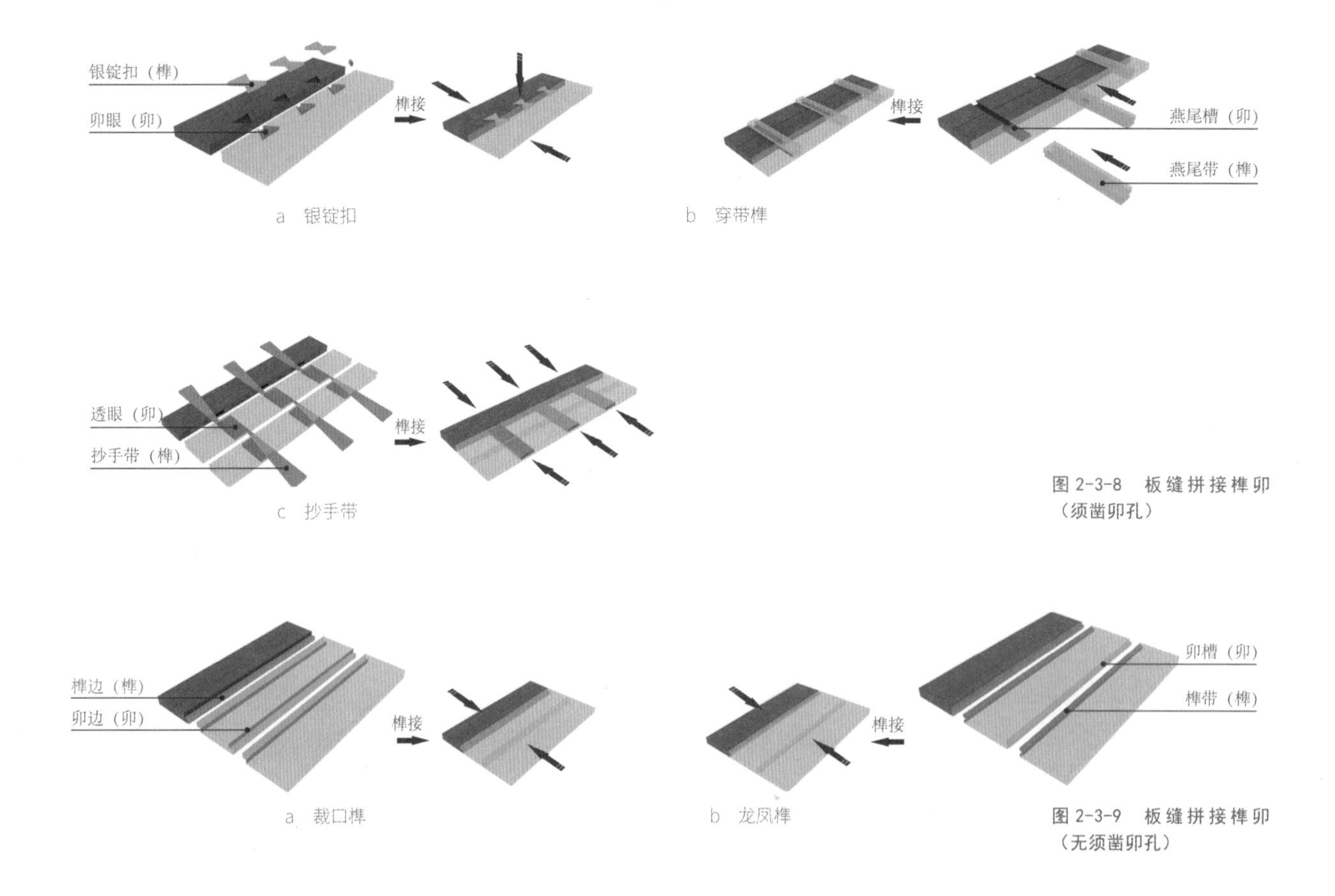

图 2-3-8 板缝拼接榫卯（须凿卯孔）

图 2-3-9 板缝拼接榫卯（无须凿卯孔）

二、肇始于需求的榫卯结构

榫卯的起源具有强烈的功能主义色彩。在人类文明发展初期，对于材料间的连接固定往往是用兽皮草绳进行捆绑，但这种方式在牢固程度上仅能满足简易造物的需求，常见于帐篷、茅草屋等简陋的建筑形式当中，木材只是作为支撑材料被使用，并无固定结构的作用。榫卯结构则同时具备了连接与固定两方面的功能，遣木造物这一传承几千年的中国传统造物方式也正是随着榫卯结构的出现才具备了技术基础。带有榫卯结构的木材在支撑材料的基础上也承担了固定结构的作用，相较于使用兽皮、草绳进行捆绑，以木材本身去解决构件之间的固定问题显然是更为合理的方式。

目前的考古研究表明，榫卯结构最初出现在中国南方，这与早期因气候原因所形成的建筑需求有着密不可分的关系。北方气候干燥，多以穴居为主，南方气候潮湿，沼泽湿地较多，因此需要将居所架高，从而创造出相对干爽的居住环境。这种干栏式建筑对于木材的相互交叠支撑有较高的要求，而将木材通过扎结技术进行固定的方式显然不能满足建造需求。现存最早的榫卯实物是河姆渡遗址发现的建筑榫卯构件，其中已经有多达七种榫形：直榫、柱头榫、管脚榫、企口榫、梢子、半榫[11]、燕尾榫[12]。从河姆渡遗址中的干栏式木构件可以看出，此时的人类已经采用打桩、架梁、榫卯连接的技术来建造房屋[13]（图2-3-10）。上文基于构件之间的位置关系将榫卯结构分成了五类，河姆渡遗址中发掘出的榫卯部件已经涵盖了其中的四类，有些构件甚至具有多处榫卯结构，表明榫卯结构已经在当时的建筑当中得到了广泛的运用，一些结构已经具备了燕尾榫、梢子和企口榫的雏形[14]。在铁器尚未出现的时代，榫卯结构在形态上显然是粗糙的，但是如燕尾榫、梢子、企口榫这类榫形，在设计上已经具备较为成熟的思考，特别是在功能性上，不仅考虑到了构件之间的连接问题，还考虑到了固定的问题，符合功能主义的思维模式。鉴于当时存在如此丰富的榫卯种类，可以推知，榫卯出现的时间理应比河姆渡遗址还要久远。基于技术层面推测，榫卯的出现应该晚于穿孔技术的出现，榫卯结构需要在建筑材料上面打卯孔，从而实现一凹一凸的形态，因此可以推测，榫卯结构的出现大约在旧石器时代。

新石器时代至商代的榫卯建立了榫卯结构功能性的基本逻辑，这一时期的榫卯结构生于需求，限于技术，具有一种朴素功能主义的特点。以河姆渡遗址中的榫形为例，固定立柱的有管脚榫，固定垂直与水平构件的有直榫、柱头榫、半榫和燕尾榫，固定重叠构件的有梢子，固定板材的有企口榫（图2-3-11）。从功能性角度来看，这一时期的榫卯结构已经满足了在当时条件下建造房屋的一切需求，不同角度的建筑构件均有相应的榫卯能满足其连接需求。榫卯结构从诞生时就遵循了功能主义原则，而这正是榫卯结构从时间和空间维度来看，均是中国古代营造活动中最核心的固定连接技术的原因。

图2-3-10　河姆渡遗址中的早期榫卯结构[15]

[11] 浙江文物管理委员会、浙江省博物馆：《河姆渡遗址第一期发掘报告》，《考古学报》1978年第1期。
[12] 河姆渡遗址考古队：《浙江河姆渡遗址第二期发掘的主要收获》，《文物》1980年第5期。
[13] 浙江文物管理委员会、浙江省博物馆：《河姆渡遗址第一期发掘报告》，《考古学报》1978年第1期。
[14] 林寿晋：《战国细木工榫接合工艺研究》，香港中文大学出版社，1981，第1页。
[15] 浙江文物管理委员会、浙江省博物馆：《河姆渡遗址第一期发掘报告》，《考古学报》1978年第1期。

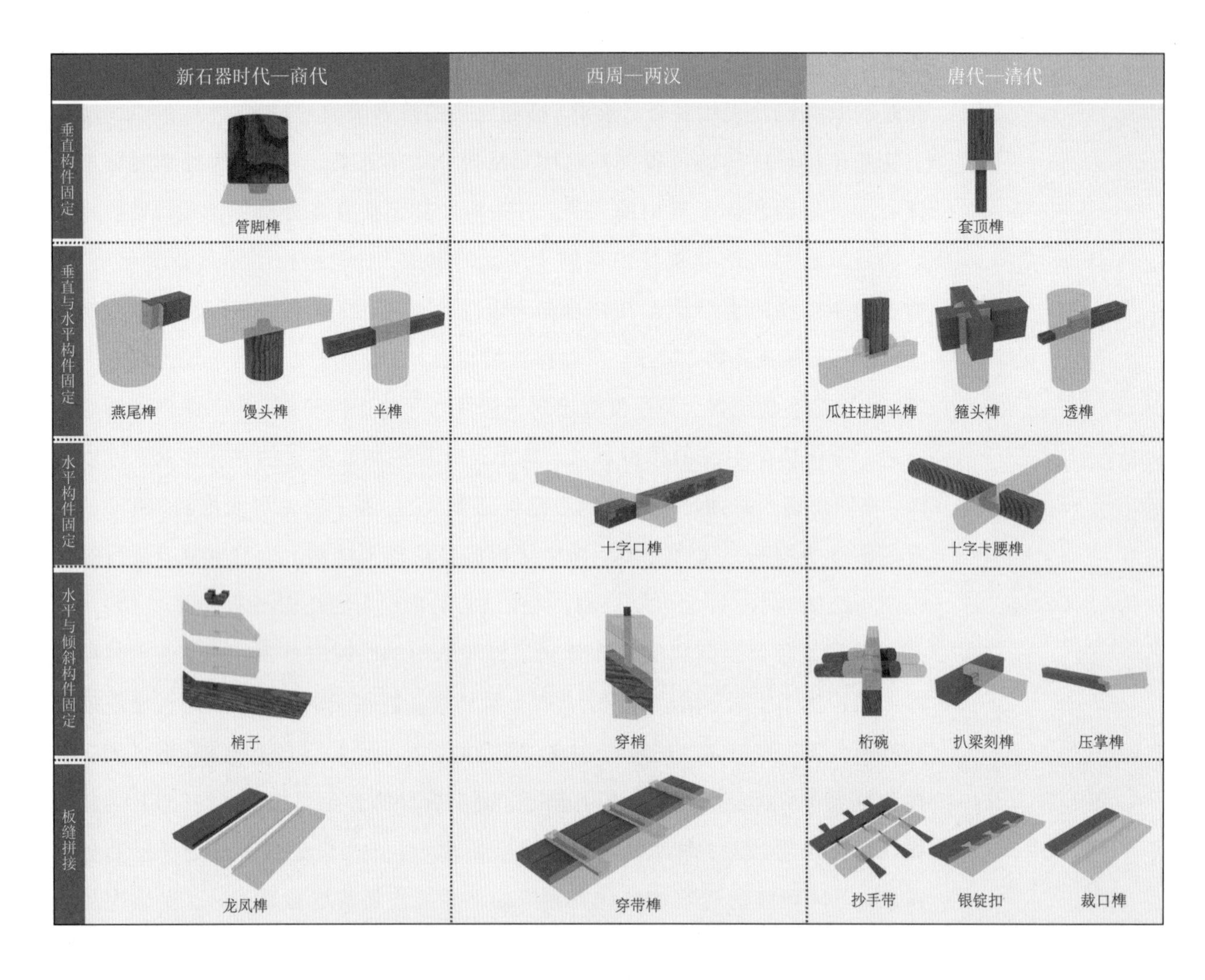

图 2-3-11　榫卯结构的历史沿革与分类

功能性是榫卯结构诞生的原始动力，后世无论如何发展，榫卯结构始终保留着这一属性，并且始终作为核心发展属性。与中国传统营造活动中的另一重要结构斗拱不同，榫卯结构的功能性并没有随着建筑结构的改变而逐渐弱化，反而随着建筑结构的逐渐复杂愈发凸显其功能性的价值。与河姆渡时期的简易建筑相比，唐宋时期走向成熟的梁架式斗拱建筑在建筑体积、用材数量、结构复杂程度等方面均已有较大发展，但承担连接功能的依然是榫卯结构。

三、发轫于高精度的复杂榫卯

榫卯结构的制造相对比较复杂，特别是在生产工具尚不发达的时候，要将两段建筑材料分别加工，然后再组装成一体，并且榫接的部分还要尽可能相互吻合，即便是现代人使用现代工具，在没有足够经验的条件下也很难做精。除了不断在形态上拓展新的榫形之外，加工的精度也直接影响到榫卯结构的发展。例如，河姆渡遗址中的建筑构件之间往往是一对一的连接方式，造成这一现象的主要原因就是使用石制工具很难加工出高精度的榫卯构件。简单来说就是，很难确保一个榫头可以较为完美地穿过多个卯口，若是其中任意一个榫卯的连接不够紧密，建筑整体结构的稳定性就会存在隐患，此时的榫卯结构显然不具备其发展成熟后的减震功能。

西周到两汉时期的榫卯结构在营造领域尚未找到实物，这里借助墓葬中的其他器物作为参考。这一时期对榫卯结构发展起到最大影响的就是铁器工具的普及，铁器工具的使用令榫卯结构的精度大幅度提高。这一时期榫卯结构主要有两方面的特点。一方面，基于加工精度提升，榫卯从原本单榫对单卯的形式发展出了单榫对多卯的新形态，例如穿梢和穿带榫（图 2-3-12）。这两种榫在使用时需要将榫穿过多层构件进行固定，因此要在多个构件上凿出一模一样的卯眼或榫槽，这种榫接方式对于不同构件上的卯眼或榫槽的统一性有较高的要求，如果误差较大会使得榫卯结构难以连接或强行连接后易受剪力作用变形损坏。因此，穿梢和穿带榫这种单榫对多卯结构的出现是需要以加工精度达到一定标准为前提的，在加工精度得到保证的基础上，此类榫形具备的优势才得以体现。使用单榫同时连接多个构件，简化了结构、降低了成本。同时，单榫的材料强度在大部分情况下优于多个小榫的强度，进而增加了牢固度。另一方面，加工精度的提升缩小了榫卯结构的体积。河姆渡遗址中榫卯的形态粗犷，除了作为大型构件的连接节点外，难以连接较为纤细的材料。西周到两汉时期的榫卯结构，虽无营造实物，但却大量见于日用器物之上，其中，暗梢（连接后藏于内部的梢子）作为连接构件起到了十分重要的作用（图 2-3-12）。榫卯结构向小型化方向的拓展，为后世营造活动中小型建筑构件的使用积累了经验，如窗棂等具有装饰效果的建筑构件得以普及，离不开暗榫的发展。

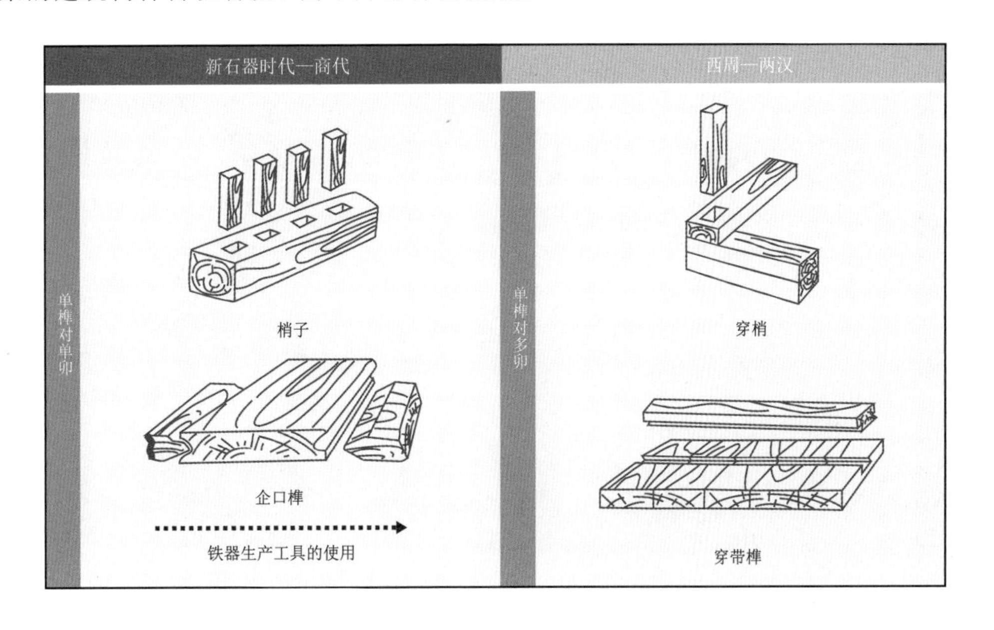

图 2-3-12 生产工具的进步对榫卯的影响

四、榫卯结构的多维度发展

从榫卯结构的发展脉络来看，榫卯与建筑之间是互为促进的关系。榫卯结构的发展大致可分为三个阶段。第一阶段为萌芽期（新石器时代至商代），建筑需求是基础，榫卯结构是为满足建筑需求而产生和发展的，生于需求，限于技术。第二阶段为发展期（西周至两汉），榫卯结构的加工技术是基础，建筑形式随着榫卯精度的提升得以发展，例如，斗拱结构的广泛运用离不开高精度榫卯结构的支撑。第三阶段为成熟期（唐代至清代），建筑形式是基础，榫形的变化随着建筑形式的变化而发展。宋代的《营造法式》和清代的《工程做法则例》都对榫卯结构的形态和作用进行了规定，榫卯结构也从一种固定建筑结构的办法转变成具有规范性的营造技术体系。榫卯结构在萌芽期奠定了功能性基础，在发展期解决了加工精度问题，到了成熟期开始呈现多维度的发展趋势。

唐代的营造活动已经趋于成熟，至宋代，营造活动逐渐形成模数化、标准化、体系化的发展模式。这套模式直到清代，在建筑结构上亦无根本性变化。从唐代开始，营造建筑的结构逐渐变得复杂，榫卯结构为了适应新的建筑形式发展出了新的榫形，并且榫卯结构受加工精度的制约现象已得到显著弱化。与以往榫卯结构仅满足建筑的固定需求不同，这一时期的榫卯结构具有功能性、装饰性、经济性等多维度发展特征（图 2-3-13）。

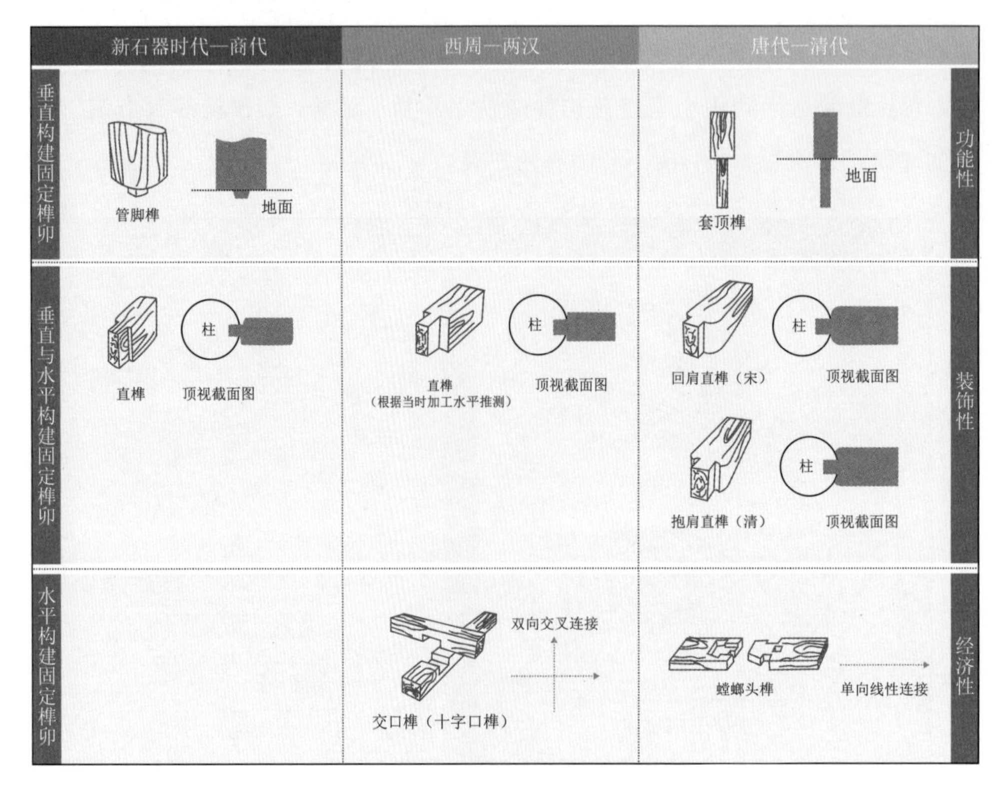

图 2-3-13　新建筑形式对榫卯的影响

榫卯结构的功能性在早期朴素功能主义的基础上又有了新的发展，在原本榫形的基础上针对特定环境、特定需求发展出更为合理的榫形作为解决方案。例如与管脚榫功能类似的套顶榫，同样是限制立柱在水平方向上的位移，其榫头的长度与尺寸都远远大于管脚榫，套顶榫增大了与土地的接触面积，同时深入地下受到了更强大的泥土压力，从而使立柱更为稳定，其作用类似于现代高层建筑打入地下的基桩。套顶榫常常用于长廊的立柱，并且一般采用间隔使用的方式，既保证了长廊整体的稳固，又相对降低了建造的成本。此外，对于一些地势较高、土质松软或风势较大的场景来说，套顶榫的出现为此类面对特殊地形或气候环境的建筑提供了更为优秀的解决方案。

榫卯结构的另一个发展维度就是装饰性。榫卯结构在出现时是纯粹的功能主义产物，但是随着唐代至清代营造活动中装饰欲望逐渐增强，即便榫卯的绝大部分结构都是不可见的，也不可避免地受到了装饰之风的影响。以营造中最为常见的直榫为例，新石器时代至商代的直榫受生产工具较为原始的影响，所呈现出的是不规整的结构轮廓；西周到两汉时期虽没有建筑实物证据，但是根据其他造物中榫卯结构的加工水平可以推断，直榫已经具备了比较规整的形态，从功能性角度来说已经达到理想效果。唐代至清代先后出现了回肩直榫和抱肩直榫这两种新的直榫形态，功能性上和西周到两汉时期的直榫并无二致，但是对于榫肩的加工显然花费了不少心思。直榫的榫肩通常是暴露在外的，因此宋代的回肩直榫将榫肩由直角改成了具有弧度的倒角，而清代的抱肩直榫在做法上更为复杂：首先将榫肩加工成贴合柱身的弧形，而后再进行倒角，这就使得梁柱似环抱于柱身之上，极大地弱化了结构连接处的粗糙之感。虽然这与以往榫卯结构所秉承的朴素功能主义原则并不一致，但是与彻底成为装饰构件的斗拱结构相比，榫卯结构的功能性是被完整保存下来的。

唐代至清代榫卯结构的经济性主要从两个层面体现。第一个层面是材料的节约，唐代以前连接水平构件时使用的是十字口榫，这种榫卯结构仅能对不同方向上建筑构件所形成的夹角进行固定，对木材的长度有要求。宋代《营造法式》所记载的螳螂头榫是一种在水平方向上对单向线性的构件进行固定的榫卯结构，通俗来讲就是，可以将较短的构件连接形成较长的构件。以往建筑材料的长度是受木材长度所制约的，但是螳螂头榫这类榫卯的出现使得高大优质的木材仅需留作立柱或大梁使用，较短的木材就可以拼接成较长的建筑构件投入使用。经济性的第二个层面是对人力资源的节约，随着宋代《营造法式》的颁布，营造活动从以往家族传承或师徒传承模式下的经验主义转向了统一规范下的标准化模式，这就使得普通的工匠可以根据标准图纸加工建筑上的榫卯结构，极大降低了榫卯技术的学习门槛。同时，标准化的图纸也使得榫卯结构和建筑节点之间存在了对应性，即特定建筑节点所运用的榫形是相对固定的，这也降低了建筑的修缮成本。正常状态下，建筑中的榫卯结构往往呈不可见状态，若是工匠根据个人经验对榫卯结构进行运用，后续其他工匠对建筑进行修缮时，就只能在拆解建筑后才能看到使用的是何种榫卯。而由于不同榫卯的拆解方式有所区别，因此盲拆不但增加了需要拆解的构件数量，甚至可能在拆解过程中对建筑造成二次损坏。

综合不同阶段不同类型的榫卯结构变化可以发现，榫卯结构发展具有叠加、通用、突变的特点。叠加是指榫卯的形式是随历史的发展逐渐丰富的，河姆渡遗址中的榫卯形式，如方直榫，在清代的榫卯结构中依然十分常见，其连接固定方式并无本质区别，仅仅是随着木作工具的发展提升了制作精度，或是略微改变了造型。

通用分为两个层面：第一个层面是多节点使用，营造活动中的某一类型榫卯可根据需要在不同位置节点使用，例如燕尾榫可用于柱身榫接、板材榫接等；第二个层面是跨领域使用，榫卯结构除了运用于营造活动，在其他许多领域也是最重要的结构固定方式，广泛运用于中国传统造物活动中。

突变是指营造活动中结构固定问题并非是一成不变的，因此榫卯在解决相关问题时具有很大程度的灵活性，例如在《营造法式》中榑间缝和普拍枋间缝之间的榫卯结构都是采用螳螂头榫作为连接方式，但是两者的造型却并不一致，且螳螂头榫本身的造型与力学原理也可视作燕尾榫的变体。

结语

多样性的榫卯结构是中国古代营造技术发展的前提，也是中国传统建筑风貌得以呈现的基础。榫卯结构不仅解决了建筑各构件之间的连接问题，同时也赋予了建筑更为稳定的性能，提升了抗震能力。榫卯充分利用了木材易于获取、成本低廉的特点，以及在不同环境当中的膨胀与收缩的性能。合理的结构组合提高了木材使用的效率，便于开展大规模的营造活动。

最早在河姆渡文化遗址中发现的榫卯结构一直是中国古代营造的重要技术，尽管中国传统建筑与西方建筑采用了完全不同的造型语言，但这种一凹一凸的连接方式在世界其他地区的木构建筑中也多有运用。榫卯结构除了在建筑中有着广泛的运用，在日常生活用品、生产工具等方面也十分流行。在榫卯种类、加工技巧、运用范围等方面都独具特色，并形成了较为完整的技术体系。

在现代建筑中，由于新的建筑材料与技术的运用，榫卯主要用于传统建筑的修缮与改建中，从成本角度考虑，榫卯结构已不具备优势，但是其结构美感依然深受喜爱。因此，榫卯结构的文化属性和艺术属性成为其发展的新方向，其规律性的分布不仅形成了一种秩序美，同时也是一个装饰的载体，彰显了中国传统建筑文化特色和营造技术水平。榫卯结构的发展遵循着事物发展的自然规律，是古代工匠在长期实践中积累所获，榫卯丰富的结构使得中国传统建筑的样式也变得更为多元，新的建筑样式又推进了榫卯结构的改良，这与当代设计所倡导的可持续发展理念不谋而合。

第四节　弯曲轩弧的拱券

中国古代拱券技术是古代砖石砌筑工程中的一项结构处理方法，主要形式有砖筑、石筑或砖石混筑三种。其基本工艺称为“发券”，是利用块状材料之间的侧压力构成跨空的承重结构而形成。拱券结构既可以用于无法用木材构成大跨度梁架的建筑之中，也可以建制成门、窗等建筑部件，从而起到承重作用。木结构建筑一直是中国古代建筑的主流，西方国家的主流则是砖石建筑，二者技术发展差异较大。我国古代拱券技术的起源是建立在营建墓室、地宫的基础上的，在封建礼制思想的作用和“以砖仿木”的审美意识的推动之下，中国拱券技术呈现出与西方拱券技术截然不同的发展道路。已知的我国最早的拱券资料出自约公元前250年的河南洛阳韩君墓的石拱墓门[1]。其后西汉时期正式出现砖拱券墓室，以洛阳西汉壁画墓的出土资料最为完整。

对于中国拱券技术的成因，学术界尚未形成统一看法。多数学者认为拱券是在空心砖的基础上建构而成的，因而其技术的产生离不开砖石材料的发展。考古发现，早在仰韶文化时期，原始先民便初步烧制“板砖”用于房屋建造，至迟西周时期已出现空心砖[2]，其后约在战国晚期，空心砖开始应用于中原地区墓室营建之中，因解决了木材易朽的问题，后逐步取代了自商代起用木材建造椁室的传统。在拱券技术尚未诞生以前，人们很难建造较大的无柱空间，但随着西汉时期墓室营建的不断兴起，对于墓室内部空间的需求提高了，而原先的梁板式空心砖墓顶难以满足陵墓建筑顶跨距离增大和结构强度增高的需求，因此拱券墓室顶正式出现。战国至两汉时期的墓室营建经历了由空心砖到砖券穹隆的演变过程，具体为由最初的板梁式空心砖墓到斜撑板梁式空心砖墓、折线式嵌楔形空心砖墓、折线式楔形空心砖墓、折线式楔形企口空心砖墓、半圆弧式小砖券墓，最后到穹隆顶式小砖券墓的发展历程[3]（图2-4-1）。而在西方世界，当罗马人征服希腊后，拱券便在王宫的梁柱、门窗之中被大量使用。我国拱券起

---

[1]《国立北平图书馆馆刊》第七卷第一号，书目文献出版社，1992，第5051—5052页。

[2]李京华：《洛阳西汉壁画墓发掘报告》，《考古学报》1964年第2期。

[3]刘敦桢主编，中国科学研究院建筑史编委会组织编写《中国古代建筑史》（第二版），中国建筑工业出版社，1984，第69页。

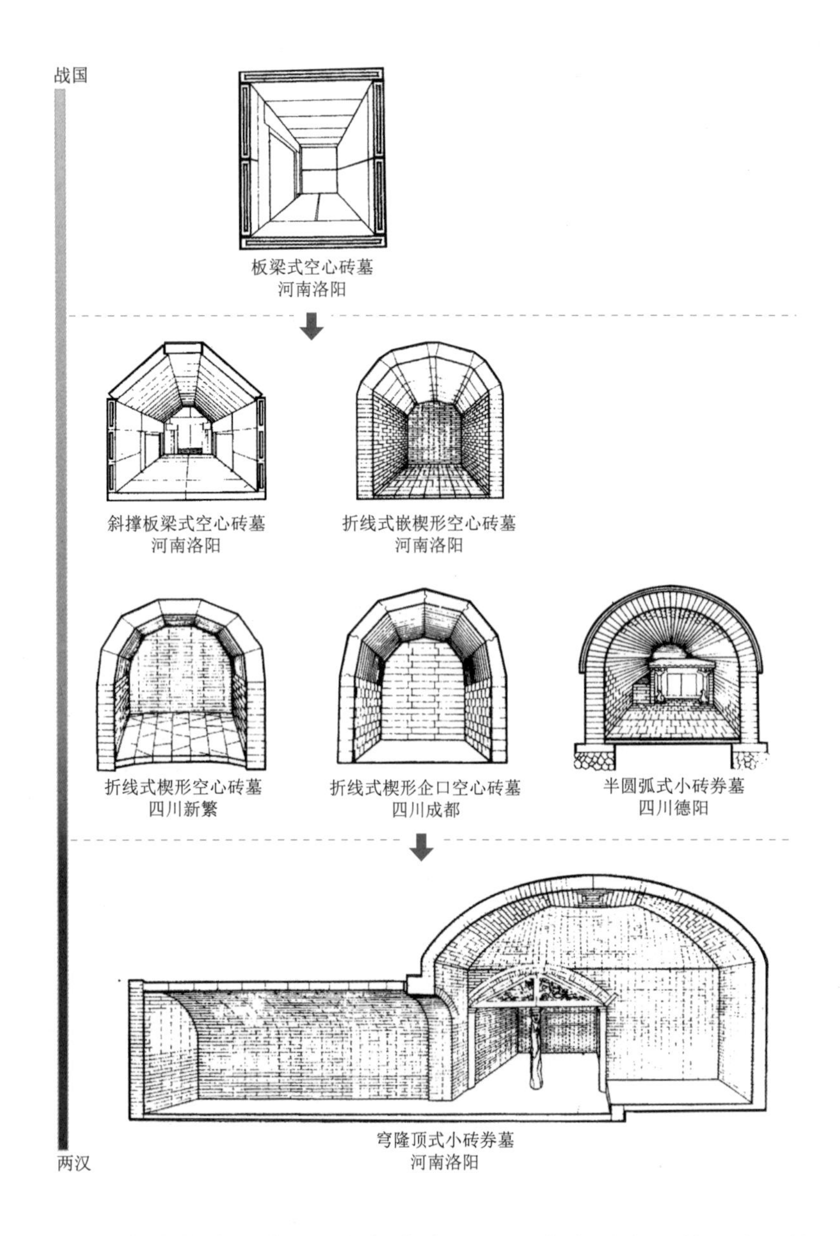

图 2-4-1 战国至两汉时期砖墓结构演变图[6]

步于西汉时期的陵墓建造中，西方拱券发源可以追溯到公元前4世纪的两河流域[4]，中国拱券正式产生时间在西汉时期[5]。因此，西方拱券的产生时间比中国早。中西方拱券的发展并未产生交叉传播。但可以确定的是，砖砌技术的发展、墓室营造的兴盛都为我国拱券技术的诞生与发展奠定了良好的基础。

我国古代早期的拱券技术实则是砖拱技术，主要用于墓葬、函道及地道等地下工程中。在砌筑过程中，往往分为支模与无支模两种建构方式，并体现在三类结构上，即筒拱、拱壳和叠涩。筒拱的砌筑技术出现时间最早，在西汉中叶普遍盛行，可分为并列拱与纵联式拱两种方式。拱壳结构出现于西汉末期，可分为

[4] 李梓维、史晨光：《西方拱券结构的演变及其力学性质浅析》，载《北京力学会第26届学术年会论文集》，2020，第317页。

[5] 张建锋：《西汉时期中国拱券技术的产生和来源研究》，《南方文物》2022年第4期。

[6] 刘敦桢主编，中国科学研究院建筑史编委会组织编写《中国古代建筑史》（第二版），中国建筑工业出版社，1984，第69页。

盝顶拱壳顶、十字形接缝拱壳顶与对角线接缝拱壳顶三种方式。叠涩结构出现于东汉时期，主要表现为叠涩顶。

综上所述，无论是筒拱、拱壳还是叠涩技术，其原理都是靠砌块间的压力将零散块件构成一个可以受力的整体结构，不管是平拱还是弧拱，都能将上部墙体的重量进行转化。据大量考古报告发现，拱券技术在不同地域间也存在着发展速度的差异，在不同建筑类型中作为建筑结构亦呈现出技术和形态上的变化。本节以砖拱顶结构技术为线索，探讨其在地下陵墓建筑中的沿革，在材料、工艺、形制以及建置制度等方面，梳理其发展特征；同时，从拱券结构由地下走向地面的发展脉络出发，具体分析拱券结构在桥梁建筑、宗教建筑、民居建筑以及其他主要地面建筑类型中的应用表现，理解何为中国拱券技术发展的动力以及拱券结构在不同跨度的空间中呈现出的不同设计风貌。

一、拱券结构在地下陵墓建筑中的沿革

本节通过收集考古发掘报告与文献资料，对中国古代两汉至明清时期地下陵墓地宫的拱券结构进行研究。《大戴礼记·明堂》载有汉代宫室之制："古者宫室之制，外为堂，内为房室，正寝则左右房与室而为三，燕寝则一房一室而为二，故云二内"[7]，即分别对应古人生前多重厅堂的居室布局方式。依据一般墓葬的平面结构来看，多室墓大部分由墓道、甬道和墓室（即前室、中室、后室和耳室等）组成。西汉末期随着拱壳技术的出现，受力方式也转变为四边支撑，平面呈多层同心方圈，拱脚的四边则随着拱的弧度不断向中心收砌成顶。拱券矢高越高，砖缝与水平面形成的夹角则越小（图2-4-2），相应的拱脚的水平推力则大幅下降，拱顶结构愈加稳定[8]。拱壳结构矢高随时间的推移逐渐增大，最终形成穹隆顶的造型。墓室的空间形态和组织方式，由早期前、后室贯通的格局，转为前堂、后室各自独立，中间甬道相连的空间构造，形成相互连通的多墓室空间形态。其最早实例是西汉晚期后半段的河南洛阳烧沟M632，四面结顶弧度较低[9]。至东汉墓室顶部起券的高度越高，墓室内部的空间越大，由此凸显墓葬主人生前显赫的地位和阶级差异。穹隆顶造型在拱券结构中大量出现，建筑学领域中称其为半圆形顶或四角攒尖顶；从设计思想角度来看，它与阴阳数术、经学与谶纬思想紧密关联，象征天穹。

---

[7] 徐世昌等编纂《清儒学案》，沈芝盈、梁运华点校，中华书局，2008，第3793页。

[8] 陈菁：《从汉晋墓葬看河西走廊砖拱顶建筑技术》，《西北民族大学学报（哲学社会科学版）》2006年第3期。

[9] 中国科学院考古研究所编《洛阳烧沟汉墓》，科学出版社，1959，第162页。

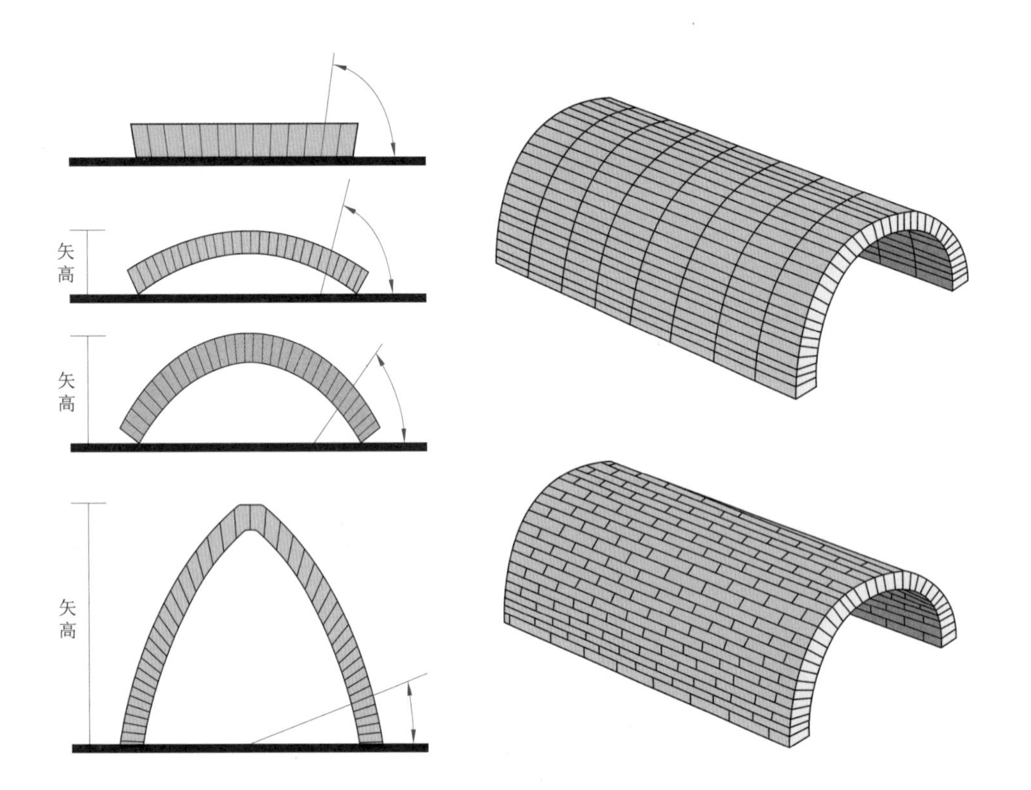

图 2-4-2（左） 拱的矢高变化与砖缝倾斜度的改变[10]

图 2-4-3（右） 两汉时期并列筒拱与纵联筒拱形制图[11]

(一) 拱券砌筑方式的基本定型

两汉时期，拱券技术无论从形制结构、原材使用还是砌筑工艺方面都取得了较大突破，为后世拱券技术的革新创造了有利条件。西汉中期为条砖砌筑的筒券，西汉末期出现了半圆形筒拱结构。最初半圆形筒拱由多道券并列形成，称为并列筒拱，在河南禹州白沙汉墓、洛阳烧沟汉墓中都有实例，后发展为各道券间砖石互相交错、纵联一体的筒拱，这种筒拱的跨度与矢跨比相较并列筒拱的更大（图 2-4-3）。

东汉时期开始出现穹隆顶结构，其表面呈半球形或近乎半球形的多面曲面体顶盖[12]。据古籍记载，穹隆顶“如诚天圆而地方，则是四角之不掩也”[13]，即此时“天圆地方”的观念深入人心，穹隆顶体现了这一观念，在墓室营造中得到大量应用，相反筒拱结构在东汉被大量应用于桥梁建造之中。用材方面，东汉时期楔形砖和平砖使用最为广泛，由于体积小、重量轻，便于运输，所以成为理想的构墓建材。汉代墓室布局多变，由高强度石材建造的石梁应运而生。除砖墓

[10] 中国科学院自然科学史研究所编《中国古代建筑技术史》，科学出版社，2016，第 295 页。

[11] 同上书，第 176 页。

[12] 中国大百科全书出版社编辑部编《中国大百科全书（建筑 · 园林 · 城市规划）》，中国大百科全书出版社，1988，第 358 页。

[13]〔汉〕戴德辑《大戴礼记》，山东友谊书社，1991，第 105 页。

外，纯石墓与砖石混筑的墓室也逐步出现，拱券结构逐步被应用于石门之中，成为建筑部件的重要组成。此外，两汉墓室还常选用混合材料构筑，例如空心砖与小砖、空心砖与石材、石材与小砖等。砌筑工艺方面，这一时期拱券结构的砌筑方式基本定型，主要由"发券"方法产生，具体做法是首先将墓壁砌至一定高度，用楔形条砖错缝顺砌两层，使墓壁始向内倾，后用平面呈梯形的楔形砖立靠券砌一层；其上再用楔形条砖错缝卧砌两层；其上用楔形子母砖再做立靠式券砌一层，直至完成[14]。东汉末年出现叠涩法，是指将砖、石材等通过层层堆叠出挑或内收，在不断承担上层重量的基础上最终合拢成拱。叠涩券就是基于此法形成的拱券结构，它在梁柱的支撑下将砌块逐层向外挑出，然后在顶部汇合。在结构受力上，由于受压限制，其形成的拱顶矢高都较大，有助于扩大室内空间，也可以有效减轻承重负担。因此，自东汉开始，叠涩做法便成为古代砖石建筑的主要砌法，得到大量应用。

(二)四隅券进式穹隆顶的初现

三国至西晋时期，拱券技术的发展体现在砌筑方法上有改进，结构形式上也在沿用东汉形制的基础上有所变化。考古发现，三国东吴中晚期出现四角用45°倾斜的券砌筑穹隆的方法，具体做法是在墙顶四角各斜砌约四分之一圆弧并列拱，随墙顶逐层加大券脚跨度，向上方斜升，至中间收顶，称为四隅券进砌法[15](图2-4-4)。该砌筑方法是拱券技术发展过程中无支模施工工艺的创新，它改变了过去以墓壁承托墓顶重量的单向承托方式，转角斜向叠砌的方式可以将墓顶与墓壁有效连接，缓解了圆形墓顶与方形墓室不协调的问题，也使四角顶受力更加均衡，因此该建构方式在西晋的中大型墓室中十分流行。形制结构上，可以将这种四边结顶拱壳或覆斗顶看作是两个筒拱相互穿插形成的建筑空间，其特点是四边支撑受力且随着拱的弧度逐层向中心收拢成顶，标志着拱顶由单向结构逐渐转向双向结构[16]。与此同时，这一时期部分墓室拱券门上的四壁初步模拟了斗拱样式，溯其缘由是因为人们对于祭祀礼仪制度更加重视，"视死如生"的丧葬意识使得墓室修建大多模仿宅居建筑的格局。此外，自西晋时期初步萌芽的"以砖仿木"的审美观，对后世拱券结构的发展影响颇深。

东晋至南北朝时期，拱券技术的发展体现在对砌筑细节的考量方面，这一时期拱券结构基本定型。湖北枝江市拽车庙墓中的墓门券顶采用楔形砖和条砖

[14] 杨德文：《云南大理大展屯二号汉墓》，《考古》1988年第5期。
[15] 傅熹年主编《中国古代建筑史》第二卷，中国建筑工业出版社，2001，第37页。
[16] 陈菁：《从汉晋墓葬看河西走廊砖拱顶建筑技术》，《西北民族大学学报(哲学社会科学版)》2006年第3期。

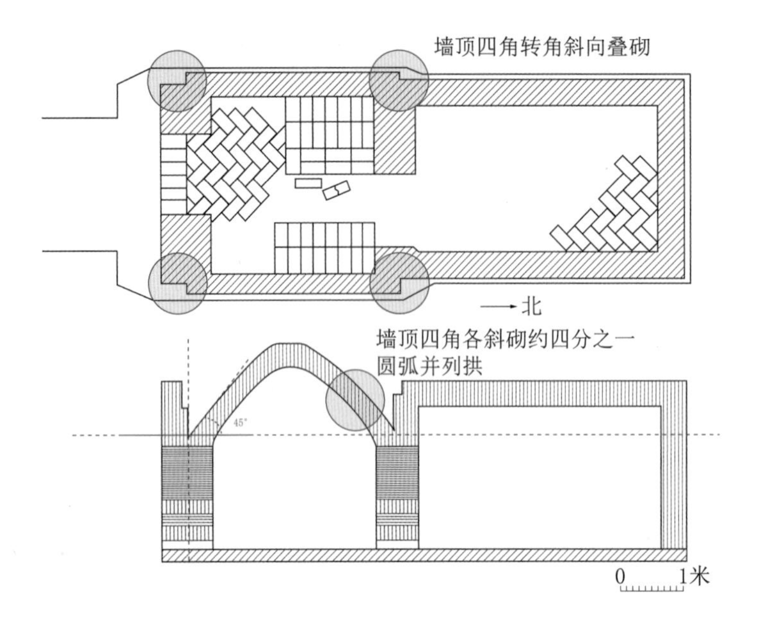

图 2-4-4 吴国四隅券进式墓室构造平、剖面图[17]

相间起券，整个墓室的券顶先由墓壁自下而上三层“五顺一丁”[18]的砌法[19]（图2-4-5），然后在第三层之上着手纵横分层，顺砌至第十三层起券。施工时，墓壁两端分头起砌至中间合拢，当墓壁上层顺砖出现对缝且丁砖合拢处不足一砖宽缝时，便用半头丁砖塞缝[20]。这种做法体现了人们在砌拱券时，考虑到了选材、砌法以及修缮等细节。尤其是此时对不同位置的用砖进行了区分，即筒壳或穹隆顶多采用小砖，局部砌筑筒拱顶处则采用楔形砖，也有用楔形砖与刀形砖相互间隔砌筑的。南北朝时期，拱券结构被划分为穹隆和筒拱两大类。北魏郦道元《水经注》有载：“获水又东径同孝山北，山阴有楚元王冢，上圆下方，累石为之，高十余丈，广百许步。经十余坟，悉结石也。”[21]其中“上圆下方，累石为之”表明楚元王墓室也是一个由拱券技术砌筑而成的石穹隆，穹隆顶与筒壳顶结构被广泛运用在各阶层的墓室营建中。魏晋时期，拱券技术以砖砌佛塔为代表，开始被正式应用于地面建筑。此后，历代拱券结构的应用范围不断扩大，功能与规制也更加完善。

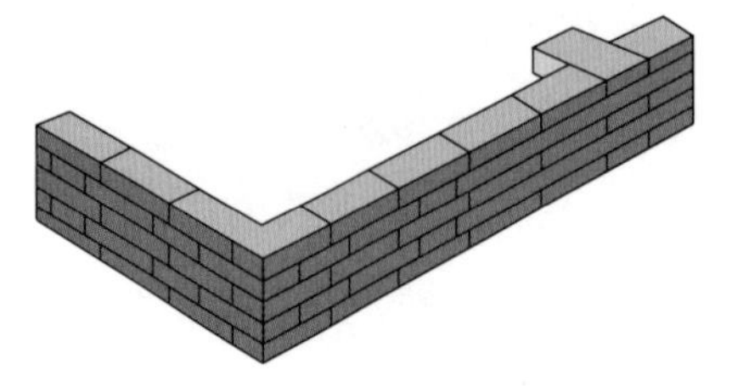

图 2-4-5 五顺一丁砌法示意图[22]

[17] 丁邦钧：《安徽马鞍山东吴朱然墓发掘简报》，《文物》1986年第3期。
[18] 五顺一丁：建筑行业专业词汇，指砌砖的一种砌法，古建墙面砖缝排列形式之一。
[19] 黄道华：《湖北枝江县拽车庙东晋永和元年墓》，《考古》1990年第12期。
[20] 同上。
[21]〔北魏〕郦道元：《水经注》，谭属春、陈爱平校点，岳麓书社，1995，第353页。
[22] 王其钧主编《中国建筑图解词典》，机械工业出版社，2007，第27页。

（三）兼具功能性与装饰性的以砖仿木与券上加伏

隋唐至五代时期，砖石拱券无论是在砌筑工艺、形制结构还是应用范围方面都得到了空前发展。东汉时已有加固拱券的做法，至隋唐时普遍采取“券上加伏”的措施，即在拱券上随形砌筑一层或多层砖、石，以加强拱券的整体性和稳定性（图2-4-6）。此外，隋代还对拱券缝隙进行加固，出现“填物连接”的做法，以河北赵州石拱桥为代表，其中28道并列拱间都填有“腰铁”在各石块中，用以连接加固。唐代陕西乾陵中还进一步在放置“腰铁”的石卯中灌满铅或锡，以防腰铁滑动。这一时期的拱券在结构上的表现也十分突出，隋唐时其结构跨度大、矢高低，例如赵州桥的弓形券券身的弧线为圆弧60°角的部分，整个半圆弧的跨度高达55.4米；五代十国时，帝王建墓所用的筒拱从拱的跨度到宽度都较前朝的比例更大。这一时期还进一步发展了西晋“以砖仿木”的做法，五代以后墓室中的券门、券石上都绘有彩饰，而墓室的墓顶与墓壁则用砖雕出木建筑的立柱、额枋、斗拱等部件，体现了墓葬文化的象征性与礼仪性。

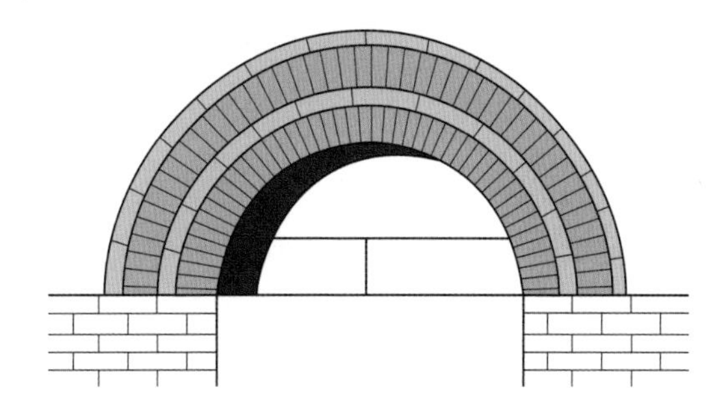

图2-4-6　券上加伏的做法[23]

宋元时期，拱券技术在前代基础上更加科学，应用范围也更广，形制上出现了装饰化的趋势。在砌筑工艺中，汉代砖砌墓室和宋以前砖塔上的拱券大多用泥浆砌造，而自宋代开始则选用石灰泥浆，即在砌砖的胶泥中掺入石灰，以防拱券坍塌。并且，宋代沿用了隋代“券上加伏”的加固方法。李诫在《营造法式》中将“伏”称为“缴背”，表明其增加了荷重能力。《宋史·河渠志》载：“石纵缝以铁鼓络之，其制甚固。”[24]此句说的是宋代利用“铁鼓”等金属修补了西京的天津桥这件事，直到清代陵墓建筑中仍在大量使用此法加固[25]。在形制上，这一时期拱券的形式扩充有弧形、折线形、折线七形、折线嵌楔形、斜撑板梁式和穹隆顶等数种。而宋、金墓葬中在延续“以砖仿木”文化观念的同时，逐渐在叠涩顶基础上形成宝盖式盝顶藻井[26]，并在拱券砖上施以彩绘，先涂白灰浆，后绘

[23] 李浈编著《中国传统建筑形制与工艺》（第3版），同济大学出版社，2015，第247页。

[24]〔元〕脱脱等：《宋史》，刘浦江等标点，吉林人民出版社，1995，第1491页。

[25] 中国文物研究所编《祁英涛古建论文集》，华夏出版社，1992，第282页。

[26] 藻井：中国古建筑中的一种装饰性木结构顶棚。多建造在宫殿宝座或寺庙佛坛上方。自天花平顶向上凹进，似穹隆状。图形有方形、圆形、八角形，或将这几种图形叠加成更复杂的空间构图，上有各种花纹、雕刻和彩画。

饰图案，为后世拱券在形制上的装饰化开创了先河。

明清时期砖石材料工业的发展带动了建筑结构的进步，明代砖拱结构的跨度逐渐增大，对比汉代墓葬中3米左右仅可容一棺的券洞，实现了大跨度的支模技术，可建造出跨距达11米的大券[27]。此后，清乾隆时期还在对明庆陵等皇陵的修缮中提出将糟朽坍塌的楠木梁架结构一律改成石条发券结构，进一步从侧面反映了清代拱券在修缮功能和使用范围方面的发展。

二、走向地面的拱券结构

建筑技术的整合有助于建筑形式的创新与丰富，中国古代拱券技术的应用经历了从地下到地上的发展过程，其结构在不同建筑类型中往往呈现出设计上的差异，而拱券技术也在与其他砌筑工艺的相互影响中，形成错综复杂的建筑美学特征。除了地下建筑外，中国古代运用拱券结构的建筑主要有桥梁建筑、宗教建筑和居住建筑。同时，该结构在其他建筑类型如宫殿、城防建筑中也有所体现。

（一）砖石拱券结构的桥梁建筑

砖石拱券结构在地面建筑物之中的集大成者是拱桥，拱桥以拱券作为桥身的主要承重结构。古代工匠通过对力学性能的掌握，将拱券技术广泛用于桥梁建设中，创造出相较梁柱结构更大跨度空间的拱桥，因此拱券结构的出现与应用更像是桥梁建筑的一次重大技术革命[28]。依据材质的不同，可将拱桥划分为石拱桥、砖拱桥、竹拱桥等，其砌筑方法与结构形制各有不同。

中国古拱桥最早的图像资料始见于东汉时期河南、山东等地汉墓画像石中的石拱桥形象。在此之前的先秦时期，人们多选用木材建造古桥，但由于木材易腐烂，难以长期处于露天和水中，因此出现了石质桥梁，砖石拱券结构也随之得到了发展。中国最早有文字记载的石拱桥是西晋时期的河南洛阳“旅人桥”，其券形为半圆弧拱形式[29]，而现存最早、保存最好的石拱桥是隋代的赵州桥，其券形为圆弧拱形式，使得石拱高度大大降低。本节以使用最为广泛的石拱桥为例，其券形种类统一按圆心角的大小分为半圆拱、马蹄拱、全圆拱、圆弧拱、锅底拱、蛋形拱、椭圆拱、抛物线拱及折边拱九种类型，各个种类的划分又是由跨度与弧边形制所决定，拱心夹角之间呈现出较大区别（图2-4-7）。

---

[27] 孙大章编著《中国古代建筑史话》，中国建筑工业出版社，1987，第94页。

[28] 罗哲文等：《中国名桥》，百花文艺出版社，2001，第21—22页。

[29]《桥梁史话》编写组编《桥梁史话》，上海科学技术出版社，1979，第47页。

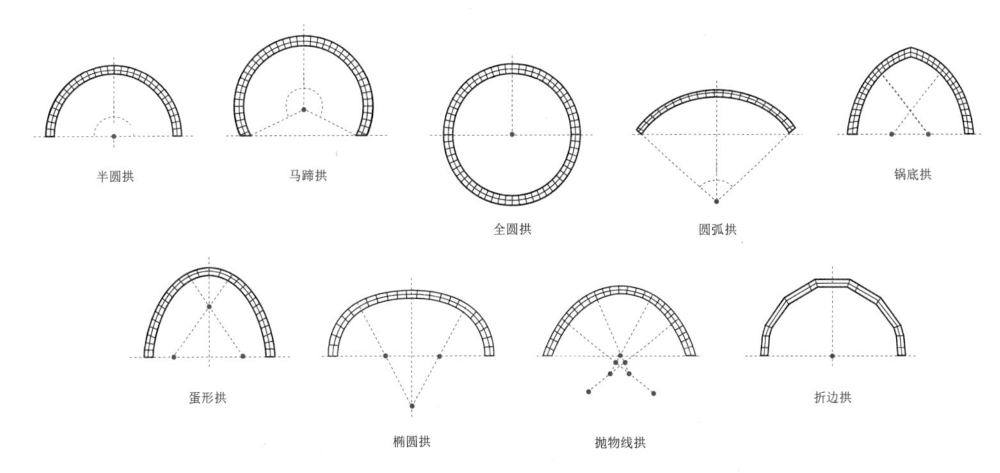

图 2-4-7 石拱桥券形种类图[30]

石拱桥的建造工序大致有以下四个步骤：第一步为用木架或卵石搭成拱模搭建拱架；第二步为用砖石材料在并列或横联两种方式上派生出更多的排列方式进行砌拱；第三步为将拱石两边隆起并脱离第一步搭建的拱架。依据砌筑排列方式的不同，横联砌筑的石拱适用尖拱技术，并列砌筑的石拱适用压拱方式；第四步为砌筑拱上结构，如砌筑墙体与拱券相接、铺砌桥面、设置栏杆，除此以外，还会在桥梁两端加筑引桥，直至桥梁建造完成[31]。

自晋以后，拱桥开始逐渐发展，但直至隋代未有较多文字记载，也无完整的实物遗存。隋唐时期，拱桥建造日益兴盛，首创了敞肩式石拱桥，即赵州桥。敞肩式桥梁最大的特征是在大拱的基础上建筑小拱，与之相反，大拱肩上不设小拱的桥梁则被称为实肩拱桥。《安济桥铭》中："试观乎，用石之妙：楞平砧斗，方版促郁，缄穹隆崇，豁然无楹。"[32]即说明了赵州桥跨度大、矢高低的特殊结构。这种结构减少了桥梁的自重，有效防止主拱圈变形，提高了桥梁的承载力和稳定性[33]。此后，拱券结构便多应用在拱桥的券洞方面，券洞在形制上表现为中间券洞最为高大，两岸逐渐缩小，形成对称样式。至宋代，人们逐渐在拱券部位加以装饰，刻有龙头、吸水兽等图案，表达祈求安澜平波、桥梁永固的愿景[34]。明清时期，拱券相关的建造规制陆续出台，《清官式石桥做法》中记载了清代规定了拱桥二十分之一拱的净跨径比例[35]，使得拱顶更呈尖形。

18世纪末，欧洲拱桥工程在拱架结构上有了提升，桥梁具有平拱、浅拱环、小桥墩的特点。如图2-4-8所示，由法国工程师佩罗内特设计的位于塞纳河畔

[30] 茅以升主编，唐寰澄副主编《中国古桥技术史》，北京出版社，1986，第70页。
[31] 同上书，第206页。
[32] 转引自李合群主编《中国古代桥梁文献精选》，华中科技大学出版社，2008，第42页。
[33] 王文思：《中国建筑》，时代文艺出版社，2010，第82页。
[34] 罗哲文等：《中国名桥》，百花文艺出版社，2001，第20页。
[35] 净跨径：对于梁式桥是指设计洪水位线上相邻两桥墩（或桥台）的水平净距离；对于拱桥则指两起拱线间的水平距离。

位于巴黎塞纳河畔讷伊的桥梁拱架

位于伦敦泰晤士河的黑衣修士桥拱架

图 2-4-8 欧洲 18 世纪末拱桥拱架改良设计实例图[36]

讷伊的桥梁拱架，拱形构件分为对半两部分，主要由螺栓固定，岸上的绞盘机可将其侧拉于河中。之后英国建筑师米尔恩改进了佩罗内特的设计拱架，将多个楔形件与拱肩墙的砖石结构相接，在增大跨度的同时，拱架的结构较佩罗内特的更为坚固[37]。欧洲桥梁学家福格・迈耶（H. Fugl-Meyer）曾评价中国拱桥建筑“最省材料，是理想的工程作品，满足了技术和工程双方面的需要”。[38]对比中西方拱桥技术的发展都呈现了朝着大跨度发展的趋势，中国古代工匠师不断突破“半圆拱是安全所必需的”这一想法的限制，将拱券结构设计得更加扁平或是往更大圆弧的方向发展，推动了拱桥工艺获得重大突破。在拱桥的发展中，拱券的弦高呈现出递减的趋势，到弓形拱时，表现为更加扁平宽大的形制。

造型上，西方拱桥随时代的不同而具有鲜明的风格差异，中国拱桥相较于西方哥特式、巴洛克式拱桥等宏大华丽的风格则侧重于与自然环境相适宜，纵横于山水之间，尤为体现了中国传统的天人合一理念。可以说，中国拱桥是集科学性与艺术性于一身的。

（二）砖石拱券结构的宗教建筑

自东汉时期佛教传入中国，建筑与宗教的紧密关联便陆续得到体现，砖石结构因其庄严肃穆的形象常常运用于宗教建筑中。魏晋时期，道、佛两教兴盛，

[36]〔英〕查尔斯・辛格、E・J・霍姆亚德、A・R・霍尔、特雷弗・I・威廉斯主编《技术史》第Ⅳ卷，辛元欧主译，上海科技教育出版社，2004，第308—309页。

[37]同上书，第308页。

[38]〔英〕李约瑟原著，〔英〕罗南改编《中华科学文明史》，上海交通大学科学史系译，上海人民出版社，2010，第1104页。

砖石佛塔中不断出现券门与券窗，此后在道观、寺庙、无梁殿等多种宗教建筑之中都可以看到拱券的身影。

从文献来看，最早的塔是木结构，鉴于木材易燃难存，魏晋以后纷纷营建砖石塔，塔中的拱券亦为砖石材料建构，充分发挥了耐火的优势。至唐代，拱券结构还被用于砖塔的塔顶部分，如建于唐天宝五载（746）的净藏禅师塔，塔顶便为穹隆顶，塔身南面辟有拱券门[39]。五代时期所建的江苏苏州虎丘云岩寺塔，塔门与塔的内部各层走道也运用了拱券结构。五代以后，砖石塔朝着仿楼阁式木塔的形式发展，地下陵墓中的"以砖仿木"理念在明代宗教建筑之中表现更甚。明代解决了拱券技术在地面建筑应用上的问题：其一，推进了大跨度的支模技术，即可以建造跨度更大的拱券结构；其二，石灰胶泥普及以后，增强了筒券结构的强度；其三，人们对拱券结构在受力合理性上有了进一步的认知，将半圆形筒拱改为双心圆或三心圆的尖拱状，使承重墙体变薄并向承重柱发展，有效扩大了室内空间[40]。

明代还利用砖石拱券结构拓宽了宗教建筑的形式，创建了无梁殿，又称无量殿。据古籍载："纯甃空构，不施寸木"，即整个建筑不用梁柱结构也不用寸木寸钉，建筑顶部多为穹隆顶，又因其出色的防火性能与坚固耐久的特点，常被用于保存皇室档案或佛经。正是由于明代砖石拱券跨度的提升以及支模技术的大量应用，为无梁殿的出现与发展提供了有利条件[41]。

明初期，以江苏南京灵谷寺无梁殿为代表，主要采用造拱桥的方法，先砌小洞，合缝后再连叠成大型拱状殿顶；同时其内部空间设计也别具匠心，分成三列筒券，其中四周的筒券较低小，中间筒券最大。这种券洞组合与屋顶曲线相一致，坛庙门洞之中也常用相同做法，一则可以解决门扇开关问题，二则减少了屋面垫层，节约了工程量[42]。

其后，以河南辉县百泉凤凰山无梁殿为代表，则是采用四券相交的方法，在明间的四隅砌出向内的石头方柱（即拱脚），然后以拱脚为起点，向上砌出四个弧形券构成明间，每个拱脚都成为两弧券的相交点；再由每两券相交之空间，开始叠涩垒砌石条，使之与券顶形成平面；最后用石板垒砌成六角形，向上逐层交错递收[43]。从内部结构来看，明间四个弧形券不仅支撑着整个屋顶的重量，同时也起着分隔和扩大室内空间的作用。这种殿顶用四角钻尖及六角逐层交错

---

[39] 匡盛主编《中华佛教之最》，吉林出版集团有限责任公司，2010，第180页。
[40] 孙大章编著《中国古代建筑史话》，中国建筑工业出版社，1987，第94页。
[41] 王文思：《中国建筑》，时代文艺出版社，2009，第215页。
[42] 同上书，第96页。
[43] 汤文兴、吕品：《河南省辉县百泉凤凰山发现明代无梁殿》，《文物》1965年第10期。

叠涩垒砌的方法，在一定程度上继承了宋代砖结构的建筑技法。

明代晚期，无梁殿的结构刚度不断增强，以四川峨眉山万年寺普贤殿为例，该殿穹隆顶处特地填补了立方体与半球体结合处的空间，加强了砖墙与穹顶的连接。相关文献如《清凉山志》中“鼎新创立，以砖垒七处九会大殿，前后六层……”[44]更深入指出了无梁殿建造中粘接技术与使用异形砖等方面的提高。与此同时，装饰方面更趋于“以砖仿木”的审美倾向，如山西太原永祚寺大雄宝殿与五台山显通寺无梁殿都将上大下小的穹隆顶与藻井相结合，犹如华盖宝顶，富丽精致。

除此以外，宗教建筑还受到外来文化的影响，从而产生出不同形制的拱券结构。如宋元时期受伊斯兰建筑影响，北京地区出现大量带有伊斯兰风格的清真寺拱券门窗；明代基督教传入，出现古罗马拱券式窗。在南方沿海地区，宗教对建筑的影响更深。总体而言，拱券在宗教建筑上依然延续了仿木建筑的形制，外檐装修皆仿木制门楣、额枋、斗拱、垂柱等[45]，技术上尤其体现在无梁殿的建造中，其结构坚固、施工精良，是中国古代建筑中独树一帜的创新形式。

（三）五种拱券形态并存的民居建筑

中国民居建筑是指在不同的自然环境、不同的生活方式等因素的影响下，形成的富有地方特色的居住建筑。拱券结构在历代民居建筑中既能承重，又能起到装饰作用，在山西、陕西等黄土高原地区的窑洞中运用甚广，明清时期在东南沿海地区的碉楼中也有出现，呈现出差异化的风貌表征。

自元代开始，就已有拱券作为门窗和全部用砖券的窑洞实例，如陕西宝鸡金台观张三丰元代窑洞遗址。中国最早的窑洞来源于新石器时代的半坡半穴居遗址，秦汉时期出现了迄今为止最早关于“窑”的文字记载，即“凿地为窑”，其中窑指横穴[46]。隋唐时期窑洞建筑已在民间使用并有关于窑洞的正式文献记载，元明清时期窑洞建筑普遍采用拱券砌筑并在民间得以大量推广。

窑洞民居主要分布在我国华北和西北部，按地理位置可划分为陇东窑洞区、陕西窑洞区、晋中南窑洞区、豫西窑洞区、冀北窑洞区与宁夏窑洞区共六个区域。以上区域的窑洞统一按取材方式和建筑布局的不同分为以下三种窑洞类型：其一是在陕北地区沿着山坡、崖边挖掘拱形洞穴，砌筑成靠崖式窑洞；其二是在黄土高坡地平线以下以四合院形式构成下沉式窑洞；其三是在山前或半山坡较小的平地上，用黄土夯筑或用砖石砌成窑墙，再在其上造土坯拱或砖石

[44] 转引自左国保、李彦、张映莹编著《山西明代建筑》，山西古籍出版社，2005，第139页。
[45] 庄裕光：《古建春秋》，百花文艺出版社，2007，第124页。
[46] 侯继尧、任致远、周培南、李传泽《窑洞民居》，中国建筑工业出版社，1989，第17页。

拱，砌筑成独立式窑洞[47]，比如靠砖拱承重的锢窑。

综上三种类型在施工上由于起拱曲线的差异呈现出五种拱券形态，分别是半圆拱、双心拱、三心拱、平头三心拱与抛物线拱（表2-4-1）。半圆拱拱身立面为一个圆弧；双心拱拱身立面为两个不同圆心但相同半径的圆弧相交；三心拱由两个相同半径不同圆心的1/4圆弧相交，再由内切小圆组成；平头三心拱是在三心拱基础上稍作修改，拱身立面更为扁平；抛物线拱则是由曲线拱与侧墙合为一体组成[48]。以上五种拱券形态中，双心圆拱受力更合理，稳定性更高，因此应用较为广泛，而抛物线拱由于侧墙是曲面且拱曲线成形难，因此应用较为少见。

表2-4-1　中国传统窑洞中常见的拱形曲线[49]

	半圆拱	双心拱	三心拱	平头三心拱	抛物线拱
类型图示					
靠崖式窑洞	陕北	晋西、豫西	陕北	陕北	陇东
下沉式窑洞	山西、陕西关中	—	豫西	—	陇东
独立式窑洞	陕北、渭北、山西	陕北、山西、陇东	—	—	山西、陕北

自明代开始，民居中空斗墙砌筑技术的提高使得砖墙得到普及，拱券结构也在窑洞民居中进行了局部性的技术突破。中原地区窑洞采用砖砌拱券，并在洞外再砌一层砖墙，起到保护作用。以山西地区为代表，砖窑洞中拱身垂直于建筑正面，每间一拱，并列3至5拱为一排房屋，正面装门窗，加木构檐廊，顶上做平屋顶或局部做瓦屋顶，这种券顶窑洞的做法也为砖筑拱券建筑的发展提供了借鉴[50]。同时，窑洞作为掩土的拱形建筑，除了顶部拱券是立面构图的重要元素，在门窗方面也富于装饰与变化。窑洞拱形洞口的下部一般会设门，上部会设窗，门两侧设半窗，拱券窗处会用具有传统纹样的砖雕做装饰。自明代以后，拱券结构伴随着洋楼式民居的出现逐渐运用于广东开平、台山、新会一带的华侨所建造的碉楼之中。碉楼是以防御为主的多层塔楼式乡土建筑，清代海禁松弛，华侨受到海外文化影响，开平碉楼中就有广泛采用并汲取西方建筑风格的半圆形拱券、圆形穹隆顶实例。与此同时，西洋土木建筑技术的冲击不仅没有将

[47] 汪之力主编，张祖刚副主编《中国传统民居建筑》，山东科学技术出版社，1994，第53页。

[48] 师立华、靳亦冰、孟祥武、房琳栋：《从减法到加法——黄土高原地区传统窑居建筑营造技艺演进研究》，《古建园林技术》2018年第1期。

[49] 同上。

[50] 左国保、李彦、张映莹编著《山西明代建筑》，山西古籍出版社，2005，第135页。

一些古老的建造方式淘汰，反而使它们焕发了生机[51]，如在东南沿海一带的小型住宅、甚至在江南地区的一些建筑中，都衍生出了分隔空间的券洞式拱门。

砖石化是中国古代民居发展的主要趋势，而拱券结构在不同地区、不同类型的民居中进行了形制和技术方面的局部调整，以适应居住空间的需求，达到了装饰与功用平衡的状态。

（四）拱券在其他建筑类型中的运用

除运用于以上三种建筑类型，拱券还被用于水利工程中的涵洞结构和军防、城建以及宫殿祠堂的建筑结构之中。古代水利工程中最早采用拱券构造涵洞的实例是西汉汉惠帝时期，长安城直城门和西安门中的排水涵洞，其顶部用二层砖券、下用石块所砌造，虽跨度均不超过2米，但已具备受力抗震性能[52]。其后，宋代《营造法式》中也载有涵洞底部和两壁用石板铺砖，顶部则用砖构成拱券的做法。明清时期，金水河入城进水，涵洞几乎全用砖砌而成，内径和高度达3米。这一时期往往将防御与排水功能相结合，如苏州盘门水门拱券采用三节拱券分节纵向递进排列。

拱券在军防、城建应用方面，主要应用于城门和长城敌台建筑中。砖石拱券用于城门建筑的最早实例是南宋四川金堂县的古石城城门[53]。随着火药在军事领域内的频繁使用，南宋时期逐渐改为砖石拱券的城门洞，替代了北宋以前的梯形木架结构的城门。《静江府修筑城池图》中的券洞式城门洞便是由砖砌筒拱建成，此图也是拱券用于城门处最早的图像实例[54]。自元代开始，城门洞基本由木制梁柱结构转为半圆形拱券结构，直至全部演化为砖砌筒拱结构承重[55]，元大都和义门瓮城的门洞便是很好的例子。至明代，在城墙建设的推动之下，军防、城建建筑物中的拱券结构由于其防火、坚实的性能优势而得以普及。以南京聚宝门第三道瓮城为例，其前段为条石顺砌两层的拱券门洞，为明显的双心券；终端段与前段分界处设有内开木质城门两扇，拱券上部置木横梁作为门扇的支撑。此外，明长城建筑即空心敌台上的瞭望窗与瓮城的门洞也都纷纷采用拱券结构。由此可见，拱券结构在城市建设和军事防御上进一步强调了结构的承载力。

水利工程、军防、城建中的拱券更多地体现了功能性，而在宫殿之中，拱券则具有更多的文化象征意义。明清时期，宫殿建筑中开始大量采用拱券结构。

---

[51] 孙大章编著《中国古代建筑史》卷五，中国建筑工业出版社，2002，第162页。

[52] 张建锋、刘振东、徐龙国：《西安汉长安城直城门遗址2008年发掘简报》，《考古》2009年第5期。

[53] 常青：《元明中国砖石拱顶建筑的嬗变》，《自然科学史研究》1993年第2期。

[54] 傅熹年：《傅熹年建筑史论文集》，文物出版社，1998，第314页。

[55] 左国保、李彦、张映莹编著《山西明代建筑》，山西古籍出版社，2005，第133页。

据《凤阳新书》卷三记载，皇城“砖石修垒，高二丈，周九里三十步。开四门，砖券”[56]。明代午门作为紫禁城的正门，其券洞呈双心拱券式样，券洞两壁以及东西两侧白石须弥座上都有纷繁复杂的浮雕，达到了最高等级的“五券五伏制”，以突出天子的至高地位[57]。另一个典型实例是始建于明嘉靖年间皇史宬大殿，该殿是明清两代保存实录、圣训、玉牒等皇家史册的档案库，大殿有五座石券门，进门后是一座巨型拱券式内殿，皇史宬也是北京地上最大的拱券式建筑[58]。由此可见，中国的“礼”文化对于建筑的影响十分深刻，在建筑的形制之中尤其强调礼制的不可僭越。

中国古代拱券结构在地面建筑中的应用一直受到多方面因素的制约，其中礼制思想占主导地位。各个历史时期，在社会生产力的推动下产生的技术变革，以及社会文化、社会风俗，这些都在潜移默化地影响着拱券的形制发展与应用范围。拱券在不同的建筑类型中所具有的功用是有区别的，而它的形制表现与技术发展也并非以一一对应的方式呈现，而是一个复杂的发展过程。

三、砖石技术促进拱券砌筑制度的完善

关于拱券结构的记载早在北宋李诫的《营造法式》中就已出现，该著作是现存最早的国家制定的建筑工程标准规范，分别规定了各工种的工程做法与工料定额。宋以前，建筑工程做法的规定主要详见于《周礼》《汉书》《后汉书》《唐六典》等史籍之中，但关于拱券砌筑的规定鲜有记载。此后，《营造法式》对砖石拱券结构在理论上有所总结，但仅分述于壕寨、石作和砖作制度中，限于砖券的卷輂河渠及石券的卷輂水窗，其中卷三载“随渠河之广，取半圆为卷輂，棬内圆势”[59]，即二者券形皆为高跨比为0.5的半圆。

直至明清时期，得益于砖石技术的发展，拱券结构不断在新兴建筑中得到推广，拱券技术趋于成熟稳定，正式确立了一系列标准化的拱券砌筑制度。明代随着砖烧技术的成熟，首先在材料的加工上实现了长足的进步。明初城墙营建多为石灰窑烧炼的砖石，因此石灰厂分布众多，石灰灰浆作为黏合剂大量运用于营建，致使拱券砌筑所用的砖材和黏合剂自明初全部被更替为石灰灰浆。《天工开物》中描述有“石得燔而咸功，盖愈出愈奇焉。水浸淫而败物，有隙必攻，

[56] 转引自李国豪主编，喻维国、汪应恒副主编《建苑拾英——中国古代土木建筑科技史料选编》第二辑 · 下册，同济大学出版社，1997，第133页。

[57] 转引自孟凡人：《明代宫廷建筑史》，紫禁城出版社，2010，第82页。

[58] 丁守和、劳允兴主编《北京文化综览》，北京师范学院出版社，1990，第220页。

[59] 常青：《元明中国砖石拱顶建筑的嬗变》，《自然科学史研究》1993年第2期。

所谓不遗丝发者。调和一物，以为外拒，漂海则冲洋澜，粘甃则固城雉”[60]，说明石灰有填补缝隙的特性。明初的七桥瓮石拱桥用糯米石灰浆作为胶凝材料，使砖石构件互相粘连，石灰与糯米搅合后更为坚固。此外，砖石拱券在明代的发展取决于技术的可行性，明代砖的造价成本降低，使砖材得到推广，拱券砌筑技术自此被广泛应用于房屋建筑中。明代据此在隋代加固措施的基础上形成了“一券一伏”的规制，券、伏的数量作为券门等级的标志，亦是封建等级制度的反映。

清代拱券在明代基础上进一步改革，券门加固最高可达“五券五伏”。清工部颁布的《工程做法则例》实际是继《营造法式》后更深入规定官式建筑做法的集成，其中卷四十四专论有拱券发券做法，并明确规定券砖须陡砌，券高为跨度的0.55。据载，早期拱券门矢高与拱跨之比皆小于0.5，曲率较平缓，而后跨比至0.5，清代高跨比在明代大于0.5的三心拱[61]的基础上提升至0.55，是拱券技术在建筑发展上的重要体现。

除以上两部著作以外，清代各项皇家建筑工程竣工后还需详核工料，因此出台了具有工程决算性质的皇家工程籍本《销算黄册》。此籍本涵盖对皇陵券坑的载述。通过对以上三部著作的总结，有学者发现，清代北方官式地面建筑最通用的拱券结构为双心圆式样，其特征表现为整个券形呈中心对称、左右各一段半径相等的圆弧相交的形式；而与券形曲线平行的圆弧均在对称轴上成尖角，越靠内的尖角越尖锐，反之越靠外则越趋近于半圆[62]。由此可见，拱券技术标准自宋代有相关记载以来，不断对尺寸、做工、用料数额进行细分、完善，技术标准最终走向统一化、科学化、模数化。

结语

中国拱券结构的诞生是中国砖石技术发展的必然产物。拱券作为一种跨度较大的圆弧形承重结构，在其演化过程中，形成了与西方截然不同的发展路径。中国的拱券建筑，以其独特的设计理念和呈现样式成为全球砖石建筑中的佼佼者。

中国古代拱券结构在西汉时期主要用于陵墓建筑，东汉时期基本定型为筒拱、拱壳和叠涩三大类，主要采用发券法与叠涩法砌筑。三国至西晋时期又有四

[60]〔明〕宋应星：《天工开物》，钟广言注释，广东人民出版社，1976，第282页。

[61]三心拱：三心形圆弧拱。由拱上端的半径较大的圆弧、两侧半径较小的两段圆弧，共三段圆弧组成，有三个圆心，故称为三心拱。

[62]王其享：《双心圆：清代拱券券形的基本形式》，《古建园林技术》2013年第1期。

隅券进砌法，形式为四边结顶拱壳，标志着拱顶由单向结构逐渐转向双向结构。南北朝时期，拱券又依据形制被分为穹隆和筒拱两大类。至明代，随着制砖技术的提高，以及对拱券结构在受力合理性上的进一步认知，已能建造跨度更大的拱券和大型砖构殿宇，拓宽了建筑内部空间。在建造理念方面，两汉时期"天圆地方"与"视死如生"的思想观念影响着拱券结构的产生。魏晋时期，佛教的兴盛与"以砖仿木"的建筑审美观推动着拱券由地下陵墓走向地面佛塔。隋唐时期，应用拱券结构的赵州桥顺应了天人合一的中国传统哲学思想，且集科学性与艺术性于一身。宋元时期，拱券开始运用在城门与窑洞民居。明代，拱券在无梁殿、碉楼以及长城等建筑物中得以普及。自宋代开始，不断对拱券的尺寸、做工、用料数额进行细分、完善，于明清时期正式确立了官式建筑中券门的券伏规制，在建筑形制之中体现了封建礼制的不可僭越，最终形成了统一、规范的拱券技术制度。

在中、西方拱券的差异与融合方面：汉代穹隆顶拱券与西方砖石拱顶都象征天穹，不同的是，前者与阴阳数术、经学及谶纬思想紧密关联，后者则是与宗教中永恒的思想相关；元代的拱券结构受到伊斯兰建筑影响，北京地区出现了带有伊斯兰风格的清真寺拱券门窗；明代出现的古罗马拱券式窗体现了中西方的融合；清代海禁松弛，开平碉楼中汲取西方建筑风格的半圆形拱券、圆形穹隆顶，进一步提升了中式拱券建筑的观赏价值。

总体而言，中国拱券设计在演变过程中经历了从地下走向地面的发展历程。传统拱券技术的优越性体现在穹隆顶和拱形结构的设计上，以及建筑空间布局和装饰的曲线与比例、营造技术中对砖石材料的使用和弯曲力学的理解等方面。同时，在文化传承和中西方思想与价值观的互动中，拱券反映了中国砖石建筑技术的进步，也体现了中国文化和审美观念的演化，对现代建筑产生了深远影响，为当代中国建筑的发展和创新提供了宝贵的经验和启示。

第五节　中原与草原空间的区隔

长城是多种复杂材质与类型构筑的军事建筑集合，一般分为包括城墙、关隘、敌台在内的主体性建筑和包括烽火台、城堡在内的扩展性建筑。长城是于不同历史时期修建的大型军事防御建筑，结合自然地形地貌，以山川为天然屏障，以土、石、砖、木等作为材料，在空间上呈现连续线形特征。它的分布范围主要集中于我国北部、东北与西北地区，共跨越15个省、自治区、直辖市，现存总长度为21196.18千米，亦是世界上最长的军事防御工程[1]。长城始建于春秋战国时期，随朝代更迭，至清代彻底停止翻修，修筑历史逾两千年。我国历史上最早的长城实体现已无法查考，但据《左传》《汉书·地理志》《水经注》等相关史料证实，春秋战国时期，楚国首次修筑长城，现存实物遗迹为河南舞钢楚长城遗址。

目前学界普遍认为楚长城是由列城发展而来，统治者将王城的封闭性城墙打开，改作串联各个军事建筑的连续性、单向性墙体，标志着长城形态正式产生。考古出土的偃师商城遗址作为防御工事遗迹实例，从侧面证实了先秦时期由初期的王城到长城这一演变过程[2]。

战国时期，长城的主体性建筑城墙、关隘、墙台与扩展性建筑烽火台、堡城均已出现，但此时长城只初步建立了基本的防御功能，尚未将这些单一建筑进行串联。秦代，长城扩展性建筑出现了障隧、亭隧及墩等建筑类型，并首次创建了较为完整的长城建筑技术规范与边地守御战略原则，形成了相对较为完备的军事据点和战略防御堡垒。汉代，长城扩展性建筑中规模最小的堡城逐步演化为城堡，这一转变可增加屯兵数量，提升防御能力。同时，汉代大力增设烽火台，制定严格的管理制度，将主体性建筑与扩展性建筑联通，相互配合，初步形成了多重防御体系。金长城的主体性城墙外普遍筑有壕沟，形成壕与墙并列的建筑设施，在城堡基础上进一步修筑边堡和屯兵城等扩展性建筑，有助于戍卒就近驻防、相互增援。明长城在主体性城墙的墙体建筑中开始普遍运用墙砖，早期的

[1] 赵晓霞：《明长城：精确数据迎接未来》，《人民日报》海外版，2009年4月28日第7版。

[2] 中国社会科学院考古研究所编著《偃师二里头》，中国大百科全书出版社，1999，第55页。

墙台在明初发展成为敌台，明中后期拓展衍生为空心敌台，而扩展性建筑从城堡发展为基于九边十三镇防御体系下的军防城堡，构成了以镇城、路城、卫城、所城、堡城为主体的兵备系统，最终形成了以城墙为线，以关隘为支撑点，联结了敌台、烽火台、城堡的多重防御体系，将中国古代军事防御战略和军事工程建设的发展推向崭新高度。

历代长城主要建于中国北方农牧交错地带，作为农牧区的界墙和天然防护“墙带”。长城除了调整农耕与游牧冲突，规范农牧秩序外，还促进了中华民族的凝聚融合，是探究中原与草原文化交流与融合的重要物证[3]。

一、长城选址布局：从分散的弱关联到连续的一体化整体分布风貌

从整体风貌来看，长城主要分布于我国西北、东北与华北地区，无论是位置走向还是布局关系，千百年来呈现出雄踞我国北方的格局（图2-5-1）。秦昭王时期的长城，成为初步区隔中原文化和草原文化的代表。自战国始，长城都是从战略需求出发，利用山川、河谷等有利于防守的地形而建造，强调全局统筹的建造思想。

宜君战国魏长城遗址

神木秦长城遗址

敦煌汉长城遗址

锡林郭勒盟金长城遗址

滦平明长城遗址

图2-5-1　古代长城遗址

[3] 李鸿宾、马保春主编《中国长城志：环境 · 经济 · 民族》，江苏凤凰科学技术出版社，2016，第23页。

历代长城中，战国长城整体分布呈现为多段、不连续、各段之间关联性弱的特点。战国时期诸侯兼并，为防御邻国遂各自设防，此时既是长城的始建时期，更是修筑长城的第一个高峰期[4]。战国七雄中齐、楚、魏、赵、燕、秦、韩国都曾先后修筑过长城，以及中山国修筑过中山长城。历史文献中虽然没有直接记载韩国修筑过长城，但河南密县境内向南延伸的魏卷长城间接证明了亥谷以南一段长城是韩国所筑[5]。战国长城中燕长城修筑长度最长，中山长城最短，各国长城的分布依据领土的边界明确区分，史学界称为“先秦长城”。此时期各国长城遗迹众多，其中燕、赵、齐、秦国修筑长城规模较大。战国长城大多依据具体地形地质条件，以及对应防御各国军事交界区进行修筑，故而分布走向不一，且呈现出分散、不连续的特征，如齐长城段等。

秦长城修缮利用了部分战国时期的长城，并逐步向北新修，将分散、不连续的长城连接为一个整体。自秦始皇统一中国后，下令拆毁了中原地区各国所建长城，后为防御匈奴南下，开始重新修葺和增筑战国时期遗留的秦、赵、燕三国长城部分段。整段长城东达辽东，北至内蒙古境内，作为首个近万里的长城，秦始皇长城的建造较前朝逐步完备。秦长城一般修建在险峻的山梁岭脊或大河深谷之侧，只有在草原、川矿无险之处才平地起城。《史记·秦始皇本纪》记载秦长城“北据河为塞，并阴山至辽东”[6]，其西段凭借洮河与黄河天险而成，以鄣塞城堡为主，不全是互相连属的长城。因此，秦长城呈现出虽为一体化但不完全相连的特征，选址布局具有与地形相结合的战略特点。

汉长城较战国、秦始皇长城则更加复杂绵长，这一时期的最大分布特点为在新疆段境内几乎仅修筑烽火台作为长城防御。汉长城建设与军事扩张有直接关系，西汉长城新筑部分基本为抵御匈奴而建，其整体走向分为东、中、西三段。东段自内蒙古商都以东至辽东半岛，中段自内蒙古商都以西至额济纳旗之间，西段自内蒙古额济纳旗苏古诺尔湖畔起，向西经罗布泊延伸。汉长城大量沿用了战国赵、燕长城和秦始皇长城，河西长城与外线长城之间并无连接，因此汉长城整体呈现出自西向东的长线形布局风貌，西北部地区更是依凭自然地貌修建屏障，进一步体现了此时期长城布局的灵活性与适应性。

北魏长城与秦汉长城相比，其分布地域已退缩至秦汉长城以南，整体呈两段“一”字形排列。北魏长城是历史上少数民族政权最先修筑的长城，主要为防御北方游牧民族柔然和东北部契丹的袭扰而修筑。北魏长城共分为三段，分别

[4] 段清波、徐卫民编著《中国历代长城发现与研究》，科学出版社，2014，第1页。

[5] 中国长城学会编《长城百科全书》，吉林人民出版社，1994，第72页。

[6]〔汉〕司马迁：《史记》，中华书局，1982，第239页。

是泰常长城、畿上塞围与六镇长城，前两段仅有文献记载：泰常长城“筑长城于长川之南，起自赤城，西至五原，延袤二千余里”[7]，畿上塞围则“起上谷，西至于河，广袤皆千里”[8]。六镇长城留存有北方区域沿线依次设置的六个军镇，也是仅有的实物遗迹。此时期长城整体布局借鉴部分秦汉长城的修筑思想，修建之地主要选择丘陵间的谷地，并顺势与黄河、燕山山脉相连，凭借天险作为防御，充分发挥了漠北草原的地形优势，达到双重护卫的军事目的。

辽宋金元时期，宋、辽两国长城修筑段较少，主要以金代所筑长城为主，整体呈多分枝网状，具有连续性特点。这一时期多民族政权交替频迭，辽国与宋王朝形成南北对峙的态势，因此建有辽镇东海口长城及松花江沿线间以壕堑墙体为主的防御工事。宋代为抵御金兵入侵，在晋北地区北齐、隋长城的基础上进行少量修筑。金代则为防御塔塔尔、广吉剌、合底忻以及蒙古等部族修建金界壕，分金明昌长城与乌沙堡长城两段，集中分布于内蒙古、黑龙江以及河北境内，呈东北至西南走向，两端长城相连接，形成两条主线配合多条副线的一体化态势。金长城在地形选择上，有别于秦汉长城依山就势的修建原则，主要选择在山脚或山坳处，并利用周边的河谷沼泽作为长城以外的防护屏障，体现了少数民族“逐水草而居”的选址特色。

明长城在主要利用前朝长城的基础上进行了大规模新筑。此时期建筑位置主要选择在中国北部自然地理区域的重要交界线上，自东部沿海一直延伸至西北内陆，整体走向和汉长城大致相同，各段之间关联紧密，连续性强。究其原因，明朝建立后，漠北草原的蒙古贵族与东北地区的女真族不断威胁边境安全，为巩固北方边防，明朝在统治期间从未停止长城修筑工程，并改称长城为边墙。明长城东起鸭绿江，西达嘉峪关，整体修建大致分为三个阶段：前期修筑的重点为北京西北至山西大同的外边长城以及山海关至居庸关的沿边关隘；中期是以增设军防城堡为主要内容，前后兴筑军镇，将全线分为九镇，亦称为九边重镇；后期则重修辽东段长城，局部地段进行改线重建。总体而言，一方面，明长城擅于利用天险，出现跨河修筑的新形式；另一方面，将高屋建瓴的建造思想发挥到极致，既根据“九边”分区防守的原则进行布局，同时也考虑游牧民族的进攻兵器以弓箭和短剑为主，依据弓与剑的射程确定长城的选址、高度与结构，整体布局呈一体化中包孕分段式、各段长城彼此紧密相连的特征。

清代不再修建长城，仅对前朝关隘进行了利用和改造。清代入关后虽制定

[7]〔北齐〕魏收：《魏书》，中华书局，1974，第63页。

[8] 同上书，第101页。

了“不修边墙”的政策，但在东北的东、西、南三面仍修筑了全长1300多千米的土堤，上植柳条，名曰“柳条边”。柳条边作为界标，一方面可以防止水土流失，另一方面其西面可以防蒙古牧民进入东北腹地，东面可防止朝鲜人越境，南面防汉人入东北。可见该防御工事有别于长城防外敌入侵的目的，主要还是趋向于捍卫自身统治。

二、长城营造材料与技术：从版筑技术、石砌技术到砖砌技术

长城的建造起源于采用“封树”，就是设置木质栏杆及“土墉”，即筑土围墙等方法修建的墙垣[9]。新石器时代中晚期，中国就已经初现修建城墙的建筑活动，即原始先民为了抵御自然灾害和外敌入侵，运用木材、石材、黄土等史前时期的主要建筑原料，采用夯土围墙、石块垒砌等方法，初步掌握了墙体修建技术。历代长城主体性、扩展性建筑的营建都是基于墙体砌筑技术不断更进的，并最终实现了由春秋战国时期的版筑技术、石砌技术到明代砖砌技术的转变。

春秋战国时期长城的建造以版筑技术与石筑技术为主，主要有土筑墙、石垒墙和土石混筑墙等形式。版筑技术亦称夯筑或夯土技术，属于土质墙体的营建技术，是中国最早、最广泛也是最长久的一种筑墙方法，仰韶文化晚期的河南郑州西山古城遗址是目前所知最早采用该方法建造的城垣[10]。其建造工序大致分为以下三步：首先是土料、工具的准备；其次是地基的修建；而后进行墙体夯筑，这一步是夯土墙建筑的核心，主要分为搭支架、捆扎模板、夯筑泥土、拆卸支架和模板四道工序[11]。具体是用固定的木板模具搭建成框并向中间填土，利用夯具夯实，随后每夯完一层便重复再次固定填土，即分段逐层加宽、加高墙体。版筑夯土墙体修建到一定高度时，为了使土壤顺利运送到墙体层，会依墙体一侧搭建脚手架，最后多在墙顶铺设石灰等硬结面作为顶部防雨设施，以达到防护作用，至此版筑夯土墙建造完成[12]。

战国时期主要出现了先施堑削后加夯筑的建造手段[13]，即以自然河沟为依托，通过堑削河岸山崖形成陡壁，再在上方加筑夯土墙体。从遗迹来看，秦昭王长城甘肃庆阳段境内的长城下部为无夯层的自然原貌，上部为人工夯土砌筑的

[9] 汤羽扬主编《中国长城志：建筑》，江苏凤凰科学技术出版社，2016，第3页。
[10] 张玉石、赵新平、乔梁：《郑州西山仰韶时代城址的发掘》，《文物》1999年第7期。
[11] 张世带：《闽东北山区版筑夯土墙的建造流程与技术要领》，《古建园林技术》2015年第1期。
[12] 薛程：《中国长城墙体建造技术研究》，博士学位论文，西北大学，2018，第52—58页。
[13] 汤羽扬主编《中国长城志：建筑》，江苏凤凰科学技术出版社，2016，第37页。

墙体结构，充分体现了此时版筑技术开始与地形地貌进行紧密结合。秦代为了省时省力，采用了分段交接式的夯筑方法，即在战国时期基础上，进一步在山坡低的一面向下深挖堑削成断崖，在断崖外壁上筑一层夯土墙[14]。汉代版筑技术的突破体现在夯筑工具和夯筑方式的进步上，此时大量应用了石和铁夯具，并将早期单人夯筑改为双人合作的方式。此后隋唐时期进一步出现方形平底夯具，并逐渐有多人夯筑的使用方式，即一人站立中间手握圆木棍固定，夯头对角站立的四人向外侧拉升夯头不断夯筑，使得速度与效率大大提升（图2-5-2）。尽管历代夯土墙极易受到风雨侵蚀，具体形制较难考证，但据长城遗迹统计，夯土墙体在历代长城墙体中所占比例最高，可见版筑技术对长城建造的起源与发展影响极深。

接痕墙缝的石砌技术在战国时期已被广泛运用于长城建造之中。石砌技术属于石质墙体的营建技术，仰韶文化晚期内蒙古包头阿善遗址中的房址遗存是目前发现较早使用该方法构筑的石墙垣[15]。接痕墙缝的石砌技术使用沙土或石灰等黏合剂对石块间的缝隙进行接痕填补。其建造工序大致分为以下五步：首先是石料的加工制作，对山体开采分离出来的石块进行打磨和修整；其次是地基的修建，在山形复杂地段会将自然地表进行平整后再垒砌；而后进行墙体垒砌，长城石砌墙体主要分为单面石墙和双面石墙，二者垒砌方式有一定差别，前者主要依托山体，仅在防御面外侧进行直壁式垒砌；后者主要是在夯土墙或石墙外两侧再用石块垒砌，即在墙体外侧铺设毛石后堆砌泥浆，然后在泥浆上继续铺设石块，并将石块间的缝隙进行填补。垒砌完毕后，还会在墙体顶部表面平铺石块，使其平坦，方便士兵行走。最后会在墙体两侧或防御侧修建垛口，便

单人夯筑复原图

双人夯筑复原图

多人夯筑复原图

图2-5-2 多种夯筑方式场景复原图[16]

[14] 汤羽扬主编《中国长城志：建筑》，江苏凤凰科学技术出版社，2016，第5页。
[15] 崔璇、斯琴、刘幻真、何林：《内蒙古包头市阿善遗址发掘简报》，《文物》1984年第2期。
[16] 薛程：《中国长城墙体建造技术研究》，博士学位论文，西北大学，2018，第228页。

于观察军情并做出防御。至此，石垒墙和土石混筑墙建造完成。如战国秦长城，其石墙呈下宽上窄、岩面平整、接缝严密的形式。与此同时，石砌长城也常与地形结合，一般在山岭脊区外侧边缘垒砌石墙，形成居高临下、易守难攻的战略优势。

明代以前的石墙多由自然石块构成，形状各异，墙基一般宽度不一。明代则开始加工为标准化的条石，并在石墙中增加灰土，黏合剂转变为石灰掺糯米汁，墙顶开始采用大块的片石铺砌，致使明长城墙顶可达7至8米宽[17]，明代河北怀来大横岭山长城下段还将墙面依坡度砌成大梯与小梯，方便士兵上下攀登。纵观历代长城，石砌墙体普遍不易受风雨侵蚀，荷载力强，同时能抵御兵器袭击，加之各代长城不少地段构筑于山区，因此历代之中石墙一直是除夯土墙外应用最为广泛的墙体。相较于土墙分明的层次结构，石墙则内外层次不一，同时亦有土石混筑的情况，往往与山险结合，构成天然的军事屏障。

秦汉长城的建造仍延续以版筑技术与石筑技术为主，但这一时期更加充分考虑环境对营造活动的影响，基本确立了长城建筑施工中因地制宜的原则。主要包含五个方面：其一，地势平坦或丘陵地区，多用黄土夯筑，如内蒙古敖汉旗以东地区；其二，山岭地带多为石砌或土石混筑，如内蒙古赤峰及河北北部围场一带；其三，山势险要地段则大量利用自然天险，即多在两山体间修筑长城墙体，以防止敌人从豁口处攻入防区，如内蒙古包头固阳县中部地段；其四，在穿越河谷地带时，或选用沟堑代替墙体，或沿河谷一侧以块石增筑平行的墙壁，如赤峰老哈河西岸边段；其五，在土、石较少的沙漠地区，用红柳框与沙石交替构筑，如疏勒河沿岸地段等[18]。

此外，汉长城出现了沙石与植物枝条混筑的墙体修建技术并发展了土坯垒砌技术，因此在材质多样性上进一步得到发展。沙石与植物枝条混筑的墙体修建技术亦称草墙技术，属于特殊墙体的营建技术，最早出现于汉武帝时期修筑的汉塞。其大量集中于河西地区，尤其是疏勒河流域气候干燥、土壤贫瘠，很难采用土、石墙体，因而基本都是用该技术修建的墙体。其建造工序大致分为以下几步：首先是将芦苇、红柳、沙石等作为主材料编织框架，从而在地表铺设地基；其次是在框架内铺设砾石到一半高度；紧接着再在框架内摆放红柳或芦苇两至三层，并再次添加沙石；如此反复直至筑构完成。此类墙体是依据地形地貌，在特定时期下就地取材而产生的，所以此后并未大量沿用。

[17] 汤羽扬主编《中国长城志：建筑》，江苏凤凰科学技术出版社，2016，第35页。

[18] 同上书，第31页。

图 2-5-3 长城土坯墙体建造工序中土坯制作过程图[19]

汉代大量使用土坯垒砌技术构筑长城墙体，属于土质墙体的营建技术，新石器时代河南淮阳平粮台城址就有相关砌筑的房墙遗迹。其整体建造工序大致分为以下四步：首先是用黏土制作成土坯；其次是修建地基；再次便在地基上铺设土坯垒砌墙体；最后用黏土作为黏结材料并在墙面外涂抹一层黄泥作为保护层，至此土坯墙建造完成。战国时期长城土坯墙的遗迹不多，汉代在修筑塞墙、烽火台等防御设施时也多选用土坯垒砌，此时对于土坯原材的筛选加工也更加精进（图2-5-3）。经加工之后，夯土层厚度和夯窝更深，墙体也更扎实稳固，如河西长城的甘肃临泽、高台、玉门等地段[20]。此后，金长城与明长城部分地段也沿用此类方法构筑，但技术上并未有较大突破。

魏晋南北朝至隋唐时期，大量遗迹中出现了由堆筑技术而筑成的长城墙体。堆筑技术也属于土质墙体的营建技术，新石器时代湖北天门石家河城址中的谭家岭遗址[21]是目前所知最早采用该方法建造的城垣。堆筑技术整体工序较版筑技术而言相对简单，主要是由工匠不断堆筑土层并用拍打工具对土壤进行层层拍打、压实，堆筑完毕后进行铲削，在最终的完善阶段与版筑夯土墙体顶部处理防护较为一致，多是在顶部用石灰、沙石混合铺设以起到防护作用。迄今为止将该技术运用到长城建设中的实例，最早可追溯至河北赤峰西龙头乡东城西至大唤起河口段秦长城[22]。此后大量沿用主要集中在这一时期，其中北魏长城墙体即以堆筑为主，形似一条土垄[23]。其后保存相对完整的是宁夏吴忠盐池境内的隋长城，该段长城全长25千米，由红沙土、红黏土、黄沙土堆筑而成[24]。因此大部分墙体外表为紫红色或红色，整体呈弧状形土堆形状，自隋代以后，堆筑技术不再大量沿用。

[19] 薛程：《中国长城墙体建造技术研究》，博士学位论文，西北大学，2018，第61页。
[20] 甘肃省文物考古研究所、吴礽骧：《河西汉塞调查与研究》，文物出版社，2005，第21—45页。
[21] 孟华平、刘辉、向其芳、陆成秋：《湖北天门市石家河遗址2014～2016年的勘探与发掘》，《考古》2017年第7期。
[22] 河北省文物局编《河北省长城保护管理和执法情况调查研究报告》，文物出版社，2009，第252页。
[23] 国家文物局主编《中国文物地图集 · 内蒙古自治区分册》上册，西安地图出版社，2003，第95页。
[24] 汤羽扬主编《中国长城志：建筑》，江苏凤凰科学技术出版社，2016，第36—37页。

辽金时期，大量被称为“边壕”的长城防御工事使用壕堑建造技术修建。壕堑是在地下挖掘的沟堑，早在战国时期的秦长城中就已然出现。其建造工序也较为简单，主要分为三步：首先是在防御区域内挖掘深沟；其次将挖掘过程中的土堆于沟堑两侧或内侧形成土堤；最后将这些土堤采用版筑技术或堆筑技术建成长墙，构成完整的壕堑防御工事。战国时期秦昭王长城就有墙体外配以壕堑的做法，典型实例有甘肃陇西德兴乡鱼家咀至蒙家湾段长城[25]。秦代还有在烽火台四周挖有壕堑的实例，如河北张北、崇礼内的长城。其后，这种做法常出现于汉塞之中，集中于河西走廊令居塞一带，如甘肃敦煌、酒泉等地的戈壁滩上就有以壕为主、以墙为辅的壕堑形式，称为“长壕”，亦为辽金长城所借鉴。具体表现为金代常在长城墙体外尤其是交通要道挖建双壕、双墙并列的结构，从内至外依次为内墙、内壕、外墙、外壕（图2-5-4）。这一时期还会在沙石分布较多的戈壁区，采用因地制宜的构筑方式，在土堤里掺杂一些石块，由此在沟堑外构筑土石混筑墙，从而有效阻止骑兵的逾越。

此后，明代壕堑建造技术并未有较大突破，但其建造的规模、尺度较金代均有很大的提升，如明代青海境内壕堑底宽约10米，顶宽约20米，深约10米，据此推断壕堑形态受地区与风沙、淤土掩埋等自然因素影响较大，辽金时期的壕堑适用于草原、戈壁，是有效应对北方游牧民族冲突的重要军事产物。

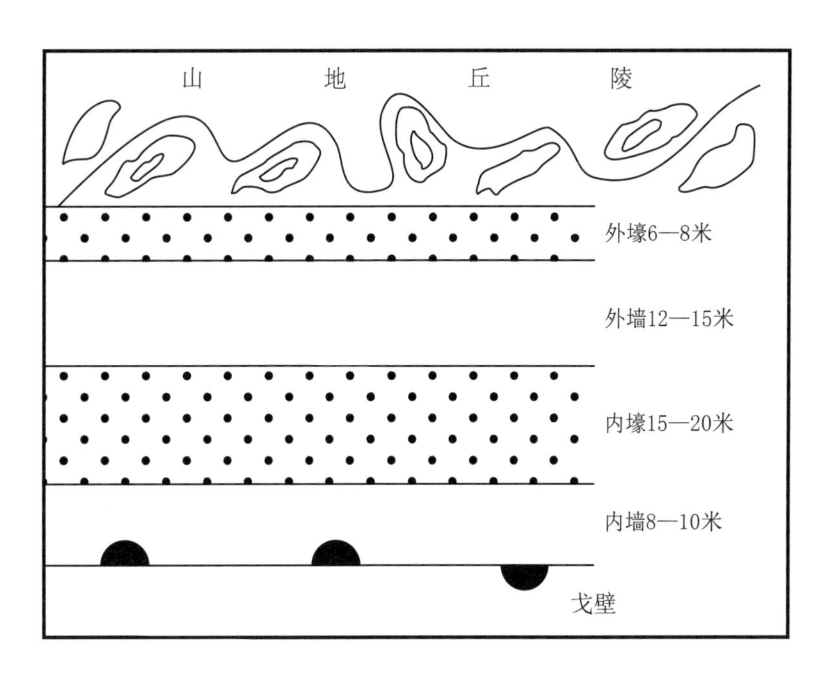

图2-5-4　双墙双壕剖面示意图[26]

[25] 彭曦：《战国秦长城考察与研究》，江苏凤凰科学技术出版社，2017，第12页。
[26] 项春松：《巴林左旗金代临潢路边堡界壕踏查记》，《北方文物》1987年第2期。

明代达到了长城建造技术的高峰时期，传统的版筑夯土技术被砖砌技术取代。砖砌技术属于砖石质墙体的营建技术，砖墙是指将泥土夯打后包砖，主要分为外侧包砖和通体包砖。砖在明代以前就大量运用于建筑之中，但到明中期才广泛用于长城建设之中。明长城东部地区多为外侧石砌包砖或黄土包砖，即在原土边墙、石边墙基础上外包青砖或条石加筑，可以有效节省成本，内外通体包砖的墙体则往往出现于重要关卡和城楼之中。长城砖墙的建造工序十分复杂，主要分为五步：首先是条石、青砖的准备，即开采石料加工成条石并烧制青砖，利用模具成型，明代用作长城建造的砖规格统一，尺寸一般为长37至40厘米，宽20厘米，厚8.5至10厘米[27]；其次是地基修建，即下挖后对地基底部夯打并在地基面铺设条石，直至地基整体高度与地表平齐；紧接着进行墙体修建，这一步作为砖墙构筑的核心，主要分为确定垒砌方式、检测墙体基线标准、平铺黏合剂、错缝垒砌青砖、收分墙体并填充内部土石混合物共五道工序，尤其是垒砌完毕后的内部填充，主要目的是使两侧砖墙达到平齐，并多用石灰浆作为黏合剂加强墙体稳固；而后是马道、垛口墙与女墙的修建，当墙体主体部分修建完毕后，需在墙体顶部铺设马道，以保证运输与通行，并在墙体防御面上层修建垛口墙，在内侧修建女墙，以方便进攻与瞭望；最后是排水设施的修建，即铺设水槽砖、建排水渠等设施，并且利用石灰浆对墙体缝隙进行填充，青砖与干燥之后的石灰浆具有防水的作用，也更利于砖墙的排水防潮，至此砖墙建造完成。

另外，汉代已有长城木构筑设施，明代出现了木墙砌筑技术，属于木质墙体的营建技术，主要有木板墙、木栅墙和悬崖山林中的木质挡墙，其建造工序较为简单，首先是选取柞树等原木材料，其次将木材直立填埋进土层，最后将木与木之间固定，构筑成栅栏墙，但由于此类墙体较难保存，因此适用范围不大，仅分布在明长城的辽宁本溪段地区。结合明代以前就已出现的土、石、草墙等长城墙体可知，所有材质、类别的墙体在明代建造技术中均已完备。除了利用山险加工形成的铲削墙、劈山墙，其余各类别墙体建造工序环环相扣，其整体步骤大致围绕基础工程建设、主体修建过程以及防护完善补充这三部分，具有一定的规律性与相似性。

清代建造的柳条边防御工事，实质是壕堑修建技术的升级形式，其结构与辽、金边壕大致相同，都是掘地的壕堑形式，不同之处在于建造方法上的差异。“掘土为壕，壕沟上宽八尺、底宽五尺、深八尺。壕内引水，挖壕的土堆成堤，堤上植柳。土堤宽、高各三尺，堤上每隔五尺插柳条三株，柳条粗四寸，高六尺，

[27] 景爱：《长城》，学苑出版社，2008，第267页。

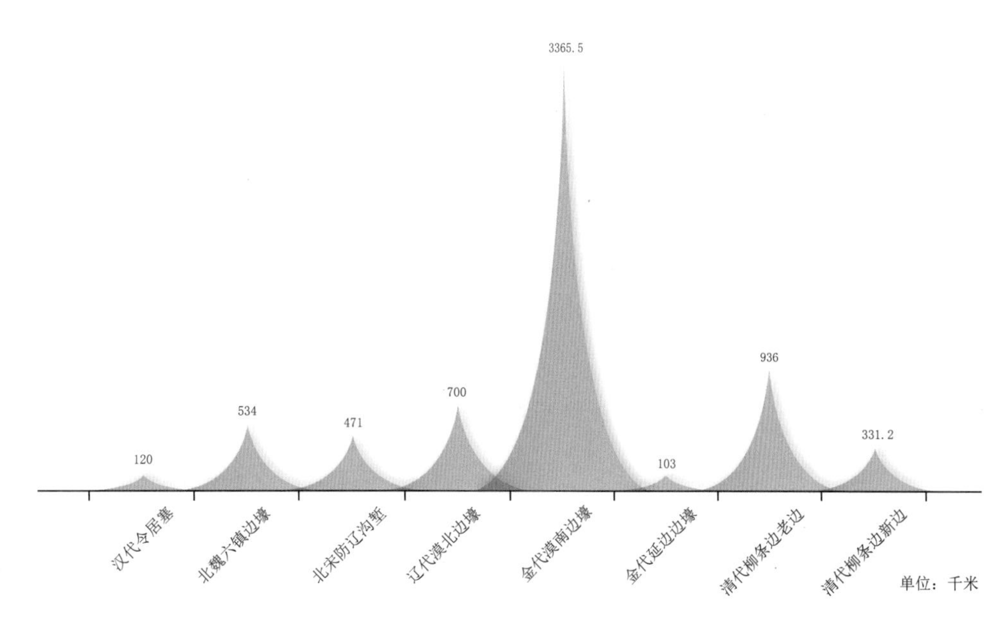

图 2-5-5 中国历代主要边壕修筑长度统计图

埋入土内二尺，外剩四尺。”[28] 由此可见，柳条边分为三部分：其一是壕沟；其二是壕壁上植柳，各柳条之间再用绳连接，称为“插柳结绳”；其三是在壕堑内外修有便于士兵巡逻的道路[29]。虽与辽金边壕一样都是以壕沟作为主体，但柳条边在壕壁上植柳并结绳为网，一定程度上阻止了他人逾越。

历代对于边壕修筑的规模具有明显差异，通过现存遗迹资料统计（图 2-5-5）[30]，将汉代、北魏、北宋、辽代、金代修筑的主要边壕以及清代柳条边的修筑长度进行比对，可知金代漠南边壕所修长度最长，此后清代所修柳条边新、老边之和次之。纵观历代壕堑修筑技术，由修筑长度可以从侧面看出，金代壕堑建造技术已然达到完备，清代在金代基础上增加了植柳结网的做法，是在一定程度上进行的技术改变与突破。

三、建筑设施：春秋战国时期至明代长城建筑的扩展与创新

（一）从单一城墙到综合性城墙建筑体

长城各建筑单元紧密交织、层层迭进，是其建造技术变革的物质形态体现。长城主体性建筑——城墙，是集阻挡、据守及掩蔽等功能于一体的线式防御工

[28] 辽宁省博物馆编《辽宁史迹资料》，1962，第138页。清代量地尺：一寸约3.45厘米，一尺约34.5厘米；营造尺：一寸约3.2厘米，一尺约32厘米。金其鑫：《中国古代建筑尺寸设计研究——论〈周易〉蓍尺制度》，安徽科学技术出版社，1992，第32页。

[29] 景爱：《中国长城史》，上海人民出版社，2006，第334页。

[30] 同上书，第347页。

事，其形制为上窄下宽、平面呈梯形状的墙体。从建筑结构而言，分为顶层建筑、墙身、墙基、关门与水门以及城墙附属设施等，构筑方式基本为就地取材，随山迂曲，不同地段墙体高宽尺度不一。

长城城墙始于春秋战国时期，早期形态多为由土、石所筑的土垄、石堆或土石堆形式。秦代不断细化或增设城墙设施，城墙顶部为士兵提供作战空间。后自汉代至宋代，城墙的高度不断提升，这一时期城墙不断增设有垛墙、女墙、横墙、射孔、望孔、马道、水门、暗门等设施，使得长城城墙的构造做法日趋完整。及至明代，砖和石灰的大量应用，使得明代大范围使用城砖包砌的城墙。相较前代长城城墙的尺寸不一、保存不整，明代砖石城墙逐渐趋于标准化，此时墙体均高7至8米，基宽6至7米，顶宽5至6米[31]。除此之外，明代长城在主体墙体建造完毕后建造适用于瞭望的垛口墙、女墙等以加强防御细节[32]。砖城墙内部又新增有战墙和障墙等结构设施，墙体顶面用砖铺满，两侧设有排水沟，墙身内侧设有砖石券门暗道，供士兵出入。

纵观历代长城城墙演变，其建筑结构不断增进而基本形态无较大改变，同时依据敌情、地形和军防条件的不同，墙体的宽窄厚度也存在较大差异，主要分为以下两类情况：第一，在易于骑兵活动、敌军进攻的防御地段，墙体一般较厚、较高，顶部较宽并筑有墙台，可以容纳士兵在城墙上机动作战；第二，在地形复杂，如山地或有天然屏障的地段，墙体较窄、较矮，顶部相应也偏窄，仅起到障碍和屏蔽作用，以抵御敌军进犯。长城城墙经历了由单一的薄墙发展为具有完备建筑设施的综合墙体的漫长演变过程，其与扩展性建筑相互配合，不断拓展，最终促使长城成为具有连续性、整合性、防御性的军事建筑综合体。

（二）从战国墙台到明代敌台的演变

长城主体性建筑墙台是指在城墙上依据当时作战武器的射程为防御敌人进攻而连续设置的突出墙外的高台，即敌台的早期形式。墙台依附于城墙所建，呈自下而上收分的长方体建筑，有三面突出城墙外侧，同时配有射孔、炮洞等墙面设施。由于外观狭长如马面，因此又称为“马面”，其构筑方式与长城城墙基本保持一致。墙台广泛建设于长城城墙、关隘中的关城以及各类古代城池之中，作为突出城墙左右的台体部分，既便于观察敌情又便于士兵作战。

墙台最早产生于夏代及其前后，最早实例是夏家店下层文化分布中心区发现有依附于城墙外侧，形制为半圆形的墙台，但并不具备防御性，大致是为了加

[31] 汤羽扬主编《中国长城志：建筑》，江苏凤凰科学技术出版社，2016，第35页。

[32] 垛口：指边墙顶部外侧连续凹凸的齿形小墙的凹口。女墙：指建在城墙顶部内外沿上的薄型挡墙。建在城顶内沿的女墙也称宇墙，建在城顶外沿的女墙也称垛墙。

固墙体而设[33]。战国至魏晋时期是墙台逐步发展的时期，战国时期长城墙台主要呈方形、长方形或半圆形这三种，并且高度几乎与城墙一致，如秦昭王长城段墙台的纵轴基线与长城墙线保持一致。至北宋时期，墙台的上部、内部以及转角处分别加筑新的设施，并往往出现有墙台高度大于城墙高度的情况。具体而言，即上部加筑一种木结构掩体，称为敌楼，内部加以踏道，转角上加筑平面呈半圆形的构筑物，称为敌团，以便用于屯兵、储藏武器及瞭望，并保持各段城墙的通达。明代墙台进一步在宋代墙台与敌楼的基础上新增设了一系列建筑设施，以明代"神威楼"为例，其外墙以及左右两侧墙都开设有箭窗，且为了加强对建筑本体的保护，在三面墙体的外侧，自基部向上都设置了护墙和飞椽。

明代在宋代墙台与敌楼的基础上建设敌台，二者之间相似之处在于从平面上看基本都以方形、矩形或圆弧形为主，同时都配有垛墙、射孔等设施。不同之处在于敌台多横跨长城城墙修建或独立于城墙之外，高度普遍高于城墙，并有多种空间划分形式。据《武备志》记载，明代敌台又分为实心敌台和空心敌台，二者之间最大的差别在于：实心敌台的内部不能住人且不设箭窗，只筑有登台顶的踏道，而空心敌台的中部是空心部分，可以形成一个供士兵驻守、存放兵备武器的场所，四面皆设有箭窗。实心敌台外形呈现为上窄下宽的方台体、圆台体等，通常有横跨长城城墙修建、依附于城墙外侧修建以及独立于城墙修建这三种情况。实心敌台墙顶四周筑有垛口，并在垛上设置望孔，用以掩护士兵作战。由于此类敌台内部为实心，只筑有登台顶的踏道，故而建造数量有限。空心敌台外形与实心敌台类似，但体量更为庞大，多横跨并高于城墙顶面修筑，是一种跨长城墙体而建的中空的、四面开窗的楼台，该建筑分为上中下三部分，分别为台顶、空心层、基座，整体形成中空多层结构（图2-5-6）。明代军事家戚继光依据蓟镇长城的防御体系，部署建造10余种结构形式的空心敌台，其《练兵实纪》中载有"其制高三四丈不等，周围阔十二丈，有十七八丈不等者"[34]，并指出造台方法"下筑基与过墙平，外出一丈四五尺有余，内出五尺有余，中层空豁，四面箭窗，上层建楼橹，环以垛口，内卫战卒，下发火炮，外击敌人"[35]。此处以大甸子蔓芝草敌台为例[36]，该敌台形式和尺度大小与《练兵实纪》中的记载基本相符，为三层构造，中部是砖砌空筒式"楼橹"，配有箭窗，便于瞭望。由此可见，空心敌台在建筑功能上不但借助内部空间，以砖拱构成可供士卒住宿及储备军

[33] 叶万松、李德方：《中国古代马面的产生与发展》，《考古与文物》2004年第1期。
[34]〔明〕戚继光：《练兵实纪》，邱心田校释，中华书局，2001，第326页。清代营造尺：一丈约320厘米。
[35] 同上。
[36] 文物编辑委员会编《中国长城遗迹调查报告集》，文物出版社，1981，第99页。

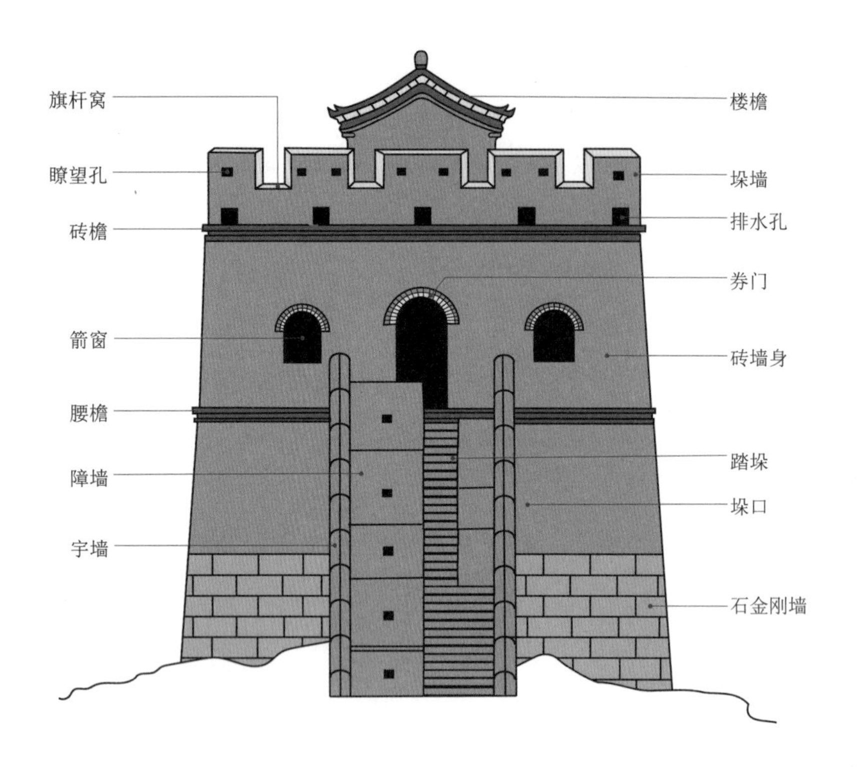

图 2-5-6 明代黄土岭 2 号空心敌台正视图[37]

资的场所，而且利用瞭望口与箭窗，使士卒可在各层开窗处，对外敌进行侦查或多角度的射击，弥补了实心敌台的功能缺陷，增强了防御与作战能力。

总体而言，自战国长城墙台出现开始，其建筑增设在逐步完善，至明代增设有箭窗、护墙和飞椽等，达到完备状态，并由墙台衍生扩展为实心敌台与空心敌台。敌台不再同墙台一样，基本依附于城墙构筑，而是与长城城墙形成有机互动，并构成一个完整的军事防御建筑。

（三）关隘建筑体系的逐步形成

长城主体性建筑关隘是建置在长城防线上险隘的山口或重要通道，具有保卫疆土、促进贸易往来功能的驻防军事建筑系统。“关”泛指边境上修建的以军事防御为目的的人工构筑物，“隘”泛指山谷隘口等自然险要地带。关隘建筑主要由主体建筑与配套设施构成，主体建筑规模由大至小，分别是关城、关堡与关卡。其中关城最为重要，和军防城堡类似，用以管辖长城沿线某一区域内各军事设施的防务，其城池多为方形，配套设施包括城墙、敌台、烽火台与城堡等。

关隘始建于西周时期，最早的相关文字记载是《周礼注疏》中“王畿千里，王城在中间，有五百里界首，面置三关，则亦十二关”[38]，佐证了各诸侯国相继在能扼守进入城邑的要冲之地设立关隘。春秋战国时期，关隘开始与长城工事

[37] 汤羽扬主编《中国长城志：建筑》，江苏凤凰科学技术出版社，2016，第131页。
[38]〔清〕孙诒让：《周礼正义》，王文锦、陈玉霞点校，中华书局，1987，第805页。

结合，关隘的墙体结构形式与长城墙体基本保持一致，但关墙体量比长城城墙还要大，也更加高陡、宽阔。春秋战国时期，关隘的布局主要有两个特征：其一主要设置在各诸侯国边境或交界边防线上，即捍卫领土安全的战略位置上；其二主要考虑与地形结合，利用天险以设关。典型实例有战国的“轵关”，位于两山夹峙的峡谷道路上，整体呈“V”形。与此同时，这一时期开始注重关隘间的相互关联性。以函谷关为代表，战国关隘开始建立起区域性的防御体系，除了依托自然天险构成天然屏障，更凭借与周边设置的临晋关、龙门关、合河关相互配合，形成多个防守据点。

秦汉时期，关隘数量、规模及分布范围不断扩大，关隘与关隘间的联系也更加紧密。秦代将原战国诸侯国势力边缘地带的关隘予以拆除，而对统一后边境上的战国关隘加以利用，形成内关与外关两种关隘类型。在战国大多利用自然天险修建的关隘基础上，秦代大量增加人工修筑的部分，即关隘周边以及各级交通道路上设置了驿亭建筑。此时关隘往往与长城墙体同步修建，并越加注重关隘之间以及关隘与城墙之间互为表里的关系。汉代，关隘更进一步与其他长城建筑相关联，重建的阳关和玉门关也成为丝绸之路上重要的经济与军事枢纽。汉武帝时期建设了玉门关，又称小方盘城，自古为联系中原和西域的门户重地[39]。如图2-5-7所示，小方盘城与哨所、烽火台、城墙之间的区位关系呈现缜密排布，根据“五里一燧，十里一墩，三十里一堡，百里一城”的防御体系可以推断，汉代力图将长城内外墙体、关城、烽火台、哨所与城堡之间联通起来，体现一种全局观的军事部署。

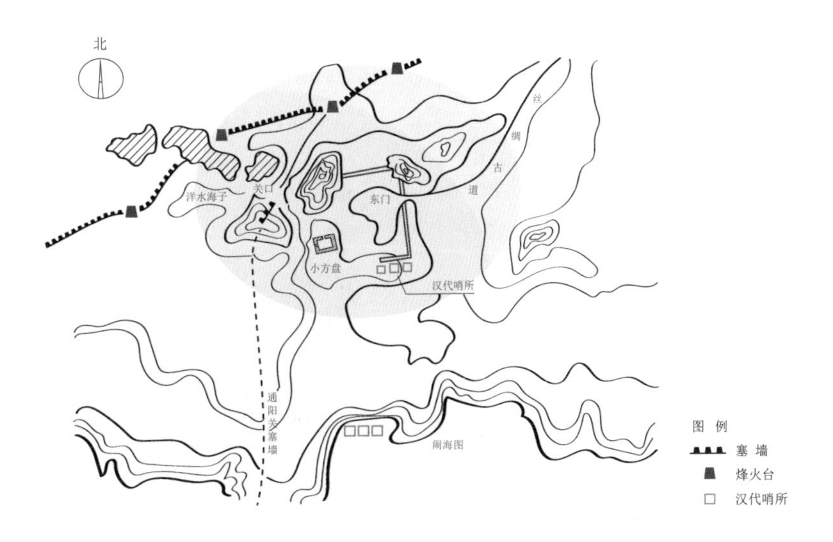

图 2-5-7　小方盘城及汉长城区位关系示意图[40]

[39] 韩巍主编《中国设计全集·建筑类编·城垣篇》第2卷，商务印书馆、海天出版社，2012，第44页。
[40] 李岩云、傅立诚：《汉代玉门关址考》，《敦煌研究》2006年第4期。

明代关隘主要在布局上大胆突破，多基于河口建造，并遵循“随形就势”的布置原则，在交通要道、重要城邑或山口等位置，设置关口作为驿站，用以传递军情。明代设立1000多处险关要塞[41]，从整体建筑设施的角度而言，明代关城基本设置除了城楼、箭楼、敌楼、角楼、阁楼、闸门楼等军事设施外，还增加了大量关内建筑，如衙署、门亭、军营、钟鼓楼、驿递设施等以及配套设施，如配置罗城、翼城、翁城、稍城等军事设施，对关城本身起到加护作用。以山海关为例，依据图例标注可以发现，其以镇东楼关城为主体，东西建有罗城，南北建有翼城，外围建有威远城，前呼后应，共同拱卫关城[42]。同时，其一端与长城城墙相连，另一端伸入大海，并在沿线设有多个军事据点，充分展现了具有内外呼应、多方位设防特点的长城关隘建筑体系（图2-5-8、图2-5-9）。明代以后，由于统治者几乎不再修筑长城，因此仅对沿边原有的关隘稍加修缮，配以驻防关卡或驿站设施，使关隘军事防御职能逐渐减弱，大部分位于交通要道上的收税关卡或邮驿站点，承担起经济与传递信息的功能。

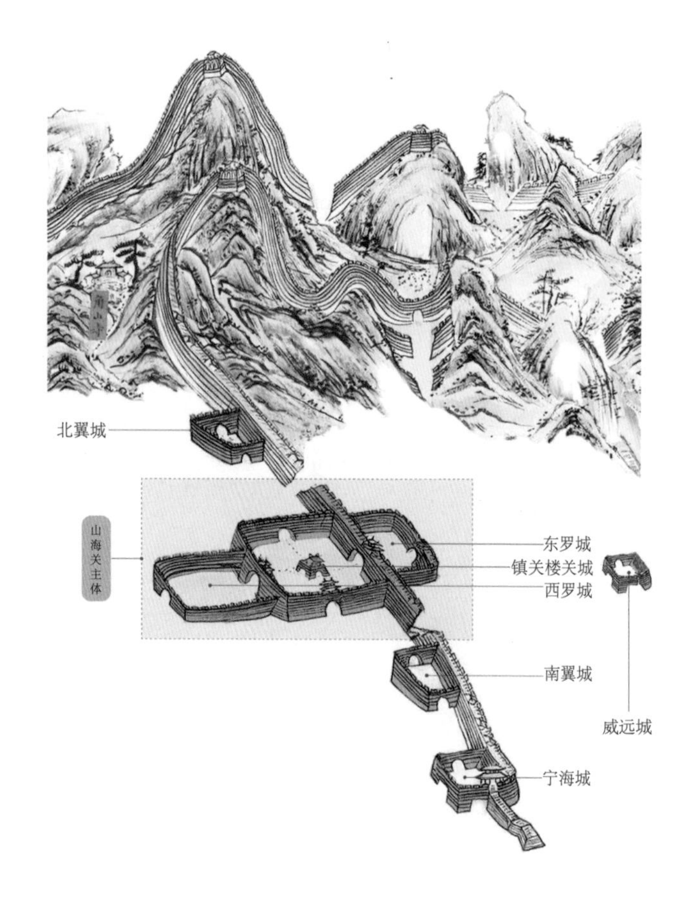

图2-5-8 《直隶长城分防险要关峪各口山水形势地舆城图》中山海关分布图[43]

[41] 汤羽扬主编《中国长城志：建筑》，江苏凤凰科学技术出版社，2016，第85页。

[42] 同上书，第242页。

[43] 中国国家博物馆，http://www.nlc.cn/nmcb/gcjpdz/yt/dwdy/201409/t20140924_90002.htm，访问日期：2022年5月16日。

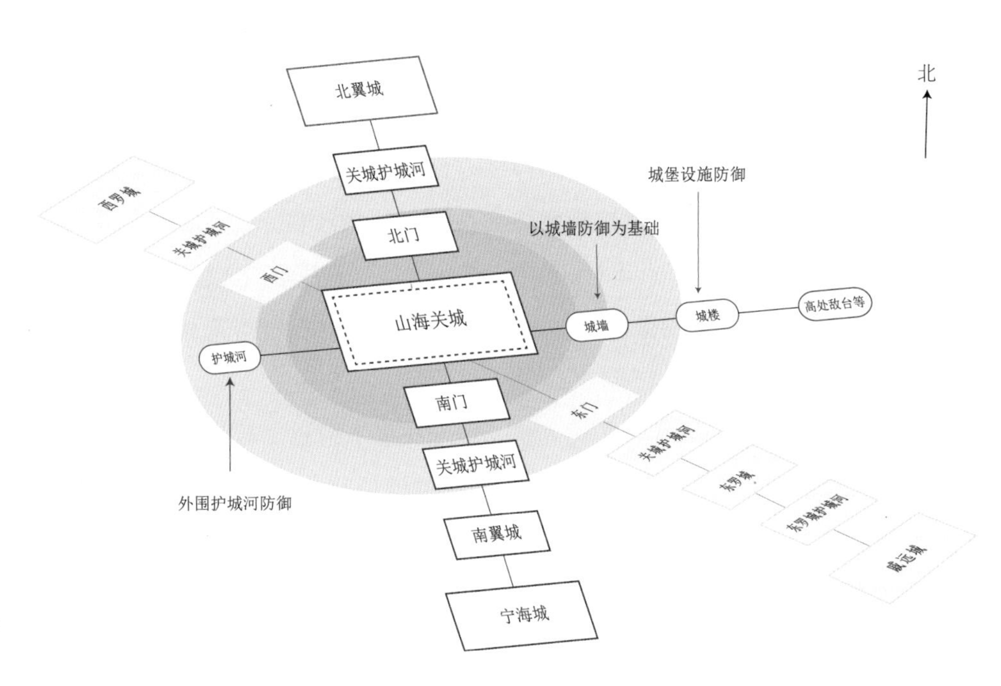

图 2-5-9 山海关总体军事防御布局示意图

（四）由烽火台到烽传制度的确立

长城扩展性建筑烽火台是指长城沿线用以警戒和传递军情的哨所，在《说文解字》中被定义为施放烟火的高台。其在各代称谓皆有不同，汉代称为烽燧、墩台、烽堠等，唐代又称为烽台，明代称烟墩等，此处统一称其为烽火台建筑。烽火台建筑按结构形式主要分为方台与圆台两大类，其中方台包括长方台体、方形台体、覆斗形台体等，圆台包括圆锥体、圆柱体等。从建筑结构而言，主要由台体、点火台、望楼、坞、障以及烽具等构成。

烽火台至迟在西周时期便已作为通过点燃烽火传递信号的军事设施正式出现。战国时期烽火台逐步与长城防线相结合，一般沿长城两侧走向布置，也有分布于关隘左右侧，如楚长城河南泌阳县内烽火台往往起到连接关与城的作用[44]。秦代，烽火台数量明显增加，并新修有“亭”，即边境上服务于瞭望敌情的岗亭，规模较大的称为“障”，并且与烽火台相结合，形成“亭燧”“亭障”等用于军事通信的长城建筑。在烽火台分布方面，目前保存最为完整的是内蒙古固阳秦长城，城墙修筑于山峦的阴面半坡，烽火台则建于内侧的高地，与长城分离并保持15至50米的距离，相邻间的烽火台遥相呼应。

汉代是烽火台建制成形与确立制度的时期，据考古遗迹发现，汉代长城在内蒙古、新疆沿线仅修筑烽火台并不建造城墙，可见其在汉代军事体系中占据的重要地位。汉代烽火台的发展主要体现在以下三点：其一，增设有土沙植物

[44] 李一丕：《河南楚长城研究》，《文博》2014年第5期。

混筑的烽火台；其二，建筑设施基本完备，出现大量望楼，并建有供戍卒居住的坞，多为方形的小城；其三，开始建立烽堠群代替城墙；其四，制定严格的管理制度，形成长城烽传系统，即由一系列烽火台和士兵组成，当有敌情时，便由驻守士兵点燃烟火释放信号，并按规则依次传递军情的通信系统。以甘肃敦煌凌胡燧为例，其主要由台体、点火台、望楼、登燧台阶、坞等组成，汉代颁布的《塞上烽火品约》对信息器具的置用方法、烽火台建制、燃放信号等都做出了详细的规定。

汉代烽火台的布局较前代更为考究，体现在以下两点：首先是与城墙构成三种分布模式，分别是在城墙内外分布、仅在城墙外分布以及仅在城墙内分布。除此以外，烽火台也会脱离长城独立存在，如斯坦因在其《西域考古记》中通过实地考察佐证了敦煌段无城墙段的烽火台排列规律，即“普遍排成有规则十字交叉的五点形，或者排成一道直线，却彼此相距不远”[45]。其次，修建时充分考虑到视线距离控制原则，即在人的视力范围内选择高地并依据传递与接收信号的可视距离进行建造。通过对汉敦煌、酒泉二郡164座烽燧遗址的统计分析可以发现，90%以上的烽火台间距在1至2.5千米，并且在地形开阔、首当其冲的区域设置较为密集，而在有河流、沙漠等天然为障的地带则设置相对稀疏[46]。因此，汉代在建造烽火台时依据地形进行调整，保证在可视距离内进行布局，达到“烽烽相望”的效果。

唐代延续汉代的修建原则，《通典》中载有“台高五丈，下阔二丈，上阔一丈。形圆。上建圆屋覆之”[47]。由此看出，唐代烽火台形制以圆台体为主，同时将汉代方形的坞改建成圆屋的形式。此外，宋代《武经总要》中还记载“唐法：凡边城候望，每三十里置一烽，须在山岭高峻处，若有山冈隔绝，地形不便，则不限里数。要烽烽相望。若临边界，则烽火外周筑城障”[48]。明确了唐代建制烽火台的距离并要求在边界处的烽火台需外筑城障，因而此时的制度更加规范化。

烽火台发展到明代，首先是形制上的突破，增设有外侧包砌城砖的土心外包砖烽火台，台体四周加筑有护台围墙，使其更加坚固；其次是布局上，设置间距相对更为密集，但基本沿袭汉制。烽堠群则在汉代基础上，多为两两成组，三五个形成犄角，并与军堡相结合设置，部分烽火台还被代替充当为敌台，增加了御敌功能。最后，伴随热兵器时代的到来，明代烽火台在燃烟举火的基础上，

---

[45]〔英〕奥利尔·斯坦因：《斯坦因西域考古记》，向达译，新疆人民出版社，2013，第164页。

[46]汤羽扬主编《中国长城志：建筑》，江苏凤凰科学技术出版社，2016，第169页。

[47]〔唐〕杜佑：《通典》，王文锦、王永兴、刘俊文、徐庭云、谢方点校，中华书局，1988，第3901页。

[48]〔宋〕曾公亮等：《武经总要》，陈建中、黄明珍点校，商务印书馆，2017，第73页。

图 2-5-10　汉、唐、明代现存烽火台遗址图

增添鸣炮制度，加硫黄、硝石等进行助燃，在军事行动中承担攻防结合的重要地位。纵观历代烽火台，无论是形制还是制度等方面，总体均以汉代为蓝本进行沿袭，后世以明代为代表，有局部的增进（图 2-5-10）。

（五）从“堡城”到“城堡”的转变

长城扩展性建筑城堡是指作为增强长城工事储备、驻扎在长城城墙周围的屯兵城，主要由堡墙、堡墙建筑、城堡内建筑以及城堡相关设施四个部分组成。其中堡墙建筑又包含城台、城门、城楼、马道等，城堡内建筑包含军事建筑、公共建筑与宗教建筑，城堡相关建筑设施包括护城河、城壕、道路系统、供水与排水系统等。其构筑方式主要是借助山梁、河谷以堑削而成或是由土、石围合建造而成。其早期形式为环壕聚落，平面形式多呈圆形或近圆形，最早于新石器时代就已出现。新石器时代后期，开始以土墙作为防御设施，即在环壕聚落基础上逐渐形成史前城址。城头山屈家岭遗址出现了迄今为止最早的古城[49]。进入奴隶社会，城是以土、石、砖为高墙体的封闭性居住空间。至西周时期，随着墙体修筑技术的发展，《诗经 · 出车》中提及的南仲城即是西周王朝为了军事需要[50]所筑而成的连续性城址。随后春秋战国时期频繁的战争催生筑城高潮到来，墨子提出了以构筑城池为核心的筑城理论，此时以军事目的所建的城邑越来越多。

战国时期，长城的军事防御活动大多依靠在边防线依地形分布的一系列小城展开，这些小城又称堡城、城障。同时设置没有围墙的军事聚落，不设永久性围墙的营地。这些聚落建筑整体规模不大，平面多呈方形或长方形城址，用以驻兵屯戍。秦汉时期长城沿线大量设置堡城、郡所，保障了沿线居民的供应，尤其是汉代逐渐由堡城发展形成了一系列具备规模且分级明确的城堡，即依据城池规模依次分设有城、鄣、坞等类型建筑。其中城即面积较大的军城，鄣即山中小城，而坞为保卫鄣城而建的小城，除此以外也有城鄣结合的建筑形式。因此汉代军事聚落防御层次的设置由大至小，主次分明。

---

[49] 何介钧：《澧县城头山古城址 1997 ～ 1998 年度发掘简报》，《文物》1999 年第 6 期。

[50] 程俊英、蒋见元：《诗经注析》，中华书局，1991，第 270 页。

明代在秦汉长城军防体系基础之上，创设了基于九边总兵镇守制度和都司卫所制度下的军防城堡，即通过军事职能进行分级，衍生出堡城、所城、路城、卫城和镇城五种基本类型，规模由小到大，其城池平面多呈方形或长方形形制，由初级到高级进行层级建设，并规范了城址规模、军事职能以及建制要求。其中，堡城是层级最低也是最基础的防御城池，其平面呈方形、长方形以及不规则形三种，城门有一至三座不等，主门设瓮城，即一种在城门内外修建的半圆形或方形护卫小城；所城是拱卫卫城的兵力驻扎城池，军事职能与前者基本一致，其平面以方形为主，城门多为三座，所城一般驻扎在卫城里；路城是镇城之下分路设防所筑的城池，军事职能不变，其平面以方形为主，城门最多为四座，主门设瓮城；卫城是拱卫镇城兵力驻扎的城池，军事职能不变，其平面形式多样，城门开二至四座，多在城墙内侧加设环城马道；镇城是层级最高、驻扎兵力最多的城池，主要用以总掌防区内的战守行动以及协助主将策应本镇与临镇的防御活动，其平面呈规则的方形或矩形，城门最少为四座，主门设瓮城或关城。

明代城堡建筑设施达到完备，并形成了等级分明、规格全面的城堡体系。综上所述，伴随长城防守范围及规模的不断扩大，聚落边界规模、等级、防御设施开始不断完善，最终完成了从环壕聚落到堡城、再到一系列更为规范的城池建筑，即城堡的转变[51]（图2-5-11）。

四、长城戍防体系：多重防御体系的逐步建立

（一）从雏形到完备的长城军事防御体系

长城在修建之初，就不仅是单凭一道单面高墙进行防御的军事建筑，战国

图2-5-11　汉代与明代现存城堡遗址图[52]

[51] 李严、张玉坤：《明长城军堡与明、清村堡的比较研究》，《新建筑》2006年第1期。

[52] 中国长城遗址网，http://www.greatwallheritage.cn/CCMCMS/html/1/58/index.html，访问日期：2022年5月16日。

时期长城建筑便由城墙、关隘、烽火台、城址、山险等共同构成。此时长城戍防体系尚处于雏形阶段，长城城墙与其余建筑之间关联度不够紧密。以阴山南麓赵长城为例，该段长城防线以北依大青山为屏障，南以黄河为天险，中间筑以烽火台所构成。其中自然条件设障较多，人为构成因素较少，仅有部分城障与郡县遗址联系密切[53]。尽管战国长城常利用自然山间孔道建设关隘或城墙，再与两侧山峦联结构成线性防御体系，但此时长城建筑配置较为单一，也未形成长城建筑间的相互配合，因此长城军事防御体系尚未建立。

秦代长城建筑如关隘、烽火台、城堡等与城墙关联度加大，城墙亦与城、障结合，障、亭结合，亭、燧结合，障、燧结合，共同构成比单一墙体更为完整的防御工事[54]。以秦始皇长城中段为例，主要沿黄河岸夯筑了一系列鄣塞与烽火台[55]，还在山谷间的通道构筑关城及修筑亭、鄣、堡戍防，构成预警、屯兵的双重防线。同时长城沿线设立郡县，进行分段防御、管辖各区域，并修建贯通长城北部、东北部边防地区的秦直道，保证物资、人员能以最短时间传输至长城战区，达到前后方综合考量的战略部署。因此，长城军事防御体系在秦代已经形成。

汉长城将烽火台与长城城墙紧密结合，同时将城、鄣、坞组合构筑，城墙、亭、障、烽火台、塞、壕堑、城、鄣、坞等共同构成长城多道阵地组成的大纵深军事防御工程[56]。汉光武帝大量调遣士卒，增筑堡垒，汉长城内外凡重要关口和适于瞭望的据点都集中设置敌台、障塞、烽火台等建筑，依据十里一置，五里一堠[57]，即每隔十里设一堠、五里设一障的原则，将长城上的烽堠群、亭障连起来。因此，长城军事防御体系在汉代得到了极大发展。

明代长城主体性与扩展性建筑皆与长城城墙紧密配合，并集中将军防城堡、关隘、敌台和烽传系统相互结合、层层布局，突破秦汉时期的纵深防御体系规模，设置"镇城—路城—关隘—堡城—敌台—烽火台"的长城布防体系。具体而言，明代相继在北部边防线上设立辽东、宣府、蓟州、大同、山西、延绥、宁夏、固原、甘肃九个边防重镇，沿线增加大量关城、烽火台、屯堡和壕堑等。各镇长城的构筑以关隘为重心，如山海关具有"主体两翼，左辅右弼"的层次化布局。与此同时，明代以长城城墙为界，烽火台为前哨，城堡作依托，共同构成以点护线的筑城体系。另外，明代为了加强重点防区的守备，在长城中段设立多个

[53] 文物编辑委员会编《中国长城遗迹调查报告集》，文物出版社，1981，第24页。

[54] 汤羽扬主编《中国长城志：建筑》，江苏凤凰科学技术出版社，2016，第5页。

[55] 鄣塞：指塞边的小城，一般建造在险要地点。秦汉将城堡细分为"鄣"与"城"，最大区别在于前者只住官兵，不住居民。也有城鄣结合，即城堡，既住官兵，又住居民。

[56] 刘庆主编《中国长城志：军事》，江苏凤凰科学技术出版社，2016，第6页。

[57]〔南朝宋〕范晔：《后汉书》，〔唐〕李贤等注，中华书局，1965，第194页。

据点，又在长城后方增筑内长城，并升级建造各建筑设施，整合防御系统关系，形成联合作战网络，最终构成了点线结合、立体纵深、完整连续的多重长城防御体系。

（二）从基于层级建造到分段包干、各负其责的修建体系

历代长城修建管理体系主要自秦代开始有所记载，从《史记》中“乃使蒙恬将三十万众北逐戎狄”[58]的描述可以发现，秦代在修建长城时主要由大将蒙恬率领筑边将军指挥兵卒进行建造。汉代则在秦代基础上形成较为完整的修建人员管理体系与后勤保障体系[59]。北朝更是在秦汉长城边防基础上考虑到了对驻军兵员的管理，为军队驻扎提供场所，完善了驻防体系。此后，金代再度统一了新的规制，基于军事聚落层级“边堡—屯兵堡—指挥堡”，开展建筑边防工程，逐级由驻守北方边境的将领指挥士兵建造。

明长城在汉代长城修建制度下进行改进，通过分段修筑的方法，在统筹过程中极大地考虑到了修筑规模、进度与边境地区政治、军事形势间的密切关系，加强了各类设施间的协同作战能力，达到了空间组织上的层次节制、互相关照。明代结合汉代长城管理组织和后勤保障体系，制定了新的长城军事管理体系。《明史》载“凡总兵、副总兵，率以公、侯、伯、都爵充之”[60]，体现了明代统治阶层对于长城防御体系下官员的重视。戚继光还提出分段包干、各负其责的办法，哪段出问题便迅速落实到个人，实行责任承担制，并在保证质量的情况下开展检查评比，在提升严谨性的基础上赋予劳动者个人价值，充分调动了官兵积极性，大大提升了工作效率。因此，明代相较于秦汉制度更加明确，对人员的分配也越加细化，是封建社会等级制度的缩影。

结语

长城是世界上最壮观的军事建筑，经历了从单一城墙到综合性城墙，从最初的线性防御体系到多重防御体系的营建过程。依据历代长城的选址布局、材料技术、建筑形式等内容分析可以发现，军事防御目的是营造技术迭新的根本动力。“因地形，据险制塞”是长城建造的重要思想。从战略需求出发，采取因地制宜、就地取材的原则，依山势而建，据天险为障，强调全局统筹的建造理念；

[58]〔汉〕司马迁：《史记》，中华书局，1982，第2565页。
[59]常生荣主编《烽火狼烟：中国长城新考》，中国友谊出版公司，2013，第100页。
[60]〔清〕张廷玉：《明史》，中华书局，1974，第1866页。

在材料技术上，逐步由战国时期的版筑、石砌技术转变为明代的砖砌技术；在建筑形式上，完成了由单一城墙到综合性城墙的转变。不断修建与完善的长城，加深了主体性建筑与扩展性建筑的相互配合，最终形成了由点及线再到面的、立体的军事防御体系，增强了军队协同作战的能力，也维护了社会和经济的稳定。其演变历程体现了农耕民族和游牧民族相互促进、共同发展的过程。

长城北部为草原游牧民族，南部则是农耕定居民族，中间地带为半农半牧群体。长城的出现以及长城地带的形成，是农耕文明和游牧文明互相碰撞的结果。历代长城大多分布在蒙古高原和华北平原、黄土高原。大部分地段处于半湿润气候向半干旱气候过渡的区域，这与当今400毫米等降水量线走势基本一致。由于降水量、气候等因素的影响，这一地区也处于我国农业和牧业的交汇中心。

长城体现了中国古代高超的营造技术。对外，它具备防御性；对内，它是联结疆土的纽带。长城是中华文明发展历程的见证者，它承载了自强不息、厚德载物的华夏精神，是中华民族的地标性建筑物。

第三章
中国织造技术的迭代与革新

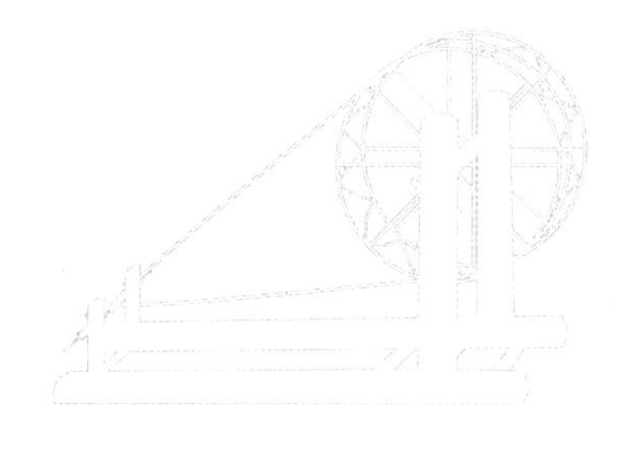

中国古代织造技术是将动植物纤维通过一系列加工、织造、染色、印花、刺绣等工艺，采用系统化的加工工具和手工机械，通过纺织工匠的手工操作，将原材料转化为高品质的织物，广泛运用于服装面料和家居纺织领域。中国古代织造技术长期处于手工机器纺织阶段，经过长期的发展完善，形成了以丝、麻、棉、毛为主的纤维体系和缫纺、织造、印花、染色、刺绣五大技术体系。这是由我国古代社会环境的资源优势、手工机械的发明和机械原理的熟练掌握、纺织业与商品贸易的相互促进以及审美观念等多种因素综合作用的结果。首先，中国古代的自然禀赋和高度发达的农业生态养殖系统，为动植物纤维的获取提供了得天独厚的条件。中国拥有广阔的平原、丘陵、山地和丰富的水资源，整体处于温带至亚热带，气候适宜，物产丰富，特别是长江与黄河流域，不但盛产棉、麻，蚕桑养殖业也十分发达。这些动植物纤维资源为中国古代纺织业提供了充足的原料。其次，中国古代机械原理的熟练掌握和运用，促进了纺织工具的不断创新与改进。中国古代科学家通过观察自然现象发明的实用性机械工具和装置，涉及到众多机械原理，如杠杆原理、齿轮、滑轮、绳带传动、轴转动，以及对于人力、畜力和水力的运用等，这些原理的应用为纺织技术的发展提供了重要的理论支持。例如，通过利用带有连杆和绳带传动机构的缫、纺机械和带有花楼提花和脚踏提综装置的复杂织造机械，促进纺织技术进一步复杂化、精细化。与此同时，手工纺织业在漫长的发展过程中逐渐形成了普遍性的特征，一方面促使纺织业形成了分工细致、专业化的手工生产方式和合理、完善的分工体系，形成了缫、纺、织、染、印花、刺绣等各个相对独立的生产环节，另一方面促使纺织品类多样化、地域化，由此展开的纺织品贸易对中国古代的经济和文化发展也产生了重要的影响。

中国古代的审美观念是基于特定的社会文化环境、人民审美取向与艺术创新等复杂因素共同作用下的结果，也是普遍存在于生活实践与工艺技术等多方面的艺术审美、设计风格的综合反映，深刻影响了织物的组织方式、图案和色彩的设计呈现，以及纺织技术的革新。纵观中国古代纺织史，开拓性的纺织技术层出不穷，代表性的纺织机械灿若星河，一连串的追问由此蕴生而出。诸如丝、麻等不同原料的纤维加工技术具有怎样的内在演化逻辑？提花机械如何通过复杂的缎纹组织织造技术实现丝绸纹理、通过通经断纬的缂丝技术实现大型织锦图案，并在特定的技术背景下体现工匠与技术的完美结合？代表我国最高提花技术水平的纺织机械小花楼织机如何诞生，其加工方式与其他提花机械有何异同？石染、草染两大染色体系如何此消彼长，复色、拼色染法如何构建中国古代纺织色彩体系？直接印花与防染印花技术在丰富了织物装饰领域的同时，如何展现了其独特的工艺价值和历史地位？刺绣作品如何通过图案内容和色彩象征呈现中国古代的吉祥寓意和权力等级？

古代缫纺的技术迭变与明式花机的机杼精工代表了中国古代纺织面料生产技术的精髓，它们反映了古代工匠追求完美、注重实用与美观相结合的设计哲学。其中既有对于纤维细微之处的精细加工，也有关于织物图案艺术呈现的方法创新。通过对手工纺织加工技术的探索，剖析纤维加工技术体系和加工工具的沿革、织造技术发展变革的成因和织造机械的设计特征可以发现，纤维加工和提花技术的演进不仅是技术上的进步，更是对材料的认知、对机械的利用，以及设计思想的深化和拓展的完美结合。

中国古代手工纺织纤维加工技术的产生和发展是从简单到复杂，从低效到高效的工艺进化过程。第一节“古代缫纺的技术迭变”。我国传统纺织技术发端于最初的简单工具纺织，并逐渐形成较为完整、规范的缫丝、纺纱及络、并、捻技术体系，建立了从单一动力简单机械到多元动力复杂机械的技术进化路径，并对不同时期纺织技术的发展产生了深刻影响。从纤维加工技术体系和加工工具而言，其发展演变共分为三条脉络，分别为缫丝、纺纱和络、并、捻。其中缫丝技术出现最早，实施对象仅限于蚕丝，其工具的演变从早期简单的灶、盆和绕线架，演变成同时能够控温、加温和对轮、滑轮、绳、连杆、曲柄等简单机械原理综合运用的一体式功能整合型收丝机械；纺纱技术主要面向棉、麻和毛，从最初的徒手劈分，向综合运用轮轴运动、绳带传送、曲柄连杆等机械原理的纺车纺纱的方向发展；络、并、捻技术主要针对丝和纱线的二次加工，其加工方式经历了早期利用简单工具纺坠进行合股、加捻向水力驱动的大型机械纺车加捻的演变过程。随着纤维加工技术的进步和加工机械的完善，纺纱机具的操持方式从由手摇曲柄机构驱动，转变为由脚踏机构通过连杆连接曲柄驱动机械卷绕和旋转。纺纱机械的动力来源除人力之外，还拓展出对水力、畜力等多元化动能的充分利用，纺纱机械特征也从早期的小体积、低效率发展成大规模、高效率。

提花织造是展现纺织工匠技艺精湛、设计独具匠心的重要工艺过程，也是古代工艺美术与实用性相结合的明证。提花技术对于纺织图案的复杂性提升、工艺美术的风格形成、纺织品质的精益求精具有重要意义。第二节“明式花机的机杼精工”。我国古代提花织造技术发端于汉唐的织机革新，正式形成了以“明式小花楼提花织机”为代表的织造技术高峰，对后世纺织工艺美术的丰富与完善产生了重要影响。线制小花楼提花技术是古代织造技术中最为复杂、精巧的显花技术之一，小花楼提花织机是这一技术的集中体现，其提花开口机构是在多综多蹑织机的基础上进行花楼和花本装置的改良；束综提花技术的发明令织物的显花方式发生了从经线显花的经向循环图案、纬线显花的纬向循环图案的转变。明式小花楼提花织机还将水平式机身改良为斜身两截式，倾斜的经面推动了妆花技术的飞速发展和织物种类的丰富多样。

五彩缤纷的染色技术、缬纹如锦的印花技术和繁复精细的刺绣工艺都是中国古代织物脱离了经纬交织之外的装饰工艺，分别探索了石染和草木染的染色工艺的发展脉络、古代印花技术的呈现方式，以及古代刺绣的工艺步骤和刺绣工具的操持方式。

从石染到草木染，每一种色彩的变幻不仅仅是染料的演变，更是对自然界色彩的深度挖掘与文化内涵的创造性展现。染色技艺的发展历程见证了中国色彩等级制度的变迁，彰显了社会主流群体对于色彩美学追求的探索。第三节“细致染缯为五色”。在中国古代社会文化中，染色工艺受到了极高的重视，其发展历程融合了多样化的原料、精湛的着色技术体系和精细的生产工具，映照出丰富多彩的社会文化内涵。石染工艺的历史悠久，其加工方式经历了由简单颜料研磨器向批量化研磨矿石的大型器具巨铁碾槽的转变。草木染是比矿石直接涂染更为先进、直观的利用植物染料揉染、浸染的染色技术，在发展演变的过程中，针对不同纤维原料于染色反应的亲和力，发展出氧化还原染法和多次浸染的草木媒染法，其加工工具经过了从常温工具染缸到加温工具染灶的演变，同时发展出辅助拧绞的组合工具。草木染作为更为自然、环保的染色方法，其技术的发展不仅仅是染料使用的进步，更是对自然资源运用的智慧和对色彩深度利用的艺术。草木染技术的发展和统治阶级色彩等级制度的建立形成了基于正间色基础之上的色相分类的中国传统色彩谱系，不仅在视觉上呈现了多样化的色彩效果，也在文化上展现了儒家思想文化影响下的等级与礼治赋予中国古代染色技艺的深邃内涵。

在中国古代的文化语境中，印花技术不仅仅是纺织品上的装饰手法，更是承载着吉祥寓意与民俗信仰的重要载体。从简单的直接印染到复杂的防染印花，每一步技术的革新都深深地反映了中国古代社会的审美情趣和工艺水平。第四节“缬纹如锦的印花技术”。印花是中国古代织物显花技术体系中的重要装饰手段，能够通过细腻的技法和独特的艺术眼光，以手工直接印花和防染印花的方式，将图案和色彩融为一体，形成了丰富多彩、栩栩如生的印花纺织品，以其纹样直观、色彩鲜明在社会主流群体间广受欢迎。其中直接印花能够通过画绘、凸版印花和孔版漏印，在织物上用色料直接显出纹样；防染印花则通过各种材料附着在织物上防止色料渗入从而显出纹样，根据纺染材料的不同，分为蜡缬、绞缬、夹缬和灰缬四种。印花工具通常分为非型版显花和型版显花。非型版显花受古代绘画技术的影响，工具以毛笔和蜡刀为主，具有自由性、随机性和灵活性的特征；型版显花受印刷工艺、金属工艺的影响，以纸版和木雕版为主，具有规律性、重复性和批量化的特征。不同原理的印花技术和不同种类的显花工具之间相互渗透和综合运用，呈现出复杂多变的织物纹样，拓展了同类型下的技术分支和更加丰富的印花织物种类。

刺绣，作为织物上的绘画，以针代笔，以线绘色，映照出宫廷的奢华、民间的纯朴，与社会风俗和等级制度紧密交织。第五节“刺绣工艺的精进”。中国古代刺绣技术是依靠穿针引线在织物表面显出花纹的装饰方法，与提花技术相比，能够脱离固定经纬组织的限制，呈现出自由活泼、生动流畅的纹样特征，刺绣工具的操持方式也在精益求精中传承和创新，不断推动着刺绣艺术的繁荣发展。根据针法的差异性，分为直针、环结针、钉针和经纬绣四类。具体而言，其中直针呈现单一或连贯的直线针迹，最为基础却种类丰富；环结针是由前后两针共同形成弯曲针迹，其中环针诞生最早，且变化丰富，结针则较为单一，组成的纹样呈现为点状构成；钉针是在直针的基础上串绕各种线材、珠饰等饰物的针法，根据所钉之物的不同产生无穷变化；经纬绣通常应用在经纬密度较为疏松并能见孔眼的织物上，是根据织物经纬组织的网格定位穿绕绣线的特殊针法。中国古代刺绣技术既呈现出复杂针法的杂糅组合和多样材料的综合运用、装饰性画绣和实用性日用品刺绣双轨并行，又是等级制度和贵贱秩序的彰显手段。随着社会的发展，刺绣技术从宫廷走向民间，从华丽的服饰、床帐转变为平民百姓家中的日用品，也由此发展出了各种地域特色的刺绣流派，成为了民族文化中不可多得的艺术瑰宝。

中国是世界上最早通过创造各式纺织工具与机械，使用动植物纤维原料，综合运用织物组织方式和装饰工艺原理，生产出绚丽璀璨的丝、麻、棉织物的国家。在西方工业革命以前的漫长时期内，中国古代的手工纺织生产技术一直处于领先地位。从各地文化遗址的考古文物可以看出，至迟在新石器晚期，中国先民已经可以掌握较为原始的缫丝、纺丝和织造技术。随着社会制度的变迁，纺织技术发展出纤维加工、织造、染色、印花和刺绣五大体系，创造出服用性与艺术性兼备的纺织品，既与统治阶级的思想观念和服饰制度密切相关，也与社会主流群体的审美趣味相契合。本章从纺织机具和纺织品两个层面，深入剖析在中国古代设计思想驱动下纺织技术演进的发展脉络和影响因素。

中国古代的纺织机具经历了从简单到复杂、从低效到高效的发展过程。最早的纺织机具可以追溯到原始社会，包括简单的纺坠和踞腰织机。随着技术的不断进步，中国古代的纺织机具逐渐多样化，出现了多种新型的纺织机具，如水力大纺车和小花楼提花织机等。这些新型的纺织机具采用了更加先进的机械原理和驱动方式，使得纺织生产得以进一步分工和专业化，不同的生产环节和工序由专业的工匠来完成，从而提高了纺织品的生产效率和质量，同时也为纺织技术的进一步发展提供了基础。而社会主流群体在等级制度下对于纺织品的多样性、美观性、阶级性和符号性的需求，又对纺织技术提出了更高的要求，促使纺织技术不断改进和创新。首先，社会主流群体对纺织品的多样性需求，推动了纺织工匠们不断探索新的技术和设计，来丰富纺织品的种类和款式。其次，社会主流群体对纺织品美观性的追求，往往与文化传统和艺术审美密切相关，而复杂、大型的提花、印花和刺绣图案需要通过拥有专业美术技能的画师和工具绘制"意匠图"预先呈现，因此在纺织工序中形成了特殊的分工。最后，社会主流群体对纺织品彰显阶级性和符号性的需求，促使纺织工匠们创造出具有象征意义的图案和色彩。中国古代的图案和色彩在等级制度的驱动下往往能够展示不同阶层的权力和地位，如龙、凤等纹样和品色制度。而纺织工匠们通过观察自然、历史和神话故事等元素，从中汲取灵感，创作出具有象征意义的图案和色彩。如梅、兰、竹、菊等植物则被视为文人群体高雅和坚贞的象征。这些具有象征意义的图案被广泛应用在纺织品上，构成独特的文化符号，深刻反映了古代中国社会主流群体的文化价值观和审美观念。

除此之外，中国古代纺织技术通过贯穿东西、遍布海外的丝绸之路大放异彩。一方面外来的纺织技术和审美文化为中国古代纺织技术注入了新鲜血液，例如，唐代从波斯传入中国的连珠纹，具有独特的圆珠形构成环状图案骨式，既可以单独使用，也可以在圆环中组合其他纹样，打破了传统纺织品图案设计的局限，促进了图案的创新和发展，丰富了织物图案的种类和设计风格，也推动了东西方文化的交流和融合。另一方面，中国作为古代生产与出口纺织品的大国，其织物随着赍赐贸易传播海外，丝绸、棉布、麻布等纺织品不仅满足了海外市场的需求，也提升了沿途各国物质水平，丰富了域外民众的审美体验。

第一节　古代缫纺的技术迭变

手工缫、纺是中国古代纺织纤维加工的重要工序，其加工对象是蚕丝、棉、麻、羊毛等动植物纤维，是连接纤维原料和成品布匹之间的桥梁。缫、纺机具的诞生源于中国古代先民对动植物纤维加工制品的需求。从中国古代纺织纤维加工的技术体系来看，其发展演变共分为三条脉络，分别为缫丝工具、纺纱工具和络、并、捻工具，除缫丝工具形制的产生发展相对独立之外，大多数纺纱工具与络、并、捻工具都是利用了曲柄圆周运动可以使传动带驱动轮旋转的机械原理所设计出的简单机械，其形制与构造十分相似。

中国古代常见的纺织纤维有两类：一类为长纤维，如蚕丝；另一类为短纤维，如棉、麻、动物毛等。因纤维的长短和特征不同，加工技术也各有侧重。从纺织纤维实施加工技术结合技术体系来看，技术的发展演变同样以三条脉络发展并行。

缫丝技术的实施对象仅限于蚕丝。早期的缫丝工具仅有简单的灶、盆和绕线架，随着控温技术的熟练掌握和缫车形制的逐渐成熟，加温方式不断完善，提高了驱动功效，出现了以热釜和冷盆为代表的一体式煮茧设备和以脚踏缫车为代表的功能整合型收丝机械。纺纱技术的实施对象主要为棉、麻和动物毛。早期纺纱技术主要是徒手劈分麻类植物的韧皮纤维。随着轮、轴运动、绳带传送、曲柄连杆等机械原理的熟练掌握，出现了以多锭脚踏纺车纺纱为代表的纺麻机械和以卧式手摇纺车为代表的纺棉机械。络、并、捻技术是将经过缫、纺获得的丝和纱进行二次加工，早期仅能利用纺坠进行合股、加捻，随着技术的进步和纤维原料的拓宽，发展出了针对不同加工原料的二次加工机械，以及领先世界的大型水力驱动纺车。

自古以来，衣食住行，衣居其首，而丝、棉、麻等纺织纤维是组成衣物的重要原料。因此，以缫丝、纺纱为代表的纤维加工生产长期在中国古代社会生产中占据着重要的地位。汉代以后，随着手工机器的发展完备、缫纺技术的迅速发展和纺织纤维的商品化趋势加深，出现了适应批量化、规模化生产的手工工场，进一步推动了中国古代织造业的迅猛发展。

一、从“分流”到“合流”：缫丝工具的设计与缫丝技术的演变

“缫”，最初为“𦄂”(繅)，意为“绎茧为丝”[1]，即从蚕茧上抽取蚕丝。蚕丝纤维来源于蚕茧，纤维长且被丝胶包裹，需要溶解丝胶后抽取丝素。缫丝技术主要目的为溶解和抽取，缫丝加工是手工利用简单工具或机械从蚕茧上抽取蚕丝制成丝线。常用工具为灶釜、丝帚和缫车的组合，通过曲柄装置驱动轮轴卷绕蚕丝。山西夏县西阴村仰韶文化遗址发现的半个蚕茧上的平直人工切口[2]和浙江湖州钱山漾遗址出土的绸片[3]可以证明，至迟在新石器时代晚期，中国古代先民已经可以利用蚕茧、掌控水温并捕捉丝素，制成丝线。缫丝工艺分为煮茧、索绪和收丝三道工序，其中煮茧和索绪需要使用加热器具、盛茧受热器具和索绪器具，收丝工序则通过缫车实现导丝与卷绕的一体化流程。

(一)“热釜”与“冷盆”：控温技术形成的粗、细丝分离

缫丝工艺中的煮茧步骤为通过热水分离蚕丝素和蚕茧。丝素脱胶技术有两种起源，一是煮茧食用过程中偶见丝素脱胶，二是浸入水中的蚕茧经过日晒水温升高后导致丝素脱胶[4]。钱山漾遗址出土绸片的经纬丝线由长茧丝借助丝胶合并而成[5]，表明新石器时代晚期的煮茧技术已经能够通过适宜的水温溶解丝胶。春秋战国时期使用盆[6]来盛水浸泡蚕茧，虽无加热功能，但与灶结合可以“煮以热汤”[7]。这一时期分离丝素的方法是《礼记》中记载的三盆手[8]，即多次浸煮蚕茧溶解丝胶，手动搅水以提取丝绪的浮煮法[9]。汉代文献中明确提及“工女煮以热汤，而抽其统纪”[10]的沸水煮茧的方式。宋代发展出锅与灶的一体式组合器具“缸形热釜”(图3-1-1a)，专用于缫单双缴粗丝。《蚕书》中记载的“汤如蟹眼”[11]，描述了宋代通过小火缓煮令蚕茧脱胶的温和煮茧技术。自元代起，南北热釜形制分化(图3-1-1b、图3-1-1c)，南方灶方形，垒在地面上；北方灶

[1]〔汉〕许慎撰，〔清〕段玉裁注《说文解字注》，上海古籍出版社，1981，第643页。
[2]蒋猷龙：《西阴村半个茧壳的剖析》，《蚕业科学》1982年第1期。
[3]徐辉、区秋明、李茂松、张怀珠：《对钱山漾出土丝织品的验证》，《丝绸》1981年第2期。
[4]周启澄、赵丰、包铭新主编《中国纺织通史》，东华大学出版社，2017，第19页。
[5]徐辉、区秋明、李茂松、张怀珠：《对钱山漾出土丝织品的验证》，《丝绸》1981年第2期。
[6]胡平生、张萌译注《礼记》(上册)，中华书局，2017，第910页。
[7]陈广忠译注《淮南子》，中华书局，2012，第1180页。
[8]胡平生、张萌译注《礼记》(上册)，中华书局，2017，第910页。
[9]周启澄、赵丰、包铭新主编《中国纺织通史》，东华大学出版社，2017，第19页。
[10]陈广忠译注《淮南子》，中华书局，2012，第1180页。
[11]〔宋〕秦观撰，徐培均笺注《淮海集笺注》，上海古籍出版社，1994，第1517页。

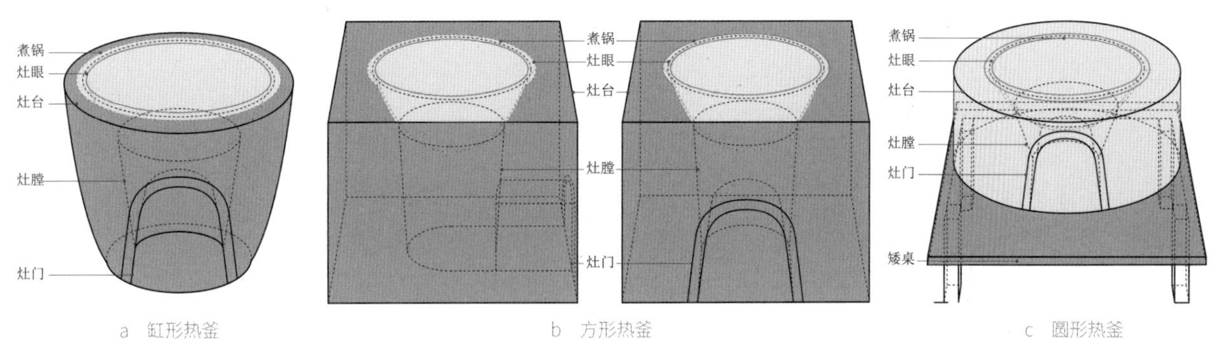

a 缸形热釜　b 方形热釜　c 圆形热釜

图 3-1-1 宋元时期的三种热釜形制

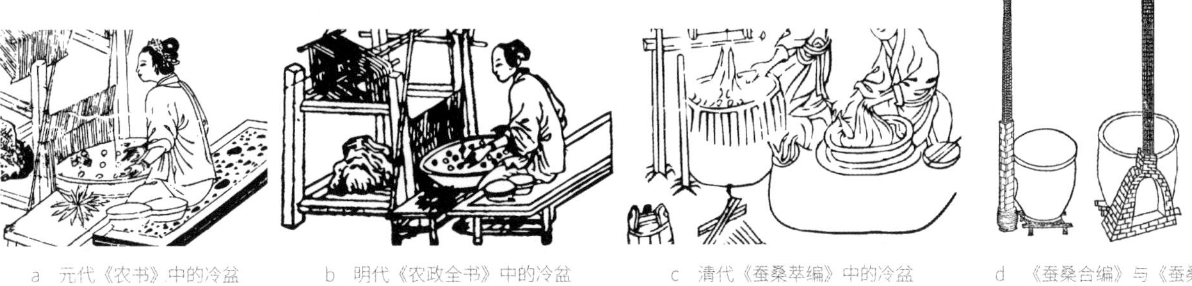

a 元代《农书》中的冷盆　b 明代《农政全书》中的冷盆　c 清代《蚕桑萃编》中的冷盆　d 《蚕桑合编》与《蚕桑辑要》中的“丝灶烟囱式”

图 3-1-2 版刻古籍中的冷盆插图

圆形，架于桌面上[12]。灶的正中安放煮锅，煮锅下部为圆底的釜，釜口上接“盘（盘）甑”[13]，以增加煮锅的容量。

煮茧水温得到掌控促使煮茧技术逐步走向成熟，至元代出现了新的煮茧技术“冷盆”[14]，用于缫全缴细丝。冷盆的图像出现于多本农业古籍中（图 3-1-2a、图 3-1-2b、图 3-1-2c）。根据《东鲁王氏农书译注》中复原的冷盆图像和相关的文字叙述可知[15]，冷盆的整体形制由两部分组成（图 3-1-3）：第一部分为小釜和小灶，整体略矮，形制与北方煮茧锅、灶基本相同；第二部分为串盆、突灶和卧突（斜烟囱），串盆为陶盆，盆内盛水，架于突灶灶口，突灶为下大上小两个扁圆柱体相连，炉膛如桶状。小灶和突灶从外观上看紧密相连，两灶的内部炉膛也开通连膛前后贯通，连膛与炉膛相接处为拨火门，与拨火门相背一侧的上部开排烟通道，倾斜向上搭建烟道。小釜内生火之后，火苗随连膛窜入突灶的炉膛中。

明代冷盆煮茧技术变革，出现了连冷盆煮茧法[16]，即在元代冷盆的基础上增加一锅一釜一盆，锅灶与两只小灶灶膛连通，小釜灶又与突灶连通，实现多灶

[12]〔明〕徐光启撰，石声汉校注《农政全书校注》，上海古籍出版社，1979，第923页。
[13] 同上书，第924页。
[14]〔元〕大司农司编撰《元刻农桑辑要校释》，缪启愉校释，农业出版社，1988，第283页。
[15]〔元〕王祯编撰，缪启愉译注《东鲁王氏农书译注》，上海古籍出版社，1994，第410—411页。
[16]〔明〕徐光启撰，石声汉校注《农政全书校注》，上海古籍出版社，1979，第861页。

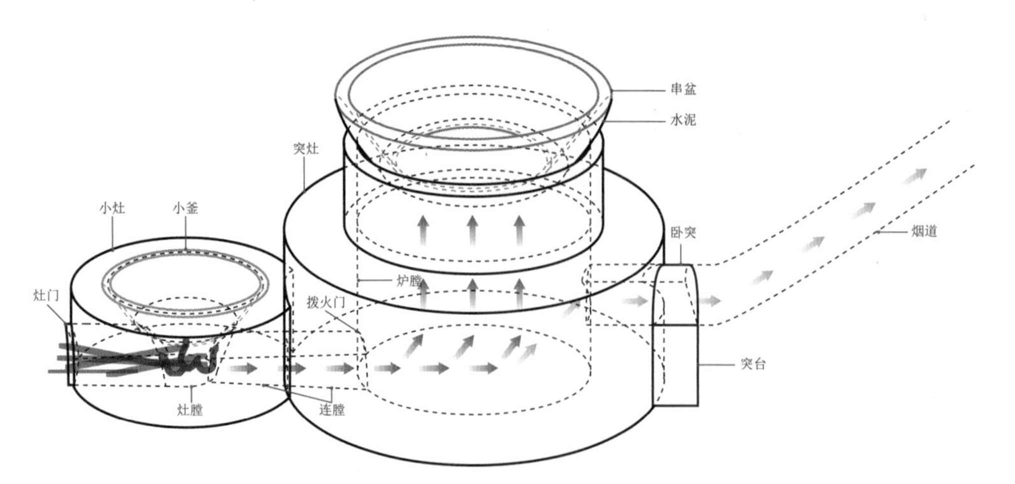

图 3-1-3　冷盆的形制和功能示意图

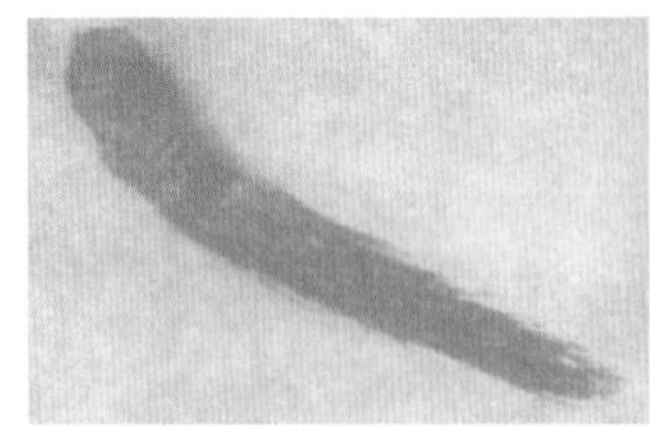

a　钱山漾遗址中的棕刷

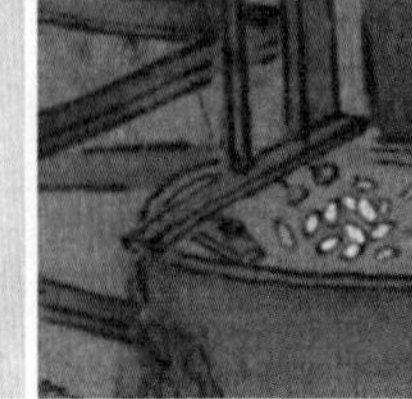

b　南宋梁楷《耕织图》中的筷子索绪

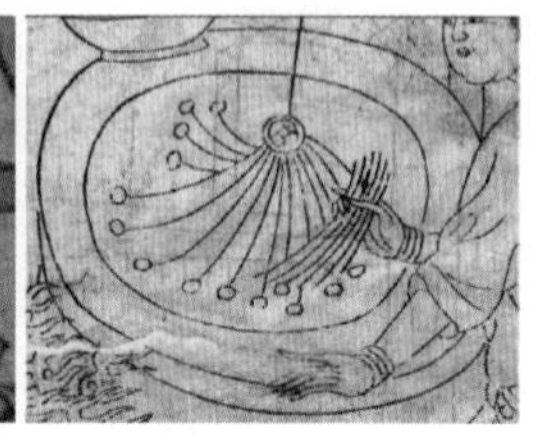

c　元代《农书》中的丝帚索绪

图 3-1-4　索绪工具的发展演变

火温共享，以调节水温，便利索绪。连冷盆可并用两具缫车，提高了生产效率。清代煮茧灶的形制演变为缸型煮茧灶，灶门和烟囱同位于一侧，出烟口在灶上，连接烟囱。烟囱用砖砌成圆筒型，口略缩小、细高，能有效减少热量散失，如《蚕桑合编》与《蚕桑辑要》中的“丝灶烟囱式”（图 3-1-2d）。

（二）从棕刷到丝帚的转变

中国古代索绪技术起源于新石器时代的棕刷索绪（图 3-1-4a）[17]，其形制为头部用麻线扎紧、尾部散开一束分散的细棕丝。通过同时期出土的绸片[18]可推测，至少可以同时索得二十多颗蚕茧的丝素。宋代出现筷子索绪技术，如《蚕书》中提到的“以筯引其绪”[19]和南宋《耕织图》中的工匠手执长筷索绪（图 3-1-4b）。元代出现丝帚索绪技术（图 3-1-4c）。丝帚也被称为索绪帚、捞丝帚[20]或做丝[21]，由细竹丝[22]、细竹签[23]或草茎编扎而成，利用散开的刷头抽取丝素（图 3-1-5）。

[17] 浙江省文物管理委员会：《吴兴钱山漾遗址第一、二次发掘报告》，《考古学报》1960 年第 2 期。

[18] 徐辉、区秋明、李茂松、张怀珠：《对钱山漾出土丝织品的验证》，《丝绸》1981 年第 2 期。

[19] 转引自〔宋〕秦观撰，徐培均笺注《淮海集笺注》，上海古籍出版社，1994，第 1517 页。

[20]〔清〕卫杰：《蚕桑萃编》，中华书局，1956，第 125 页。

[21]《续修四库全书》编纂委员会编《续修四库全书 · 蚕桑辑要》，上海古籍出版社，2002，第 259—260 页。

[22]〔清〕卫杰：《蚕桑萃编》，中华书局，1956，第 125 页。

[23]〔明〕宋应星：《天工开物》，钟广言注释，中华书局香港分局，1978，第 76 页。

图 3-1-5　煮茧、索绪工艺示意图

（三）由简单收丝工具向缫车的演变

收丝是将索取的丝素卷绕至丝軖上的过程，新石器时代晚期已经产生。先秦时期的收丝工具是活动式绕纱板“壬”，是以单手握“壬”进行“8”字形转动的简单绕纱运动。“壬”主要有两种形制，一种为“工”字形绕纱板，可分为手柄中段榫头与卯眼相互插接的两截式（图 3-1-6a），以及手柄单独为一截，两端榫接长方形纱板的三截式（图 3-1-6b）；另一种为竹制“X”形绕纱框，由两只细竹竿以“X”形交叉固定，上下两端榫接略粗的竹竿（图 3-1-6c），如江西贵溪崖东周墓出土的 3 件绕纱板。[24]

汉代丝軖的出现，是缫车收丝技术产生的关键。丝軖作为一种卷绕机构，最初架在煮茧锅的上方，索得丝素后，丝素经过横动导丝结构，分层交叉卷绕在丝軖上。其形制如同大型的丝籰，整体为轱辘形，正中为较粗的车轴，四根辐框围绕车轴四周，每根辐框的两端分别通过一根短辐插接在车轴上，拨动辐框，可围绕车轴转动，如山东滕州龙阳店出土的东汉画像石中轱辘型丝軖（图 3-1-7）。[25]

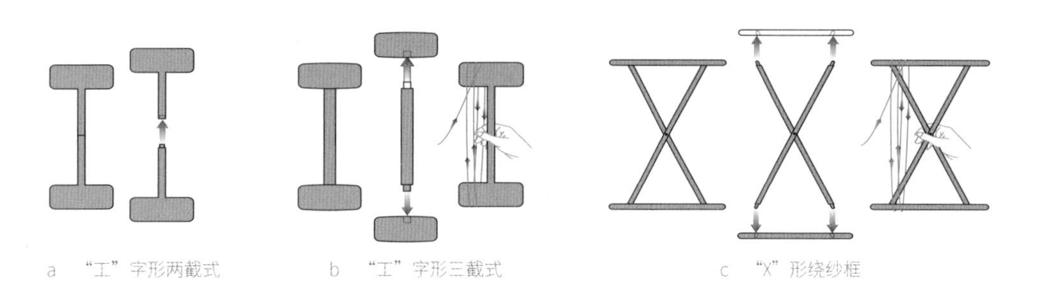

图 3-1-6　绕纱板形制图

图 3-1-7　山东滕州龙阳店出土的汉代画像石 [26]

[24] 程应林、刘诗中：《江西贵溪崖墓发掘简报》，《文物》1980 年第 11 期。

[25] 陈长虹：《纺织题材图像与妇功——汉代列女图像考之一》，《考古与文物》2014 年第 1 期。

[26] 中国画像石全集编辑委员会编《中国画像石全集 2 · 山东汉画像石》，山东美术出版社，2000，第 156 页。

缫车最早出现于唐代，属于手摇缫车。主要由集绪、卷绕和传动三大机构组成（图3-1-8）。集绪机构中的钱眼通常使用较大的带孔铜钱，浮于水面，用来穿引丝素，并合成一根丝绪；锁星形如滑轮，用细铁丝固定于“锅上牌坊”[27]；卷绕机构有用于导丝的添梯和用于驱动的鱼、鼓。添梯又称“送丝杆”或“丝秤”，上方安装丝钩，用于引导丝绪分层卷绕到丝軖上；[28]鱼横穿在鼓面上，用来固定添梯，鼓通常安装在左前侧车架腿顶端，中心贯穿圆孔，活套在车架腿顶端的圆榫上。丝軖的轴固定于后侧车架，轴头活套，连接曲柄。手摇曲柄令丝軖转动的同时，通过环绳传动令鼓和鱼旋转，鱼上的偏心轴做圆周运动，同时带动添梯做横向导丝运动。手摇缫车需要双人协作完成缫丝工作，一人负责索绪，一人负责摇柄收丝。

脚踏缫车在手摇缫车上加装脚踏连杆装置后发展而来，它将缫丝工作由双人协作改为单人完成（图3-1-9）。其关键改进是将手摇传动机构改为脚踏传动机构，使用垂直的连杆，上端连接曲柄末端，下端连接脚踏，如南宋梁楷《耕织

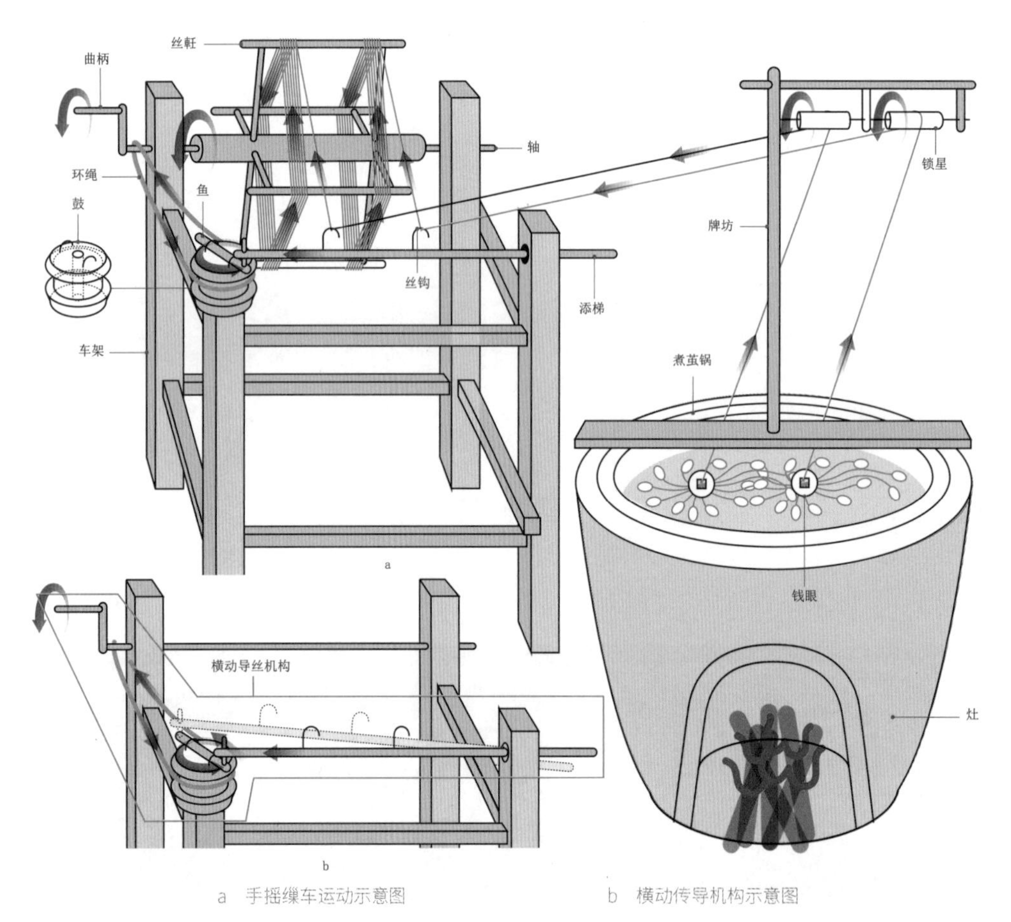

a 手摇缫车运动示意图　　b 横动传导机构示意图

图3-1-8 手摇缫车形制及功能示意图

[27]〔清〕卫杰：《蚕桑萃编》，中华书局，1956，第127页。

[28]张春辉等编著《中国机械工程发明史》（第二编），清华大学出版社，2004，第138—139页。

图》中摹绘的脚踏缫车（图3-1-9a）。脚踏缫车不仅节约了劳动力，同时还提升了劳动效率。元代缫车形制分为南缫车与北缫车，这种差异源于南北生活方式不同，所以煮茧用灶也不同。北缫车（图3-1-9c）的形制更接近宋式，牌坊位于灶上，较为低矮，丝线直接绕过牌坊上端的细木棍，丝线导程短，可缫双缴丝，丝軠居于车架正中，脚踏板短，使用两套集绪和横向导丝机构；而南缫车则更接近元代画家程棨摹《耕织图》（图3-1-9b）中的缫车形制（图3-1-9d），牌坊为竹竿搭建，固定于缫车上，高度较高，丝线直接绕过牌坊上端的竹竿，丝线导程长，只能缫单缴丝，丝軠居于车架末端，脚踏板长。

明代脚踏缫车的形制和功能设计在元式基础上略有变化（图3-1-10）。首先，牌坊的位置由灶口沿上转移至前立柱向前突出的上横档上；其次，集绪机构用竹针眼取代钱眼，竹针眼位于牌坊下部的横木条上，集绪时需在丝帚索得丝素后，先引入竹针眼，再绕上星丁头（锁星）。同时，各部分部件名称也略有不同，如丝軠被称作大关车，添梯被称作送丝杆，鼓被称作磨木。明代收丝技术的特征为出水干[29]，经过烘干的丝，丝质柔软坚韧、白净晶莹。

a　南宋梁楷《耕织图》中的缫丝

b　元代程棨《耕织图》中的缫丝

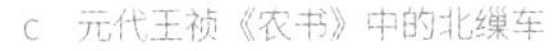

c　元代王祯《农书》中的北缫车

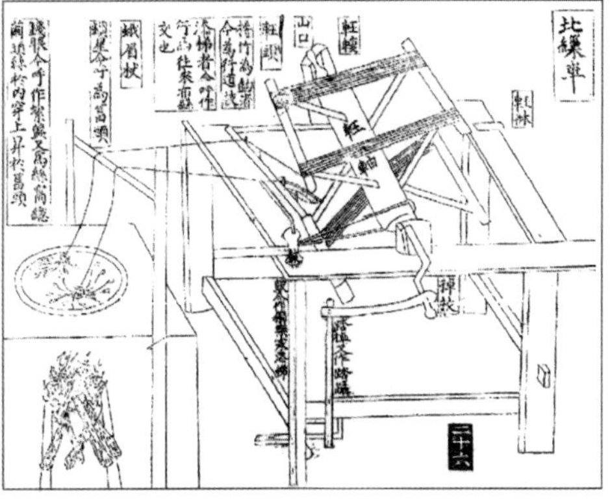

d　元代王祯《农书》中的南缫车

图3-1-9　宋元时期的脚踏缫车

[29]〔明〕宋应星：《天工开物》，钟广言注释，中华书局香港分局，1978，第77页。

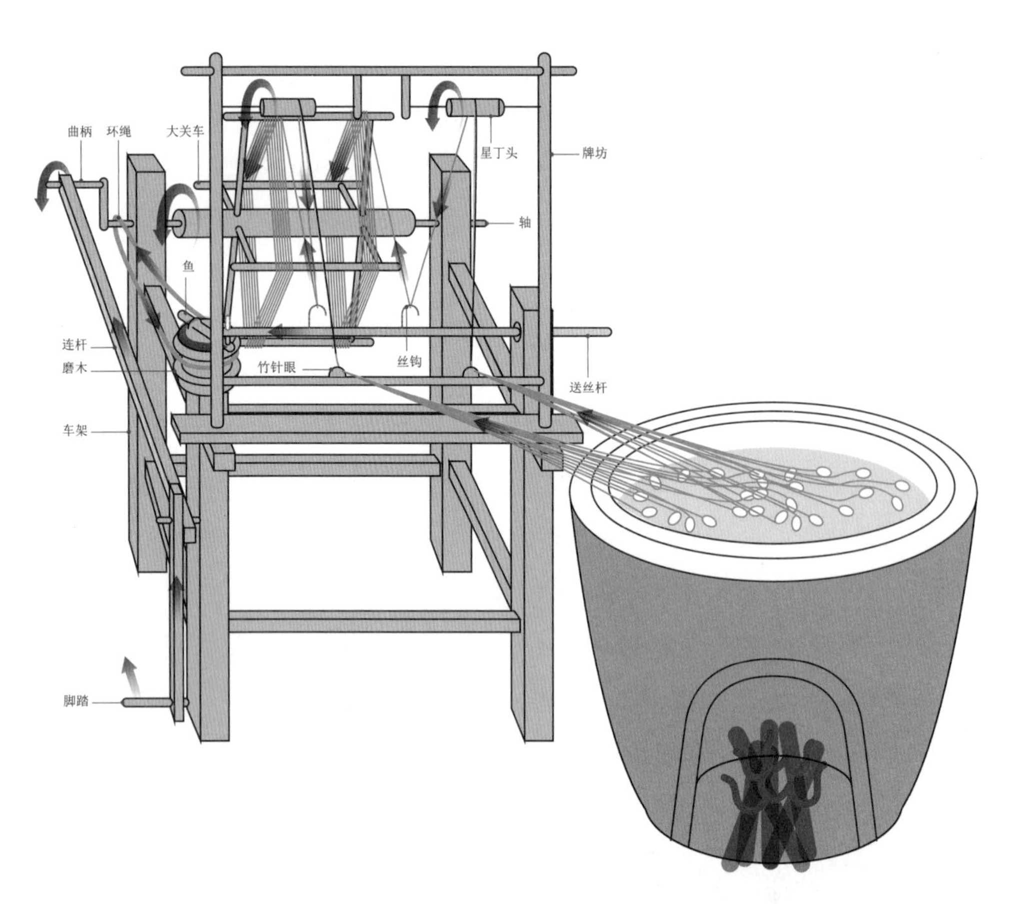

图 3-1-10 明代缫车的图像及缫丝运动示意图

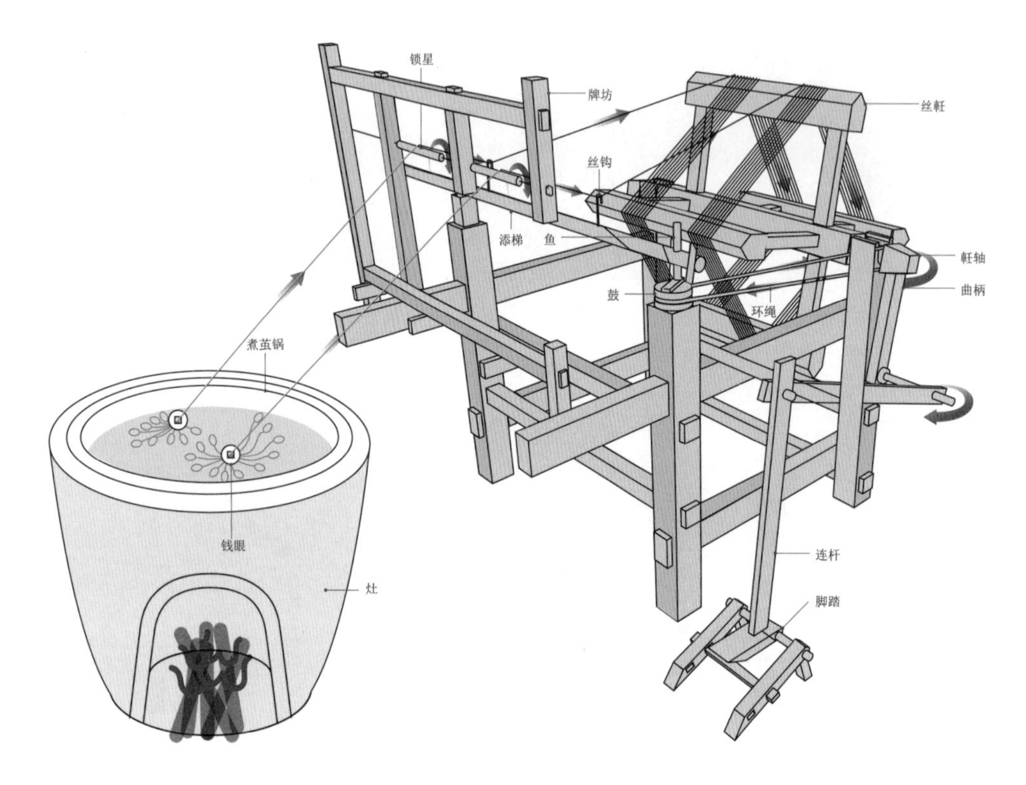

图 3-1-11 清代脚踏缫车复原图及运动示意图[30]

[30] 原型来源于中国丝绸博物馆藏清末缫车。

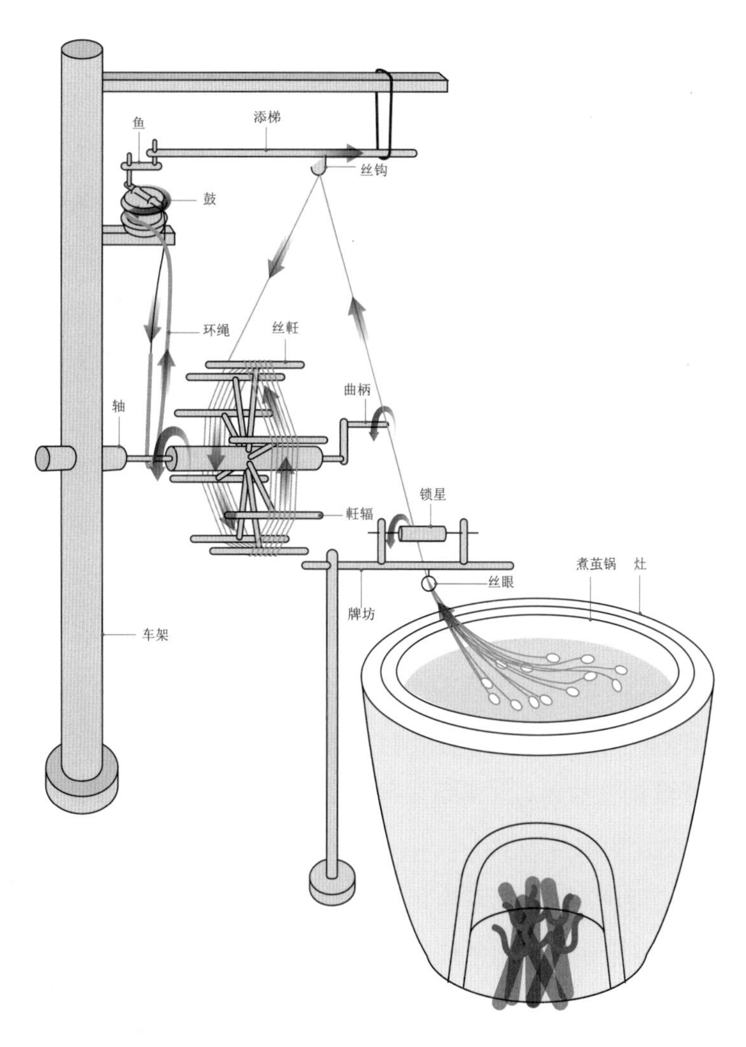

图 3-1-12 清式手摇缫车形制及功能示意图

清代缫车出现了脚踏和手摇两种，其中脚踏缫车（图3-1-11）沿袭明代形制，唯有脚踏增加了底座，提高了稳定性，如中国丝绸博物馆藏清末的脚踏缫车。清式手摇缫车在宋式基础上改变了形制（图3-1-12），车架变为独木桩式，用木桩顶部的横木悬挂添梯，丝钩向下，横木下方为鼓，鱼在鼓上，贯穿添梯的内端，鼓下方为丝軖，軖辐增加到8根，軖轴连接曲柄，牌坊单独放置，上方安装锁星。环绳连接鼓和軖轴，摇动曲柄时，通过绳带传动令鼓旋转，带动添梯横向运动导丝。

手摇缫车结构简单，易于操作，生产速度又能够满足普通家庭的生产需求，一直沿用到清代。脚踏缫车在手摇缫车的基础上进行改良，丝軖通过手摇的曲柄和脚踏杆相连，令操作者可以用脚代替手，给整台机器提供动力。双手被解放出来，完成索绪、添绪等工作，一台脚踏缫车只需一个人就可以完成缫丝的全部工作，大大提高了生产力。以脚代替手参与劳动是中国古代生产工具设计史上的重要进步，维持了原本缫车卷绕收丝功能的同时，改良提升了传动方式，节约了劳动力。

二、纵横传动与立卧转变：纺纱工具与技术的发展演变及功能设计

中国古代纺纱技术起源于旧石器时代，从最初简单的徒手劈分韧皮纤维，一直发展成多锭脚踏纺车纺纱。元代以前，纺纱技术的主要实施对象是麻纤维，其技术实施的本质在于绩接和加捻。元代以后，棉花种植开始普及，纺纱技术开始应用于纺制棉纱，其技术实施的本质在于牵伸与加捻。纺车的演变见证了中国古代纺纱技术的发展与棉花种植普及的同步发展。尽管早期纺车的确切形制不详，但现存的图像和实物证据揭示了其设计的多样性和适应性。纺车是一种通过曲柄或连杆脚踏驱动绳轮的机械装置，由最初的立式手摇逐渐转变为立式脚踏后发生了分流。其中，纺麻纱发展为多锭小纺车，最多能纺5锭。纺棉纱则缩小轮周，并向卧式手摇纺车的方向发展演变，至今仍然能在农村地区看见此类纺车的身影。

（一）形制多样的纺轮与原始纺纱技术的诞生

早期麻纤维加工技术，主要通过劈分、绩接和搓合加工成纱线，如浙江余姚河姆渡遗址出土的编号为T216（4A：34）的粗绳[31]。其中劈分技术早在旧石器时代晚期就已经出现，在北京山顶洞人遗址出土的骨针[32]，其针孔直径仅1毫米，韧皮纤维经劈分后才能穿过；绩接技术需要将劈分后的纤维束一端劈分成约3厘米长的两缕，包夹另一根纤维束的一端后捻转接续；搓合技术则是将劈绩好的若干细纤维束梳理排列后以“Z”或“S”方向搓转，令纤维束捻合成单纱，搓转时可用双手手掌或手掌与腿面互搓，多纱并股、多股并绳所用方法与此相同。

最早出现的纺纱工具是纺坠，也称为“纺专”[33]，由捻杆和纺轮组成，替代了手工搓合法来纺制麻纱。其关键在于使用纺轮和捻杆的组合来旋绕纱线。纺轮形态各异，早期的纺轮是由原始陶器碎片或手工粗制陶片打磨而成，如河北磁山新石器时代遗址中的纺轮[34]。新石器晚期，纺轮的形制发展趋于成熟，出现了多种类型（图3-1-13），包括圆饼型、圆锥型、算珠型，以及多样化的异型纺轮。

整体来看，纺轮的材质以陶为主，其次是各类石材，还有少量玉、铜、骨、

[31] 浙江省文物考古研究所：《河姆渡：新石器时代遗址考古发掘报告》，文物出版社，2003，第455页。
[32] 贾兰坡：《周口店遗址》，《文物》1978年第11期。
[33] 李强、李斌：《图说中国古代纺织技术史》，贾金喜绘图，中国纺织出版社，2018，第61页。
[34] 孙德海、刘勇、陈光唐：《河北武安磁山遗址》，《考古学报》1981年第3期。

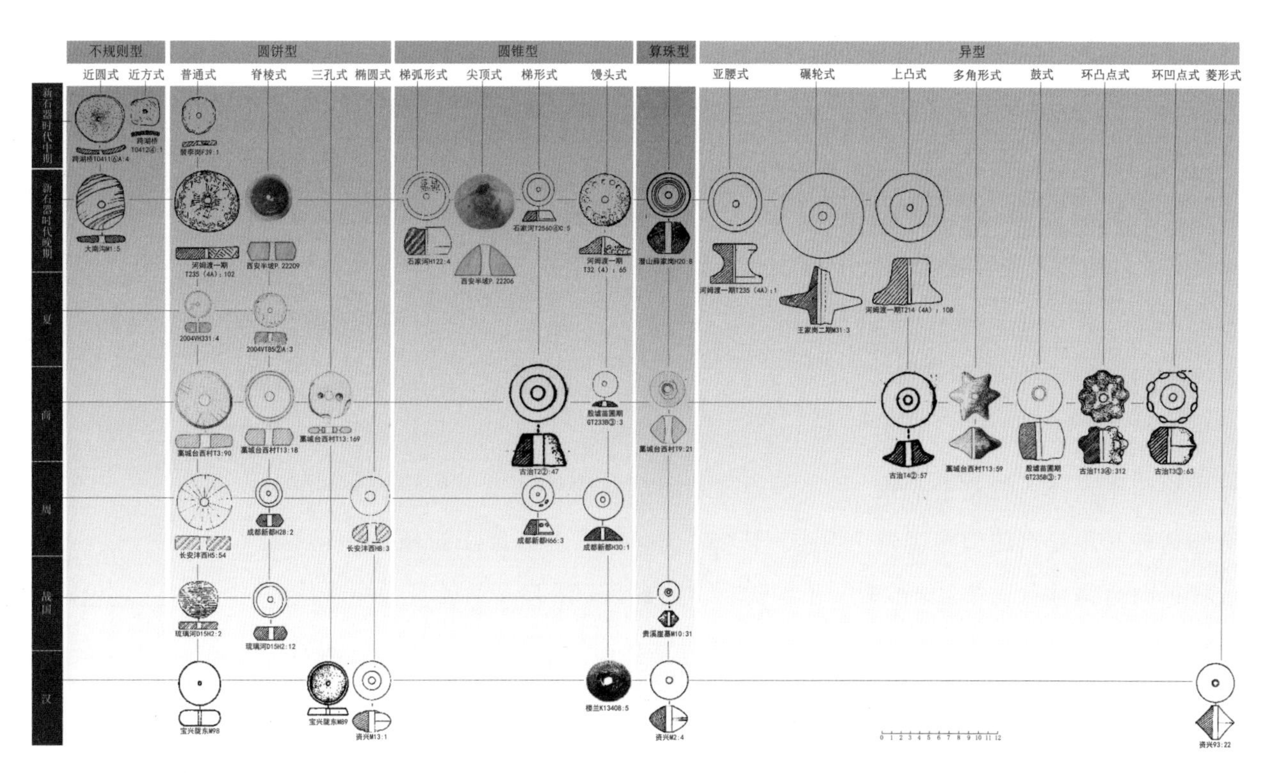

图 3-1-13 纺轮发展阶段及形制种类示意图

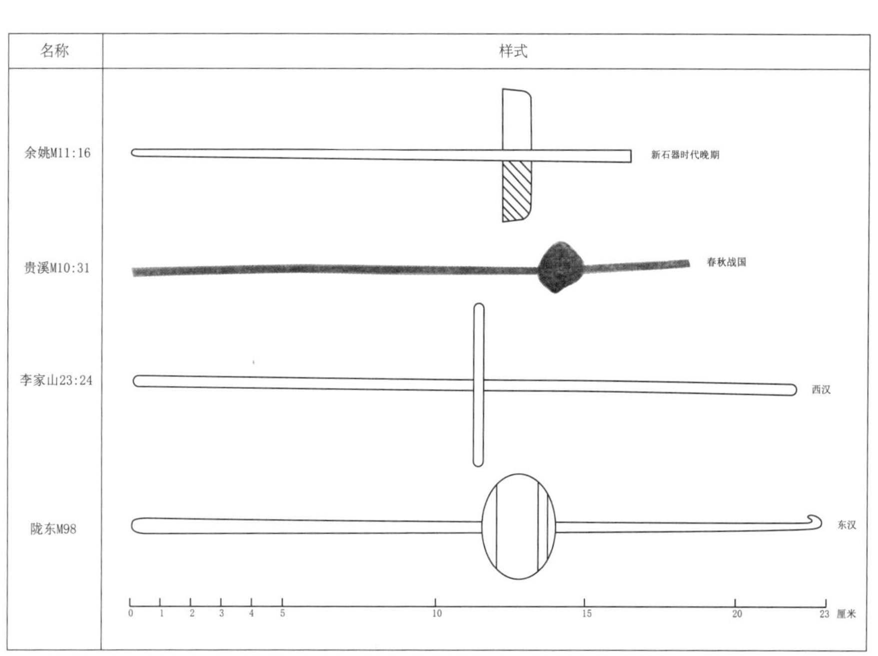

图 3-1-14 捻杆形制的发展演变

木、沥青、蚌等材料。纺轮的外形随着加工工艺的进步，从不规则的形制发展成为水平面以正圆形为主，尺寸则由大小不一逐渐缩小至大小为3至5厘米，器表装饰也由复杂的刻画和彩绘逐渐简略为单一的素面。早期捻杆为通体直杆，最迟至汉代，出现了顶端增置屈钩的捻杆（图3-1-14），捻杆的材质从竹、木发展为青铜和铁。

纺坠使用时以长杆定捻，并以带孔重物为旋转主体的同时增加自重。首先

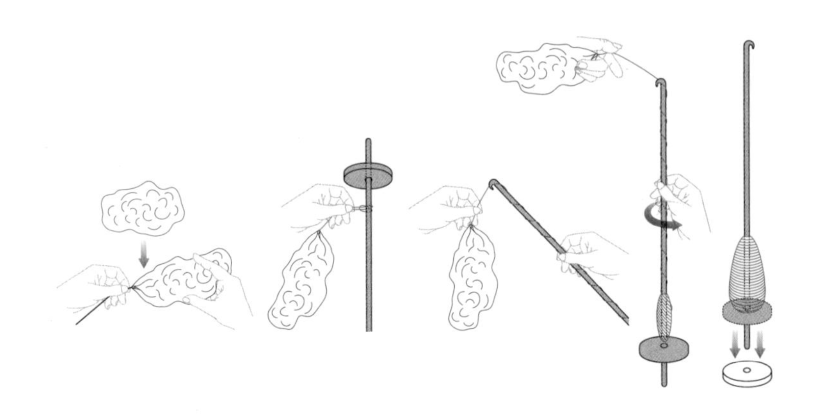

图 3-1-15 纺坠纺纱技术示意图

将捻杆的尾端插入纺轮中心孔，再将预处理过的棉花团手捻出一截纱线，并在纺坠捻杆靠近轮端的部位套一个活结，以“S”向或“Z”向缠绕在捻杆上，并通过杆顶的弯钩挂住纺坠。纺纱时一手控住棉花出纱，一手拨动纺轮按缠绕纱线的捻向旋转，每纺出一段纱线都需缠绕在捻杆上，在纺纱的过程中，用完一团棉花需停下续接，纺出一定体积的纱线后，便可退下纺轮，重新插入另一个纺轮继续纺纱（图 3-1-15）。

以黄河为界，纺坠纺纱技术的发展呈现出不均衡性，从原始社会时期至春秋战国时期，黄河以北出土的纱线在直径上整体差别较大，如仰韶文化时期的河南荥阳青台遗址出土的麻纱经纬线的直径从 0.2 至 0.6 毫米不等[35]。黄河以南的纱线直径整体较北方更细，如湖南长沙 406 号战国楚墓出土麻布片的单纱直径小于 0.2 毫米[36]。但整体而言，纺纱技术呈现出纱线直径（投影宽度）精细化的趋势。

（二）承继与分野：棉、麻纺纱工具及技术的流变

商代以后，由纺锭和滑轮组成的原始纺车，逐渐取代纺坠成为普及的麻纺工具。最早的纺车零部件束腰型陶锭轮，出土于河北藁城台西村[37]和唐山古冶商代遗址[38]（图 3-1-16）。锭轮主要用于带动锭杆缠纱，其作用与滑轮相同，战国时期出土的一块苎麻织物，每 10 平方厘米中排列的经线密度为 280 根麻纱、纬线密度为 240 根麻纱[39]，推测经纬线均为多根麻纱捻合的股线，能够从侧面佐证纺车纺纱的存在。

纺锭是纺车的核心部件，最早的实物出现于西汉，主要用于卷绕纱线。汉

[35] 郑州市文物考古研究所：《荥阳青台遗址出土纺织物的报告》，《中原文物》1999 年第 3 期。

[36] 周启澄、赵丰、包铭新主编《中国纺织通史》，东华大学出版社，2017，第 67 页。

[37] 河北省文物研究所编《藁城台西商代遗址》，文物出版社，1985，第 61 页。

[38] 文启明：《唐山市古冶商代遗址》，《考古》1984 年第 9 期。

[39] 谷兴荣等编著《湖南科学技术史》一，湖南科学技术出版社，2009，第 215 页。

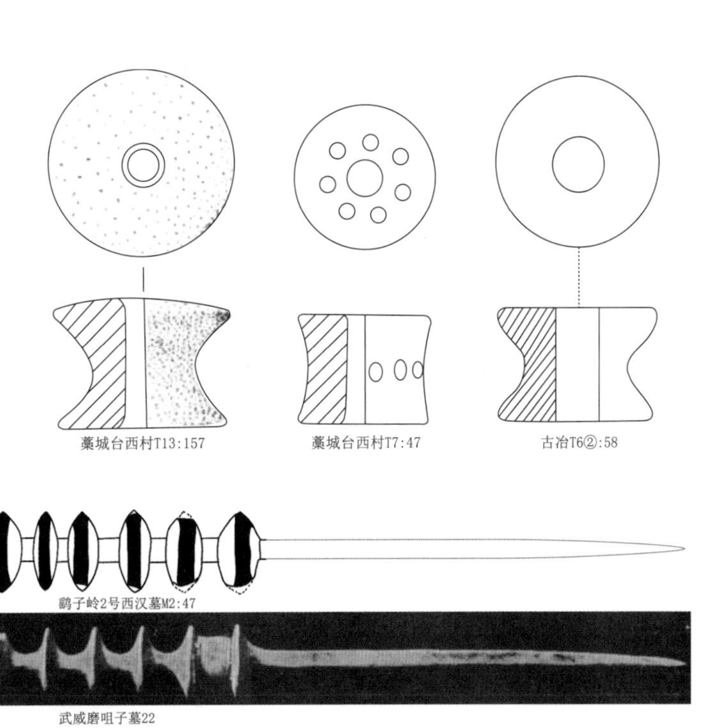

图 3-1-16　商代出土的陶锭轮形制

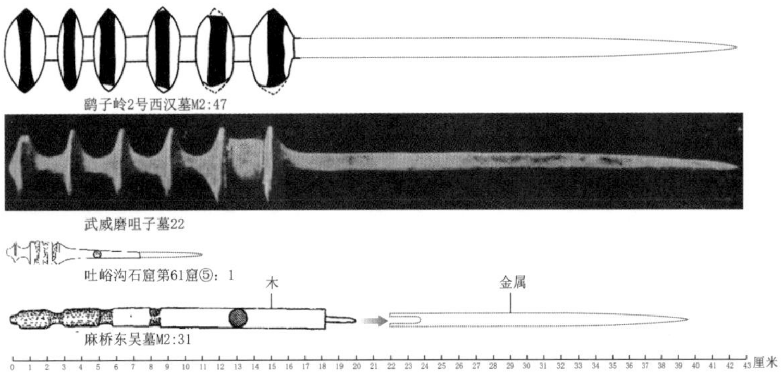

图 3-1-17　汉晋时期纺锭形制的发展演变[40]

代纺锭以整块木料雕刻而成（图3-1-17），形制有大小之分。大型纺锭如湖南永州鹞子岭2号西汉墓和甘肃武威磨咀子汉墓出土的6轮纺锭，长达40厘米左右，锭头有5道凹槽；小型纺锭如新疆鄯善吐峪沟西区中部高台窟院出土的5轮纺锭，纺锭分为锭头、锭尾两部分，锭头外端为喇叭形，其内雕刻三道圆轮，各圆轮间雕凹槽，锭尾呈圆锥形，近锭头处较粗[41]。魏晋时期，纺轮形制由一体式演变成分体式，锭头的榫头与锭尾插接，如安徽南陵麻桥东吴墓出土的纺锭残件[42]。

立式手摇纺车最晚出现于五代时，由传动机构和卷绕机构组成。传动机构由曲柄、轮和环绳组成，其中，轮由轮辐和轮辋构成；卷绕机构由锭轮组成。纺纱时先将一截麻绩在纡管上打结缠绕，再将纡管套在锭杆上，通过手摇曲柄令轮旋转，环绳随之传动令滑轮带动锭杆旋转卷绕纱线。甘肃敦煌莫高窟第6窟北壁和第98窟北壁的壁画中都绘制了此类纺车的图像[43]（图3-1-18）。

[40] 图像采选自陈贤儒：《甘肃武威磨咀子汉墓发掘》，《考古》1960年第9期；郑元日、唐青雕、邓少年：《湖南永州市鹞子岭二号西汉墓》，《考古》2001年第4期；李裕群、夏立栋、王龙、张海龙：《新疆鄯善吐峪沟西区中部高台窟院发掘报告》，《考古学报》2020年第3期；李德文：《安徽南陵县麻桥东吴墓》，《考古》1984年第11期。

[41] 李裕群、夏立栋、王龙、张海龙：《新疆鄯善吐峪沟西区中部高台窟院发掘报告》，《考古学报》2020年第3期。

[42] 李德文：《安徽南陵县麻桥东吴墓》，《考古》1984年第11期。

[43] 敦煌研究院主编单位，王进玉主编《敦煌石窟全集 · 科学技术画卷》，商务印书馆（香港）有限公司，2001，第211页。

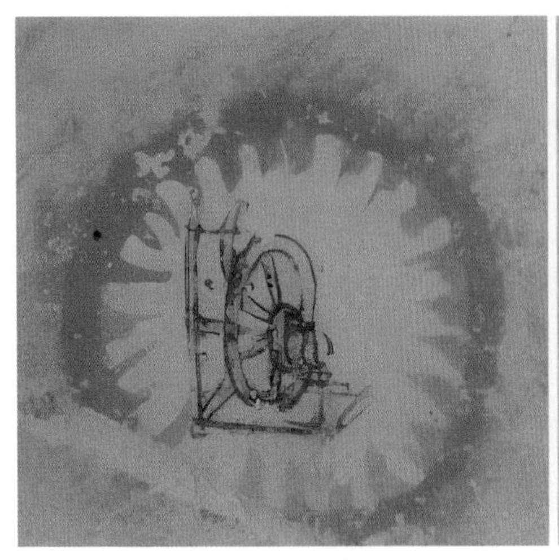
a　第6窟北壁纺车

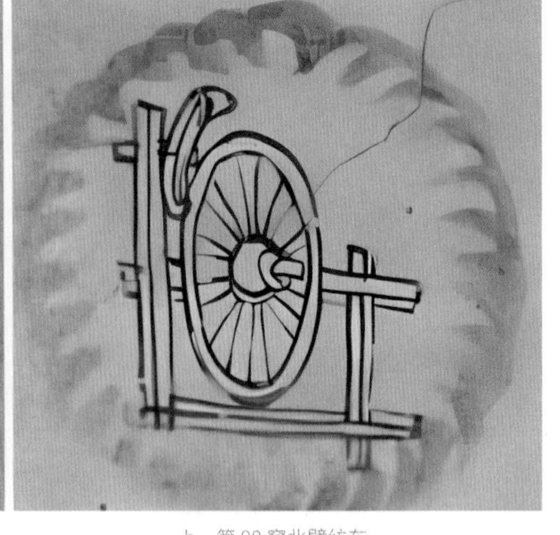
b　第98窟北壁纺车

图3-1-18　五代敦煌莫高窟壁画中的纺车图像

宋代纺车在五代的基础上进行了改良，车轮为无辋式，由23片长木片组成轮辐，车轮上方的锭盘上安装两只锭杆，锭杆上各套一只锭轮，环绳一端直接环绕轮辐一周，另一端环套锭盘凹槽中的两根锭轮上。锭盘上安装两只锭杆，可以同时纺两锭麻纱，提高了生产效率。由于锭杆卷绕纱线的部分位于纺车的背面，因此需要一人在正面摇动曲柄，另一人在背面手持麻纤维，如北宋王居正《纺车图》中的手摇麻纺车（图3-1-19c），操作原理依旧是摇动曲柄带动轮旋转，轮周的环绳传动锭轮旋转绕纱，构成了纵向的传导关系（图3-1-19a）。

此后，纺车纺纱技术发生了新一轮变革（图3-1-19b），差异主要在于：第一，锭杆安装的方向由背面转变为正面，操作的工匠由两人变为一人；第二，传动机构进行了改良，曲柄末端新增连杆连接脚踏和车架底座，步踏驱动曲柄做圆周运动，车架底座前沿与脚踏相连；第三，锭盘上安装3根以上的锭杆，大幅提高了纺纱效率。如《列女传》中的有辋式纺车（图3-1-19d）。宋代之后，麻纺车形制基本定型，元代增设锭杆以提高麻纱纺制量，如《农书》和《农政全书》上的5锭小纺车（图3-1-19e、图3-1-19f）。棉纺车出现于元代，形制与宋式3锭脚踏纺车类似，但车轮更小，如《农书》中的木棉纺车（图3-1-20a）。明清时期，棉、麻纺车的形制出现分野（图3-1-20b、图3-1-20c、图3-1-20d、图3-1-20e、图3-1-20f、图3-1-20g），麻纺车基于立式脚踏纺车演进，而棉纺车则从立式转变为卧式，驱动方式也从脚踏回归到手摇，纺锭与车轮的位置也从垂直方向居上转变为水平方向居下。

卧式手摇棉纺车采用横卧的车架设计，分为绳带传动和卷绕两大机构（图3-1-21），传动机构由曲柄、轮和环绳组成，卷绕机构则以锭轮为核心。操作时，手搓棉纱并固定于纡管，继而将纡管装置于锭杆，通过手摇曲柄驱动与之相连

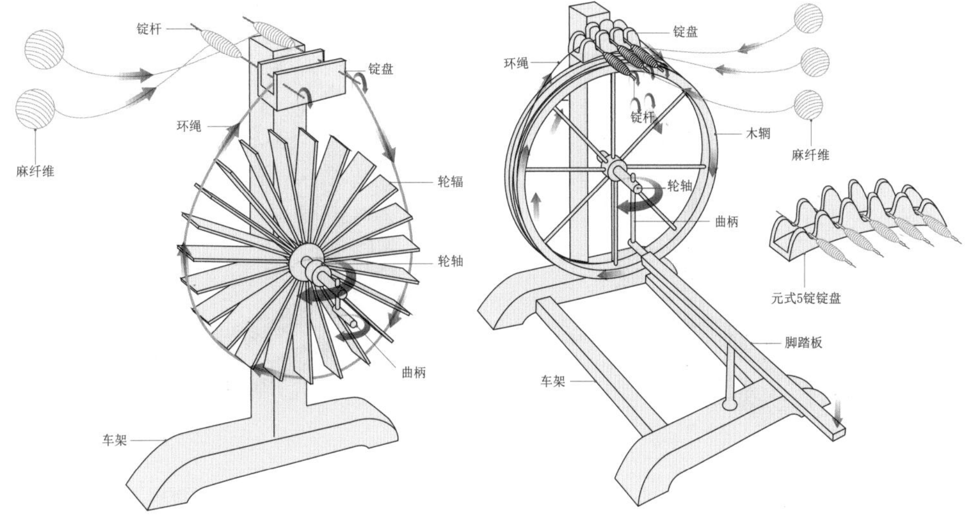

a　北宋无辋手摇麻纺车形制及功能示意图　　b　南宋多锭脚踏麻纺车形制及功能示意图

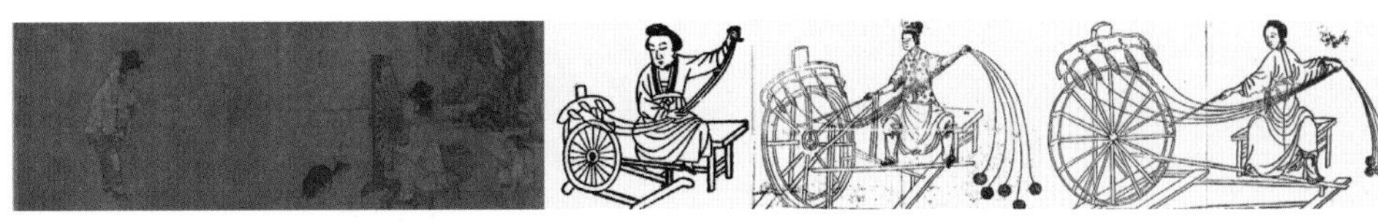

c　北宋王居正《纺车图》中的手摇麻纺车　d　宋刻本《列女传》中的辋式纺车　e　元代《农书》中的小纺车　f　明代《农政全书》中的小纺车

图 3-1-19　北宋无辋手摇麻纺车形制及功能示意图[44]

a　元代《农书》木棉纺车中的立式脚踏纺车　b　明代《农政全书》木棉纺车中的立式脚踏纺车　c　明代《天工开物》纺缕中的卧式手摇纺车　d　清代《钦定授衣广训》纺线中的卧式手摇纺车

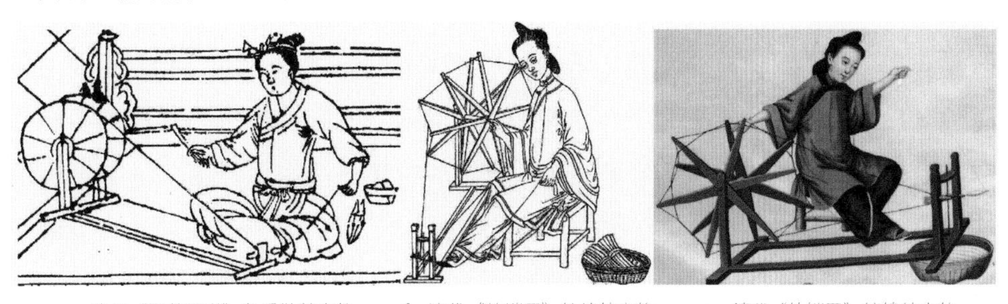

e　清代《闺范图说》鲁季敬姜中的卧式手摇纺车　f　清代《外销画》纺棉纱中的卧式手摇纺车　g　清代《外销画》纺棉纱中的卧式手摇纺车

图 3-1-20　元代至清代棉纺车形制演变[45]

[44]〔西汉〕刘向：《新刊古列女传》，南宋余氏刊刻版，卷四第十三鲁寡陶婴；〔元〕王祯：《农书》，元大德八年刻本，农器图谱集二十·三十四；〔明〕徐光启：《农政全书》，明平露堂刊本，卷三十六·十三。

[45]图片采选自〔元〕王祯：《农书》，元大德八年刻本，农器图谱集十九·二十六；〔明〕徐光启：《农政全书》，明平露堂刊本，卷三十五·二十四；〔明〕宋应星：《天工开物》，明末清初书林杨素卿刻本，卷上·四十四；董诰等编《钦定授衣广训》，清木刻本，棉花图·纺线；〔明〕吕坤：《闺范图说》，清康熙吕应菊刊本，卷三·六；书格官网等。

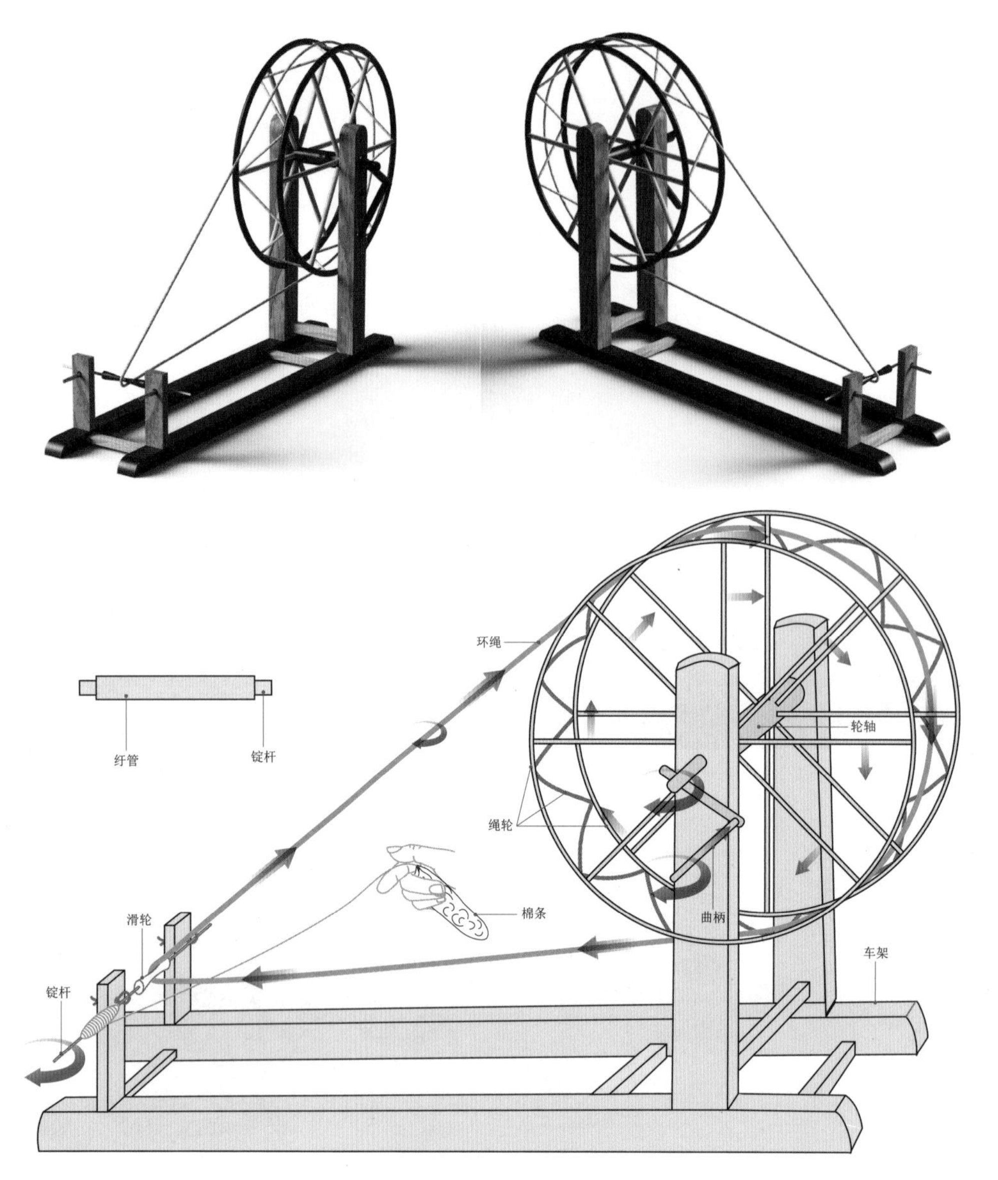

图 3-1-21 卧式手摇纺车形制及功能示意图

的轮旋转，套于轮上的环绳随之带动传动安装在卧式木架另一段滑轮转动，以此驱动锭杆旋转并卷绕纱线。车轮是纺车上除支架外最大的构件，明式车轮仍是木质轮框，清式车轮转为绳辋结构。绳轮的轮辐外端用麻绳沿“Z”字形圈绕连接成辋，轮中轴设有凹卯，用以插入曲柄的凸榫。手摇曲柄产生的动力通过绳轮传递，带动锭杆旋转，实现纱线卷绕。

在元代之前，麻纱纺制是主要的纤维加工方法，之后棉花普及，棉纱纺制的生产地位逐渐上升。纺坠是纺车出现之前最为重要的纺纱工具，人们对简单机械的熟练运用促使纱线纺车诞生。与纺轮相比，纺车的构造更为复杂，卷绕机构和传动机构综合运用了滑轮、轮、轴、曲柄和绳带传动，尤其是由绳带连接的纵、横向传动系统，是中国古代机械设计的重要代表之一。纺车的形制从立式逐渐发展出卧式，驱动方式在手摇与脚踏间反复改良，产量也由单锭增加至5锭，即便清末近代纺纱机器传入中国，纺车仍旧是广大农村地区最为普及的纤维加工工具。

三、络、并、捻工具的三轨并行与“各行其道”

络、并、捻缫丝与纺纱后续的加工步骤，旨在优化纤维的适用性和耐用性。中国古代的络、并、捻技术起源于新石器时代，经历了汉代、宋代和元代三代的技术突破，发明了世界领先的人力、畜力、水力驱动的大型纺车丝麻加捻技术。其中，络纱技术是将丝线脱軖后卷绕于丝籰或纡管，将纺好的纱线从纡管上牵伸、张开并盘置于十字形车架或軖上。并捻技术是合二为一的工序，其实施目的是将多股丝或纱合并，并在卷绕的过程中调整捻度。小型并捻纺车与纱线纺车形制相似，并捻丝线和棉纱为主；大型加捻纺车多用于丝线、麻纱的批量加捻，其锭数多达32锭以上，动力来源也更加多元化。

（一）“络于籰”和“络于框”

络丝技术主要用于脱軖，即将已缫制的丝线从大型的丝軖上脱离，然后张开并盘置于络丝工具上，最后转绕于小型的收线工具上。络丝[46]一词最早见于汉代，其图像最早出现于东汉画像石上，呈现为张丝工具和绕丝工具（丝籰）的组合（图3-1-22）。张丝工具有三种形制：第一种形制为外端向上安装4只短木棍的十字形辐，辐正中贯穿轴，轴的底端插入底座固定，通过轴旋转，如江苏邳州白山故子村1号墓画像石中的张丝具[47]；第二种类型为“柅”，也就是张丝架，由4至6根木棍竖插于方框上构成，是中国古代张丝工具的主流形制；第三种

a　江苏邳州白山故子村1号墓　b　江苏徐州铜山洪楼祠堂　c　安徽宿州褚兰胡元壬祠堂　d　山东滕州龙阳店

图3-1-22　东汉画像石中的络丝工具[48]

[46]〔汉〕许慎撰，〔清〕段玉裁注《说文解字注》，上海古籍出版社，1988，第262页。

[47] 尤振尧、陈永清、周甲胜：《江苏邳县白山故子两座东汉画像石墓》，《文物》1986年第5期。

[48] 图像采选自尤振尧、陈永清、周甲胜：《江苏邳县白山故子两座东汉画像石墓》，《文物》1986年第5期；中国画像石全集编辑委员会编《中国画像石全集4·江苏安徽浙江汉画像石》，山东美术出版社，2000，第33、115页；中国画像石全集编辑委员会编《中国画像石全集2·山东汉画像石》，山东美术出版社，2000，第156页。

为直接将丝軖从缫车上脱下，竖立于地面。

络丝工具在宋代基本定型，张丝架放置于地面，套活构件与张丝架底座连为一体，丝钩通常为竹钩或金属环（图3-1-23a）。络丝技术于元代发展至巅峰，产生具有南北地域差异的两种加工方式（图3-1-23b、图3-1-23c）。南方的络丝技术延续了宋代，而北方则使用安装有两只丝籰的络车进行络丝。至明代，称张丝架为络笃（图3-1-23d）[49]，出现了可以单独安置于地面或固定于墙柱上的独立活套架。

清代络丝工具出现了两种不同的形制（图3-1-23e、图3-1-23f）。一种是延续了明代的张丝架形制，但将底座由一体式改变为活动式，可以自由调节大小。另一种被称为络车（图3-1-24），车架安置于长凳的一端，籰轴插入两根立柱之间，远离络笃的轴柄一端有拉绳相连。操作时，工匠手牵拉绳可以带动籰轴旋转卷绕丝线。轴柄末端做凸榫，插入鼓心凹卯，鼓面固定短柄，短柄长出鼓面的一端穿孔，用于套住带孔圆饼（石轮或金属轮）等增加负重。拉绳穿孔打结，牵拉时带动鼓上短柄，柄端砝码利用自重和惯性令鼓柄做圆周运动，从而驱动籰轴旋转。

a　南宋梁楷《耕织图》中的络丝

b　元代程棨《耕织图》中的络丝

c　元代《农书》中的络车

d　明代《天工开物》中的治丝图

e　清代《御制耕织图·纬》中的络丝

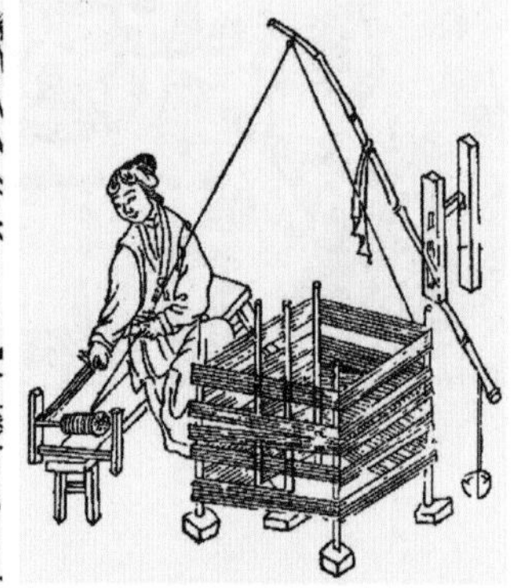

f　清代《蚕桑萃编》中的解丝络车图

图3-1-23　宋代至清代络丝工具的形制演变

[49]〔明〕宋应星：《天工开物》，钟广言注释，中华书局香港分局，1978，第79页。

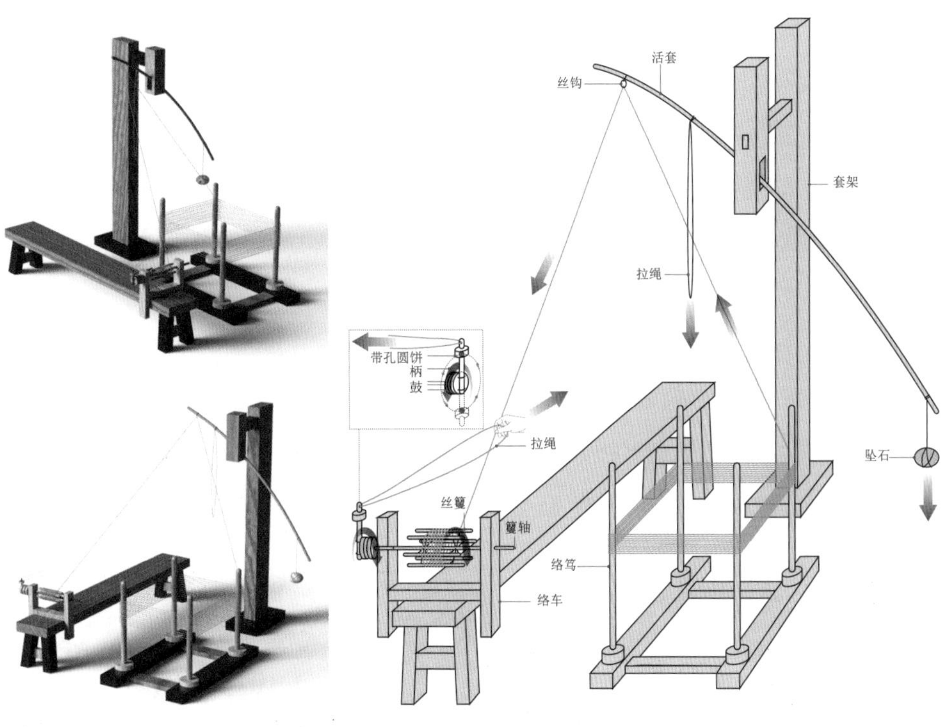

图 3-1-24 清代络丝工具形制及功能设计

a 南北朝阿斯塔那56号墓出土的收丝工具

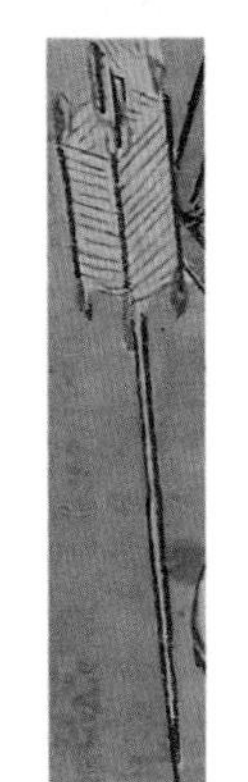
b 元代程棨《耕织图》中的收丝工具

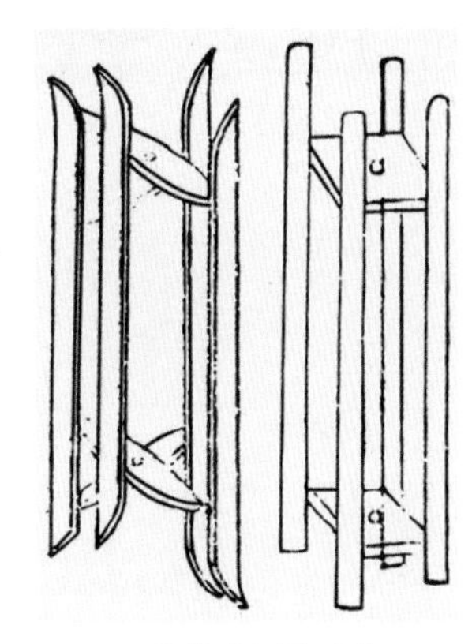
c 元代《农书》中的收丝工具

d 明代《农政全书》中的收丝工具

图 3-1-25 中国古代丝籰形制的发展演变

收丝工具最初仅为单独的一只丝籰（图3-1-25），其形制由"X"形绕丝架发展而来，用竹、木制成，结构通常由短辐、辐框及轴组成，籰轴贯穿辐正中的圆孔，单手可执轴柄，摇动轴柄时带动辐框旋转以收绕丝线。丝籰的形制最初为两组十字形短辐，辐端为凸榫，插接在四根圆木棍（辐框）一侧的凹卯中，如新疆阿斯塔那56号古墓出土的木制南北朝丝籰[50]。元代的丝籰形制在南北朝的基础上略有改进，出现一种新式丝籰，以两组方形木板的四角连接四根圆木棍，木板中央穿孔以贯穿籰轴。明代丝籰的辐框由四根演变成六根，材质也以竹竿为主，并延续至清代。

[50] 白建尧主编《丝路瑰宝——新疆馆藏文物精品图录》，新疆人民出版社，2011，第138页。

最早的纺车络纬图像出现于山东临沂金雀山9号汉墓出土的帛画[51]和东汉时期的画像石中，此类图像的特征是将纬车与单只丝籰组合。汉代纬车的形制与清代卧式手摇棉纺车相似（图3-1-26），都属于卧式手摇纺车，且纺锭位置低于纺轮。由于丝线不需要牵伸，因此轮的直径要大于棉纺车。除此之外，各部分部件和操作原理与棉纺车相同，都是手摇车轮时利用绳带横向传动纺锭，令丝籰上的丝线卷绕在纺锭上。

宋代纬车的形制在汉代基础上发生变化（图3-1-27），首先是车架摆放的位置由地面提高至凉床之上，工匠的操作姿势由坐姿变为站姿；其次，在纬车附近增加了一具送丝架，架子顶端装有金属横杆，丝线通过丝钩再绕于纺锭，能够增加丝的韧性；最后，轮径明显变小，更加贴近棉纺车的轮径，并且由木辋轮

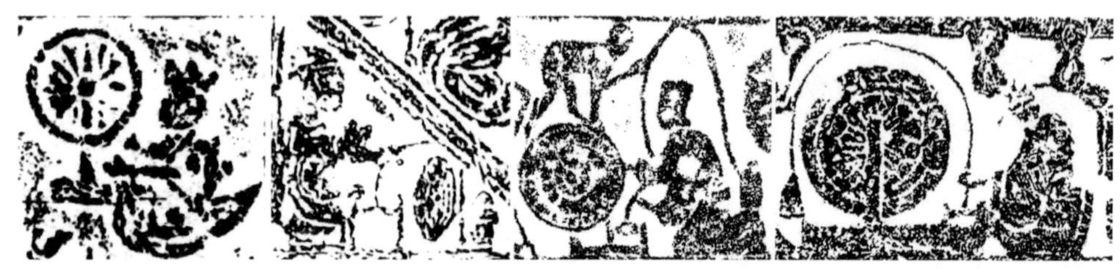

a 江苏邳州白山故子村1号墓　b 安徽宿州褚兰胡元壬祠堂　c 山东滕州龙阳店　d 山东滕州龙阳店

图3-1-26 东汉画像石中的纬车图像

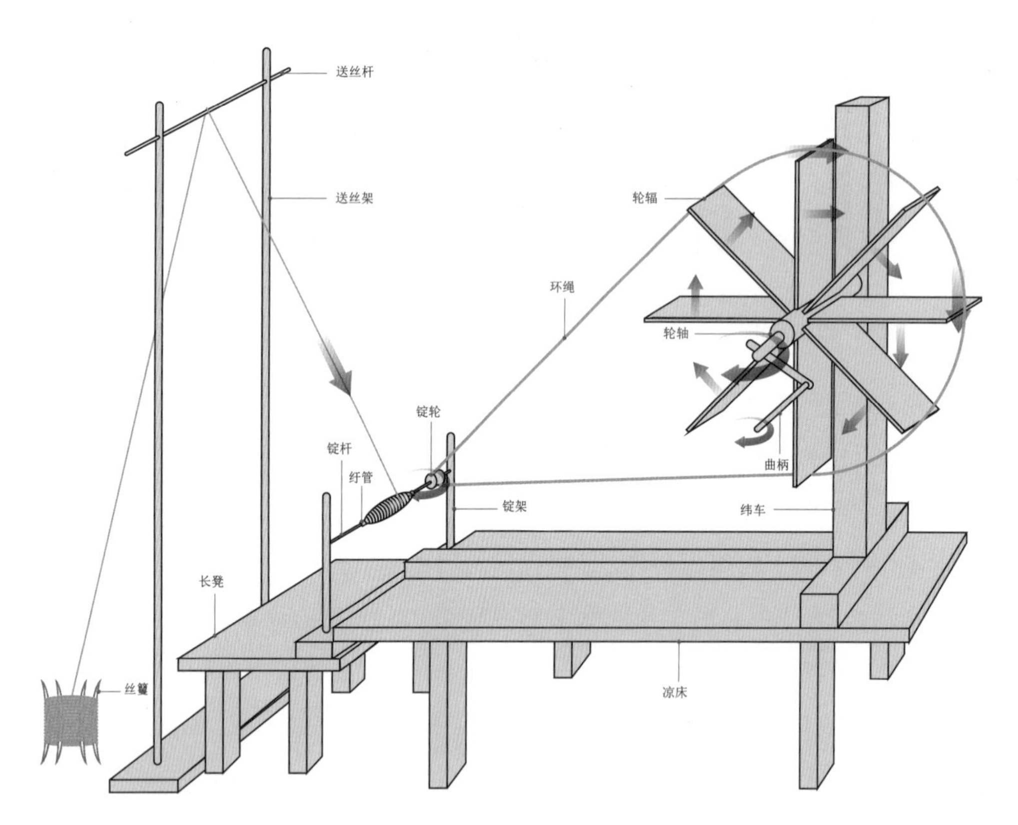

图3-1-27 宋代纬车形制及功能设计

[51]临沂金雀山汉墓发掘组：《山东临沂金雀山九号汉墓发掘简报》，《文物》1977年第11期。

变成无辋轮。

元代纬车在宋代基础上进一步发生变化：首先，车架重新落于地面安放，但因车床高度不同，发展出了站姿和坐姿两种，明代的纬车是元代坐姿纬车的延续；其次，锭杆的位置发生变化，由原本低于纺轮变成与轮轴位置齐平，轮径也重新变大；再次，不再使用送丝架，而是改成丝线过水和穿过重物，以增加丝线的韧性；最后，丝籰不再取下籰杆直接竖放于地面，而是将籰杆斜插于籰架上固定。纬车络纬方法与纺纱相似(图3-1-28)，工匠以坐姿便可进行络纬加工。引丝时，可将丝线浸入水中，以增加纬线的韧性和捻度。

络棉、麻纱与络丝所使用的工具不同，旨在将纺成的纱线从纡管脱纱，以备织造。元代《农书》记载了两种棉纱络具，分别为“木棉拨车”[52]（图3-1-29a）和“木棉軖床”[53]，以及一种麻纱络具“蟠车”[54]（图3-1-29b）。拨车与蟠车的结构相似，均以竖立的木轴上水平安装十字辐，辐末端垂直安装短木棍作为辐框。其中拨车的辐与轴一同转动，而蟠车的辐固定于轴顶凸榫，仅辐自转。络纱时先将纡管套在繀具上，纱头绕辐框张开，一手拨动辐框，便可将纱线连续张绕在车框上。除此之外，两车配套使用的繀具形制也不相同：蟠车的繀具与纡管的连接比较合理，支持纡管自由旋转脱纱；而拨车繀具的短木棍横向连接纡管，

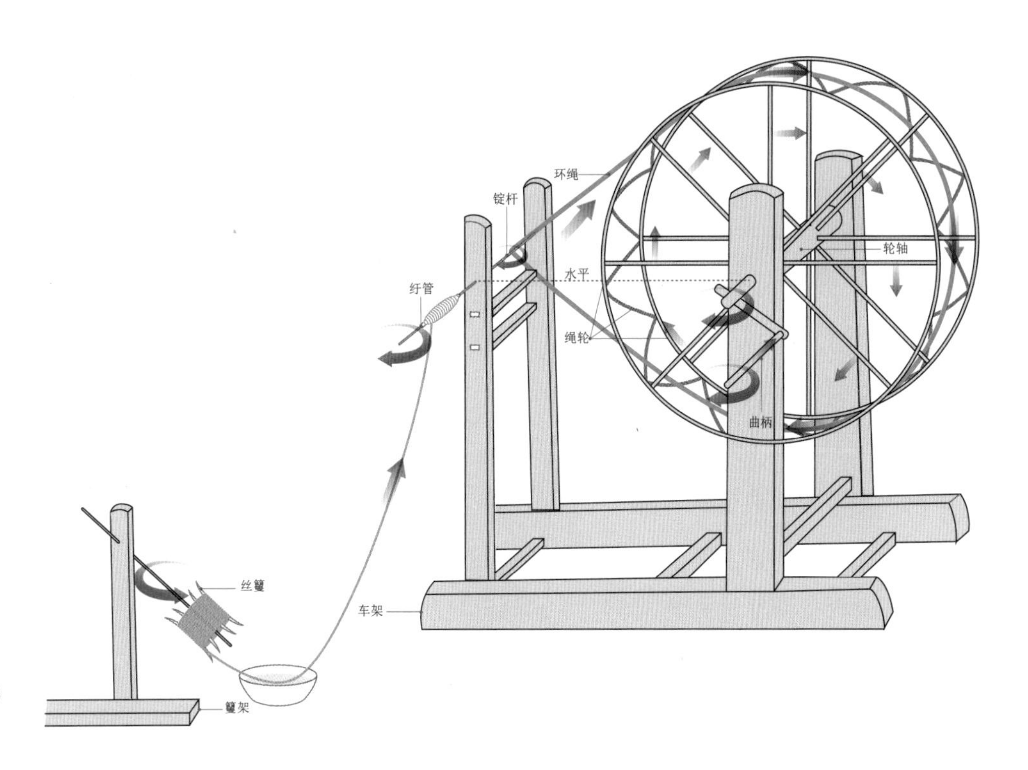

图3-1-28　元代纬车络纬运动示意图

[52]〔元〕王祯编撰，缪启愉译注《东鲁王氏农书译注》，上海古籍出版社，1994，第746页。
[53]同上。
[54]同上。

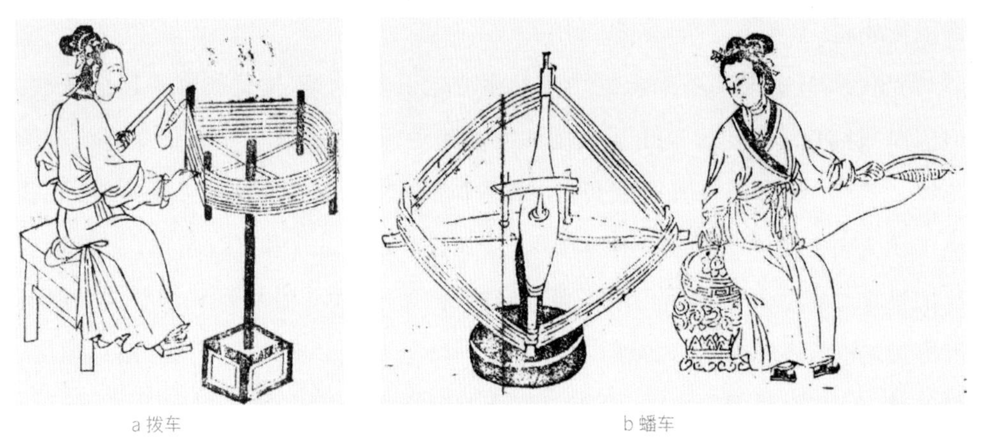

图 3-1-29 元刻本《农书》中的拨车和蟠车[55]

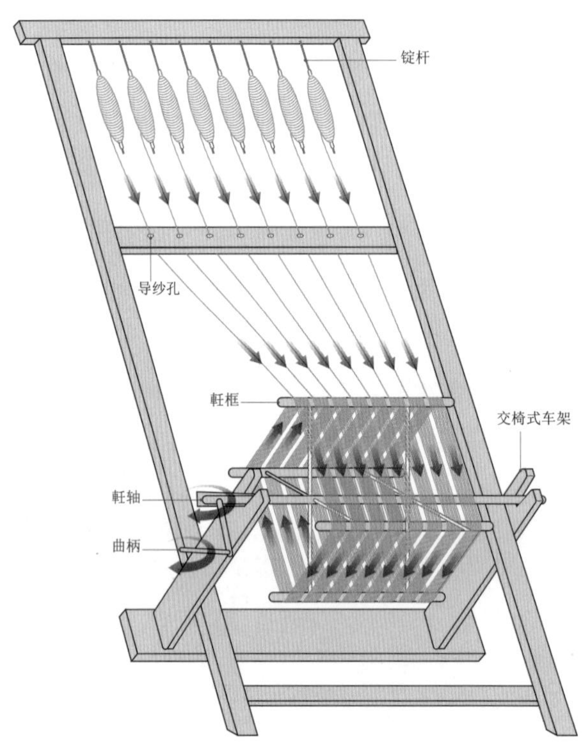

图 3-1-30 軖床络纱运动示意图

明显阻碍了纡管旋转。

木棉軖床（图 3-1-30）则是在軖的基础上增加了交椅式车架，矮架用来安装軖轴，高架顶端向下安装 8 根锭杆，纡管套在锭杆上，纱线在从纡管脱离后缠绕上軖框的过程中，需要经过导纱孔，牵纱头依次间隔一段距离排列绕在軖框上，手摇曲柄带动軖轴旋转，即可将 8 只纡管上的纱线张绕于軖上。

（二）从人力到水力：并、捻工具设计与技术演变

并、捻技术在新石器时代就已经产生，用于合并单股丝线或纱线，并在“Z”或“S”方向施加捻度。如钱山漾出土和河姆渡遗址第一期文化出土的绳子[56]，

[55] 图像采选自〔元〕王祯：《农器图谱集之十八》，二十七；《农器图谱集之十九》，三十六、三十七。

[56] 浙江省文物考古研究所：《河姆渡：新石器时代遗址考古发掘报告》，文物出版社，2003，第 155 页。

均显示出合股和加捻特征。纺坠的诞生与早期的蚕丝并、捻技术有很大关联。纺坠作为早期并捻工具，依靠惯性连续旋转运动来实现并捻。操作时，打结几股丝线的一端，然后按照需要加捻的方向缠绕捻杆至顶端弯钩，一手提线，一手沿捻向拨轮，便可完成并股。捻度的强弱与纺轮重量正相关，但受限于纺轮重量、旋转速度及加捻的均匀程度，无法加工捻度均匀一致的强捻丝线。强捻并丝技术出现于商代，河北藁城台西村出土的平纹绉丝织物就使用了这一技术[57]。至东汉时期，纺车并捻技术已经成熟，汉代画像石中的纺车并捻图像（图3-1-31）证实了丝线从多只丝篗上牵引至卧式手摇纺车锭杆并捻的整个过程。

宋代的并、捻丝用纺车为立式大轮手摇纺车，纺锭位于车轮上方，纺锭上方还安装丝钩，绳带纵向传动。其并、捻丝方式为单人坐姿手摇曲柄，驱动大轮上的绳弦带动轮上方的锭轮转动收丝，丝线首先穿过丝钩，再卷绕在纺锭上，可将三股丝线并为一股的同时加强捻。如故宫博物院藏南宋《女孝经图》卷“庶人章”中的纺车形制（图3-1-32a）。

a　安徽萧县

b　山东新沂市炮东镇

图3-1-31　东汉画像石中的并、捻纺车图像

a　南宋《女孝经图》卷 庶人章

b　明代《天工开物》纺纬

c　清代《蚕桑萃编》纬车

图3-1-32　宋代以后并、捻纺车的形制演变

[57] 河北省文物研究所编《藁城台西商代遗址》，文物出版社，1985，第145—146页。

明清时期，并、捻技术进一步变革，主要特征体现在多股丝并合的方式，由徒手束成一股演变为借助工具并合，在纺车车架的底部斜向上安装一根长竹竿，竿头固定丝钩，多股丝悬搭于丝钩中并合成一束。并、捻丝纺车还出现了两种不同的形制：一种为立式手摇小轮纺车，如《天工开物》中的纬车（图3-1-32b、图3-1-33）；另一种为卧式手摇小轮纬车，如《蚕桑萃编》中的纬车（图3-1-32c）。

纱线并、捻技术至宋元时期发生巨大变革，在棉纱并、捻方面，出现了使用木棉线架和双锭脚踏纺车组合并、捻的新技术（图3-1-34），木棉线架的底部可以同时安装4只锭杆，在使用过程中，4只锭杆上的棉纱绕过线架顶部的竹钉两两相并，卷绕在纺车的两只纡管上，较此前徒手捏拢并线的方法有了很大的进步。

元代的麻纱加捻技术显著进步，尤其是以人力、畜力以及水力驱动的大纺车[58]和水转大纺车[59]（图3-1-35），将加捻和络纱两个工序合二为一，提高了

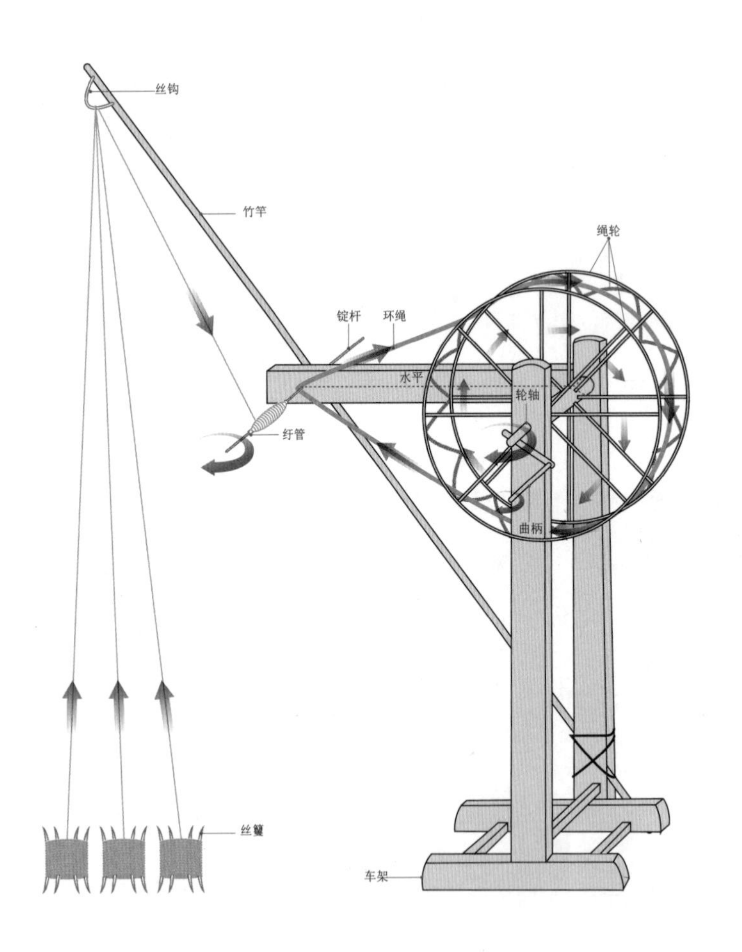

图3-1-33 《天工开物》纬车并、捻丝运动

[58]〔元〕王祯编撰，缪启愉译注《东鲁王氏农书译注》，上海古籍出版社，1994，第751页。
[59]同上书，第708页。

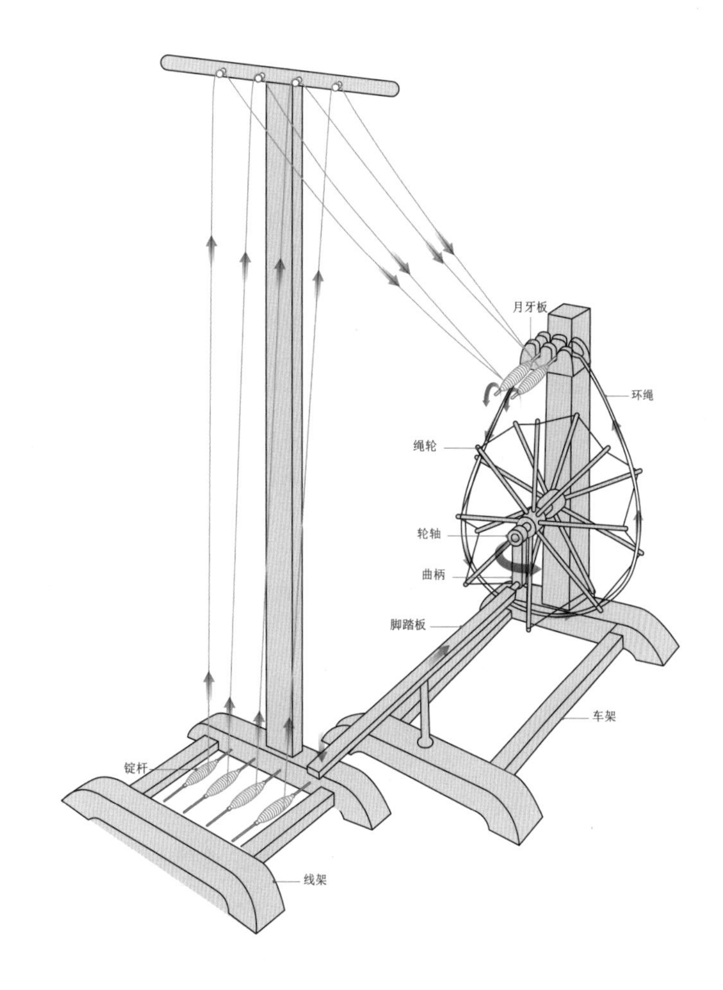

图 3-1-34　木棉线架运动示意图

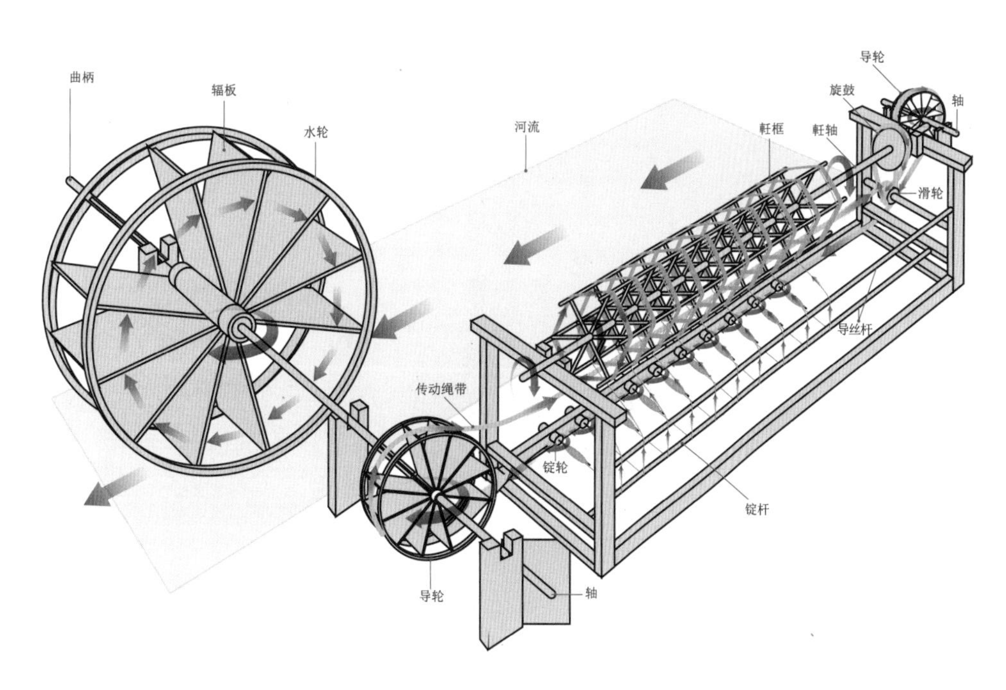

图 3-1-35　水转大纺车运动示意图

生产效率。此类多锭大车体的大纺车均运用了绳带传动原理，绳带的设计采用皮弦代替麻绳，既增加了绳带重量，也提高了摩擦力，从而更高效地驱动数十根锭杆。此外，大纺车也适用于丝线的退绕加捻。在使用时，人力驱动的大纺车通过手摇大轮上的曲柄带动导轮实现旋转，水力驱动的大纺车则凭借水流冲击来驱动水轮旋转。传动绳带连接纺车车架两端的导轮，下部绳带压住锭杆，带动锭杆旋转，上部绳带摩擦軖轴上的旋鼓，带动軖框转动，使锭杆上的麻纱向上卷绕至軖框。同时，大纺车能够为加捻和卷绕设置固定的速比[60]，相比小纺车，对麻缕所加捻度更为均匀。

清代并捻技术进一步创新，出现了专门用于丝线并捻的大纺车（图3-1-36）。此类大纺车的车架形状由长方形变成结构更为稳定的梯形，纺锭由原本的单列变成双列，数量翻倍以支持更多股丝线同时并捻，并增设给湿定形装置，如竹壳水槽或湿毡，使纱管上卷绕的丝条浸在水中，或使丝在加捻时经过湿毡，提高丝条张力，防止加捻时脱圈，确保捻度稳定和丝条的清洁，从而提高了最终产品的质量[61]。

由于明代开始施行的河道水资源优先供给农业和船运的政策，从时间和空间上强力限制水车、水力纺车等大型水力设施的建设与使用，于是逐渐减少了水力大纺车的使用，出现了形制相同，但以人力驱动为主的旱纺车。随着明清时期棉织物逐渐取代麻织物成为百姓制作常服最主要的面料后，专用于麻纱捻、络的多锭大纺车数量便逐渐减少。因此，尽管大纺车足以代表中国古代络、并、捻机械设计上的最高成就，但中国古代络、并、捻纺车的主要形制仍旧是手摇和脚踏纺车。

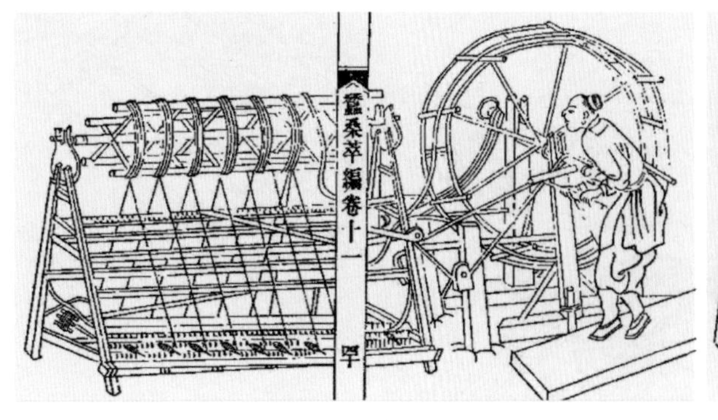

a 江浙水纺车

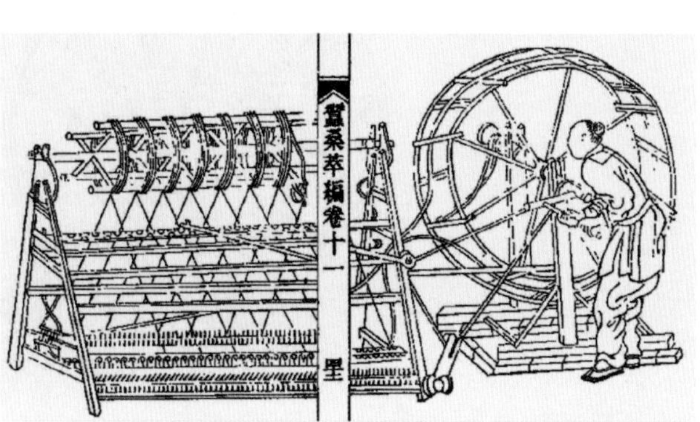

b 四川旱纺车

图3-1-36 《蚕桑萃编》中的两种清代用于丝线并捻的大纺车[62]

[60]陈维稷主编《中国纺织科学技术史》(古代部分)，科学出版社，1984，第192页。

[61]同上书，第191页。

[62]图片采选自《四库未收书辑刊》编纂委员会编《四库未收书辑刊 · 四辑 · 23册》，北京出版社，1997，第700—701页。

结语

自古以来，服饰在中国社会生活中占据重要地位，纺织纤维是服饰的重要原料。因此，以缫丝、纺纱为代表的纤维加工技术在中国古代社会生产中具有重要地位。中国古代的缫丝、纺纱和络、并、捻技术是织造前纤维加工技术的重要组成部分，起源于旧石器时代。从简单的手工缫丝、纺纱工具到复杂的水力驱动纺车，中国古代的纺织纤维加工技术经历了长期的演变和发展。

纺织纤维加工技术的发展演变主要是以缫丝、纺纱和络、并、捻技术三条脉络发展并行。针对不同种类的纤维，加工技术各有侧重，但最终目的都是提高纤维的品质和产量，以满足当时社会的需求。缫丝技术主要是通过控制温度和湿度来溶解和抽取蚕丝纤维。从最早的简单灶釜、盆和绕线架，到后来的缫车和热釜、冷盆等设备的出现，控温技术的逐渐成熟使得驱动功效得以提高。纺纱技术也经历了从简单到复杂的演变，从最初的纺坠纺纱，到后来出现的多锭脚踏纺车和卧式手摇纺车等纺麻机械和纺棉机械，这一发展过程体现了古代先民对机械原理的熟练掌握和运用。络、并、捻技术随着缫丝、纺纱技术的发展而逐渐成熟，从最早的利用纺坠进行合股、加捻，到后来出现的针对不同加工原料的二次加工机械，体现了古代先民对纤维加工制品的多样化、精细化需求。

其中，技术进步在纺织纤维加工领域发挥了关键作用。例如，先秦时期金属材料和滑轮、轮轴等简单机械原理应用于纤维加工工具的设计中，标志着复合纺织机械工具的诞生；汉代缫纺技术飞速发展，纺车的出现成为植物纤维纺纱技术的分水岭，连杆、曲柄、绳带传动巧妙地应用到纤维加工工具的设计中，传统纤维加工技术体系逐渐形成；唐代以后，缫车的出现令缫丝技术的导丝和卷绕两个步骤由分流发展为合流，令缫丝技术趋向机械化与标准化；到了宋元时期，棉纺的生产地位逐渐与缫丝、麻纺并驾齐驱。缫车和纺车的传动机构由手摇向脚踏改革，以及卷绕机构中多锭杆装置设计的出现进一步推动纺纱效率大幅提高；明清时期，生产关系的变革推动纺织生产的发展，纤维加工技术发展成熟。多锭大纺车的出现促使驱动方式发生改良，尤其是水转大纺车的诞生，令动能从人力、畜力拓展至水力，标志着水力资源开始应用于纺织生产之中。纤维加工工具在不断推广中进行改良，反过来推动了纺织纤维加工技术的传播、行业的发展和生产效率的提高，各式缫纺工具被广泛运用于农村地区的纤维加工生产中，为提高产品质量创造了有利条件。

以缫车和纺车为代表的纤维加工工具，体现了中国古代机械设计思想中的实用主义精神。这些工具综合运用了轮、滑轮、绳、连杆、曲柄等简单机械，并充分利用了人力、水力、畜力等多元化动能。缫车与纺车的普及很大程度上提升了纱线制作的速度与质量，体现了以使用功能为主要设计目的，以机械作为人体的延伸，重视机械原理和原动力的开发运用，以降低劳动量、提高生产效率、优化产品质量为设计动力的中国古代机械设计思想。除此之外，中国古代纺织纤维加工机具的设计思想还体现为顺应自然、注重原料特性，适应需求、追求实用与高效并重等。在纤维加工过程中，中国古代工匠充分尊重纤维原料的自然属性，通过设计精巧的机具来适应并发挥纤维的特性。例如，在缫丝过程中，缫车的设计充分考虑到蚕丝的长度和细度，采用温和的加热方式和恰当的牵引力，以保持蚕丝的完整性和质量，体现了对自然原料的敬畏和合理利用；设计始终以满足实际需求为出发点，同时注重简单和高效。例如，人们对纺织纤维加工的需求推动了各种工具的发明与改进，纺纱工具和络、并、捻工具的设计多利用了曲柄圆周运动可以使传动带驱动轮旋转的机械原理，使得操作简单且高效；古代工匠在长期实践中积累了丰富的经验，通过不断尝试和改进来推动技术的发展，他们敢于打破传统束缚，引入新的机械原理和动能利用方式，以提高纤维加工的效率和质量。例如，从手摇纺车到脚踏纺车，再到水力驱动的大纺车，体现了古代工匠对技术进步的不懈追求。

古代的纺织纤维加工技术经历了长时间的经验积累与传承，这其中融入了大量的工艺智慧，不仅是单一的创新，更是对前人智慧的继承与发展。这种对工艺传承与发展的重视，不仅使古代的纺织技术得以长时间稳定发展，也为现代纺织技术提供了宝贵的经验。随着手工机器的发展、缫纺技术的进步以及纺织纤维的商品化趋势加深，纤维加工技术进一步推动了中国古代纤维加工业的迅猛发展，并催生了适应批量化、规模化生产的手工工场。出现了以浙江湖州、江苏南通等技艺繁华地区为代表的丝、棉纤维加工专业市镇，依托发达的水陆交通，为全国各地提供优质的织造原料，推动了丝、棉、麻纺织生产力水平的提升，拓展了面料的质地和花色的种类，促使服装与家纺奢侈之风盛行，且流行式样不断迭新，并借由海上丝绸之路行销海外。

第二节 明式花机的机杼精工

中国古代提花织机能够手工织造带有纹样的纺织品，集中体现了织造技术的复杂与精巧。提花织机的全面发展不仅是技术进步的产物，更是商品经济和社会生产力不断发展的结果。随着时间的推移，社会群体对日常生活中的服饰和家纺面料的审美需求不断增长，丝绸之路贸易体系的不断扩张，都促使了提花技术水平日益进步，产生了更趋细致的提花分工和日益增加的提花织物品种。

据现有出土文物来看，最早于新石器时代出现了利用人体“踞姿”支撑伸张的原始织机，最晚于东周时期出现了利用木构机架支撑伸张的双轴织机，能够配合多综杆提花技术织造经向显花、经向循环图案的提花织物。汉代多综多蹑提花织机的出现是中国古代提花技术史上的第一个里程碑，能够利用蹑综提花技术织造经向显花的提花织物。唐代是提花织机发展的另一重要阶段，这一时期出现的小花楼提花织机在多综多蹑织机的基础上进行了创新，不仅改良了提花开口机构，还增加了花楼和花本，能够利用束综提花技术，织造纬向显花和经纬双向循环图案的提花织物。花楼的出现令织造生产首次出现劳动分工，由单人操作变成双人操作，提花工坐在花楼上负责提花开口，织工则坐在机头处负责地综开口、投梭引纬、打纬和卷送经。从宋元时期的美术作品中可以看出，根据织物地组织的不同，小花楼提花织机的地综开口机构可以分为三种，分别是织造绫纹地组织的开口机构、织造罗纹地组织的开口机构和织造缎纹地组织的开口机构。这些开口机构的差别主要体现在综片的形制和数量上。明代的小花楼提花织机在此基础上对机身进行了改良，由水平式改为斜身两截式，倾斜的经面推动了妆花技术飞速发展。清代的美术作品中还出现了大花楼提花织机，在小花楼的基础上将开口机构中的花本垂直悬挂装置改为花本循环装置，花楼上提花工匠的坐姿也发生改变，从侧对织工转为面对织工。

在漫长的历史演变过程中，提花织机的外形由小巧向巨大发展，结构则由简单向复杂发展，种类也由单一向多样发展。提花技术也经历了从经线显花的经向循环图案向纬线显花的纬向循环图案转变。织物组织也在简单的平、斜纹地的基础上出现了更为复杂的罗、锦、缎纹地。

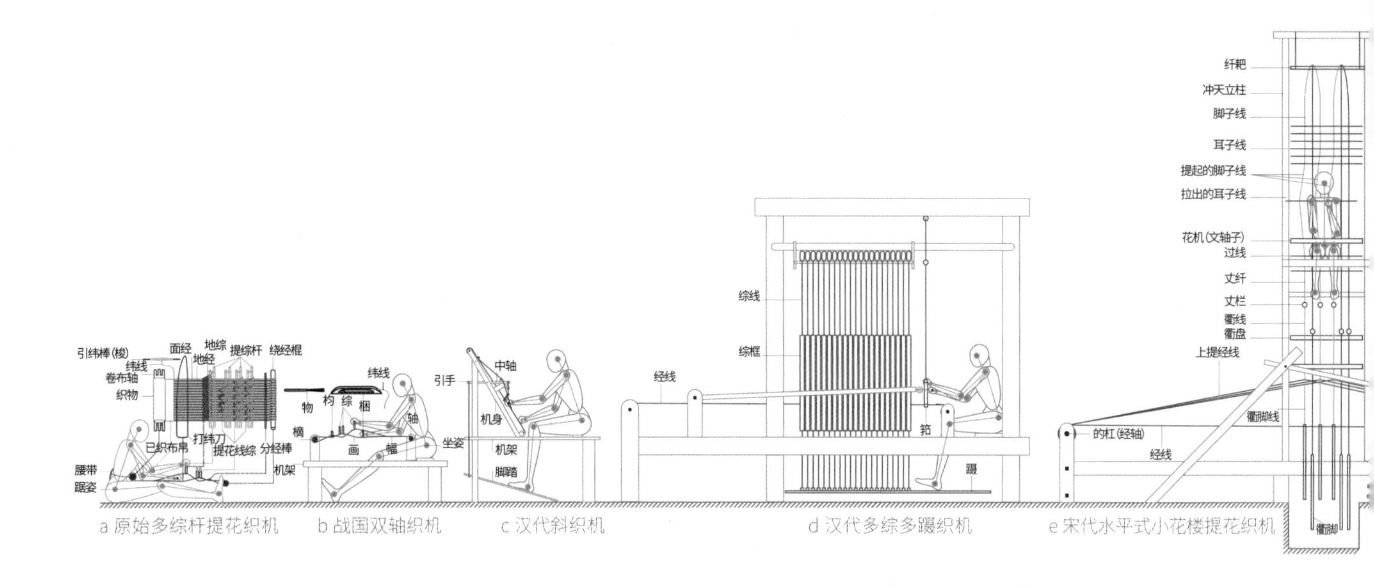

图 3-2-1　中国古代提花织机的发展演变

一、织机与提花技术的发展演变

提花技术的诞生，始于古代先民对织物纹样审美水平提高和因此萌生的织纹技术需求。从新石器时代踞腰织机“经纬交织”的简单挑花工艺到汉代多综多蹑提花织机“提综穿纬”的复杂提花工艺，标志着提花织机的初步形成与逐渐发展。从魏晋时期开始出现的早期束综提花织机“规范化”“技术化”“重复化”的“纬间显纬”到明式织机，是提花织的成熟阶段。从操作方式来看（图 3-2-1），原始多综提花织机由单人踞姿操作，双轴织机、斜织机和多综多蹑织机由单人坐姿操作，宋代以后的小花楼提花织机和大花楼提花织机改由双人协同操作，一人坐在机头织造，一人坐在花楼上提花。在这一形成与发展阶段，提花织物主要是由多综杆进行提花织造的平纹经锦。据出土的织锦文物显示，魏晋之前的织锦图案都是沿着经向循环，魏晋南北朝期间出现了沿纬向循环的织锦图案，唐代开始大量出现图案沿经纬双向循环的纬锦。纬锦的出现是提花技术飞跃的佐证。

（一）缘起于原始腰机的多综杆提花技术

我国手工织机的历史，最早可以追溯到新石器时代。人力驱动的原始腰机是将腰带系住卷布轴的两端围在腰上，同时足踏绕经棍的两端来承张经线，已初步形成了手工分经并插入打纬刀竖立形成开口，然后用杼子引纬，再用打纬刀打紧纬线这三个织造运动中的主要动作。在距今约 7000 年前的浙江余姚河姆渡遗址中，出土了中国原始的腰机零件，包含打纬刀、卷布轴和 18 件提综杆等部件[1]。从出土的 18 件提综杆可以发现，当时的原始织机已经可以使用多综杆

[1] 浙江省文物管理委员会、浙江省博物馆：《河姆渡遗址第一期发掘报告》，《考古学报》1978 年第 1 期。

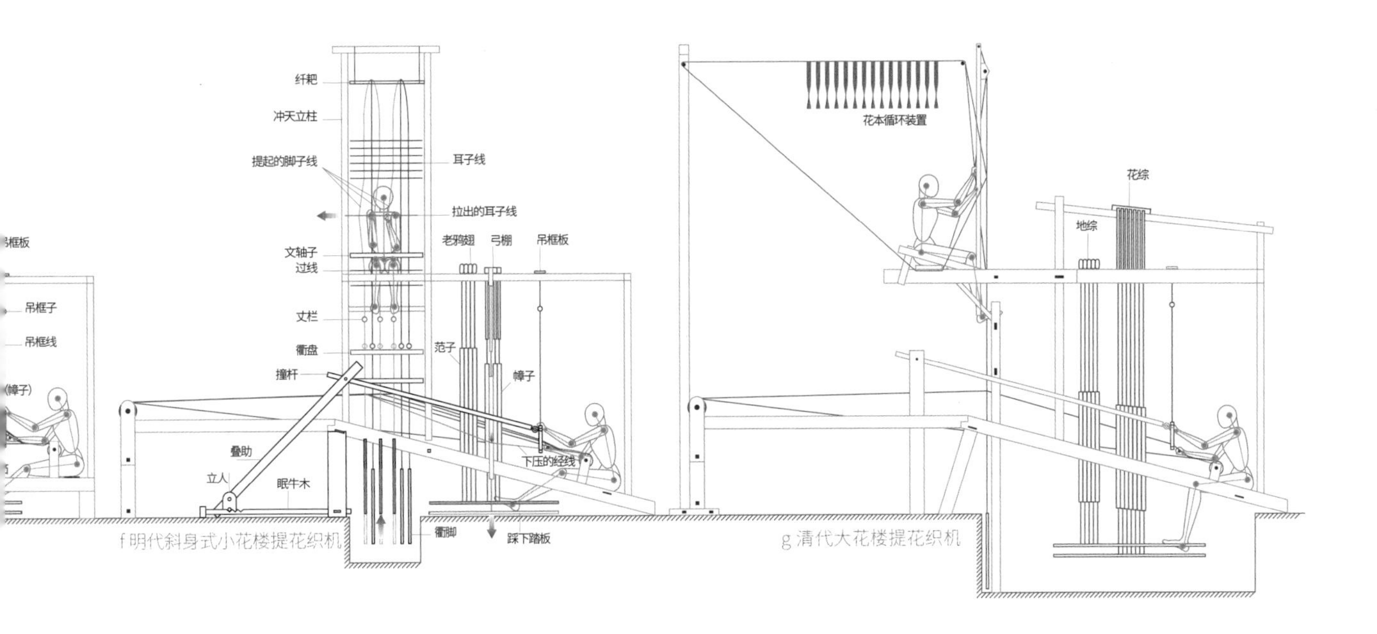

f 明代斜身式小花楼提花织机

g 清代大花楼提花织机

提花技术织造具有经向循环图案的平纹经锦（图3-2-2a）。根据织物的地组织和花纹组织，可将综杆分为两个系统，地综杆负责提起地综交换上下经面，多根提花综杆负责提起显花的经线。平纹地显花织物或斜纹地显花织物需要根据经向循环的图案，用提花综杆预先挑结好经线、编排好顺序，并且根据纹样变化和色彩的多少决定综杆的数量。这种与提花综杆数相同的纬纱循环数构成的“错格编排法”，与今天黎族传统织锦的织造方法几乎相同，都是按“一梭地组织纬线”“一梭显花纬线”的方法提花。最早的平纹经锦是商代文物青玉铜柄戈表面残留的平纹织地、四枚斜纹显花的纹绮印痕[2]。

东周时期，双轴织机已经出现，与原始腰机不同，双轴织机不再使用人体支撑伸张，而是改用固定在机架前后两端的轴来支承伸张，工匠的操作姿势也由“踞姿”改为“坐姿”。春秋时期《诗经》描写的“杼柚其空”[3]是最早对双轴织机的记载，其中的“柚”指原始的经轴，用来调整经纱的长度并使经纱更为平整。有了经轴，便有用来支撑经轴的机架，战国时期《列女传·母仪传·鲁季敬姜》详细描写了双轴织机：“吾语汝，治国之要，尽在经矣。夫幅者，所以正曲枉也，不可不彊，故幅可以为将。画者，所以均不均、服不服也，故画可以为正。物者，所以治芜与莫也，故物可以为都大夫。持交而不失，出入不绝者，捆也。捆可以为大行人也。推而往，引而来者，综也。综可以为关内之师。主多少之数者，均也。均可以为内史。服重任，行远道，正直而固者，轴也。轴可以为相。舒而无穷

[2] 陈娟娟：《两件有丝织品花纹印痕的商代文物》，《文物》1979年第12期。

[3]〔汉〕毛亨传，〔汉〕郑玄笺《毛诗传笺》，〔唐〕陆德明音义，孔祥军点校，中华书局，2018，第296页。

者，摘也。摘可以为三公。”[4] 其中“幅”[5] 为规制全匹织物的机头，“画”为边经，“物”为棕刷，“捆”即持纬、投纬的工具，“综”为棕杆，“构”为有梳齿的筘，“轴”为卷布轴，“摘”为经轴，尽管没有机身和“蹑”，但是上述部件已经可以在机架上组成一部相对完整的简单织机了，只要加上提花综片就可以延续腰机的提花方式，织造提花织物了（图3-2-2b）。陈维稷在其《中国纺织科学技术史》中对这种机型提出结构复原[6]。

（二）从简单综蹑织机到多综多蹑织机

至秦汉时期，出现斜织机，是最简单的综蹑织机。斜织机在双轴织机的基础上抬高机尾柱，加入了从尾柱顶端斜向机架中部的机身结构，将经面由水平发展成倾斜，机轴不再固定于机架两端，而是安装于机身两端。此外，斜织机还在双轴的基础上增加中轴，轴上的引手（操作手柄）用于悬挂综框和牵引脚踏。脚踏连杆带动中轴中枢控制综框运动的开口机构，首次将杠杆原理应用在织机构件的传动上，使织工的手脚都参与到织造运动中。从画像石中可以看出，最晚至东汉时期，已形成双蹑连单综和单蹑连单综两种形式（图3-2-2c），前者如山东嘉祥武梁祠祠堂西壁的曾母投杼[7]，后者如四川成都曾家包M1西后室后壁织机图[8]。

多综多蹑织机的出现基于简单综蹑织机（图3-2-2d），机身和经面由倾斜变为水平，同时在机头和中部竖立高耸的框架，中轴脱离机身，安装于框架顶部，并出现以多个综框连接脚踏的开口机构。织造时，通过脚踏产生力的传导提压综框形成经线开口，再用手掷梭子引纬线快速通幅穿插。多综多蹑织机分为同综同蹑和多综少蹑两种，两者差别在于开口机构中综框和脚踏的连接方式。

同综同蹑织机出现于汉代，开口机构分为地综和花综两部分。负责地综的综框被称为占子，其数量根据纹地复杂程度来定；负责花综的综框被称为范子，其数量根据花纹循环的投梭次数来定，花纹越大越复杂，投梭次数越多，范子个数就越多。装造时，负责提起同一梭花经的线综固定于一个框架结构的综框内，再将综框逐一配合连接脚踏。从《西京杂记》中记载的“机用一百二十镊”[9]，以及“旧绫机五十综者五十蹑，六十综者六十蹑”[10] 来看，同综同蹑织机的综蹑数量

[4]〔清〕王照圆：《列女传补注》，虞思徵点校，华东师范大学出版社，2012，第25页。

[5] 孙毓棠：《释关于汉代机织技术的两段重要史料》，载《中国纺织科技史资料》编辑《中国纺织科技史资料》第一集，北京纺织科学研究所，1980，第40页。

[6] 陈维稷主编《中国纺织科学技术史》（古代部分），科学出版社，1984，第60页。

[7] 中国画像石全集编辑委员会编《中国画像石全集1 · 山东汉画像石》，山东美术出版社，2000，第49页。

[8] 中国画像石全集编辑委员会编《中国画像石全集7 · 四川汉画像石》，山东美术出版社，2000，第43页。

[9]〔晋〕葛洪：《西京杂记》，周天游校注，三秦出版社，2006，第33页。

[10] 同上书，第34页。

少则50组，多达120组。最早的多综多蹑织机出土于成都老官山汉墓[11]，与20世纪70年代在成都双流发现的七十综七十蹑丁桥织机[12]形制极其相似。织成的提花织物可以集多重经组织、单层平纹组织、三上一下斜纹组织、甲乙经换层纬重平组织、变化平纹边组织等多类经纬交错方式为一体[13]。

多综少蹑织机出现于魏晋时期，是在同综同蹑织机基础上简化了蹑的数量，每个蹑对应多个综，也被称作“改机”。《三国志》中记载该织机有十二蹑[14]，织造的绫织物“奇文异变因感而作者，犹自然之成形，阴阳之无穷。”[15]周启澄先生曾据此用12根踏杆控制66片综框[16]进行复原，令每一个踏板控制一组综片，每组综片按纹样要求穿经，一组综片一个纹样，12组综片任意两两结合，可组成多种纹样组合。也有学者认为，改机利用素综片负责地综开口运动，蹑数与综数均改成12根，负责提花的部分变成花楼织机上使用的衢线和衢脚，[17]是多综多蹑织机向束综提花织机转变的中间机型。

从汉代出土的经锦实物来看，东汉以前经线的色彩大多都在四色以下，如湖南长沙马王堆汉墓出土的西汉绛地红花鹿纹双色锦。[18]东汉时期开始出现四色锦和五色锦，其图案较此前略微复杂，如新疆楼兰高台墓地2号墓出土的永昌锦，是以蓝色为地，黄、褐、草绿显花的四色经锦；[19]新疆民丰尼雅遗址1号墓出土的王侯合昏千秋万岁宜子孙锦被，是以藏青为地，绛、白、黄、绿显花的五色经锦。[20]除此之外，长沙马王堆汉墓中出土了其他类型的织物，如花罗织物[21]和绒圈锦[22]。汉代的花罗织物通常是以半综起绞，无固定绞组的织造方法，四经绞罗作地，二经绞罗起花。根据当时的提花水平来看，汉代花罗也由多综多蹑织机加装绞综之后织造而成。绒圈锦同样也使用多综多蹑织机织造，织造时，经线的排列与平纹经重组织的经锦相同，但在提起花经织纬时需加织起绒杆，织成后抽掉起绒杆形成与地部相比明显凸起的绒圈。

---

[11] 谢涛、武家璧、索德浩、刘祥宇：《成都市天回镇老官山汉墓》，《考古》2014年第7期。

[12] 胡玉端：《从丁桥织机看蜀锦织机的发展——关于多综多蹑织机的调查报告》，载《中国纺织科技史资料》编辑《中国纺织科技史资料》第一集，北京纺织科学研究所，1980，第50页。

[13] 同上书，第51—61页。

[14]〔晋〕陈寿：《三国志》，陈乃乾校点，中华书局，1959，第807页。

[15] 同上。

[16] 周启澄：《对三国马钧改革提花织机的猜测》，《服饰导刊》2014年第3期。

[17] 胡玉端：《从丁桥织机看蜀锦织机的发展——关于多综多蹑织机的调查报告》，载《中国纺织科技史资料》编辑《中国纺织科技史资料》第一集，北京纺织科学研究所，1980，第61页。

[18]《中国织绣服饰全集》编辑编辑委员会编，常沙娜主编，刘建平副主编《中国织绣服饰全集1·织染卷》，天津人民美术出版社，2004，第43页。

[19] 同上书，第65页。

[20] 同上书，第54页。

[21] 同上书，第51页。

[22] 同上书，第49页。

魏晋以前，用上述织机织造显花织物的技术已发展成熟。此后，除原始腰机挑花技术和多综多蹑提花技术还在小范围内被运用外，大部分都被唐宋时期兴起并普及的束综提花织机取代。

（三）束综提花织机的“复杂化”与“技术化”

束综提花织机分为小花楼提花织机和大花楼提花织机。前者最晚出现于唐代，后者出现于明代以后。小花楼提花织机的出现受到了波斯萨珊纬锦织造技术传来的连珠纹丝织物的影响。尽管尚未发现唐代小花楼提花织机的相关图像和实物，但纬向显花织物的大量出现，标志着该类型的织机已经开始普及。纬向显花织物主要通过纬纱的色彩变化显出纹样，其特征是在不改变经纱和提综顺序的前提下，图案沿纬线方向循环。如日本正仓院藏茶色地双羊双凤对纹菱[23]。

根据宋元时期美术作品中的图像来看，小花楼提花织机在多综多蹑织机基础上针对花综开口机构做出了重大变革（图3-2-2e），呈现出束综机构的复杂化和开口运动的技术化，主要体现在三个方面：其一，小花楼提花织机将控制花、地组织开口的机构分离，线综和综框只负责地组织经线开口；其二，小花楼提花织机用线制花本预先储存提花信息，用来连接每梭提花经线的脚子线固定为一束，并在机架上增加了花楼结构以悬挂线制花本，取代了多综多蹑织机中用来编排花本和提花次序的线综和综框；其三，小花楼提花织机在线制花本的每一根脚子线末端连接衢脚线和衢脚，用衢脚代替踏板，并增加一名工匠坐在花楼之上，通过拽起花本上的耳子线来控制花经的开口，代替多综多蹑织机的踏蹑开口动作。

小花楼提花织机综框的数量和织物地组织结构的复杂程度直接相关。其中，平纹地组织结构最简单，只需2片综框，如吴皇后注本《蚕织图》中的束综提花织机；罗纹地组织相对复杂，需要2片地综、2片绞综，机架末端有双经轴，如两幅《耕织图》和元代《农书》中的小花楼提花织机；而缎纹地组织结构最为复杂，需要用到5片以上的综框，如元代《梓人遗制》中的华机子有6片地综，而郑巨欣据迪特·库恩的华机子复原图重新绘制的华机子[24]，则由6个弓棚吊起6扇范子，6个特木儿（老鸦翅）吊起6扇占子，总共有12片综框。

小花楼提花织机于明清时期发展成熟，其机身形制在宋元水平式机身的基础上进行了两截式改良：一段倾斜，靠近机头；另一段保持平直，靠近机尾。这种设计使经面形成倾斜的角度，如宋应星在《天工开物》中所述：“其机式两接，

[23]《中国织绣服饰全集》编辑编辑委员会编，常沙娜主编，刘建平副主编《中国织绣服饰全集1·织染卷》，天津人民美术出版社，2004，第114页。

[24]〔元〕薛景石著，郑巨欣注释《梓人遗制图说》，山东画报出版社，2006，第71—72页。

a　南宋楼璹《耕织图》中的“拳花”
水平式小花楼提花罗机
二经绞罗地起提花罗
2片绞综、2片地综

b　南宋吴皇后注本《蚕织图》中的“挽花”
水平式小花楼提花绫机
平纹地提花绫
2片地综

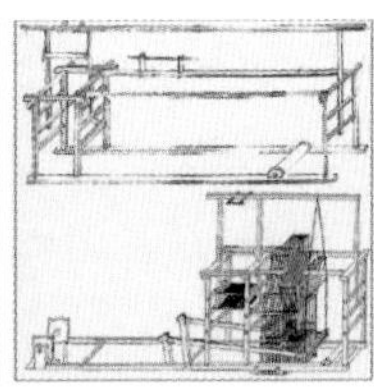

c　元代《梓人遗制》中的“华机子”
郑巨欣复原
水平式小花楼提花缎机
缎纹地提花锦
6片地综、6片花综

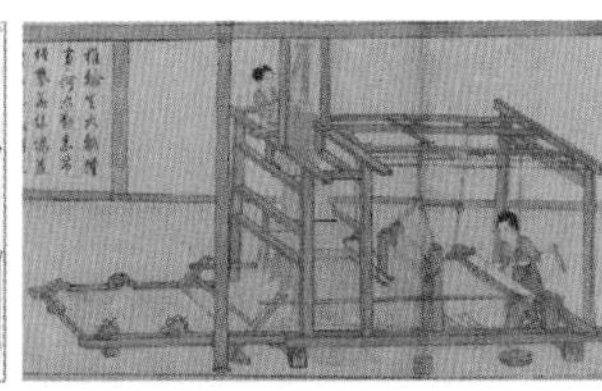

d　元代程棨《摹楼璹〈耕织图〉》中的“攀花”
水平式小花楼提花罗机
二经绞罗地提花罗
2片绞综、2片地综、双经轴

e　元代王祯《农书》中的“机”
水平式小花楼提花罗机
二经绞罗地提花罗
2片绞综、2片地综、双经轴

图3-2-2　宋元时期的提花织机

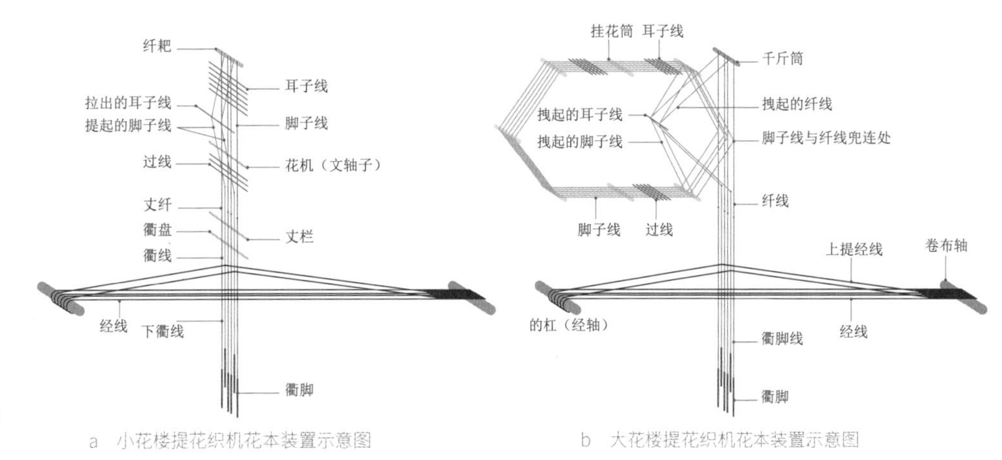

a　小花楼提花织机花本装置示意图
b　大花楼提花织机花本装置示意图

图3-2-3　小花楼织机与大花楼织机的花本装置示意图

前一接平安，自花楼向身一接斜倚低下尺许。”[25]斜身式小花楼提花织机的开口机构，根据地组织结构发生了细微变化，需要显花的地组织出现了综框功能分工，用范子来控制地综，用占子来控制花综。

大花楼提花织机是在小花楼提花织机的基础上发展而来，两者之间的主要区别在于提花开口机构和花本装置的设计（图3-2-3）。大花楼提花织机的花本装置由垂直花本改为循环花本，能储存更多的花本信息。此外，脚子线的设计改由丈纤兜连，丈纤直接勾连经线，连接衢脚，取消了中部的衢盘，由纤线直接控制相应经丝上升，一根纤线可控制数根经丝。大花楼提花织机的丈纤多于小花楼织机，可织图案比小花楼更大。大花楼提花织机最早见于明代《天工开物》对龙袍织机的描述，图像见于清代《御制耕织图》中的攀花机。尽管该图像与现存南京云锦博物馆中的大花楼提花织机相比较略微简单，但仍比明代小花楼提花织机生产出的织物要复杂得多。妆花织物体现了大花楼提花织机成熟的工艺，

[25]〔明〕宋应星：《天工开物》，钟广言注释，中华书局香港分局，1978，第86页。

其图案循环较小花楼提花织机的花本更大。如黄地缠枝宝相花行龙妆花缎，单元图案长141厘米，宽125厘米[26]。

整体而言，提花织机的发展历程展现了工艺和技术的进步。其外形最初仅有简单的双轴设计，小巧且便于收纳。随着机架的诞生和越发复杂的结构变化，织机的外形逐渐增高，体积逐渐增大，提花工艺也趋向完善。机架部分经历了从无机身双轴直接固定于机架，到有机身固定机轴的变化。机身的设计也在不断发展，由最初的倾斜式变为水平式，再改良为倾斜两截式；开口机构由最初的手提综杆开口，发展为脚踏提综开口；提花机构由最初的手提综杆发展为脚踏综框，再发展为束综提拽；打纬机构由最初的手持打纬刀发展成筘框，再发展成撞杆连接筘框，以增加打纬力道；卷送机构从最初的单经轴向双经轴发展。提花织机的种类从最初的踞腰织机，发展出综蹑织机、多综多蹑织机、大花楼织机以及小花楼织机等多种类型。

二、复杂可控的技术结构：以南京云锦博物馆的斜身式小花楼提花织机为例

斜身式小花楼提花织机是由双人共同操作的线制高花本提花织机，由机身和传动机构两部分组成（图3-2-4）。其中，传动机构包括开口机构、打纬机构和

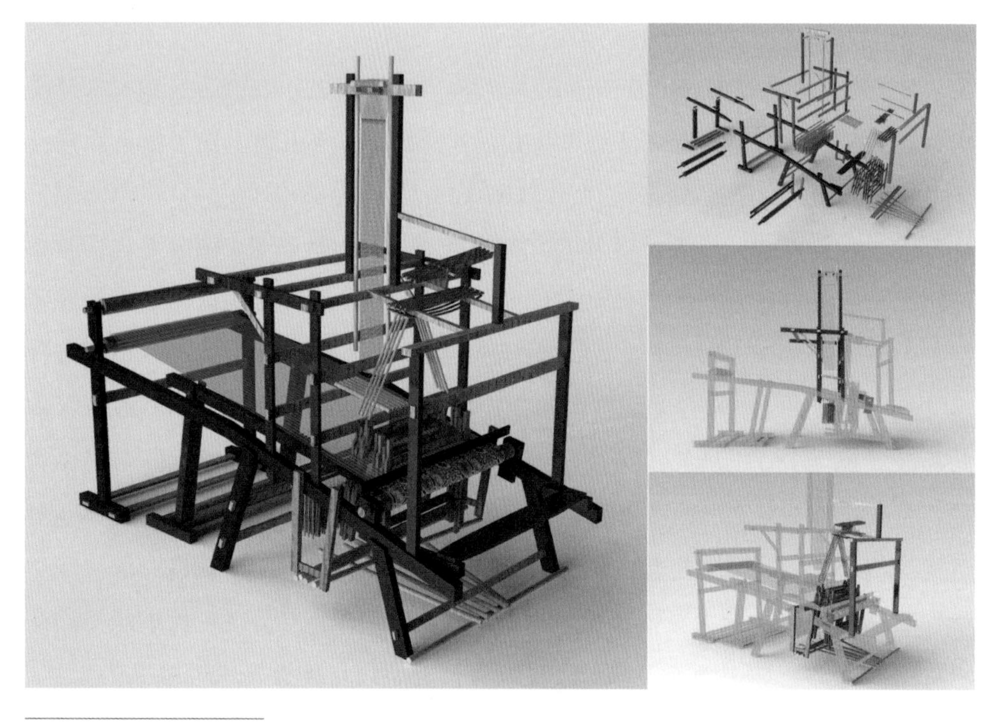

图3-2-4 斜身式小花楼织机结构示意图

[26]《中国织绣服饰全集》编辑编辑委员会编，常沙娜主编，刘建平副主编《中国织绣服饰全集1·织染卷》，天津人民美术出版社，2004，第406页。

卷送经机构，这些共同构建了一个复杂、大型、实用且可控的技术结构。

机身木由一段水平的长木和一段倾斜的长木构成，用榫卯连接。衔接处有机脚支撑，机尾处有木桩支撑，机头处为倾斜长木的一端直接落地支撑。通过近机头段倾斜的机身木，可以降低卷布轴一端的经面。在织造妆花织物时，倾斜的经面能够令织工更容易看清经面花纹，方便挖梭过管，为妆花技术的飞速发展奠定了基础。

开口机构又分为地综开口机构和花综开口机构。其中，地综开口机构包含"老鸦翅""铁铃"和"涩木"。老鸦翅也被称为特木儿，是带动综片范子做提综运动的杠杆，范子是负责上开口的综片，用来织地组织；铁铃是为了确保老鸦翅与起综的连续性运动；涩木也被称为弓棚，是下开口综片占子运动时的伏综回复装置，占子是负责下开口的综片，与花综配合形成间丝组织。地综开口运动通过下踩脚踏令综框带动经线下开口，开口之后织工投梭引纬，随后松开脚踏令经面还原。花综开口机构包含花楼和花本，花楼是用来悬挂纤耙的架梁，纤耙则用来提调丈纤和丈纤连接的花本。花本由耳子线与脚子线纵横交织而成，耳子线用来控制脚子线的提升，丈纤下端连接脚子线，控制经线的升降。衢盘由10多根衢盘竹组成，托在头道、二道楼柱下的横挡上，可按织物的多少进行增减，上接丈纤下的丈栏，下兜衢脚线，每一根丈纤通过丈栏能连接6根衢脚线，每根衢脚线中都穿过一组经线；衢脚线末端连接衢脚，衢脚通过衢脚盘交叉排列，垂于花楼的正下方的坑中。如果地底下潮湿，就架设高棚。

加装绞综的小花楼提花织机可以用于织造平纹显花或纬浮显花的提花罗织物。织机的绞综为对偶式（图3-2-5），位于地综和筘框之间，其特征是两扇综框有基综和半综各一片，并呈对称式分布，绞经穿在前片综的综圈内，且半综两两勾连。连接两扇综框之间的活动连杆，用于稳定并限制两扇绞综的上下运动范围。花综开口运动通过提花工拉拽脚子线带动衢脚线做提拽和回落运动，衢脚线上提时带动经线向上形成开口，织工投梭引纬之后回落衢脚线，从而使经面还原。

打纬机构通过助力设计在普通织机的基础上进行了改良，由直接接触织成部分的筘框和与之相连接的助力机构组成。前者由硬木框和细竹篾组成，经线分组后从细竹篾的间隙中穿过，顶部两端用吊框绳拴吊在顶部架梁上方的吊框板上，确保其基本高度和位置。后者是大型提花织机特有的装置，机架的左右两侧各一组，由叠助、撞杆和眠牛木组成。叠助是撞杆的支架，位于织机中部机腿后方。撞杆由粗细两截木条构成，中间交叠处由竹销固定。其中粗的一截用来绑定调节撞机力度的撞机石，末端固定于叠助的轴上，细的一截首端用来连接筘

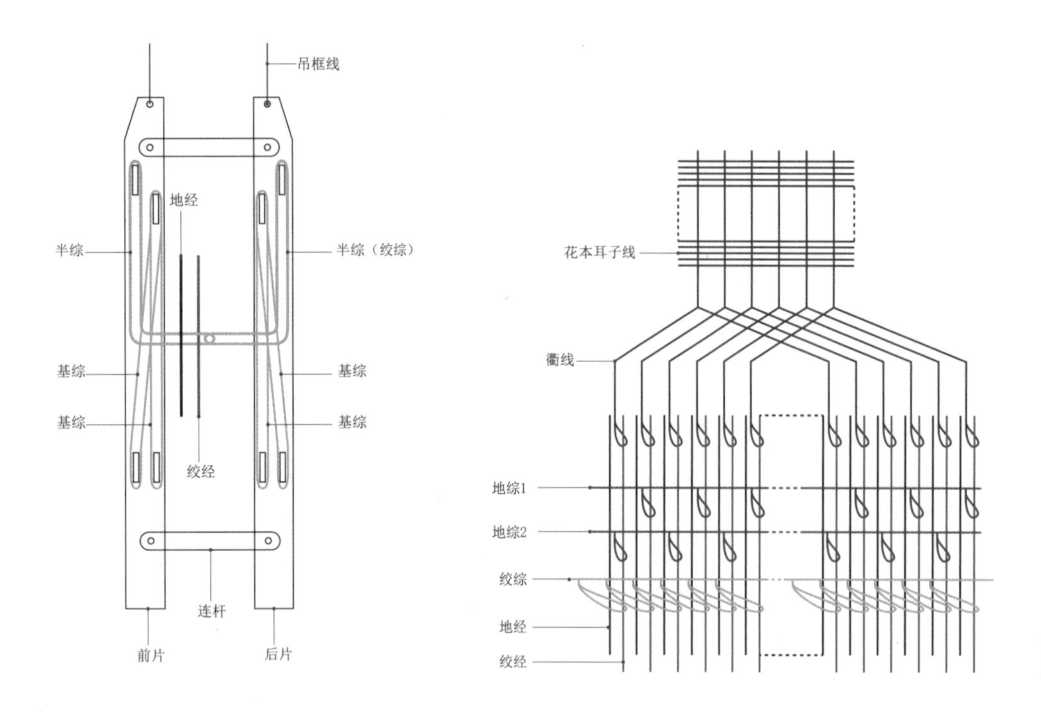

图 3-2-5 对偶式绞综穿经示意图

框两侧，以限制筘框的摆动幅度。眠牛木中部有锯齿，一头固定叠助，另一头连接机腿。

打纬运动发生于投梭引纬之后，其机械原理为连杆。织工手拉筘框，带动撞杆，利用撞机石的重量辅助增加打纬力度，推回筘框时，撞杆回复原位。这种打纬时撞杆向前下方倾斜运动的助力打纬装置设计，有助于叠助的机械撞击产生的加速力度发挥作用，提高打纬力度。支撑固定撞杆的眠牛木从独立部件的形式，变为一端与机脚相连，可以令撞杆更加牢固，打纬时发力更加稳定，节约人力，增加劳动效率。

卷送经机构的部件有的杠、称桩和锯头。的杠也被称为经轴，位于织机末端，用来卷绕未织的经线，上有齿轮状八角星形羊角[27]，即卷绕经线的扳手，羊角上套老缩绳和搭角方；称桩则是机尾支撑固定的杠的木桩；锯头即卷布轴，位于机头，用于卷绕织成的丝绸，轴两端的细棍各贯穿一只狗脑[28]，固定在机头的机身木上。卷送经运动是在卷起织成部分的同时，释放经线，其机械原理是轮轴驱动（图 3-2-6）。织工卷布放经时不需要前往机尾，只需卷动锯头，利用经丝的张力带动经轴和羊角转动释放经线，同时固定在羊角上的老缩绳拉缩打角方不停回落，卡住羊角以制动，令的杠停止释放经线。

整体而言，斜身式小花楼提花织机在水平式小花楼提花织机的基础上有了

[27]〔清〕卫杰：《蚕桑萃编》，中华书局，1956，第169页。
[28]同上书，第170页。

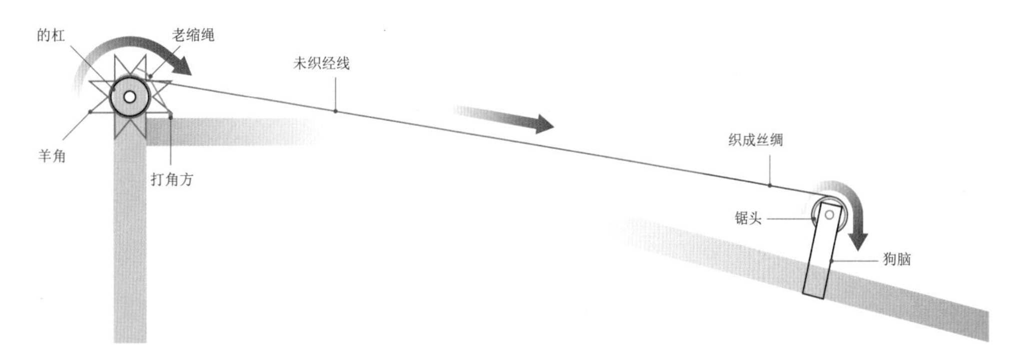

图 3-2-6　斜身式小花楼织机的卷送经运动示意图

很大改进，不但提高了织机的性能，也完善了织造工艺。形成了一套结构完整、运作连贯的提花管理系统，并由经线连接起各部分机构，在下方织工和上方提花工匠的通力配合下，完成开口、提花、打纬和卷送经的整套动作。

三、“织纹成纹”的提花工艺

斜身式小花楼提花织机的织造工序首先是挑花结本，然后再上机织造。提花工艺的难度高低主要体现在花本复杂程度和综框的数量上。织造过程需要利用先进的组织化技术，对各个单元组合的纹样进行排列与处理。设计时需要根据不同的纹样、地部组织、经纬线材来决定经纬线排布，并通过稳定的打纬力度调控经纬线密度。

（一）“象回转形”的挑花结本

挑花结本是织造工序的首要步骤，在《天工开物》中，这一过程被描述为：“画师先画何等花色于纸上，结本者以丝线随画量度，算计分寸杪忽而结成之。”[29] 结成的花本“张悬花楼之上”，其中体现了三个步骤：设计图式、绘制意匠图、结成花本。

第一，设计图式。图案的构成需要“四镶安置玲珑”[30]，也就是将图案设计成“四方连续、八方接章”的纹样骨式，尤其是八达晕锦的图式设计更需如此。精细程度受经纬密度制约，一根衢线可控制一组经线，假设经线的密度不变，衢线和纤线本身的数量越多，控制的经线数量越少，经向花纹就越细腻。纬向花纹的细腻程度则由纹纬的密度大小决定，但受织机工艺影响，也无法无限增加衢线、纤线和花纬的数量。花纬设色大多为七色，超出越多，图式就越复杂。如花纹的色彩过于丰富就要将色彩并铲，即相近的色彩合并为一种，若色彩单调，就

[29]〔明〕宋应星：《天工开物》，钟广言注释，中华书局香港分局，1978，第88—89页。
[30]〔清〕卫杰：《蚕桑萃编》，中华书局，1956，第213页。

要通过分铲来增加颜色。

第二，绘制意匠图。结本者根据画稿量度，计算之后绘制出意匠图。制作意匠图首先需要选取纹样，若是独幅图案，左右对称者取一半，四向对称者取四分之一，不对称者完整绘制，若是多幅图案，无论几方连续都取单元纹样（图3-2-7）。如果设计图较小，就需要放大花样，直至大小合适。

选择质地薄而透亮的油纸，在上面用黑线描绘出花样线稿。根据《挑花纸格法》中所述，制作意匠图时先将花样描画干净，然后打横顺格式，再用红绿洋膏子色，记明码号[31]。传统对横顺格的打法是先用尺按寸定线位，再将纸折叠，用狼毫笔蘸墨，侧边轻轻一抹，就是一条直线，成格后，横竖线交叉处用笔尖点上墨点，为寸格记号。[32]在此基础上，进一步细分牙格，通常分4牙格或8牙格，每一个牙格中有10排横格、10排纵格，每排纵格对应一根脚子线。一排横格就是一梭目，代表纬线上的花纹颜色，需要按照设计稿中的纹样和颜色对应着平涂到每一小格中（图3-2-8），先涂线稿所在的小格，涂成后被称为“走迹”线，通常与设计稿中的金银轮廓线相对应。在织纬时，也会选取金银线织入。

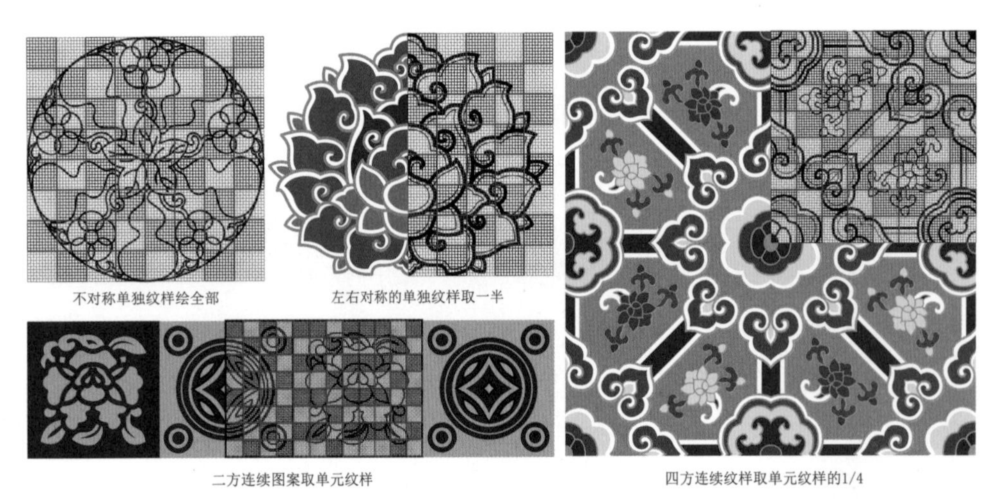

图3-2-7　挑花意匠图纹样选取方式

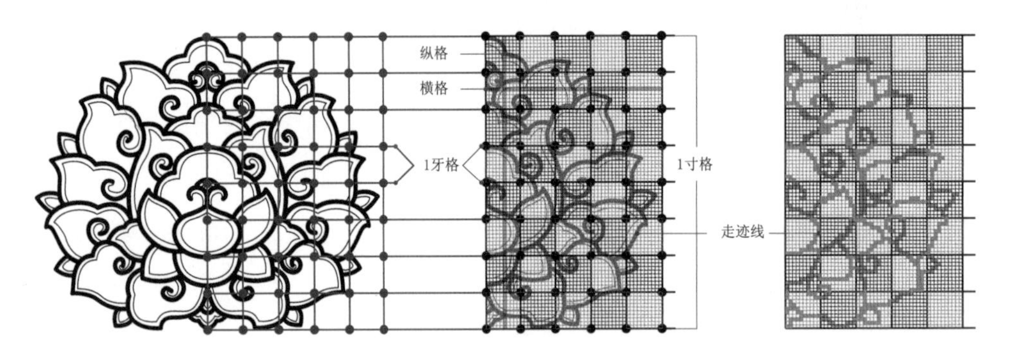

图3-2-8　打横顺格示意图

[31]〔清〕卫杰：《蚕桑萃编》，中华书局，1956，第213页。

[32]卢嘉锡总主编，赵成泽主编《中国科学技术史：纺织卷》，科学出版社，2002，第225页。

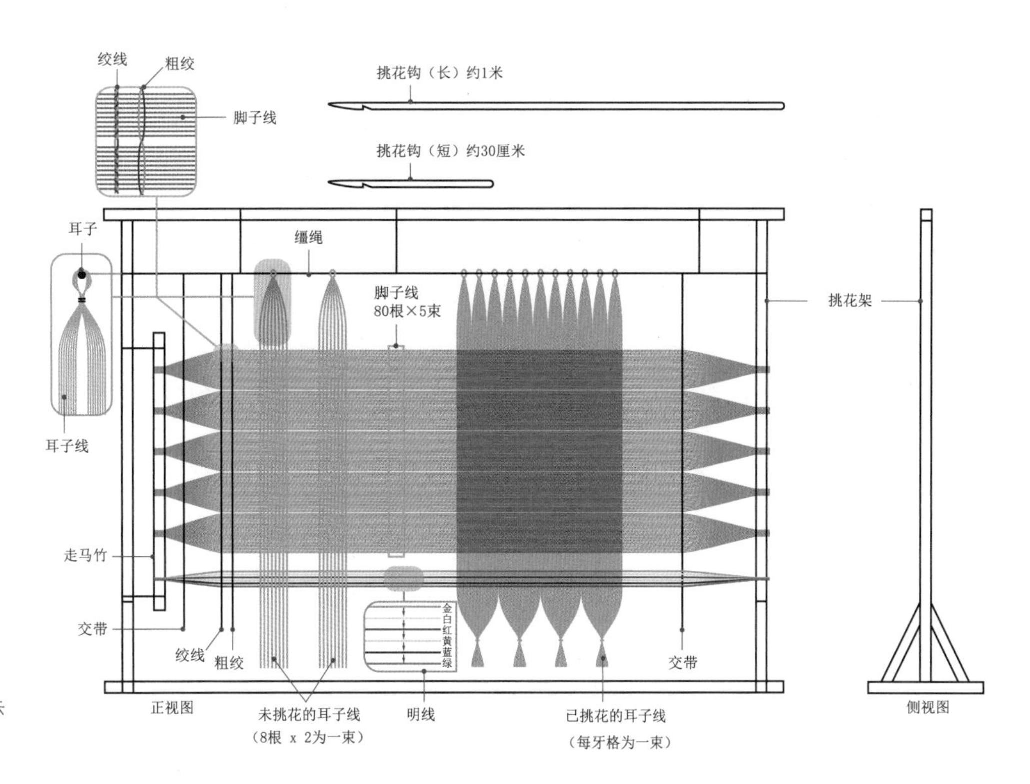

图 3-2-9　挑花架及工具示意图

第三，按照意匠图结成花本。这一步骤是连接织物图案设计与图案织造的关键桥梁。明代挑花主要使用立式挑花架（图 3-2-9），其中，脚子线和耳子线分别代表花本的经线和纬线。脚子线横栓，长度与根数随织物所需纤线数、纹样长度和色彩场次确定，通常数百根脚子线分成几束，根数与意匠图上的纵格数相同。挑花前需将脚子线用两根绞线自上而下一根根绞夹，再平行粗绞一次，每10根一组绞夹，对应1牙格。脚子线下方横栓明线，代表不同的色彩场次，排列顺序按金、白、红、黄、蓝、绿自上而下，其数量与意匠图中的颜色数量相同。每8根耳子线捆为一束，在正中对折，并在对折处打结形成小环，用来穿过拴在挑花架的横梁上的缰绳。耳子线的根数依意匠图每梭目，即一行横格上色彩场数相累计，每梭目有多少种颜色就需要多少根耳子线穿入。挑花钩有长短两种，均由细竹片前端削尖并挖出沟槽，短钩为主，用来挑插跨度短的色彩场次，长钩用来挑插跨度长的色彩场次，或作为标记使用。

在挑花过程中，首先要将意匠图固定在挑花架上。为确保图案的方向与实际织造过程相匹配，需调整意匠图的方向，使其纵格的方向与脚子线平齐。接下来，根据意匠图横格上的色彩场次和起始位置，自右往左、自上而下挑入每梭目的耳子线，起花的部分需盖住相应的脚子线。每梭目有几铲颜色，就需按明线次序挑几次耳子线（图 3-2-10）。挑完1牙格或1寸格后，扎成一束便于检查，完成后下架洗线。

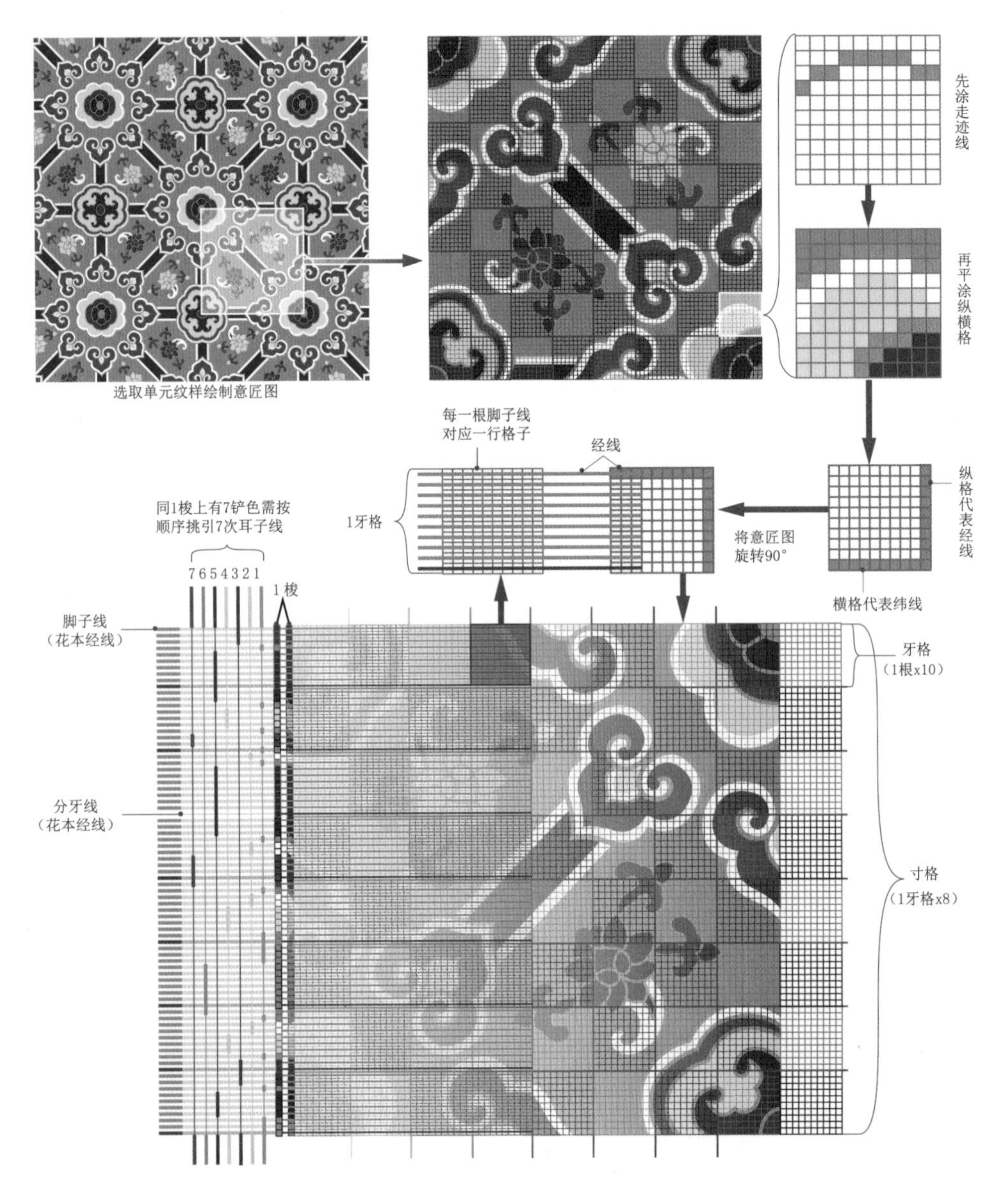

图 3-2-10 挑花结本工艺流程示意图

传统提花织造中，首创的花本被称作“祖本”，并被妥善保存。上架织造时需要将“祖本”通过倒花工艺复制出一个“行本”。倒花时需要用到倒花架，将祖本的脚子线与行本的脚子线通过倒花架一一相连，提起祖本耳子线的同时，祖本和行本相应的脚子线同时被提起，此时在行本脚子线形成的梭口中引入倒花耳子线，如此循环就可以对祖本进行复制。倒花工艺除复制祖本外，还可以将挑制的局部花本拼合成完整花本。在拼合的过程中，使用翻花、卷花工艺，能够进行一梭目花本的左右位置互逆，也可以用过花工艺进行纬向拼花，用翻彩工艺令每梭目的花本花纹左右相反，还可以用反花工艺将行本和祖本的纹样上下互逆。倒花和拼花工艺是在图案循环设计时采用的巧妙方式，既能节省工时，还能实现资源的高效循环利用。

（二）“变化云为”的提花工艺

在斜身式小花楼提花织机的提花运动中，开口运动是核心环节。这一运动由地综系统和花综系统共同完成。地综系统主要负责踩脚踏下压经线形成开口，花综系统则通过拉拽花本纤线提升经线形成开口，这种开口方式被称为丈纤横线式提花。丈纤指的是脚子线和衢线，横线指的是花本上的耳子线。其操作原理是由花楼上的提花工拉拽耳子线，令关联的脚子线与其他脚子线分离，然后提起被分离的脚子线及连带的衢线，带动被衢线勾连的经丝形成开口。织花工需配合该梭目的地纹组织结构，踏下脚竹下压占子或上提范子，同时配合提花时文轴子发出的响声，将卷绕彩色纬线的梭子引入部分经线提起形成的梭口。当提花工释放脚子线时，由于衢线底部连接的衢脚的自重作用，造成经线自然复位。拽完的耳子线移至文轴子下方，被称为“过线”，一轮耳子线全部拽完后再循环往复。正如《蚕桑萃编》中所述：“一人坐在花楼之上，手提渠线，一人坐在卷幅之后，以脚次第蹑竿，旋提旋织，自然成花。”[33]

当经线形成开口之后，需要投梭引纬。常见的梭子有两种类型，即铁梭和木梭。两者的主要区别是形状和材质，铁梭的两端更尖细，整体长度也更长。两种梭子都有梭腔，梭腔两端设计有凹槽，用于卡入探针，固定卷有纬线的纡管。此外，还有一种专门用于妆花织物织造的挖花管，其形制为一根不带探针的线管，十分简单。在织造的过程中，投纬方法因纹样和需求而异（图3-2-11），平纹不起花时，使用一根纬线连续通梭投纬，起花时，可以使用多色纬线非连续通梭投纬，织造妆花时使用通经回纬法，让挖花管带着纬线织过相应色彩场次变回梭。

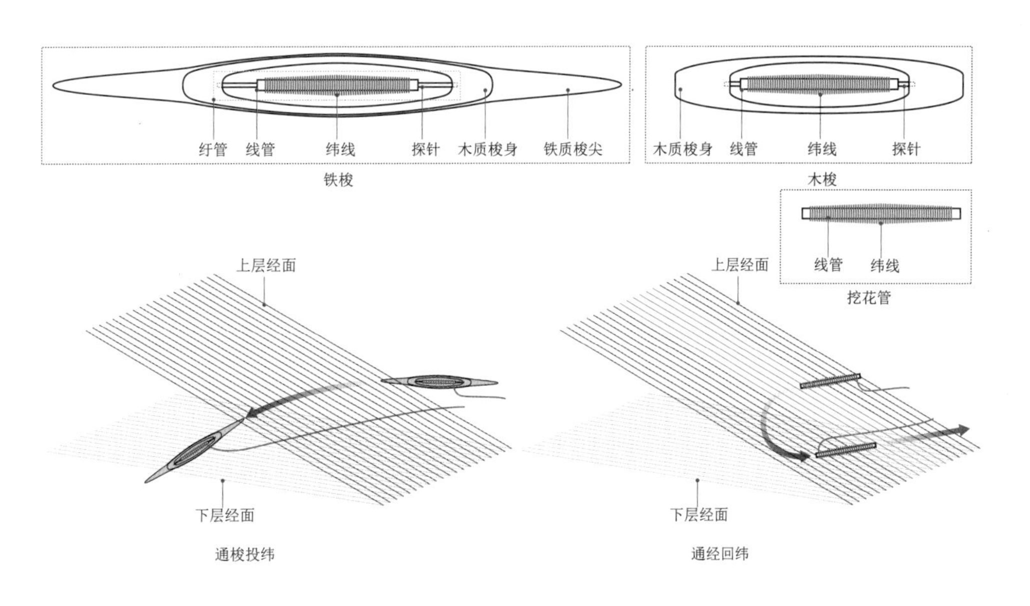

图3-2-11 梭子形制及投纬方法示意图

[33]〔清〕卫杰：《蚕桑萃编》，中华书局，1956，第192页。

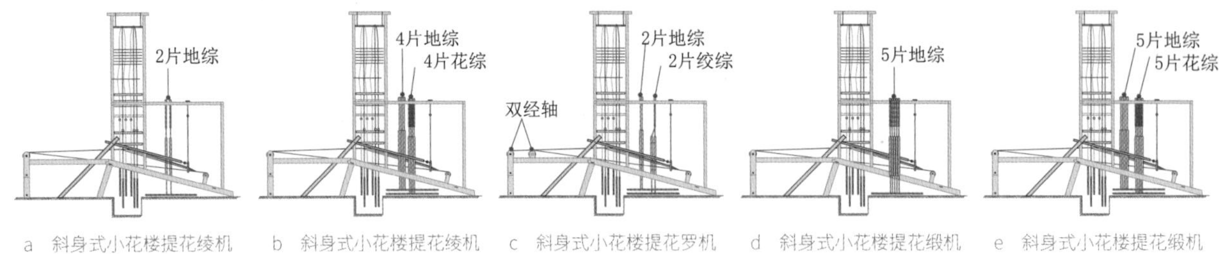

a 斜身式小花楼提花绫机 b 斜身式小花楼提花绫机 c 斜身式小花楼提花罗机 d 斜身式小花楼提花缎机 e 斜身式小花楼提花缎机

图 3-2-12 提花机构的综片数量

提花工艺的复杂程度与花本的图案大小、精细程度及配色的数量多少，以及地组织的复杂程度密切相关。前者体现在线制花本的脚子线和耳子线的数量上，后者则直接体现在综片的种类和数量上。明代的常见提花丝织物的地组织从简单到复杂，依次有平纹地、斜纹地、罗纹地和缎纹地，相应的综片也不相同（图 3-2-12）。花本简单的平纹地组织通常只需要 2 片地综；斜纹地组织需要 4 片地综、4 片花综；罗纹地组织除了要安装地综之外，还需要安装 2 片绞综；缎纹地组织通常需要 5 片以上的地综和花综。如明代《天工开物》中的明式花机，装有 4 片地综、4 片花综，用于织造较为轻薄的斜纹地的提花绫织物。

斜身式小花楼提花织机采用的丈纤横线式提花方式是明清时期世界范围内最先进、最精巧的提花技术之一。突破了综框对花纹纬纱循环根数的限制，通过束综牵吊经线，大大增加了花纹的纬纱循环根数，令织物图案的尺寸得以显著扩大。然而，这种提花方式仍存在一些局限。在实施大型的图案循环，尤其是全幅单独图案的织造过程中，纹样的宽度会受花楼宽度的限制，长度则会受到花楼高度和花本长度的限制，无法增加更多的耳子线来扩大纹样尺寸。为了解决这一问题，古代工匠设计了环形花本装置，以容纳更多的耳子线，储存更多花本信息，催生了大花楼提花织机的出现。

结语

承载着中国古代提花技术的提花织机，在漫长的演变发展过程中经历了三个阶段。新石器时代的原始腰机，处于技术的萌芽阶段，仅能使用多综杆提花技术，织造沿经向循环的织物纹样；西周诞生的双轴织机则在此基础上增加了木构机架；汉代的多综多蹑织机使用处于发展阶段的多综提花技术，织物纹样沿经向循环，魏晋时期出现的多综少蹑织机在此基础上缩减了蹑的数量；唐代出现的水平式小花楼提花织机，标志着束综提花技术的成熟，它能够使织物纹样沿经纬双向循环；明代的斜身式小花楼提花织机在此基础上进行了改良，经面呈倾斜的状态。

小花楼提花织机的出现源于人们对精湛技术的追求和复杂视觉呈现的要求。提花织机的形制在机身和卷送、开口、打纬三大传送机构的基础上，由简单逐渐向复杂演变；花楼的出现令花本能够预先储存，促使织造过程中出现劳动分工，由单人控制地综和花综，发展成一人控制花综，一人控制地综，促进织物地纹组织和花纹组织多样化，织物劳动效率也因机械撞杆的出现而逐步提高，倾斜式机身的出现更是推动了织物种类的扩展。

明清时期的提花织物是上层社会服装和家纺的主流面料，种类繁多，有花绫、花纱、花罗、宋式锦、花缎、绒缎、妆花、织成等，风格精巧与奢华并举，满足了社会主流群体随着时代的发展对织物色彩丰富化、织物纹样精美化和巨大化的追求。斜身式小花楼提花织机的挑花结本、花本装造、挖梭盘织等工序充分呈现出工艺的复杂性。尤其是统治阶级的织成袍服面料，更是将精湛的提花技术发挥到极致，能够同时运用到绒织、织金、妆花等多种复杂的投梭织纬工艺，图案设计运用到对称、均衡、连续等多种骨式。在同一梭场中，可以使用十来种颜色的纬线进行复杂的配色，如二晕色、三晕色、逐花异色等，还能够在同一块面料上呈现出金银、妆彩、暗花等，以及厚薄悬殊、凹凸、绉、绒等多种复杂的质地，所谓“象回转形”“变化云为”，不过如此。

与此同时，提花织物也通过明代繁荣的海外贸易，在海上丝绸之路大放异彩，深远地影响了海外国家的织造技术和文化。首先，提花织物不仅被视为贸易的珍品，更是各国王室和贵族追捧的奢侈品，一方面成为王室作为身份和权力的象征，另一方面也丰富和美化了不同国家社会主流群体的服饰装扮。其次，提花织物的出口促进了中国与多个国家用白银交换丝绸的贸易关系，流入的白银推动了中国丝织业进一步发展，为民族丝绸工业的发展和早期资本主义的产生创造了必要的条件。在技术层面，中国的提花技术也对外国的织造工艺产生了深远影响。许多国家的织工开始模仿和学习这种高级的织造技术，使得外国的织物设计和制作工艺得到了显著的提升。特别是在中东和南亚地区，许多国家开始融合本国的传统织造技术和中国的提花技术，创造出了独特而精美的织物艺术。同时，提花织物也成为中外文化交流的桥梁。这些织物上的图案、色彩和纹样，不仅反映了中国古代的审美观念和文化传统，也在海外被赋予了新的文化和象征意义。不少外国学者对这些织物进行了研究和解读，将其视为中华文明的代表和象征。整体而言，中国的提花技术和提花织物在历史上对海外国家产生了深远的经济、技术和文化影响，成为中外文化交流和互鉴的重要载体。

第三节 细致染缯为五色

中国古代的织物染色技术是传统织物生产中的重要环节，属于古代染缯工艺流程的中期工序，几乎所有能够令织物呈现色彩的纺织工艺，都离不开染色技术的产生与发展。中国古代染色体系以草木染为主，石染和动物染料染色为辅，将天然染料或颜料直接作用于纤维、纤维束和匹帛上，令被施染对象呈现出相应的色彩。

中国古代染色技术起源于原始人类对生存和审美的双重追求。原始崇拜和巫术是人类审美产生的重要源头，原始崇拜活动促使原始色彩观念形成，随之产生了在衣物上涂色的行为。随着先秦时期制度的建立，色彩、色名开始与社会政治、习俗相互渗透，逐渐令色彩萌生出政治和礼仪功能，并形成了基于自然和方位的色彩观念、基于正间色的色彩谱系和以色明礼的尊卑秩序。草木染和石染至周代已经形成了十分完整的染色技术体系，能够将染色的方法与原料的季节性、染料的物理和化学性质，以及染料和媒染剂混合产生的化学反应结合起来，创造出规范化的色相、色名和染色工序，还出现了专职染料收集和丝帛施染的技术分工，色彩的功能也与服用性能产生了明确的关联性。

秦汉时期，染色生产逐渐规模化，出现了官办手工工场和民间染料原料种植与产销行业，色名与色彩谱系进一步扩大，染料的生产融入化学技术，产生了经过化学反应的矿物染料；草木染几乎取代了石染，成为最为主要的染色方式，还出现了以动物原料作为染料的新种类；丝帛精炼工艺的突飞猛进，也令织物染色后色纯而鲜艳。从隋唐时期开始，随着“品色衣”制度的实施，等级礼制下的品色体系取代了正间色的尊卑秩序，出现礼仪和政治制度的分流。同时，社会主流群体对显花织物需求进一步提升，促进了染色技术和色彩谱系进一步拓展。

自宋代起，官方染色系统日趋完善，原料供应、染料加工和染色的分工协作更具规模。元代在服色制度更迭影响下，出现了以褐色为色相的全新色调，进一步丰富了色彩谱系，染灶的运用推动了加温染色技术的进步，出现了更为复杂的多媒、复色工艺。明代在承袭前代技术的基础上，进一步总结了各式色彩和染法，出现了大量的民间染坊，在染色器具和工艺上也有所突破，出现了能够提高产量的巨型碾槽，以及经过物理、化学反应生成的人造矿物颜料。清代以后，补服制度取代了品色制度，织物色彩的礼制功能逐渐弱化，往装饰性和民俗性转向，推动了民间染坊的产销业态进一步发展：一方面，出现了生物发酵还原染色技术，拓展了青色的谱系；另一方面双灶眼染灶的应用推动了套染和连续染色工艺的发展，拧绞工具的发明也促使染色的效率大大提升。

自有文字记载以来，织物染色行为就被赋予了社会功利性，被染色的织物也从早期的纯礼仪性装饰功能发展到实用、礼仪和审美并存。受中国古代等级秩序的影响，植物染料和矿物染料在最初的施色对象上就有明显的差异。石染用于天子冕服的施染，草木染则主要应用于常服面料的施染。

一、“五行对应五色”的中国古代石染技术

使用矿物染料进行石染是最早的染色工艺，它的出现是基于人类的审美追求和原始信仰崇拜。石染的原理是将有色矿石和黏性谷物一起浸泡很长时间，使谷物发酵分解成淀粉，再煮成糨糊，利用其黏性将有色糨糊黏着在纤维上进行染色。这种用于施染纺织纤维及织物的有色矿物被称作矿物染料，施染的颜色就是矿石本身的色彩。矿物染料最初被用于器物施彩和绘画，色彩多为红、白和黑，加工方法仅有研磨成细粉之后用液体调和。旧石器时代晚期辽宁鞍山小孤山遗址出土的由赤铁矿石制成的红色颜料[1]，是最早的矿石颜料。在我国旧石器时代晚期至新石器时代早期遗址中，已经发现用来研磨有色矿石的简单颜料加工工具，如石研磨器[2]、椭圆形的研磨石和磨盘等，为石染技术的发展奠定了基础。

到了新石器时代中期，矿物颜料种类逐渐丰富，出现黑、白和朱砂颜料，如在河南郑州大河村遗址中发现的彩陶[3]；至新石器时代末期，出现了黄、绿色系，如山西襄汾陶寺遗址出土的陶器表面有黄磷铁矿粉末[4]，纳卡遗址出土的陶瓶上有红、绿和白三色彩绘[5]。至先秦时期，矿物颜料开始用于织物的施染和画绘，矿石挖掘和加工技术的进步也扩大了色相范围，增加了蓝、紫两种颜色[6]。

[1] 张镇洪、傅仁义、陈宝峰、刘景玉、祝明也、吴洪宽、黄慰文：《辽宁海城小孤山遗址发掘简报》，《人类学学报》1985年第1期。

[2] 赵朝洪：《北京市门头沟区东胡林史前遗址》，《考古》2006年第7期。

[3] 李曼、刘东兴、吴金涛、杨盼明：《大河村遗址出土仰韶时代彩陶颜料及块状颜料初步分析》，《洛阳考古》2018年第2期。

[4] 王晓毅、南普恒、金普军：《山西南部新石器时代末期彩绘陶器颜料的科学分析》，《考古与文物》2014年第4期。

[5] 薛新明、杨林中：《山西芮城清凉寺史前墓地》，《考古学报》2011年第4期。

[6] 张治国、马清林、梅建军、海因茨·贝克：《中国古代人造硅酸铜钡颜料模拟制备研究》，《中国国家博物馆馆刊》2012年第2期。

《考工记》中记载的“朱湛丹秫”[7]，是最早记录于文献中的石染法，需要借助丹秫这种黏性大的谷物，将朱砂染料黏合在纤维上染出纁色。除此之外，还出现了矿物媒染助剂，加工方式为将白、绿矾经过煅烧、浸泡、过滤、煎干制成粉末，使用时加入草木染液调和。两汉时期产生了以金银为原料的金属矿物染料，多用于局部涂绘，或叠加在印花图案上。此后，植物染料逐渐取代了绝大多数矿物染料，仅有少数几种特殊的可涂绘矿物染料被沿用至今，如朱砂、赭石、黄丹和金银泥类。除此之外，还出现了另一种媒染剂铁落[8]，加工方式是利用铁屑制成铁浆，用于草木染过程中的浸染发色。明代是第二个矿物染料种类拓展的爆发期，受化学技术进步的影响，产生了朱砂与水银制成的银朱、铁浆制成的皂色[9]及黄铜涂醋后刮取的铜绿[10]（图3-3-1）。

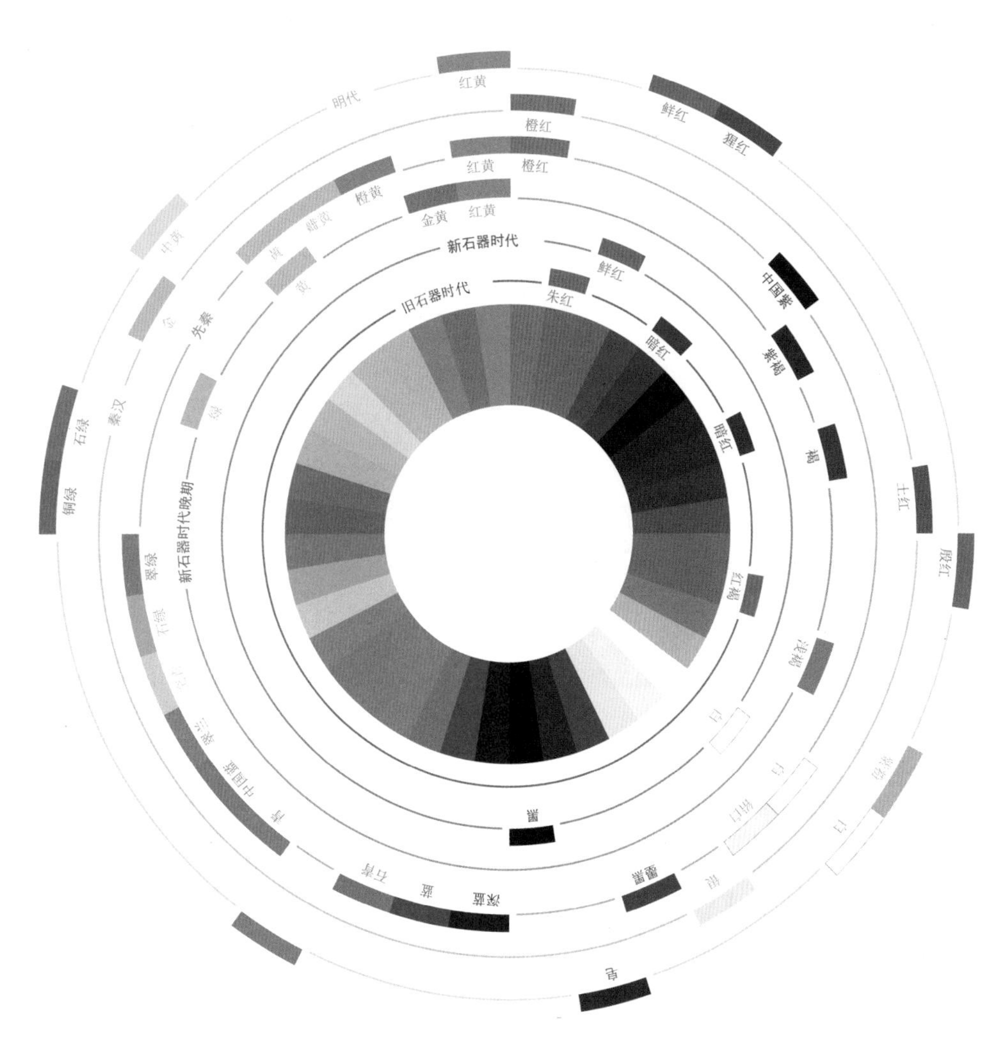

图3-3-1　中国古代矿物颜料的色彩变迁

[7]〔清〕孙诒让：《周礼正义》卷七十六至卷八十六，汪少华整理，中华书局，2015，第3996页。
[8]〔梁〕陶弘景集《名医别录》，尚志钧辑校，人民卫生出版社，1986，第108页。
[9]〔明〕李时珍：《本草纲目》（校点本）第一册，人民卫生出版社，1977，第494页。
[10]〔明〕宋应星：《天工开物》，钟广言注释，中华书局香港分局，1978，第418页。

可以说，石染技术是中国古代先民在草木染技术尚未成熟之前的主要染色技术，五大色系与“五行”“五方”相对应。其中青色对应木和东方，包含石青、石绿和中国蓝；赤色对应火和南方，包含赭石、朱砂、银朱、铅丹、土红和汉紫；白色对应金和西方，包含铅白、粉白和灰白；黑色对应水和北方，包含石墨和煤黑；黄色对应土和正中，包含石黄和金黄。中国古代矿物颜料大多直接应用于衣物之上，使用绘制和涂染的方式着色居多，如河南安阳殷墟妇好墓出土的用朱砂涂染的平纹丝织物[11]；也有使用浸染方法着色，如春秋战国时期的“赭衣”（图3-3-2）。

同时，石染与季节也形成鲜明的关联性，正如《周礼》中提到的“凡染，春暴练，夏纁玄”[12]。春季日照情况较好，适合暴练绢帛，练漂过后的绢帛可以作为着色对象，而有色矿石通常需要长时间浸渍后才能研磨成矿物染料，如朱砂染料的制作需要浸渍三个月。因此在春季开始浸渍，至夏季正好研磨入染。此外，矿物染料采集加工也有专人负责，如《周礼》中记载的职金[13]。

早期矿物染料的加工工具主要为小型杵臼形制的颜料研磨器（图3-3-3a），操作简便但只能加工少量颜料，更适用于研磨绘画颜料。如先秦殷墟妇好墓出土的石臼玉杵[14]，便是通过用杵头在臼孔中捣碎大块朱砂再磨细来加工朱砂。

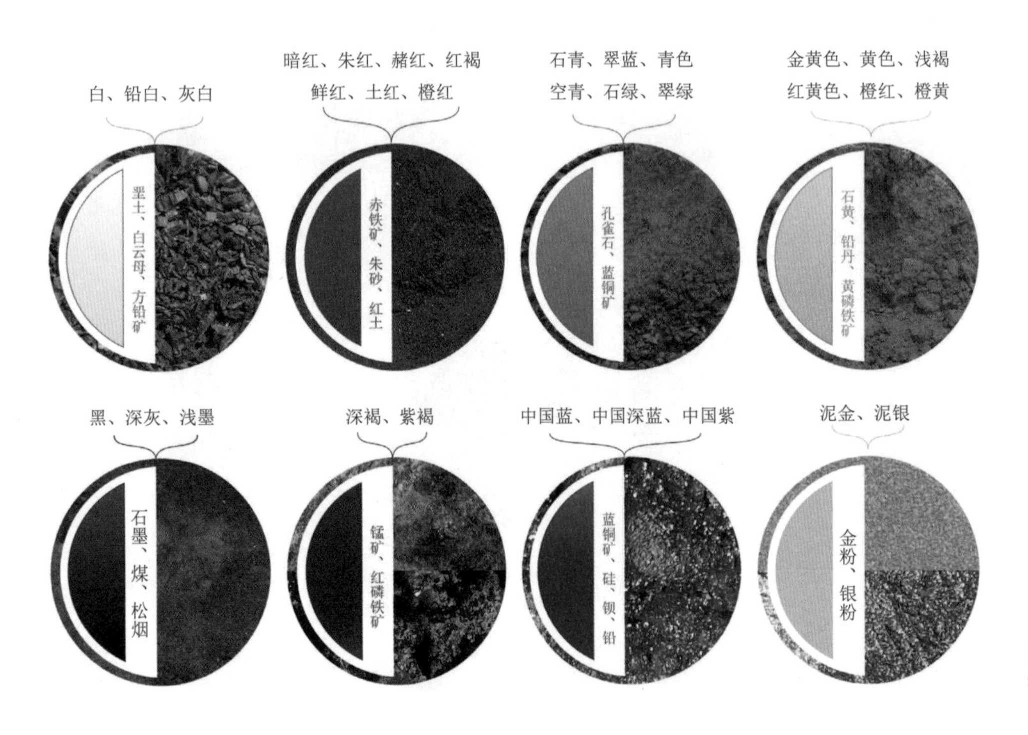

图3-3-2　中国古代矿物颜料及色彩举要

[11] 中国社会科学院考古研究所编辑《殷墟妇好墓》，文物出版社，1980，第7页。

[12]〔清〕孙诒让：《周礼正义》卷十至卷十八，汪少华整理，中华书局，2015，第729页。

[13] 同上书，第3444页。

[14] 文物出版社编《殷墟地下瑰宝 · 河南安阳妇好墓》，文物出版社，1994，第180页。

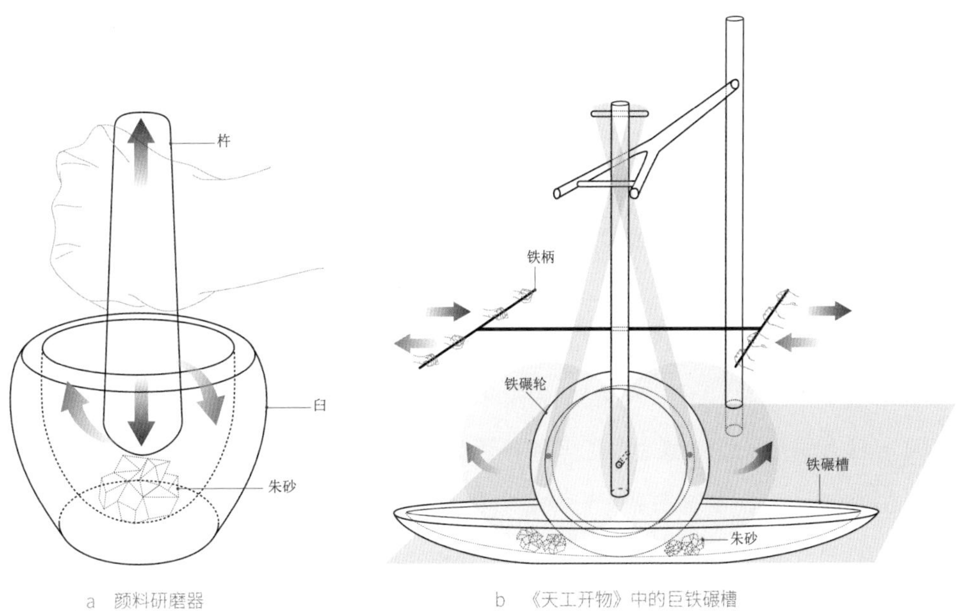

图 3-3-3 颜料加工方式示意图
a 颜料研磨器
b 《天工开物》中的巨铁碾槽

明代改良出大型器具巨铁碾槽（图3-3-3b），能够批量化研磨矿石，但需要4个人同时操作。碾槽呈船形，使用生铁浇铸碾槽、碾轮和手柄，其余部件为木质。碾轮由木轴贯穿中心，固定在操作木柄的底端，木柄的中部贯穿铁棍，两端有长铁柄方便碾砂工人握住施力。木柄上端套在“Y”形枝丫的三角区域内限制活动范围，并插有短柄避免木柄脱出；“Y”形枝丫的另一端插进一根木桩上，木桩底部打入地面固定。

巨铁碾槽的操作方法如《天工开物》中所描绘的，先选择色泽鲜艳的朱砂放入槽底，由四名工人两两分组，面对面握住碾轮木柄上固定的工字形铁柄，一方前进一方后退，用往返推拉的动作带动铁碾轮，沿槽底弧线来回滚动摩擦碾压铁碾槽中的大块朱砂颗粒，利用巨型铁碾的自重将朱砂碾压至更细腻。机械的加入和杠杆机械原理的运用，在提升劳动效率的同时，也增加了产量、提高了质量。

二、天然植物染上乘之作

传说黄帝时期，南方少数民族地区就已经可以使用“织绩木皮，染以草实”[15]。草木染是一种利用植物染料揉染、浸染的染色技术，比矿石直接涂染更为先进，如先秦文献《考工记》中记载的“以红染红，以紫染紫”[16]。受中国古代

[15]〔南朝宋〕范晔：《后汉书》，〔唐〕李贤等注，中华书局，1965，第2829页。
[16] 张道一注译《考工记注译》，陕西人民美术出版社，2004，第232页。

以农业为主的生产方式影响，丝绸布帛之类的施染大多使用草木染。常见的花、叶部分可以作为染料，根、茎、果也能够给布帛上色，并且根据时令农政形成一整套的采集体系和成熟的染料采集、整理及染色管理制度，如《周礼》中提到的掌染草[17]，就是专门负责植物染料采集的工匠染人[18]。

（一）植物染料的存续与拓展

中国古代植物染色的方法，元代以前的相关文献记载较少，多集中在农学类书籍中。如《尔雅·释草》中记载的茈草和马蓝[19]，以及《夏小正》中记载五月启灌蓝蓼[20]。汉代开始有染料种植和染色季节的记载，如《四民月令》中记载三月可种蓝、五月可别蓝、六月可种冬蓝[21]；宋代在《齐民要术》中对染料的种植和加工方法进行系统的整理归纳，从释名、种植时令、染料加工等多方面记载了“红花”“蓝”“栀子”“紫草”等多类染料[22]；元代开始出现详细记载民间染色技术和染料定量配比的日用百科，如《多能鄙事》“染色法”一章从染色实验报告的角度记载了元代浙南沿海地区的特色染色法；明代的《天工开物》从染料和媒染剂品种、种植、采集、制造方法以及染色方法，总结出14种植物染料、8种矿物染料、2种媒染剂和28种色名；除此之外，《本草纲目》《救荒本草》和《竹屿山房杂部》等书，还从医学和食用基础上进行草木释名，以及在文人视野下进行植物染料研究。清代对于染色技术的记载最为丰富，包括染料的种植、加工和染色方法，以及对染坊等民间染色场所的描述，如我国古代第一部染织专著《染经》（图3-3-4）。

中国古代文献记载的染料和可染色谱表明，最早的染色配方是用蓝类植物染蓝、茜草虎杖染红、黄栌染黄、皂斗鼠尾草染黑和紫草染紫。其中蓝和茜作为植物染料的存续时间较长，红花自北魏从西域传入后一直延续至清代。红、黄、皂、紫色系染料出现于先秦，其种类随着时间的演进而不断增长，明代是其中重要的爆发增长期。染料配方和色彩倾向还会受不同时期服色制度的影响，如受元代官吏和平民只准服褐色的法令约束，出现了桑皮、荷叶染褐，苏木、皂斗等染料配伍之后用于染褐。绿色系染料出现于明代，多为蓝、黄二色系的复方染料。部分植物染料存续时间较短，如黑牵牛、子柏、柿漆、鼠李等仅见载于明代。

---

[17]〔清〕孙诒让：《周礼正义》卷二十七至卷三十五，汪少华整理，中华书局，2015，第1461页。

[18]同上书，第729页。

[19]〔晋〕郭璞注，周远富、愚若点校《尔雅》，中华书局，2020，第168、173页。

[20]〔清〕孔广森：《大戴礼记补注：附校正孔氏大戴礼记补注》，王丰先点校，中华书局，2013，第52页。

[21]〔汉〕崔寔原著，石声汉校注《四民月令校注》，中华书局，2013，第26、43、51页。

[22]〔北魏〕贾思勰撰，石声汉校释《齐民要术今释》，中华书局，2009，第462—481页。

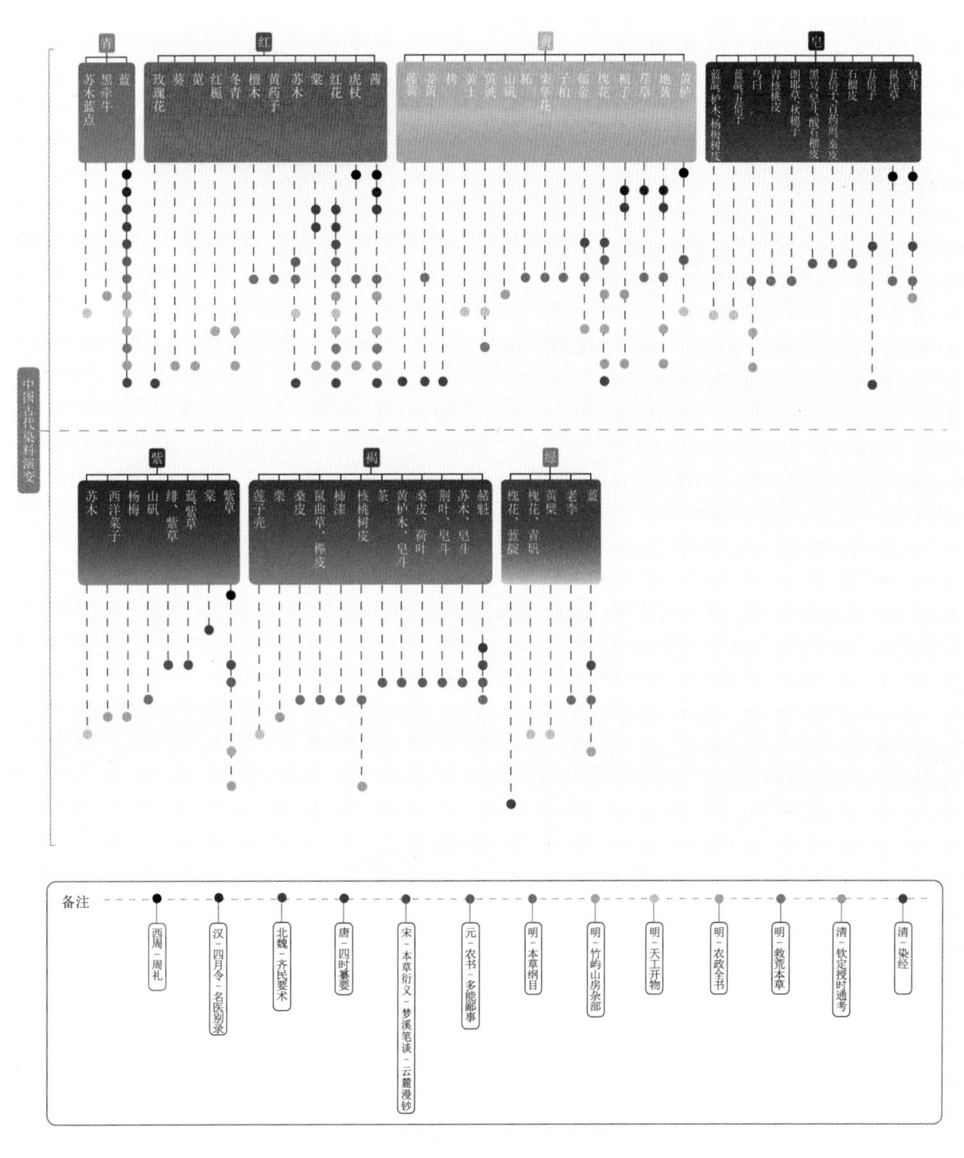

图 3-3-4 中国古代植物染料的发展演变

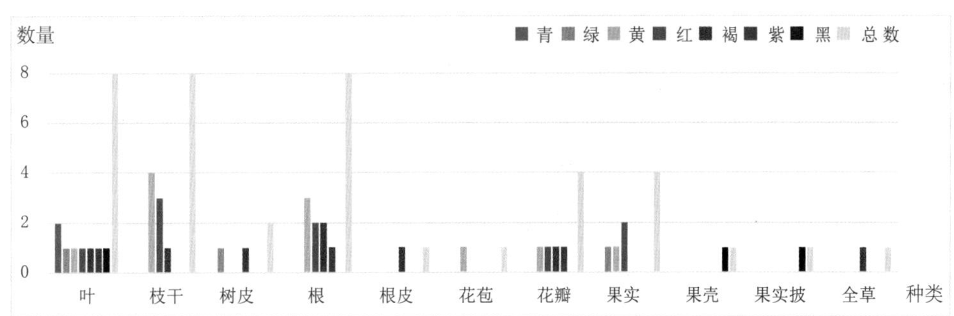

图 3-3-5 植株可入染部分及可染颜色分析图

中国古代可作为染料的植物以木类居多，其次是草类和菜类。植株可作为染料的部分包括叶、枝干、树皮、根、根皮、花苞、花瓣、果实等。《本草纲目》对于染料植物的描述最为全面，共出现38种（图3-3-5）。[23] 总体来看，使用叶、

[23]〔明〕李时珍：《本草纲目》（校点本）第二册、第三册，人民卫生出版社，1977，第691—1432，1913—2179页。

枝干和根部入染最为常见，其次是花瓣和果实。染黄使用的植株部分最多，范围也最广，其次是染红和染褐，而染青的植株部分则仅见叶片。

染料的配伍也可分为单一配方和复合配方，复方中多者达三种染料染一色，如染皂配方，有黑豆、皂斗、酸石榴皮染皂，有五倍子、百药煎、桑皮染皂，还有蓝靛、栌木、杨树皮染皂，可见染料和配方的多样性。随着染色技术的进步，染色配方随之简化，如元代染褐多以褐色植物加皂斗构成复方染料，而明代则在此基础上演变出众多单方褐色染料。植物染料的产区也会影响到染料配方的色彩倾向，如《农政全书》中记录的四川地区特有的可以染成赭红色的红栀子花，体现出染色工艺的地域性特征。

（二）复杂多彩的染色工艺

“凡染大抵以草木而成”[24]，是中国古代染色传统中的看法。在先秦时期，草木染色已经从手工纺织业中脱离，成为单独的工种进行家庭小规模生产。由于丝麻纤维对植物染料发生染色反应的亲和力比较低，因此想要染成浓艳的色泽，通常需要多次浸染，并在施染过程中利用氧化还原染法和多次浸染的草木媒染法，以突破植物染料染色限制（图3-3-6）。

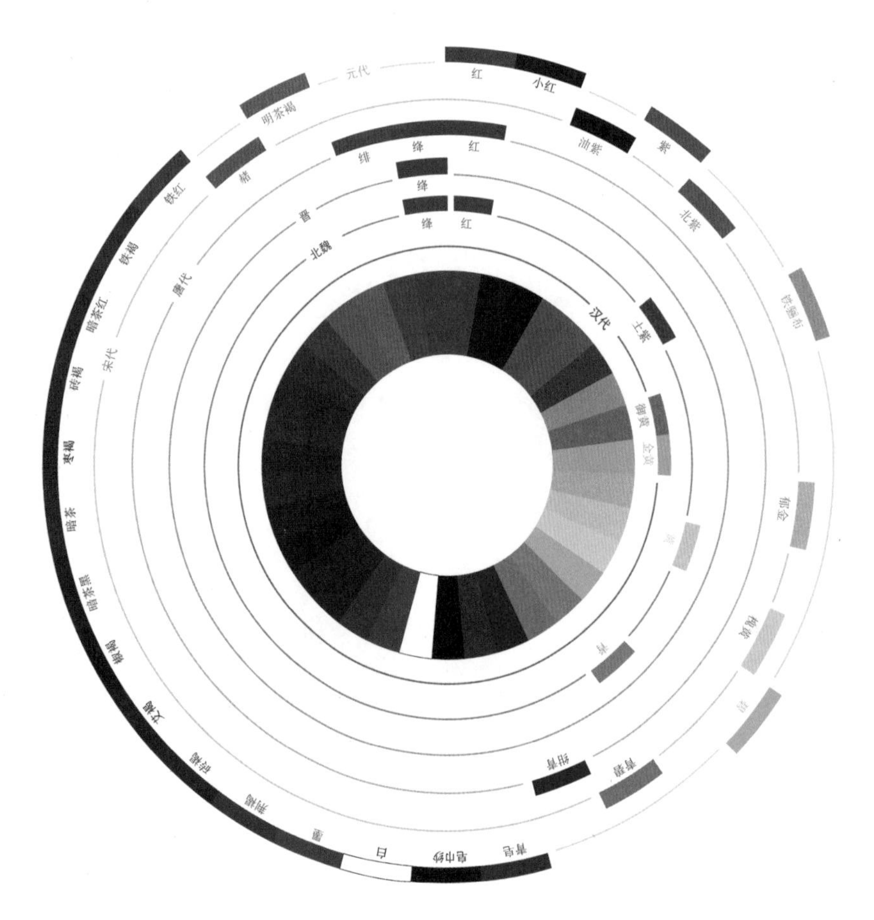

图3-3-6 汉代至元代文献中的常见色彩（草木染）

[24]〔唐〕李林甫等：《唐六典》，陈仲夫点校，中华书局，1992，第575页。

在中国古代，氧化还原染法主要用于蓝草类植物染色，首先使用发酵后的蓝草叶汁制成的蓝靛染料将织物染成绿色，再暴露在空气中，使蓝甙与氧气发生氧化还原反应，变为蓝色。同时，由于大多植物色素在植物采集后会逐渐减少，因此，需要经过发酵处理后保存成蓝靛染料。在先秦时期，文献并没有记载蓝靛的加工方式，氧化还原染色法可能与植物生长的季节性相关。如《礼记》中记载："仲夏之月……令民毋艾蓝以染。"[25] 蓝草采集之后就需要尽快入染，先将蓝叶揉搓出汁液，直接染于织物再进行氧化还原。东汉时期，出现了固态蓝靛，用干收法采集的蓝叶堆积，经渍水、发酵、干燥、搅拌后变成青黑色，入缸染色时还需要"烧灰，染青"[26]，即加入碱性的稻草灰水。南北朝时，水解发酵制靛法逐渐取代固态蓝靛，成为民间主流的制靛方法。《齐民要术》中的蓝靛制法[27]记载，制靛时需先剥离蓝叶，浸泡一至两日，再转移到瓮中按比例混合石灰，搅打至凝结成蓝靛。将蓝靛过滤清水后倒入坑中继续沉淀，最后将粥状靛泥盛回瓮中储存。明代开始用蓝靛染棉布，需要增加浸泡的天数和石灰的用量以增加含靛的浓度，并且在染色时加入稻草灰水，每日用竹棍搅拌。染深青色棉布时，可以加入胶水掺豆浆水薄染，如《天工开物》中记载的"染毛青布色法"[28]。

草木媒染法通常利用植物染料和媒染剂的化学反应，通过多次浸染将含不同色素的染液分批次加入后浸染织物。先秦时期多用此法染红、紫、绿和黑色，颜色的深浅通常通过浸染的次数来控制。如《考工记》中记载的："三入为纁、五入为緅、七入为缁。"[29] 染红的染料主要为含有茜素的茜草根部，需要加入铝盐类媒染剂，如草木灰水。如以红色地染黑，则需要加入盐铁类媒染剂交替媒染，如矾石。将绿矾作为媒染剂最晚出现于西汉，属于铝盐类媒染剂，如《淮南子》中记载的"以涅染缁则黑于涅"[30]，出土于湖南长沙马王堆汉墓的绿矾媒染织物[31]。南北朝时期出现了新的媒染剂"铁浆"，以薄铁片喷洒盐水后浸入醋中发酵产生，《本草经集注》中称之为铁落[32]。将其用于染黑时，属于染料与媒染剂同时入染的同媒工艺。醋同样也是同一时期出现的媒染剂，用于杀花[33]，即红花染料制备过程中的酸性发酵，入染时也需"以醋浆水点染"[34]以达到酸性中

---

[25] 胡平生、张萌译注《礼记》(上册)，中华书局，2017，第317页。
[26]〔汉〕崔寔撰，石声汉校注《四民月令校注》，中华书局，2013，第51页。
[27]〔北魏〕贾思勰撰，石声汉校释《齐民要术今释》，中华书局，2009，第607—608页。
[28]〔明〕宋应星：《天工开物》，钟广言注释，中华书局香港分局，1978，第116页。
[29]〔清〕孙诒让：《周礼正义》卷七十六至卷八十六，汪少华整理，中华书局，2015，第3998页。
[30] 何宁：《淮南子集释》，中华书局，1998，第120页。
[31]《对长沙马王堆汉墓出土纺织品的初步研究》，《上海纺织科技动态》1972年第8期。
[32]〔梁〕陶弘景：《本草经集注》，尚志钧、尚元胜辑校，人民卫生出版社，1994，第164页。
[33]〔北魏〕贾思勰撰，石声汉校释《齐民要术今释》，中华书局，2009，第592页。
[34]《续修四库全书》编纂委员会编《续修四库全书·四时纂要》，上海古籍出版社，2002，第23页。

和。除此之外，还出现了为统治阶层服务的以草木灰水制备的地黄染料，如《齐民要术》中记载的“河东染御黄法”[35]。

元代的媒染方法在此前基础上发生了重要的突破，出现了多种以褐色系为主的媒染工艺，以及白矾、绿矾和铁浆等媒染剂。如《多能鄙事》中记录的12种媒染工艺[36]，其中同媒工艺有3种，“预媒—染色—后媒”工艺有6种，后媒工艺有2种，还有1种“同媒—预媒—直接染色”工艺。其中，预媒是指先用媒染剂处理织物再进行染色，后媒是先染色后再用媒染剂处理。在单次染色过程中，染料的数量、入染的次数和放置的顺序决定了染色的效果，包含了单色染、复色染和拼色染三种方法。其中，单色染是指仅用含一种色素的染液；复色染时，不同的染料分批次入染；拼色染时，不同的染料混合于同一批次入染。

明清时期，染色方法得到进一步完善，从而使色谱得到扩充。在明代贵宦严嵩的家产清册《天水冰山录》中的连冕[37]一章中，描述了缎、绢、绒、琐幅、绒衣和纱的8个色相31种色彩名称，其中描述缎的色彩最为丰富，有22种，绿色系的色彩多达7种，其次是红色和蓝色，染成褐色的织物种类最多。由此可见，在明代官宦阶层群体的衣物面料中，色彩饱和度较高，且深色及冷色的色彩种类更多，其中褐色应用范围最广。

除此之外，明清时期还出现此前尚未出现的染色方法，如《大明会典•织造》中记载的“墨绿”与“深青”，《竹屿山房杂部》中记载的“肉红”和“粉青”，以及使用荷叶煮染褐色时染上“荷香”的染色工艺。清代染色法基本承袭明制，并出现了新式色名和染法，如《布经》中记载的京红、玫瑰紫和蒲桃青，以及打底色的应用[38]；《乾隆十九年分销算法染作》中记载的宝蓝和元青，《钦定授时通考》中记载的柿染，光绪《永嘉县志》中记载的冻绿布，以及《染经》中记录的猩红和灰色等[39]。然而，染色受多种因素影响，如工匠、气温、湿度、技术甚至丝帛的种类和质量等，导致用同一染方染得的色彩存在差异。因此，染方有限，但染出的颜色却变化多端。正如《雪宦绣谱图说》中从业染工者云：“色随人而变，亦随天气燥湿、技手巧拙而变，往往有以昨日所得之色，试之今日而变，以今日所得之色，试之明日而又变者。变不可得而穷，色不易名而纪，夥颐哉。”[40]

---

[35]〔北魏〕贾思勰：《齐民要术今释》，石声汉译注，中华书局，2009，第292页。

[36]《续修四库全书》编纂委员会编《续修四库全书 · 多能鄙事》，上海古籍出版社，2002，第49—50页。

[37]连冕：《天水冰山录 · 钤山堂书画记标校》，三秦出版社，2017，第388—447页。

[38]李斌：《清代染织专著〈布经〉考》，《东南文化》1991年第1期。

[39]吴慎因：《染经》，载《中国纺织科技史资料》编辑《中国纺织科技史资料》第十二集，北京纺织科学研究所，1983，第44—66页。

[40]〔清〕沈寿口述，张謇整理，王逸君译注《雪宧绣谱图说》，山东画报出版社，2004，第117页。

（三）控温和省力趋向下的植物染色工具变革

中国古代植物染色的工具演变受染料特性及工艺变革的影响显著，尤其是加温工具的使用是染色技术革新的标志。曾有专家认为汉代的“染炉”是最早出现的染色加温器[41]，但后来随着考古学领域的研究剖析被定性为饮食器具[42]。因此，秦汉时期的染色工艺为常温浸染，即直接将染料置入染缸水中，用染棒搅拌后静置。这种方法一直延续至元代才发生变革。元末明初，加温染色技术首现，主要利用染灶煮沸和升温来加速染色过程。如《多能鄙事》记载的“将头汁温热，下染出绢帛”[43]。染灶的图像见于清代，通常为北方常见的双眼灶形制（图3-3-7），泥土夯筑，灶门的位置常见于侧面和正面（图3-3-8）。当灶门位于正面时，更便于控制火候。每个灶眼中都有一个染釜，釜肚为半圆形，比染缸容量小。由于染液加热的温度低于烹饪，因此不需要增加排烟系统。染色时，将染液盛入釜内，需要时可燃柴火升温，以煮沸、加温染液或维持染液温度。

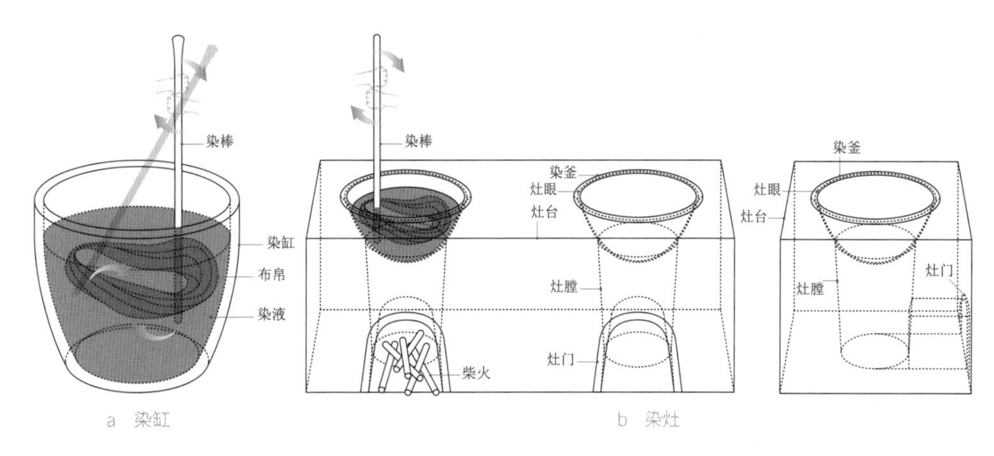

图3-3-7 清代的染缸和染灶形制示意图

a 清代《钦定授衣广训》中的染灶灶门在侧面

b 清代《蚕桑萃编》中的染灶灶门在正面

图3-3-8 清代的染缸和染灶

[41] 史树青：《古代科技事物四考》，《文物》1962年第3期。

[42] 刘尊志：《汉代铜染炉浅析》，《南方文物》2020年第2期。

[43]《续修四库全书》编纂委员会编《续修四库全书 · 多能鄙事》，上海古籍出版社，2002，第49页。

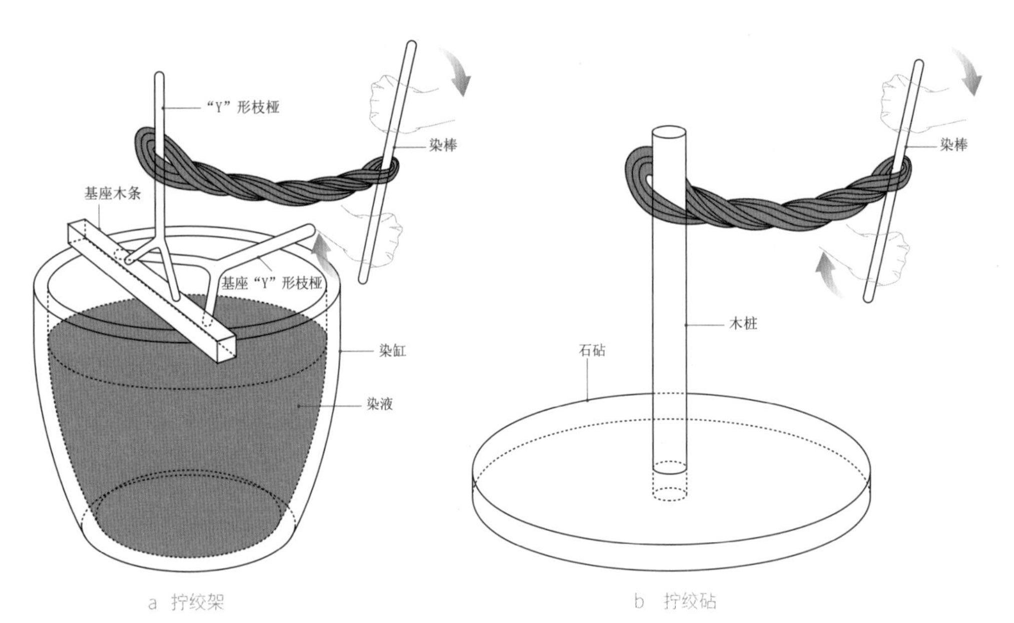

图 3-3-9 清代染坊中的拧绞架与拧绞砧

清代染色技术出现第二次变革，引入了拧绞工具，以帮助染色完成后的丝、帛沥去多余染液（图 3-3-9），有两种工具形制：一种为体积较为小巧的木架，由两根“Y”形枝丫组成，使用时要架在染缸上方，适用于体量较小的丝帛。操作时，将丝帛套在拧绞架和染棒上，染工通过旋转木棒绞拧丝帛，拧下的染液直接回流进染缸中。另一种为体积较大的石砧和木桩的结合，通常置于户外，以中心打孔的圆形石盘为基座，孔中竖插木桩，适用于体量较大的丝帛。使用时，同样将丝帛套在木桩和染棒上，染工通过旋转染棒令多余的染液排出。

染灶的诞生标志着中国古代植物染色技术从常温染色向调温染色转变。在控制染液温度方面，以往是根据夏季的高温来控制染液的温度，如《四民月令》中六月“染青绀杂色”[44]和八月“染彩色”[45]。后来，人们开始使用炉火控温，如《多能鄙事》中记载的染明茶褐[46]。此外，双眼灶的设计实现并行和连续染色，如《天工开物》中记载，染鹅黄色时，能够在一口染釜中先用黄檗煎水染底色，再在另一口染釜中用蓝靛染液套染[47]。拧绞工具运用了简单的杠杆原理，实现由双人合作变为单人独立工作的转变，大大节约了染坊的劳动力成本。同时，杠杆原理也可以通过简单的动能，让拧绞的动作更加省力。两种不同大小的拧绞工具可以根据入染丝帛的体量来选择，尤其是小型拧绞架，可以直接架在染缸上，更方便于收集丝帛上的残余染液。

[44]〔汉〕崔寔撰，石声汉校注《四民月令校注》，中华书局，2013，第51页。

[45]同上书，第637页。

[46]《续修四库全书》编纂委员会编《续修四库全书 · 多能鄙事》，上海古籍出版社，2002，第49页。

[47]〔明〕宋应星：《天工开物》，钟广言注释，中华书局香港分局，1978，第114页。

三、绚丽多彩的中国古代织物色彩谱系

色彩观念的萌芽源自原始先民的本能意识和自然信仰、巫术崇拜，如日夜交替、火焰、光明和鲜血等象征。随着颜料的广泛应用和施色技术的逐渐掌握，人们逐渐形成了原始的色彩观念，并开始对色彩进行分类并表现出明显的偏好。中国古代对于织物色彩的色相分类和审美认知，起源于先秦时期出现的社会阶层分化，由于统治者的更迭、思想观念的变化和施色技术的复杂性，出现了三种主要的色彩分类方式：方行色、深浅色和正间色。其中方行色和深浅色分类出现于先秦时期，春秋战国时期儒家思想中的“贵贱”观念逐渐形成之后，逐渐被正间色所取代。此后，基于正间色的色相分类，形成了中国传统色彩谱系，一直沿用至清末。

（一）制度与仪礼的建立与色彩观念的产生

先秦时期，色彩的分类与等级制度的确立与色彩在政治和礼仪中的功能密切相关。夏代政权于河南偃师建立后，色彩始具有政治意义，统治阶级对色彩的崇尚随朝代更迭而演变，如《礼记》记载“夏后氏尚黑，大事敛用昏，戎事乘骊，牲用玄”[48]，其中“昏”指天色黑沉，“骊”指黑色马匹，使用的祭器也是“黑漆其外”[49]；殷商时期开始“尚白，大事敛用日中，戎事乘翰，牲用白”[50]，即白日行丧事，乘骑白马，用白色牲口祭祀；至周代开始“尚赤，大事敛用日出，戎事乘騵，牲用骍”[51]，騵为赤色马，骍也指赤色牲口。除此之外，色相的偏好还用于养老之礼，例如夏朝尚黑，“燕衣而养老”，殷尚白，“缟衣而养老”，而周代则结合了两者，“玄衣而养老”[52]。

祭祀占卜是先秦时期重要的仪礼，顺应时气的色彩观念应运而生，不同的时节祭祀时驾车的马匹、旌旗、冕服、冠饰用玉、佩戴的衡璜的颜色都被纳入礼仪色彩制度之内，每个月令分别对应不同的色彩（图3-3-10）。如《礼记》月令[53]中记载，周天子于春季祭祀时用青色，夏季用朱、赤色，夏秋之交用黄色，秋季用白色，冬季用黑色。

除四时之外，色相还与中国古代的方位观念取得联系（图3-3-11）。春秋时

[48] 胡平生、张萌译注《礼记》（上册），中华书局，2017，第105页。
[49]〔清〕王先慎：《韩非子集解》，钟哲点校，中华书局，1998，第71页。
[50] 胡平生、张萌译注《礼记》（上册），中华书局，2017，第105页。
[51] 同上。
[52] 胡平生、张萌译注《礼记》（上册），中华书局，2017，第280页。
[53] 同上书，第293—354页。

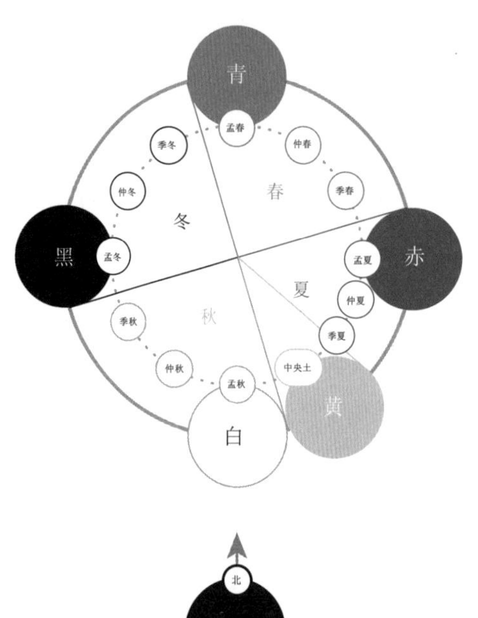

图 3-3-10 五色与月令关系示意图

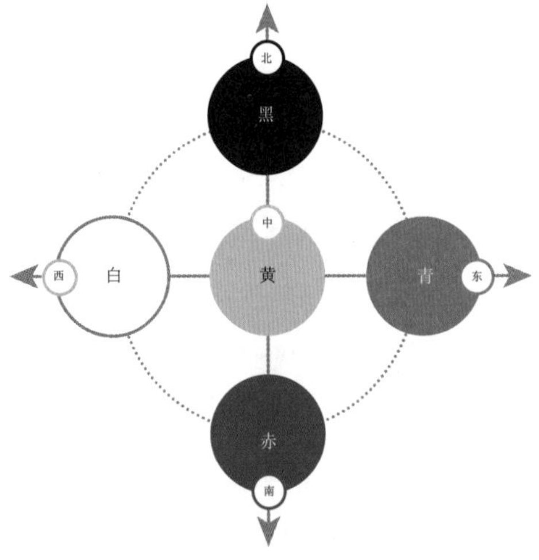

图 3-3-11 五色与方位关系示意图

期，孔子提出“方色”观念[54]，将四方与四色相对应；《逸周书》中记载“五方”为“东青土，南赤土，西白土，北骊（黑色）土，中央叠以黄土”[55]；《周礼》和《考工记》均记载“天地四方”[56]，“东方谓之青，南方谓之赤，西方谓之白，北方谓之黑，天谓之玄，地谓之黄”[57]。五色与五方色彩关系的提出，为正间色与方位关联的观念奠定基础。

五行观念起源于西周，基于对世界本源物质的思考，尚未达到后世的哲学高度。《国语》中提出“先王以土与金木水火杂，以成百物”[58]，《尚书》中提出“水曰润下，火曰炎上，木曰曲直，金曰从革，土爰稼穑。润下作咸，炎上作苦，曲直作酸，从革作辛，稼穑作甘”[59]。此时，五色与五行、五味相联系，产生五行“生

[54] 胡平生、张萌译注《礼记》（上册），中华书局，2017，第434页。
[55] 黄怀信、张懋镕、田旭东：《逸周书汇校集注》，上海古籍出版社，2007，第570页。
[56]〔清〕孙诒让：《周礼正义》卷二十七至卷三十五，汪少华整理，中华书局，2015，第1674页。
[57] 同上书，第3988页。
[58] 陈桐生译注《国语》，中华书局，2016，第573页。
[59]《十三经注疏》整理委员会整理，李学勤主编《尚书正义》，北京大学出版社，1999，第301页。

殖”观念。春秋时期的《左传》将色彩与音调相联系，提出“气为五味，发为五色，章为五声”[60]。战国时期，邹衍在五行基础上提出“五德终始”说，[61]赋予金、木、水、火、土五种德性，并结合阴阳认为五德周而复始，并将其与历史变迁、王朝兴衰相联系。《吕氏春秋》应同[62]一篇在此理论基础上进一步阐述了五德与五色之间的关联，还指出五行与五德之间相生相胜的逻辑关系（图3-3-12）。

先秦时期，色彩观念与“四时”“五方”“五行”“五味”“五声”紧密相连，这种多元互联的色彩观念广泛流行于战国时期。如《礼记·月令》中记载“孟春之月”“其日甲乙（注：日之行，春东从青道）”“其神句芒（注：主木之官）”“其音角”“其味酸”“衣青衣”[63]，符合当时对应的自然元素和感官体验。与此同时，色彩观念的礼下有序也与君子品德联系起来，如荀子云“目好之五色，耳好之五声，口好之五味，心利之有天下”[64]，反映了儒家倡导的色彩与礼制和社会等级秩序的关系。

随着等级制度和礼制的进一步建立，色彩的等级使用观念逐渐形成。周天子建立夏季染采的制度，通过“五色”色相“别贵贱等给之度”[65]。如用色彩来彰显统治阶层内部的等级秩序的组绶之色[66]，天子用玄色、公侯用朱色，大夫

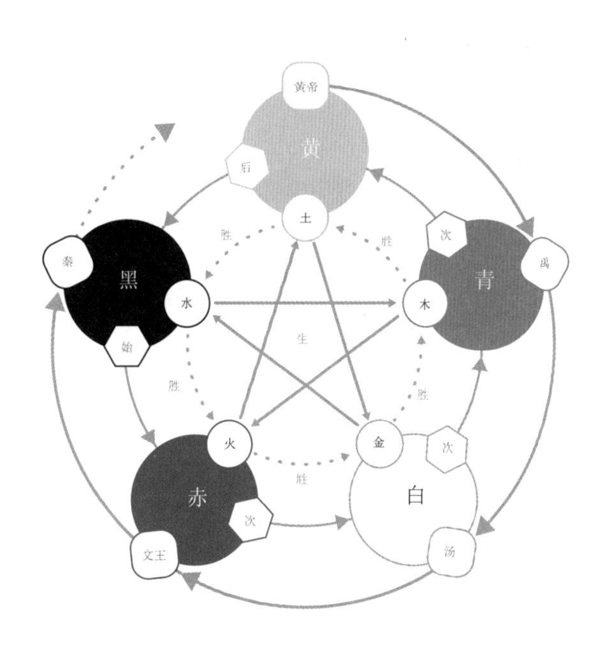

图3-3-12　五行相生相胜与五色关系图

[60]〔周〕左丘明传，〔晋〕杜预注，〔唐〕孔颖达疏《春秋左传正义》，北京大学出版社，1999，第1449页。
[61]许维遹：《吕氏春秋集释》，梁运华整理，中华书局，2009，第285页。
[62]同上书，第284页。
[63]胡平生、张萌译注《礼记》（上册），中华书局，2017，第299、300页。
[64]北京大学《荀子》注释组：《荀子新注》，中华书局，1979，第13页。
[65]胡平生、张萌译注《礼记》（上册），中华书局，2017，第325页。
[66]同上书，第589页。

用纯（缁）色，世子用綦（青黑）色，士用缊（赤黄）色。至战国时期，儒家思想强调色彩在维护礼制和建立社会等级秩序中的作用，形成了主流色彩观念。随着“天子袾裷衣冕，诸侯玄裷衣冕，大夫裨冕，士皮弁服”[67]服用制度的实施和“贵贱有等”“贫富轻重皆有称”等级秩序的确立，以及“正间色”观念的提出，色彩制度被进一步强化，色彩观念也得到进一步的升华。

（二）色彩尊卑观念的产生与品色等级制度的形成

色彩尊卑观念的萌芽源于战国时期儒家思想中的“贵贱有等”[68]，最初呈现为正间色思想，即“正色贵而间色贱”。正间色的提出，将对应四时、五方、五行的色彩具体化（图3-3-13），从抽象的象征意义转变为具象的，指代具体色相的某一色谱段的色彩。

春秋时期，中国古代色彩谱系虽逐渐完备，但由于正间色观念尚未形成严格的制度化，因此统治阶级的服色仍能按照自身喜好选择间色，色彩的尊卑观念尚不明晰且未能普及于民间。例如，《韩非子》中记载作为一国之君的“齐桓公好服紫”，导致“一国百姓好服紫”，这说明当时的紫色并没有包含正间色的尊卑观念。《诗经·七月》中描述贵族流行的服色中，“朱”作为正色，却作为“裳”色[69]；《绿衣》一篇中的“绿衣黄裳”[70]也是如此，绿作为间色被描述为上衣的色彩，黄作为正色被描述为下裳的色彩。

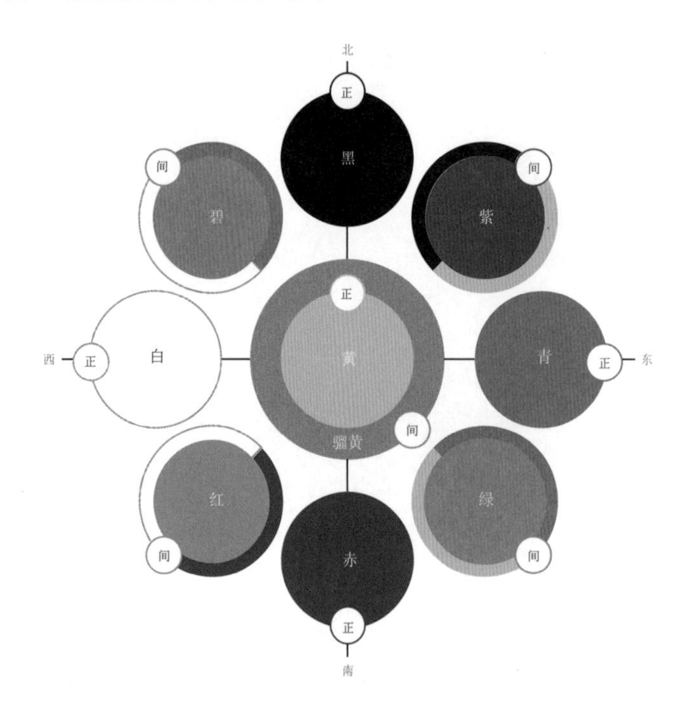

图3-3-13　先秦时期正间色与方位示意图

[67] 北京大学《荀子》注释组：《荀子新注》，中华书局，1979，第141页。
[68] 同上。
[69] 王秀梅译注《诗经》，中华书局，2015，第303页。
[70] 同上书，第51页。

中国古代色彩尊卑观念形成于战国时期，正间色理论开始指导统治阶级的服用色彩等级秩序。第一，上衣和下裳色彩的尊卑次序，如《礼记・玉藻》中指出贵族阶层的服色为“衣正色，裳间色，非列采不如公门”[71]，其中青、赤、黄、白、黑为五方正色，绿、红、碧、紫、骝黄为五方间色。[72]第二，是从色彩区分服饰等级，不同阶级的贵族群体使用不同的色彩搭配，如缁布冠[73]的色彩制度中天子使用的玄色与朱色均为正色，诸侯使用的丹色为间色，士族使用的綦色为杂色。第三，从染色质量区分色彩属性，规定染色不正的色彩为间色、卑贱之色，如市场上销售的布帛规定“奸色乱正色，不粥于市”[74]，即染色不正、两色相杂的布帛，有扰乱社会安定之意，不能在市场上销售。

至秦汉时期，儒家礼制思想中的正间色逐渐成为“明贵贱，辨等列”的工具，通过服装色彩正间色来反映身份地位、贵贱等级的观念开始普及。汉代学者开始以服色礼制和尊卑观念为标尺，对春秋文献中的服色进行注释，如毛亨传《诗经•绿衣》认为绿衣黄裳“以兴不正之妾”[75]，郑玄也认为“绿衣黄里”违背了“褖衣自有礼制”，服色的贵贱之等为“鞠衣黄，展衣白，褖衣黑，皆以素纱为里”[76]。随着染色技术的逐渐成熟，正间色相体系也逐步完备。统治阶级为维护政权基础、稳定社会秩序，强调、尊崇并占有正色。从隋唐开始，黄色逐渐成为统治阶级的帝王专用服色，如《旧唐书》中记载：“天子宴服，亦名常服，唯以黄袍及衫，后渐用赤黄，遂禁士庶不得以赤黄为衣服杂饰。”[77]元代帝王朝服用赭黄[78]，清代帝王朝服用明黄[79]。

此外，“衣正色，裳间色”的服色观念也在帝王的礼仪服饰中得到了延续。以冕服中的衮服为例，唐代的衮服为玄衣纁裳，其中玄为黑色，五正色之一，纁为浅绛色，属于红黄相间；宋代衮服为青衣纁裳，青为五正色之一；元代衮服为青衣绯裳，绯为皂赤色[80]，属于黑红相间；明代衮服的色彩几经更迭，最终以上玄下黄，取向天地之色，更替了衣正裳间的冕服色彩秩序；至清代，由于服制的革新，衣长掩裳的制度彻底打破衣正裳间的色彩秩序，改为服色石青（蓝黑相间）。

[71]胡平生、张萌译注《礼记》（上册），中华书局，2017，第434页。
[72]同上。
[73]胡平生、张萌译注《礼记》（上册），中华书局，2017，第572页。
[74]同上书，第274页。
[75]《十三经注疏》整理委员会整理，李学勤主编：《十三经注疏 · 毛诗正义》（上），北京大学出版社，1999，第118页。
[76]同上。
[77]〔后晋〕刘昫等：《旧唐书》，中华书局，1975，第1952页。
[78]〔元〕脱脱等：《金史》（第三册），中华书局，1975，第977页。
[79]〔清〕赵尔巽等：《清史稿》（第一四册），中华书局，1998，第3035页。
[80]〔清〕张玉书等编纂《康熙字典：标点整理本》，汉语大词典出版社，2002，第891页。

为了通过服色辨贵贱，正彝伦，自北周开始，官吏被要求执行“品色衣”制度，以服色明辨品级。隋唐承袭了北周的服色制度，并于唐代文明元年（684）完善定型，正式形成由赤黄、紫、朱、绿、青、黑、白七色构成的“品色衣”制度的颜色序列，并明确规定“衣服下上，各依品秩，上得通下，下不得僭上”[81]，成为明代补服制度形成之前服色等级框架的重要标志，品色等级制度也取代正间色尊卑秩序成为中国古代社会等级制度的重要体现（图3-3-14）。

唐上元元年（674）后，品色制度经历首次变革。深浅色的差异逐渐成为服色品级秩序的象征。上元之前，四品以下，每两阶使用同色；上元以后，高阶用深色，低阶用浅色。例如，高阶的四品用深绯，低阶的五品则用浅绯。妇人的服色也遵从丈夫的品阶，五品及以上服紫，五品以下服朱，体现了儒家思想中“夫为妻纲”的传统伦理文化色彩。北宋元丰元年（1078），品色制度出现了第二次变革，色相等级随品级变化由四等（三、五、七、九品）变为三等（四、六、九品），四品及以上为上等，服紫色，五品、六品为中等，服绯色，七、八、九品为下等，

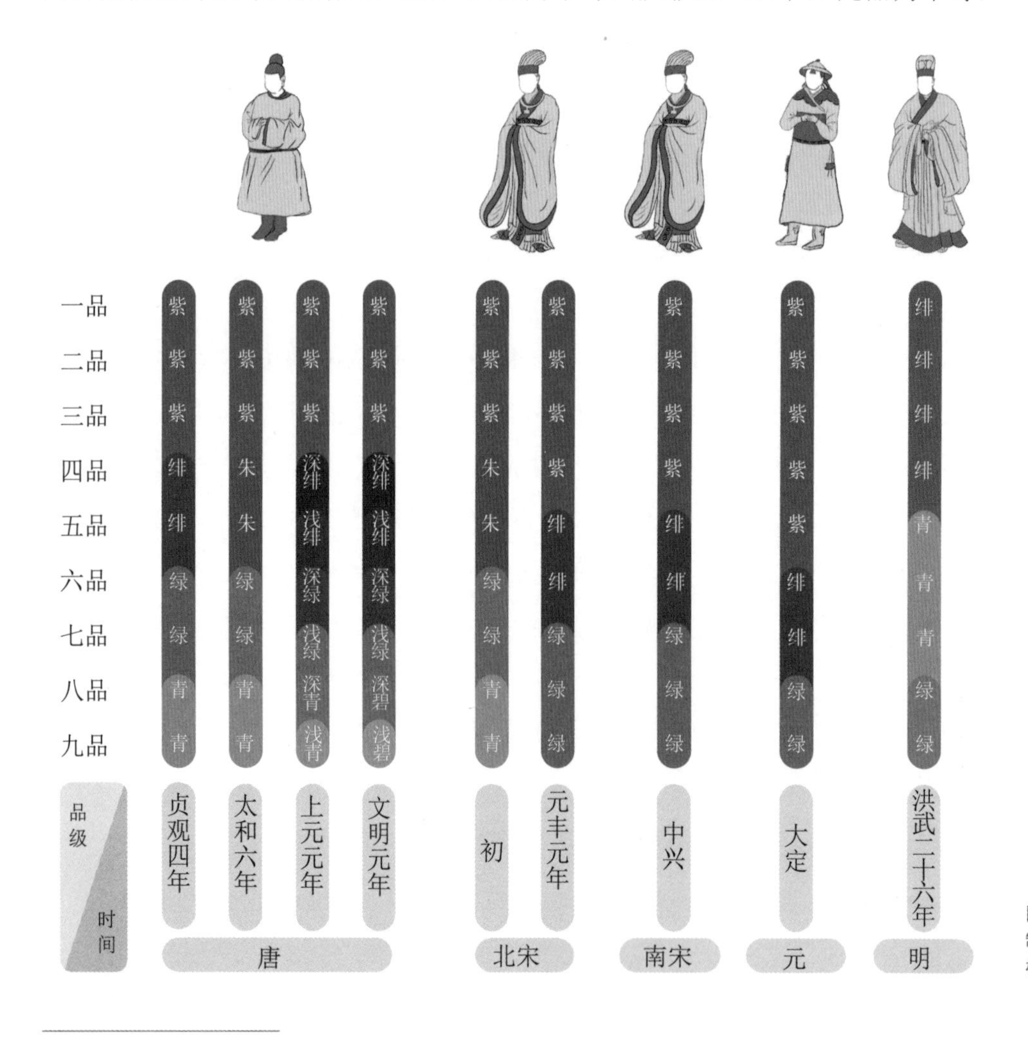

图3-3-14 中国古代补服制度形成之前的服色等级框架

[81]〔宋〕王溥：《唐会要》，中华书局，1955，第569页。

服绿色，弃用了青色。元代，品色制度出现了第三次变革，色相未变，但色相所涵盖的品阶变更为：五品以上服紫色，六品、七品服绯色，八品、九品服绿色。明代，品色制度出现最后一次变革，服色依旧分为三品，但色相和所含品级均发生变化，由于明代承元之后，取法周、汉、唐、宋，服色所尚，于赤为宜[82]，因此，百官公服服色以红色相为尊：四品及以上为上等，服绯色，五、六、七品为中等，服青色，八品、九品为下等，服绿色，弃用紫色。

明代诞生的补服制度，与品色制度并存，至清代，补服制度完全取代品色制度，上至帝王，下至九品官员，公服服色皆为石青，唯以补子刺绣图案辨等级。正间色逐渐成为民间标准的色彩体系。清末《雪宧绣谱》的“线色”一篇最为系统地记录了中国古代绣线色谱（图3-3-15），将绣线色彩分为“正色”与“间色”，前者包含青色、黄色、赤色、黑色与白色，后者包含绿色、赭色、紫色、灰色与葱色[83]。同时，“线色”一篇中对颜色的深浅也有明确的区分，如杏黄、明黄、粉黄为淡色，鹅黄、姜黄、藤黄、木红为深色[84]。

综合古代文献记载的中国古代织物色名及色相来看，用于织物的色彩观念经历了几个阶段的变迁：在巫文化的影响下，史前的色彩观念充满了神秘色彩，但受到了原始染色技术的制约，本能地产生了蕴含对日夜交替（黑与白）、生命起源（红）意识的色彩观念。先秦时期的染色技术突飞猛进，植物染色技术的传播扩充了色相和色谱。这一时期，在权力与礼仪的驱动下，色彩观念受到物质五行思想的影响，将五色与五方、四时、五行紧密相连。战国是色彩观念转变的第二个重要分水岭，在此之前，色彩虽有政治意味，但贵贱意指尚不明确；在此之

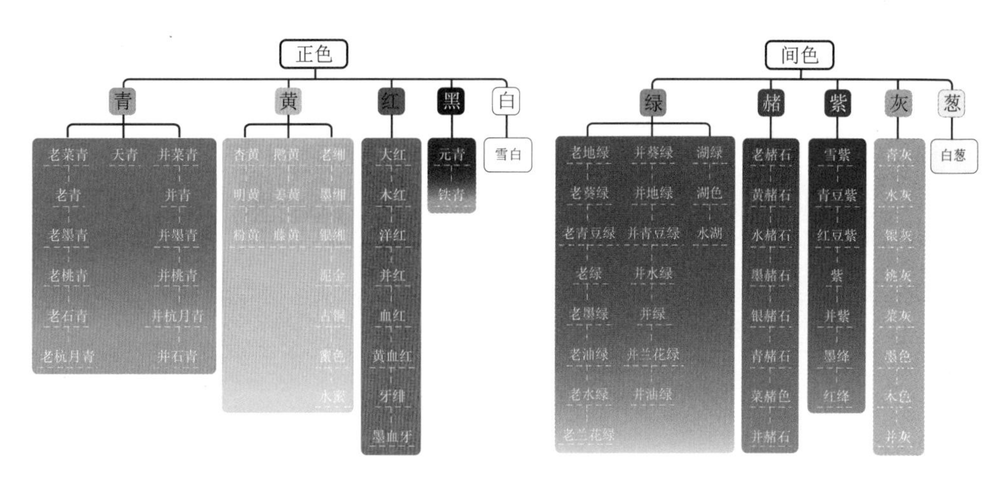

图3-3-15　清代《雪宧绣谱》中的正间色谱系

[82]〔清〕张廷玉等：《明史》（第六册），中华书局，1974，第1634页。
[83]〔清〕沈寿口述，张謇整理，王逸君译注《雪宧绣谱图说》，山东画报出版社，2004，第109—114页。
[84]同上书，第112页。

后，五行学说上升到哲学层面，在儒家“阴阳观”影响下，从“以色明礼”的角度将色彩进行正间色分类，与贵贱等级制度产生勾连，成为社会等级秩序的象征，形成了中国古代色彩理论和范式。品色服制度的诞生，令织物色彩观念出现第三个变革。自隋唐开始，正间色观念开始与礼、政分流，仪礼用服色仍旧保有正贵间贱的观念，而公服常服则不再以色彩辨别等级，而是以该朝代尊崇的色彩为秩序，正间色的阶级意指逐渐弱化。到了明代，补服制度的产生和成熟，令色彩观念更加民俗化和实用化，除了上层建筑的少许专用色之外，其余色彩虽然仍有正间色的分类，却不再用于社会等级秩序划分，而是一方面转向民俗的色彩尚忌，另一方面转向日用织绣和服饰色彩搭配，其功能最终从“贵贱辨等”变为“约定俗成”。

结语

中国古代染色技术始于原始社会时期，其染色原料的种类从最初单一的矿物颜料发展成复杂多变的植物染料，施染工艺从最初的直接涂染发展成丰富多样的媒染，从小型简单工具发展成大型组合工具，为日常织物、织锦和刺绣所需的丝线美化提供了技术上的保证。

最早诞生的矿物染料随着人们对色彩的需要，不断挖掘染料的种类，扩充染料的色相，从最初单一的赭红色，发展成红、黑、白三色，再逐渐出现黄色、绿色、蓝色、紫色、金银……加工方式也从最初简单的使用磨盘和研磨棒磨细，到加水研磨、加胶调和，再发展为更加复杂的化学炼制方法；加工工具也从最简单的杵臼发展成铁木共同铸造的巨型铁碾，操作方式也从最简单的双手操作发展成四人同时推拉碾轮进行杠杆运动；其用途也从史前时期作为主要的染色原料开始，逐步被植物染料替代，最终仅作为局部点缀用途的装饰色料。

从秦汉开始，植物染料谱系逐步发展成熟，随着氧化还原染法和多次浸染的草木媒染法的技术进步，复色和拼色染法得到了灵活运用。在红（赤）、黄、绿、青、紫、褐（赭）、黑、白、灰的基础上不断通过色彩浓度、明度和色彩的混合扩展色名和色谱。至清代记载的线色因染而别[85]，多达七百多色，而在气候、工匠技术、丝帛质量的影响下，染色的变化更是无穷无尽。施染工具也从最初不可控温的染缸，发展成可调温升温的染灶，沥水工具则从徒手拧绞发展成使用拧绞架和拧绞砧配合染棒；染色手法也从最初单一的涂染、浸染，发展出提转、急

[85]〔清〕沈寿口述，张謇整理，王逸君译注《雪宧绣谱图说》，山东画报出版社，2004，第117页。

手提转、搓揉、扭等多种手法，或单独运用，或加以组合。

中国古代染料的探索、染色工艺的演进，结合历朝历代服色制度和色彩观念的变迁，促进了色谱范围的扩展和染色文化的阶段性演变。一方面丰富了织物显花方面图案的色彩搭配，诞生了绚丽多彩的中国古代服饰与家纺。随着印花色浆色彩种类的丰富，产生了色彩斑斓的印花织物；通过染制不同色彩的经纬线，也进一步拓展了提花织物的种类。从早期三色、四色锦，发展成能够用多种深浅的同色系经纬线织成晕色效果的重彩织锦；绣线色彩的丰富直接推动了刺绣艺术的发展，最终发展成以天地、山水、动物、植物等自然色彩，结合深浅浓淡，配出七百多种色名。另一方面，受原始信仰和生存需要的驱使，色彩观念应运而生。并伴随着正间色观念的演进，与儒家思想中关于色彩尊卑的等级秩序观念和政治制度紧密结合。直至明清时期以图案体现等级的补服制度开始取代以色彩体现等级的品色服制度，色彩观念才开始脱离了等级制度的桎梏，并在海外贸易和工场手工业迅猛发展的背景下，向世俗化、商品化的趋势发展。

染色技术不仅塑造了中国古代的审美趣味，而且与社会等级、权力和文化地位紧密相连。染色技术的发展，一方面促使刺绣、织锦等传统工艺也得到了飞速的发展，这种技术与艺术的融合，推动了传统工艺的繁荣，使织物成为重要的交易商品，尤其在丝绸之路上发挥了巨大的经济价值。另一方面，大量的劳动力参与生产，促进了明清时期工场手工业的发展。此外，随着海外贸易的扩展，中国的染色技术和文化也得到了全球范围内的广泛传播。中国的染色织物不仅仅作为商品，更是东方文化的代表，成为东西方文化交流的重要纽带。除此之外，服饰和日用纺织品中的色彩，自古以来都是通过视觉层面引发人们审美愉悦的形式要素，不同时期的色彩代表当时社会主流群体的审美倾向。并且，由色彩构成的流行趋势一直处于不断发展的过程中，现当代每年发布的流行色趋势是对古代“服色时易”的继承与发展。

第四节 缬纹如锦的印花技术

印花是一种在织物上通过手工的方式呈现纹样的装饰手段，与提花和刺绣共同构成了中国古代织物显花技术体系。从显花原理的角度考察，中国古代印花技术主要可分为直接印花和防染印花两大类型。直接印花包含画绘、凸版印花和孔版漏印，直接在织物上用色料显出纹样；防染印花包含蜡缬、绞缬、夹缬和灰缬，是通过各种材料附着在织物上防止色料渗入，从而显出纹样。从印花工具的角度，可以分为型版显花和非型版显花。型版直接决定了纹样的形状，具有规律性和重复性；非型版显花工具间接呈现出纹样，具有自由性和随机性。

根据现有的出土印花织物资料可知，直接印花技术的起源和发展要早于防染印花技术。早在先秦时期就已经出现了通过画绘和戳印显花的直接印花织物，西汉出现的凸版印花织物和孔版漏印织物则呈现了两种不同的型版显花技术，凸版印花是戳印显花技术的发展延续，孔版漏印则是在织物纹样批量化、规模化印刷需求下催生的产物，毛笔、凸纹型版和镂空型版共同构成直接印花技术与织物纹样之间的重要纽带。此后漫长的演变过程中，画绘在文人绘画的影响下衍生出或抽象或具象的造型风格和或写意或写实的艺术表现；凸版印刷工具的材质由青铜改良为木质，并拓展出平面和滚筒两种样式；孔版漏印除了将工具的材质由木质改良为纸质以外，还将显色材料从染料和颜料拓展至金箔。

东汉时期由欧亚大陆传入的蜡缬，是最早出现的防染印花技术，绞缬、夹缬和灰缬则诞生于魏晋之后。防染印花技术的显花工具呈现出在继承直接印花的基础上向专业性的方向拓展的趋势，并呈现出不同工具作用下特有的纹样特征。在此后的创新和改良中，蜡缬诞生出专用的空腔式蜡绘工具，绞缬呈现出更加细密的纹样趋势，夹缬的纹样显色由多彩转向单一，装夹工艺则由简单趋向复杂，灰缬逐渐将织物面料聚焦于棉布，发展出蓝印花布流传至今。

整体而言，考虑到时空的延续性、地域的普遍性，以及使用的普及性，直接印花和防染印花均为中国古代主流的印花技术，也是最具代表性的研究对象，既能呈现出中国古代印花纹样的自由灵动，又能呈现出印花技术的变化多端。从中国古代印花技术的发展脉络中可以看出，印花技术与应用于其他媒介上的显花技术存在着基于技术转移的循环促进机制，尤其是对印刷工艺、金属工艺的汲取和利用，是型版显花工具和织物印金工艺出现和发展的重要契机。不同原理的印花技术和不同种类的显花工具之间也存在着一种相互交叉的渗透方式，同类型印花技术可以通过不同种类的显花工具呈现出复杂多变的织物纹样，显花工具的综合运用一定程度上拓展了同类型下的技术分支，不同类型印花技术和多种工具的杂糅，促使印花技术精益求精，开拓出更加丰富的印花织物种类。

一、直接显花的画绘、凸版印花与孔版漏印技术

直接印花是以色浆为印花媒介，结合彩绘、凸版印花和孔版漏印工艺单独或组合运用，在织物上直接印上颜料显花的传统纺织印花技术。其中，彩绘是使用画笔蘸取颜料，运用绘画手法直接在织物上表现纹样的技术手段，产生的时间最早；凸版印花则是将纹样雕刻在模版形成凸纹，再通过模版沾取颜料印在织物上，并与特殊的矿物颜料金银结合，衍生出印金工艺；孔版漏印，又被称作镂空版印花，先将模版按纹样镂空，使印花时色浆能够通过模版上的孔洞漏印在织物上，形成花纹。当彩绘与孔版漏印相结合运用时，衍生出色彩更为丰富的印花敷彩工艺。

（一）自由灵动的画绘工艺

画绘是中国古代工匠在印花技术尚未成熟的阶段所采用的，将五彩彰施于服装之上的装饰方法。画绘最早见于先秦文献《尚书·益稷》中记载的“日月星辰山龙华虫作绘。”[1]即舜帝时期专门用于呈现统治阶层祭祀礼仪性上衣纹章的丝绸彩绘。

画绘工艺可以根据其显色方式分为单彩和多彩两种，单彩流行于战国时期，通常先将绢帛染上地色，再遵循中国传统绘画的造型方式，即以线条为基础进行描绘。工匠用毛笔蘸取颜料以单一的铁线勾勒线廓，再在轮廓中平涂或渲染。如湖南长沙子弹库楚墓出土的《人物御龙帛画》[2]（图3-4-1a）和长沙陈家大山楚墓出土的《人物龙凤帛画》[3]（图3-4-1b）。这两幅帛画均为丧葬的专用物品，覆盖于棺椁之上，状如铭旌[4]，均为褐色地显黑色纹样。

多彩画绘工艺出现于西汉，绘画技法延续了战国帛画的技术传统，先以线

[1]《十三经注疏》整理委员会整理，李学勤主编《十三经注疏·尚书正义》，北京大学出版社，1999，第116页。原文最早出自〔春秋〕孔丘：《尚书·虞书·社稷》。

[2]湖南省博物馆等编著《长沙楚墓》，文物出版社，2000，第428页。

[3]孙作云：《长沙战国时代楚墓出土帛画考》，《开封师范学院学报》1960年第1期。

[4]湖南省博物馆等编著《长沙楚墓》，文物出版社，2000，第428页。

a 人物御龙帛画

b 人物龙凤帛画

图 3-4-1 采用画绘工艺的战国帛画

条勾勒出基础造型，再用颜料进行敷彩；显花工具则在战国置入式、夹纳式毛笔的基础上逐步改良为纳入式；纹样设计逐渐由简单转向复杂，纹样主题更加趋向神话和臆想中的浪漫主义题材，纹样显色由单一演变至多彩。各种天然颜料在绢帛上被运用得淋漓尽致，强化了汉代画绘织物纹样的装饰性功能。如长沙马王堆1号汉墓锦饰内棺盖板上覆盖的彩绘帛画[5]，其中勾勒线廓的黑色颜料来源于石墨、烟墨或煤黑，平涂的红、棕色的部分使用了矿物颜料朱砂和红土，白色的部分使用动物颜料蜃灰，黄色的部分使用了植物染料藤黄；由深蓝至白色的渲染，则使用蓝靛与蜃灰不断调和（图 3-4-2）。

汉代以后，提花、刺绣和其他印花技术的发展为织物显花提供了丰富的手段，这逐渐使画绘技术被边缘化。然而，画绘技术并未完全消失，而是在唐代经由丝绸之路西传，逐渐脱离了其原有的礼仪性功能，纹样设计逐渐趋向简单和实用。纹样主题由礼仪观念影响下神异与现实题材交织趋向于抽象的几何图形和日常生活中可见的植物鸟兽，简单化的纹样造型配合重复性的纹样骨式。纹样显色则更加倾向于明快的撞色或富丽的金银。如在新疆阿斯塔那墓地出土的彩绘宝相花绢中仅作为辅助装饰手段描绘于服饰边缘的二方连续纹样（图 3-4-3a）；而在天青色敷金彩轻容中，四方连续纹样仅以点组织构成，造型构图都十分简单（图 3-4-3b）。

唐代以后，画绘技术开始向北方草原传播，纹样造型逐渐线条化，纹样显色

[5] 湖南省博物馆、中国科学院考古研究所编辑《长沙马王堆一号汉墓》，文物出版社，1973，第39页。

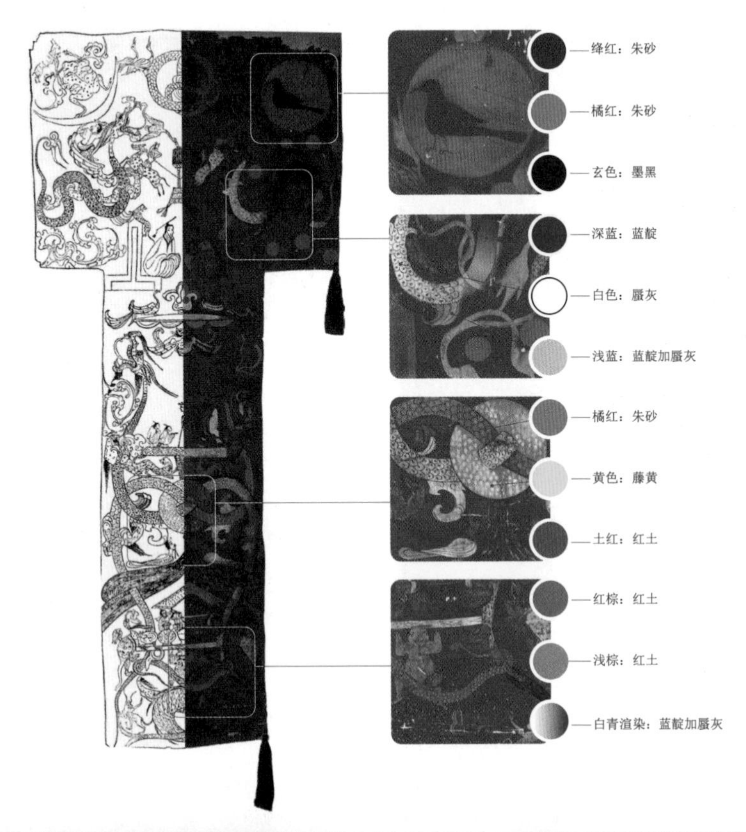

图 3-4-2 采用画绘工艺的战国帛画[6]

a 彩绘宝相花绢

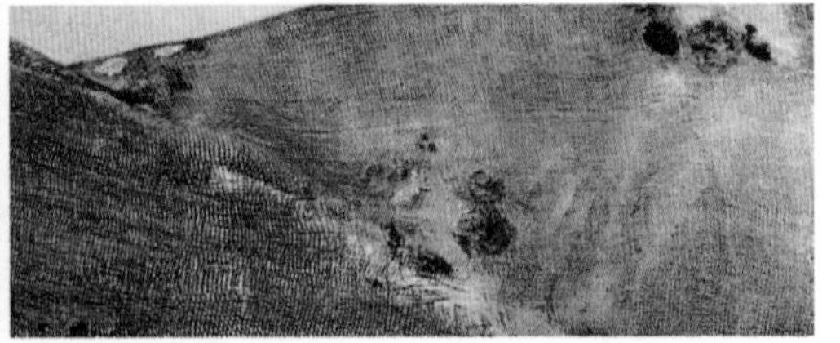

b 天青色敷金彩轻容

图 3-4-3 唐代画绘织物[7]

逐渐单一化，一方面继承了唐代图案的雍容华丽，一方面又形成了颇具游牧民族自由奔放的特色。自辽代开始，画绘织物的风格明显分为两大类：一类模仿唐代大型暗花织物纹样，多为对称和连续骨式，纹样造型以团花和团窠居多，显色以单色为主，题材多为富有吉祥寓意的纹样组合，表现形式以线描为主、平涂为辅，如内蒙古赤峰耶律羽之墓出土的紫地白描球绶带纹绫（图 3-4-4a）、中国丝绸博物馆藏泥金填彩团窠仕女纹绫（图 3-4-4b）；另一类则是模仿刺绣的自由勾勒线廓，题材与表现形式与模仿暗花织物相同，如中国丝绸博物馆藏描红云鹤纹腰带（图 3-4-4c）。

清代，随着绘画从文人画传统向世俗化递进，画绘技术达到新的高峰。这一

[6] 湖南省博物馆等编著《长沙楚墓》，文物出版社，2000，第 428 页。

[7]《中国美术全集编委会》编，黄能馥主编《中国美术全集 · 印染织绣》上，人民美术出版社，2014，第 138 页；《中国织绣服饰全集》编辑编辑委员会编，常沙娜主编，刘建平副主编《中国织绣服饰全集 1 · 织染卷》，天津人民美术出版社，2004，第 117 页。

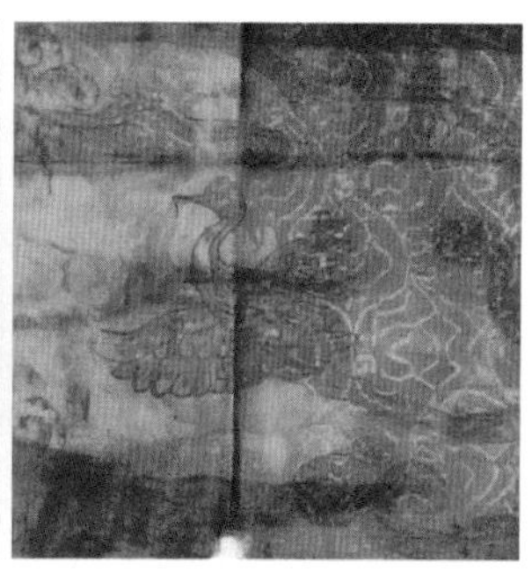

图 3-4-4 辽代画绘织物[8]

a 紫地白描球绶带纹绫　b 泥金填彩团窠仕女纹绫　c 描红云鹤纹腰带

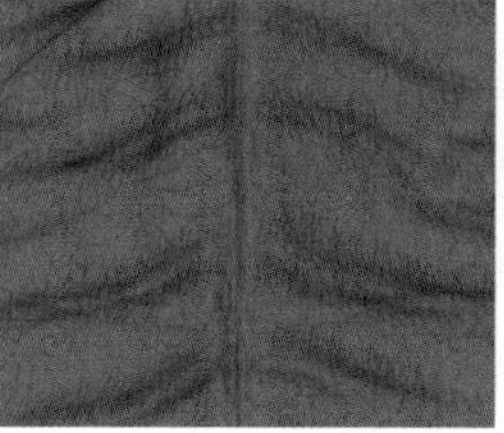

a 油布荷花手绘学童包　b 白缎手绘琴棋书画双面荷包　c 杏黄色菊蝶纹实地纱画虎皮小单袍　d 油布戏鸟童子手绘学童包　e 大红绸画花嫁衣

图 3-4-5 多元化的清代画绘织物

时期的画绘工艺明显受到了白描、平涂和分染等绘画技法的影响，纹样题材以花鸟鱼虫等传统题材为主。这种雅俗共赏的特色使得画绘技术成为中国传统绘画在织物上的延伸拓展。画绘织物整体呈现出多样化的风格，或运用写意技法先点染再勾勒，柔美灵动，如油布荷花手绘学童包（图3-4-5a）；或运用白描技法仅勾描轮廓，含蓄素雅，如白缎手绘琴棋书画双面荷包（图3-4-5b）；或运用丝毛画法模仿动物皮毛肌理，生动有趣，如杏黄色菊蝶纹实地纱画虎皮小单袍（图3-4-5c）；或模仿刺绣风格分层罩色，活泼传神，如油布戏鸟童子手绘学童包（图3-4-5d）；或模仿凸纹版套色印花效果的彩绘工艺，鲜艳粗犷，如大红绸画花嫁衣（图3-4-5e）。

画绘工艺的诞生，最初服务于祭祀礼仪场合下统治阶层服饰纹章，以及丧葬礼仪场合下为覆盖棺椁专门制造的帛画，体现了在儒家思想“器以藏礼”基础上发展而来的特殊礼仪考量。随着秦汉礼制实用性色彩的逐渐增强，传统绘画技法逐渐转向世俗化，画绘织物礼仪性功能减弱，逐渐趋向日常实用性服饰和家纺面料。随着各种型版、防染和助染剂印花工艺的发展，画绘工艺逐渐由单一的手绘技法变为与印花工具相结合的复合技法，如与孔版结合，先印花再描绘，或在凸纹版彩印之后蘸取金银颜料描绘轮廓。

[8] 徐铮、蔡欣编著《中国古代丝绸设计素材系 · 辽宋卷》，浙江大学出版社，2018，第89、118、120页。

（二）连续骨式的凸版印花

凸版印花技术是直接印花工艺中的重要手段。印花时，需要先将版面的凸起部位涂刷色浆，然后在平摊的织物上对正花位，通过对型版施加压力使色浆转移到织物上，形成清晰的纹样。纹样构图通常呈现为二方连续或四方连续骨式，体现出可批量化织造纹样的规律性与重复性。凸纹版是该印花技术的型版工具，它的历史可以追溯到新石器时代印纹陶的陶印模拍印[9]，并逐渐发展成先秦时期盛行的金石雕刻。

雕刻模版的具备和图文转印技术的发明，为“印”应用于纺织品上开拓了发展的空间。先秦时期的转印工艺主要是在青铜和石材上雕刻阴阳文字或纹饰，使用时直接盖印在封泥上。而用于织物上的转印工艺被称为印泥戳记（图 3-4-6a），是压印技术从“印信”功能过渡到“印花”功能之间的重要桥梁，最早见于湖北江陵马山 1 号楚墓出土的衣物边幅处的朱红色印文。[10]

最迟至西汉时期，印泥戳记已经完全过渡成了凸版印花，早期的型版主要采用青铜材质制成，版体相对扁平，背部有穿孔纽，以方便操作者握持并蘸取色浆进行戳印。如广州南越王墓出土的两块青铜印花凸版（图 3-4-6b）[11]，较大的一件似树形，是由卷曲的火焰纹组成均衡图案，是主体纹版；较小的一件似“人”字形，是由云气纹组成的均衡图案，是定位纹版。两块印花凸版的纹样出现在南越王墓和湖南长沙马王堆 1 号墓出土的印花织物中（图 3-4-6c），[12]采用套印工艺制成（图 3-4-7）。首先用定位纹版蘸取浆料在地纱上以先横后竖的次序印出四方连续骨式，再戳印主体纹版，最后绘山形圆点。使用的颜料均为矿物颜料，根据同批次出土的印花敷彩纱的检验结果来看，白色应是绢云母

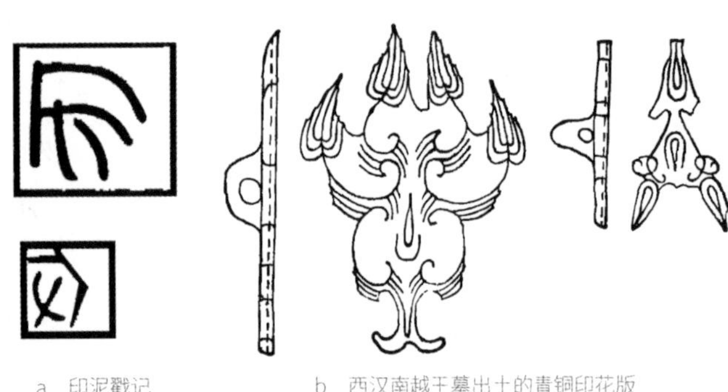

a　印泥戳记　　b　西汉南越王墓出土的青铜印花版　　c　马王堆 1 号墓的印花织物

图 3-4-6　战国至汉代的印花工具及印花织物[13]

[9] 彭适凡：《中国南方古代印纹陶》，文物出版社，1987，第 51 页。

[10] 湖北省荆州地区博物馆：《江陵马山一号楚墓》，文物出版社，1985，第 71 页。

[11] 吕烈丹：《南越王墓出土的青铜印花凸版》，《考古》1989 年第 2 期。

[12] 湖南省博物馆、中国科学院考古研究所编辑《长沙马王堆一号汉墓》，文物出版社，1973，第 57 页。

[13] 吕烈丹：《南越王墓出土的青铜印花凸版》，《考古》1989 年第 2 期；图片采选自湖北省荆州地区博物馆：《江陵马山一号楚墓》，文物出版社，1985，第 71 页。

西汉南越王墓出土印花纱纹样复原

西汉马王堆1号墓出土印花纱纹样复原

图3-4-7　两件西汉印花纱的印花工艺分析

制成[14]，红色应为朱砂颜料，金、银色或是一种金银化学颜料——烧蛭石[15]或是金银色云母粉[16]。

东汉时期，随着金箔锤揲技术和黏合胶发明，在凸版印花的基础上衍生了以金箔作为显花材料的贴金工艺。金箔锤揲是指将金块先捶打成叶，再包入隔垫纸锤揲成薄如蝉翼的片状，裁成方形。黏合胶在历史记载中则有大漆、楮树浆、桃胶、鱼胶等多种。贴金织物的纹样主要由简单几何形组成，形成连续的重复纹样，纹样之间间距较大，如新疆尉犁营盘墓地出土的贴金衣褶（图3-4-8a）。除此之外，最迟于东汉还出现了青铜印花滚筒，印版滚筒安装于上下通透的长方形腔体的中轴上，采用简单、圆压平式机械印刷[17]，纹样呈二方连续条状展开。

东汉以后，凸纹版材质由青铜改良为木质。唐代在延续汉代的基础上还将碑拓工艺昙花一现地运用在织物印花中，如敦煌莫高窟发现的拓印绢幡（图3-4-8b）。到了宋元时期，金箔锤揲技术日趋成熟，结合北方游牧民族对金的嗜好，印金工艺逐渐发展起来。这一时期的技术中心由北方向中原转移，并发展出两种印金方式：一种为泥金印花，即先在凸纹版上描金泥，再印于织物表面，如印金敷彩菊花纹花边（图3-4-8c）；另一种基于黏合剂印金技术，采用光滑木滚砑压贴金。这种方法产生的贴金纹样较多为大面积小单元的连续纹样，因此通常排版较为紧密。单元纹样多为规则的花卉图案，如印金半臂和小花纹印花绢

[14] 王守道：《马王堆一号汉墓印花敷彩纱（N-5）颜料的X射线物相分析》，《化学通报》1975年第4期。
[15] 徐位业、周国信、李云鹤：《莫高窟壁画、彩塑无机颜料的X射线剖析报告》，《敦煌研究》1983年第00期。
[16] 王㐨：《马王堆汉墓的丝织物印花》，《考古》1979年第5期。
[17] 邱林华、张树栋、施继龙、方晓阳：《战汉“印染工具”模拟实验研究》，《北京印刷学院学报》2011年第6期。

（图3-4-8d、图3-4-8e）。印花时，先将凸纹版的花纹部分沾取黏合胶印在坯布上，再将金箔贴在底布有胶的位置。金箔表面覆盖一层隔垫纸，用木滚隔纸来回碾研产生研光效果，揭开隔垫纸后抖落金箔碎屑，显出贴金纹样（图3-4-9）。

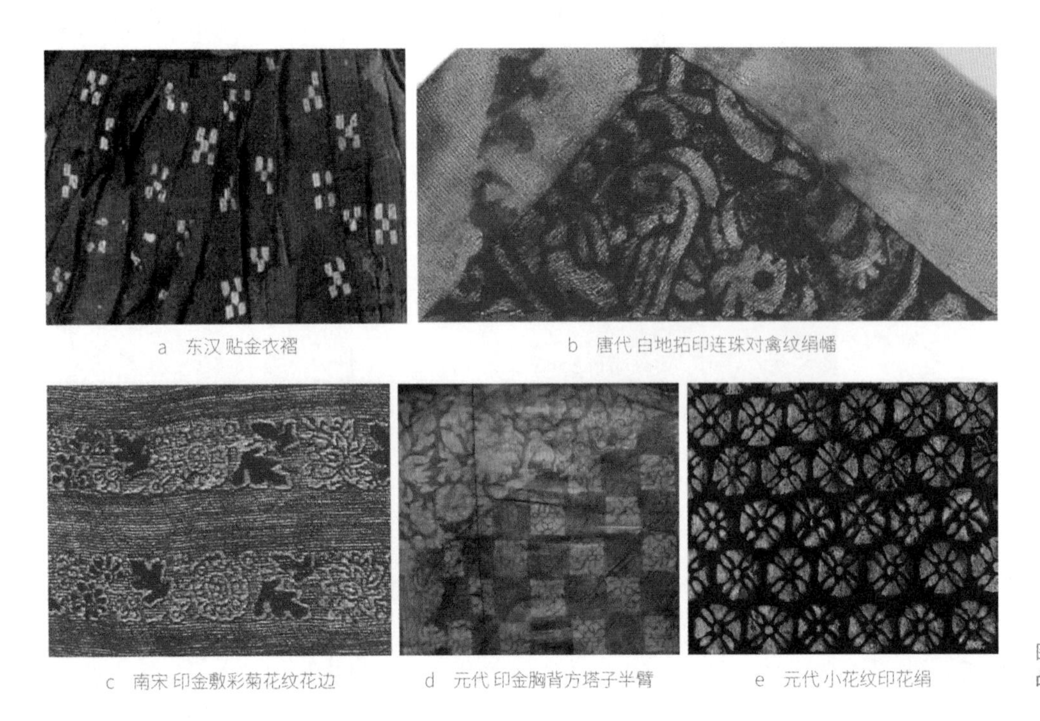
a 东汉 贴金衣褶
b 唐代 白地拓印连珠对禽纹绢幡
c 南宋 印金敷彩菊花纹花边
d 元代 印金胸背方搭子半臂
e 元代 小花纹印花绢

图3-4-8 东汉至宋元时期凸版印花织物举要[18]

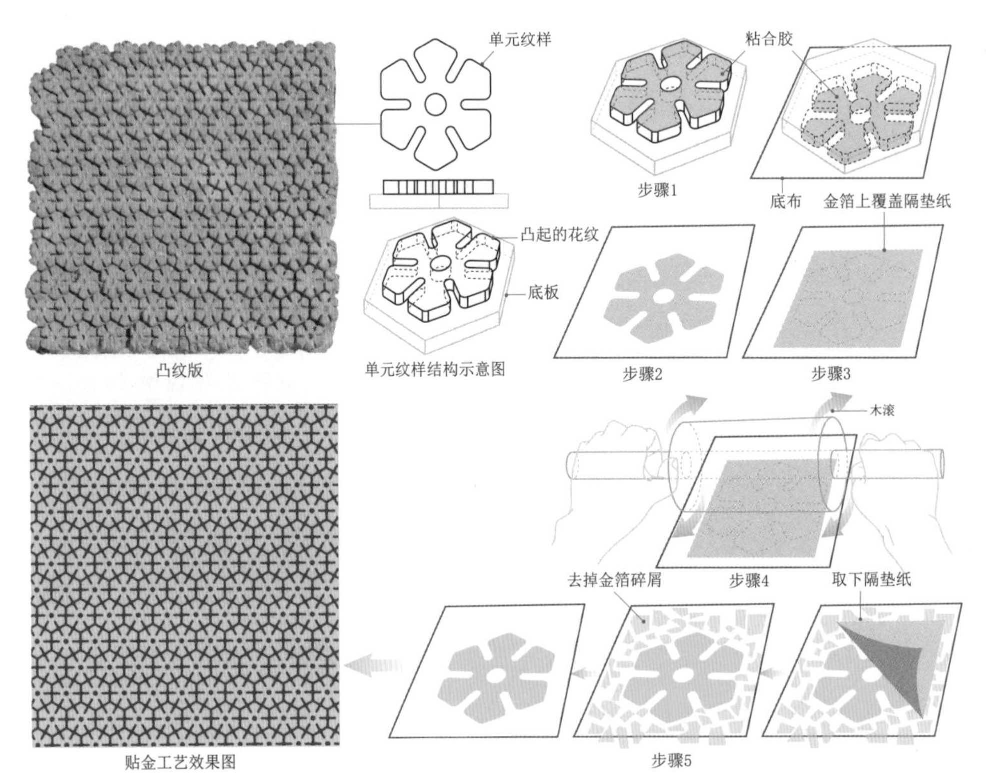

图3-4-9 贴金工艺示意图

[18] 周金玲、李文瑛：《新疆尉犁县营盘墓地1995年发掘简报》，《文物》2002年第6期；《中国织绣服饰全集》编辑编辑委员会编，常沙娜主编，刘建平副主编《中国织绣服饰全集1 · 织染卷》，天津人民美术出版社，2004，第180、263页。

明清时期，随着印花织物不断趋向商品化，凸版印花工艺也逐渐向世俗化发展。在此基础上出现了功效性更强的刷印花和木滚印花。刷印花是拓印和研布工艺的结合，先将坯布敷于凸纹版，再用元宝石来回碾研，研光处紧贴凸纹，最后在研光处用笔刷涂色显花。与普通凸版印花工艺相比，这种工艺可以产生更加清晰的花纹轮廓和更加鲜明的花纹色彩。木滚印花技术是对汉代滚筒印花工艺的延续和改良，主要流行于新疆维吾尔族聚居地，能够在印制长幅织物时循环显花。与传统的印花技术相比，木滚印花的优势在于其可以连续、快速地印制织物，无须每次都重复定位型版，提高了生产效率。

（三）色型皆备的孔版漏印

孔版漏印最早发现于西汉，属于直接印花工艺中的彩印，使用的工具为透雕出纹样的型版。印花时需将型版固定在预处理过的织物上，确保花纹位置的准确性。印刷时，在镂空处用笔刷涂抹染料，即能印得纹样。西汉时期的型版为薄木板，于隋唐时期改良成轻便且便于制作的纸板。对于大型纹样，工匠们还会使用接版工艺进行拼接，以达到完整的效果。孔版与凸纹版产生的印花图案略有区别，以圆环和实心圆为例，孔版为薄版，花纹镂空，受镂雕技法的限制，不能呈现出完整的圆环形状，只能呈现出实心圆的效果；而凸纹版为厚版，花纹凸起，不受雕刻技法的限制，可以清晰呈现两种形状。

西汉时期，孔版漏印通常与敷彩工艺结合使用，印花时首先用孔版漏印定位主体纹样，再使用颜料敷绘辅助纹样。敷彩产生的纹样具有随意性较强的手绘笔触特征，且每一处单元纹样都不相同，如长沙马王堆1号汉墓出土的N-5号印花敷彩纱[19]，单元纹样为花卉的抽象变形纹样（图3-4-10），由叶、花穗、花苞、藤蔓和圆点组成，以叶的面积最大，藤蔓则是串联各个元素的主线（图3-4-11）。

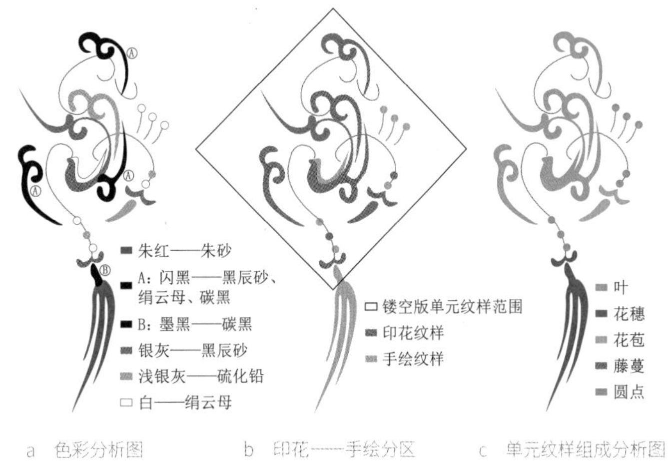

图3-4-10　西汉印花敷彩纱单元纹样分析图

[19] 湖南省博物馆、中国科学院考古研究所编辑《长沙马王堆一号汉墓》，文物出版社，1973，第57页。

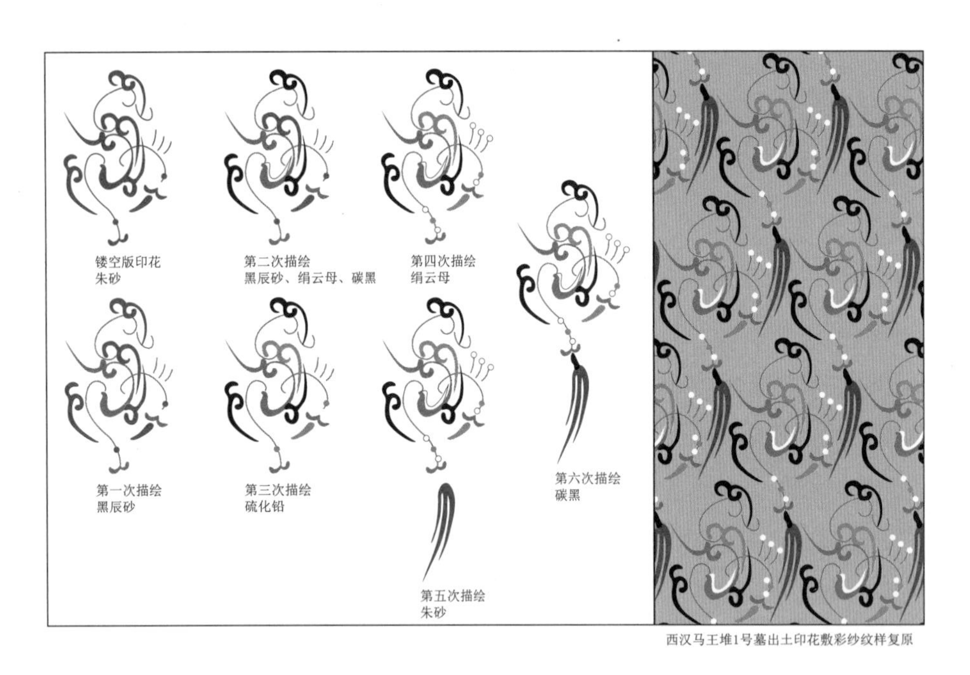

图 3-4-11　西汉印花敷彩纱工艺分析

宋辽时期，在孔版漏印的基础上，结合刮胶工艺衍生出孔版印金工艺。印花时，首先将镂空的型版在织物上定位，然后将胶从漏孔处刮至织物上，取下型版后贴上金箔。到了清代，在孔版漏印基础上，苏州工匠又衍生出弹墨工艺。这种工艺通过型版在坯布上定位花纹，再用竹刀轻刮色版或吹管将色浆喷弹于漏孔处，从而在织物上显出纹样。

彩绘、凸纹版印花和孔版漏印是普及性较广、时空延续性较强的直接印花技术，但彩绘与其余两者在表现方式上有明显的区别。彩绘更接近于绘画艺术，可以不受纹案骨式的限制，具有一定的灵活性和自由度；而凸纹版印花和孔版漏印则需要预先设计意匠图，再依据图式制版，印花时需要根据纹案骨式来定位花版，具有一定的规律性和模式化。汉代是直接印花技术发展的第一个高峰期，由早期单一的画绘和戳印，发展出孔版、凸版、贴金等直接印花技术。尽管在宋元时期，政府禁令抑制了印花技术的发展，但金银材料的印花应用上却取得了重要的突破。随着明清时期印花技术向民间普及，直接印花技术开始呈现出地域性和民族性特征，尽管只是局部地域性的发展，但这些技术对于提升印花功效是重要的突破。

二、退防显花的缬染工艺

蜡缬、绞缬、夹缬和灰缬是中国古代著名的四种防染工艺，分别使用夹板、线绞、蜡液和灰药在入染时进行防染从而显花。既能够独立加工，又能够与凹凸纹版和漏孔技术结合使用，体现出变化多端的工艺特征。

（一）蜡缬：蜡施于布，花纹如绘

蜡缬通常被称为“蜡染”，属于物理防染。由于融化的蜡具有防水特性，在染色前将蜡液附着在底布上定位花纹，渗透底布后能阻隔渗透处局部与染液隔离。施蜡之后，使用浸染的方式将底布染蓝，再使用蒸煮法去蜡而花现[20]。

蜡缬工艺因图案表现手法的不同，分为绘蜡、点蜡、戳印和孔版灌蜡。绘蜡技术最早在东汉时期由中亚传入，早期工具为毛笔，随后，工具逐渐演变，增加了竹签、铜蜡刀和铜蜡壶。毛笔和蜡壶绘制的纹样多为自由纹样，竹签绘制点和短线条，蜡刀则多用于绘制平直的线条或有规律的弧线，如新疆民丰尼雅1号墓出土的蜡染棉布（图3-4-12a）[21]。自魏晋开始，蜡染工艺得到进一步发展，出现了点蜡和印蜡技术。点蜡使用平头竹签或蜡刀蘸蜡液点在布上防染出纹样，用于印制规则的点或直线条，如蓝色蜡缬毛织品（图3-4-12b）；印蜡使用凸纹木戳蘸蜡戳印，凸纹版刷蜡后盖印，用于印大面积重复的小形花纹，如黄地象树蜡染屏风（图3-4-12c）。宋代以后，蜡染开始融合孔版漏印技术，衍生出类似夹缬工艺的孔版灌蜡法，施蜡时用两块版将布夹于其中，两面透孔都需注入蜡液，蜡液浸入底布后起到防染作用，如《岭外代答・猺斑布》中记载：“其法以木板两片镂成细花，用以夹布，而融蜡灌于镂中，而后释板取布投诸蓝中。”[22]用于印制重复、复杂的非闭环纹样，如鹭鸟纹彩色蜡染褶裙（图3-4-12d）。

蜡染工艺涉及两大类工具，一类是通用的印花工具，如毛笔、凸纹版和木戳印，另一种为专业的蜡绘工具，有单独的空腔用于容纳蜡液，如细竹条、蜡刀和

图3-4-12 四种蜡缬表现手法[23]

a 蜡染棉布 毛笔单彩浸染

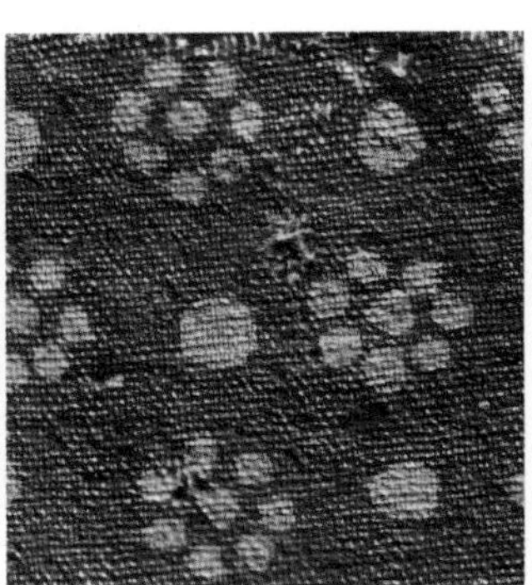

b 蓝色蜡缬毛织品 点蜡竹签 凸纹版单彩浸染

c 黄地象树蜡染屏风绘蜡、点蜡、彩绘 蜡壶 木戳印多彩浸染、彩绘

d 鹭鸟纹彩色蜡染褶裙 蜡刀、蜡壶、透孔版多彩浸染、彩绘

[20] 徐珂编撰《清稗类钞・第一三册》，中华书局，2010，第6164页。

[21]《中国织绣服饰全集》编辑编辑委员会编，常沙娜主编，刘建平副主编《中国织绣服饰全集1・织染卷》，天津人民美术出版社，2004，第83—84页。

[22]〔宋〕周去非著，杨武泉校注《岭外代答校注》，中华书局，1999，第224页。

[23] 新疆维吾尔自治区博物馆编《新疆出土文物》，文物出版社，1975，第21页；新疆维吾尔自治区博物馆、出土文物展览工作组编辑《丝绸之路・汉唐织物》，文物出版社，1973，图版18；《中国织绣服饰全集》编辑编辑委员会编，常沙娜主编，刘建平副主编《中国织绣服饰全集1・织染卷》，天津人民美术出版社，2004，第203页。

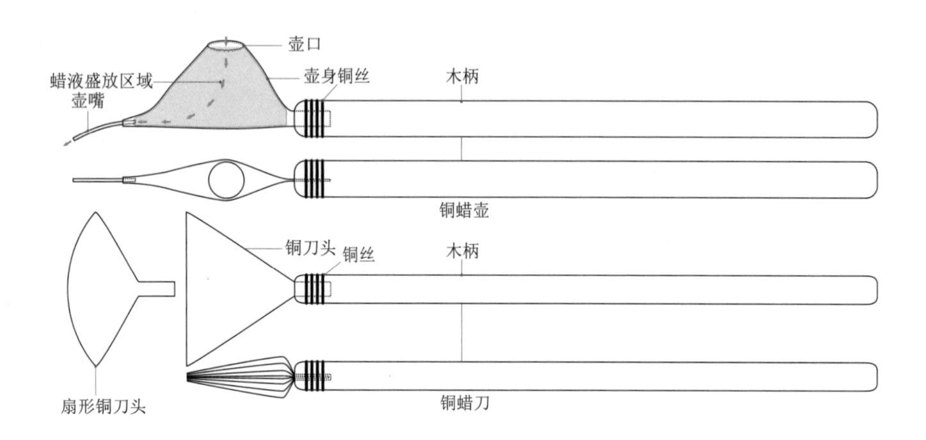

图 3-4-13 蜡壶与蜡刀

铜蜡壶（图3-4-13）。使用细竹条时，通常先将一端蘸蜡，再在布上或点或画制作出纹样。蜡壶的结构由三部分组成，分别是黄铜薄片加工成的细管壶嘴、鼓腹壶身和木或竹制手柄，手柄前段挖槽，卡入壶尾并用铜丝捆紧固定，蜡液从壶口灌入壶身，并通过壶嘴流出，不同尺寸的壶嘴用来绘制不同粗细的线条。蜡刀主要分为两部分，前端为多个黄铜片剪裁成扇形，一同夹入木柄，刀尖一段压扁，用于蘸取蜡液，蜡液顺着刀尖的缝隙缓慢流淌，刀头可以根据刀片的形状和刀片的数量来控制线条的粗细。直至当代，蜡刀和铜蜡壶仍是常见的传统蜡缬工具，贵州丹寨地区的少数民族还使用扇形的刀头，令绘制弧线时下笔更为顺畅。

用于防染的蜡液通常为蜂蜡，在当代，贵州麻江地区的畲族人还在使用枫树分泌的枫脂[24]。固体蜡块通常放在瓷碗或金属碗里，用木炭或糠壳点燃的盆火融蜡[25]，然后才能使用工具蘸取蜡液。在融蜡的过程中，不能持续加温，否则蜡液温度过高容易冒出大量黑烟，并且还需要注意避免蜡液因长时间失温而凝固。

蜡缬织物的纹样风格与明清时期广泛流行的灰缬工艺十分相似，并且蜡的产量也不能满足蜡缬织物日趋商品化趋势下的市场需求。因此蜡缬织物的生产重心逐渐迁移至更偏向自产自用的西南少数民族聚居地，并形成各自不同的民族特色。

（二）绞缬：以线绞布，虚实相衬

绞缬，通常被称为扎染，由于染色后的织物会形成撮晕般的花纹，因此也被称为“撮缬”或“撮晕缬”[26]。绞缬的历史可追溯到东汉时期[27]，盛行于魏晋南北朝，并于唐代发展至顶峰。现存的考古文物大多发现于新疆阿斯塔那古墓群和敦煌莫高窟，几乎都是单色地显白花，加工技术有三种，分别为缝绞法、夹板法和

[24]《中国织绣服饰全集》编辑编辑委员会编，常沙娜主编，刘建平副主编《中国织绣服饰全集1·织染卷》，天津人民美术出版社，2004，第495页。

[25]郑巨欣：《中国传统纺织印花研究》，博士学位论文，东华大学，2005，第88页。

[26]金少萍、王璐：《中国古代的绞缬及其文化内涵》，《烟台大学学报（哲学社会科学版）》2014年第3期。

[27]赵丰：《中国丝绸艺术史》，文物出版社，2005，第84页。

绑扎法。王抒先生曾结合古代绞缬实物和文献资料对这三种加工技术进行复原。

第一种是最为基础的缝绞法，通过抽紧缝线令布面产生褶皱，并通过浸水膨胀坯布针孔，阻碍染液扩散，起到防染作用，主要使用到平缝和折叠缝工艺。平缝是基础针法，需根据意匠图来确定针眼直接的距离，直针穿缝后均匀抽紧缝线，便可完成防染步骤，可用于绞缬不对称的纹样；折叠缝则是预先将织物面料进行折叠，再平缝抽线，可用于绞缬重复纹样，如新疆吐鲁番阿斯塔那北区304号墓出土的唐代染花绢（图3-4-14）[28]。

第二种是夹板绞缬法，利用夹板凸出的部分从两面夹紧织物起到防染的作用，需预先根据意匠图制作夹板，然后将其定位在坯布上并进行绑扎。这种方法常用于绞缬简单的重复的几何纹样，尤其适合条带状织物的退晕加工，如唐代湖蓝色地扎染白色菱形纹样的夹缬绢（图3-4-15）。

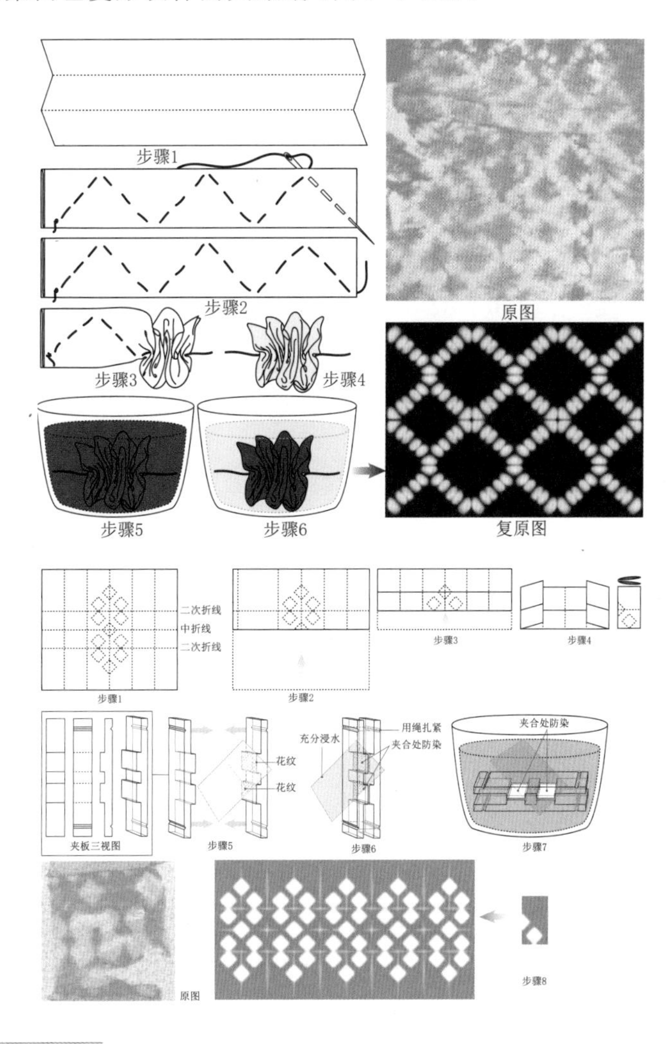

图3-4-14　新疆吐鲁番阿斯塔那304号墓出土染花绢绞染工艺示意图[29]

图3-4-15　莫高窟130窟出土湖蓝色夹缬绢绞染工艺示意图[30]

[28] 新疆维吾尔自治区博物馆：《新疆吐鲁番阿斯塔那北区墓葬发掘简报》，《文物》1960年第6期。

[29] 原图采选自《新疆吐鲁番阿斯塔那北区墓葬发掘简报》，《文物》1960年第6期；复原图中使用茄皮紫，出自王抒：《染缬集》，王丹整理，北京燕山出版社，2014，第66页。

[30] 原图采选自樊锦诗、马世长：《莫高窟发现的唐代丝织物及其它》，《文物》1972年第12期。

第三种是绑扎法，通过将布帛的局部用线圈扎紧来起到防染作用，主要用到绑扎工艺来形成纹样。在此过程中，折叠仅用于纹样的定位，多用于绞缬规律排列的圆形、菱形等简单几何形图案，在唐宋时期被称为“鹿子”“鹿胎”“醉眼”“鱼子”[31]。如新疆阿斯塔那北区85号墓出土的绛地方纹绞缬（图3-4-16）。

在绞缬工艺中，线是最重要的防染工具。抽、绞线的力度和线的粗细是影响印花效果最大的变量。抽绳和捆扎的力度会影响线材对底布的防染性，力度大能够让纹样边缘轮廓清晰，力度小则会出现轮廓晕染的现象，力度不均匀会造成纹样深浅不一；线材的粗细会影响单元的大小和精细程度，粗线制作的纹样更大或更粗犷，但密闭性差，容易在纹样中露出缝隙，细线则可以制作更加细小的图案，如唐代的醉眼缬，就需要使用极细的丝线捆扎。

由于绞缬工艺的加工方式复杂，耗时久，随着唐代以后的世俗化和商品化趋势，这项工艺受到冲击，逐渐衰落。到了明清时期，少数民族聚居地区开始在绞缬工艺的基础上发展出扎经工艺，先用经架牵好经线，再根据意匠图用线扎紧经线起到防染作用，浸染后拆除扎线显花，如西藏地区毛织扎染的藏族氆氇和海南地区棉织扎染的黎族织锦。

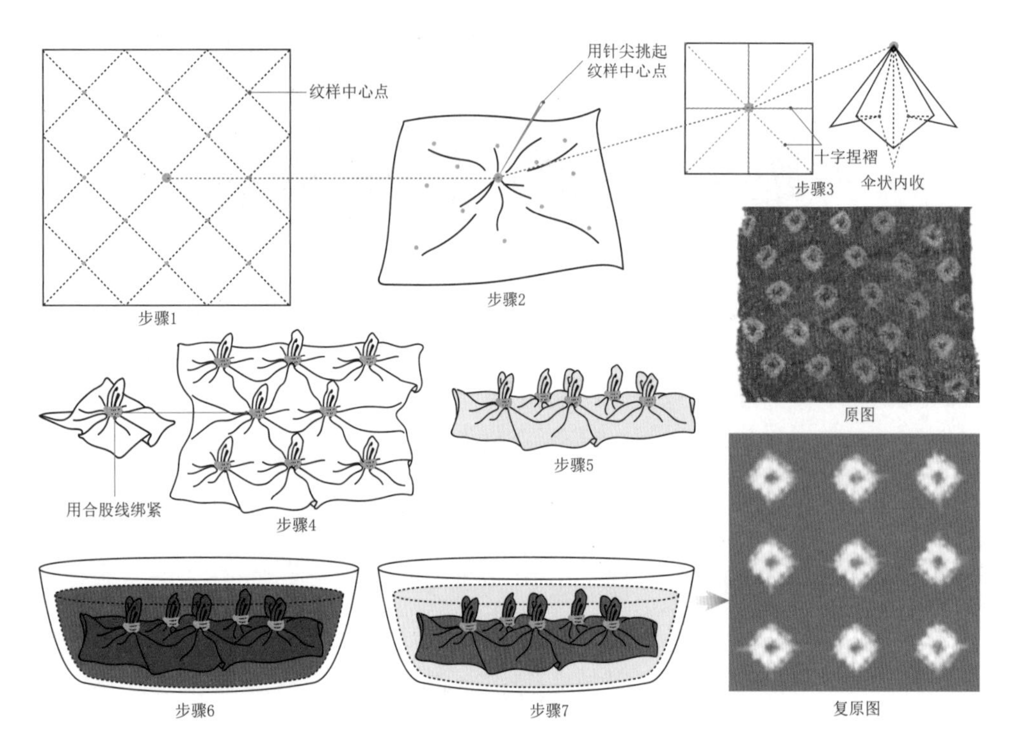

图3-4-16　西凉绛地方纹绞缬绞染工艺示意图[32]

[31] 王孖：《染缬集》，王丹整理，北京燕山出版社，2014，第82—83页。
[32]《中国美术全集编委会》编，黄能馥主编《中国美术全集 · 印染织绣》上，人民美术出版社，2014，第115页。

（三）夹缬：花版雕镂，均衡韵律

夹缬被视为中国古代缬染技术中的一项核心技艺，通过夹板夹紧织物起到防染的作用。该技术最早可以追溯到隋代，并在唐宋时期广泛流行。印花时需要先将意匠纹样雕刻于夹板，再将织物对折后，夹入两幅相同图案的夹板，以定位花纹，最后在显花的部分注入各色染料渗入织物，所显出的纹样以其对称性和丰富的色彩为显著特征。该技术可以分为四种主要的工艺（图3-4-17）：第一种是多彩透孔版夹缬法，可以一次印染多种色彩；第二种是多彩套色夹缬法，可以用多套透孔版进行多色套染；第三种为单色透孔版夹缬法，通常只印一种色彩；第四种为单色凸纹版夹缬法，同样只印一种色彩。前两种方法主要流行于唐代，后两种方法主要流行于宋代以后。

唐代的多彩夹缬是其中集大成者，工艺复杂、色彩丰富且灵活多变，夹板在这一技术中起到了关键的作用。据日本正仓院记载，夹板上的纹样采用阴刻方式雕成[33]，也就是采用凹纹雕刻方法，在木板的一面雕刻纹样，并在每一块纹样处钻一个细孔穿透至背面，透过这些孔，可以注入染料，如甘肃敦煌出土的连叶花朵夹缬绢（图3-4-18）。该织物图案由4种色彩组成，分为赤黄、蓝色、绿色和紫褐。其中赤黄色据《多能鄙事》中的记载为先注入黄色染液，再注入红色染液[34]；绿色部分深浅不均，推测为黄、蓝混合后注染，或依次注染；紫褐色部分时有泛蓝或泛红，推测为红、蓝色混合后注染，或依次注染得到的。

随着唐代以后提花工艺的日趋成熟，纹样更为精细和清晰的提花织物逐渐取代了工艺复杂的多彩夹缬。宋代以后更为简单的一次性注浆单彩夹缬工艺开始流行起来，并于明清时期发展成蓝白夹缬。由于此类夹缬对象主要用于制作被面，因此坯布为长条形的白色棉布，需要使用多块夹板进行夹折印染，如浙江

图3-4-17　四种夹缬工艺

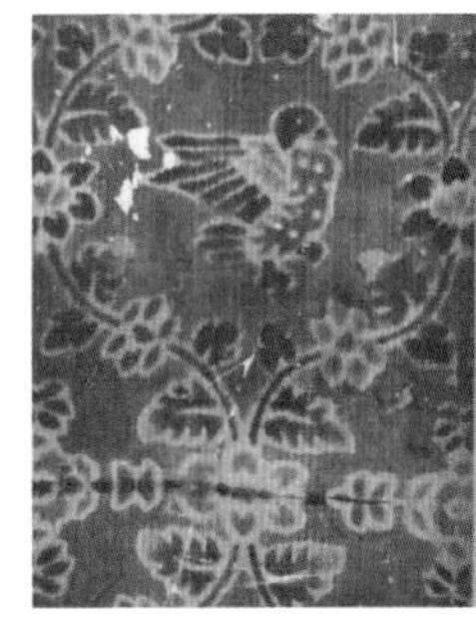

唐代 蓝地唐草花鸟纹夹缬
透孔版注浆 多彩

唐代 白地花鸟纹夹缬
透孔版注浆 多彩

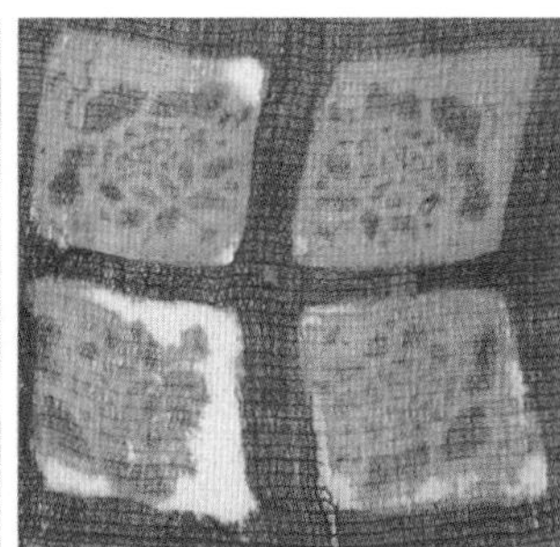

辽代 白地莲花夹缬
透孔版注浆 多彩

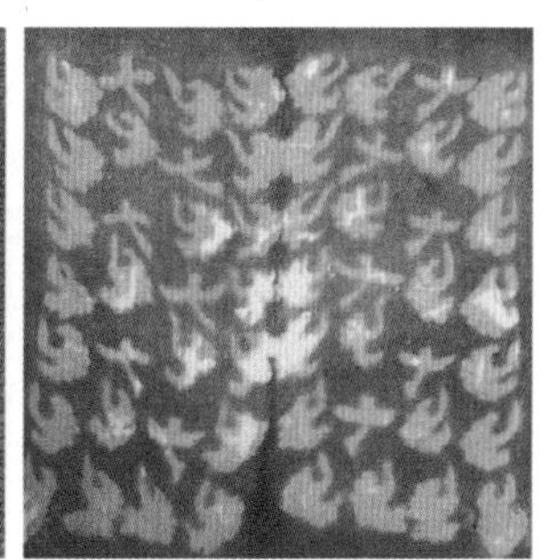

辽代 棕地云雁绢
凸纹版浸染 单彩

[33] 宫内厅正仓院事务所编《正仓院》，1993，第22页。

[34]]《续修四库全书》编纂委员会编《续修四库全书 · 多能鄙事》，上海古籍出版社，2002，第49页。

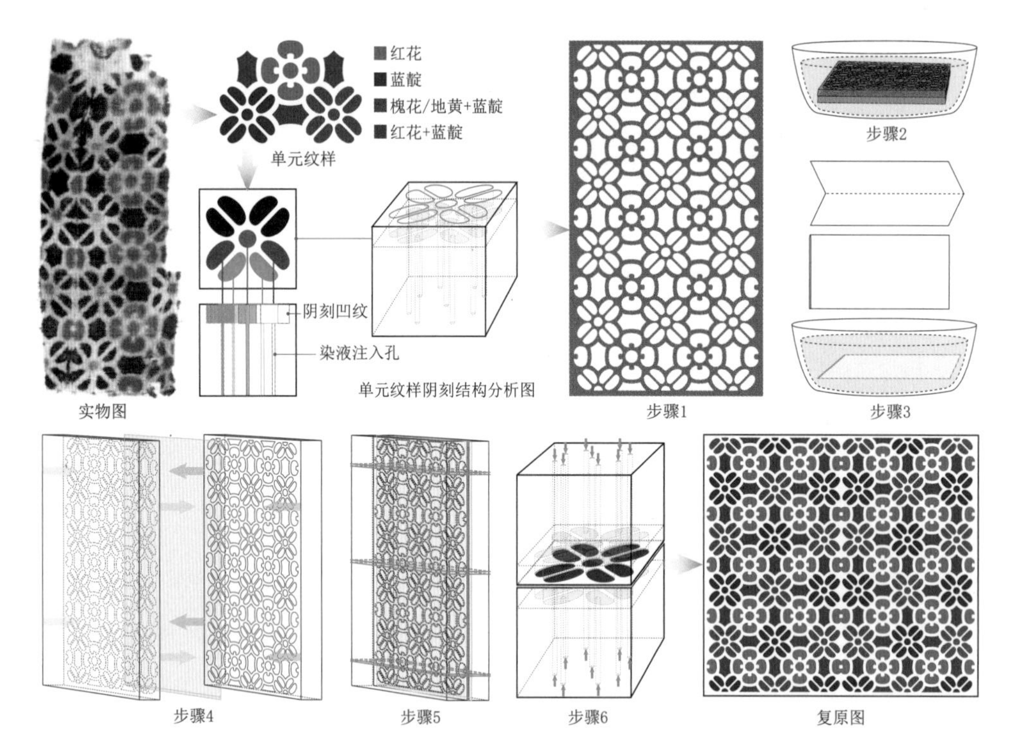

图 3-4-18 唐代多彩夹缬工艺分析图 [35]

温州宜山镇一带的蓝白夹花被工艺[36]。蓝白夹缬的夹板分为两种：一种为单面板，仅有一面阴刻纹样；一种为双面板，两面都阴刻纹样，但不刻穿。印染一条坯布通常需要2块单面凹纹板与15块双面凹纹板组合成一套，装夹时需将坯布采用经折的方式，经过16次折叠，除顶层和底层之外，其余折叠处均需夹入双面板定位纹样，最后将单面板夹住坯布的顶层和底层。

多彩夹缬与蓝白夹缬夹板制作、染色和装夹的方式上均有显著的差异。多彩夹缬需要按每一块纹样区域钻穿透夹板背部的细孔，采用注染法从孔中注入染料，可以分批注入不同的颜色产生间色，坯布根据图案要求选择是否对折，仅需装夹一次；蓝白夹缬需在凹纹的槽壁凿孔，相互钻孔连通并穿透夹板侧壁，采用浸染法将整组夹板浸入染缸中染色，令染液从侧壁的单孔中流入，只能染单色，坯布需对折多次，且需要根据不同的折叠面装夹不同的夹板，夹板相对的两个面花纹必须重合。由此可见，在夹板的制作和染色上，多彩夹缬更为复杂，但在装夹的工艺上，当代蓝白夹缬对坯布纹样的定位要求更为严格。

（四）灰缬：以灰印布，清白成文

灰缬也被称为“药斑布”“浇花布”，是蓝印花布的主流加工技艺，最晚于唐代开始流行，主要使用的工具是与孔版漏印工艺相同的纸质型版。[37] 灰缬的加

[35] 赵丰主编《敦煌丝绸艺术全集 · 英藏卷》，东华大学出版社，2007，第199页。
[36] 郑巨欣：《中国传统纺织印花研究》，博士学位论文，东华大学，2005，第52页。
[37] 武敏：《吐鲁番出土丝织物中的唐代印染》，《文物》1973年第10期。

工方法主要采用刮浆工艺，将镂刻在型版上的纹样用防染浆复制在底布上，防染浆黏着在底布上定位纹样并起到防染作用。在入蓝靛染缸浸染后，需要刮去灰浆，显出蓝白相间的花纹。唐代灰浆是在石灰粉浆中加入还原剂锌粉混合成强碱性防染浆，新疆吐鲁番阿斯塔纳北区29号、105号、191号等墓葬都出土过灰缬印花织物。[38]

到了明清时期，灰缬织物被称为蓝印花布，在唐代的基础上有不小的工艺改良。首先是制版工艺，桐油纸伞纸面刷透熟桐油的工艺延伸至孔版制作工艺中，将普通纸版改良成多层桐油纸版，增加了型版的耐水性和耐刮性；其次，灰浆的制作也发生了改良，在唐代灰浆的基础上加入具有黏着性的黄豆粉或糯米粉加石灰粉的混合灰浆[39]。此外，从单色印花演变为蓝白地花并用的两版套印工艺，即主体部分白地蓝花，周边蓝地白花，需要使用“头版”和“盖版”组合印花，充分体现出技术与艺术的交融。

在蓝印花布的纹样中，花和地的显色设计有两种主要的风格，分别是蓝地白花和白地蓝花，这也是影响工艺实施难度的因素。蓝地白花只需使用一套花版进行一次连续刮浆之后就可入染，工艺较为简单。花版设计根据纹样的规律性，镂刻1/2或1/4版，其余部分将花版上下、左右翻转刮浆，一块花版可以重复刮浆上百次，而且不同的花版之间还可以自由组合，如清代常见的南通蓝印花包袱布中心图案“凤穿牡丹”（图3-4-19）。

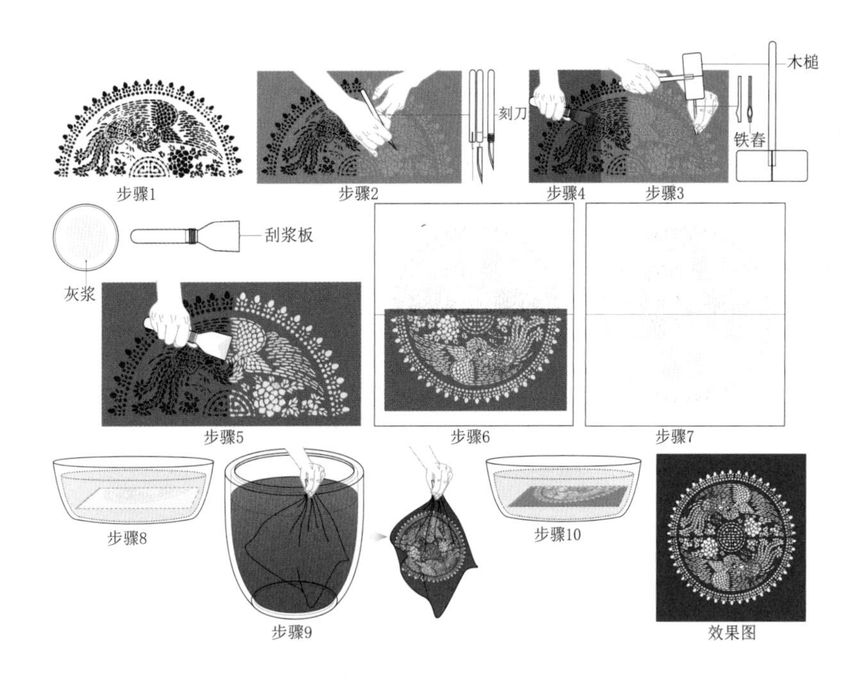

图3-4-19　蓝地白花工艺分析图

[38]《中国织绣服饰全集》编辑编辑委员会编，常沙娜主编，刘建平副主编《中国织绣服饰全集1·织染卷》，天津人民美术出版社，2004，第181—187页。
[39]吴元新编著《中国蓝印花布纹样大全·纹样卷》，上海人民出版社，2005，第8页。

白地蓝花的工艺较蓝地白花更为复杂，需使用两套花版进行两次刮浆（图3-4-20）。在花版设计方面，首先需要设计“头版”，雕刻出基本花型，由于刻版的技术与剪纸有相似之处，镂刻的过程中花纹之间必须有“线”相连，不能直接镂刻出一个“闭环”，因此需要额外设计一个“盖版”来镂空那些需要形成“闭环”的部位的 “线”。这样，在二次刮浆时，就完整地呈现原先断掉的花纹。白地蓝花工艺的兴起使得蓝印花布市场进一步分化，出现了较蓝地白花更为高端的精细手工艺市场，也促使灰缬工艺向多元化的方向发展。

灰缬工艺的核心在于纹样的呈现，花版的设计镂刻和显花的纸版刮浆防染均受到工匠主观能动性的影响。花版设计出于工匠对于纹样的点、线、面连贯布置的巧思，尤其是形成线和面的“断刀”技法，既是决定了纹样花型的重要因素，也是灰缬工艺的主要限制，排列过疏会影响纹样整体连贯性，排列过密则会影响花版的牢固性，如 “凤穿牡丹”中凤鸟翅膀纹样，将长线条设计成长2至3厘米，宽度大于0.2厘米，间隙小于1厘米的线段[40]，连接组成得恰到好处。刮浆工艺很大程度上依赖于工匠的经验和熟练度。首先，灰浆本身的黏稠度受黄豆粉的细腻程度影响，细腻的豆粉加上比例适度的石灰粉和适量的清水，才能调和出高黏性的灰浆，并控制好灰浆的厚薄程度，防止灰浆过稀深入底布模糊纹样的边缘，或者灰浆过稠无法完全渗入纹样的每一处，造成显花不完全；其次，刮浆时要将刮刀和花版表面呈45° 角，下刀快速力均，防止因为力度过重损伤

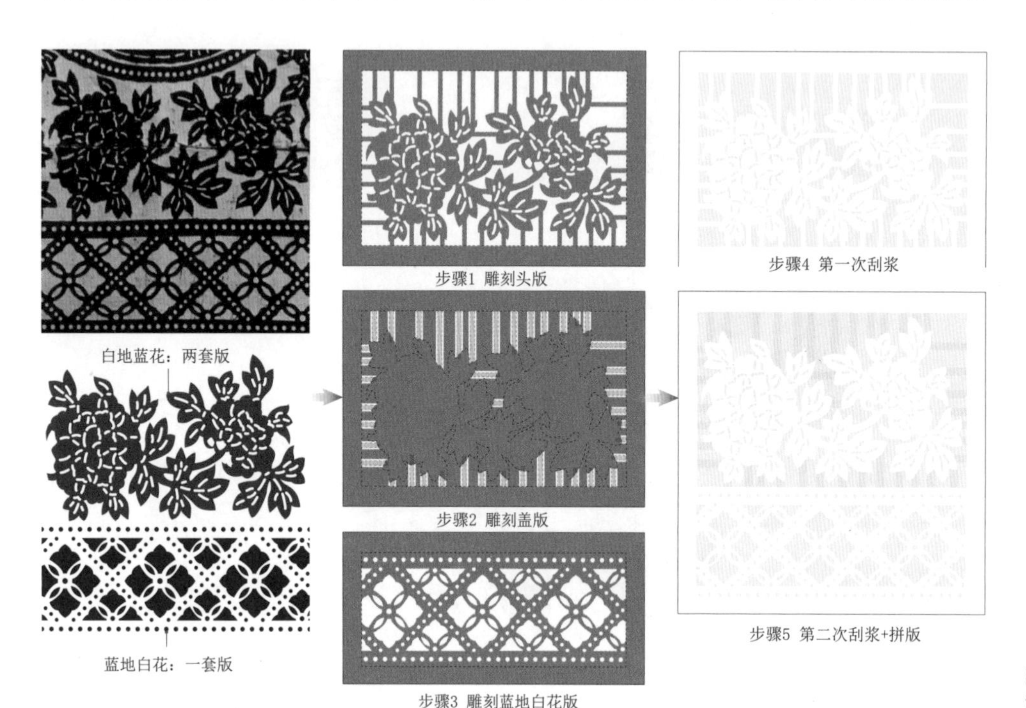

图3-4-20 白地蓝花制版、刮浆工艺流程示意图

[40] 吴灵姝、吴元新、倪沈键编著《南通蓝印花布印染技艺》，化学工业出版社，2017，第46页。

花版；最后，大型纹样在刮浆过程中通常会需要准确自然地对版拼花，拼版的距离既不能太远造成纹样分离，也不能太近造成纹样重叠。

灰缬工艺在实施过程中还会受到多方面客观条件的影响：首先是不同季节导致的气温差异。如灰浆在调制时，豆粉和石灰粉的比例在夏季和冬季就分别为1 ：0.7和1 ：1[41]，布料入染及氧化时在夏天所耗的时间比冬天更短；其次是不同气候导致的空气湿度差异，如刮浆后的底布在晾晒时，在晴朗而干燥的气候环境下晾晒过程更短，染好的布如遇上阴雨天无法及时晾干就会容易发霉。

蓝草种植的推广，推动了制靛成为独立行业；印花工艺的普及，促使制版和刮浆与染色分离；长江流域棉纺织业的迅速发展和发达的内河运输。到了明清时期，蓝印花布在内外条件共同作用下，已经发展成较为完善的小批量生产加工体系和高低端消费市场，驱动灰缬技术不断发展、图案不断创新，成为社会主流群体日用家纺、服饰面料中重要的组成部分。

结语

中国传统印花技术体系下的直接印花和防染印花，虽然都是在织物上增加色彩，但工艺原理有所不同。直接印花的原理是先染色再直接印彩色花纹，或直接涂绘彩色花纹；防染印花则是使用各类防染剂先覆盖住局部底布，再入染，最后褪去防染剂以显现花纹。

在印花的历史和技术演变中，直接印花和防染印花是中国古代主流的印花技术。直接印花可以追溯到原始社会时期的手绘壁画、陶器彩绘和拍印，以及先秦时期产生的印章盖印方法，逐渐发展出四大支系，即以敷彩和描金银泥为主的画绘，以木戳、木滚、铜模、凸纹版等各种凹凸模版工具蘸取色浆、金银泥或印胶黏着金箔的凸版印花；以唐式拓印和明清刷花为主的拓印和以彩印、印金、弹墨为主的孔版漏印。防染印花则是汉代以后文化混杂的结果，于唐代发展成熟，形成以缝绞、绑扎、打结和扎经染色为主的绞缬、用型版或手绘工具蘸蜡防染的蜡缬，以孔版和凸纹版单色或多色套印的夹缬、以镂空版多色套印的唐式浆印和延续至今的蓝印花布工艺为主的灰缬四大体系。尽管直接印花的起源早于防染印花，但从印花原理、材料选择、工艺过程、使用的工具、设计的纹样和色彩等方面来看，防染印花的技术体系无疑更为复杂、庞大。

[41] 吴灵姝、吴元新、倪沈键编著《南通蓝印花布印染技艺》，化学工业出版社，2017，第48页。

直接印花和防染印花在技术发展演变的过程中，最为明显的差别体现在材料和工艺上。首先，丝绸是直接印花的主要承印材料，而防染印花中的夹缬和绞缬以丝绸为主，蜡缬和灰缬则以棉布为主要材料；其次，金银材料更多地运用于直接印花工艺中，如印金工艺以金箔为主要装饰材料，木戳印花和描绘则主要使用金银泥，防染印花则更依赖于不同的防染助剂；最后，直接印花织物大多色彩丰富，画绘工艺本身就没有色彩数量的限制，凹凸版和孔版漏印可以使用多套色进行彩印，而防染印花中对色彩数量则有所限制，绞缬、蜡缬和灰缬受防染材质和入染方式的影响，多为单套色，二套色较少，仅有夹缬中的多彩夹缬通过透孔版自由添加色彩，可以不受限制。

印花织物是社会主流群体对美的追求的产物。随着印花技术的提高和印花工具的革新，它从单一化的表现形式和质朴的纹样风格发展出多样化的表现形式和简单与复杂兼具、奢华与雅致兼备的艺术风格。这不仅反映了不同时期的技术水平和社会风貌，同时也是使用群体身份认同和审美取向的集中体现。

印花织物在中国古代的应用非常广泛，最早的印花技术主要应用于佛教领域。如敦煌石窟出土的大量印花幡，这些织物上的纹样和图案与佛教教义紧密相关，反映了当时佛教文化的盛行。在世俗领域，印花织物被广泛用于装饰和日常用途。装饰用印花如帐幔、屏风、帘等空间隔断，几垫、椅披、桌布等室内装饰，以及用于书籍、画卷装裱的物具裱布，为古代文人的书房增添了文化氛围。日常用途的印花织物包括各种衣料、披帛、包袱、巾帕、活计等服用面料，以及被褥、枕套等卧具，成为古代人们生活中不可或缺的一部分。

中国古代印花技术在几千年来形成了丰富的历史积淀，演变出庞杂多样的工艺方法，与人们的生活方式密切相关，充实了古代织物的装饰方法，也与人们的审美情趣合二为一，奠定了中国传统纺织印花的基本格局。中国古代印花技术与外国的文化交流也有着深厚的历史。始于汉代的丝绸之路成为东西方文化交流的主要通道，令中国与欧亚大陆的经济文化交流日益频繁，其中印花技术和纹样的交流也占据了重要的位置。外来的印花技术和纹样为本土印花注入了新鲜血液，使其更为丰富和多样。而中国的印花织物也被广泛地传播到世界各地，成为了当地人们日常生活中的重要组成部分，令各国人民的审美发生多样性转变。此外，中国的印花技术和纹样也对欧洲的印花工艺产生了深远的影响。尤其是在17、18世纪的欧洲，中国风格的印花织物被广泛模仿和生产，成为欧洲上层社会的时尚潮流。这种文化交流不仅促进了印花技术的发展和完善，也加深了中外文化的相互理解和交融。

第五节　刺绣工艺的精进

中国古代刺绣是一种呈现于织物表面的装饰方法，依靠穿针引线在织物上显出花纹。由于刺绣能够脱离固定经纬组织的桎梏，显得自由活泼、生动流畅。刺绣技术可以根据针法的特征分为直针、环结针、钉针和经纬绣四类。其中，直针是刺绣针法中最基础、最简单的针法，种类也最多，其中的差异性都是基于单独一针形成的直线轨迹上产生的各种变化形成的；环结针包含环针和结针，共同的特征都是由前后两针共同形成弯曲的形状，但环针诞生最早，且变化丰富，结针则较为单一，组成的纹样也呈现为点状构成；钉针同样也是以穿绕为主，针法本身变化不大，差异性来自所钉之物，既有线材，又有珠饰，变化无穷；经纬绣则是根据织物经纬组织穿绕绣线的特殊针法，通常应用在经纬密度较为疏松并能见孔眼的织物上。

至少在先秦时期，统治阶级就已经颁布了完善的服装刺绣纹饰规定，并与祭祀活动紧密相连，具有礼俗文化属性。此时的刺绣装饰方法较为简单，主要用于服饰，针法仅有锁针和直针中的齐针两种。汉代以后，刺绣装饰的对象拓展到家用纺织品和仪仗用织物，精美程度也与贵贱等级秩序联系起来，针法的种类也进一步拓展，新增了环、结针中的打籽针和串珠绣。魏晋时期还兴起了堆绫绣，专门表现较大的块面和层次丰富的图案。

唐代以后，“刺绣”一词正式出现，应用于宗教、民俗和礼俗活动中，出现了盘金绣、劈针、单套针和抢针，令绣线色彩过渡更加细腻美观。宋代开始，刺绣装饰对象出现了纯粹的观赏画绣，新增模仿提花织物显花原理的串绣针。自元代开始，出现了专门用于绣制龙鳞和动物毛发的抢鳞针和施毛针，并形成了基于留白审美观念的“留水路”，还新增了纳锦，将经纬绣应用于织锦面料之中。

明代出现了具有地域性特征的北京洒线绣和苏州缠纱绣，用两种不同的针法将经纬绣大面积地运用到方目纱面料中。清代，刺绣装饰的对象一方面以宫廷刺绣为代表，趋于奢华和精巧，新增了刻针、格锦等多种直针针法，以增加图案细节的精美程度；另一方面以民族刺绣为代表，趋于俗化和朴拙，挑绣、缉线绣、盘带绣等均以抽象、粗犷的图案和鲜艳、冲突的配色风格为特征。

可以说，刺绣是中国最古老的织物装饰技法之一，出现于西周，繁荣于西汉，发展于唐宋，俗化于明清，最终形成了齐备的针法和独特的艺术风格，不但用于日常服饰，还用于宗教供奉和艺术鉴赏。刺绣技术的发展还促进了不同地域刺绣流派和风格的产生，如作为四大名绣的苏绣、湘绣、蜀绣和粤绣，与京秀、鲁绣、苗绣等其他具有地域性特征和民族风格的针法，一方面增加了刺绣作为实用商品的使用价值，另一方面也丰富了刺绣作为装饰艺术的审美价值。在古代关于刺绣的诗词中，既有描写工艺精湛的“花随玉指添春色，鸟逐金针长羽毛”，也有描写女子细腻心思的“敢将十指夸针巧，不把双眉斗画长”，还有描写婚姻情趣的“等闲妨了绣工夫，笑问鸳鸯两字怎生书”。这些诗词不仅生动地展现了刺绣技艺的精湛和多样性，同时也反映了当时社会对于刺绣的深厚情感和审美情趣，以及与中国古代设计思想的交融，凸显了刺绣在中国传统文化中的重要地位，同时也映射出古代中国对于美、工艺和日常生活的哲学思考。

一、由简单走向复杂的发展演变脉络

刺绣是一种将绣线精细地附着于织物上以显出花纹的传统手工艺，在中国古代也被称为女红。在儒家思想影响，刺绣被视为传统社会给予女性特有的社会分工。从技术的角度来看，刺绣的产生需要两个先决条件：首先是出现了整块的编织物或皮革；其次是出现了针、线以及缝纫技术。从文化的角度来看，刺绣应该发源于人类基于原始信仰诞生的文身黥面习俗，这一习俗至今在西南少数民族的老龄女性群体之间仍能见到。因此，早期人们在服饰上面刺绣，可以被认为是文身的功能延伸。

（一）魏晋以前以锁针为主的超现实主义题材的刺绣

西周以前，男耕女织是主要的生产模式，刺绣是专门为上层建筑服务的劳动分工，基本被统治阶级垄断，是十分贵重而稀有的奢侈品。刺绣最早被称为“黹”，即绣有花纹的衣边。如殷周金文中记载的“赐女玄衣黹屯”[1]，以及《尔雅・释言》中所云：“黹，紩也……黼黻希绣，希读为黹，谓刺绣也”[2]。现存的刺绣样本展示了两种主要的刺绣针法：一种是最为简单的直针绣法，用同一方向的直线构成简单的几何图案，如新疆哈密五堡遗址出土的红地刺绣黄蓝色三角纹褐（图3-5-1a）[3]；另一种则是相对复杂的开口锁针技法，形成的纹样如同

[1] 中国社会科学院考古研究所编《殷周金文集成》，中华书局，2007，第1483页。

[2]〔清〕阮元校刻《十三经注疏》（清嘉庆刊本），中华书局，2009，第5622页。

[3]《中国织绣服饰全集》编辑编辑委员会编，常沙娜主编，刘建平副主编《中国织绣服饰全集2・刺绣卷》，天津人民美术出版社，2004，第4页。

女性将头发编成三股发辫，最初用来表现图形中的线条和轮廓。先秦时期画和缋合二为一，刺绣生产包含了针线刺绣与彩料填画两个工序。由于锁绣擅长表现线条曲直变化，因此需要先用针线绣出图案轮廓，再用染料涂色。图案的风格题材有简单几何形的重复纹样、抽象的云气和卷枝花草纹样。如陕西宝鸡茹家庄西周墓葬中泥土上的两处刺绣印痕（图3-5-1b、图3-5-1c）[4]。

东周以后，刺绣的应用不仅限于服饰，还延展到镜衣、枕面等日用纺织品中。根据出土织物分析，刺绣针法仍然延续了西周时期的锁针技法，绣纹几乎完全覆盖织物的地。图案以姿态卷曲的抽象动植物纹样为主，以及龙、凤、虎、鸟和花卉的单独和组合纹样。其中，以凤鸟纹的变化最为丰富。构图以对称和均衡为主，菱形骨式居多，色彩以红棕色、黄色、绿色居多。如湖北江陵马山1号楚墓出土的21件战国中晚期刺绣[5]，其中的对凤对龙纹绣浅黄绢（N7）中可见6种形态各异的凤鸟纹样（图3-5-2），使用双股绣线串绕成锁扣，纹样展现出先绘再绣的工艺特征。

在汉代，刺绣的用途不仅限于服饰，还被广泛运用到日常生活、家具装饰与贵族的仪仗装饰中。随着工艺的不断发展，刺绣图案逐渐形成了专用于服饰的符号化图式纹样，在艺术表现上与绘画明确区分，并呈现出抽象化特征。从目

a 红地刺绣黄蓝色三角纹褐 直针

b 辫子股刺绣印痕1开口锁针

c 辫子股刺绣印痕2开口锁针

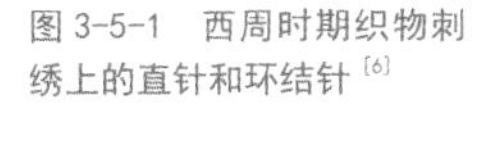

图3-5-1 西周时期织物刺绣上的直针和环结针[6]

图3-5-2 对凤对龙纹绣浅黄绢（N7）中的6种凤鸟纹[7]

[4] 李也贞、张宏源、卢连成、赵承泽：《有关西周丝织和刺绣的重要发现》，《文物》1976年第4期。

[5] 湖北省荆州地区博物馆：《江陵马山一号楚墓》，文物出版社，1985，第56—71页。

[6] 图片采选自《中国织绣服饰全集》编辑编辑委员会编，常沙娜主编，刘建平副主编《中国织绣服饰全集2·刺绣卷》，天津人民美术出版社，2004，第2—4页。

[7] 图片采选自湖北省荆州地区博物馆：《江陵马山一号楚墓》，文物出版社，1985，彩版二二、二三、二四、二七。

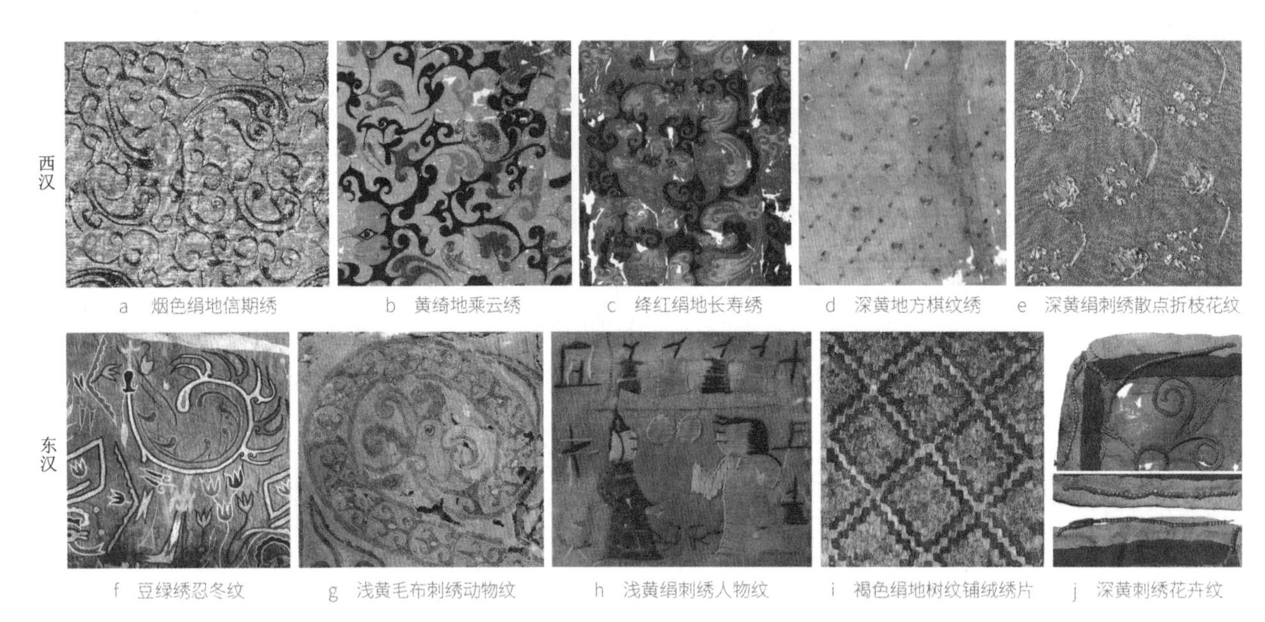

a 烟色绢地信期绣　b 黄绮地乘云绣　c 绛红绢地长寿绣　d 深黄地方棋纹绣　e 深黄绢刺绣散点折枝花纹

f 豆绿绣忍冬纹　g 浅黄毛布刺绣动物纹　h 浅黄绢刺绣人物纹　i 褐色绢地树纹铺绒绣片　j 深黄刺绣花卉纹

图 3-5-3 两汉刺绣纹样举要[8]

前出土的刺绣针法来看，西汉时期的针法仍旧主要采用锁针，同时出现了以点来构成图案的打籽针。刺绣图案分为两种风格：第一种受道家和儒家文化影响，以锁针表现超现实的题材，集写意变形与写实于一体。如湖南长沙马王堆汉墓出土的信期绣、乘云绣、长寿绣和方棋纹绣（图 3-5-3a、图 3-5-3b、图 3-5-3c、图 3-5-3d）。第二种以打籽针为主，趋向简洁的几何图形，以菱形骨式和散点骨式构成，如马王堆汉墓出土的方棋纹绣片和湖北江陵凤凰山汉墓出土的散点折枝纹绣片（图 3-5-3e）。自东汉开始，刺绣针法趋向多元化，出现了铺针、逼针和串珠针。锁针在延续西汉风格的基础上创造出单元形制内层层套色的绣法，如新疆尼雅遗址出土的忍冬纹绣片和山普拉遗址出土的动物纹绣片（图 3-5-3f、图 3-5-3g）；铺针为直针的一种，成排整齐排列，可以与逼针结合，平铺于逼针构成的轮廓线内，也可以以菱形为骨式进行满地铺绣，如甘肃武威磨嘴子墓出土的人物纹绣片和马王堆汉墓出土的树纹铺绒绣片（图 3-5-3h、图 3-5-3i）；串珠绣是钉针的一种，为多颗珠子串成一截再钉于织物上，如新疆营盘墓出土的花卉纹绣片（图 3-5-3j）。图案题材从超现实臆想的符号纹样和神兽纹样向现实题材过渡，较多取材于日常生活，画面构图形式从对称均衡的纹样骨式向节奏感更强的几何连续纹样骨式靠拢。

（二）魏晋至宋完善的针法体系与现实主义题材的呈现

从魏晋南北朝至隋唐时期，随着丝绸之路的开通，中原与西域的交流日益增强，东西方文化交流频繁，佛教通过丝绸之路传入中原，影响了刺绣的对象选

[8] 图片采选自《中国织绣服饰全集》编辑编辑委员会编，常沙娜主编，刘建平副主编《中国织绣服饰全集 2 · 刺绣卷》，天津人民美术出版社，2004，第 34—64 页。

择、造型设计、纹饰题材以及风格。这一时期的刺绣对象可分为三类：第一类是与日常生活密切相关的实用品，如服饰、配饰等。刺绣针法延续了汉代的锁针和直针，并出现了抢针和套针，更利于表现色彩退晕效果。题材以各种花卉植物和鸟兽的形象为主，并出现了更具有装饰性和视觉冲击力的单颗钉珠绣（图3-5-4a、图3-5-4b、图3-5-4c、图3-5-4d）。第二类是宗教用品刺绣。针法逐渐由锁针过渡为多样化的直针组合针法，图案题材同样以植物和鸟虫纹样为主，如花边、袈裟、幡头和经帙上的刺绣装饰（图3-5-4e、图3-5-4f、图3-5-4g、图3-5-4h）。第三类是画绣，以刺绣技法表现中国画内容，主要用于欣赏和装饰，对此后刺绣风格的发展影响深远。图案题材上已经从横向连续的云气和神兽纹样，逐渐转变为风格清新自由的写实人物与花鸟纹样（图3-5-4i、图3-5-4j、图3-5-4k、图3-5-4l）。

两宋时期的刺绣品按用途可以分为实用性日用品、宗教绣品以及纯粹欣赏的“画绣”。从出土文物来看，日用品与欣赏品两者齐头并进，使刺绣在艺术成就上达到了足以与绘画分庭抗礼的水平，中国传统刺绣的艺术欣赏品与日用品

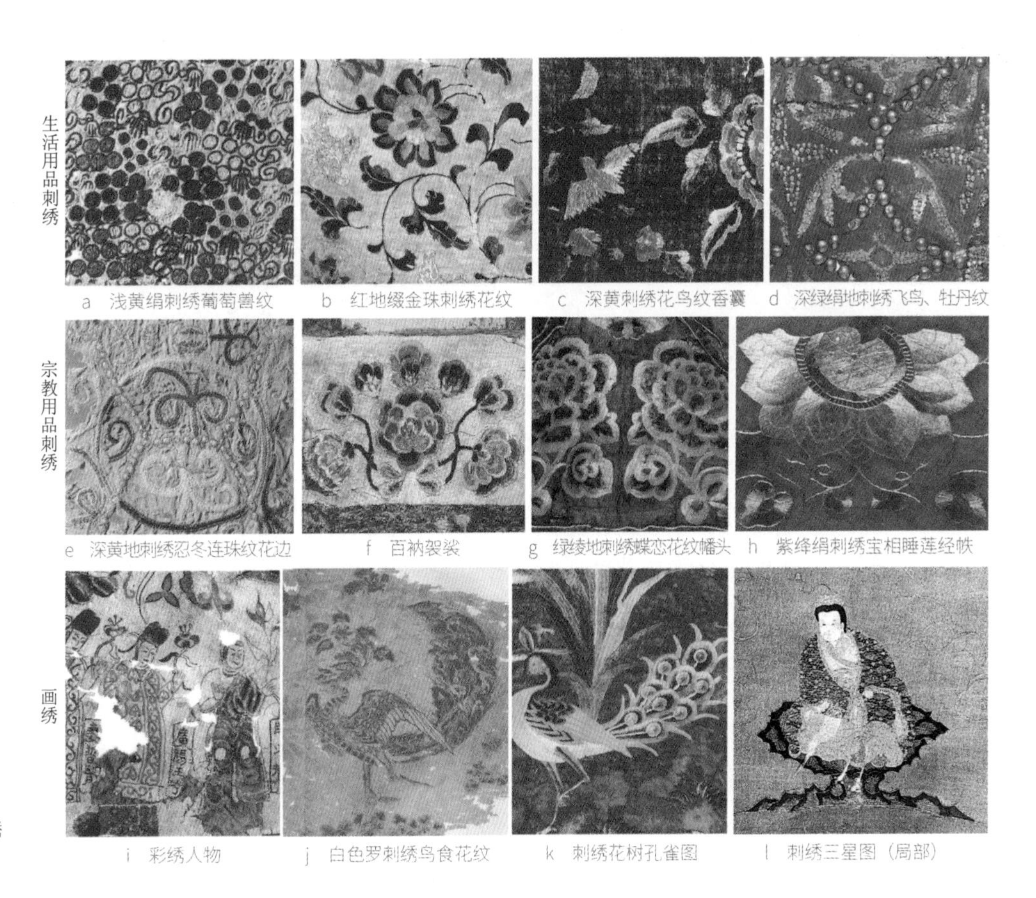

图3-5-4　魏晋唐五代刺绣种类及纹样举要[9]

[9] 图片采选自《中国织绣服饰全集》编辑编辑委员会编，常沙娜主编，刘建平副主编《中国织绣服饰全集2·刺绣卷》，天津人民美术出版社，2004，第68—88页。

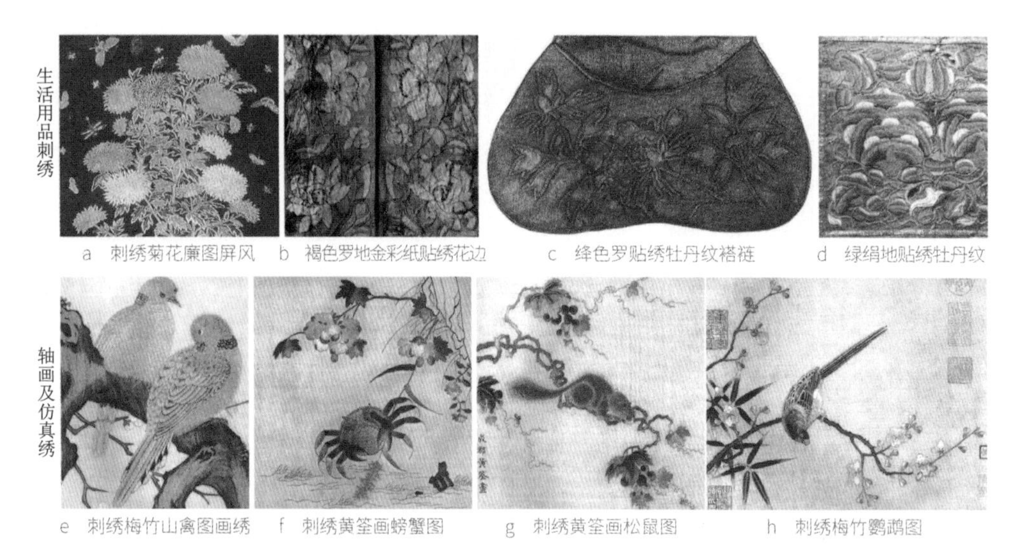

a 刺绣菊花廉图屏风 b 褐色罗地金彩纸贴绣花边 c 绛色罗贴绣牡丹纹褡裢 d 绿绢地贴绣牡丹纹

e 刺绣梅竹山禽图画绣 f 刺绣黄筌画螃蟹图 g 刺绣黄筌画松鼠图 h 刺绣梅竹鹦鹉图

图 3-5-5 刺绣种类及纹样举要[10]

平行发展的格局至此确立（图 3-5-5）。官作绣坊的兴盛推动了刺绣工艺人员专业化分工的精细管理。为满足皇室在服饰、用具装饰方式上的变革，尤其在皇室仪仗用品上，原本画绘的部分皆用刺绣代替，如《宋史·仪卫志》记载的绣衣卤簿[11]。日用品刺绣省略了彩料涂染，各种传统刺绣针法悉数出现，各种针法相互穿插搭配，达到了技艺纯熟的水平。南宋时期，随着国家的政治、文化、经济中心向南迁移，大量手工艺者涌入江南地区，受唐宋文人书画的影响，刺绣在针法、图案设计、艺术风格等方面都获得了新的提升。此外《考槃余事》中还记载了闺绣画[12]，将名家书画与刺绣工艺相结合，精细入微地绣出山水、人物、楼台、花鸟，兼具绘画艺术特征和精湛刺绣技艺。

（三）元代以后南北地域性的刺绣风格形成和吉祥纹样的流行

元代的统治者搜集全国各地优秀工匠，并于北京城设立了专门为皇室生产的工坊，聚集了全国的优秀刺绣艺人。尽管这一生产模式是刺绣工艺发展的“倒退”，但也使得京城刺绣采众家之长。与此同时，大部分的民间刺绣艺人的技术水平相对较低，导致了民间刺绣发展的不均衡。元代的刺绣针法基本继承了宋代，图案题材以现实题材为主，纹样骨式模仿提花织物的团花骨式，如刺绣团花裙和刺绣萱草团花纹面料（图 3-5-6a、图 3-5-6b）。刺绣针法的创新性主要体现在将金属丝线大量应用于刺绣中，如刺绣金龙云纹衣边（图 3-5-6c），还出现了在纱类织物上满地显花的纳纱绣（图 3-5-6d），以及应用于边缘的网状边饰环编针（图 3-5-6e），同时具有文人画风格的吉祥主题图案开始流行于苏州地区，

[10] 图片采选自《中国织绣服饰全集》编辑编辑委员会编，常沙娜主编，刘建平副主编《中国织绣服饰全集 2 · 刺绣卷》，天津人民美术出版社，2004，第 94—115 页。

[11]〔元〕脱脱等：《宋史 · 第一六册 · 卷二零八至卷二一四（志表）》，中华书局，1985，第 3478 页。

[12]〔明〕屠隆：《考槃余事》，凤凰出版社，2017，第 39 页。

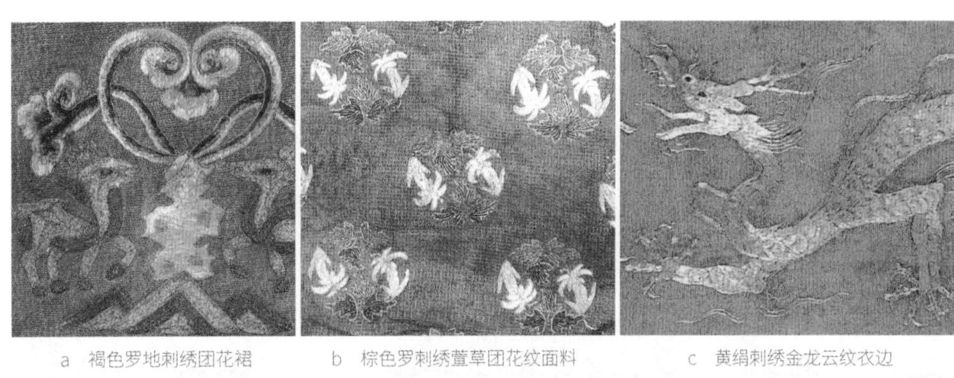

a 褐色罗地刺绣团花裙　b 棕色罗刺绣萱草团花纹面料　c 黄绢刺绣金龙云纹衣边

d 纳纱绣云龙纹护膝　e 绫绒刺绣法器衬垫　f 苏绣先春四喜图

图 3-5-6 元代刺绣种类及纹样举要[13]

如苏绣《先春四喜图》(图 3-5-6f)。

在明代，刺绣行业进一步发展，呈现出“北壮南秀”的格局。北方以京绣为代表，还包括了山东的鲁绣；南方则以江南的顾绣、苏绣，广东的金银线绣为代表。京绣延续了元代以来博采众长的优势，还突破性地创造了洒线绣，领先于其他地方刺绣；鲁绣采用了暗花绸或方格纱类的底料和独具特色的衣线绣技法，形成了色彩浓丽、质地坚固、结实耐用、实用性高的特征；顾绣的灵感来源是历代名家画，也被称为闺阁画绣，其中，韩希孟的“韩媛绣”是顾绣工艺的巅峰，并逐渐从后宅人情馈赠品转变成商品；苏绣发源于苏州，采用官作与民间刺绣相结合的模式，为清代苏绣的发展奠定了基础(图 3-5-7)。

清代的刺绣在康雍乾时期发展至顶峰，民间刺绣与宫廷绣齐头并进，各具特色。随着各地刺绣针法和风格愈发成熟，形成了明显的地域差异化。京绣沿袭了元代和明代的技艺传统，特别是以养心殿造办处的内宫绣廷为代表，展现了中国古代刺绣工艺中宫廷绣的成就。江宁、苏州、杭州三地的官办绣作负责皇室与朝廷所需的舆服、仪仗等贡品，这些绣品不参与市场交换，生产投入不计成本，在材质和技艺上均达到了精美绝伦的程度。然而，清皇室在舆服方面的规制也导致宫廷绣的图案和题材越来越程式化和模式化，盲目追求精雕细作与繁复华丽的效果。在清代民间刺绣中，“四大名绣”脱颖而出，苏绣、蜀绣、湘绣和粤

[13] 图片采选自《中国织绣服饰全集》编辑编辑委员会编，常沙娜主编，刘建平副主编《中国织绣服饰全集 2 · 刺绣卷》，天津人民美术出版社，2004，第 121—150 页。

a 蓝缎绣孔雀纹桌围　b 洒线绣麒麟纹方补　c 红色暗花罗刺绣百子方领女夹衣　d 漳绒刺绣过肩云龙纹袍料

e 顾绣韩希孟绣宋元名迹册一　f 鲁绣芙蓉双鸭图轴　g 苏绣山鸡白兔图　h 粤秀博古图轴

图 3-5-7 明代刺绣种类及纹样举要[14]

a 实地纱缀绣平金单袍　b 明黄色缎地缉米珠绣龙袍料　c 青色维平金锁绣寿字纹帽头　d 湘绣 青缎地松鹤牡丹纹挂簾

e 苏绣紫藤双鸡图轴　f 粤绣百鸟争鸣图　g 蜀绣红缎地五子夺魁图　h 顾绣花鸟草虫图册

图 3-5-8 清代刺绣种类及纹样举要[15]

绣既各具特色，又相互交叉影响。苏绣深受江浙两地纺织工艺和文化的影响，以文人画为蓝本绣制的闺阁画绣，展现出江南地区的纤细、工整的特征，并迅速向商品化转变。光绪年间，清廷设立劝工局绣工科，任命画家为负责人，招聘刺绣艺人在画家指导下创作，促使蜀绣进一步发展；粤绣以金银线绣为主，民间图案题材颇具广东民俗特征；湘绣以湖南绣工胡莲仙和魏氏为创始，以民间日用绣品为主，更注重实用价值。除此之外，山东的鲁绣、上海的顾绣、浙江的瓯绣、河南的汴绣等同样争奇斗艳，共同推动清代刺绣技术发展至鼎盛（图 3-5-8）。

[14] 图片采选自《中国织绣服饰全集》编辑编辑委员会编，常沙娜主编，刘建平副主编《中国织绣服饰全集 2 · 刺绣卷》，天津人民美术出版社，2004，第 158—195 页。

[15] 同上书，第 435—476 页。

二、复杂多变的刺绣针法

直针、环结针、钉针和经纬绣是我国古代刺绣针法的四个大类，发展初期的刺绣风格和针法较为单一，多为平铺直叙的直针和灵活多变的环、结针。到了唐宋时期，由于南北地域的文化差异，刺绣风格开始呈现地域性特点。明清时期，随着各地文化和技术的交融，形成了如京绣、苏绣、湘绣、粤绣和蜀绣等代表性的地方刺绣风格。不同地区对于刺绣针法的运用各有侧重，针法的名称也略有差异。《雪宧绣谱》是最早对刺绣针法进行梳理和总结的著作，共记录了18种苏绣针法。基于这部著作，结合对刺绣针法有所总结的当代研究，本文对针法重新进行分类，并与原名称一一对照，总结为4大类11小类刺绣针法，如表3-5-1所示。

（一）平铺直叙的直针

直针绣法顾名思义，起针落针的动作直下直上，最为简单，每一针的线段，即绣出的针脚均为平直，共有接针、排针、间针和交针4类（图3-5-9）。接针通

表3-5-1 中国古代刺绣常用针法名称对照

		雪宧绣谱	中国丝绸艺术史	中国织秀服饰论集	京绣	苏绣	湘绣	粤绣	粤绣
直针绣法	接针	—— 捻针 刺针 接针 —— ——	劈针 逼针 回针 扭针 跑针	—— 捻针 刺针 接针 —— ——	—— —— 回针 —— 柳针 ——	接针 捻针 滚针 切针 刺针 ——	—— 捻针 滚针 直针 珠针 柳针 ——	续针 撕针 —— 直针 珠针 扭针	—— 滚针 接针 接针 点子针 —— 断针
	排针	奇针 平针 铺针 旋针	奇针 馋针 旋针 射针 理针	齐针 铺针 帘针 羼针 擞针 旋针	平针 留水针 长短针 ——	齐针 缠针 铺针 帘绣 擞和针 长短针	铺针 平行针 帘针 掺针 游针 牵针	铺针 洒插针 捆针	齐针 留水路 销针 掺针 二二针 楙针 三三针 二三针 晕鳞针 车拧针
	间针	刻鳞针 抢针 单套针 双套针	刻针 抢针 套针	刻鳞针 抢针 套针	—— —— 单套 双套 木梳套 扁毛套	刻鳞针 正抢针 反抢针 迭抢 平套 散套 集套	高缝针 刻鳞针 —— ——	—— 咬针 旋针 —— 风车针 钩针	拉甲针 —— ——
	交针	虚实针 散整针 扎针 肉入针 —— 施针	乱针 簇针 叠针 编针 施针	虚实针 扎针 网绣 施针	—— —— —— 网绣 施针	虚实针 缤纷针 冰纹针 惜色绣 松针 桂花针 扎针 迭绣 编针 网绣 格棉 施针 鸡毛针	交叉针 松针 钩针 钳针 盖针 鬅毛针 平针 对织 交织 草鞋织 蛛网织 蜂房织 人字针 回纹织 十字针 累格针 三角网 四方网 六角网 菊花网 古钱网	—— 风车针 钩针 勒针 渗针 竹织针 篷眼针 编织针 方格网 三角网 迭格网	乱针 松针 齐盖针 架盖针 覆盖针 扣针 盖鳞针 拴针 编织锦 拉花锦 龟背锦 ——
环、结针绣法	环针	——	锁针 环编针	锁绣	——	辫子股	链环针 环形针 套圈针 雀眼针	——	锁针 锁边绣
	结针	打籽针	打籽针	打籽	打籽绣	打籽 结子 拉尾子	打籽针 圈子针 三条结 连环结 挽针	圈子针 松子针 长穗子针	打籽针 鳝鱼骨 卷线绣 报梗绣
钉线、订物绣法	钉线绣	钉线绣 盘综绣 —— —— 绕针	钉线绣 钉金绣 压金彩 拉锁子	辑线绣 平金绣 —— 拉锁子	盘金绣 圈金绣 —— 拉锁子	—— 平金 盘金 —— 拉锁子	—— —— —— ——	钉针 织锦 平针 撕针 迭鳞 —— 扣圈针	钉线绣 平金绣 盘金绣 锁金绣 —— 绕绕针
	钉物绣	—— ——	穿珠绣 堆绫绣	辑珠绣 堆绫绣	穿珠绣 高绣 堆绫	穿珠 贴绫	—— 立体针	—— 凸绣 贴花绣	隔绒绣 垫绣
经纬绣法	串绣 纳绣 点绣	—— —— 戳纱 纳纱	串绣 纳绣 纳锦 点绣 挑绣	短串 长串 纳纱 纳锦 —— ——	—— —— —— —— ——	戳纱 纳锦 打点绣 挑花	—— 缂丝绣 —— 十字绣	—— —— —— —— ——	—— 戳纱 编花 —— 十字挑花 纤花 抽纱绣

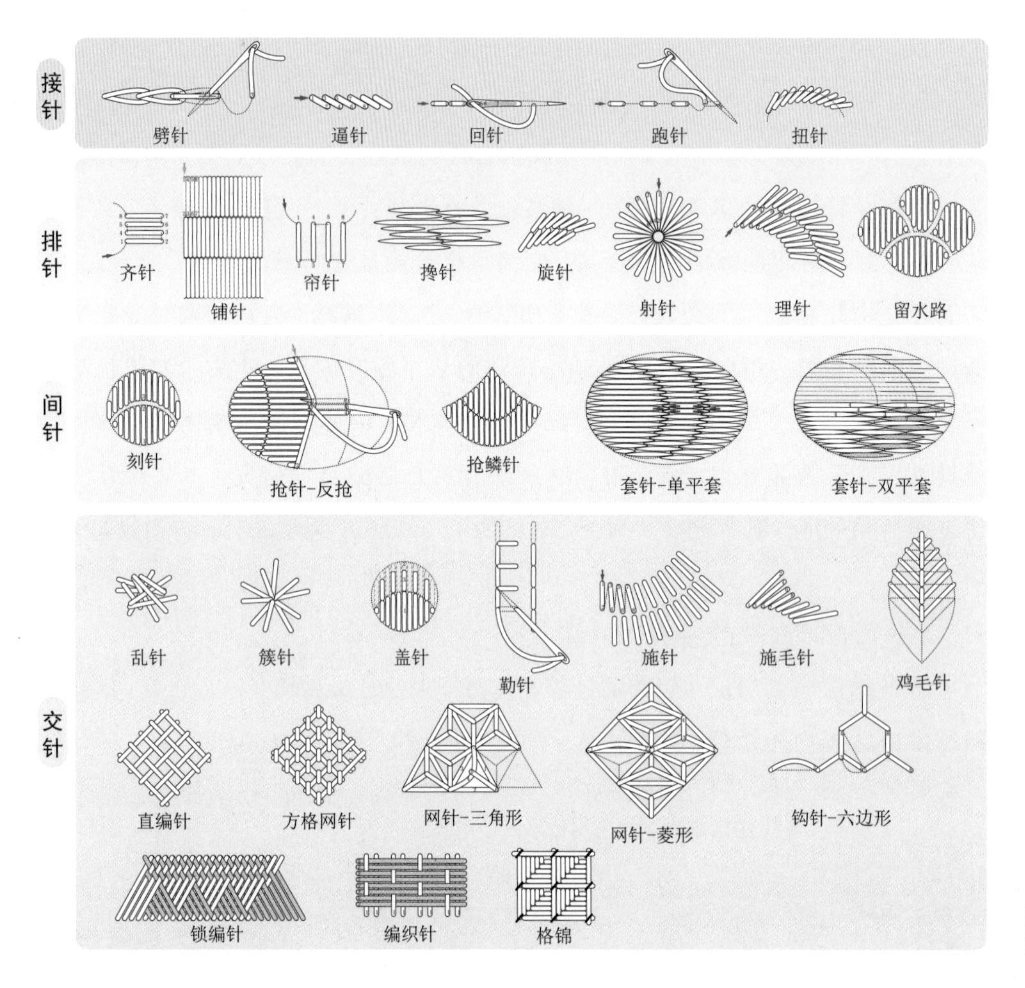

图 3-5-9 直针绣法类型及针法举要

常使用平直的针脚纵向连接成直线或曲线，其中劈针、逼针和扭针可以构成连续的线条，而跑针和回针则在两道针脚之间留有空隙，且由于回针的针脚最短，通常用于绣细小而连贯的点。排针、间针和交针主要用于绣块面。排针类针法中，每一道针脚沿横向顺序排列，差异性在于齐针的针脚边缘对齐轮廓线且绣面平整，帘针的针脚沿纵向成列，搀针的针脚一端对齐轮廓而另一端参差不齐，旋针则是或针脚斜向旋转或沿圆心成放射状或按所绣物体的肌理走势进行旋转。间针通常用于同一块面不同色彩的衔接或所绣物体不同块面的延展，差异性在于刻针的面与面之间留水路，而不同色彩批次的抢针针脚相接，套针针脚交错，施针穿插其中最为灵活。交针则体现为不同色彩针脚的上下交叠，其中乱针为任意改变方向的直针相互交叠，簇针则是连续的直针改变方向并叠加成簇，叠针则是在直针铺地的基础上再次叠加90° 转向的针脚，施针则是在此基础上按所绣之物的肌理走势灵活叠加针脚。编针最为特殊，由不同长短的针脚按一定的规律变成不同的图案，并以几何图案居多。

直针针法在具体应用时通常会在所绣之物上糅合呈现。以故宫博物院藏清代刺绣荷包为例（图3-5-10），该荷包上的刺绣纹样分别为鹌鹑、花瓶和海水江

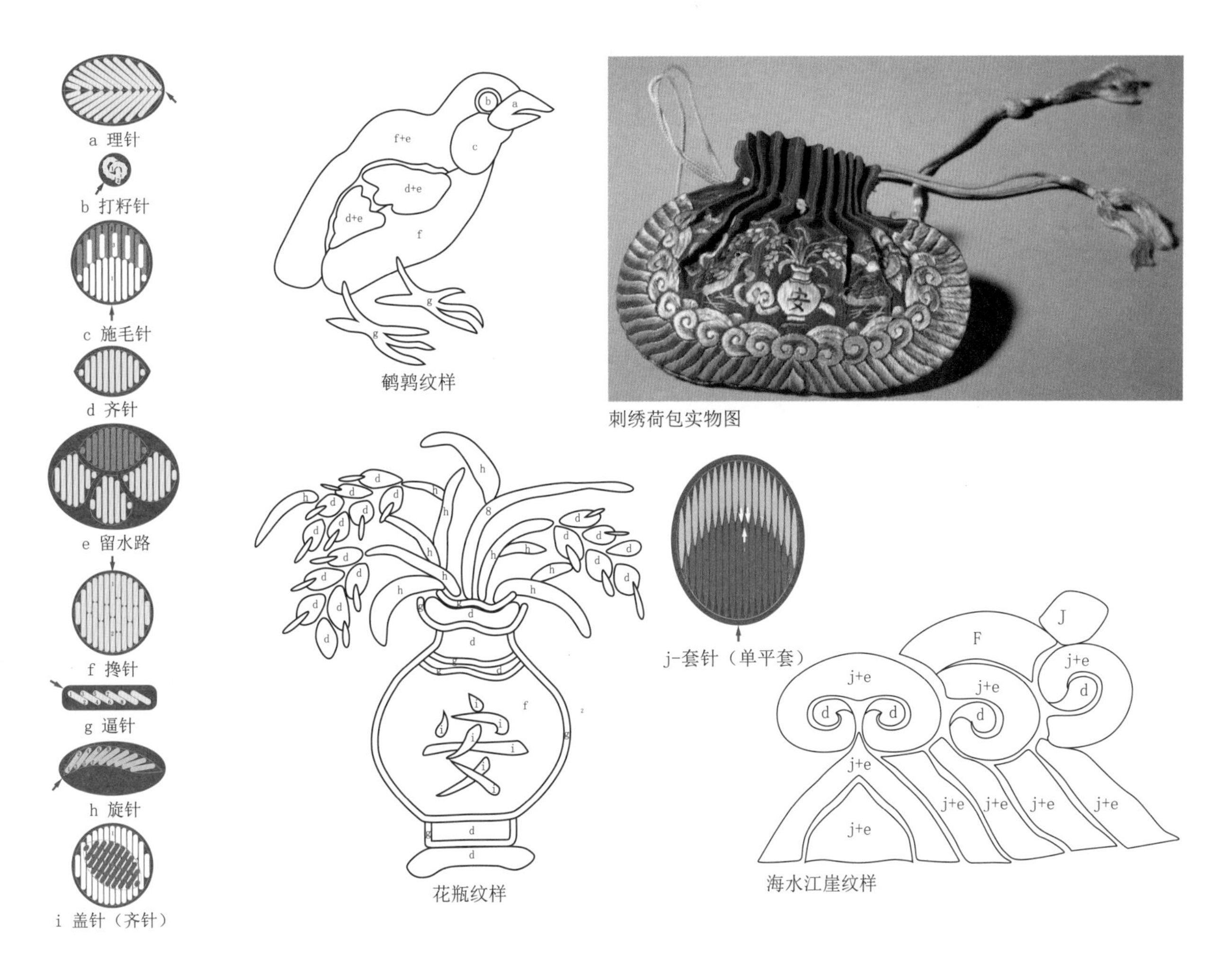

图 3-5-10 清代刺绣荷包各部分纹样刺绣针法（直针）示意图

崖，展现了9种直针针法的组合。其中鹌鹑纹样使用的针法最多，除眼睛部分用了打籽针之外，其余部分使用了6种直针针法，除背部和翅膀部分针脚块面之间留水路之外，其余部分的块面均相互衔接。花瓶纹样使用了齐针、旋针和盖针3种针法。海水江崖纹样主要采用单平套针，并确保在每一处块面之间都留有水路，即明显的分隔线。

（二）穿绕的环、结针

环、结针绣法较直针更为复杂，因为在起、落针的过程中需要额外的勾编或打结动作，共分为三种类型（图3-5-11）：第一类为环针，顾名思义在起针后，将绣线以环的形状进行勾编，既可以表现线条，也可以表现块面。常见的环针也被称为锁针，根据一环针脚的起落点分为开口和闭口，若增加每一针套环的数量，则延伸出重锁针。第二类为环编针，通常用来呈现块面，多以相邻绣线相互环绕绕编成网状为主。第三类为结针，常见针法有打籽针和拉尾子两种。打籽针又被称为圆子结，通常用于点状表现，如动物眼睛，或块面，如花瓣；拉尾子又被称作穗子结，比打籽针多出一条穗状尾巴，通常用来表现放射状的花蕊。

陕西宝鸡茹家庄西周墓葬中泥土上的刺绣印痕[16]，是最早出现的锁针种类。印痕中的刺绣针法是开口锁针，形成的纹样如同女性将头发编成三股发辫，也被称作辫子股绣。开口锁针的具体针法如下：首先，将第一针刺在花纹的开端，由底部向上起针，将绣线由左向右绕成一个圈形，然后在第一针的附近落针，再在圈内第一针的上方起针，便形成辫子股的第一环。由于第一针的起落位置并不相连，因而形成开口锁环。锁针最初用来表现图形中的线条和轮廓，有单线条也有双线条。战国时期被用来表现块面，并通过不同颜色的绣线赋予刺绣图形丰富的色彩。随着直针绣法和钉线绣法的不断发展丰富，锁针逐渐被作为这两种绣法的辅助，至今仍在被使用。以湖北江陵马山1号楚墓出土的战国灰白罗龙凤纹残片[17]为例（图3-5-12），该刺绣纹样使用古代闭口锁针针法绣成，第一针为直针，第二针在第一针落针之处的前端起针，向回从第一针的绣线和绣地间绕过，便形成辫子股的第一环，再回到起针之处落针，形成闭口锁环。

（三）多样性材料综合运用的钉针绣法

钉线、钉物绣法利用直针类针法，将线、珠饰或剪裁成各种形状的材料固定在绣地上（图3-5-13），所用材料分为线材和非线材两类。在钉线绣针法中，常用的线材主要是粗股丝线，尤其是加捻松紧度不同的两根丝线合股而成的缉线，以及采用丝线包裹马鬃的包梗线。除此之外，还有以金银制成的金属线和以孔雀尾羽制成的孔雀羽线。线材通常使用单线或双线盘绕的方式来描绘轮廓或块面。在盘绕过程中，进行弯曲固定的针法，被称为拉锁子。在非线材类别中，珠饰和布片最为常见。小颗粒的珠饰大多在中间穿孔，使绣线可以从孔中穿过后串钉或颗钉；大颗粒的珠饰大多两端或周围打一圈孔眼，然后依次将绣线穿过

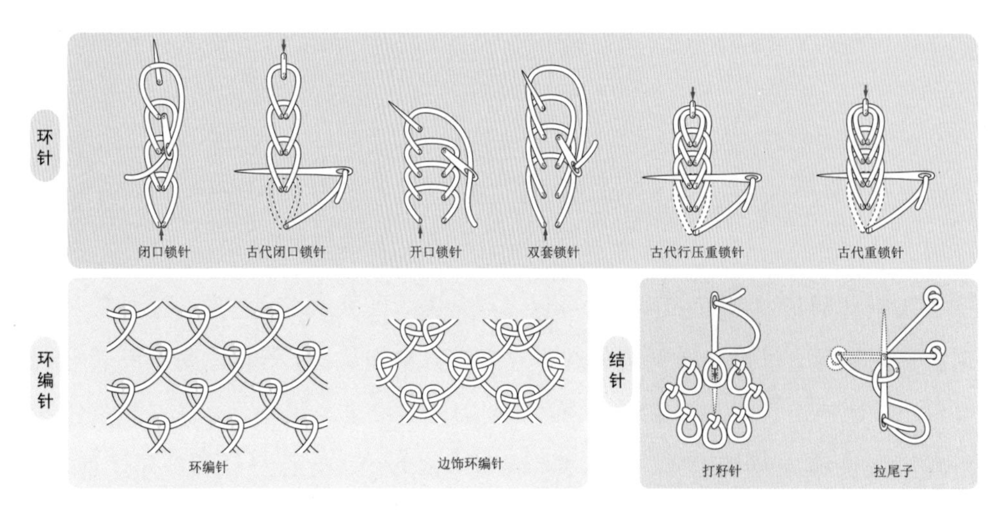

图3-5-11 环、结针绣法类型及针法举要

[16] 李也贞、张宏源、卢连成、赵承泽：《有关西周丝织和刺绣的重要发现》，《文物》1976年第4期。
[17]《中国织绣服饰全集》编辑编辑委员会编，常沙娜主编，刘建平副主编《中国织绣服饰全集2 · 刺绣卷》，天津人民美术出版社，2004，第6页。

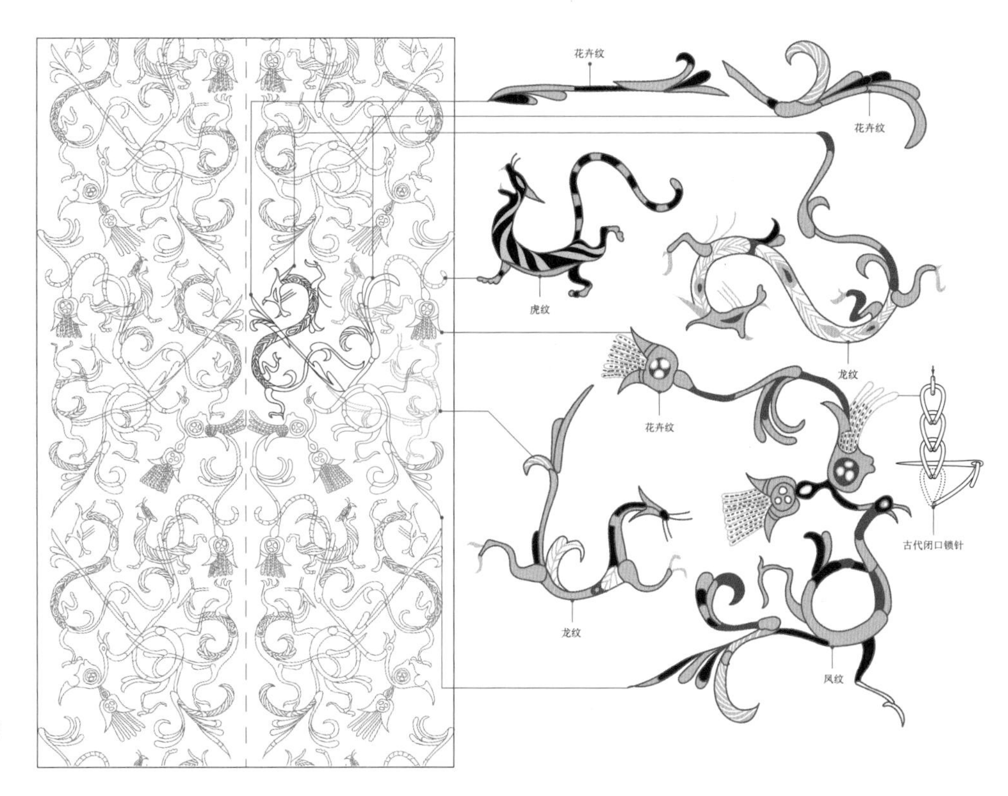

图 3-5-12　战国灰白罗刺绣龙凤纹残片分析图

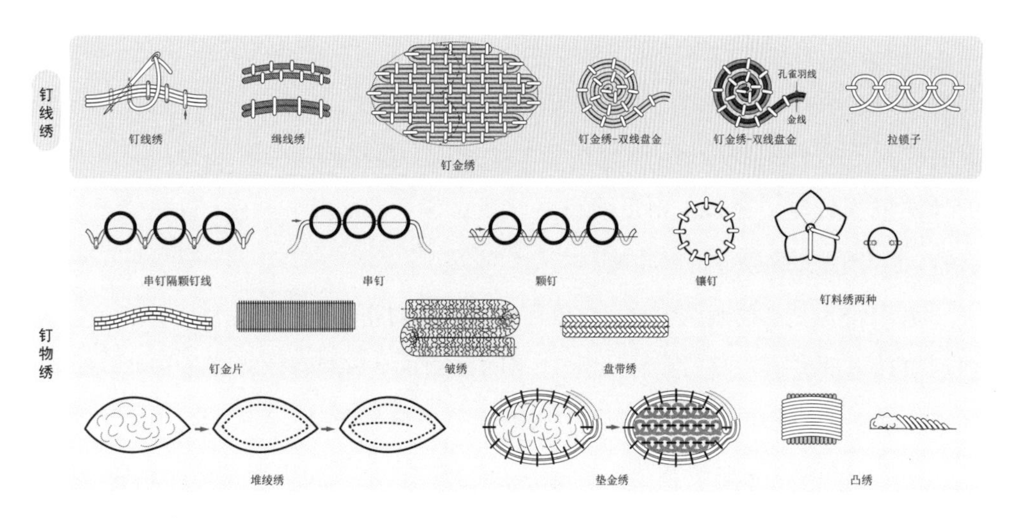

图 3-5-13　钉线、钉物绣法类型及针法举要

孔眼镶钉在绣地上。钉布片时，先将布片剪成所需形状，然后直接用绣线固定轮廓。在布片内部垫入丝绵再用绣线固定的针法，被称为堆绫绣或贴绣。除此之外，还有将预先抽皱的布条用绣线沿中间固定的皱绣；经编织后的宽缎按形状排列并用绣线沿中部固定的盘带绣；将金片或金条排列出形状后，用绣线固定的钉金片；以及将丝绵堆叠在绣地形成特定形状，再直接用绣线进行包裹和固定的凸绣技法。

在钉线、钉物绣法的实际应用中，根据刺绣纹样的复杂程度，通常会综合运用多种针法。较为简单的刺绣纹样，如故宫博物院藏红色缎平金锁线绣龙凤呈

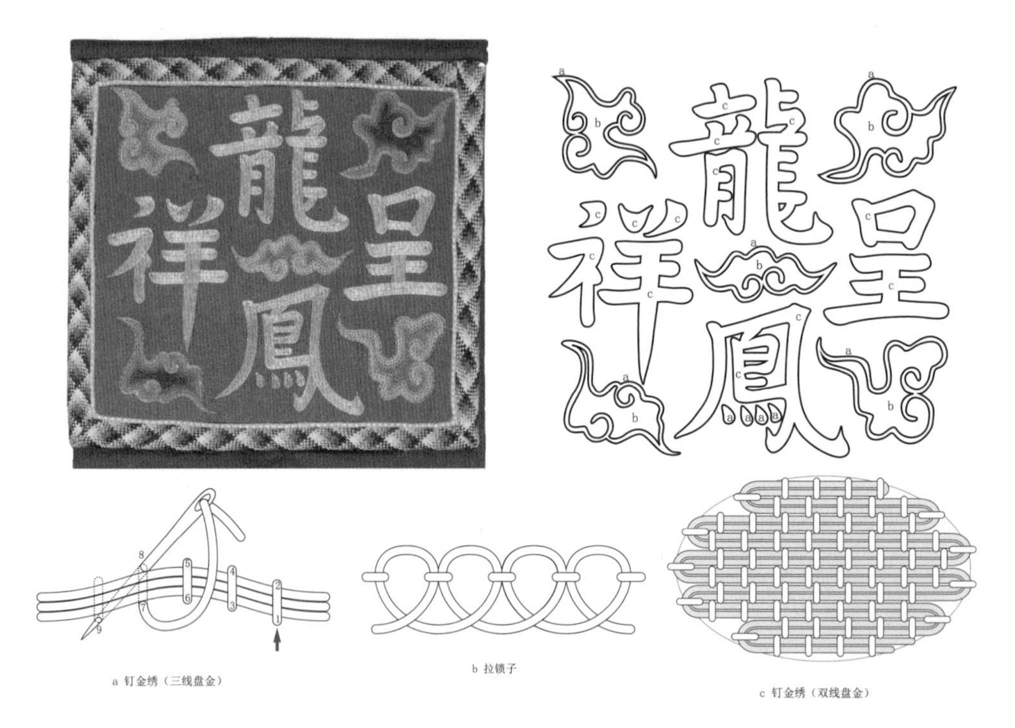

图 3-5-14 红色缎平金锁线绣龙凤呈祥褡裢针法示意图

祥褡裢（图3-5-14），该褡裢纹样由“龙凤呈祥”4字与5朵祥云组成，绣地为红色素缎面，钉线材料为细如发丝的金线和彩色丝线。该作品共使用了三种针法，文字部分使用双线盘金，这种针法被称作平金或蹙金。刺绣时，首先将双股金线依纹样走势平排铺在绣地上，转角处顺次回旋，再用米黄色绣线以短针脚的直针针法依次钉牢；祥云内部用同色系丝线由深至浅、由内至外，以拉锁子针法盘钉，再使用三线盘金绣制轮廓。

对于较为复杂的刺绣纹样，常使用钉线、钉物相结合。以故宫博物院藏石青色缎串珠绣团龙刺绣褂料的针法为例（图3-5-15），该刺绣纹样是由正龙、藤蔓、花卉、宝珠、海水江崖组成的团龙，绣地为石青色缎纹地，共使用了6种不同的钉线、钉物针法。正龙纹样使用的针法最为复杂，共使用5种针法，其中龙头、龙鳞、背鳍、四足和龙尾等主要面积使用串钉针法，将米粒大小的白色珍珠隔颗钉线；发须部分则使用深绿色多股线为线材的缉线与单股金线组合的双股缉线绣针法，腹鳍部分使用双股缉线绣，龙角部分由双线盘金针法绣成，轮廓线则有三种，分别为以较粗的蓝色龙抱柱线为线材的单股缉线绣和以较细的多股线为线材的单、双股缉线绣。花卉部分的轮廓使用白色龙抱柱线为线材的单股缉线绣，内部分别以单、双股缉线绣填充。藤蔓部分轮廓则是缉线加金线的双股缉线绣，内部以双股辑线绣填充。海水江崖内部使用由深到浅的双股缉线绣，呈现出平套的效果，轮廓则使用双线盘金。宝珠的针法最为简单，仅使用双股缉线绣一种针法。

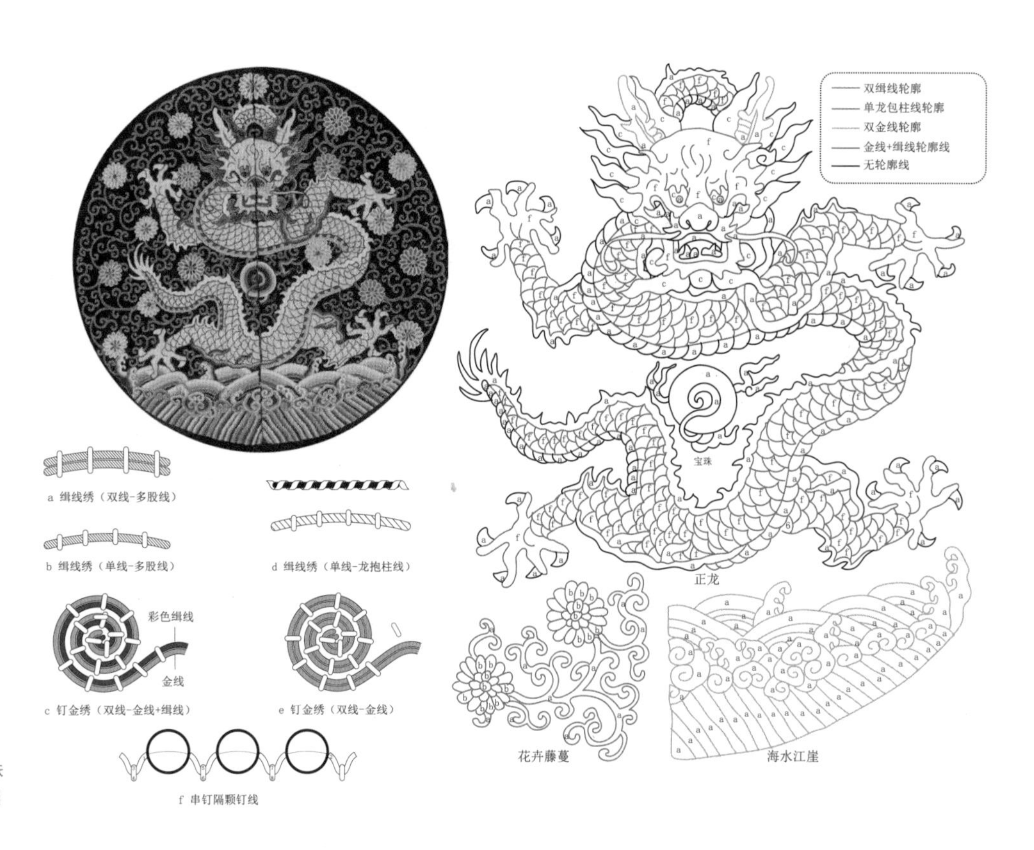

图 3-5-15　石青色缎串珠绣团龙刺绣褂料针法示意图

（四）仿提花织物的经纬绣

经纬绣法与上述绣法存在显著的差异。首先，在于绣地的特殊性，经纬绣需要使用孔眼较大且规律的纱地；其次，在于针脚的规律性，经纬绣需要严格地按照预先设计好的孔眼个数限定针脚的长短，通常在同一形状或区域中，针脚的长度基本一致；最后，在于视觉呈现上强调经纬组织的结构性，除挑花外，几乎所有的经纬绣法起落针之处都在孔眼，刺绣效果或接近于妆花纱，或接近于织锦（图 3-5-16）。

经纬绣法可以分为三类（图 3-5-17），其中串绣和纳绣的针法具有相似性，主要是从绣地经纬交叉处的孔眼起针，扣绕另一处孔眼落针，利用无数条短针脚构成图案。除了异向纳纱针法，其余针法在运针方向上，无论倾斜或平直，始终保持一致。在串绣与纳纱针法中，针脚长度是相同的。而纳锦针法通常用于绣满绣地，因此需要以有规律的长短针脚形成菱格纹或波浪纹。挑绣也被称为十字挑花，其特点是每两针绕经纬交叉点形成一个十字，再由一个个小十字纹组成完整的纹样。

明清时期，洒线绣是宫廷中较为流行的绣法，主要采用经纬绣法，并以其他绣法相结合进行综合应用。以明代洒线绣绿地彩整枝菊花经书面的针法为例（图 3-5-18），该刺绣以红色二经绞直经纱为绣地，共运用了 11 种不同的针法，其中有 3 种纳绣类针法。纳绣类针法最大的差异性在于起落针的动作，分别有纳、戳

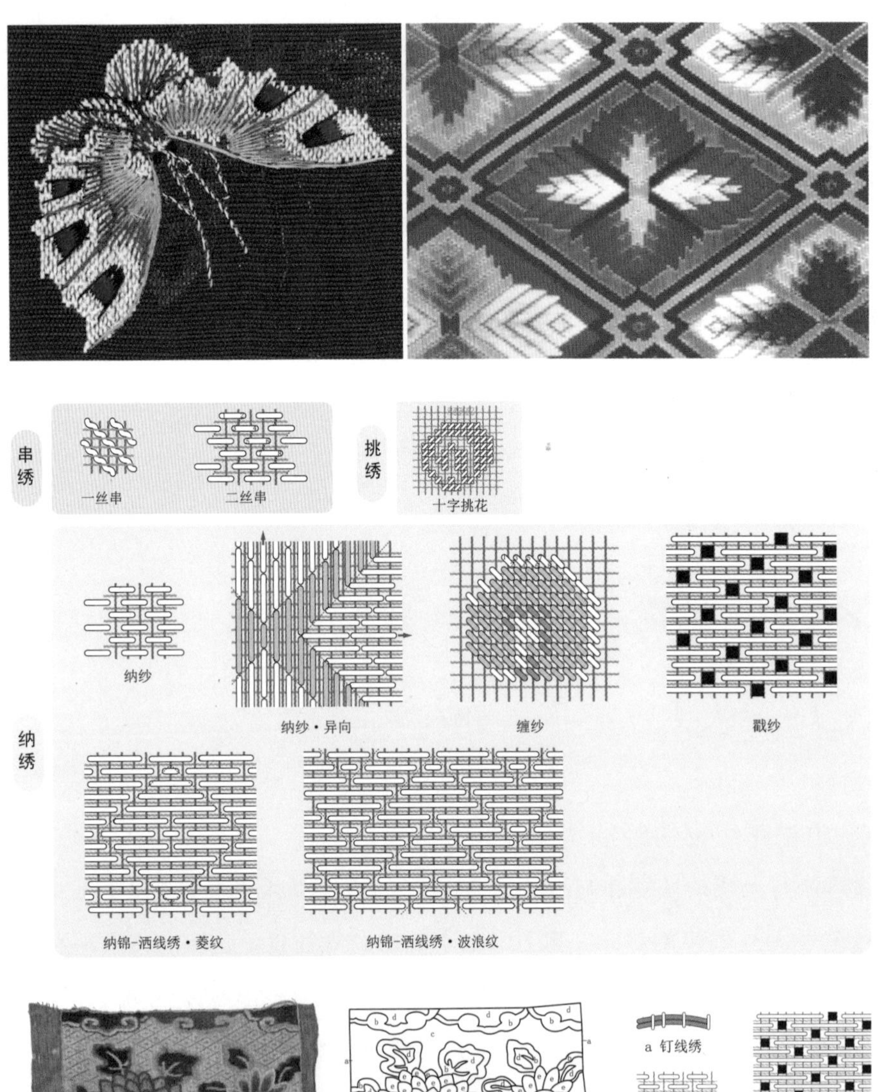

图 3-5-16 两种经纬绣呈现的差异性效果[18]

图 3-5-17 经纬绣法类型及针法举要

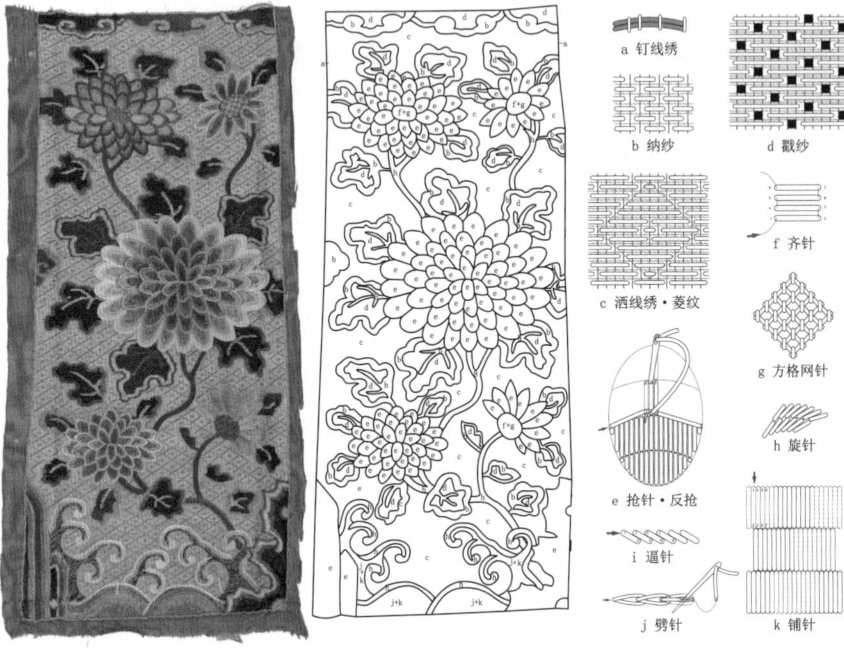

图 3-5-18 明代洒线绣绿地彩整枝菊花经书面针法示意图

[18]《中国织绣服饰全集》编辑编辑委员会编，常沙娜主编，刘建平副主编《中国织绣服饰全集2 · 刺绣卷》，天津人民美术出版社，2004，第297页。

和缠。其中，纳和戳的针脚方向均为水平或垂直，缠的针脚方向则为倾斜。在该刺绣中，纳锦针法应用在背景部分，针脚长短有序且密集排列形成菱形连续织锦纹样；纳纱针法运用于叶片和云朵的轮廓，同样形成密集排列的效果；戳纱针法运用于顶部的云纹和叶片的内部，起落针跨越偶数孔眼，垂直穿刺形成孔眼露出红色纱地。除此之外，江崖与菊花的花瓣使用了抢针，花芯部分以齐针铺绣第一层，第二层用方格网针，下方的海水纹样则用铺针表现块面，劈针表现线条，旋针表现轮廓，两侧的边缘还使用了两条多股线进行钉线绣表现外轮廓。

三、古代刺绣的材料、工具与工序

中国古代刺绣所采用的材料可以分为两大类，一类是构成纹样的绣线和绣材，另一类是承载绣线的绣地。古代绣线多以丝线为主，也有棉线、绒线、花线、金银线、孔雀羽线、综线、发丝等，绣材则有布片、珍珠、料珠、穿孔宝石、棉花、碎布等。而绣地主要选择质地疏密不等的丝、棉、麻布，其中丝绸最为常见。以故宫博物院藏清代孔雀羽穿珠彩绣云龙吉服袍上的绣线和绣材为例（图3-5-19），该刺绣使用了绒线，既有有光泽感的丝线、粗细不等的缉线，又有凹凸肌理的龙抱柱线和多股丝线，以及孔雀羽线和珍珠、红珊瑚制成的米珠。

绣地，通常被称为底布，不同质地的绣地对针法具有一定程度的制约性。尽管大多数的直针针法可以不受限制地运用在多种绣地上，但精致的纹样和细密的针法往往要求底布的经纬交织具有较高的细密程度，如质地紧密且不易变形的锦缎；而疏松的绞经织物作为绣地更适用于经纬绣，由于针法实施时需要按

图3-5-19　孔雀羽穿珠彩绣云龙吉服袍上的刺绣材料分析图

照经纬组织形成的有规律的孔眼来确定针线的起落点，因此需要有明显方孔且孔眼较大的纱地。以故宫博物院藏刺绣常用绣地面料为例（图3-5-20），从绣地的经纬组织来看，组织紧密的面料多为绸和缎，组织疏松的面料则有直径纱和实地纱；从绣地的织造工艺来看，既有不加装饰的平素织物，也有装饰精美的暗花织物。

古代刺绣工具主要分为两类：一类由绣绷、绷架组成，用来固定、承托绣地；另一类包括针和剪，用来行刺绣之事。《雪宧绣谱》中记载绣具有“大绷”“中绷”和“小绷”，并用图像呈现了中绷。在三种绣绷中，大绷与中绷都属于方绷，小绷则属于圆绷，形制存在显著差异。方绷由外横轴、内横轴、闩、绷布、竹条、绷绳和绷钉组成（图3-5-21），而绷架通常被称为绷凳，架面用来盛放绣绷。绣绷平放时，闩的正面可见14个小孔，用来插入绷钉，固定内横轴，绷布用来连

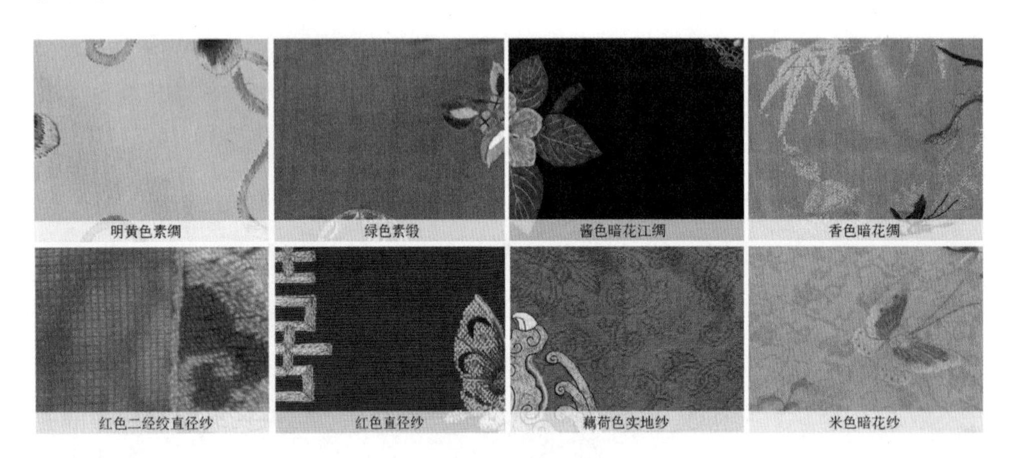

图3-5-20 故宫博物院藏刺绣常用绣地面料举要

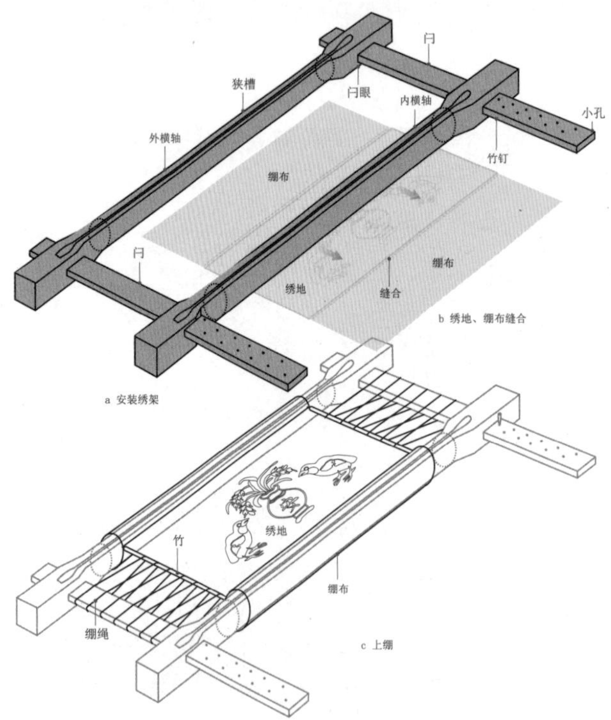

图3-5-21 绣绷各部分部件名称及上绷流程示意图

接绣地的两端，绷布的外缘用两根竹条绷紧，再用绷绳将竹条和两侧闩以“Z”字形往返固定。由于横轴可以卷住较长的绣地两端绷紧，因此也被称为卷绷。将绣地固定在绣绷上的过程被称为“上绷”，需要先将两根闩的榫头依次贯入内外横轴的闩眼中，再将绘制有纹样的绣地上下两端缝合绷布。最后将两端的绷布分别卷在内外横轴上，绷紧后用竹钉从内侧的孔眼卡住内横档进行固定。用竹条绷平绣地左右两端，再使用绷线依次穿绕绣地和闩，绷平绣地。

绣架（图3-5-22）由两只绣凳组成，摆放时，内足相对，架面水平。使用时需调整好两只绣凳之间的距离以适合绣绷的宽度，便于将绣绷水平安置在架面上，摆放合适高度的坐具后，即可开始进行刺绣。

小绷在使用时仅用手持，通常用来制作小型刺绣，其形制为大小相套的两个正圆形竹圈（图3-5-23），内圈闭合，外圈有一处开口，开口处左右相对贯穿一孔眼，用来穿拧螺丝。上绷时，先将绣地蒙在内圈上，并将需刺绣的部位放置在正中，再卡上外圈，并根据绣地的厚薄程度，通过螺丝的松紧调节外圈的圈口，令外圈卡紧内圈，固定绷紧绣地。刺绣时，工匠一手抓握竹圈，另一手行刺绣之事。

刺绣用的针与普通缝衣针不同，绣针相对针头尖利的缝衣针来说，更为圆钝。绣针的形制大致有五种（图3-5-24）：第一种是普通绣针，针孔较长，针尖

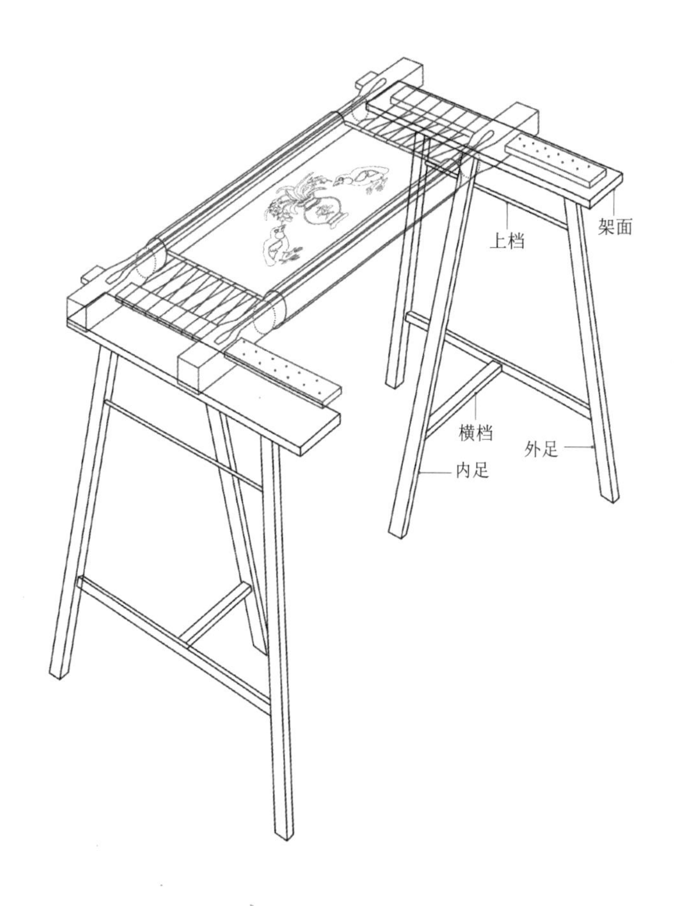

图3-5-22　绣绷、绣架使用方式示意图

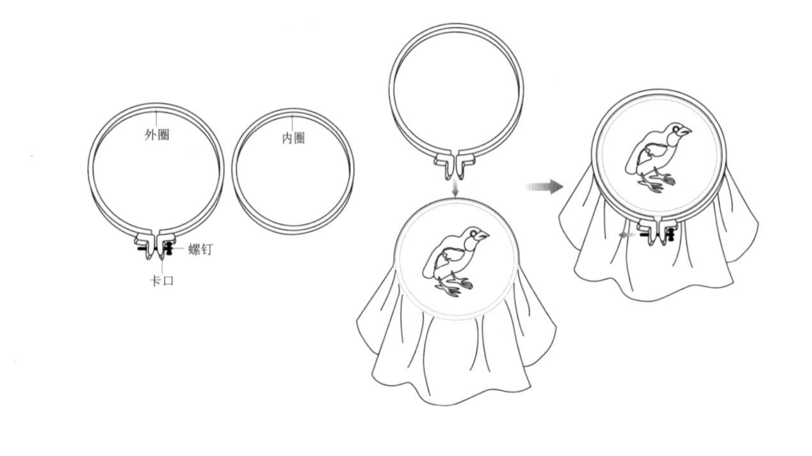

图 3-5-23　小绷各部分部件名称及使用方式示意图

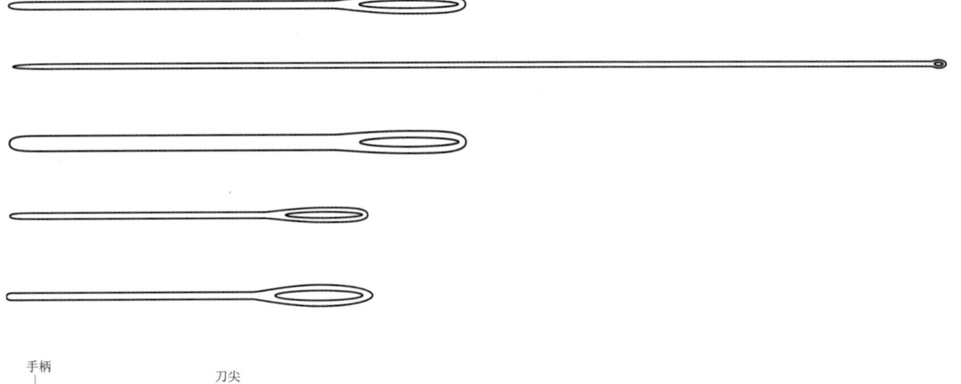

图 3-5-24　绣针种类举要

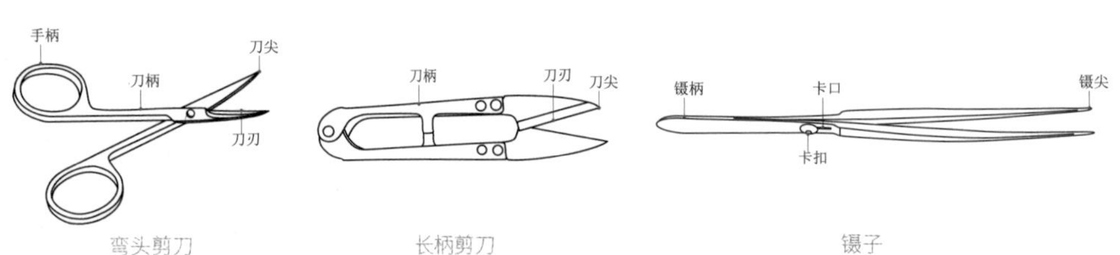

图 3-5-25　刺绣用剪刀、镊子示意图

较钝，根据绣线粗细和绣地面料分为不同型号，通常绣线越细，绣针就越细小；第二种是穿珠针，整体最为细长，直径通常小于米珠的珠孔，细长的针体便于一次性穿过多粒珠子；第三种是毛线针，针体比普通绣针粗壮，针头也更为圆钝，通常用于多股绒线和质地较粗的绣地；第四种和第五种通常用于挑绣，由于挑绣针脚短，因此针体也较短，两者的区别在于前者针眼更小，针体更细，用于绣制更加精细的绣品。

刺绣用剪刀体积较小，有两种形制（图 3-5-25）：一种为弯头设计，与普通剪刀相似，但刀柄较长，手柄小巧，刀尖上翘，通常用于修剪线头；另一种为长柄设计，刀柄为U形，没有手柄，刀刃如蟹钳，通常用于抽丝。除剪刀之外，刺绣时还会用到镊子，通常用于收针时，拨开绣线隐藏收尾的针脚。

在开始刺绣之前，首先要将画稿描于绣地之上，再将绣地上绷并挑选好合适的材料（绣线配色、珠饰搭配）和工具（挑选合适的绣针），便可开始进行刺绣。刺绣工序共分为三个步骤：第一步，将选好的绣线预处理（图 3-5-26）。首先将一卷绣线拆散，取其中一端，用弯头剪刀剪断；再用双手的拇指和食指捏住线的两端，一手固定，另一手反捻线方向搓动，把一股线退松成有明显间隙的两根丝线；最后用一只手指插入间隙之间挑起，再配合拇指将间隙撑大，逐渐将捻合的丝线分离成单独的两根，即成功劈成1/2，若需要劈成1/4，则再重复上一步即可。

第二步，穿针并将线尾打结（图3-5-27）。穿针时，一手捏住绣针，针孔向上，另一手将绣线一端对折，折端穿过针眼后，一手捏针，一手引线；打结时，将线尾一端压在针尖下方，一手捏住线尾绕针尖两圈，用拇指和食指捏住线尾绕圈处，另一手捏住针尾向上推送，再拉住针的上部往外拉拽，当所有线穿过线尾绕圈处，拉紧即可打结。

第三步，起落针及收尾（图3-5-28）。根据刺绣者的习惯，一只手位于绷上，另一只手位于绷下。起第一针时，绣针由绷上刺入绣地纹样中间靠边缘处，行一短小针脚落针，将线尾结留在起针处；将绣针刺入第一针的起针处起第二针，

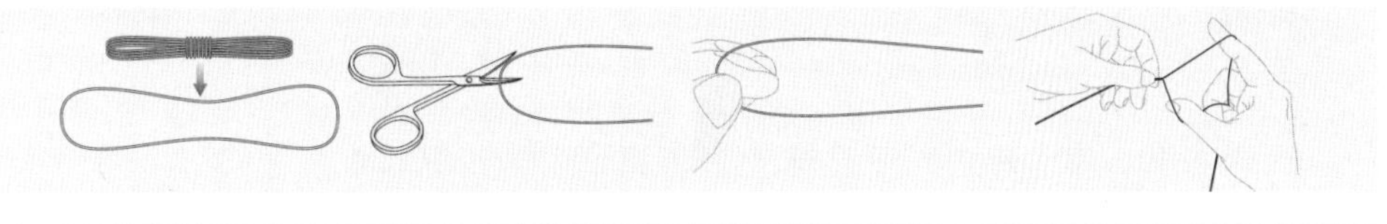

图3-5-26　丝线预处理方式示意图

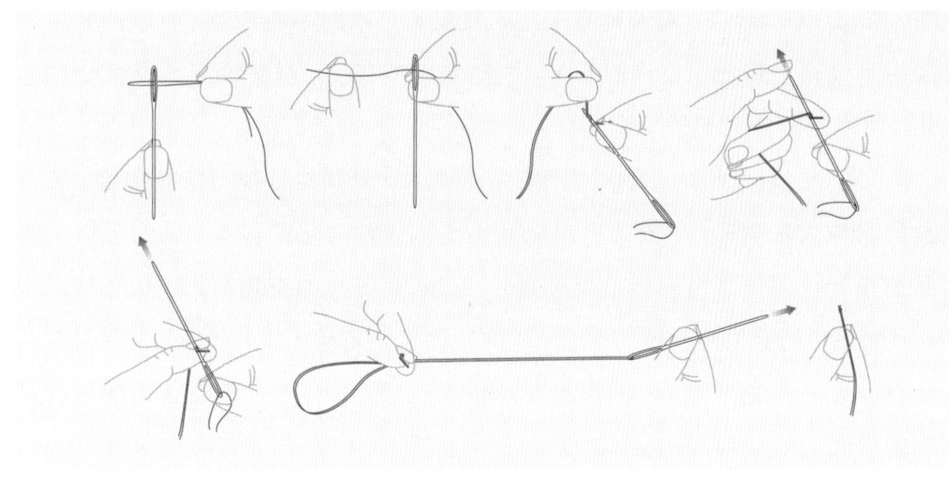

图3-5-27　穿针打结方式示意图

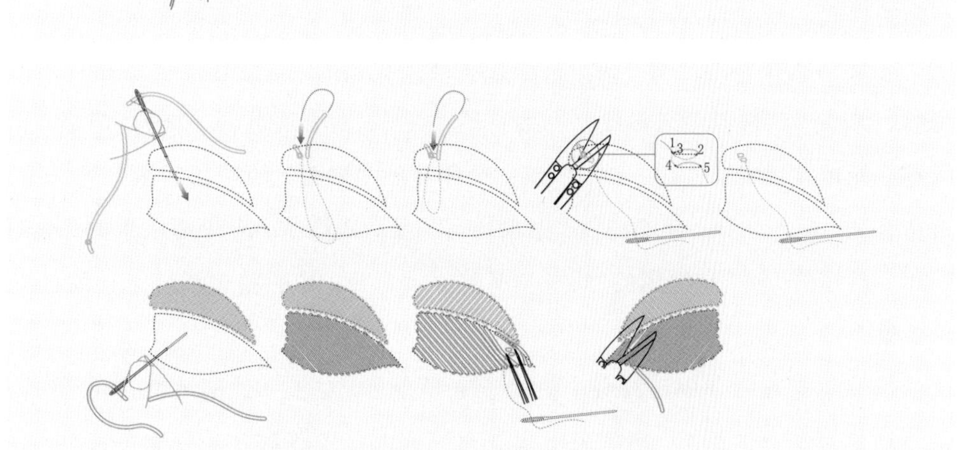

图3-5-28 起落针及反面打结

从距离相近的地方落针，再从附近行一短针脚刺入绣地拉紧；最后用长柄剪刀将线尾结剪掉。纹样轮廓内同一颜色绣完后即可收尾，如不同轮廓内的纹样色彩不同，则需收尾后换色重新起针。收尾时，用镊子拨开靠近边缘处的绣线，露出绣地，行两针短小的针脚后将绣线拉紧，还原拨开的绣线；最后从绷下用剪刀将露出的线头剪断，完成收尾。

无论是高雅的艺术品或是日常的实用品，刺绣一事最重要的核心在于“能”与“巧”，前者体现了绣工对于画稿的还原程度，后者体现了绣工对技术的掌握程度。选取合适的绣样描于绣地之后，全赖于施绣之人对于针法及针法之外的种种刺绣技巧的凝练。唯有和谐的配色、精心合理的布局、灵活组合的针法、疏密匀称的铺排、文从字顺的转折、细密整洁的针脚、横平竖直的针迹、无痕的起止接续、巧妙掩藏的首尾针脚、界限分明的轮廓、平整无瑕的绣面，才能制作出一幅优秀的刺绣作品。

结语

中国古代，刺绣最初用于装饰礼服和礼仪用纺织品，如天子祭服上的粉米、黼黻、宗彝、藻火纹样。随着刺绣工艺的发展和技术的不断普及，刺绣的应用逐渐成为等级制度和贵贱秩序的彰显。刺绣技术的普及，令刺绣逐渐世俗化和艺术化，使用范围扩大到日用服饰、家用纺织品，如衣裳、云肩、围腰和枕头、被面、荷包等。自唐代开始，佛教逐渐在本土普及，令刺绣呈现出宗教属性，佛教题材的画绣大量涌现，一般的日用绣品也受到佛教文化的影响，成为各类宗教用品的符号呈现与造像的艺术表现媒介。在强大国力的支撑下，宫廷绣越发华丽，一度盛行用金银线刺绣，展现出绣品富丽堂皇之美。至宋代，文人画与刺绣的结合，使刺绣作品不仅限于实用品，还延伸出基于文人审美观念的刺绣内容和刺绣模式，如鉴赏用轴、册。

随着刺绣技术的全面发展，根据其装饰性和实用性，分化成画绣和日用品刺绣。刺绣的风格也逐渐形成北方的京绣、鲁绣，南方的苏绣、湘绣、粤秀、蜀绣等多元地域性特征百花齐放。中国古代各种尺寸幅面上的刺绣图案布局匀称、疏密有致、配色协调、针法纯熟，根据构图需要，或满绣、或间绣，通过灵动的“点”、流畅的“线”和饱满的“面”表现出生动形象、华丽精美或朴素淡雅的艺术效果。

儒家思想在古代中国社会中扮演了主导角色，对于女性的地位、角色和日常活动都有深远的影响。儒家思想强调女子的内在修养和日常行为规范，刺绣在儒家思想的框架下，成为日常生活中的一项重要技能，被视为女子的基本技艺之一。在儒家教育体系中，刺绣是社会主流群体家庭教育中的重要组成部分，女子从小就被教导要擅长女红。良好的刺绣技巧不仅是对女子手艺的评价，还有对其修养、德行和家教的肯定。在此语境下，刺绣不仅是一种技艺，更是女德、女红的体现，与女子的"三从四德"相辅相成，在儒家思想和封建制度共同作用下形成的观念长期作为衡量女子是否心灵手巧的重要标尺。女子刺绣时呈现出的安静内敛，是古代妇女美德呈现的重要方式，也是文人诗词中对女性生活描述的重要主题之一。

此外，宋代以后，文人画风逐渐兴起，这种注重意境、强调自然的画风对刺绣产生了深远的影响，为刺绣注入了新的生命和审美价值。许多文人的画作被用作刺绣图案，文人自己也参与刺绣设计，使刺绣图案更加注重意境和情感表达。除了画作，文人的诗词和书法也经常被引入刺绣。这不仅是图案的点缀，还有对图案意境的补充和深化。文人字画与刺绣的互动融合，使刺绣被赋予了文人墨客的高雅情操，也令诗词增加了世俗生活的烟火气息。

作为日常生活用品的刺绣图案几乎涵盖了社会主流群体的美好愿望，同时还承载着对伦理教化的潜移默化和对宗教神祇的尊崇敬畏，具有"纹必有意，意必吉祥"的民俗文化特征，使得刺绣不止是一种技艺，更是一种习俗、文化和情感的传递。直至今天，刺绣依旧是日常生活中常见的装饰，尽管机器刺绣逐渐取代了传统刺绣成为主流生产方式，但依旧保留了传统刺绣的纹样和配色方式。而在奢侈品领域，将传统手工刺绣附于服饰已经成为一种能够体现服饰的技术性和悦目性的极佳方式，并且成为高品质手工艺属性的象征。同时，在部分刺绣类非物质文化遗产所在地区，仍旧保留着手工刺绣技术和刺绣相关的传统习俗，刺绣仍旧是中国民族文化面向世界的符号表征。

第四章
中国铸造技术的更迭与模范规制

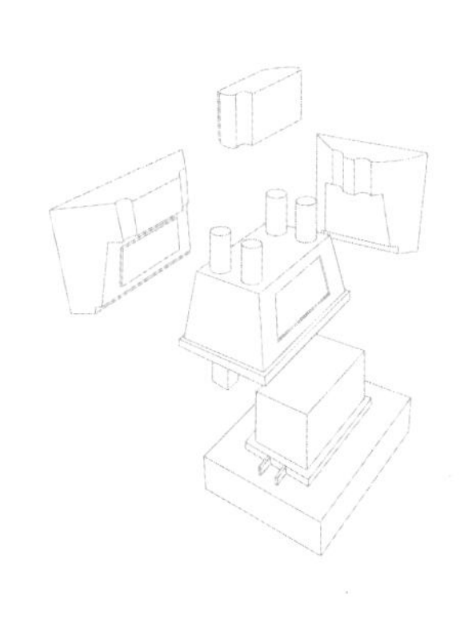

中国古代以组合块范法为核心的青铜冶炼铸造工艺体系，是世界铸造史与冶金史的重要转折点，区别于西方由冶炼纯铜为主的“红铜时代”到冶炼砷铜合金为主的发展路径。青铜是人类有意识地利用自然铜进行金属冶炼的最早产物，在促进政权集中、财富聚集与文明生成方面起到了关键作用。中国是目前已知最早出现青铜制品的地区之一，在甘肃马家窑文化遗址出土的一件含锡的铜刀，表明了中国先民对自然材料加工和改造能力的质的飞跃，更见证了后世卓越铸造工艺与以复合材料为重要基础的人工造物的崛起开端。中国古代铸造的完成建立在对金属材料、热能与高温技术的综合运用，涉及金属熔炼、铸型制作、浇铸凝固与脱模清理等多重工序流程，各环节通力配合，环环相扣。铸型浇铸是实现精密铸造的关键工序，也是决定生产效率与成品质量最重要的环节。金属铸件的生产与合金冶炼的精进、铸型工艺的提升及熔炼工具的革新息息相关。合金材料、铸型技术与熔炼工具这三大因素相互促进，发展出数量庞大、影响深远的金属类生产与生活工具。

中国古代铸造体系的完善基于对金属冶炼技术、社会经济发展和人文艺术追求等多重因素的融汇与吸收，是古代人民生产生活实践与审美理念的综合体现。在铸造工艺的持续传承与铸件器物的不断创新过程中，其外部表征、内在逻辑与文化意蕴不断演绎，滋养着中华民族生产实践与造物美学的蓬勃发展。那么，组合块范是凭借什么成为中国古代铸造技术区别于西方的关键因素？熔炼工具又是如何实现金属材料性能与冶炼效率的提升？从礼器到日常用具的演变过程，青铜器的视觉显现与组合内容产生了怎样的变化？钱范的更新何以促进铸币的批量化与标准化？铜镜在形制与装饰上的演变为何折射出不同时期的审美追求？

铸造技术演变以商周青铜器铸造技术为研究对象，着重阐析中国古代青铜器铸造技术的基本流程、重要原理与关键鼎新，剖析铸型方式的更迭、浇铸技术的转型与铸件本体的叠出之间互为驱动的关系。第一节“古代铸造技术的更迭”，着眼于中国古代铸造技术发展史以及铸造工序中的关键技术节点，借此从生产技术层面获得对铸造体系的宏观把控。首先，以铸造铸型的材料更迭为考查脉络，厘清了铸型发展的“石范、陶范与金属范”演进次序，通过横向比较各范型技术语境、材质质地、性能优劣和典型铸造物等方面的异同，深入追述铸造技术在生产能力提升过程中所表现出的自我传承与自主变革，及其对铸造器物的产品形态、功用拓展与品类创新等方面的决定作用。其次，则以铸造成型工艺为基点，从浑铸法到分铸法的分型块范技术的演进，揭示块范法在塑造中国独特铸造体系中不可取代的重要意义。再从精工细铸的熔模铸造技术的发明与应用，探究其在场域介入上从礼制空间到生产空间的拓展历程，总结其繁简兼具、因需变革、灵活探索的铸造技术格局与设计制作理念。

熔炼工具沿革聚焦熔炉与鼓风器两类铸造工具，阐释熔炼设备的升级与鼓风器械的改进，及其对于铸造效率与产品质量产生的重要影响。第二节“鼓风熔炼的空间”。炼炉是在制陶与筑窑技术之上发展而来，炉体材料与筑炉方式不断改良，炼炉形制由较为简单的地穴式炉和陶器式炉演进为复杂的竖炉，冶炼工序逐步完成由矿山粗炼到作坊精炼的序列化发展。与此相应，燃料、鼓风器及助熔剂日渐丰富，金属冶炼的主要对象由低温炼铜拓展为高温炼铁，高能、高产的炼炉成为中国古代金属冶炼及加工的核心要素，奠定了金属高温液态冶炼与浇铸成型的技术传统。新金属的冶炼与应用释放出强大的社会生产力，其发展极大程度地提升了中国古代社会的文明程度。以炼炉为中心的冶炼与铸造复合型技术为世界金属加工体系的完善做出了突出的历史贡献。

国之大事的青铜礼器、货币国定的铸币与照面饰容的铜镜都是兼具广泛社会影响与深厚文化价值的铸器，既关乎等级权威与礼制文明的确立，又牵涉经济贸易与财富流通的稳定，也涵盖对美用相宜的艺术生活的企盼。这三种铸器分别从政治治理、社会生产和精神追求等方面，共同诠释了中国古代铸造体系所积淀的政治权力的象征性、经济交换的流通性与文化精神的表征性。

青铜礼器起源于敬鬼事神的祭祀用具，而后演化为国家政治制度与社会生活等相关重要活动的礼仪器具，展现出明确的政治性、规范性与等级性。第三节“商周礼法的物质象征”，对商周时期青铜礼器的形制特征、纹饰风貌与文化内涵展开分析。商周政治阶层等级思想与礼制制度的转向丰富了商周礼器的组合形式与数量配置，基本形成了由“重酒”至“重食”的用鼎制度再至组合间僭越使用的演进脉络，这种变化赋予了青铜礼器新的视觉秩序与审美趣味。此外，商周礼器的器表装饰则完成了由抽象兽面母题至世俗写实主题的转变，铭文篇幅则由短篇发展至长篇，铭文内容则由以祭祀祖先为主扩展至对政治封赐及铭德纪功的世俗追求，展现了商周时期人们从对祖先祭祀与动物神灵的信仰依赖，到对现实世界与人文思想的认知回归，总体呈现出由神本位至人本位的价值观念及造物思想的转换。

青铜铸币萌发于商周时期并广泛涌现于春秋时期，是由国家集中铸造的兼具实用与艺术价值的特殊手工艺品。铸币作为商品经济中用于生产交换的一般等价物，在促进中国古代铸造产业发展、保障物品流通和社会财富分配、维护统治权威等方面都占据着极为重要的地位。第四节“钱币中的中国铸造史”。历代参与铸币的人们以降低制作成本、提升铸造效率、扩大生产规模为目的，不断优化铸造工艺与流程，推动了钱币工艺由单面多钱模范式至双面范式再至母钱翻砂范式的发展历程，形成了程序趋于极简、制作追求精密、产能持续优化的技术风格，展现出同质化、标准化与批量化的工艺思想。铸币材料则围绕提升金属熔液的充型能力的目标，形成了在铜合金中，铜、铅与锡等金属此消彼长的局面，最终造就了铸币精美的艺术效果。铸币技术的革新、合金材料的调试与铸币思想的完善，共同保证了铸币在中国古代经济社会的充分流通与艺术化表现，将铸造生产与国用民生、市场交换紧密联系起来，对货币在社会经济生活中的发展具有重要的意义。

铜镜是我国青铜器具中出现较早且沿用时间最长的品类之一，是铸造工艺在日用生活领域发挥作用的典型，承载着中国古代社会对人类美好形象的不懈探索与精神意蕴的生动表达。第五节“铸冶铜华以为镜”。不同阶段青铜铸造技术的发展在一定程度上影响着铜镜工艺、材料与功能的演变，推动了铜镜在技法层面的推陈出新，使其呈现出由以块范法铸造为主至以砂型铸造为主的工艺演变路径，并经历了由平面向凸面再向平面的调试，创制出技术水准与艺术效果兼具的多样镜种。同时，完成了从铜锡铅三元合金到高锡青铜配方再到低锡、高铅、高锌的转变，反映了工匠对具有适中硬度、鲜亮色泽、精细纹饰的高水平铸镜技术的冀求，体现了对讲求经济适用、制作精简与批量生产的社会需求的响应。此外，纹饰艺术的发展与审美趣味的转向也在一定程度上丰富了铜镜的视觉语言，基本形成了由圆形至方形再至异形的发展脉络，展现了古代镜匠在造型设计上逸趣横生的巧思妙想，总体呈现出“器以致用”与“技艺交融”的工艺理念与设计思想。

中国古代铸造技术的历史是劳动工具制造的历史，也是生产力发展与社会制度演变的历史。铸造技术作为中华民族最重要的文化媒介之一，对古代社会的建立、巩固和发展，以及农业经济的变革和生产技术的变化起着重要的推动作用。铸造技术是古代先民对自然改造与物质生产的生动再现，蕴含着对自然条件最大限度地认识、选择与利用的全过程，奠定了对自然和人文科学中各事物性质、彼此关系的认识基础，成为反映古代社会生产力发展水平、生产关系变革、社会政治经济状况与文化审美选择的重要载体。

铸造器物的谱系与功能随着铸造工艺的提高、铸型材料的更替与铸造工具的变革不断完善，展现出由对简单生存需要的满足至对多元化、复杂化的高层次审美需求的响应。综观铸造技术的衍变与器物风貌的发展可知，其不仅实现了铸型材料由石质、陶质至金属质的逐层升级，而且完成了熔炼工具从低温冶炼到高温冶炼的跃迁，还建构了包括整体成型的浑铸法、多合块范的分铸法与精工细铸的熔模法等多种铸造工艺在内的铸造技术体系，进而造就了广涉朴素耐用的生产工具、精致细巧的生活用具以及繁杂威严的国之重器的庞大谱系，最终使铸造器物在生产与生活领域均得以广泛应用，不仅具有提供社会物质资源的实用价值又兼具满足精神生活需求的美学价值。

铸造技术的演进过程还体现了古代先民将造美的规律性知识融入铸造技能过程中的造物思想。在尊重客观事实与自然规律的基础上，最大范围地获取金属资源进行铸造活动，同时注重探索合理简明的加工方式以提升资源利用率与生产效率，竭力促使铸造技术、铸造产能与社会需求及自然条件的和谐，体现了“因地制宜”与“物尽其用”的物用观念。此外，铸造器物的造型、纹样骨式及具象描绘、抽象寓意等艺术表征，则凝结了中国古代等比例分割的秩序感、主体与附体的和谐感、疏密聚散的韵律感等意匠法式，充满了对铸造器物的舒适度、愉悦感与审美性的设计关怀，承载着“以物适人”与“物用为人”的设计思想。

在现代工业生产与金属加工工艺中，古老的铸造技术仍然展现着强大的生命力。它支撑着机器零件坯件、离心铸造等特种铸造工艺的广泛应用，启发着各类造型材料的推陈出新。传统铸造思想的现代性转化与当代铸造产业所蕴含的铸造智慧，将为当代中国乃至世界的材料工程与精密铸造提供创新灵感。

第一节　古代铸造技术的更迭

铸造是指将高温液态金属浇铸到铸型中，使其凝固成特定形状铸件的成型技术，也是人类较早掌握的金属热加工工艺之一。铸造技术既可以制作形制简单的单件中小型器具，也可以生产结构复杂的批量化大型容器，自古至今都被广泛运用于日常生活与工业生产的造物活动中。铸造技术在接近六千年的生产实践中不断改良，不仅铸就了古代中国以青铜铸造为代表的青铜文明，还实现了以铸铁生产为主的铁器文化的辉煌成就。自新石器时代至二里头文化时期开始出现小件铸造物件，通常是以石范铸造的青铜器，目前出土最早的实物是公元前3500年甘肃马家窑遗址的青铜刀。商周时期开始大规模铸造青铜器，青铜铸件的设计效果从简单粗糙趋于复杂精巧。铸造技术也历经由简到繁、由易到难的发展过程而臻于顶峰，不仅奠定了以易于加工的陶范进行青铜器造型的主导地位，还形成了以注重采用铸造成形的金属加工传统。春秋战国时期，在严格遵循铸造成形的原理下，创造性地发展出失蜡法铸型这一新技术，开拓了铸造发展史上精密铸造成形的新领域。同时又开启了将金属铁熔融成水并浇铸成器的铸铁范式，铁质生产工具的丰富又促进了农业与手工业经济的繁荣。

铸造技术的不断发展和推进创造了独具特色的生产工具、生活用具乃至艺术制品，同时也是中国古代传统生产领域中技艺体系支柱型产业的基石，为探察中国古代文明的演进提供了关键的物质文化依据。本节以铸造技艺的技术背景、工具迭代与铸型工艺为切入点，尝试归纳出铸造技艺的主要环节及关键工序，探寻铸型工具革新、技术发展与铸造物演进的内在关联。

一、“模”“范”缘起：脱胎于制陶工艺的铸造技术

在中国传统工艺发展史上，普遍存在不同工艺品种之间前后承继和互相借鉴的现象。就中国古代铸造技术与制陶技术的相互影响而言，历史上曾多次出现仿古青铜器陶器的热潮[1][2]。无论是春秋战国原始瓷器对青铜礼器的模仿，

[1] 陈显求、黄瑞福、阮美玲、周学林、叶龙耕：《仿青铜陶器的结构研究》，《中国陶瓷》1990年第1期。

[2] 陈望平、陈康、汤梦瑶：《论铜器对清代陶瓷艺术的影响》，《中国陶瓷》2012年第4期。

还是南宋官窑瓷器对宗庙青铜礼器的取代，都反映了中国古代铸造技术对制陶技术的深刻影响。那么，铸造技术的工艺源头又在何处？实际上，在原始社会时期已有铸造技术与制陶技术的互动，我们可以从中国古代早期铜器铸造的矿石高温冶炼、造型工艺等技术中推问答案。

金属熔炼是获得铸造合金熔液的关键环节，这需要高温技术和还原气氛的支持。据研究，至迟在裴李岗文化时期已出现烧制陶器的陶窑，可达800℃至900℃的烧成高温[3]；仰韶文化时期，陶窑烧成温度提升至950℃至1050℃[4]；原始社会晚期，印纹陶的烧成温度高达1200℃[5]。以铸造过程中铜合金的熔炼为例，铜的熔点为1083℃，铜矿石的冶炼温度一般要求至少达到1200℃。由此判断，在陶器烧制过程中所积累的高温技术已经达到冶炼铜矿石的要求。另外，铸造过程中所涉及的坩埚等关键工具便依赖于耐高温的陶器。除了需要高温条件，还原气氛对冶炼铜矿石的过程也至关重要，需要隔绝氧气并有木炭的参与，才能将孔雀石冶炼成纯铜。原始社会时期能够制造出黑陶与灰陶，便是在还原气氛的作用下完成的[6]。因此，原始社会制陶技术在高温技术与还原气氛的条件下，已为传统铸造的矿石冶炼、工具构建等奠定了坚实的基础。

有关原始社会时期铜器的考古发现表明，中国铜器产生的时间晚于西方铜器，但是中国铜器的制作在二里头文化时期产生了具有转折意义的改变[7]。以河南洛阳偃师二里头遗址为代表的二里头文化，在铜器制作中逐渐淘汰了传统的石范铸造和锻造技术，转而引进了制陶技术中更为灵活的“模制法”进行铸造，从而开启了中国古代铜器生产的新局面。中原龙山文化时期与客省庄二期文化出土了大量斝、鬶、盉、鬲、甗等陶质袋足器（图4-1-1a）与相关的陶模（图4-1-1b），这表明采用模制法来制作陶质袋足器的方式已普遍运用。这类器具的袋足部分往往采用模制法成型，即用泥条在足模具上盘筑，拍打定型后将内模取出，便可得到单个尖底袋足。而二里头时期出土的青铜铜盉（图4-1-1c）、青铜斝（图4-1-1d）等袋足容器，显然沿用了陶盉、陶斝袋足的模制方法。同时，模制法中的关键工具——泥质的“模”与“范”，在本质上也均从属于制陶工艺[8]。可见正是模制法陶器技术的盛行，促使了铜容器铸造的发明以及铸造成型技术

[3] 卢嘉锡总主编，李家治分卷主编《中国科学技术史：陶瓷卷》，科学出版社，1998，第2页。
[4] 周仁、张福康、郑永圃：《我国黄河流域新石器时代和殷周时代制陶工艺的科学总结》，《考古学报》1964年第1期。
[5] 卢嘉锡总主编，李家治分卷主编《中国科学技术史：陶瓷卷》，科学出版社，1998，第14页。
[6] 苏荣誉、华觉明、李克敏、卢本珊：《中国上古金属技术》，山东科学技术出版社，1995，第95页。
[7] 张朋川：《中国工艺美术史上材料和技术的脱胎换骨》，《创意与设计》2021年第1期。
[8] 谭德睿、徐惠康、黄龙：《中国青铜时代陶范铸造技术研究》，《考古学报》1999年第2期。

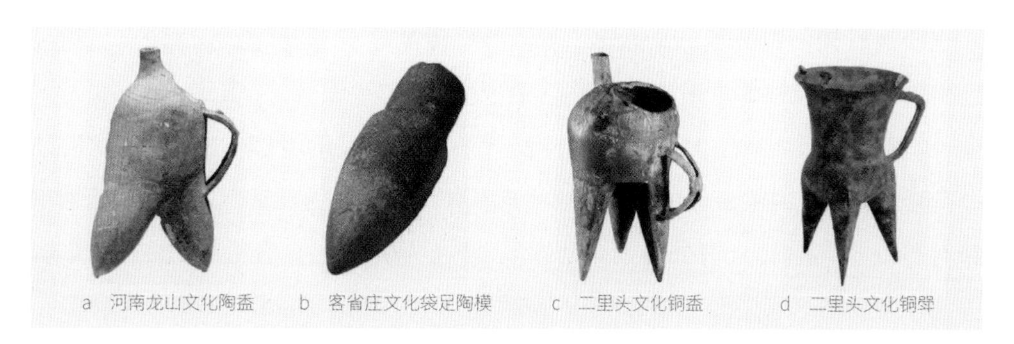

图 4-1-1　陶质袋足器、陶模与铜质袋足器

的跃升。综上例证，仅从铸造技术中的高温技术与成型技术两个关键要素来看，铸造技术的形成与发展脱胎于制陶技术的成熟经验。

二、范质迭新：石范、泥范至金属范的演变

“模”与“范”作为铸造伊始时的核心铸型工具，其发展及变革的路径与铸造技术基本吻合，是考察铸造成型技术演变的首要环节。“模”指目标器物的样子，是用于制范的原型。“范”即是标准和典范，依“模”翻制而成，用于规定金属熔液浇铸的范围，范型准确与否是铸器的首要问题。根据范质材料的差异，中国古代铸器用范又从最早的石范逐步发展出更具可塑性的陶范，最后发展出适合批量生产的铜范与铁范等金属范，为造型各异的铸件制作提供了工具保障。

（一）二里头文化时期的石范与简单铜器的生产

石范是最早用于铸造青铜器物的铸型，是原始阶段铸造技术的主要特征，自二里头文化时期出现沿用至今。石范通常以质地较软的砂岩或片麻岩等石材为料，然后凿刻出目标器物的型腔，再注入熔炼好的铜液，冷却后便可得到铸件。概因石材雕刻加工费时费力，并且遇高温易热裂的缘故，现今遗存的石范实物虽然较多，但所铸产品基本上为形制简单的器物，如刀、锛、镞、锥等。二里头文化时期，甘肃玉门火烧沟遗址出土的一件镞石范[9]，应为至今有关用石范铸造青铜器最早的实物材料（图 4-1-2）。该石范一次可铸 2 件铜镞，经岩相鉴定，应为泥质砂岩所制，具有耐火度高、可反复利用及适宜刻铸的特点。

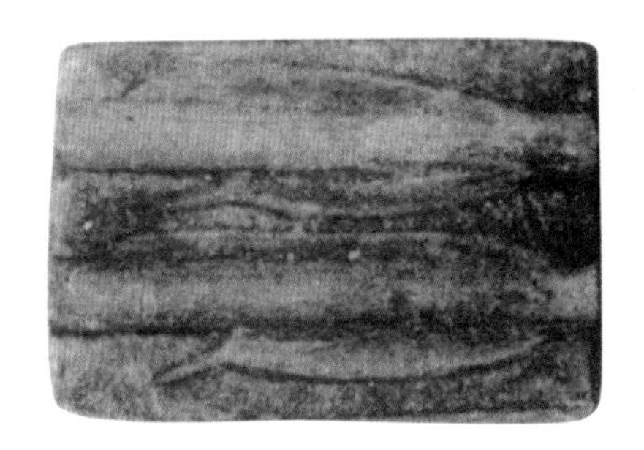

图 4-1-2　火烧沟文化镞石范[10]

[9] 孙淑云、韩汝玢：《甘肃早期铜器的发现与冶炼、制造技术的研究》，《文物》1997 年第 7 期。

[10] 同上。

商周时期石范数量逐渐增多，所铸器型种类趋于丰富。江西清江吴城遗址是商周南方青铜技术水平的典型代表，共发现有57件石范，多是刀、锛、凿、斧、戈、车马饰件等生产工具与兵器的铸范[11]。石质多为质地松软、易于凿挖的红色粉砂岩，少量为灰白色或青色砂岩。其中有两件完整的石锛范，锛的形状为束腰薄刃，一件素面，一件刻有简单的蝉纹（图4-1-3），可见石范所制铸件的形制与纹饰之简洁。

石范作为局限性较大的铸造工具，本身较差的可雕塑性以及在高温状态下的不稳定性，使其自二里头文化时期逐渐让位于性能更优的陶范。但其具有一范多铸的优点，秦汉以后转而集中应用于钱币的铸造上。石范所铸钱币种类主要有榆荚钱、三铢钱、四铢半两和郡国五铢。安徽滁州出土的一件五铢石范（图4-1-4），由光滑细腻的青砂石所制，范体呈长方形，中间设有浇铸口，铸口两侧刻有“吉”“平”二字。浇铸口下方为流槽，流槽两侧各分布7枚钱模，钱模上刻有“五铢”二字。使用此范一次可浇铸出14枚钱币，成倍地提升了生产效率。另外，石范中的阴刻篆文工整严谨，笔画清晰，是石范制作技术精进的重要佐证。如今，石范在云南曲靖与川滇边境仍在使用[12]，主要用于铸造铁犁与犁镜等农具[13]。

图 4-1-3 江西清江吴城商代遗址石范与青铜器[14]

图 4-1-4 汉“五铢”石质钱范[15]

[11] 彭适凡、李家和：《江西清江吴城商代遗址发掘简报》，《文物》1975年第7期。

[12] 王大道：《曲靖珠街石范铸造的调查及云南青铜器铸造的几个问题》，《考古》1983年第11期。

[13] 杨瑞栋、李晓岑、李劲松、华觉明：《云南会泽石范铸铁的调查》，《中国科技史杂志》2010年第1期。

[14] 彭适凡、李家和：《江西清江吴城商代遗址发掘简报》，《文物》1975年第7期。

[15] 滁州博物馆，http://www.ahczww.com/show/cpjs/7134.html，访问日期：2022年11月16日。

（二）陶范与铸器造型的精进

陶范是以泥为料、经低温焙烧而成的铸型，始终是中国古代铸造成型技术中最为主流的范种，铸造出了大量器型多变、纹饰精致的铸件。陶范以泥料为基本材质，泥料所具备的可雕塑性与耐火性等优良性能，正是陶范在器物铸造成型中备受青睐的核心前提。泥料在湿润状态下，具有极强的可塑性、复印性，便于准确地塑制出各类复杂的器物形态。在常温干燥状态下，泥料仍能保持良好的可塑性，强度与硬度适中，便于对铸型展开细致的修饰与调整。高温状态下，泥料又具有足够的耐火性和稳定性，在高温金属液的冲击作用下，仍能保持稳固不致损毁变形。除泥料外，陶范制作中还会添加少量熟料、木本类或禾本类植物灰等草木灰，有利于进一步改善泥料的充型能力。草木灰富含丰富的植物硅酸体，能有效减少泥料干燥收缩，降低热膨胀率。更为关键的是，能够通过降低陶范的蓄热指数改善其充型性能，并能铸造出轮廓清晰、纹饰精致的薄壁器[16]。

值得留意的是，铸造中所用陶范虽然经过烧制，但却未烧结至陶化。谭德睿等学者通过对郑州二里冈、山西侯马铸铜等遗址出土陶范标本的硬度、致密度和热膨胀曲线的研究，确证陶范范料均未被陶化[17]。陶范经过1000℃至1300℃的高温焙烧可完全陶化，此时铸造的铸件质地硬脆且收缩变形，其退让性、充型性能、脱范能力较陶化前会大幅锐减。陶范既能通过焙烧使其在干燥后增加强度，又能通过控制烧制程度避免烧结至陶化，是其能够将石范取而代之的关键因素。

陶范在铜器铸造过程中呈现出随时间发展而逐渐成熟的趋势。在河南偃师二里头遗址二期至四期遗存物中，存有20余件青铜器铸范均为陶范，表明二里头遗址的青铜器采用了陶范法铸造青铜容器[18]。这些陶范多为质地疏松的泥料所制，从残断面上大小不一的洞可以判断，其中应夹杂芦苇或禾本科等植物质料，且陶范经过焙烧但未达到烧结温度（图4-1-5a、图4-1-5b、图4-1-5c、图4-1-5d）。从陶范的型腔面来看，应由细腻的泥料所制，并经过特殊处理，呈现出光滑致密且无孔洞的特点（图4-1-5e、图4-1-5f、图4-1-5g、图4-1-5h）。廉海萍等学者通过检测二里头遗址陶范的化学成分、X射线衍射分析、热膨胀曲线和植物硅酸体，发现其具备良好的金属液充型能力，足以达到铸造薄壁青铜器的高标准[19]。

---

[16] 谭德睿、徐惠康、黄龙：《中国青铜时代陶范铸造技术研究》，《考古学报》1999年第2期。

[17] 同上。

[18] 中国社会科学院考古研究所编著《偃师二里头1959年～1978年考古发掘报告》，中国大百科全书出版社，1999，第81、171、271页。

[19] 廉海萍、谭德睿、郑光：《二里头遗址铸铜技术研究》，《考古学报》2011年第4期。

a 陶范（83YL Ⅳ H20 ：6）残断面　b 陶范（83YL Ⅳ H20 ：19）背面　c 陶范（80YL ⅣT4 ：编 1）残断面　d 陶范（83YL Ⅳ H20 ：6）外表面

e 陶范（83YL Ⅳ H20 ：8）　f 陶范（83YL Ⅳ H20 ：编 2）　g 陶范（83YL Ⅳ H20 ：编 1）　h 陶范（83YL Ⅳ H20 ：1）

图 4-1-5 二里头遗址出土陶范[20]

属于商文化早期的二里冈文化，有两处铸铜遗址出土的陶范数量骤增，其中一处出土陶范共计1000余块，器型广涉镞、刀、镢等生产用具以及鬲、爵等容器，可见陶范相较于石范，开创性地铸造出了具有变革性的新品类。另一处出土陶范共计184块，其中一件似为平底爵的残范，上面仍旧可见雕镂精致的残留纹饰[21][22][23]。尽管陶范在其应用范围与所铸产品的质量上有了明显的提升，但此阶段陶范范料的组分尚不稳定，并未做精选处理[24]，显示了早期陶范所展示出的应用潜力与制作的原始性。而商周时期陶范制作已具有较高的标准化水平，在河南安阳殷墟铸铜遗址内发现设有细泥料沉淀坑[25]，说明至迟在商晚期，已有泥料精选工序。位于山西侯马的东周时期晋国铸铜遗址中，出土的陶范多达30000余块，纹饰清晰精致。其中一件现藏于山西博物院的举手人物范，人物衣饰上填有清晰的纤细斜角雷纹（图 4-1-6）。此处的陶范泥料配比与炼制也更加纯熟，根据学者研究发现，东周侯马范料已经过淘洗、练泥、陈腐等工序处理[26]，为铸件表面的光洁度与纹饰的精致度提供了保证。

战国至秦汉时期，在铸铜陶范的基础上发展出铸铁陶范，是陶范在材料发展上的重要变革。铸铁陶范以原砂为主、泥料为辅，相较于铸铜陶范具有更高的含砂量、更大的颗粒度和空隙[27]，因而具有更强的硬度与更高的耐火度，可用

[20] 廉海萍、谭德睿、郑光：《二里头遗址铸铜技术研究》，《考古学报》2011 年第 4 期。
[21] 张万钟：《泥型铸造发展史》，《中国历史博物馆馆刊》1987 年第 00 期。
[22] 廖永民：《郑州市发现的一处商代居住与铸造铜器遗址简介》，《文物参考资料》1957 年第 6 期。
[23] 安金槐：《郑州市古遗址、墓葬的重要发现》，《考古通讯》1955 年第 3 期。
[24] 谭德睿、徐惠康、黄龙：《中国青铜时代陶范铸造技术研究》，《考古学报》1999 年第 2 期。
[25] 中国社会科学院考古研究所编著《殷墟发掘报告 1958—1961》，文物出版社，1987，第 11 页。
[26] 谭德睿：《侯马东周陶范的材料及其处理技术的研究》，《考古》1986 年第 4 期。
[27] 林永昌、郑婧、陈建立、种建荣、雷兴山：《西汉地方铸铁作坊的技术选择：以关中部城作坊冶金陶瓷科技分析为例》，《南方文物》2017 年第 2 期。

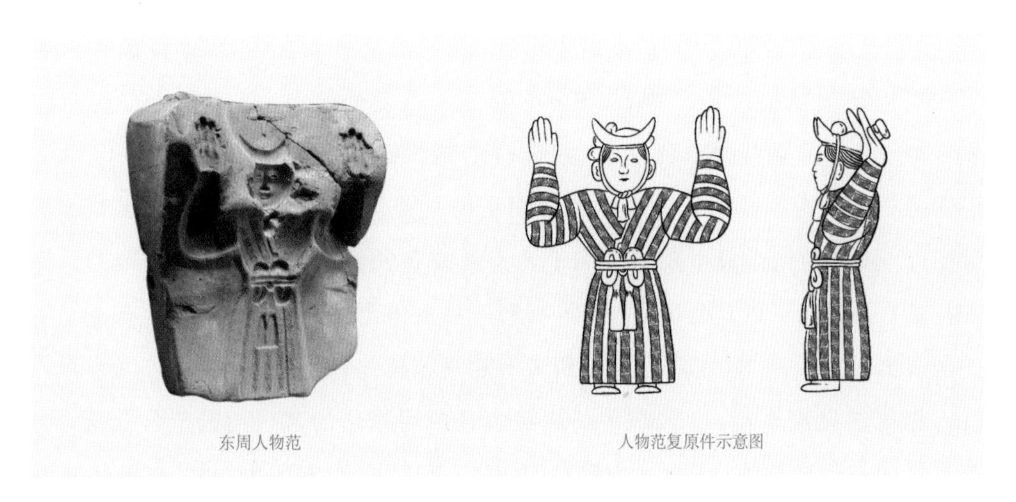

图 4-1-6　东周举手人物范件[28]

于浇铸熔点更高的生铁。如河南登封阳城战国时期的铸铁作坊遗址，出土了大量铸铁陶范，主要用于农业工具的生产。从出土的铁器来看，具有壁薄而锋利的特点[29]。

由此可知，中国古代铸造所用陶范在二里头文化时期已形成基本范式，在材料的成分配比、练泥制备以及焙烧温度等方面已初步定型。陶范在商周时期不断精进与修正，得到普遍推广和应用，所制青铜铸件器型与纹饰更加丰富精致。在战国秦汉时期承继原有制作技术的基础上，通过创新性地更换原材料，使其能够适应铸铜、铸铁等生产方面的需求，反映了陶范工具在发展中的自我延续与变革。

（三）春秋以后金属范与铸件的标准化制作

金属范是用铜或铁等金属材料制成的铸型，是中国铸造技术史上具有转折意义的技术突破。金属范需要通过石范或陶范铸造，应是二者发展到成熟阶段的产物。虽然金属范的制作衍生于石范或陶范，但其性能在生产货币及铁器等领域中又优于陶范。要而言之，主要体现在可重复利用、生产成本低及铸型稳定三个方面。其一，金属范相较于陶范可以被更多次重复使用。陶范在经过多次浇铸受热后极易破损，如目前齐国故城临淄发现的大部分镜范均是使用后因高温而碎裂的[30]。而金属范具备更高的耐高温性能，即使反复浇铸也不易热裂。根据华觉明先生的论述，铸造犁镜所用的铁范可使用长达10多年，浇铸次数可达30000次以上，可以说是铸型用范在可持续使用方面的重要突破。其二，金属范的散热速度快于陶范：首先，这可以使高温合金在金属范腔中的凝固速度快于

[28] 山西博物院，http://www.shanximuseum.com/sx/collection/detail/id/689，访问日期：2022年11月16日。
[29] 河南省文物研究所、中国历史博物馆考古部编《登封王城岗与阳城》，文物出版社，1992，第319页。
[30] 赵娜、郎剑锋：《汉代铜镜铸造技术相关问题研究——以临淄齐国故城汉代镜范为例》，《江汉考古》2021年第3期。

陶范，以便快速投入下一轮的浇铸中，省去预热的工序，这种节省时间和人力的方式可以有效地提升生产效能。其次，这还可以使低熔点、低价格的金属铅取代一部分铜，从而降低原料成本。战国时期楚国蚁鼻钱铸造时便采用了以铅代铜的方法，安徽肥西出土的蚁鼻钱含铜量与含铅量分别为30%至50%和50%至60%[31]，较低的铸币成本确保了成千上万枚蚁鼻钱顺利在商品贸易中流通。其三，鉴于金属范可以重复使用，使得所制产品多出自同一范型，铸件在形态、尺寸与纹饰等方面基本相同，达到前所未有的规范化与标准化。

据考古发掘资料，金属范中使用最多且应用最广的范型为铜范与铁范。铜范是中国古代最早的金属范，为铜质的铸型，主要用于钱币的铸造，在提升钱币标准化程度方面表现颇佳。铜范萌生于春秋时期，山西侯马北西庄东周遗址内发现春秋晚期一个空首布铸造工场，出土了少量破碎不堪的铜范，均为空首布和铜凿的内范[32]，虽然尚不知晓该批陶范的详细特征，但却表明了铜范的出现时间至迟可以追溯至春秋时期。战国时期铜范铸币进一步推广，具有代表性的铜范主要有战国蚁鼻钱和秦半两。以蚁鼻钱铜范为例，1974年武汉市文物商店在湖北更生仓库拣选废铜时发现了一块楚国蚁鼻钱铜范，其中，完整的有10枚、残缺型腔的有2枚（图4-1-7a）。20世纪60年代从上海冶炼厂的废铜堆里拣选出来的一件完整的蚁鼻钱铜范，内设有77枚钱腔（图4-1-7b）。这些蚁鼻钱的铜范范面基本呈黑色，经考查发现，这层黑色实则是油脂类物质炭化后形成的碳化层，目的是有效分离铜范与铜液，防止铜范遇高温铜液而熔化[33]。铜范表面的碳化处理技术是实现铜范铸币的基础，是春秋战国时期铜范技术的重要成就，同时也可以推断，该技术在春秋时期就已被创制。不过此时铜范的制作与浇

图4-1-7　蚁鼻钱及钱范

a　楚国蚁鼻钱及钱范[34]

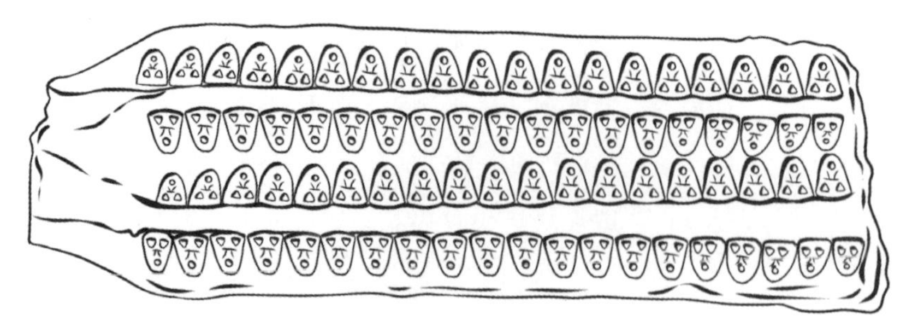

b　战国蚁鼻钱铜范示意图[35]

[31] 陈荣、赵匡华：《蚁鼻钱的金属成分和铸造工艺研究》，《自然科学史研究》1993年第3期。

[32] 畅文斋、张守中、杨富斗：《侯马北西庄东周遗址的清理》，《文物》1959年第6期。

[33] 鄂州市钱币学会课题组、张旅萍、董亚巍：《西汉铜范铸钱模拟实验与相关问题研究》，《武汉金融》2012年第12期。

[34] 武汉博物馆，https://www.whmuseum.com.cn/collection/bronze/d24ead7481172820b6445f7358c5236c，访问日期：2022年11月16日。

[35] 周卫荣：《中国古代铸钱工艺及其技术成就》，《中国钱币论文集（第五辑）》2010年第2期。

铸技术水平并未成熟，目前所见的蚁鼻钱范，其头部位置几乎全在浇铸环节受到损坏，该时期蚁鼻钱的造型普遍尚不规整，稍显简易粗陋。

自汉武帝以后，铜范的制作质量与标准取得空前跃升，并逐渐取代石范成为普遍采用的铸币范型。在《秦汉钱范》一书中共收录123块西汉五铢钱范[36]，其中铜范117块、石范5块、陶范1块，说明铜范在此阶段的铸币用范中已占据主导地位。铜范范面的布局设计与碳化处理技术持续精进，一方面铜范由单排为主逐渐发展至双排、三排为主的阶段，1979年陕西澄城坡头村出土的41件五铢钱铜范中（图4-1-8a）[37]，双排大铜范有39块；而西安长安城遗址与户县兆伦村等遗址还出土了大量三排式铸造五铢铜范的陶范[38]，其中钱腔、各条内浇道均与范肩平行设计，使范面得到最大限度的利用；另一方面，出土的五铢钱铜范范面更加清晰完好，基本都有黑色油脂类碳化层，相比早期蚁鼻钱铜范出现的浇铸损坏情况，此时的碳层保护技术极好。山东诸城博物馆藏有一块西汉五铢钱铜范，两侧刻有并列单行的阴文反字“五铢”钱腔（图4-1-8b），范体完整，字迹镌刻清晰。王莽以降，铜范铸钱工艺式微，其在小型器物大批量生产领域中的优越性逐渐被叠铸技术体系中的陶范所取代。

铁范为铜范的衍生物，即铁质的范型。铁范的应用范围较铜范更广，涉及农具、车马器及兵器等生铁铸件的批量铸造，是战国时期铸铁技术的重要创获，也是农业经济发展的支撑性技术要素。1953年河北省兴隆燕国冶铸遗址发掘的87件战国铸范是我国迄今发现的最早的铁范[39]，该批铁范以锄、镰、镢、斧等农具范为主（图4-1-9），证明早在战国时期就已熟练使用铁范浇铸。此外，铁范壁厚均匀，设有方便握持的把手，且已使用双层涂料技术，既易于散热又方便脱范成型。所造产品规格齐整，质量较高且寿命较长，足见战国铁范的制作与成型技术已达到相当高的水平。

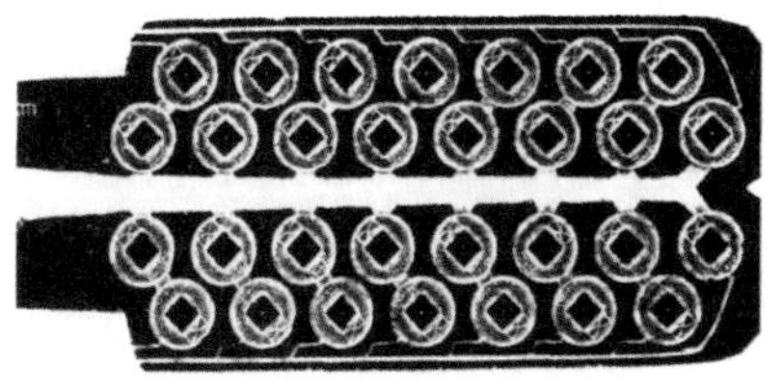

a　陕西澄城坡头村出土的五铢钱铜范[40]

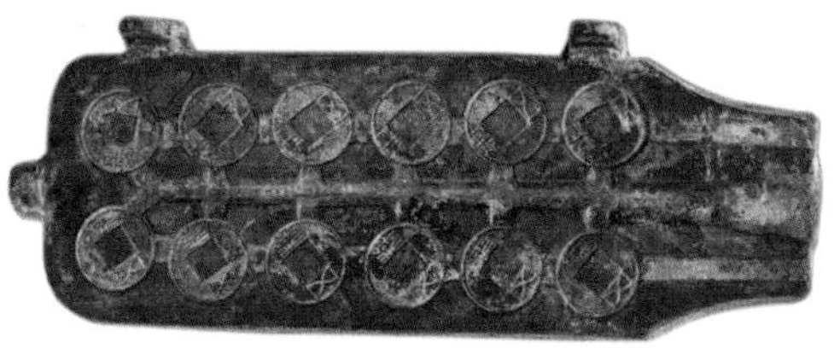

b　西汉五铢钱铜范[41]

图4-1-8　五铢钱铜范

[36] 陕西省钱币学会编著《秦汉钱范》，三秦出版社，1992，第37—333页。
[37] 姜宝莲：《关于汉代铸钱陶范上铭记的研究》，《中国钱币》2004年第2期。
[38] 周卫荣：《中国古代铸钱工艺及其技术成就》，《中国钱币论文集（第五辑）》2010年第2期。
[39] 郑绍宗：《热河兴隆发现的战国生产工具铸范》，《考古通讯》1956年第1期。
[40] 周卫荣：《中国古代铸钱工艺及其技术成就》，《中国钱币论文集（第五辑）》2010年第2期。
[41] 诸城博物馆，http://zcsbwg.com/newsinfo/770932.html，访问日期：2022年11月16日。

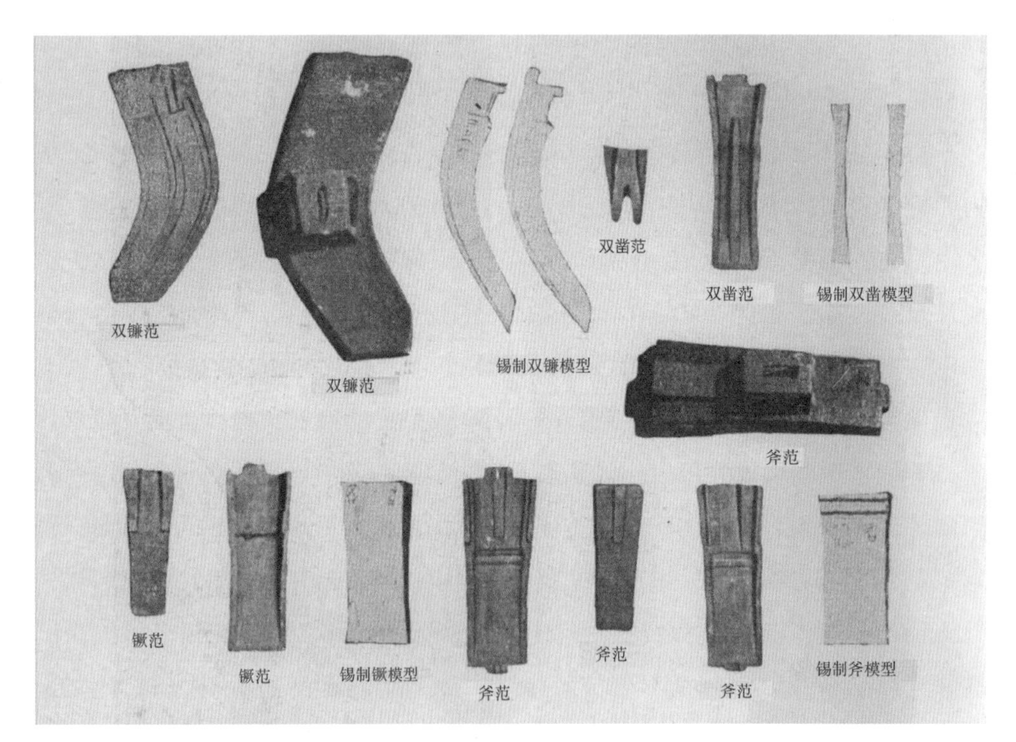

图4-1-9　兴隆发现的铁范[42]

汉代至南北朝时期铁范广为传播，山东、陕西、辽宁以及江淮地区都有大量铁范出土。其中河南渑池铁器窑藏中发现195件汉魏至南北朝时期的铁范，所出铁器共60余种，4000余件[43]。该批铁器铸件呈现出较强的系列化特征，以成套的轴承最为典型。例如六角轴承的径长共有17种规格，相邻两种规格的径长相差均为0.5厘米[44]，间接反映了该时期铁范种类丰富，并且具有较高程度的规格化特征与精密化制作水平。南北朝以后，农具和手工工具多由铸制改为锻制，铁范的应用范围逐渐缩小，聚焦于犁铧和犁镜的生产。现今国家级非物质文化遗产阳城犁镜[45]，仍然采用传统铁范进行铸造，传承了体系完备、制作精良、浇铸30000次而不损的铁范技术。

三、型铸之法：商周分型块范法至春秋整型失蜡法的变革

铸造是支撑中国古代生产工具与劳动资料不断改进与创新的重要技术，以能够高效生产大量形制复杂、纹饰繁缛及体型各异的器物为突出特征。这一特征的形成有赖于各类成型技术的支持，尤其是块范法与失蜡法两大至关重要的

[42] 郑绍宗：《热河兴隆发现的战国生产工具铸范》，《考古通讯》1956年第1期。
[43] 北京钢铁学院金属材料系中心化验室：《河南渑池窑藏铁器检验报告》，《文物》1976年第8期。
[44] 李众：《从渑池铁器看我国古代冶金技术的成就》，《文物》1976年第8期。
[45] 李达：《阳城犁镜冶铸工艺的调查研究》，《文物保护与考古科学》2003年第4期。

铸造成型工艺。块范法是采用最早也是应用最广的铸造成型方法，在中国铸造发展史上占据着难以取代的地位。块范法以铸造青铜容器为主要对象，经由新石器时代至商周时期在青铜铸造中的不断实践，最终成为中国青铜时代最为突出的技术特征，并形成了独特的组合块范铸造工艺体系。商周时期的铸造工匠不仅熟练掌握了不同材质的范型特质，而且发展出范型的多种组合方式以适应不同器物的铸造，他们的实践经验还启发催生了后来的失蜡法等成型工艺。失蜡法是对块范法的发展与补充，尤擅制作器表无痕、结构复杂且纹饰繁杂的部位或铸件，是中国古代精密铸造技术的高峰。块范法与失蜡法相辅相成，共同完善了中国古代铸造技术体系。

（一）器铸肇建：从浑铸法到分铸法的块范技术演进

块范法的核心是往围合的范型空间内浇铸金属熔液，从而完成器物的铸造。在铸造不同形制的青铜器时，范的构造、件数及组合方法均有差异，且不同时期的铸造工序也并不完全一致。基于铸造工序的不同，可将块范法的发展分成两个阶段：第一个阶段是二里头文化时期至春秋早期以浑铸法为主的铸造阶段；第二个阶段是春秋中期至战国时期以分铸法为主的铸造阶段。

1. 多合块范技术的确立与浑铸成型工艺的成熟

浑铸法是最早出现的块范铸造工艺，主要用于器型较为简单的青铜器铸造。从青铜器遗存情况来看，浑铸法所用外范经历了由简至繁的技术演进路径，即从单外范、双外范到多外范。新石器时代使用浑铸法时多采用单范铸造器物，只需一扇外范即可。以铜刀铸造为例，单范铸造就是用刀模在一块范上按压出刀形，再用一块平板作为平范，然后将外范与平范套合以形成型腔，最后将制好的铜液浇注至型腔内，浇铸后即可获得铜刀（图4-1-10a）。这种方法铸出的铜刀均有一面完全平直，甘肃东乡林家马家窑文化遗址发掘出土的铜刀应是最早采用此种方法制作而成，刀体的一面与刀柄之间无界限[46]，显然为单范所铸（图4-1-10b）。双外范铸造痕迹在二里头文化时期中原地区所发现的大部分铜刀上均有发现，由两扇带有型腔的外范组合成铸型（图4-1-11a、图4-1-11b）。铸出的器物不再有一面平直的情况，而是两面均有一定形状，且器体横截面的中间存在明显的范痕。

同时期，铸范又由双范发展出了用三块外范或更多外范的范型组合方式，一般采用便于塑形的陶范制作。二里头遗址出土的青铜斝87VM1：2[47]与斝

[46] 孙淑云、韩汝玢：《甘肃早期铜器的发现与冶炼、制造技术的研究》，《文物》1997年第7期。
[47] 苏荣誉、华觉明、李克敏、卢本珊：《中国上古金属技术》，山东科学技术出版社，1995，第98页。

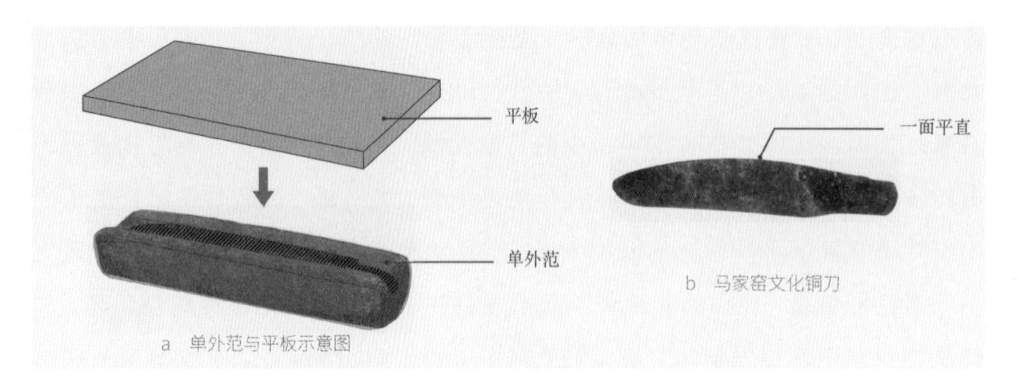

图 4-1-10 单范及单范所铸铜刀示意图

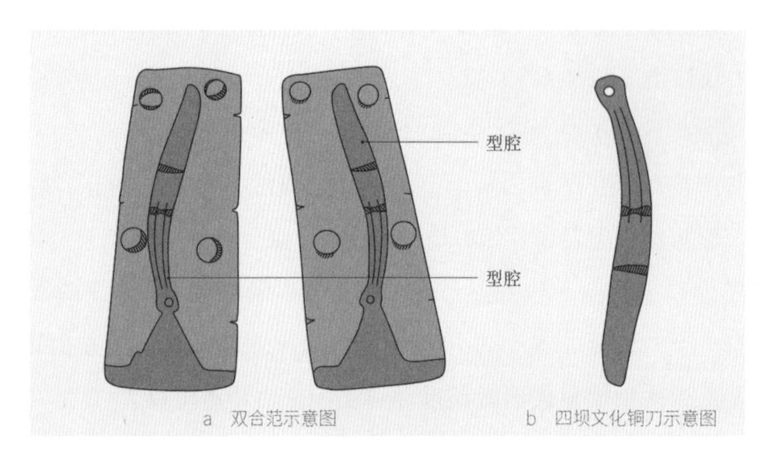

图 4-1-11 双合范及四坝文化铜刀示意图

V采M ： 66[48]等三足器，基本都采用三块外范进行制作，器物的三足都居于两块外范的分型面之间，足内侧及足外侧中央可见纵向的分型范痕。足内侧范痕最终汇集在器底，形成“Y”形的范痕，两足范痕之间形成120° 夹角（图4-1-12a、图4-1-12b）。二里冈文化时期及其后期的青铜器往往也采用这种多外范组合的铸型，如盘龙城遗址出土的商代早期鬲与鼎[49]，底部可看到十分明显的“Y”形范痕（图4-1-13a）。值得一提的是，使用三块外范制作的三足器缺陷较多，不仅制作过程繁杂，而且其包底一段容易折断。至商代中晚期之后，开始将鬲、鼎等器物腹底底部的三部分范分别与腹范分离，并整合为一块范，命名为顶范。这种三角形顶范的设计有效改善了包底易折的缺陷，还在器底留下了三角形的范痕（图4-1-12c）。现存实物如陕西岐山县博物馆收藏的西周中期鼎与西周晚期鬲，底部可明显看到三角形的范痕贯通到足底（图4-1-13b）[50]。这种通过增加外范的数量来提升器物铸造品质的方式，可看作是浑铸法外范技术不断优化的表现。

[48] 中国社会科学院考古研究所编著《偃师二里头1959年～1978年发掘报告》，中国大百科全书出版社，1999。
[49] 董子俊：《范铸工艺》，北京艺术与科学电子出版社，2016。
[50] 同上。

除了多块外范组合技术的精进，内范的创制及其与外范的拼合使用也是二里头时期铸造技术的重大突破，为青铜容器的不同用途提供了多种造型上的可能性。铸造青铜容器时，不仅要有外范，还要制作一个与器物内腔大小相当的内范，外范和内范组合之后，中间形成一定厚度的型腔，铜液注入型腔冷却后，除去外范和内范即可得到目标空体容器。二里头文化三期出土的鼎、斝、爵等青铜器，可谓是容器铸造的序幕，其所使用的内外范拼合铸造的方法是此后容器铸造技术发展的原型。综合多位学者的研究成果，可将浑铸法铸造青铜器的一般加工工序分为"制模、制范、合范、浇注、修整"等主要环节。具体程序可概括如下（图4-1-14）。制模：使用土、木或石等材料制出目标器物的模型，即为模（又称母范），有时为了增加模的硬度，会将泥模在窑中烧制成陶（图4-1-14a）。此外，还可在适当硬度的模上雕刻纹饰。制范：用泥料敷在模型外部，待干燥后分割成多块，从模型上脱出，即为外范（图4-1-14b），同时还需用泥料填充模的内腔，取出后即可形成内范（图4-1-14c）。合范：将外范与内范套合，二者形成的空隙称为型腔，型腔的厚度即为目标器物的厚度（图4-1-14d）。浇铸：最后将制好的铜液注入型腔内（图4-1-14e），铜液冷却后去除外范与内范（图4-1-14f），经打磨后便能铸出带有纹饰的、造型均匀的容器（图4-1-14g）。

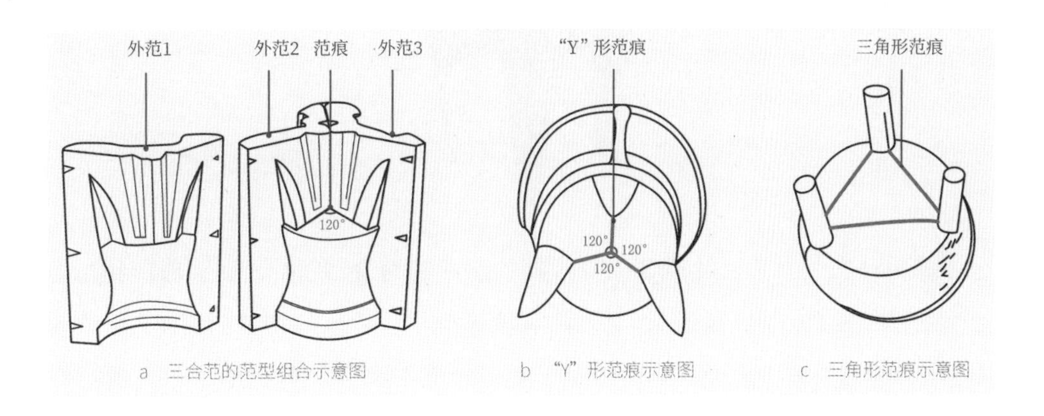

图4-1-12　三合范示意图

图4-1-13　三合范实物图

[51] 董子俊：《范铸工艺》，北京艺术与科学电子出版社，2016，图14-2-1。
[52] 同上书，图14-2-4。

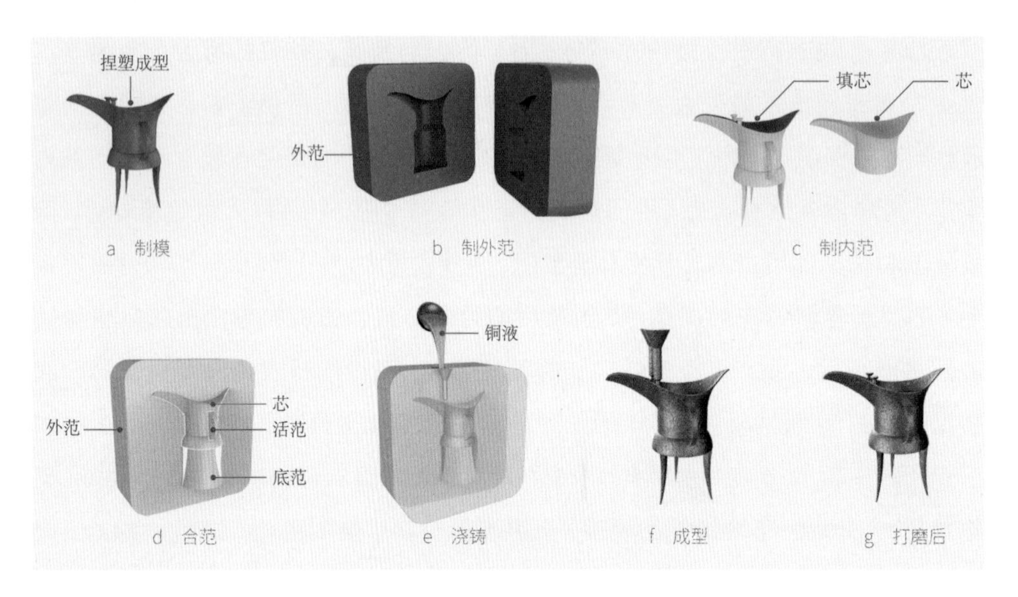

图 4-1-14 浑铸法工艺流程示意图

图 4-1-15 二里头文化时期网格纹鼎[54]

浑铸法在二里头文化晚期至商中期的运用极为普遍，如二里头遗址和二里冈遗址出土的爵、斝、圆鼎、鬲等均为浑铸成型[53]。器表纹饰较为简单，且均为阳文，有网格、弦纹、圆点等式样，如1981年河南偃师二里头遗址出土的网络纹青铜鼎（图4-1-15），仅腹部有一周带状网格纹作装饰。商代晚期至春秋早期，随着器物形制、附件与装饰的复杂化，浑铸法逐渐难以满足器物的成型需要，随之减少运用。如作为商晚期最高铸造水平代表的殷墟妇好墓青铜器，其中采用浑铸法的器物仅有形制较简单的圆鼎、方鼎、甗、觚、觯、盘、罐等几种，并且在43件青铜容器中（随机），完全采用浑铸的器具仅有19件，采用分铸法的器具有24件[55]。浑铸法所铸铸件的器型与纹饰均较为简单，并且相较于前代并未有明

[53] 苏荣誉、华觉明、李克敏、卢本珊：《中国上古金属技术》，山东科学技术出版社，1995，第96—105页。
[54] 中国青铜器全集编辑委员会编，张囤生编辑《中国青铜器全集 · 夏、商1》第1卷，文物出版社，1996，第1页。
[55] 华觉明、冯富根、王振江、白荣金：《妇好墓青铜器群铸造技术的研究》，《考古学集刊》1981年第1期。

显的改变，显示了其在复杂器型铸造领域的局限性。

通过上述浑铸法外范与内范的技术演进可以发现，在二里头文化时期已完成了多外范与内范的创制，实现了内外范拼合的范型技术。尽管所铸产品器型较为简单且纹饰朴素，但仍可谓是块范法铸造技术的第一次飞跃，标志着青铜铸造技术摆脱了原始萌芽状态，并且奠定了中国铸造技术发展的基础与方向。

2. 多次浑铸的分铸法与铜器造型的精细化

分铸法是需要分二次或多次浇铸才能完成一件完整器物的铸造方法，是商周时期复杂青铜器铸造的重要创造。具体而言，使用分铸法铸造器物时，需要将器物的主体与附件用浑铸法分开铸造，再将铸好的部件连接起来完成铸制。这种分铸形式执简驭繁地将造型复杂的器物拆解为若干独立部件，可以有效解决某些构件难以整体制范的问题，同时通过减少单次铸制时的范块数量，可以降低浇铸时范块错位的情况，使铸件的造型更加准确，纹饰效果更加细腻。基于分铸时连接部分的结构不同以及操作步骤与细节的差异，可将分铸法分为“分铸铸接”与“分铸焊接”两大类。

分铸铸接法是商周时期至春秋战国时期最具代表性的青铜器铸造和连接工艺，其最主要的技术特征是通过浇铸的方式将主体与附件进行连接。具体做法是将部分预制好的铸件嵌入待铸的铸件范中，然后通过浇铸金属液使得预制件与后铸件相结合[56]。分铸法在不断的改良中又发展出多种铸接方式，根据主、附件铸造的先后顺序及连接的方式，可细分为榫卯式后铸法、铆接式后铸法、榫卯式先铸法等分铸法工艺[57]。殷墟出土的青铜礼器中，这些方法都得到了应用。商晚期以后这些分铸工艺被大量应用，器物形制明显增大，器型与纹饰更加繁复多样，器表的范痕经打磨处理后更加光滑细腻，为块范法铸造技术达到高峰奠定了基础。

榫卯式后铸法是最为广泛的分铸铸接法之一，始现于商代前期，常用于带有鋬、耳、肩等各种饰有立雕动物形象附件的器物铸造。铸造方法是预先于铸接部位铸出接榫，然后在器物主体上安放分范，最后浇铸附件。湖北黄陂盘龙城李家嘴PLZM1出土商早期的斝，其鋬均使用分铸的方式与器体连接。PLZM1：12斝鋬两端叠压的金属痕迹清晰可见，鋬下双范痕打断了腹部的花纹，鋬的下端压在腹部饕餮纹上（图4-1-16）[58]。并且该鋬对应的内壁有对应的凸起，应是在铸造器物时预留榫卯的空洞所致。因此，该鋬应是在器体铸就之

[56] 朱凤瀚：《古代中国青铜器》，南开大学出版社，1995，第151页。
[57] 华觉明：《中国古代金属技术——铜和铁造就的文明》，大象出版社，1999，第136页。
[58] 刘煜：《试论殷墟青铜器的分铸技术》，《中原文物》2018年第5期。

图 4-1-16　湖北盘龙城李家嘴 PLZM1：12　斝鋬（左）及其铸接示意图（右）[59]

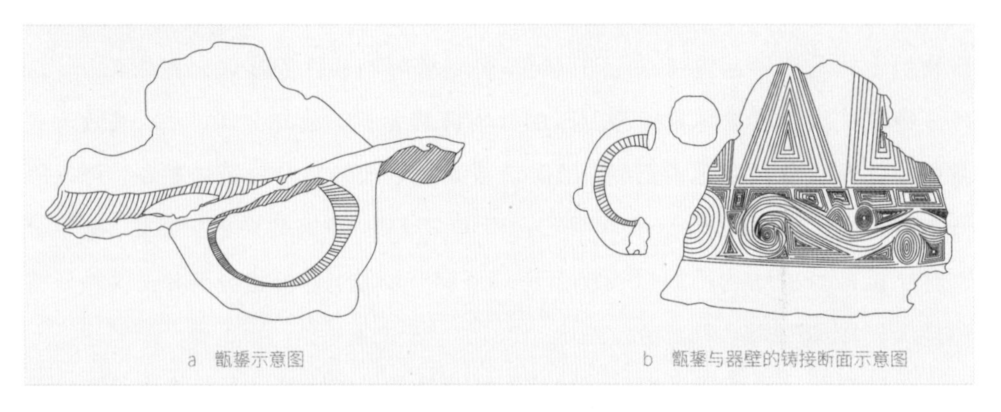

图 4-1-17　殷墟妇好墓出土的脱落的甗鋬及甗鋬与器壁的铸接断面示意图

后再铸接的，铸接方式应为榫卯式后铸法，可见商早期榫卯式后铸法已经过有意识地设计并投入应用。

铆接式后铸法的出现略晚于榫卯式后铸法，主要适用于器壁较薄的铸件。具体做法是在器壁预铸出孔洞，而后在器壁上进行合模、制范与浇铸，利用金属液的凝固收缩特性使附件与器壁紧密贴合。这种方法可以弥补榫卯式后铸法在薄壁铸件生产中的不足，使用榫卯式后铸法时，若接榫较粗会因厚薄不均导致热裂，若接榫较细则会导致连接较弱以致折断。殷墟妇好墓出土的薄壁铜甗、铜盂的鋬部以及卣盖的纽，均采用了这种连接方法。从妇好墓出土的脱落的甗鋬部[60]，可清楚看到甗鋬与甗体的连结结构（图 4-1-17）。另外，在妇好墓出土的 M54 ：169 铜盂中，可见盂鋬在盂体内相应部位铸成 2 个铆钉状凸起的半圆形凸块。值得注意的是，盂体内部的铆钉状凸起不仅较为规整，还被装饰上美观的涡纹（图 4-1-18），说明铆接式的后铸法已发展较为成熟。

榫卯式先铸法多用于柱帽的铸造，至迟出现于商代中期。其铸造方法是将事先铸好的附件放入陶范，通过带空腔的泥芯完成铸接，铸成后连接部分的表

[59] 刘煜：《试论殷墟青铜器的分铸技术》，《中原文物》2018 年第 5 期。
[60] 华觉明：《中国古代金属技术——铜和铁造就的文明》，大象出版社，1999，第 139 页。

图 4-1-18　M54 ：169 铜盂（左）及盂鋬内壁“铆钉”状凸起（右）[61]

图 4-1-19　陕西岐山贺家村出土凤柱斝[62]

面较为光滑。在陕西岐山贺家村出土的一件凤柱斝，其铸造过程首先是将斝的柱帽、斝体分别与部分柱一同铸出，然后再将铸出的两部分柱连接起来[63]，使得柱帽与斝体的连接强度较高（图 4-1-19）。美国弗利尔美术馆收藏的方斝留有明显的铸接痕迹（图 4-1-20），根据学者对该斝柱帽与支柱的X光片分析，可知两部分为独立铸造并取芯[64]，其铸接方式应是先分别铸造出柱帽与包含一部分柱的斝体，然后将柱帽与柱中的泥芯掏出，最后将柱帽和斝体通过浇铸连接[65]。这种铸接方法是较为复杂的连接方式，体现了铸接方式的灵活性与多样性。

上述三种分铸铸接方法的创制与运用，表明了分铸法自商初期至商晚期已发展得较为完备，能够满足大部分器型复杂且具有丰富附件器物的制作需求，也为分铸铸接法成为商周时期主流的分铸方式提供了系统的技术支持。

分铸焊接工艺即在分铸铸接的基础上将器物部件间的连接方式由铸接改为焊接。其制作过程是先分别铸出器物的主体与附件，再用金属焊料将各部件依

[61] 刘煜：《试论殷墟青铜器的分铸技术》，《中原文物》2018年第5期。

[62] 中国青铜器全集编辑委员会编，段书安编辑《中国青铜器全集 · 商3》第3卷，文物出版社，1997，第57—59页。

[63] 刘煜：《试论殷墟青铜器的分铸技术》，《中原文物》2018年第5期。

[64] 盖顿斯（R. J. Gettens），《弗利尔美术馆所藏中国青铜器图录II · 技术研究》（*The Freer Chinese Bronzes,Vol. II Technical Studies*），华盛顿，1969，第76—98页。

[65] 日本泉屋博古馆、九州国立博物馆编《泉屋透赏——泉屋博古馆青铜器透射扫描解析》，黄荣光译，科学出版社，2015，第352—386页。

图 4-1-20 美国弗利尔美术馆所藏方斝及方斝柱和柱帽的 X 光片[66]

次焊接起来[67]。依据焊料的不同，分铸焊接又可分为以铅锡为主的低温焊接与以铜为主的高温焊接。低温焊接的技术难度较低，因而应用最广，不过存在各部件间黏合不牢的缺点。高温焊接技术难度较高，主要用于连接有耐高温需求的炊器附件以及有较强承重力需求的器钮等，是低温焊接的重要补充。分铸焊接法相较于分铸铸接法，省去了合范、浇铸等步骤，工序更加简化且操作更加便捷，在春秋战国时期成为主流的铸器连接方式。

弗利尔美术馆所藏的殷墟文化晚期青铜觥与西周早期青铜卣可视为目前所见焊接技术最早的实物例证。其中，青铜觥的鋬部是在单独铸造后，通过焊料完成与觥体的焊接[68]。另外，青铜卣上可以看到长梁与卣壁之间注焊孔所溢出的焊料（图 4-1-21），对焊料样品的分析显示，其中含铜量为 71.8%，锡 13.0%，铅 12.6%[69]，其组成成分与容器金属相似，属于高温铜基的铅锡焊接范畴。由此可初步判断，晚商及西周早期是分铸焊接技术的肇始阶段，铜焊技术应为最早使用的焊接技术。

春秋早期至战国晚期，以铅锡为主的低温焊接法出现并在发展过程中得到了优化。河南三门峡虢国墓地 M1810、M1820 出土的春秋早期两件方壶与匜鋬

[66] 盖顿斯（R. J. Gettens）：《弗利尔美术馆所藏中国青铜器图录 II · 技术研究》（*The Freer Chinese Bronzes, Vol. II Technical Studies*），华盛顿，1969，第 76—98 页。
[67] 何堂坤、靳枫毅：《中国古代焊接技术初步研究》，《华夏考古》2000 年第 1 期。
[68] 约翰 · 亚历山大 · 波普等（John Alexander Pope, et al.）：《弗利尔美术馆所藏中国青铜器图录 I · 技术研究》（*The Freer Chinese Bronzes, Vol. I Technical Studies*），华盛顿，1967，第 241 页。
[69] 同上书，第 287 页。

图 4-1-21　美国弗利尔美术馆所藏兽面纹青铜卣[70]

a　兽面纹卣

b　焊接的长梁
(①溢出的焊料　②长梁与器壁之间的焊料)

均采用铅锡焊接完成，应为此后铅锡焊接技术流行的肇端。[71]至战国时期，所用铅锡焊料的成分配比已较为科学，如湖北随州曾侯乙墓出土青铜器中的铜尊圈，足内的焊料成分为铅占41.4%、锡占53.41%、铜占0.38%，与现代铅锡料的配比十分接近[72]。该成分的焊料熔点较低，焊接强度较大，焊接工艺更为简单且能取得较好的连接效果。

春秋早期至战国晚期，分铸焊接法逐渐取代分铸铸接法，在青铜器铸造中得到普遍应用。簋、壶、鉴等传统器具的耳、足及附饰几乎都为焊接。河南淅川和尚岭战国早中期楚墓出土的45件青铜器中，采用焊接技术的有21件[73]。战国早期曾侯乙墓出土的曾侯乙尊（图4-1-22），其尊体由2块外范完成，而其附饰多达34件，均由焊接完成。其中一件爬兽的尾与舌也是先分铸再焊接[74]。甚至青铜豆与簋的圈足也由原来的浑铸法改为分铸焊接完成[75]。以上案例显示了焊接技术作为分铸技术的表征，在春秋战国时期高度流行，其中器物主体与附件独立铸造再焊接组装的方式在实践中得到认可，为复杂器型铸造提供了技术简化的解决方案。

[70] 张昌平：《商周青铜礼器铸造中焊接技术传统的形成》，《考古》2018年第2期。

[71] 郭宝钧：《商周青铜器群综合研究》，文物出版社，1981，第70—75页。

[72] 何堂坤、靳枫毅：《中国古代焊接技术初步研究》，《华夏考古》2000年第1期。

[73] 河南省文物考古研究所、南阳市文物考古研究所、淅川县博物馆编著《淅川和尚岭与徐家岭楚墓》，大象出版社，2004，第368页。

[74] 张昌平：《商周青铜礼器铸造中焊接技术传统的形成》，《考古》2018年第2期。

[75] 河南省文物考古研究所编著《淅川和尚岭与徐家岭楚墓》，大象出版社，2004，第368页。

图 4-1-22 战国曾侯乙尊

（二）精工细铸：熔模铸造技术的发明

失蜡法是对基础性块范技术的一种突破，也是中国古代精密铸造领域的跳跃式发展。其本质特征是以可熔的模具替代块范法中不可熔的模具，利用模具的可失性使透空纹饰和具有空间干扰结构的构件得以铸造，最终制作出具有高精密度与高整体性的复杂铸器。失蜡法所用的易熔化材料以蜡为主，蜡可以在液态与固态之间相互转换，并且在不同状态下可以呈现不同的效果，既可以捏、挤、搓，又可以雕、刻、削，其良好的延展性与表现力为铸件的造型设计提供了自由的创作空间。失蜡法的建立正是基于对蜡质材料可熔性的充分掌握。

失蜡法铸造工艺的起源问题在学界一直存在争议。以周卫荣、董亚巍为代表的部分学者对中国青铜时代已有失蜡法铸造工艺的观点持否定态度[76]，而以华觉明为代表的部分学者则认为失蜡法至迟在春秋中期或更早时间已出现[77]。现存器型较为复杂的部分春秋时期的铜器中，保留了疑似失蜡法铸造的痕迹，并且这些器具难以用块范法完成，因此，有理由相信失蜡法在历史上是真实存在过的。20世纪70年代前后，河南淅川楚墓的铜禁、云南江川李家山的青铜扣饰、浙江绍兴狮子山306号墓的龙兽提梁铜盉等春秋早中期铸件是由失蜡铸造的观点也已被大多数学者接受。

---

[76] 周卫荣、董亚巍、万全文、王昌燧：《再论“失蜡工艺不是中国青铜时代的选择”》，《南方文物》2007年第2期。

[77] 华觉明：《观念转变与技术创新——以陶范铸造和失蜡法为例》，《自然辩证法通讯》1999年第1期。

失蜡法在实际运用中，通常与浑铸、分铸在内的块范法共同发挥作用，这也是春秋时期铸造技术由单一的技艺向综合运用多种金属工艺转变的重要特征。本节以目前所知最早使用失蜡法的河南淅川春秋楚墓铜禁的铸造为例，对该时期失蜡铸造的工艺流程与特点展开分析。

河南淅川出土铜禁为长方体置酒器，长107厘米，宽47厘米。禁面主体光素无纹，是由25块蜡模熔接而成。四边和侧面饰有多层盘根错节的铜梗蟠虺纹，其外侧又攀附共计12只作吞吐状的附兽，附兽由兽身、舌、头花和尾花组成。禁下又设12只圆雕虎状座足，由兽身、舌、头花组成，与侧面的圆雕虎错落安置（图4-1-23a）。

在禁体的25块板之间可观察到明显的蜡模熔接的缝线痕迹，即两件蜡模在对接挤合时，挤出的少量熔蜡形成的棱边线，区别于范铸法特有的合范范痕。禁体花纹层的框梗、各类支梗和花纹梗呈现出粗细不匀、长短不齐的现象，正是失蜡法蜡模铸造中手工捏制痕迹的体现。附兽与足兽的头部与身体位置有拔模斜面和合范范痕，为浑铸法铸造的特点。两兽的身、舌、头花、尾花均为独立铸造，系灰色或黑色的低熔点金属焊接而成的整体兽。由此可知，整禁是由浑铸法、分铸焊接法以及失蜡法共同合铸的结果。

铜禁结构虽然较为复杂，但实际上是采用了整体设计与模块化制作的设计理念，通过分块制作再连接为整体的方法实现。禁体共分割为25块（图4-1-23b），除顶部中心素面平板外，其余的24块均采用相同的制作方法与纹饰。就禁体失蜡成型的部分而言，首先使用蜡料制作框梗，并将其熔接成所需的方形或梯形的框架；其次在框架上制作拱形梗，再在拱形梗上承托与框梗连接的四条平行直梗，同时为巩固拱形梗与直梗，又在拱形梗之间、直梗之间加铸撑梗（图4-1-24a）；最后在直梗上制作“X”形、“C”形与“人”字形花纹梗，三种花纹梗之间通过连纹梗连接。为使“X”形与“人”字形花纹梗更加坚固，在其末端又增设与直梗相连的垂直的撑梗（图4-1-24a、图4-1-24b）。然后将泥质浆料依次浇进禁体，直至浇满空隙，再逐层浇注外表，制成泥制模壳，并在足兽处的

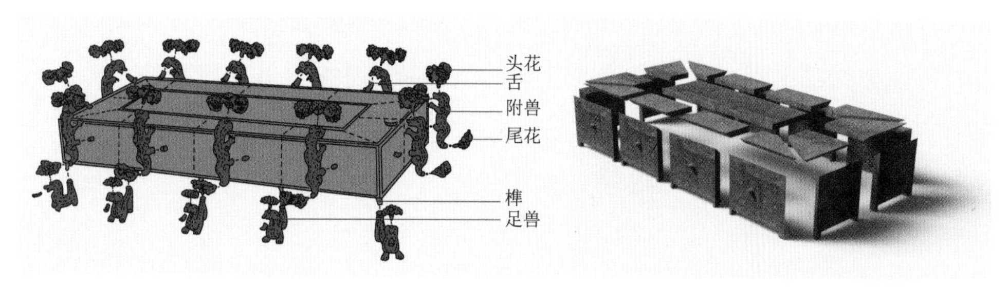

图4-1-23　河南淅川春秋楚墓铜禁结构示意图

a　铜禁结构示意图　　b　铜禁分块示意图

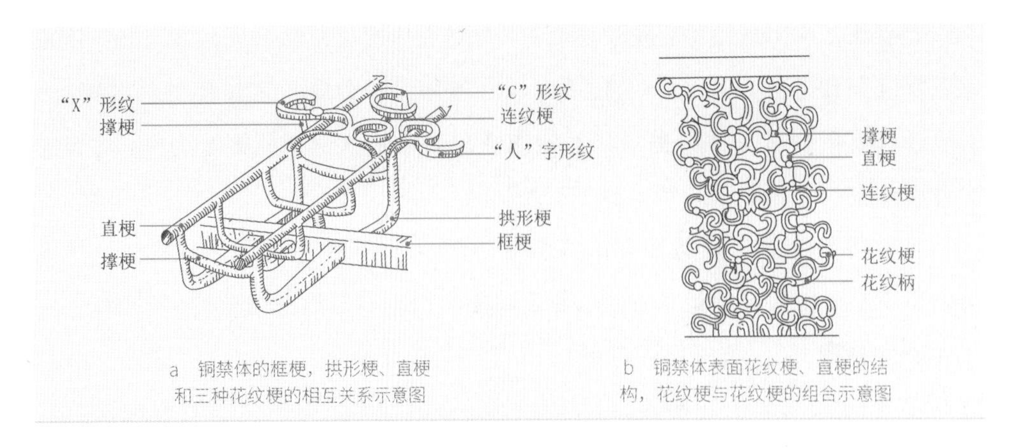

图 4-1-24 铜禁体表面框梗、拱形梗、直梗与花纹梗组合关系示意图

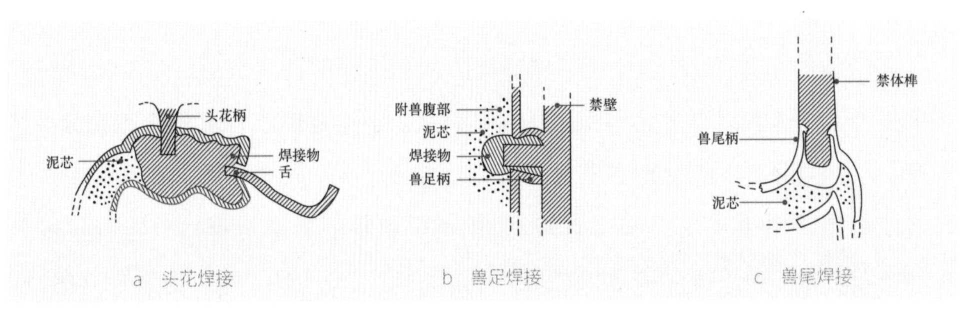

图 4-1-25 头花、兽足与兽尾的焊接示意图

框梗下端设 12 个浇冒口。待模壳晾干后进行烘烤，使蜡模熔化经浇冒口流出形成型腔。最后向型腔内浇铸铜液，待铜液凝固后清除模壳，即可获得无痕的禁体铸件。

在附兽和足兽范铸成型的部分，首先制作出有芯撑的内范以及有花纹的外范，合范浇铸后获得有镂空花纹的兽体铸件。同时在兽头顶部、附兽的尾端以及足端、足兽的尾端预留出卯孔并挖出芯料，最后注入低熔点金属熔液，分别将头花（图 4-1-25a）、兽足（图 4-1-25b）、兽尾（图 4-1-25c）等的柄部快速插入卯内完成焊接[78]。至此，这一兼具整体设计思想与局部设计思想、浑铸法与分铸铸造技术、手工制作与小批量生产的失蜡铸件基本完成，表明在春秋时期，铸造技术已发展到将多种铸造技术相整合的新阶段与新高度。

自春秋时期至清代，失蜡法铸器技术延续发展，如陕西临潼秦始皇陵出土的失蜡铸造的彩绘青铜水禽[79]、江苏南京紫金山天文台的明代大型天文仪器浑仪、简仪等铸件，纹饰图案精致清晰，通体光洁无范痕，是失蜡铸件中的经典之作。传统失蜡法的基本原理不仅在现代的熔模铸造中被沿用，而且在小型机械零件乃至航空航天发动机涡轮叶片的精密铸造上被推广和使用。

[78] 李京华：《淅川春秋楚墓铜禁失蜡铸造法的工艺探讨》，《文物保护与考古科学》1994 年第 1 期。
[79] 杨欢：《秦始皇帝陵出土青铜马车铸造工艺新探》，《文物》2019 年第 4 期。

结语

中国古代铸造技术自形成后，迅速以其精湛的工艺水平、庞大且精密的组织规模与美轮美奂的铸器在世界范围内大放异彩。铸造技术的诞生得益于陶器制作和高温烧制经验的积累，其自身发展使得铸型工具不断改良、型塑之法持续精进，为铸造生产力与艺术表现力的提升赋予了不竭动力。作为中国古代支柱型产业技术体系的重要分支，铸造技术历经各个朝代存续至今，最终成为增益物质文化资料与启发后世造物思路的实用性手段。

随着铸造生产经验与造物技能不断发展，中国古代铸造工艺逐渐从单一材质转向复合材质，展现出将自然材料的物化性质进行抽象转换的能力，为更广泛地利用自然资源进行创造奠定了坚实基础。在铸造技术上，形成了成型铸造与精密铸造等多种铸造工艺并用的格局，使得铸造产品的覆盖范围从简单的日用铸件拓宽至更高审美追求的复杂容器。这些丰富多样的铸造产品促进了铸造技术在造物活动中的应用范围，使铸器与我国古代各类生产与生活领域形成密切关联，尤其推动了青铜时代与铁器时代人们向更加高效、多样化的生产和生活方式转变。

同时，铸造工具从单一范式到组合范式的升级，铸造技术从浑铸到分铸的鼎新，形成了以标准化的模件进行物品组装的造物思想。这种模制化的铸造思想为铸器的机械化和批量化复制奠定了基础，从而使铸造的生产效率与产量提升至前所未有的水平，满足了社会对兵器、礼器与生产生活用具的需求。此外，模制化的铸造思想还催生了分工协作的生产方式，这种方式完全区别于整体性创作的模式。个人不再承担从设计到生产制作的全过程，而只需掌握和精进其中的部分工序，这恰恰是中国古代铸器在实现高效地、批量化生产的同时，仍能保持卓越制作水平的主要原因。更为重要的是，模制化的造物思想诠释了以有限的单元创造出无限的形式的造物法则，直接影响了后世印刷术等伟大造物的产生，启发了规范化装配与多样化创造于一体的设计思想。

第二节　鼓风熔炼的空间

炼炉古称“炉”，是借助鼓风设备对各类金属矿石、燃料以及助熔剂进行加热熔炼的基础设施。春秋时期曾伯桼簠盖已有关于“炉”的铭文[1]，同时期《左传》记载有邾庄公废于炉炭一事[2]，表明当时的人们在日常生活中已用炉子盛放炭火。战国时期《墨子》中明确记载有炼炉与牛皮制作的鼓风器。西汉早期《淮南子·齐俗训》中对金属冶炼活动有更完整的记载：“炉橐埵坊设，非巧冶，不能以冶金。”[3]表明冶炼金属时，必须组合使用炼炉、鼓风器以及出风管等工具才能顺利进行。宋代《集韵》将“炉”解释为“火所居也”[4]，进一步强调燃烧形成了高温环境。

炼炉是金属矿石冶炼和器物浇铸成型的专用设备，其加工过程利用了金属材料经过升温会熔融为液态的原理。在古代，金属加工的大部分环节都是围绕炼炉而进行。古代工匠在筑炉技术、风口设置、鼓风设备以及燃料加工等方面进行了长期的实践，形成了稳定、持续、高产能的高温熔炼环境，创造出种类丰富的炼炉设备与多元的炉料体系。随着冶炼技术的不断进步，我国逐渐掌握了对铜、铁、钢等常见金属，以及金、银、铅、锡等稀有金属的加工方法，有力地提升了古代社会的生产力。

由于各类金属的熔炼温度与生产数量不同，逐步形成了形制与容积各不相同的炼炉。早期炼炉或为掘地而成的地穴式炉，后逐渐独立成型，其中形制较小的炼炉称为“坩埚”，形制中型的称为“小炉”，形制宽平的称为“平炉”，形制高大的称为“竖炉”“大炉”或“高炉”。除了用形制命名之外，古人也根据炼炉的功能与造型进行命名，如《宋会要辑稿》中的“蒸矿炉”是根据冶炼功能来命名；《大明会典》中记载的河北遵化铁场“大鉴炉”[5]，因其形似铜镜而得名。炼炉多为固定设施，但也有可以移动的“行炉”，如北宋时期《武经总要》记载：“行炉，

[1]张亚初编著《殷周金文集成引得》，中华书局，2001，第4631页。

[2]〔春秋〕左丘明：《左传》，蒋冀骋点校，岳麓书社，2006，第319页。

[3]杨有礼注说《淮南子》，河南大学出版社，2010，第401页。

[4]〔宋〕丁度：《集韵》，中国书店，1983，第182页。

[5]〔明〕李东阳等：《大明会典》第五册，〔明〕申时行等重修，广陵书社，2007，第2641页。

熔铁汁，舁行于城上，以泼敌人”[6]，行炉运用在军事领域中，士兵向敌人泼洒高温铁液，加速了战争的进程。上述炼炉的名称一直为民间冶炼作坊所沿用，其中“竖炉”因具有容积大、产能高等优势，逐渐成为中国古代金属冶炼的主流炉型，“竖炉”一词也在现代金属冶炼领域中所沿用。竖炉结构复杂，筑炉材料丰富，较好地反映出我国金属冶炼技术的整体水平。随着人们对各类金属的认识不断加深，炼炉设备在材料选用、结构设计、筑造技术与鼓风设备等方面取得了长足的进步。

一、低温炼铜炉的发展

金属的发现与利用是人类文明发展的显著标志之一。铜具有质地柔软、熔点低且易还原等优势，成为世界范围内较早使用的一类金属。我国早期铜器的加工延续了石器打磨技术，所以在加工时可以将天然铜直接锻打成型，而后在烧陶技术的影响下逐渐掌握了筑炉与炼铜技术。

（一）烧陶技术催生金属冶炼技术

新石器时代发展起来的烧陶技术，不仅为创烧新型物质提供了必要的高温冶炼条件，还直接催生了各种形制的炼炉。先秦时期诸多文献中已有关于“陶冶”“陶铸”的记载，如《墨子·节用中》：“凡天下群百工，轮车鞼匏，陶冶梓匠，使各从事其所能”[7]，这表明烧陶技术与金属冶炼之间有着密不可分的技术关联。二者既有相近的技术原理，也存在一定的技术差异。其相似点是对不同物质进行物理或化学上的高温热处理；其差异性体现在烧制陶器时，可在一般的氧化性气氛中完成，而金属冶炼则须在高浓度的还原性气氛中完成。金属冶炼过程中特殊的物理与化学反应，发展出了更为复杂多变的冶炼技术。

大约在公元前5世纪，仰韶文化时期已经出现了金属冶炼技术的萌芽[8]。目前我国已知最早的冶铸铜器是陕西临潼姜寨遗址一期出土的半圆形黄铜片和一截黄铜管[9]。黄铜器中含有少量的锌、铅和锡等杂质，表明金属冶炼技术尚处于初始阶段。同类或相近类型的铜器在黄河流域沿线的文化遗址中相继被发现，主要分布于青海、甘肃、内蒙古、陕西、山西、河南、河北、山东等地区。这些铜器数量较少，器型多为形制简单的锥、刀等生产工具，伴出有炉壁残块、炉渣和

[6]〔宋〕曾公亮等：《武经总要前集》，郑诚整理，湖南科学技术出版社，2017，第741页。

[7] 方勇评注《墨子》，商务印书馆，2018，第199页。

[8] 巩启明：《姜寨遗址考古发掘的主要收获及其意义》，《人文杂志》1981年第4期；何堂坤：《中国古代金属冶炼和加工工程技术史》，山西教育出版社，2009，第17—18页。

[9] 半坡博物馆、陕西省考古研究所、临潼县博物馆：《姜寨——新石器时代遗址发掘报告》，文物出版社，1988。

陶范等冶炼工具。上述出土实物显示出金属器物在社会生产中的作用不断增强，金属冶炼与加工技术也随之获得快速发展。

（二）地穴式炉与陶器式炉的并行发展

我国早期金属矿物开采及冶炼的种类与规模都相对较小，炼炉体积也相应较小，其功能配置单一，鼓风能力较弱，炉内温度多处在800℃至1000℃的状态。铜的熔点较低，当炉温加热到800℃时，铜矿虽未能完全化为液态，但氧化铜已经可以还原出金属铜，所以炼铜技术率先取得发展。我国早期的炼铜炉通常就地挖掘或借助陶器进行改造，其形制相应分为地穴式炉与陶器式炉两大类。

1. 原始的地穴式炉

地穴式炉，也称为“碗式炉”，是最为原始的一种金属冶炼加工设施，其形制通常以地表为界限，分为上下两部分。地上的炉身部分多用黏土或土砖砌筑为筒形或弧形，顶部为圆拱形顶，炉身下部设有一处通风口；地下部分通常是在露天环境下掘地挖坑而成，内壁用黏土涂抹，炉底一般不设出渣口。冶炼时将完整的金属矿物与燃料投入坑中，通过自然抽风或人力鼓风的方式持续加热，最终获得纯度较高的单质金属。地穴式炉通常建在紧邻矿山的位置，就地造炉可以将开采与冶炼相结合，从而减少矿物运输的成本。其缺点是防潮、防水作业难度大，炉内温度不易控制，冶炼后的金属出炉困难等。因此，地穴式炉一般多用于金属矿物的粗炼阶段。

目前考古发现的地穴式炉数量十分稀少，原因之一可能是人们对矿山的长期开采导致炉址被掩盖。河南安阳殷墟遗址发现5座商代晚期地穴式炉，炉口近似圆形，直径1米左右，炉深0.3至0.59米，底部为平底或圜底，内壁涂有一层草泥，壁上出现烧流现象并粘有铜渣和木炭等物质，草泥的使用表明当时的人们已经有意识地构筑更为结实、耐用的炼炉。相近形制的地穴式炉在广西平南六陈镇和桂平罗秀镇的汉代冶铁遗址中共发现4座，炉址都位于山岭之上[10]，符合金属矿物在矿山粗炼加工的特征。河南与广西发现的地穴式炉分别用于炼铜和炼铁，说明该炉的应用范围具有一定的普适性，可以兼容冶炼多种矿物类型。北宋时期，地穴式炉在岭南、闽中地区得以沿用，《图经本草》中记载：“今岭南、闽中银铜冶处亦有之，……其初采矿时，银、铜相杂，先以铅同煎炼，银随铅出。又采山木叶烧灰，开地作炉，填灰其中，谓之灰池。置银铅于灰上，更加火大煅，铅渗灰下，银住灰上，罢火，候冷，出银”[11]。书中关于地穴式炉的

[10] 李映福：《广西平南“碗式”炼炉与我国“碗式”炼炉的起源》，《考古》2014年第6期。

[11]〔宋〕苏颂：《本草图经》，尚志钧辑校，安徽科学技术出版社，1994，第46页。

记载，较好地还原了北宋时期白银的冶炼过程，其筑炉方法与冶炼原理与原始地穴式炉十分近似，可见矿山金属的粗炼加工方法适用于不同时期、不同地域以及不同金属的冶炼。

2. 陶器改造而成的小型炼炉

陶器式炉是由某种陶器改造而成的炼炉。目前我国考古发现的此类炼炉主要是由陶尊和陶缸两种陶器类型改造而成。两类陶器都采用可塑性较强的耐火黏土烧制而成，器壁内外涂抹厚草泥，其形制均为深腹、小底，口部都改造为敞口造型并加配炉口圈，有利于装填和燃烧一定数量的金属矿物。陶器式炉主要采用内加热的方式进行高温熔炼，形制较小便于移动，满足冶炼之余还可当作浇包进行浇铸，有着一器多用的优势。其劣势为炉型相对较小，不能批量完成金属矿物的冶炼。约公元前2000年，河南临汝龙山文化已出现将陶器改造为炼炉的实例[12]。学者对遗址出土的炼炉残块进行复原与技术检测，发现该炉为陶缸改造而成，炉体壁厚2厘米，炉内尚存黄铜和青铜合金的冶炼痕迹。炉型小巧而厚重，表明中原地区陶器式炼炉和金属冶炼技术的发展尚处于起步阶段。

二里冈时期，陶尊和陶缸是中原地区构筑金属冶炼设施的重要炉型。河南郑州紫荆山和南关外两处二里冈时期铸铜作坊遗址出土的一件保存较好的陶尊形炼炉通高30厘米、口径25厘米，内壁尚有铜渣遗迹。二里冈时期炼炉的数量增多、容积增大，反映出金属冶炼的需求也在逐渐增加（图4-2-1）[13]。同时期辽宁朝阳牛河梁冶铜遗址出土的陶缸形炼炉，炉口内径18至20厘米、壁厚1.5至3厘米。炉壁周身开有上下两圈向内倾角的圆孔，共计12个，倾斜角度35°，圆孔内径3.4至4厘米，上圈孔与下圈孔的中心距离为8厘米（图4-2-2）[14]。学界普遍认为炼炉上的圆孔为鼓风口[15]，冶炼时需要12名工匠通过吹管同时

图4-2-1 河南郑州南关外二里岗时期陶尊式炼炉

图4-2-2 辽宁朝阳牛河梁遗址带孔陶缸形炼炉

[12] 赵芝荃、郑光：《河南临汝煤山遗址发掘报告》，《考古学报》1982年第4期。

[13] 赵全古、韩维周、裴明相、安金槐：《郑州商代遗址的发掘》，《考古学报》1957年第1期。

[14] 李延祥、韩汝玢、宝文博、陈铁梅：《牛河梁冶铜炉壁残片研究》，《文物》1999年第12期。

[15] 何堂坤：《中国古代金属冶炼和加工工程技术史》，山西教育出版社，2009，第53页。

向炉内送风，才能达到并维持较高的炉内温度。吹管是人类社会生产中较为原始的鼓风器，它借助人的肺腔结构，通过有序的呼吸形成连续的鼓风。然而，人力吹管鼓风的含氧量低于正常空气，所以只适用于小型的金属冶炼。

3. 瓢形与筒形的坩埚炼炉

坩埚，又称为“甘锅（子）”“甘埚子”“甘窝”“窝子”“锅（子）”“瓜锅”等，是一种形制较小的炼炉。除金属冶炼外，坩埚也用于玻璃、颜料的生产[16]。东汉时期《出金矿图录》中已明确记载了坩埚的制作及如何冶炼金属，“用甘土作锅，火熏使干，用松木炭置锅炉中，即下金矿锅中，即排囊火炊之”[17]。“甘”又称“坩（子）土”，是指以高岭土为主的高铝质耐火黏土，“锅”“埚”与“窝”为同音、叠韵或双声假借，后世通常以“坩埚”统称。坩埚的优势在于制作简单、操作方便、成本低廉，但也存在金属冶炼产能较低的问题。根据目前我国考古发现的坩埚实物来看，其形制大致可分为瓢形与筒形坩埚两种类型。

瓢形坩埚要早于筒形坩埚，其数量较少且分布较为零散，可能是坩埚的初始形制。河南偃师二里头遗址出土了我国较早的坩埚实物，长约25厘米，整体造型似平剖的瓢，敞口带流，厚壁浅腹。瓢形坩埚的外部糊有草拌泥，内部残留有铜渣，明显是用于金属冶炼[18]。形制相近的坩埚在重庆彭水徐家坝商周遗址也有发现，通长约7.5厘米（图4-2-3），坩埚流口部分更为明显，可能兼具浇包的功能[19]。尽管瓢形坩埚倾倒金属熔液较为简便，但敞口浅腹的形制不利于炉温控制，进而影响金属冶炼的效率。筒形坩埚的出现和流行可能是对瓢形坩埚改进的结果。唐代至明清时期，此类坩埚的数量不断增加，其形制多为高低不等、大小不一、平底或圆底的长筒形。筒形坩埚取代了瓢形坩埚，是否还取代了其他形制的坩埚，目前尚无更多实证材料。

唐代以后，筒形坩埚逐渐成为此类炼炉的主流形制。目前筒形坩埚在江苏扬州唐城（图4-2-4）、山西长治炉坊巷唐代遗址、河南荥阳元代铸造遗址与内蒙古集宁路元代遗址均有发现，其中长治炉坊巷唐代遗址出土上千个坩埚。筒形坩埚的数量快速增加、分布范围不断扩大，金属冶炼技术相应得到进一步的传播。明代宋应星《天工开物》中绘制了货币铸造时所用的坩埚图像，其形制与唐代筒形坩埚高度相似（图4-2-5），显示出较为稳定的形制特征。书中没有记

[16] 周文丽、刘思然、陈建立：《中国古代冶金用坩埚的发现和研究》，《自然科学史研究》2016年第3期。
[17] 转引自《道藏》18，文物出版社、上海书店出版社、天津古籍出版社，1988，第821页。
[18] 李京华：《<偃师二里头>有关铸铜技术的探讨——兼谈报告存在的几点问题》，《中原文物》2004年第3期。
[19] 梁宏刚：《二里头遗址出土铜器的制作技术研究》，博士学位论文，北京科技大学，2004；廉海萍、谭德睿、郑光：《二里头遗址铸铜技术研究》，《考古学报》2011年第4期。

图 4-2-3 重庆彭水徐家坝遗址商周时期的瓢形坩埚炉

图 4-2-4 江苏扬州唐城唐代圆筒形坩埚

图 4-2-5 明代《天工开物》"铸钱图"中筒形坩埚与拉杆活塞式木风箱

载坩埚的具体冶炼方法，这可能与其操作较为简便有关。坩埚容量有限，难以满足较大规模的金属冶炼需求。面对上述难题，古代工匠构筑了正方形的"平炉"，炉内可对一定数量的坩埚同时加热，从而完成金属的批量冶炼。清代咸丰年间《青州府志》中记载山东淄博地区的冶铁情形："……得熔铁之法。凿取石，其精良为驩石，次为硬石，击而碎之，和以煤，盛以筒，置方炉中，周以礁火，初犹未为铁也。复碎之，易其简与炉，加大火，每石得铁二斗，为生铁。"[20] 此处的"筒"即筒形坩埚，"方炉"是指"平炉"，坩埚内加热与平炉的外加热相结合，以达到快速、批量冶炼金属的目的。时至今日，坩埚冶炼技术仍在山西、山东、辽宁等地沿用。

二、多层夯筑高温炼铁竖炉的出现

竖炉的出现，是古代炼炉发展的显著标志，其形制高大、结构复杂，能够连续生产。竖炉的发展，一方面是社会生产生活中日益增长的金属需求；另一方

[20]〔清〕毛永柏、李图、刘耀椿纂修《中国地方志集成·山东府县志辑·咸丰青州府志（二）》，凤凰出版社，2004，第32页。

面，金属冶炼的对象由低熔点的铜扩大到高熔点的铁，炼铁技术的进步促进了竖炉构筑材料、炉型结构和鼓风设备等方面的发展。

（一）炼铜铜料冶铸与竖炉的初现

商周时期青铜器盛行，铜矿的开采与冶炼都得到了充分发展。陶器式炼炉体形较小、结构简单，已较难满足当时社会对于金属的庞大需求，于是体形更大、结构更为完善的竖炉便应运而生。根据目前考古发现的竖炉可知，西周时期中原地区较早出现竖炉，春秋早期竖炉逐步扩散到南方地区。河南洛阳北窑西周时期铸铜遗址出土的多座炼铜竖炉显示，当时冶炼铜矿的竖炉，炉径已达0.5至1.7米[21]。竖炉采用泥条盘筑法制作，材料由泥、砂与草拌和而成，泥条宽度为3至5厘米，厚度为3.5至4.5厘米。炉体的不同部位用不同规格的泥条盘筑，表明当时的工匠已经意识到炉温的热力分布和炉体厚度的对应关系。炉温较高处用较厚的泥条盘筑，有效防止了长期高温烘烤引发的炉体破裂。炉壁下缘至少有3处直角的鼓风口，外围附有加固鼓风口的泥圈，据测算，炉内温度可达到1200℃至1250℃。该竖炉的构筑一方面说明烧陶技术的影响仍在延续，另一方面表明炼炉向着大型化、专业化的方向发展。

湖北铜绿山春秋早期矿冶遗址中发现10座炼铜竖炉，对其中保存状况较好的4号炉进行复原可知，炉体通高1.5米，炉基长径1.6米，炉身长径0.7米，横截面为椭圆形，由风沟、炉基、炉缸、炉身和侧垒工作台等五部分构成（图4-2-6）。竖炉的筑炉材料是由红色黏土、高岭土、铁矿粉、石英碎屑和木炭粉混

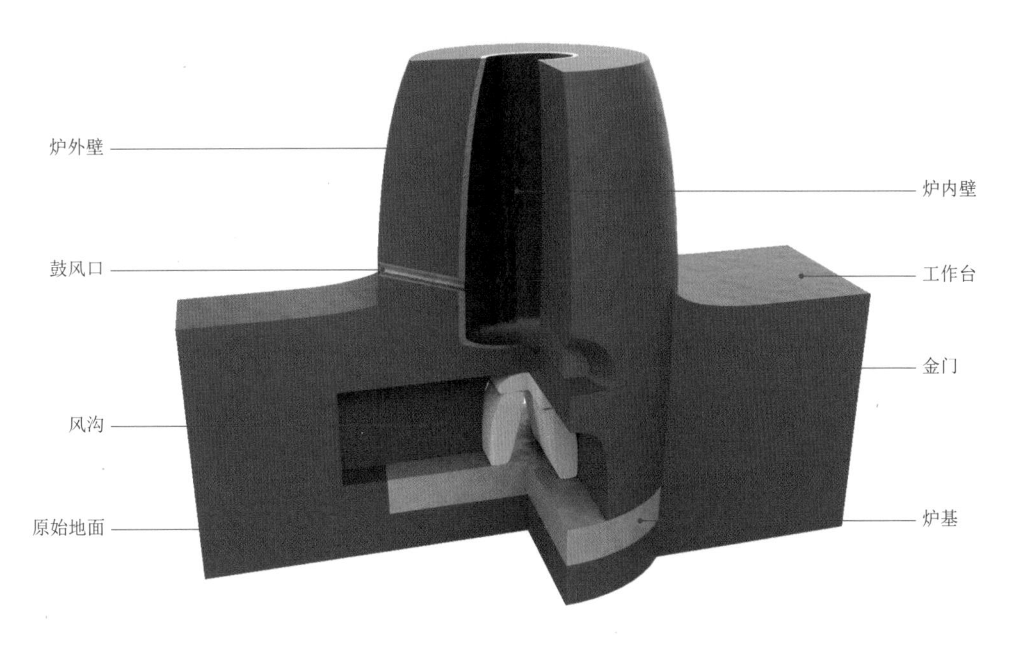

图4-2-6 湖北铜绿山春秋早期4号炼铜竖炉复原图[22]

[21] 叶万松、张剑：《1975—1979年洛阳北窑西周铸铜遗址的发掘》，《考古》1983年第5期。

[22] 黄石市博物馆编著《铜绿山古矿冶遗址》，文物出版社，1999，第190—191页。

合后夯筑而成，外炉壁多用红色黏土，炉缸内壁和底部则用高岭土。针对竖炉的不同部位使用耐火性能不同的物料，可以有效提升炉体的结构强度，延长使用时间。炉身向上逐渐内收，形成一定角度的炉身角，这样的设计有利于保持炉温，加速内部炉料的反应。炉缸长轴两端分别设有一处略向下倾斜的鼓风口，鼓风时可形成足够的回旋区，从而带动气流穿透和活跃炉缸，保证炉内物料的充分反应，通过技术检测，炉内温度可达1200℃上下[23]。炉缸下部设有拱形金门，用于开炉点火、排放炉渣和铜液。此外，炉基部分掏空，形成"十"字形的空腔风沟，沟内烧炭加温，可以对炉体起到防潮保温的重要作用。

上述两处炼铜竖炉中的鼓风口与泥圈显示，西周时期至春秋早期，金属冶炼中已普遍采用多个外部鼓风设备进行作业。相较于人力吹管，特有的鼓风设备可产生连续、较大的风压和风量，为金属冶炼提供了更为高效的动能，同时也为扩大炼炉容积，增加冶金产量创造了必要的技术条件。目前尚未发现先秦时期的鼓风设备实物，但结合文献记载可知，橐是我国早期金属冶炼的重要鼓风设备。橐也称为"皮橐""炉橐""韦囊"或"鞴囊"，由动物皮囊制作而成。春秋至两汉时期关于橐的记载逐渐增多，如《道德经》中的"天地之间，其犹橐籥乎？虚而不屈，动而愈出。"[24] 籥是指外接的鼓风管，橐即为鼓风器。《墨子·备穴》中记载了皮橐的制作材料与操作方式："具炉橐，橐以牛皮，炉有两缻。以桥鼓之百十。"[25] 从中可知橐为牛皮所制，反复挤压便可鼓风。"桥"有连接之意，此处可能是指一种连杆装置，通过往复运动使炉内矿石得到较为充分的燃烧。单个皮橐一次挤压只能完成单次鼓风，而采用多个皮橐并联或串联起来的"排橐"，不间断地鼓风作业可以维持炉内的高温环境。竖炉构筑材料的合理搭配、炉型结构日趋完善以及鼓风设备的循环作业，都为我国金属冶炼技术奠定了良好的发展基础。

（二）生铁冶炼催生大型竖炉

从金属冶炼技术来看，炼铁与炼铜的技术原理有诸多共性，技术操作也有一定的连续性。河南登封告成镇战国时期铸铁遗址出土的炼炉残块可以证实，炼铜炉与炼铁炉有着明显的演变过渡特征[26]。铁的熔点远高于铜，铁矿石在1000℃上下的炉温下可得到固态的块炼铁，在1100℃至1200℃时液化还原为生铁，在1535℃时才能得到纯铁。生铁是块炼铁冶炼后的必然结果，生铁制品

---

[23] 卢本珊、华觉明：《铜绿山春秋炼铜竖炉的复原研究》，《文物》1981年第8期。
[24] 梁海明译注《道德经》，书海出版社，2001，第12页。
[25] 方勇评注《墨子》，商务印书馆，2018，第552页。
[26] 李京华：《中原古代冶金技术研究》，中州古籍出版社，1994，第147页。

也是古代竖炉冶炼的主要产品，二者的发展互为前提。我国工匠在商周时期已经掌握了青铜冶炼与铸造技术，这为生铁冶炼的出现提供了成熟的技术条件。生铁制品的成功冶炼也是世界冶金史中的重要发明。14世纪以前，西方金属冶炼的温度较低，炼铁仅能得到固态的块炼铁，再经过锻造完成铁器的加工成型。东西方金属冶炼技术的差异性，形成了高温液态冶炼与低温固态冶炼两种不同的技术传统，金属制品的加工成型相应分化为液态铸造与固态锻造两大发展路径。

生铁又称“铸铁”，是含碳量大于2%的铁碳合金，其性能坚硬而生脆，宜铸不宜锻。根据生铁制品中碳的存在形态和断口颜色，可分为白口铁、麻口铁和灰口铁三种。其中白口铁也称为“炼钢生铁”，铁中含硅较低而含硫较高。白口铁不仅是古代生铁制品中的主流品种，也是炼钢的专用原料。麻口铁与灰口铁的冶炼需要更高温度、高含量的硅元素和复杂的冷却条件，古代有限的冶炼条件难以量产。结合出土实物与文献记载可知，我国生铁冶铸技术早在春秋时期已获得较大发展。山西天马—曲村晋文化遗址出土的一件春秋早期铸铁残片，是我国已知较早的生铁制品[27]。随后在湖南长沙杨家山春秋中期楚墓[28]与江苏六合程桥春秋晚期楚墓陆续出土了同类成分的鼎形铁器与铁丸[29]，表明生铁铸造的器物逐渐增多，其冶炼技术也渐由中原地区向南方地区扩散。《左传·昭公二十九年》中记载春秋晚期“晋赵鞅、荀寅帅师城汝滨，遂赋晋国一鼓铁，以铸刑鼎”[30]，此处“鼓铁”通常被认为是鼓风冶炼生铁，后浇铸为鼎。

1. 大型炼铁竖炉的初现

生铁冶炼的技术难度决定了炼炉须有高大的炉身和充足的鼓风能力，才能获得足够的空间和较高的温度，使各种炉料完成必要的传热、还原和渗碳。大型竖炉具有产量高、能耗低、可持续生产等优势，良好的技术经济指标使其成为后世金属冶炼的主流设施。目前已知我国较早的炼铁竖炉出自河南西平酒店冶铁遗址，根据复原可知，该炉背靠土崖而建，由风沟、炉基、炉缸、炉身和侧垒工作台等五部分组成[31]。炉高4.2米、炉顶内径1.3米、炉壁厚0.5米，炉身是由黏土、河沙和石英颗粒混合后夯筑而成。炉身上部内收，炉缸设直角的鼓风口，炉内温度可达到1200℃上下。

[27] 韩汝玢：《天马—曲村遗址出土铁器的鉴定》，《北京科技大学学报》2002年第24期。

[28] 长沙铁路车站建设工程文物发掘队：《长沙新发现春秋晚期的钢剑和铁器》，《文物》1978年第10期。

[29] 李众：《中国封建社会前期钢铁冶炼技术发展的探讨》，《考古学报》1975年第2期。

[30]〔春秋〕左丘明：《左传》，蒋冀骋点校，岳麓书社，2006，第311页。

[31] 河南省文物考古研究所、西平县文物保管所：《河南省西平县酒店冶铁遗址试掘简报》，《华夏考古》1998年第4期。

随着秦汉统一、战争军备以及铁官制度的多重影响，竖炉得到较快发展且呈现出大型化的发展趋势。河南巩义铁生沟竖炉直径为1.6米，河南汝州夏店遗址汉代竖炉直径约2米，河北承德汉代竖炉直径约3米，河南郑州古荥汉代1号竖炉的长径为4米，可见汉代竖炉的形制与容积已经得到较大程度的扩容。其中古荥汉代1号竖炉结构布局完善、炼铁技术先进，成为同时期竖炉的代表（图4-2-7）。该炉水平截面呈椭圆形，由风沟、炉基、炉缸、炉身和侧垒工作台等五部分构成。炉高4至5米、长径4米、短径2.7米、炉壁厚1米，筑炉材料是由掺了石粉、炭末的黑褐色耐火土夯筑建成[32]。炉身上部内收，炉腹角为62°，炉身短径两端分别设有两组4个向下倾斜的鼓风口，炉内温度可达1200℃以上。据估算，该炉日产生铁约0.57吨，年产量可达60吨，竖炉的产能优势显而易见。

竖炉高大，若炉型构筑不合理，易导致炉内温度不均匀，底部的燃料、矿石等炉料已经熔化排出，顶部的炉料未能顺行下移，从而形成“悬料”。悬料下坠至炉底的沸铁中，便会产生强大压力，引起严重的竖炉爆炸事故。此类事故在《汉书·五行志》中有过记载：“成帝河平二年（公元前27）正月，沛郡铁官铸铁，铁不下，隆隆如雷声，又如鼓音，工十三人惊走。音止，还视地，地陷数尺，炉分为十，一炉中销铁散如流星，皆上去，与征和二年（公元前91）同象。”[33]从中可知西汉时期炼铁规模之大，生铁冶炼技术与大型竖炉相辅相成，同时也反映出大型竖炉冶铁技术存在尚未完善的问题。

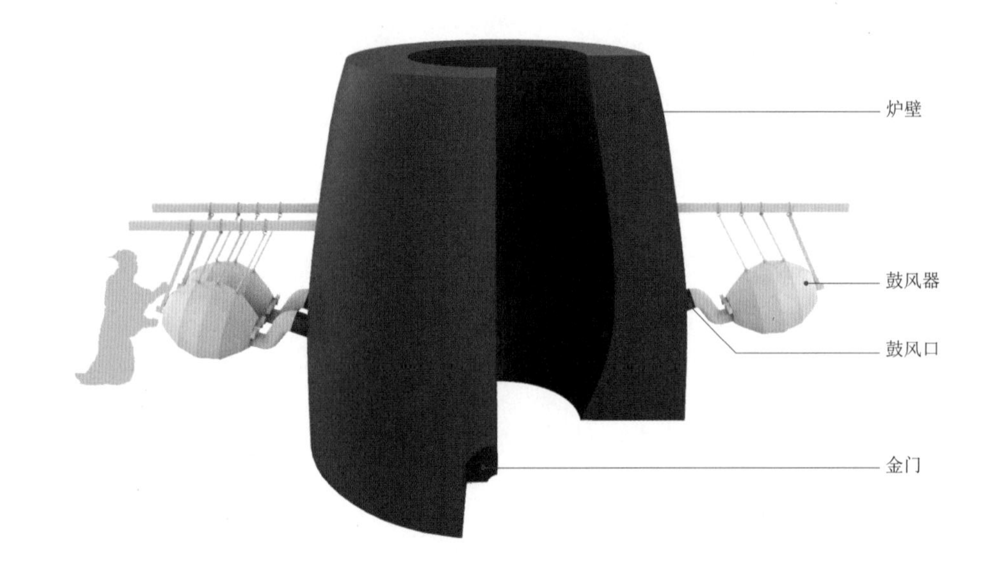

图4-2-7　河南郑州古荥汉代1号炼铁竖炉复原图

[32] 郑州市博物馆：《郑州古荥镇发现大面积汉代冶铁遗址》，《中原文物》1977年第1期；郑州市博物馆：《郑州古荥镇汉代冶铁遗址发掘简报》，《文物》1978年第2期。

[33]〔汉〕班固：《汉书》，中华书局，2007，第221页。

2. 鼓风设备从皮橐到水排的过渡

竖炉的发展直接推动了鼓风设备、燃料以及助熔剂的发展。皮橐是金属冶炼中最常见的鼓风设备之一，文献记载和图像资料都可以得到印证。西汉时期《淮南子·本经训》有“鼓橐吹埵，以销铜铁”[34]的记载，明确表达用皮橐鼓风，可以提升铜铁冶炼的效率。山东滕州出土汉代画像石，表面镌刻的炼铁场景中有工匠使用橐的画面[35]。相关学者据此复原并认为，该橐前后两端由两块圆木板固定，外敷某种动物的皮囊，制成后吊装在横梁之上（图4-2-8）[36]。工匠通过推拉皮橐将空气挤压经鼓风管送入炼炉之中。大型竖炉需要更多、更为持久的高温才能完成金属冶炼，因此需要配备多组皮橐同时鼓风，同时也占用了更多的人力。东汉时期《吴越春秋·阖闾内传》中记载：“使童女童男三百人鼓橐装炭，金铁乃濡，遂以成剑”[37]，反映了当时人力鼓风炼铁规模的宏大景象。

人力排橐鼓风极大地耗费了劳力，为降低人力成本，人们寻求更为省力的鼓风方法。从历史文献记载可知，畜力与水力的应用成为新型鼓风技术的动能来源。《后汉书·杜诗传》中记载，东汉建武七年（31），南阳太守杜诗“造作水排，铸为农器，用力少，见功多，百姓便之”[38]，可见水排鼓风主要被运用在金属冶炼与铸造加工之中。水排是由曲柄连杆组合形成的机械结构，水流形成的水力运动转化为连杆的往复运动。这种鼓风设备动能强、能源利用率高，减轻了人力成本，同时也有利于增加炼炉容积并提升产能，因而是机械工程史和金属冶炼史上的一大发明。《三国志·魏书·韩暨传》中也有类似记载，“后迁乐陵（今山东乐陵）太守，徙监冶谒者，旧时冶作马排，每一熟石用马百匹；更作人排，又费功力；暨乃因长流为水排，计其利益，三倍于前”[39]。书中对比了“马排”“人排”与“水排”等三种鼓风方法。“马排”所用的畜力容易控制，且不受水资源的

图4-2-8 山东滕县汉代炼铁用橐画像石及其复原图

[34] 杨有礼注说《淮南子》，河南大学出版社，2010，第323页。

[35] 山东省博物馆：《山东滕县宏道院出土东汉画像石》，《文物》1959年第1期。

[36] 王振铎：《汉代冶铁鼓风机的复原》，《文物》1959年第5期。

[37] 〔东汉〕赵晔：《吴越春秋》，时代文艺出版社，2008，第25页。

[38] 〔南朝宋〕范晔：《后汉书》，刘龙慈等点校，团结出版社，1996，第298页。

[39] 〔晋〕陈寿：《三国志》，〔宋〕裴松之注，岳麓书社，1990，第543页。

图 4-2-9 元代《农书》中绘制的立轴式与卧轴式两种水排图[40]

限制，所以成为当时金属冶炼较为普遍的鼓风方法。水排鼓风在后世金属冶炼中多有延续，元代《农书》中收录的立轴式与卧轴式两种水排（图 4-2-9），显示出水排的设计也处于不断发展和完善的过程中。

3. 作为燃料、助熔剂与炉底骨架的木炭

汉代以前，木炭是我国金属冶炼中的首选燃料。它是木质原料经过不完全燃烧，或在隔绝空气的条件下热解后，所残留的深褐色或黑色多孔的固体燃料。木炭燃烧时可产生高能的热值，同时还可以起到还原剂、渗碳剂与炉底骨架的作用，所以木炭长期运用在金属冶炼活动中。木炭在竖炉底部堆积形成的骨架是炉中唯一保持的固体形态，骨架上的矿石不仅与火焰扩大了接触的面积，而且木炭燃烧与炉腹鼓风产生的气流，使反应物受热均匀，进一步提升了金属冶炼的效率和质量。木炭中含碳 80% 以上，灰分 1% 至 4%，硫、磷等杂质含量均在万分之几以下，因此有利于冶炼出低硫、低磷的优质金属原料[41]。在高温冶炼过程中，木炭与矿石进行自下而上的传热、还原和渗碳过程，化为比重不同的金属熔液和炉渣，最终得到纯度较高的铜、铁或其他单质金属。木炭在湖北铜绿山春秋早期炼铜竖炉、河南巩义铁生沟汉代竖炉、郑州古荥汉代竖炉等遗址都有发现。直至近代，山西、河北等地区的工匠使用木炭进行金属冶炼的情形仍然较为普遍。由此可见，木炭长期在我国各地区的金属冶炼活动中发挥着重要的作用。

[40]〔元〕王祯：《王祯农书》，孙显斌、攸兴超点校，湖南科学技术出版社，2014，第 547—548 页。
[41] 卢嘉锡总主编，韩汝玢、柯俊主编《中国科学技术史：矿冶卷》，科学出版社，2007，第 587 页。

三、多种形制石料砌筑炼铁竖炉的发展

（一）石砌竖炉、木扇与煤炭的整体革新

唐宋时期开始出现石砌炼铁竖炉，并演化发展出多种炉型。同时，木扇与煤炭燃料逐渐推广使用，提升了炼铁的效率，进而在全国多地涌现出一批形体巨大、结构复杂的铸铁制品，如湖北当阳铁塔、江苏镇江北固山铁塔、河南嵩山中岳庙与山西晋祠的铁人等。

1. 多种形制的石砌炼铁竖炉

唐宋元时期中原地区的筑炉材料、鼓风技术率先发生变革，逐步衍生出多种炉型，优化后的竖炉冶铁技术远播至中原以外的地区。唐宋时期的炼炉开始由夯土筑炉转变为石料砌炉，石料主要包含硅质红、白砂石和花岗岩等。筑炉主体材料的变化，为竖炉炉型的改变奠定了良好基础。石料在抗压与抵抗剪切破坏的极限强度远高于土料，尤其砌筑的炼炉抵抗能力也大为增强，以此延缓长期高温冶炼的损耗。既往夯土竖炉的土料与炉底木炭的强度性能有限，一定程度上阻碍了炉料的扩容，也限定了金属冶炼的总体产量。石砌竖炉的炉身与炉腹形态也有较大的调整空间，炉体与炉容相应得到拓展，进而催生了多种形态明显的炉型。为有效防止炉体裂隙、渗漏的问题，这一时期的炼炉采用严密接缝的加工石块进行砌筑，炉外四周以较大石块加固支撑，炉体各处缝隙又以碎石黏土灌注压实。从炼炉遗迹来看，河北武安冶陶镇马村、经济村的唐五代竖炉多延续夯土筑炉的方式，部分竖炉内的下部存在石块重新砌筑的现象，呈现出一定的过渡特征。河南焦作麦秸河和南召下村、河北武安固镇古城和承德蓝旗营以及北京延庆水泉沟、汉家川、四海等宋辽元遗址中均有发现石砌炼炉，反映出当时更为先进的筑炉技术逐步传播的发展状态。

上述炼炉的炉型特征多表现为炉身形态的变化，炉腹形态与唐代以前的炼炉形态较为接近。根据炉身与口部形态的变化，可将该时期的石砌炼炉细分为四种类型，如图4-2-10所示，图中从左至右分别为圆形斜腰敛口式、圆形束腰直口式、圆形束腰敞口式和矩形斜腰敛口形等。第一种炉型为圆形斜腰敛口式，其圆形炉身自下而上逐渐收束，至炉口为最小呈敛口形，以北京延庆水泉沟辽代3号竖炉为代表；第二种炉型为圆形束腰直口式，其圆形炉身向上逐渐收缩，至炉颈处转为直颈并延伸至炉口部分，以河南焦作麦秸河宋代竖炉为代表；第三种炉型为圆形束腰敞口式，其炉身形态应为第二种类型演化而来，与之不同的是炉颈以上逐渐扩展呈敞口形，以河北武安矿山村宋代竖炉为代表；第四种炉型为矩形斜腰敛口形，其形制与第一种类型较为接近，只是炉身为矩形，以北

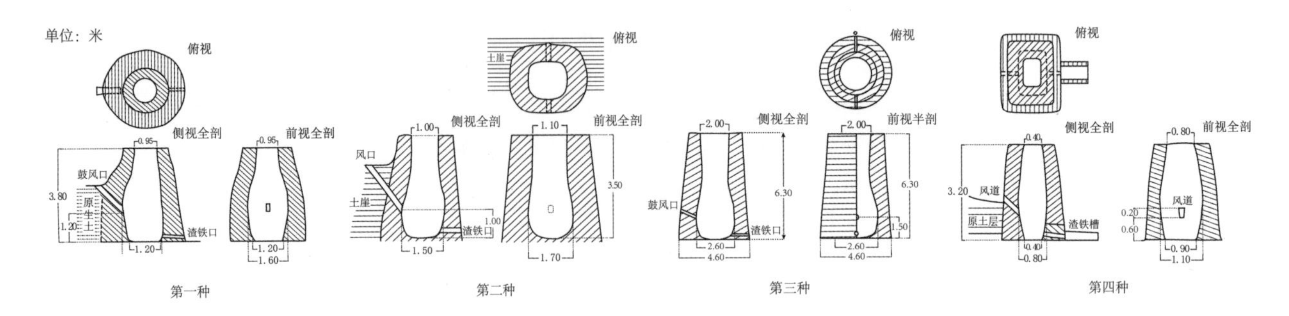

图 4-2-10 唐宋元时期炼炉炉型形制分类[42]

京延庆水泉沟辽代4号竖炉为代表。四种类型的炼炉所处时代与地理位置均较为接近，从炉身形态来看，前三种炼炉形制有着较为明显的演化关系，第四种炼炉可能是第一种炼炉与其他炉型结合的产物，目前尚缺乏明确的实物证明。四种炼炉总体上反映出该时期石砌炼炉对于炉身形态的多种尝试。此类竖炉整体呈圆锥形，口部与底部多向内倾斜，腹部外鼓形成夹角，这样的形制设计不仅便于炉料从斜坡状的炉身部分顺行下降，避免发生悬料事故，而且有利于热能的充分利用，加速金属冶炼的总体进程。其中河北武安矿山村宋代竖炉是目前国内发现残存最高的冶铁竖炉，高约6.3米，是继汉代大型冶铁竖炉后的又一大扩容设计。

2. 活塞结构木扇的发明

唐宋时期随着木作技术的发展，我国鼓风设备的主体材料逐渐由天然的动物皮橐改为人工制作的木质器物，木扇是此类器物设计的早期尝试。木扇由木材封装，体积较大，内部为活塞结构，人们反复推拉可形成更高气压和更多风量，较大程度地提升了鼓风作业的工作效率。根据西夏时期敦煌榆林窟壁画《千手观音经变》中的“锻铁图”可知（图4-2-11），当时的木扇在盖板、木箱与鼓风管连接处分别装配一个活门，现场仅由一人双手推拉两扇盖板，两个活门交替开合，从而形成连续的鼓风[43]。大型竖炉的鼓风可将木扇并联使用，以提供更为充足的风量，如元代《熬波图》中并联使用的木扇，由四人同时推拉鼓风进行冶炼，机械效率远高于皮橐（图4-2-12）[44]。前述元代《农书》中与水排连接的鼓风设备也为木扇，“此排古用韦囊，今用木扇”，通过与水排的联动，进一步增强鼓风能力。这为提高炉体高度、扩大炉容提供了基本的技术保障。

3. 北方金属冶炼以煤炭为燃料

唐宋时期北方地区的金属冶炼活动中率先使用煤炭燃料，而南方及西南地区依旧使用木炭或竹炭进行冶炼。陆游《老学庵笔记》中的记载可与之印证：“北

[42] 黄兴、潜伟：《中国古代冶铁竖炉炉型研究》，科学出版社，2022，第133—138页。
[43] 北京科技大学冶金与材料史研究所编《铸铁中国：古代钢铁技术发明创造巡礼》，冶金工业出版社，2011，第24页。
[44]〔元〕陈椿著，李梦生、韩可胜、顾建飞笺注《熬波图笺注》，商务印书馆，2019，第131—132页。

图 4-2-11（左）　西夏敦煌榆林窟第三窟壁画《千手观音经变》中的木扇[45]

图 4-2-12（右）　元代《熬波图》的并联木扇[46]

方多石炭（即煤炭），南方多木炭，而蜀又有竹炭，烧巨竹为之，易燃，无烟，耐久，亦奇物。邛州出铁，烹炼利于竹炭，皆用牛车载以入城，予亲见之”[47]。木炭作为一种优质的金属冶炼燃料，容易受到森林资源的限制。据估算古代每冶炼 1 吨生铁，常需 3 至 4 吨木炭。我国北方地区森林资源的供应难题尤为突出，因而亟待寻找新的冶炼燃料替代木炭。中国煤炭资源丰富、成本相对低廉，燃烧时具有火力强、时间长等优势，人们逐渐将其引入金属冶炼领域。

汉代北方地区的金属冶炼活动已尝试使用煤作为燃料，其中河南巩义铁生沟、郑州古荥及山东平陵等冶炼遗址中都发现少量的煤。北魏时期《水经注·河水篇》中引《释氏两域记》：“屈茨（龟兹）北二百里有山，夜则火光，昼日但烟，人取此山石炭（即煤），冶此山铁，恒充三十六国用”[48]。龟兹国的炼铁活动充分利用丰富的煤炭资源作为燃料。宋代煤炭开采范围已扩大至陕西、山西、河南、山东、河北等地区，并设有专官管理，实行专卖。宋人朱翌在《猗觉寮杂记》卷上说：“石炭自本朝河北、山东、陕西方出，遂及京师。”[49] 北宋时期南北方的人们已经用煤炭冶炼兵器和货币，煤矿开采随之成为一项重要的产业。苏轼在其《石炭》一诗中记载彭城（今江苏徐州）开采煤炭、冶铁制作兵器的情形：“彭城旧无石炭，元丰元年十二月，始遣人访获于州之西南，白土镇之北，以冶铁作兵，犀利胜常云。”[50] 同时期，在北方山西晋城亦有用煤炭冶铸铁质货币的活动，《宋史·李昭传》中记载山西晋城下属：“阳城冶铸铁钱，民冒山险，输矿炭，苦其役，为秦罢铸钱”[51]。煤炭在金属冶炼中的比重不断增大，燃料加工的技术也得到了进一步的提升。

---

[45] 中国壁画全集编辑委员会编，段文杰本卷主编《中国敦煌壁画全集 10 · 西夏、元》，天津人民美术出版社，1996，第 81 页。

[46] 辰阳：《<熬波图>探解》，东南大学出版社，2019，第 143 页。

[47]〔宋〕陆游：《老学庵笔记》，上海书店出版社，1990，第 16 页。

[48] 王国维校《水经注校》，袁英光、刘寅生整理标点，上海人民出版社，1984，第 40 页。

[49]〔宋〕朱翌：《猗觉寮杂记》，上海进步书局，第 26 页。

[50]〔北宋〕苏轼：《东坡集》，夏华等编译，万卷出版公司，2014，第 141 页。

[51]〔元〕脱脱等：《元本宋史》七八，商务印书馆，1937，第 115 页。

煤炭密度大，容易增加炉内压力，鼓风与排渣也相对困难，同时煤炭通常含有硫元素，加热易形成高熔点的硫化亚铁，因而必须提升鼓风能力，加速冶炼过程。相关学者利用金相、硫印、化学分析等方法进行分析，发现唐宋时期生铁制品的含硫量普遍较高，这可作为用煤炭炼铁的佐证。明代以来，全国冶铁业多数用煤作燃料，《天工开物》卷十“冶铁”条记载：“凡炉中炽铁用炭，煤炭居十七，木炭居十三，凡山林无煤之处，锻工先择坚硬条木，烧成火墨（俗名火矢，扬烧不闭穴火），其炎更烈于煤。即用煤炭，亦别有铁炭一种，取其火性内攻、焰不虚腾者”。[52] 这种“焰不虚腾”的煤或铁炭，应是一种无烟煤。此外，《天工开物》“煤炭”条中还记载：“炎平者曰铁炭，用以冶锻、入炉先用水沃湿，必用鼓鞴后红，以次增添而用。”[53] 此处用水沃湿煤炭，应该是为了黏结煤屑，防止鼓风后煤屑飞出或下沉而造成燃料浪费。

（二）土石混筑竖炉、活塞式木风箱与焦炭、萤石等炉料的新发展

明清时期的竖炉通常采用土石混合的材料构筑，拉杆活塞式木风箱广泛运用，高能燃料焦炭的发明以及萤石助熔剂的使用，进一步提升了冶炼金属时炉内的温度，加快了冶炼的进程，有效提升金属冶炼的质量。

1. 土石混合构筑的炼炉

明清时期竖炉遗址的数量较为稀少，目前仅在河北遵化与湖南永平两个地区发现此类遗存。其中明代遵化冶铁遗址2号冶铁竖炉保存相对完整，炉腹部分与河南焦作麦秸河宋代冶铁竖炉形制较为相近，炉身呈圆角矩形、直口，竖炉通高约4米。明代晚期成书的《涌幢小品》和《春明梦余录》中都对该地区的冶铁竖炉有过记载：“遵化铁炉，深一丈二尺，广前二尺五寸，后二尺七寸，左右各一尺六寸，前辟数丈为出铁之所。俱石砌，以简千石为门，牛头石为心。黑沙为本，石子为佐，时时旋下，用炭火。置二鞴扇之，得铁日可四次。”该炉采用石料砌筑，根据明代度量衡换算可知炉高约3.8米，与竖炉遗存高度相当。同时期《天工开物》与《广东新语》也对明代竖炉的炉型尺寸、构筑方式、鼓风设备以及冶炼情况有所记载。其中《天工开物》卷十四“五金·铁”条载：“凡铁炉，用盐做造，和泥砌成。其炉多傍山穴为之，或用巨木匡围。塑造盐泥，穷月之力，不容造次。盐泥有罅，尽弃全功。”《广东新语》卷十五“货语·铁”条则明确对广东地区的炼炉进行了记述：“铁莫良于广铁……炉之状如瓶，其口上出，口广丈许。底厚三丈五尺，崇半之，身厚二尺有奇。以灰沙盐醋筑之，巨藤束之，铁力、紫荆木

[52]〔明〕宋应星：《天工开物》，涂伯聚原刊本，第45页。
[53]〔明〕同上书，第55页。

支之，又凭山崖以为固。”[54] 由此可知，明代竖炉除石砌之外，也存在盐泥、灰沙盐醋、石块和土泥混合构筑的情形，炉外又以巨大的木、藤框束。竖炉采用多种构筑材料说明了当时筑炉技术的进步，就地取材也体现了一定的区域化特征。此外，规模较大的铁场已率先改用半机械的机车运送炉料，《广东新语》中则记载广州铁场开炉下料时“率以机车从山上飞掷以入炉”[55]，机车快速装运与卸载炉料，一定程度上也推动了金属冶炼的发展。

清代金属冶炼产业得到了更为全面的发展，道光年间《三省边防备览》“山货”中记载冶炼生产的大致情形：“通计匠、佣工每十数人可给一炉。其用人最多，则黑山之运木装窑，红山开石挖矿运矿，炭路之远近不等，供给一炉所用人夫须百数十人。如有六七炉，则匠作佣工不下千人。铁既成板，或就近作锅厂作农器，匠作搬运之人又必千数百人，故铁炉川等稍大厂分，常川有二三千人，小厂分三四炉，亦必有千人、数百人”[56]。这集中反映出清代金属冶炼技术、生产组织、管理以及器物制作等方面的发展程度。

2. 拉杆活塞式木风箱的广泛使用

明清时期的鼓风设备取得重大进步，发明了拉杆活塞式木风箱。在木扇的基础上，木风箱加设自动开闭活门与拉杆，利用活塞运动的原理，加大空气压力，进而产生连续的气流。明代《天工开物》卷十四“五金·银”条中首次出现关于“风箱”的记载：“风箱安置墙背，合两三人力，带拽透管送风。”同书“熔礁结银与铅图”“沉铅结银图”“分金炉清锈底图”“化铜图”“生熟炼铁图”和“铸鼎、钟图”（图4-2-13）中都绘有炼炉和木风箱，器物形制与工作原理与现今民间所

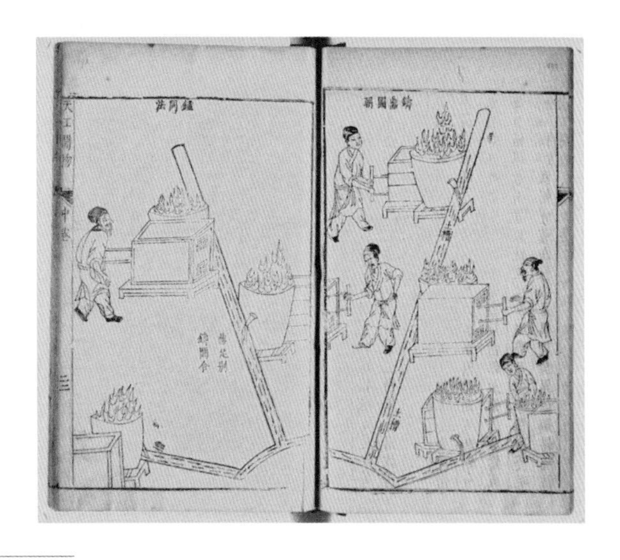

图4-2-13　明代《天工开物》“铸鼎、钟图”中的炼炉与拉杆活塞式木风箱[57]

[54]〔清〕屈大均：《广东新语》，中华书局，1985，第408页。

[55]同上书，第408—409页。

[56]〔清〕严如熤：《三省边防备览》，清道光二年（1822）刻本，第5页

[57]〔明〕宋应星：《天工开物》下卷，涂伯聚原刊本，第22页。

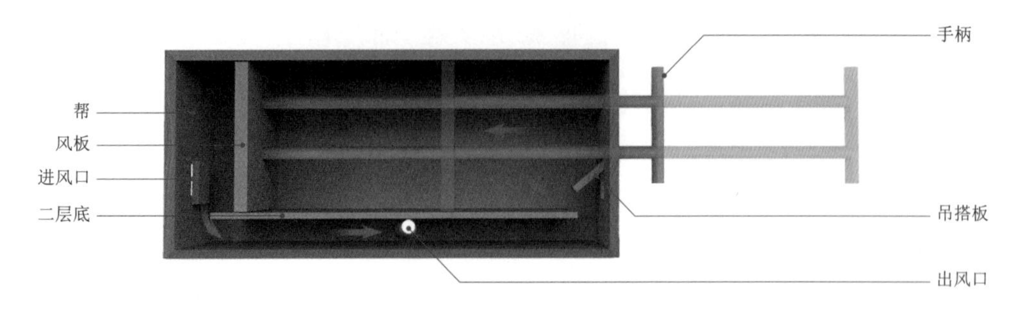

图 4-2-14 明代木风箱复原图及工作原理图

用的风箱基本一致。无论是各类金属冶炼，还是器物铸造，木风箱都是送风给氧的高效鼓风设备。清代《清稗类钞·工艺类》中对木风箱有较为详细的记载：“风箱以木为之，中设鞲鞴，箱旁附一空柜，前后各有孔与箱通，孔设活门，仅能向一面开放，使空气由箱入柜，不能由柜入箱。柜旁有风口，借以喷出空气。用时，抽鞲鞴之柄使前进，则鞲鞴后之空气稀薄，箱外空气自箱后之活门入箱。鞲鞴前之空气由箱入柜，自风口出……于是箱中空气喷出不绝，遂能使炉火盛燃[58]。”木风箱有前后两个空气回路、多个阀门和活瓣。如此设计，无论连杆前推还是回拉，都可将箱内空气快速地压缩与吹出（图 4-2-14）。这种较大风压和风量的连续供给，既能有效提高冶炼强度，又为扩大炼炉容积和增加产量创造了必要的技术条件。木风箱使用原木制作而成，内部封闭结构可形成更为强劲的鼓风效果。清代《滇南矿厂图略》记载：“风箱，大木而空其中，形圆，口径一尺三四五寸，长一丈二三尺。每箱每班用三人。”[59]木风箱因风力强劲，使用时常需三人同时推拉，说明清代边疆地区的金属冶炼已经运用了更为专业的鼓风设备。

3. 高能燃料焦炭的发明与萤石助熔剂的使用

明清时期金属冶炼的燃料逐渐从煤炭向焦炭过渡。焦炭是煤在约 1000℃的高温中密闭烧熔、干馏制成的固体燃料。时至今日，高发热量的焦炭仍是金属冶炼的重要燃料之一。我国是最早发明炼焦技术并将焦炭运用于金属冶炼活动中的国家。炼焦技术发明于宋金时期，但相关记载多见于明清时期。焦炭替代煤炭作为金属冶炼的燃料，主要是由于煤炭的热稳定性较差，长时间受热容易产生爆裂现象。明代《物理小识》中提到炼焦技术以及焦炭用于冶铁的介绍。书中记载：“煤则各处产之，臭者烧熔而闭之成石，再凿而入炉曰礁，可五日不绝火，煎矿煮石，殊为省力。”[60]焦炭是一种优质的高能燃料，炼焦通常由较臭的煤炭烧熔而来，金属冶炼时火焰燃烧五日都不会熄灭。清代《颜山杂记》中对煤炭炼焦有了进一步的认识：“凡炭之在山也，辨死活……活者，脉夹石而潜行，其色

[58]〔清〕徐珂：《清稗类钞》第五册，中华书局，1984，第2373页。

[59]〔清〕吴其濬：《滇南矿厂图略》，北京大学图书馆，第38页。

[60]〔明〕方以智：《物理小识》，商务印书馆，1937，第181页。

晶，其臭辛，其火武，以刚其用，以锻金冶陶。或谓之‘煤’，或谓之‘炭’，块者谓之‘硔’，或谓之‘砟’。散无力也，炼而坚之，谓之‘礁’。顽于石，重于金铁，绿焰而辛酷，不可爇也……故礁出于炭而烈于炭，碛弃于炭而宝于炭也。”[61] 书中认为味臭而火力旺盛的“活炭”可进一步熔炼为礁，还分析了焦炭优于煤炭的原因。古代炼焦技术是掘坑并铺设火道，坑中心设置排气烟囱，坑底放置煤炭并浇水、灰和煤粉，点火烧熔4至10天后结块成焦，一般百吨炼焦煤烧熔出焦炭55吨[62]。

清代初期山东、河北等北方地区的焦炭炼铁已有相当规模。康熙年间《颜神镇志・物产》记载：“煤则凿石为井，有至二三百尺深者，炼而为焦，以供诸冶之用。”[63] 乾隆时期《畿辅通志》中记载：“《磁州志》：‘水尽见砂石，砂石尽见炭……或炼为焦炭，备冶铸之用。’”[64] 上述文献记载说明作为新型燃料的焦炭，具有高热能和透气性等优势，其发明与运用有效保证了炉内温度，提升了金属冶炼过程中的热稳定性，同时为高质高产的金属制品提供了更好的燃料保障。

明代冶铁还使用萤石作为助熔剂，前述《涌幢小品》中记载遵化冶铁竖炉的使用情况：“……妙在石子产于水门口，色间红白，略似桃花，大者如斛，小者如拳，捣而碎之，以投于火，则化而为水。”[65]“石子”即萤石，其主要成分为氟化钙，与炉料一同受热可快速生成低熔点的化合物，缩短冶炼时间，改善炉料的流动性，有效防止悬料事故的发生。筑炉技术与炉型的成熟，鼓风设备的革新，焦炭与萤石的加入，进一步将我国古代金属冶炼技术推高到一个新的水平。19世纪末至20世纪初，我国山西、湖南多地甚至已经出现了较难生产的麻口铁或灰口铁产品，品种多、产量大、质量高的生铁制品反映出冶铁技术的发达程度。

结语

炼炉的发明与广泛运用使其成为中国古代金属开采、冶炼与器物铸造的核心设施。随着中国古代社会对金属需求的不断攀升和金属冶炼技术的持续精进，逐步发展形成多种炉型与鼓风设备、燃料与助熔剂、高温液态金属浇铸与制模翻范协同发展的金属加工体系。炉型扩容与炉体结构的不断强化，炉腹角、炉身角以及鼓风口位置和角度的精准设置，矿石炉料及燃料得以充分燃烧，最大程

[61]〔清〕孙廷铨：《<颜山杂记>校注》，李新庆校注，齐鲁书社，2012，第109页。
[62] 卢嘉锡总主编，韩汝玢、柯俊主编《中国科学技术史：矿冶卷》，科学出版社，2007，第590页。
[63]〔清〕叶先登等纂《颜神镇志卷之一》上，康熙九年（1670）本，第11页。
[64]〔清〕唐执玉等编纂《钦定四库全书・史部十一・地理类・畿辅通志》卷五十七，清雍正十一年（1733年），第5页。
[65]〔明〕朱国祯：《涌幢小品》，缪宏点校，文化艺术出版社，1998，第95页。

度保证金属冶炼的“高质高能、顺行稳产”的生产目标，提高对社会金属原材料的持续供给。古代工匠对铜、铁、铅、锡、金、银等各类金属都有着长期且充分的冶金实践，不仅对于军事战备、社会生产和生活都起到了极为重要的推动作用，而且为中国古代金属冶铸的技术传统不断向周边国家和地区传播扩散，为世界金属加工技术的发展与健全贡献中国智慧。

炼炉构筑的土、石原料，鼓风设备的皮、木原料以及燃料的木炭、煤炭等均选取自然资源，历代工匠利用炉体内外压强形成的空气对流实现对金属的高温冶炼，反映出炼炉因材施工与巧法造化的设计思想。随着炼炉形制与结构的不断改进，冶金质量由金属混杂到提纯分离再到合金配比的演进历程，单质金属与合金种类的日益丰富为社会发展提供了坚实的物质资料。以炼炉为中心的中国古代金属冶炼与加工技术，在开发与利用自然资源过程中充分体现出和合共生及刚柔并济的哲学智慧。

第三节 商周礼法的物质象征

青铜礼器是指在古代祭祀、宴会和婚礼等重要场合中使用的礼仪器具，这些器具不仅注重功能上的实用性，更加强调形式上的仪式感。它是统治阶层努力扩展礼器资源的结果，其最初的形制与功能主要源于对陶质、漆质与玉石质等既有礼器的模仿与扩充。随着贵族阶层逐渐对青铜材料、制作工艺以及手工匠人的掌控，青铜器最终于二里头文化后期，与其他材质的礼器一并充当了礼法的物质象征。奴隶制王朝通过制造兵器和礼乐器，体现出“国之大事，在祀与戎”，发挥了青铜器“明贵贱，辨等列”的核心功能。至商周时期，青铜器已然成为贵族宗族组织内等级制度与宗法制度的标志，即以不同数量、体量、品类、组合的青铜礼器来标识使用者的政治、社会地位的高低，同时被赋予了“协于上下，以承天休”的神圣礼仪功能，并通过纹饰、铭文等传递统治思想、凝聚宗族血亲。因而，青铜礼器的演进除了在品类、器型与纹饰上有变化之外，同时也是商周时期统治秩序、观念体系、精神世界变化的映射，对中国古代文明的形成具有重要作用。本文以文献、图像资料与典型商周青铜礼器为基础，分别从品类转变、组合形式、用器制度、纹饰铭文等方面展开论述，以厘清商周时期青铜礼器的变革与礼仪制度更迭之间的互为关系。

一、由祭入礼：王权礼制的物化与青铜礼器的发生

“礼”是人与人、人与自然（神）交往行为的规范和准则[1]，源起于敬鬼事神的祭祀文化。具体而言，“礼”首先可释为用于祭祀的器皿。《说文解字》中载：“礼有五经，莫重于祭，故礼字，从示，豊者，行礼之器。”[2]文中指出礼的本义为祭祀所用的器具。礼的古字为“豊”，表示用器皿盛放两串玉器以奉事于神[3]，此类器皿而后又被称为礼器。礼也被释为祭祀所用的严谨仪式。许慎指出礼为“履也，所以事神致福也”，将礼引申为通过侍奉鬼神而祈福消灾的活动。徐复

[1] 汤勤福总主编，曹建墩本册主编《中华礼制变迁史》（先秦编），中华书局，2022，第4页。
[2]〔汉〕许慎撰，〔清〕段玉裁注《说文解字注》，上海古籍出版社，1988，第2页。
[3] 郭沫若著作编辑出版委员会编《郭沫若全集》（历史编第二卷），人民出版社，1982，第96页。

观通过对《尚书》的研究证实了这一观点："《金縢》上所说的'我国家礼亦宜之'的礼，一般解释为改以王礼葬周公，葬与祭有连带关系。其余《洛诰》与《君奭》的四个礼字，皆指祭祀而言；祭祀有一套仪节，祭祀的仪节，即称之为礼。"[4]由此推之，礼是由原始宗教中的祭祀文化孕育而生，其内涵是由祭祀所用的器皿演变为规范的仪式，同时暗含着人与神沟通交流的崇敬心理与行为准则。

礼制与礼器在礼的概念中得到拓伸，礼制是将礼所形成的规范进行制度化的结果，礼器则是将礼制物象化的表征。礼制是由权力机构颁布的人与人、人与自然以及社会团体之间交往行为的规范或准则[5]，它是在祭祀文化所形成的规范基础上，于国家政治制度与社会生活等层面上更广阔的延伸。其规范的内容广涉侯国建制、疆域划分、政法文教、礼乐兵刑、赋役财用、冠婚丧祭、服饰膳食、宫室车马、农商医卜、天文律历、工艺制作[6]，形成了王权社会等级分明、体系化与制度化的人伦规范与社会统治秩序。礼器作为各类仪典的专用之器，是礼制的物化表征与象征符号。尽管礼制系统极为庞杂且礼制间的要求迥异，但礼器的使用有多与少、大与小、高与下以及文与素[7]的贵贱区分，并以这些形式属性来传达不同礼仪环境中的制度特点、社会等级与意识形态。

青铜礼器作为商周时期礼制的物化载体，伴随礼制的渐兴发轫于二里头文化时期。其一，二里头文化墓葬出土的青铜器均为礼器和兵器，主要为维护政治秩序与军事征伐服务，未见有青铜农具等用于生产的器具出现。这一现象表明青铜器具在此时主要发挥"器以藏礼，礼以行义"[8]的功能，符合"国之大事，在祀与戎"的政治需求。其二，二里头文化所现爵、鼎、盉、觚等青铜器，仅出土于社会上层的贵族墓中，可以判断青铜器已具有表征身份高低与等级优劣的礼制含义。其三，二里头文化中的青铜器已经展现出基本的组合关系与数量关系。尤其是以爵为中心的酒器组合[9]，如铜爵与陶盉的组合（图4-3-1），铜爵与陶盉、陶爵的组合[10]，表明二里头文化时期，青铜器已经出现明显的参与礼仪的痕迹，并与礼制一道逐渐呈现出规范化的发展态势。

---

[4] 徐复观：《中国人性论史 · 先秦篇》，上海三联书店，2001，第36页。

[5] 汤勤福总主编，曹建墩本册主编《中华礼制变迁史》（先秦编），中华书局，2022，第4页。

[6] 钱玄、钱与奇编著《三礼辞典》，江苏古籍出版社，1998，第3页。

[7] 陈戍国点校《周礼 · 仪礼 · 礼记》，岳麓书社，1989，第319—320页。

[8]〔清〕洪亮吉撰，李解民点校：《春秋左传诂》，中华书局，1987，第437页。

[9] 中国社会科学院考古研究所编《中国早期青铜文化：二里头文化专题研究》，科学出版社，2008，第55—58页。

[10] 杨锡璋、高炜主编，中国社会科学院考古研究所编著《中国考古学 · 夏商卷》，中国社会科学出版社，2003，第107页。

图 4-3-1 二里头文化时期的爵

a 二里头晚期乳钉纹爵[11]

b 二里头晚期爵[12]

二、列器立制：礼器组合的更迭与礼法制度的兴衰

(一) 好酒至尚礼：商代“重酒”组合至周代“重食”组合

礼制变化在用器制度方面集中体现在礼器的组合形式，商周时期不同特征的礼器组合，可以作为探究商周时期礼器体制面貌异同的重要依据，以及分析何以出现此种差异。本节通过对商周墓葬出土的礼器及其组合情况的采集与分析，进一步确证了商周礼器组合呈现出的以“觚、爵”为核心的“重酒”组合，至周代以“鼎、簋”为核心的“重食”组合的演进路径。

根据本节所统计的商周时期墓葬出土的食器与酒器的变化趋势可知（图4-3-2），酒器在商代墓葬随葬青铜礼器中占据首要位置，并且形成了以成套觚爵为核心的固定组合模式（图4-3-3）。这种特征在殷墟三期至四期达到顶峰，酒器占据总体数量的76%至79%，远超食器的21%至24%。同时，在商代的墓葬中，酒器集中分布在椁内，食器多放置在椁外，这种将酒器“近椁远棺”的放置方式，显示出商代具有明显的“重酒”倾向。这种重酒的倾向可以从商人的尚酒习俗和祭祀方式两方面展开分析。一方面，商代产量可观的黍类作物为酿酒业的发展积累了充足的资源，《诗问》记载有“丰年多黍多稌，亦有高廪，万亿及秭。为酒为醴，烝畀祖妣。以洽百礼，降福孔皆”[13]的景象，可以推测商代多黍多稌并以黍作酒的生产状况为尚酒风尚提供了充足的物质条件。另一方面，商人“率民事神”[14]，认为酒是帮助沟通鬼神或祖先神灵的媒介，因而在重要的祭祀或典礼活动中大量用酒，更有祭祀用酒“自六卣以至于百”[15]的记述。商人的饮酒

[11] 中国青铜器全集编辑委员会编，张国生编辑《中国青铜器全集 · 夏、商1》第1卷，文物出版社，1996，第7页。
[12] 同上书，第5页。
[13]〔清〕郝懿行、〔清〕王照圆：《诗问 · 卷七颂 · 周颂 · 丰年》，赵立纲、陈乃华点校，齐鲁书社，2010，第916页。
[14]〔清〕郭嵩焘撰，梁小进主编《礼记质疑 · 卷三十二表记》，岳麓书社，2012，第646页。
[15] 王国维：《观堂集林》（外二种），河北教育出版社，2003，第17页。

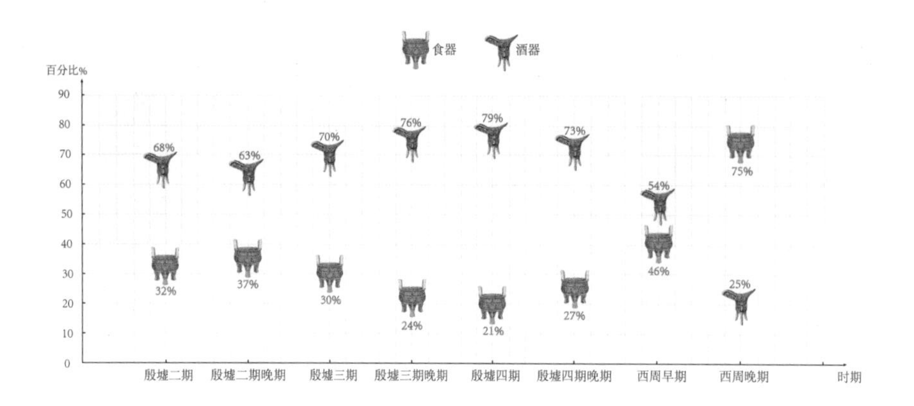

图 4-3-2 商周食器与酒器数量统计示意图

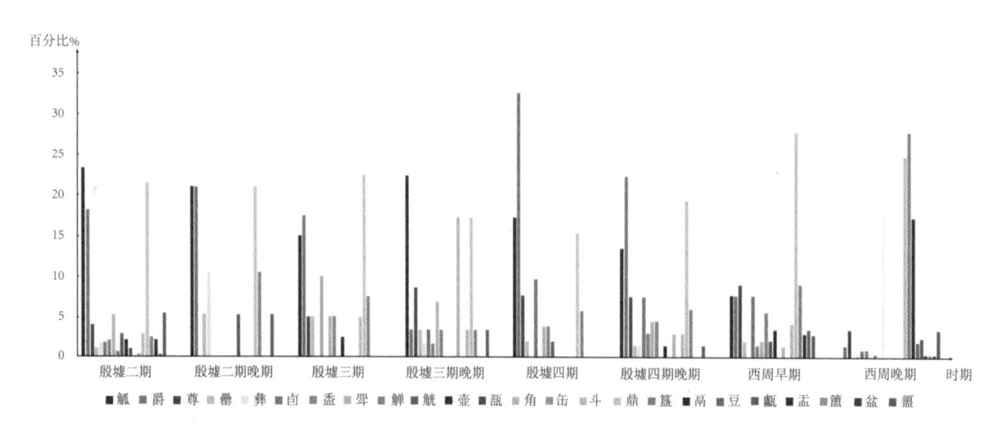

图 4-3-3 商周各类礼器数量统计示意图

习惯从单纯的饮食行为中分离出来，在农业基础、饮食结构以及祭祀崇拜的综合作用下演变为具有执掌礼仪、巩固王权与道德教化意义的祭祀饮食文化，进一步促进了具有礼制象征意义的酒器的兴盛与发展。

西周早期仍然保留了商代注重酒器的传统，但食器数量明显增加，所占比值由殷墟四期的27%增至46%（图4-3-2）。西周晚期，食器递增的发展态势发展至鼎盛，占据总体数量的75%，以成套鼎簋组合的形式最多。并且增添了簠、盂及盨等新的食器品类，如山西天马—曲村M91晋侯墓出现了祭祀时用于盛稻粱的簠，以及用于盛放熟饭的大型食器盂[16]。另河南三门峡上村岭M2001虢季墓及山西天马—曲村M93晋侯墓出现了从簋演化而来的盛黍稷的盨[17]。由此表明，青铜礼器至迟在西周晚期已完成了由商代"重酒器"到周代"重食器"的转变。这种转变与商代湎于酒而亡国的教训有关，周人认为"庶群自酒，腥闻在上，故天降丧于殷"[18]，因而"文王诰教小子，有正有事，无彝酒"[19]。也就是说，由于商人过度沉溺于饮酒，肉食的香气传遍上空，导致上天降下了不幸的灾祸给

[16] 徐天进、孟跃虎、李夏廷、张奎：《天马—曲村遗址北赵晋侯墓地第五次发掘》，《文物》1995年第7期。

[17] 同上。

[18]〔清〕阮元校刻《十三经注疏》（清嘉庆刊本），中华书局，2009，第440页。

[19] 同上书，第437页。

商王朝。因而周文王警示后人要谨慎享受，“有正有事，无彝酒”[20]。由此，可以推测西周对“酗酒”“崇饮”等行为的严厉禁止，是酒器减少的重要原因之一。不过，在“以饮食之礼亲宗族兄弟”[21]“以飨燕之礼亲四方之宾客”[22]的西周，酒的禁绝是难以实现的。因此，依据周代“德政”的理念，周代没有采取强硬的手段以禁绝饮酒，而是通过制定饮酒的礼制来约束酗酒行为，并把饮酒礼纳入了周代最基本的宗法制和分封制的制度框架内。这种饮酒的礼制通过规范和约束个人酗酒行为，可以维护社会的稳定与和谐。同时，它还可以被视为一种家族和亲情的仪式，通过这些仪式，家族成员可以加强联系和感情。此外，不同级别的饮酒仪式可以展示参与者的社会地位和权力，加强与其他参与者的联系，有利于维持社会的等级结构。最后，通过制定饮酒的礼制，社会可以在宗法亲情和等级制度之间取得平衡，既维护了家庭关系和社会稳定，又巩固了社会的宗法制度和分封制度。因此，周代饮酒礼制的确立，既能强化宗法亲情又能强化等级制度，有助于达到巩固宗法制和分封制的目的。随着饮酒礼仪的确立，青铜酒器的使用制度与等级划分也逐步完备。

（二）从“偶数”为主的用鼎陈供制度到“奇数”为主的列鼎制度

西周时期，在以鼎、簋为核心的重食器组合基础上，建立了等级更加森严的列鼎制度，并发展为“明贵贱，辨等列”[23]宗法等级制度的核心部分。列鼎制度是对使用青铜鼎做出的一系列规制要求，包括与之相配的簋、敦和豆等礼器的规范，除了规定器物的形制与纹样外，更为关键的是根据使用者身份等级的不同确定用器数目的多寡，如《公羊·桓公二年》记载：“礼祭，天子九鼎，诸侯七，卿大夫五，元士三也。”[24]即天子、诸侯、卿大夫与士分别以九鼎配八簋、七鼎配六簋、五鼎配四簋以及三鼎配二簋的规格进行宴请，可见周代列鼎制度是以依次增加鼎、簋的使用数量来表征使用者身份等级的增高。

从考古发掘资料来看，商代列鼎迹象已初步出现，并展现了以偶数列器的时代特征，如河南郑州南顺城街窖藏坑出土的4件方鼎[25]，虽然铸造工艺水平以及生产年代存在差异，但具有形制与纹饰相近、大小尺寸依次递减的特点，已基本具备列鼎的成组、形同、大小相次等特点。同时，还可发现商代礼器呈现出以偶数为主流的组合偏好。如河南安阳殷墟妇好墓出土的青铜鼎中[26]，V式妇

---

[20]〔清〕阮元校刻《十三经注疏》(清嘉庆刊本)，中华书局，2009，第437页。
[21]同上书，第509页。
[22]同上书，第1640页。
[23]〔宋〕吕祖谦：《左氏博议 · 卷一 · 臧僖伯谏观鱼》，陈年福点校，浙江古籍出版社，2017，第13页。
[24]〔清〕孙诒让：《周礼正义》卷一至卷七，王文锦、陈玉霞点校，中华书局，1987，第244页。
[25]河南省文物考古研究所、郑州市文物考古研究所：《郑州南顺城街青铜器窖藏坑发掘简报》，《华夏考古》1998年第3期。
[26]中国社会科学院考古研究所编辑《殷墟妇好墓》，文物出版社，1980，图版一一。

好铜细高柱足鼎（图4-3-4a）与VI式妇好小型柱足鼎均为两件成对（图4-3-4b），II式妇好中型圆鼎为六件成组，虽也有单件小方鼎的情况出现，但整体呈现出商代用鼎采用成双或呈偶数组合形式的倾向。商代对于偶数的推崇源于对女性地位的尊重，在阴阳思想中，女性和偶数都属于阴性，因此人们倾向于将女性与偶数联系在一起。商代社会虽以男性为尊，但女性也具有较高的社会地位并拥有较大的权力与财富，如商王武丁的妻子妇好，不仅可以统兵上万，还拥有主祭权，甲骨卜辞中记载："辛巳卜，贞，登帚好三千，登旅万，乎伐"[27]，"贞，乎帚好出口"[28]。另外，在安阳殷墟的墓葬中，随葬器物多达1928件，其中后母辛大方鼎为迄今所见体积最大、专用于祭祀女性的祭器。因而推断商代对女性地位的认可与尊重，表现出一种对称与平衡的美学形式，是形成礼器组合以偶数为主的重要原因。

西周早期，列鼎制度仍处于初期阶段，主要表现在鼎的数目尚未统一，形制与纹饰尚不完全相同。山西曲沃北赵的西周墓中，M31[29]中出现三鼎二簋，其中三个鼎的形制相似且大小相次，两个簋的形制大小基本相同，可以推断其列鼎与鼎簋固定组合关系初步形成，但尚不符合晋侯的用鼎数目，并且M13[30]、M31、M62[31]与M102[32]的墓主身份均属晋侯夫人，但列鼎的数目存有较大差异。其中仅有13号墓为五鼎四簋符合晋侯的用鼎规格，62号与102号墓均为三鼎四簋。保存较为完整的燮父夫人墓M113中出土的八鼎六簋中[33]（图4-3-4c），青铜鼎的形制与纹饰差异十分明显。其中标本M113 ∶ 34方鼎的形制为斜直壁向外垂腹、浅圜底且四柱足，外壁饰两道弦纹；M113 ∶ 51方鼎的形制为腹壁直内收、四柱足较高，器外四角有扉棱，外壁以浅浮雕兽面纹为饰；M113 ∶ 52的形制为三柱足的圆鼎；M113 ∶ 57同为三柱足的圆鼎，但有盖且装饰瓦纹。这种区别反映出当时列鼎列簋制度虽已初步形成，但随葬器物的数目、造型与纹饰并不规范统一，未形成十分严格的制度标准。

西周中期之后，列鼎制度逐渐规范，出现形制和纹饰相同、大小相次或相同的列鼎与列簋，这种规范标志着周代列鼎制度的成熟与完善。最早的实例见于陕西宝鸡茹家庄1号墓出土的五鼎四簋组合[34]。西周晚期至春秋初期虢国墓地

[27] 中国社会科学院考古研究所编辑《殷墟妇好墓》，文物出版社，1980，第227页。
[28] 同上。
[29] 张崇宁、孙庆伟、张奎：《天马—曲村遗址北赵晋侯墓地第三次发掘》，《文物》1994年第8期。
[30] 孙华、张奎、张崇宁、孙庆伟：《天马—曲村遗址北赵晋侯墓地第二次发掘》，《文物》1994年第1期。
[31] 李夏廷、张奎：《天马—曲村遗址北赵晋侯墓地第四次发掘》，《文物》1994年第8期。
[32] 徐天进、孟跃虎、李夏廷、张奎：《天马—曲村遗址北赵晋侯墓地第五次发掘》，《文物》1995年第7期。
[33] 商彤流、孙庆伟、李夏廷、马教河：《天马—曲村遗址北赵晋侯墓地第六次发掘》，《文物》2001年第8期。
[34] 河南省文物研究所、三门峡市文物工作队：《三门峡上村岭虢国墓地M2001发掘简报》，《华夏考古》1992年第3期。

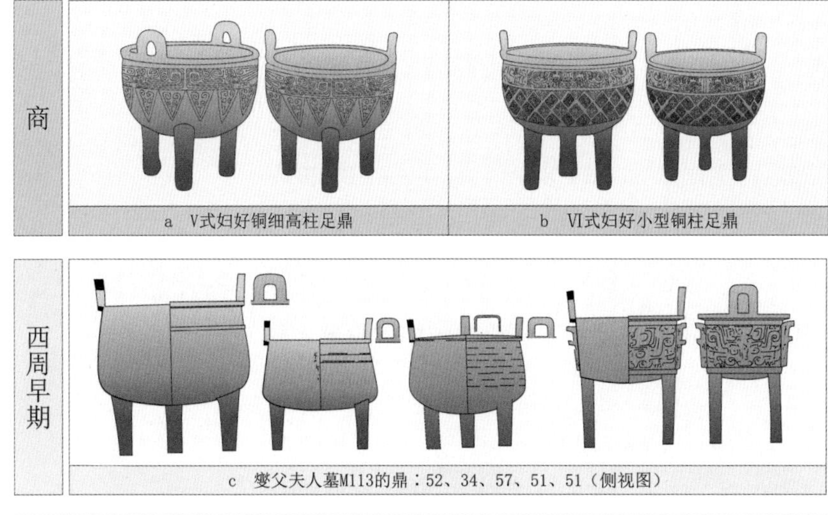

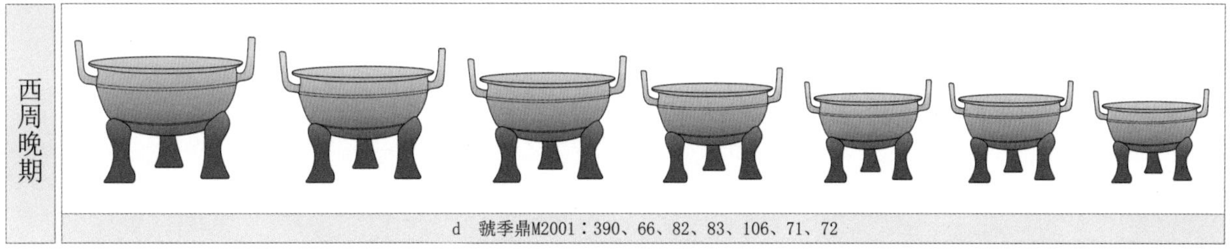

图4-3-4 墓葬中青铜礼器组合方式的变化示意图

的M2001出土的七件虢季鼎（图4-3-4d）、六件虢季簋与四件虢季盨[35]，以及M2012出土的五件垂麟纹列鼎与四件窃曲纹簋[36]，均呈现出形制、纹饰相同，大小依次递减的情形。另陕西韩城梁带村春秋早期芮国墓地存有相似的情况，如M27芮桓公墓出土了一套符合诸侯国国君七鼎六簋标准的器物[37]，七件列鼎大小相次，呈双附耳与马蹄形足，饰窃曲纹与凸弦纹，六件簋的形制、纹样与大小也均相同。可见，西周中晚期至春秋初期列鼎制度已发展完备，以列鼎的组合形式象征身份等级的秩序相对稳定，并为各封国认同与执行。

值得一提的是，相比商代用鼎的偶数倾向，周代用鼎组合规格则多以奇数形式出现，这种差异是商周文化在阴阳观念方面的体现。根据阴阳思想，宇宙中的一切事物都可以分为阴和阳两种属性，阳通常与男性、明亮、热、刚强、奇数等属性相关联，而阴通常与女性、暗、冷、柔弱、偶数等属性相关联。因此，人们倾向于将阳性属性与奇数联系在一起，将阴性属性与偶数联系在一起。根据《礼记》记载："鼎、俎奇而笾、豆偶，阴阳之义也"，"鼎、俎奇者，以其盛牲体；牲体动物，动物属阳，故其数奇。笾、豆偶者，其实兼有植物；植物为阴，故其数偶。

[35] 河南省文物考古研究所、三门峡市文物工作队编著《三门峡虢国墓》第一卷，文物出版社，1999，彩版三。

[36] 同上书，彩版二五。

[37] 陕西省考古研究院、渭南市文物保护考古研究所、韩城市文物旅游局：《陕西韩城梁带村遗址M27发掘简报》，《考古与文物》2007年第6期。

故云阴阳之义”[38]。也就是说，周人认为羊、牛、鱼等牲肉都是天之所生，因此属性为阳，所以在宴会或祭祀仪式中盛放这些牲肉的鼎和俎等器物的数量应为奇数。而粟、黍及稷等植物产自大地，因此属性为阴，所以盛放这些植物的簋与敦等器物的数量应为偶数。可见，周人用鼎采取奇数的组合形式，是将阴阳协调以助万物生长的思想注入到用器制度之中的结果。另据《礼记·王制》载："天子七庙，三昭三穆，与太祖之庙而七”[39]。可见周代以奇数为阳，象征天、君的意识，使其更加注重突出“居中”“中央”“太极”的地位，再辅以对称的形式，最终凸显周天子的至高地位与王权。

（三）礼器组合的僭越使用与王权礼制体系的解体

春秋中期以后，列鼎制度普遍被僭越，诸侯、卿与士等阶级用器数目超越列鼎制度所规定上限的现象频出，最终形成了诸侯列鼎九、卿上大夫七、下大夫五、元士三的用鼎格局。具体而言，诸侯墓葬中随葬九鼎，越制使用了周天子列鼎的规格标准。在有关对春秋中期用鼎的文献记述中可以得到印证，如《周礼·秋官·掌客》载诸侯用鼎："鼎十有二者，饪一牢，正鼎九与陪鼎三”[40]，《仪礼商·卷一·公食大夫礼》云："上大夫八豆、八簋、九俎”[41]，而接待下大夫则："甸人陈鼎七”[42]，反映了诸侯随葬用九鼎，卿、上大夫用七鼎以及下大夫用五鼎的僭用情况。此外这种僭用情况，还可在保存较为完整的春秋中期至晚期的墓葬资料中得到证实，如山东沂水刘家店子诸侯一级春秋墓M2[43]墓主为莒国国君夫人，随葬列九鼎，且鼎的形制、纹样与大小皆同。根据“夫人与君同庖”的伦理理念推断，莒国国君墓M1随葬的16件鼎中应包含9件列鼎的组合形式。另河南辉县琉璃阁墓葬中诸侯级M60中，有“镬鼎1、有盖列鼎5、有盖列鼎9、无盖列鼎9、不成列的小鼎5”[44]，亦为诸侯僭用天子之礼随葬的佐证。

在大夫与元士阶层的墓葬中，僭用列鼎七的现象与恪守列鼎五的情形并存。如河南淅川县下寺M2[45]楚国令尹子庚即公子午墓出土15件铜鼎，其中包含列鼎七的组合形式。辉县琉璃阁墓地及与卿同级的M55[46]卫国公子墓，使用列鼎七随葬。太原金胜村M251晋卿赵简子墓[47]则是出现了列鼎七、列鼎六、列鼎

[38] 转引自〔清〕阮元校刻《十三经注疏》（清嘉庆刊本），中华书局，2009，第3133页。
[39] 同上书，第351页。
[40] 同上书，第1946页。
[41]〔清〕万斯大：《仪礼商·卷一·公食大夫礼》，曾攀点校，浙江古籍出版社，2016，第151页。
[42] 转引自〔清〕阮元校刻《十三经注疏》（清嘉庆刊本），中华书局，2009，第2334页。
[43] 罗勋章：《山东沂水刘家店子春秋墓发掘简报》，《文物》1984年第9期。
[44] 俞伟超、高明：《周代用鼎制度研究》（下），《北京大学学报（哲学社会科学版）》1979年第1期。
[45] 张剑：《从河南淅川春秋楚墓的发掘谈对楚文化的认识》，《文物》1980年第10期。
[46] 林寿晋：《〈上村岭虢国墓地〉补记》，《考古》1961年第9期。
[47] 山西省考古研究所、太原市文物管理委员会：《太原晋国赵卿墓》，文物出版社，1996，第17—34页。

五三套列鼎的组合形式。由以上三例随葬情况可见，卿或上大夫僭用诸侯七鼎之制盛行。山西长子M7号墓[48]出土的列鼎组合，则为士僭用大夫列鼎五之制的证明。另长治分水岭M269与M270夫妻合葬墓[49][50]则反映了大夫级对列鼎制度的遵守，两墓均为五件鼎组合的列鼎形式。山东长清仙人台M5号墓[51]则遵守士级列鼎三的用鼎规定。

根据以上分析可知，列鼎制度中出现了诸侯、卿与士等各阶层使用列鼎数量的普遍升格。这种礼制上的僭用不仅反映了周王室势力的衰微与政权的下移，还折射出列国诸侯、卿、大夫的身份地位逐渐上升以及权力的不断膨胀。周王室在频繁的战争中逐渐依靠诸侯、卿及大夫等领兵作战，使其维护等级秩序的能力逐渐下降，如《左传》中晏子所云："此季世也，吾弗知。齐其为陈氏矣！公弃其民，而归于陈氏"[52]。此言反映了晏子对当时局势的不满和对社会道德的担忧，指出齐国恐怕是陈氏的了，齐国君主抛弃了他的百姓，让他们归附于陈氏。叔向也感叹道："虽吾公室，今亦季世也……庶民罢敝，而宫室滋侈。……民闻公命，如逃寇仇……政在家门，民无所依。君日不悛，以乐慆忧，公室之卑，其何日之有？"[53]叔向对混乱的时局也感到担忧和不满，他认为即使诸侯的家族，现在也到了末世。百姓困疲，但宫室更加奢侈。百姓听到国君的命令，就像逃避强盗和仇敌。政权落在卿大夫手里，百姓无依无靠。国君丝毫不知改悔，反而用娱乐来掩盖忧患。公室的衰落，还能有多少日子呢？可见，周王室的衰落，以及诸侯间的各自为政与分庭抗礼愈演愈烈。然而，这种现象使得周王室对卿大夫等阶层更为倚重，进而导致卿大夫列九鼎与士列五鼎的越制情形频繁发生。值得注意的是，卿大夫与士等阶层在僭越使用列鼎时，仍是严格按照对应等级的用器规格执行的，这反映了该阶段的列鼎制度在周天子式微背景下出现了波动，但其维持等级秩序的基本功能依然稳固。

三、纹饰铭功：商周时期神本位到人本位的礼制秩序

（一）商代抽象兽面母题的成熟

商代礼器与周代礼器的区别在纹饰与铭文上亦有显著体现，本节试以此为

[48] 陶正刚、李奉山：《山西长子县东周墓》，《考古学报》1984年第4期。
[49] 边成修、李奉山：《长治分水岭269、270号东周墓》，《考古学报》1974年第2期。
[50] 印群：《黄河中下游地区的东周墓葬制度》，社会科学文献出版社，2001，第199页。
[51] 方辉、崔大庸：《长清仙人台五号墓发掘简报》，《文物》1998年第9期。
[52]〔春秋〕左丘明：《左传》，蒋冀骋标点，岳麓书社，2006，第276页。
[53] 同上。

切入点来考察其中的变化。青铜礼器的纹饰在商周时期的发展趋势由神秘狞厉的兽面题材转变为清新柔和的现实题材，铭文内容由祭祀占卜转向歌功颂德，反映了由商代以原始思维为主导的神本位至周代以逻辑思维为主导的人本位的回归。

商代是青铜纹饰设计成熟阶段中的鼎盛时期，以兽面母题的纹饰最为典型且数量最多，占据了总体纹饰的十分之九[54]。兽面母题即以饕餮纹或各类神禽怪兽等神话动物纹样构成的纹饰系统。兽面母题的发生可追溯至新石器时代红山文化（图4-3-5a）与良渚文化玉制礼器中刻饰的兽面“神徽”，如浙江余杭反山M12出土的“琮王”，琮上琢刻有8个神人兽面纹图像（图4-3-5b）[55]，图像上部以面呈倒梯形且头戴羽冠的神人为主体，下部为圈眼、宽鼻、阔口獠牙并作蹲踞状的神兽[56]。该图像的具体所指虽难以确证，但其象征神权的意味是较为明确的，如美籍学者张光直所言：“在许多琮上有动物图像，表示巫师通过天地柱在动物的协助下沟通天地”[57]。兽面题材在青铜礼器中的施用源自二里头文化时期，以镶嵌绿松石的青铜兽形牌饰最为典型（图4-3-6）。该牌饰中的兽面

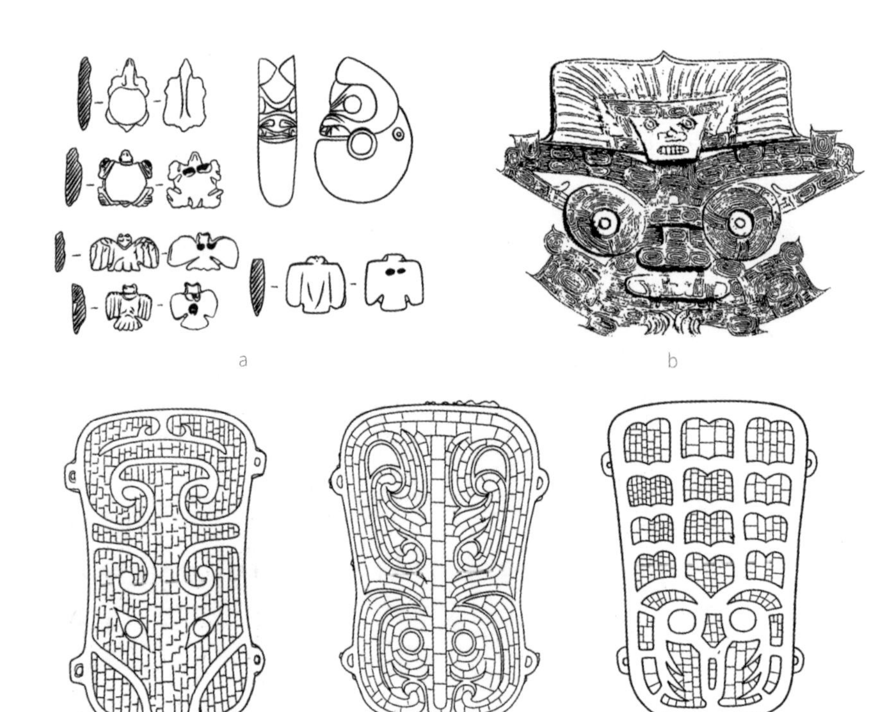

图4-3-5a 红山文化兽面纹玉器形制图（玉龙、玉鬼、玉鸮）[58]

图4-3-5b 良渚文化玉器上的兽面纹[59]

图4-3-6 二里头文化铜牌饰示意图[60]

[54] 张光直：《中国青铜时代》，生活 · 读书 · 新知三联书店，1999，第272页。
[55] 李学勤：《良渚文化玉器与饕餮纹的演变》，《东南文化》1991年第5期。
[56] 浙江省文物考古所编著《反山》，文物出版社，2005，第43页。
[57] 张光直：《考古学专题六讲》，文物出版社，1986，第10页。
[58] 杨晓能：《商周青铜器纹饰和图形文字的含义及功能》，《文物》2005年第6期。
[59] 李学勤：《良渚文化玉器与饕餮纹的演变》，《东南文化》1991年第5期。
[60] 杨晓能：《商周青铜器纹饰和图形文字的含义及功能》，《文物》2005年第6期。

是从各地区文化中的动物题材中提炼和抽象而成的，这种对各类动物形象的杂糅，更易迎合不同地区对不同动物崇拜的文化。但其所表现的艺术形象为兽形体而非兽面，是玉质礼器艺术表现的延续，还不是真正意义上的青铜礼器的艺术表达。

商代早期，随着商人对青铜材质的掌握，青铜礼器上兽面母题的表现趋于成熟，形成了一首两身的兽面母题的图像模式，并使这种图像模式完成了由简至繁的演变历程。这种图像模式即是由动物头部的正面与简化的身体构成的抽象纹样，通常省略对动物嘴部的刻画而以夸张的比例突出双目，以使观者产生崇拜且敬畏的感受。同时，商人灵活变换兽角的形状，如内卷角、外卷角、双小龙角、牛角、羊角、无角（虎头形）等，以使观者联想到自己信仰的动物，如龙、牛、羊、象与虎等与当时祭祀和农牧业生产相关的动物。从而使青铜礼器上的兽面母题不仅具有祭祀崇拜的神秘感与震慑力，同时还具有融合不同区域文化崇拜于一体的特征，这也是商代通过青铜礼器及其纹饰将多个文化圈凝聚起来的关键因素。具体而言，商代早期，青铜礼器上的兽面纹整体以简略抽象的粗阳线呈现，如河南郑州白家庄出土的兽面纹爵的纹样以圆角长方形的双目为中心，以内卷云纹及宽线条表现兽面的口部与额鼻，突出"巨目凝视"的视觉效果（图4-3-7a）。商代中期以后，兽面纹饰发展为"三层花"的表现形式，即以云雷纹作为地纹、以浅浮雕的手法突出作为主体纹饰的各类兽面，强调对眼睛的塑造而弱化对身体的塑造，使整体更具神秘与森严的视觉效果。如商代晚期的兽面纹铜鼎（图4-3-7b），器腹刻三组饕餮纹，地纹填饰雷纹，用线灵活，效果瑰丽。

商代青铜礼器上的兽面题材所具有的神圣性与象征性，与商代各民族、文化及政体对神灵祭祀的依赖密不可分。卜辞中记载"辛亥贞，王正召方，受佑""辛未卜，争，贞生八月帝令多雨""乙亥卜，行贞，王其寻舟于河，亡（无）

a

b

图4-3-7a 商代早期兽面纹爵[61]

图4-3-7b 商代晚期饕餮纹铜鼎

[61] 中国青铜器全集编辑委员会编，张囤生编辑《中国青铜器全集 · 夏、商1》第1卷，文物出版社，1996，第65页。

灾”[62]等内容，反映了商人自出行、求雨到征伐等事务均依赖于无所不能的祖先神的庇佑，这种依赖使得商代社会呈现出对祖先和神灵的无限崇拜。祖先神的形象是神秘的、模糊的，这为商人物化其形象提供了广阔的创作空间。《左氏博议》记载：“昔夏之方有德也，远方图物，贡金九牧，铸鼎象物，百物而为之备，使民知神、奸。故民入川泽、山林，不逢不若；魑魅魍魉，莫能逢之。用能协于上下，以承天休。”[63]也就是说，祖先神的强大能力可以通过青铜礼器上的“百物”图像得到施展，使民众免除灾祸并受到庇佑，这种“百物”形象应该就是商代礼器上装饰的神秘兽面纹[64]。因此，可以说商代统治阶层正是通过高度概括的图案设计，创造出整体具有相似性而局部又变化多样的兽面纹，使其具有能够凝聚和容纳多个文化群体的动物神灵的能力。最终，商王朝可以通过规范礼仪即规范青铜礼器及其纹饰的方式，来达到凝聚乃至操纵整个社会的目标。

（二）周代写实世俗主题的兴起

周代的青铜礼器在纹饰题材上的突出变化，体现在对商代兽面母题的“神性”弱化以及对充溢“人性”的世俗现实题材的开发与应用。西周初期的兽面纹基本遵循商代晚期的传统，不过其修饰风格已更加简明与粗犷。如陕西咸阳淳化出土的淳化大鼎，仅在鼎腹的上部装饰了兽面纹，该兽面纹由两条夔龙的头部中间夹一条扉棱构成，夔龙圆目突起且卷唇张口（图4-3-8a）。西周中期以后，兽面纹则由森严的神灵象征物转向随意的装饰条纹，作为兽面纹狞厉力量核心所在的兽目明显蜕化，如上海博物馆所藏的西周中期师遽方彝的盖面及器物腹部所饰的变形兽面纹（图4-3-8b），兽目镶嵌在饕餮纹中线两侧和上部围成的两条环内，缩小到难以醒目的程度，兽目以外的部分也已变形为简单而草率的线条，使整个青铜器纹饰不再具有庄严神秘的气质。同时，青铜礼器上多种动物纹饰群集的现象也见衰落，取而代之的是由兽体变形而来的波曲纹、窃曲纹和重环纹等抽象纹样，显示出清新俊逸的新风貌。如周代青铜礼器上常见的窃曲纹，呈狭长带状并作起伏状展开，多装饰在铜器的口沿下部，效果舒畅且柔和。陕西韩城梁带村芮国遗址博物馆收藏的西周晚期的窃曲纹铜方甗即为典型代表，甑口沿下饰S形平目窃曲纹，腹部饰一周波带纹（图4-3-8c），风格素淡温静。总之，西周中晚期青铜器纹饰的素朴之风与商代神秘诡谲的风格形成鲜明对比，标志着兽面母题中原始宗教礼仪功能的解体与纯装饰功能的产生。

此外，西周青铜礼器上出现的以禽鸟与人物形象为代表的写实题材，体现

[62] 谢耀亭：《从青铜器纹饰看商周文化剧变——商周青铜器纹饰变化再探》，《兰州学刊》2009年第9期。
[63]〔宋〕吕祖谦：《左氏博议 · 卷二十四 · 楚子问鼎》，陈年福点校，浙江古籍出版社，2017，第528页。
[64] 李先登：《浅析商周青铜器动物纹饰的社会功能——以晚商周初兽面纹为例》，《中原文物》2009年第5期。

图 4-3-8a 西周早期的淳化大鼎[65]

图 4-3-8b 西周中期的师遽方彝[66]

图 4-3-8c 西周晚期的窃曲纹铜方甗

图 4-3-9a 晋侯鸟尊

图 4-3-9b 西周晚期的人面纹短剑[67]

图 4-3-9c 西周早期的人面方鼎[68]

了青铜礼器纹样由神秘的兽面纹向现实题材发展的趋势。如晋侯墓地出土的鸟尊（图 4-3-9a），器身凤鸟造型完全以写实的手法呈现，凤鸟作伫立回首状，鸟首微昂且两翼上卷，鸟身满饰羽纹及云纹，为西周青铜礼器写实风格的生动代表。另外，人物纹样也以普通人本真的形象出现，如西周晚期的人面纹短剑（图 4-3-9b），剑身近茎格处两面均饰阴线人面纹[69]，怪诞、狰狞的神秘色彩已褪去。相比之下，湖南宁江出土的西周早期的人面方鼎（图 4-3-9c），鼎腹以浮雕式的人面纹作主体装饰，上下分饰勾云纹与爪形纹，并以云雷纹作地纹，层次分明清晰且丰富，人面形象依然具有较强的神巫色彩。由此可见，西周早期至晚期，青铜礼器纹饰上的神秘色彩减褪，人的元素增加。

西周青铜礼器纹饰上的这种转变归根结底是祭祀崇拜与人文思想观念的革新。商代对祖先神灵力量的崇拜与仰赖，造就了其“先鬼神，而后人”的治理理念，青铜礼器纹饰作为人与神灵沟通的重要工具也被赋予了神性，进而展现出狞厉、神秘与恐怖的形象，来凸显人在神面前的渺小、卑微与虔诚。然而，随着社会现实条件的转变以及对商代灭亡教训的总结，周人提出“皇天无亲，唯德是

[65] 中国青铜器全集编辑委员会编，张囤生编辑《中国青铜器全集 · 西周 1》第 5 卷，文物出版社，1996，第 126 页。

[66] 陈海波、谢尧亭、范文谦、王金平、杨及耘：《山西绛县横水西周墓地 M2055 发掘简报》，《江汉考古》2022 年第 2 期。

[67] 同上。

[68] 中国青铜器全集编辑委员会编，张囤生编辑《中国青铜器全集 · 商 4》第 4 卷，文物出版社，1998，第 24 页。

[69] 陈海波、谢尧亭、范文谦、王金平、杨及耘：《山西绛县横水西周墓地 M2055 发掘简报》，《江汉考古》2022 年第 2 期。

辅”[70]的人文关怀与伦理思想，即通过爱恤民众与凝聚民心的方式取得王权的稳固，致使周人逐步摆脱神灵的羁绊而致力于现实事物。这种新的思想观念在青铜礼器上则表现为象征祭祀崇拜的兽面母题的衰落，而具有纯艺术性的装饰图案以及贴合现实生活的写实禽鸟与人面纹等的出现，反映了周人对现实世界的新关注以及新认识。

（三）商代“属神性格”的祭祀铭文至周代“属人性格”的颂功铭文

青铜礼器的另一个重要变化是从商代的短篇铭文发展至西周的长篇铭文。商代早期至中期铸有铭文的礼器极少，少数有铭者记述的内容也相对简单，通常仅记录被祭者的庙号与祭者的标记。如中国国家博物馆所藏的商代早期亘鬲，亘鬲的内壁仅铸有“亘”字铭文（图4-3-10a），表明此时青铜礼器仅作单纯的祭器。正如日本学者白川静所言：“祖灵与祭祖者之间，是一种绝对自然的关系，原本不需要假借什么事由。所以最古的彝器都不纪录作器之缘由与目的。”[71]商代晚期，青铜礼器上的铭文字数有所增加，但鲜有超过50字者，内容多是对重大祭祀活动、重要战事等的辑录。如中国国家博物馆所藏后母戊大方鼎，鼎腹内壁铸有铭文“后母戊”（图4-3-10b），意指祭祀母戊，为商王武丁祭祀其母专门制作。另外，上海博物馆所藏的小子省壶，壶的盖上和器内分别铸有20字与22字铭文（图4-3-10c），为商代长篇铭文的代表，内容为“甲寅，子商小子省贝五朋，省扬君商，用乍父乙尊彝”[72]。即小子省受到五朋贝的赏赐，因此制作青铜礼器并附上铭文以告知祖先。可见，商人在青铜礼器上铸刻铭纹的目的在于祭奠祖先神灵，而促进王室与氏族间的关系等政治意图尚不明显。

西周时期，青铜礼器上开始出现50字以上的长篇铭文，铭文的内容也由祭

a

b

c

图4-3-10a 商代早期亘鬲

图4-3-10b 商晚期后母戊大方鼎

图4-3-10c 商晚期小子省壶[73]

[70] 陈鼓应：《老子注译及评介》，中华书局，2008，第342页。

[71] 潘祥辉：《传播史上的青铜时代：殷周青铜器的文化与政治传播功能考》，《新闻与传播研究》2015年第2期。

[72] 马承源主编《商周青铜器铭文选》三，文物出版社，1988，第11页。

[73] 中国青铜器全集编辑委员会编，张囤生编辑《中国青铜器全集 · 商4》第4卷，文物出版社，1998，第147页。

图4-3-11a 西周成王何尊[74]

图4-3-11b 西周晚期毛公鼎

祀祖先扩展至追求封赐及铭德纪功等方面。西周早期至中期，青铜礼器上仍然保留着通过铭文祭祀祖先的传统，但也已增添了新的内容。如陕西宝鸡青铜器博物院所藏的何尊，尊内底部铸有铭文122字（图4-3-11a），铭文的内容不仅追忆了器物主人的祖先追随文王战胜商代的功业，而且激励自身与后人向祖先学习争取敬受祭享，还强调了对文王有品德能顺应天理的褒扬。此类铭文中体现的思想观念，不同于商人祭祀祖先神灵以获得福佑的诉求，而是体现了周人对血缘亲情与伦理道德的重视，对王权的无限的尊崇，以及对现实目标积极主动的争取。西周晚期，青铜礼器上的长篇铭文发展至顶峰，铭文的内容更加突出对现实功业的追求以及对血缘关系的巩固。如西周晚期的毛公鼎（图4-3-11b），鼎内有铭文497字，是目前所见青铜礼器中铭文最长的器物。鼎内所记内容主要分为五段，一是叙述了周国的局势，二是讲述了宣王命令毛公辅助治理国家内外的大小政务，三是宣王给予毛公的特权，四是对自身与后世的勉励之词，五是宣王给予毛公的恩赐及对其的颂扬，即西周时期获取政权的新贵族为颂扬祖先的丰功伟绩与美好品德等制作了该铜器，并以此表达孝意和明示后世。

总体来看，西周时期，青铜器上长篇铭文的主要内容已从商代的祖先神灵的祭祀转向更贴合现实需求的内容，这种转变反映了西周时期在祭祀崇拜、统治制度与政治价值观等方面的变化。从铭文内容上来讲，无论是对血缘亲情、道德教化的强调，还是对王权统治的追求，均是周人为获得王权的认可以及追求现实的功业所做的努力，他们的这种追求已完全不同于商代对神灵的恐惧和祈求。而西周时期，人们对现实世界格外关注的社会制度基础则是宗法制的统治制度，即以“封建亲戚，以蕃屏周”为核心的社会制度架构。这种以血缘维系的政治统治网倡导“尊王尚德，亲亲尊尊”的社会美德，要求人们维护家族首领的

[74] 中国青铜器全集编辑委员会编，张囤生编辑《中国青铜器全集 · 西周1》第5卷，文物出版社，1996，第144页。

威严，并与“兄”“友”“弟”等团结协作。这种美德通过祭祀崇拜的形式不断地强化，形成了规范化与制度化的“周礼”，最终达到通过宗教祭祀与血缘亲情来加强王权统治与道德教化的目的。

结语

中国古代青铜器主要是以礼器的形式面世，这与古代世界的其他地区青铜器的纯工具性特征截然不同，这一特点造就了其无可比拟的文化传播力、政治沟通力和艺术感染力。纵观商周时期青铜礼器的发展，其源于古代巫觋文化和人们对祭祀崇拜与神灵沟通的需求，而后成为商周王朝践履礼仪制度、传递等级思想以及记录功绩荣耀的关键工具，最后演变为春秋战国以后社会各个阶层赏玩的奢侈品。在这一过程中，青铜礼器作为能够跨越时空以沟通人神祖孙的永恒媒介，及强调尊卑贵贱以维护王权统治的象征物，推动了中华礼乐制度和华夏礼仪文明的形成与传播，它深刻地影响了中国古代政治权力运作、历史文化传承和民族共同记忆的塑造。

在青铜礼器的应用过程中，其形制、规格与纹饰等均成为社会秩序、行为规范和文化理念的有效视觉表达。人们凭借器物大小与规格，确定各自的社会地位的高低，辨识宴会与典礼等级的不同，由此强化了中国古代社会阶层的分化以及政治、文化的一致性。青铜礼器在品类偏好、组合方式与器用制度上的变化，见证了商周王权礼制体系由发生至完备再至被各封国认同和执行直至解体的全过程。这反映了商代借酒事神的祭祀传统向周代以食代酒的重礼转变，体现了商周在阴阳观念与审美偏好方面的差异，形成了“信以受器”“礼藏于器”的造物思想。而青铜礼器在纹饰主题与铭文内容上的转变，则折射出了从商代以原始思维为主导的尊神事鬼的思想观念，向周代以逻辑思维为主导的关注现实的思想演化历程，凸显了中国文化中由神性向人性嬗进的独特模式。青铜礼器在器物设计与内涵传达之间取得了良好的平衡，体现了“器以为用”“器以载道”的设计思想。

尽管青铜礼器现今已成为陈列在博物馆里的文物，但凝聚在其中的生生不息的生命精神、跨越时空的民族气魄、“礼仪之邦”的文明内核以及历久弥新的造物思想仍然能够为现代社会带来精神激荡与无限灵感。因此，深究商周时期青铜礼器的线索情状、品类组合、纹饰铭文的变迁演化，以及它们所蕴含的价值观念、礼制思想与造物理念，将为发掘中华传统礼制的当代价值和构建当代礼仪体系奠定前期基础。

第四节 钱币中的中国铸造史

早在商代时，中国就已经开始使用特定的贝壳、金属和珠宝作为固定的交换媒介。商代青铜器铭文中："王商（赏）成嗣子贝廿朋"，以及西周稽卣铭文："易（赐）贝卅寽"的记载，都证明了贝壳是当时王赏赐下臣的财物。西周时期的交易媒介形态多样，包括称量的金属、钱币、珠宝、布帛和粮食等[1]，其中称量金属又大致可分为青铜礼器的残片、青铜圆饼和碎铜块渣三类。春秋以后，铜质钱币大量涌现，开始使用模具铸造钱币，河北、山东、河南、北京、山西等地纷纷开始采用新的铸钱技术，使得铸造工艺在铸币领域有了新的发展方向。直到汉以后，铸币逐渐取代了青铜礼器的地位，成为传承铸造工艺的主要载体。

传统的铸币工艺是跟钱币一起发展前进的。从货币演变的过程与币制改革的重要节点来看，先秦钱、秦半两、汉五铢、新莽与六朝钱、唐代开元通宝，以及宋、明、清的"宝"钱等，基本可以勾画出中国古代钱币铸造技术和金属铸造工艺的发展轨迹。就货币的铸制而言，范铸法铸币在西汉早期得到了改进和普及。新莽至南北朝时期，由于货币政策的频繁变更与币制的多番修改，匠人通过对浇铸系统的改良来提高生产效率。唐代开国以后，翻砂工艺随经济贸易的高速发展应时而生，直到清末小农经济崩坏，洋务派引进了西方的锻压铸造法来生产新式钱币，传统的铸币工艺才逐渐从货币产业消失。

本节即以具有变革意义的钱与钱范为基点，辐射中国古代钱币形制的演变、材质的优化以及钱文艺术的丰富。通过厘清铸币技术的演进路径，分析重农抑商的小农经济之下，率先在技术领域实质上发展出产业化生产理念的金属铸造业，以剖析传统铸币技术发展的观念与生态。

一、范铸工艺打开铸币业的开端

在铸造金属钱币之前，中国已经积累了深厚的陶器烧造和青铜器铸造经验，尤其用模具辅助生产各类青铜器的技术已经成熟。西周至春秋早期，青铜制作

[1] 彭信威：《中国货币史》，上海人民出版社，1958，第7—23页。

技术延伸至金属货币的铸造中，从而开拓了中国古代铸造领域中铸币生产与设计制作的新局面。

（一）范铸钱币工艺承袭于青铜块范法

1. 直流直注技术的创制与一范一币的铸币生产

中国早期的钱币是从青铜工具演变而来的，尽管目前尚无有关西周时期金属货币铸造的考古资料予以借鉴，但可以合理推测，其应与春秋时期的钱币相似。我们可以从作为我国最早金属货币之一的春秋时期的耸肩尖足空首布进行探究。1959年，山西侯马晋国故城遗址出土的春秋时期耸肩尖足空首布，是我国目前所见有科学发掘记录的最早的青铜钱币。这枚布币的造型仿自先秦的农业生产工具“镈”（铲）（图4-4-1a），可见空首布造型的设计源自对青铜工具的借鉴。

从出土的铸币遗物来看，其制造工艺也基本沿用了青铜器具的块范铸造法。由于铸币所用钱范的浇铸口都开在平板形钱范的顶端中部，在浇铸时，需要将钱范竖立起来，铜液自上下灌，因而这种铸造钱币的方法又被称为“板形范立式顶注法”。中国钱币博物馆藏的耸肩空首布陶范（图4-4-2a），是目前考古资料中春秋早期空首布的典型代表。从其阴纹与銎芯来看，它基本沿用了青铜铸造中的块范工艺，在方形石面上刻出反文钱腔的线条[2]。这种工艺的特点是每个钱范上只刻有一枚钱模，钱范顶端设有漏斗状的浇铸口，下接一条直连钱模的浇铸道。这种铸币方法又被称为单钱模直流直注法，是最早的金属货币铸造工艺之一。侯马铸铜遗址也出土了很多空首布銎芯范，这说明春秋时期已广泛采用块范法来铸造空首布。值得注意的是，此时每对钱范只能生产一枚空首布，因而单个钱币的产能极低，通常只在上层奴隶主之间流通。

空首布币相对比同时期其他形式的钱币更易携带，并且由于其以数量为计量单位的特点，更方便用于交易计量，因此逐渐成为重要的钱币种类。春秋晚期，空首布已发展出了更简洁的形式，即平首布（图4-4-1a）。战国时期，不同地区的钱币类型多种多样。除农耕经济区（黄河流域南部，大致为周王畿和晋、韩、卫、楚、燕以及中山等诸侯国）依旧广泛使用布币外，渔猎经济区（黄河流域北部，包括齐、燕、赵以及中山等诸侯国）仿效铜削制作了刀币（图4-4-1b），纺织业比较发达的周王畿、魏、赵、秦等地开始流通形似纺锤的圜钱（图4-4-1c）和方孔钱（图4-4-1d）。这些早期钱币的形制和制造方法都源自青铜工具及其工艺。

2. 分流直注与直流分注技术的生成及铸币批量生产的肇始

春秋晚期，铸币工艺受到青铜小型器批量生产方式的影响，开始使用刻有

[2] 钱身凸起的纹路对应到钱范上，应该是凹进去的线条，宛如盛放铜熔液的腔槽，即称之为钱腔。

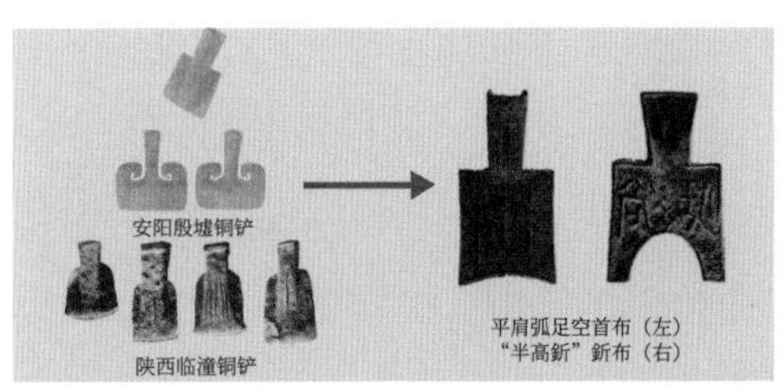

a　平首布形制来源示意图

b　刀币形制来源示意图

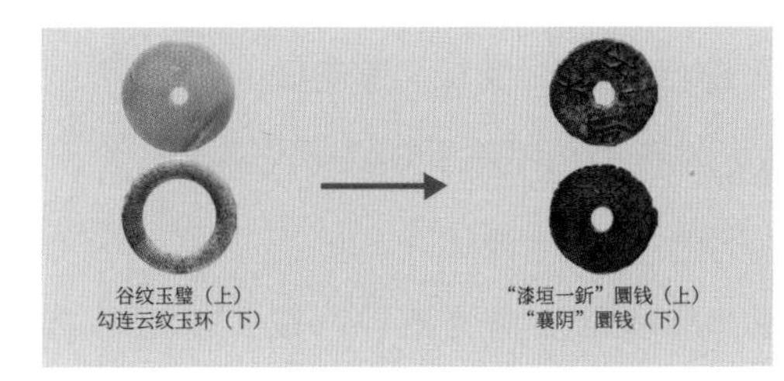

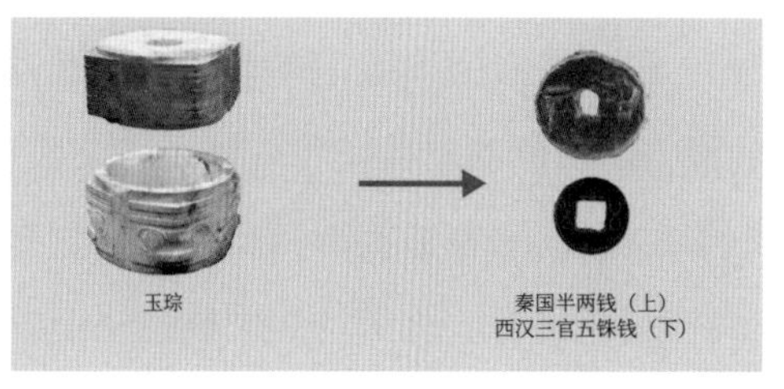

图 4-4-1　先秦钱币形制来源

c　圜钱形制来源示意图

d　方孔钱形制来源示意图

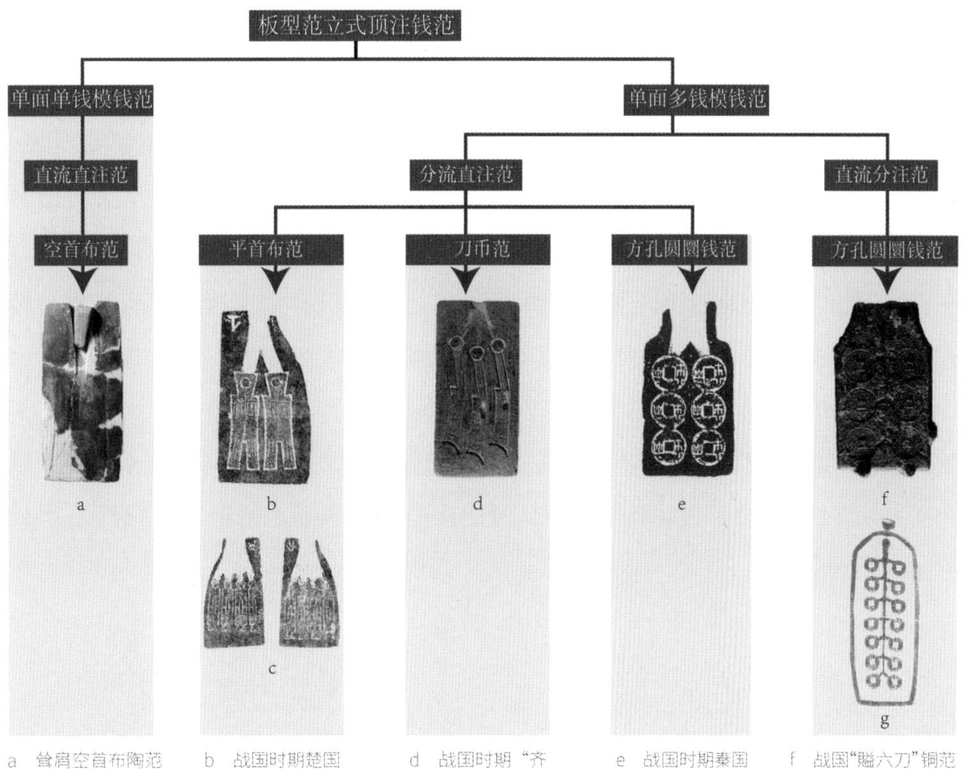

图 4-4-2　板形范立式顶注钱范主要浇铸方法

a　耸肩空首布陶范　b　战国时期楚国　c　“扶维当析”陶范　d　战国时期“齐大刀”石范　e　战国时期秦国半两子范　f　战国“賹六刀”铜范　g　秦代半两铜母范

多枚钱腔的钱范进行铸造，形成了分流直注与直流分注等新的浇铸技术。分流直注是指在开刻了多枚钱腔且各个钱腔连接到同一个浇铸口的平板形钱范上，在浇铸时，使金属熔液从浇铸口分别流向各个支槽的浇铸方式。相比于早期直流直注式的单钱模钱范，分流直注钱范作为多钱模钱范，使浇铸的效率有了翻倍提升。现存战国时期的布范（图 4-4-2b、图 4-4-2c）上一般并列 2 至 4 枚钱腔，刀币范可以多出1至2枚钱腔（图4-4-2d），圜钱和方孔钱则可多达6至8枚（图4-4-2e）。

到秦代时，钱范已经发展至数十枚钱腔（图4-4-2f、图4-4-2g），钱范的范式也变成了直流分注范式。陕西临潼秦芷阳宫出土的铜范应是秦代晚期的产物，钱范形制规整，采用直流分注范式，浇铸道居中，两侧对称分布着7枚钱模。这种浇铸方法的产量比分流直注法更多。

通过钱范上钱币、浇铸口的设置以及连接方式的变化，范铸法实现了产量的提升。钱范的改良在传统铸币工艺发展中的核心作用在此时即已显现。

3. 战国三范式板形范范铸法的创制与钱范制作程序化

战国中期，铸币生产技术进一步发展，从块范法演变出了三范式板形范范铸法（图4-4-3）。这种方法的特点主要是在制范环节，利用陶或液态金属的可塑性，首先用一块阴文范作为祖范，然后通过翻印或浇铸方式制作出一批阳文母范，再用这些母范分别翻印出阴文子范。虽然“三范式”技术较青铜块范法的制范工序更为复杂，但它克服了人工直接雕刻范而导致钱币形制不稳定的问题。这一方法能够在钱范上制作出完全相同的钱腔，从而提高钱币形制的稳定性。同时，它还在工艺程序上提高了制范的效率，总体上减少了钱范制作所需的时间与物质成本。在出土的战国中期以后的钱范中，虽然没有“祖范—母范—子范”三范成套出现，但是祖范与母范的数量渐多，足以证明“三范式”制范技术已经用于铸币。

4. 铸币工艺的复杂化与钱币形制的简洁化

随着钱范上的浇铸系统与制范工艺的复杂化，钱币形制就被要求简化，以降低铸币时的充型难度。对比先秦几种主要钱币的钱范，圆形方孔钱的造型较

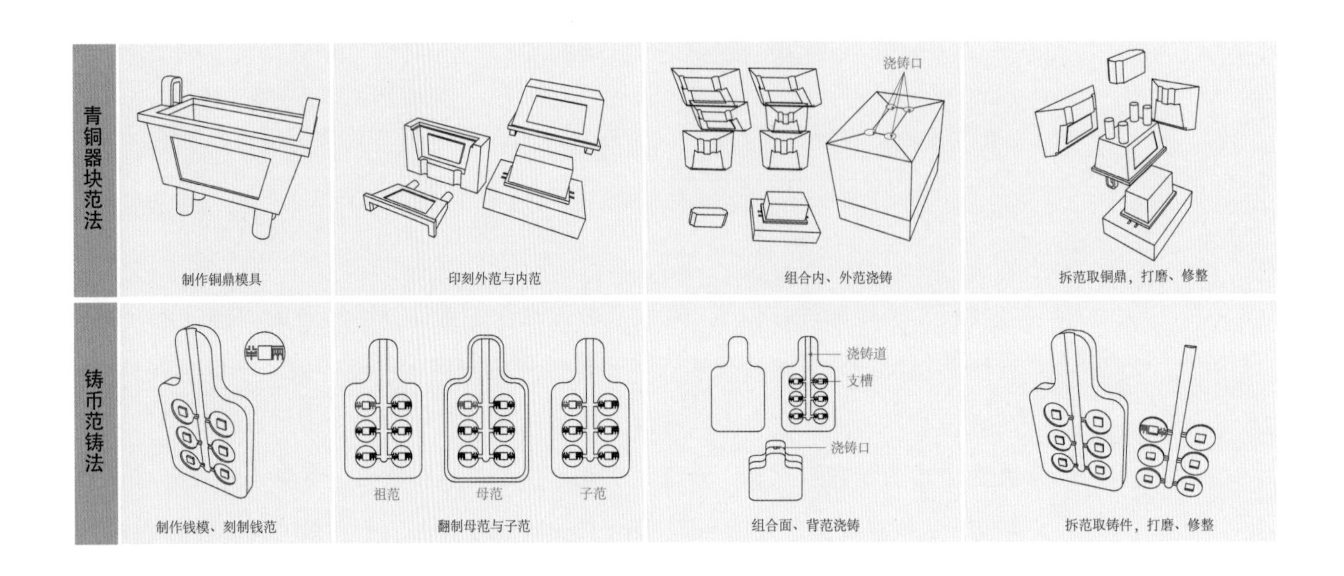

图4-4-3　青铜器工艺（块范法）与铸币工艺（三范式板形范范铸法）示意图

布币、刀币简单，外廓环圆，钱腔通体没有窄细结构或折角（图4-4-1）。在铜液充型时，无须关注液体的流向，无论是横排还是纵列的钱腔，都能适应液体填充的要求。同时，中间方孔的形状更方便将钱坯穿插固定于方钎（旋床）之上，以进行打磨和修整，非常方便。因此，方孔钱的自身充型条件，以及与制范方式的协调程度要远优于异形钱，其加工难度与手工业时代的生产技术相适应，因而成为中国古代主要的钱币形制。

先秦时期，诸侯国各自为政，各国钱币的种类大不相同。相比同时期的青铜器皿，钱币体积更小，造型精巧，图饰得当，工艺精致程度不相上下，但其需要大量复制生产的特点也尤为明显。因而，铸币工艺在继承青铜器工艺追求精工美器的同时，也在探索大规模的生产技术。不过，在秦始皇施行统一货币之策时，并未规定钱币的样式标准，于是人们延续了先秦的生产模式，自行开炉铸钱。这导致了直到秦半两时期，钱币的大小各异，形状不甚规整。直到西汉时期，朝廷多次改革币制，“三范式”工艺才能发挥其作用，使中国真正实现了全国范围内的货币形制统一。

（二）生产模式调整与双面范范式改良提高铸币产能

1. 铸币集中生产模式的形成

西汉开国初期，沿用了秦代的货币制度，继续铸造半两钱。然而，元狩五年（前118），汉武帝下令改铸五铢钱，允许各郡国一同开铸，所铸钱称为“郡国五铢”。元鼎二年（前115），汉武帝将铸币权收归朝廷，由上林苑的钟官、辩官、技巧三个官署（也有认为是均输、钟官、辨铜三官）[3]负责督造“五铢”钱，此钱被称为“三官五铢钱”。

西汉的半两钱大小不一，形制不固定。各个郡国铸造的五铢钱的内外轮廓更圆润，但各地的钱币铜色不一。而由朝廷负责铸造的五铢钱在形制上较为一致，直径在2.5厘米左右，重约4克，外形平整光滑，薄厚匀称，呈色基本统一。西汉晚期，金属范的材质与工艺也有所改进，而新莽时期的铸币工艺更为精湛。

朝廷垄断铸币权的政策彻底改变了铸币产业的生产模式。从汉代典籍与现代考古发现来看，西汉初期以前，开采的铜矿矿场附近一般都有铸造工坊遗址，可见铜矿应该是就地开采使用的，钱炉仅需满足一地之需，因此单次铸造的产量有限。然而，铸造三官五铢钱以后，需将铜矿运输到上林苑进行统一加工，然后再将铸成的钱币发往各地，这导致运输成本陡增。钱炉开始铸钱供全国使用，每炉铸造的产量大幅增加。这种大规模集中加工的生产模式对铸币提出了低成

---

[3]〔汉〕司马迁：《史记》卷一九—卷五九，〔宋〕裴骃集解，〔唐〕司马贞索隐，〔唐〕张守节正义，吉林人民出版社，1995，第1111页。

本、高产量和标准化的要求。

2. 双面范技术的创设与平板形钱范的最大程度利用

西汉早期进行了多次货币制度改革，这给铸币生产造成了巨大的压力。除了优化范式以外，山东诸城福胜村工匠还在旧钱范的另一面刻制新的钱腔，这些钱范被称为“双面范”。在诸城出土的双面范中，两面的钱腔通常不是相同种类的钱币，在浇铸时只使用其中一面进行合范，其铸造技术依旧为单面范浇的范畴。

到五铢钱时期，出土双面范的铸钱遗址与钱范数量皆有增加，这些双面范的两面钱腔大多属于同一版次的钱币。这一时期的钱币在正反两面都有了外缘，正面铸小篆“五铢”二字，背面没有文字，于是出现了两种类型的双面范：一种是两面钱腔都是钱币正面或背面的模具，另一种是一面为正面面模具，另一面为背面模具。

双面范在浇铸时，可以先浇铸一面，然后再用另一面浇铸，这省去了钱范的冷却时间。但要真正实现双面范浇铸技术，需要将三层及以上的双面范组合在一起进行浇铸。在浇铸时，依次从不同浇铸口注入铜液，提高了浇铸的效率。据《汉书·食货志下》记载，元狩五年（前118）到汉平帝元始年间，铸造了“成钱二百八十亿万余云”[4]的数量，可见使用双面范浇铸技术所铸数量之巨。

同时，当浇铸同批次的钱币时，双面范浇铸技术可以比单面范浇铸技术节约近一半的钱范，在提高生产效率的同时，还能节约成本。因此，双面范浇铸技术最大限度地开发了钱范的面积，并结合了钱范的造型与范式的优化，使西汉的铸币工艺在钱币产能、生产成本、工艺质量等各方面都有进步，同时使板形范立式顶注浇铸工艺也进入了登峰造极的时期[5]。

（三）浇铸系统改良实现小型器精密加工

1. 立式浇铸系统的完善

在两汉时期的立式浇铸钱范中，钱范上浇铸系统的设计更加灵活多样，出现了将分流分注与直流分注相结合的方式，制作出有两条主浇道的分注浇铸范式。在有些钱范中，人们化钱腔为支槽，使两枚钱腔靠得更近，以便让铜液从一枚钱腔直接流入下一枚钱腔。这表明当时在对钱范范式的设计以及对材料性质的把控方面，已经达到相当高的水平。与此同时，浇铸口径呈现逐渐增大的趋势，排气与集渣结构更加合理。例如河南洛阳汉河南县城铸钱遗址出土的一些

[4]〔东汉〕班固：《汉书》（图文本），李润英点校配图，岳麓书社，2009，第207页。
[5] 王俪阎：《中国古代范铸钱币工艺》，学林出版社，2014，第128页。

半两陶母范（图 4-4-4a），这些陶母范是用于浇铸金属钱范的[6]，浇铸口旁设置了一个排气口。在浇铸的时候，排气口可以排出钱腔内的气压，有助于铜液的充型。

山东诸城辛庄子村[7]与陕西西安北郊大白杨库[8]发现的钱范上有两组排气道（图 4-4-4b），且排气道被移至钱范的肩部位置，分别位于浇铸口两侧，它们贯通连接同一侧的所有钱腔，以平衡主浇道两侧的充型压力。此外，上海博物馆藏的新莽时期的“大泉五十”和“幼泉二十”阳文钱范的底部，还设置了集渣槽[9]（图 4-4-4c）。最初充入的铜液在接触空气时会形成氧化铜，这种合金的质量较低，但在浇铸过程中会流入集渣槽，从而不形成钱坯。在陕西澄城坡头村西汉铸钱遗址出土的多个钱范上，每排钱腔上分别有排气道连接钱范的边缘[10]。这些排气道与集渣槽不仅可以提高钱范的强度，还能确保钱模和钱腔纹路清晰，降低漏铜和缺铜的概率。

2. 浇铸方式打破空间限制

新莽至南北朝时期，多数政权都曾开炉铸币，但是各地钱币的工艺与价值

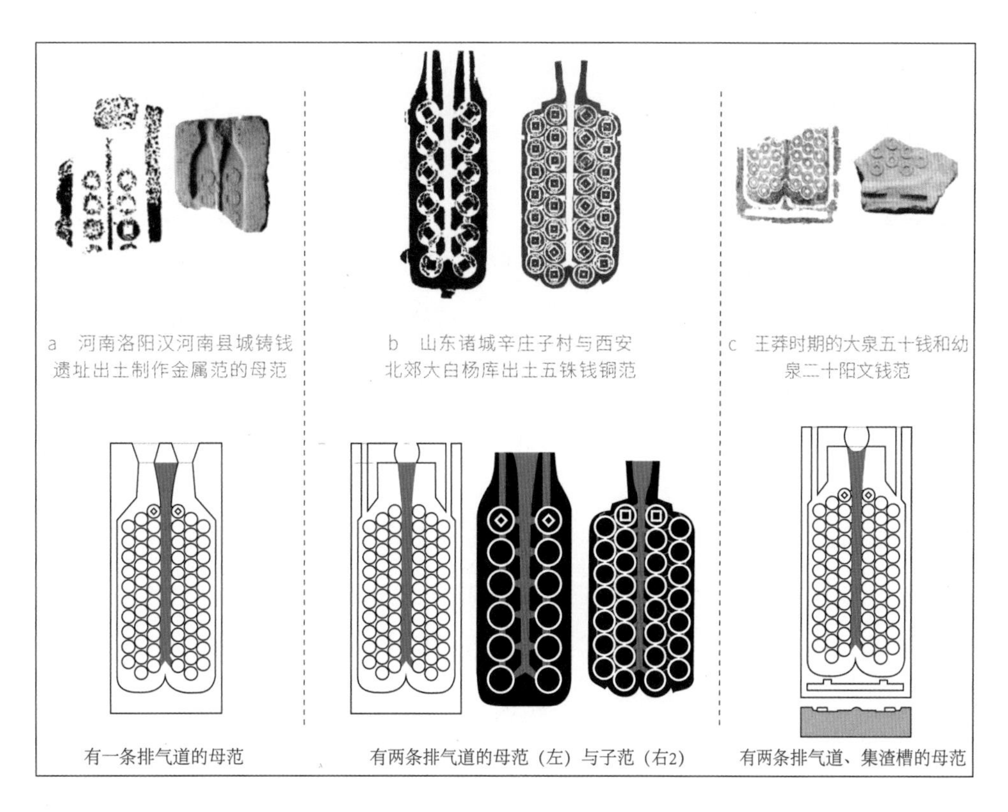

图 4-4-4　西汉、新莽母范与排气道范式示意图

[6] 蔡运章、李运兴、赵振华、程永建、霍宏伟：《洛阳钱币发现与研究》，中华书局，1998，第151页。
[7] 凤功、韩岗：《山东诸城出土一批五铢钱铜范》，《文物》1987年第7期。
[8] 陕西省钱币学会编著《秦汉钱范》，三秦出版社，1992，第205页。
[9] 上海博物馆青铜器研究部编《钱范》，上海书画出版社，1994，第35—135页。
[10] 崔汉林：《陕西坡头村西汉铸钱遗址发掘简报》，《考古》1982年第1期。

良莠不齐，难以一概而论。新莽朝是这一时期钱币种类最复杂的朝代之一，也是中国历史上币制最混乱的时期之一。在新莽朝，钱币前后经历了多次币制改革，产生了约二十种不同类型的钱币，其中仅有大泉五十钱贯穿前后。新莽朝廷在铸币生产上延续了西汉的规范化管理，并且尤其注重钱币的质量，铸币成本非常高，同时还积极尝试新技术。尽管新莽钱币的产量比西汉时期少很多，但其形制较为丰富，主要可以分为方孔圆形钱（如大泉五十钱等）、刀形钱（如一刀平五百钱等）以及布形钱（如货布等）三种。这些钱币大多制作工整，工艺精良。特别是一刀平五百钱，还使用了错金银工艺，阴、阳钱文共存，堪称中国古代钱币中的精品。虽然新莽钱币形式多样，但其造型并没有脱离方与圆两种基本形状，方则正方，圆则浑圆，灵活组合出了多变的造型。因此，新莽钱币在造型艺术上既有秀美灵动之姿，又保持了秦汉以来的端方稳健之意，加之纤长洒脱的钱文书法，使得新莽钱币在造型艺术上达到了中国钱币史上前所未有的高度。在多次改革的探索中，更适合薄小钱币的铸造工艺——卧式叠铸法被广泛使用。这种工艺发展成熟后，在产量、成本、操作难度等方面都优于立式范铸法，并且还具备精密加工的特征。

卧式叠铸法早在西汉高祖时期就已经产生。现今出土的西汉时期的卧式叠铸钱范主要分为两种类型（图4-4-5a）。一种是半两钱范，在各地皆有出土，以圆盘造型为主，钱模围绕浇铸口分布，并使用“Y”形支槽进行连接。另一种类型数量颇少，多为五铢钱范，集中出土于陕西地区。这些钱范通常为圆角方形，浇铸口的两侧分布着3或4枚钱模，面模与背模交错排列，或两侧分布，这两种类型的钱范都是多钱模钱范。在使用直流分注法浇铸时，需将钱范水平放置，使倒入的铜液横向充型。然而，此时的卧式叠铸技术尚不成熟，制范工艺粗糙且产能低。虽然不适合西汉鼎盛时期的铸币生产需求，但却非常符合新莽时期对技术探索和少量生产的需要。

现存的新莽时期的卧式叠铸范以铜制母范居多，集中出现于陕西西安等地。这些钱范的范缘围成盒状，通常包含不超过10枚钱模。钱范的造型依钱模的分布而定（图4-4-5b）。在这些钱范中，以4钱模方形范和6钱模圆角方形范最为典型。这些钱模以浇铸口为中心，两两对称排列，面模与背模交错或分列于钱范上（图4-4-5c）。支槽连接的方式也有两种类型（图4-4-5d）。一种是支槽分别连接每一枚钱模与浇铸口，常见于6钱模钱范。另一种多用于8钱模钱范上，其中间4枚钱模通过“X”形支槽分别连接浇铸口，而边缘的4枚钱模有的具有支槽，连接到浇铸口，有的则没有支槽，而是靠近钱模边缘，与相邻的、中间的钱模紧贴，以便流通铜液。

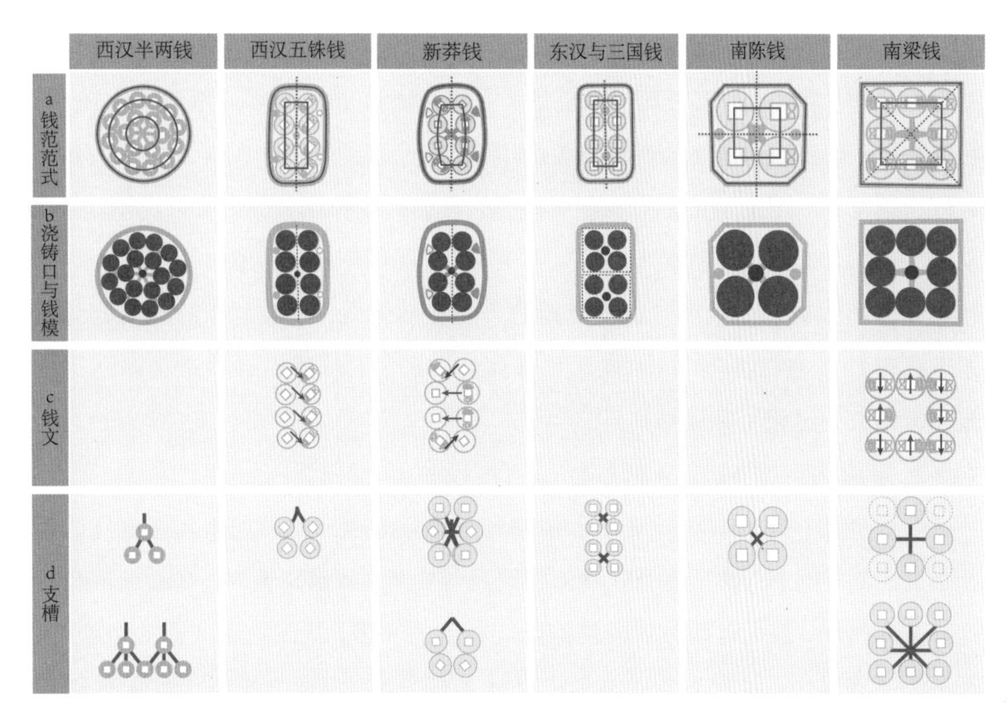

图 4-4-5 西汉至南北朝叠铸钱范范式结构示意图

东汉时期的铸币继承了新莽朝的卧式叠铸技术，单面叠铸子范的轴对称设计进一步发展，出现了具有双浇铸口的8钱模母范。双浇铸口分别位于两边的四个钱模中间，可以使靠近边缘的4个型腔，充型更加均匀，从而降低钱币缺铜的概率。在钱范材料的选用方面也更科学，石范基本被淘汰，金属母范更常见，可塑性高、价格稍低的陶范与泥砂范则被广泛用于浇铸。不过，四川等地也铸造了钱币，但钱币质量远不及中原地区。

自西晋时期以后，北方的铸币产业萎靡，而南方的卧式叠铸技术则率先进入成熟阶段，技术水平后来居上。孙吴在江苏句容[11]、浙江桐乡[12]和杭州[13]等地的铸币产业快速发展，其中杭州西湖发现的钱范多为单型腔范，一同出土的钱树则证明了此处使用了双面范与模具组合的叠铸生产方法。在南朝宋时期，人们吸收了北方钱范的榫卯技术。在南京白下区出土的六朝铸币遗物中，多型腔双面范已经被广泛使用[14]（图4-4-5a）。这些双面钱范的浇铸口按垂直方向紧密排列，多层浇铸口在浇铸时形成了铸芯，使钱坯层层堆叠，从而提升了生产效率（图4-4-5b）。

同样，在南京萧梁时期的铸钱遗址中，出土了工艺水平更高的卧式叠铸双

[11] 刘兴：《江苏句容县发现东吴铸钱遗物》，《文物》1983年第1期。

[12] 陈达农：《介绍一件大泉五百钱树》，载中国钱币学会古代钱币委员会、江苏省钱币学会编著《六朝货币与铸钱工艺研究》，凤凰出版社，2005，第346页。

[13] 屠燕治：《杭州西湖发现三国孙吴铸钱遗物》，《中国钱币》2001年第1期。

[14] 屠燕治：《六朝五铢细钱考——谈杭州西湖发现的五铢细钱及铸钱遗物》，《中国钱币》2005年第3期。

面钱范[15]。这些钱范通常为正方形，泥质细腻，浇铸口直径仅为半厘米，8个钱腔均匀分布。其中，面范一面中线上的4个钱腔通过支槽以“X”形连接浇铸口，对角线上4个钱腔的边缘与两侧钱腔的边缘连通，不设支槽。在南京通济门外萧梁铸钱遗址中，出土了正方形的叠铸钱范，它们的支槽则或呈“米”字形连接钱腔（8钱腔），或呈交叉式连接钱腔（4钱腔）[16]（图4-4-5c、图4-4-5d）。可见对称分布的方形双面钱范是萧梁时期的典型叠铸范式，中心对称的双面范与正方形钱范的造型相结合，基本取代了榫卯结构的功能，因而一些萧梁时期的方形叠铸钱范上已没有榫卯结构。

3. 金属铭文与书法艺术的结合

卧式叠铸技术突破了传统平面浇铸的局限，相对于立式浇铸具有更好的铜液充型控制能力，有助于有效规避漏铜问题。在立式钱范浇铸时，高温铜液自上而下充满钱型，这会对钱腔内的纹路造成较大的冲击，从而损害钱币的精密度。而在卧式叠铸中，钱范与竖立的主浇道垂直相交，铜液在水平方向均匀地溢满钱腔，这可以减小铜液对钱腔内纹路的冲击，进而可以最大程度地减小充型过程对铸币表面细节的影响，使钱币上文字的笔画以更飘逸、纤细的状态呈现（图4-4-6）。

新莽钱的垂叶篆钱文，南朝宋的柳叶篆钱文，以及南朝陈的玉箸篆钱文，都是使用卧式叠铸法更容易实现。北周“永通万国”钱币的制作工艺堪称同时期世

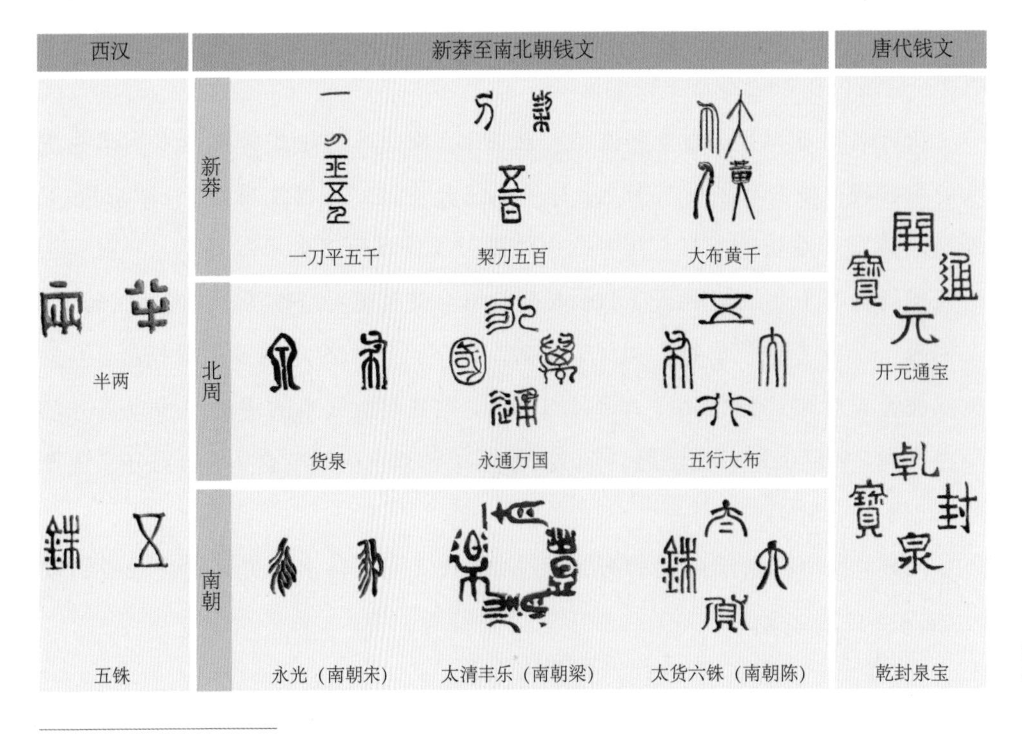

图4-4-6　西汉至唐代钱币钱文（面文）

[15] 范卫红：《南京出土萧梁钱范、铁钱初识》，《中国钱币》2000年第2期。
[16] 邵磊：《对南京通济门草场圩萧梁铸钱遗存的整理》，《中国钱币》2003年第1期。

界范围内的领先者。从精密加工的角度，卧式叠铸技术是中国古代铸币工艺中的佼佼者，其钱范与钱币的严密、精准程度可居历代之首。正是具有了这样可以精细加工的铸造工艺，才成就了颇具魏晋风骨的钱文艺术风格，这是手工艺时代其他金属加工工艺难以实现的。

二、母钱翻砂工艺推动铸币产业化生产

（一）翻砂工艺源自范铸工艺

从目前已发现的唐代以后的铸钱遗物来看，母钱、样币以及钱树一类遗物数量占据了绝对优势，相比之下，钱范的遗存则几近消失，大量钱币表现出高超工艺的痕迹。钱币专家周卫荣等人据此推断唐代的翻砂工艺不仅已经发展成熟，而且已经达到很高的水平[17]。山西长治和广东广州市区两处唐代“开元通宝”铸钱遗址就被认定为砂型铸钱遗址，陕西宝鸡出土的“乾元重宝”钱树则是典型的砂型铸币遗物。所谓“母钱翻砂”，实际上包含了母钱翻砂和用型砂模具浇铸的两重概念。

1. 母钱与翻砂

自唐代起，中国实行了“样币制度”，是指以朝廷颁发给各钱监、局的样币作为所有钱币的母钱。唐代的母钱多用蜡雕刻而成，宋代常用木、锡雕刻，明清时期则多用锡雕刻[18]。在复制样币时，工匠将母钱放置于每两框型砂之间，然后压实，从而可以印出阴文钱模。《天工开物》中记载了明代使用的型砂土炭末[19]，它是一种由泥土、木炭和细小砂石等混合而成的物质。这种混合物的颗粒非常微小，质地绵密。因此，母钱印上去纹路清晰，钱模表面显得细腻而紧致。在翻印母钱的过程中，避免了人工接触母钱与钱模，基本杜绝了人为因素在制范过程中对钱币形制产生的影响。同一批钱币中，样钱作为共同的母钱，可以保证全国各钱监铸造的钱币形制完全一致。然而，陕西宝鸡出土的“乾元重宝”钱树残件显示，铸芯表面平直，但支道却粗细各异，周围还有流铜现象。可见在唐代，主浇道是用长条模具压印出来的，而支槽则是工匠用手拨出来的，这可能导致周遭型砂的松动，以及钱腔一处的廓缘的损害。

2. 型砂模具浇铸

《天工开物》中也详细记载了型砂模具浇铸技术的过程。首先，“以木四条为

---

[17] 周卫荣：《翻砂工艺——中国古代铸钱业的重大发明》，《中国钱币》2009年第3期。
[18] 钱屿：《钱样、雕母、母钱与样钱》，《中国钱币》1986年第3期。
[19] 〔明〕宋应星编著《天工开物》，商务印书馆，1933，第158页。

空匡，土炭末筛令极细，填实匡中”，即使用四块木条组成一个空框，然后将经过细筛的土砂混合物填充到框内，这样的土砂混合物与四周的木框组合成了模具。“只合十余匡，然后以绳捆定”，也就是将十多个这样的木框组合模具用绳子捆绑在一起，形成一个模具。“其木匡上弦原留入铜眼孔，……提出熔罐，……以别钳扶抬罐底相助，逐一倾入孔中”，即最后，在模具的木框上保留一些铜眼孔，铸币时，工匠将熔化的铜液提升到熔罐上，然后使用别钳辅助将罐中的铜液逐一倾入每组模具的铜眼中，从而进行浇铸（图4-4-7）。可见，母钱翻砂工艺的本质依旧是一种模具浇铸工艺。

型砂模具是由掺入了细小砂石或陶范碎渣的疏松陶范发展而来，这使得价格更加低廉。型砂制成的模具内部有微小的空隙，而泥、砂混合材质则具有较好的耐高温、散热性能和透气性，使得器体不易开裂。此外，型砂模具工艺淘汰了不参与浇铸工序的祖范和母范，降低了模具制作的复杂程度，并且模具的重复使用对技术的要求很低，加工成本也几近于无。总之，型砂模具优化了模具制作的工艺，从整体上提升了铸币产量。尽管史书典籍没有明确记载唐代钱监的产量，但有关于铸钱炉的数量，《通典》中记载唐玄宗时期的铸钱炉高达99炉，每炉一年铸钱三千三百贯[20]。《新唐书》中提到，天宝年间（742—756），铸币高峰期可“岁盈百万”[21]。虽然代宗以后，铸币量急剧下降，江淮地区仅剩的7个钱监，依旧保持“岁供铸钱四万五千贯”[22]的生产水平。

图4-4-7 《天工开物·铸钱》插图[23]

[20]〔唐〕杜佑：《通典》，王文锦、王永兴、刘俊文、徐庭云、谢方点校，中华书局，1988，第203页。
[21]黄永年分史主编《新唐书》，汉语大词典出版社，2004，第1086页。
[22]〔后晋〕刘昫等：《旧唐书》，中华书局，1975，第2101页。
[23]《续修四库全书》编纂委员会编《续修四库全书 · 天工开物》，上海古籍出版社，2002，第23页。

中国的铸币工艺一直以钱范为改造核心，旨在降低能源消耗、提高产能，并实现材料的低成本重复利用。从立式顶注钱范，到卧式散注钱范，再到型砂模具，钱范工艺经历了从简到繁再到简的发展趋势。型砂的使用反映了铸造工艺在使用工具方面的思维转变，从强化钱范材质的坚固性，以对抗加工过程中的高温、高压等不利条件，到侧重材料的形变以转移剩余热能，从而最大程度地维持工具的使用寿命。这种转变表明，唐代工匠已经深入总结了复合材料的物理性质，在材料选择方面不再仅仅依赖于单一物质的选择，而具备了一定的抽象思维，表明了铸造业在物用理念上的重大进步。

根据清代史料记载，母钱翻砂工艺的使用一直延续到清代，然而，到了清朝后期，银锭的一些缺点越来越明显。为了使国内经济摆脱困境，革新派主张引进西方先进技术，以支援国内工业的发展。于是洋务派采购了国外的锻压铸造机器来制造铜钱，最终，中国古代几乎沿用了近两千年的范铸法铸币工艺，被机器锻压制币工艺所取代。

（二）从“货币国定”论到钱币价值认知的提升

自汉武帝以来，历代朝廷都采纳了法家的“货币国定”理念，认为铜钱的流通应该由国家控制，以保持物价的平稳和货币、经济的稳定，即“毕归于上，上挟铜积以御轻重，钱轻则以术敛之，重则以术散之，货物必平”[24]。然而，从新莽及南北朝时期铜钱价格的贬值，到唐代时铜钱荒的困扰，铜价居高不下，铜钱价值与铜原料市价之间出现了倒挂现象，制造成本甚至几倍于利润。在这一背景下，民间私自熔炼官制铜钱，用于私铸恶钱或买卖铜料的现象屡见不鲜。为了遏制恶钱扰乱市场，官铸铜币成本被有意地控制在一个较高的水平，官府主导的铸币并没有逐利的目的[25]。

从现存唐代钱币的质量看来，唐代人对钱币的认知有了明显的提升。虽然钱币的价值是由国家认定的，但钱币还具有控制物价和维持社会财富流通的功能。因此，钱币的重要性还在于维护社会财富的稳定和社会的安宁。因此，唐代官方着力提高铜钱的质量，使钱币轮廓工整，钱肉细腻，钱文清晰，铜质纯净。唐代时，对钱币的艺术性的关注大大降低，朝廷转而更重视钱币在社会经济中的实际功能和经济效益。

钱币作为等价交换物的媒介，使得铸币业与其他官作手工艺门类有根本的不同，唐以后的社会经济与文化发展也不断强化铸币产业的这一区别。传统的铸币业同时兼具了不计工本与降低成本、追求制艺精良与提高产能的两极对抗

[24]〔东汉〕班固：《汉书》（图文本），李润英点校配图，岳麓书社，2009，第200页。

[25] 王志成：《论唐政府对铜钱的管制与统一铸币权的确立》，《西部学刊》2019年第8期。

要求。这种矛盾恰恰与封建官僚制度下的货币经济发展的特征相符合，引导着铸币业率先开始探索产业化的发展方式。因此，唐代的铸币生产采用了一种包含理性考量的高成本的方法。即使唐代使用的母钱翻砂工艺使钱币不可避免地失去精雕细琢的优势，但是这种工艺的成本更低，且能大规模地生产标准化的钱币，更加符合封建社会的小农经济和商品交易共同发展的诉求。

三、明清黄铜钱达到合金最佳比

至明代，铜钱在中国已经流通了逾千年。然而，随着海外贸易的发展，铜矿产量越来越难以满足各类不断增长的手工业生产所需。历代统治者曾尝试各种方法来解决材料短缺的问题，有的毁铜器以取铜料，也有尝试从海外购买铜矿，但这些方法只能解一时之急。明代中期，工匠探索出更科学的合金配比，在不影响钱币价值的前提下，降低钱币中铜的含量，研制出添加了单质锌的黄铜钱。锌的价格比铜和锡都低，可以缓解铜矿产量紧缺的情势，同时还可以降低铜币的材料成本。此外，在黄铜合金中，锌的含量对金属的强度与可塑性有影响：当锌的含量在30%时，黄铜的可塑性达到最佳；含量在46%时，黄铜的强度达到最大。从现代科学的角度来看，黄铜合金中锌的最佳含量应该在30%至46%之间，以实现合金的塑性和强度的最佳平衡[26]。

需要注意的是，“黄铜”一词到明代时才用来专门指具有金黄色泽的铜钱。在此之前，黄铜一般是指金黄色的金属。在宋代，人们曾将黄色硫化铜矿中提取出的赤铜称作黄铜，以区分从蓝绿色天然胆水和胆土中提取出的“胆铜”[27]。在明以前的文献中，常用“鍮（石）”[28]一词来指代人工提取的铜锌合金，《玉篇》记“鍮，石似金也”。魏晋南北朝时期，中国曾开采出主要成分为二硫化亚铁铜的黄铜矿，这种矿石中富含锌元素，在偶然的情况下，可以提炼出符合合金比例的铜锌合金。因而铜锌合金制品自古就有，不过明代以前的黄铜制品数量稀少，主要是器皿的配件或服饰配饰，这些物品通常体型小，且年代跨度极大[29]。

中国人很早就认识到，在铸造钱币时需要精准控制铜合金的成分比例。虽然《考工记》中规定了铜器的六种合金比例，但这并没有直接应用于铸币业。西

[26] 渭雄：《黄铜钱与白铜钱》，《中国钱币》1994年第1期。

[27] 赵匡华、周卫荣、郭保章、薛婕、刘俊祺：《明代铜钱化学成分剖析》，《自然科学史研究》1988年第1期。

[28]〔清〕张玉书、陈廷敬等：《康熙字典 · 戌集上 · 金部 · 九画 · 四十六》，清康熙五十五年内府刊本，哈佛大学汉和图书馆珍藏版。

[29] 马越、李秀辉：《中国古代黄铜制品与冶炼技术的研究状况分析》，《中国科技史杂志》2010年第2期。

汉之前，中国的铸币权力分散，各地自行决定所用的铜料。直到唐朝，铸币产业仍然遵循着“即山铸钱”的传统，所用铜料的质量受自然地理条件、采矿、冶铜技术等多重因素的制约。不过《汉书·食货志》记载了新莽时期“铸作钱布皆用铜，淆以连锡”[30]，意为铸钱的铜液中要添加锡，这是典籍中关于钱币合金的最早记载。北宋时期，钱币的呈色比较稳定，《宋史·食货志》载：“凡铸钱用铜三斤十两，铅一斤八两，锡八两”[31]。按照这个记录，铜、铅、锡的比例约为64.44：26.67：8.89[32]（不考虑损耗），这一比例恰在青铜合金的最佳配比范围之内，明显是经过精确计算和控制的。具体而言，铅降低了合金的熔点，提升了熔融状态下合金的流动性，从而改善了铸造性能。而锡的加入提高了金属的强度与硬度，使金属表面更加光洁，抗蚀性能提升。南宋孝宗淳熙年间以后，钱币在大小、文字书体与金属呈色方面表现出了高度的统一性。钱币上除年号和价值的文字内容不同，其他全都是相同的，铸币生产进入了完全标准化的生产模式。可见，当时的母钱翻砂和铜合金冶炼技术的运用应该已经相当纯熟。明清时期，钱币铸造在用料方面的规定更加严格，甚至包括各种材料的产地、运输路线、时间以及各地材料采购等都有明确的规定和记录。如此严格的生产材料管理制度，为明代工匠试验探索黄铜冶炼技术提供了优越的条件。

明代黄铜钱的研制并非一蹴而就。图4-4-8展示了明代不同时期钱币的金属成分变化趋势。从表中可见，从明太祖至嘉靖时期，黄铜钱的锌含量极低，与周卫荣等人检测的宋元时期钱币中的锌含量相当。这表明明代应该延续了宋元以来的铸币金属熔炼工艺，所制造的钱币仍然为青铜钱。

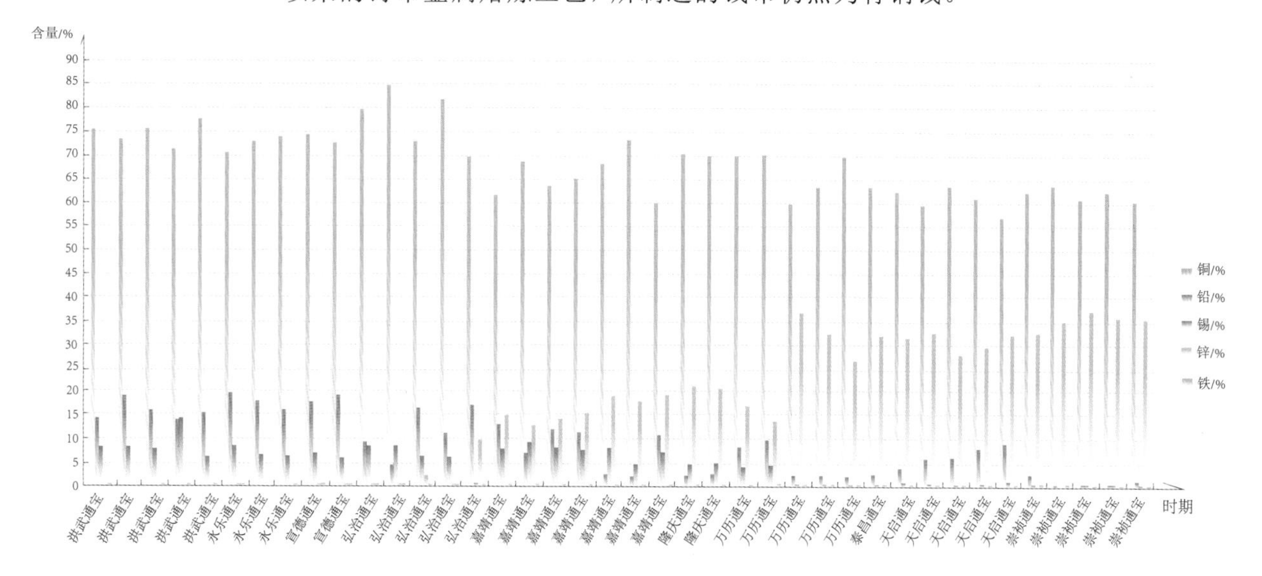

图4-4-8　明代钱币主要金属含量

[30]〔东汉〕班固：《汉书》（图文本），李润英点校配图，岳麓书社，2009，第208页。
[31]〔元〕脱脱等：《宋史》，刘浦江等标点，吉林人民出版社，1995，第2734页。
[32]中国钱币学会编《中国钱币学会成立十周年纪念文集》，中国金融出版社，1992，第177—194页。

嘉靖至万历年间（1522—1620），是钱币中锌含量的第一个上升期，锌含量在13%至21%。这一变化使得锌的含量超过了铅与锡，铅、锡含量都呈波动下降趋势，符合所谓的“黄铜钱”的定义标准。这一变化应该与明代中期开始将铜锌合金冶炼技术引入到铸币领域有关。这一时期，熔炼合金时采用的是“混合矿冶炼工艺”，使用炉甘石（即锌矿，主要化学成分为碳酸锌）点化含锌的铜矿[33]以制备铜锌合金，合金中的锌含量受到铜矿中锌含量比例与点化次数的控制。经过一次点化的合金含锌量低于20%（嘉靖通宝），而经过两次点化的合金含锌量稍高（早期的万历通宝），《天工开物·冶铸》中称其为“二火黄铜”，而经过四次点化的合金中锌含量最高，可达30%左右[34]（后期的万历通宝），所制钱币通身金黄，被称为“四火黄铜”或“金背钱”。从技术层面来说，这种合金中的锌元素并非以单质的形式添加。此外，虽然四火黄铜的合金比例可以达到黄铜钱的最低比例要求，但是钱币中的含锌量并不稳定，二火黄铜的呈色明显不如四火黄铜，因而还不足以称作黄铜钱，专家们认为这些钱币是介于青铜与黄铜之间的钱币。

明代万历晚期，通宝钱的锌含量达到了明代钱币的最高峰，锌的含量相对稳定地维持在30%以上，最高可达37%。同时，锡的含量几近于无，铅的含量也曾降至1%以下。在此之后的明钱才被认为是真正的黄铜钱。要实现如此高的锌含量，并保持相对稳定，在当时唯一的办法是将赤铜与单质锌按照一定比例直接合成铜锌合金。2004年，重庆丰都发现了目前中国最早的炼锌遗址群[35]，从各类遗物看，这些遗址中的作坊使用蒸馏法从矿石中提炼单质锌，而且应该组织生产了不短的时间。这一发现佐证了最迟在天启之前，具有生产价值的炼锌技术已经被投入使用。在使用蒸馏法工艺提取单质锌时，很难剔除矿石中的镉元素。因此，合成的黄铜比点化出的铜锌合金中含有较多的镉元素，含量普遍超过了1%。事实上，镉元素的含量成为区别两种铜锌合金工艺的重要标志。成分分析显示，天启通宝之后的钱币中基本都含有不少镉元素，进一步证明了铜料应该就是用单质锌合成的黄铜，因此属于黄铜钱。历史记载中也有添加单质锌的黄铜钱的记录。例如，《明会典》记载：“通宝钱六百文，合用：二火黄铜四万七千二百七十二斤，水锡四千七百二十八两”“四十二年规定同数目的钱数

[33] 凡小盼、黄洁、赵瑞廷、周卫荣、罗武干、王昌燧：《中国早期黄铜混合矿冶炼工艺的模拟探索》，《南方文物》2010年第4期。

[34] 中国钱币学会编《中国钱币学会成立十周年纪念文集》，中国金融出版社，1992，第177—194页。

[35] 重庆市文物局、重庆市移民局编《重庆炼锌遗址群》，科学出版社，2018，第56—84页。

用铜五万斤，锡五千斤，其中耗用四千斤，扣剩铜锡三千斤。”[36] 这些记载表明了铜币冶炼中有合金配比的规定，以及不同金属成分是以单质金属的形式分别添加进合金中的。

明代万历晚期之后，铸币的原料中不再单独添加锡[37]，而在天启之后，基本也不再添加铅，使得锡与铅含量降至最低，进而使黄铜呈现出铜锌合金的颜色。这种黄铜钱的合金比例一直延续到清代铸造雍正通宝。雍正帝为防止北狄熔化铜钱以制造兵器，也为了进一步降低铸币成本，于是下令在铜锌合金中降低铜的含量，以及少量添加锡与铅。清代不同时期钱币的成分分析也证实了这一趋势（图4-4-9），即铜的含量下降，同时铅的含量有明显回升。在黄铜合金中添加足量的锡与铅后，所制的钱币呈现微青色，因此被称为“青钱”。这些青钱与黄铜钱一同流通，标志着中国古代钱币合金工艺发展至顶峰。

结语

中国古代铸币依托青铜铸造的模范浇铸系统，形成了以中国货币文化为代表的东方货币文化，独立于以古希腊、罗马货币文化为代表的西方货币文化之外。它在工艺演进、图案设计、金属成分与币值币制等方面，均承载了独特的东方造物思想与文化基因。中国古代铸币在其兴盛的两千年间，传播到日本、越南、印度尼西亚、马来西亚和泰国等邻近国家和地区，甚至远至印度、伊朗和东

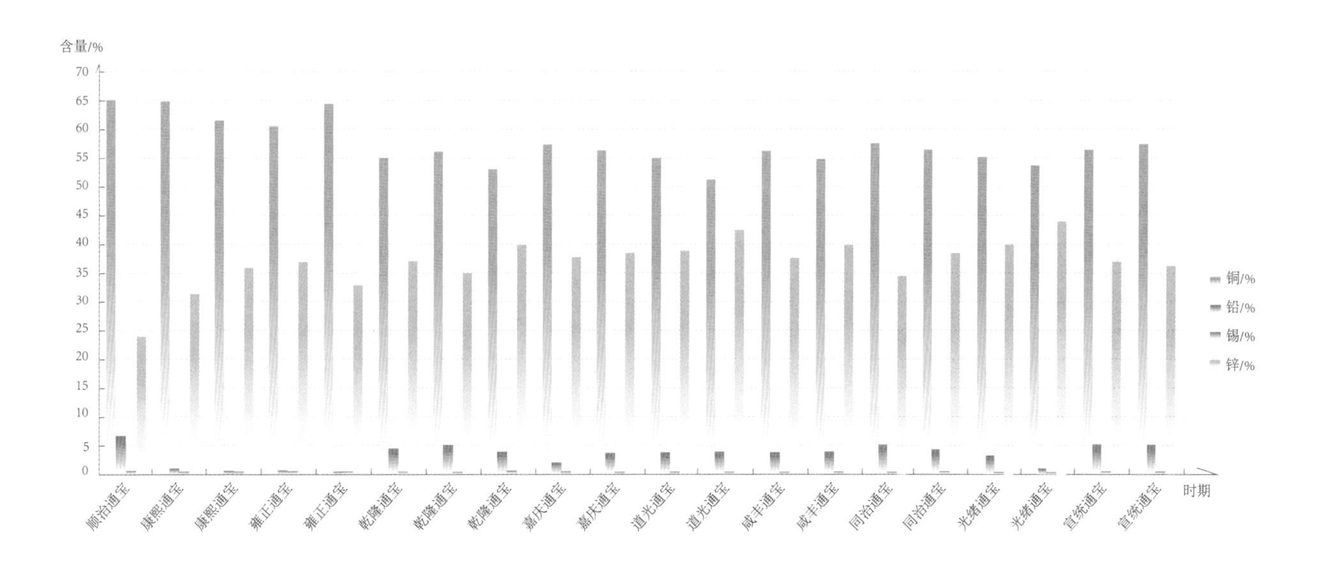

图4-4-9 清代钱币主要金属含量

[36] 转引自彭信威：《中国货币史》，上海人民出版社，1958，第448页。

[37] 根据宋元以来的史料记载，官作钱坊冶炼的青铜合金中，添加了锡与铅成分。中国早在先秦时就已经掌握这种配方，并使用于青铜器铸造了。

非等地，对全球货币制度产生了深远影响。

中国古代铸币作为商品经济发展和生产交换的媒介，是维持社会财富流通与经济稳定的特殊产品，其实用价值比其他方面更受关注。一方面，铸币的质量与材质品质备受重视，以确保铸币的经久耐用。这使得人们相对减少了对铸币图案纹饰的过分追求，从而造就了铸币趋于“质朴简练”的设计风貌与“重质轻文”的设计思想。另一方面，人们通过规范生产过程、扩大生产规模和压缩工艺成本，力求满足货币同质化要求和社会对货币的大规模需求。因此，在整个铸币的设计、生产、消费与废弃的过程中，着力降低对资源的消耗并充分利用各地的自然资源，形成了可持续发展的低耗能、高产出的设计理念。这种基于对质量、经济性和社会需求的权衡的“重质轻文”和“低耗高产”的铸币设计理念，不仅有力支撑了古代社会的货币生产与经济稳定，还可为现代社会的可持续发展提供重要启示。

此外，中国古代铸币工艺围绕提高铸币产量并减少能源消耗的原则，不断对模范工具进行优化和改造。从对金属材质模范的抗压能力提升的强调，到对型砂复合材料模范的创造性运用，反映了古代工匠在材料认识、选择与创造上的思维变化。这种变化展现了古人通过变换思维形成新的事理存在机制，进而找到解决矛盾冲突方法的创新性抽象思维，形成了“巧法造化”“共理变通”的造物思想。这些思想在当今文化创意、产品创新设计等方面均具有重要的研究价值，能够启发当代设计通过联想和变通的创造性思维，拓展设计智慧的边界。

第五节　铸冶铜华以为镜

铜镜，古称“鉴”，是由铜、锡、铅等金属合金铸造而成的一种日用青铜器具，也是中国青铜器具中出现较早且使用时间较长的品类之一。铜镜的发展受到青铜器铸造技术与纹饰艺术等方面影响，同时又形成了自身独具特色的体系。商周时期是青铜器发展的鼎盛阶段，但根据现有考古实物与文献资料可知，出土的铜镜数量较少且以素纹为主。春秋战国时期，青铜礼器衰落而日用器具盛行，铜镜作为梳妆照面的生活用具迎来第一个发展高峰。汉唐时期，青铜器在社会生产与生活领域逐渐衰落，铜镜是无法被取代的照容必需品，因而成为青铜铸造的主要器具，铜镜匠人在加工手法与题材纹饰上不断推陈出新，使铜镜的用途从单一的照面饰容的工具扩展至充当配饰、法器、礼品、明器等的用具，从而广泛运用于古代日常生活、宗教、丧葬等领域。此外，铜镜的背面常铸有丰富的图案或各类铭文。此类装饰不仅是各朝文化思想与社会意识的集中投射，而且它们的精致程度也是各朝铸造技术水平在生活领域的真切反映。

本节主要以铜镜的铸造技术与设计面貌的演变为主线，首先分析其在合金配比、铸造成型、装饰加工等铸镜技艺方面的相关问题，其次探析它在形制演变、曲率选择与装饰风尚等方面的设计特点，最后阐析其所处的设计语境和内在的设计理念，以探究中国古代铜镜的设计面貌与设计思想。

一、铜镜形制由圆形的确立至异形的蔚起

器物的形制往往具有时代特征，铜镜形制的变化也为认识和研究铜镜的设计思想及其制作工艺等提供了可靠的证据。本节根据对现存考古实物资料的分析和对学界以往研究的参考，将中国古代铜镜的形制分为圆形、方形、花形、带柄形和异形五种类型（图 4-5-1）。

自铜镜创制以来，圆形一直是主流的形制，也是迄今最为常见的形制。如现存最早的一批铜镜，青海贵南尕马台齐家文化墓葬出土的七角纹铜镜（图 4-5-1a）[1]

[1] 李淮生：《中国铜镜的起源及早期传播》，《山东大学学报（哲学社会科学版）》1988 年第 2 期。

图 4-5-1 铜镜形制分类示意图

与甘肃出土的齐家文化三角纹镜（图 4-5-1b）均为圆形，只是这批早期铜镜的制作工艺尚未成熟，圆形轮廓尚不规整精细。关于中国古代铜镜为何显现出这种圆形特征的原因，学界存在三种主流观点。部分学者认为铜镜采用圆形是受到铜鉴形制的影响[2]。在铜镜发明之前，铜鉴是古人用来照面的工具，通过使用铜盆盛水达到照面的功能。铜鉴的圆形形制直接影响到人们对铜镜形制的选择，即将铜盆盛水的一面演化为铜镜的照容面，铜盆饰有花纹的一面演化为铜镜的背面，因而铜镜的形制自然为圆形。也有学者认为铜镜的圆形形制与天圆地方之说以及古人对太阳的崇拜有关[3]。古人通过“仰则观象于天，俯则观法于地”

[2] 郭沫若：《三门峡出土铜器二三事》，《文物》1959 年第 1 期。
[3] 孙克让：《中国铜镜最大特征——结与圆》，载《全国第七届民间收藏文化高层（湖北荆州）论坛文集》，2007，第 3—40 页。

a 安徽含山凌家滩遗址出土长方形玉片

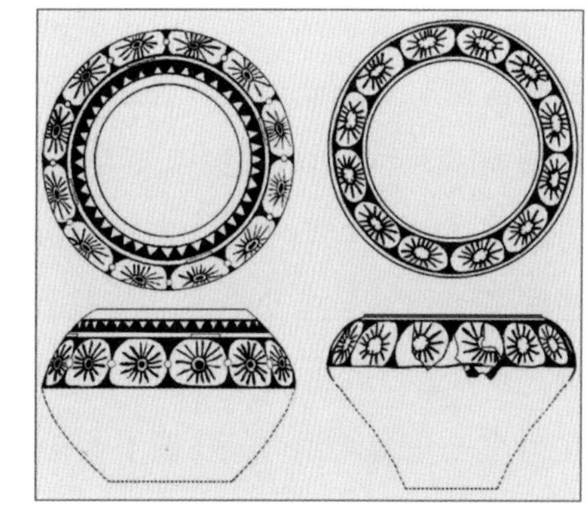

b 太阳纹彩陶“十二太阳纹”复原图[4]

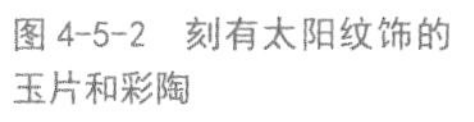

图 4-5-2 刻有太阳纹饰的玉片和彩陶

以获得对自然规律的认识，并由此衍生出天圆地方的认识以及对太阳的崇拜。这种认识反映到器物上即是对圆形的广泛运用，如安徽含山出土的刻有原始圆形日晷符号的玉片（图 4-5-2a），又如刻绘有太阳纹饰的仰韶文化彩陶（图 4-5-2b）。因此，古人以圆象天的传统与对太阳的崇拜，可能是铜镜以圆形示人的重要原因。此外，在周长相等的几何图形中，圆形的面积最大，在铜镜形制上采用圆形或许也是出于实用性的考量。

方形铜镜首次出现于战国时期，它的出现是对圆形铜镜垄断地位的一次重要突破。鉴于铜镜与铜鉴之间的密切关联，方形铜镜的形制有可能是受到战国青铜方鉴方形器口的启发而产生。[5]方形铜镜可以分为正方形、长方形与亚字形三种，其中正方形铜镜出现的时间最早且最为常见，现存实物如日本千石唯司所藏的战国透雕四鸟纹方镜（图 4-5-1c）。长方形铜镜始见于秦汉时期并流传至清代，它在尺寸和功用上相较正方形铜镜有了明显的变化，其形体一般较大，常作古人的穿衣用镜。《西京杂记》[6]与《初学记》[7]中分别记述了秦咸阳宫镜与晋仁寿殿镜等1米以上的大尺寸长方形铜镜。现存实物资料也佐证了这种大尺寸铜镜真实存在，如山东临淄西汉齐王墓中出土的一件长方形铜镜实物（图 4-5-1d），高 115.1 厘米，宽 57.5 厘米，与秦咸阳宫镜、晋仁寿殿镜尺寸接近。亚字形铜镜始创于唐代，主要盛行于五代至宋辽时期，其形状似“亚”字，四角向内凹陷，使镜体呈现出不同于以往的趣味性。该镜形常见于花草镜与凤纹镜中，如湖南省博物馆所藏的宋代缠枝花镜等即为亚字形镜（图 4-5-1e）。

花形铜镜是盛唐时期在铜镜形制上的重要创造，具有镜花合一的艺术效

[4] 武家璧：《大河村彩陶“十二太阳纹”研究》，《中原文物》2020年第5期。
[5] 朱凤瀚：《中国青铜器综论》，上海古籍出版社，2009，第311—315页。
[6]〔晋〕葛洪：《西京杂记》，周天游校注，三秦出版社，2006，第140—141页。
[7]〔唐〕徐坚等：《初学记》，中华书局，2004，第608页。

果与活泼美观的造型风格，主要盛行于唐宋时期。其形制特点是镜缘为尖状花瓣形或圆弧花瓣形，这两种镜缘的铜镜又分别被称作菱花形镜与葵花形镜（图4-5-1f、图4-5-1g）。按照菱花与葵花瓣的数量，又可细分为五、六、八、十二出菱花或葵花。唐代以八出菱花形和八出葵花形的铜镜数量最多，这些铜镜边缘的弧线饱满且易于区分。宋代又在花形镜的边缘和弧度的设计上有了新的改变，形制上以六出菱花形与六出葵花形的铜镜为主，虽只是减少了两个花瓣，但在造型上更显舒展从容（图4-5-1i、图4-5-1j）。此外，花形镜的产生应是对外来金银器器口形状的借鉴和吸收。唐代金银器物在外来金银器传入后，出现了多瓣、菱花（图4-5-1h）、葵花等器口样式[8][9]，而花形镜的流行时间与此类型金银器出现的时间高度一致。带柄铜镜自唐代偶有出现，至宋代方流行开来，并一直沿用至明清时期。它在民间的普及，标志着人们逐渐将铜镜的实用功能放在首位。中国古代铜镜的操持方式一直依赖于镜纽与绳的配合，然而宋代铜镜镜纽变小甚至没有镜纽，导致铜镜难以单手握持的缺陷更加明显。因此，宋人创造出了带柄形，以便于移动和单手操作，更适合百姓的日常使用。在形制发展方面，带柄铜镜采用了圆形、菱花形、葵花形、桃形等多样的镜形，它的柄部还具有或长或短、或方或圆的丰富特点。如故宫博物院收藏的宋代双凤纹具柄镜，柄部的尺寸较长，与镜面直径接近，二者比例约为1 ： 1.2，柄部为轮廓流畅饱满的瓶形（图4-5-1k）。吉林省博物馆收藏的元代人物故事带柄镜同样为长柄镜[10]，柄部与镜面的长度比例亦为1:1.2，不过柄部为棱角分明的长方形（图4-5-1l）。清华大学艺术博物馆收藏的元代佛字梵文密宗镜则为短柄镜[11]，柄部与镜面的长度比例为1 ： 3.3，柄部呈长方形（图4-5-1m）。同馆所藏的宋代河澄皎月铭钟形镜采用异形长柄镜[12]，柄部与镜面的长度比例为1 ： 1.6，柄部由圆环状挂纽构成，极具特色（图4-5-1n）。至清代，带柄镜又出现了材质上的变化，如故宫博物院所藏的清代黑漆描金人物纹镜即采用了木质的镜柄（图4-5-1o）。带柄镜柄型的丰富体现了古代镜匠在满足人们实用需求之外，也非常注重对铜镜形制的美感追求。

异形镜是宋元时期人们在圆形、方形与花形镜形制设计思路的基础上，创造出的一种新型铜镜式样。这些新式样包括钟形、鼎形、瓶形、炉形和桃形等十余种，使铜镜在形制上的艺术表现和多样性达到了顶峰。异形镜的产生与宋元

[8] 韩伟编著《海内外唐代金银器萃编》，三秦出版社，1989，第18—20页。
[9] 上海博物馆编《学人文集 · 上海博物馆建馆60周年论文精选》（陶瓷卷 · 考古卷），上海书画出版社，2012，第138页。
[10] 中国青铜器全集编辑委员会编，段书安编辑《中国青铜器全集 · 铜镜》第16卷，文物出版社，2005，第212页。
[11] 清华大学艺术博物馆编《必忠必信：清华大学艺术博物馆藏铜镜》，上海书画出版社，2017，第78页。
[12] 同上书，第140页。

时期的崇古风尚、宗教信仰、民间文化与商业发展等密切相关。在异形镜中，有多种镜形是对前代重要器物造型的改创，如鼎形镜、炉形镜等是对具有礼器属性的青铜鼎、青铜炉的仿造。福建福州茶园山宋代许峻墓出土的宋代鼎形镜[13]，造型仿自青铜圆鼎的形制。该镜的结构设计也十分巧妙，镜纽以兽足作饰并与镜的两足配合呈鼎立之势，起到支撑镜体的镜架作用（图4-5-1p）。而辽宁省博物馆所藏的宋代匪鉴铭钟式镜（图4-5-1q），镜纽下方铸有“李道人造”四字款，可以看出这是以道士身份所铸的铜镜。镜身采用了悬钟的造型，而悬钟正是道观的标志性陈设。这种设计使得这枚铜镜在形式和内容上达到了高度统一的效果，也表明此镜受到了道教的深刻影响。故宫博物院所藏的宋代长春铭月宫纹镜则为八角形，镜背装饰有玉兔捣药、星象纹和八卦象等图案，并有“七星朗耀通三界”与“一道灵光照万年”铭文，同样具有明显的道教铸镜风格（图4-5-1r）。另外，异形镜也受到民间吉祥文化与商业发展的影响。例如，宋代新出现的铸有商标铭文的桃形镜。桃形在宋人的祝寿风俗中寓意着长寿，这使得桃形镜成为典型的吉祥之物。该镜的商标铭文，则可视为宋代发达的商品经济的象征。又如江西萍乡博物馆所藏的宋代湖州石家造桃形镜[14]，镜背铸有“湖州石家法・炼青铜照子”的字样（图4-5-1s）。无独有偶，故宫博物院所藏宋代饶州叶家久铭镜则铸有“饶州叶家久炼青铜照子”的款式（图4-5-1t）。而湖州石家与饶州叶家正是南宋著名的铜镜制造商，所产铜镜行销甚广，可推测桃形镜应为备受时人喜爱的镜形。

综上分析，中国古代铜镜自齐家文化起便确立了圆形形制的主导地位，尽管后世新样式频出，但以圆形为主流形制的传统一直延续至清代。春秋战国时期始现少量方形铜镜，打破了仅有圆形铜镜的单一局面。唐代首创的花形镜进一步丰富了铜镜的形制。宋代则突破桎梏推出造型多姿的异形镜，使铜镜的形制设计达到顶点。铜镜虽然是形制变化相对较少的青铜器物之一，但在一定社会文化风尚、审美偏好以及技术水平等因素的推动下，古代人民充分发挥自身想象力与创造力，使其在器形变化上极尽多元与多彩。

二、化整为零的镜模制作技术与铜镜纹饰的规范化

铜镜作为出现较早的青铜器具之一，其铸制技术的发展历程在青铜铸造技

[13] 郑辉：《福州茶园山南宋许峻墓》，《文物》1995年第1期。
[14] 萍乡博物馆，http://www.pxmuseum.com/h-nd-2229.html，访问日期：2022年11月28日。

术与自身独特发展路径的共同作用下，形成了齐家文化至隋唐时期以块范法铸造为主以及宋代以后以砂型铸造为主的两个发展阶段。其中，春秋战国时期至隋唐时期的铸镜技术承继青铜礼器铸制的经验，探索出适用于铜镜造型规范化与纹饰精细化的铸模技术，使铜镜纹饰的精致程度臻于顶峰。宋代以后，砂型铸造成为铜镜铸造技术的主流，铜镜的纹饰艺术表现与技术发展逐渐没落，暂不作为本节讨论的重点。

（一）战国时期对青铜礼器地纹拼兑技术的借用

铜镜的铸制过程相对简单，通常采用块范法即可完成铸造。因而在技术探索方面，人们将关注点主要放在了与纹饰制作相关的铸模技术上。齐家文化至商周时期，铜镜并非是青铜铸造的核心器物，因此，铜镜铸造技术在该阶段并未取得明显的进步。在这个时期，铜镜的纹饰通常是直接在泥范上雕刻完成的，由于手工制作的差异，铜镜的纹饰上并无位置和形状对称的现象。如商代晚期的叶脉纹镜[15]，镜缘部分以珍珠纹为饰，这些纹饰大小各异且分布不匀，应是在泥范上手工戳制而成。

春秋战国时期，铜镜的制作受到了青铜礼器规范化思想的影响，开始采用单元纹饰范拼兑技术进行镜模制作，这种方法使得铜镜的纹饰效果既有层次感，同时在脱范过程中也更简易和方便。详而述之，单元纹饰范拼兑技术的过程是先将铜镜地纹分割成若干规整的小块，然后制作一块纹饰模，再在纹饰模上依次翻制出所需小块的纹饰范，最后将这些纹饰范拼兑出完整的铜镜地纹。这种多范拼兑的方式会在纹饰表面留下范缝痕迹，这一特征在春秋战国时期的青铜器与铜镜上有充分的体现，如美国旧金山亚洲艺术博物馆收藏的战国变形兽纹扁壶（图4-5-3a）与陕西历史博物馆收藏的战国四凤纹镜（图4-5-3b）[16]均有单元纹饰拼兑的范痕。又如湖北鄂州东晋早期墓葬中出土的战国四叶纹铜镜[17]，根据其镜背的范痕可以推断，该镜是由24块地纹拼兑而成（图4-5-4a）。其镜模的制作过程应该如下：首先，由多个小块地纹拼兑成一个方形地纹模，然后将其切割成圆形并制出镜缘；其次，使用该镜模翻制出阴模，在阴模上压刻出四叶纹主纹；最后，使用此阴模翻制出阳模，即可完成镜模的制作。可见，采用单元纹饰范拼兑技术进行制模可以大幅简化制镜的雕刻环节，直接有效地提高了制镜的速度与效率。值得注意的是，在制作镜模的过程中，容易出现拼兑失误的情况，进而

[15] 中国青铜器全集编辑委员会编，段书安编辑《中国青铜器全集 · 铜镜》第16卷，文物出版社，2005，第3页。

[16] 黄诗金：《略论中国铜镜纹饰构图与描绘手法的演变》，《草原文物》2013年第2期。

[17] 董亚巍：《论古代铜镜制模技术的三个历程》，载《全国第七届民间收藏文化高层（湖北荆州）论坛文集》，2007，第62—66页。

导致组座与主纹、地纹与地纹等之间衔接不协调。如鄂州第49号墓出土的一枚战国四叶纹铜镜[18]，13块地纹拼兑错位，导致范痕参差不齐（图4-5-4b）。

（二）西汉时期圆规机械制图技术的应用与铜镜纹饰的精进

西汉早期，镜模制作仍然延续战国时期的单元纹饰范拼兑技术。然而，到了中期，随着铜镜制作在民间的普及，出现了具有机械设计思维的圆规制模技术，这是铜镜纹饰制作工艺独立于青铜纹饰系统进行的技术创新。这种制模技术降低了对镜匠雕塑纹饰技能的要求，镜匠只需掌握基本的圆规操作即可高效完成镜模的制作，该技术的推广是铜镜的制作与使用在平民阶层普及的重要基础。同时，由于铜镜纹样是在镜模上统一完成的，因此也可以省去制作阳模再翻出

a　战国变形兽纹扁壶拼兑范痕[19]

b　战国四凤纹镜拼兑范痕[20]

图4-5-3　战国变形兽纹扁壶与战国四凤纹镜的拼兑范痕

a　战国四叶纹铜镜拼兑范痕1[21]

b　战国四叶纹铜镜拼兑范痕2[22]

图4-5-4　战国四叶纹铜镜拼兑范痕

[18] 董亚巍：《论古代铜镜制模技术的三个历程》，载《全国第七届民间收藏文化高层（湖北荆州）论坛文集》，2007，第62—66页。

[19] 黄诗金：《略论中国铜镜纹饰构图与描绘手法的演变》，《草原文物》2013年第2期。

[20] 同上。

[21] 董亚巍：《论古代铜镜制模技术的三个历程》，载《全国第七届民间收藏文化高层（湖北荆州）论坛文集》，2007，第62—66页。

[22] 同上。

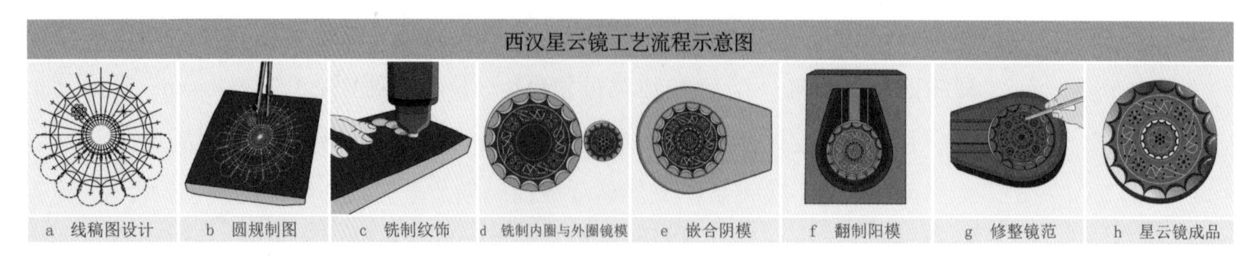

注：图片绘制参考董子俊《范铸工艺》第八章 西汉星云镜的范铸模拟实验研究。

图 4-5-5 星云镜工艺流程示意图

阴模的步骤，转而直接制作阴模，有效提升了镜模制作的效率[23]。这种使用圆规制图的方式使得铜镜纹饰多采用几何造型，且具有向心式和对称式的构图特点，以星云纹和四神博局纹镜最具代表性。

西汉星云镜镜模上的纹饰辅助线通常以镜纽为中心向外辐射，内圈的内向连弧纹与外圈的内向连弧纹均在一条直线上（图 4-5-5a）。完成镜模设计后即可使用陶车和圆规在石料上进行机械制图（图 4-5-5b），完成连弧纹、乳钉等的定位和绘制。然后根据纹饰图样用磨制的铣刀铣出外圈内向连弧与乳钉等纹饰的凹纹（图 4-5-5c）。再依据此法制作出内圈内向连弧纹的镜模（图 4-5-5d），后将内圈镜模与外圈镜模嵌合起来完成整个铜镜阴模的制作（图 4-5-5e）。接下来使用制作好的阴模翻制出阳模（图 4-5-5f），再在阳模上翻制出镜范，将镜范阴干焙烧后即可进行铜镜的浇铸，经修整后（图 4-5-5g）最终得到完整的星云镜（图 4-5-5h）。在四神博局纹镜的纹饰制作上也保留有机械制图的痕迹，除纹饰设计有异外，其制作工艺与星云纹镜的方法基本相同。

（三）东汉化整为零的制模工艺与高浮雕铜镜的肇始

东汉时期，铜镜制作工匠为适应浮雕艺术的发展与潮流，开创了异于前代线雕技术系统的全新铜镜浮雕工艺。其制作过程首先是使用泥料逐个雕塑出鸟兽、神人等形象，以及半圆形、方形、锯齿形的图章。然后，将这些部件分别组装到镜模上，以形成完整的阳模。随后，根据该阳模翻制出阴模，并在阴模上压印出其余纹饰。最后，再翻制成阳模，即可获得具有浮雕效果的完整镜模。这种组合拼装的制模方式具有模块化的特点，将复杂工艺化繁为简。由此制作的铜镜纹饰外观起伏错落、浑圆舒转，视觉效果由以往的平面线条式转变为半立体高浮雕式，代表了铜镜纹饰艺术发展中的全新创制与突破。东汉时期的乳钉纹神兽镜具有典型的浮雕特征，如湖北鄂州鄂钢 544 工地出土的神兽镜上即可见浮雕技术的运用痕迹[24]。该镜有一处纹饰在脱范时被粘掉，因而形成了不规则的凹陷。

[23] 董子俊：《范铸工艺》，北京艺术与科学电子出版社，2016。

[24] 董亚巍：《论古代铜镜制模技术的三个历程》，载《全国第七届民间收藏文化高层（湖北荆州）论坛文集》，2007，第 62—66 页。

在凹陷处可以清晰地看到由半圆形、方形和锯齿形的图章压印出的纹饰，进一步确证了该镜的浮雕纹饰是由多个小模块组合制作而成，具有规范性和灵活性（图4-5-6）。隋唐时期，铜镜浮雕纹饰艺术的发展达到最高峰，尤以具有“多谜之镜”之称的海兽葡萄镜最为经典。如故宫博物院收藏的海兽葡萄纹镜（图4-5-7），以丰腴柔健的各类瑞兽和盘曲交错的葡萄枝蔓为主题纹饰，采用高浮雕与浅浮雕相结合的制作方法，于方寸之间尽显浮雕纹饰参差交错的节奏和韵律。

宋代以后，铜镜的成型工艺由砂型铸造取代了块范法，这导致铜镜铸造的精密度发生根本性的下降，铜镜纹饰的艺术与技术发展也受到影响。砂型铸镜工艺具有透气性强、成型速度快、成本低及可批量化生产的特点，虽然有效解决了宋代铜镜原料匮乏的问题，但也导致镜体质量下降，表面变得粗疏。尤其在纹饰的精美细致程度方面，与汉唐时期相去甚远，这些铜镜多采用浅浮雕与粗线条相结合的方式呈现，不仅缺乏艺术观赏性，而且显得粗糙。如浙江省博物馆收藏的宋仿汉乳钉纹镜，纹饰模糊且滞涩，不似汉唐镜的纹饰清晰流畅（图4-5-8）。

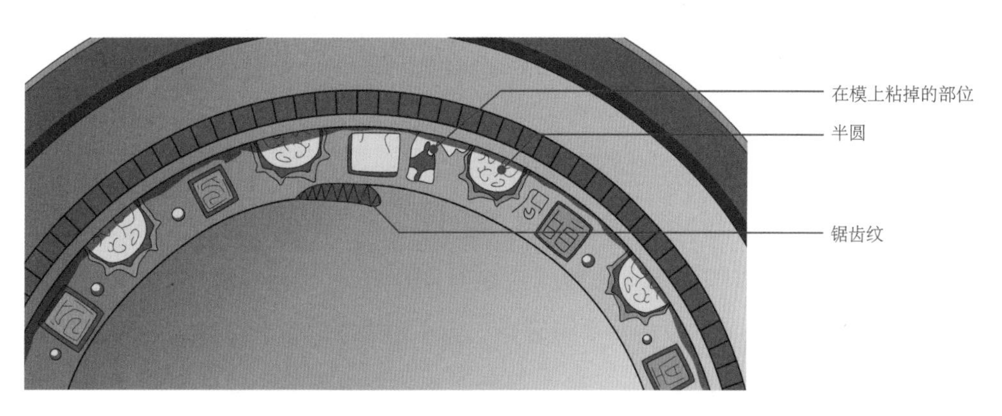

图4-5-6 东汉神兽镜局部[25]

图4-5-7（左） 唐海兽葡萄纹镜

图4-5-8（右） 浙江省博物馆藏宋仿汉乳钉纹镜

[25] 董亚巍：《论古代铜镜制模技术的三个历程》，载《全国第七届民间收藏文化高层（湖北荆州）论坛文集》，2007，第62—66页。

三、镜面曲率的选择与透光镜的创制

铜镜的镜面曲率是指镜面上的曲线在特定点上的弯曲程度，可用于描述镜面的凹凸程度以及光线在镜面上反射或折射时的效应，它是支撑铜镜核心功能与成像效果的关键因素。秦汉至魏晋南北朝时期，镜匠在继承前人铸镜技术的基础上，对不同镜面曲率下镜面成像的差异有了更精准地理解和掌握，创制了综合铜镜铸造、物理学和光学知识于一体的透光镜等复杂镜种。

依据铜镜表面曲率的差异，可将铜镜分为平面、外凸与内凹三种类型（表4-5-1）[26]。平面镜可以等比例还原外界物体，但其所反映的范围有限。若想照出大于镜面尺寸的物体，需要将镜子（或者物体）放置到较远的位置，这既不便于使用，又难以察看到物体的清晰细节。凸面镜是在平面镜的基础上适当增加镜面的曲率，使之能在较小的镜面上反映出较大的物像，同时也可以节省铜的用量，这种镜型是中国古代照面用镜的主流形式。凹面镜，又称为“阳燧”，也可用于映面和鉴物，但主要用于聚光取火，流传数量极少。历代铸镜的经验表明，镜面的凹凸程度与曲率半径有关，如果镜面过凸或过凹，表示其曲率半径越小，随之便失去照容或取火的功能。

依据文献记载，铜镜镜面曲率的选择不仅与铜镜成像范围相关，还受到铜镜的造型和加工技术的影响。战国时期，铜镜以平面镜为主，兼有少量曲率较小的凸面镜。这种情况的出现与该时期的镜纽设计有关，因为战国时期的镜纽相对较小且薄（图4-5-9a）。在浇铸过程中，镜纽通常是最先凝固的，当镜纽收缩时，未凝固的镜面可给其补缩，使所铸镜面整体较为均匀，易于打磨平整。[27]

表4-5-1 铜镜镜面类型及其特点一览表

镜面类型	相应镜种	功 能	特 点
平 面	铜 镜	照 面	所反映的物体范围有限
外 凸	铜 镜	照 面	便于照出大于镜面尺寸的物体
内 凹	阳 燧	聚光取火	主要功用在于取火，较少用于照面

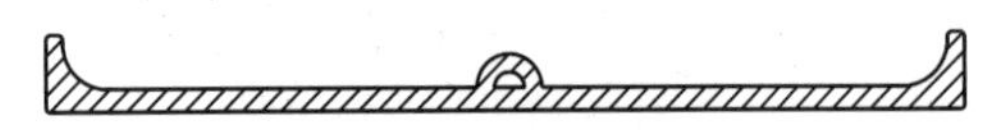

a 战国镜剖面示意图

b 六朝神人鸟兽画像镜剖面示意图

图4-5-9 战国镜与六朝神人鸟兽画像镜剖面示意图

[26] 王纲怀：《止水集》，上海古籍出版社，2016，第390页。

[27] 董亚巍：《试论古代铜镜镜面凸起的成因及其相关问题》，《文物保护与考古科学》2000年第2期。

西汉到东汉中期，铜镜的镜面开始从平面逐渐向凸面发展，并且凸面镜的镜面曲率逐渐增大。这一变化主要源于西汉以后镜纽的变化，尤其是半圆纽的出现，打破了战国时期铜镜浇铸过程中的缩补平衡。镜纽厚度的增加使其凝固时间晚于周围的镜面，当其开始凝固收缩时，便失去了补缩的来源。于是，镜纽自身从中心向外围补缩，这就造成了中央部分合金组织的疏松。因此，在打磨和刮削镜面时，为了避免露出镜面中央部位的疏松麻点，对镜面中心的刮磨相比外围区域较少，这直接造成了镜面的凸起。如湖北鄂州市博物馆所藏的一枚六朝神人鸟兽画像镜（图4-5-9b），根据该镜的剖面示意图，可观测到其镜面凸起的程度。

东汉至魏晋南北朝时期，随着铜镜镜钮普遍增大，凸面镜的数量以及镜面凸起的程度、曲率值也逐渐达到高峰。需要注意的是，在制作凸面镜时，不能无限制地增加镜面的曲率，因为过大的曲率会导致镜中的物像严重失真甚至变形。因此，制作凸面镜需要对镜面曲率有相当精准的把握。综合学者对东汉三国时期凸面镜实物的测量，发现这个时期铜镜的曲率半径主要集中在70厘米左右。[28]这种曲率的铜镜恰好可以容纳一个成人的面容。随着照容距离的增加，镜面中的影像也会相应变小，反映了该时期的镜匠对凸面镜曲率已经有了规律性的认识和技术性的把握。唐代以后，镜钮明显缩小，使整个镜背在浇铸过程中均匀收缩，因而镜面也基本趋平。此外，根据学者对中国古代凸面镜曲率的测量研究[29]（表4-5-2），发现在西汉至六朝时期的62枚铜镜中，凸面镜占了59枚，约占总数的95.2%。这表明凸面镜发轫于这一时期，并且是其主要流行阶段。

透光镜，又名“日光镜”“透光鉴”，因其在光线照射时会产生透光效果而得名，是汉代铜镜冶炼与磨制工艺水平的又一重要例证。透光镜在形态上与一般铜镜无异，但当太阳光或平行光照射到其镜面时，镜背的纹饰便会清晰、明亮地映射到墙面上。如北周诗人庾信所言：“临水则池中月出，照日则壁上菱生”[30]，

表4-5-2 铜镜曲率半径测定值[31]

时间	曲率半径（米）																	
	0—0.2	0.2—0.4	0.4—0.6	0.6—0.8	0.8—1.0	1.0—1.2	1.2—1.4	1.4—1.6	1.6—1.8	1.8—2.0	2.0—2.2	2.2—2.4	2.4—2.6	2.6—2.8	2.8—3.0	3.0—4.0	>4.0	∞
战国						1						1				2		2
西汉初期到东汉中期			3	5	4	1	3	2		1	2				1	1		3
东汉晚期到六朝时期		3	14	5	8	1			1	1	1	1		1				
唐五代		1	1	1	1	3	1	1								4	1	9
宋明清	1	1	2	3	6	4	1		3			1	1	1			1	3

[28]王纲怀：《止水集》，上海古籍出版社，2016，第390页。
[29]何堂坤：《中国古代铜镜的技术研究》，紫禁城出版社，1999，第274页。
[30]〔北周〕庾信：《庾子山集注》，〔清〕倪璠注，许逸民校点，中华书局，1980，第86页。
[31]何堂坤：《中国古代铜镜的技术研究》，紫禁城出版社，1999，第274页。

或如宋代周密所描述的鲜于伯机的一面透光镜："透光镜一映日则背花俱见。凡突起之花其影皆空……最后胡泳存斋一镜，透影极分明"[32]。这些描述都展示了透光镜神奇的"透光"效果。目前国内共收藏有四面汉代透光镜，其中最具盛名的是"见日之光"镜（图4-5-10)，圆形，直径约7.4厘米，重约50克。镜背上刻有"见日之光，天下大明"的铭文。透光镜的制作最早可追溯至西汉时期，它的生产一直持续到清代中期。然而，由于制镜工匠的制作方式保密，导致这一技艺逐渐失传。

关于透光镜的铸造技术与原理，自隋代至清代的文献中均有记载。其中，以元代吾丘衍提出的"补铸法"与清代郑复光记载的"刮磨法"最为典型。"补铸法"是一种通过将较浊的铜料填补进铜镜内，然后削平镜面，加入适量铅料进行磨平的技术。这个过程中，光线的透射效果会受到金属合金清浊程度的影响，从而产生明暗变化。这种方法的独特之处在于充分利用了材料的不同透光特性，创造出透光的效果。相比之下，"刮磨法"更注重后期处理。在铜镜铸造完成后，工匠用不同的力度刮磨镜面，使镜面形成凹凸不平的痕迹。这些微小的凹凸细节最终使光线能够在透过镜面时产生特殊的透光效果。

现代学者尝试通过模拟实验解释铜镜透光的科技原理[33][34]，发现透光镜的制作过程是铸造、研磨等工艺的综合运用过程。透光的原理主要体现在两个方面：一方面是镜面的不同部分存在曲率差异，使光线的发散程度不同；另一方面是镜面的不同部分存在反射率差异，使光线的反射能力不同。然而，镜面的

a 西汉"见日之光"镜

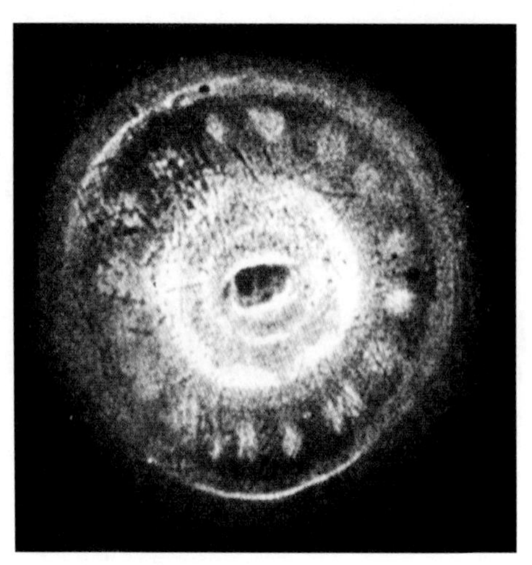

b "见日之光"镜的"透光"效果[35]

图4-5-10 西汉"见日之光"镜及其"透光"效果图

[32] 黄宾虹、邓实编《美术丛书》第2辑，浙江人民美术出版社，2013，第29页。

[33] 陈佩芬：《西汉透光镜及其模拟试验》，《文物》1976年第2期。

[34] 何堂坤：《关于透光镜机理的几个问题》，《中原文物》1982年第4期。

[35] 陈佩芬：《西汉透光镜及其模拟试验》，《文物》1976年第2期。

曲率差异、反射率差异与铸造、刮削、热处理、研磨、开光等技术环节均有关系。因此，透光镜的制作方法不限于一种，因不同的条件和因素而异，但其透光原理始终如一。如在铸镜过程中，较厚的镜缘在收缩时，较薄的镜体已经凝固，于是镜缘对镜体产生一种禁锢的力（F）。同时，较薄的镜体对较厚的镜缘产生一种反方向支撑的力。禁锢力F的切向分力Ft导致镜体沿着镜面产生压缩形变，而它的径向分力Fn对中心位置（O点处）产生力矩Mt，使得镜体在原来上凸的镜面基础上进一步向上拱起（图4-5-11a）。经过研磨后，镜体逐渐变薄，铸造残余应力加强，导致镜体发生更大的上凸形变。由于不同部位的厚度差异，形变程度也各不相同。镜体较厚的地方，形变较小；镜体较薄的地方，形变较大（图4-5-11b）。因此，当光线照射镜面时，厚处与薄处的反射光线的能力存在差异（图4-5-11c），于是在墙面上形成层次分明的“透光”图案。

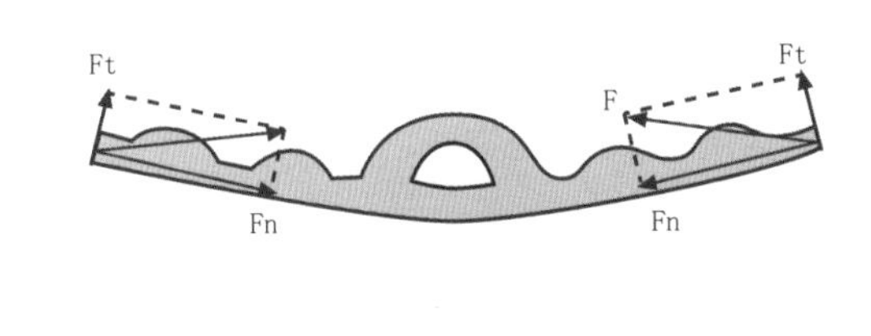

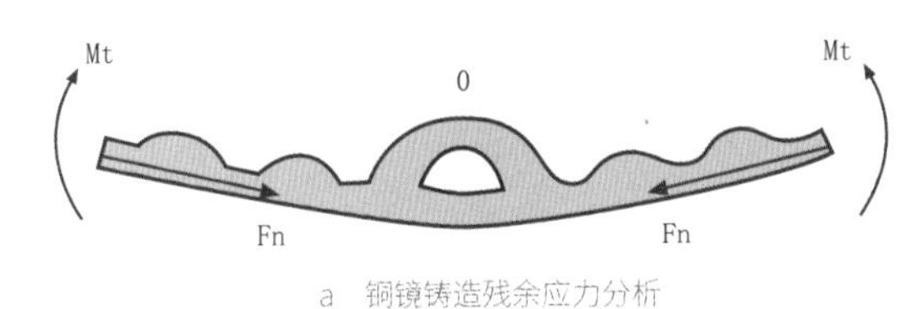

a　铜镜铸造残余应力分析

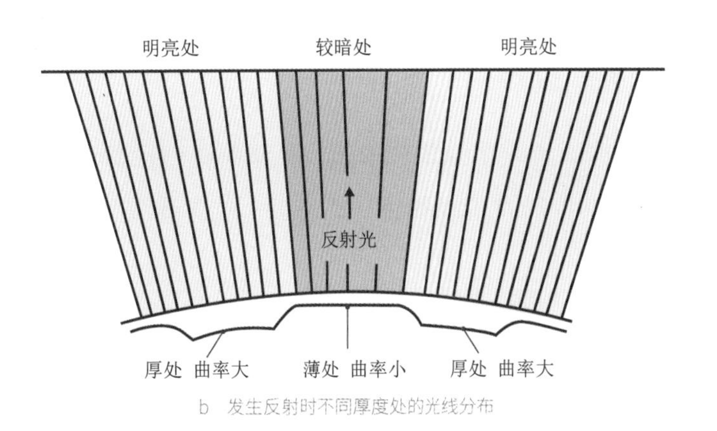

b　发生反射时不同厚度处的光线分布

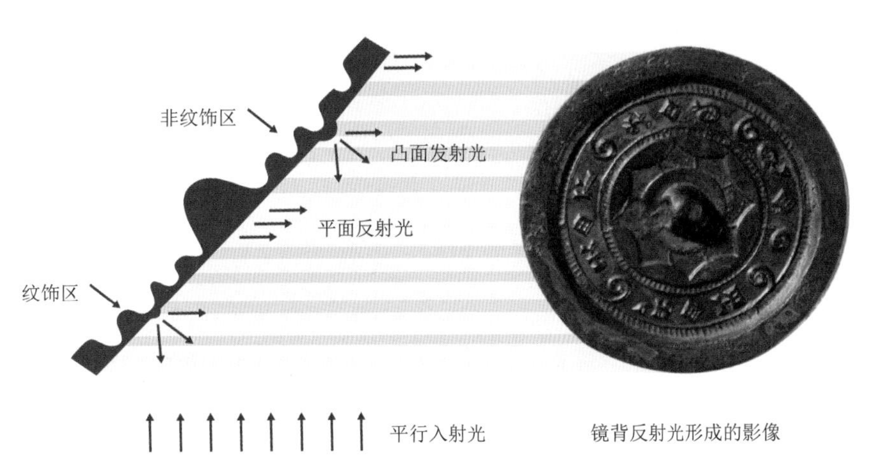

c　“透光”铜镜原理示意图

图4-5-11　“透光”铜镜原理分析示意图

四、装饰技术与特种工艺镜的发展

唐代是铜镜铸造工艺与装饰技法发展的鼎盛时期，也是特种工艺镜种类最丰富、装饰极尽奢华的时代。特种工艺镜是一种在镜背上用名贵材料以镶嵌、涂漆等特殊技法施加纹饰的铜镜，其工艺技术复杂且制作难度较大，代表了各时期铜镜制作技术的最高水平。唐代，受瓷器发展等因素的影响，生活用器多由铜器转为瓷器，因而铜器的铸制技术充分运用到了铜镜的制作上。此外，唐代中期施行了增开铜矿、加置钱炉、提高工价等措施，使铜产量与铸造数量显著增加，为特种工艺镜的铸造提供了充足的铜材。唐代继承了汉魏文化传统，吸收了印度、波斯等国和边疆民族艺术的文化，促进了唐代铜镜兼容并蓄、异彩纷呈的装饰面貌。唐代以铜镜作为礼物馈赠的社会风气，也推动着铜镜铸造技术的精进。在各种因素的影响下，唐代不仅成功继承了战国、两汉时期以来的透雕镜、镶嵌镜、金银错镜、鎏金镜、贴金银镜、彩绘镜等铜镜工艺，还将唐代精湛的漆器制作技术、金银加工技术等引入到铜镜制作中，首创了金银平脱镜、螺钿镜等广受赞誉的铜镜。本节结合文献记载、考古发掘以及传世的特种工艺镜，对中国古代特种工艺镜的发展与成就进行分析。

（一）承袭前代的镜子

1. 镌文刻镂的透雕镜

透雕镜，又称“夹层透纹镜”“镂空镜”，镜体由两层镜片组成，其中较薄的白铜片为镜面，雕有镂空图案的青铜片为镜背。这两片铜片分别铸造，再合贯为一镜。透雕工艺早在新石器时代的陶器上便已出现，春秋晚期开始运用到铜镜上。战国时期，透雕镜开始盛行（图4-5-12），西汉以后逐渐消失，直到唐代仍有遗存，如唐代双鸾双狮镂空镜以及双鸾镂空镜。

2. 装石填金的镶嵌镜

镶嵌工艺早在二里头文化中就已出现，这是一种将玉石、琉璃珠、金银等材料镶嵌到铜镜镜背的装饰工艺。值得注意的是，镶嵌工艺是其他装饰工艺的基础，如金银错、金银平脱、螺钿、珐琅等工艺均是在此工艺基础上发展起来的。镶嵌镜在战国时期开始广泛流行，如美国哈佛大学博物馆所收藏的战国嵌松玉琉璃镜（图4-5-13），即是在铸造完成的镜体上镶嵌了琉璃珠与玉环，使镜背的色彩对比强烈且纹样别具一格。在唐代，镶嵌工艺得到进一步精进，匠人将极薄的银片锤炼压制成各种形状，再镶嵌于铜镜的背面，使所制纹饰更富立体感，较之秦汉时期的金银错和鎏金技术更为进步。现存实物如陕西西安唐墓出土的唐代银背凸花铜镜[36]，镜背以白银进行镶嵌，兼用了平凸和雕浮相间的技巧。

3. 镂金错彩的金银错镜

金银错工艺最早出现在春秋中期，战国早期施加在铜镜上并开始流行[37]。金银错镜的铸造技术是预先在铜器背面制备凹槽，将金银一类物料以丝、条、块状等形式填入，然后将它们镶嵌成不同的纹饰图案，再错磨平整。现存实物如山东博物馆所藏战国错金银镶绿松石三纽镜（图 4-5-14a），镜背以金银丝、银乳钉与绿松石镶嵌出云纹图案，为战国时期经典金银错铜镜的代表之作。又如日本永青文库所藏战国金银错狩猎纹镜（图 4-5-14b），镜背图案由三组主纹与三

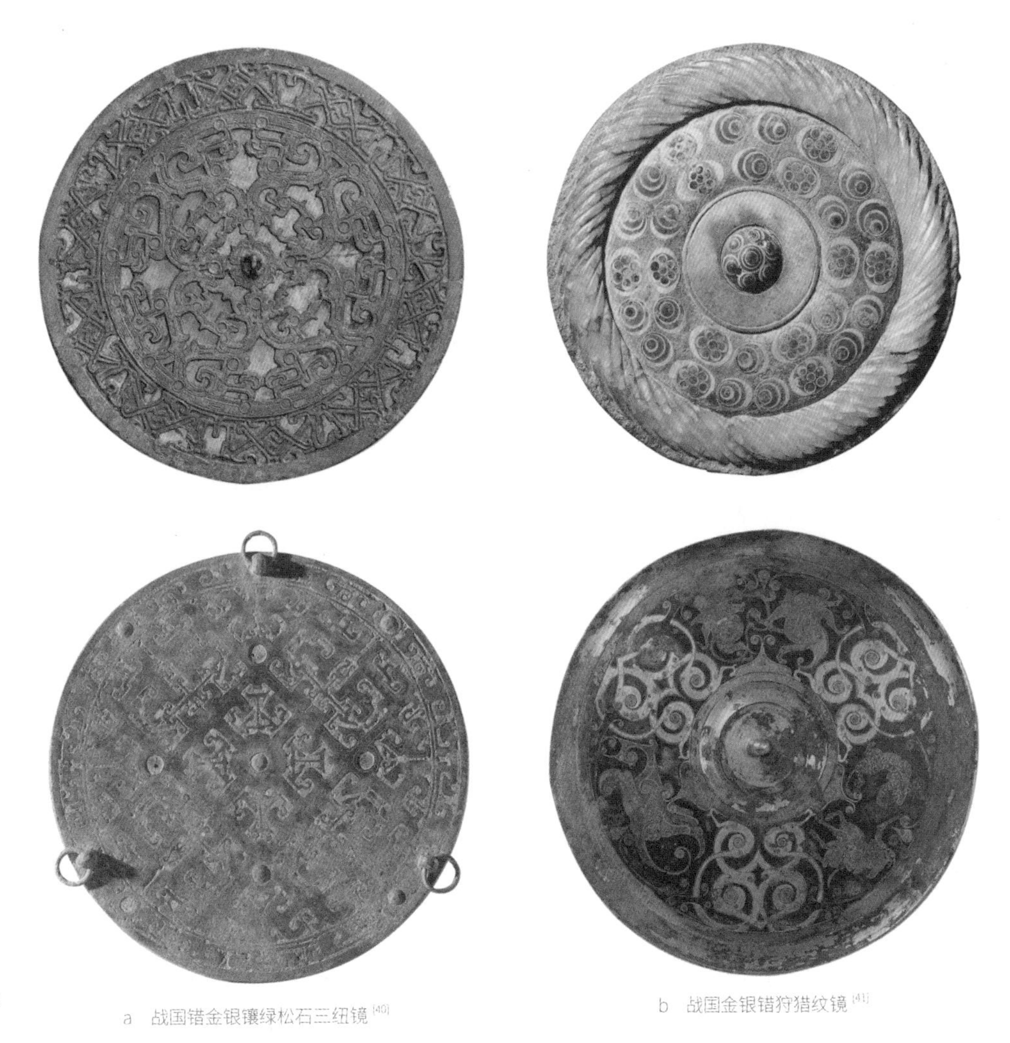

图 4-5-12（左） 战国透雕龙凤纹镜[38]

图 4-5-13（右） 战国嵌松玉琉璃镜[39]

图 4-5-14 战国错金银铜镜

a 战国错金银镶绿松石三纽镜[40]

b 战国金银错狩猎纹镜[41]

[36] 袁长江：《西安唐墓出土开元年间银背凸花铜镜》，《人文杂志》1982年第5期。

[37] 孔祥星、刘一曼：《中国古代铜镜》，文物出版社，1984，第48页。

[38] 中国青铜器全集编辑委员会编，段书安编辑《中国青铜器全集 · 铜镜》第16卷，文物出版社，2005，第15页。

[39] 同上书，第34页。

[40] 同上书，第32页。

[41] 同上书，第33页。

组辅纹构成，主纹与辅纹中的双龙躯体皆由细如毛发的金银丝线制成，显示出精湛的工艺。

4. 抹彩涂绘的彩绘镜

彩绘镜是在铸成的铜镜背部以彩色颜料绘制出各种纹饰的镜子。现存实物以战国时期的最早，汉代开始出现融入了绘画元素的铜镜。在清代宫廷用镜中，仍有生产且制作十分精致的彩绘镜，如故宫博物院收藏的龙凤双喜彩漆镜（图4-5-15），镜背以黑漆为底，以红、黄两漆描绘龙凤图案与“囍”字，镜缘以红漆作底，用黄漆勾勒卷云纹饰，渲染出强烈的色彩对比与喜庆的氛围。

5. 金汞镀饰的鎏金镜

鎏金镜是一种利用金属加工中的鎏金技术制作的铜镜，其制作过程是先在镜背表面涂抹金汞混合物，通过加热将汞蒸发，使金牢固地附在镜背表面。现存鎏金铜镜以汉镜最早，如上海博物馆收藏的鎏金神人神兽画像镜，镜背采用大面积的鎏金处理，将镜纽与主纹饰外区的十二个半圆空出，镜缘外圈的云纹做点饰设计，形成鲜明的色彩对比效果。至唐代，鎏金铜镜更加华美瑰丽，常与其他特种工艺交叠使用。如上海博物馆收藏的唐代银背鎏金鸟兽纹菱花镜（图4-5-16），镜背镶嵌饰有鸟兽与蔓枝纹样的银壳，银壳上又作鎏金处理，多种金属色泽相互映衬，纹饰层次更加鲜明，整器华贵精美。

6. 金银锤錾的金背镜与银背镜

金背镜与银背镜的制作即是分别以黄金、白银为装饰原料，将它们捶打成薄片，再根据图样进行锤揲、冲压、錾刻，形成有细密花纹的金壳或银壳，最后

图 4-5-15（左） 清代龙凤双喜彩漆镜[42]

图 4-5-16（右） 唐代银背鎏金鸟兽纹菱花镜[43]

[42] 丁孟主编；故宫博物院编《故宫铜镜图典》，故宫出版社，2014，第319页。

[43] 中国青铜器全集编辑委员会编，段书安编辑《中国青铜器全集 · 铜镜》第16卷，文物出版社，2005，第122页。

将它们嵌刻至镜背。该种镜子在东汉时期已经出现，但主要流行于唐代。现存实物如日本千石唯司藏唐代银背鎏金鸟兽葵花镜（图4-5-17），镜背镶嵌了葵花形的银片，并在银片上锤揲出嬉戏的瑞兽、瑞鸟以及卷曲的枝蔓等纹饰，整体呈现出动感和华丽的装饰效果。

（二）唐代独创的特种工艺镜

1. 錾金髹漆的金银平脱镜

金银平脱镜是将漆器制作中的平脱技术应用到铜镜制作中的一种特殊装饰镜，它起源于唐代中期，繁盛于唐代晚期。制作金银平脱镜的工艺是将黄金和白银捶打成极薄的箔片，然后修剪、錾刻成花卉、山石及鸟兽等各式图案，用多层大漆将金银箔片黏合在镜背之上，待漆干后反复压磨使金银箔片露出，再经过多次压磨和抛光等工序，使金银箔片和铜镜表面紧密贴合。现存实物如中国国家博物馆收藏的唐代羽人花鸟纹金银平脱青铜镜（图4-5-18），镜体呈八瓣葵花形，镜背装饰有银质的飞天与鸾鸟的主题图案，飞天与鸾鸟之间装饰有金质的蜂蝶、禽鸟与莲花组成的图案。该镜背面的深色漆底之上，黄金、白银与青铜交相辉映，尽显豪华和富丽的气象。

2. 嵌宝点漆的螺钿镜

螺钿镜则是将贝壳、蚌壳、螺壳等薄片，于镜背上用胶漆镶嵌出花鸟、山水等图饰的铜镜品类。这种铜镜融青铜冶炼、漆艺、螺钿及珠宝镶嵌工艺于一体，产生于唐代中期，繁盛于唐代晚期。螺钿铜镜与金银平脱镜用料不同，但制作工艺大体一致。首先，制作出铜镜的素胎，然后选择明亮、平整、坚韧的三至五年

图4-5-17（左）　唐银背鎏金鸟兽葵花镜[44]

图4-5-18（右）　唐代羽人花鸟纹金银平脱青铜镜

[44] 中国青铜器全集编辑委员会编，段书安编辑《中国青铜器全集 · 铜镜》第16卷，文物出版社，2005，第127页。

生的河蚌壳，将其加工成0.3至0.5毫米的薄片，并将薄片锯磨成各种图形。随后，按照预先设计好的图样，用胶漆将锯磨好的薄片粘贴至铜镜表面。接下来，在铜镜背面反复修漆以盖没螺片，待漆阴干后，磨光以显露螺片，然后在螺片上进行细致的雕刻。最后，进行推光处理使漆面变得明亮。现存实物如唐代的高士宴乐纹嵌螺钿铜镜（图4-5-19a），镜背图案由乳白色厚螺钿镶嵌而成，以毛雕的手法对主题人物的须发及五官、动物的羽毛、山石的肌理等进行精细处理，使图案上怡情于自然的意境栩栩如生。又如日本正仓院藏的螺钿宝相花绶带鸟纹铜镜（图4-5-19b），镜背的花卉、飞鸟等纹饰由颜色各异的螺钿和琥珀制成，纹饰之间点缀着细碎的青金石，整体装饰富丽至极。该镜是遣唐使带回的象征大唐繁荣与强盛的“国礼”。

（三）唐代之后的特种工艺镜

1. 融汇中外的掐丝珐琅镜

掐丝珐琅镜是铜镜历史上的一项重要创新，为清乾隆时期采用域外传入的掐丝珐琅工艺所制。它在装饰工艺上还借鉴了镶嵌、金银错等技法，因此不仅色彩丰富而且艺术效果更为华丽。珐琅器又可分为掐丝珐琅器、錾胎珐琅器、画珐琅器和透明珐琅器等几种类型。掐丝珐琅，又被称为“铜胎掐丝珐琅”，制作过程包括将柔软的金属丝按照图样掐成各种花纹，然后焊接到铜胎上，接着使用各色珐琅釉料填充花丝的间隙，最后对其进行烧制、打磨和镀金等工序处理。錾胎珐琅器是指在金属器上錾刻凸起的纹样，然后将珐琅填充至凹陷处，再经烧制而成的器物。画珐琅器是指使用珐琅在金属表面绘制各种图案，然后经过烧制完成的器物。透明珐琅器是通过雕刻或锤揲在器表上形成浮雕效果，然后以

a 唐高士宴乐纹嵌螺钿铜镜

b 唐螺钿宝相花绶带鸟纹铜镜[45]

图4-5-19 唐代螺钿铜镜

[45] 中国青铜器全集编辑委员会编，段书安编辑《中国青铜器全集 · 铜镜》第16卷，文物出版社，2005，第117页。

透明珐琅进行填充的器物。深浅不一的浮雕图案透过珐琅浮现，并反射出珐琅上不同深浅的色彩。现存实物有故宫博物院藏的两面掐丝珐琅铜镜，一件为掐丝珐琅缠枝花卉纹铜镜（图4-5-20a），内区饰以红、绿、黄、白、蓝五种主色调的缠枝莲花。另一件为乾隆款掐丝珐琅山水楼阁纹铜镜（图4-5-20b），镜背图案以方亭、楼阁为主题，以红花绿草、古树矮墙等元素为辅，以云朵碧波作点缀。该镜的图案整体以掐丝填彩釉的装饰工艺呈现，又在左下侧镶嵌长方形铜鎏金片，精密的掐丝技术、浓郁的色彩以及复杂的层次，堪称乾隆时期铜镜工艺的精品。

综上，战国时期开创了铜镜装饰工艺的先河，金银错镜、镶嵌镜等为后世铜镜装饰工艺的发展奠定了基础。唐代是铜镜装饰技术发展集大成的阶段，螺钿、金银平脱成为唐代强盛国力和富丽风格的缩影。进入两宋时期，由于铜镜商品化的进程及时人审美观念的变化，铜镜发展逐渐呈现出重实用而轻纹饰的特点。这导致特种工艺镜产量骤减，质地也变得粗糙，但促进了素面铜镜盛极一时。到了明清时期，宫廷镜中的仿古镜以及新创的掐丝珐琅等镜种虽不失为精品，但特种工艺镜已经走向了衰落的末期。

五、铸镜合金由高锡青铜至低锡青铜的演进

铜镜合金的配比制约着铜镜的反射率与清晰度等基础性能。因此，铜镜的合金配比逐渐趋向精细化与标准化，以满足铜镜镜面对高光洁度和高反光度的要求。铜镜合金的发展可以分为两个主要阶段：从齐家文化至唐代晚期的高锡

图 4-5-20 清代掐丝珐琅铜镜

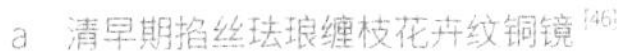

a 清早期掐丝珐琅缠枝花卉纹铜镜[46]

b 清乾隆掐丝珐琅山水楼阁纹铜镜

[46] 丁孟主编；故宫博物院编《故宫铜镜图典》，故宫出版社，2014，第282页。

青铜阶段，以及从宋元明清时期的低锡青铜阶段。

中国古代铜镜合金通常是由铜、锡、铅、锌和铁等金属元素构成。每种金属由于其特性的差异，在合金中所发挥的作用也不同。铜作为铜镜合金的基础成分，所占比例最高。纯铜具有柔软的质地，其熔点在所有金属中最高可达1083.4℃，颜色呈带金属光泽的红橙色和紫红色。然而，若以纯铜铸镜，一则会导致制得的铜镜硬度较低，二则其熔点较高难以进行熔炼，三则所制铜镜呈现出红色，对光线的反射率较低，影响映照效果。因此，在铸造铜镜过程中，需要添加其他的金属元素以弥补纯铜铸造的不足。

锡是最早加入铜镜合金中的金属之一。它的熔点为232℃，可以有效降低金属合金的熔点以便于熔炼，还能增加合金的硬度。同时，锡的加入可以降低浇铸时的温度，避免陶范被高温合金熔液烧结，从而确保铜镜的铸态表面和镜背纹饰的毛坯光洁度。更为重要的是，锡呈银白色，可以提高合金的光线反射率，这一点在古文献中也有所记载，如《考工记·攻金之工》中提到："鉴亦镜也，凡金多锡则忍白且明也"[47]，表明了锡的加入有效提高了铜镜镜面的映照效果。尤其当锡的含量达到铜镜合金的24%时，所得映照效果与成本投入均达到最佳。然而，当锡含量过低时，所制铜镜的镜面会发黄。相反，当锡的含量超过24%，不仅会增加原料成本，而且铜镜的映照效果不会再有明显提高，反而会使合金的脆度增高，导致铜镜易于破碎，并且难以进行后续的铸后加工。值得一提的是，早在齐家文化时期，铜镜合金中就已经加入了9%的锡。经过当代的复制实验验证，这种合金的铜镜可以获得较理想的映照效果[48]。

铅的使用主要是为了弥补铜锡合金在流动性和充型能力方面的不足。铅的熔点略高于锡，为327℃，当其与锡结合成焊锡后，熔化速度易于进行熔炼操作。更为关键的是，铅在高锡青铜中不会熔解，而是以球状或不规则的状态分散在合金中，这能够降低铜的导热效率，从而延长合金的凝固时间，进而延长铜液的补缩时间，有利于铜镜的充分充型[49]。尤其是当铜镜的镜组体积较大时，增加铅含量可以维持铜镜浇铸时的补缩平衡。不过，当含铅量过高时，可能会造成铸件凝固太慢，最终出现缩孔等缺陷。一般而言，当铜镜合金中的铅含量达到5%时，可以称为高铅青铜铜镜。

此外，铜镜中还包含少量的锌、铁等成分。锌的添加主要是出于对铜镜亮度

[47] 转引自〔清〕阮元校刻《十三经注疏》（清嘉庆刊本），中华书局，2009，第191页。

[48] 董亚巍：《从铅含量看古铜镜的铸造月份》，载《全国第七届民间收藏文化高层（湖北荆州）论坛文集》，2007，第133—137页。

[49] 董亚巍：《论古代铜镜合金成分与镜体剖面几何形状的关系》，《中国历史博物馆馆刊》2000年第2期。

和装饰性的考虑，这源自铜锌合金冶炼技术在铜镜铸造中的运用。金属铁的含量极低，多夹杂于铜矿中，或是熔化后的合金熔液与含有铁元素的范模接触而产生[50]。也有学者认为，铁的加入是受到了道教五金合炼思想的影响[51]，正如《古镜图录》中所述："汉有善铜出丹阳，大师得同，合炼五金……"[52]这里的五金是指黄色的金、白色的银、赤色的铜、黑色的铁与青色的锡、铅。因此，铁的加入更多是出于颜色上的象征意义，而不是出于改善合金性质的意义。

通过综合研究学界专家对中国古代各时期青铜镜的化学成分分析结果，本节收集了齐家文化至清代189面铜镜的合金配比信息[53][54]。其中，收集到的齐家文化至春秋时期的铜镜数量相对较少，概因铜镜的制作和使用在当时尚未普及（表4-5-3）。齐家文化时期的铜镜由铜锡二元合金制成，其中铜的含量高达91.24%，锡的含量仅为8.76%，这表明该阶段的铜镜合金配制技术尚处初期阶段。尽管已经开始利用锡元素来补足纯铜制镜的欠缺，但所用含量较少，尚未充分发挥铜锡合金更为理想的配比效果，因此，制造的铜镜质地较软且呈像效果欠佳。而在西周至春秋时期，已出现对铜锡铅三元合金的利用，铜的含量降低至90%以下，锡的含量增加至10%到20%之间，金属铅的含量增加至2.41%。这一变化使铜镜在硬度、光洁度和完整性等方面愈加完善，标志着该阶段在铜镜合金技术上的初步探索取得了显著成效。

战国至明清时期，铜镜合金的主要成分一直以金属铜为主，含铜量维持在67.38%至79.17%之间，各个朝代之间的差异并不明显（图4-5-21）。然而，含锡、含铅、含锌的比例却表现出明显的阶段波动性。战国至隋唐五代时期，铜镜合金进入高锡青铜阶段，锡的含量较高，集中在18.71%至24.68%之间。这使得所制铜镜的镜面色泽银亮且纹饰精细，镜体的强度与硬度较高且便于后续磨拭和加工，唯一不足的是韧性较低、易于破碎。此外，尽管这一时期以高锡合金为

表4-5-3 齐家文化与西周至春秋时期铜镜合金成分统计表（%）

时间	铜	锡	铅
齐家文化	91.24	8.76	0.00
西周至春秋	86.42	11.18	2.41
西周至春秋	80.73	19.27	0.00

[50] 孙淑云、马肇曾、金莲姬、韩汝玢、柯俊：《土壤中腐殖酸对铜镜表面"黑漆古"形成的影响》，《文物》1992年第12期。
[51] 孙克让：《鉴定铜镜的一种方法》，《收藏家》2021年第10期。
[52] 同上。
[53] 何堂坤：《中国古代铜镜的技术研究》，紫禁城出版社，1999，第6页。
[54] 华觉明：《中国古代金属技术：铜和铁造就的文明》，大象出版社，1999，第4页。

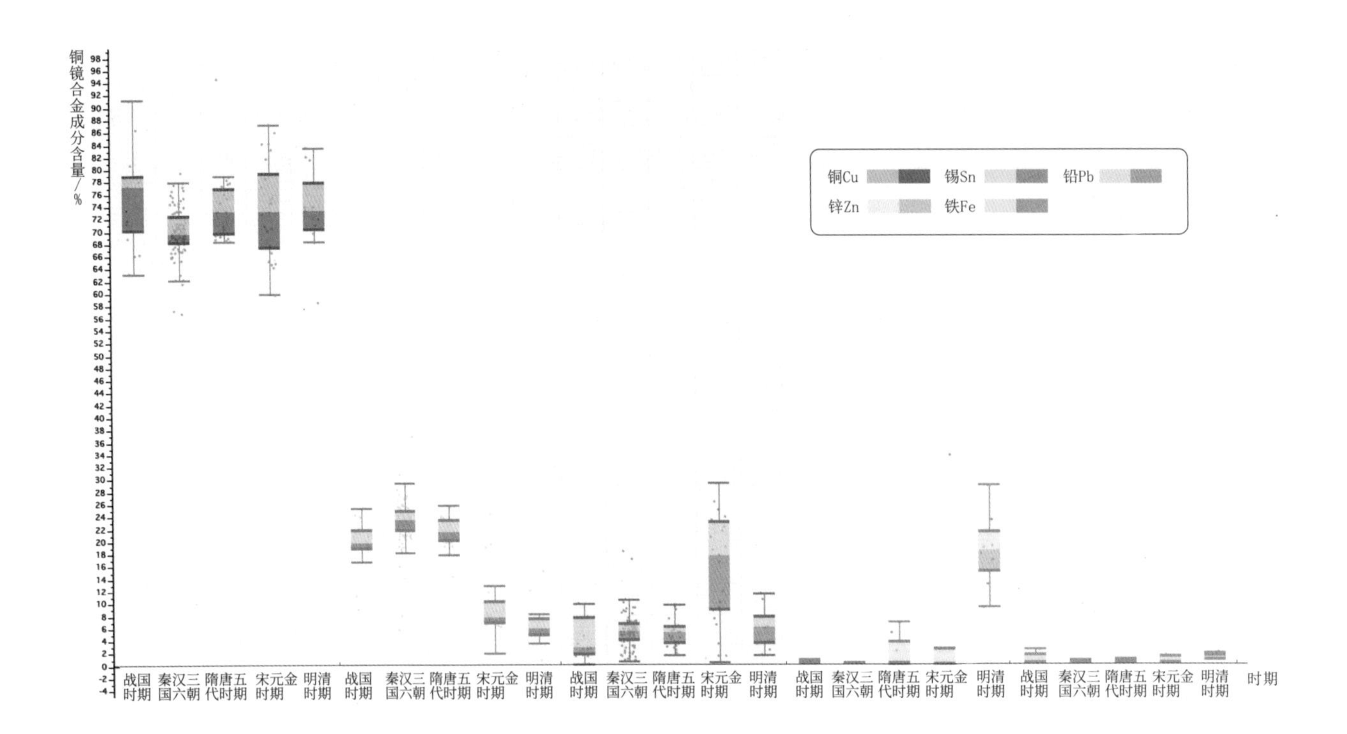

图 4-5-21 战国至清代铜镜合金成分统计图

主，含铅的比例相对较低，并且铅的含量需要根据气候变化进行调整，但含铅的比例基本稳定在1.54%至7.37%之间。这表明铜锡铅三元合金的成分配比规范已经形成，为博局镜、四神镜与海兽葡萄镜等优良铜镜的创制，以及铜镜铸造工艺的规范化奠定了材料基础。

宋元时期，铜镜合金的性质发生了显著变化，从高锡青铜转变为低锡青铜。锡的含量锐减至6.68%至10.1%，而含铅的比例骤升至8.66%至22.9%。这种合金所制的铜镜质地柔韧而不易碎，脆硬度下降变得更为耐用，但也伴随着对腐蚀的抵抗力下降。镜子的颜色也由莹澈的青白色变为昏暗的黄色，并且过高的含铅量导致了镜体在铸造过程中收缩比例加大，从而造成铜镜品质严重下滑，不仅造型变得较为粗糙和呆滞，纹饰也由精细变得模糊。这一时期铜镜合金成分的重大转变主要受原料供应、制镜技术和审美观念三方面因素的影响。其一，宋元时期的连年用兵对铜材的巨大消耗，迫使官府施行了铜禁政策，原料的短缺使铜镜由成本高昂的高锡镜变为成本较低的高铅镜。其二，低锡青铜镜的出现应是为克服高锡青铜镜易碎性而给出的解决方案。同时，磨镜技术的提高，可以弥补低锡青铜的缺陷，即使铜质降低，也可通过对镜面的磨制加工来获得光洁照人的镜面。其三，宋代以后，人们将铜镜视为一种实用用具而非艺术品，更加讲究经济、耐用和方便制作。因此，采用高铅材料以适应韧性较强、成本较低并可批量化生产的铜镜需求，最终推动了铸镜方式向更加简单实用化的方向发展。总之，宋代对铜镜合金中锡含量的增加与铅含量的减少，是在对合金配比规

a 《磨镜图页》中的工作场景

b 《磨镜图轴》中的工作场景

图4-5-22 明清时期的磨镜图

律充分掌握以及原料受限的前提下，转而追求铸造工艺的易操作性与铜镜产品的耐用性的结果。

明清时期，在延续宋代低锡青铜合金的基础上，最显著的变化则是锌含量的急剧增加。平均含锌量由宋元时期的0.03%至2.42%激增至14.88%至21.22%之间，甚至有些铜镜的含锌量高达33.72%，这种现象前所未有。这种铜锌合金所制的黄铜比铜锡合金所制的青铜在色泽上更加黄亮，虽有近似黄金的效果，但映照功能并不理想，仍然需要以锡粉磨镜来改善镜面亮度。这一时期磨制铜镜的现象普遍，如故宫博物院藏的明代《磨镜图页》中就描绘了磨镜工匠的工作场景（图4-5-22a）。另外，中国国家博物馆藏的清代《磨镜图轴》也展示了类似的场景，画中可以看到衣着补丁的磨镜工匠，腰间所挂应为装有锡、汞之类物品的瓶子（图4-5-22b）。磨镜业的发达，也直接反映了该时期铜镜所用低锡高锌合金的特点。尽管在明清时期，铜镜的质地普遍较差，纹饰也较为粗略，但它们的实用功能更加突出。这说明铸镜作坊并不追求铸镜艺术水平的提升，而是竭力压低制作成本，以适应普通民众生活需要的造镜思想。这种思想符合铜镜从贵族阶层的专属物逐渐演变为平民百姓触手可及的生活用具的演进态势。虽然玻璃镜于明末传入并在清代乾隆以后流行，导致铜镜销量不断下跌，其市场也逐渐退出历史舞台，但明清时期汇聚了铜镜制作的各项高水平工艺，代表了中国古代铸镜业最后的辉光。

结语

铜镜是中国古代铸造技术在生活领域产生重大影响的典型代表，它以难以替代的照面功能存续约四千年之久，最终成为沿用时间最长、流行区域最广的青铜器具之一。铜镜既与各个历史时期青铜铸造技术、材料供应密切相关，又与人们的生活追求、审美理念与未来企望紧密相连。这些元素通过铜镜的材质、形制、纹饰与铭文等形式得以表达，使铜镜成为一种兼具时代特色和丰富思想内涵的实用工艺品。

铜镜工艺与其形式的演变相辅相成，形成了实用功能与审美价值相结合的特征。在形制设计方面，铜镜不仅反映了人们对“天圆地方”宇宙观念的认知和模仿，还展现了融合外来文化元素的痕迹，以及对更高级、更多元审美的追求。在制镜技术方面，不仅追求更加合理、稳定与规范的镜面曲率，而且在积极降低制镜的难度、推动铜镜工艺的普及与提高生产效率的同时，还尝试探索透雕镶嵌、金银平脱、螺钿镶嵌等高级加工技法的施用，创造了森罗万象的铜镜表现形式。在合金选配方面，虽然受到铸镜原料供应短缺和审美风尚等多重因素的制约，但仍探索出了低锡、高铅、高锌的合金配方，以满足讲求经济实用、制作精简与批量生产的社会需求。

铜镜的发展总体上呈现出实用与审美间的平衡，遵循了物以致用的设计原则。然而，这并不纯粹是功能主义的设计思想。相反，它是在强调实用功能的前提下，注重人与物的协调，顾及人的审美心理体验和人文理想追求，是一种将功能与形式、技术与艺术、内心情感与客观外物交融统合的一体化思想。这种思想有助于启发当代设计寻找到人、自然和社会的契合点，探索更加自然、人性化、神形兼备的设计产品。以铜为镜，可以正衣冠；以古为镜，可以知兴替。中国古代铜镜的造型理念、技术择选、材料特质等演化规律，对于理解古代民众在生活空间内的艺术想象力、文化习惯和审美趣味等内容具有深远启示，也有助于激发当代物我一体、和谐自然的设计创新。

第五章
木作的可能性

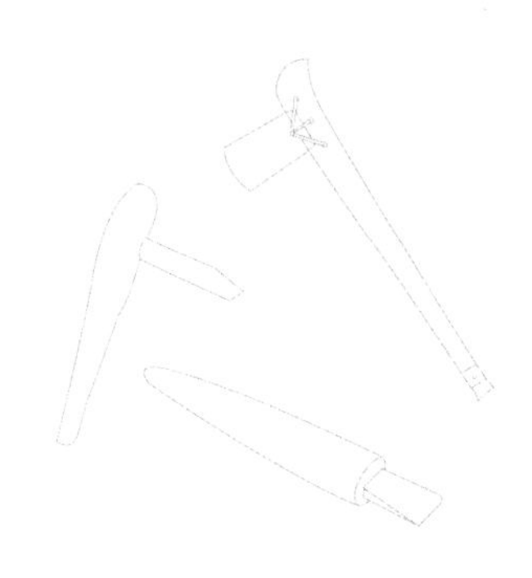

木作是以木为材进行结构加工、装饰处理的应用技术。我国古代先民构木为巢、凿木为机、琢木为器，通过木作来辅助生产、构筑生活。磨制技术、冶金技术等生产技术的相互配合，共同推动了木作工具向着高精度、高效率的方向发展。从刀耕火种到精耕细作，从巢穴而栖到屋宇而居，从席地而坐到垂足而坐，中国古代社会的生产与生活发展离不开木作技术的进步。

中国传统木作技术的成熟受到了木作加工工具的创新、金属材料技术的进步、参数设计方法的纯熟，以及标准化与规范化设计思想的普及等多重因素的影响。同样传统木作技术的不断创新也带动了诸如建筑装饰、农业生产与家具制造等技术的持续改进。木作加工工具体系是如何形成的？加工与装饰技术的内在演进逻辑是什么？木作生产工具的改进如何促进中国古代农耕生产效率的提升？文人参与下的苏作家具如何成为木作器物的经典？

演绎中国木作智慧的工具与羸镂雕琢的装饰技术是中国传统木作技术的重要组成部分：传统木作工具体系包罗了从原木的砍伐、木料的制材、结构的制作到木器表面的修平与装饰等多道工序中的工具；传统木作工具体系的发展提升了木作生产工具品质，提高了生产效率，丰富了木作生活用具的类型。通过线雕、浮雕、圆雕与透雕等多种手法的综合运用，在刻绘题材、表现方式等方面都得到了充分的拓展，同时也赋予了木材更多的想象空间。

加工木材与制作木器的木作工具，历经了从旧石器时代北京猿人使用打制石器修削木棒，到商朝人通过青铜锯条截断木料，再到汉朝人利用铁制凿铲雕琢木件，至明朝人运用平推刨打磨木器的发展历程，展现了中国传统木作工具由粗略到精微、由单一到复杂的演进路径。第一节“演绎中国木作智慧的工具”，介绍中国古代木作工具经历了由石制、铜制、铁制的材质改变，衍生出伐木工具、解斫工具、穿剔工具、平木工具等工具类型，使用方式由单独使用转变为组合成套使用，最终形成了具有精细化、多样化、组合化等特征的木作工具体系。传统木作工具体系的精进，推动了制榫技术、磨制技术、雕刻技术的进步，木作技术的丰富，为制作结构复杂、表面光洁、装饰繁复的木器提供了可能。木作技术的进步离不开木作工具的革新，而冶金技术的发展则为木作工具的演进提供了技术前提。木作工具的演进不仅推动器具向多元化方向发展，而且促进了解材制度革命性的转变，解材制度的发展同时又对木作工具提出更高的要求。中国传统木作工具能够流传至今，足见其在功用设计方面所具有的普适性，即便是电器工业迅猛发展的今天，传统木作工具仍是须臾难离的重要手段。

木作装饰技术源自新石器时代的制陶工艺，随着磨制、冶金等生产技术的发展，经历了从二维到三维、从单面到双面、从简单到繁复的迭代。第二节“羸镂雕琢的装饰技术”，以小窥大，从建筑木雕的装饰技术来窥探古代木雕技术的艺术呈现，厘清了在建筑的梁架、檐下、门窗等构件上，明繁暗简的雕刻分布、雅俗并举的雕刻题材，并分析了浮雕、透雕为主的雕刻技法。建筑木雕的产生是实用性与装饰性相互融合的结果，通过对木材的切削与雕琢，人们的审美意识得以发挥，居住装饰环境得以美化，并达到教化民众、显示社会地位的目的，而完备的木作工具为木雕技术的成熟提供了物质基础。在传统木作装饰技术的当代传承中，需根据新生代消费群体的需求与偏好，将传统木作装饰的美学意蕴通过再设计进行转译，以此更好融入当代生活，助推木作装饰技术的活态延续。

新石器时代的先民们就开始使用木作生产工具来辅助农业生产。耕种与灌溉是农事活动的重要环节，而耕犁与龙骨水车分别是耕种与灌溉的主要工具。木作生产工具的改良不仅促进了农业生产的效率提升，还扩大了耕地规模。

我国的农业发展经历了刀耕、耜耕、犁耕三个阶段，从尖头木棒的挖穴点种，到耒耜的浅耕粗作，再到直辕犁与曲辕犁的精耕细作，耕地工具的不断精进在解放人力的同时，还促进了农耕制度的改革。第三节“由直至曲的耕犁”，发现冶铁技术的进步推动了耕犁的发展，在材质上经历了由石制至铜制再至铁制的更迭，木材弯曲成型技术的成熟助力了耕犁在形制上经历了由直变曲的演进。耕犁的出现与推广，在提高劳动效率与经济价值的同时，也扩展了耕作环境的区域规模，将中国古代农业经营规模由北方扩展至南方，促进了我国的经济中心由北向南转移。耕犁作为古代农耕生产工具的典型代表，其轻便灵活、易用捷利的特点，仍然值得当代设计学习与借鉴。

龙骨水车历经了从东汉至清末的发展，它的应用使耕地突破了地形的制约，实现了坡地开发，扩大了耕地面积，对我国水利与农业的发展具有重大意义。第四节“工役俱省的大型汲水机具”，展现卓越的穿剔技术为龙骨水车的复杂形制、繁多部件、精密组合提供了技术保障，高超的锯解技术使龙骨水车呈现出能够相互组合、相互替换的模块化特点。正是由于古人对于数理知识的准确认知，为龙骨水车实现人力、畜力、水力、风力等多元动力驱动提供了可能。龙骨水车的设计与应用注重利用自然资源，为劳动者摆脱人力艰辛的同时，也在古代农业生产中实现了一定程度上的机械化与自动化。龙骨水车所展现的善假于物的造物思想，与现代设计中强调的绿色设计理念不谋而合。

苏作家具缘起于明代中期江南地区的苏州，盛行于明清两代并与京作家具、广作家具共同构成了中国古典家具的三大流派，成为世界家具史上木作家具的典范。第五节“明清家具的典范”，介绍明清时期苏作家具的发展在结构上经历了由曲至直的改变，装饰上历经了由简至繁的转变，制作方面也从重结构转向重雕饰。明清时期苏作家具有别于京作、广作等其他地区的家具，其最显著的特征在于苏作家具所承载的文人化倾向，以及江南地区工匠赋予家具的精湛表达。苏作家具的文人化倾向与精湛的制作技术，一方面得益于木作工具的改良；另一方面在于文人积极参与造物的社会环境，促进了苏作家具的发展。而苏作家具对结构与装饰的极致要求，又对木作技术形成了反向驱动。苏作家具作为中国古典家具的杰出代表，其俊秀的造型、流畅的线条与精省的用料时至今日仍是现代家具设计描摹、观照的对象。

中国古代木作技术是中国物质文化发展的重要组成部分，木作技术的发展深切影响着中国人的生产与生活。纵观我国古代木作技术的发展，无论是朴拙的生产器具，还是精巧的生活用具，无论是体现劳动人民的实用需求，亦或是代表士商阶层的审美偏好，都折射出不同历史时期的生产力发展水平，反映了不同社会阶层的物质思想认知与生活风尚。

木作技术的进步促进了木制器具的完善，使得木制器具在形制上呈现出精细化趋势，在使用方式上显露出组合化特征。人们对于社会效益与经济效益的持续追求，也不断对木作技术的发展提出更高的要求。木制器具作为物质文明与精神文明的载体，在满足人们特定功能需求的同时，也被赋予了一定的美学形式。在其他技术门类的互鉴与助力下，木制器具功能价值与美学体验得到提升，应用范围与规模也得以拓展。

我国独特的生产与生活方式构筑了中华民族特有的历史文化与设计思想，木的温润、沉稳、含蓄的性格，完美演绎了中国文化内向性的特征。木代表了五行中的东方，体现了中国人传统的自然观与价值观。在“施用用宜”“工役俱省”“善假于物”等造物思想的推动下，木作技术得以不断创新。木制生产器具的设计呈现出简洁构造、简朴选材、简易操作、简便动能、简约装饰的中国特色。木制生活器具更为突出的是伦理性特征，在“器完不饰”“材美工巧”的设计思想指导下，达到装饰生活、教化民众、显示阶级地位的目的。

随着一次次科技革命与产业革命的推动，木作技术得以高速发展，在追求高效率、高效益的当下，更应该增强对传统木作技术活态保护的参与度。在当代传承过程中，造物思想是木制器具的设计出发点，是木作技术的理论基础。古代匠人在创造木作器物的过程中，提出问题、分析问题与解决问题的方法，为我们今天木作技术的发展提供了历史借鉴。

第一节　演绎中国木作智慧的工具

木材加工技术是伴随着人类生产、生活的变迁而逐步发展起来的一门应用技术，木作工具是探析木作技术演进与迭代的重要内容。从历史典籍中可知，中国至迟在商代便已出现多种多样的木材加工技术。

中国古代木作工具种类丰富，木材加工工序的先后步骤，大致可分为伐木工具、解斫工具、穿剔工具、平木工具四大类别。伐木是木材加工的第一道工序。伐木工具有斧、锛、伐木锯，斧与锛可以砍断直径较小的树木，但对于直径较大的树木来说就显得较为费力，且砍断后的截面较为粗糙，于是在砍伐粗木材时，常由两人操作伐木锯进行作业。木材砍伐后需要进行粗加工制成坯料，解斫工具是制作木材坯料的必要工具。古代用于解斫的工具主要有铩、斯、镌、锯等，其中对后世影响最大的是锯。锯的演变使中国古代解斫技术从"裂解与砍斫"制材转变为"锯解"制材。穿剔工具主要包括凿削类工具和钻孔类工具，这两类都是用于加工榫结联结与装饰木器表面的工具，穿剔工具的发展使木材加工更为精细。粗坯木料在制成之后还需进行刮削与磨平的细加工，这一工序被称为平木。平木分为粗平、细平与光料三个粗细等级，因此平木工具形式多样，流传至今的平木工具主要有斤、磨、刨等。平木工具的进步使得建筑与家具的构件表面呈现出越来越平滑的趋势，其中平推刨的发明为明代硬木家具的出现提供了必要条件。

纵观中国传统木作工具的沿革与发展，其形制的迭代有赖于木作技术与冶炼技术等生产技术的持续精进。磨制技术的发展，使伐木工具从最初打制而成的粗糙石器，发展成形制准确、刃部锋利、可组合使用的磨制石斧或石锛。冶炼技术的进步，使解斫工具由最初只能锯割浅槽的石锯，演变至可加工小型木器的青铜锯，再到可应于大木作加工的铁锯，并推动了石楔解材转变为锯解解材。木作技术的精细化对穿剔工具的形制提出了更高的要求，使穿剔工具向着专业化与多样化的方向发展。同时，木作技术的不断精进，以及对于木作器具结构与装饰的精致化要求，也推动了斤、鏩与削、砻等平木工具的组合发展，以及平推刨的普及（图5-1-1）。

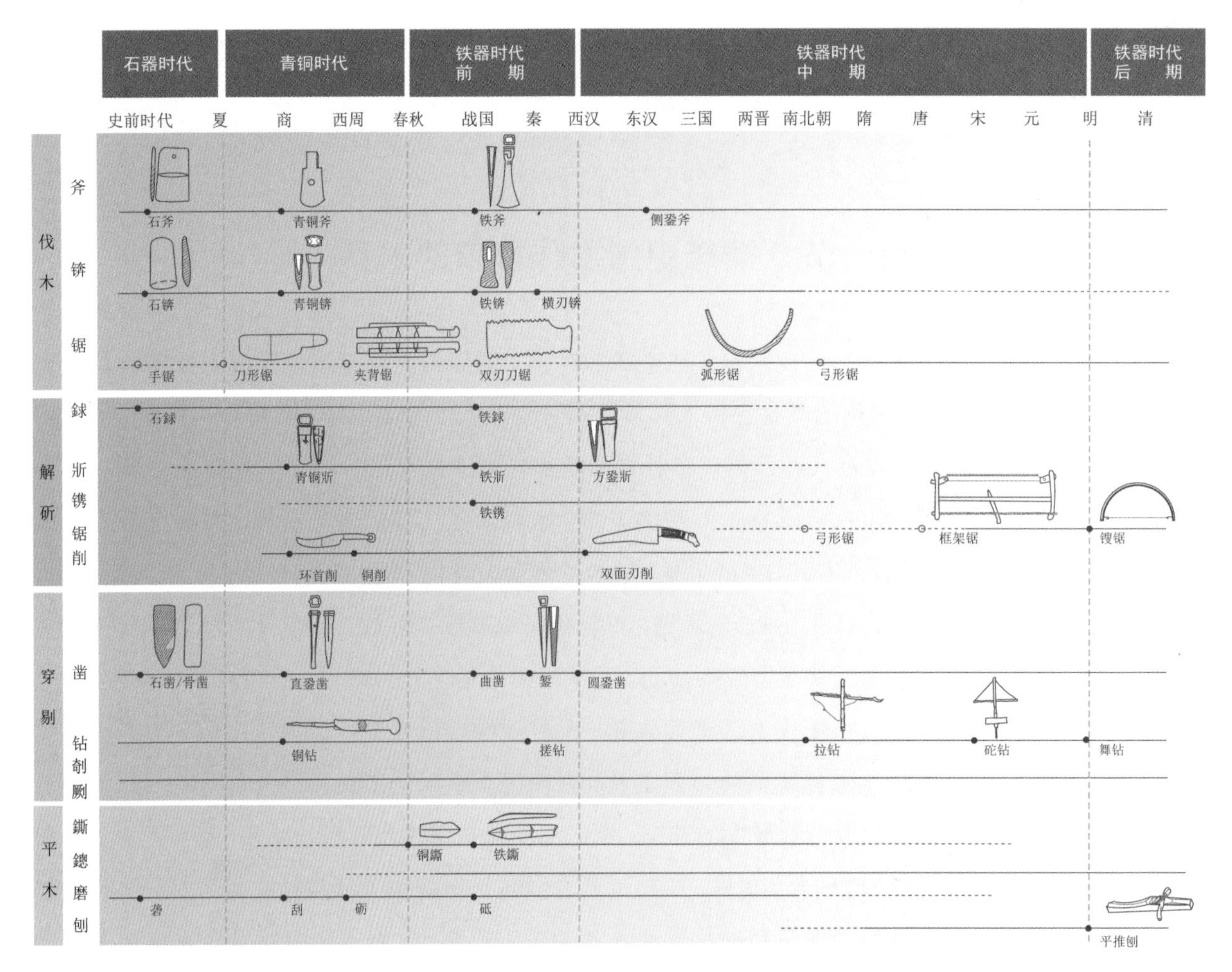

图 5-1-1　中国历代木作工具演变图[1]

一、原始复合工具的出现与使用

旧石器时代，人类逐步开始使用打制而成的粗糙石器，它的一端基本保留天然原貌，另一端通过打制形成刃部（图 5-1-2）。新石器时代通过对石制、骨制工具进行磨光、钻孔、安柄或穿绳的加工，使其成为形制准确、刃部锋利、可组合使用的磨制工具。磨制工具可对木材开展简单的、必要的加工，进而促进了木构建筑的修造。新石器时代的生产工具按照材质分类有石、陶、骨、角、蚌器，按照器型分类有斧、斤（锛）、凿、刀等[2]。石斧与石锛是原始农业时代最重要的工具，《释名·释用器》记载："斧，甫也，甫，始也，凡将制器，始用斧伐木，已，乃制之也。"[3] 由此可知，在砍伐树木或制作竹木器具时最先使用的工具便是石

[1] 李浈：《中国传统建筑木作工具》，同济大学出版社，2004，第256页。

[2] 同上书，第257页。

[3] 王国珍：《〈释名〉语源疏证》，上海辞书出版社，2009，第240页。

斧，而石斧的起源可追溯至旧石器时代晚期的斧锛形器[4]。新石器时代的石斧与石锛在器形上较为相似，石斧为双面刃，即两面均为刀磨斜面，柄向与刃向一致，使用时其着力点垂直地集中于刃口，更适用于垂直的劈、砍。而锛的形制为单面刃即一面为刀磨斜面，一面为略向刃部内凹的非完全平直面，其柄向与刃向垂直[5]，使用时其着力点偏于垂直的刃口部分，更适用于斜砍、斫削。石斧、石锛受制于本体形态与安柄形态，缚柄方式以"榫卯法""捆扎法"为主。石斧与石锛均可用于解斫，石锛因导向性好，通过不同的安柄方式可以使石锛在解斫的功能上增加平木功能。安柄方式为横刃"L"形（图 5-1-3a）与纵刃"L"形（图 5-1-3b）的石锛，其主要功能为斫。横刃"L"形石锛刃部与柄部垂直，而纵刃"L"形石锛刃部与柄部水平，两者的使用方式都为单手操作。安柄方式为一字形（图 5-1-3c）与"T"形（图 5-1-3d）的石锛，其主要功能为平木。一字形石锛刃部安装于柄身顶部，形态与凿相似。"T"形石锛刃部置于柄身中央，形似木工刨子[6]，可以说"T"形石锛的出现对后世推刨的发明有着重要影响。新石器时代晚期出现了青铜器，青铜器凭借着加工精确、可组合使用、硬度大的优势，逐步取代了石器成为先商时期至春秋时期先进生产力的代表。进入青铜时代，青铜斧也随即出现，早期的青铜斧仍延续了新石器时代的石斧造型。

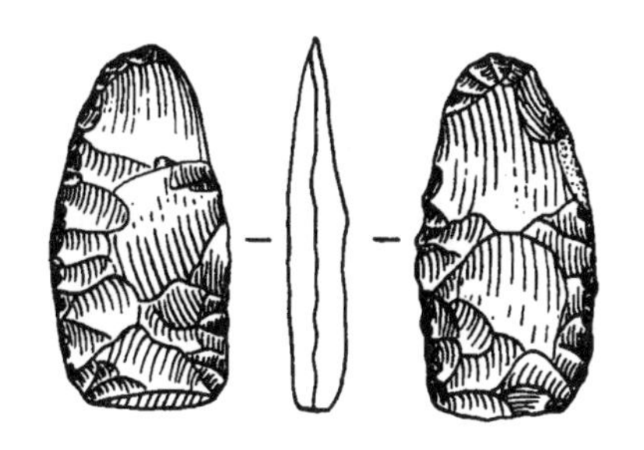

图 5-1-2　旧石器时代薄刃斧[7]

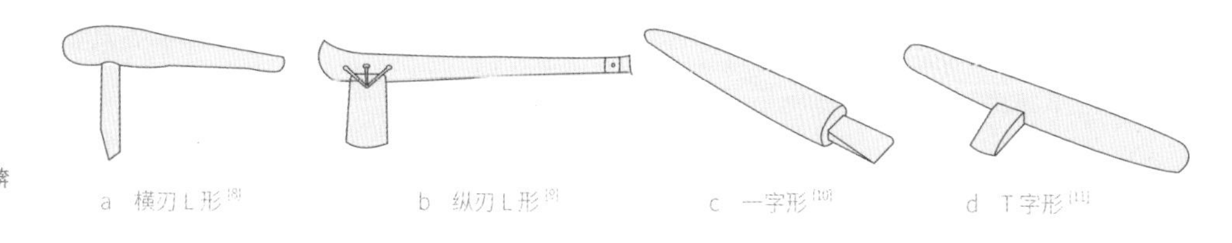

图 5-1-3　新石器时代石锛安柄方式图

[4] 李浈：《中国传统建筑木作工具》，同济大学出版社，2004，第 15 页。

[5] 贺存定：《石斧溯源探析》，《农业考古》2014 年第 6 期。

[6] 肖宇：《再论石锛的安柄与使用——从出土带柄石锛谈起》，《农业考古》2016 年第 4 期。

[7] 陈全家：《吉林镇赉丹岱大坎子发现的旧石器》，《北方文物》2001 年第 2 期。

[8] 肖梦龙：《试论石斧石锛的安柄与使用——从溧阳沙河出土的带木柄石斧和石锛谈起》，《农业考古》1982 年第 2 期。

[9] 任式楠、陈超：《湖北黄梅陆墩新石器时代墓葬》，《考古》1991 年第 6 期。

[10] 赵晔：《良渚文化石器装柄技术探究》，《南方文物》2008 年第 3 期。

[11] 同上。

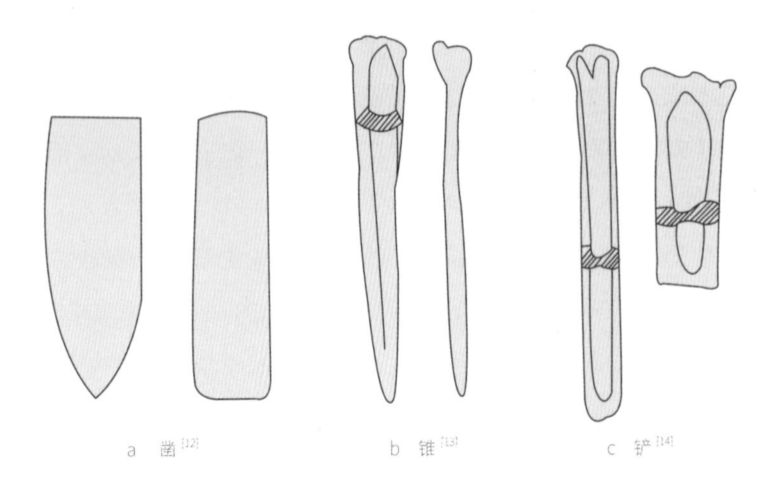

图 5-1-4　新石器时代穿剔工具示意图

我国新石器时代就已出现榫卯构件，而制作榫卯部件的穿剔工具则可以追溯至旧石器时代的尖状器，穿剔工具发展至新石器时代出现了石制的凿与锥（图 5-1-4）。石凿一般呈长方形片状，顶部较平，底部有刃。刃部多为单面倾斜，磨制得较为精细，总体形制较小。部分石凿顶部略细，可嵌入木柄或骨柄内。凿孔时以木锤击打石凿柄部上端。石锥器形较小，常见长度为20至30毫米[15]，多用断片制成，其尖刃常置于器端的中部，其刃短而扁。先商时期，凿的器形延续了原始社会时期石、骨凿的特征，体细长，上宽下窄，无銎，单面刃，截面为梯形或矩形。此时凿身顶部有锤击的痕迹，可知该时期在使用凿时需配合锤子一类用具进行击打作业，这一特点有别于后世的凿，表明该时期的凿还处于较为原始的状态。

浙江余姚河姆渡遗址中出土了种类丰富的木器制品，包括大量的木桩、木板等建筑木构架，以及木矛、木桨、木船等渔猎用具。在出土的木构架上（图 5-1-5a、图 5-1-5b），常常会发现平木加工后留存下的斧锛痕迹，而在一些木桩的两端与榫头的横截面上，也有剁砍而来的斧痕。新石器时代想要制作图 5-1-5c 所示的独木舟并非易事，当时制作独木舟要用整木挖制，仅使用石斧、石锛挖削，工作量太大，为降低加工难度，常结合一些辅助技术如火烧，先将需要挖空的部分用泥糊住，再用石斧、石锛或石凿将烤焦的木料剔去。河姆渡出土的木桨（图 5-1-5d）也都是用整块硬木挖削而成，桨柄粗细适中，桨叶呈扁平柳叶状，制作较为精细，其加工制作运用了石斧、石锛、石锥等木作工具。由此可知，新石器时代先民已经初步掌握了石斧、石锛、石楔、石凿等木作工具的配套使用方法。

[12] 甘肃省博物馆考古队：《甘肃灵台桥村齐家文化遗址试掘简报》，《考古与文物》1980年第3期。
[13] 陕西省考古研究所汉水考古队：《陕西西乡何家湾新石器时代遗址首次发掘》，《考古与文物》1981年第4期。
[14] 同上。
[15] 马承源主编《文物鉴赏指南》，上海书店出版社，1997，第29页。

图 5-1-5　新石器时代穿剔工具示意图

a　新石器时代河姆渡文化带榫卯木构件　b　新石器时代河姆渡文化双凸榫木构件
c　余姚施岙古稻田遗址独木舟　d　新石器时代河姆渡文化木桨

二、从石楔解材到锯解制材的转变

锯作为解斫工序中最为重要的基础加工工具，自新石器时代就已出现。目前所知最早的锯是陕西渭南北刘遗址出土的一件蚌锯。新石器时代锯的类型按照材质分类主要有蚌锯、骨锯与石锯，按照器型分类主要有手锯与刀形锯，其中刀形锯又有带柄和安柄两种。这一时期锯体较小，锯背厚度大于刃部，锯齿由两面磨出，其形状大小不一、排列分布不均。由于材质与形态上的局限，新石器时代锯的使用范围受到了很大限制，只能用于加工小型木器、截断细径材料、锯出沟槽以及刻画纹饰等。

青铜加工技术的出现，将锯的发展带入了一个新的阶段。从商周时期青铜锯与青铜锯条的出土情况来看，该时期的锯与锯条可分为刀形锯（图 5-1-6a）、削形锯（图 5-1-6b）、夹背锯（图 5-1-6c）、单刃锯条（图 5-1-6d）与双刃锯条（图 5-1-6e）五种形式。青铜锯与锯条不同的厚度变化、不同的锯齿形状，都体现了其技术的进步与功能的差异。商代刀形锯锯背的厚度大于刃部，这严重制约了锯割深度。锯齿形状依据不同的功能，主要分为横锯与纵锯，齿形为等腰三角形与直角三角形的锯为横锯，齿形为锐角三角形的锯为纵锯。商代青铜锯的锯齿形状多为等腰三角形（图 5-1-7a），这表明商代的锯只能横截，不具备纵割的功能。周代刀形锯锯背厚度小于刃部，改进了商代青铜锯长时间加工后易于变形的缺点，这一改变使得周代青铜锯应用于大型木作的加工成为可能。周代青铜

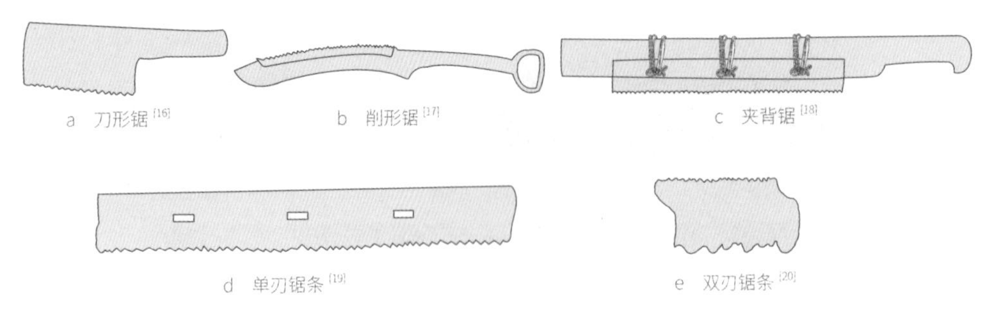

图 5-1-6 商周时期青铜锯类型

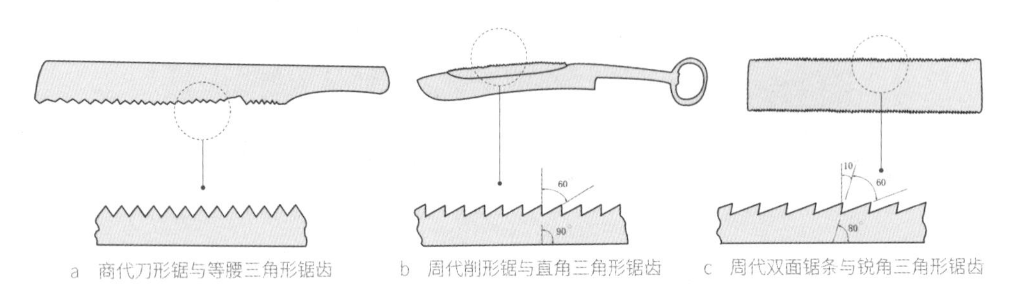

图 5-1-7 商周时期锯齿形状演变图

锯中直角三角形锯齿明显增多（图5-1-7b），同时也出现了锐角三角形锯齿（图5-1-7c）。至周代，青铜锯基本具备了横截与纵割的功能。削形锯主要应用于春秋战国时期，是削刀与锯的结合体。夹背锯流行于战国至西汉时期，其锯条呈长条形嵌于连柄木背。单刃锯条的使用贯穿了商周时期至秦汉时期，在实际应用中分属不同形制的锯，该类型的锯可能属于夹背锯的锯片，也可能是木质部分腐烂后的遗留物，亦或是未安装木柄背的原件，还有可能是架锯等其他锯的锯片。周代晚期双刃锯条的出现使锯的应用范围迅速扩大，双刃锯条一边为大齿一边为小齿，大齿用于纵割质地较软的大料，小齿用于横截质地较硬的小料，通过大小齿的组合使用，在尺度与硬度方面基本不再受到材料的限制。

铁锯始见于战国，由于使用初期受到刚度与硬度的局限，铁锯易折断、易磨损，因而汉代早期仍在使用青铜锯，直至钢刃锯出现才完全代替青铜锯。秦汉时期削形锯与双刃锯条基本消失，出现了弧形锯条（图5-1-8）。河南长葛岗河弧形锯条的出土，表明了汉代铸铁脱碳成钢技术已经成熟。形制方面，汉代刀形锯锯背厚度已与刃部厚度一致，直角三角形的锯齿成为主流。在出土的汉代铜鼓上发现了锯痕，说明至迟在汉代，铁锯就已用来加工金属制品。

魏晋南北朝时期出现了弓形锯，弓形锯的锯条延续了前代单刃锯的特征，

[16] 云翔：《试论中国古代的锯》（上），《考古与文物》1986年第3期。
[17] 同上。
[18] 同上。
[19] 陈振中编著《先秦青铜生产工具》，厦门大学出版社，2004，第697页。
[20] 云翔：《试论中国古代的锯》（上），《考古与文物》1986年第3期。

只是在锯条两端靠近背部的位置设置了固定锯条的系绳小孔（图5-1-9），弓形锯通过两端的系绳小孔，将锯条固定在弯木两端形成弓形。学者李湞推测了弓形锯的发展演变[21]，认为弓形锯的产生为框架锯的发明奠定了基础。

唐初出现了框锯，主体框架呈“工”字形，锯两侧分别是锯条与锯绳，主要由锯手、锯绳、锯条、锯绞、锯梁、锯鼻六个部分组成（图5-1-10）。锯条由钢材制成，整齐密集地排列着锐角三角形锯齿，齿距决定了锯齿的大小，齿距越大齿高越高，排屑越容易，锯割作业更加省力。齿距的增大随之也增加了每个锯齿的切削量，影响了锯齿的使用寿命。锯解不同硬度的木料所使用的锯条也不尽相同，锯切的木料越硬，锯片每单位长度所需要的齿度数就越多。

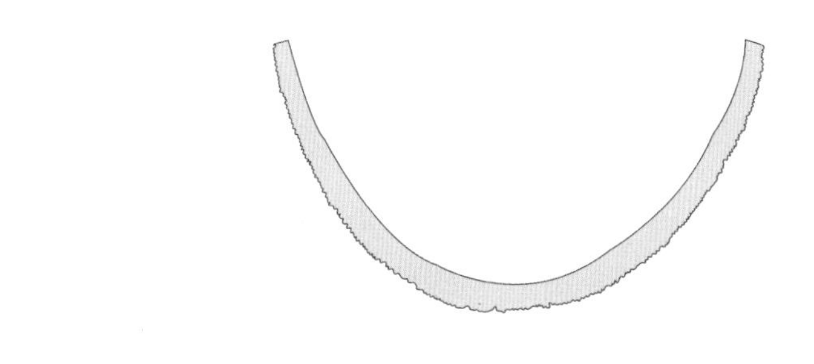

图5-1-8　河南长葛岗河弧形锯条[22]

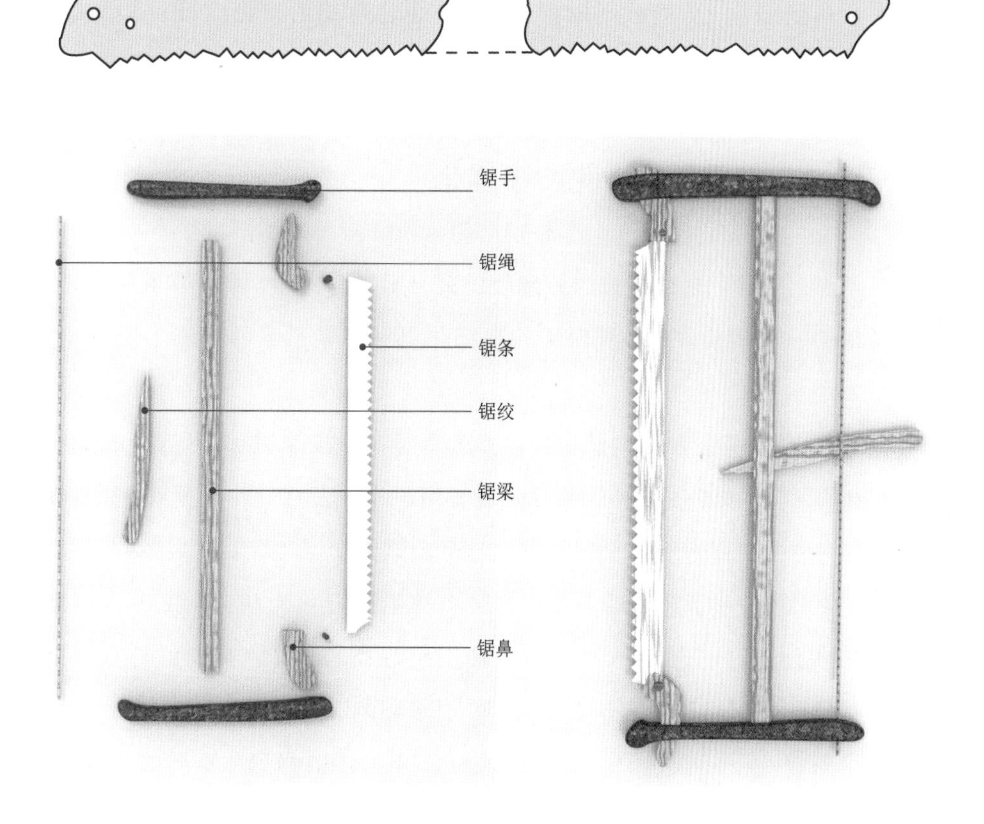

图5-1-9　陕西长武丁家机站弓形锯锯条[23]

图5-1-10　框锯结构示意图

[21] 李湞：《试论框锯的发明与建筑木作制材》，《自然科学史研究》2002年第1期。
[22] 云翔：《试论中国古代的锯》（下），《考古与文物》1986年第4期。
[23] 同上。

锯条两端连接锯鼻固定于框架可调整锯条的角度，锯绳上设有缥杆，即锯绞，该结构运用杠杆原理来调节锯绳的松紧程度，可以拉紧锯条。在使用框锯时，将木料固定于工作凳上，左脚踩住木料，右手握住框锯，采用先拉后推的方式轻柔地拉锯。依据不同的使用意图，框锯有大中小之分。大框锯用于解木，锯条宽约10厘米，长约93.33厘米以上，框架长度与锯条长度一致；中框锯用于断木，将斫解成型的板材锯成适当的木构件；小框锯用于制榫。框锯的发明使中国解斫技术迈入了“锯解”制材的时代，推动了“材分制度”（模数制）的产生，出现了专门的“锯佣”，使木工的工具发生了配套组合的改变，全方面影响了中国古代木材加工技术的发展。框锯的功能有三种，一是解材，二是断料，三是制榫。后两种功能用其他刀锯也可以完成，而第一种功能唯有框锯才可以实现。框锯的发明与普及改变了先前使用石楔解材的技术，极大地提高了木作工艺水平。

综上，中国古代的锯，依次出现了手锯、刀形锯、单刃锯条、双刃锯条、夹背锯、削形锯、弧形锯条、弓形锯、框锯等类型。其中，刀形锯锯背厚度先后历经了大于刃部、小于刃部、与刃部厚度一致的转变，锯齿形状先后历经了等腰三角形、直角三角形、锐角三角形的转变。随着冶炼技术的进步，锯的加工方式实现了从粗切到细割、从横截到纵割的转变，也使得锯的使用广度由加工小型木器拓展至大型木作。

三、穿剔工具的专业化与多样化

在木作工具中，穿剔工具的刃部硬度提升后，使制榫、雕刻等木材加工向着更为精细的方向发展，而木材加工的精细化也对穿剔工具的刃部形制提出了更高的要求。

凿削类工具可分为凿与铲。凿刃多为单面刃，按照刃部形状划分，有平刃凿、曲刃凿两类（图5-1-11）。平刃凿主要用于凿孔加工，并根据孔洞的尺寸选择大平口、小平口或弯平口。曲刃凿主要用于雕刻加工，并依据刻画的线条选择大弧形、中弧形、小弧形、外圆口、内圆口等不同刃口形状。铲刃多为双面刃，以刃部形状划分，有平刃铲、斜刃铲、曲刃铲三类。平刃铲有窄刃与宽刃之分，窄刃平刃铲的宽度小于或等于2厘米，多用于剔削深且窄的孔槽，而大于2厘米的宽刃平刃铲，则多用于木材的切削与剔料。斜刃铲依据刃部不同的倾斜角度可分为左斜30°与右斜30°、左斜20°与右斜20°、左斜15°与右斜15°、左斜10°与右斜10°等，倾斜角度小于或等于15°的斜刃铲可代替刻刀进行雕刻，而斜角度大于或等于20°的斜刃铲则多被用于小面积平木。曲刃铲按照刃部划

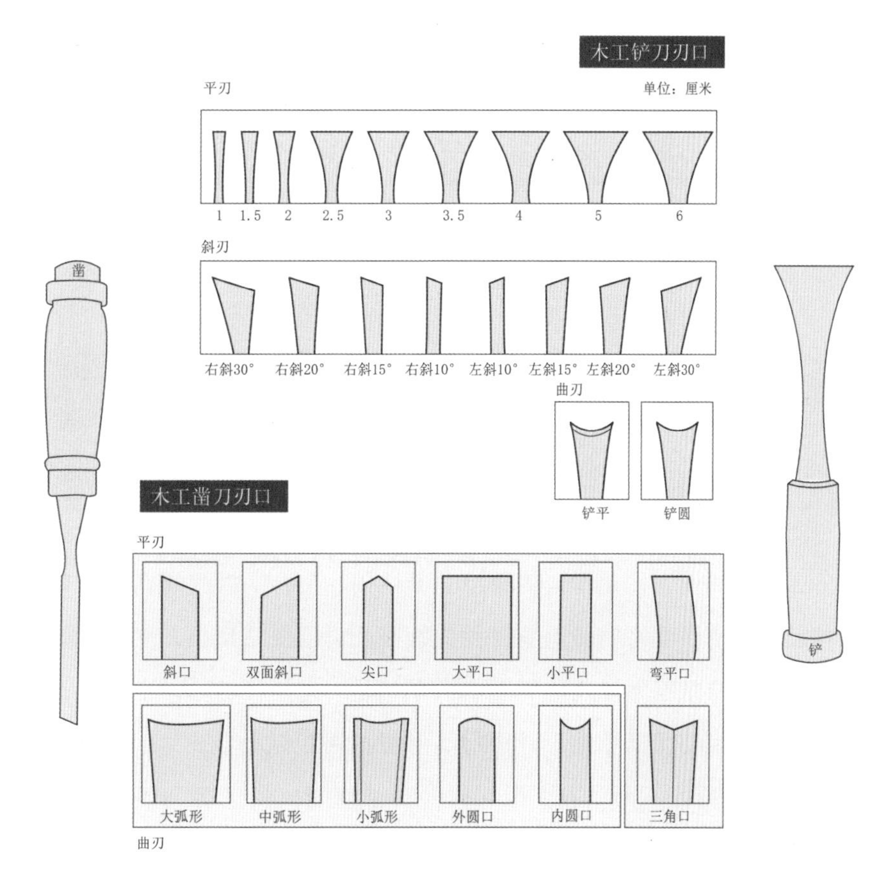

图 5-1-11　凿与铲刃口分类图

分有铲平与铲圆两类，两者多用于剔槽和修削隐凹处（图5-1-11）。凿身较厚、体较窄，通常与槌、锤等工具配合使用，用于击打凿削木构件。铲身较薄、体较宽，主要依靠腕力来铲削和修刮构件的细节部位。秦汉时期，铸铁柔化术和块炼铁渗碳钢的发明，不仅提升了穿剔工具刃部的硬度，还提升了匠人的工作效率。

穿孔类代表工具为搓钻、拉钻与砣钻，从《说文解字》中对钻的描述"钻，所以穿也"，[24]可知钻是穿透木材的工具。据《管子·轻重篇》记载，"一车必有一斤、一锯、一釭、一钻、一凿、一銶、一轲，然后能为车"，将钻定义为制造车辆的必备工具。考古出土的钻具相对较少，目前所知最早的钻是甘肃武威皇娘娘台齐家文化遗址出土的铜钻头[25]，加工时通过双搓撵进行钻孔，这种通过搓捻加工的钻被称为搓钻。拉钻从搓钻的基础上发展而来，拉钻由握柄、钻身、铁箍、钻头、钻绳和拉杆等组成（图5-1-12），常由硬木制成，长度为40至50厘米，直径在3至4厘米区间内。钻孔作业时，木质握柄与钻身是联动配合运作的，两者间有一定的间隙，使钻身在钻绳的牵引下能够与握柄相向转动，带动钻头进行钻孔作业。砣钻由拉钻演变而来，砣钻主要由钻头、钻杆、钻砣、钻扁担与旋绳组成（图5-1-13）。为减少转动时的摩擦力，钻杆表面须光滑，钻砣常设于钻

[24]〔汉〕许慎：《说文解字》，〔宋〕徐铉等校，上海古籍出版社，2007，第708页。
[25] 魏怀珩：《武威皇娘娘台遗址第四次发掘》，《考古学报》1978年第4期。

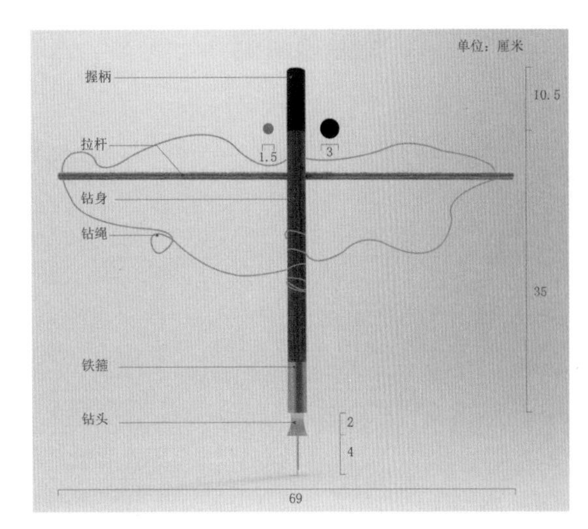

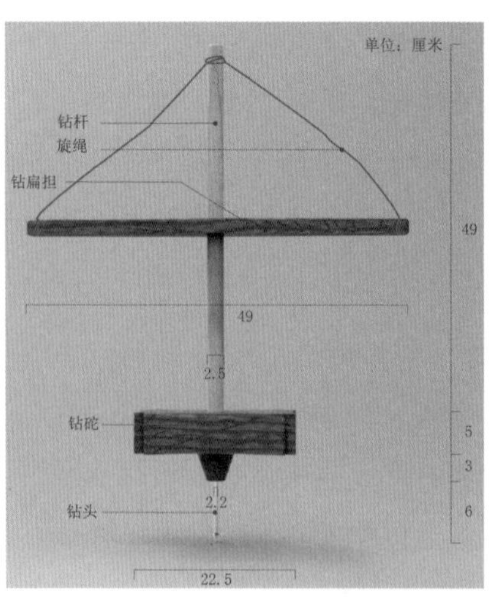

图 5-1-12（左） 拉钻结构尺寸示意图

图 5-1-13（右） 砣钻结构尺寸示意图

杆下部，钻杆中部设有钻扁担，钻扁担主要由硬木制成，由旋绳连接两端，并缠绕于钻杆上部。使用时将钻杆垂直于钻孔面之上，压住钻扁担，通过旋绳的牵引力、旋绳与钻杆的摩擦力以及砣钻钻动时的惯性，使钻杆转动，继而带动钻头进行钻孔作业。明代以后穿孔类工具中最为常见的是拉钻与砣钻。

秦汉穿剔工具的不断丰富，为木构件日益精细提供了有利条件。秦汉时期榫卯的类型在前代直榫、燕尾榫的基础上，拓展出了凹凸榫、格肩榫、银锭榫等，如河北阳原三汾沟汉墓出土的木棺椁采用了银锭榫进行连接[26]。

四、从斤、斲与削、砻等平木工具的组合到平推刨的普及

商周时期青铜工具因其锋利、可组合使用、硬度大的优势，逐步取代石制工具成为生产工具的主流。青铜工具的出现为木材加工技术的提升提供了物质基础，商周时期的木材加工不再满足于新石器时代的粗制加工，出现了精细化的再加工。木材加工中的平木工序便是精细化加工的重要体现，木材的平木工序按照加工次序分为粗平、细平、磨光三个等级，每个等级的加工工具分别为斤、斲与削、砻。斤是中国古代重要的粗平木工具（图 5-1-14a），《释名・释用器》记载了"斤，谨也，板广不得削，又有节，则用此斤之，所以详谨令平，灭斧迹也。"[27]《事物绀珠・器用》谓曰："斤银二音，制广板令平灭斧痕具"[28]。这两段文字表明"斤"通常用于削平解析时留下的斧痕，以起到粗平木的作用。"斲""削"均是古代细平木工具，《释名・释用器》曰："斲，斲弥也。斤有高下

[26] 河北省文物研究所、张家口地区文化局：《河北阳原三汾沟汉墓群发掘报告》，《文物》1990 年第 1 期。

[27] 王国珍：《〈释名〉语源疏证》，上海辞书出版社，2009，第 250 页。

[28]〔明〕黄一正辑《事物绀珠・工器类》，吴勉学刻本。

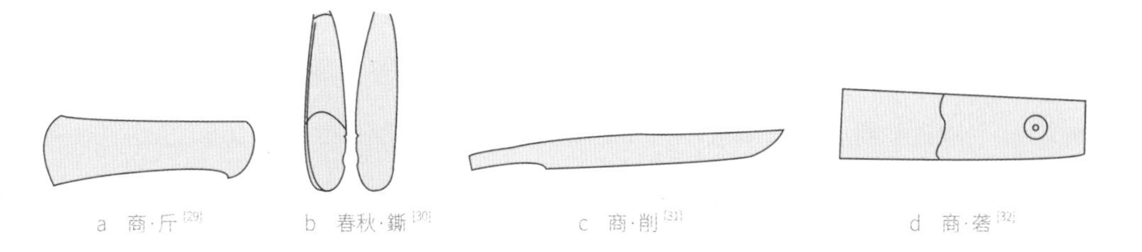

图 5-1-14 商周时代平木工具类型图

之迹，以此鐁弥其上而平之也”。[33] 由此可知鐁常与斤配合使用，斤用于斫平木料表面凹凸不平的刃痕，而鐁是在斤的基础上进行再加工，因此其加工后的木料表面较斤要光滑得多。鐁是刨发明前较为常用的细平木工具（图5-1-14b）。削是刀的一种，也是古代常用的细平木工具（图5-1-14c）。《韩非子·十过》记载：“作为食器，斩山木而财之，削锯修之迹。”[34] 其中“财”同“裁”，由这段文字可知，在刨出现之前，古代多用削刀刮制木料，以刮平锯痕、斧迹，使木料平滑。如果在加工小型木器制品时木材表面有特殊需求，还需磨光工序。《国语》曰：“斫其椽而砻之，加密石焉。”[35] 由此可知砻是更为精细的木作加工方式，即磨砻（图5-1-14d），使用砻加工木作虽然费时，但成品也更为光滑。砻有粗细之分，精者为砥，粗者为砺。磨光时先用砺进行粗磨加工，再用砥进行精磨加工。以上提及的斤、鐁与削、砻是商周时期主流的平木工具，加工木材时，通常会将其组合使用。

刨在我国出现较晚，《大广益会玉篇》中“刨，薄矛切，削也；刨，蒲矛切，平木器。防孝切”，[36] 这应该是文献中最早关于刨的记载。目前对于刨的发明有三种说法，部分学者认为刨的发明在明代中叶[37]，也有学者认为至迟于唐代中叶就出现了刨[38]，还有学者认为刨的使用不晚于南宋后期[39]。笔者与部分学者的观点一致，认为真正意义上的刨，其发明时间应是明代中叶。

早期的刨近似于刮子等工具，而其作为平木工具的功用并不明显。隋唐时期的刨处于刀形的原始状态，此时刨刀两侧均已出现刨柄，以提升刨削的稳定性与平衡性，便于进行特定角度的切削加工。为了便于刨刀的制作与使用，刨刀

[29] 保全：《西安老牛坡出土商代早期文物》，《考古与文物》1981年第2期。
[30] 欧潭生：《春秋早期黄君孟夫妇墓发掘报告》，《考古》1984年第4期。
[31] 保全：《西安老牛坡出土商代早期文物》，《考古与文物》1981年第2期。
[32] 孟宪武：《殷墟戚家庄东269号墓》，《考古学报》1991年第3期。
[33] 王国珍：《〈释名〉语源疏证》，上海辞书出版社，2009，第250页。
[34] 高华平、王齐洲、张三夕译注《韩非子》，中华书局，2015，第94页。
[35]〔战国〕左丘明：《国语》，〔三国〕韦昭注，上海古籍出版社，2015，第315页。
[36]〔南朝〕顾野王：《大广益会玉篇》，中华书局，1987，第82、83页。
[37] 孙机：《我国古代的平木工具》，《文物》1987年第10期。
[38] 何堂坤：《平木用刨考》，《文物》1996年第7期。
[39] 李浈：《铇与平推铇》，《文物》2001年第5期。

原先的两个刨柄转变为一根木条连作的形态，刨刀的刃部也用钉子固定于木条上，近似于“刀形滚刨”。至北宋时，逐步发展为“刨形滚刨”，刨初步具备了平木功能。南宋末期刨的形制发生了较大的改变，其刃部变窄，刨床长度增长，并在两旁安柄，一方面可以达到省力的目的，另一方面有利于切削角度的控制。明代中期，平推刨的出现使刨真正具备了平木功能，由此平木工具获得了革命性转变。《事物绀珠·器用》中记载了平推刨的功用：“推铯，平木器。”[40]这是最早正式提出推刨的文献。万历本《鲁班经》[41]中的插图出现了此类平推刨。明代在锻制工具时采用了“生口淋铁”的方法，使锋刃转化为钢铁，嵌钢法的发明推动了刨刀的发展，使平推刨的做功效力得到更大的发挥，并最终替代斤、斵与削、砻等其他工具成为主要平木工具。

平推刨由刨床、刨柄、刨刀、刨楔、盖铁五部分组成（图5-1-15）。刨床呈矩形，底部平滑，上部呈起伏状，中部设有槽口，可放置刨刀，槽口长度略长于刨刀，宽度则依据刨刀的厚度与装刀倾斜度而定。刨床材质多由硬木制成，以保证平推刨具有坚韧、耐磨、不易变形的特质。刨柄形制主要有两种，一种为直线状，该类型较为省料；另一种为曲线状，更符合人体工程学，便于工匠的操持。安柄方式分穿柄与压柄两种。刨刀是平推刨的做功部件，其形为带刃口的矩形金属板。使用时配合盖铁与刨楔，按照一定倾斜角度将其固定于刨床进行刨削工作。底刨口与刨刀上部留有间隙，一方面利于出刨花，使其在工作过程中不易戗刀；另一方面便于拆卸刨刀或调整刨刀的倾斜角度。装刀的角度一方面与刨子功能有关，另一方面受木材硬度的影响。加工精度越高，装刀的倾斜角度越大。大刨（细刨）的倾斜角度为48°，中刨（粗刨）的倾斜角度为45°，短刨（荒刨）的倾斜角度为42°，净刨（光刨）的倾斜角度为51°。此外，所刨的木料越软，刨刀安装时的倾斜角度就越小，加工软杂木的装刀倾斜角度小于45°，而加工硬杂木的装刀倾斜度需大于45°，刨刀从槽口露出的尺寸也应该变小[42]。

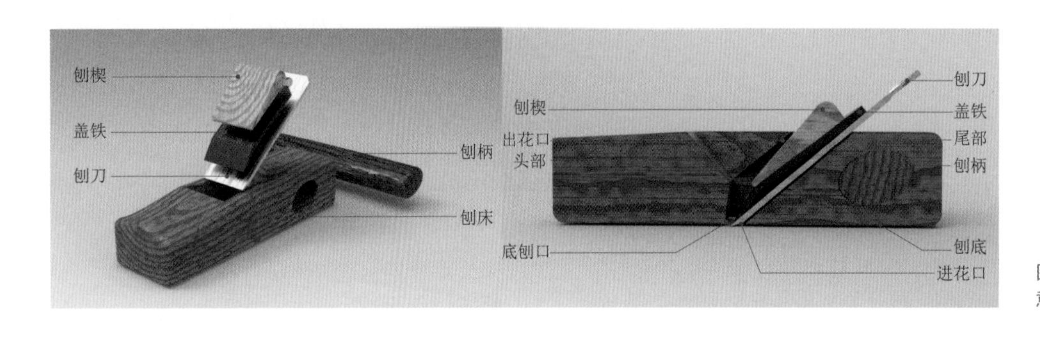

图5-1-15 平推刨结构示意图

[40]〔明〕黄一正辑《事物绀珠·工器类》，吴勉学刻本。
[41]〔明〕午荣：《鲁班经》，文物出版社，2019，第11页。
[42]王琥主编《中国传统器具设计研究》（首卷），江苏美术出版社，2007，第58页。

刨楔是用来固定刨刀的楔形木块。盖铁的主要功能为压戗，一是防止做功时木材断裂，二是保护刨刀的刃口部分，利于排出刨花避免槽口堵塞。在使用时，木材硬度与刨光程度决定了刨刀刃口与盖铁刃口的距离，距离偏小会导致刨削困难、排屑不畅，距离偏大则失去了保护刨刀刀刃的功能。

平推刨依据不同的功用可分为大刨、中刨、短刨与净刨四类（图5-1-16）。其中大刨由于器身较长，主要用于木材粗刨后的找平找正，是细平工具。中刨的厚度、宽度与大刨相同，长度比大刨短，是粗平工具。短刨专门用于刨削木料粗糙面，刨削效率高但光洁度差。净刨是平木工具中的磨光用刨，用于磨光零部件或家具表面。与之配套使用的平木工具有裁口刨、线脚刨、蜈蚣刨等特殊用途的刨（图5-1-16），其中裁口刨用于修边。蜈蚣刨的刨刃由十几片大小相等的小弹簧钢片均匀嵌栽于木件中，专门用于刮平、磨光。

使用平推刨时，双手食指按压在刨身两侧，大拇指压在刨身后背部，中指、无名指、小拇指和掌心握住刨柄。刨削前半段时食指发力按压，至后半段木料时，大拇指和食指同时按压，至木料末端，大拇指按紧刨身后侧，以避免刨身侧滑导致木材翘曲。刨削时身体动作保持协调，胳膊匀称发力，保持推刨直线运动，手腕不能高吊，避免木料上的木节划伤手指。推刨应合理拉长推动距离，尽量规避碎刨短推，双手要控制力量，做到“先轻后重”，才能保证刨削平整。

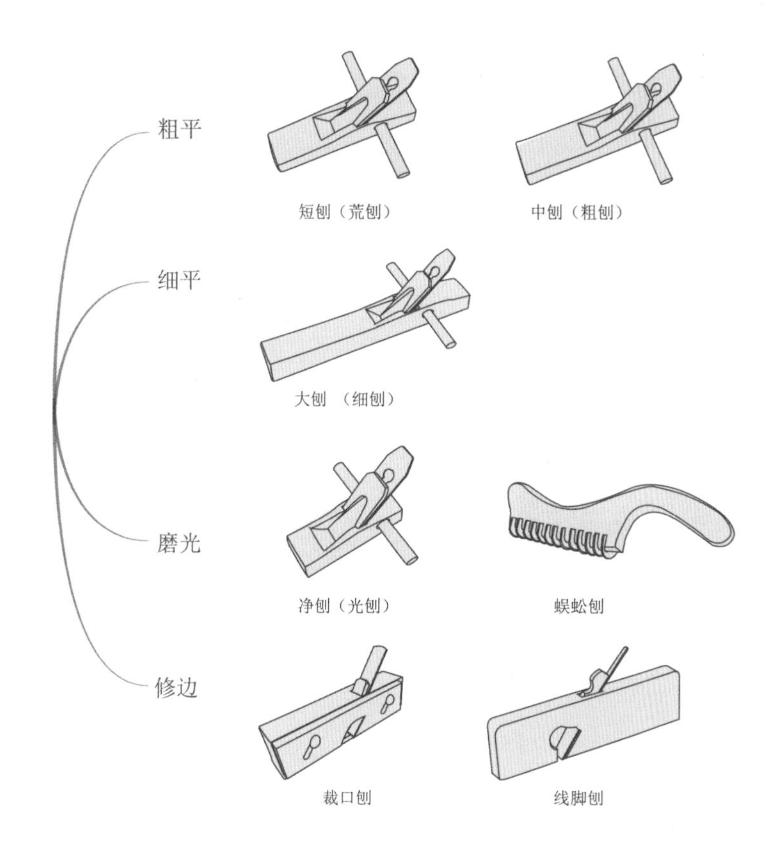

图5-1-16　各类木工刨分类图

明式家具是中国传统家具的杰出代表，平推刨的出现是明式家具制作的前提。明代嘉靖以前因木料难以进行精细的平木加工，其表面较为粗糙，需披麻挂灰、上漆找平，直至明代中期，中国传统家具仍以漆木家具为主[43]。明代中期以后，平推刨的发明彻底改变了漆木家具的主导地位。平推刨刃部具有较强的硬度与韧性，这为硬木加工提供了技术基础，使得硬木家具的平木工序可以通过平推刨展开，加工后的木料平滑细腻，可以直接通过“揩蜡”“烫蜡”，展现各类木材的自然纹理，无须上漆找平。平推刨的出现是中国硬木家具生产制造的必要条件（图5-1-17），可以说平推刨对中国硬木家具的制作起到了非同寻常的作用，改写了中国传统家具发展的历史。

图5-1-17　黄花梨木雕螭纹圈椅

[43] 于兰：《关于平推刨与明代晚期硬木家具的制作》，《山东工艺美术学院学报》2018年第5期。

结语

工具的发明是人类最先掌握的技术，技术的进步以工具的革新为标志。木材作为应用历史最为悠久、使用范围最为广泛的自然资源，自石器时代便参与了中国人的生产与生活。中国古代物质文明与精神文明的发展离不开木作工具的不断丰富与木作技术的持续创新。

木作工具与木作技术是不可分割的一体，两者相互推动前进，木作技术的进步为木作工具的演进提供了技术保障，木作工具种类的丰富与精度的提升则推动了木作技术精细化发展，同时，木作工具的演进还助力了器具形制的改变，促进木作器具多样化发展。此外，木作工具的革新助推了木作制度革命性的转变，如锯子形制的优化促进了解材制度的改变与木器制作规范的制定，以及木材加工行业的细化，这些木作制度的发展又对木作工具提出更高的要求。可见生产工具、生产技术、生产制度三者相互影响，互为动因。

木作技术亦反映了“施用用宜”造物思想，工匠通过运用最适宜的材质、最适合的工艺技术，通过木作工具对木材进行构型与美化，将不同历史时期的物质文化与精神文化紧密地融合在木制器具之上，使木制器具呈现出不同时代的、地域的、民族的文化特征。这些承载了中国特色、中国精神、中国智慧的木作工具，即便是置于现代机械工业高速发展的当下，其对木作技术发展的价值仍然值得肯定。

第二节　羸镂雕琢的装饰技术

木雕是对各类木材进行雕琢加工的一种技术，同时也指通过此方法制作或装饰的木器。木雕的出现首先是为了满足生产与生活的需求，当人们不再满足于木构件仅有的实用功能时，具有装饰作用的木构件与摆件便应运而生了。木雕技术的发展一方面体现了中国古代生产力的发展水平，另一方面展现出艺术审美风尚的嬗变。由于木材分布普遍、易于加工，各地可根据不同的材质，施以不同的加工方法，以赋予木雕制品多元丰富的地域文化内涵。我国传统的木雕从应用对象进行划分，主要有建筑木雕、家具陈设木雕与宗教造像木雕等。

新石器时代，先民在凿削后的木制容器上涂黏土来制作陶器，又用刻有花纹的木板在陶器表面印摹纹饰。因此，木雕技术不仅影响了陶器的器型制作，还促进了陶器的器表装饰。商周时期，冶铁技术的进步使青铜雕刻工具的种类更加多样、刃部更为锐利，这为线雕技法的创制提供了技术基础。春秋战国时期，铁制工具的出现与漆木工艺的兴起，使木雕技术的应用范围拓展到了家具、建筑、舟车等多个领域，雕刻技法也从平面线雕发展到立体圆雕。汉代出现了先分部雕制，再进行黏合，然后拼接成型的工艺技术，这样有助于顺应木材纹理，便于切削雕刻，避免了雕刻时容易断裂的问题，也加强了木雕制品的牢固性。唐宋时期，木雕技术大量运用于佛教造像与建筑装饰，这一时期，正式确立了中国传统建筑的木雕制度，并且众多相关科学家对建筑木雕技术进行了理论总结。明清时期，创制出贴雕与嵌雕两种木雕组合方式，促进了建筑内檐装饰的发展；革新了浮雕与透雕两种雕刻技法，使木雕制品的纹饰更加立体、细致。

本节以明清时期的建筑木雕为切入点，梳理了木雕技术的起源与发展，探析了木雕技术的类型与加工工序，考察了明清建筑装饰中的木雕纹样，以及木雕技术在建筑构件中的应用。首先，阐明了木雕技术经历了从二维到三维、从单面到双面、从简单到繁复的发展特征，木雕技术的精进一方面受行业制度的推动，另一方面受磨制、冶金等生产技术的促进。其次，明晰了线雕、浮雕、圆雕与透雕的技术要点，以及打样、刷样、打坯、粗刻、细刻、刮光、磨光与打蜡的工艺次序。再次，梳理了花木鸟兽、人物故事与几何文字三类主流的建筑木雕纹样，剖析了每种纹样所代表的寓意象征。最后，厘清了在建筑的梁架、檐下、门窗等构件上明繁暗简的雕刻分布，雅俗并举的雕刻题材，以及以浮雕、透雕为主的雕刻技法。

一、与制陶技术同步出现的木雕技术

木雕的起源最早可追溯至新石器时代晚期的制陶工艺，恩格斯在《家庭、私有制和国家的起源》中描述了古代陶瓷的起源："陶器的制造都是由于在编制的或木制的容器上涂上黏土使之能够耐火而产生的。"[1] 文中提到的木制容器无疑需要石斧、石锛等石制工具的砍斫与铲削，才能使木制容器得以成型。这种砍斫、铲削而成型的制作技术也就是原始的木雕技术。浙江余姚河姆渡遗址出土的一件木胎朱漆碗，腹部呈瓜棱形，口径呈椭圆形，外涂朱红生漆，是目前所知的中国最早的木制容器（图5-2-1）。木雕技术不仅促进了陶器制作中的成型技术，还影响了陶器的器表装饰。吴山在《试论我国黄河流域、长江流域和华南地区新石器时代的装饰图案》一文中阐述在陶制器皿制作时，还用绳线或刻有花纹的木板，有规则地拍打陶器表面，这样不但可以使裂缝弥合，陶坯质地紧密坚固，同时还可留下美丽的纹饰。[2] 此外，吴山在文中还论述了木雕技术可能与制陶工艺同时产生，甚至更早于制陶工艺。

商周时期，手工业与农业的分工在一定程度上得到了完善，尤其是手工业技术的快速发展，对生产力与生产技术的进步具有积极意义。《礼记·曲礼》中记载了手工业的分工："天子之六工，曰土工、金工、石工、木工、兽工、草工，典制六材。五官致贡曰享。"[3] 文中所提及的"木工"，即是以木材为基础的雕刻技术。商代"六工"的基本确立，证明了木雕在该时期已经成为正式的行业，行业的进一步成熟推动了木雕技术的进步。而青铜铸造技术的普及与青铜工具的出现也为木雕技艺的发展奠定了技术基础。这一时期发现了金属矿砂，并掌握了青铜的冶炼与铸造技术，手工业生产领域出现了斧、锯、锛、刀、削、锥、凿、针、铲等青铜工具[4]，这些条件为木雕技艺的精细化发展提供了必要的技术条件。商代木器表面出现了精美细致的雕刻纹饰，如湖北黄陂盘龙城遗址出土的十多块木椁均饰有饕餮纹、云雷纹和虎纹等精细雕花（图5-2-2），这种雕花木椁板的制作技法属于线雕，即阴刻。线雕的加工过程是在木板上绘制图案后，用

[1] 乌小花、王伟：《马克思主义民族理论经典论著解读》，中央民族大学出版社，2018，第108页。
[2] 吴山：《试论我国黄河流域、长江流域和华南地区新石器时代的装饰图案》，《文物》1975年第5期。
[3] 陈戍国点校：《周礼 · 仪礼 · 礼记》，岳麓书社，2006，第249页。
[4] 白寿彝主编，杨钊、方龄贵、龚书铎、朱仲玉分纂《中国通史纲要》，上海人民出版社，1980，第67页。

凿子凿去实线部分，使图案低于平面。木板上的线雕图案需要做到线条流畅、深浅一致、粗细均匀，这种技术的复杂性与精细程度不言而喻。盘龙城遗址出土的雕花木椁板所呈现出的雕刻技术，是商代木雕技术发展水平的代表。

春秋战国时期冶铁技术与炼钢技术的出现，为木雕技艺的发展奠定了物质基础。春秋战国时期的铁制手工工具较之原始的石制工具与商代的青铜工具，就木料的加工方面而言，无论是切割的效率，还是切面的光洁度，都有显著提升。生产工具的优化推动了木雕技术的多元化发展，产生了如家具木雕、建筑木雕、舟车木雕等多个门类。此外，漆器的成型与木雕技术有着不可分割的关系，春秋战国时期的漆器主要是在木制或木雕的器具上刷一层或多层漆，再在漆上进行绘画等装饰，湖北江陵望山1号墓出土的彩绘木雕小座屏（图5-2-3），便是木雕与彩绘结合的例证。从江陵拍马山楚墓出土的漆木鹿（图5-2-4）中可知，战国时期，木雕技术已从新石器时代的简单刻画和商代的平面线雕，发展为立体的圆雕技法。春秋战国时期漆木工艺的兴起，促使木雕技术在装饰范围、表现形制、雕刻技艺等方面不断延伸广度与深度。战国时期建筑木雕也获得了长足的发展，从《公输刻凤》中“翠冠云耸，朱距电摇”[6]的描述中可以想象当时宫殿楼宇上凤凰木雕的形态。建筑木雕技术的发展，离不开工匠对于技艺的精益求精，鲁班便是春秋末期至战国初期极负盛名的建筑师和木雕匠人，他对中国古代建筑和木作技术的发展有着卓越贡献。

图5-2-1（左上） 浙江余姚河姆渡遗址木胎朱漆碗

图5-2-2（右上） 湖北黄陂盘龙城遗址木椁[5]

图5-2-3（左下） 江陵望山1号墓彩绘木雕小座屏

图5-2-4（右下） 江陵拍马山楚墓漆木鹿[7]

[5] 湖北省博物馆盘龙城发掘队、北京大学考古专业盘龙城发掘队：《盘龙城一九七四年度田野考古纪要》，《文物》1976年第2期。

[6] 转引自孟正民、房日晰主编，孟正民编选注译《中华经典中的寓言 · 汉魏晋六朝卷》，三秦出版社，2018，第212页。

[7] 湖北省博物馆发掘小组、荆州地区博物馆发掘小组、江陵县文物工作组发掘小组：《湖北江陵拍马山楚墓发掘简报》，《考古》1973年第3期。

汉代，出现了官营手工业，朝廷设置了专门管理手工业的部门，等级最高的是管理皇帝私人用物的少府。少府中有诸多从事木雕技术的工匠，也有专门掌管制造皇帝墓内殉葬器物的属官“东园匠”，这些官营的手工业者在政府的支撑下，助益了汉代木雕技术的蓬勃发展。春秋战国时期，圆雕技术伴随着漆木工艺而产生，圆雕的外部要进行漆加工与彩绘等装饰，该时期的圆雕技术只是一种初级形式，到了汉代，形成了独特的木雕艺术风格。如湖北江陵凤凰山168号汉墓出土的骑马俑[8]，马的造型、神态、姿势及其与人的组合方式，以及人物各部位的比例、面部表情、动作的协调与准确的衣物纹路，都体现了汉代精湛的木雕技术。此外，这种木俑的雕刻技艺，为后世兴起的佛教雕塑中的造像木雕奠定了技术基础。汉代圆雕技法还在春秋战国时期整木雕制的基础之上，创制出了先分部雕制，再进行黏合，然后拼接成型的工艺技术。汉墓出土的马、牛、狗等动物木雕大都是采用了这样的雕制方法，如甘肃武威磨嘴子26号墓出土的立马木雕（图5-2-5）由头、身、足三部分组成。三部分的尺寸大小并不一致，总体形状是头高、身长、足高。这样的造型在采用整木雕制时，如果利用木材的竖向纹理雕刻，那么头与身的部分就割断了木材纹理，雕刻时容易断裂；而如果利用木材的横向纹理雕刻，那么颈部和足部就会割断纹理，同样会破坏足与颈的连接。使用分部雕制的方法，头、身部分利用横向纹理，可以顺应木材纹理，便于切削与刻划；足部利用纵向纹理可以起到支撑作用，并加强木雕制品的牢固性。这种先分部雕刻，再黏合拼接的工艺技术是汉代木雕技术的创新，也是木雕技术发展史上的重要创举。

图5-2-5　武威磨嘴子26号墓立马[9]

魏晋南北朝时期，伴随着佛教的传入与统治阶级的支持，佛教建筑的营建活动十分盛行。木雕技术大量运用于佛教造像与建筑装饰中，建筑的梁柱之间均有木雕构件，如《拾遗记》中所载“石虎于太极殿前起楼，高四十丈……四厢置锦幔，屋柱皆隐起为龙凤百兽之形，雕斫众宝，以饰楹柱，夜往往有光明”。[10]证明该时期

[8] 纪南城凤凰山一六八号汉墓发掘整理组：《湖北江陵凤凰山一六八号汉墓发掘简报》，《文物》1975年第9期。
[9] 张朋川主编《中国汉代木雕艺术》，辽宁美术出版社，2003，第23页。
[10]〔晋〕王嘉撰，孟庆祥、商微姝译注《拾遗记译注》，黑龙江人民出版社，1989，第263、264页。

木雕技术对建筑装饰艺术的渗透。唐宋时期，木雕技术达到了新的高度，以木俑为例，汉代圆雕木俑的关注点在于木俑的轮廓，而唐宋时期木俑的雕刻在此基础上，进一步强调了木俑的神态与服饰衣着。在江苏邗江蔡庄五代墓出土的盛装女俑[11]，将圆雕与浮雕相结合，神态自如而富有表情，服饰繁复而井然有序。唐宋时期建筑业的蓬勃发展，也拓展了木雕技术的装饰范围，推进了木雕行业的技术水平。在装饰题材方面，龙凤、花鸟图案是唐宋木雕的主要装饰题材，邗江蔡庄五代墓出土的木龙雕花板的雕刻技法是将浮雕与透雕相结合[12]，通过多样的技法组合，形成了独特的装饰风格。宋代，中国传统建筑木雕制度正式确立，《营造法式》对建筑木雕做了理论总结。《营造法式》中将建筑木雕技法按照制作工艺分为四大类，即混作（圆雕）、雕插写生华（线雕）、起突卷叶华（浮雕）、剔地洼叶华（透雕）。山西太原晋祠圣母殿的建筑木雕（图5-2-6），建于北宋时期，基本遵照了《营造法式》的定制进行了雕刻，其大殿中梁柱、斜撑等建筑构件的雕刻技法已经非常娴熟，刻画细腻。至此线雕、圆雕、浮雕、透雕四种雕刻技法都已出现，并创制了多种雕刻技法相结合的表现形式，由此可知唐宋时期木雕的技术手段与艺术表现已经十分成熟并完善。

明清木雕在继承前代雕刻技法的同时，还创制出两种新的组合形式：一是贴雕，即将全部雕刻好的部件用胶粘接在其他木制建筑构件上；二是嵌雕，即在雕刻完成的部件上嵌入木块进行雕刻，或将雕刻完成的部件安装在另一部件上再进行打磨的一种雕刻手法。贴雕与嵌雕的出现，对内檐装饰的发展起到了积极的推动作用，并得到了广泛的运用。此外，明清时期木雕技术的精进，主要

图5-2-6　太原北魏晋祠圣母殿建筑[13]

[11] 张亚生、徐良玉、古建：《江苏邗江蔡庄五代墓清理简报》，《文物》1980年第8期。

[12] 同上。

[13] 周淼、胡石：《晋祠圣母殿拱、枋构件用材规律与解木方式研究》，《文物》2020年第8期。

图 5-2-7 通雕蕉叶扇宝卷牡丹纹穿插枋

体现在两个方面。其一是浮雕技法的革新，唐宋时期采用低浮雕技法雕刻的木雕纹样，其突起面仅为凸形，而明清时期采用高浮雕技法雕刻的木雕纹样，其突起面有凸、平、凹三种形式，必要时将纹样背面挖空（但不挖通）可形成更多层次，因而明清时期木雕的纹样更趋立体。其二是透雕技法的创新，明清时期冷拔技术的突破使得钢丝的制作成为可能，之后又直接促进了锼锯的发明，并推动透雕技法向着精细化方向发展。唐宋时期多是运用凿、铲、钻等工具来实现透雕技法，此时的透雕作品均为单面雕刻，但纹饰较为粗糙。明清时期使用锼锯来呈现透雕技法，该时期的透雕作品多为双面雕刻且图案纹理精致繁复，如现藏于广州博物馆的清代通雕蕉叶扇宝卷牡丹纹穿插枋建筑构件（图 5-2-7）。

二、建筑木雕的造作技法与工序

中国传统建筑木雕的雕刻技法主要有线雕、浮雕、圆雕、透雕等。线雕又称线刻，是雕刻图案低于木材平面的一种雕刻装饰方法（图 5-2-8a）。线雕技法是最早的雕刻工艺之一，最初源自青铜装饰工艺[14]。商周时期人们用锋利的刻刀在木板上刻画出细如发丝的线条，但由于着力不均，线条深浅不一，图形较为粗糙。线雕技法相对容易，以雕刀的刀刃来雕刻图案花纹，画面忌大面积的“满花”，强调留白，效果类似于写意的传统中国画的表现手法。线雕易于通过线条表现图案物体的外形轮廓，建筑木雕更多出现于门窗的抹头、裙板、绦环板等平面构件上。春秋战国时期随着线雕技法的纯熟，人们对于器物的装饰不再满足于二维平面的雕饰，继而转向三维立体的雕琢，浮雕便是从二维平面装饰转向三维立体装饰的过渡形态，其雕刻方式为在二维平面上剔除纹样以外的木材，使图案形象凸显出来（图 5-2-8b），这种雕刻技法是传统木雕中最基本、最常用

[14] 黄德荣：《滇国青铜器上的线刻技术》，《古代文明（辑刊）》2007 年第 6 期。

a　线雕

b　浮雕

c　圆雕

d　透雕

图 5-2-8　建筑木雕雕刻技法[15]

的技法。春秋战国时期浮雕技法已十分精进，常与彩绘相结合，雕琢出的线条平滑流畅，构图上也由单独图案向着完整画面发展。由于浮雕是将所雕刻形体的高度根据一定比例进行压缩，因而按照压缩程度的不同，浮雕又分为低浮雕、高浮雕。低浮雕又称浅浮雕，以线为主，以面为辅，平面感较强，接近于绘画，雕刻内容形体压缩程度大。高浮雕又称深浮雕，画面高出地平1至20厘米，表现对象形体压缩程度小，构造近似于圆雕，甚至有些局部完全采用圆雕的方式。圆雕在浮雕基础上发展而成，是完全立体的造型雕刻，其非压缩、多方位、多角度的雕刻形式（图5-2-8c）可使观者从任意角度观察欣赏。圆雕技艺虽然最早出现于春秋战国时期，但其整木雕制的方法限制了其雕制大型木器的可能，直至汉代通过分部雕制结合拼合成型的工艺技术[16]，为后世的造像、建筑构件等提供了技术支撑。圆雕在工艺上分为两类。一种是独立的圆雕，它不属于任何一种产品的附属部件或装饰配件，如单体的动物俑、佛像等多适用圆雕技法。另一种是半圆雕，通常用于装饰性的木雕构件，如在建筑木雕构件中的撑拱、垂花等部位多是利用半圆雕的表现手法。在题材方面，建筑圆雕的题材多为人物、动物和植物。透雕是在浮雕与圆雕的基础上发展而来的，综合了圆雕与浮雕的技法特点，并通过挖空与镂空方式，形成的一种新颖独特的雕刻形式。透雕是在木料上雕刻物象并去除物象以外的虚体部分（图5-2-8d），使圆雕与浮雕具有通透、灵动的空间感。透雕技法难度较高，刻成的作品可正反两面观赏。透雕在建筑木雕中常应用于空间隔断的装饰，如花罩、挂落、门窗等建筑构件。

建筑木雕的雕刻工序主要包括打样、刷样、打坯、粗刻、细刻、刮光、磨光、打蜡八个步骤（图5-2-9）。打样是围绕主题进行构思，并在图纸上绘制图样。刷样是将绘制好的图稿用浆糊粘贴于木料之上，刷样时需要保证画稿固定不能移位，防止图形有偏差。打坯是依据图稿，用斧、锯去除多余的木料，再用凿、铲雕凿出大体块面。凿粗坯时要由上至下、由前至后、由表及里、由浅至深，一层

[15] 何晓道：《江南明清建筑木雕》，中华书局，2012，第125、164、184、670页。
[16] 谭均平编《木雕工艺》，中国林业出版社，1992，第9页。

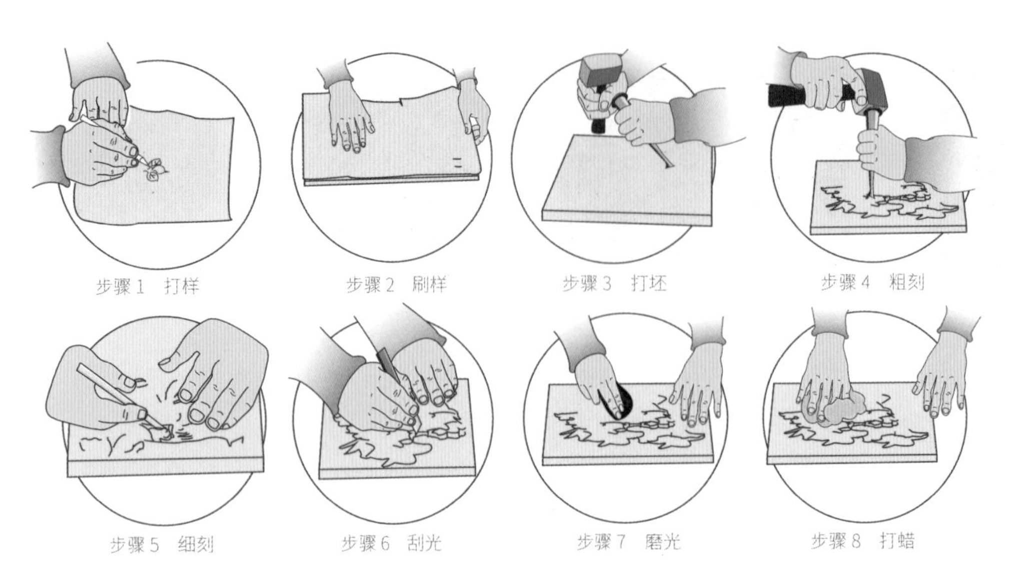

图 5-2-9　建筑木雕雕刻工序

一层推进。打坯时需保留1毫米左右的余地，待完成全部雕刻后再剔去地底。打坯要“宁方勿圆”，雕出形态之间的基本比例关系、体积块面的基本朝向。粗刻是在坯体的基础上完善形体，其工序与打坯较为相似，从正面到反面，从主要到次要。粗刻要从整体入手，进一步调整比例、合理布局、分层雕刻。粗刻时由大的块面逐渐趋向小的块面，使形象在线、面、体关系上趋于明朗，雕刻方向要与木纹的纹路一致，避免戗刀使木料开裂。透雕在粗刻时要采用“带筋法”，即在雕刻过程中去掉多余的木料，并在易断的部位留下一段木料，使其与邻近部位牵附以避免断裂，待木雕完成后再用薄刀将牵附的木料修去。细刻是在粗刻基础上深入刻画，以表现物体的神态、质感等细节。细刻是最能体现匠人木雕技艺的工序。在对木料进行细节刻画的同时，也要依照木纹的顺茬，处理木雕构件凸起部分的刀痕与凹陷部分的刀脚，还要对“绺门”、裂缝、节疤与黑点进行清理。刮光是采用薄刀密片法进行重复运刀，修去细刻后的刀痕凿迹，达到光洁滑爽、圆润流畅、细密板挺的效果。运刀要顺纹而行，有时可横斜运行，切忌逆向行刀，否则表面不易光挺，而且容易造成形象的损伤。磨光是通过砂纸在不需要留有刀迹的位置进行打磨，使其光挺滑爽。打磨要根据不同的木料选择合适的砂纸，先用粗砂纸顺着木纹来回反复打磨，基本光挺后再改用细砂纸打磨，直至形体光洁细润，透出木质纹理且没有砂痕为止。打磨时，用手指垫着砂纸推擦是最为灵活方便的手法，也可用小木块包上软布作砂纸的衬垫来磨擦。对一些不同形状的细小部位，又可采用竹签卷着砂纸来打磨。打蜡是木雕制品增加光洁度与保护层的一道工序，古代匠人常将核桃仁捣碎后紧包白布擦拭或涂刷清漆，擦拭时在木雕上圈揉，速度不宜过快，用力要均匀。打蜡后的木雕构件细腻、柔滑、润泽，不仅可以增强木雕构件的质感，还可以防止木雕构件的开裂，起到保护作用。

三、丰富多样的建筑木雕纹样

由于木材不易保存，因此，在木结构建筑中寻找到的实物资料多为明清时期的遗存。本节以明清时期的建筑为研究样本，梳理这一时期建筑木雕的装饰特征。

明清建筑木雕纹样题材主要有花木鸟兽、人物故事与几何文字三大类。花木鸟兽题材（图5-2-10）的木雕纹饰除了具有装饰属性外，还通过寓意、象征、谐音等手法直接或含蓄地表达对美好生活的向往。一方面，人们常将寓意吉祥的图案纹饰运用于建筑木雕中，如莲花的寓意[17]，莲花纹是较为常见的建筑纹样，作为吉祥纹饰常出现于藻井、柁墩、垂花柱上，且以仰莲居多。莲花纹常与类似如意的小型卷曲纹组合出现，可以使莲花纹呈现出更多变化。麒麟作为吉祥瑞兽在明清时期应用十分广泛，特别是在建筑装饰上，麒麟纹在明清两代有着不同的时代特征，明代的麒麟兽身比例较为协调，而清代的麒麟兽身则较为臃肿，明代麒麟头部下颌蓄须毛一撮，而清代麒麟头部须毛丛生。虽然麒麟的形象不同，但其吉祥平安的寓意在明清两代是一致的[18]。另一方面，那些象征着人的思想、精神、意志、性格等相关纹样的题材，也通过建筑木雕来表达。如龙是传说中的神灵，具有超自然的变化能力，是帝王的象征，也是智慧与力量的化身。龙的图案在中国传统文化中最为常见，龙纹在建筑木雕中的应用也极为广泛[19]。在封建社会，即便民间无法使用完整的龙的形象，但仍会以变形、夸张的变体龙纹装饰构件，如草龙纹、鱼化龙纹、螭龙纹等。人们运用这些似龙非龙

图5-2-10 花木鸟兽题材纹样[20][21][22]

[17] 唐家路编《中国莲纹图谱》，北京工艺美术出版社，2000，第1页。
[18] 郭廉夫、丁涛、诸葛铠主编《中国纹样辞典》，天津教育出版社，1998，第18、19页。
[19] 马慕良编绘《木雕图案 · 龙凤专辑》，北京工艺美术出版社，2007，第36页。
[20] 何晓道：《江南明清建筑木雕》，中华书局，2012，第88、104、106、135、171、172页。
[21] 周君言编著《明清民居木雕精粹》，上海古籍出版社，1998，第103页。
[22] 董洪全：《明清木雕鉴赏》，西泠印社出版社，2005，第110、122页。

的变体龙纹暗喻贵如皇家，祈求最高贵美好的愿望。菊花象征长寿，菊花纹的呈现多以二方连续的折枝菊花或缠枝菊花为主，菊花除了与梅兰竹搭配彰显文人风骨，还与枫叶、鹌鹑组合象征安居乐业。此外，人们常用“福”与“蝠”、“鹿”与“禄”、“猴”与“侯”等谐音表达吉祥寓意，又如马、蜂、猴组合而成的“马上封侯纹”，意为很快将被封为高官[23]，是人们对于高官厚禄的祈求；蝙蝠与鹿组合而成的“福禄双全纹”，意为富贵、高官二者兼备，是人们对于美好未来的向往。獾与喜鹊组合成的“欢天喜地纹”，意为即将发生令人非常高兴的事情，是人们对于幸福快乐的期盼。

人物故事题材（图5-2-11）的木雕纹饰反映了传统文化中的伦理与精神意识，通过对历史故事与文化概念的传播达到潜移默化的教化目的。木雕中所描绘的人物故事题材主要有以下四个类型，其一是反映爱国主义、忠君爱民的故事内容[24]，如苏武牧羊、杨家将等纹样。苏武牧羊、杨家将等题材宣扬了儒家思想中的仁、义、忠，树立了为统治阶级服务的榜样，因而常见于宗族祠堂建筑的木雕之上。实际上，宗族祠堂内木结构建筑中的装饰是传播儒家文化的重要媒介。其二是弘扬尊老爱幼、孝敬父母的故事场景，如郭子仪拜寿、二十四孝等纹样。郭子仪拜寿纹是明清时期流行的装饰纹样，郭子仪拜寿题材宏大、寓意丰富，代表了为国立功、子孝父荣、阖家团圆等主题。郭子仪拜寿表现的题材内容较多，因而主要雕饰在横梁、格扇门此类较大的建筑构件之上。二十四孝是儒家学说中教化子民孝敬父母的故事，由于题材画面具有连续性，因而在建筑木雕中常应用于整套门窗的绦环板装饰中。其三是表达家庭和睦、美好生活的故事题材，如和合二仙纹样。民居建筑中的和合二仙纹是重要的木雕纹样题材，在雀

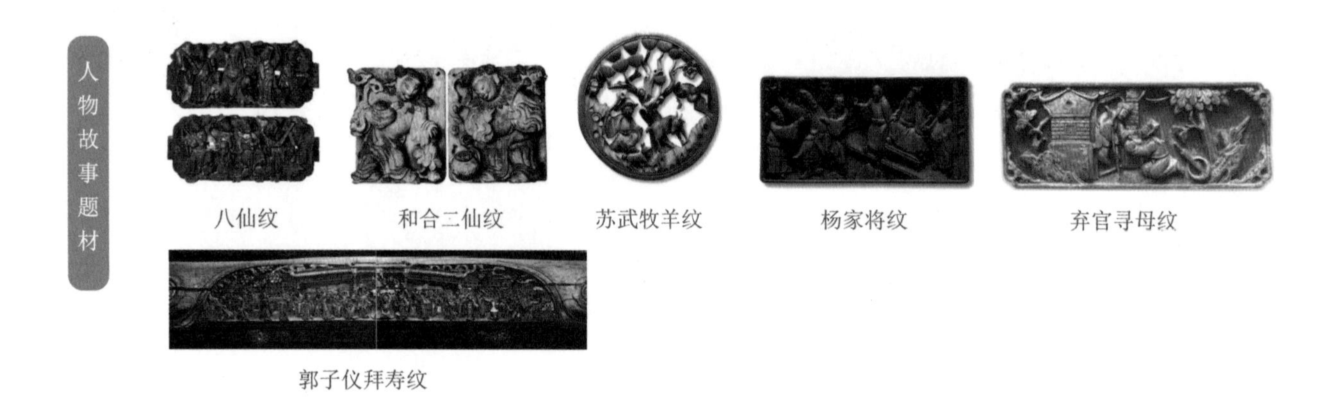

图5-2-11 人物故事题材纹样[25][26][27]

[23]〔日〕野崎诚近编绘，郑灵芝编译《凡俗心愿：中国传统吉祥图案考》，九州出版社，2018，第248页。
[24] 谭均平编《木雕工艺》，中国林业出版社，1992，第64页。
[25] 何晓道：《江南明清建筑木雕》，中华书局，2012，第235、317页。
[26] 董洪全：《明清木雕鉴赏》，西泠印社出版社，2005，第9、43、138页。
[27] 张道主编《中国古代建筑 · 木雕》，江苏美术出版社，2006，第30、31页。

几何文字题材

福禄字纹　寿喜字纹　回字纹　如意纹　云气纹

图 5-2-12　几何文字题材纹样[28][29]

替、梁托、梁头中均有应用。和合二仙具有家庭和合、生活美满的内涵，代表了人们对家庭生活的祝福。其四是祈求长生不老、延年益寿的仙、道故事，如八仙纹样。八仙纹是中国传统的吉祥纹样，原本指的是汉代淮南王的八个门客。为了表现八仙纹中不同的人物性格与神态，对匠人的木雕技术有了一定的要求。八仙纹的装饰部位主要集中在梁枋、梁托、撑拱、挂落中。

几何文字题材（图 5-2-12）的木雕纹饰主要用于装饰建筑中的隔断空间，起到在复杂的纹样中来整合秩序感，在体量较大的结构上来增强层次感。几何文字题材纹饰在木雕上的表现形式主要有两种。一是几何纹样常与其他纹样的题材相结合，以丰富木雕的整体画面。如回字纹是从古代青铜器与陶器中的雷纹演变而来，其构图是以一点为中心，以横竖短线折绕组成的连续方形回旋线条。回字纹在明清时期的建筑木雕中随处可见；以单体纹样使用时，常以二方连续的形式作为边饰，以四方连续的形式作为锦地；以复合纹样使用时，常与龙纹、凤纹相结合。云气纹是由多变而流畅的圆形旋涡线条构成的云朵图案，自战国时期便已产生。隋唐时期，在佛教思想的影响下，云气纹与外来植物纹样以及飞天纹样组合使用。宋元明清时期，云气纹具有不同的时代特征。宋代云气纹形态简洁、云尾飘逸，明代的云气纹形成了三股或四股云气的程式化形态，清代云气纹的云头变成了如意云头的形态。云气纹常与龙纹、凤纹、蝙蝠纹、仙鹤纹组合运用于建筑的梁架与檐下。二是文字纹样常进行变体，以夸张、意象的形式出现。明清时期的文字纹以福、禄、寿、喜、财为主流，形似文字但又恰似卷草龙凤纹图案，含蓄而生动。

四、明清建筑中的雕梁画栋

明清木结构建筑木雕主要分为梁架木雕、檐下木雕与门窗木雕三大类（图 5-2-13）。梁架木雕主要集中在梁枋、梁托、梁头、柱、柁墩、藻井等建筑构件上，

[28] 周君言编著《明清民居木雕精粹》，上海古籍出版社，1998，第2页。

[29] 北京艺术博物馆、安徽博物院编《神工意匠：徽州古建筑雕刻艺术》，北京美术摄影出版社，2014，第7、8页。

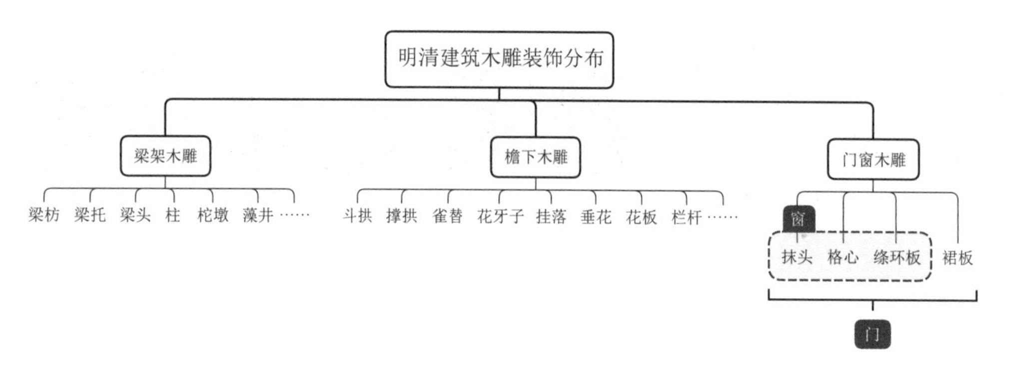

图 5-2-13 明清建筑木雕分类

檐下木雕包括了斗拱、撑拱、雀替、花牙子、挂落、垂花、花板、栏杆等构件，门窗木雕的装饰部位多处于抹头、格心、绦环板以及格子门的裙板部分。本节围绕建筑的梁架、檐下与门窗三个部分，探析三者的雕饰手法与具体的装饰部位。

梁架是建筑中架设于立柱之上的横跨构件，它承受着上部构件及屋面的全部重量，是中国传统木结构建筑的骨架。梁架部分的雕饰是以不破坏构件的稳定性为原则，根据其位置、功能、形制等可分为三十多种，各部件的雕饰分布与雕刻手法不尽相同（图 5-2-14）。横梁雕饰主要分布在两个区域：一是分布在梁枋的两端，采用浮雕或线雕的手法稍加雕饰；二是分布在横梁的中段通过浮雕的方式雕刻几何文字、人物场景。梁头一般位于建筑入口处最显眼的地方，所以一直是雕刻装饰的重点部位，梁头雕饰多用圆雕来雕饰狮子、龙凤等珍禽异兽。梁托是梁两端起垫托作用的构件，常与月梁形成一个整体。梁托的雕饰常采用浮雕与圆雕手法。梁托是传统建筑中稳定立柱与梁架的联系构件，有承重作用。梁雕刻的内容一般不讲究对称性，在一座建筑物中，不同梁下的梁托装饰不同，甚至同一梁下左右两个梁托上的装饰也不尽相同。柱是传统建筑中垂直受力的构件，出于承重的考虑，该部件不做雕饰。柁墩是位于上下两层梁枋之间用来垫托的木墩，是两者共同的承重建筑构件。柁墩面积有限、造型敦实，多采用浮雕与圆雕的手法雕刻人物故事或珍禽瑞兽。

中国传统建筑中檐下部分的雕刻是最为突出的部分，尤其是撑拱、雀替等构件，在建筑中起着重要的支撑作用，同时也是展示建筑雕刻的重要部件，其雕刻手法与题材十分广泛。斗拱是传统建筑中以榫卯结构交错叠加而成的承托构件，它位于立柱与梁架之间的连接处。这种构件多采用浮雕、透雕、线雕等多种手法雕刻，纹饰有戏曲人物、祥禽瑞兽、卷草花卉与祥瑞宝器。撑拱位于建筑外檐梁、枋、柱的节点，是梁、枋悬挑部位的节点，属于“出挑”的构件。梁与柱结合处的撑拱，多以圆雕雕刻来表现狮兽形象。一般枋与柱结合处的额撑拱采用浮雕雕刻卷草纹、莲花纹等植物题材。雀替处于梁柱节点，用以增大榫卯搭接长度和缩小梁间净跨距离。花牙子位于梁柱的交接处（图 5-2-15），表现技法多为

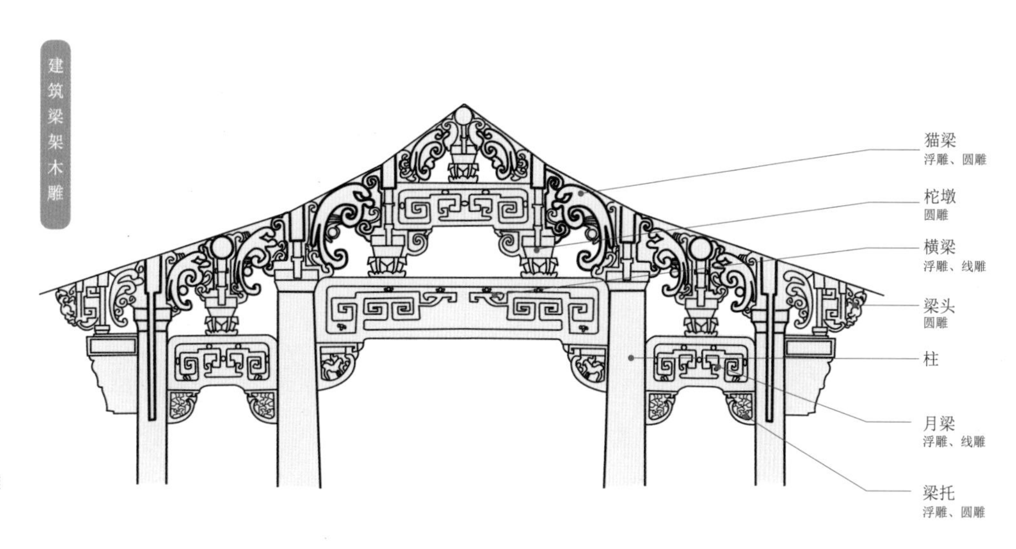

图 5-2-14　建筑梁架木雕构件雕刻技法

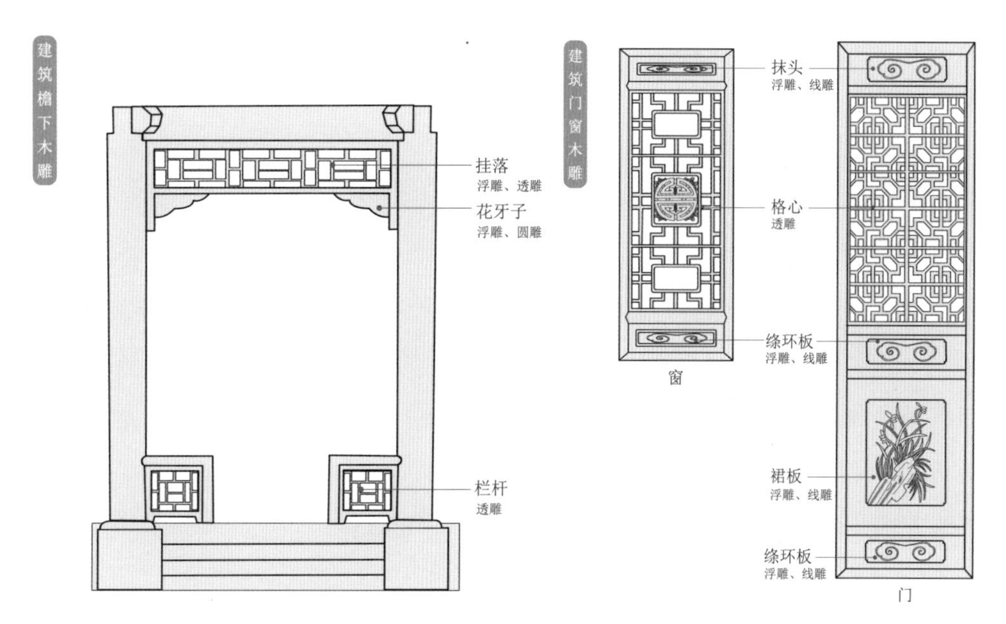

图 5-2-15（左）　建筑檐下木雕构件雕刻技法

图 5-2-16（右）　建筑门窗木雕构件雕刻技法

透雕，是一种纯装饰性的构件，其纹饰以回字纹、动植物纹为主。挂落是挂在梁枋之下、柱子两侧的构件，由连续性木棂雕花而成，一般采用浮雕与透雕的方式雕饰回字纹与花木鸟兽。栏杆多应用于亭廊、戏台等乡土建筑的外廊，栏杆上设扶手下设栏板，栏板可分多段。栏杆的雕饰重点围绕着多段栏板展开，栏板的雕刻内容十分广泛，人物、动物、植物、静物、景物均有涉及。为了增强栏杆的视觉效果，一般将透雕与浮雕结合雕饰。

格子门与槛窗是明清时期建筑门窗的主流形制，格子门主要由抹头、格心、绦环板与裙板四个部分组成（图 5-2-16），槛窗由抹头、格心与绦环板三部分组成。门窗的抹头与绦环板多以浮雕与线雕的方式雕刻花草、动物纹样。格心需要提供采光功能，故而多采用透雕的手法雕刻冰裂纹、卍字纹、回纹等几何图样。裙板是位于格扇下部面积较大的挡板，装饰较为简单，雕刻题材以鸟兽纹、花草纹、宝器纹为主，雕刻手法也多为浮雕、线雕等工艺。门窗为多组排列，雕刻题材也随之呈现系列化或同一主体以多种形式表现，如梅兰竹菊、二十四孝等纹样。

结语

木雕作为一门应用范围广泛的工艺技术，小至家具陈设，大到建筑构件都是木雕技术的物质载体。传统建筑木雕具有装饰部件众多、表现技法繁多、题材内容多样的特点，工匠们在“器完不饰”造物美学思想的指导下，不做多余装饰，因形而异地雕琢图案纹样。建筑木雕美化了建筑环境，给予了人们美的视觉享受与舒适的居住体验，并且这些拥有丰富内涵的建筑木雕具有教化后人、驱邪避灾、祈福纳吉的作用，同时也是代表建筑等级的重要载体，它承载了古人对于美好生活的向往。

通过分析中国传统木雕技术的发展可知，木雕技术的创新离不开科学技术的支撑，每种木雕技法的创制背后都有着新型木作工具的助力，木雕技术的进步离不开行业制度的支持，从“六工”的确立、“东园匠”的出现，到“木雕制度”的制定，都为中国木雕技术的发展提供了软实力。木雕技术的发展与各地民众生活的地域环境、文化风俗、生活习惯有着密不可分的关系，木雕技术是传统民族思想、民族记忆、民族基因的非物质载体，在继承与保护木雕的同时，需要不断满足当下人民群众的物质与精神需求。

第三节　由直至曲的耕犁

耕犁是一种用于松土、碎土的耕地农具，其刃部通常由木、石、铜、铁等材料制作而成，抓握部分由木柄或木架构成，使用时由人力或畜力驱动。耕犁的出现标志着我国精耕细作的形成。原始社会时期，先民们使用尖头木棒进行刺土播种，当尖头木棒的下部安设了脚踏横木时，这便是最初的耕耜。

商周时期，古人为了减轻劳动强度在耜柄上增设牵引装置并进行不断地改进，形成了耕犁的雏形。秦汉时期，冶金技术的进步使得耕犁的刃部由石制转变为铁制。铁犁铧的改进提高了农耕效率，而铁犁壁的发明使精耕细作成为可能，后期直辕犁的出现解放了人力，提高了耕作效率。魏晋南北朝时期，人口的南迁使中国古代农业经营规模由江北扩展至江南、岭南等区域，人们为了适应在南方的黏土中耕种，将直辕犁逐步改进为曲辕犁，曲辕犁的出现实现了水田耕种，进而突破了坡地地形的限制。

本节围绕耕犁的发展脉络，梳理了耕犁的历时性特征，并探析了耕犁的发展对我国古代农耕方式、农业发展的影响。首先，阐明了耕犁是从耒耜演变而来的，耕犁的出现使翻土方式由插地起土转变为翻地推土。其次，梳理了从舌状犁形器到双刃三角形犁形器，再到单刃三角形犁形器的演变过程，以及它们在翻整土地、破挖槽沟中的应用。再次，明晰了铁制犁铧与犁壁的形制特征与翻土破垡中的功用，阐述了直辕犁的犁辕、犁梢、犁底、犁箭与犁楗的形制结构与使用方式。最后，不仅分析对比了直辕犁与曲辕犁在碎土装置、动力传导装置、耕作深浅调节装置、动能牵引装置四个重要结构中的形制差异，而且还考察了木作技术的发展对曲辕犁的制作技艺的影响。

一、从耕耜演变而来的石犁

中国原始农业的发展经历了刀耕、耜耕、犁耕三个阶段[1]。刀耕阶段的主要农具是斧与刀，先民们先是运用斧、刀砍伐树木，待其干枯后焚烧草木，再用

[1] 朱新民、齐连印主编《农学学概论》，中国科学技术大学出版社，1991，第34页。

尖头木棒挖穴点种。耜耕阶段出现了耒耜，先民们使用石制、木制、骨制的耕耜进行翻土，使土壤变得疏松，便于进一步耕作，该阶段农地的使用也由生荒轮作转变为熟荒耕作。犁耕阶段是在耕耜的基础上发明了耕犁，耕犁通过一跖一拉，在农田中翻土整地、开沟起垄。

最原始的翻土工具为尖头木棒，在尖头木棒的下部安设脚踏横木可以变为单齿耒，单齿耒此后又衍生出了两个分支，一是板状刃耕耜，二是双齿耒。板状刃耕耜发展出了耕犁，双齿耒则演变成了另一种新型农具，本节不对其展开梳理。学者陈文华通过器形学的方法，结合考古学与民族性的材料作为旁证，梳理出由耕耜至耕犁的演变过程（图5-3-1）。板状刃耕耜刃部大而厚，断面呈梭形，使用时由一人手握耜柄，脚踩耜刃上端将其踏入地中起土（图5-3-2），宽厚的耜刃使扳动耕耜时不易折断。

先民们在使用耕耜时，为减轻劳动强度，起先是在耜柄上系绳（图5-3-1b、5-3-1j、5-3-1q），并由另一人协助拉拽来增强牵拉力，这便形成了原始犁。商周时期牵拉原始犁的绳子改为更为稳固的木杆（图5-3-1c、图5-3-1k、图5-3-1r、图5-3-1x），至此发明了镵犁。而独木杆容易松动，先民们在木杆与扶手间设置短木棍（图5-3-1d、图5-3-1e、图5-3-1l、图5-3-1x），这便是耕犁的雏形。此后又为了加固整体木架，木杆纵向上增设了木楔（图5-3-1f、图5-3-1g、图5-3-1m、图5-3-1n、图5-3-1s、图5-3-1t、图5-3-1y），完成了由耕耜至耕犁

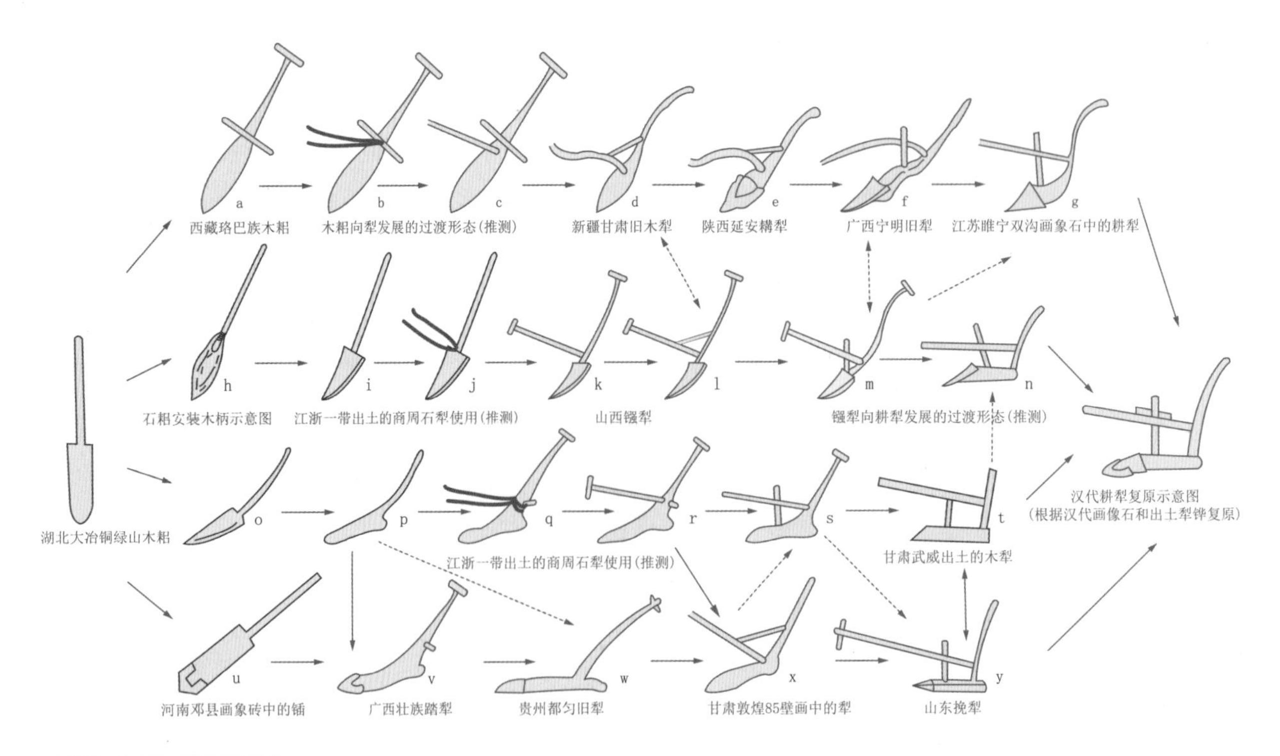

图5-3-1　由耜到犁的演变示意图[2]

[2] 陈文华：《试论我国农具史上的几个问题》，《考古学报》1981年第4期。

的演变，原始的插地起土也转变为翻地推土。耕犁作业时需一人拉犁一人执犁，向前推进起土，山东文登仍保存着这样的作业方式[3]。犁刃大而薄，促进了耕犁的耕作效率。

由于早期耕犁的刃部基本为石制，所以早期耕犁亦被称为石犁。石犁由作为抓握部分的犁架与作为刃部的犁形器组成，有些石犁还配有犁床与犁箭，犁形器的差异使得石犁的安柄方式各不相同。从现有的考古资料可知，犁形器主要分布在中国黄河流域的中下游地区以及东北、内蒙古等地的新石器时代遗址中[4]。犁形器的器型有舌状、双刃三角形与单刃三角形三类[5]。舌状犁形器是耕耜向石犁演变时刃部的过渡形态，如河南临汝出土的舌状犁形器（图5-3-3），这类原始犁形器被认为是新石器时代晚期成熟犁形器的祖形[6]。在器型上由于舌状犁形器更多地保留了耕耜的特征，故其安柄方式与耕耜更为形似，使用时木棍端头从中间劈开将犁形器有肩无刃的一端插入，并用绳捆紧（图5-3-4）。

图5-3-2　郭巨埋儿画像砖

图5-3-3（左）　舌状犁形器[7]

图5-3-4（右）　舌状犁形器的安柄方式

[3] 张春辉编著《中国古代农业机械发明史：补编》，清华大学出版社，1998，第25页。
[4] 卢嘉锡总主编，陆敬严、华觉明分卷主编《中国科学技术史：机械卷》，科学出版社，2000，第315页。
[5] 王星光：《试论中国耕犁的本土起源》，《郑州大学学报（哲学社会科学版）》1987年第1期。
[6] 杨生民：《中国新石器时代的石犁试探》，《首都师范大学学报（社会科学版）》1996年第1期。
[7] 赵青云：《河南临汝大张新石器时代遗址发掘简报》，《考古》1960年第6期。

为了在破土时更为省力，舌状犁形器的刃部被改造得越来越尖锐，直至由舌状演变为三角形，双刃三角形犁形器由此出现。双刃三角形犁形器的形制扁薄，整体呈等腰三角形，刃部在两腰，两腰夹角在40°至50°之间。正面稍有隆起，且正中平坦。其形制中心有孔，孔数一至三个，常呈中线或三角形排布[8]。双刃三角形犁形器以形制分类可分为三式。Ⅰ式器形最小（图5-3-5a），全器长15厘米左右，后端成弧形凸出，中心有孔且孔径较大。Ⅱ式器形硕大（图5-3-5b），全器长50厘米左右，后端齐平或略弧出，中心有一个以上的孔，且孔径较小。Ⅲ式器形介于Ⅰ与Ⅱ之间（图5-3-5c），全器长25厘米左右，后端成弧形或方形凹缺，中心有一个以上的孔。双刃三角形犁形器配备有犁床，犁床由垫木与木板组成。Ⅰ式犁形器较小可直接安设于垫木（图5-3-6a）。Ⅱ式与Ⅲ式犁形器器型较大，需在犁形器上部增设木板（图5-3-6b、图5-3-6c），并通过木钉将其连接。安装时，犁形器的刃部外露于犁床前端，在保护犁形器的同时也不影响石犁作业。石犁一般较为宽大，以达到省工目的。此外，在一些Ⅲ式犁形器的装置上，可能已经出现犁箭。Ⅲ式犁形器的后端都有一弧形内凹结构，该结构与犁箭的增设有关，在犁床与犁辕之间设一个立木（图5-3-7），即犁箭。犁箭的作用起

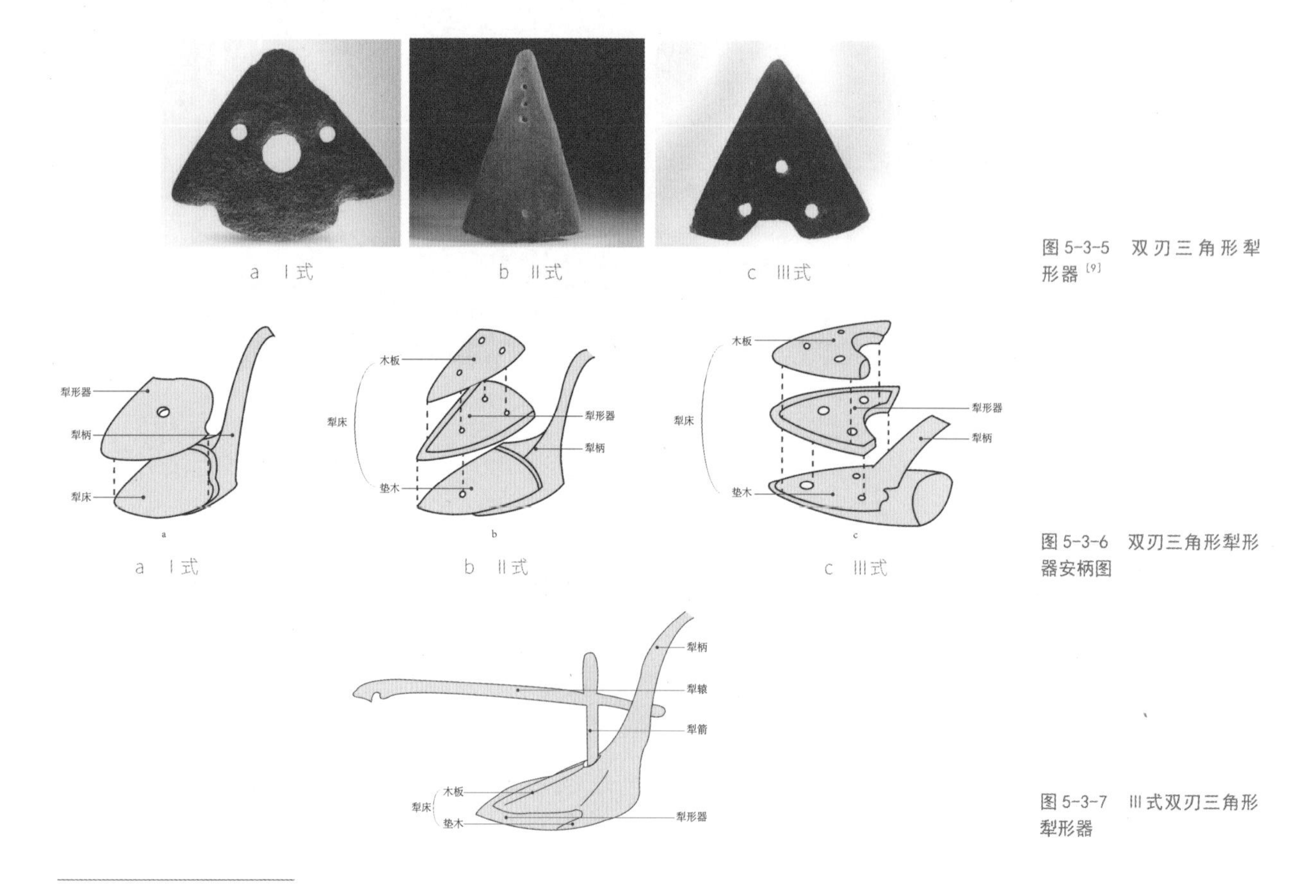

图5-3-5 双刃三角形犁形器[9]

图5-3-6 双刃三角形犁形器安柄图

图5-3-7 Ⅲ式双刃三角形犁形器

[8] 牟永抗、宋兆麟：《江浙的石犁和破土器——试论我国犁耕的起源》，《农业考古》1981年第2期。
[9] 陈燮君主编，张明华等编文，盛黎明等摄《上海考古精粹》，上海人民美术出版社，2006，第101、102、209页。

初是加固犁架，使犁辕和犁床固定化，在一定程度上保护了犁形器以增加抗力，后来又用于调节耕地深浅。

农业不断发展，水利灌溉成为迫切需要，单刃三角形犁形器应运而生，也被称为破土器。该类犁形器略呈三角形，底边为单面刃，与底边相邻一边呈不同程度的磬折状内凹，顶端有一个斜向的把柄。单刃三角形犁形器按形制的差异可分为四式。Ⅰ式器形成等腰三角形，底边最短，柄把较直，设于三角形顶端（图5-3-8a）。Ⅱ式器形整体呈钝角等腰三角形，底边最长呈弧形突出，柄把较纤小且位于后侧上方，柄把明显后倾，器身前侧有穿孔（图5-3-8b）。Ⅲ式器形整体呈曲肱形，底边最长呈弧形突出，上半部为宽大后倾柄把，柄把末端上方有缺口，部分柄把前端有钻孔（图5-3-8c）。Ⅳ式平面呈正曲肱形，底边平直，后端较为窄小，柄把较窄（图5-3-8d）。安柄方式除Ⅰ式单刃三角形犁形器垂直安设于木柄一端外，其他三种单刃三角形犁形器在安柄时，木柄均是倾斜着安设在柄把上。为了拴牢犁形器与木柄，常在木柄上开槽，将犁形器嵌入木柄后再用绳捆紧。其中，Ⅱ式柄把较短，捆柄有一定难度，故而在器身前侧钻孔，以供拴绳（图5-3-9b）。单刃三角形犁形器器形较大且沉重，尤其是安柄后无法一人操作，因此需配备一定引力挽拉，增设挽拉设备。挽拉设备有两种，一是在木柄靠近犁形器犁柄的地方拴系绳索（图5-3-9a、图5-3-9d），二是在木柄上方前端安设犁辕（图5-3-9b、图5-3-9c）。比较这两种方式可以发现，安设犁辕要优于拴系绳索，一方面是因为尽管用绳挽拉简便轻巧，但是不易控制耕地深浅；另一方

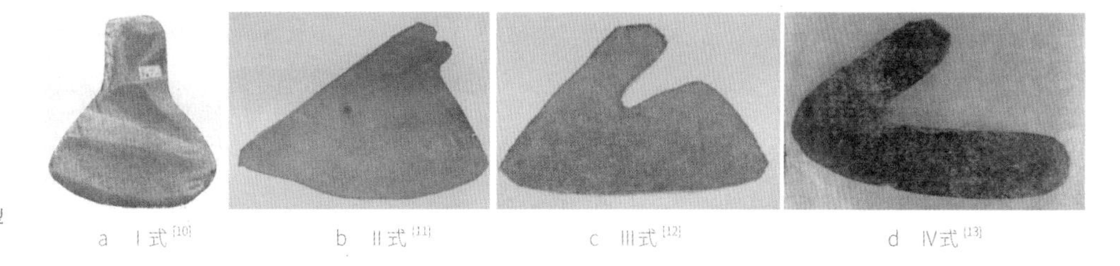

a Ⅰ式[10] b Ⅱ式[11] c Ⅲ式[12] d Ⅳ式[13]

图5-3-8 单刃三角形犁形器

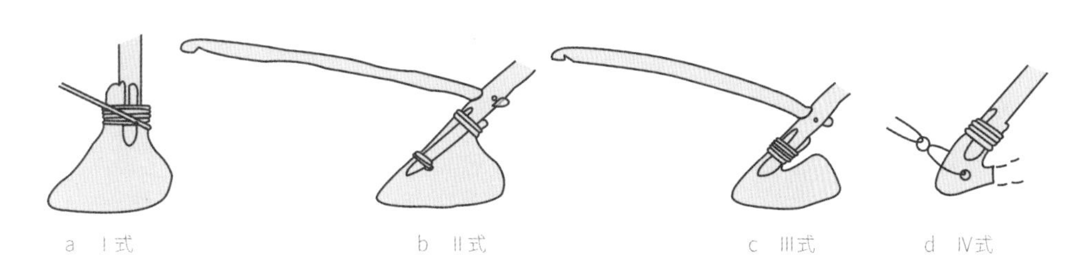

a Ⅰ式 b Ⅱ式 c Ⅲ式 d Ⅳ式

图5-3-9 单刃三角形犁形器安柄图

[10] 谢春祝、朱江：《江苏无锡仙蠡墩新石器时代遗址清理简报》，《文物参考资料》1955年第8期。

[11] 夏星南：《浙江长兴县出土一批石犁和石破土器》，《农业考古》1988年第2期。

[12] 同上。

[13] 姬乃军：《延安市发现的古代玉器》，《文物》1984年第2期。

面是因为在运行时，用绳挽拉一松一弛费力难引，即便人力可以操作，但畜力挽拉时就十分困难。自新石器时代至商周时期，上述各类型犁形器均有实物出土，说明犁形器经历了长期的演变，这种演变直接影响了铜犁与铁犁的发明。商周时期已经掌握了冶铜技术，青铜犁也有发现，但商周时期农耕使用的犁仍旧以石犁为主。

二、铁犁的结构改进与直辕犁的发明推广

秦汉时期耕犁能够获得大力发展，离不开冶铁技术的进步。汉代《盐铁论》中记载："农，天下之大业也。铁器，民之大用也，器用便利，则力少而得作多，农夫乐事劝功。"[14] 由此可知，秦汉时期的农业生产已离不开铁器。铁制农具的发展，一是丰富了农具的种类，文献记载汉代农具数量已达三十余种[15]。二是改进了农具的结构，如铁犁的犁铧、犁壁、犁架等构件均得到了革新，推动了犁耕方式的新探索。

春秋战国时期，石犁使用时需在犁头上套设铁制犁铧冠，犁铧冠多呈"V"形，如河南辉县出土的犁铧[16]。这类"V"形犁铧冠前尖后展，器身套嵌在犁头上形成等腰三角形，具有极强的稳定性，符合力学拖曳的原理，有利于破土，并能起到保护犁头的作用。汉代出现了全铁犁铧[17]，多呈舌状，面积较大，一面板平，一面呈坡面状，前低后高，中脊隆起，就其物理结构而言，这类犁铧不仅容易穿刺入土，而且可以最大面积地将挖到的土向上翻起。全铁犁铧较铁制"V"形犁铧冠有两方面的优势：一方面，体现在犁铧变大增加了入土面积，提高了农耕效率；另一方面，全铁犁铧更为坚硬锋利，有利于深挖翻土。汉代出现的全铁犁铧是汉代农业生产力提升的重要保证。从新石器时代至汉代的犁铧剖面图（图5-3-10）可以发现，铁犁的变化与犁耕技术的进步是相辅相成的。新石器时代至商代出土的石犁，前部尖端与后部尾端平行，没有入土角度，不便于拖曳与连续耕作。战国时期"V"形犁铧冠中间凸起的脊使得铁犁有了斜面，增加了入土角度，改进了犁的入土功能。汉代的全铁犁铧斜面更为明显，使耕作时更容易入土深耕。

全铁犁铧助力了犁壁的出现，一面凸起的形制使犁壁的置放成为可能。犁

[14]〔汉〕桓宽：《盐铁论》，上海人民出版社，1974，第79页。

[15] 张传寿：《评述汉唐时期农具工艺的进展》，《农村实用技术》2019年第9期。

[16] 李三谋、柏芸、王贵洪：《古代三晋铁犁铧》，《当代农机》2010年第11期。

[17] 中国社会科学院考古研究所、河北省文物管理处编《满城汉墓发掘报告》上，文物出版社，1980，第281页。

壁的发明推动了农耕“细作”技术[18]的出现，是汉代农业史上突出的成就之一。犁壁是一种复合装置，安设在犁铧的后上方，犁壁中间有凸起的脊，连接着犁铧的上棱和左右斜面，犁壁整体向后上方延伸渐宽，犁壁与犁铧组合构成的曲面将耕起的土垡打碎并翻转，可以起到松土的作用。土垡翻转可以使杂草埋在土中并成为肥料，同时增加土垡的深度，还能起到杀虫作用，这便是精耕细作技术中的“深耕疾耰”。汉代犁壁按形制分有鞍形[19]、菱形、瓦形[20]以及方形缺角四种类型，其中鞍形的犁壁可向两侧翻土，其余三种只可单向翻土。犁铧将土犁开，然后分向两边，犁壁则是在犁铧耕作的基础之上，将土壤继续向两边分离，并将其抬升翻转推向高处，犁后的田地形成一个较深较宽的沟，两沟之间形成较大的垄。从张传玺开展的汉代铁犁复制和试耕研究中[21]可知，汉代铁犁耕耘一遍后的土地，深度可达9厘米，土垄高度可达17厘米，沟与翻起的新土总宽有80厘米（图5-3-11）。在犁铧上安设犁壁，不仅有利于实现赵过发明的代田法，还适用于种植谷子、糜子一类旱地硬秆稀植作物[22]。

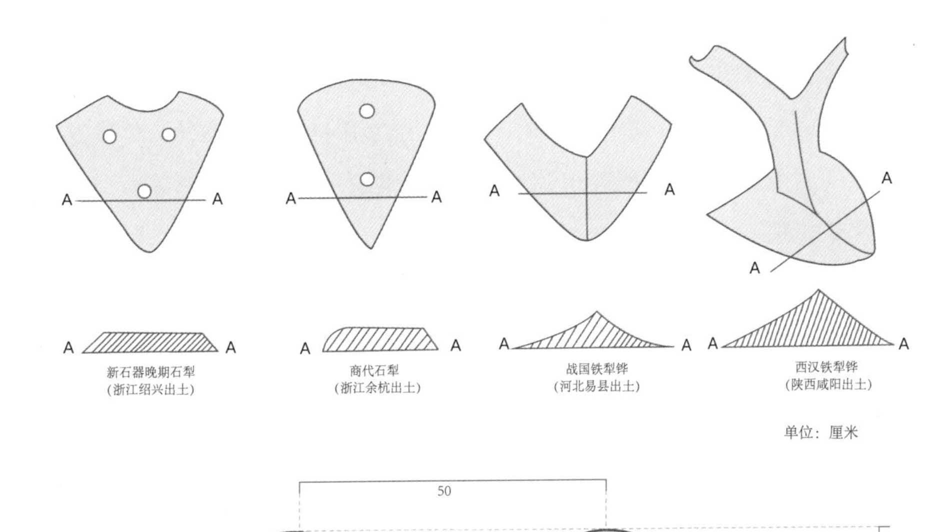

图5-3-10　历代犁铧截面图[23]

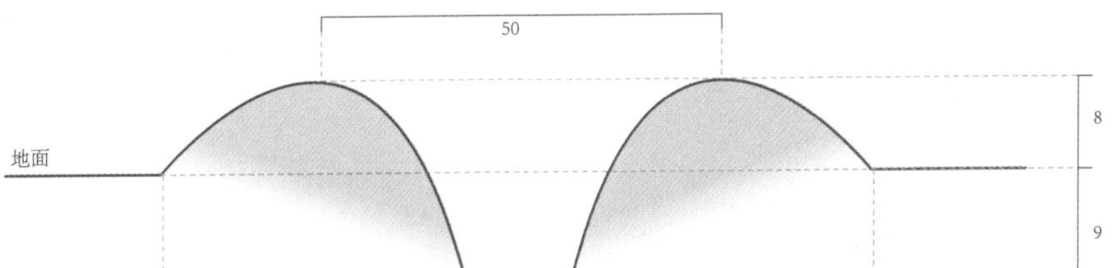

50
地面
8
9
80

图5-3-11　汉代铁犁试耕示意图[24]

[18] 包明明、章梅芳、李晓岑：《铁犁牛耕对汉代农业深耕细作技术的影响探析》，《北京科技大学学报（社会科学版）》2011年第4期。
[19] 李长庆、何汉南：《陕西省发现的汉代铁铧和鐴土》，《文物》1966年第1期。
[20] 同上。
[21] 张传玺：《两汉大铁犁研究》，《北京大学学报（哲学社会科学版）》1985年第1期。
[22] 陈新岗、王思萍、张森：《精耕细作：中国传统农耕文化》，山东大学出版社，2017，第68页。
[23] 钱晓康：《关于我国牛耕的一点看法》，《农业考古》1995年第1期。
[24] 刘兴林：《汉代铁犁安装和使用中的相关问题》，《考古与文物》2010年第4期。

汉代的全铁犁铧器形较大且较为笨重，一些铁犁铧甚至重达15公斤[25]。显然，光靠人力是无法使用的，因而汉代早期开始推行牛耕。汉代耕犁的动力来源基本由牛、马等牲畜提供，这一点从出土的画像砖石、壁画等历史图像资料中也可窥知一二（图5-3-12）。汉代早期耕牛还未被完全驯服，在不适应犁耕的情况下需由专人牵引，且此时的耕犁也还不具备调节犁地深浅的犁箭装置，需由专人按住犁辕来调节犁地深浅，这种耕作方式被称为耦耕。《汉书·食货志》也记载了这种落后的耕作方式："用耦耕，二牛三人。"[26] 耕犁发展至东汉时期出现了单直辕犁，而东汉中晚期在单直辕犁的基础上又衍生出了双直辕犁（图5-3-13）[27]。单直辕犁经历了由二牛三人至二牛二人，再至二牛一人的演变，双直辕犁经历了从二牛二人到一牛一人的转变。与此同时，直辕犁的犁架陆续出现了犁辕、犁梢、犁底、犁箭与犁楗等装置（图5-3-14）。犁辕是直辕犁必不可少的传力部件，单直辕犁与双直辕犁的差异也体现在这一部分，单直辕犁装有向上斜伸的单辕，需两头牲畜牵引，而双直辕犁则为双辕，多为一头牲畜牵引。双直辕犁较单直辕犁有一定的优越性：一是双直辕犁把耕牛限制在两辕内，在耕作时能够保证挽拉的平稳，避免了二牛挽拉直辕犁时挽力不均，导致直辕犁损坏或沟垄歪斜；二是汉代爆发牛疫，耕牛极贵，在急需耕牛的情况下，单牛挽拉的双直辕犁更易推广[28]。犁梢装于犁底后端，略向后倾斜，并与犁辕相连，末端的木柄便于抓握。然而，犁梢在各地的形态并不一致，有些画像石绘制的犁底与犁梢没有明确分开，而是由一根曲木下接犁铧，这种形制的犁梢更多地保留了耕耜的特征（图5-3-15）。犁底的出现将操作方式由一点一坑的间歇运动转变为直线前行的连续运动，从而有效地提升了耕作效率。犁箭与犁楗是用来调控犁辕与犁底之间夹角的装置，通过调整夹角的大小，从而控制耕地的深浅程度。

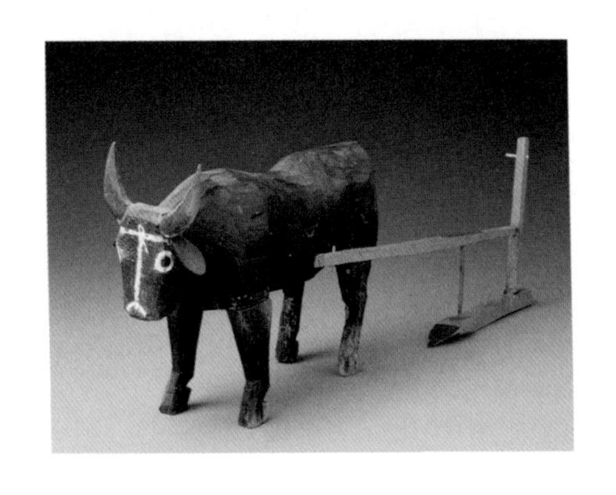

图5-3-12（左） 甘肃武威磨嘴子出土的彩绘木牛拉犁

图5-3-13（右） 江苏睢宁双沟地区出土的画像石[29]

[25] 许清泉、曾凡、林玉山、林宗鸿：《福建崇安城村汉城遗址试掘》，《考古》1960年第10期。

[26]〔东汉〕班固：《汉书》，赵一生点校，浙江古籍出版社，2000，第433页。

[27] 齐涛主编《中国古代经济史》，山东大学出版社，1999，第321页。

[28] 卢嘉锡总主编，陆敬严、华觉明分卷主编《中国科学技术史：机械卷》，科学出版社，2000，第321页。

[29] 中国农业博物馆编，夏亨廉、林正同主编《汉代农业画像砖石》，中国农业出版社，1996，第22页。

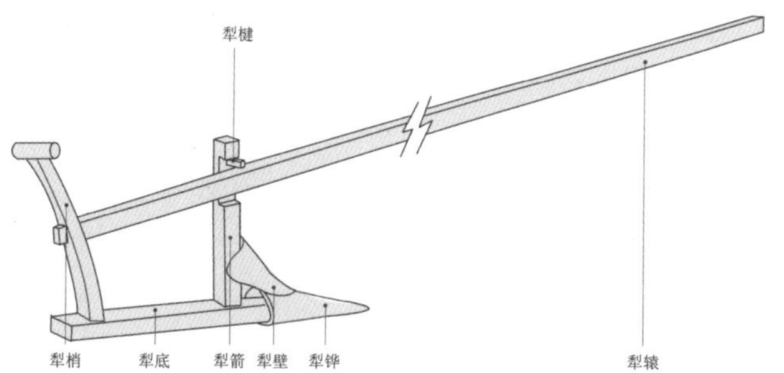

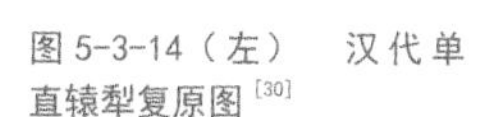
图 5-3-14（左）　汉代单直辕犁复原图[30]

图 5-3-15（右）　陕西绥德画像石[31]

犁箭的发明与驾驭耕牛技能的纯熟，使得二牛二人或二牛一人的耕作方法取代了二牛三人的落后犁耕方式。尽管双直辕犁的发明是汉代犁耕发展的重要标志，然而双直辕犁只能满足浅耕与播种的耕作需求，在长时间内仅处于初步发展的状态，中唐以前，单直辕犁仍是主要的耕犁方式[32]。

三、曲辕犁的创制与革新

隋唐以前受制于耕作技术、自然环境以及人口数量等因素，江南地区的农业开发一直落后于黄河流域。频繁的战乱使北方地区的农业生产不断遭受破坏，人口被迫大量南迁[33]，这为南方带来了先进的生产工具、技术和大量的劳动力。江南地区人口迅速增长，黄河流域不再是耕作中心区域，耕作中心转向了江南地区。为适应南方的水田耕种，北方的二牛抬杠式直辕犁逐步发展成为一牛牵引式曲辕犁。至唐末，长江下游的江苏、浙江、江西、安徽等大部分地区普遍使用了曲辕犁。由于曲辕犁发迹于长江南岸地区，故曲辕犁又被称为江东犁。

曲辕犁的出现使耕犁发生根本性转变，同时也是我国耕犁发展史上的重大成就[34]。陆龟蒙在《耒耜经》中详细描述了江东地区的曲辕犁："冶金而为之者，曰犁铧（犁镵），曰犁壁。斫木而为之者曰犁底（犁床），曰压镵，曰策额，曰犁箭，曰犁辕，曰犁梢，曰犁评，曰犁建，曰犁盘（槃）。"[35]多样的材质与繁多的部件，表明唐代的耕犁制作技术已相当成熟。学者戴吾三依据《耒耜经》绘制了曲辕犁复原图，从中可以窥知唐代曲辕犁的犁底、犁铧、犁壁、犁辕、压镵、策额、犁箭、犁评、犁楗、犁梢、犁槃十一个部件，以及作为附件的曲轭与耕索的具体形制（图5-3-16）。

---

[30] 孙机：《汉代物质文化资料图说》，上海古籍出版社，2011，第5页。

[31] 李林、康兰英、赵力光：《陕北汉代画像石》，陕西人民出版社，1995，第60页。

[32] 张春辉、戴吾三：《江东犁及其复原研究》，《农业考古》2001年第1期。

[33] 虞文霞：《唐代江西农业经济发展刍议》，《农业考古》2004年第1期。

[34] 王星光：《试论犁耕的推广与曲辕犁的使用》，《郑州大学学报（哲学社会科学版）》1989年第4期。

[35] 周昕编著《〈耒耜经〉和陆龟蒙》，农业出版社，1990，第16页。

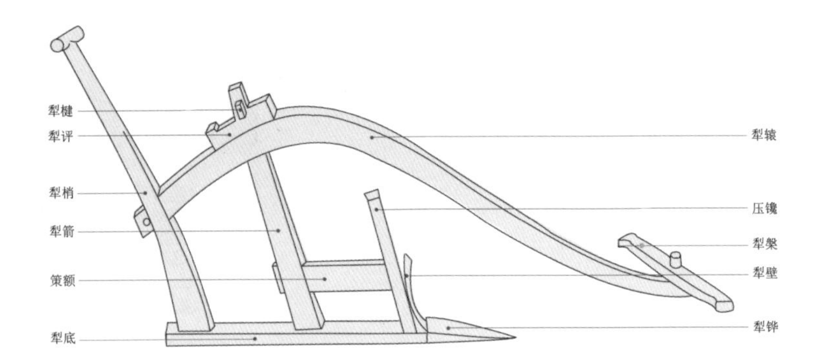

图 5-3-16 曲辕犁复原图（戴吾三复原）

犁底是曲辕犁的着地构件，起稳定犁体的作用。据《耒耜经》记载："底长四尺，广四寸"[36]，可知曲辕犁的犁底窄而长，这种修长的犁底着地平稳、深浅固定，且不易左右摇晃。犁底上部与犁箭、犁梢、压镵相连接，顶端为犁头，由于需要设置犁铧，因而顶端形状尖扁。犁头是曲辕犁的碎土装置，包括犁铧与犁壁两部分。犁铧是一个用于刺土的部件，其可切开土块、截断草根，并把土块导向犁壁。犁壁安设在犁铧上端，用以翻转犁铧切开的土块。唐代曲辕犁与汉代直辕犁相比，汉代直辕犁犁壁与犁铧的宽度之比约为1 ∶ 0.7，唐代曲辕犁犁铧与犁壁宽度之比变为1 ∶ 1.66[37]。由此可知，唐代曲辕犁较之汉代直辕犁，犁铧更窄、犁壁更宽。曲辕犁犁头的改变，是为了适应南方黏性较大的土壤，也是为了便于翻起较窄的耕垡。增设压镵与策额是为了完善犁壁的功能，压镵用来辅助安装犁铧，兼有稳定犁壁的作用。策额用以保护犁壁，以及固定犁壁位置。《耒耜经》中记载犁壁"背有二孔，系于压镵之两旁"[38]，可知犁壁是通过穿孔拴系绳索固定于压镵两侧的。

犁辕是犁架的中枢，也是动力传导装置。直辕变为曲辕带来以下改变：一是犁辕缩短，随即犁架自重减轻且体积缩小，减少了畜力消耗；二是牵引点位置降低，曲辕犁的牵引高度远低于直辕犁的牵引高度。曲辕犁的牵引点Fn与阻力点F_1、F_2，几乎处在一条直线上（图5-3-17b），使得耕作时更为省力。直辕犁的牵引点Fn距犁铧有一个不可忽视的垂直距离d，从而形成了较大的转动力M。犁在耕作中，犁本身的重量Mg和耕者向下施加的作用力Fr所形成的力必须与M平衡（图5-3-17a），否则犁铧会愈耕愈深难以耕作。而曲辕犁的牵引点Fn距犁镵较近，转动力M较小甚至可能为零。耕者向下略施或不施力即可使犁保持平衡，这便减少了耕者的体力消耗。归根结底，犁辕之所以由直变曲，是因为直的犁辕不能阻碍犁壁的翻土，因而必须将犁辕抬高。然而抬高犁辕的同时，不能

[36] 周昕编著《〈耒耜经〉和陆龟蒙》，农业出版社，1990，第16页。
[37] 张春辉、戴吾三：《江东犁及其复原研究》，《农业考古》2001年第1期。
[38] 周昕编著《〈耒耜经〉和陆龟蒙》，农业出版社，1990，第16页。

图 5-3-17　直辕犁与曲辕犁受力分析[39]

抬高牵引点导致畜力消耗增多，故而犁辕需制作成弯曲状，弯曲的犁辕省工省力，但由于早期木作技术的限制，无法自由加工木材的曲度，所以制作弯曲的犁辕工艺难度较高。唐代曲辕的制作更多是利用树木的主干与叉枝形成的弯势，并借助斧锛等工具进行解斫加工，制成光洁弯曲的犁辕。这样的制作方式在《朝野佥载》中进行了记载："持斧绕舍求犁辕，见桑曲枝临井上，遂斫下。"[40]文中描述了匠人拿着斧头围绕房舍寻找制作犁辕的材料，见桑树的曲枝靠近井口，就把它砍下来加以利用制作犁辕的故事。

犁箭、犁评与犁楗的组合是曲辕犁用以调节耕作深浅的组合装置，曲辕犁细化了犁箭、犁评与犁楗的组合结构，使其可以规范化地调节耕作的深浅。犁评是一个中空并呈阶梯形的长方形木块，有"高阶"与"低阶"两级阶梯之分。犁评嵌套在犁箭上，可沿犁辕前后滑动。犁箭上开设一孔，用于横插犁楗，犁楗是一个木棍，按照不同的耕作深浅需求，可以将犁箭临时固定于犁评的两级阶梯之上。犁楗的高度是固定的，当犁箭被犁楗固定于犁评的低阶位时，犁箭的位置相应向下，加大了犁辕与犁铧之间的夹角，犁地深度较深；当犁箭被犁楗固定于犁评的高阶位时，犁辕与犁铧之间的夹角减小，犁地深度较浅。犁评、犁箭、犁楗互相配合（图 5-3-18），进而规范化地调节了犁地的深浅程度。此外，犁评、犁箭、犁楗的组合结构分别体现了唐代制榫技术的精进与凿削技术的进步，犁楗与犁箭通过榫与卯的咬合实现了精密连接，犁评通过中空平滑的阶梯结构使犁箭得以自如活动，木作技术的进步为犁评、犁箭与犁楗结构的完善提供了技术支撑。

犁梢又称为犁柄，其作用不仅是扶犁的把手，也能在一定程度上掌握犁地的方向，调节耕地的深浅，以及通过抬压犁梢来控制垄沟的宽窄。除了通过犁梢来灵活控制曲辕犁外，曲辕犁还配合使用了犁槃、曲轭与耕索，使犁体可以自由回旋，提高犁地效率。犁槃是犁体前端安设的可以旋转的部件，犁槃的出现一方

[39] 张春辉、戴吾三：《江东犁及其复原研究》，《农业考古》2001 年第 1 期。
[40]〔唐〕张鷟、刘餗：《朝野佥载 · 隋唐嘉话》，袁宪校注，三秦出版社，2004，第 1 页。

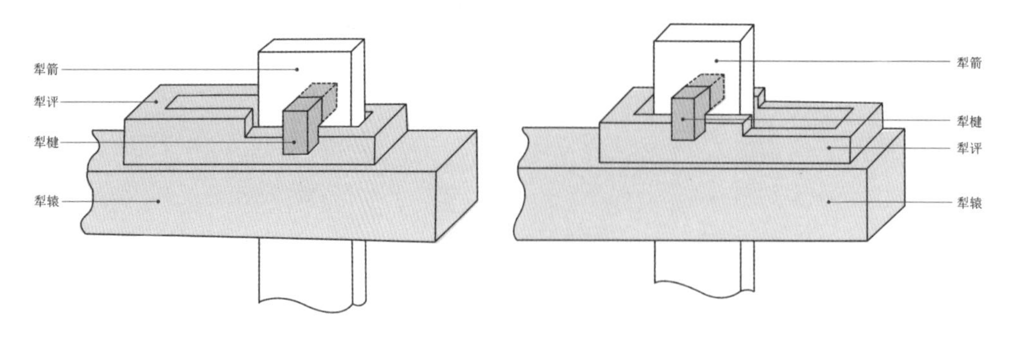

图 5-3-18　曲辕犁犁评使用示意图

面使犁辕架空不直接落地，减少畜力消耗；另一方面使犁体更为灵活，便于转弯。曲轭是一个架于牛肩上的拱形木条，其与两条耕索相组合用于驭牛。曲辕犁与牛相接时，左右两侧连接耕索以替代原有沉重的直辕，耕索顶端与曲轭捆绑。犁槃、曲轭及耕索是曲辕犁的动能牵引装置，它们组成的软套系统，减轻了耕牛在左右摆动时牛轭对牛肩部皮肉的损伤。犁体灵活的转向便于最大限度地利用田头地角。曲辕犁犁体轻便，回旋灵活，因而十分适于南方小块水田、坡地、山地的耕作需要。综上，曲辕犁通过改进碎土装置形制、改善动力传导装置、规格化调节耕作深浅装置、革新动能牵引装置等措施，在降低劳动强度的同时也提升了劳动效率。

结语

从木石起土到耒耜浅耕，再到直辕深耕与曲辕细作，木作工具与木作技术的每一次进步与精进，都推动了耕犁结构的不断优化，使得犁辕的形制由直变曲成为可能。耕犁的每一次改进，都深刻影响了中国农耕社会。耕犁的出现与发展为我国稻作农业生产提供了技术支持，在提高劳动生产效率的同时，革除了人力的艰辛，也推动了如“代田法”等农耕制度的施行，并拓展了耕作环境的区域规模，使土地资源得到深度开发。耕犁的发展影响的不仅是农耕方式与制度的转变，其技术的进步还辐射了国家政治、经济、文化等各个方面，也为社会的发展提供了巨大推动力。

中国传统耕犁的设计强调实用、讲求功能，在结构设计上，反映了“工役俱省”的造物思想，劳动人民通过对耕犁结构的不断优化，来达到省工、高效、节费的目的，实现了经济利益的最大化。在实际的使用上，耕犁体现了“简易捷利”的造物思想，通过简洁的构造实现了便捷的操作，经济、有效地满足了农业生产的需求。耕犁设计的思想根源与现代设计中的“易用设计”概念如出一辙，这种对造物价值最朴实的思考，时至今日仍然值得我们学习与借鉴。

第四节 工役俱省的大型汲水机具

龙骨水车主要由木轮轴、木链条、木板叶等部件组成，它通过木链条的传动能够达到持续取水的目的，因其省时省事省人工劳力的优势成为古代农业生产中普遍采用的排灌机具。龙骨水车在机械原理、制造工艺、材料选择等方面展现出了中国古人高超的机械水平和造物智慧。在水车向生产领域推行的过程中，为满足不同地理条件下农业生产的需求，古人不断改良水车制造技术，逐渐形成了适用于不同环境的水车类型。龙骨水车的发明与使用对我国实现农田灌溉和提高农作物产量起到了至关重要的作用，是中国具有代表性的农业机械之一。

随着古代木作农械技术的持续革新，龙骨水车在不同历史时期呈现出阶段性的特征。三国时期出现了用于灌溉苗圃的“翻车”，被视为是龙骨水车的雏形。由唐至元的过程中，政府大力发展南方农业，加之多水多雨的自然环境的共同驱动，龙骨水车的种类显著增多，相继出现了人力、畜力、水力龙骨水车。至明清时期，龙骨水车的制作趋向大型化，出现了风力龙骨水车。人们通过架设大型风帆带动车水构件，从而实现了利用风能汲水的技术。本节在回溯有关龙骨水车的图像、文献资料和实物遗存的基础上，围绕龙骨水车的结构部件、动力驱动方式、使用方式等方面展开讨论，旨在阐释在技术驱动下，龙骨水车的创新发展路径与其所包含的中国农具设计思想。

一、源于翻车的龙骨水车

龙骨水车在宋代之前的大多数文献中被称为“翻车”。东汉时期的翻车主要用来洒水，三国时期用于园圃灌溉。《后汉书·张让传》载：“又使掖庭令毕岚……作翻车、渴乌，施于桥西，用洒南北郊路，以省百姓洒道之费。”[1]文中的毕岚为东汉时期的巧匠，擅长制作工程机械，所制“渴乌”是一种利用了虹吸原理的引水曲管，翻车则是一种从低处提水至高处的机具，两者配合用于洒扫道路。此时的水车汲水量较小，还无法用于农田灌溉。三国时期，工匠马钧对龙骨水车进

[1]〔南朝宋〕范晔：《后汉书》，〔唐〕李贤等注，中华书局，1965，第2537页。

行了针对性改良，使其可以实现灌溉需求。《三国志·方技传》记载："时有扶风马钧，巧思绝世。傅玄序之曰：'马先生，天下之名巧也……居京都，城内有地，可以为园，患无水以灌之，乃作翻车，令童儿转之，而灌水自覆，更入更出，其巧百倍于常'。"[2]马钧改制的龙骨水车主要用于园圃灌溉，操作简单，儿童手摇即可驱动，汲水效率远超以往机具。但此后，翻车在魏晋南北朝时期的发展几乎停滞，在实际应用中并不多见，史籍中的记载也寥寥无几，偶见南朝梁的刘孝威《奉和晚日》诗："飞轮搏羽扇，翻车引落潮。"[3]北魏贾思勰所著农书《齐民要术》全面记述了黄河流域下游地区农、林、牧、渔等部门的生产技术与相关器具，书中所记大量农具中未提及翻车，可见当时北方地区翻车并非主要的灌溉器具。推测由于北方地区干旱少雨的地理条件导致地表水难以留存，在此条件下适宜发展旱作农业。大面积的浇灌可以依靠水利工程引流自灌，而小面积的浇灌使用桔槔或辘轳可满足需求。因此翻车没有得到进一步推广。

随着北方人口大规模南迁，隋唐以后南方的稻作农业为龙骨水车的发展提供了契机。南方多水多雨的地理条件适宜发展稻田种植，这大大增加了对于水利灌溉的需求，因此亟待出现能够与之相配的排灌机械，翻车被重新重视起来。虽然未见这一时期的水车图像，但相关史料的记载可以佐证水车在南方地区得到了使用。唐代《元和郡县志》中记载蕲春县附近有"翻车水"和"翻车城"。用翻车命名河和城池足以说明翻车已经在南方作为主要灌溉机械并发挥了巨大作用[4]。唐朝政府甚至征召江南地区的水车工匠制作水车，用以推广到其他地区，可见当时江南工匠制作技术的成熟和该地区使用水车的普遍性。《册府元龟》中记载："二年闰三月，京兆府奏准内出样，造水车讫。时郑、白渠既役，又命江南征造水车匠。帝于禁中亲指准，乃分赐畿内诸县，令依样制造，以广溉种。"[5]资料中出现的水车是翻车，也就是后来宋元时所指的龙骨水车[6]。

二、龙骨水车木轮轴带动木链条传送的结构与原理

宋代关于龙骨水车的记载频繁出现在各类文学作品和绘画作品中，说明其使用情况已十分普遍。北宋王安石《元丰行示德逢》诗中"湖阴先生坐草室，看踏沟车望秋实。雷蟠电掣云滔滔，夜半载雨轮亭皋。旱禾秀发埋牛尻，豆死更苏

[2]〔晋〕陈寿：《三国志》，金名、周成点校，浙江古籍出版社，2000，第501页。
[3]丁福保编《全汉三国晋南北朝诗》，中华书局，1959，第1222页。
[4]杨希义：《唐代的水车》，《西北大学学报》1983年第4期。
[5]〔宋〕王钦若等编纂《册府元龟》，周勋初等校订，凤凰出版社，2006，第5649页。
[6]方立松、惠富平：《中国传统水车应用与推广的地域环境因素》，《中国农史》2010年第1期。

肥荚毛。倒持龙骨挂屋敖，买酒浇客追前劳”，[7]描写了龙骨水车平时放置在农民家中，可见其水车的形制不大，方便农户收纳。再如南宋陆游《春晚即事》诗中“龙骨车鸣水入塘，雨来犹可望丰穰。老农爰犊行泥缓，幼妇忧蚕采叶忙”[8]，描写了龙骨水车正在工作的场景。南宋杨威《耕获图》中描绘了田地中四位农民正在共同脚踏龙骨水车汲水的劳作场景（图5-4-1）。元代王祯《农书》中对龙骨水车的结构名称和尺寸有详细的记述：“其车之制，除压栏木及列槛桩外，车身用板作槽，长可二丈，阔则不等，或四寸，至七寸，高约一尺。槽中架行道板一条，随槽阔狭，比槽板两头俱短一尺，用置大小轮轴，同行道板上下通周以龙骨板叶。”[9]

从以上资料可知，宋代以后龙骨水车的形制结构已经确立并广泛应用于农

图5-4-1 《耕获图》 杨威
南宋[10]

[7]〔北宋〕王安石：《王安石文集》，刘成国点校，中华书局，2021，第1页。
[8]钱仲联、马亚中主编《陆游全集校注》7，钱仲联校注，浙江教育出版社，2011，第282页。
[9]〔元〕王祯：《农书译注》，缪启愉、缪桂龙译注，齐鲁书社，2009，第631页。
[10]刘文西总主编，陈斌主编《中国历代风俗画谱》，三秦出版社，2014，第219页。

业生产。龙骨水车整体上可以分为链条传送区和动力驱动区两大部分，虽然动力驱动区的结构有所不同，但是链条传送区的结构是一致的，它是专门用来传送水的机构，也是水车的重要组成部分。链条传送区主要由长木槽、木轮轴、木链条等部件组成（图5-4-2、图5-4-3）。长木槽呈空腔长条形，由一块底板、两块侧挡板、一块行道板以及多根用于固定的短木条组成。其中底板和侧挡板几乎同宽同长，行道板是置于木槽中间的横板，用来防止木链条上下部分缠在一起。木轮轴是用于转动木链条的齿轮，它可以精确地把一个轮轴的运动传递到另一个轴上[11]。因此木轮轴分为大小两个，分别置于木链条两端。木链条是整个水车的传动部位，它是由多个木板叶组合而成的。木板叶也被称为"鹤膝"，两个鹤膝之间以阴阳榫工艺相合，前端为凸形阳榫，后端为凹形阴榫，前后两端各有一个圆孔，用木销钉插入圆孔时使其铰接（图5-4-4）。将多个鹤膝按照此种方法连接起来就形成了木链条，即龙骨。木链条的穿插结构直观展现了穿剔技术的进步，借助凿、铲、钻等多样的穿剔工具，阳榫与阴榫之间实现了精准咬合。木销钉的精准插入在保证每个鹤膝能稳固咬合的同时，也预留了一定的活动间隙，使整个木链条得以自如运行。鹤膝是整个木链条中最重要的零部件，使用木质鹤膝有三个主要优势。第一，木材经济实惠。我国林木资源储量是非常充

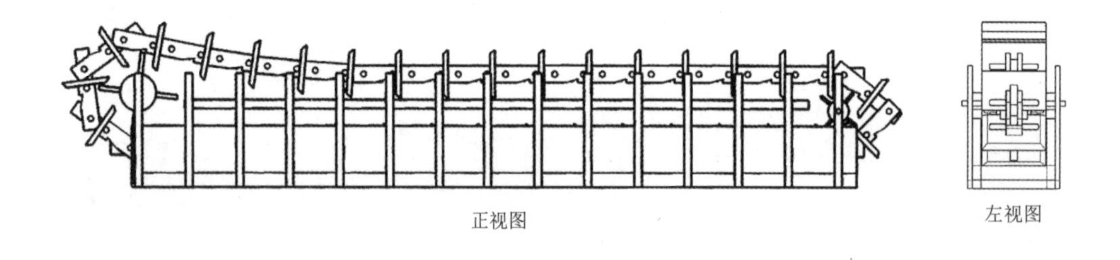

图5-4-2　龙骨水车链条传送区三视图

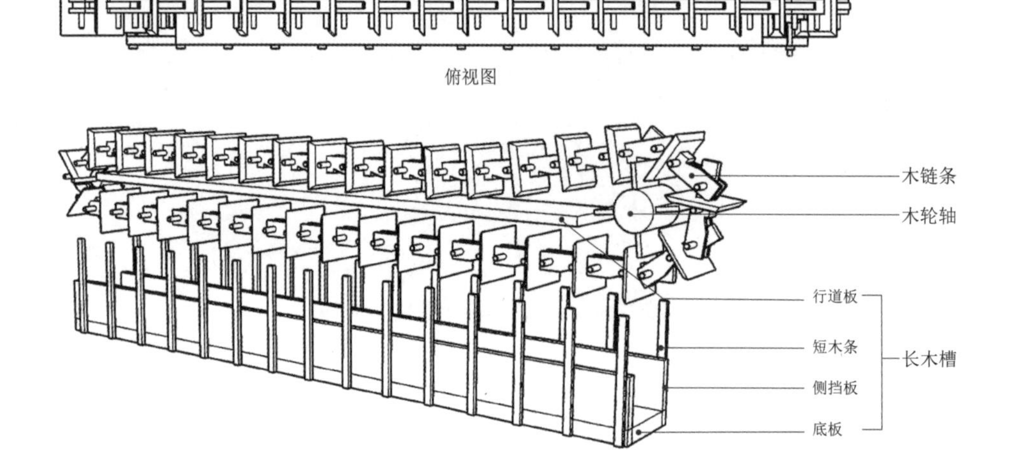

图5-4-3　龙骨水车链条传送区结构名称示意图

[11]《中华文明史》编纂工作委员会编《中华文明史》（第3卷），河北教育出版社，1992，第295页。

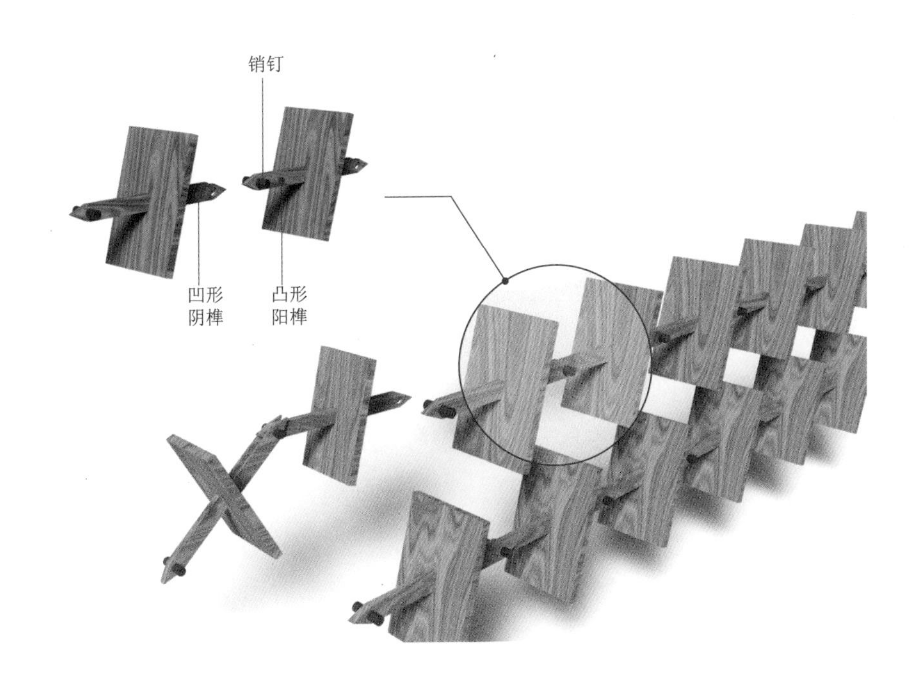

图 5-4-4　木板叶（鹤膝）结构名称示意图

裕的，它是随处可见的普通材料。第二，木材轻便。木头质量轻的天然属性使得用它组合而成的木链条整体轻便，方便农民在劳作中移动。第三，木材易于加工。我国具有悠久的建造木构建筑的传统，因此对于木材的加工积累了丰富经验。犹如加工建筑中的斗拱部件一样，木质鹤膝的加工也是根据相同尺寸加工好后，再用榫卯结构拼合起来。鹤膝的制作展现了唐宋时期锯解技术的精进，框锯的出现与普及为模数制的产生提供了技术条件。匠人在框锯与模数制技术的助力下，保障了鹤膝的多个同规格部件结构准确，呈现出模块化特征，方便鹤膝安装和拆卸，便于日后部件的维修与替换，这极大增加了龙骨水车使用方式的灵活性。据调查，链条传送区的所有零件因经常要泡到水中，所以使用期间须常用桐油揩抹以防止腐烂，延长龙骨水车的使用寿命。

在动力驱动下，链条传送区的工作原理是通过木轮轴带动木链条运动，从而实现传动水的效果。其原理类似现在的自行车链条，运用了齿轮和链的机械传动结构[12]。人们使用时是将小轮轴一端放到水里，动力驱动大轮轴一端转动，从而带动了整个木链条的运动，木链条上的鹤膝可将水从小轮轴的一端顺着木槽给定的方向传送上来，水再从大轮轴一端流出。当高处的田地需要灌溉时，可将龙骨水车架设在水源与田地之间，从而实现持续汲水的目的。同时，当地势低洼或因连续降雨导致农田内涝需要泄水时，龙骨水车也可以实现排水的功能，因此龙骨水车是具备双重功能的农业机械。

[12] 方立松：《中国传统水车研究》，博士学位论文，南京农业大学，2010，第 27 页。

三、龙骨水车多样化的动力驱动区

元代《农书》中总结了已经出现的龙骨水车类型，按照不同的动力驱动，可分为人力、畜力和水力三类。明代农书《农政全书》“水利”一卷中关于灌溉机械的记述全部引用了元代的《农书》。明代宋应星《天工开物》在此前的基础上补充了风力龙骨水车。结合以上列举的历代主要农业古籍可知，我国传统的龙骨水车形成了人力、畜力、水力及风力四种不同的动力驱动方式。

（一）以人力驱动为主的手摇式与脚踏式龙骨水车

人力龙骨水车主要有两种形制，分别为手摇式龙骨水车和脚踏式龙骨水车。手摇式龙骨水车也被称为“拨车”，它是由一人左右手交替或二人一推一拉转动安装在大轮轴两侧的曲柄拨杆。在人力作用下，两个拨杆都进行平面运动，每个拨杆的运动角度为180°，两边共用完成一圈运动，也就是360°，进而再驱使链条传送区运动（图5-4-5）。

脚踏式龙骨水车也被称为“踏车”，需要两到四人共同操作使用（图5-4-6）。脚踏式龙骨水车动力驱动区的结构主要是由木架、横轴、踏板等部件组成。其中横轴与大轮轴相连，当人们双脚踏动安在横轴上的踏板时，大轮轴便得以转动，从而驱使链条传送区运动。同时，在使用时，人的上身可以依凭在上端的扶手架上，从而减轻劳动的负担，也能保持脚踏时重心平稳。一旦横轴开始转动，根据惯性，人依靠在木架上就具有一定程度的省力效果。元代《农书》中记载了脚踏式龙骨水车的工作原理：“其在上大轴，两端各带拐木四茎，置于岸上木架之间。人凭架上，踏动拐木，则龙骨板随转，循环行道板刮水上岸。此车关键颇多，必用木匠，可易成造。”[13] 其中“拐木”是指安装在横轴上的踏板，此车结构颇多，必须由木工工匠才能完成制造。

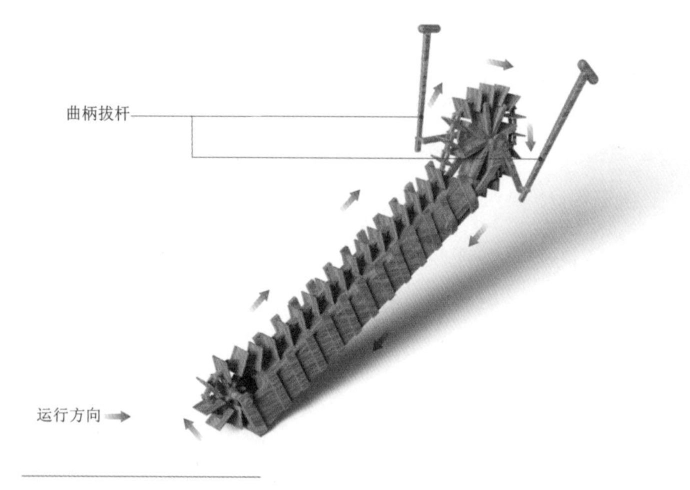

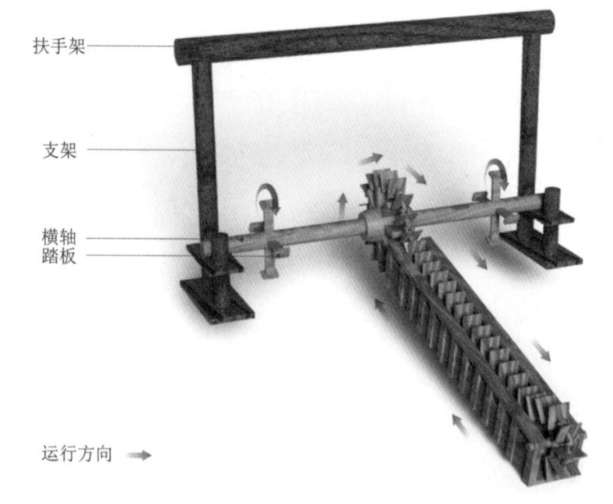

图5-4-5（左） 手摇式龙骨水车结构名称、运行方向示意图

图5-4-6（右） 脚踏式龙骨水车结构名称、运行方向示意图

[13]〔元〕王祯：《农书译注》，缪启愉、缪桂龙译注，齐鲁书社，2009，第631页。

人力龙骨水车主要应用于地势相对平缓、上下水位差不多的区域，因此适用的地区比较广。当遇到水与田地存在一定落差的情况时，则需要耗费更多的人力。手摇式龙骨水车具有经济实惠、操作简单、便于携带的优点，适合以家庭为中心的精耕细作，它的局限性是提水效率不高。脚踏式龙骨水车则更加适合以村落为中心、多人参与的共同协作，它的功效高于手摇式龙骨水车。明代《天工开物》评价了以上两种水车的工作效率，书中写道："或聚数人踏转车，身长者二丈，短者半之……大抵一人竟日之力，灌田五亩"，"其浅池小浍，不载长车者，则数尺之车，一人两手疾转，竟日之功，可灌二亩而已"。[14] 从中大抵可知，手摇式龙骨水车每日可灌溉约2亩农田（根据明尺约为32厘米推算，明朝1亩约为614.4平方米[15]），而脚踏式龙骨水车每日可灌溉5亩农田。

（二）以牛力为主的畜力驱动的龙骨水车

南宋时期出现了畜力龙骨水车，是在原来人力水车基础上的新改进，标志着水车开始朝着解放人力的方向发展（图5-4-7）。在牲畜的选用上有牛、驴、骡子等家畜，其中主要以牛为主。

畜力龙骨水车的动力驱动装置较之前有所革新。它主要由齿轮、竖轴、横轴、拉杆等部件组成。人们将牲畜拴套在拉杆上，牲畜围绕竖轴做圆周运动，再通过竖轴传递给上面的齿轮，齿轮驱使旁边与之相切合的竖齿轮运动，进而通过横轴驱使链条传送区运动。畜力龙骨水车中齿轮光滑浑圆的形制，不仅展现了古代木材弯曲技术的进步，还体现了古代匠人对于数理知识的准确认知。先秦时期古人制轮是通过火烤的办法对木材进行弯曲加工，如《考工记》中描述车轮的制作需经过火烤的工序时写道："凡揉牙，外不廉而内不挫，旁不肿，谓之

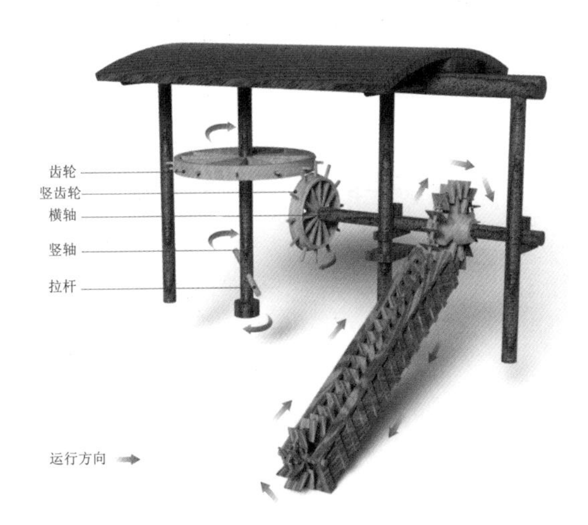

图5-4-7　畜力龙骨水车结构名称、运行方向示意图

[14]〔明〕宋应星编著《天工开物》，商务印书馆，1933，第4、5页。
[15]卢嘉锡总主编，丘光明等著《中国科学技术史：度量衡卷》，科学出版社，2001，第405—406页。

用火之善。是故规之，以眡其圆也。”[16]自唐代框锯的出现，改变了早期火烤弯曲的木材加工方式，《历代社会风俗事物考》中记载：“今制木辋之法，用至坚之枣木，锯解为片，裁作弯形，衔接为规。古无锯，以火烤棘木使弯。”[17]描述了唐代以后，匠人利用锯子将木材锯解成多个弧形块状后，再拼接成一个圆形的木材加工技术。此外，在木材的弯曲加工中，木材的精准锯解既需要框锯等先进工具的加持，也需要匠人对于数理参数的熟练掌握。元代《农书》记载了牛力龙骨水车：“如无流水处用之。其车比水转翻车卧轮之制，但去下轮，置于车旁岸上，用牛曳转轮轴，则翻车随转，比人踏，功将倍之。”[18]在没有流水的地方可以采用牛力龙骨水车，表明对于缺少水资源的地方，牛力龙骨水车具有重要的使用价值。

牛力龙骨水车主要出现在我国浙江地区，用于农田的灌溉[19]。较人力龙骨水车来说，牛力水车效率更高。明代《天工开物》评价牛力龙骨水车的工作效率是脚踏式龙骨水车的2倍，即每日可灌溉10亩农田。

（三）以水力驱动为主的龙骨水车

元代时，水力龙骨水车已经得到了大力发展。在农业生产中，将水能转换成机械动能是在人类继利用水源灌溉之后，对水资源的又一次开发（图5-4-8）。水力龙骨水车的发明标志着人们着力探索自然能源的无限潜力，也体现出我国水力机械制造技术取得的长足发展。

水力龙骨水车动力驱动区的结构与畜力龙骨水车大致相同，不同之处在于，水力龙骨水车其动力驱动区下部的拉杆变成了水轮，水轮上装有若干板叶。湍

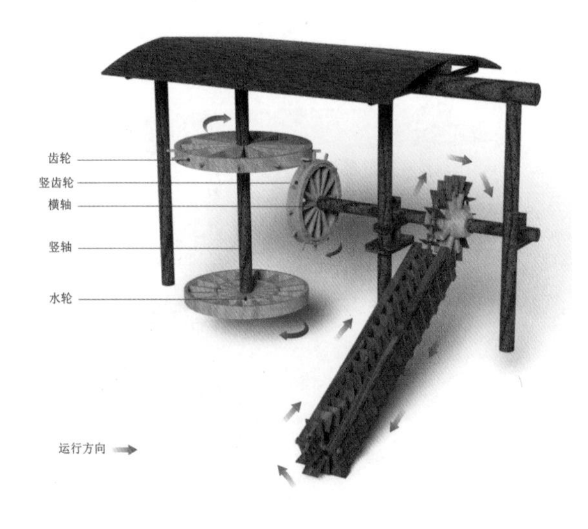

图5-4-8　水力龙骨水车结构名称、运行方向示意图

[16]闻人军译注《考工记译注》，上海古籍出版社，2008，第23页。
[17]尚秉和、母庚才、刘瑞玲点校《历代社会风俗事物考》，中国书店，2001，第122页。
[18]〔元〕王祯：《农书译注》，缪启愉、缪桂龙译注，齐鲁书社，2009，638页。
[19]李崇州：《中国古代各类灌溉机械的发明和发展》，《农业考古》1983年第1期。

急的水流经过水轮时，带动板叶转动产生动能，从而依次带动竖轴、齿轮、竖齿轮以及横轴运动，这种水力机械的结构类型可以概括为“水轮、轴、齿轮组合式”。[20] 元代《农书》中详细记载了关于水力龙骨水车的结构和工作原理：“水转翻车，其制与踏车俱同，但于流水岸边，掘一狭堑，置车于内；车之踏轴外端，作一竖轮；竖轮之旁，架木立轴，置二卧轮；其上轮适与车头竖轮辐支相间。乃擗水旁激，下轮既转，则上轮随拔车头竖轮，而翻车随转，倒水上岸。此是卧轮之制。若作立轮，当别置水激立轮。其轮辐之末，复作小轮，辐头稍阔，以拔车头竖轮。此立车之法也。然亦当视其水势，随宜用之。其日夜不止，绝胜踏车。”[21] 文中的“二卧轮”分别指的是动力驱动区由一个竖轴串联起的下部水轮和上部齿轮。文中指出了水力龙骨水车存在的优势，它可以日夜不停息地工作，效率远胜脚踏式龙骨水车。

水力龙骨水车只适用于水资源丰富、水流高低落差比较大的地区，因此与人力、畜力龙骨水车相比，它的应用范围相对有限。而且受到当地降水量的影响，水力龙骨水车的使用还受到季节的限制，但由于它和畜力水车的结构基本一致，所以可以实现交替使用。

（四）以风力驱动为主的龙骨水车

明清时期，风力龙骨水车得到了广泛的实际应用，明代《天工开物》载：“扬郡以风帆数扇，俟风转车，风息则止。此车为救潦，欲去泽水以便栽种。”[22] 由此看来，这一时期风力龙骨水车的发展已较为成熟，有着完备的技术支撑。风力水车是一种新的大型水车，是水车制造技术发展的一个新高峰。风力龙骨水车的工作原理是风车的风帆部分受风转动，随之传动滚轴，从而驱使链条传送区运动。按照风车主轴的位置可以分为立轴式风车和卧轴式风车两种。其中立轴式风车是常见的风车类型，20世纪中后期我国乡村还在使用，据调查，仅在渤海之滨的汉沽塞上区和塘大区（现塘沽区）就有600余架[23]。直到20世纪80年代才被陆续拆除。

立轴式风车采用立帆式风轮，是根据早先的风车和船帆原理设计出来的[24]。清代文献中出现了此种风力水车运用在沿海盐场的记载，它的主要用途是提升海水，用以制盐。周庆云的《盐法通志》中记载：“风车者，借风力回转以为用也。车凡高二丈余，直径二丈六尺许。上安布帆八叶，以受八风。中贯木轴，附设平

---

[20] 闵宗殿：《水力在中国古代农业上的应用》，《古今农业》1992年第4期。

[21]〔元〕王祯：《农书译注》，缪启愉、缪桂龙译注，齐鲁书社，2009，第636页。

[22]〔明〕宋应星编著《天工开物》，商务印书馆，1933，第5页。

[23] 陈立：《为什么风力没有在华北普遍利用——渤海海滨风车调查报告》，《科学通报》1951年第3期。

[24] 白寿彝总主编，周远廉、孙文良本卷主编《中国通史》第十卷，上海人民出版社，1996，第460页。

形齿轮。帆动轴转，激动平齿轮，与水车之竖齿轮相搏，则水车腹页周旋，引水而上。此制始于安凤官滩，用之以起水也。长芦所用风车，以竖木为干，干之端平插轮木者八，如车轮形，下亦如之。四周挂布帆八扇。下轮距地尺余，轮下密排小齿。再横设一轴，轴之两端亦排密齿，与轮齿相错合，如犬牙形。其一端接于水桶，水桶亦以木制，形式方长二三丈不等，宽一尺余。下入于水，上接于轮。桶内密排逼水板，合乎桶之宽狭，使无余隙，逼水上流入池。有风即转，昼夜不息。不假人工，不资火力，洵佳构也。”[25] 文中“长芦”指的是现在位于河北省和天津市的渤海沿岸的盐场，那里曾是我国较大规模的盐场之一，通过架设风车，可以日夜不歇地提水，这极大地节省了人力成本，提高了生产效率。

上文《盐法通志》中提到的具有八扇布帆的风车又名八桅风车，江苏盐城民俗动态博物馆陈列了一件按照当地八桅风车原貌复原出来的风车实物。该风车主要包括桅杆、撑芯、拨担、车芯、车锏、跨轴等（图5-4-9）。以图中的八桅风车为例，其高约900厘米，上部半径约450厘米，下部半径约350厘米，形制比较高大。如此大型的器械，操作却非常简单。启动风车时，用绳子拴住座杆，使风车静止，视风力大小，用游绳把风帆升到一定高度，将系着游绳的挂绳木卡挂在桅杆上的小木钉上，放开拴座杆的绳子，风车即开始转动。止动风车时，依次将挂绳木从桅杆的小木钉上击脱，风帆遂落，风车停转[26]。八桅风车的优势在于风车转动过程中风帆的方向会自动调节。每当风帆转到顺风的一边时，风帆就自动趋于与风向垂直，使所受风力达到最大值；当风帆转到逆风处时，就自动

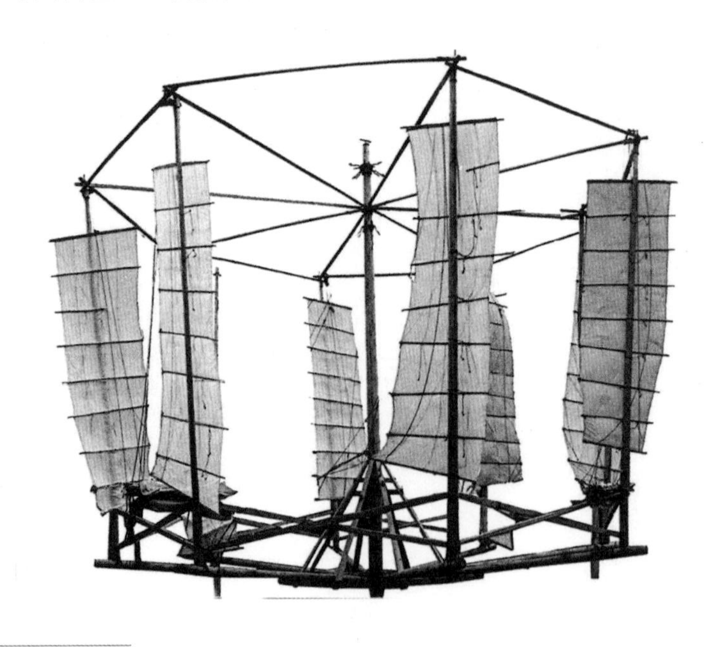

图5-4-9　江苏盐城民俗动态博物馆陈列的八桅风车[27]

[25] 乌程周庆云纂《盐法通志》卷三十六，民国十七年（1928）石印本。
[26] 何小佑、王琥主编《中国传统器具设计研究》卷二，江苏美术出版社，2007，第167、175页。
[27] 同上书，第167页。

转向与风向平行，所受阻力达到最小值，使得风车可以不受风向变化的影响[28]。这是我国一项极具巧思的机械设计实例。

风力龙骨水车适用于我国地势开阔的东部沿海地区。一方面是因为它形制高大，占地面积比较大；另一方面是因为它只适合风力资源丰富的地区，因此其自身具有较高的地理局限性。但是对比其他类型的水车，风力龙骨水车是提水效率最高的一类，体现出风能具有巨大的利用潜力和价值。

结语

龙骨水车从外观上看是由众多零件构成的复杂机械，给人一种十分笨重、操作复杂的直观感受。但实际上龙骨水车的操作十分简便，仅需不断重复一个动作便可使其连续工作。龙骨水车得以简易捷利的使用，承托于中国古代先进的木作工具体系以及穿剔、锯解等高超的木作加工技术，使用者不需要付出很高的学习成本就可以轻松操作，还能有效地帮助人们提高生产效率。这种注重人机操作简便性的设计思维，对现代工业设计具有重要的参考价值。反观现在的许多产品，使用烦琐，需反复查看说明书才得以操作。尤其是在设计中多按键所营造出的“科技感”，忽视了使用过程的“适人性”因素。

在龙骨水车的动能驱动上，中国工匠在实践中不断改进，在人力的基础上开发出了畜力、水力、风力。多样化的动力驱动系统帮助人们从繁重的劳役中解放出来，体现出中国农业机械设计中“随地制宜”“因势利导”的思想内核，即根据具体的自然地理环境特征，主动选择适宜的自然界势能，将其转化成有效的机械动能，从而实现人、物及环境之间的贯通融合。此外，龙骨水车能够实现多元动力的驱动，有赖于中国古代卓越的木材弯曲技术，以及匠人对于参数设计方法的娴熟掌握。

龙骨水车的发明为我国农业生产的持续繁荣提供了有力支撑，作为我国典型的链传动农业机械，一方面反映出政府主导下对于提升农业机械科技水平的重视，另一方面离不开民间工匠在农械制作过程中善于根据自身环境做出的针对性改良。在工业化进程不断加速的今天，尽管龙骨水车已难以满足农业生产的实际需求，但其蕴含的设计思想应当被重视。此外，在今天一些乡村旅游项目中仍能看到龙骨水车的身影，它以回溯农耕文明和体验田园生活的新形式被人们重新运用，这也许是新时代赋予龙骨水车的新使命和新价值。

---

[28] 张柏春：《中国风力翻车构造原理新探》，《自然科学史研究》1995年第3期。

第五节　明清家具的典范

苏作家具是中国古典家具三大流派之一，苏作家具的概念有狭义和广义之分，狭义的苏作家具是指明中晚期至清晚期，以苏州府为中心的江南地区制作的材美工巧的硬木家具。苏作家具具有鲜明的地方特色、广泛的地域分布和深远的文化影响。从文化地理学角度看，苏作家具集聚和辐射所及的文化范围远远超出了苏州府的地域范畴，由小及大可分为苏州府管辖地区、江南核心地域和中国大部分地区三个层级。广义的苏作家具概念由狭义拓展而来，指的是至今仍保持和继承上述做法和式样的家具。苏作家具是日常生活、工作或社会交往活动中供人们坐、卧、躺以及支承与贮存物品的生活器具，也是城市文化的重要组成部分。

苏作家具是在独特的自然环境、风俗习惯和文化艺术的土壤里孕育而出的木质家具设计风格，其四百余年的发展历程有着明显的阶段性特征。本节分析了苏作家具在明清之际两个阶段的发展历程。第一个阶段是明式苏作家具阶段，该阶段的时间跨度为明中晚期至清早期。选材方面，该阶段苏作家具的木材多采用黄花梨。结构方面，该阶段的苏作家具更多吸取了建筑上大木梁架的造法。一方面，体现在预设了挓度，挓度是垂直构件向中心微微倾斜的角度，可以使家具在使用时更为舒适；另一方面，还体现在采用了下疏上敛的圆材侧脚，并摒弃了束腰、马蹄足、托泥等受力结构，使得结构更为稳固。装饰方面，明式苏作家具的木雕饰面较小，装饰较为简洁。第二个阶段是清式苏作家具阶段，该阶段的时间跨度为清中期至清晚期。选材方面，由于黄花梨采伐殆尽，家具的木材多采用酸枝木。结构方面，该阶段的苏作家具更多延续了唐代壸门结构家具的做法。一方面，该阶段苏作家具的座面至腿足上下同大，四个腿足笔直矗立，没有预设挓度；另一方面，该阶段的苏作家具以束腰结构来连接方材直足，并组合使用马蹄足、托泥以提升整体的稳固度。装饰方面，清式苏作家具的木雕饰面较大，装饰风格较为繁复。

本节从明清时期的苏作家具入手，梳理了明清之际苏作家具的阶段性特征，阐明了苏作家具的工法构造与组织群体。首先，从木材、结构与装饰三个方面，阐明了明式苏作家具与清式苏作家具的差异，选材方面经历了由黄花梨向酸枝木的转变，结构方面从圆材直足、有侧脚、无束腰、无马蹄足、无托泥的形制，转变为方材直足、无侧脚、有束腰、有马蹄足、有托泥。装饰方面也从饰面较小的简洁装饰转变为饰面较大的繁复装饰。其次，围绕苏作家具的选材配料、生坯制作、雕刻装饰、髹漆涂饰的四个工艺流程，明确各个木作工具及其辅助工具在家具制作过程中起到的关键作用。并从锯木、风干、刨平、开榫、雕刻、打磨、髹漆、装配八大工艺环节，阐述了苏作家具的工艺步骤与技术要点。最后，考察了与苏作家具相关的行业组织、群体结构、运营管理、财务制度与传承谱系，还原了苏作家具承载的“社会图景”。

一、明式至清式苏作家具的迭代

（一）由花梨至酸枝的木材选择

苏作家具的用材主要来自输入型的外地木材、进口木材和本地所产的木材，不同阶段苏作家具的主要选材具有时代差异性（图5-5-1）。明中期至清初，苏作家具的选材以榉木、黄花梨为首选。清中期之后，苏作家具多使用酸枝木、榉木和楠木。此外，该时期苏作家具也少量使用紫檀、银杏木、柞榛木、乌木等木材。明清苏作家具用材最大的变化在于清中期以后，酸枝木替代黄花梨成为最主要的木材。这是由于明末政府机构和民间贸易团体赴南洋采办的黄花梨、紫檀等名贵硬木树种基本采伐殆尽，最晚至乾隆中期，苏作黄花梨家具也不多见，嘉庆、道光后偶见生产的苏作黄花梨家具也多是原有存料或旧料改造。随后，资源丰富、材质优良、符合使用者审美情趣的酸枝木大量流入中国，取代了黄花

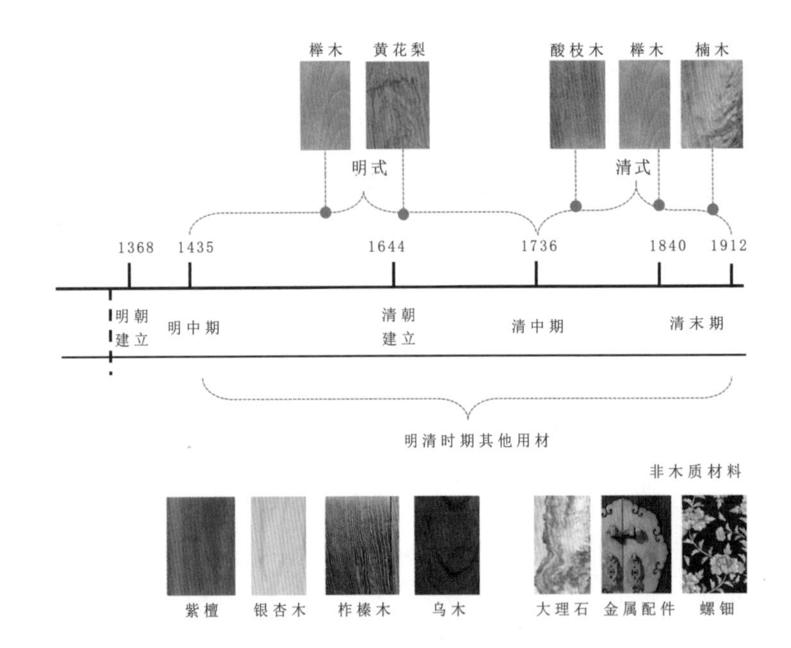

图5-5-1　苏作家具用材演变图

梨成为主流木材[1]。除了黄花梨、酸枝木、楠木以外，苏作家具也常用榉木作为主要木材，榉木不似黄花梨和酸枝木在苏作家具发展中有着明显的使用时间分期，它的发展一直贯穿苏作家具的整个发展过程。一方面是由于榉木有中举、治家有方的象征寓意，江南人家常将榉树与朴树搭配种植于庭院，形成了“前榉后朴”的地方习俗，受地方习俗的影响，榉树得以在江南地区大量种植，这为苏作家具的制作提供了丰富的、优质的自然资源；另一方面榉木的宝塔纹、山水纹等层次分明的木材纹路，以及温润如玉的木材特性，都与书香文人和达官贵人的审美偏好十分贴合，因而有着广泛的消费群体。

（二）由曲至直的结构转变

家具的器型结构是判定明式苏作家具与清式苏作家具的重要依据。扶手椅是明清苏作家具的重要品类，不同时期苏作家具的结构特征在扶手椅中有着具体体现。明式苏作扶手椅与其他品类的明式苏作家具一样，在结构上更多的采纳了建筑上大木梁架的造法，扶手椅的腿足与立柱直接相连，使用了无束腰的结构，并参考了建筑的支撑立柱，使用了圆形木材，同样直接落于地面。明式苏作家具在结构设计中常预设挓度，明式苏作扶手椅的腿足采用了下疏上敛有侧脚的形式，保留了一定的挓度。此外，扶手椅的靠背略呈弯曲，靠背与座面呈100°至105°夹角，座面与地平面一般有3°左右的仰角（图5-5-2）。明式苏作扶手椅挓度的设计，一是为了避免上大下小的视觉视差，二是为了就坐时的便利与倚靠时的舒适，三是可以起到稳固的作用。挓度的预设，体现了明式苏作家具设计的人性化特点。

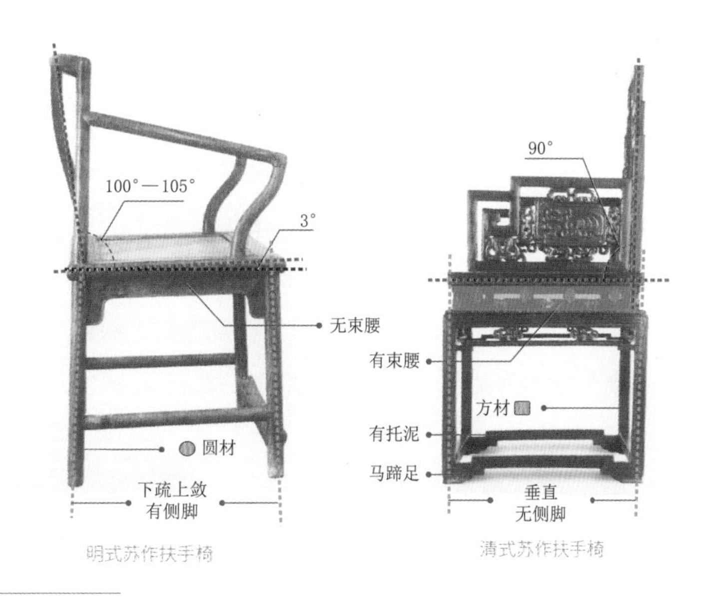

图5-5-2　明清苏作扶手椅对比图[2]

[1] 高伟霞、吴智慧、余继宏：《明清苏作家具雕饰艺术特征分析》，《包装工程》2020年第4期。

[2] 张辉：《明式家具器型研究》，故宫出版社，2020，第256页。田家青编著《清代家具》，文物出版社，2012，第103页。

与之相比，清式苏作扶手椅在结构上更多沿用了唐代壶门结构家具的特征，通过束腰结构来进行腿足的连接，延续了壶门结构家具上下同大、四足直立的做法，并更多地使用了方形木材。不同于唐代壶门结构家具，清式苏作家具没有壶门，唐代壶门结构家具中歧出的牙脚，几经蜕变，成为清式苏作扶手椅足端的马蹄。清式苏作扶手椅也延续了壶门结构家具原有的底框，这样的底框被称为托泥。清式苏作家具在结构设计中不设挓度，方形木材的腿足采用直上直下、没有侧脚的形式。清式苏作扶手椅的靠背与座面的连接也是直上直下，夹角多呈标准90°。正是由于清式苏作家具结构中直上直下没有挓度，故而需要束腰、马蹄足、托泥等结构部件，来提升家具的稳固度。虽然清式苏作扶手椅呈现出中规中矩的风格特点，但忽略了人在使用时的舒适性，并不符合人体工程学的原理。

（三）由简至繁的装饰改变

明清苏作家具的装饰图案多以具象的视觉形式来呈现，装饰图案的制作与加工是基于程式化的装饰画样展开的，因而这些画样的大小尺寸也遵循着一定规律。装饰图案的比例尺度是评价产品优劣的重要参考，因而探讨装饰图案的比例尺度对于明清苏作家具的雕刻装饰评价研究是有必要的。关于明清苏作家具的装饰评价，本节以家具最常见的使用方向为正方向，以家具正立面的装饰饰面比为视觉物理量的度量指标，来认识和理解不同风格的明清苏作家具的装饰图案，分析装饰图案的大小尺寸与家具整体的比例尺度关系，并开展对于明清苏作家具饰面繁简程度的主观语义评价，进而获取视觉心理量信息，以探讨明清苏作家具装饰视觉心理量（繁简程度主观评价）与视觉物理量（装饰饰面比例）之间是否存在对应关系[3]。

首先，通过对所收集的明清苏作老家具的实物样本进行筛选与测量，初选了62例样本，删除了6例重复样本。其次，经专家咨询以及对主流纹饰典型性及广泛性的筛选，最终确定了49例样本，其中明式16例，清式33例。再次，在设计类软件中以毫米为单位按照1 ： 1的比例，绘制了家具正立面图，并对家具整体和雕刻装饰图案进行了封闭面域的统计计算。假设一件苏作家具正立面由n个家具构件构成，第1个家具构件的木雕图案面积为a_1，构件面积为b_1，单件家具正立面的木雕图案饰面比为D，49例样本全部按照此公式进行家具木雕饰面比计算。

$$D=\sum_{i=1}^{1} a_i \Big/ \sum_{i=1}^{n} b_i = (a_1+a_2+\cdots+a_n) \big/ (b_1+b_2+\cdots+b_n)$$

[3] 余继宏、高伟霞、吴智慧：《明清苏作家具木雕饰面比例与视觉感受相关性分析》，《林产工业》2019年第12期。

通过词汇收集与筛选、问卷制作与调查，统计分析后得出明清苏作家具整体装饰的繁简程度主观评价的均值近似为0，说明明清苏作家具总体装饰有度，繁简适宜。明式苏作家具和清式苏作家具的饰面比大小有非常显著的统计学差异，明式苏作家具饰面比的平均值为5.82%，清式苏作家具饰面比的平均值为14.53%，清式苏作家具的饰面比约是明式苏作家具饰面比的2.5倍。此外，明式苏作家具的饰面比标准差和方差均比清式苏作家具的饰面比小，故而可知明式苏作家具的雕饰分布更加稳定，较为简洁。基于SPSS相关性分析，明清苏作家具装饰饰面比值与繁简程度主观评价关联性研究表明，繁简程度的主观感知受装饰饰面比的影响呈显著性正影响，即明清苏作木雕家具的雕刻装饰饰面比越低，给人越简洁的感受；反之，雕刻装饰饰面比越高，给人越繁复的感觉。

二、苏作家具的工法构造

（一）苏作家具的制作工具

苏作家具行业有“三分手艺七分家什”[4]“推（刨）刀斧头锯，曲尺墨斗线，凿团铁锤团，七件家似团，走遍天下都不惊”[5]等俗语，这些俗语表明木作工具及其辅助工具在家具制作过程中发挥了关键性的作用。苏作家具制作工具的历史可以追溯到春秋战国时期，明代以后工具齐备，未有技术上的重大突破。历代工序基本上是相同或相近的，对于同一工序前后时期所用的工具会有所不同，即使相同的工具受其他工具或新工具的影响，功用的侧重面也会有所不同[6]。苏作家具的艺术风格转变与木作工具的发展、冶炼技术的进步是密不可分的。在明代，苏作家具所用工具的冶炼技术较之前代，已有很大改善，工具形制基本健全，苏州地区形成了以生产工具而闻名的五金重镇，如正德以及崇祯《姑苏志》和嘉靖《吴江县志》记载的苏州吴县、长洲、灵严山下，其中吴江是生产铁丝、刀锉的商业重镇。至清代，木工、金属生产工具专业化与商业化程度有了更大的提高。家具工具种类随着工具功能丰富而细分，工具刀头型号也日渐丰富，工具的研磨和保养更加方便。此外，木作工具的精进也推动着清代苏作家具向着繁复的装饰风格发展。苏作家具所用传统工艺工具如图5-5-3所示。

（二）苏作家具的成型工序

苏作家具工艺复杂、制作精细，其流程主要分为选材配料、生坯制作、雕刻

[4] 潘鲁生：《民艺学论纲》，人民美术出版社，2021，第258页。
[5] 方炳桂、方向红：《福州老行当》，福建人民出版社，2002，第20页。
[6] 李浈：《隋唐以后木作工具的变迁与家具的发展》，《文物建筑》2009年第00期。

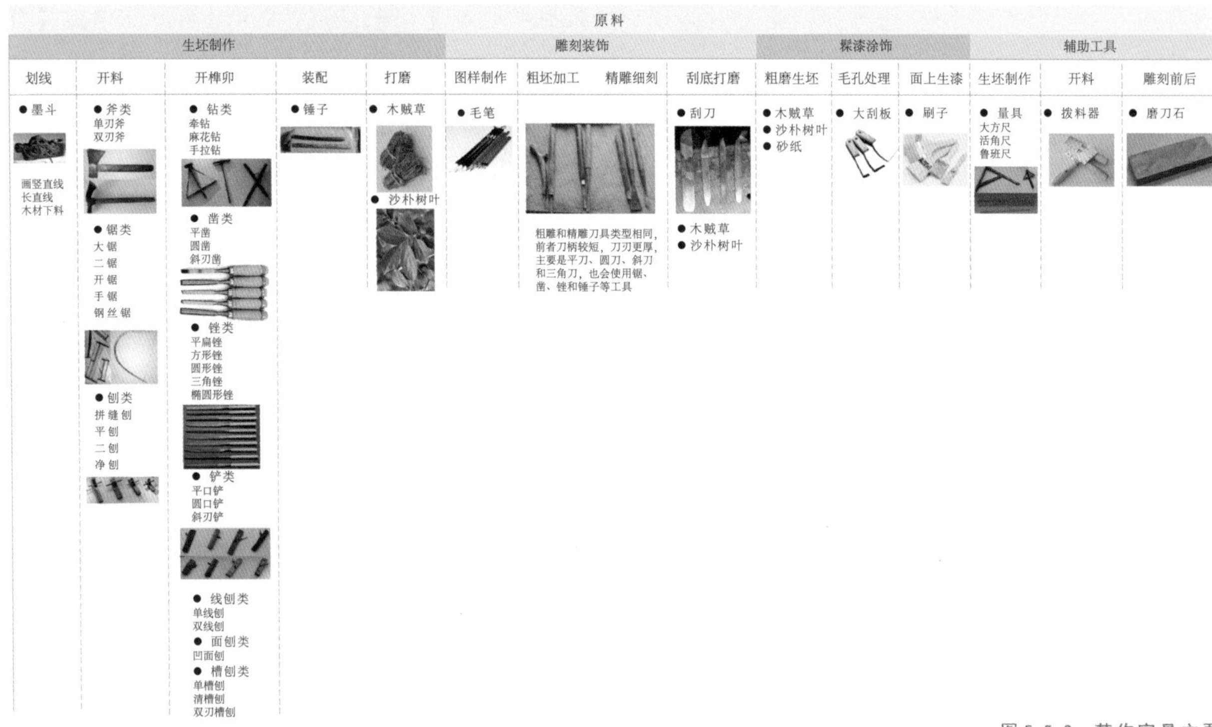

图 5-5-3 苏作家具主要工具

图 5-5-4 苏作家具制作流程

装饰、髹漆涂饰四个部分，细分为八大工艺环节（图 5-5-4）[7]。

1. 选材配料

工匠首先根据家具形制大小选择合适幅面的木料，一般首选同一材质或同一原料，以保证木材的干缩湿胀比大体一致，降低苏作家具成品的开裂变形概

[7] 杨琳、仲荣荣：《苏作传统家具制作技艺传承谱系初探》，《古建园林技术》2018 年第 2 期。

率。选料遵循从长料到短料、从宽料到窄料的顺序。大尺寸的家具如圆角柜柜门板、挂屏面板，考虑到板件结构的承重，以及防止其弯曲变形和左右串动，通常需要将板材进行拼接。板材结构的选材配料有着严格的要求，除材色要协调统一外，还需注意木材纹理走向流畅、粗细一致，配料拼板经过打磨后可达“无痕”的效果。

2. 生坯制作

生坯制作包括画线、开料、开榫卯、装配、打磨等木工工艺。

画线：根据苏作椅凳类、床榻类、桌案类、橱柜类和屏架类的不同规格，划定家具结构的基本尺寸，一般在精确尺寸基础上增加制作耗损余量。

开料：根据画线尺寸，将木料锯成各种部件，做到长料不锯短，宽料不锯窄，为使木材截面光滑、木料厚度均匀，还需经过平刨、净刨处理。《鲁班经》中就记录了部分苏作家具的尺寸和开料标准，例如大床式样：“下脚带床方共高式一尺二寸二分正。床方七寸七分大，或五寸七分大。上屏四尺五寸二分高。后屏二片，两头二片。阔者四尺零二分，窄者三尺二寸三分，长六尺二寸。正领（岭）一寸四分厚，做大小片……切忌一尺大。后学专用记此。”[8]

开榫卯：榫卯是在苏作家具的两个木构件上所采用的一种凹凸结合的连接方式。凸出部分叫榫（或榫头），凹进部分叫卯（或榫眼），榫和卯咬合，起连接作用。榫卯是苏作家具更是中国古代家具的灵魂和木作技艺精髓，常见有格角榫、粽角榫、燕尾榫、抱肩榫、龙凤榫、插肩榫等类型，它们使家具结构结实耐用，方便拆装，易于运输携带。

装配：将家具的零部件拼接成型，一般按照组装准备、部件组装、整体组装的顺序进行拼装。

打磨：通过去除木材表面的毛刺及污染物，以及清除各种加工痕迹，来降低家具表面的粗糙度。

3. 雕刻装饰

苏作家具雕刻主要包括浅浮雕、透雕、线雕、圆雕、嵌木雕五种技法，有时会综合运用多种技法。细分为实地平雕、铲地浮雕、实地浮雕三种形式的浅浮雕，而多种木色组合的嵌木雕技法是苏作家具木雕中最具特色的工艺形式（图5-5-5）。明式苏作家具一般不做大面积雕镂，常用工精意巧、灵动通透的小面积木雕饰以画龙点睛之笔来增添韵味。清式较之明式，雕饰趋向繁复绮丽，纹饰大多是世俗性的装饰主题。

---

[8] 转引自王世襄：《〈鲁班经匠家镜〉家具条款初释》，《故宫博物院院刊》1980年第3期。

a 浅浮雕

b 透雕

c 多材色嵌木雕

图 5-5-5　三种特色木雕装饰的苏作家具

本节通过查阅相关文献著作与史籍资料，以及博物馆、古旧家具市场、拍卖会等地的实地调查等途径，共收集到236件苏作家具有效样本，并经过业内专家典型性和代表性的咨询筛选后，整理出明式73件、清式163件。据此进行装饰题材、装饰部位、雕刻技法数量的拆解和统计分类，发现使用频率最高的装饰技法是浅浮雕和透雕，而圆雕技法则在清式苏作家具中应用更多。

由于缺乏史料，古代工匠制作苏作家具雕饰的真实场景不得其详，但家具实实在在被生活所用，并通过实物制作的方式一直传承至今。据调研，百年来，苏作传统手工技艺未有大的变更，故而依据当下传承的传统手工技艺对明清苏作家具传统雕刻工艺进行论述，其流程可划分为图样制作、粗坯制作、精雕细刻、刮底打磨四个阶段[9]。

图样制作：包括图样绘制或者拓样处理、建立基准、贴样、陈放四个步骤。图样一般是匠师或画师绘制的二维线稿，也可称作工笔白描画。匠师一般都积累着属于个人的图样库，有时也会根据客户的需求制作新的图样。古时一般用狼毫、羊毫类细而尖的笔，来勾勒细而匀的图样线条，现在多用铅笔、中性笔来绘制[10]。

粗坯制作：用削与铲等运刀技法、锉与磨等工艺，使苏作家具的木雕构件初步具备纹样雏形的过程。确切地说，是由外向内、由表及里，一步步通过减去纹样形象之外的木料，循序渐进地将木雕形体轮廓显现出来的过程，是整个苏作家具雕刻削减木料量最多的阶段。

精雕细刻：利用平刀、正反口圆刀、三角刀、斜刀将粗坯木雕构件进行细化

[9] 高伟霞、吴智慧、余继宏：《明清苏作家具木雕传统手工技艺特征探析》，《林产工业》2019年第9期。
[10] 同上。

雕刻的阶段。精雕虽然与粗雕所用刀属于相同类别，外观十分相似，但是精雕刀刃比较薄，刀柄比粗雕刀要高，便于用胸部顶住刀柄配合操作。粗雕的刀柄比精雕刀柄短，木锤敲下后不易晃动，准确又省力，刀刃比较厚。精细雕刻时一般不用木锤，而是靠手力、臂力和前胸的推力，手持刀具刀柄抵在胸前，手的作用主要是掌握刀头运行方向，以便于准确进行雕刻，并依靠手臂和前胸的推力前进。之后再进行修整以达到平整流畅的要求[11]。

刮底打磨：包括两个步骤，首先是对纹样形象表面和纹样底部进行扫活，即用刃口为直线或弧线的两类刮刀，对凸起的雕刻对象进行表面刮削，之后刮平雕刻对象以外的底面。刮削时多用大号刮刀，刮刀在使用时与底面的倾斜夹角较大，运行的方向也顺应木材纹理方向，刮出的效果将十分细腻。

其次是对木雕构件进行抛光，主要使用粗石、青石和木贼草。粗石用于干磨；青石用于水磨；木贼草俗名挫草，因表面粗糙，用于干磨苏作木雕规整构件和水磨异形雕刻构件。打磨方向应顺应木材纹理方向，以免出现毛刺。好的打磨工艺十分重要，因为它直接影响着苏作家具雕刻构件的最终品质。因古代传统家具打磨工艺过于复杂，当下传统工艺使用砂纸替代上述打磨工具。

以苏作圈椅椅背透雕如意纹为例，其完整雕饰流程如图5-5-6所示。

4. 髹漆涂饰

髹漆涂饰分为粗磨生坯、毛孔处理、面上生漆三个主要工序（图5-5-7）。

粗磨生坯：古代选用木贼草及沙朴树的树叶，在家具部件表面蘸水进行打磨，当下传统工艺一般选用180目水磨砂纸打磨。

图5-5-6（左）　苏作圈椅椅背如意纹雕刻流程

图5-5-7（右）　苏作家具表面生漆工艺流程

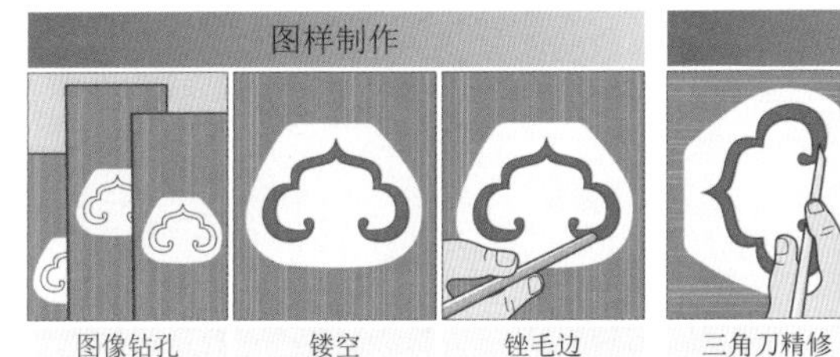

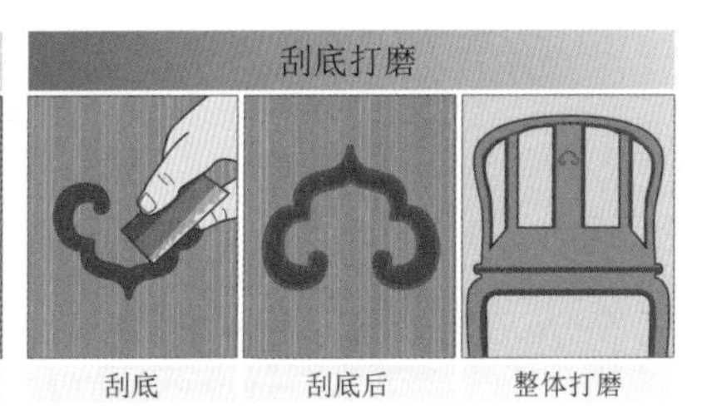

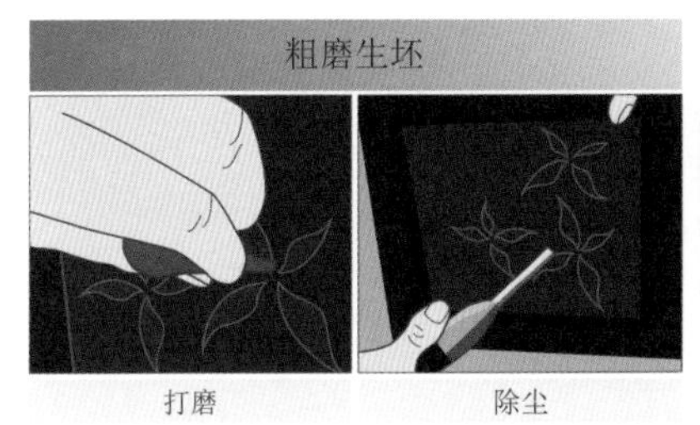

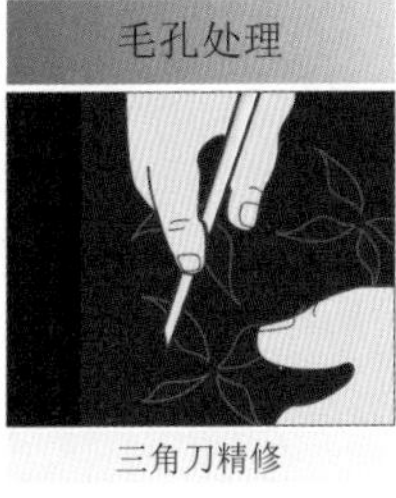

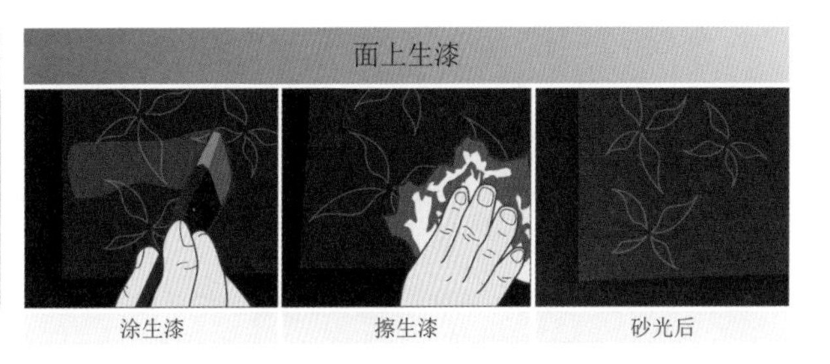

[11] 高伟霞、吴智慧、余继宏：《明清苏作家具木雕传统手工技艺特征探析》，《林产工业》2019年第9期。

毛孔处理：先吹净部件表面粗磨残留的木粉，之后在表面涂上由石膏粉和生漆混合的漆灰，俗称批灰打腻子，陈放24小时后再用240目水磨砂纸打磨腻子。

面上生漆：生漆用煤油调匀，用长毛刷在雕刻部件表面，一般涂3至5遍，每涂好一遍，须陈放在漆房，等干燥后精细打磨，之后再进行下一遍涂饰，每次涂饰后选用的砂纸数目需不断递增，使家具表面形成薄漆硬膜[12]。

表5-5-1 明清苏作家具及雕刻相关碑刻记录

序号	碑名	时间
1	苏州府规定采买架木桩木皇木地区办法碑	康熙二十二年（1683）八月
2	苏州府禁革行头官用等名色以除商害碑	康熙二十七年（1688）四月
3	长吴二县规定各商运到桅杉木值听其投牙各行各卖不得恃强夺碑	康熙三十三年（1694）十月
4	长洲县组定漕船到苏受兑停泊地点毋许越界滋扰商民碑	乾隆三年（1738）四月
5	苏州府禁止地匪棍徒向小木作公所作践及私行盗借侵僧僭情事碑记	道光元年（1821）二月十六日
6	红木巧木业伙友因被置器铺诬控不服将捐款捐入公所公用碑记	道光二十四年（1844）六月
7	苏州府为吴县香山帮水木匠业在助修聋公所并置义塚禁止匪棍阻扰碑记	道光三十年（1850）十二月初七日
8	长元吴三县规定水木两作每作每月捐钱三千文按月存储公所办理善举碑	光绪十二年（1886）十月十一日
9	长元吴三县梳妆公所议定章程碑	光绪十九年（1893）七月二十日
10	梳妆同业章程碑	光绪二十一年（1895）四月二十一日
11	梓义公所规定新工价及捐款收支数目碑	光绪二十九年（1903）
12	木商重建大兴会能捐款人姓名碑	同治四年（1865）五月
13	江苏市政司永禁大典差徭役役扰累商牙碑	同治九年（1870）四月
14	江苏按察司禁止借木差徭丁胥例外飞派碑	同治九年八月初二日
15	重建小木公所同业捐款数目碑记	同治九年十月
16	江苏按察使司为长元吴三县置器铺户永免差徭以及借赁勒变等事如遇公务需用家伙由官按市给价平买永禁胥役	同治九年十二月十六日
17	苏州府规定巽正公所所需经费应于行用内按照木植出塘每甲提钱四百文归入公所抵充公用并办善举	同治十年（1871）正月二十六日
18	置器公所公议规条碑	同治十一年（1872）四月

[12] 高伟霞、吴智慧、佘继宏：《明清苏作家具木雕传统手工技艺特征探析》，《林产工业》2019年第9期。

三、苏作家具的组织群体

（一）工所协同：行业组织

我国最早的木作公所是位于苏州憩桥巷，建立于清嘉庆十五年（1810）的“小木公所”，也称“巧木公所”。明清时期特别是清代苏州地区建立了许多与家具相关的行业公所，如成立于光绪十九（1893）年的梳妆公所（红木梳妆业）、同治九年（1870）的置器公所（木器业）及光绪二年（1876）的钢锯公所（钢铁锯锉业），这些地方至今还留存着丰富的碑刻史料。依据明清苏州322件工商业碑刻资料[13]，将其中与苏作家具相关的水木作、木行、红木巧木作等碑刻记载筛选出来，如表5-5-1所示。

与苏作家具有关的主要是一些手工业公所，它们由同行业的手工业主先向官府申明再出资创建，是同行业中议定行业条规章程、祭祖拜神、实施行业管理、办理善举、扶贫济困的组织机构，其宗旨是协调同乡或同行业的内部利益，防范异乡人的欺凌或侵犯。立于公所里的碑刻不仅记载着修建公所、制定业规、禁止假冒商品等内容，还记载着地方政府对行业中出现问题和纠纷处理的规定，直接反映了当时商人和政府对行业行为的态度[14]。此外，木作行会另一组织形式——会馆，在现存碑刻史料中尚未发现相关记录，仅在描绘晚明苏州城市井商业与风俗人情的《苏州市井商业图》中见“木客会馆”一孤例，如图5-5-8所示。

图5-5-8（左）《苏州市井商业图》中的木客会馆[15]

图5-5-9（右）《鲁班经》版画中的家具作坊

[13] 苏州博物馆、江苏师范学院历史系、南京大学明清史研究室合编《明清苏州工商业碑刻集》，江苏人民出版社，1981，第106—157页。

[14] 孙斌：《清代工商业行会规约的自治性论析》，硕士学位论文，苏州大学，2014，第16—104页。

[15]〔明〕午荣：《鲁班经》，文物出版社，2019，第18页。

（二）苏徽合作：群体结构

苏作家具作坊（图5-5-9）连廊栉比，数量众多。从群体的籍贯来看，在苏州府从事苏作家具加工生产和商品买卖的商人和工匠除本地居民外，还有大量来自异地他乡的工匠，如光绪二十一年（1895）《吴县为梳妆公所公议章程永守勿改碑》载："议外方之人来苏开店，遵照旧规入行，出七折钱二十两。议外方之人来苏开作，遵照旧规入行，出七折钱十两。议本地人开店，遵照入行，出七折钱二十两。议本地人开作，遵照入行，出七折钱十两。议无论开店、作，欲收学徒，同业公议，遵照由店主出七折钱三两二钱"。[16] 由此可见，来自异地他乡的工匠只需缴纳一定的钱款便可开店、入行。此外，外地人员很大部分来自徽州，关于徽州工匠在苏州地区从事家具的记载最早可见明代《云间据目钞》："而徽之小木匠，争列肆于郡治中，即嫁妆杂器，俱属之矣"[17] 之中。徽籍家具木作工匠大量迁徙到苏州，主要与明清时期徽商崛起，以及徽州府与苏州府良好的区域互动有关[18]。

（三）官府监管：运营管理

清代苏作家具小木作行会的规约通过审核之后，官府通常会以立碑的方式确认其合法性，行会的规约自身效力远高于私议的民商事契约，因此对于违反家具小木作行会规约的行为，商人不仅会利用行会组织予以惩处，还会主动请求官府对此类行为予以究惩。官府也会及时介入商事纠纷之中并严厉惩处相关责任人，并在碑文的最后用严厉的语词予以示禁，以防同业人、地痞流棍、地保等群体破坏行规的执行[19]。如光绪二十一年《吴县为梳妆公所公议章程永守勿改碑》中所载的"徐阿四、强老虎、陈安玉、许玉林"等人的案件[20]，经过调查，官府发现官方档案和商人呈现的行规并无关联，认为原告的请求属于"强分疆界"，是"把持行市"律令所禁止的行为，官方不予认可。

（四）分摊登费：财务制度

苏作家具小木作行会的运营管理、同业救济、神明祭祀等事务都需要经费来支撑。光绪元年（1875）《苏州府为小木作捐建公所给示按约碑》载："长、元、吴三县民人陈余琪、冯圣舆等赴府词称：伊等开张小木作艺业。嘉庆十五年（1810），在于吴治憨桥巷内，捐建公所房屋十二间，供奉圣帝鲁班祖师神像，迄

[16] 王国平、唐力行主编《明清以来苏州社会史碑刻集》，苏州大学出版社，1998，第138页。

[17] 谢国桢编著《明清笔记谈丛》，上海古籍出版社，1981，第43页。

[18] 苏州博物馆、江苏师范学院历史系、南京大学明清史研究室合编《明清苏州工商业碑刻集》，江苏人民出版社，1981，第106—157页。

[19] 同上。

[20] 王国平、唐力行主编《明清以来苏州社会史碑刻集》，苏州大学出版社，1998，第138页。

今十有余载。”由此可知商人们根据行业的具体情况，通过提供场地、供奉神明等方式为小木作行会提供了多种收入来源。为保障行会的持久发展，同时为防止收入款项被非法侵渔，行会费用的收取方式和数额都有确切的行会规约。

苏作家具相关的木作行会会费来源方式可概括为两种。一是各作坊店铺分摊费用，采用一刀切的分摊费做法，可见于光绪十二年《长元吴三县规定水木两作每作每月捐钱三千文按月存储公所办理同业善举碑》。二是商业登记缴费，即新开张营业的店铺作坊缴纳的费用，如光绪二十一年《吴县为梳妆公所公议章程永守勿改碑》载："议外方之人来苏开店，遵照旧规入行，出七折钱二十两……"[21]

（五）文人治生：传承谱系

明清苏州地区众多的文学家、书画家、戏曲家和收藏家，都以文人特有的灵性关注着日常生活和居住环境，许多文人更是直接参与到了苏作家具的创制活动之中。明清苏州地区文人治生现象较为普遍，许多职业书画家和兼职书画家通过设计园林规划图、绘制书籍插图获利，可以猜想他们也为家具设计画稿[22]。

参与苏作家具的设计毕竟不是每位文人都能做到的，家具的设计与制作也不是都有文人直接参与。文人对苏作家具的影响更多的是通过品评鉴赏、收藏使用的过程来呈现，这种潜移默化、细雨润物的渗透和影响更具普遍意义。对家具雕刻与否、纹饰种类、繁简程度的评论或对家具审美趣味的传递，有助于工匠思考家具的设计制作。文人学士的私家庭院也时常成为鉴赏苏作家具的民间沙龙，这种清赏雅玩的活动，不仅得到文人名士的热衷，商贾富甲、贵族纨绔等也纷纷加入，甚至略微富裕的市民阶层也极力仿效，虽然附庸风雅占了很大成分，然而也确实表明了这股生活艺术化的潮流已经波及到各个阶层，具有广泛的社会性。

结语

明清苏作家具具有结构严谨、用材考究、工艺精湛、装饰有度的特征，是江南文人尚雅取向的写照。明代江南地区繁荣的工商业经济、发达的城市化进程、艺术化倾向的人文环境、旺盛的市场需求、高超的人才技术，以及便捷的交通条件为苏作家具的出现提供了孕育的土壤。清中期之后，儒商结合的社会风尚、上

[21] 苏州博物馆、江苏师范学院历史系、南京大学明清史研究室合编《明清苏州工商业碑刻集》，江苏人民出版社，1981，第106—157页。
[22] 朱栋霖：《明清苏州艺术论》，《艺术百家》2015年第1期。

行下效的消费心理、商品经济的繁荣与市民文化的兴起，以及锼锯、平推刨等木作工具的丰富与解析、平木等木作技术的精进，则引发了苏作家具在材质选择、器型结构、器表装饰上的偏好与嬗变。

明清苏作家具设计与制作的过程，实际上是文人与工匠对于材料与工艺的思考过程。在“材美”“工巧”的设计目标与技术要求的影响下，苏作家具在制作上有着严格的标准。苏作家具在尊重结构与功能的基础上，最大程度展现了木材原本的纹理与本色，体现了材料之美。苏作家具中简洁利落的线脚处理、专注比例的面板应用、重点装饰的转折连接等对于家具细节的关注体现了苏作家具制作技术之精湛。

苏作家具是艺术与技术的综合载体，集欣赏性与实用性于一身。苏作家具不仅折射了不同时期社会文化背景、生产生活方式与人们的世界观、价值观等内容，还客观地反映了一个时代的物质水平和技术发展，是中国传统家具的典范，代表了江南地区木作技术的最高水平。苏作家具作为文人精神文化的物质载体，折射了长三角一体化的文化魅力，时至今日仍然是江南优秀文化的精神标识。

第六章
纵横交错的编作技术

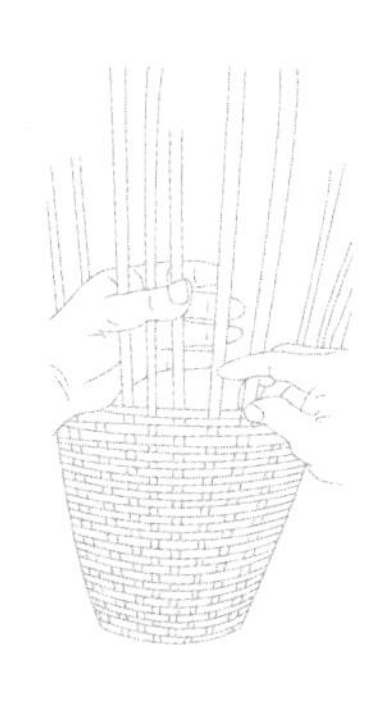

中国编作工艺技术历史悠久，早在新石器时代，陶器表面已出现织纹、简易草绳与篮筐等编织类图形。随着编作技术的发展，产生了大量服务于人类生产生活的编作器具。春秋战国至秦汉时期，编条经纬挑压技术的出现，丰富了编作器具的类型，出现了结构复杂的双色竹席、竹篋、竹扇等精细化编作器具。唐宋时期，编作技艺与用物需求的深度交融，促使编作类器具不断向世俗化、生活化发展。明清时期，编作技术的系统化和专精化促进了编作产品的风格化转向，出现了大量编织风格多样的休闲赏玩之物。总体而言，中国编作技术的发展满足了不同历史阶段、区域文化下的实用及审美之需，整体上形成了工艺手段多元、编作产品丰富、功能延展宽阔的工艺格局，实现了编作产品由生产器具向生活用品的转向，构筑了我国取材多元、工艺卓然、功用与审美兼备的编作文明。

回溯我国编作工艺绵延发展的历史脉络，编作基于先民对于自然物质材料性能的敏锐认知与加工改造，随着使用方式的变化而进行工艺改良，逐步创造出经纬结构严密、操持方式科学、功能效力广延、审美趣味独特的编织型生产、生活器具，为人们日常生产、生活所需提供了重要的物质保证，极大地改善了生产与生活的质量。然而，寓于古代编作工艺之中的技术规律、编织手法、审美向度及思想内涵都是值得我们不断追问的话题。比如，我国编作技术的发展具有怎样的内在演进规律与特点？编作技术的演进对于捕鱼器具类型及其使用方式带来了何种改变？富于变化的中国绳结如何实现从实用到装饰的功能转换？我国传统席居文化对人们的生活方式与礼仪行为产生了哪些影响？在不同自然地理环境下，蓑衣的材料类型、加工方式、款式风格及功能范围各有什么特点？

基于自然材料物性认知的编作技术、编结而成的捕鱼器具是围绕我国编作技术发展路径与生产型编作物证而展开的两个重要研究对象。编作是人类为改善生存环境、优化生产效率、提高生活质量而自发地对自然物合理运用、加工生产所发明的一种工艺技术手段，编作技术的演进促进了人们处理生产、生活中诸多问题的应对能力。作为人类长久生存发展的重要基石，捕鱼器具是编作技术演进最为直观的物证，其类型与功能的转变对于更新渔业劳作方式、提高渔业生产效率有诸多裨益。

编作是将细条或带形之物按一定规则、次序、结构有组织地交叉、排布加工成器的手工技术。编作技术的演进极大地促进了编织类器具类型的多样性发展。编作器具的发展不仅满足了人们的日常生活需要，而且作为生产工具在各项劳作活动中起到了重要作用。本章第一节为“基于自然材料物性认知的编作技术”。我国编作技术的发展源于先民对于自然之物的洞察、开发与利用，编作也是与自然世界关系密切的人类手工造物技术。受编织手法、编织秩序、数理意识及多种工艺交融的影响，编织器具呈现由简入繁、由粗制到精微的工艺技术改良路径，不断催生出造型功能多元、材质表现纯粹、应用范围广泛的编作器具，不仅满足且改善了人们的日常生产生活，又极大地促进了造物观念与审美意识的进步。我国传统编作工艺的演进为不同时期农业生产、社会生活及文娱闲享等领域提供了重要的技术保证，对编作材料的合理选用、采集加工及至编织成器的过程中都巧妙地融入了“必以其时”“因地制宜”“因物制宜”等造物思想，体现了尊崇自然、顺应天道的可持续设计理念。

传统编作类捕鱼器具是人类用于水域捕捞、渔业劳作的重要生产工具，主要有网渔具和笱渔具两类。捕鱼器具的发展与编作工艺的提高联系紧密，捕鱼器具是编作技术不断革新的直接物证。本章第二节为“择水而居与捕鱼器具”。择水而居体现了中国传统社会先民对理想生活方式和生存环境的普遍追求。编织技术的不断优化促进了渔具类型、使用方式及应用场景的更新与迭代，总体呈现出由质朴型网状勾连到精巧型经纬交错的工艺转向。与此同时，渔具编作技术的突破离不开编织材料的更替与更新，蚕丝制网的出现标志着渔具材料从植物纤维到动物纤维的突破，为网渔具的多元化创新提供了材料基础，满足了复杂场景下的渔猎需求。随着编作工艺与其他工艺门类的结合，渔网与木栅组合而成的大型网渔具在渔猎实践活动中广泛应用，极大地提升了捕捞效率与渔业效益。此外，现代工业材料与机器生产的融入，极大程度地改善了渔具的牢固性与耐久性，为传统编作技艺注入了新的活力。总体而言，传统手工编织型渔具凭借着适人的造物理念、精妙的组织结构、科学的操持方式成为我国渔业文化的重要物质载体与历史见证，并对现代渔业技术的发展产生深远影响。

从实用走向装饰的中国绳结、编织而成的席子、穿越风雨的蓑衣是古代传统生活型编作器具最为典型的三类，也是编织器具多元化发展的不同表征。其中既有象征中华传统文化精神与极具巧思的编织绳结，也有关于服务日常与礼仪需要的铺陈坐席，更有为应对自然环境所作的功能型外衣，三者虽各成造物体系，但以编织技术为基础的造物路径使得它们彼此关联，共同构筑了丰富多元、美观实用、文化厚重的编作产品，凝聚了取材自然、能效兼备、道器合一的造物思想及用物智慧。

中国绳结是以绳线为载体，经由双手巧妙编织而成的传统手工艺品。在先民巧手慧心的编绾下，中国绳结经历了由早期以实用为主向后期以装饰为主的功能转变，方便了人类的生产生活，也极大地满足了人们的审美与精神需求。本章第三节为“实用与装饰并重的中国绳结”。编作技术的演进促进了绳结样式与绳结编法的不断更新，并持续影响着绳结应用范围的拓展。它从早期蕴含数理思想的结绳记事功能逐渐发展至美化装饰、满足艺术生活的精神功能。在此过程中形成了诸多新的绳结式样，且彼此间相互影响，整体形成了绳结编织技术的连续性与形式风格的差异。此外，中国绳结的编织工艺受到不同区域文化、社会风貌的影响，呈现出编织技术与文化心理之间的互动，反映了古代造物者的技术理性与逻辑思维，揭示出绳结编织技艺的自然之美、手工之美和文化之美。

席子是指使用竹条、蒲草、芦苇等自然材料编制而成的生活用具，也是我国传统社会常见的坐卧用具，具有铺陈隔垫与彰显礼仪的诸多功用。本章第四节为“席编技术的迭代与席居文化”。席子作为兼具日常实用性与礼仪文化性的物质载体，其背后反映了个体用物、生活方式与礼仪制度之间的深刻互动，形成了以功用为前提、以礼仪为内涵的传统席居文化。我国传统席具受到编作技术进步与坐卧方式变化的影响而得以不断发展，从传统席具的材料选用、尺寸形制、装饰工艺、陈设方式等方面的演进来看，其中包含着先民对造物本体、生活方式及场域营建的整体性思维与构想。编作技术的演进丰富了席具的种类与形制，在生产环节、使用方式等层面形成规范，塑造了以席为载体的生活方式与礼仪文化，彰显了席具造物活动中器以致用、器以藏礼的精神内涵。

蓑衣是古代人民用于抵御风雨、防潮保暖的功能型器具，具有良好的防水性、耐磨性和透气性。蓑衣作为传统民间生活型编作器具的典型代表，其材料选择、造型式样与实用性体现了先民高超的手作能力与科学的造物意识。本章第五节为“南棕北草的蓑衣”。我国传统蓑衣采用自然材料进行编织，主要分为棕编蓑衣和草编蓑衣两种。蓑衣的材料演变过程是从外层涂抹油料的草叶再到高透气性的蓑草和高耐磨性的棕片，其防水性能有了较大的提高。基于编作技术与生活方式的差异，蓑衣式样主要分为一体式与分体式两种类型。不同地区蓑衣生产的规模化促进了其使用人群、使用场景的不断拓展。作为中国古代农耕文明的缩影，蓑衣制作中就地取材、因材施技的造物理念体现了先民质朴天然、恬淡自如的生活智慧与匠心。在现代社会，蓑衣虽已淡出人们视野，但其显著的疏雨效果、功能原理与生态设计理念仍值得被现代产品设计师广泛借鉴。

编作是人类特有的技术能力与文化现象，也是古代文明的重要成就之一。编作技艺作为我国古代造物文化的精粹，是技术与美学的生动表现，蕴含着人与人、人与自然和谐共生的良好关系，成为贯穿古代先民生产生活的重要技术手段与造物方式。传统编作技术是先民为适应当时的社会生活与自身生存的需要，在顺应自然规律的前提下，有计划地对自然之物进行科学加工与合理改造后才产生的，它逐渐应用于人们生产生活的各个方面，造就了丰富多样的生活器具与生产资料，不断改变着人们的日常生活。

编作器具的类型、表现形式随着使用材料的更替与工艺技术的提高而不断丰富，清晰地呈现出从对自然之物进行简单的交错勾连，向用多元材质展开极具巧思的精密编织的发展轨迹。天然植物纤维是编作技术发展的物质材料基础，并以此大致形成了我国北方草编与南方竹编的两大编作技术系统。编结手法的转换与更新丰富了编作器具的造型式样，共同实现了工艺技术、外在表征及现实需求的协调与融合。

编作技术的演进体现着古代先民造物思想中的生态观。面对纷繁多样的自然之物，善于择取并施以合理的加工、利用是编作技术不断创新的重要途径。编作器具的材料属性、物理形态、应用方式及审美趣味等方面无不蕴含着可持续的生态设计理念，承载着顺应自然、和谐共生的造物理想，追求着物质资料与自然环境的和谐统一。为了保护生态并使编作器具成为自然的重要部分，先民们巧妙地借鉴与模仿大自然的造物规律与运行原理，尽可能地使编作技术与自然环境系统相互协调。此外，编作技术思想也深受民间文化习俗的浸染，数理思想寓于编织手法与结穿规律之中，形成了穿插有序、逻辑缜密、形态多样的编作构成规律，体现了极富理性意识与人文主义色彩的传统手工艺特质。

随着现代工业文明进程下新材料的研发与应用，部分以自然物编织的传统编制器具虽逐渐结束了它的历史使命，但其传统编作的技术思想在当今创物设计中仍具有广泛影响，尤其是在传统编作造物意识及生态伦理观的价值转化方面有重要意义与发展潜力。从彰显中华文明特质与弘扬传统造物思想的时代要求出发，当代编作技术理应立足于“古为今用”的设计理念，不断推陈出新，发挥传统编作工艺的技术价值与人文意蕴，为当代编作设计的发展汲取更多有益的经验与造物智慧。

第一节　基于自然材料物性认知的编作技术

编作是指使用具有一定抗弯刚度的植物长条，以经向与纬向交叠穿插的方式加工成器的工艺。该工艺以选料取材、处理编料、手工编制为主要环节，其中选料取材与处理编料的环节中具有较多的技术工具介入。手工编制的环节中则是以手为主体改变条带的排布方式以呈现不同的编制结构，其中平编与绞编为代表性的编制技术。编作在生产复合工具、制作生活用具、加工文娱器具等方面提供了重要的技术支持，并且其作为最古老的器物生产方式之一，为其他工艺器具形制的造型提供了借鉴。

由编而成的物品称编物。编物的存在最早可追溯到旧石器时代，网罟、投石索是早期的编物代表，其作为软器主要用于捕猎以满足原始的生存需求。《周易·系辞下》中记载的“作结绳而为网罟，以佃以渔，盖取诸离”[1]，一定程度上说明编物已较早地参与进人的生产活动。随着历史文明的演进，编物不断丰富发展。编物类型可分为生产用具和生活用具两种类型。生产用具主要与农业、渔业、畜牧业相关，如簸箕、渔网、篮、筐等编物；生活用具主要包括与衣食住行相关的各类编物，例如笠、篚、簦等衣着编物，箪、篹、筥等炊饮编物，籧、篨、筵等坐卧编物，笭、篚、箱等车舆编物。编物的广泛应用是建立在满足功能和需求的基础之上的，其作为容纳、运输、保护等方面的用具对农耕时期提升生产效率与生活质量有重要作用。

编作在制作者的实践改良与使用者的磨合反馈过程中得以发展，逐渐形成相对稳定统一的编制技术与功用造型多样的编制器具。旧石器时代出现了秩序排列的编结构，人们开始运用规律的编制形式制作工具。投石索为该时期的代表性编物，其中编结构的应用推动了简单复合工具的形成，在满足生存需求的前提下提升了原始捕猎效率。到新石器时代，编结构由简单的秩序排列演进为精密的经纬交叠的双系统组织，形成了基础的平编与绞编技术。这种稳定经纬结构为编物种类的发展提供了技术支撑，编物由谋生工具向生活用具拓展。商周时期，编作技术逐渐成熟并广泛地应用于日常生产、生活、祭祀用具的制作，

[1]〔魏〕王弼、〔晋〕韩康伯注，〔唐〕孔颖达疏《宋本周易注疏》，于天宝点校，中华书局，2018，第436页。

针对各类用途形成固定的编物形制，对器物的功能分化具有重要作用。从春秋战国时期到秦汉时期，编作逐步发展成熟，在原先基础的编制结构上通过改变编条的经纬挑压数目与方式，形成了更为多样的编制纹理与编物器型。同时编作与漆艺相结合，使器物的表现形式不断丰富。唐宋时期，编作已经基本可以满足制作各类编织器型的需要，并逐渐衍生出与文化艺术相关的专门器具。明清时期，编作的应用范围更广、技术体系更完善，与木作工艺结合革新了传统编作器物的样式。在人的生存需求与审美需求的推进下，编作由制作捕猎工具的基础技术发展为制作生产生活祭祀用具的主要技术，并与其他工艺结合形成更为多样的表现形式，是中国传统手工劳动与智慧的结晶。

本节的第一部分对中国古代编作的发展历程进行系统分析，着眼于编作的编制工艺和设计面貌两个方面的演化，将中国古代编作的发展划分为三个阶段，即旧新石器时代基础编制结构的形成阶段、商周至秦汉时期编制技术承袭演化的发展阶段、唐宋至明清时期编物种类与编制纹理丰富的成熟阶段，以归纳出中国古代编作的发展轨迹。本节的第二部分主要着眼于编作工艺发展相对成熟的阶段，总结出中国古代编作的编造次序与关键技术。

一、编作工艺的沿革与设计面貌演变

（一）从投石索演化而来的编物

编作以植物纤维为原料，在提升人类早期社会的生产生活水平中起到了重要作用。编物推动了工具的复合革新及其他用具的起源分化。作为软器的编物因其原料的天然有机性在自然界中易碳化分解，所以对于史前文明的编物，除出土实物外，我们将借助文字记载及石器、骨器和陶器上的硬器痕迹来进行研究[2]。

在硬器[3]痕迹考证的辅助下，中国编作的起源可追溯至旧石器时代晚期。该时期投石索（或称飞石索）的使用，是编作参与人类生产活动中的重要表现之一。投石索的主要特征为硬器与软器的结合，即利用细条交叉编成格栅组织形成软隔挡固定石球，用以投掷狩猎。目前中国境内在陕西蓝田遗址（距今约80万年）[4]、江苏放牛山遗址（距今约28万年）[5]、山西许家窑遗址（距今约

---

[2] 于伟东、纪明明：《织的定义与溯源》，《纺织学报》2017年第3期。

[3] 硬器："硬"代表硬物质（与软物质的定义相对，即"微弱甚至较大的外作用力无法改变其形态、性质的物质"），指以硬物质为原材料制成的工具，包括石器、贝壳类工具、骨器、陶器、金属器及木器等。软器："软"代表软物质。软物质的概念是由法国物理学家德热纳（Pierre-Gilles de Gennes）提出并定义的，即"会因微弱的外力作用而改变状态的一类物质"。"器"是器具、工具，"软器"指为以软物质为原料制成的工具。

[4] 戴尔俭、许春华：《蓝田旧石器的新材料和蓝田猿人文化》，《考古学报》1973年第2期。

[5] 房迎三、王结华、梁任又、王菊香、翟中华、杨春：《江苏句容放牛山发现的旧石器》，《人类学学报》2002年第1期。

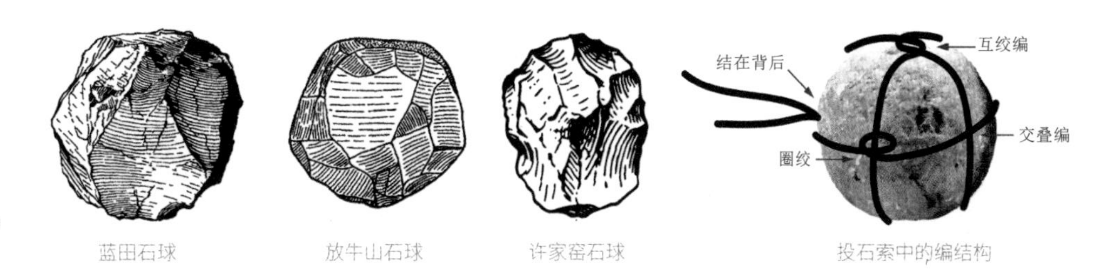

图 6-1-1 石球与投石索中的编结构

10万年）[6]中均出土有石球，可能与投石索相关（图6-1-1）。而在该时期的部分骨器与陶器中，其表面出现了不同形式的格栅式交叉痕迹。山西峙峪遗址出土的兽骨片上的网纹刻画痕迹（距今约2.8万年），是国内已知最早的骨器编物痕迹[7]。江西万年仙人洞出土的陶器内外壁上的类似篮纹的条状纹（距今2万年），则是国内已知最早的陶器编物痕迹[8]。从所属旧石器时代的石器、骨器和陶器的痕迹中可见，编物的痕迹分布广泛，在中国南北方均有发现。结合同时期人类的生存需求可以推断：在技术使用层面，编的行为较早存在于中国原始社会，并作为重要的生产技术普遍应用于南北方；在编物形制层面，早期编物的初始结构以格栅式交叉为特征，基础功能以连接、承载、隔挡为主。

依据出土的编物实物来看，编作在新石器时代已较广泛地应用于人类的生产与生活中，并出现了正向平编、斜向平编及绞编的基础结构。国内较早的席垫类编作实物为出土于浙江田螺山遗址的芦苇编织物（距今8000至7500年）[9]，其编制原料为劈取均匀的芦苇长条，编制结构为多经多纬垂直交叠的正向平编。浙江余姚河姆渡遗址第二、第三和第四文化层出土的多件芦苇编织残片（距今约6950年至5660年）[10]的原料特征、编制结构皆与前者相似。新石器时代的席垫类编物的编制原料均匀规整、编制结构整齐规律。由此可见，该时期的编作在原料处理与手工编制环节已形成一定的工艺流程，制作出具有基础编制结构的编物。在出土的篮筐类编物中，编制结构更为复杂、编制纹理更为精美。目前国内出土的最早篮筐为浙江湖州钱山漾遗址的竹编器物（距今4400年至3900年），编制原料为刮磨光滑的竹篾长条，编物表面有人字形、十字形、菱花形的纹理，呈现出当时已成型的正向与斜向平编的编制技术[11]。绞编技术的使用最早可见于江苏吴县（苏州市吴中区和相城区）草鞋山遗址出土的葛织物[12]与河

[6] 贾兰坡、卫奇：《阳高许家窑旧石器时代文化遗址》，《考古学报》1976年第2期。
[7] 尤玉柱：《峙峪遗址刻划符号初探》，《科学通报》1982年第16期。
[8] 李家和：《江西万年大源仙人洞洞穴遗址第二次发掘报告》，《文物》1976年第12期。
[9] 孙国平、黄渭金、郑云飞、刘志远、徐志清、渠开营、张海真、李永嘉、许慈波：《浙江余姚田螺山新石器时代遗址2004年发掘简报》，《文物》2007年第11期。
[10] 林华东：《河姆渡文化初探》，浙江人民出版社，1992，第126页。
[11] 浙江省文物管理委员会：《吴兴钱山漾遗址第一、二次发掘报告》，《考古学报》1960年第2期。
[12] 戴自怡：《中华原始服饰与石器时期文化源流考》，《国际纺织导报》2011年第7期。

南郑州青台村出土的罗织物[13]，出现经纬一组平行、一组扭转的编结构。据目前出土物情况来看，新疆小河墓地出土的草编篓是绞编技术在编物上的最早应用（距今约4000年）[14]。该草编篓以植物茎秆为经用于固定整体编结构，以草和植物柔韧的根茎纤维为纬，以“一上一下”或“二上一下”的手法与经条相互绞合进行编制，呈现出水平条纹、三角纹与阶梯纹的绞编纹理（图6-1-2）。陕西半坡遗址中现已出土的新石器时代编物残片中，能明显辨别出人字纹编制法、辫绞平直相交法、条带式编制法、缠结编制法及棋盘格式间隔纹编制法（图6-1-3），呈现出当时编制技术逐渐向多样化发展的特征。从出土的席垫类、篮筐类编物及编物残片的特征结构来看，早期编作已具有初步的原料处理方式并形成基础的手工编制技术。

从出土于旧石器时代与新石器时代遗址的编物痕迹与编作实物来看，编制的结构由简易的格栅交叉发展至复杂的经纬交叠，编制的技法由平编发展至绞编，编物的种类由单一的谋生工具衍生至多样的生活用具，显示出中国早期较为完整的编作技术。

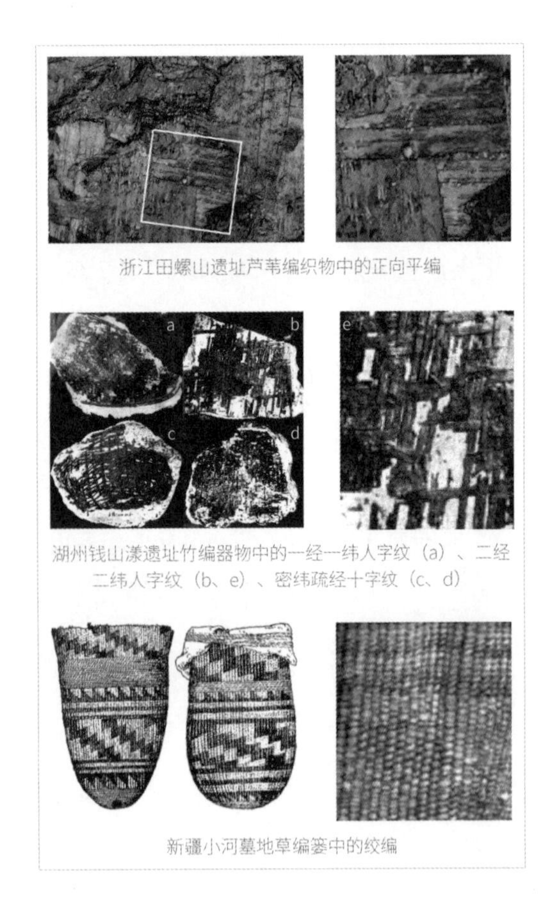

图6-1-2（左） 新石器时代席垫类、篮筐类编物的编织纹理特征

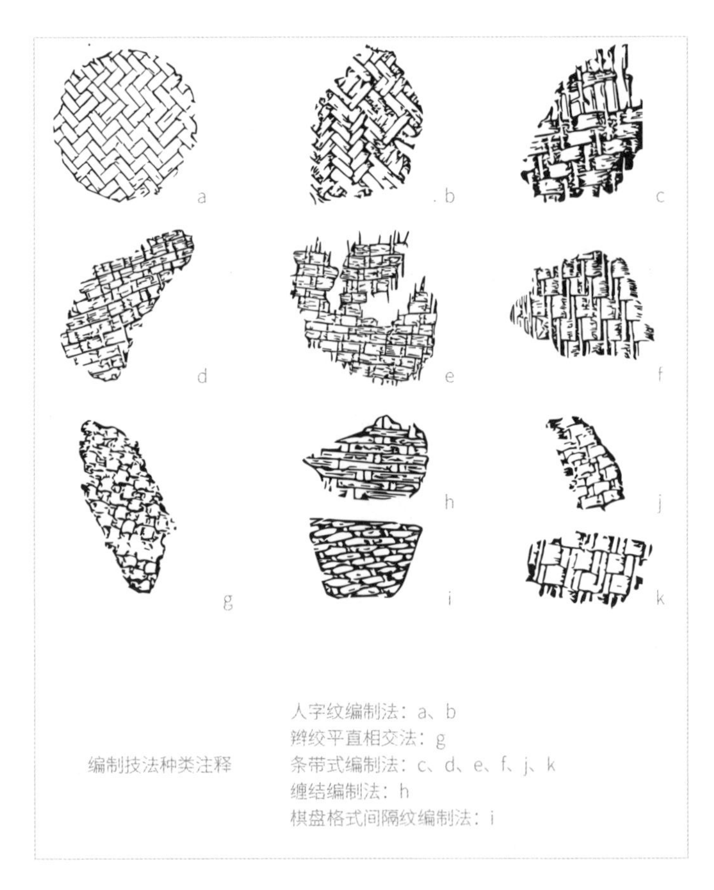

图6-1-3（右） 新石器时代半坡遗址编制种类图

[13] 周启澄、屠恒贤、程文红编著《纺织科技史导论》，东华大学出版社，2003，第99—100页。

[14] 伊弟利斯·阿不都热苏勒、刘国瑞、李文瑛：《2002年小河墓地考古调查与发掘报告》，《边疆考古研究》2004年。

（二）生产、生活、祭祀中的编物

早期编作已出现正向与斜向的平编编制结构，但由于石器工具对编作原料的处理能力有限，编料多集中于葛、麻、草、芦苇等硬度较低的植物，材质所具备的抗压抗拉强度不足，一定程度上限制了编作的发展。商周秦汉时期，青铜工具与铁工具的广泛应用为处理硬度较高的植物纤维提供了便利条件，使编作工艺与编物种类进一步演化丰富，其中以竹片为原料制成的篾片编物为典型代表。东汉许慎的《说文解字》中对于篾片编物已有专门化的称谓，编物的种类涉及生活用具、生产用具及祭祀用具。在出土的篾片编物的辅证下，商周秦汉时期的编作在青铜工具与铁工具介入与编制技法演进的推动下逐渐走向成熟。

商周时期的编作实物出土较少，而据文献可知编作在当时已开始广泛地应用于生产、生活、祭祀用具的制作。《诗经》中关于篾片编物的记载主要涉及与衣、食、住、行相关的生活用具：《小雅·无羊》中“何蓑何笠”[15]的“笠”指的是用于挡雨遮阳的竹编笠帽，《小雅·宾之初筵》中“笾豆有楚”[16]的“笾”指的是用于盛放菜肴的竹编平底盘，《召南·摽有梅》中“倾筐塈之”[17]的“筐”指的是用于盛放农产品的竹编圆形容器，《小雅·斯干》中“下莞上簟，乃安斯寝”[18]的“簟”指的是铺在上层的竹编席。上述记载一方面说明篾片编物在当时日常生活中应用范围较广，另一方面可以看出编作技术依附于“造物为人、物为人用”的造物观念。《周礼》和《礼记》中关于编物的记载主要涉及礼制祭祀用具：《周礼·天官冢宰·笾人》中“笾人掌四笾之实”的“笾”指的是祭祀宴飨时用来盛果实、干肉的竹编食器；《礼记·丧大记》中记载的“君以簟席，大夫以蒲席，士以苇席”[19]，即国君使用的席由竹篾编制，大夫使用的席由蒲草编制，士使用的席由芦苇编制。席作为编作中的代表物之一，席的发展一定程度上反映着编作的发展。从各类席的制作来看，蒲席和苇席的原料为草类纤维，经过采集、剥皮、劈丝、梳理的步骤可直接进行编制，簟席的原料为竹丝篾片，至少经过锯竹、卷竹、开间、劈篾、劈丝、刮篾的步骤才能够进行编制，且在处理过程中需要较多的劈砍类工具的参与。商周时期席的材质与种类较为丰富，并且席的使用也象征着当时的封建礼制——使用者的社会地位和官职决定着席的材料处理与编制技法的难易。

春秋战国时期，随着农业工具体系的完善，编作技术逐渐成熟，编制技法较

[15] 向熹译注《诗经》，高等教育出版社，2009，第 190 页。

[16] 同上书，第 220 页。

[17] 同上书，第 20 页。

[18] 同上书，第 189 页。

[19] 杨天宇：《礼记译注》，上海古籍出版社，2004，第 578 页。

先前更为丰富，在基础结构上通过经纬挑压数目与挑压方式的改变形成了更为复杂的平编。在已发掘的湖北江陵楚墓和古矿冶遗址中出土了大量的篾片编物，主要包括以竹席、竹帘、竹网为代表的丧葬用具，以有竹笥、竹扇、竹篓为代表的生活用具，以竹篼箕、竹筐、竹提篓为代表的生产用具[20]，出土编物的表面中出现了具有人字纹、方格十字纹、矩形纹、多角形空花的斜向平编。

人字纹斜向平编为挑压数目相同的人字形交叠编制方式，可见于湖北江陵望山1号墓出土的头箱方形竹笥[21]。该竹笥编制方式为由宽窄厚薄相同的篾片挑三压三，编制特征为相邻的两根经条和纬条的交织点呈现连续倾斜的对角线状态。方格十字纹斜向平编为挑压数目相同的十字形等距交叉编制方式，可见于湖北江陵望山1号墓出土的彩漆竹席[22]，其编制方式为以涂红漆竹篾的经条与涂黑漆竹篾的纬条垂直相交，纬条穿于经条下三根，压于经条上一至三根，构成二至四个平行直线纹及18个正方格纹，正方格纹内编出一大四小的“十”字形纹样。矩形纹斜向平编为挑压数目相同的矩形方格交叉的编制方式，可见于湖北江陵望山1号墓出土的一件彩漆竹笥盖[23]，其编制方式为以涂红漆篾片为地，由涂黑漆篾片编成矩形图案。多角形空花斜向平编为三向交叉的多角形镂空编制方式，其中六角形空花斜编可见于湖北江陵望山1号墓出土的头箱54号长方形竹笥盖内层[24]，其编制方式为宽窄厚薄相同的经条与纬条斜行相交，构成菱形的空花，并在菱形的上下两角又平行穿纬条一至三根，编织成六角形空花图案。而八角形空花斜编可见于湖北江陵望山1号墓出土的头箱53号方形竹笥[25]，其编制方式为由宽窄厚薄相同的经条与纬条交互穿压成正方形的空花，再在空花的四角斜穿压经条与纬条，编织成八角形空花图案[26]（图6-1-4）。春秋战国时期的人字纹斜编是对新石器时代编制技法的继承，区别仅在于经条与纬条相互穿压的根数变化。而方格十字纹斜编、矩形纹斜编与多角形空花斜编则是对早期编制技法的发展，经条与纬条的穿插在基础结构上进行变化以形成新的纹理，显示出当时精湛的编制技法。

同时通过对比新石器时代与战国时期的篾片编物，从复杂编物纹理中可以发现篾片特征的明显变化。新石器时代编物中的篾片大多只刮磨光滑，而战国时期的篾片表面光滑且宽窄厚薄均相同，而篾片的精细化处理需更为锋利及专

[20] 陈振裕：《楚国的竹编织物》，《考古》1983年第8期。
[21] 湖北省文物考古研究所：《江陵望山沙冢楚墓》，文物出版社，1996，第97—100页。
[22] 同上。
[23] 同上。
[24] 同上。
[25] 同上。
[26] 陈振裕：《楚国的竹编织物》，《考古》1983年第8期。

江陵望山出土方形竹笥盖外层与底中层中的人字纹斜编

江陵望山出土彩漆竹席中的方格十字纹斜编

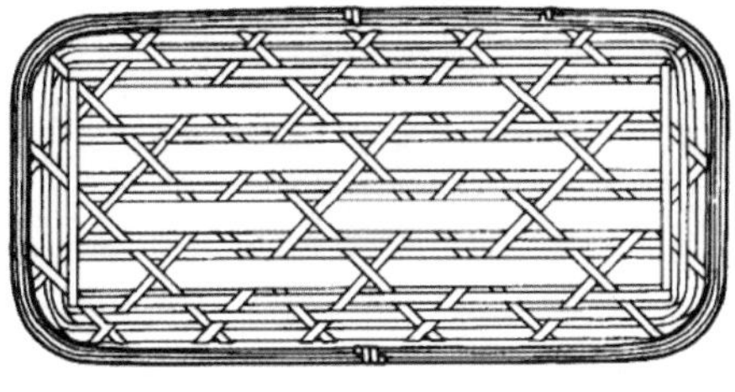

江陵望山出土长方形竹笥盖内层中的六角空花斜编

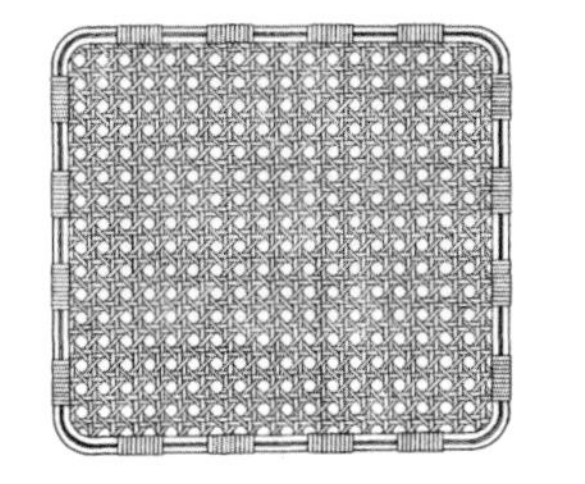

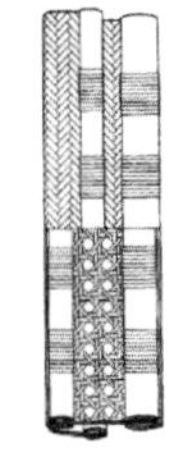

江陵望山出土长方形竹笥盖内层与剖面中的八角空花斜编

图 6-1-4　春秋战国时期的人字纹斜编、方格十字纹斜编、多角空花斜编

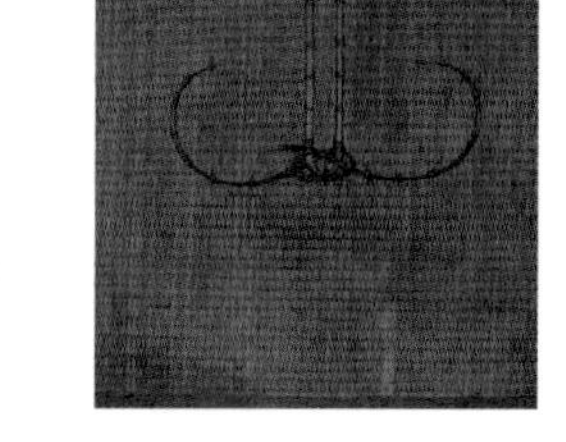

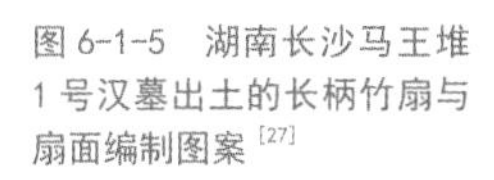

图 6-1-5　湖南长沙马王堆 1 号汉墓出土的长柄竹扇与扇面编制图案[27]

门化的工具参与（如匀刀、瓦铜等）。结合农业工具的发展，可以推测编作技术的发展与编作工具的演化具有较高的关联性。

秦汉时期，编制技术中的装饰工艺更为丰富，编物用途功能的分化更为明显，编作呈现出系统化和专门化的特征。《说文解字》中所记载竹字部有关的编物共有 38 个，不同用途的篾片编物在汉代有专门称谓，编物记载与出土实物能基本对应。[28] 从湖南长沙马王堆汉墓中出土的大量篾片编物来看，竹席、竹笥、竹扇上的细密编织与编织装饰的处理中体现出精密的编作工艺效果，体现出汉代编作在篾片加工、编制、装饰上的较高水平。马王堆 1 号汉墓出土的两条莞席，编制原料为划劈均匀的蒲条与揉捻成型的麻丝束，编制结构为以麻线束为经、蒲草为纬进行多经多纬的垂直交叠，编制技法为正向平编。莞席的编制装饰为绢物包边，席的边缘分别包有青绢与锦。马王堆 1 号汉墓出土的长柄竹扇（图 6-1-5）作为发现较早的大型竹扇，编制结构为经纬交叠、双纬并列，编制技法

[27] 湖南博物院藏。

[28]〔汉〕许慎撰，〔宋〕徐铉等校《说文解字》，上海古籍出版社，2021，第 142—148 页。

为正向平编。长柄竹扇的编制装饰分为边缘绢物包边与扇面编制图案。边缘绢物包边是指竹扇的扇面边缘包有素绢、扇柄裹黄绢，扇面编制图案是指竹扇的扇面编制纹理出现"蘑菇状"图案的弯曲和盘绕。秦汉时期的编作进入了繁荣发展期，编物在装饰方面更为丰富，编制技法更为精湛。

（三）由"一器多用"到专业化和多种工艺结合的编物

在长期的生产与使用过程中，编作已经基本可以满足制作各类编织器型的需要，编物成为人们最常使用的生活用具之一。在作为"渔樵耕牧"的生产用具、"宴飨供奉"的祭祀用具、"衣食住行"的生活用具之余，编物的种类随着社会风气与思想意趣而变化，唐宋时期逐渐衍生出与文化艺术相关的专门器具，明清时期与木作、瓷胎工艺结合形成兼具实用与美观的家具与日用器具。

唐代是编物地位发生根本变化的时期，编物被当作品茶艺术活动的专用器具而受到重视。唐代陆羽撰写的《茶经》将竹编编物加入茶具之列，将编物与茶艺联系起来。从最初的编织茶具的形态及功能中能够看出编织茶具是从农具、炊具中发展出来的。《茶经》中把采茶、制茶的器具称为"茶之具"，把用来煎茶、饮茶的器具称为"茶之器"。在"茶之具"中出现的编制茶具有籯、芘莉、育三种，甑的内芯也是由竹篮制成的。籯是一种典型的农具，《茶经》中解释茶籯时写道"一曰篮，一曰笼，一曰筥，茶人负以采茶也"[29]。由此可知：籯其实就是当时人们从事采茶等农业活动时常用的篮子或筐，这种用竹或藤编织而成的器具很早就已经用于采摘活动，《召南・采苹》中就有记载"于以盛之，维筐及筥"[30]，芘莉则是一种用于晾晒的农具，功能和形态和箩类似。育和甑则是炊具。在"茶之器"中出现的编织茶具有筥、畚、都篮三种，这三种茶具的作用类似，都是用于盛装物品，类似于筐。虽然《茶经》中提到的编制茶具都跟农具类似，但这一时期的编织茶具已经被工匠有意识地增加其观赏性，做工要比农具精致一些。例如《茶经》中提到都篮："以竹篾内作三角方眼，外以双篾阔者经之，以单篾纤者缚之，递压双经作方眼，使玲珑。"[31] 可以看出都篮要比普通的篮子玲珑好看。此时的编织茶具专用性还不是很突出，可以和普通生活用具共享。编制茶具发展至北宋中期，从功能上已经脱离普通生活用具，成为茶事专用器具。北宋蔡襄《茶录》中提到了一种编织茶具——茶笼："茶不入焙者，宜密封裹，以箬笼盛之，置高处，不近湿气。"[32] 可见茶笼是一种平时用来装茶的笼子，可以防潮，

---

[29]〔唐〕陆羽：《茶经校注》卷上，沈冬梅校注，中华书局，2021，第 14 页。

[30] 向熹译注《诗经》，高等教育出版社，2009，第 15—16 页。

[31]〔唐〕陆羽：《茶经校注》卷中，沈冬梅校注，中华书局，2021，第 21 页。

[32]〔宋〕蔡襄：《茶录》，载方健汇编校证《中国茶书全集校证》，中州古籍出版社，2015，第 282 页。

而《茶经》中没有提到茶笼。由上述可知，《茶录》的问世规范了茶具的种类和用途，让部分编物成为茶具。编制茶具在唐代就已经显示出其专用性。至宋代初期，部分编制茶具如茶笼、茶焙已经成为茶事活动中必不可少的器具，其功能也更加细化。在编物需求变化的社会背景下，推动了编作技术特别是装饰工艺、器具造型方面的提升。

而从绘画中，可以看出编制茶具在当时社会的流行。宋代刘松年所作的《茗园赌市图》中的编织茶具主要有茶籯、都篮、竹炉等几种类型，画中的编织茶具出现了细节上的装饰，例如茶具的提梁，图中的提梁都是经过精心加工的，几个茶籯上方还加了一个用于扁担挑起的鼻，而在之前的茶具中，这个鼻一般会用绳子代替，可见宋代末期茶人对编制茶具细节的处理已经到了极致。传为元代钱选的《品茶图》中也有大量编织茶具出现，相比赵孟頫的作品，钱选作品中的编织茶具没有过多的装饰，钱选主要刻画了编织茶具精湛的编织工艺，从图中可以找到多种用不同方法编织而成的茶具，造型整齐而富有层次感，从外观上已经完全脱离了普通的农具。从《品茶图》可以得知，宋代末期编织工艺已经十分精湛，可以满足编织精致茶具的工艺要求，而且可以使用不同的编法营造多种不同的视觉感受[33]（图6-1-6）。

明清时期，编作的应用范围更广，并与木作、瓷胎工艺结合，丰富了传统家具与日用器具的样式。明代与清代的家具在凳、椅、榻中运用了“席芯面”——

图6-1-6　《茗园赌市图》与《品茶图》中的编制茶具

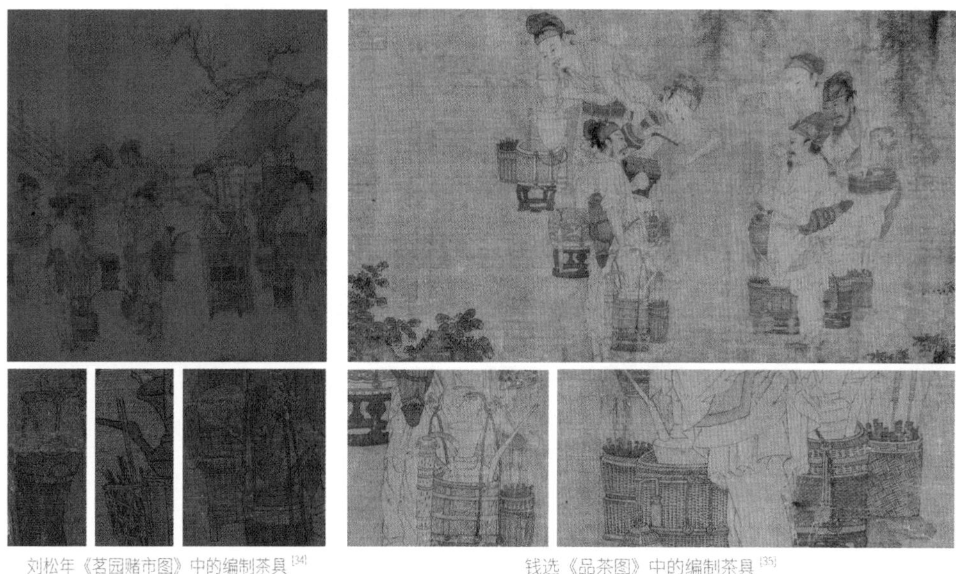

刘松年《茗园赌市图》中的编制茶具[34]　　钱选《品茶图》中的编制茶具[35]

[33] 徐宁：《宋元明文人意趣影响下的编织器研究》，硕士学位论文，浙江工业大学设计艺术学院，2018，第33—34页。
[34] 中华珍宝馆，http://view/SUHA/621b5499706c7b316d27727e，访问日期：2023年6月6日。
[35] 中华珍宝馆，http://view/SUHA/62cd4135cd1568378f603c1f，访问日期：2023年6月6日。

一种纹理坚固细密的编席芯面，无论是用材还是制作都十分讲究（图6-1-7）。现存的明代桌椅很少见到全篾编织的，编织工艺大多被用来制作椅子的椅面，编织成类似于竹席的效果，这种具有弹性的软面编织座面舒适感更好、透气性更强，编作与木作的结合使椅子更加别致美观。清代中晚期，整体造物皆热衷于追求造型繁复、加工精密、色彩艳丽之物，编作中最具代表性的是瓷胎竹编。瓷胎竹编是以瓷器器皿作为内胎，在外层用纤细的竹丝、竹篾进行手工编织以保护瓷器和增加美观度。这类编作更侧重于装饰，与日用炊饮编物朴素、实用的特点相脱离。整体来看，明清时期编作与其他工艺的结合体现出丰富的编作设计面貌，同时也体现出在编作技术演进过程中，人们对舒适性、实用性、审美享受的不懈追求（图6-1-8）。

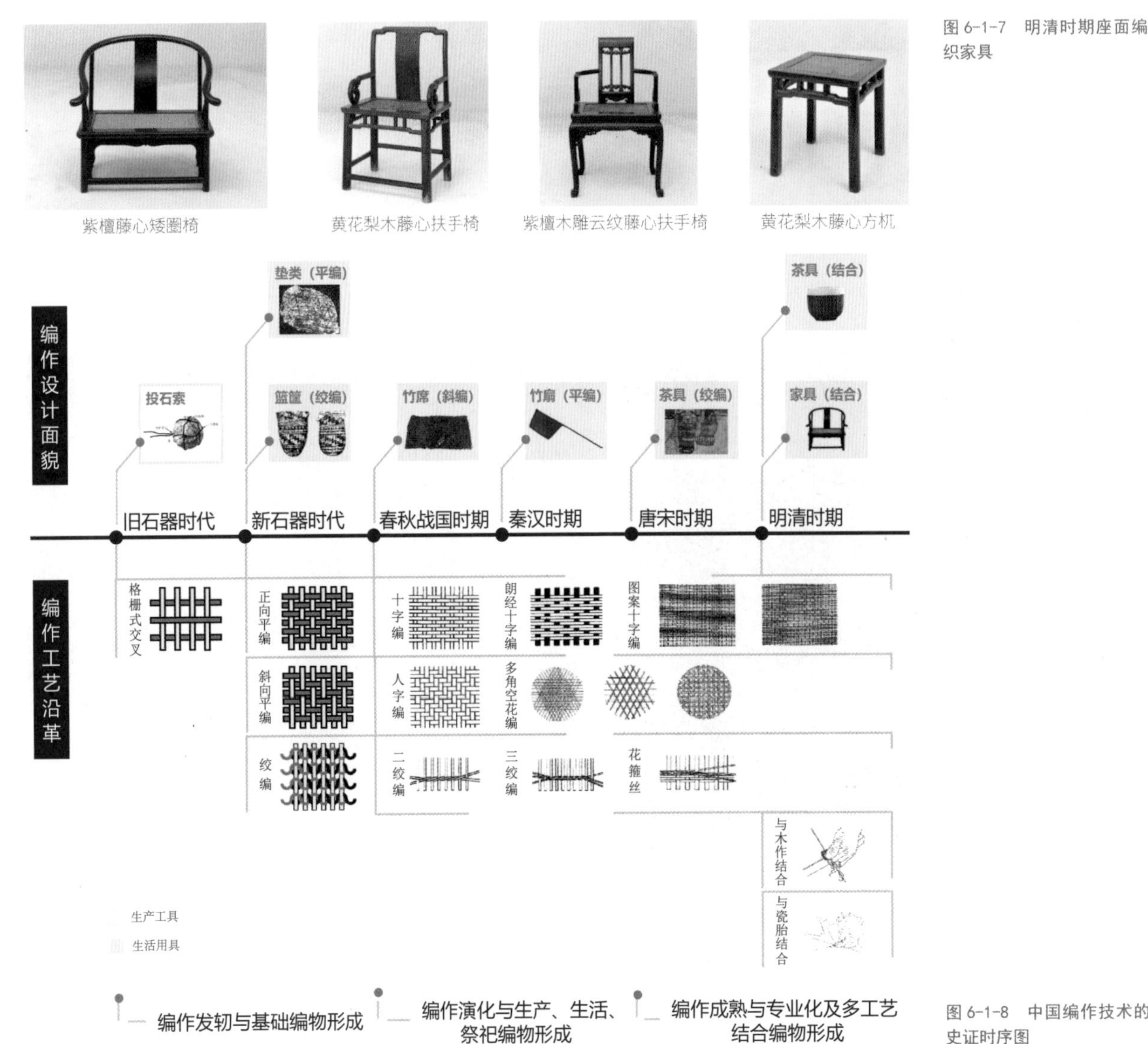

图6-1-7　明清时期座面编织家具

图6-1-8　中国编作技术的史证时序图

二、编作工艺的编造次序与关键技术

编作工艺以选料取材、处理编料、手工编制为主要环节，其中选料取材决定着编作的所属类别，处理编料需要较多的技术工具介入以保障后期编制，而手工编制则是通过改变条带的排布方式以呈现不同的编制结构，从而影响编物的器型与装饰。

（一）编作的选料取材

由于植物特性的不同，依据原料特性将编作划分为以草类植物为原料的编作与以条类植物为原料的编作。以草类植物为原料的编作可简称为草编，其特点是原料来源多样、取材方便、制作简易、使用广泛，是我国历史最为悠久的编作之一。草编的材料来源多样，但并非所有的草类都能编织成器，只有光滑、纤维细长柔韧且富有强耐拉性和耐折性的草茎才是合格的草编原料。草编种类较为丰富，因地区植物生长特性不同，北方主要以蒲草编、麦草编、乌拉草编、琅琊草编、玉米皮编为主，南方主要以席草编、芦苇编、黄麻编、龙须草编、棕榈叶编为主。以条类植物为原料的编作取材较为复杂，但因材质的耐用性其使用范围仍广泛，北方以柳编为代表，南方以竹编、藤编为代表。

（二）编条的加工工序

草类植物与条类植物在抗弯刚度上区别较大，因而以草类植物为原料的编作与以条类植物为原料的编作在编条加工的工序中的差异尤为明显。因而这里依据原料特性，来分别梳理各类编作中编条的加工工序。

1. 草类编条的刮皮分条与剖料编绳

此处以苇草编为例，分析抗弯刚度相对高的草类植物编物原料加工中刮皮分条的工艺。在刮皮分条的加工过程中，主要用到的工具有刮皮穿子、多孔穿子、刮刀，主要步骤共分为三步（图6-1-9）。一刮皮，将草料推入由刀片和穿身组成的刮皮穿子，反复推拉刮去外皮。二穿条，根据宽度需求将去皮的草条推入由三角短刀与带孔槽组成的多孔穿子，从根到梢划下分成编条。三刮磨，使用刮刀刮磨使得编条光洁。

此处以麦草编为例，分析抗弯刚度相对低的草类植物编物在原料加工中剖料编绳的工艺。在剖料编绳的加工过程中，加工编条主要用到的工具有镰刀，主要步骤共分为两步。一剖料，将草料剖开劈成宽窄粗细一致的备料。二编绳，将若干根草料一端固定或扎住，两侧的草条依次向中间折，相互交叉叠压形成辫子状的草绳。编辫是草编编条加工的特色工艺，根据编辫的股数和挑压方法的差异，可分为三股辫、四股辫、五股辫、七股辫、宽辫、孔辫及多股圆辫等。七股以下为普通草辫，七股及以上为花样草辫。编辫的编结原理：三股编用到三根草茎，分左中右三股，左边一股向最右边折，右边一股向最左边折，如此往复，便是三股辫。四股辫就是将四股草茎一端扎住或十字交叉，左边一股右折挑一压一，右边一股压一，按此编法，左右交替挑压即可编成。七股辫用五根草茎两横三竖交叠，再折成左四右三分开，左边一股右折压一挑二，右边一股左折压一挑二。按照此顺序反复，左右两侧按照压一挑二的原则，反复向中间折叠就形成了七股辫。宽辫一般用到11股草茎，草茎根部正倒相间，摆放齐整以后扎住一端，按照左四右七分开展平，然后左边第一股右折压一挑二，右边第一股压一挑二后，再压二挑二，以此均按照此法来折、挑、压左右两侧草茎（图6-1-10）。

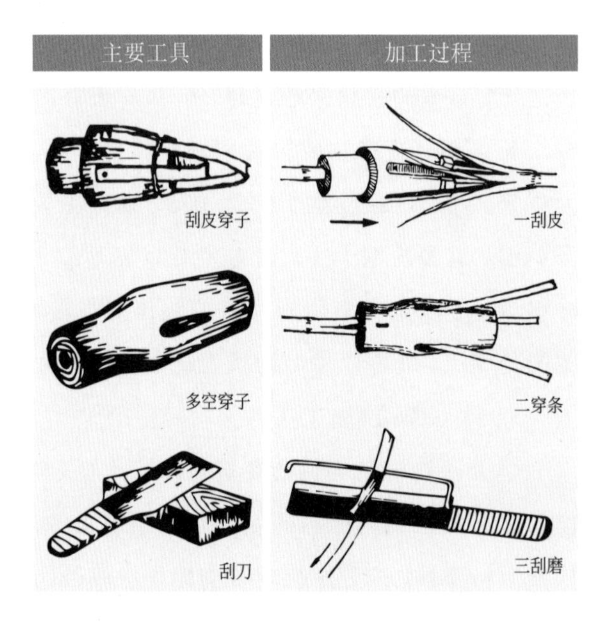

图6-1-9　刮皮分条的主要工具[36][37][38]

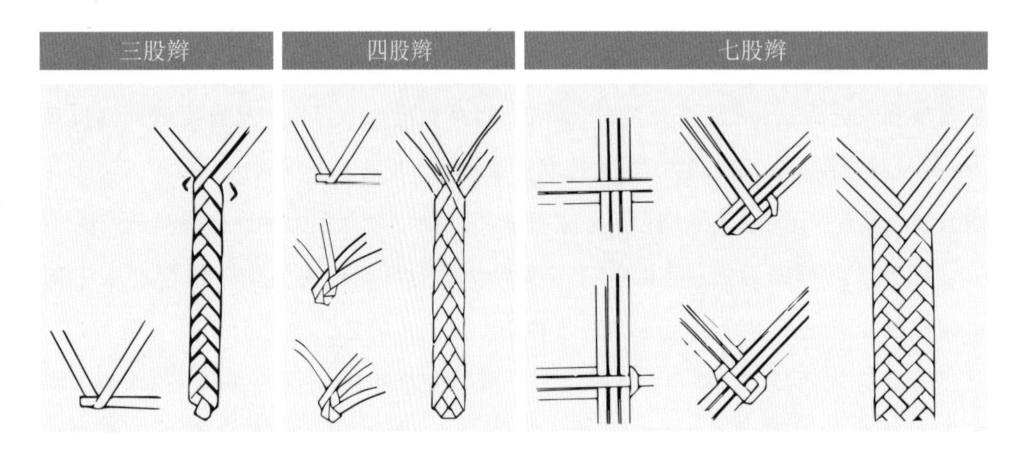

图6-1-10　三股辫、四股辫、七股辫示意图[39]

[36] 唐家路：《草编制作技法》，北京工艺美术出版社，1998，第33—35页。
[37] 山东省博兴县工艺美术二厂编《草编技术》，山东科学技术出版社，1983，第201—204页。
[38] 唐家路：《草编制作技法》，北京工艺美术出版社，1998，第11—35页。
[39] 文联吉主编《草编工艺》第二册，高等教育出版社，1992，第11—12页。

2. 条类编条的劈片制篾

这里以竹编为例，分析条类植物编织物的编制原料处理工艺。在劈片制篾的加工过程中，主要用到的工具有手锯、篾刀、剑刀、刮刀，主要步骤共分为八步（图6-1-11）。一锯竹，又称下料，即根据竹篾的长度需要，用手锯将竹子截成若干段。为了后续启篾方便，截断面一般不在竹节处。二卷节，用篾刀将竹竿上竹节突出的部分刮去，以保证竹竿的平整。三剖竹，将竹竿剖开成大条，用篾刀从竹竿的梢部向下劈开，以便下一步分成更窄编条。四启条，就是将大条继续劈成小条，工具仍然是使用篾刀。因为对半圆形的断面作等分剖开，所以这个工序又称开间。五劈篾，劈篾成片就是对小条进行弦向处理，首先要把小条的竹黄剖除，保留竹篾的三至四毫米厚度。篾条去黄后剩下的部分叫青篾，根据不同的竹种可以劈成四至八层竹篾。六劈丝，劈好的篾称为毛篾，还需要进一步加工成更细更精致的篾丝。对于粗一些的毛篾，用篾刀继续劈篾，而劈细篾丝则需要用到剑刀和小刀。篾丝的粗细取决于产品所用篾条的质地。产品篾间距较大的，需要用较宽的篾丝；产品篾间距细密的，则需要用到细薄的篾丝。七匀篾，这个工序目的是让篾片、篾条或篾丝尺寸规格化。匀篾的主要工具为剑刀，工匠将竹篾送入两把剑刀之间的缝隙之中而后均匀抽出，对每条篾片重复该步骤以获得薄厚宽窄一致的编条。八刮篾，是竹编原料处理的最后一个步骤，使用刮刀刮磨使得篾片的厚薄和光洁程度达到更高的标准，保证后期编制时的舒适性与安全性。

图6-1-11　劈片制篾的主要工具与步骤（省略第一步锯竹）[40]

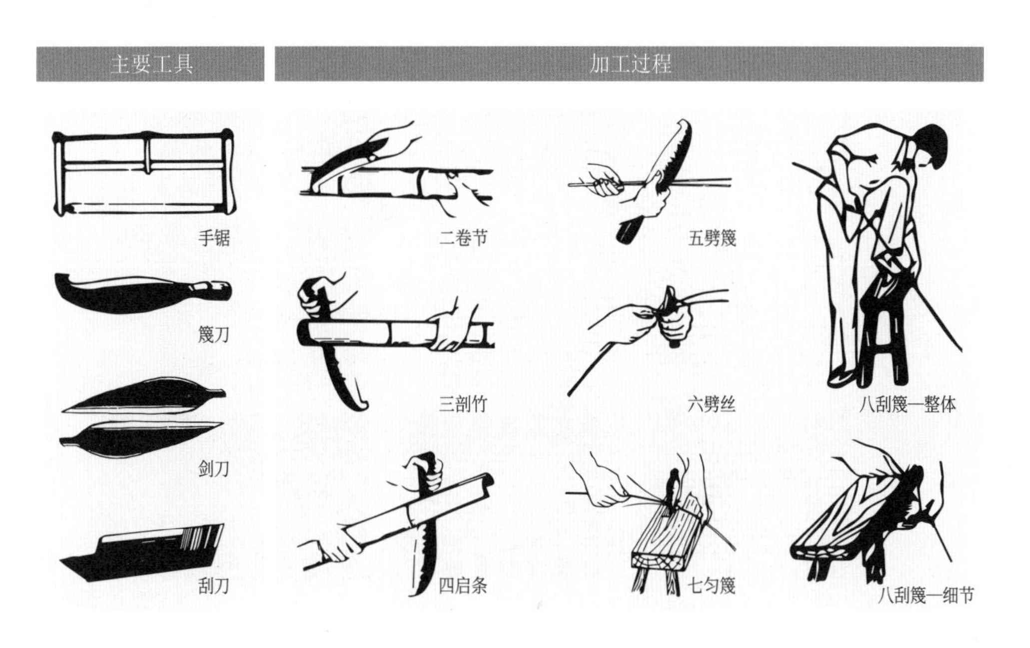

[40] 俞樟根、徐华铛编著《竹编工艺》，高等教育出版社，1992，第10—20页。

（三）编作的编制技法

编作的基础编制结构为双系统结构，即两个系统编条呈现一组经向、一组纬向相互交叠穿插的结构，此结构下的编制技法主要以平编和绞编为主。

1. 平编

平编即平直编制，这种方法是出现最早、应用最为广泛的编制技法之一。按照编条排布方向，可将平编分为正向编制和斜向编制两种。正向编制的平编，是指两个系统的编条相互垂直交叠并分别与编物的长度和宽度方向平行。斜向编制的平编，是指两个系统的编条相互垂直交叠但与编物的长度、宽度方向成一定角度。平编的主要编法包括十字编（正编）、人字编（斜编）、多角形空花编（斜编）。

十字编，以十字形交叉的编制纹理为特征。基础的十字编的编制技法为压一挑一，即按照经纬顺序挑一根压一根地进行交叉编制。由于编制技法简单，遇到损坏可以很容易地替换增加篾条进行修复。这种编法对于物体表面的适应性较高，因而用途也较为广泛。

基于压一挑一的基础技法，通过改变挑与压的数量、经纬编条的疏密差异及编制顺序，十字编演化出了朗经十字编、图案十字编（图6-1-12）、砖块十字编等类型。朗经十字编，即编条排列等距的十字编制技法。因其自身的疏朗结构使得该编制技法中的挑压变化较为灵活，如朗经压二挑一编二、朗经压三挑一

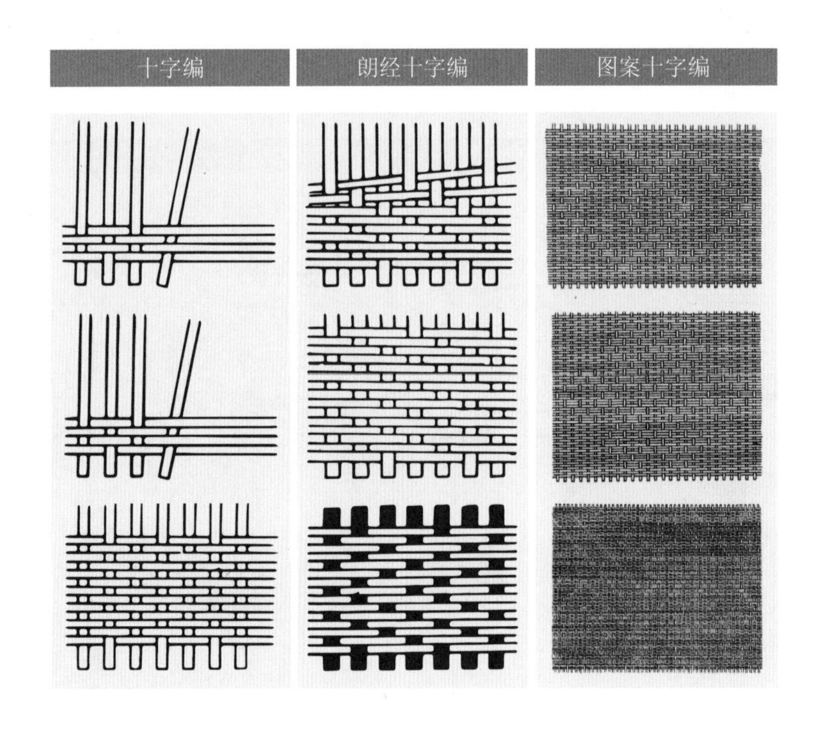

图6-1-12　十字编、朗经十字编、图案十字编示意图[41]

[41] 俞樟根、徐华铛编著《竹编工艺》，高等教育出版社，1992，第28—30页。

编三等。在同一个编织面中，每根纬编条也可按照顺序挑压不同的经编条，形成发开编与回笼编的编制纹理。这种编制技法常用于立体编物的主体部分，以增强编物的牢固性。砖块十字编，即编条紧密穿插叠合的十字编制技法。该技法采用挑一压一编法，经篾窄纬篾宽，经纬之间有绞丝相隔，横向上形似砖块密排。这种编制技法形成的编织面的牢度高，常用于圆柱体编物的侧面。图案十字编，即通过挑压变化构成图案的十字编制技法。这种编制技法涉及经、纬组的编条较多，常见图案有双菱百结块、连脚万字纹等。

人字编，以人字形交叠的编制纹理为特征。常见的人字编纬压二挑二和压三挑三，经编条与纬编条均作密编，经与经、纬与纬之间紧紧扣住。如若经纬篾条宽度相同，那么人字纹的“两个笔画”长宽相同，有规整之美。如果经纬篾宽度不同，则人字纹会富有变化。人字编通过编法的变化，可以发展出放四角人字编和收四角十字编，前者因纹路向四个角呈放射状而得名，该编法适合半圆状的弧形盖面，因为这种编法向四边减篾收缩后，会产生内凹的尖顶效果。与之相反的是适合加篾放开的收四角人字编，又称斗拢花，编纹呈一个个从小到大相互嵌套的菱形（图 6-1-13）。

多角形空花编以多角形镂空的编制结构为特征。基础的多角形空花编的编制技法为三向交叉编制，可分为三角形空花编、六角形空花编、八角形空花编等。六角形空花编的编制技法为以六根编条为一个单元，编条分三向、两两平行，每根编条的三向交叉关系为挑一压一，编制面由数个等大的正六边形构成。

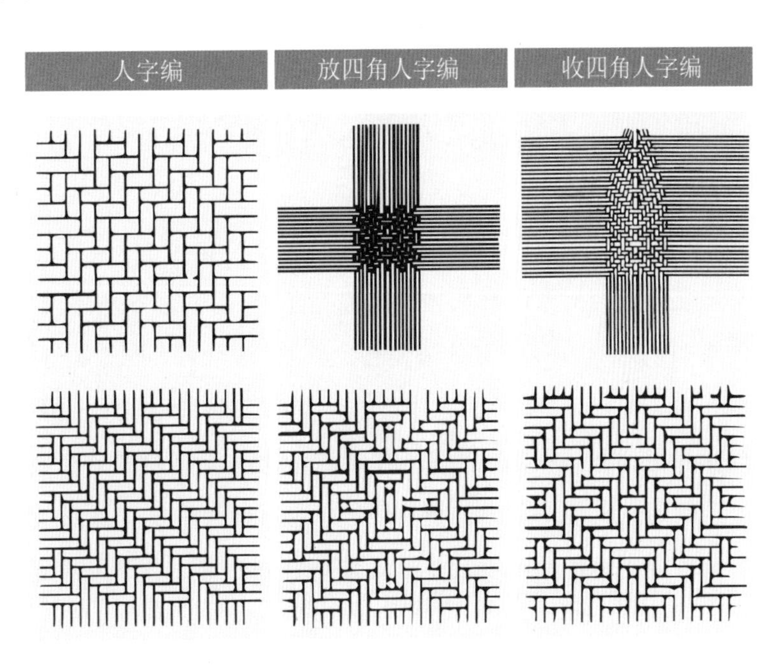

图 6-1-13　人字编、放四角人字编、收四角人字编示意图[42]

[42] 俞樟根、徐华铛编著《竹编工艺》，高等教育出版社，1992，第 33 页。

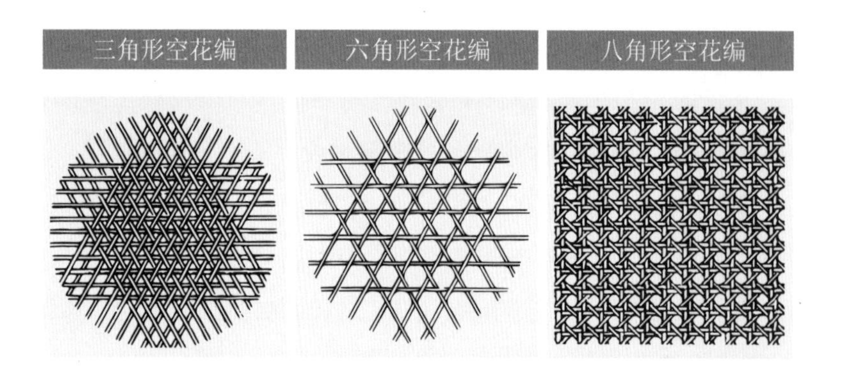

图6-1-14 三角形空花编、六角形空花编、八角形空花编示意图[43]

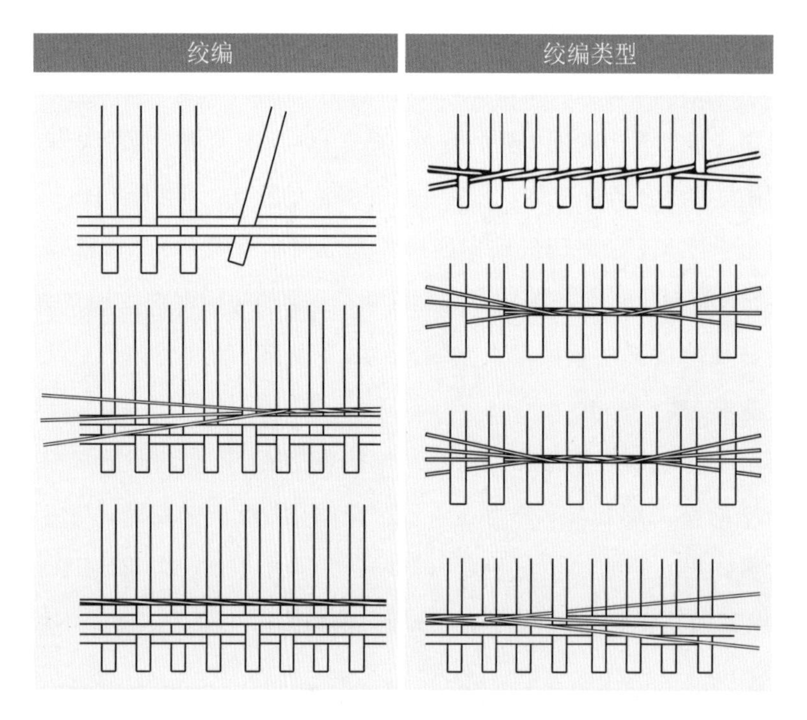

图6-1-15 绞编及类型示意图[44]

因多角形镂空的结构使其编制面具有较好通风性能，主要用于门帘、斗笠等面层的编制（图6-1-14）。

2. 绞编

绞编即绞扭编制，两条纬线依次交叉穿绕于经线内外，形成结构紧密且不露经线的纹路（图6-1-15），常见的绞编有二绞编、三绞编、四绞编等。

二绞编常用于固定疏经，使用两根比经稍厚的编条和经作压一挑一的绞合。三绞编是绞编中运用最为普遍的技法，使用三根比经稍厚的编条和经作压二挑一的绞合。其中为使三绞编的结构更为稳固，编制过程中在第三根绞条边缘编绞进一道反向绞条，使正反两道绞条有机地结合到一起，形成一种连续的人字

[43] 俞樟根、徐华铛编著《竹编工艺》，高等教育出版社，1992，第51—52页。
[44] 同上书，第45—47页。

纹折线，即为三绞编的变体“花箍丝”。依据绞编规律可推得，四绞编是作压三挑一的绞合。绞编根数越多，编物牢度越高，但对应编制面的突起也越来越高，因而绞编编织技法中多使用三绞编。

结语

编作发轫于人类基本的生存需求，随着生产生活的需要逐渐形成相对稳定统一的造物技术，并在不断实践、改良的过程中得以沿袭发展，为人类的生活服务，满足人们物质与精神层面的多种需求。不同历史时期，编作的形式与技术的发展相互促进，形成相辅相成的发展格局。编作的应用范围也由人类的基础日用领域向更高级的审美领域扩展，创造了实用与审美结合的产品，产生了丰富多样的编作表现形式。其特点总体呈现在两个方面：一方面，不同时期编作技术的发展使得编制结构趋于牢固稳定、编制纹理趋向复杂多样，一定程度上拓宽了编作技术在造物活动中的运用范围，形成了物物相宜、物尽其用的造物思想，使编物与我国古代各类生产生活形成密切关联；另一方面，编作技术也反映了因地制宜、因物制宜的材料运用方式，一定程度上体现着尊崇自然的可持续发展观念、人与自然和谐共生的造物智慧。编作在主观性与自然因素之间取得平衡，体现出物物相宜、造化自然的设计思想。

第二节　择水而居与捕鱼器具

自古以来，渔业是我国早期生产、生活的重要活动，在一定时期也成为经济发展的主导行业。关于我国渔业活动的文献记载最早可见于商周时期的甲骨文之中。唐代文学家、农学家陆龟蒙在《渔具诗序》中详尽地描述了当时的渔具和捕鱼方法。我国渔业的发展与捕鱼器具的进步密切相关。回顾中国捕鱼器具的造物发展历程，其材料种类、形制特点及使用方式等都与编作技艺的演进有着千丝万缕的联系，其技艺的进步为捕鱼方式的革新、工具类型的拓展与捕鱼效率的提高产生了至关重要的影响。

随着人类造物技术的提高与渔业发展的现实需求，编织类渔具逐渐成为人们最常用的捕鱼器具之一，其材质、形制与应用方式的变化也呈现出阶段性的特点。早在旧石器时代，先民利用自然之物，如树枝钩刺、鹿角、猪齿、石头等进行捕鱼活动；至新石器时代，先民们采用最基础的平编技术，并利用植物制作而成的手撒网与竹编的鱼笱捕捉鱼类；春秋战国至秦汉时期，出现了带有支架的罾网、汕网等体量更大、更加结实紧密的网渔具；及至宋元时期，渔网采用麻绳进行编织，网渔具的操持开始转向陷阱定置、手柄把持等使用方式；明清以降，此时工匠创造性地将编作与木作技术相结合，由木棍和丝线编织成“龙骨渔网”，有效提高了渔获量。随着现代工业文明的发展，材料特性与功能属性成为现当代渔具产品的核心要素，渔具生产更加倾向于利用新型工业材料进行机器编织，极大地提高了捕鱼效率。根据已知古代渔具实物遗存与图像资料，从渔具的结构强度可以划分为材质柔软、易于收缩的网渔具及结构强度较高、位置相对固定的笱渔具。本节将以中国古代传统编作技术的发展演进为主线，分别围绕以上两种渔具的材料特性、形态结构、使用方式等要素展开讨论，旨在阐明在我国编作技术影响下，传统渔具产品的更替迭新与应用方式转向等问题。

一、灵动的物性：网渔具的主要类型与发展沿革

网渔具是古代劳动人民最常使用的捕鱼工具之一，它的起源可以追溯到新石器时代，在一些出土文物和文献资料记载中，都可以看到它们的应用。这些网渔具随着技术的发展，一方面传承了下来，另一方面也会做出新的改进。

（一）新石器时代手撒网的使用痕迹

关于网渔具的起始年代，从各地新石器时代遗址中大量出土的石、陶网坠，就可以看出当时已经在使用渔网捕鱼了。在陕西出土的陶器上绘有方形网纹（图6-2-1），反映出当时人们已经有了网状物编作生产的觉悟[1]。

先民在生产生活中学会了用植物纤维编织原始的渔网，也从此渔业进入了新纪元。网渔具上使用网坠是捕鱼器具上的另一进步。网坠的作用是使渔网迅速沉入水底，固定住渔网，从而捕捉到鱼。石质网坠取自天然的石材，在石材的腰部稍加砍砸出缺口，用以系网，不致其脱落。陶网坠则是在发明了制陶技术以后出现的[2]。

通过网坠的作用可知，在新石器时代，网渔具的主要使用方法为手撒网，这种方式也是最传统的使用方法。它由渔民站在岸上或船上，随之将网罟挥洒向水域，之后网坠使渔网快速下沉，落入水中，从而使鱼虾落入网中，之后再通过绳索将渔网提出水面而获鱼。这种挥洒的网渔具对渔民的技术要求也很高，技术熟练的渔民能在渔网抛入水中时抛出纯圆形的网罩，不熟练的人很容易使网把自己缠住[3]。

图 6-2-1 新石器时代船形彩陶壶[4]

[1] 唐珂主编《农桑之光——中华农业文明拾英》，中国时代经济出版社，2011，第287页。

[2] 李建萍：《传统渔网编织材料考》，《中国水产》2011年第11期。

[3] 盛文强：《渔具图谱》，北京时代文华书局，2019，第101页。

[4] 中国国家博物馆，https://www.chnmuseum.cn/zp/zpml/kgdjp/202008/t20200824_247229.shtml，访问日期：2023年5月11日。

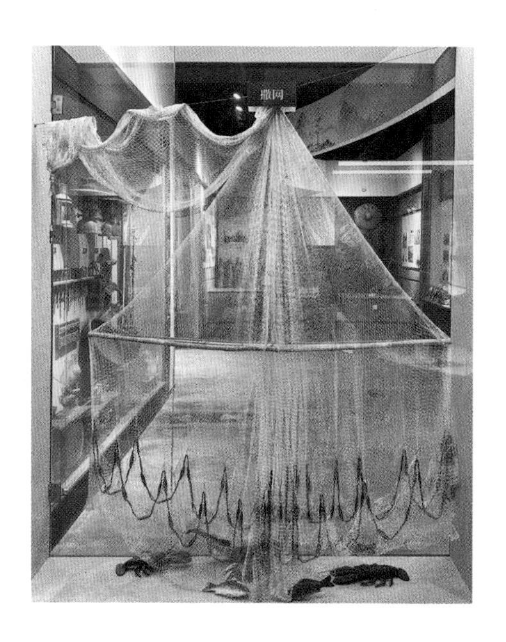

图 6-2-2　山东微山湖现代撒网[5]

后来撒网多配合渔船使用，是一种用于浅水地区的圆锥形网渔具。渔民在使用时会直接把网撒出去，之后网便沉入水中，鱼虾就会入网。撒网方便携带，也很受渔民的欢迎。在现代的山东微山湖渔家民俗展馆中，展示着一件大型撒网（图 6-2-2）。网的中间用竹竿弯成的藤条支架支撑，网眼细密，虽然渔网面积很大，使用起来十分考验体力，但渔获量大。由此可见，撒网也传承到了现代，并且仍在使用。

（二）春秋战国时期支架式网渔具的智慧

支架式网渔具会借助相关构造完成捕捞活动，一方面能减轻渔民的体力负担，一方面可以捕捞到更多的鱼，它是古代渔民勤劳智慧的结晶。罾网和汕网是其中最为常见的类型。

罾网是古代常见的捕鱼器具，是一种用木棍或竹竿做支架的方形渔网。网片的四个角系在十字支架的四端，这样支架打开，就形成了一个撑大的网兜[6]。有的罾在岸边架起支架，配有复杂的杠杆，可以将网提出水面。罾网常见于水域附近的渔家。它很容易制作，因此也很常见。

罾网早在春秋战国时期就有出现，《楚辞·湘夫人》中有“鸟萃兮蘋中，罾何为兮木上。”[7]《史记·陈涉世家》中写道，秦末年陈胜起义时，陈胜暗中派人把写有“陈胜王”的布帛“置人所罾鱼腹中”[8]以制造声势，从这个故事也可以看出，罾在秦汉时期也是一件普及度很高的民间常用网渔具。到了唐代，人们已研制出用机械力起放大型网具的设施。据《初学记》记载：“罾者，树四木而张网于水，车挽之上下。”[9]起放罾网已经用到“车”这种机械设施代替人力放置大型网具[10]。

之后经过历代发展，罾网的机关也更加精巧复杂，但原理都是一致的。在书画和刺绣作品中均可以看到清晰的罾网。如清代刺绣作品中《广绣山水渔读图》中

---

[5] 由作者拍摄于微山湖渔家民俗展馆。

[6] 盛文强：《渔具图谱》，北京时代文华书局，2019，第103页。

[7]〔战国〕屈原：《楚辞》，北方文艺出版社，2019，第54页。

[8]〔汉〕司马迁：《史记》，中华书局，2014，第495页。

[9]〔唐〕徐坚等：《初学记》第三册，中华书局，1962，第544页。

[10] 唐珂主编《农桑之光——中华农业文明拾英》，中国时代经济出版社，2011，第292页。

图 6-2-3　清代《广绣山水渔读图》（局部）中的罾网[11]

（图6-2-3），渔民在水边架起木板，等待入网的鱼。罾网已经在水下，露出竹竿。

汕网也是一种带支架的网渔具。汕头这一地名，也是源于汕网。汕最初记载于春秋战国时期《诗经》中的《小雅・南有嘉鱼》："南有嘉鱼，烝然汕汕。"[12]汕网用来捕捉小鱼小虾，主要用于内陆淡水，捕鱼规模相对较小。从一些记载中可以看出汕网的样貌，汕网也是有十字形的支架，支架上较罾网带有更长的提线，系上网兜捕鱼。汕网与罾网相类似，但比罾网小，灵活性也更高[13]。总的来说，它们在春秋时期就已出现，使捕鱼的过程变得更加省力，是古代渔民智慧的体现。

（三）合作式的网渔具

大型网渔具还需要多个渔民合作使用，主要分为拖网、绰网和围网，动力来源又可分为人力和船力。

拖网由十人左右合作完成，共同在水中围住鱼群，捕捞完成后上岸收网。五代南唐画家董源的《潇湘图》中描绘了江面上渔民拉网捕鱼的场景（图6-2-4）。使用拖网捕鱼的渔民有十多人，多数人在浅水区，少部分人在岸上，合力向岸上靠拢，之后收网完成捕捞。拖网在当时也已经是江河中常见的网渔具了[14]。可以看出在这个时候，拖网仍只靠人力捕鱼。现在，拖网则是一种利用渔船和人力的移动，拖曳渔网在水底捕鱼的网渔具。

[11] 故宫博物院，https://www.dpm.org.cn/collection/embroider/229464.html，访问日期：2023年5月11日。
[12]〔宋〕朱熹注解《诗经》，张帆、锋焘整理，三秦出版社，1996，第166页。
[13] 盛文强：《渔具图谱》，北京时代文华书局，2019，第109页。
[14] 同上书，第79页。

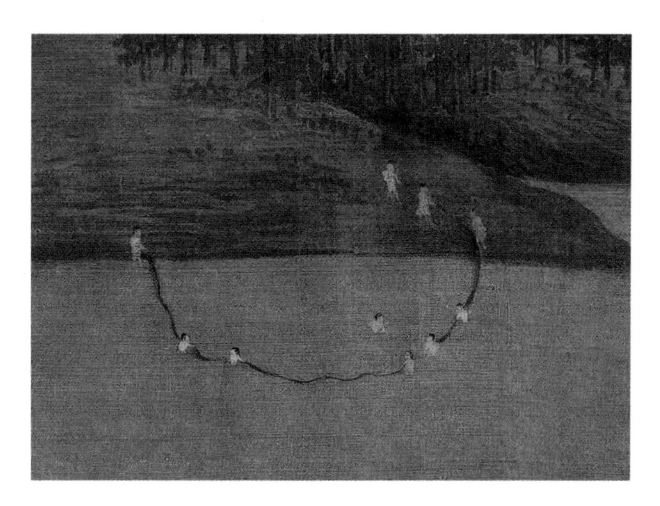

图 6-2-4（左）　五代南唐董源《潇湘图》（局部）中的拖网[15]

图 6-2-5（右）　明代《三才图会》中的绰网[16]

绰网多用在较浅的内陆河流中，需要两人合力操作，面积也较拖网小。《三才图会》中的绰网插图就描绘了这种渔具（图 6-2-5），图中两人各持一长竿，两条长竿撑开一个巨大的渔网的两边，用来捕捞河中的鱼虾[17]。

围网是清初广东沿海地区出现的捕鱼器具，由网片和钢索组成长带形的或带有网囊的大型网渔具。在使用时，渔民用两只船拉住网的两端，把鱼群围住，逐渐缩小包围圈，最后抽紧网下端的绳索，这种网渔具也是需要几人合力使用围捕鱼群的。围网深八九丈（合 26.7 至 29.7 米），长五六十丈（合 166.7 至 199.8 米），上纲和下纲分别装有藤圈和铁圈，贯以钢索以为放收。捕鱼时先登桅探鱼，见到鱼群即以石击鱼，使鱼惊回入网[18]。围网也为更高层级的鱼类资源的捕捞做出贡献[19]。

总之，这类需要渔民相互合作使用的网渔具不仅增进了渔民之间的团结，它的出现也使渔获量大大增加。到了现代，由于机器动力的广泛应用，可以借助渔船拖动渔网，以人力合力使用渔网的情况已逐渐减少。

（四）定置陷阱的网渔具

定置类网渔具是指把渔具固定放在水中的某个位置，作为陷阱，或依靠水流的冲力推动鱼虾入网，主要包括大莆网、注网和刺网三种类型。

大莆网在宋代浙江地区出现，它被固定在浅海中，利用水流的冲击力冲鱼入网。它也成为东海捕捞大黄鱼的重要渔具[20]。现在的莆网在使用时会通过潮水将渔网两侧的帆布冲开，产生横向张力，张开网口，鱼群就进入网中。

[15] 故宫博物院，https://www.dpm.org.cn/collection/paint/234585.html，访问日期：2023 年 5 月 11 日。
[16]〔明〕王圻、〔明〕王思义编集《三才图会》中卷，上海古籍出版社，1988，第 1171 页。
[17] 盛文强：《渔具图谱》，北京时代文华书局，2019，第 89 页。
[18]〔清〕屈大均：《广东新语》，中华书局，1985，第 560 页。
[19] 唐珂主编《农桑之光——中华农业文明拾英》，中国时代经济出版社，2011，第 296 页。
[20] 盛文强：《渔具图谱》，北京时代文华书局，2019，第 4 页。

注网则被固定在某一位置，渔民无须走动，一般使用在湍急的河流中，是使用起来比较轻松而又有较高渔获量的网具。注网在明代的《三才图会》中有记载（图6-2-6），注网在江河中会根据水流方向布置，在海中则按潮汐方向布置，靠流水的力量把鱼虾冲进网中。注网经常是在晚间放置，清晨取走，一夜间足以累积鱼虾无数。也因为注网是一种陷阱，会有人在夜间趁渔民不在偷走鱼虾[21]。

刺网出现在宋代，也叫流刺网，是由若干块网片连接成长带形的网具，是网渔具中结构较简单的渔具，也是一种作业方式为定置使用的网渔具。它设在鱼群活跃的水域，通过刺挂或缠绕鱼类从而获鱼。周密《齐东野语》称刺网为帘："帘为疏目，广袤数十寻，两舟引张之，缒以铁，下垂水底。"[22] 书中也记载，渔民会用刺网来捕捞马鲛[23]。刺网的长度不等，会根据水域长度、渔船大小等因素而设置，短则几十米，最长可达数千米。这种渔网至今仍在使用。在山东微山湖渔家民俗展馆中，也展示着两种现代刺网（图6-2-7）。一种偏长，一种偏短。在使用时，渔民会将刺网放置在水中，拦截住鱼虾的去路，使鱼虾刺入网中或缠绕在网中，从而达到捕捞目的。这种定置网渔具，减轻了渔民的劳动负担，一直被使用到现代。

图6-2-6（左） 明代《三才图会》中的注网[24]

图6-2-7（右） 山东微山湖现代刺网[25]

[21] 盛文强：《渔具图谱》，北京时代文华书局，2019，第93页。

[22]〔宋〕周密：《齐东野语》卷十四，上海扫叶山房，1926，第63页。

[23] 唐珂主编《农桑之光——中华农业文明拾英》，中国时代经济出版社，2011，第293页。

[24]〔明〕王圻、〔明〕王思义编集《三才图会》中卷，上海古籍出版社，1988，第1170页。

[25] 由作者拍摄于山东微山湖渔家民俗展馆。

图 6-2-8　山东微山湖地区的现代推网[27]

（五）带手柄的网渔具

有另外一类网渔具会带上手柄，以舀捞、手推的使用方式为主。这类渔具需要渔民操作稳、准、快，是一种操作简单易学的网渔具，主要包括推网、扠网和抄网三种。

推网使用方式主要以手推为主，单人即可操作，有的可以双手持竿撑开网片，在水中向前推动，随即捕鱼。使用完毕后将两个竹竿合并，网片就被收起来了[26]。在现代微山湖渔家民俗展馆展示着一件推网（图6-2-8），这件推网的抓手上只有一根垂直的木杆，渔网的一端绑在这根杆子上，另一端绑在抓手上，使用时手持抓手撑开网片，在水中推动向前，从而完成捕捞。总之，对于推网来说，手柄更多是帮助渔民推动网具向前，为当时的人们提供了便捷的捕鱼方式，在之后的演变过程中也保留了下来，可见它的性能也有优势。

扠网由两条交叉的长竿支撑，中间交叉固定，渔民双手各持一竿，可以像剪刀一样开合。它在竹竿的下面连接渔网，竹竿开合的时候，渔网也会随之开合，闭合两个竹竿，鱼群就被困在里面。渔民站在船上，分开扠网的竹竿，渔网没在水下，利用渔船向前行动的动力，扠网也因此能捕鱼。当渔民获得鱼群后，能够明显感受到网兜的震动，有经验的渔民还可以通过网兜震动的频率来判断鱼群的大小与数量。这时将两竿合并，从而关闭渔网完成捕捞[28]。

抄网由网兜、长竿手柄组成，操作方式十分简单，以舀捞为主，受到现代渔民的欢迎，也十分常用。它由细竹篾编成，专门用于浅水中，渔民将网贴在水底，一边走一边拖动网，捕捞河底的鱼虾和田螺。虽然所捕获的鱼类数量不多，价值也不高，但可以满足一个家庭的需要。所以南方靠近水域的人家，几乎每户都有这样轻便结实的抄网渔具随时可以使用[29]。这些手持柄的网具在少数民族的生活中也是十分常见的，在云南的少数民族聚居地也有渔民使用它们。

---

[26] 盛文强：《渔具图谱》，北京时代文华书局，2019，第81页。

[27] 由作者拍摄于山东微山湖渔家民俗展馆。

[28] 盛文强：《渔具图谱》，北京时代文华书局，2019，第83页。

[29] 沈从文编著《中国古代服饰研究》，上海书店出版社，2005，第510页。

网渔具中的手柄是渔民手臂的延伸。而这些带有手柄的网渔具在使用方法上会更加简易。无论是在古代还是现代、在中原还是在边远地区，都得到渔民的喜爱和广泛使用。

总的来说，网渔具从原始时期最传统的手撒网开始，逐渐发展出了各种各样满足渔民使用需要的结构形态，如春秋战国时期的支架，宋代的定置陷阱和手柄，都体现着劳动人民的智慧。这些不同形态的网渔具也在不同的环境中发挥着重要的作用。

二、造物的智慧：笱渔具的主要类型与发展沿革

笱渔具是一种竹制的捕鱼器具，由竹竿、篾片、藤条、芦秆或者树木枝条所编织制成[30]，主要分为鱼筌和鱼罩两种类型，早在新石器时代，鱼筌这种定置陷阱类的笱渔具就出现在捕鱼人的活动中了。春秋时期，鱼罩这种操作简单、效率极高的渔具也被应用在浅水水域中。在后来的发展中，渔民学会了根据不同的鱼虾习性设计出不同造型的笱渔具，这种渔具类型的细化，也从侧面说明了古人善于观察不同鱼类的行动特点并能进行针对性的设计，体现了古代造物的设计智慧。

（一）定置陷阱的鱼筌

鱼筌又称作鱼笱、鱼篓，是一种十分古老的捕鱼器具，可以追溯到新石器时代。筌是一种竹制渔具，一般的鱼筌大腹、大口、小颈、颈部装有倒须。《庄子·外物》中提到“荃者所以在鱼，得鱼而忘荃。”[31]鱼筌的使用方法是将其置于鱼类洄游通道上，或者是将其安放在溪边、湖边或浅滩等鱼类常游到的地方，鱼一旦进入，就会困在里面出不去。其中，倒梢结构是鱼筌中的一种竹篾制成的倒刺。在距今5000至4000年的浙江湖州吴兴钱山漾遗址中发现有捕鱼用的竹编物的实物残片，且明显存在倒梢[32]（图6-2-9），证明当时的渔民已经会使用带有倒梢结构的鱼筌捕鱼了。

在现代，根据不同鱼类的特点，渔民也设计出专门捕捞某一特定鱼类的鱼筌。比如鳝笼，它也是一种定置类鱼筌，一般被放置在水田田垄或浅滩。展示在山东微山湖渔家民俗展馆里的鳝笼整体由竹编制成（图6-2-10），笼身设计得像是一个“L”形，结构包括笼身和两个带有倒梢的口，其内部根据黄鳝喜欢钻洞

[30] 刘亚良主编《百渔具法》，福建科学技术出版社，2016，第22页。

[31]〔战国〕庄周撰，胡仲平编著《庄子》，北京燕山出版社，1995，第269页。

[32] 浙江省文物管理委员会：《吴兴钱山漾遗址第一、二次发掘报告》，《考古学报》1960年第2期。

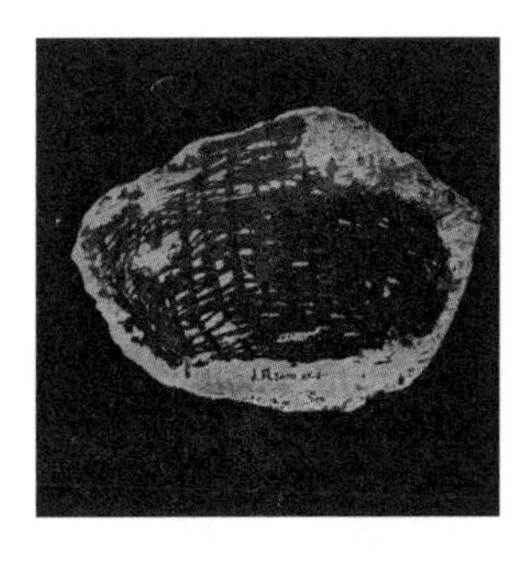

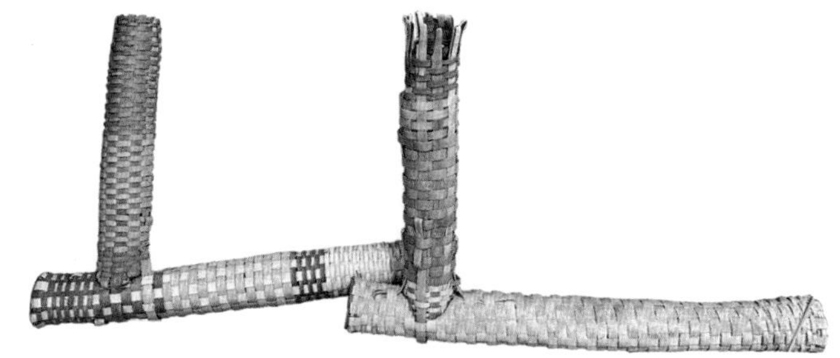

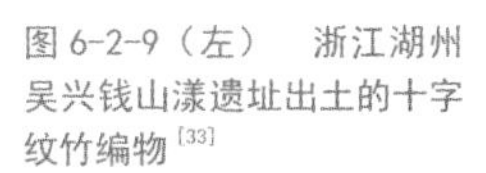

图 6-2-9（左）　浙江湖州吴兴钱山漾遗址出土的十字纹竹编物[33]

图 6-2-10（右）　山东微山湖地区的两件现代鳝笼[34]

的行为特点，设置了两个互相联通的空间，连通处也设计了倒梢结构。“L”形的盖子都可打开释放捕获的鳝[35]。鱼筌出现的时间较早，它的结构和使用方法也很新颖，能够以布置陷阱的思路获鱼。在后期的发展中，劳动人民能够针对不同鱼类的习性将鱼筌改造成不同的形态，更是一种杰出的创造。

（二）鱼罩

鱼罩是一种捕鱼用的竹器，圆筒形，上小下大，无顶无底。早在春秋战国时期，《诗经·小雅》中记载：“南有嘉鱼，烝然罩罩。君子有酒，嘉宾式燕以乐。”[36]其描述的就是用罩捕鱼时鱼群在水中摇尾游动的场景。《尔雅·释器》中有“篧谓之罩”[37]的说法，篧是罩鱼的器具，即罩的别称，可见鱼罩是一种存在时间很久的渔具。用鱼罩捕鱼也十分方便。时至今日，仍有渔民会使用[38]。鱼罩形状就像无底的竹筐，是由竹篾或柳条编制而成，上下通透，适合在浅水中捕鱼。在使用时，捕鱼者手持鱼罩站在水中，见到有鱼就用罩扣下去，鱼被扣在其中，再从顶端伸手进入，将鱼取出[39]。

在明代画家周臣的《渔乐图》中，我们从两位渔民的动作中可以清晰得知鱼罩的使用方法（图 6-2-11）。两位渔民均在身上挎着鱼篓，一位用鱼罩罩住了水下的鱼虾，另一位已然获鱼，而他正从鱼罩顶端的敞口中取出捕获的鱼虾。从图中也可以看到竹编鱼罩的编织线走势，有横向、纵向和斜向的，虽然画家表达得比较简练，但十分生动，让观者一目了然。清代乾隆帝的御诗也写明了用鱼罩捕鱼的乐趣[40]。鱼罩在我国少数民族的生活中也有使用。仡佬族等西南少数民族的渔民捕鱼技术十分高超[41]。

---

[33] 浙江省文物管理委员会：《吴兴钱山漾遗址第一、二次发掘报告》，《考古学报》1960 年第 2 期。
[34] 由作者拍摄于微山湖渔家民俗展馆。
[35] 王琥主编《中国传统器具设计研究》卷三，江苏美术出版社，2010，第 220 页。
[36]〔宋〕朱熹注解《诗经》，张帆、锋焘整理，三秦出版社，1996，第 166 页。
[37]〔晋〕郭璞：《尔雅》，中华书局，1985，第 44 页。
[38] 盛文强：《渔具图谱》，北京时代文华书局，2019，第 193 页。
[39] 同上书，第 177 页。
[40] 同上书，第 191 页。
[41] 同上书，第 187 页。

图 6-2-11 明代周臣《渔乐图》（局部）中的鱼罩[42]

鱼罩是一种很常见的笱渔具，它的外形在时代的发展中变化不大，功能和使用方法也没有很大差别。但是时至今日，这种笱渔具也会经常在浅水区被渔民使用，十分方便。

总的来说，笱渔具从使用方法上可以分成两种：一种是渔民用手操作捕鱼，看准水中的鱼就稳、准、狠地向下扣住；另一种是固定在水域中的陷阱，而后者又可以分成竹栅形式和鱼筌形式，并且鱼筌形式的笱渔具还在渔民的智慧下出现专门针对某类鱼群的特殊鱼筌。从这种发展变化中，也可以看出我国古代渔民善于观察事物的优秀能力。

三、手作的灵韵：编作技艺的演进与捕鱼器具的更迭

编作技艺是网渔具和笱渔具的重要手工技艺，出现时间较早，并且随着它的进步，捕鱼器具也变得更加结实耐磨，捕鱼的方式也会发生改变。

（一）网渔具的编作技艺

传统网渔具都是利用绞、辫、插及编、结等技术来编织网线制成。编作技艺决定着网渔具的坚固性和耐磨性，为渔网能够在水中捕获到更多的鱼提供基础保障。通过借鉴编作技艺在网渔具中的应用方式，有利于现代编织结绳工艺的发展。

1. 网渔具的结构

渔网的基本单位是网目，也称网眼，整张渔网就是由不断重复排列的网眼构成的。网目由目脚和网结两部分构成。目脚是方形网目的四条边线，单一目脚

[42] 故宫博物院，https://www.dpm.org.cn/collection/paint/232859.html，访问日期：2023年5月11日。

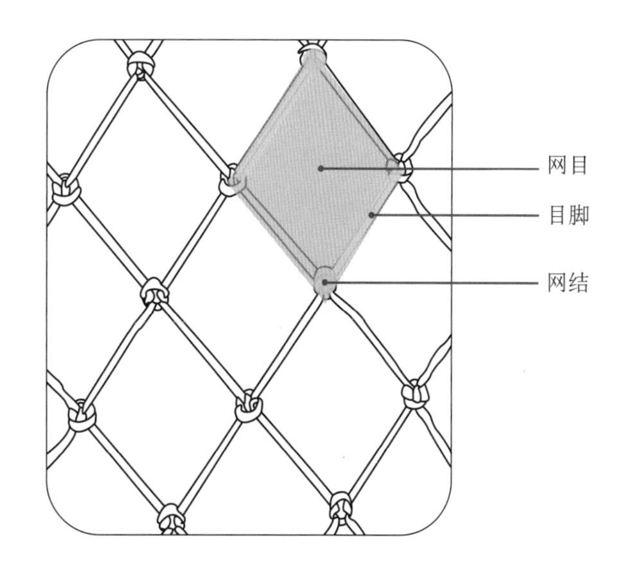

图 6-2-12 渔网结构及名称示意图

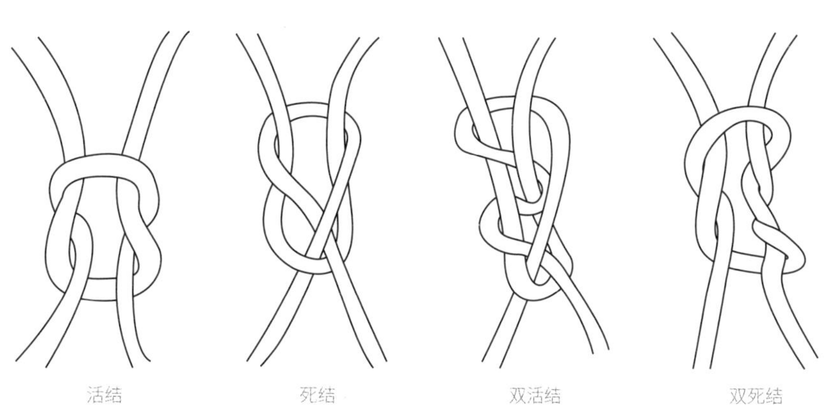

图 6-2-13 渔网的四种绳结

是指相邻两个网结之间的线段。目脚的作用在于控制网目形状的规整及网目的大小，同时目脚的大小也决定了该渔网捕捞的渔获物的类型。网结是多段目脚的交合点，通过结的形式固定位置。其作用是限制网目的大小及固定网目的形状，因此网结最重要的性质是牢固性（图 6-2-12）。

根据编结技法的差异，网结可分为活结、死结、双活结和双死结四种类型（图 6-2-13）。活结的结型扁平，编法简易，耗线量也相对较少，正因为其轻便的性能，所以使用时磨损消耗也较少。不过，活结的缺点是牢固性欠佳，一旦受力过度容易使网目变形，特别是活结在横向受力时更容易松动。正因为如此，活结通常用在一些小的网目渔网上。死结的结型有较大的鼓凸，编法也相对复杂且耗线量也较大，优点是比活结更加牢固，不易松动变形，缺点是更容易被磨损。死结适合网线直径较粗的刺网或拖网。双活结和双死结是在单结的基础上再穿绕一圈，以增加其牢固性。该结尽管牢固，但耗线量远大于单结，也更容易被磨损。双活结和双死结适合用于直径较细的网线，粗网线打双结的话会增加渔网的耗线量，而且在水下的阻力会有很大程度的增加。

2. 编织网渔具的材料、工具和工艺

人类早期编织网渔具的材料来源于自然界中的天然纤维材料。天然纤维是指自然界原有的或者经人工培植的植物及人工饲养的动物身上直接获取的纺织纤维。网渔具用到的主要有芒草、苎麻、葛、丝、棉、树皮纤维、蚕丝等材料。随着渔网工具的大量使用，考虑蚕丝线成本高，因此主要以苎麻、棉线为主。由于植物纤维易于腐烂，难以保存，所以考古工作中尚未有实物发现[43]。

新石器时代的先民就学会了用植物纤维编织原始的渔网，渔业进入了新的纪元。《周易·系辞下》曰："古者包牺氏之天下王也……做结绳而为网罟，以佃以渔。"[44]包牺氏即伏羲，古时的很多发明都归于他名下。这句话是说伏羲以结绳工艺来编织渔网，用来耕耘捕鱼。晋代葛洪《抱朴子》中"师蜘蛛而结网"[45]认为伏羲观察蜘蛛结网而受到启发。渔网的出现是一件大事，使渔获量极大地提高。人类也因此有了更广泛的食物来源[46]。

编作技艺是古代劳动人民用来造物的最常用的工艺之一，它也经常用在网渔具中。网渔具的编作过程需要有几个必不可少的步骤。当工匠将纤维材料收集来后，首先要将纤维分出来，搓成麻线。搓麻线是编织渔网的基础工作，也是需要消耗大量人力去做的工作[47]。

其次就要进行织网。织网所用到的工具主要有两种：一是梭子（图6-2-14），二是网榜。网榜制作起来比较简单，找来竹片，取一拃长，宽度则根据需要而定，做好了再用砂纸打磨一下即可。而梭子的制作过程要复杂得多。梭子的好坏直接影响编织的速度和渔网的质量。先要在竹片上方刻出细细的梭舌，将梭舌两边和舌头上面雕空，然后把梭头刻成弹头一样，把尾部刻凹进一块，最后用砂纸打磨光滑[48]。

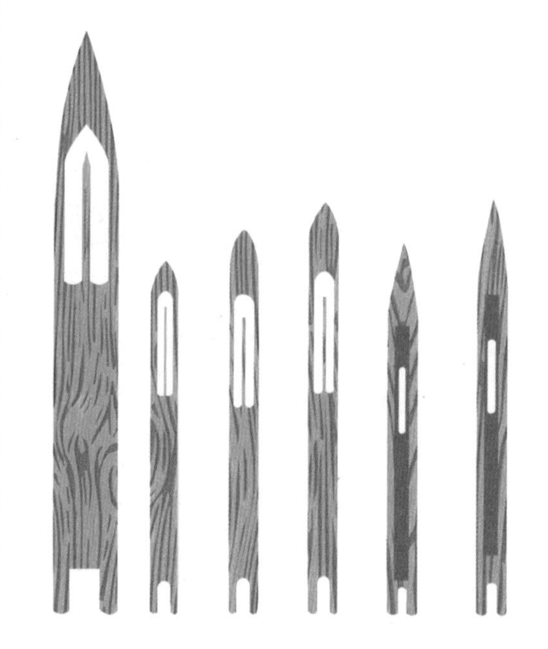

图 6-2-14 织网工具——梭子

[43] 李建萍：《传统渔网编织材料考》，《中国水产》2011年第11期。
[44] 朱安群、徐奔编著《周易》，青岛出版社，2010，第214页。
[45]〔晋〕葛洪：《抱朴子》，上海书店，1986，第9页。
[46] 盛文强：《渔具图谱》，北京时代文华书局，2019，第1—2页。
[47] 李建萍：《浅议我国传统网具加工使用习俗》，《农业考古》2010年第6期。
[48] 同上。

织网过程中，第一步是制作网纲。网纲是整条渔网的纲领部分，所以做一条结实耐用的网纲是决定网渔具是否好用的第一步。要先确定网的长度尺寸，在桌面上固定两个间距相等宽度的铁钉，在两个铁钉之间拉一根线，该线就是渔网的"纲"，后续所有的编织工作都要从纲开始。在网最后织好以后，只要将纲拉住，渔网再大都可以轻松地收放。也可以将纲线绑在树干和房屋柱子上。工匠先用梭子带线，然后在网上往来穿梭。

第二步即织网。织网时左手拿梭，右手持网面，依次开始编网眼。线在梭上缠扎后，梭子穿插一次就形成一个网眼。从第一排开始，依次一行一行向下编结。渔网的绳结分为活结和死结两种（图6-2-15）。麻线的粗细、网眼的疏密、网幅的大小，都要根据渔获类型和实际的使用方法而定，可谓种类繁多，规格各异。海洋捕捞的鱼身较大，网眼也应放大一些，织网的麻网绳也要粗一些。而内陆湖泊江河的鱼身较小，网眼就应该织得更密一些，麻网绳也应该更细一些（图6-2-16）。

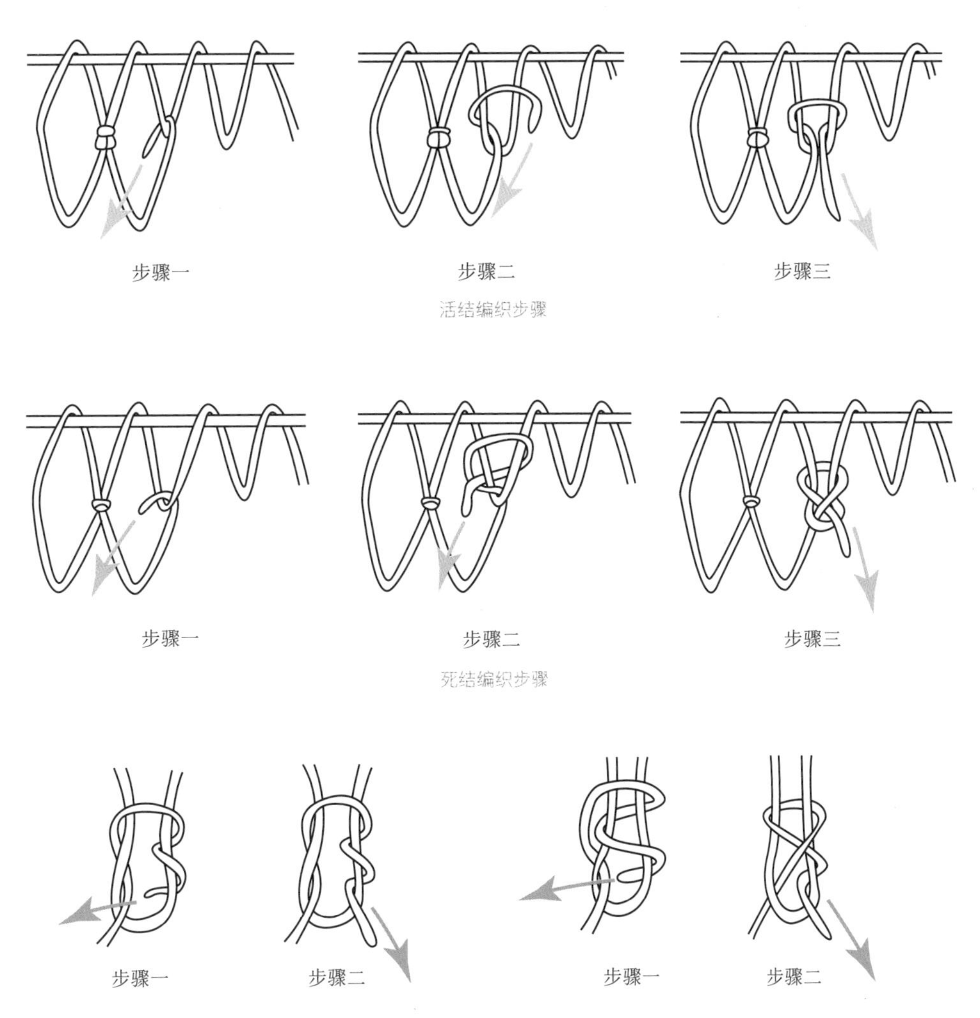

图6-2-15 绳结编织步骤图

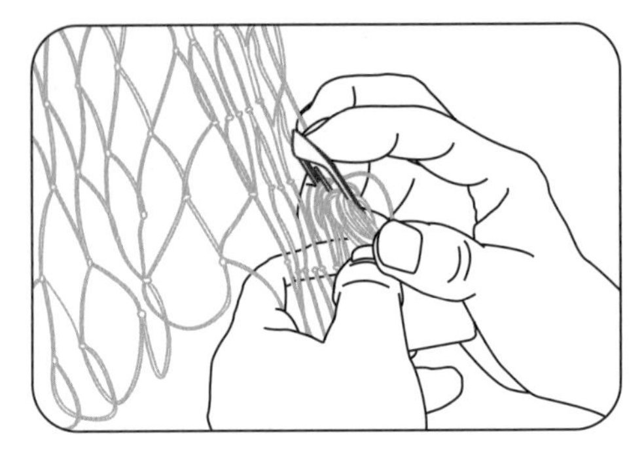
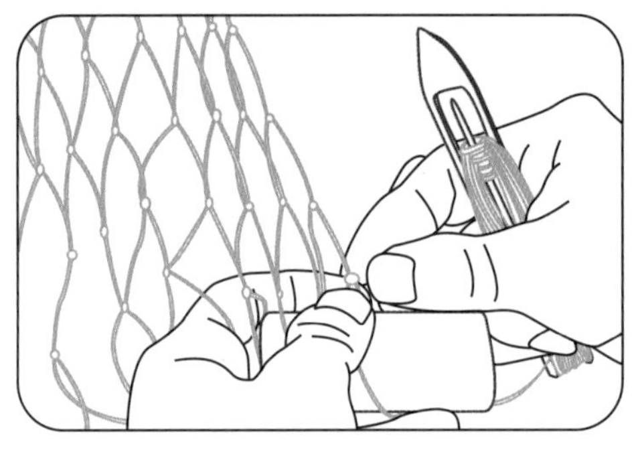

图 6-2-16 用梭子织渔网

第三步是安装浮标和网坠。渔网的上沿安装浮标，下沿连接网坠。网坠大部分是石质的，也有铜铁等金属材质的，大约10厘米大小，中间有供绳穿过的孔洞。网坠安装在渔网的底部，装好后将网眼向上提拎数下，使其更加牢固。渔网入水后会迅速下沉，落于水底泥面。渔网收网时，坠子从水底刮过，鱼随之入网。

原始的编作技术也是从制作渔猎用的编织品演变而来的。一张渔网几两至几百斤重量不等。一些网眼稀疏的小型渔网，会有几千个结，而网眼密集的大型渔网，更要有几万甚至几百万个结。所以当渔家编织一张大型渔网时，往往要全家人一起合作，耗费几个月才能完成[49]。

3. 网渔具的保存

为了增加网渔具的耐磨性、延长其使用寿命，渔民在长期的渔业生产实践中总结出了多种增强渔网耐腐、耐用的方法，也在民间形成了不同的染网习俗。

一种方法称为血网，是指渔民使用猪、牛等牲畜的血液涂染渔网防腐的方法。将用苎麻线、棉纱线等材料新织成的渔网，或使用一年以上的旧渔网，先用桐油刷一遍，再浸泡在牲畜血液里，然后将浸泡过的渔网放到大锅里蒸，以明火蒸煮至一炷香后取出。这一劳动过程也叫“料网”。以牲血染网一来可使网目入水后便于扩张，二来浸泡过后的渔网耐海水侵蚀，可使渔网结实耐用。而且留在渔网上的血腥味，又是鱼虾的“诱饵”，能引鱼入网。

另一种方法叫作栲网。除了用畜血液染网外，渔民还煎煮植物枝干、树皮、树叶的汁液染网，可以起到防腐和迷惑鱼类的作用。栲网的主要染料取自长江流域以南地区的栲树。过去，舟山渔民常在空地上堆起铁锅烧汁液，将渔网浸泡在其中蒸煮，再用猪血浸染，反复搅动，以使染色均匀。栲网是制作网具的重要工序[50]。

在染网过后，还有晒网的步骤，渔民会在出海后对渔网清洗、晾晒、修补，以备下次的使用。谚语“三天打鱼，两天晒网”的说法，大概就是从这儿来的。

[49] 李建萍：《浅议我国传统网具加工使用习俗》,《农业考古》2010年第6期。
[50] 同上。

总的来说，网渔具的发展历程十分悠久，在原始时期的出土文物中发现使用痕迹后，之后的历朝历代都会出现记载一种或几种不同功能、用在不同水域，或是对使用者的人数做出不同要求的网渔具，来满足人们的捕捞需求。网渔具的发明是人类智慧进步的结果，它具有重要意义，使原始渔猎业得到发展，渔获量大增。直到现在，网渔具仍是渔民的常用渔具[51]。到了现代社会，编织渔网不再全部都是手工制作，也出现了编织渔网的机器，在一定程度上节省了人们的力气。但手工编织并没有完全失传，依旧存在在渔民的生产劳动中。网渔具是古代人民留给今天的巨大财富。

（二）笱渔具的编作技艺

笱渔具广泛应用于江河缓流处，湖海近岸的浅水下或水草丛边，常见的器具种类有鱼筌、鱼罩等。笱渔具多以竹编器具为主，这些器具早在原始时期就已有应用。它的精密结构也可以看出那时候的劳动人民高超的编作技艺，这种技艺也逐渐应用到其他器物中。

1. 笱渔具的结构

鱼罩是一种圆台形的竹编器具，外形偏直筒状，方便渔民的拿握。它的结构不像定置的鱼筌那样复杂。鱼罩上下均有留口，下口直径稍大于上口，下口是为了罩住水中的目标鱼虾，上口的设计是为了方便渔民伸手取出捕获的鱼。渔民抱着鱼罩站在浅水中，当有鱼群经过时，迅速用鱼罩向下罩住鱼，这样鱼就被困在里面，难以脱身，从而再伸手从上面取出捕获物。这种捕鱼方式没有借助任何外力，也比较原始。鱼罩编织使用的竹材以黄棕色为主，经纬交织，细密结实，能很好地保证捕获的鱼不会逃走（图6-2-17）。

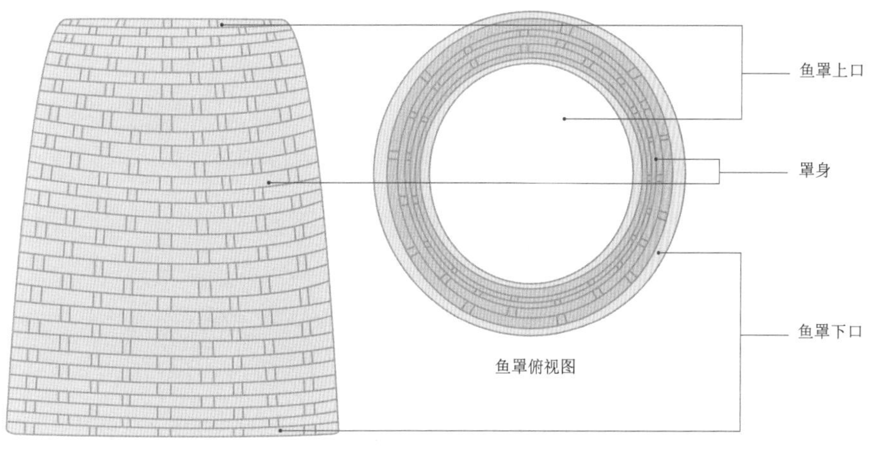

图6-2-17　鱼罩结构图

[51] 李建萍：《传统渔网编织材料考》，《中国水产》2011年第11期。

鱼筌是一种竹编器具。以山东微山湖渔家民俗展馆展示的鱼筌为例，它的外形为基本对称的筒状，这也是根据溪川捕鱼的实际需要而设计的。这种形状适于顺流或逆流放置于溪水当中，当水流通过时，鱼虾顺流进入或洄游鱼类闯入筌中。筌口较大，呈喇叭状，有的鱼筌口甚至是筌身的最大直径处的三倍，筌身形状逐渐减小，这样的设计是为了捕获更多的鱼。在鱼筌的中间偏窄口的位置有束腰结构，给人轻巧的视觉感受，放在溪水中，束腰部位可以堆砌石块，对鱼筌加以固定。在另一端的小口处可以用布片包住，也可以用泥巴或草塞住。在捕鱼结束后将遮盖物拿掉，倒出鱼虾。整个外轮廓呈现“S”形的线条，很像女性优美的身体曲线。竹材呈浅黄色，本身具有天然的细密纹理，在编织的过程中筌身表面构成了经纬交替的规则几何纹形式，形成了一定的秩序感。鱼筌的外部会悬挂一条绳子，方便渔民挂在身上（图6-2-18）。

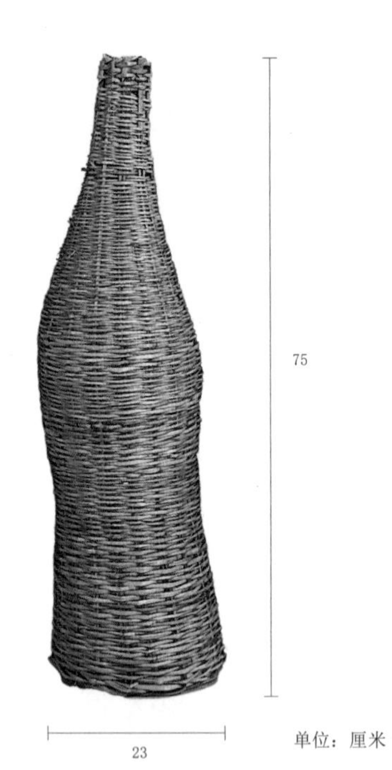

图6-2-18 山东微山湖现代鱼筌[52]

为了让鱼筌在捕鱼的过程中引诱鱼类进入且保证鱼只进不出，渔民为它设计了漏斗状的结构和倒梢结构。倒梢结构为一圈细密的竹篾。这两种结构都从鱼的行为出发，鱼虾或顺流而下或被筌中诱饵吸引，进入时鱼身受到倒梢结构的压迫进入笼中。倒梢结构的特点在于，当鱼进入时它可将身体自然弯曲成一定的方向，当鱼试图挣扎企图冲出时，鱼筌会产生一道天然的屏障，阻挡鱼的逃出（图6-2-19）。

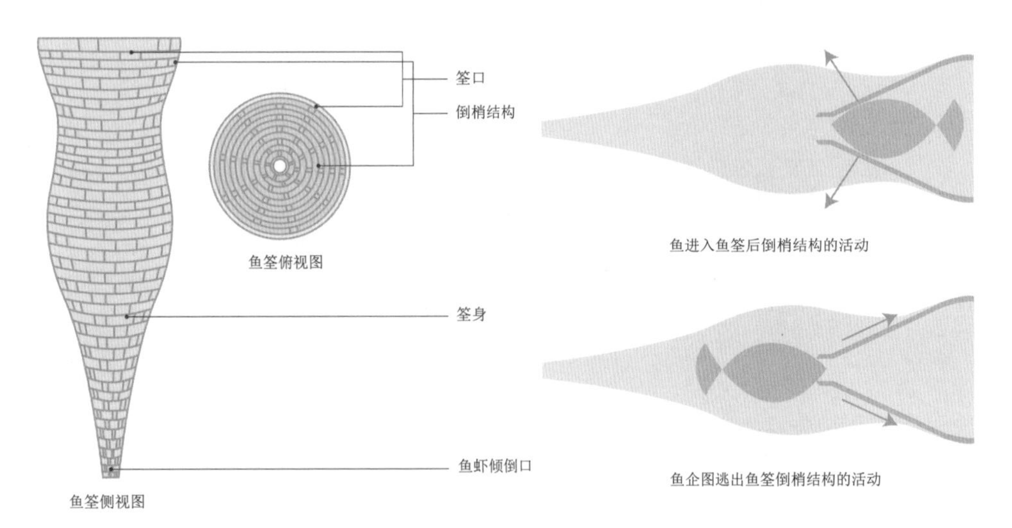

图6-2-19 鱼筌结构图

[52] 由作者拍摄于山东微山湖渔家民俗展馆。

鱼筌在使用的过程中还包含着生态保护的思想，鱼筌的出口大小适中，大鱼被捕后不容易轻易逃出，而小鱼会顺着出口流出，继续在水域中繁殖生长。所以这种捕鱼器具也非常符合水域生态和环保理念的捕鱼方式。

2. 编织笱渔具的材料、工具和工艺

笱渔具使用竹篾材料编制而成，我国竹材产地辽阔，相比较而言，竹具有直、轻、长、牢、弹、细等优点，加之笱渔具长期泡在水里，而竹材纤维较粗，更加结实耐水。所以，竹是编织渔具的首选材料。而且在长江黄河流域，竹子的种植相当广泛，很容易就地取材用来制作笱渔具。鱼筌的“筌”其字形有“竹”字头就说明该捕鱼器具在对应的文字发明以前就是使用竹子作为材料。

竹子种类众多，其中经常用于编作的大约有三种：毛竹、旱竹和水竹[53]。笱渔具所用到的竹子一般是毛竹。毛竹是分布最广、材质最好、质量最高的优良竹种。它硬度够，不会开裂，表面平直，适合被用来劈篾，用途也广，各种竹编物都很适合用毛竹[54]。

竹编属于传统手工艺，古时候大部分工序无法用机器设备加工。各地使用的工具也不是很统一，但基本上可以分为加工竹丝篾片的工具和编织用的辅助工具两类。在编织渔具中，竹丝篾片是竹编的主要材料，工匠首先要做的就是将砍下的粗壮的竹子劈成方便编织的竹丝篾片。其原理很像苏绣中的劈丝，只是加工竹丝篾片用到的是各种刀具。

鱼罩用竹丝篾条编制而成，形状为上小下大的圆筒形。小型鱼罩上边留有直径大约15厘米的圆孔，鱼被罩住后，渔民就会伸手把鱼从此孔抓出。鱼罩下方无底，方便扣鱼。鱼罩的编织过程第一步是制篾，将竹篾削成近似椭圆形的篾条，宽5至6毫米，长1.6至1.7米，这种规格的篾条主要用来编织罩身，总共需要80至90根篾条。另要准备宽约2毫米的长丝篾15根左右，用与制箍来固定罩身。整个鱼罩需要耗费竹材约10千克。

在准备好篾条后，第二步是编织罩身。两组垂直交叠的竹篾依次向下叠压，每隔10厘米左右，夹入一组三条横向竹篾以固定鱼罩的宽度。最后，当编织到鱼罩底部时，保持最后一组横向竹篾距离底部4至5厘米，然后将鱼罩底部的纵向竹篾裁剪整齐。在编织过程中，经篾要保持光滑，网眼尽量大小一样，编织篾条要紧凑，保持鱼罩口圆而坚硬，罩底完整（图6-2-20）[55]。

鱼筌在编织前的第一步是制作竹丝篾片，要将竹子破开，再削成细细的纵

[53] 王琥主编《中国传统器具设计研究》卷三，江苏美术出版社，2010，第218页。

[54] 俞樟根、徐华铛编著《竹编工艺》，高等教育出版社，1992，第6—7页。

[55] 胡坚、朱文俊、贺秋喜编著《篾工工艺》，湖南科学技术出版社，1985，第79—80页。

向篾条，之后打磨。第二步是编织筌身，从底部一圈一圈交叠向上编织，等到编织到接近顶部时，要把纵向的竹条压成弧形，然后继续横向向上编织直至圆形口沿处。接着需要单独编织一个盖子，盖子的顶端要留好一些纵向的倒须，须口留下一个一条鱼能顺利通过的口子。最后用一根篾条把筌口和盖沿交错着缠绕起来。编织鱼筌费时费力，小的大约要编两天，大的大约要编五天（图6-2-21）。

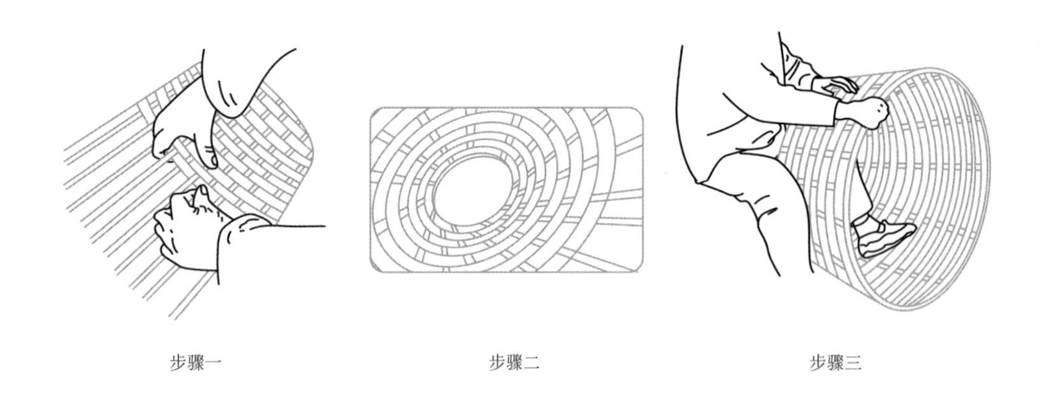

图 6-2-20 鱼罩编织步骤

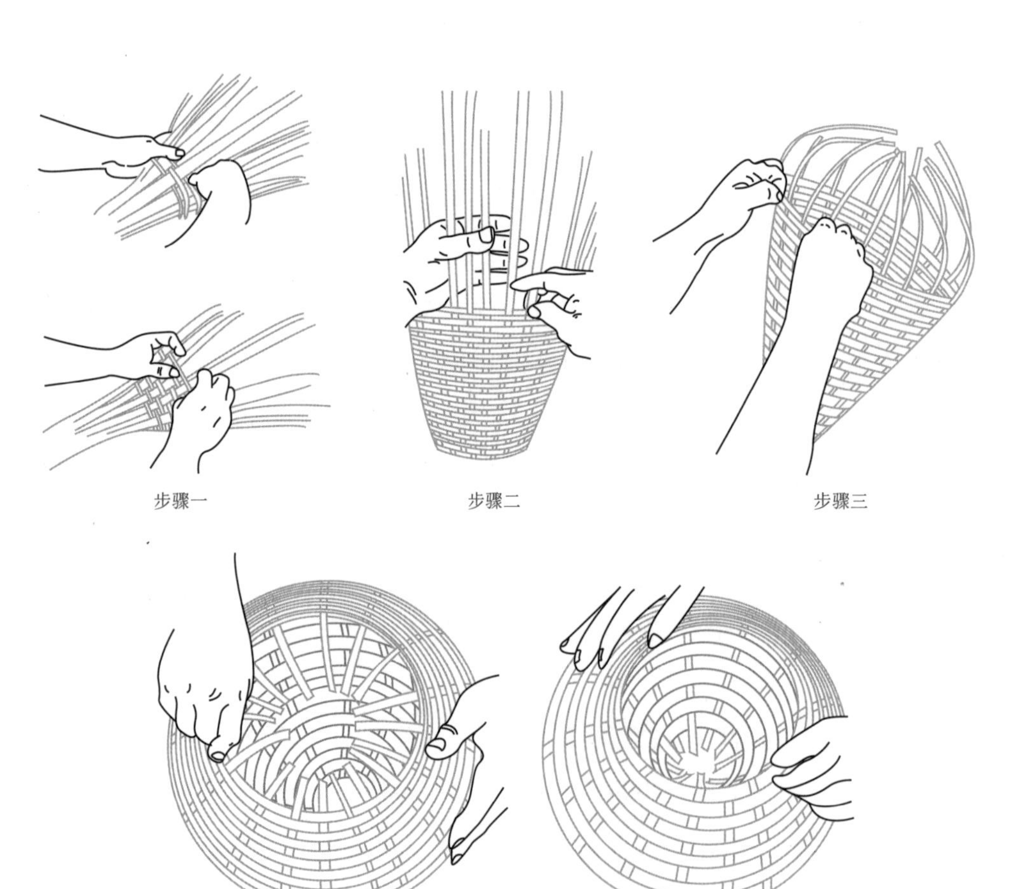

图 6-2-21 鱼筌编制步骤

总的来说，笱渔具结构简单，使用方便，不论是扣鱼还是定制陷阱，对于渔民来说都是一件十分方便的渔具。在编作技艺方面，竹材因地制宜，也能够充分体现古代高超的竹编技艺。技艺的进步使竹罩结实耐水，劳动人民以辛勤的手工劳动编织出更加坚固精妙的渔具。

结语

我国编作技艺的演进不断影响着捕鱼器具的设计与生产，在很大程度上促进了渔业的发展，逐步提高了捕捞工作能力和效率。如前文所述，受编作技艺的影响，我国传统捕鱼器具主要以网渔具和笱渔具为主。鉴于材料性质、造型结构及使用方式等方面的异同，这两类渔具也具有各自独特的造物发展及演变历程。

总体而言，我国古代常见的网渔具与笱渔具在材料选取、制作工艺及使用方式上存在诸多相似之处，多以天然植物或纤维材料手工编织而成，但也因形制结构的差异，两种编织型渔具的使用方式、应用环境及渔获种类等也形成了各自的特点。通过对我国古代传统编织型渔具的类型划分、工艺技术、形态构造及应用方式等内容的探讨，可以发现两种类型的编织渔具是随着先民对于编织技术的萌芽、掌握至熟练的过程不断演进的。从造物技术的角度来看，渔网的制作工艺从选材、编织到组装，层层工序都精益求精，编织技术的迭新为渔具产品及渔业生产带来重要变革，体现出古代先民因材制宜、物以致用的造物思想。在不同时期，正是由于先民们对渔网的科学合理的使用和管理，才能让渔网继续为人类的经济发展和文化传承做出贡献。渔网不仅是生产工具，还是古代造物文化的象征，也是人类智慧与自然的结晶，映射出古代先民观象制器、巧法造化的和谐理念与造物智慧。

第三节　实用与装饰并重的中国绳结

绳结是指将一根绳线从头至尾通过交叠、穿插、缠绕等方式而形成的紧实结扣。在我国传统社会，先民编织与应用绳结的历史非常悠久，无论是为生产活动而做的功能绳结，还是附加于他物之上的装饰绳结，都与人们的多重需求产生密切关联。绳结作为中国的传统手工技艺之一，自产生之初即显露出易于更新演化的手工发展趋势，随着时代的发展，在自然环境、编作技术、应用需求及文化审美等诸多因素的影响之下逐渐形成了具有中国特色的多种绳结式样。据已有实物及图像资料可知，中国绳结的类型经历了从诸如双钱结、盘长结等单个绳结式样到多个绳结相互组合表现的发展路径，其功能也由早期纯粹的实用性能向饰用相偕的多元化用途转向，整体上形成了技艺灵活、式样丰富、应用广泛及文化深厚的绳结编织体系。

编结技艺作为影响中国绳结形态变化的重要因素，不断推动着绳结式样及其功能的演化，呈现出技艺连贯、形态宏富的基本特征。纵观我国绳结发展之历程，早在旧石器时代，我国先民便发明了易于“捆、扎、绑、系”物品的实用绳结。至两汉时期，绳结编织的多样性手法逐渐显现，并萌发出“由用及饰”的功能转向，由此开始体现出绳结作为吉祥文化符号的象征意涵。魏晋以降，中国绳结的样式显著增多，广泛用于服饰系扣或纹样装饰，其表现更加和谐生动。唐宋时期，随着先民对前代绳结技艺与式样的不断更新，最为典型的12种中国绳结形态基本确立，并被广泛运用于日常生产生活之中。明清以来，我国绳结式样开始由单个绳结的编织向多个结形组合构成的方式演进，极大地丰富了绳结的物理形态与视觉表现，也促使绳结编织技艺朝着更加形态繁复、穿插精细、功能多元的方向持续发展。

本节以我国传统编结技艺的发展为主线，以历代已出现的中国绳结物证材料为对象，重点分析中国绳结的基本类型、编制工艺、形态特征、功能属性及其审美趣味，旨在探究传统中国绳结编制技艺之间的内在关联及外在形态的连续性特征，体悟绳结编制的手艺思想，从而对其深厚的传统文化意涵进行阐发。

一、始于实用功能的早期中国绳结

早期中国绳结的产生源于人类对社会生活之需的自由创造。《周易》载“上古结绳而治，后世圣人易之以书契”[1]。在物质条件匮乏、文字尚未出现的上古时期，编制绳结是人们记录、标识事件的重要手段，故向来素有“结绳记事”的历史记载。具体而言，先民利用“事大大结其绳，事小小结其绳”的原则进行结绳并以此标记事件的重要性，其中采用不同颜色、差异组合的编结方式进行信息区分，由此也形成了许多符合特定时期人们理想式样及内涵约定俗成的绳结类型。

在我国，远古先民将编织绳结应用于社会生产实践活动中的历史事实虽然无法直接考证，但通过他们利用草、枝条、藤、麻等柔软的条带状材料束结、固定、捆绑其他物体的诸多生产生活经验可间接得知，其实最初的功能性绳结就已经随着实际需求应运而生，诸如旧石器时代出现的人为加工的绳线，及北京周口店山顶洞人遗址发现了带有穿孔的骨头、贝壳、石珠、兽牙等装饰品及骨针[2]。此外，在古代社会的渔猎和食物采集过程中也离不开简易绳结的编织，例如利用绳结制作的投石索和渔网就是捕获猎物的利器，其中投石索为一种用绳结来固定石球，进而投掷以击打猎物的原始生产工具。由此可见绳结依附于他物之上，增强了原有物的使用范围，极大地提升了生产效率。例如1976年在许家窑旧石器时代文化遗址出土了1059个石球[3]，大者直径达10厘米以上，小者直径约5厘米，推测其应是当时人类生存的捕猎器具。早期渔网等捕鱼器具的制作也是采用束结编织的方式而成，尤其是渔网底部绑结重物之处通常使用单结进行编织。如1963年山西峙峪旧石器时代遗址出土了大量网坠[4]。人类在依靠搜集植物果实等行为获取食物时，用绳结绑扎食物也是运输过程中必不可少的重要环节。

及至新石器时代，我国出现了结头为单结形态的麻质绳结。单结又称半结，是指先将绳线两端相交形成耳圈，再将绳线任意一端穿过耳圈所形成的结型。单结也是绳结系统中最为简单应用广泛的基础结型，其功能多用于绑扎固定物体。例如1956年在浙江湖州吴兴钱山漾新石器时代晚期遗址中发现了一枚残缺的麻绳结头，直径约5.5厘米，由三股麻线编制而成，结头即为单结[5]。从上述材料可知，中国早期绳结在生产、实践活动中的功能显著，其束结沉重、捆绑套牢、锁扎紧实的物质属性造就了其长久发展、不断演进的工艺生命力，为人们日

[1]〔宋〕朱熹：《周易本义》，廖名春点校，中华书局，2009，第248页。
[2]沈从文、王矜：《中国服饰史》，陕西师范大学出版社，2004，第6页。
[3]贾兰坡、卫奇、李超荣：《许家窑旧石器时代文化遗址1976年发掘报告》，《古脊椎动物与古人类》1979年第4期。
[4]贾兰坡、盖培、尤玉桂：《山西峙峪旧石器时代遗址发掘报告》，《考古学报》1972年第1期。
[5]浙江省文物管理委员会：《吴兴钱山漾遗址第一、二次发掘报告》，《考古学报》1960年第2期。

常生产生活的开展提供了诸多便利，是早期中国社会至关重要的造物成就之一。

二、“耳圈交叠”形成的绳结类型及主要用途

历史上，中国绳结式样的产生、演化是随着编结技术、绳线缠绕等具体手工操作而完成的。每一个简单或复杂绳结的诞生都以基本的绳线组织形态为前提。耳圈交叠是指将一根绳线的首尾两端相交形成的环形线圈，它也是构成一个简单绳结最基础的形态单元。在此基础上，我国较早出现的双钱结即是在两个耳圈相互交叠的基础上所形成的结型。例如在春秋时期的青铜器、汉至魏晋时期的画像石与画像砖上均出现有大量双钱结形态的装饰纹样。从双钱结形态的风格演变来看，基本呈现出由简易到繁复的演变路径。早期的双钱结以结构简约的单独纹样为主，例如春秋时期器身满饰菱形和几何纹的青铜高柄小方壶（图6-3-1a），其表面菱形纹交汇处即为单体双钱结纹样[6]。两汉至魏晋时期，双钱结呈现出样式复杂的组合形态，其具体式样多见于已有考古资料之中，例如河南唐河汉郁平大尹冯君孺久墓出土的西汉时期画像石上就有双龙缠绕的双钱结纹[7]（图6-3-1b）。此外，山东微山出土的东汉时期西王母、伏羲和女娲画像石中出现人首龙身的伏羲和女娲之尾部绾成单个双钱结形态。魏晋南北朝时期龙形纹样中常与组合式双钱结搭配出现，例如山东苍山县（今兰陵县）出土的两件画像石：一件在龙身三等分的位置有三个紧密缠绕的双钱结；另一件是四龙齐飞的龙纹，从龙头处就出现有蟠萦扭结而成的繁复双钱结形态（图6-3-1c）。

a 山西太原金胜村出土的青铜高柄小方壶[8]

b 河南唐河汉郁平大尹冯君孺久墓出土的西汉双龙纹画像石[9]

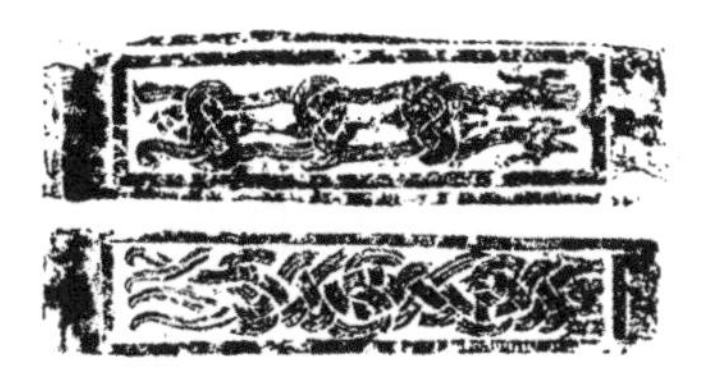

c 山东苍山出土的魏晋南北朝双龙与四龙纹画像石[10]

图6-3-1 器物上的双钱结纹样

[6] 侯毅、渠川福：《太原金胜村251号春秋大墓及车马坑发掘简报》，《文物》1989年第9期。

[7] 南阳汉画馆编著，韩玉祥、李陈广主编《南阳汉代画像石墓》，河南美术出版社，1998，第70页。

[8] 山西博物院，http://www.shanximuseum.com/sx/collection/detail/id/658，访问日期：2023年8月21日。

[9] 陈夏生：《中国结3》，英文汉声出版有限公司，1986，第1页。

[10] 张其海：《山东苍山元嘉元年画像石墓》，《考古》1975年第2期。

关于双钱结的形态由来及其寓意内涵，学界已有相关研究。双钱结因其外形像两个相互嵌套的铜钱而得名，同时耳圈相互勾连的视觉特征也被借用来表现男女之间的相爱之意。学者陈夏生推测双钱结就是古诗词中寓意爱情与相思的同心结。同心结是古代男女之间约定山盟海誓的爱情信物，唐诗中常有描写同心结的诗句，例如王建《赠离曲》："若知中路各西东，彼此不忘同心结。"[11] 刘禹锡《杨柳枝词》："如今绾作同心结，将赠行人知不知。"[12] 可见双钱结在文学作品中常与人们相思之情相互绑定，成为寄托情感的一种象征之物。

随着双钱结在人们社会生活中的广泛应用，在此基础上，先民采用更为繁复的编织技艺，创造性地编织出以纽扣结为代表的装饰绳结。纽扣结又名钻石结、疙瘩扣，从外观形态来看纽扣结是由双钱结演变而来，其编结方式是在形成双钱结的基础上，再将绳线一端沿顺时针方向继续穿梭耳圈而获得的紧实牢固的结型。纽扣结的应用更为广泛，历史上的纽扣结多以图像与服饰配件中最为常见，其形态常作为表面装饰纹样在诸多器物上表现，例如汉代画像石上的纽扣结图像；此外，纽扣结也作为具体实物绳结起到扣合服饰的作用，尤其在唐宋以后，纽扣结进一步发挥其在包袋和服饰上的穿扣、固定作用，后期的中式经典盘扣就是由纽扣结不断发展演化而来。目前发现较早的纽扣结图像可见于山东诸城市东汉前凉台墓门扉正面画像[13]，画中贯环上悬挂的一条绳带自然下垂呈人字形叉开，分叉处捆绑纽扣结。在唐代，纽扣结常常间隔排布于红地刺绣圆珠纹绫袋的两根系绳之上，主要用于紧实绳线、易于绑扎绫袋口部。及至宋代，纽扣结多于用服饰衣扣，江西德安周氏墓出土的单袍和夹袍[14] 大多都带有用于穿套纽扣结的纽袢。明清时期，纽扣结进一步发展为式样精美的盘扣，特别是在明代官服、清代旗装和马褂上常见的有做工精致、细节考究的纽扣结。

三、"由单结演变而来"的实用绳结向装饰绳结转化

"由用及饰"是中国绳结在不同历史阶段发展的普遍规律。实用性是绳结最为本质的功能。如前文所述，中国较早出现的实用绳结即为单结，随后出现的多种绳结都是基于单结形态的演变、叠加与转换，因此形成了以单结为核心、多种编织手法交叠的复杂绳结形态。根据现存实物及图像资料可以得知，自北魏至

[11] 周振甫主编《全唐诗》，黄山书社，1999，第 2227 页。

[12] 同上书，第 266 页。

[13] 任日新：《山东诸城汉墓画像石》，《文物》1981 年第 10 期。

[14] 李科友、周迪人、于少先：《江西德安南宋周氏墓清理简报》，《文物》1990 年第 9 期。

图6-3-2 河南安阳修定寺塔塔基出土的北魏末年砖雕[15]

宋代以来，诸如平结、万字结、双联结及藻井结均是由单结演变而来，其中平结依然延续其单结的实用功能，其他三种结型均以偏重装饰功用为主，并持续影响后期装饰绳结的发展。随着绳结编织技术的发展，以平结为主的四种结型呈现出技艺繁复、式样丰富、功能多元的发展特点，其具体表现及文化意涵如下文所示。

平结是由两个方向相反的单结组成的实用绳结，主要用来绑系与固定衣带。早在北魏时期，佛造像多采用平结表现胸带的绑系，并逐渐影响至其他宗教造像。相继出现了平结运用于胸带、腰带及裙带等多种情形。目前已知较早的平结实例见于大同云冈石窟北魏第6窟中心柱上的立佛像身的胸带之上[16]。此外，如定州曲阳东魏佛像、敦煌莫高窟西魏第285窟西壁佛像之胸带同样采用平结来绑缚。另外，多数菩萨塑像的腰带、帔帛、裙带等均可见使用平结来绑系固定的情形，例如大同云冈石窟北魏第6窟中心柱上协侍菩萨像的腰带、河南新安西沃北魏晚期第1窟后壁左协侍菩萨像的帔帛、陕西西安碑林区出土的北周至隋代菩萨像的裙带等。随着佛像文化传播的影响，中国道教造像衣饰上也不断出现平结式样，例如河南偃师北齐老君像的胸带结扣，即为典型平结造型。

万字结是将左右两个单结相勾连并变化而成的具有双耳翼特征的结型，是一种典型的装饰绳结。万字结的耳翼是指排布在中心结体四周的环形线圈。万字结形似佛教文化中的“万”字符号，具有“吉祥万德之所集”的寓意。此类绳结图像可见于美国纳尔逊-阿特金斯艺术博物馆收藏的隋代观音立像之腰间挂饰。河南安阳修定寺塔塔基出土的北魏末年的砖雕上亦刻有以万字结为主体的装饰纹样（图6-3-2）。

---

[15] 河南省文物研究所、安阳地区文物管理委员会、安阳县文物管理委员会编《安阳修定寺塔》，文物出版社，1983，第49页。

[16] 李治国主编《中国石窟雕塑全集·第三卷·云冈》，重庆出版社，2001，第36页。

双联结又名双扣结，它是在上下相勾连的两个单结基础上演变而来的结型，其形态饱满，式样独特，具有极强的装饰功能。双联结因结型小巧浑圆，所以很少单独使用，常被用作点缀、分隔及衬托主体结饰，有时也被用作一串绳结的起始或是收尾处。如前文所示河南安阳修定寺塔塔基出土的北魏末年砖雕就同时刻有万字结与双联结两种绳结纹样。此外，加拿大多伦多皇家博物馆所藏唐代宫女俑后腰上的装饰绳结即采用双联结进行分隔，整件结饰的上部、中部和尾部各绑系一个双联结，上部双联结作为绳结的开端贴近腰部，中部双联结区隔开两个主体结型作为点缀，最下方的双联结标识整体组合绳结的收尾（图6-3-3）。

藻井结是在四个纵向排列的平结组合基础上，再将两端绳线向单结内穿插而相互勾连形成的复杂结型，其结构繁复，视觉表现力极强，常常被用于塑像配饰及表面装饰。藻井结因其结构井然有序、形态周正平整，且与古建筑内部方形藻井相似而得名。藻井结的编织具有紧实牢固、不易松散的特点，既可作为单独绳结式样来使用，也可与其他式样绳结组合表现。目前已知较早的藻井结形象可见于南宋墓葬石刻的歌舞乐仕女雕像之上[17]，在绑系腰带的同时还具有极强的装饰功能。有清以来，藻井结多作为装饰元素用于塑像表面及室内空间，例如北京颐和园东门外的狮子铜像，其背部中线位置即为风格写实的藻井结装饰纹样（图6-3-4）[18]。

图6-3-3（左） 加拿大多伦多皇家博物馆藏唐代宫女俑

图6-3-4（右） 北京颐和园东门外的狮子铜像

[17] 张春新：《南宋川南墓葬石刻艺术》，重庆大学出版社，2011，第112页。
[18] 曹海梅：《手工时光：中国结》，中国画报出版社，2017，第25页。

四、繁复穿插而成的绳结与其作为配饰的多重功能

入唐以后，中国绳结编织工艺的发展态势空前，尤其在上层社会蔚然成风，并得到了皇室贵族的极力推崇，因而这一时期绳结的式样类型显著增多，并广泛应用于服饰、生活用品、家具装饰等多个领域，产生了极为深远的手工艺影响，进而形成了我国绳结编织技艺的第一个发展高峰。及至宋代，编结工艺在民间社会得到大力传播，成为全民化的女红技能之一。绳结由早期实用、装饰等功能进一步影响至婚嫁、节庆、礼俗及市井娱乐等日常生活中的诸多方面。黄裳的《喜迁莺·端午泛湖》中载有："斗巧尽输年少，玉腕彩丝双结。"由此可知，宋代我国在过端午节时素有手腕系彩丝的传统习俗。此外，宋代李嵩创作的《货郎图》中也可见到饰有绳结式样的商品。结合已有实物与图像资料可知，唐宋时期中国绳结式样主要有十字结、绶带结、酢浆草结、团锦结、吉祥结、盘长结等多种类型，以技艺类型可以划分为"'S'形绳线穿插"与"耳圈穿插"两大编结系统。技艺难易程度方面，"耳圈穿插"较前者操作更加繁难、步骤更加烦琐。

（一）以"S"形绳线穿插为主的绳结

"S"形绳线穿插是指绳线两端线路呈两个"S"形相互交叉，由此形成正反各不相同的绳结面体。"S"形绳线穿插所形成的绳结式样常见的有十字结与绶带结。

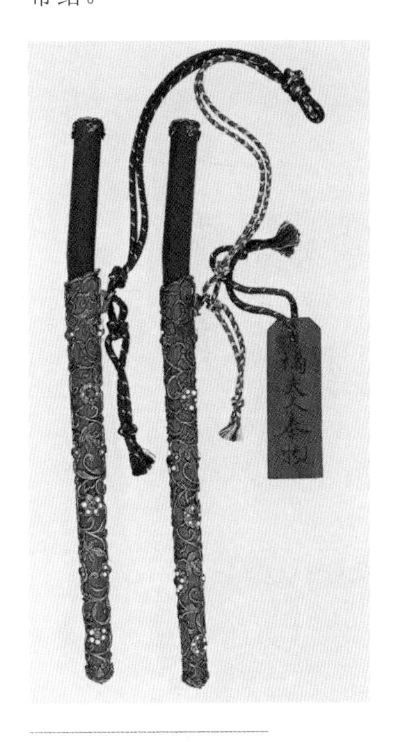

图 6-3-5　日本正仓院收藏的中国唐代刀具[20]

十字结又名四方结，它是由绳线两端依次通过"S"形穿插并相互穿套而形成的结型。其结心正反面为十字形与田字形。十字结简易小巧，一般不作为单个绳结使用，常与其他结型组合表现，例如日本奈良正仓院所藏唐代刀具之鞘所系绳线上就有十字结与双联结的组合情形（图 6-3-5）。此外，将若干个十字结连续排列形成网状面的实物遗存，可见于日本正仓院所藏唐代腰带之上运用十字结编织而成的盛物网袋[19]。

绶带结是由双股绳线编结而成的特殊结型，其编绾是先将一根绳线在中点处对折形成长度相等的双股绳线，再将一端绳线通过"S"

[19] 陈夏生：《中国结3》，英文汉声出版有限公司，1986，第4页。

[20] 正仓院事务所监修《正仓院》，财团法人菊叶文化协会，1993，第43页。

形穿插、相互穿套形成具有双耳翼状的结型。绶带结正、反两面分别为田字形与十字形。绶带结常附于器物及服饰表面而单独使用。在器物表面，常见的有成对瑞鸟口衔绶带结的装饰纹样，具有象征永结“秦晋之好”的美好寓意[21]，寄托着人们心目中对于婚姻生活和谐美满的向往，例如上海博物馆收藏的唐代舞鸾菱花铜镜两侧各饰有一只口衔绶带结的飞舞鸾鸟（图6-3-6）。此外，在女性服装中常见的有采用绶带结压覆裙幅，以此来防止薄裙随风飘舞而有失礼仪，例如四川泸县宋代宫廷女官石刻上靠近女官裙摆图像处生动刻画有绶带结形态[22]。

（二）以耳圈穿插为主的绳结

耳圈是指将绳线在任意处弯曲、合并后形成的环状线圈，一根绳线可以形成若干个耳圈。耳圈也是绳结形成繁复穿插、嵌套的初始形态。耳圈穿插是指一根绳线中一个耳圈穿入另一个耳圈的过程。耳圈间相互穿插，不仅能够形成结构紧密、正反面一致的结心，而且易于构成形态别致的双耳翼或多耳翼。由耳圈穿插所形成的典型结型主要有酢浆草结、团锦结、吉祥结、盘长结等。

酢浆草结因形态酷似酢浆草（幸运草）而得名，也因此被赋予幸运、吉祥的寓意。酢浆草结是将单个耳圈沿顺时针方向穿过另一耳圈所形成的穿插式结型。常见的酢浆草结既可单独作为装饰绳结使用，也可与其他绳结搭配进行装饰。早期的酢浆草结为双耳翼，后来发展成为多耳翼。例如陕西扶风法门寺地宫出土的唐代鎏金卧龟莲花纹五足朵带银香炉，其炉身两侧挂饰上部分别饰有酢浆草结（图6-3-7）。宋代以后，多耳翼酢浆草结在器物上多有表现，例如宋代白瓷盖盒上的三耳翼酢浆草结纹样[23]与敦煌莫高窟出土尾部垂坠三耳酢浆草结的元代百衲香囊[24]。

图6-3-6 唐代舞鸾菱花铜镜及局部[25]

[21] 雷圭元口述，杨成寅、林文霞记录整理《雷圭元图案艺术论》，上海文化出版社，2016，第159页。
[22] 张春新：《南宋川南墓葬石刻艺术》，重庆大学出版社，2011，第114页。
[23] 陈夏生：《中国结3》，英文汉声出版有限公司，1986，第6页。
[24] 赵丰、罗华庆主编《千缕百衲——敦煌莫高窟出土纺织品的保护与研究》，艺纱堂服饰出版，2014，第99页。
[25] 陈佩芬编著《上海博物馆藏青铜镜》，上海书画出版社，1987，第72页。

图 6-3-7　唐代鎏金卧龟莲花纹五足朵带银香炉及局部的酢浆草结饰件[26]

图 6-3-8　唐代鎏金舞马衔杯纹银壶[27]

团锦结，其式样犹如一束束簇拥有序的花朵绚丽绽放，深深蕴含着团圆美满、喜庆吉祥的美好寓意。团锦结的编织通常是由三个耳圈相互穿套组合而成，也是将单个耳圈沿顺时针方向穿过其他两个耳圈所形成的结型。团锦结的结心处线线盘压，耳圈之间穿插形成了五个耳翼，绳结整体形象圆润饱满。唐代的银壶上多出现团锦结装饰纹样，例如陕西西安何家村出土的唐代鎏金舞马衔杯纹银壶，壶腹表面舞马颈部佩挂一件团锦结，结心靠近鬃毛，长长的绳结尾翼呈“S”形上扬，显现出轻盈之态。舞马是唐代宫廷热衷的娱乐活动之一，在马匹上系挂华丽精致的团锦结有助于烘托舞马活动时的喜庆氛围（图 6-3-8）。

吉祥结是耳圈穿插形式中较为复杂的结型，其编绾总体分为两大步骤，首先是将三个耳圈相互叠压、穿插，由此获得吉祥结之雏形，进而将其水平翻转，将之前已形成的三耳翼再次相互叠压、穿插，从而形成紧实严密的结型。在此形

[26] 陕西省考古研究院、法门寺博物馆、宝鸡市文物局等编著《法门寺考古发掘报告》，文物出版社，2007，彩版六十二。
[27] 陕西历史博物馆，https://www.sxhm.com/collections/detail/469.html，访问日期：2023 年 8 月 21 日。

态基础上，再经反复叠压、穿插巧妙形成新的四个耳翼，并共同构成七耳翼形态，因此吉祥结也被称为“七圈结”。

由于受到佛教文化的影响，形态繁复的吉祥结具有极为深厚的文化内涵，蕴含着吉庆祥和、康泰平安的美好寓意。吉祥结常作为单独结型进行表现，较少与其他式样的绳结组合使用，多被运用于佛事活动及宗教文化环境之中，例如庙宇装饰、僧人衣饰及佛像配饰等诸多方面。北周时期佛像就已出现吉祥结的雏形，如甘肃天水麦积山石窟中第55窟菩萨立像，其腰部系挂了两串早期式样的吉祥结配饰。至元代，吉祥结在民间社会演变为新型的“百吉结”式样。“百吉”是我国传统民俗文化中广为流传的装饰题材。百吉结属于诸多百吉图案中的重要组成部分。百吉结是指在单个吉祥结基础上再编绾叠加多个结饰，形态丰富的同时，并赋予其结饰吉上加吉、福气绵延的美好祈愿。唐代温庭筠的《织锦词》中描写了百吉图案的丝锦，词中说道“锦中百结皆同心，蕊乱云盘相间深”，由此可知百吉结其特点是多个绳结共有一个结心。有关百吉结的历史物证可见于江苏苏州吴张士诚母曹氏墓出土元代百吉衣带中两个结心紧密合编的吉祥结装饰[28]。

盘长结是耳圈穿插形式中最为繁复、最具变化、最富有文化内涵的结型。盘长结的编绾是由纵向耳圈与横向耳圈相互纵横穿插所形成的结型。盘长结的结心交织紧密，八个耳圈之间相互穿插后形成七耳翼形态。结体由多个耳圈和耳翼共同组成，较之前出现的其他单一结相比，盘长结是形制最大、编织最为繁密的结型。盘长结的编绾从始至终由一根绳线不断穿梭、缠绕而成，因此也被世人赋予象征生命延绵不断的吉祥寓意。如同吉祥结一样，盘长结与佛教文化有很深的渊源。“盘长”是佛教“八吉祥”之一，盘长为第八品，象征贯彻天地万物的本质，到达心物合一、无始无终和永恒不灭的最高境界[29]。因此盘长结也被认为是一种通神灵的法物[30]。

盘长结，其结心为菱形状，稳定的形态使其结构不易松散变形，具有较强的牢固性和延展性。作为单独绳结使用时，盘长结常搭配有一定重量的缀饰，其精良、稳固的绳结编织结构通常不会因受到缀饰下拉而产生变形，具有较好的稳定性。此外，盘长结与其他绳结相互串联、组合的方式多种多样，如在盘长结耳翼处加饰其他结型从而形成新的组合形态。例如故宫博物院收藏的宋代《大傩图》（图6-3-9），画中人物手腕上的绳结即为盘长结组合式样，绳结一端由两个

[28] 苏州市文物保管委员会、苏州博物馆：《苏州吴张士诚母曹氏墓清理简报》，《考古》1965年第6期。
[29] 陈夏生：《中国结》，英文汉声出版有限公司，1981，第50页。
[30] 良品编著《中国结》，成都时代出版社，2010，第3页。

图6-3-9 《大傩图》(局部)
佚名　宋[31]

盘长结和三个酢浆草结组成，尾部加坠红色流苏。再例如内蒙古阿拉善盟出土的元代刺绣葫芦形香囊[32]，其结饰的主体位置是通过耳翼相连的五个盘长结，并在其周围点缀有多个酢浆草结。

五、基于盘长结形态演化而成的新型组合绳结及其审美意涵

及至宋代，盘长结的出现标志着我国传统绳结中的十二种基本式样已初步定型，这也为后来组合绳结式样的革新提供了重要的工艺基础。此时人们对于绳结的使用不再拘泥于某种单一结型，而是创造性地编绾、组合出多元化的绳结式样，尤其是人们在熟练掌握绳结编绾技艺的基础上，着力于尝试各类绳结之间的组合搭配，其中最常见的是盘长结与酢浆草结的组合形态。明代以后，绳结组合编绾的态势愈发显著，具体表现为以盘长结为主体，并搭配其他结型的绳结式样。通过相互组配产生的新结型具有更为丰富的文化内涵，较为全面、完整地诉说着造物者、用物者内心对于吉祥文化、美好愿景的长久期盼。从现存的明代绳结图像及实物资料中可以看到，以盘长结为中心，配以万字结、酢浆

[31] 故宫博物院，https://www.dpm.org.cn/dyx.html?path=/Uploads/tilegenerator/dest/files/image/8831/2007/0556/img0001.xml，访问日期：2023年8月21日。
[32] 郭治中、李逸友：《内蒙古黑城考古发掘纪要》，《文物》1987年第7期。

草结、吉祥结组合而成的新型结饰，多被用于室内空间的装饰美化。例如在明孝宗朱祐樘肖像画中屏风上悬挂了四串以盘长结为主的结饰，每种绳结以纵向串联的形式排列，底部缀有两串流苏（图6-3-10）。又如台北故宫博物院收藏的晚清雕象牙透花人物套球，套球下方有一件挂饰，挂饰最中央的盘长结四周巧妙地编有四个藻井结，它们与最上面的藻井结共同构成一件完整的装饰品（图6-3-11）。

清代以来，历史上出现的多种绳结式样在此时基本都得到了广泛运用，其蓬勃发展的态势也促成了我国绳结编绾技艺发展的第二次高峰。中国绳结之实用功能已基本转向为具有多重文化意涵的装饰艺术，其中对于盘长结与其他结的组合运用更加多样，尤其流行在盘长结的四周耳翼上加配其他结饰。现存的清代荷包、烟袋、挂饰、褡裢等实物中常见挂有盘长结、酢浆草结、万字结、十字结等结饰。此外，新的变化绳结也在清代出现，即由盘长结衍生而来的磬结和长盘长结。这一时期的文献资料为丰富多样的民间绳结提供了佐证，曹雪芹在《红楼梦》卷四第三十五回中专门描述了女子打绳结的珍贵场景，络子的花样有一炷香、方胜、梅花、柳叶等等[33]。

从绳结编绾技艺的发展来看，磬结和长盘长结是基于盘长结编法，并通过变化耳圈的排列形状得以形成。磬结的名称源自古时打击乐器“磬”，因结型与乐器形态相似而得名。从编结工艺上看，磬结实则是由三个小型盘长结相连组

图6-3-10（左） 明孝宗朱祐樘画像及局部[34]

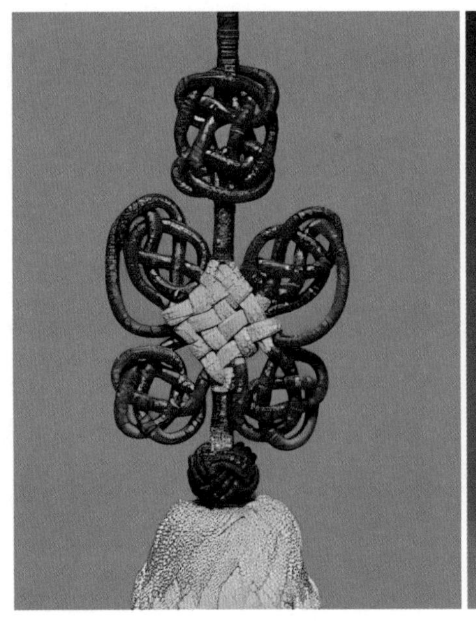

图6-3-11（右） 晚清雕象牙透花人物套球及局部[35]

[33]〔清〕曹雪芹、〔清〕高鹗：《红楼梦》，浙江古籍出版社，2016，第232页。
[34] 中华珍宝馆，https://g2.ltfc.net/view/SUHA/630cecd845b8a179602798d5，访问日期：2023年8月21日。
[35] 台北故宫博物院藏。

合而成。通常人们在存放贴身物件的荷包和褡裢上会配以磬结，一方面绳子可以起到扎紧和固定布袋的作用，另一方面有效地增添了审美趣味，是兼具实用、装饰双重功能的结饰。然而，荷包和褡裢上的磬结通常会在其结下方缀饰三组长长的彩穗配件，以强化行走时彩穗飘逸的别样风采，例如清末民初的蝴蝶如意纹荷包、蝴蝶寿字褡裢等[36]。磬结也常与盘长结、酢浆草结组合出现，形成新的组合结饰，在视觉表现层面更具有丰富饱满、张弛有度之感，如清代彰化菊花纹烟袋挂绳、童帽顶部挂饰等[37]。此外，从整体形态来看，长盘长结与盘长结在菱形表现上不尽相同。从编结工艺来看，长盘长结与盘长结编绾方法相似，唯独前者在收线时线头是在长边的中央汇合。长盘长结多以加配其他绳结为表现，最为常见的为搭配立体的双钱扣，这两种不同造型和色彩的装饰组合也极大程度地丰富了原本结饰的风格特征，例如狮鹿纹荷包、公鸡与鸡冠花荷包等。长盘长结还可以通过其耳翼与双钱结、盘长结、团锦结之间上下相连，从而获得新的组合结饰，以此用来装饰室内居住空间，例如花鸟纹太极挂饰等。（图6-3-12）

图 6-3-12 由盘长结演变的变化结[38]

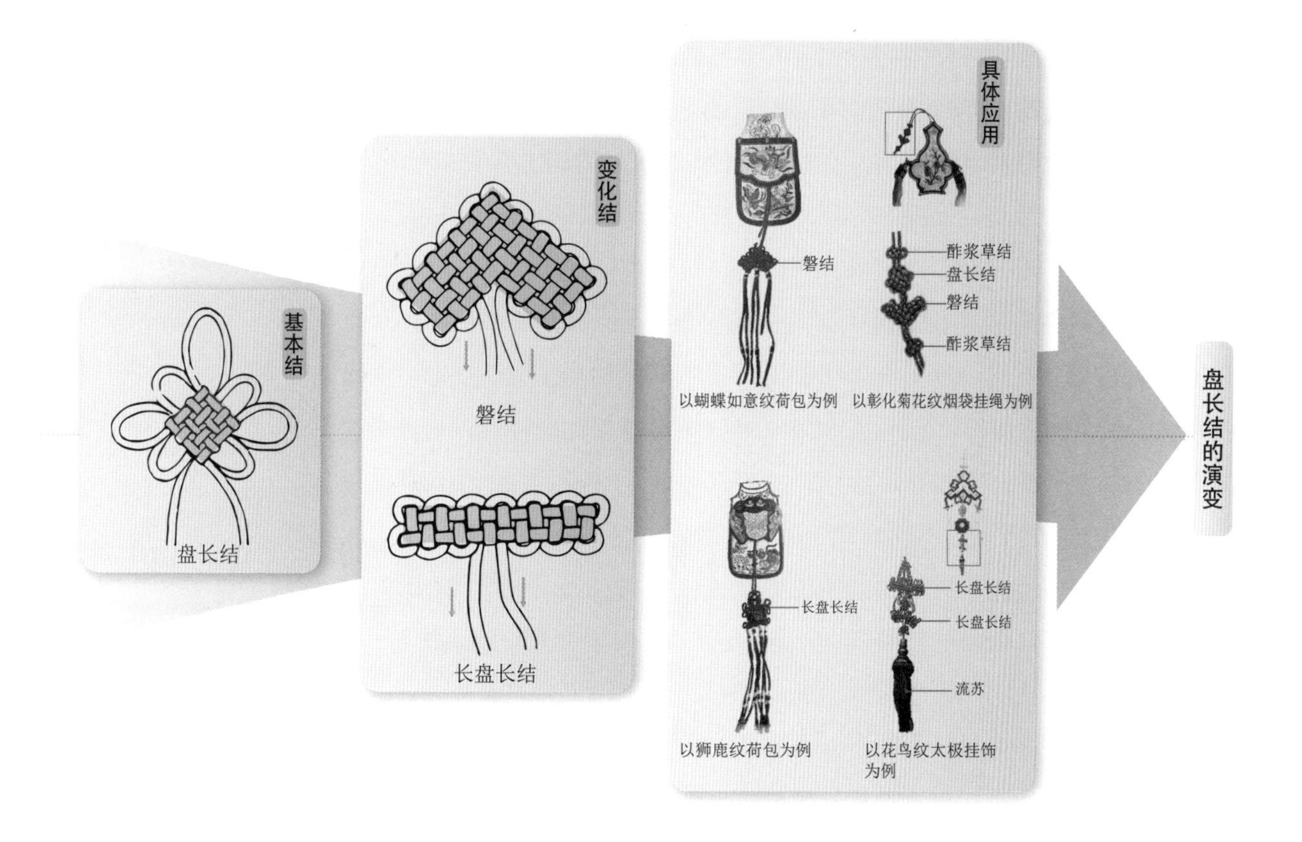

[36] 汉声杂志编辑部：《手打中国结》，英文汉声出版股份有限公司，2014，第165、179页。
[37] 同上书，第175、198页。
[38] 汉声杂志编辑部：《手打中国结》，英文汉声出版股份有限公司，2014，第165、175、170、193页。

结语

中国绳结艺术的发展源远流长，它是华夏文明乃至人类文明手工艺形态萌生的早期雏形之一，也是兼具实用功能与装饰艺术最直观的工艺典范，具有极为深远的历史意义与文化价值。中国绳结的产生、发展与演进离不开手工编制技术的更迭，是传统手工技艺文明的完美展现。中国绳结的功能与意义在历代发展中不断外延，极大地满足了人们的实用、审美及多重需求，在风格流转与内涵增叠的趋势下，开始转变为承载中华民族文化的重要载体，不断向世人阐发着其深厚的文化寓意与精神内涵，成为中华民族各同胞维系精神家园的物质媒介。

中国绳结的发展是手艺与心意的完美融合，手艺是绳结产生的技术条件。在“由绳而结”的过程中，编结技艺由在绳线耳圈间的相互交叠发展到繁复穿插，极大地丰富了绳结的样式类型，为新技艺的产生提供了重要灵感。经长期发展演变，中国绳结简繁交织、表里互衬、紧密结实、正转反侧的形态有了较好的展现。此外，中国绳结重视个体心意的抒发，在不同历史时期绳结都饱含浓厚的民族文化情结。在“由结生意”的过程中，绳结作为个体抒发内心真挚情感的出口，被赋予了团圆、和美、康健等多重吉祥寓意，凸显出“结必有意，意必吉祥”的造物文化内涵。中国绳结不仅是对我国传统文化中“和合之美”内涵的表达，也是对传统造物活动中重视“意境”与“物象”相互承载的思想意境之深刻阐发，更是对“以意构象、以象寓意”融合统一的传统工艺审美的极致追求。

中华民族对吉祥文化的追求与向往亘古不变，中国传统绳结作为华夏文明的重要载体之一，是记录人类传统手工艺生生不息的典型案例。每当绳线一次次的交叠、穿插至结扣，其沉稳、紧实、牢固又不失变化的特性正如华夏文明绵延漫长、生生不息的强大生命力一般，给人以力量与睿智之感。中国绳结不仅仅是物质的存在，它更是凝结着华夏儿女对于美好生活、福祉的期盼。

在现代社会，人们对于传统手工绳结编织技艺已渐渐陌生，缺少对其造物思想的探索。中国绳结作为“音、形、意、智”等多要素的集合物，寓于工艺中的巧思与智慧仍耐人寻味，这种“有意味的中国艺术形式”是现今造物活动中不可或缺的智慧钥匙，值得我们长久地去探寻、体悟。总而言之，巧于变化、意涵丰富的中国绳结不仅联结着人们对于传统文化的历史记忆，还体现着人、物、精神之间的深层次沟通，更串联着中国历史的过往、当下与未来。

第四节　席编技术的迭代与席居文化

席子作为使用纤维材料编制而成的片状物，是中国古老的坐卧用具之一。它受到编作技术更迭与坐卧方式变化的影响得以承袭发展，逐渐形成多种功能和造型，并从材料种类、形制特点、工艺装饰、陈设方式等方面体现出中国传统室内空间秩序与伦理秩序的构建规则。

在日用情境与礼制仪规的作用下，席子的材质、形制和应用方式在不同历史时期皆呈现出差异化面貌。早在新石器时代，席地坐卧的起居方式催生出以平编结构为主的席子，其作为隔挡地面与身体的重要用具广泛应用于居住环境中。商周以降，受居住环境改善与编制工艺提升的影响，席子的种类与形制显著增多，并在使用层面呈现系统化。及至汉唐，在“席地而坐”转向“垂足而坐”的过程中，席子作为坐卧用具从独立使用逐渐变为与其他家具组合使用。由宋至清，高足家具的流行使席子向生产地域化、制作精致化和功能细分化方向发展。本节在古代席子的实物遗存与图像资料的基础上，着眼于编作技术与坐卧方式影响下席子设计面貌的演化，通过分析席子在构建中国传统空间秩序与伦理秩序中发挥的作用，旨在揭示传统席子与坐卧方式、文化观念之间的内在关联。

一、制席而居：席子渐进式演替的设计面貌

（一）广用平编的席

在原始社会时期，席子的发展建立在人类对于居住环境改造的需求之上。由于穴居、巢居与筑土造室为石器时代的主要形式，低矮粗陋的居所空间迫使席地而坐成为主要的起居形式，这种起居形式使得潮气更易入侵人体。基于阻隔环境潮气的生存需求，席子因其原料获取直接、编制生产简单、隔潮效果明显等特征，成为早期应用最为广泛的隔垫类家具。

依据出土的编物实物来看，新石器时代的席子以平编为主要基础结构，多以芦苇为主要编制材料，该时期初步成型的手工编制技术对席子的产生发展有重要作用。新石器时代国内较早发掘的席子为出土于浙江田螺山遗址的数片大

面积芦苇编制物（距今8000年至7500年）[1]，该出土物以劈取均匀的芦苇长条其为编制原料，以多经多纬垂直交叠的正向平编为编制结构。浙江余姚河姆渡遗址第二、第三和第四文化层出土的多件芦苇编织残片（距今约6950年至5660年）的原料特征、编制结构皆与前者相似。陕西西安半坡遗址出土的陶器底部则具有席纹印痕（距今约6700至5600年）[2]，呈现出人字形的斜向平编结构。该席纹印痕应该是在制陶过程中，将成型的陶坯放置于席上所留的。据此推断，在当时黄河流域居民的室内已经具有铺席的做法。从出土的新石器时代的席子及其席纹痕迹来看，当时我国南北方均已出现席子，席子的编制原料均匀规整、编制结构整齐规律。这说明该时期的席子的制作工艺已较为完善，并作为室内的隔垫用具开始应用于人类生活，结合低矮的居住条件呈现出中国早期“席地坐卧”的起居风貌。

（二）循礼而制与工巧精致的席

商周时期，随着木梁架式建筑结构对于居住环境的改善及编制材料、编制技术、礼仪文化的介入，席子的使用范围由初始的日常起居拓展至筵席宴飨、丧葬祭祀，并由此形成了丰富的席垫种类及完备的用席制度。在日常起居方面，《礼记·内则》中载“凡内外，鸡初鸣，咸盥漱，衣服，敛枕簟，洒扫室、堂及庭，布席，各从其事”[3]，即晨起后打扫屋子整理席子后再开始进行其他事情的安排，由此可知席子在当时是一种常见且重要的生活起居用具。在筵席宴飨方面，《礼记·乐记》中载“铺筵席，陈尊俎，列笾豆，以升降为礼者，礼之末节也”[4]，即铺设宴饮的席子、摆上盛有酒肉菜肴的器皿，由此可知“筵席”在重大仪式中主要作为坐具使用。在丧葬祭祀方面，《礼记·杂记上》中载“士輤，苇席以为屋，蒲席以为裳帷”[5]，即棺柩的周围用苇席棚成屋状、柩车四周用蒲席做裳帷，由此可知席子也应用于丧葬用以装饰棺柩和柩车。《周礼·春官·司几筵》中载“其柏席用萑黼纯”[6]，即用萑席来放置黍稷，由此可知席子在祭祀中可用于放置祭品；《礼记·丧大记》中载“小殓于户内，大殓于阼。君以簟席，大夫以蒲席，士以苇席”[7]，即在葬礼中天子随葬使用簟席、大夫使用蒲席、士使用苇席。在席垫种类与用席制度方面，《周礼·春官·司几筵》中载“掌五几、五席之名物”，有学者注“五席，

---

[1] 孙国平、黄渭金、郑云飞等：《浙江余姚田螺山新石器时代遗址2004年发掘简报》，《文物》2007年第11期。
[2] 林华东：《河姆渡文化初探》，浙江人民出版社，1992，第126—127页。
[3] 杨天宇：《礼记译注》，上海古籍出版社，2004，第332页。
[4] 同上书，第490页。
[5] 同上书，第510页。
[6]〔清〕孙诒让：《周礼正义》卷三十八，汪少华整理，中华书局，2015，第1877页。
[7] 杨天宇：《礼记译注》，上海古籍出版社，2004，第578页。

莞、藻、次、蒲、熊。用位，所设之席及其处”[8]，即古代行大礼时铺设莞席、缫席、次席、蒲席、熊席这五种不同的席子。《史记·范雎传》中载“应侯席藁请罪”[9]、《史记·吴王濞传》中载“胶西王乃袒跣、席藁、饮水谢太后”[10]，即质地粗糙的藁席为犯人或丧葬者使用或用于给贵人谢罪使用。由此可知，席子受到使用者身份的影响，在材质、工艺、数量等方面具有严格的等级限制。

依据出土的编物实物与考古研究来看，席子于春秋战国时期已成为象征身份尊卑的重要用具，并且编织工艺由基础平编发展为经纬挑压方式与数目更为复杂的平编，编制装饰由基础单色转变为双色髹漆，编制工艺与装饰较早期已有较为明显的提升。湖北江陵望山1号墓出土的竹席[11]以涂红漆竹篾的经条与涂黑漆竹篾的纬条垂直相交的方式构成平行直线纹与正方格纹，并于正方格纹内编出一大四小的十字形纹样。鉴于湖北江陵望山1号墓的地理位置、墓地规格、文物数量、器物规格等方面，相关学者推测该墓主身份有较大的可能为灭越有功的楚国贵族[12]。该墓出土的彩漆竹席编制方式复杂、髹漆工艺精美，可见在当时制作精良的席子为身份尊贵者所使用（图6-4-1）。河南信阳城阳8号墓出土的彩漆竹席为目前我国战国楚墓中出土的最大彩漆竹席[13]，该竹席使用多段涂漆竹篾以“经—纬—经”或“纬—经—纬”的三层结构接续而成，以红漆竹篾与黑漆竹篾垂直相交的方式构成十字形与回字形纹样。依据考古研究推测该墓主身份为级别较高的楚国贵族[14]，该墓出土的彩漆竹席尺寸规模较大、编制纹理多样、编制工艺复杂，竹席规格与墓主的身份相应（图6-4-2）。综上，对应彩漆竹席的形制与装饰可知席的精美程度与使用者身份具有较高的相关性。

图6-4-1（左）　湖北江陵望山1号墓出土的竹席[15]

图6-4-2（右）　河南信阳城阳8号墓出土的几何纹平编彩漆竹席[16]

[8]〔清〕孙诒让：《周礼正义》卷三十八，汪少华整理，中华书局，2015，第1858页。

[9]〔汉〕司马迁：《史记》，中华书局，1982，第2417页。

[10]同上书，第2835页。

[11]湖北省文物考古研究所：《江陵望山沙冢楚墓》，文物出版社，1996，第97—100页。

[12]方壮猷：《初论江陵望山楚墓的年代与墓主》，《江汉考古》1980年第1期。

[13]陈家昌、张良帅、贺思予等：《信阳城阳城址八号墓彩漆竹席发掘现场的液氮冷冻提取技术》，《华夏考古》2020年第4期。

[14]孙蕾：《信阳城阳城址八号墓颅骨形态学分析》，《华夏考古》2020年第5期。

[15]湖北省博物馆，https://www.hbww.org.cn/qmq/p/4992.html，访问日期：2023年8月30日。

[16]陈家昌、张良帅、贺思予等：《信阳城阳城址八号墓彩漆竹席发掘现场的液氮冷冻提取技术》，《华夏考古》2020年第4期。

该时期的席子作为早期的重要用具广泛应用于坐卧、墓葬、陈设等方面，并在使用过程中被纳入礼制的范畴。席子在材料选用、制作工艺、尺寸规格等方面形成严格规定，用以规范人们室内的行为举止与伦理，成为维护等级秩序的重要标识物。

（三）坐姿方式变化促使席向材料多样化与装饰精美化发展

从汉代至唐代，随着床、枰、榻这类低足家具的出现推广与坐姿方式由“席地而坐”向“垂足而坐”的逐渐转变。该时期席子开始与家具结合，陈列方式由从在地面上铺席过渡为在家具上设席，制席的材料更为多样、装饰更为精美。长台关1号墓出土的漆木床，床上及床侧还出土有竹编床屉、六床竹席等。六床竹席皆用青竹篾编织而成，篾条光亮细腻，图案布局匀称，出土时呈青黄色，且均镶以绢边[17]。该时期是人们起居方式改变的初始期，存在多种坐姿方式并立的情况，席子既可铺在地上，也可设于床上。在四川新繁清白乡（今成都市新都区新繁街道清白街村）出土的东汉画像砖[18]中所绘的宴饮、宴舞、吹竽、六博、讲经、纳粮的场景中可见，汉代人们的生活起居方式仍然是席地而坐，坐姿仍是以跪坐或盘坐为主（图6-4-3）。魏晋南北朝时期是我国人民起居方式的一个重要转型期。在这一时期，“胡床”引入中原，为人们的起居方式带来了变化，出现了垂足而坐的风格。同时，佛教进一步传入中国，各民族文化相融合。从此，我国逐渐出现垂足而坐的坐姿方式。唐代是中国封建社会的又一鼎盛时期，在中国家具发展史上具有里程碑式的意义。唐代家具的主要品种有几、案、箱、柜、胡床、屏风及后期出现的桌椅等。这

图 6-4-3 东汉时期画像砖中的席坐

[17] 河南省文物研究所：《信阳楚墓》，文物出版社，1986，第 64 页。

[18] 陈建中、袁明森、李复华：《四川新繁清白乡东汉画像砖墓清理简报》，《文物参考资料》1956 年第 6 期。

图 6-4-4　阎立本《历代帝王图》中的六足四方小床与八足四方小床

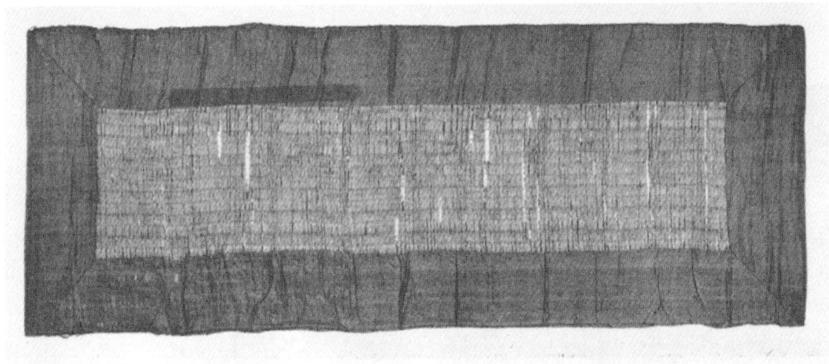

图 6-4-5　莞草席　汉[19]

一时期家具的品种和样式，正经历着由席地而坐向垂足而坐的生活方式过渡。在唐代阎立本所作的《历代帝王图》中可见：陈文帝所坐为八足四方小床，足下有横木相连；陈废帝所坐为六足四方小床，足下也有横木相连；陈宣帝所坐小床为四足小方凳。三种坐具的高低，以其与所坐人上半身做比较，约占坐者上半身的二分之一，坐具之上皆设有席（图 6-4-4）。从五代顾闳中的《韩熙载夜宴图》中可见：椅子上的坐姿皆为垂足坐，仅有韩熙载于椅子上盘坐；床榻上的坐姿则多为盘坐与跪坐，显示出当时的人仍留有跪坐遗风；椅子与床榻之上皆设有席，一定程度上呈现出席子开始具有作为次要坐卧用具用于起居生活的发展特征。

该时期席子在制席技术的完善下，制席材料由植物纤维材料发展为琉璃、动物纤维等其他材质，边缘装饰由原材包边发展为绢物包边，呈现出制席材料多样化、边缘装饰精美化的重要特征。依据出土的编物实物来看，长沙马王堆 1 号汉墓出土的莞草席[20]，编制原料为划劈均匀的蒲条与揉捻成形的麻丝束，编制结构为以麻线束为经、蒲草为纬进行多经多纬的垂直交叠，编制技法为正向平编。莞席的编制装饰为绢物包边，席的边缘分别有包有青绢与锦（图 6-4-5）。从其细密的编纹与整齐的包边可以看出汉代的制席水平已经成熟。精致的工艺与专门化分工有关，此时制作席子发展成为一个专门的行业。《三国志》中载：“先主（刘备）少孤，与母亲贩履织席为业。”[21]《南史·张贵妃传》中载：“张贵妃为丽华，兵家女也，父兄以织席为业。”[22]专业制席人员与行业的产生进一步推

[19] 湖南博物院藏。

[20] 湖南省博物馆、中国科学院考古研究所、文物编辑委员会编《长沙马王堆一号汉墓发掘简报》，文物出版社，1972，第 12—13 页。

[21]〔晋〕陈寿撰，〔南朝宋〕裴松之注《三国志》，中华书局，1982，第 871 页。

[22]〔唐〕李延寿：《南史》，中华书局，1975，第 347 页。

动了席子设计水平的提升。江西南昌西汉海昏侯墓出土的包金丝缕琉璃席[23]，由包金丝缕将384片长方形的琉璃片缀合起来，席子的周边还包裹着色彩斑斓的云母。青岛土山屯汉魏墓出土的琉璃席[24]，由数百片灰黑色琉璃构成，琉璃片秩序排布（图6-4-6）。魏晋南北朝时期，出现了来自西域和北方少数民族的毛织、棉织、毛丝或毛棉混织的茵席（图6-4-7），许慎《说文解字》中载“茵，车重席。从草，因声。鞇，司马相如说茵从革”[25]，表明茵席多为垫、褥、毯的通称。此外，一种僧人专用的“禅席”在佛教寺院里广泛使用。禅席外形有方有圆，普遍较厚，多用毛毡或蒲草等纤维材料编成，中间织有精美花纹图案，四周绣织锦边并缀有瑞珠、莲花等饰物，显示出精湛的制席工艺。

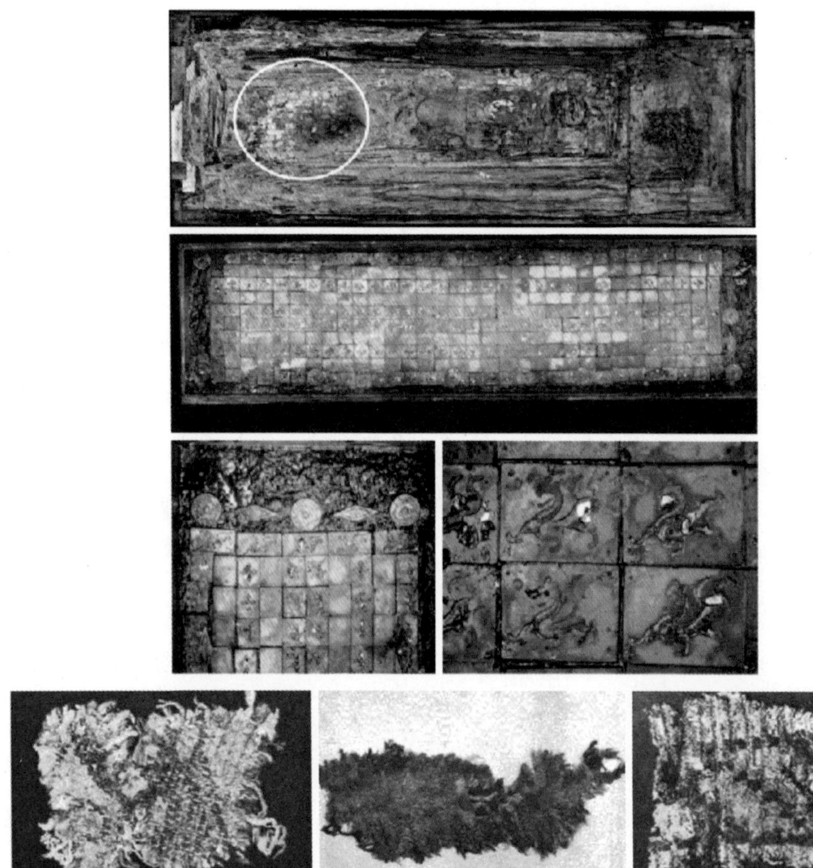

图6-4-6 汉代的琉璃席[26][27]

图6-4-7 魏晋南北朝时期的茵席[28]

[23] 杨军、徐长青：《南昌市西汉海昏侯墓》，《考古》2016年第7期。

[24] 彭峪、綦高华、于超等：《山东青岛土山屯墓群四号封土与墓葬的发掘》，《考古学报》2019年第3期。

[25]〔汉〕许慎：《说文解字》，陶生魁点校，中华书局，2020，第31页。

[26] 杨军、徐长青：《南昌市西汉海昏侯墓》，《考古》2016年第7期。

[27] 彭峪、綦高华、于超等：《山东青岛土山屯墓群四号封土与墓葬的发掘》，《考古学报》2019年第3期。

[28] 应逸：《新疆出土地毯研究》，《考古与文物》1985年第2期。

该时期的席子在坐姿逐渐转变的推动下开始具有组合式使用的属性，在制席技术的完善下呈现材料多样化与装饰精美化的特征，反映着当时的多种坐卧方式并行的起居风貌与精湛的手工编制技术。

（四）垂足而坐与广泛使用的席

宋元时期，高足家具的广泛应用使得传统起居方式由“席地而坐”转变为“垂足而坐”，形成了以椅或桌椅为室内陈设中心的布置结构。席子作为辅助家具与主体家具共同营造了中国传统的起居空间。在宋代，坐姿由跪坐、盘腿坐和垂足坐并行转变为垂足而坐，同时各种配合高坐的家具也逐渐完成，席子铺于各类坐具与卧具之上，席子作为辅助家具与床、凳、椅等主要坐具组合使用。

明清时期，高型家具是当时家具的主要代表，室内以椅或桌椅为室内陈设中心，一应家具都是配合高坐而设计的尺度，坐于席的位置由地面转向了椅面，并且出现了席与家具结合的新趋势，席子开始用于各类床榻或椅子面心的制作，编织于四面攒框之内，下藤上席，丰富了传统家具的表现形式。

二、传统礼制下的席：席子秩序构建的礼制仪规

自石器时代“席地而居”的起居方式发展以来，席的应用范围几乎涉及中国古代生活的各个方面。从天子、诸侯的朝觐、飨射、封侯、祭天、祭祖等重大活动，到士庶之婚丧、讲学、娱乐及日常起居等，都要在席上进行。周朝的礼乐制度对于席的制作、使用有严格规定，席的材质、形制、装饰及陈设方式要视使用者的身份地位之贵贱高低，按照制定的礼仪规范设置，决不可僭越。礼制仪规是围绕席的使用制定的，目的是用以规范人的行为，建立空间秩序。所以席坐的礼仪制度，也成为当时室内家具陈设及空间组织的基本准则。

（一）我国古代的用席制度

最早描述席居制度的文献资料源于西周。周代的文献《周书・顾命》描写了最早的西周用席制度，“狄设黼扆、缀衣。牖间南向，敷重篾席，黼纯，华玉，仍几。西序东向，敷重厎席，缀纯，文贝，仍几。东序西向，敷重丰席，画纯，雕玉，仍几。西夹南向，敷重笋席，玄纷纯，漆，仍几”，意为：窗户前座位正对南方，铺垫双重细密竹席，使用色彩黑白相间的铺盖，摆放彩色玉石装饰的几座；西厢座位面朝东方，铺垫双重蒲席、色彩繁多的铺盖、文贝装饰的几座；东厢座位正对西方，铺垫双重莞草席、色彩如画的铺盖、雕琢玉石装扮的几座；西厢夹室前面朝南，铺垫双重粗糙竹席、黑色铺盖、漆器几座。其中篾席、厎席、丰席、笋席指的是用不同材质编制的各种席子，不同材质的席子功用不同且摆放方向有

明确规定，体现出中国较早的席居用席规范。

典籍中较为详尽地描述了西周时期的席居制度。对布席、入席、坐席重数（即席坐时席子的数量）、席坐方式、席坐礼仪有严格规范。在布席方面，布席的摆放需要请示，可见怎么摆是一件重要的事情。《礼记·内则》中载："父母、舅姑将坐，奉席请何乡。将衽，长者奉席请何趾。"[29]这是因为"席则有上下""席而无上下，则乱于席上也"。席分上下，是以明长幼、尊卑，尊贵年长者位于上，年幼卑贱者位于下。《礼记·燕义》中载："席，小卿次上卿，大夫次小卿。士、庶子以次就位于下。"[30]一般而言，席的摆放以东为尊，即东向为上位，西向为下位，这点在《仪礼》中可以找到很多证明，如《仪礼·乡射礼》曰："乃席：宾南面，东上；众宾之席继而西；席主人与阼阶上，西面。"[31]宾比众宾尊贵，所以坐在东边，众宾继而西，主人坐东面西。可见室中以东向为上位。

在入席方面，入席规矩依据席的上下首末而定。《礼记·曲礼上》中载"席南乡，北乡，以西方为上；东乡，西乡，以南方为上"[32]，即如果席面向南方或面向北方，就以西方为席首，面向东方或西方，就以南方为席首。这样就区分了席首、席末。入席时当从席之末端而入，若从首端而入则为踏席。《礼记·曲礼上》中载"毋践屦，毋踖席，抠衣趋隅，必慎唯诺"[33]，即入席时不要踩着鞋，不要从席首进入，提起衣裳步幅小而快地从席末一角登席。"于席末，言是席之正非专为饮食也，为行礼也，此所以贵礼而贱财也"[34]，啐酒和答拜时也在席末进行。

在坐席重数方面，席子的数量依据身份尊卑而安排。《礼记·礼器》中载"天子之席五重，诸侯之席三重，大夫再重"。[35]越尊贵者席的重数也越多。多设的席称为加席，但人们往往会辞加席。《仪礼·乡饮酒礼》中载："席于宾东，公三重，大夫再重。公如大夫入，主人降，宾、介降，众宾皆降，复初位。"[36]主人迎，揖、让升。公升如宾礼，辞一席，使一人去之。大夫则如介礼，有诸公则辞加席，委于席端，主人不彻。无诸公，则大夫辞加席，主人对，不去加席。有尊者在，则辞加席；无尊者在场，辞加席主人则不同意。可见辞加席是为了表示对尊者的一种尊重。

---

[29] 杨天宇：《礼记译注》，上海古籍出版社，2004，第 333 页。
[30] 同上书，第 844 页。
[31] 杨天宇：《仪礼译注》，上海古籍出版社，2004，第 89 页。
[32] 杨天宇：《礼记译注》，上海古籍出版社，2004，第 11 页。
[33] 同上书，第 8 页。
[34] 同上书，第 825 页。
[35] 同上书，第 286 页。
[36] 杨天宇：《仪礼译注》，上海古籍出版社，2004，第 83 页。

单席　合席　连席

图 6-4-8　席子主位方位示意图

在席坐方式方面，依据坐席的人数分为单席、合席、连席。一人坐的席子称单席，一般为长者、尊者、有丧者所使用。《礼记·曲礼上》中载："有忧者，侧席而坐。有丧者，专席而坐。"[37] 有丧事的人有专门的席子单独坐，显示出坐单席是一种较高的待遇。二人并坐的席子称为合席，三人及三人以上使用的席子称为连席。连席一席坐四人，长者居席首，《礼记·曲礼上》中载"群居五人，则长者必异席"[38]，即一席应坐四人，这四人中长者坐首席（图6-4-8）。如果有五人，则应为这五人中较长的一个人另设一席，表示对长者的尊重，以此来区别长幼。

在席坐礼仪方面，坐礼与封建礼法伦理的规范相应。父子不可同席而坐，出嫁归来的女子与兄弟不可同坐。《礼记·曲礼上》中载"姑、姊妹、女子子已嫁而反，兄弟弗与同席而坐，弗与同器而食。父子不同席"[39]，目的为区别父子、男女的生活。《礼记·曲礼上》中载"侍坐于所尊，敬毋余席"[40]，在尊敬的人面前不能留有余席，以示自己的尊敬和谦卑。《论语·乡党》中载"席不正，不坐"、《礼记·玉藻》中载"徒坐不尽席尺。读书、食，则齐，豆去席尺"[41]，即如果没有特殊的事情，所坐席前要空出一尺的地方，但读书吃饭的时候就要坐在席的前沿，盛食物的豆要放在离席一尺的地方。总之，席的使用严格遵循着礼制规范，其目的是别尊卑、正君臣、笃父子、辨长幼、分男女，以此来维护礼法，实现社会的稳定。

（二）筵席中的礼序承袭

"礼"在我国传统文化中一直处于重要地位，古代统治者修五礼离不开筵席，人们出于对鬼神的敬畏之心，会定期举行祭拜仪式，祈求能被上天眷顾从而带来好运，祭品成为人们与神灵沟通的桥梁。《礼记·乐记》中载："铺筵席，陈尊俎，列逆豆，以升降为礼者，礼之末节也，故有司掌之。"祭祀时的祭品直接摆放在筵席上，人们席地而坐将食物放在筵席上进行饮食活动。筵席逐渐发展成为一种包含着社交与饮食的礼仪活动，不同群体不同身份的人在一起聚食宴饮，在座位的排序、礼仪形态都有着严格的规范。

---

[37] 杨天宇：《礼记译注》，上海古籍出版社，2004，第 21 页。
[38] 同上书，第 6 页。
[39] 同上书，第 14 页。
[40] 同上书，第 12 页。
[41] 同上书，第 366 页。

夏商时期设置筵席用于祭祀。《左传·昭公四年》中载："夏启有钧台之享。"夏启在钧台召集各方首领举行的重大献祭神灵的活动，可见夏朝的祭祀占有重要地位，筵席规模较为庞大。

西周时期，置办筵席的目的由祭祀逐渐发展成为一种饮食礼俗。《礼记·表记》中载："周人尊礼尚施，事鬼神敬而远之，近人而忠焉。"西周建立了等级森严的阶级社会，以周礼规范为席子的使用设有专人进行管理，席子的材质、席位的秩序、席垫的数量都必须遵照着规范的程序进行。在筵席之上，所铺设筵席体现出阶级尊卑之礼，以数量多为贵时，时即天子坐席为五重，诸侯有三重，大夫两重，并主要以席的材质与图案及所用数量来区分身份。以少为贵时，席也代表着一种"德"的寓意，即"食不二味，坐不重席"表示一种节俭的良好品质和道德养成，不要使用多重席，避免浪费奢侈攀比之风盛行。因此在这一时期，对于席也有着以少为贵的特点，并承担着教化之意。正如祭祀神所用席为一重，天子用三重，代表神的尊贵地位。

在这一时期以东为尊，以西为卑，以阳为尊，以阴为卑，形成了座次方位上的尊卑文化礼仪，并在后期得以延续。《仪礼·乡饮酒礼》有记载关于在进行饮酒活动时位置的尊贵序位，其中东西方向中以东为尊，要在东边设立主人席位，南北方向中以北为尊，坐北向南的朝向是朝堂上君臣之位，故在西北方位设置宾位，代表次位以作区别，西边设置介位，为第三位，宾位的西面设置众宾的位置，是为末位。室中以东向为尊的座次来源于天子庙堂祭祖的昭穆制度，天子祭祖活动中神主次位中太祖居中。东向最尊，也与古人对自然的崇拜有关。提供筵席活动的供给者一般是作为主人出现，且身份地位较高的天子、诸侯、大夫、座次皆以东向为尊。在吉礼中的空间方位上，也都是以东为尊贵，因此在筵席活动中，东向座位均为贵者。除了东向座位被奉为尊贵者身份之外，还有坐北朝南的方向也代表着身份阶级地位之尊贵，并且统治者和管理者出现在筵席时候常常也面南而坐。

秦汉时期，筵席在先秦时期的基础上继续发展，规模壮大且更侧重于席位的秩序的规范。秦末名宴鸿门宴中有关于筵席的描写，《史记·项羽本纪》中载"项王、项伯东向坐，范增南向坐，刘邦北向坐，张良西向侍"，即项王项羽、项伯坐在西边上席，亚父范增坐在北面次席，沛公刘邦坐在南边的第三席上，张良坐在东面末席。汉画像石《鸿门宴》中所绘最右端为按剑跪坐的项羽、相邻拱手的为刘邦，项羽作为宴会的主人与反秦力量的首领，坐上席，刘邦作为反秦力量中项羽的下属，坐于次席。由此可见得，该时期筵席中根据身份高低进行席坐安排（图6-4-9）。

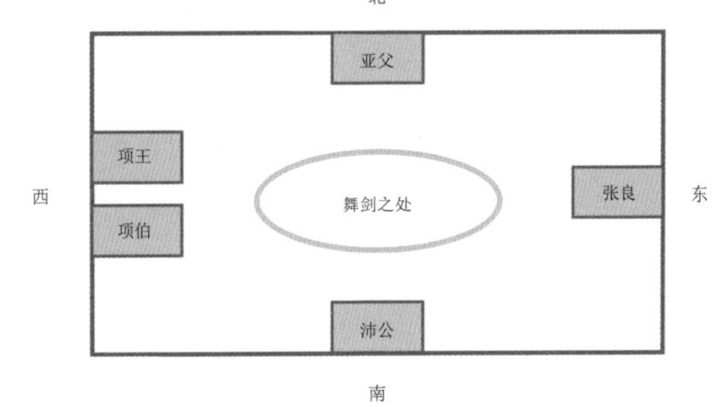

图 6-4-9　河南南阳鸿门宴汉画像石及鸿门宴座次方位示意图

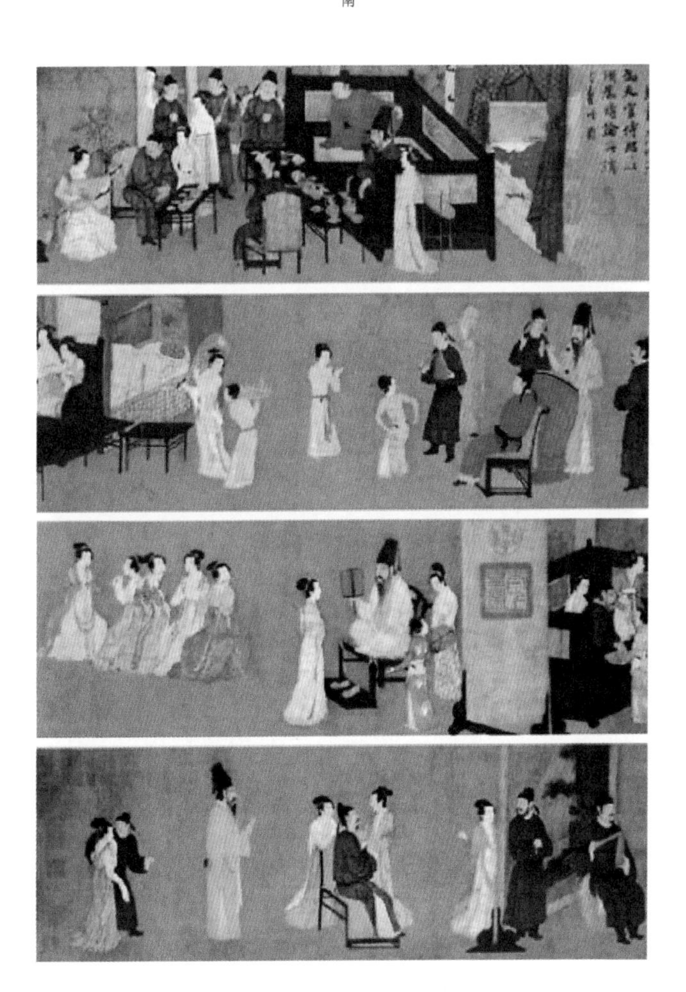

图 6-4-10　《韩熙载夜宴图》（宋摹本，局部）　顾闳中　五代

隋唐时期及以后，高足家具的逐步推广使得席坐方式开始发生变化，筵席不再是席地而坐，出现了交椅和桌子，人们的宴饮方式有了较大改变，但席位秩序仍得到延续。从《韩熙载夜宴图》中所绘韩熙载与宾客听琵琶演奏的场景中可见，韩熙载与宾客盘坐于坐床，两位宾客分别坐于坐床正对高足桌子两侧的靠背椅上，席坐次序仍按照身份尊卑而安排（图6-4-10）。

明清时期，垂足而坐已经成为常态，席坐次序延续了尊卑有别的特征。《明宪宗实录》中载“往岁元宵、端午等节，赐百官宴，尊卑有等。近年，乃有不当预而混入，乃越次上坐者，乞命纠仪官劾奏”[42]，即宫中举行大宴时，臣子参加筵席坐席时仍严格遵守尊卑有别的礼仪秩序。《曾国藩日记》中载：“是日廷臣宴……午正二刻皇上出，奏乐，升宝座。太监引大臣入左、右门。东边四席，西向。倭相首座，二座文祥，三座宝鋆，四座全庆，五座载龄，六座存诚，七座崇纶，皆满尚书也。西边四席，东向。余列首座，朱相次之，三座单懋谦，四座罗惇衍，五座万青藜，六座董恂，七座谭廷襄，皆汉尚书也。”[43]文中对廷臣宴的席位顺序进行了详细记载，宴飨座次依照大臣的身份地位来安排。席坐的安排体现着传统宴飨活动中注重仪式的特征，这种象征礼的程序在训恭俭、示慈惠的等级次序维护方面具有重要作用。

筵席座次位置及设筵铺席数量与材质不同反映出阶级尊卑之礼，通过区分尊卑贵贱以做到上下有序。席子作为一种与人们日常生活息息相关的生活用具，既满足着坐卧起居的生活需求，还保障着礼仪制度和社会规范的有效运行。

结语

席子起源于隔挡保护的基本生存需求，随着编制材料的丰富与编制技术的提升，从最初的平编席逐渐形成丰富的席垫种类，及至出现琉璃席、茵席、禅席等前所未有的品种。不同历史时期，席子与人及其背后的礼仪制度发生深刻互动，起居方式由“席地而坐”转变为“垂足而坐”，席子作为辅助家具与主体家具共同营造了中国传统的起居空间。其特点总体呈现在两个层面：一方面，制席技术的演进带来席垫产品的迭代，形成了材质多样、纹理精美的席垫用具；另一方面，席子作为营造空间与构建伦理的重要物质载体，体现出中国传统的以礼为序的席居坐卧文化和家具布局理念。及至当代，席子与生活空间、行为礼仪等方面仍在发生深刻互动，延续了独特的中华民族用席文化，也促使以“礼”为核心的席居文化不断完善。

---

[42] 陈依婷：《明代的宫廷宴享》，载故宫博物院主编《故宫学刊》第4辑，紫禁城出版社，2009，第47页。

[43]〔清〕曾国藩：《曾国藩全集·日记（三）》，萧守英、冯光前、曾小丹、刘礼吾整理，岳麓书社，1989，第1603页。

第五节　南棕北草的蓑衣

蓑衣是中国民间用于挡风遮雨的器具，又称“棕衣”“棕榈衣”，在材料和形制上皆呈现出差异化特点。编织材料具有南北差异，其中南方蓑衣多以棕编为主，以棕榈树干外围形成的网状棕纤维为主要原材料，北方蓑衣多以草编为主，最常选用龙须草即蓑草作为编织蓑衣的主要材料。形制上，按照连接方式的不同分为整体式和分体式两种。整体式又称一片式，形似斗篷；分体式包括上衣和下裳，一般上下结构并非完全分离，正面下裳用棕索与上衣在领口处连接，背面用棕线将下裳和上衣连为一体。蓑衣有良好的防水性、耐磨性和透气性，适合在雨天、雪天等特殊气候场景下劳作或行动时穿戴，具备挡风、遮雨、保暖的功能，又能便捷灵活地使用，是民众长期生活智慧的结晶。

蓑衣的起源最早可以追溯到上古时期传说中的“圣服”。先秦时期，《诗经》《春秋》等文献中均有关于蓑衣的记载，此时人们已经学会编织蓑衣，并在放牧、耕种活动中使用。汉代以降，画像石中出现身穿蓑衣手持农具的圣人形象，《说文解字》中通过不同偏旁的字指代蓑衣，说明人们在当时已学会使用多种不同的材料制作蓑衣，并应用于农业场景中。唐代蓑衣的使用场景除农人耕作放牧外还扩展到渔业捕捞。宋代之后，蓑衣在众多书画作品中经常被描绘。明清时期，有关蓑衣的文字和图像记载更加细致丰富。蓑衣在形态上虽未发生明显变化，但其使用人群和适用范围明显扩大，成为广大民众在雨天不可缺少的常用出行用具，同时蓑衣也传入东南亚等周边国家。本节在文献、图像和实物遗存的基础上，着眼于蓑衣的历史沿革、南北蓑衣的材料与制作工艺、功能原理与穿戴方式三个方面，通过探讨蓑衣的设计特征与关键技术，旨在明晰编作技术中蕴含的造物智慧及对人们生产生活的切实影响。

一、蓑衣的起源与发展

（一）蓑衣的起源：从传说到画像石

在我国，棕树栽培和利用有着悠久的历史。据记载，早在原始社会，我们的祖先就利用野生棕片纤维，搓绳猎兽，结绳记事，编织蓑衣、鞋袜、棕垫、棕帽等，用以蔽体、避雨御寒、垫睡防潮、搭盖棚屋。传说上古时，尧成为首领时无衣可穿，就剥毛棕编成蓑衣，穿着它接受百姓的祝贺。由于制作蓑衣的材料为草、棕等有机物，数年之内就会自然腐烂，因此并没有古代实物遗存至今。为了研究蓑衣的历史演变，笔者从文字记载与图像证据入手，尝试还原蓑衣的历史发展全貌。

有关蓑衣切实的文字记载首先可以追溯到先秦时期。从文献资料记载来看，早在周代人们已经学会使用制作蓑衣，并应用于放牧、耕种等农业场景中。《诗经·小雅·无羊》中描述“尔牧来思，何蓑何笠”[1]，记载了牧民披着蓑衣、戴着斗笠去放牧的场景。《国语》中描述道“脱衣就功，首戴茅蒲，身衣袯襫，沾体涂足，暴其发肤，尽其四支之敏，以从事于田野”[2]，其中“袯襫”三国时期吴国学者韦昭释到“袯襫，蓑襞衣也”[3]，描述了齐国农民雨天身穿蓑衣干农活的景象。其中有对蓑笠的描述：“譬如蓑笠，时雨既至，必求之。今君王既栖于会稽之上，然后乃求谋臣，无乃后乎？”[4]从描述中可见蓑衣在当时已经成为雨天出行的重要器具。《管子》有记载：“被蓑以当铠襦，菹笠以当盾橹。”[5]据此推测那时的“蓑”与甲内近身短衣“襦”长度相当，均在膝盖以上[6]。

汉代的画像石中出现穿着蓑衣戴斗笠的圣人形象，并手持农具，说明蓑衣在当时应用于农业之中。在文字记载中，出现多种不同偏旁的字来命名蓑衣，说明人们在当时学会使用多种不同的材料制作蓑衣。山东微山县出土的汉画像石[7]中的第三块石像画面右下角有神农氏，头戴斗笠，身披蓑衣，赤露双腿，手扶耒耜，肩扛农具（图6-5-1）。江苏省徐州市铜山县（今铜山区）苗山汉墓出土的东汉画像石《炎帝升仙图》[8]，石头画面左上方的炎帝身披蓑衣，头戴斗笠，手持耒耜，引凤升天（图6-5-2），《周书》记载“神农之时，天雨粟，神农遂耕而种之”[9]，描述了神农从事农业生产的事迹与情景。《说文·艹部》：“萆，雨衣。一曰衰衣。”[10]其中《说文·衣部》中提道：“衰，草雨衣。秦谓之萆。”[11]又有《广雅·释器》：“萆谓之衰。”[12]据此推测“衰”是指用草等植物编织而成的雨衣。

[1]向熹译注《诗经》，高等教育出版社，2009，第190页。
[2]《国语》，商务印书馆，1958，第80页。
[3]转引自沈曾植：《沈曾植集校注》，钱仲联校注，中华书局，2001，第311页。
[4]《国语》，商务印书馆，1958，第229页。
[5]姜涛：《管子新注》，齐鲁书社，2009，第387页。
[6]连冕：《放浪乎，狷洁——关于“衰”及“羃篱”的衣制斠箚》，《创意与设计》2010年第1期。
[7]杨建东：《山东微山县近年出土的汉画像石》，《考古》2006年第2期。
[8]徐州博物馆藏。
[9]转引自黄世瑞：《中国古代科学技术史纲·农学卷》，辽宁教育出版社，1996，第145页。
[10]〔汉〕许慎：《说文解字》，陶生魁点校，中华书局，2020，第30页。
[11]同上书，第268页。
[12]〔清〕王念孙：《广雅疏证》，钟宇讯点校，中华书局，2004，第236页。

图 6-5-1（左）　山东微山县夏镇青山村画像石墓西壁石画像拓本

图 6-5-2（右）　《炎帝升仙图》画像石　东汉

《六韬》农器篇云："蓑薜簦笠。"[13] 可知"薜"与"萆""蓑"义同，均指雨衣。由于造字将草木兴衰转为盛衰的引申义，进一步推测，"衰"是用枯草编的避雨衣。而雨衣除了草料，还可有其他的材质，所以加一偏旁进行区分，在之后慢慢就写成"蓑"。

（二）蓑衣在渔业中的应用

到了唐代，蓑衣的使用范围不仅限于农人耕作放牧，还扩展到渔业捕捞领域。诗人张志和《渔歌子》中就有"西塞山前白鹭飞，桃花流水鳜鱼肥。青箬笠，绿蓑衣，斜风细雨不须归"[14] 的诗句。柳宗元有《江雪》诗："千山鸟飞绝，万径人踪灭。孤舟蓑笠翁，独钓寒江雪。"[15] 唐农学家、诗人陆龟蒙《奉和袭美添渔具五篇·蓑衣》诗称："山前度微雨，不废小涧渔。上有青袯襫，下有新腒疏"晚唐诗人郑谷曾在诗中写道"江上晚来堪画处，渔人披得一蓑归"。根据诗句对蓑衣颜色的描述，推测绿蓑衣指用新鲜的蓑草制作的蓑衣。

宋代山水画作品中出现了身穿蓑衣的农民形象。其中最具代表性的是南宋李迪的《风雨归牧图》，画面表现了两个身披蓑衣的牧童赶牛回家的场景。左侧童子蜷缩身体，手扶斗笠，躲避风雨，右侧童子斗笠掉落在地（图 6-5-3）。除此之外，梁楷的《戴雪归渔图》绢本水墨画中展现了渔夫穿着蓑衣，戴着斗笠，手中拿着装上渔网的渔竿，展现了雨中归来的情境（图 6-5-4）。李东的《雪江卖鱼图》中描绘了山岭中一个渔村的景色，江边小舟上的渔翁头戴斗笠，身披蓑衣，站在船头一边摇橹靠岸，一边提鱼叫卖（图 6-5-5）。马和之的《秋江独钓图》中

[13] 转引自〔清〕王念孙：《广雅疏证》，钟宇讯点校，中华书局，2004，第236页。
[14] 山东大学出版社编《中国诗词精典》，山东大学出版社，1994，第1129页。
[15]〔唐〕柳宗元：《柳宗元集》，中华书局，1979，第1221页。

图 6-5-3（左）《风雨归牧图》（局部） 李迪 南宋[16]

图 6-5-4（右）《戴雪归渔图》（局部） 梁楷 南宋[17]

图 6-5-5（左）《雪江卖鱼图》（局部） 李东 南宋[18]

图 6-5-6（右）《秋江独钓图》（局部） 马和之 南宋[19]

一人身披棕色的蓑衣，领口系结固定，独自垂钓（图 6-5-6）。从画面中蓬松而单薄的蓑衣可以推测，这种蓑衣以棕榈为材料。不论使用何种材料，出现在渔业捕捞场景中的蓑衣在形制上多为一体的整片式蓑衣，主要用于抵御风雨雪。

（三）分体式蓑衣的广泛应用

元代已有专门描绘蓑衣的作品。王祯绘制的元代分体式莎草蓑衣[20]，上为蓑衣披，圆领，前开襟，由棕绳系牢。下为蓑衣裙，由棕绳吊在肩上，裙腰可自由摆动（图 6-5-7）。

明清时期有关蓑衣的文字和图像记载更加细致丰富，此外也有更多关于蓑衣制作材料的文字记载，在形制上并未发生明显的变化。明代王圻、王思义的《三才图会》中描绘了分体式蓑衣[21]，其中也包含了斗笠。蓑衣用莎草制成，圆领，上衣呈扇形，下裳齐整，中间有方形人字编纹（图 6-5-8）。通过和元代王祯绘制的分体式莎草蓑衣对比后发现，这两件由相同材料制成的蓑衣的形制上并未有明显的变化。明代陆治的《寒江钓艇图》[22]中穿蓑衣的船夫奋力摇橹，他

[16] 中华珍宝馆，http://g2.ltfc.net/view/SUHA/622843337498313406787119，访问日期：2023年5月30日。

[17] 中华珍宝馆，http://g2.ltfc.net/view/SUHA/631ade44545e8b126da38486，2023年5月30日。

[18] 中华珍宝馆，http://www.ltfc.net/img/5eff0858f0da9579c680deec，访问日期：2023年5月30日。

[19] 中华珍宝馆，http://g2.ltfc.net/view/SUHA/608a61afaa7c385c8d94440e，访问日期：2023年5月30日。

[20]〔元〕王祯：《东鲁王氏农书译注》，缪启愉、缪桂龙译注，上海古籍出版社，2008，第471页。

[21]〔明〕王圻、〔明〕王思义编集《三才图会》下卷，上海古籍出版社，1988，第1549页。

[22] 中华珍宝馆，http://www.ltfc.net/img/60213b41a7e6427598891f8c，访问日期：2023年5月30日。

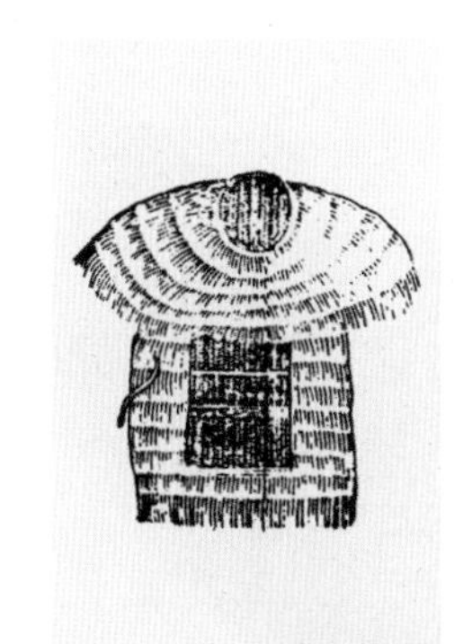
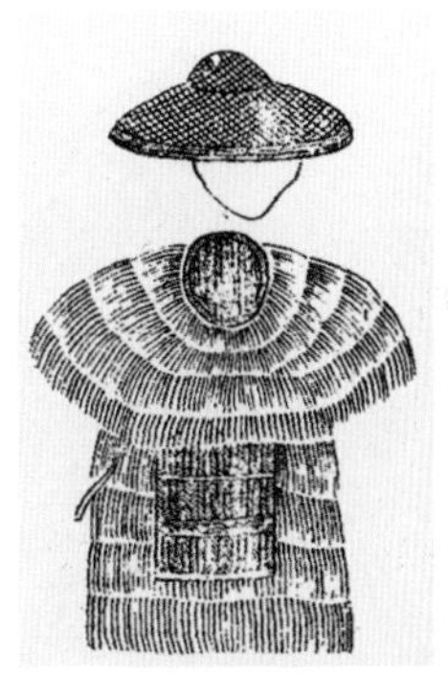
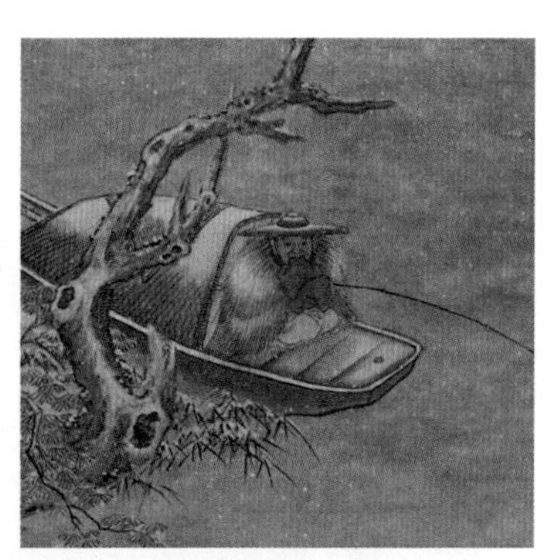

图 6-5-7（左）　元代的分体式莎草蓑衣

图 6-5-8（中）　《三才图会》中的分体式蓑衣

图 6-5-9（右）　《寒江钓艇图》（局部）　陆治　明

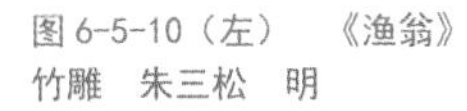

图 6-5-10（左）　《渔翁》竹雕　朱三松　明

图 6-5-11（右）　《寒江独钓》扇面（局部）　胡锡珪　清

身着的蓑衣有明显的分层（图6-5-9）。明代朱三松竹雕[23]渔翁面露微笑，头戴斗笠，身披蓑衣，手提小筐，足蹬草鞋，其蓑衣有明显的上下两层结构（图6-5-10）。《红楼梦》中描写道："只见宝玉头上戴着大箬笠，身上披着蓑衣。黛玉不觉笑道：'那里来的这么个渔翁？'"[24]文中贾宝玉所穿蓑衣名为"玉针蓑"[25]，是采用柔软且不渗水的蓑草编织而成，是古代编织蓑衣的常用材料。清代胡锡珪绘《寒江独钓》扇面[26]中孤舟独钓的渔夫身着分体式的蓑衣，明显区别于南宋绘画中整体式的蓑衣（图6-5-11）。

二、蓑衣的形制、材料与制作工艺

（一）"上衣下裳"：蓑衣的结构

蓑衣具有整体式和分体式两种款式，区分整体式和分体式的标准为上衣和下裳是否分开。如图6-5-12所示左边上衣和下裳为一体，故为整体式，右边上衣和下裳分开，故为分体式[27]。

[23] 故宫博物院藏。

[24]〔清〕曹雪芹、高鹗：《红楼梦》上，文化艺术出版社，2014，第479页。

[25] 冯盈之编著《汉字与服饰文化》修订版，东华大学出版社，2012，第35页。

[26] 故宫博物院藏。

[27] 周莹：《陕西民间手编技艺研究——以竹、棕编技艺为例》，硕士学位论文，西安工程大学服装与艺术设计学院，2015，第43页。

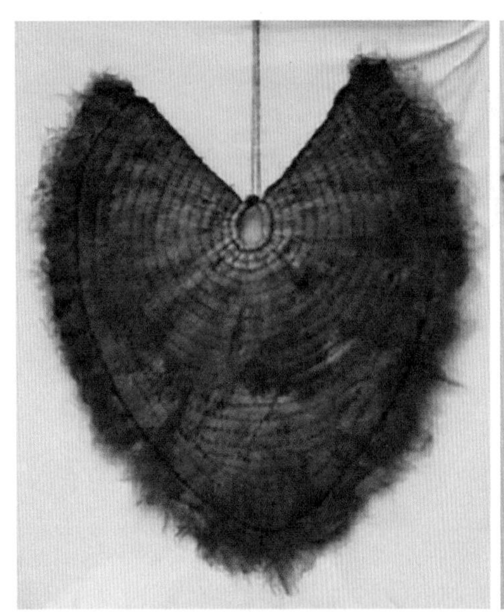
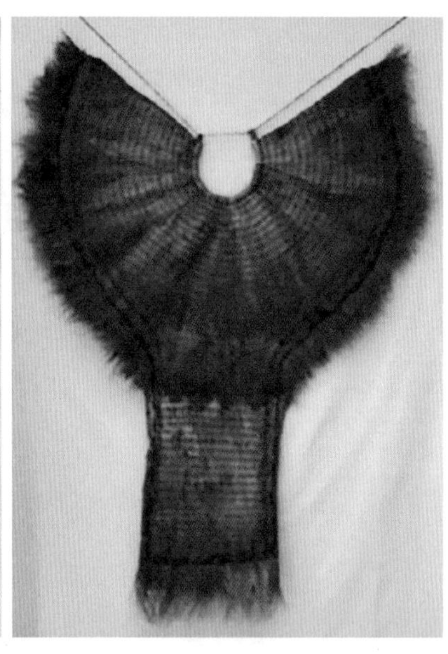

图6-5-12　整体式蓑衣（左）和分体式蓑衣（右）

整体式也可称为一片式，其外形如团鱼，相较于分体式，整体式蓑衣造型和结构更加简单，整件蓑衣的上衣部分更长，用于替代下裳（整体式多应用于渔业，重量更轻，分体式多应用于牧业和田野间）。

分体式蓑衣造型简洁，从结构上可分为两部分：上衣和下裳（图6-5-13）。一般来说蓑衣的上衣和下裳并不是完全分离的。在正面，下裳用棕索与上衣在领口处相连接，棕索左右各两条或三条，上身后可拉成三角形，均匀受力。在背面，蓑衣的编合与下裳腰部以下部分的编合方式相同，再以棕线将下裳和上衣连为一体，针脚细密，浑然天成。

“上衣”从整体看为“A”形斗篷状，上身效果形似披肩，无袖，由多片棕榈皮组合，以圆形领口为中心编织形成，展开铺平后似扇形。棕片上又有以棕丝编成的纽结、扣环起固定作用，纽结与扣环左右交叉各一个，既可左右相系，将开襟扣连，遮挡前胸与腹部，又可将左边或右边将衣片上翻后系起，便于着衣者的双手从前部伸出。上衣外径部分的棕榈毛未被编织到一起，自然随意，且方便水珠从衣片上滑落。

“下裳”从整体看为“鱼尾”状，上身效果形似背带裙或无袖长款背心，包括背带和下裙，也为对称设计，胸前及腰间有棕索可相系扣，棕索松紧可在穿戴过程中调节。下裳在胸前的部分呈三角形或梯形，编合得粗且宽，腰线以下部分展开后似梯形，编合得细且窄，两部分以棕线编成一体，两种不同密度的编织方法在腰部逐渐过渡。下裳上身后约可遮至小腿处。下摆处与上衣外径部分的棕榈毛一样自然下垂，具有似流苏般的美感。下裳内侧有用棕片编成的内袋，可用于放置物品。

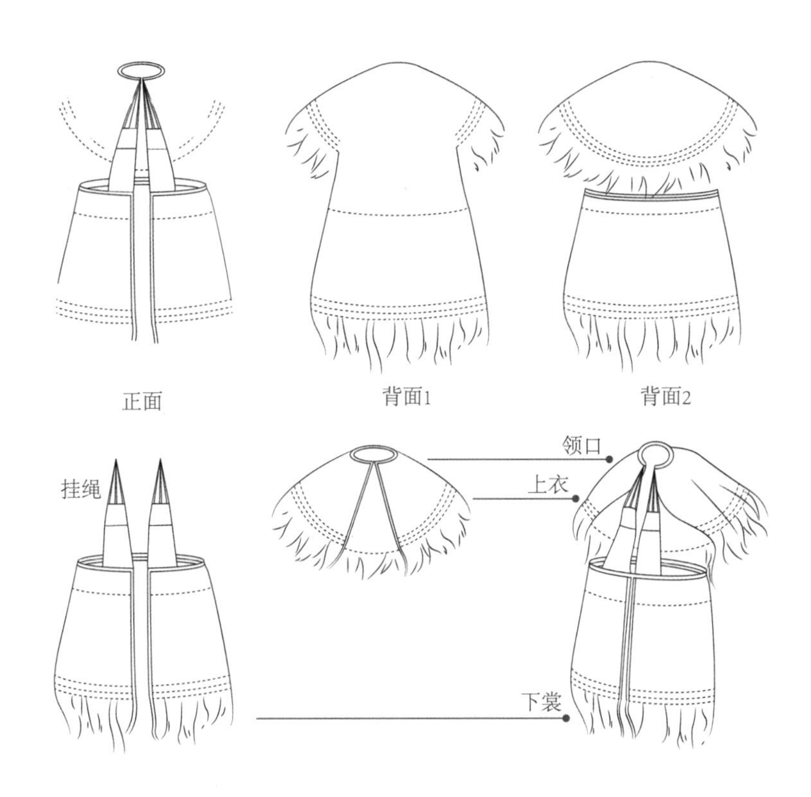

图 6-5-13　分体式蓑衣结构示意图

图 6-5-14　棕编蓑衣的原材料——棕榈

（二）南“棕”北“草”：蓑衣的编织材料

按地域与原材料划分，我国蓑衣主要分为南方棕编蓑衣与北方草编蓑衣两大体系，这和制作蓑衣的原材料的地理分布有很大关系。

棕编蓑衣的原材料取自棕榈树皮（图6-5-14）。棕榈又称“棕树”，属棕榈科，常绿乔木。棕榈树干直立，不分枝，为叶鞘形成的棕衣所包。叶大，集生于顶，掌状深裂，叶柄有细刺。夏季开黄色花，肉穗花序，生于叶间。棕榈在我国分布的地区主要是长江流域及秦岭以南一带的温暖湿润多雨地区，年平均温度15℃至17℃、1月温度0℃以上、月均温度30℃以下，年降雨量800至1500毫米、相对湿度70%以上的地方均能生长，其中在云南、贵州、四川、陕西、湖北和湖南分布最多，垂直分布在海拔300至1500米处，在西南地区最高可在海拔2700米处生长[28]。我国的棕编工艺主要在长江流域发展，而长江流域的棕编主

[28] 李晓龙：《棕榈纤维的基本性能研究》，硕士学位论文，西南大学，2012，第2页。

要产于四川、贵州、湖南，以及江南地区。在这些棕编中，四川新繁棕编和湖南棕编最有名气。新繁棕编所用的材料比一般的草编更加细密轻便，不容易受潮。这种棕丝在国际市场上被称为“四川草”，深受外国客商的欢迎。四川（古城棕编）、贵州（塘头棕编）和湖南（湘西棕编）等地都以蓑衣编织著称。

一般棕榈树生长到年时，树高达1米以上，树干的粗度已经基本形成定型。剥取棕片的时机至关重要。若剥片过早，棕榈树干可能不够粗，棕片面积也会较小；若过晚剥取，则由于棕片过于紧密包裹树干，可能会影响棕榈树的生长和棕片的产量。当树冠开始平顶时，即表示已到达剥取棕片的适宜树龄。从此之后，每年都可以进行棕片的剥取。最佳的剥片时间在春秋季节，盛夏和寒冬都不适宜剥取，否则可能导致树的晒伤或冻伤，严重情况下甚至会导致棕榈树死亡。剥取棕片最好选择晴天进行，雨天剥取容易导致棕榈树心部腐烂。棕榈树通常每年生长十二片棕片，新栽树每年只能剥取四至六片，以后每年春季剥取七至八片，秋季剥取四至五片。一般来说，当棕片剥取至出现白色时应停止剥取，继续剥取可能导致树干枯萎；过少剥取会导致棕丝时间过长，易变脆，抗拉力降低，并可能阻碍棕榈树的正常生长。

剥取棕片时，用弯刀在叶柄基部两侧自上而下各竖割一刀，然后围绕棕片着生的树干处环割一个圆圈，棕片即完整剥取。剥的深浅度以割断棕片为准，严格控制环割深度，做到不剥现茎白，切勿伤及树干。剥取的棕片以颜色棕褐至棕黄为宜，棕片厚，丝层多，出丝率和出丝等级高，毛脚少者为上品。

草编蓑衣的原材料多使用龙须草，蓑草，又称龙须草，其根系茂盛。由于木质素含量低、纤维素含量高，且纤维细长、质韧、易成浆、易漂白，干后呈褐色，表皮光滑、皮层下的芯细，质地坚硬，适用于编织席、蓑衣、草鞋、绳索等，是制作手工编织品的上等原料（图6-5-15）。例如山东莒南地区采用当地产的龙须草叶编织蓑衣，用于农作业时挡雨、避风、遮阳。这些蓑衣的扣子放在内侧，相连成菱形块，内层较为平滑，外层看起来只是草的一面。当地有一句形象的描述：“奇怪奇怪真奇怪，疙瘩朝里毛朝外。”与棕编蓑衣相比，草编蓑衣的原料更易获取，制作更简便，成本更低。但由于茅草本身质地较光滑，不像棕榈片那样纤细，其表面张力较低，防雨效果主要依赖于自身形态对雨水的引流，不如棕编蓑衣。

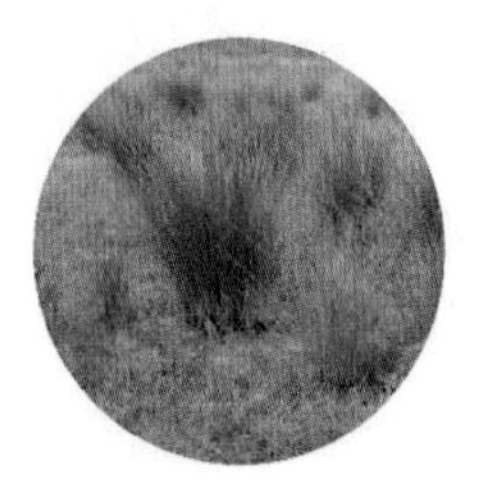

图6-5-15 草编蓑衣的原材料——龙须草

另外，茅草编织的蓑衣韧性不及棕榈片，更容易开裂损坏，使用年限约为棕编蓑衣的2/5。总体而言，草编蓑衣呈现出与棕编蓑衣完全不同的风格和魅力，展现了南北方自然条件和人文风情的差异。

作为民间日常生活的必备用品，蓑衣具有极大的实用价值。蓑衣并非华丽材料堆砌的结果，而是劳动人民用就地取材的原则，根据当地的情况选用棕榈树上的棕皮和地上生长的蓑草，通过编织纬线、挂绳、绳扣等加工叠加而成。可以说，蓑衣用最简单的材料实现了防雨的功能。

（三）南北蓑衣的制作工艺

1. 棕编蓑衣的拼接艺术

制作一件棕编蓑衣所需的工具非常简单，只需要棕刀、棕针、棕耙、顶针、大领针、起领针及竹油罐等原始工具。每个步骤都是纯手工制作，并且仅需借助少量的工具。编织蓑衣需要一定数量的棕片和棕绳，制作过程按照自上而下的顺序进行铺缝编织。首先，从棕树上割下棕皮，用铁刷清洗棕尾，使棕毛平顺并清理附着的碎物，去除杂质并进行防腐处理，然后晾干。接着，手工搓揉棕丝，制成缝合线，将晒干的棕皮一片片缝制成衣裙状，确保坎肩和下摆的棕毛自然垂悬，领口和衣襟用薄嫩棕皮包边并细缝。最后，加上系绳和挂绳，一件可遮风挡雨的蓑衣就基本完成了（图6-5-16）。而制作工艺精湛的蓑衣则需要经过十多道工序，使用100多张棕榈片。完成一件蓑衣需要熟练的技巧和至少两天半的时间，包含以下几个工序。

（1）处理材料——拉丝搓棕绳

将棕皮从树上割下来后，首先去除称为“骨头”的硬质纤维。剥掉“骨头”后的棕皮需在阳光下晾干，然后用九齿耙工具将棕皮在耙齿上梳理成絮状。随后，

图6-5-16　棕编蓑衣的部分工序

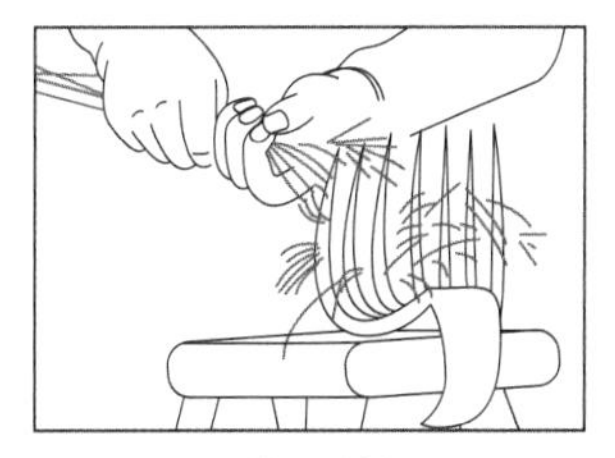
处理材料

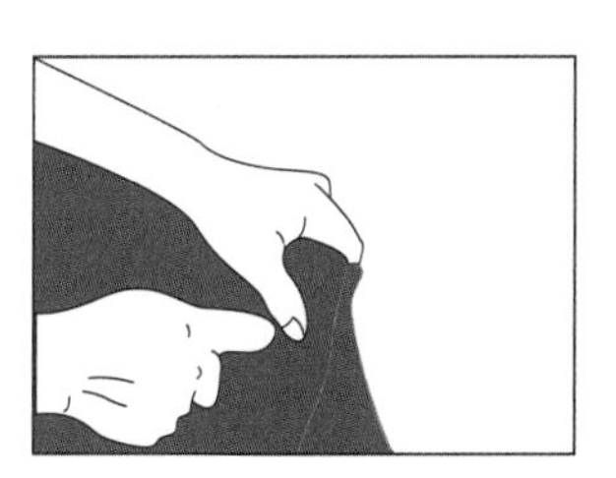
制作棕衣——制作棕衣领口

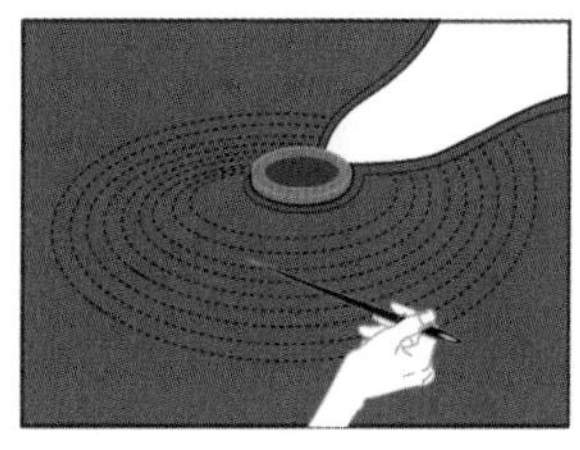
制作棕衣——制作棕衣坎肩

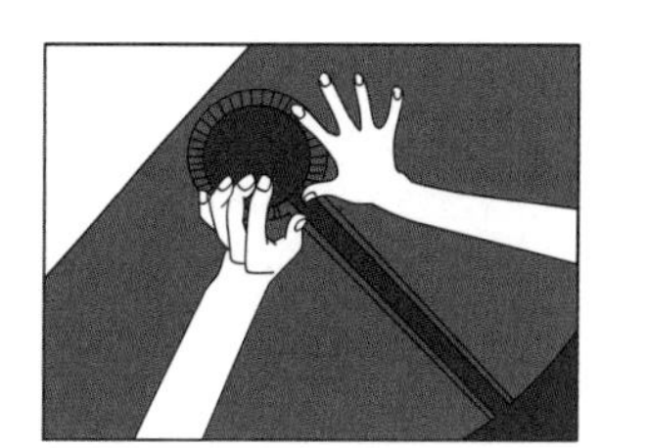
制作棕衣——将上裳对折

制作棕衣——制作棕衣下裳

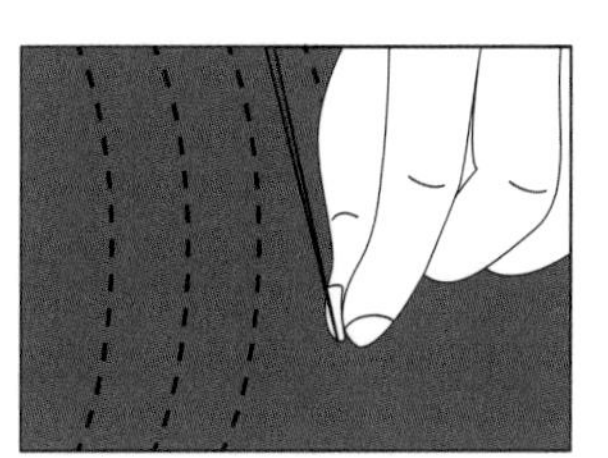
收蓑衣边

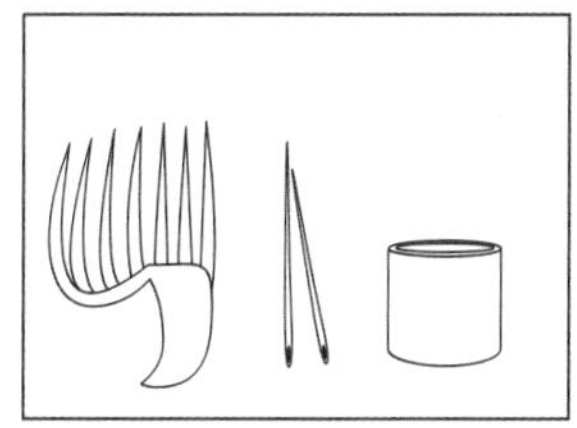
工具

用手工逐一抽出棕毛，将絮状棕毛搓成棕绳，用作后续绷线缝制棕皮。由棕毛编制的绳子坚固耐用，具有防潮和防蛀的特性。

（2）制作蓑衣

制作蓑衣的第一步是将棕皮折叠并排列成十五至十六张较大的棕皮。用搓好的棕绳作为绷线，将这些棕皮缝合起来。利用棕皮向外伸展的形状确定棕皮的摆放位置。蓑衣制作主要依靠拼接，因此准确的定位是制作优质蓑衣的关键步骤。缝制坎肩需要耐心和细致，通过一针针密集的缝制，向四周扩展，形成一个圆圆的大蒲团，中间留出一条缝以形成前衣襟。在边缘留下半尺长的棕毛，不需要缝制，让雨水顺着棕毛滑下。

棕编蓑衣的制作主要包括以下几个步骤：

①制作蓑衣领口。首先制作领绳，将搓制好的棕绳加粗，直至直径达到指头大小，作为蓑衣领绳，然后开始扎领，选用颜色光亮、质地细润的棕片，将其裹住领绳后缝制牢固，长度掌握在一尺二寸左右。为了使领口造型舒适，通常用竹圈等模型定型并拉制成圆弧形。

②制作蓑衣坎肩。在八仙桌上摊开几片较大的棕皮，里面放上抓得细细的棕毛，用大棕皮包裹，并用竹签固定，然后用棕绳穿针，开始缝制。蓑衣的外部针脚细密，内部针脚略微粗长，缝制针数在千针以上，行距、针距越小，制作时间越长，质量越好。待缝制完毕后，将坎肩对折，用竹签定型。

③制作蓑衣下裳。下裳同样需要将棕片拼接，并使用绷线将棕片缝合在一起。

（3）收蓑衣边

当蓑衣编织到位时，要进行收边，以整理边缘的棕丝并固定蓑衣的整体结构。操作时，使用约七寸长的串针穿上棕绳，紧密地在蓑衣四周走线三至五圈，这一步骤也反映了蓑衣制作质量的水平。

（4）安装挂绳

最后是安装挂绳和系绳。在陕南地区编织的蓑衣中，挂绳通常与领绳通用，但也可以将其他棕绳连接到领绳上以延长长度，以便于悬挂放置。蓑衣的编织方法相对简单，由于棕皮本身生长的交错纹理较密，因此不需要复杂的编织方法。采用独特的“纬线编织法”，能够使蓑衣缝制得结实、牢固，并具有防雨和保暖的特性。

2. 草编蓑衣的编结艺术

草编蓑衣的制作工艺相对于棕编蓑衣来说更为简单，主要采用结草扣的方式进行编织。在蓑衣的内部，采用整齐排列的草扣，通过渔网针编织，形成规整的菱形纹理；而在外部，则利用结完扣后剩余的草叶，层层叠压，细长密实，可

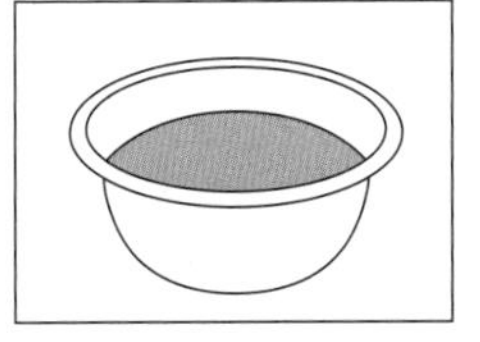
处理材料

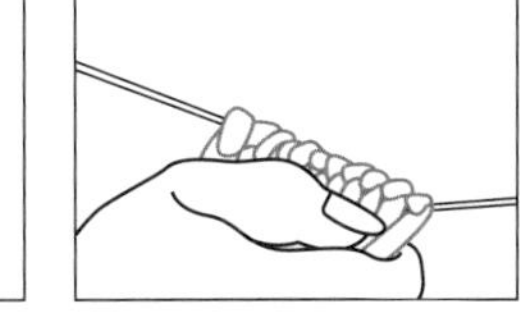
制作蓑衣领口

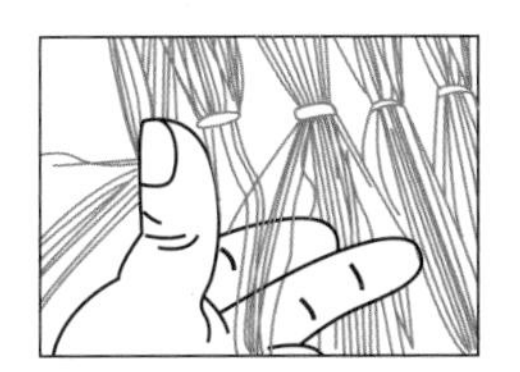
制作蓑衣衣身

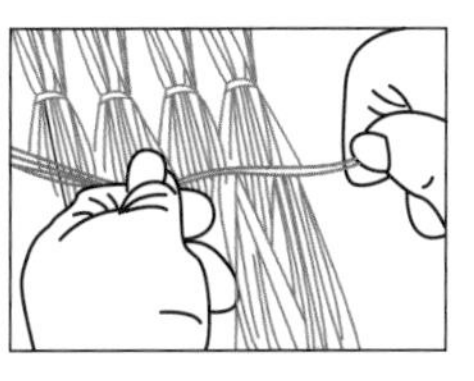
底扣收尾

编织工艺——编结草扣

图6-5-17　草编蓑衣工序图

以使雨水顺势滑落。蓑衣的衣襟处用细茅草进行锁边，而衣领则通过草绳穿过草扣来调节松紧（图6-5-17）。

（1）处理材料

先将割好的蓑草放在太阳底下曝晒一段时间，把秆茎晒到七八成干时，贮存起来成为草料。在使用之前，放到水里浸泡，并在草料被浸泡变色前把草料取出。

（2）制作蓑衣

制作蓑衣首先在两个间隔1.5米的木桩中间缠绕一根细绳，前期用来编结衣领。制作衣身部分时，细绳难以支撑，可以将蓑衣展开挂在细棍上，借助细棍增加承重力。需要编织的部分集中在蓑衣的内侧，内侧草扣讲究横看成行，竖看成趟，不能斜，讲究横平竖直，所有的草扣要求从横竖斜三个角度看去都要成为一条直线，外侧则为一条条理顺好的根茎。

制作草编蓑衣主要包括以下几个步骤：

①制作蓑衣领口。首先绕着细绳从左到右开始编结衣领，一般以五至八根草为一束编结草扣。打结时将草从底部向上环绕打结，注意结扣要压实，锁扣的排列要紧凑整齐，否则会影响颈部的舒适性和外形的美观。一件蓑衣的衣领要上99锁，三锁为一扣，共33扣。

②制作蓑衣衣身。衣领边缘下第一排草扣每个大约间隔三指距离，所有草扣要大小一致，外形匀称。第一扣非常关键，当一排宽度达到120厘米时就可以开始编结第二排草扣，当编第二排草料时，就要连接上一排草料，这个过程称之为续草。具体操作步骤是：先将上一排草扣左右两边的草料并拢成一股，后用一束新草靠在前排草料并拢的部位捏紧，将拉拢的两股草料往外折，然后用绑绳系扎起来，如果绑绳太长则要掐断，否则捻起来费劲。系的时候要从中间一束往上缠绕捆扎，捏紧实，再将新草朝上的另一半翻折下来，同时用指头顶着，缠绕一圈后打死结固定。在编制完第三排的时候，就要衡量蓑衣的宽度。如果太窄就要加草扣；如果过宽，就要解除几道草扣，直到达到所需要的宽度为止。每排编结到两侧的边缘时，都要结在麻绳上。这段麻绳不能剪断，一直随着草扣连接到肩部。这样上提时蓑衣时边上的草扣就不易断开。结完第三道草扣的时候，就明显地看得出草头在外，草扣在内，平整光滑。当蓑衣长度达到约70厘米时，

就可以披到身上，大致测量要编的长度，下摆只要能够触及小腿位置即可。在编制过程中，如果比例拿捏不当或草扣大小不一，就会影响接下来的工序。按照一件蓑衣25行计算，每件蓑衣将近要编织近千个草扣。所有草扣的编制都是重复的动作，一件蓑衣的质量就取决于一个个草扣的质量。这样编出的蓑衣外层呈斜线，下雨不容易渗透到里层。

③底扣收尾。底扣使用三棱草加入香蒲等中草药植物，其散发的天然气味可以驱散蚊虫。

因为材料的不同特质，棕编蓑衣的重点和难点在于用纬编的方式用棕线将棕片规整地编织在一起，而草编蓑衣则完全不借助工具，依靠手工制作，将一根根蓑草通过编结的形式编织成一件完整的蓑衣。但不论是草编蓑衣还是棕编蓑衣，对匠人的手工艺要求都非常高，匠人编织得越熟练，蓑衣的完成速度就会越快，蓑衣也会更细致和精美。

三、蓑衣的穿戴方式与设计原理

（一）蓑衣的设计原理和功能

防雨是蓑衣的首要功能，蓑衣作为农耕的雨具，为了有效遮雨，通常与斗笠结合起来使用，防止雨水从圆领处进入。蓑衣具有良好的透气性，棕榈皮本身具有防水性，其表面没有如雨衣般的涂料层加工，而是依靠棕榈材料的纵向纤维实现导流雨水的功能（图6-5-18）。纵向纤维实际上如同一条条细微的沟槽，雨滴在重力作用下沿着蓑衣表面下滑。蓑衣虽经过棕线横向编织，却仍给雨水留有通路，且横向编织后形成突出结构。水滴落到蓑衣表面后，与蓑衣的接触面减小，水滴表面张力也被减小，能更轻易地顺着沟槽滚落。再加上蓑衣整体结构具有上小下大的特点，斗篷式的流线型仿佛是为雨水编织出的“滑梯”。棕榈片经过编织后更密，雨水不易滴入。即使在大暴雨中，雨水打湿了外层棕片，尚有中层起隔空作用，内层依然是干燥的。现如今已有面料借鉴了蓑衣的功能原理，设计出一款具有高抗水性的面料——蓑技[29]（图6-5-19）。

图6-5-18（左） 棕榈材料的纵向纤维

图6-5-19（右） 蓑技面料示意图

[29] 纺织服装周刊：《“蓑技”：“蓑衣”为灵感，实现高拒水性》，《纺织服装周刊》2017年第36期。

图 6-5-20　蓑衣穿戴步骤图

（二）蓑衣的穿戴方式

蓑衣在形式和功能上达到了高度统一，其能够以最简练的造型有效地满足功能需求。首先，为了有效地挡风遮雨，设计以圆领为主要受力点，与系于坎肩前部的吊带及上衣腹部处可自行调节的系绳构成三个受力点，从而与人体连接牢固。这样设计的好处是其他部位得以解放，使得蓑衣在行走时既能有效挡风，又能保持活动的灵活性。其次，为了有效地遮雨，蓑衣必须与斗笠结合使用，以防止雨水从圆领处渗入。

穿戴蓑衣非常简单便捷，整体式蓑衣只需披和系两个动作即可完成。先衣面朝外抓住领口，迅速甩至身后披上，然后系上领部绑绳即可。分体式蓑衣则需两次分别穿戴上衣和下裳，只需将蓑衣披在肩上，系好圆领，并用下裳的棕绳（类似衣扣）系紧即可（图 6-5-20）。用户可根据个人的体型适度调整松紧，穿着舒适，不会影响手脚，可以让双臂自由自在地活动。最后戴上斗笠，防止雨水从圆领处进入。穿蓑衣实际上就是“披蓑衣”。蓑衣最关键的地方在于圆领，因为整件蓑衣的受力位置位于圆领所在的披肩上。因此，圆领的设计与制作成为缝制蓑衣最重要的环节，也是确保衣着舒适程度的关键。从现代的人体功效看，蓑衣是宜人的设计。学者杨心慧在《民间防雨器具——蓑衣的研究》一文中写道，在中国，成年男性（年龄在 18 至 60 岁，适于从事劳动的年龄段）的长臂长度在 28.9 厘米至 33.8 厘米之间，平均为 31.3 厘米，大腿长度在 42.8 厘米至 50.5 厘米之间，平均为 46.6 厘米。蓑衣从披肩到衣襟的长度为 29 厘米，从裙胯到衣襟的长度为 46 厘米，两端都有 20 厘米的棕榈毛。这样的尺寸设计使得蓑衣的主体部分与肢体的尺寸相符合，穿着时肩关节和髋关节分别能够达到 60° 至 70°、30° 至 40° 的活动范围，既有效保护肢体又不影响关节的正常运动[30]。

[30] 杨心慧：《民间防雨器具——蓑衣的研究》，2011 应用社会科学国际学术会议论文，长沙，2011，第 51—56 页。

结语

蓑衣是我国农耕文明发展成就的一个缩影，它代表了过去质朴天然的生活方式，也有着独属于它的社会功能。不论是南方的棕编依靠棕榈材料的纵向纤维将雨水导流，还是北方的蓑草将结扣朝内、蓑草朝外导流雨水，都体现了古人的造物智慧和编作技术的跃升。蓑衣借助当地的材料，以最简单的形式满足挡风遮雨的功能，被世人传承了上千年。随着时代变迁，蓑衣作为雨具的角色被塑料材质的雨衣雨伞所取代。现在的蓑衣更多地作为民俗艺术品被收藏展示，或是作为商业场所的装饰品，它已经从古代的生活用具转向当下的装饰用具。但它所具有的文化底蕴和历史价值，以及利用自然馈赠的绿色材料服务于人类的理念，仍给未来的设计带来许多思考和启示。

四造
六作

第七章
源于殷商时代专业化的石作技术

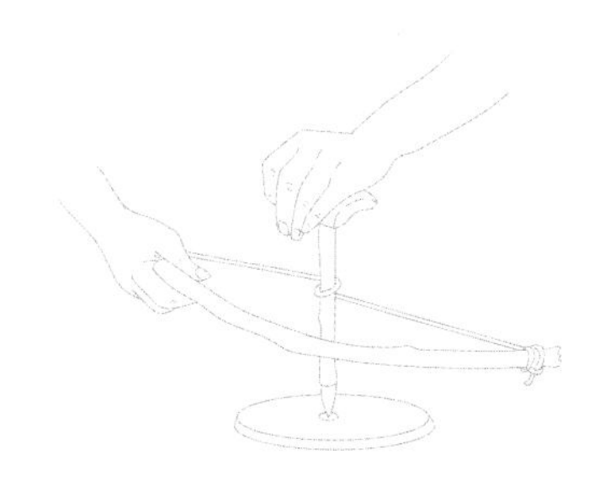

石头是大自然中最易被人类获取的材料之一，由其衍生的石作技艺主要包括石料的开采与加工及石器的运输和安装等环节。这种以石为器的技术作为人类最古老的造物活动之一，流传于世界各地文明中，石作也在古代中国造物文明的历史长河中留下了浓墨重彩的一笔。中国传统石作技艺具有广阔的应用范围和服务对象，或用于制作生活器物和生产工具，或用于营造建筑部件、建筑体和园林景观，它既为普通民众提供生存所需的基本民生技术，也可以制作专供于皇家贵胄的精工之器，其存在于古代中国社会生活的诸多方面，是我国古代生产领域的关键技术体系之一。

面对这一历史悠久的造物门类，我们不禁有如下追问：在石作技艺漫长的演进过程中，其发展脉络呈现出何种态势，又经历了哪些关键性技术突变？古代匠人具体是如何将坚硬且不规则的天然石料加工成各式各样的石器与石质建筑？面对中国传统石作技艺留下的种类繁多、应用广泛的石作器物，如何对它们进行有效分类并筛选出具有设计范畴典型意义的个案？这些典型个案的设计面貌与石作技术又发生了哪些互动？

基于对以上问题的思考，本章主要从石作技术演变与个案研究两个部分展开，通过五个小节予以回应。前者以石作技艺的发展脉络与主要内容为研究对象，后者从各石作类别中选取典型个案为研究对象，包括良渚文化玉器、石像生、门墩和叠石。

第一节为“石作次序与雕镌技术”，从宏观层面纵览整个石作技术发展史和石作各个工序的关键技术，以获得对于石作造物体系的整体性认知。石作的技术从旧石器时代形成的“锤打、砍斫和雕凿”的打制手法，到新石器时代增添的“切割、打磨和钻孔”的磨制手法，在这个过程中，原始社会的古代石匠逐渐在实践中积累出石作加工的基本做法。石作的工具从以石为主演化到以金属为主。石作工具不断优化的材质属性为石材在人们生活中的应用提供了更为广阔的空间。石头可以成为小巧的配饰，也可以变成宏伟的建筑。材料方面，石作以石材的物理属性为依据进行筛选，后来发展出“瘦皱漏透”的山石之美、“温润透亮”的玉石之美等截然不同的石材审美观念。古人对石材的认知既具备科学性，也与本土文化语境息息相关。中国古代的人们对石作技艺的极致探索，使他们拥有了驾驭自然界中相对坚实材料的能力，进而极大地提升了人的造物和生存能力。石作技艺的演进与传播成为中华文明发展的一块基石。

在史前的石器时代，石材加工是关乎人们生产与生活的关键技术。玉器作为一种兼具礼仪、装饰和实用功能的石器，既体现了石器时代石作技艺的最高水平，也是当时最具代表意义的技术产物与文化载体之一。第二节为“凝聚技术与精神的良渚文化玉器”，选取新石器时代晚期较为典型的石作器具“良渚玉器”为切入点，尝试观摩原始社会最为精湛的石作技艺所创造的器物面貌和它所反映的设计意识和社会文化。良渚工匠以磨制石器技术为基础，开发出榫卯结构的玉钺、内圆外方的玉琮、像生造型的小件玉饰等多种多样的玉器造型，同时结合细致入微的雕刻技术，创造出组合方式多样的“神人兽面纹”。与此同时，良渚工匠在大量的玉器造物实践中，创作出更为复杂的结构、形态与图像，进而发展出一系列先进的设计意识。正如其在玉器技艺上的领先，良渚文化率先发展出中国古代早期的国家形态。虽然已经无法考证，究竟是石作技艺的进步带来良渚文明的崛起，还是社会生产力的进步引发玉器文化的兴盛。但可以肯定的是，良渚文化玉器已经成为中国古代文明开端的重要佐证。

用石料再现人、动物和植物等大自然中的生命形态，创造出神话想象中的神灵形象，一直是石作技艺发展过程中的重要方面，在尚处于石作技艺初期的新石器时代就已经显现。以大型圆雕石刻所呈现的像生形象更是诸多像生石刻中最为宏伟、壮观的作品。中国古代墓葬建筑中的石刻群像“石像生”即为这一品类的典型代表。第三节为“帝王将臣纪念性的仪卫”，以“石像生”为切入点，探究其空间布局与造型设计之特征，进而洞察其背后的技术脉络、设计面貌与观念。从石像生粗糙到平整的表面工艺、简洁到复杂的装饰内容、逐渐生动写实的形态表达中可以看到中国古代石工对大型圆雕石刻技艺的尽力探索。他们一次次尝试在坚硬且巨大的石头上表现曲线的、动态的、有机的生命形象，使之成为屹立不倒的文明纪念碑。石像生通过立于神道与神门两侧的诸多威严形象塑造出整个陵园空间的庄重感，既守护着逝者的亡灵，也再现出古代朝拜与祭祀的盛大场景，无不显示着古代统治集团的权威和意志。

第四节为“磐石之安的门第符号”，考察门墩的设计发展脉络。在以木材为主的中国古建筑中，石作技艺也属于营造体系的重要内容，石材常以基础构件的角色出现，支撑上方的木构架建筑，也是建筑装饰的重要载体，体现着整座建筑体的审美风格。此外，由于中国古建筑中占多数的木构部分难以长时间保存，因此其中少量的可长时间保存的石构部分成为能够还原中国古建筑发展脉络的重要物证。门墩即为中国古建筑中石构部分的典型代表，作为大门的基础构件，它起到稳固大门的作用。作为建筑门面的主要装饰区域，它代表着居住者的身份地位和精神信仰，也显示出时代的设计与审美风尚。

石材在中国古建筑中的运用还有一种别具一格的方式，即山水式园林中的石景。在十分讲究秩序的中国古建筑中，山水式园林则是一个特例，其更多的是模仿自然山水中未经人工雕琢的状态。而园林中的石景正是在居住空间中营造山水图景的关键要素。在园林中以石造景的技艺名为“叠石”，即选取天然的、怪异的、粗糙的石材，堆叠出模仿自然山体形态的园林景观。第五节为“文人园林中的山水图景”，着眼于极具本土特色的石作领域，考察叠石技艺的具体内容，探究园林石景的设计表现。中国古代的山水审美观念本质上是对自然山河之美的发现、欣赏与再造。这种审美观念借园林、绘画和诗歌等艺术方式得以表达和强化。中国山水式园林中各式各样的石景形态来源于我国本土多样化的地貌形态，同时与山水画、山水诗歌存在艺术上的交融，是山水美学观念下的艺术结晶。但作为居住空间的园林，其显著的实用性又使其与其他艺术形式相区别。简言之，山水式园林能为人创造出沉浸式、立体的山水审美体验，将古人纵情山水的理想实现于现实生活环境中。

在中国传统农业社会的发展过程中，以人力为主的生产方式的效率虽然远低于现代工业化的生产，但也促使人们对天然材料的利用发挥到了极致。本章通过研究与石材相关的中国传统造物技艺，发现古人对于天然材料的极致探索同样体现于石材中，具体表现为丰富多样的石作面貌及流传至今的石作技术与艺术思想。具体而言，有以下三个层面的思想内容：其一，中国古代的造物者通过对石材的细致考察与甄别，发展出细致的石材分类体系；其二，通过在不同材质、体量的石料上进行的大量造物实践，发展出关于石材加工的技艺经验与传承方式；其三，通过与本土人民生产、生活方式及在地文化的互动与沟通，衍生出中国古代人民所特有的、中华文化与审美体系下的石器功能和石作面貌。中国古代工匠与石头的对话，无不体现着他们朴素自然、以人为本的造物智慧，以及与传统农业社会文化和秩序相契合的造物理念。统观中国古代石作技艺的演进过程，可以发现石作技术与各种器物之间存在着内在的互动，各种石作器物的历史演变轨迹都受到石作技术变迁的深刻影响，而新生的器物需求也促使石作技术革新，无论是以细腻通透的玉石雕琢的精致礼器，还是以质朴坚实的石灰岩所塑造构筑的石雕形象和建筑石作，或是以形态各异的太湖石所营造的园林山水奇景，都以其独特的面貌在中国传统石作技艺体系中占据一席之地，记录着中国设计思想与文化演进的轨迹。

第一节　石作次序与雕镌技术

石料具有质地坚硬、耐腐蚀、易于获取和加工等优良属性，是人类最早使用的造物原材料之一，从古至今一直被广泛运用于造物活动中。在我国历史悠久的造物文明中，石作技艺是我国传统造物体系中的重要内容，也是探寻我国历史演进的一种物质文化线索。目前我国境内发现的较早石作器物是安徽繁昌县人字洞的几十件石制品，距今200万年至240万年[1]。

石作技艺是指开采天然石料并加工成具有实用或装饰功能的工具、器物、景观或建筑等的工艺技术，其成品可分为小型的器玩石作和大型的建筑石作两种类型。器玩石作既包含锤、斧、锛、刀和研磨器等石质生产工具，也包含穿戴配饰、室内陈设、文房用品等石质生活器具，如玉佩、玉琮、石屏风、砚台和印章等。建筑石作主要有木建筑石构、独立石雕和整石建筑三种。木建筑石构是指在木建筑中充当承重、防潮等作用的石质构件，如石螭首、石栏杆、石台基、石柱础、抱鼓石等。独立石雕是指置于陵墓、寺庙或园林中的独立石雕置景，如石像生、石望柱、石焚香炉、石牌坊和假山等。整石建筑是指以石材为主料的独立建筑，如石塔、石墓、石桥和石窟寺等。石作技艺包含选料、开采、加工、运输与安装等主要环节，在造物过程中主要使用锤、剁、凿、钻、磨等手法及相应种类的石作工具。本节针对中国古代的石作技艺，第一部分以石作工具的材质升级为主要线索，划分出石作技艺的五个发展阶段，即打制石器、磨制石器、青铜工具、铁工具、钢刃熟铁工具，通过回溯各个阶段差异化的技术语境、工具形态、工具材质和具有阶段意义的石作物品，进而探究由技术变迁引发的石作加工能力的提升和石作产品形态的创新。第二部分则立足于发展较为成熟的石作技艺，从选料开采、雕镌加工和运输安装等步骤梳理出石作的造作次序，并对各个环节的关键技术予以展开，概述中国古代石作技艺的主要内容。

[1] 金昌柱、韩立刚、魏光飚：《安徽繁昌县人字洞发现早更新世早期旧石器》，《人类学学报》1999年第1期。

一、石作技艺的沿革与设计面貌演变

（一）“锤打、砍剁和雕凿”与打制石器

在漫长的史前时期，石器既是人们主要的生活用具，也是加工其他器物的生产工具。石作是原始社会时期的一种关键技术。考古学以石器技术由“打制”到“磨制”的重要变革作为划分史前历史阶段的依据：旧石器时代以“打制石器”为标志，新石器时代则以“磨制石器”为标志。

旧石器时代的石作技艺探索是一个漫长的过程。从我国境内部分旧石器时代遗址中的物证可以发现，当时人们已经探索出“锤打、砍剁和雕凿”三种石器加工手法，并发明出与之相对应的“球状、片状、尖锐状”三种工具形态，如作捶打用的“石锤”、作劈剁用的“砍斫器”、作雕凿用的“三棱尖状器”等（图7-1-1）。此外，在我国境内的旧石器时代遗址中还发现了多处石器集中制造场地，如山西阳高许家窑遗址、陕西梁山遗址、内蒙古呼和浩特东郊大窑村南山石器制造场和河北阳原虎头梁遗址等[2]，表明石器生产在当时已经是有组织的集体行为。

打制石器的制作步骤大致可分为采集、打片和修理三个工序。第一步是从湖滨滩涂处或地表上采集经风化后的坚硬脉岩和结核中的石料，主要为燧石、火石、石英岩、砂岩、角页岩、玛瑙等适合打制的石料种类。第二步为“打片”，是指从采集的石料上打下“石片”。制作“石片”所产生的余料统称为“石核”。打制手法分为“直接”和“间接”两种。“直接打法”即直接撞击两块石块以分解石料，或以石锤捶打，或以砍斫器砍剁；“间接打法”则需借用其他媒介物，如以

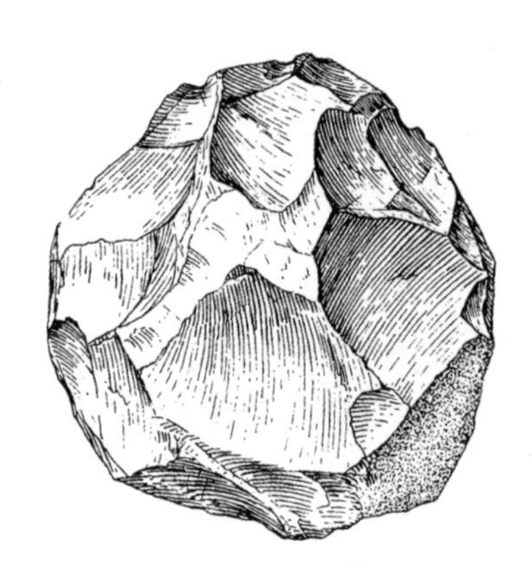
作锤打用的“石锤”[3]

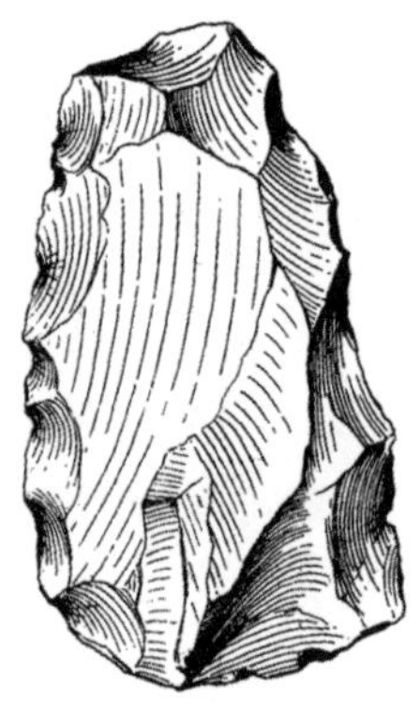
作劈剁用的“砍斫器”[4]

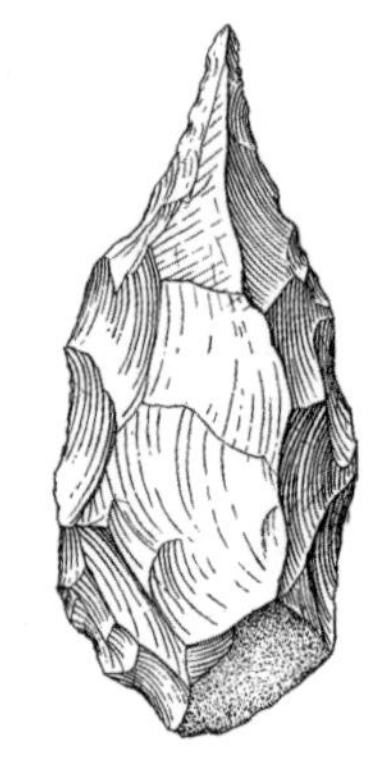
作雕凿用的“三棱尖状器”[5]

图7-1-1 旧石器时代石作工具的类型

[2] 陈振中：《先秦手工业史》，福建人民出版社，2008，第12—13页。

[3] 中国科学院古脊椎动物研究所编《山西襄汾县丁村旧石器时代遗址发掘报告》，科学出版社，1958，图版VI:B。

[4] 戴尔俭、计宏祥：《陕西蓝田发现之旧石器》，《古脊椎动物与古人类》1964年第2期。

[5] 中国科学院古脊椎动物研究所编《山西襄汾县丁村旧石器时代遗址发掘报告》，科学出版社，1958，图版X XIV:A。

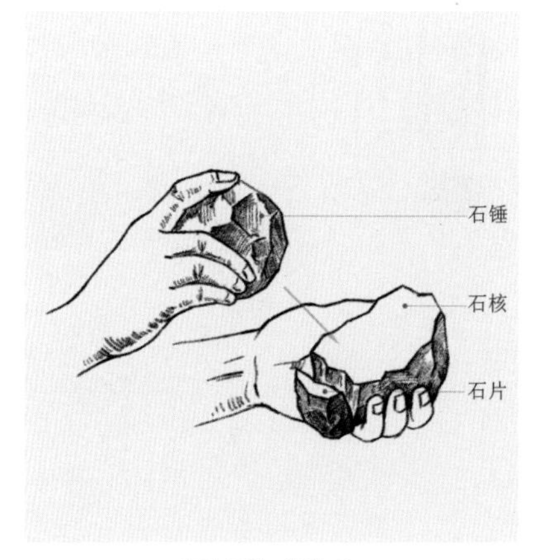

直接打法“锤打”

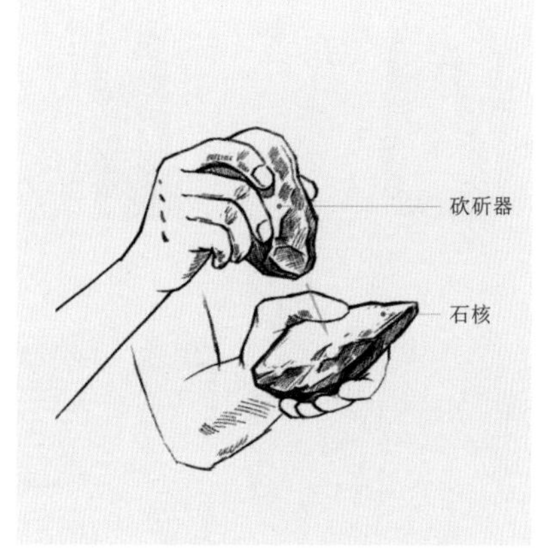

直接打法“砍剁”

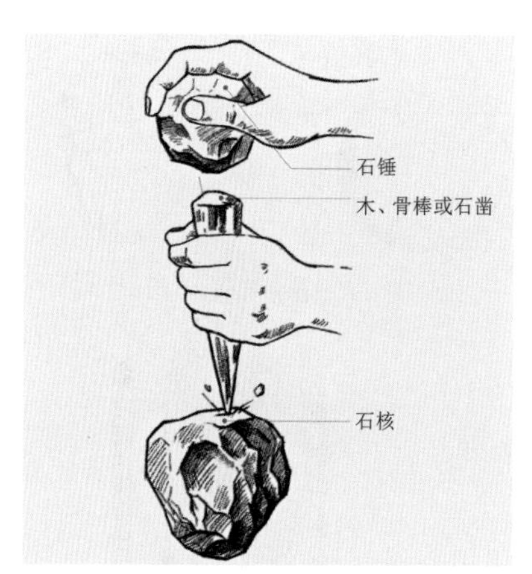

间接打法“雕凿”

图7-1-2　捶打、砍剁和雕凿做法示意图

石锤击打木、骨凿或尖状器等凿类工具的上端平台，以凿类工具下部尖端雕凿石核（图7-1-2）。间接打法操控性更强、击打点更精准，可使石器形态更可控，打制出细长的石片，是较进步的打制方法。第三步“修理”，是将打下的石片或石核综合运用锤打、砍剁和雕凿的手法对石器表面和边缘进行进一步修整，以加工成特定形制的石器[6]。

（二）“切割、打磨和钻孔”与磨制石器

到了新石器时代，石作技术产生了由“打制”到“磨制”的革命性进展，粗糙的“打制石器”被更加平整、光滑和耐用的“磨制石器”所取代。新石器时代的人们将石、骨和木等天然材料运用到极致，确立了制作“磨制石器”的五种工具基本形态——“锤、斧、凿、钻、磨”。后世石作工具的革新多为此基础上的形态细分和材质升级。

锤类工具有“锤”“槌”“榔头”等类别，主要用于直接击打石器或为其他工具施加力量，其结构包括锤柄、锤身和锤面。锤身有球形、圆柱形等样式。斧类工具有“斧”“锛”“斤”等称呼，主要用于分解石料和平整石面，有时会与锤类工具结合使用，其结构包含斧柄、斧身和斧刃三部分，斧刃有单面和双面之分。凿类工具有“錾”“凿”“楔”“扁子”“剁子”和“刀子”等名称，多用于雕凿特定造型或剔除多余石料，一般与锤类工具结合使用，其结构包括凿帽、凿身和凿刃。凿帽是锤的击打部位，凿刃有单面和双面之分。钻类工具有“锥”“钻”等名称，主要用于打通石料内部以形成镂空造型，主要可分为锥状钻和管状钻两种。锥状钻呈细长的圆锥状，钻刃尖锐，多用于钻较小的孔洞。管状钻为中空的圆柱造型，应截取自天然竹子，多用于钻较大的孔洞。磨类工具包括砺石、锉、砂轮、

[6] 陈振中：《先秦手工业史》，福建人民出版社，2008，第3—5页。

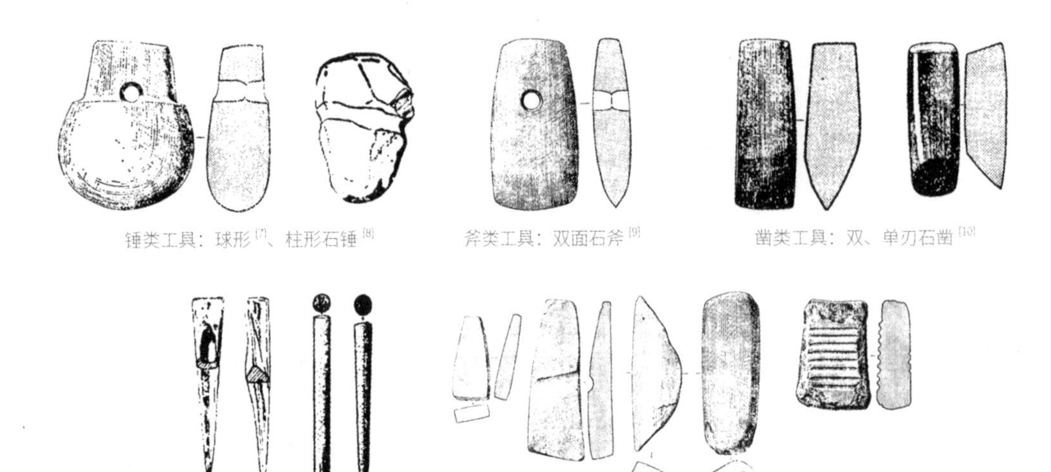

图 7-1-3 新石器时代石作工具的类型

油石、蜡等，主要用于打磨石料表面，使其更加平整光滑（图 7-1-3）。

新石器时代在继承打制石器做法的基础上，更新了石料开采技术，获得了更丰富的原材料，探索出更复杂的磨制做法，最大限度地发挥了手工对石料的塑造能力。在石料开采上，新石器时代掌握了投击法、楔裂法和火烧法等地下采石技术[14]，故能获取韧性大、硬度低且适合琢磨的石料，如玄武岩、大理岩、辉绿岩、千枚岩、板岩、安山岩、凝灰岩和黏土岩等[15]。与此同时，人们在矿石开采的实践过程中积累了鉴别石料的经验，一些珍贵美观的玉石材料开始从一般石料中细分出来并形成独立的技术体系，成为制作精致的礼器和饰品的原材料。在加工手法上，磨制石器新增了“切割、打磨和钻孔”三种磨制技术。与利用“冲击力”的打制石器做法不同，磨制石器的这三种技术则开始结合“压力”和“摩擦力”的共同作用，拓展了石作加工的施力方式。切割技术是以木片或砺石反复压擦加砂蘸水的石料两面，直至将其截断。打磨技术是以砺石在加砂蘸水的石料上反复研磨，直至其表面平整光滑。钻孔方法是将钻类工具对准加砂蘸水的石料待钻孔处，双手搓动锥身，借锥尖产生的压力和摩擦力钻出孔洞（图 7-1-4）。

---

[7] 山东省文物管理处、济南市博物馆编《大汶口：新石器时代墓葬发掘报告》，文物出版社，1974，第43—44页。

[8] 文物编辑委员会编《文物资料丛刊》7，文物出版社，1983，第140—141页。

[9] 山东省文物管理处、济南市博物馆编《大汶口：新石器时代墓葬发掘报告》，文物出版社，1974，第37页。

[10] 同上书，第42页。

[11] 陕西省考古研究所：《龙岗寺——新石器时代遗址发掘报告》，文物出版社，1990，第23页。

[12] 西安半坡博物馆、陕西考古研究所、临潼县博物馆：《姜寨——新石器时代遗址发掘报告》，文物出版社，1988，第79页。

[13] 山东省文物管理处、济南市博物馆编《大汶口：新石器时代墓葬发掘报告》，文物出版社，1974，第43—44页。

[14] 李浈：《我国南北朝及以前的建筑石作工艺探析》，《自然科学史研究》2006年第4期。

[15] 中国历史博物馆考古部、山西省考古研究所、垣曲县博物馆编著《垣曲古城东关》，科学出版社，2001，第519—531页。

切割法

砺石

打磨法

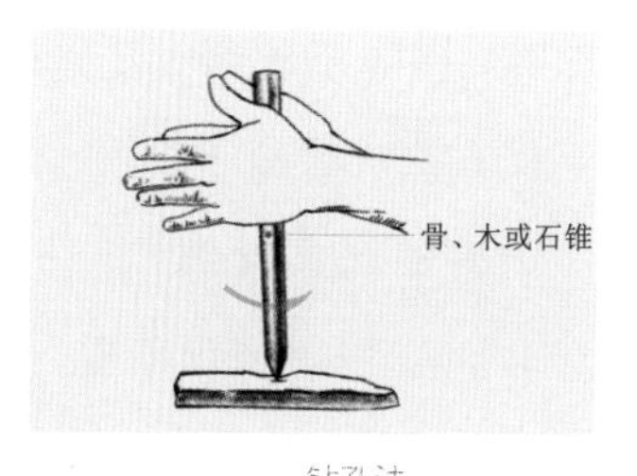

钻孔法

图 7-1-4　切割、打磨与钻孔做法示意图

直接捆绑式

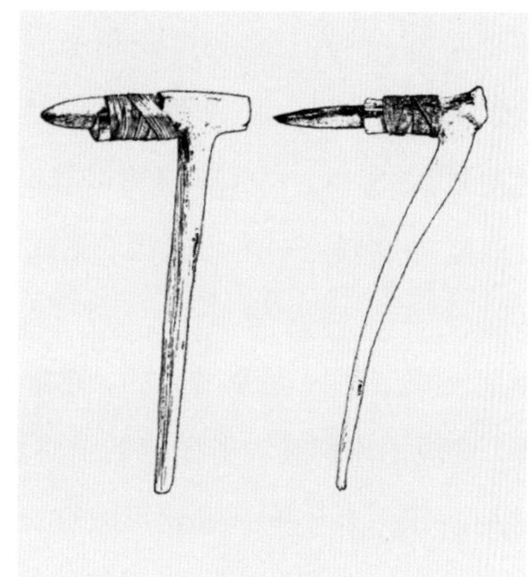

木柄钻孔式

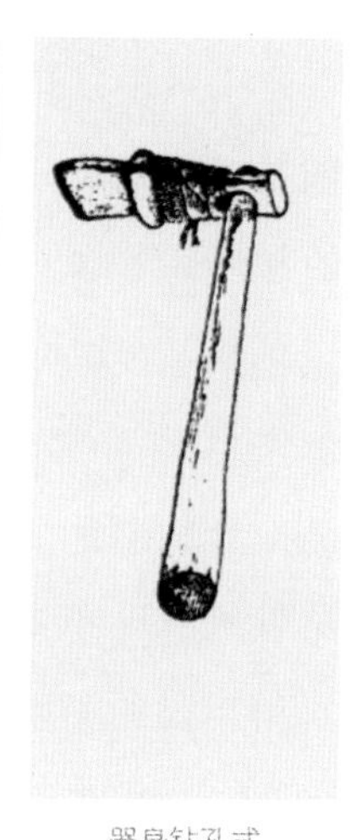

器身钻孔式

图 7-1-5　木柄安装方式复原图[16]

切割、打磨技术的出现带来造型规整、表面光滑和刃部锋利的石器，也延长了石器的使用寿命，提升了工具的效能。钻孔技术则是石器复合结构出现的基础，它结合结绳技术，使石锤、石斧等工具延伸出木柄结构，形成了更适合使用者操持的形态，也提升了石器的使用功效。依据现存新石器时代石锤、石斧的造型，有学者复原了三种木柄安装方式：一是直接捆绑式，即以绳索直接捆绑器身与木柄；二是木柄钻孔式，即在木柄上凿一孔穴，将器身插入孔中并以绳索捆绑固定；三是器身钻孔式，即在器身后端钻出一孔洞，将木柄插入孔中并以绳索捆绑固定（图 7-1-5）。

新石器时代的一系列石作技术与工具革新，不仅延长了石器的使用寿命和功效，而且极大地丰富了石器的种类与形制。一方面，此时出现了适应砍伐树木、松土翻地、耕种收割、粮食加工等各个农业生产环节的石质生产工具，也涌现出服务于制陶业、纺织业、木作、骨器、玉石器、漆器等各种手工业的石质工具，带来生产工具的升级和专门化。另一方面，新石器时代还涌现出诸多造型精巧、打磨细腻的玉石饰品和礼器，如大汶口文化的石串饰、磁山文化的石雕人首、大溪文化的双面石雕人面像、红山文化的玉龙及良渚文化的神人兽面纹玉

[16] 中国科学院考古研究所、西安半坡博物馆编《西安半坡》，文物出版社，1963，第68页。

琮等，皆显示出新石器时代精湛的石作技艺。

（三）青铜工具与装饰性石雕的崛起

青铜器是以铜、锡合金制作的器具。中国冶炼铜的技术始于公元前30世纪左右的新石器时代晚期。此后冶铜技术继续缓慢发展，公元前20世纪以后开始进入青铜冶铸技术的迅速发展阶段，至公元前10世纪青铜冶铸技术到达顶峰[17]。在铁器尚未普及之前，青铜的出现并未淘汰石器、木器、骨器等工具，尤其未在农业工具中发挥重要作用，但其已经被广泛用于制作手工工具[18]。随着青铜冶炼技术的成熟，石作工具由石料、骨和硬木等天然材料转变为以青铜合金为主的材质。在这一转变过程中，衍生出形制更多样、操控性更强、性能较好的石作工具，为创造出造型难度较高、体量较大、更立体和精致的石雕提供了物质条件。

青铜石作工具的形制、结构与使用方式，在继承前一阶段石质工具的基础上有所改进和完善，呈现出专门化、多样化的工具面貌。与兼作农业、手工业工具和兵器的原始时期石作工具不同，随着我国农业生产进入到较成熟的粗耕阶段，与刀耕火种相关的砍伐农具“斧、锛、凿”等器型逐渐脱离了农具功能，向更专业化的手工工具发展[19]。就锤类工具而言，材质和形制基本延续前一阶段，暂未发现青铜锤。斧类工具分为实心铜斧和有銎铜斧两种（“銎”是指工具上安装柄的孔）。实心铜斧与前代无孔石斧形制类似；有銎铜斧较前代有孔石斧形制更多样，可分为直銎和横銎两种。直銎斧常用于手工业，斧身与斧柄成垂直关系，使用时扬起斧身向下施力劈剁对象；横銎斧多用作武器，斧身与斧柄方向一致。凿类工具发展出实心铜凿、有銎铜凿两种类型。实心铜凿主要有方形和圆形两种。方形实心凿的形制延续新石器时代的石凿，两面刃和单面刃兼有。圆形实心凿形制则延续新石器时代的骨凿，皆为两面刃。有銎铜凿可分为方形、圆形、宽銎窄凿形、多边形、曲刃形、三角刃形、异形凿等类型，其安装方式是以硬木插入凿顶銎内，外部常以铜箍或皮革捆扎稳固。就钻类工具而言，铜钻在延续前代的基础上，发展出圆形、椭圆形、方形、三角形、梯形、上圆下方等多种尺寸、形态的类型，既可用于钻孔，也可单独使用来雕凿细节。钻类与凿类工具出现混用的趋势。铜钻还发展出新的使用方法：将铜钻捆绑于木柄下端，再将木棒或木弓横向固定在木柄中间位置，再用凹石顶住木柄上端，使用时将铜钻尖端对准待钻孔处，蘸水加砂后，一手按住上端凹石，向下施加压力，一手拉动

[17] 卢嘉锡总主编，韩汝玢、柯俊主编《中国科学技术史 · 矿冶卷》，科学出版社，2007，第213—316页。

[18] 朱凤瀚：《古代中国青铜器》，南开大学出版社，1995，第298页。

[19] 周昕：《中国农具发展史》，山东科学技术出版社，2005，第141页。

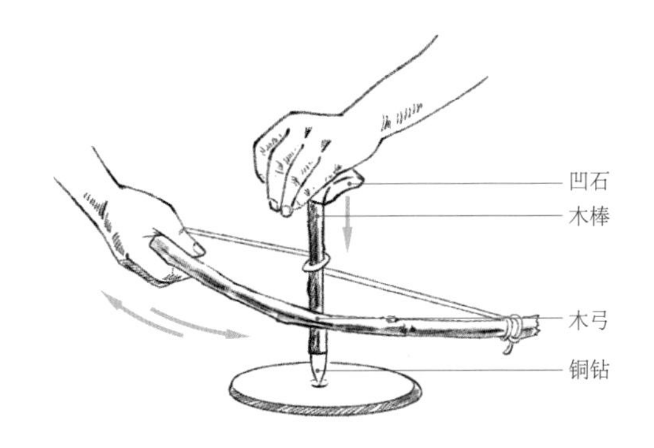

图 7-1-6　铜钻使用方式示意图

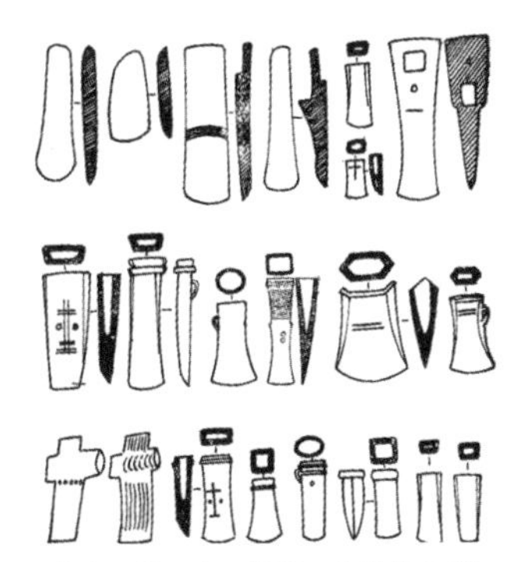

斧类工具：实心铜斧、有銎铜斧[20]

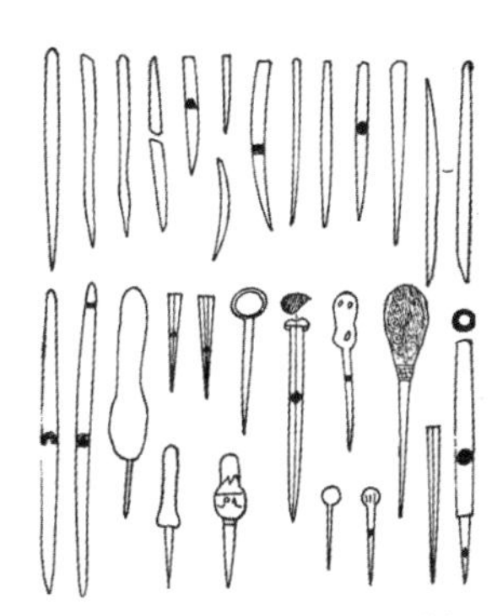
钻类工具：各种形制的铜钻[21]

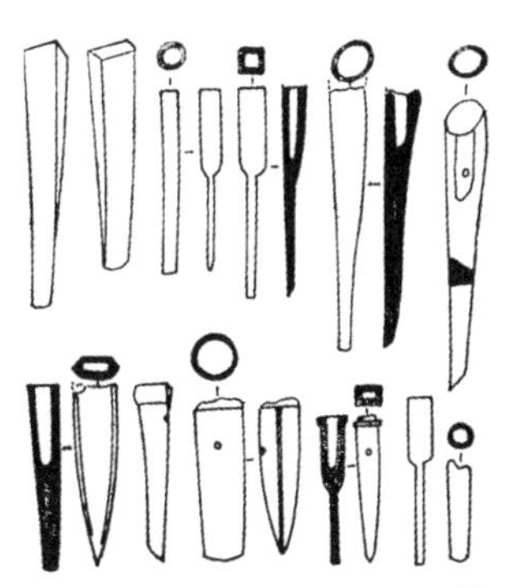

凿类工具：实心铜凿、有銎铜凿[22]

磨类工具：铜锉[23]

图 7-1-7　青铜时代石作工具类型

中间的木棒或木弓，借旋转产生的摩擦力钻出孔洞（图 7-1-6）。此外，在钻类工具的基础上，玉器加工还发展出钻头形制多样的砣具，使用方式是旋转砣具使钻头产生摩擦力，加上掺有沙子的水，可在坚硬的玉石上碾琢出规则的外形和图案。就磨类工具而言，此时出现了多种形态的打磨工具“铜锉”，锉身粗细长短不一，或垂直，或弯曲，一端排列有密集的齿槽，可满足各种形态、不同角度的打磨需求（图 7-1-7）。

夏商周时期，由于青铜材质在工具中的广泛运用，使其逐渐取代了石料成为制作实用器具的主要材料。因此与原始时期石作主要为实用器具（仅少量为装饰品）的产品不同，青铜时代的石作技艺则在装饰品类中逐渐应用较多并大放异彩。这一阶段留下了不少具有装饰或仪礼属性的石雕作品，如河南安阳妇好墓的商代后期戴冠跪坐玉人像、司辛石牛和甘肃百草坡西周时期玉人像等，其题材种类、体量大小、造型美感和精致程度皆较前代有了较大提升，显现出更纯熟的造型、雕刻与打磨技术。此外，作为手工业的重要组成部分，夏商周时期的石作技艺的专业化程度进一步提升。

[20] 陈振中：《青铜生产工具与中国奴隶制社会经济》，中国社会科学出版社，2007，第 113 页。
[21] 同上书，第 82 页。
[22] 同上书，第 75 页。
[23] 同上书，第 92 页。

（四）铁工具与建筑石作的出现

早在公元前13世纪前后，中原地区就已出现陨铁制品，拉开了我国先民使用铁金属的序幕。公元前8世纪初是我国铁器时代的开端，在青铜冶铸技术和陨铁加工经验的基础上，中原地区萌生出人工冶铁技术，发展出“块炼渗碳钢”技术和“液态生铁冶铸”技术[24]。战国时期，随着我国中原地区钢铁技术和制铁工业的初步形成，铁器也逐渐得到普及，表现为生产、生活器具中更多的铁器数量、更多样化的铁器类型、更为广泛的铁器传播区域[25]。秦汉时期，随着统一的多民族国家的建立与冶铁技术的进一步发展，我国古代社会全面进入到铁器时代[26]。冶铁业由官府专营并设铁官管理，使得铁器生产更加标准化、规模化。

汉代冶铁技术与工业的全面发展使铁器应用于日常生活的各个领域，此阶段遗存的铁器数量和类型众多，技术与生产的成熟也推动了各种石作加工工具的铁器化。从两周之际冶铁技术的出现到汉代铁制石作工具的普及，石作技艺逐渐形成了一套较完整的工序及相应的工具。至南北朝后期，石作工具的形态已与近世较为类似[27]。在这一过程中，各类型铁质石作工具在继承青铜工具的基础上，形制样式与尺寸类型有所增多，结构也不断改进，继续向多样化、专门化和细致化工具的方向发展，如铁锤、铁斧、铁凿、铁钻、铁锉、砺石等，可满足更多样化的造型与雕刻诉求。铁质石作工具也发展出新的形态，如制作大型建筑石作需用到的矩尺、悬垂和画线铅块等辅助工具。矩尺用于测量距离，铅块用于画定界线和起草造型，悬垂则利用重力找到垂直于地平的直线。这些辅助工具可使器形规整，是加工大型建筑石作前规划施工的重要工具（图7-1-8）。另外，由于此时的石作对象扩展为大型的建筑构件或石雕造像，先前的钻孔技术已经不能满足大型石作的镂空需求，因此后来衍生出在大型石雕中以铁锤结合铁楔或铁凿等工具凿出孔洞的方法。而延续了铜钻形制的铁钻，更多作为砣具的一部分运用于小型的玉石雕刻中。

铁质石作工具的应用推动了大规模筑城运动和大型土木工程建设的兴起，从石材的开采、林木的砍伐到木、石的加工都离不开更高效的营造工具。铁工具一方面为石料开采创造了更有利的条件。秦汉时期开始有大规模的开凿山石、开辟栈道的活动，司马贞在对《史记·高祖本纪》“去辄烧绝栈道”的注释中引用了崔浩的“险绝之处，傍凿山岩，而施版梁为阁”；[28]另一方面铁工具也使得

[24] 白云翔：《先秦两汉铁器的考古学研究》，科学出版社，2005，第45—46页。

[25] 同上书，第116页。

[26] 同上书，第288页。

[27] 李浈：《我国南北朝及以前的建筑石作工艺探析》，《自然科学史研究》2006年第4期。

[28] 田秉锷、周骋：《高祖本纪汇注》，三晋出版社，2021，第90—91页。

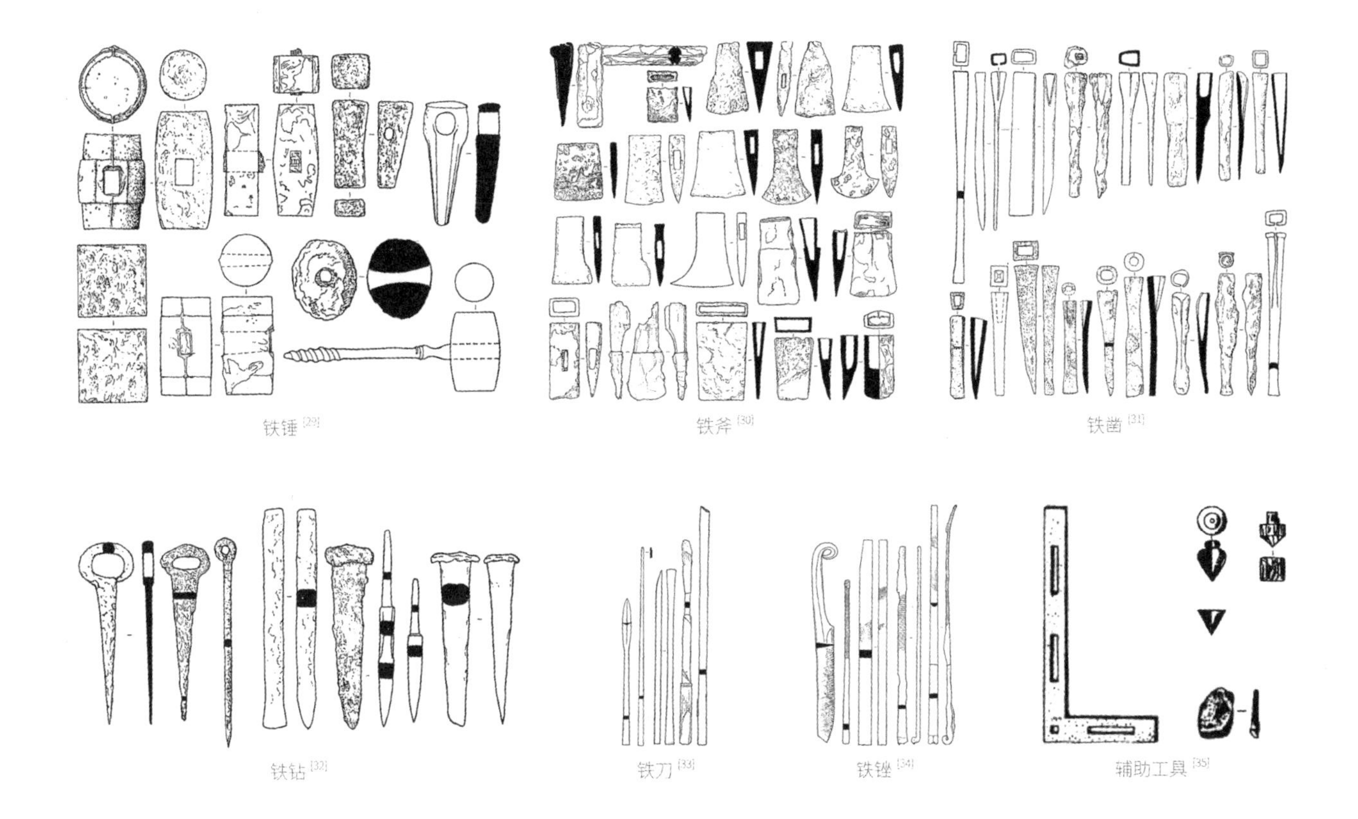

图 7-1-8 铁器时代石作工具类型

石工获得了驾驭更大规模石作的能力。石料也作为一种重要的材料加入中国传统营造中，出现了木建筑石构件、独立石雕石景和整石建筑等大型建筑石作，如秦代琅琊刻石、陕西兴平西汉霍去病墓石像生、江苏徐州东汉青山泉白集画像石墓、山西大同北魏司马金龙墓石雕柱础、河北邯郸南北朝响堂山石窟等皆显现出铁工具时代规模宏大、题材丰富、雕琢生动的石作面貌，诸如此类巨大空间的开凿和大型石料的加工，都离不开质地坚硬、高效耐用的铁工具。

（五）钢刃熟铁工具与更硬质的建筑石材

钢刃熟铁在农具、工具中的广泛使用，是我国生产工具继“由石到青铜”和“由青铜到铁”的又一次重大改革，进一步扩展了石作开采和加工的能力。块炼铁（熟铁）、生铁和钢铁都是铁碳合金，三者含碳量由多到少分别是生铁、钢铁和熟铁。炼钢有两种技术路径：一种是利用渗碳技术往熟铁中增加含碳量，另一种是利用脱碳技术减少熟铁中的含碳量。

我国较早的炼钢技术是春秋后期的“固体渗碳”炼钢技术，到了战国初期开

[29] 白云翔：《先秦两汉铁器的考古学研究》，科学出版社，2005，第174页。
[30] 同上书，第166页。
[31] 同上书，第168页。
[32] 同上书，第176、185页。
[33] 同上书，第177页。
[34] 同上书，第176页。
[35] 孙机：《汉代物质文化资料图说》，上海古籍出版社，2011，第31页。

始有“铸铁退火柔化”炼钢技术，但由于这些制钢方法十分费时费力，主要用来制作部分兵器，无法普及于生产和手工工具中。汉代又创造出“固体脱碳”“炒钢法”“百炼钢”等炼钢技术，提高了钢的产量，钢铁逐渐取代青铜成为铸造兵器的主要材料，此时也有少量钢铁工具，但由于技术和成本限制，只能锻造出少量小型工具。南北朝时期出现的“灌钢冶炼法”是炼钢技术的重大革新，至此我国古代的冶钢技术已基本成熟，但真正以这种方法批量制作钢铁工具始于唐代，这是炼钢与锻造技术共同进步的结果。到明代中期，又发展出“苏钢冶炼法”和“生铁淋口法”炼制钢材，可以生产出表面坚硬、内部柔韧和耐磨耐用的工具[36]。例如《天工开物》中记载的凿类工具，即为这种钢刃熟铁材质，“凡凿熟铁锻成，嵌钢于口，其本空圆以受木柄(先打铁骨为模，名曰羊头，杓柄同用。)斧从柄催，入木透眼。其末粗者阔寸许，细者三分而止。需圆眼者则制成剜凿为之”[37]。

更坚韧的工具可驾驭硬度更高的石材，随着钢刃熟铁材料在石作工具中的普及，唐代以后的建筑石作用料向更硬质的方向发展。唐代以前，石作用料主要为汉白玉、石灰石、青石、砂岩等软质或中等硬度岩石。唐代之后，开始区域性地出现将硬质岩石（如花岗岩）应用于建筑石作的做法。福建闽国刘华墓前石雕、天津蓟县（今蓟州区）辽代独乐寺观音阁的台基与月台皆为花岗岩材质。明中期以后，诸如花岗岩的硬石材在建筑石作中的使用更为普遍，显著提升了建筑的承重能力和耐用性[38]。

随着唐代钢铁材料在石作技艺中的应用，此后的石作成品也显现出施工难度更高、使用场合更广泛、规模更大、做工更精巧等特征，如河北赵县的永通桥、福建泉州宋代开元寺古塔和四川汉源九襄镇清代石牌坊等建筑石作，皆体现出更为成熟的石作技术。另外，随着石料在建筑行业中的广泛运用，这一阶段也涌现出较多规范石作用料与做法的著述，如宋代《营造法式》、明代《天工开物》和《工部厂库须知》及清代《工程做法则例》《清官式石桥做法》《河工器具图说》《扬州画舫录》等古籍中皆有相关论述。其中最为典型的当属《营造法式》，既从“次序、雕镌和花纹”三方面总述石作制度，也从“柱础、角石、角柱、殿阶基、压阑石、殿阶螭首、殿内斗八、踏道、重台钩阑、螭子石、门砧限、地栿、流杯渠、坛、卷輂水窗、水槽子、马台、井口石、山棚鋜脚石、幡竿颊、赑屃鳌坐碑、笏头碣”等各种建筑石构件出发记述具体的操作规范，从文献的角度证明了这一阶段的石作技艺发展程度已经较为成熟[39]。各阶段典型石作工具与作品见图7-1-9。

[36] 杨宽：《中国古代冶铁技术发展史》，上海人民出版社，2004，第308—311页。
[37]〔明〕宋应星：《天工开物译注》，潘吉星译注，上海古籍出版社，2008，第180页。
[38] 李浈编著《中国传统建筑形制与工艺（第3版）》，同济大学出版社，2015，第202—204页。
[39]〔宋〕李诫：《〈营造法式〉译解》，王海燕注译，华中科技大学出版社，2011，第54—66页。

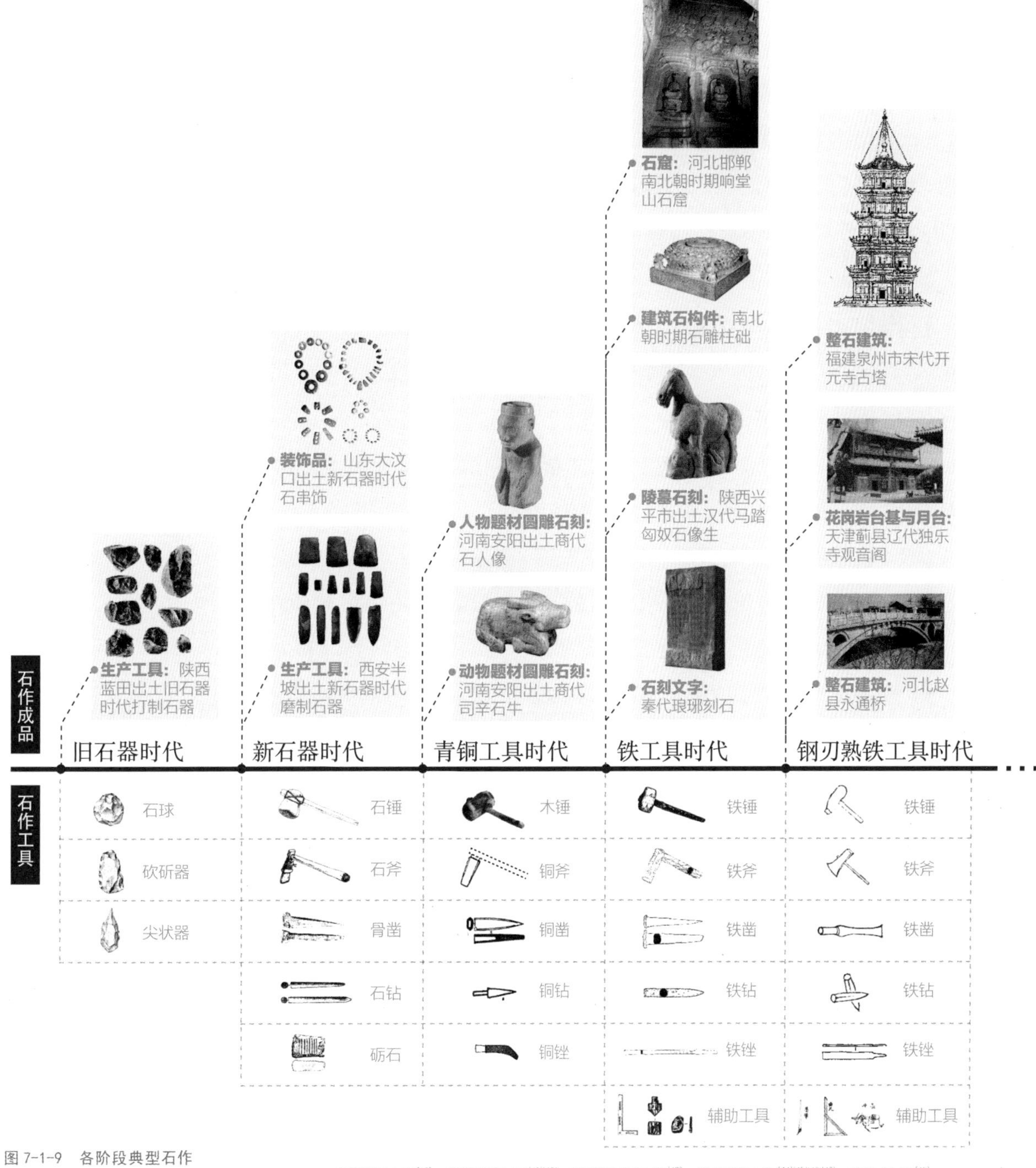

图 7-1-9　各阶段典型石作工具与作品

[40] 戴尔俭、许春华：《蓝田旧石器的新材料和蓝田猿人文化》，《考古学报》1973年第2期。
[41] 山东省文物管理处、济南市博物馆编《大汶口：新石器时代墓葬发掘报告》，文物出版社，1974，图版96。
[42] 中国科学院考古研究所、西安半坡博物馆编《西安半坡》，文物出版社，1963，图版68。
[43] 文物出版社、光复书局企业股份有限公司编《殷墟地下瑰宝：河南安阳妇好墓》，文物出版社，1994，图版94，第127页。
[44] 赵立春主编《河北响堂山石窟》，重庆出版社，2000，第7页。
[45] 山西博物院：http://www.shanximuseum.com/sx/collection/detail/id/656，访问日期：2023年8月24日。
[46] 王仁波主编《秦汉文化》，学林出版社、上海科技教育出版社，2001，第145页。
[47] 中国国家博物馆：https://www.chnmuseum.cn/zp/zpml/kgfjp/202010/t20201028_247940.shtml，访问日期：2023年8月24日。
[48] 郭黛姮编著《中国古代建筑史·第3卷：宋、辽、金、西夏建筑（第二版）》，中国建筑工业出版社，2009，第286、513、773页；阎景全：《黑龙江省阿城市双城村金墓群出土文物整理报告》，《北方文物》1990年第2期。

经过历代工匠的石作实践经验积累，同时受到冶炼、采矿、建筑、交通与运输等工程技术的影响，我国传统石作技术体系逐渐成熟。其中以冶炼技术的影响较为显著，冶炼技术的发展带来生产工具的材质革新。石作工具材质也经历了“石、铜、铁、钢”的演变，每次工具升级都增强了石工的加工能力，也扩宽了石作的使用场合，带来崭新的石作面貌。

二、石作加工次序与关键技术

（一）石材的选料与开采

不同石材具有色彩、光泽和纹理等表观差异，古代的石材命名常依据其外观特征和产地而定。例如《工部厂库须知》记载的青白石、白玉石、青砂石、紫石、豆碴石[49]，及《扬州画舫录》记载的“石有旱白玉、青玉、青砂、花斑、豆渣、虎皮诸类”[50]，皆是以石料的表观特征来命名的。而《素园石谱》中记载的“太湖石、泰山石、镇江石”等则取名自产地[51]。各种石材的地质成因、物理和力学属性有所差异，按其地质生成原理的差别，可分为岩浆岩、沉积岩和变质岩三种。石材的物理属性包含抗风化性及风化程度、表观密度、吸水性、耐水性、抗冻性、耐热性、导热性等，力学性质有抗压强度、冲击韧性、硬度、耐磨性等要素。不同用途和环境需要不同外观和属性的石料，如制作独立石雕的石材，需色泽均匀且具有一定耐磨性、抗压强度和磨光性，而制作桥梁、基础和石砌的石材，其抗压强度、抗冻性及耐水性需满足工程标准[52]。

由于石材长途运输难度较大且资源分布广泛，因此古代石作用料常就近取材，各地石作材料呈现出地域性差异。我国西北、中原地区多使用石灰岩，西南地区多使用红砂岩，东南沿海则多使用花岗岩。古代一些重要的石材产地也成为石作技艺的集中地带，如北方的河北曲阳、北京房山、山东莱州等地，东部沿海地区的江苏苏州、浙江青田、福建惠安等地，西南地区的重庆大足、四川安岳、云南剑川等地。这些地区不仅留下了诸多传世石作作品，其中相当一部分地区的石作技艺也流传至今，还保留了当地特有的石作技艺文化遗产，在当下仍具有一定设计实践、商业与文化价值（图7-1-10）。

工匠开采天然石料前，需先对矿山各区域石材样本进行成色观察和敲击听

[49]〔明〕何士晋：《工部厂库须知》，江牧校注，人民出版社，2013，第102—103页。

[50]〔清〕李斗：《扬州画舫录》，凤凰出版社，2013，第426页。

[51]〔明〕林有麟：《素园石谱》，浙江人民美术出版社，2013，第24页，第26页。

[52]李亚杰主编《建筑材料（第四版）》，中国水利水电出版社，2001，第19—25页。

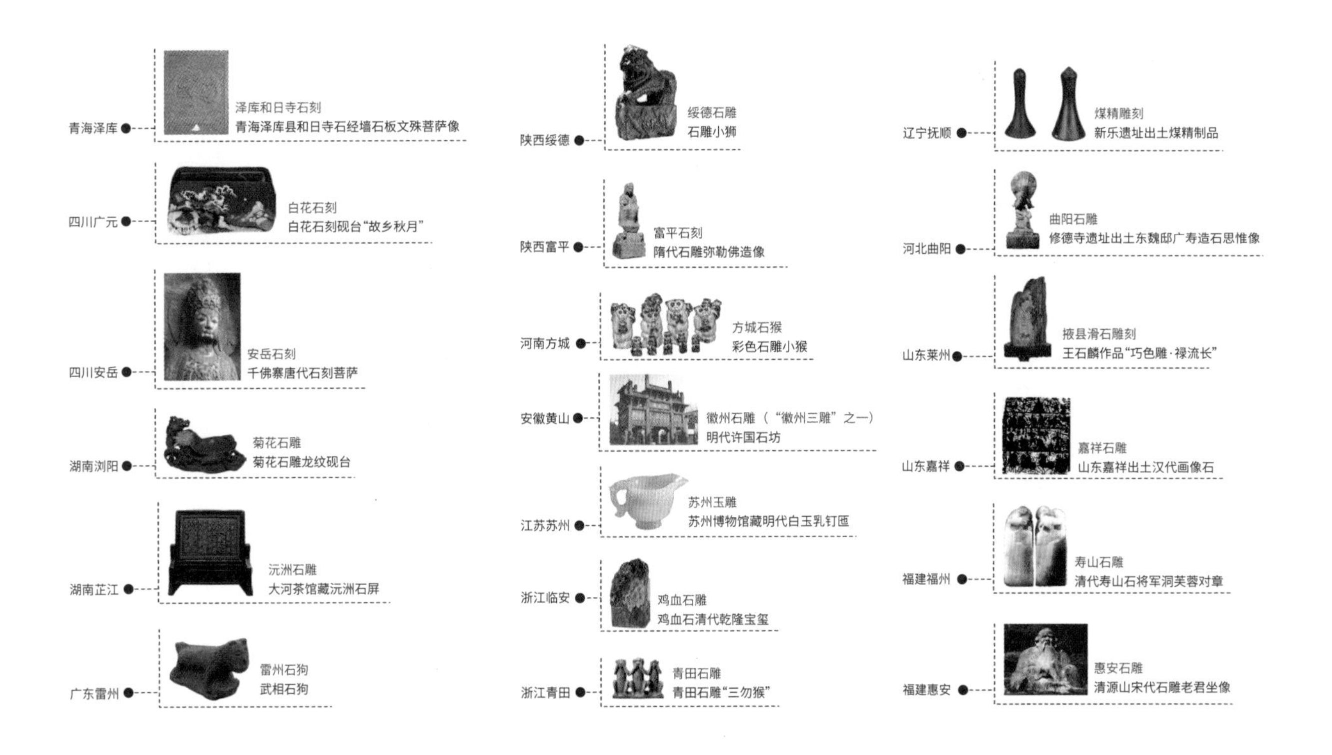

图 7-1-10　部分国家级石作非物质文化遗产项目与当地代表作品

声，以探查各区域石料的属性及优劣分布的大致区域，再根据制作需要选择合适的石料。在挑选石料时，将其表面尘埃清洗干净并观察其成色，尽量避开带有裂缝、隐残、石瑕、污点、红白线、石铁和纹理不顺的石料。一般不会选用外部有裂缝、内部有隐残或表面有不明显干裂纹（石瑕）的石料，这种石料不抗强压和雕琢，容易从裂痕处断裂。如果因材料短缺一定要使用，它也仅用于制作不重要的部位，尤其不能用于制作需要承压悬挑或带雕刻的重要构件。污点或红白线属于外观不佳的缺陷，虽不影响制作，但需要隐藏于主要视线以外的区域。石铁是指石料局部有质地极其硬的发黑或发白成分，难以对其进行磨光平整，应避免用作于带棱角的构建。如果要使用带石铁的石料，应将其安排在不需要磨光的位置。石材的纹理分为顺柳（直纹理）、剪柳（斜纹理）和横活（横纹理）等，其中以顺柳的抗压抗钻性最好，剪柳其次，横活最次，故横活与剪柳纹理的石料也不宜制造需雕刻和受压的构建。用铁锤敲打石料，听声判断石料是否有内部隐残，如果敲击声是较清脆的"当当"声，那么石料内部无裂缝，如果敲击声是较沉闷的"叭啦"声，那么石料有隐残[53]。

中国古代石料的开采主要有投击法、楔裂法、火烧法及火药爆破法等方法。投击法是指用大石块击打岩石棱角，这种方法获取的石料以形状不规则的石片居多，多用来制作小型石器工具。楔裂法是指先依据岩石的节理将石片或铁楔

[53] 刘大可：《中国古建筑瓦石营法（第二版）》，中国建筑工业出版社，2015，第357—358页。

插入岩石裂缝，再用石块砸击以加大岩石裂缝，然后顺势插入其他石片或铁楔继续敲打，如此反复几轮直至岩石表面裂缝足够长，最后用硬木棍或铁锹利用杠杆原理将石料撬离岩石表面。火烧法是指先将岩石表面用火灼烧炙热，再浇冷水使之迅速冷却崩裂产生裂缝，然后结合楔裂法撬下石块。唐代发明的黑火药，在宋代开始应用于石料开采活动。火药爆破法就是利用火药爆炸在极短时间内释放能量，产生巨大的冲击力，快速撑开石料并破坏其物理结构，以方便进一步开采。

（二）石作加工做法

古代石作手工业细分为“大石作”和“花石作”两个工种，两者具体的加工对象与技术流程皆不相同。大石作匠人称为“大石匠”，主要负责石构件的打荒和平整；花石作匠人称为“花石匠”，负责完成石构件的局部雕刻和独立石雕的制作。传统石作加工手法的名称颇多，有劈、截、锯、凿、砸、剁、刺点、打道、刻、雕、扁光、磨光等。加工工序大致可将这些手法概括成打荒、平整、雕刻三类。各个类型的加工手法，并不严格遵循先后顺序，各类手法交叉进行，各类工具交替使用（图7-1-11）。

打荒是指依据预先设想好的石刻造型，在荒料中选定材质、尺寸合适的石材，进行初步的打凿开荒以制备可供后续加工的石料。具体做法是先用墨斗或铅块在石料上弹出或画上分割线，再以劈、截、锯等手法沿线分解或剔除多余石料。劈是指先用凿子在石料上凿出间距8至12厘米、深4至5厘米的点坑，再在点坑中装上楔子，然后用锤子猛击楔子直至石料形成裂痕，该做法类似开采工序中的楔裂法；截是指用锤子直接击打石料或锤击对准墨线的斧子和錾子以截去多余石料；锯是指用铁制或金刚砂制的锯子将石料锯开，该做法适合制作薄石板。

平整是指剔除石料表面多余部分使其平整光滑的表面工艺，有凿、砸、打道、刺点、剁斧、扁光、磨光等做法。《营造法式》中记载的平整石面工序包括打剥、粗剥、细漉、褊棱、斫砟和磨砻六步：第一步，用大号錾子凿去石料表面的明显凸起；第二步，用中号錾子凿出深浅均匀的稀疏线道；第三步，用小号錾子进一步凿出密集线道；第四步，用平头錾把石料表面和边缘剔凿平整；第五步，用斧子在石面上剁出细密、均匀、直顺的斧痕；第六步，用磨石对石作进行表面打磨，磨的过程中可撒一些金刚砂和水。磨砻步骤应在剁完三遍斧以上的石料表面上进行，一般仅在某些做法讲究的石构上使用，如须弥座、陈设座等。根据需要可再对石面进行“打蜡”，即先在石料表面擦上白蜡，再用布料蘸取软蜡，在石面上反复擦磨，直至表面透亮。

一些简单的几何石构件在完成上述两类手法后即可交活，带有复杂雕刻内容的石作还需要经过“雕镌”工序，按雕刻对象的立体程度，可分为“平雕、浮雕、圆雕”三种技法。平雕是在单一平面上的造型手法，按造型主体的凹凸状态可以分为阴雕和阳雕两种。阴雕图案以凹纹表现，直接以线刻画出图案主体；阳雕图案以凸纹表现，需雕琢减去图案主体以外的部分。浮雕即在平雕的基础上，增加图案的空间立体感与层次感，按图案浮起的程度，又可以分为浅浮雕、低浮雕、高浮雕等，《营造法式》中提及的“剔地起突”为高浮雕、“压地隐起”为低浮雕、“减低平钑”为浅浮雕。无论是平雕还是浮雕，皆为平面维度的雕刻造型。在实施平面维度的石刻时，一般需要经过以下步骤：第一，将需要雕刻的图案绘制在较厚的纸上，即“起谱子”；第二，用针沿着绘制好的图案在纸上扎出针眼来，即“扎谱子”；第三，先用棉花团蘸上红土粉，再在沿着针眼位置拍打棉花，让红土粉经针眼落在石面上，为使痕迹更清晰，可预先用水打湿石面即“拍谱子”；第四，用笔顺着红土粉痕迹将图案描绘清楚，即“过谱子”；第五，沿着图案线稿，用錾和锤凿出浅沟，即“穿谱子”；第六，依据图案浅痕，用錾子对图案

打荒

打剥

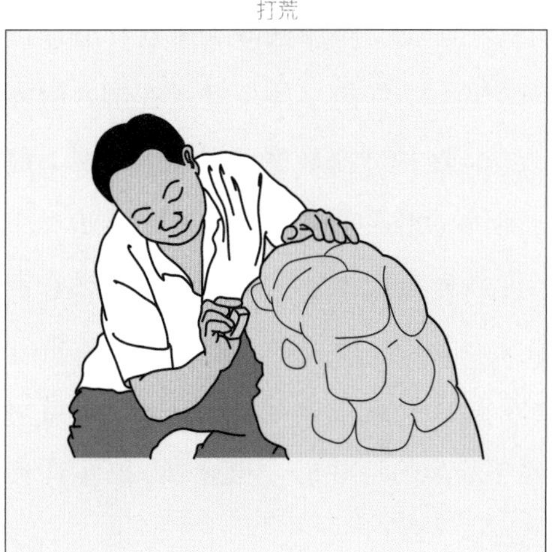
打磨

雕镌

图 7-1-11　部分石作加工手法示意图

进行细致雕刻并将雕琢好的边缘修整干净，即“打糙”与“见细”。

圆雕即在空间维度的雕刻立体造型，在多个角度皆可观赏作品。以传统石作中较为典型的石狮为例，其包含两个部分：一是蹲坐的狮子主体，二是承托石像的须弥座。其雕刻过程主要包含以下几个步骤。

第一步是“出坯子”，即根据大致设计好的狮子造型选择材质、规格和色泽合适的石料；第二步是“凿荒”，又称“出份儿”，即依据狮子各部分比例关系，在石料上用墨线弹出或画出狮子主体和须弥座的直线外轮廓，再用錾、锤将线外部分的石料凿掉；第三步是“打糙”，即先画出狮子和须弥座的曲线外轮廓，及狮身主要肢体结构与形体转折，并据此凿出基本动态，再逐个刻画头脸、眉眼、身腿、肢股、脊骨、牙爪、绣带、铃铛、尾巴等结构的造型；第四步是“掏挖空当”，即做镂空处理，凿去狮子腹部下方四肢周围的多余石料；第五步是“见细”，即在打糙的基础上，用较小的錾子结合扁子将狮子的毛发细节、装饰纹样逐一刻画雕凿清楚[54]。

（三）石作运输与安装

在完成开采或加工后，还需将石料或石构件运输至指定区域再进行进一步加工和安装。运输场景有陆运、水运、长途、短途、横向、纵向等区别，根据具体的运输环境与条件，古人设计出与之相适应的运输与安装做法、工具。例如清代《河工器具图说》中列举了诸多安装于运输工具的图样和用法，卷二“修浚”记载了“铁钩、铁签、铁勺、竹把子、铁锭、铁销、铁锔、过山鸟、旧锔铁片、铁片”等安装工具，卷四“储备”记载了“钓竿、杠石、拖椿、土车（独轮车）、箱（双轮车）、千斤舵（三轮车）、四轮车、柳船、浚帮、圆船、条船”等运输工具（图7-1-12）。

石料的横向运输主要包含翻跤法、点撬法、杠抬法、摆滚子法、车运和船运等方法。翻跤法即不借助其他工具，仅靠人力推动石料反复翻转滚动，该方法适合短距离移动较长且不厚的石料，如阶条石、台阶等。点撬法即利用杠杆原理撬动石料，该方法适合在较软、不平坦的路面上运输。杠抬法即用竹木杠结合粗麻绳抬运石料，是运输中、小型石料的常用方法，这种方法较费力且效率较低，但机动性高，可随时根据运输环境作出调整，较适合作短距离运输。摆滚子法可用于长途搬运先借助撬棍将石料翘离地面，再顺势将圆木塞入石料下方，然后借助圆木滚势运输石料，在长途运输或运输重石料时，还可在石料下垫“旱船”，保证运输的稳定性[55]（图7-1-13）。车运即借助车辆运输石料，按车轮数量可分为独轮车、双轮车和多轮车，车轮数量越多，车的运载能力也越强。船运即借

[54] 刘大可：《中国古建筑瓦石营法（第二版）》，中国建筑工业出版社，2015，第366页。
[55] 同上书，第368—369页。

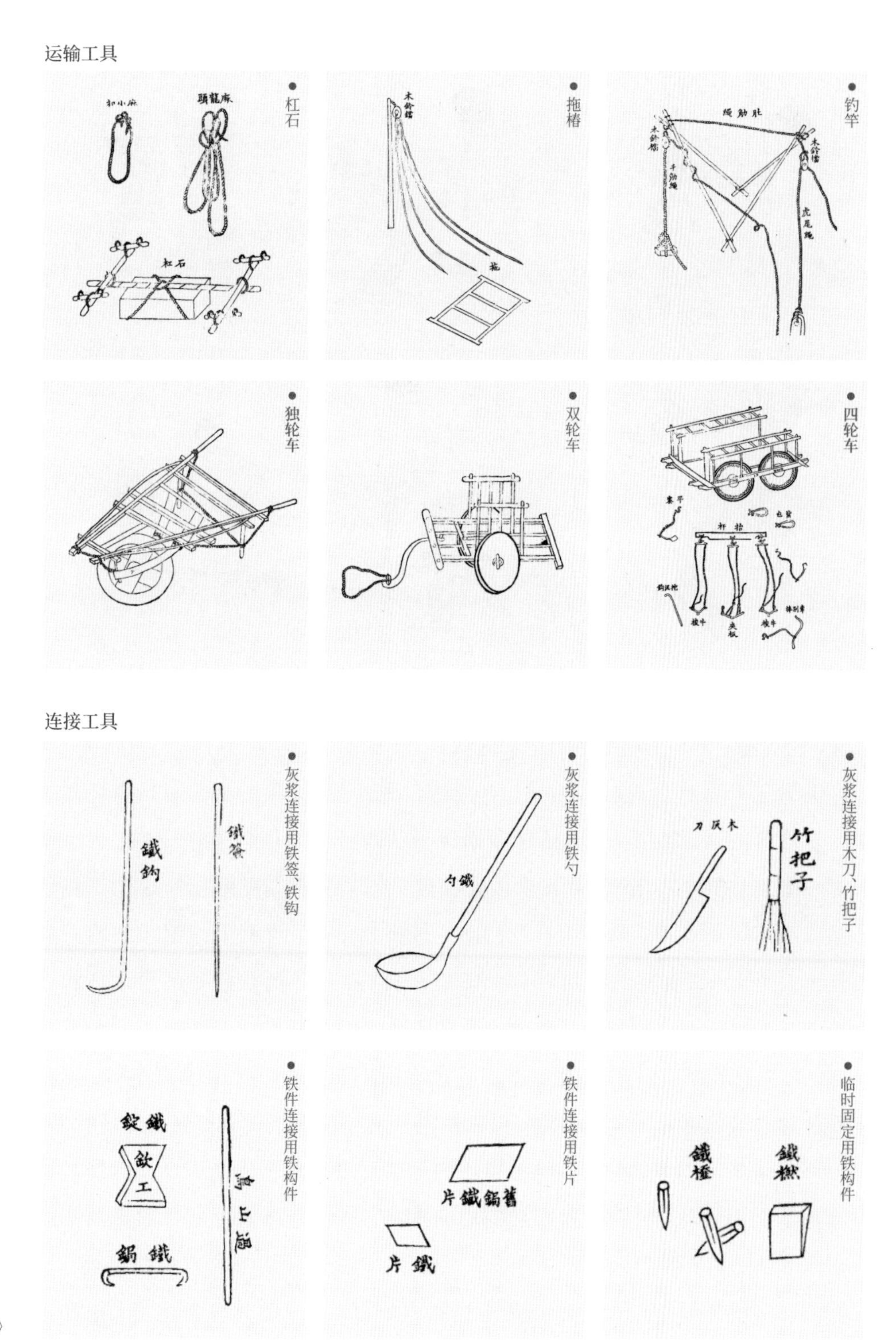

图7-1-12 《河工器具图说》载运输与安装工具[56]

[56]〔清〕麟庆：《河工器具图说》，商务印书馆，1937，第115、117、261、277、279、293、295、297、299、301页。

翻跤法

点撬法

杠抬法

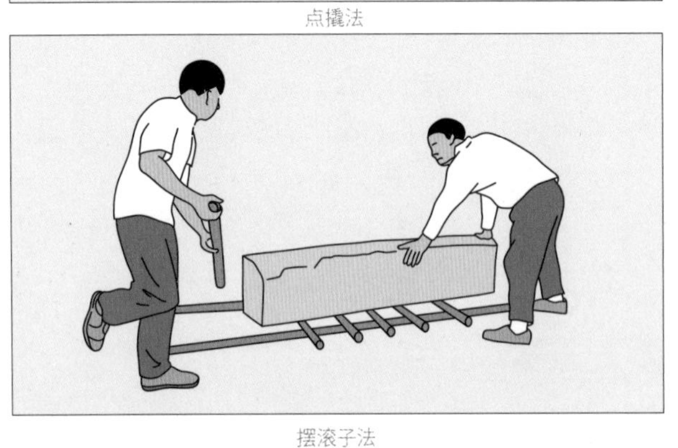
摆滚子法

图 7-1-13　横向运输方法示意图

助舟、船运输石料，是较经济的运输方法。

纵向提升石料主要有杠抬法、点撬法、摆滚子法、吊秤起重法、抱杆与绞磨起重法等方法。杠抬法、点撬法和摆滚子法既可用来横向运输石料，也可用于中小幅度提升小型石料。0.3米以内高度的石料提升，多用杠抬法和点撬法来完成；高度稍高的石料提升，可借助木板搭建斜面，再利用摆滚子法将石料提升至高处。吊秤起重法利用杠杆原理提升石料。吊秤的做法是先用木杆和绳索搭建起抱杆或两步搭型稳定装置，再将用绳索将木杆横向悬挂在稳定装置的下方，需注意拴绑木杆的位置应靠近其边缘，以便发挥杠杆原理的作用，再将待提升的石料拴绑于横木杆前端，再在横木杆另一端系上绳索，安装好吊秤后，对外侧绳索施加向下的拉力，即可转化为绳索对石料的向上提升力。抱杆与绞磨起重法利用转轮，将对绞磨施加的横向推力，转化为绳索对石料的纵向提升力，具体做法是在地上竖起一木杆，即“抱杆”，在抱杆顶部拴四根粗麻绳，即“晃绳”，每根晃绳由一人拉住并向抱杆四方施力，用于随时稳定抱杆，抱杆上部和下部分别设一转轴轮，绳索从轮上通过，绳子的一端拴绑石料，另一端与绞磨相连，转动绞磨即可提升石料，该方法适用于较大型石料的起重或较高位置的提升（图 7-1-14）[57]。

[57] 刘大可：《中国古建筑瓦石营法（第二版）》，中国建筑工业出版社，2015，第369—371页。

安装石构件时的连接方式主要有自身连接、铁件连接和灰浆连接三种。自身连接即利用石构件自身形态相连接的做法，包含“公母榫卯”“高低企口”“凹凸仔口”等做法。铁件连接是指利用铁构件连接两个石构件的做法，铁件主要有铁锔、铁锭、铁销等类型（图 7-1-15）。灰浆连接是用桃花浆、石灰浆和江米浆等黏合剂，以铺垫或灌注方式稳固石料[58]。

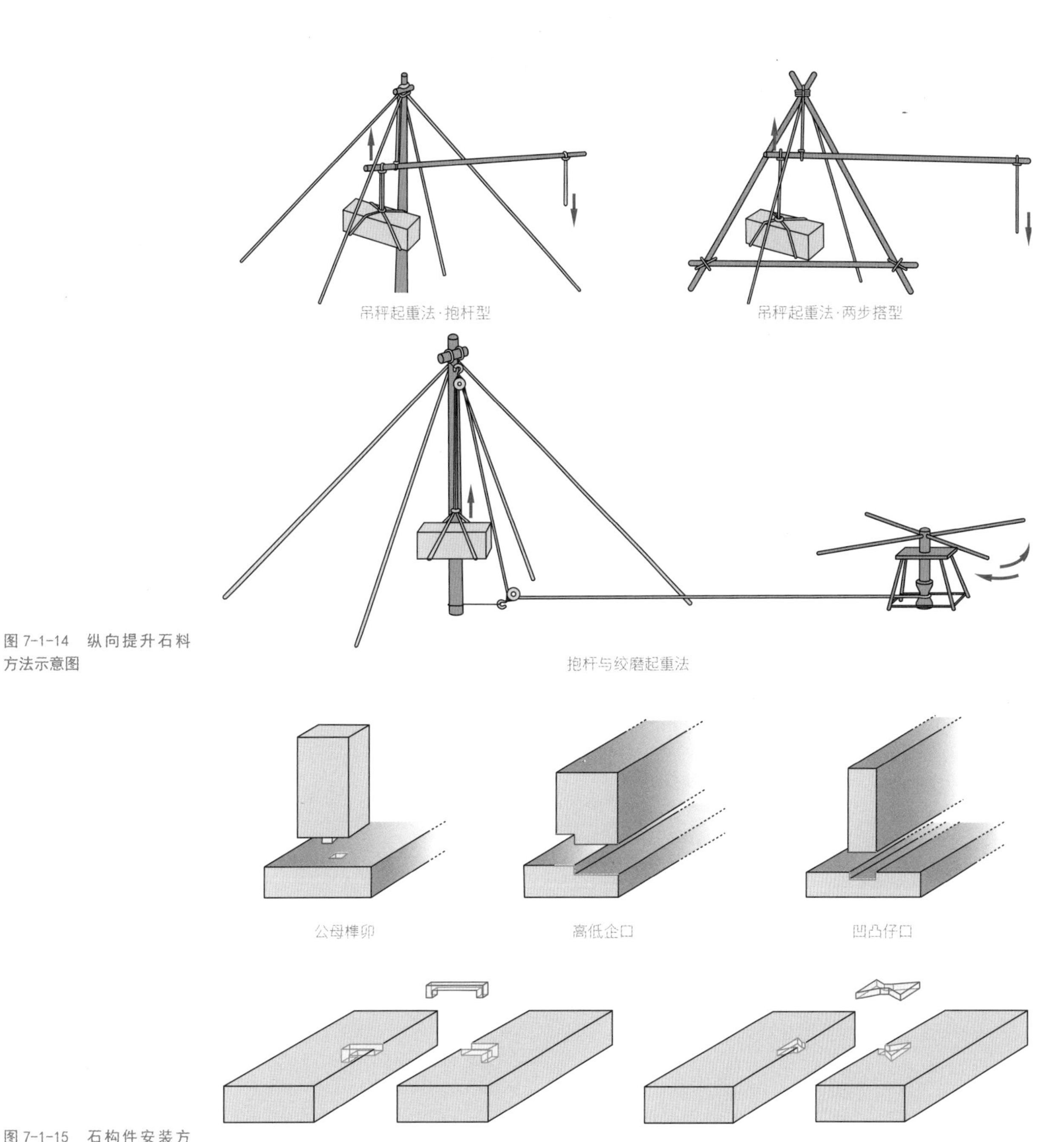

图 7-1-14　纵向提升石料方法示意图

图 7-1-15　石构件安装方式示意图

[58] 刘大可：《中国古建筑瓦石营法（第二版）》，中国建筑工业出版社，2015，第 371—372 页。

结语

通过回溯我国最古老造物活动之一的石作技艺的发展过程，可以洞察到暗含于石作技艺与器物背后设计思维的萌芽与发展。旧石器时代所显现出的打制石器做法，本质上而言是人们依据心中构想的石器形态，筛选出合适的天然石材并以做减法的方式将其塑造为特定形态的行为。正是在这种“思—选—造”的过程中，古代石工慢慢萌生出早期的设计意识。由新石器时代的磨制做法所衍生出的完整石作技艺体系，带来了更加精致耐用、具有复合结构的石器面貌，将人们对石材的利用提升到一个新的维度。这种由打制到磨制的技术转变，也促使设计者发展出围绕器物功能的更为复杂的结构与形态设计思维。有赖于古代石工日复一日的石作实践，以及冶炼技术发展所带来的石作工具的材质升级，石材在造物领域中的应用范围逐渐宽阔，也带来了更为精致和多样化的石作面貌。在这一过程中，古代石工通过对其他先进技术的积极吸收，开发出崭新的石作器物与建筑面貌，其本质上是一种紧跟技术发展的设计思维。在当下，我们纵然拥有了众多可以替代石材的材料，石作技艺也不再是造物活动之主流，但过往本民族对石材的探索过程及其留下的技艺经验、物质文化与审美思想，都使得石作技艺以其独特的面貌被铭刻在中华民族造物文化的历史记忆中。

第二节　凝聚技术与精神的良渚文化玉器

玉器是产生于石作技艺并以珍贵的玉石为原材料的器物。我国的玉器文化源远流长，从新石器时代一直延续至当代，已有8000多年的历史。迄今为止发现的我国境内较早的两处玉器遗址皆属于兴隆洼文化。一是内蒙古敖汉旗兴隆洼聚落遗址，出土了玉玦、匕形器、斧和锛等玉器[1]。二是辽宁阜新县查海遗址，出土了玉玦、管状珠、匕形器和斧等玉器[2]。两处遗址的年代应为公元前6200至6000年。出土于我国境内的新石器时代玉器数量众多，广泛分布于各个考古学文化中，已经确立起工具、装饰品和礼器三大种类，具有就地取材、造型简练、工艺原始和风格朴野等特征[3]。兴隆洼文化的玉器年代相对较久远。我国玉文化的源头并非仅此一例，北方的红山文化、长江下游的良渚文化和中原地区的龙山文化皆发展出独立的玉器文化，共同构成中国玉文化多点发生的态势。

玉器在新石器时代的诞生与发展有其深刻的物质基础、技术背景和社会发展程度等层面的原因。首先，我国的玉石矿产资源十分丰富，矿源遍布全国，为各个玉文化发源地提供了丰富的玉材。目前已探明的玉石产地在新疆是从和田到且末的昆仑山矿床、天山玛纳斯矿，辽宁岫岩、江苏溧阳小梅岭、河南淅川、四川汶川等地也盛产玉石[4]。其次，制玉技术是磨制石器技术发展至一定程度的结果，地下开采技术为发掘地层内的玉材提供了可能，磨制石器的切割、打磨和钻孔等技术也是玉器加工的关键内容。最后，旧石器时代晚期生产工具的升级、人类自觉审美意识的形成、写实及象征性符号的运用、人口及聚落数量的增多及远距离物质交易的出现等一系列革命性的社会变革，为玉器的出现及其规模化生产提供了社会基础。

良渚文化器型丰富、数量庞大和技艺精湛的玉器遗存，是新石器时代东亚大陆玉器文化的典型代表。其在材料、器型和技艺等方面皆对后世玉器文化产

[1] 杨虎、刘国祥：《内蒙古敖汉旗兴隆洼聚落遗址1992年发掘简报》，《考古》1997年第1期。

[2] 甸村、新言：《辽宁阜新县查海遗址1987~1990年三次发掘》，《文物》1994年第11期。

[3] 尤仁德：《古代玉器通论》，紫禁城出版社，2002，第3页。

[4] 干福熹等：《中国古代玉石和玉器的科学研究》，上海科学技术出版社，2017，第12页。

生了深远影响。本节聚焦“良渚文化玉器”。第一部分基于考古学界对良渚文化的发掘和基础认识，对良渚文化的时空界定问题进行辨析；第二部分以形制差异、穿戴和组装方式等为依据，构建出良渚文化玉器的类型谱系；第三部分以良渚文化玉器的典型代表“玉琮”为例，针对玉琮的形制分类与演变、装饰分类与母题、制作流程与技艺等问题，具体还原良渚文化玉器的设计面貌及其制玉技艺。

一、良渚文化时空界定

良渚文化是主要分布于苏南和浙北的一个新石器时代晚期或铜石并用时代的考古学文化。它以快轮制造的黑陶和雕工精致的玉器著称，所处年代应为公元前3300年至公元前2300年。考古学领域的研究对良渚文化各遗址进行地质勘探和遗存发掘，也对良渚文化的内涵、地域分布、时间跨度和分期等基本问题进行考证，为良渚文化玉器研究提供了大量基础资料。早在清代，宫廷已经开始搜集良渚文化玉器，如现藏于故宫博物院的乾隆御题三节玉琮和玉兽面鸟纹璜等，清代《奕载堂古玉图录》《陶斋古玉图》等古籍中也对这一现象有所记载。现代考古学意义的良渚文化发掘始于1936年，首先发现于良渚（今浙江省杭州市余杭区良渚街道）[5]，之后陆续有青墩、吴家埠、福泉山、瑶山、庙前、反山等遗址的发掘，出土了大量良渚文化玉器遗存。基于这些考古发掘，学者们逐渐确立了该地区“马家浜文化—崧泽文化—良渚文化”的序列关系[6]，认识到良渚文化具有明确的社会分工、严格的等级制度和高度一致的精神信仰，且能够组织动员大量人群进行大规模的水利和建筑工程建设，是新石器时代晚期长江下游太湖地区一支高度发达的土著文化。

（一）良渚文化遗址的空间分布

中华人民共和国成立以来，考古学界发现的良渚文化遗址众多（图7-2-1）。学者林华东对现有考古发掘进行整理，共搜集到良渚文化相关遗址500多处，经考古发掘的遗址约80处，主要位于浙江、江苏和上海。其中，浙江省良渚文化遗址集中于北部的杭州、嘉兴、湖州、宁波、绍兴和舟山群岛等地，江苏则多发掘于南部的苏州、无锡和常州等地，上海也有几处重要的良渚文化遗址。这些遗址除杭州余杭地区的荀山、安溪、大观山果园、瓶窑、潘板等遗址群呈“聚集”

[5] 刘斌：《神巫的世界：良渚文化综论》，浙江摄影出版社，2007，第1页。
[6] 同上书，第3页。

图 7-2-1　良渚反山遗址 1986 年夏季发掘场景 [7]

式分布之外，其他多呈“散点”状分布。与众多原始文明一样，良渚文化发生地也具有亲水、平原的地貌特点。良渚文化遗址主要位于太湖北、南和东岸的长江三角洲平原地带，其空间边界与该区域的山系结构分界线（低地与弧形山地分界线）较为接近，北侧以长江下游为界，东部以海岸线为界，南至久山湖、宁绍平原，西靠天目山余脉丘陵，整个区域呈现出“以湖为中心，三面环水，一面靠山”的特征。该区域土壤肥沃、水系众多、地势平坦，依托太湖、长江、钱塘江三大流域和其间河网密布的水资源，坐拥长江三角洲广袤的平原，为良渚文化的萌生和传播提供了优良的自然条件基础。

（二）良渚文化的时间跨度与分期

关于良渚文化的时间跨度与期段划分，各家众说纷纭，学界尚无定论。考古学研究者刘恒武基于考古学文化层相互关系研究和陶器谱系分析，将良渚文化划分为早期、中期（包括前后两个阶段）、晚期（包括前后两个阶段）三期五段。早期的代表性遗址有张陵山上层，福泉山良渚文化第三层黄土层，龙南第二期，吴家埠第二层，达泽庙遗址第一、二期墓葬，庙前遗址第一、二期遗存等；中期

[7] 浙江省文物考古研究所编著《反山》，文物出版社，2005，图版第 3 页。

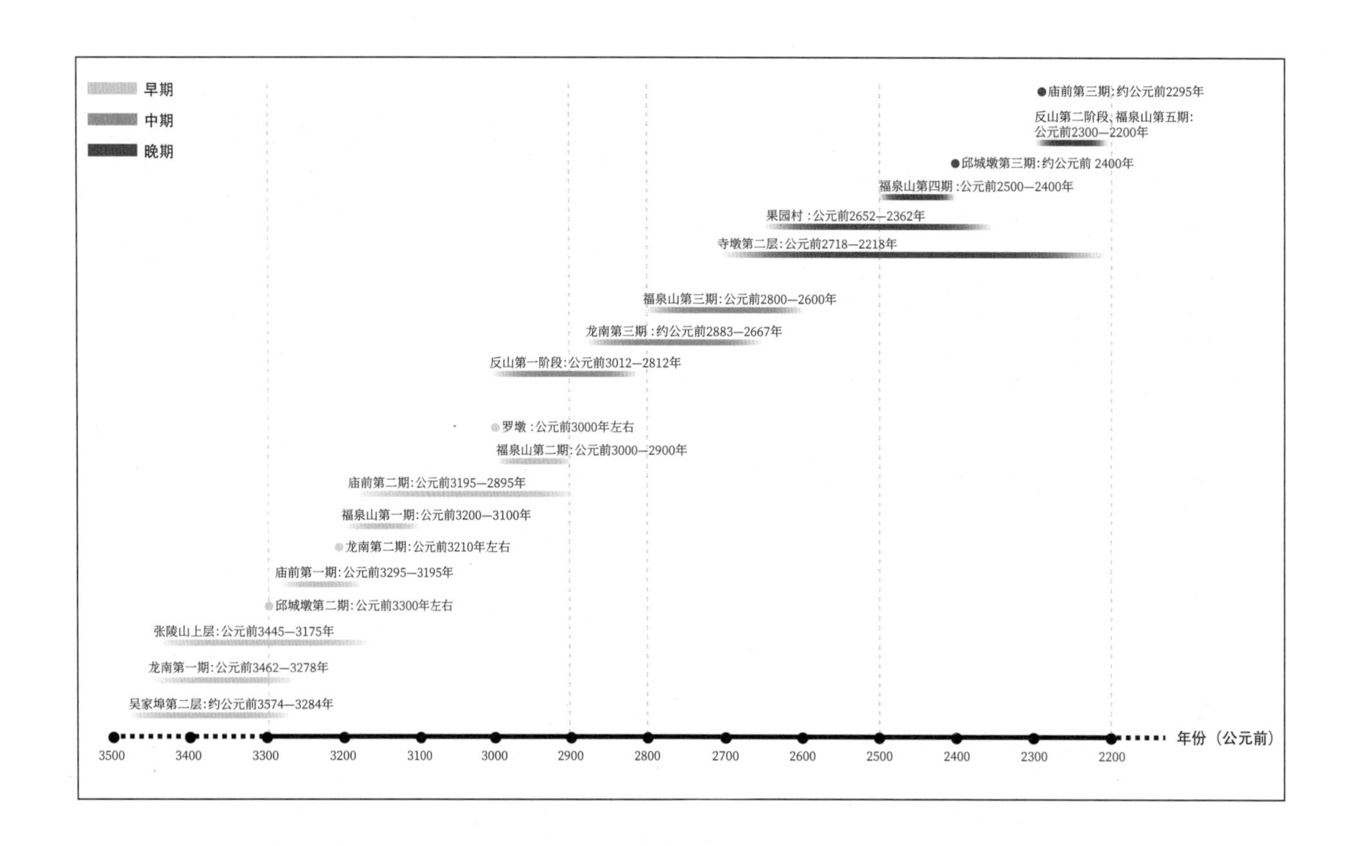

图 7-2-2　良渚文化主要遗址年代与分期示意图

的代表性遗址有反山、瑶山、高城墩、福泉山良渚文化第二层黑褐土及第层灰黄土层的下部等；晚期代表性遗址有寺墩、福泉山良渚文化第一层灰黄土层中部和上部、草鞋山第二层、桐乡新地里晚期阶段墓葬、平湖庄桥坟墓地等[8]。他依据可考的良渚文化遗存在碳14测年和树轮校正数据，并结合其他学者的观点，推测出崧泽文化与良渚文化之交应在公元前3300至3200年之间、良渚文化早期与中期之交应在公元前2900至公元前2800年之间、良渚文化中期与晚期之交应在公元前2500年左右、良渚文化的终结年代应在公元前2200年左右[9]。这里参考刘恒武的期段划分思路，结合各发掘报告对良渚文化主要遗址的年代判断，大致梳理出各遗址的所在时期和前后序列（图7-2-2）。

二、良渚文化玉器的主要类型

玉器是良渚文化区别于其他考古学文化的典型物质文化，其贯穿于良渚文化发展的始终，是研究良渚文化造物技术和人文精神的重要物质载体。良渚文

[8] 刘恒武：《良渚文化综合研究》，科学出版社，2008，第37—38页。
[9] 同上书，第41—43页。

化各遗址出土了数量庞大的玉器，其中以余杭地区的反山、瑶山两处遗址数量最多，共计6000多件玉器，可见玉器在良渚文化遗存中占据的主要地位。良渚文化玉器的形制各异、种类颇多。关于玉器的分类一直是玉器考古学研究的基本问题。学者刘斌先生倾向于以功能区分，将良渚文化玉器分为“功能性法器、功能与身份标志的装饰品、礼仪性用品与一般装饰品”三类[10]，学者方向明先生则根据玉器的形制，推测其连接或组合方式，将良渚文化玉器分为穿缀件、组装件、独立的单体件和镶嵌件四种[11]。考虑到目前对大部分良渚文化玉器的功能认知尚不明晰，故这里主要依据方向明先生的表述，结合考古发掘遗存对良渚文化玉器进行简要分类。

（一）穿缀件玉器

穿缀件玉器是指需借助软性物质进行连接的玉器，皆具有穿插绳索的小型孔洞结构，孔洞分为贯孔和隧孔两种。贯孔从玉器一侧打通至另一侧，绳索从贯孔中穿过，可将多个玉器串联为项饰、头饰或腕饰等。隧孔是从玉器背面钻出一对外部对称、底部相连的孔洞，绳索从玉器背面隧孔穿过，可将玉器缝缀于纺织物上作为装饰。穿缀件玉器主要有管、珠、玦、璜、圆牌、半圆形饰、带钩、牌饰、带盖柱形器及鸟、龟、蟾、鱼、月牙形饰和兽形片状器等。

管和珠是良渚文化玉器中的常见器型，常成组地串联成管串或珠串，也常作为配件与其他穿缀件组合。玦是指有一处豁口的环形玉器，良渚文化大多数玦的豁口相对处有一圆贯孔，且出土时常位于墓主腕部或腹部，说明它与其他文化中作为耳饰的玦不同，应为腕饰或项饰。璜是指半环形片状玉器，圆环两处末端皆钻有一圆贯孔，常出土于墓主胸腹部，应为项饰的构件之一。圆牌是指环形片状玉器，或以中间圆孔为系孔，或在环面上钻一小圆孔为系孔，部分圆牌外圈上刻有龙首纹，一般作项饰。半圆形饰是指背面内凹、正面弧凸的半圆形片状玉器，其背面一般有一至三对隧孔，出土时多见大小相同的四件为一组，一般位于墓主头骨上方，或为缝缀于冠帽上的饰品。带钩整体呈半个圆柱状，一侧钻有圆形贯孔，另一侧为钩状，应为服饰或包扎物的钩扣。牌饰正面似三角形，下端呈圆弧状，中间凸起，中轴线两侧镂空有两个孔，背面上端有三对隧孔，下端有一对隧孔。带盖柱形器包括盖、柱两件为一组，柱体是中间钻有贯孔的圆柱体，器面或素面或雕刻有神人兽面纹，盖是一面弧凹、一面平整的圆形片状器，盖内中间有一对隧孔，其连接方式应是通过绳索将盖体的隧孔和柱体的贯孔相连。

---

[10] 刘斌：《法器与王权：良渚文化玉器》，浙江大学出版社，2019，第196页。

[11] 中国国家博物馆、浙江省文物局编《文明的曙光——良渚文化文物精品集》，中国社会科学出版社，2005，第28—32页。

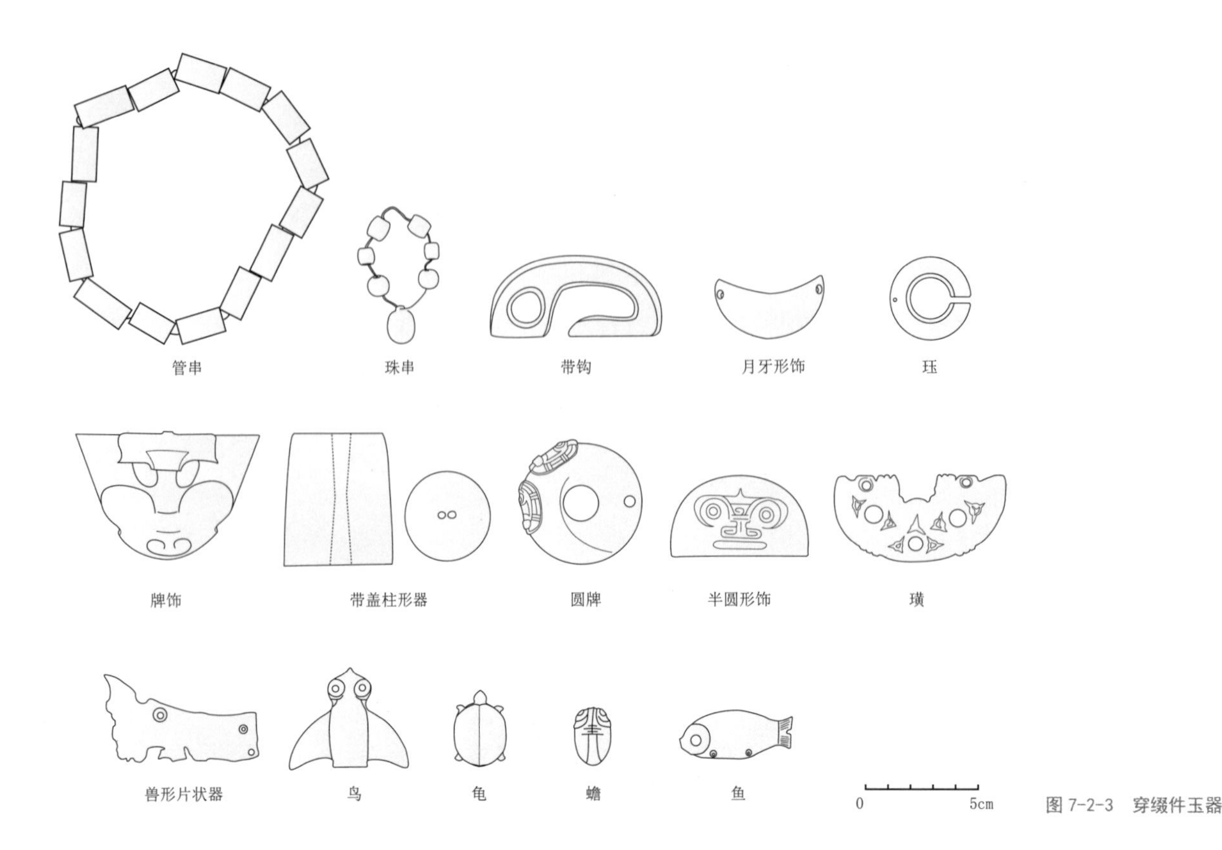

图 7-2-3 穿缀件玉器

鸟、龟、蟾、鱼都是仿生造型的圆雕穿缀件，孔洞位于玉器侧面或背面。另外，还有少量带有贯孔或隧孔的小型玉器，有圆形、椭圆形、半圆形、月牙形、兽形、垂帐形和锥状等不同形状，出土时常与管、珠相杂，也归为穿缀件（图 7-2-3）。

（二）组装件玉器

组装件玉器是指以自身榫卯结构与其他玉器或其他材质物件相组合的玉器。榫卯是利用两个构件凹凸部位相互连接的造物方式，是中国传统建筑、家具及其他器械的主要组装方式，这种造物智慧在良渚文化玉器中已经初步显现出来。由于时间久远，与组装件玉器连接的有机材质物件基本遭到腐蚀，因此部分组装件玉器的安装方式和具体用途暂不明晰，仅能通过其榫卯结构和出土情况推测其连接方式和用途。常见的组装件主要有冠状饰、三叉形器、锥形饰、柄形器、端饰、钺、权杖、手柄和纺轮等（图 7-2-4）。

冠状饰，另有冠状器、冠型器、玉梳背等名称，是一种安装于象牙梳末端形似帽冠的玉器，一般出土于墓主头部附近，应为头饰。其整体为上宽下窄的台形片状器，上部多有“宝盖头”造型的结构，底部有内收短榫，榫上一般钻有二至五个贯孔。安装时将冠状饰短榫端插入象牙梳上端凹槽中，并用绳索穿系圆孔以固定冠状饰与象牙梳。

三叉形器，又称为山形器，常与特殊长管一同出土于墓主头部上方，两者应为一组头饰。三叉形器整体呈半圆三叉状，中间直叉较短，两边弯叉较长，直叉内部钻有一圆形贯孔，应为安装玉管处，贯孔两侧各钻有一卯孔，两弯叉上端各有一系孔。

锥形饰整体呈长条状锥形，一端为圆锥状尖头，另一端为带孔短榫，器身有方形和圆形两种，常成组出现于墓主头部，也单独出现于墓主手腕、身体两侧或脚部。此外还有一种柄形器，其出土位置和形制与锥形饰相似，但横截面为扁椭圆形，应与锥形饰为用类玉器。

端饰是指安装于其他材质物件端部的玉器，根据连接部位形制的不同，主要分为卯孔端饰、贯孔端饰、榫头端饰、弦纹端饰、镶插端饰、镶嵌端饰等样式。另外，还有一种一组三件的纺织端饰，推测是卷布轴、分经杆（或卷经轴）和机刀组成的踞织机具两端的玉质部件。一端是由两件榫口呈阶梯状的玉器拼合成的扁状台形器，两件玉器一侧分别钻有一卯孔；另一端为拱形片状器，其一侧

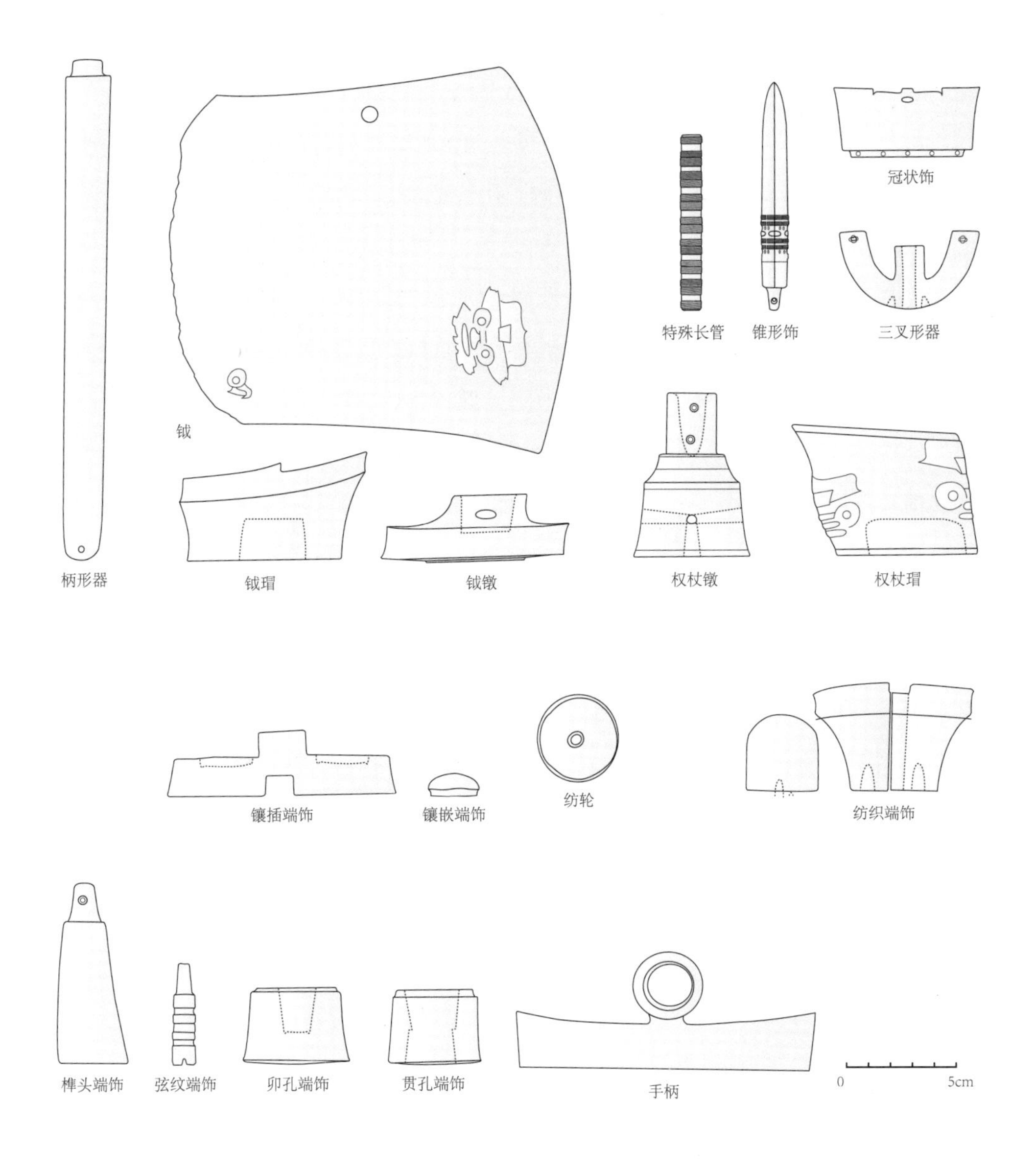

图 7-2-4　组装件玉器

钻有一大一小的两个卯孔。特殊长管为中空的细长圆柱形器，器表一般刻有多组线纹。

钺是一种源于石斧造型的玉器，钺体与钺瑁、钺柄和钺镦组合成一套权杖。钺体多为梯形片状器，两侧边呈内凹弧形，钺刃为外凸弧形的双面刃，钺面上常钻有一个或两个连接钺柄的圆孔，有少数钺面上雕刻有“神人兽面纹”和“鸟纹”。钺瑁安装于钺柄上方，外形似舰首，底面内部钻有一卯孔，便于与钺柄连接。钺柄为手持部件，因未见有完整的出土实物，所以材质与形制不详，或为木质。钺镦为阶梯状台形器，顶部卯孔与侧面的小贯孔用于安装和固定钺柄，底面为椭圆形凸面。在良渚文化各遗址中，具有石钺的墓葬中十分普遍，但出土玉钺组合器的则较少，仅在极少数大型墓葬有所发现。学者刘斌先生根据玉钺的形制来源和随葬情况，推测其为权杖和武器[12]。

还有一种由权杖瑁、权杖镦和权柄组成的权杖。权杖瑁的外形近似平行四边形，器身较扁平，底部有一卯孔，两侧皆刻有神人兽面纹。权杖镦形似烛台，由一圆柱和两圆台组合而成，圆柱上部钻有一漏斗形卯孔，两侧分别钻有两个小贯孔，应为固定权柄处，底部圆台两侧和底面分别向内钻有一个卯孔。权柄为手持部件，因未见完整实物，故材质与形制不详。

（三）独立的单体件和镶嵌件玉器

单体件玉器是指无须与其他物件组合使用的玉器，主要包括镯形器、璧、戒、琮和柱形器等。镯形器、璧、戒皆为圆环状。镯形器为环形柱状器，柱身或高或矮，环内直径稍大于手腕、臂腕围度，应为腕饰或臂饰。元代《古玉图》记载了一例琱玉蚩尤环，从其雕刻纹样来看应属于良渚文化玉器中的镯形器，“右环以黍尺度，圆径三寸五分，厚五分，色如赤璊，而内质莹白，循环作五蚩尤形，首尾衔带，琱缕古朴，真三代前物也。盖古者黄帝氏平蚩尤，因大雾作指南车，饰以文玉，今其文作蚩尤形，盖当时舆服所用之物也。延祐中尝获观于张师道学士孙元明处”[13]。璧为环形片状器，古时环面宽大于孔直径者被称为“璧”，环面宽小于孔直径者被称为“瑗”，环面宽等于孔直径者被称为“环”。戒似缩小的镯，直径稍大于手指围度，应为手指饰品。琮是一种外方内圆的柱状玉器，四角雕刻有或繁或简的“神人兽面”纹，一般出土于良渚文化的大型墓地中，是良渚文化中象征氏族首领统治权力的重要礼器之一。良渚文化中还有一些仿琮形的穿缀件和组合件玉器，如完全仿琮的琮式玉管、琮式柱形器及局部仿琮的锥形器等，这些仿琮形器应为装饰品或其他器物的配件（图7-2-5）。另外，还有一些体量

[12] 刘斌：《法器与王权：良渚文化玉器》，浙江大学出版社，2019，第188页。

[13]〔清〕吕太临等：《考古图（外五种）》，廖莲婷整理校点，上海书店出版社，2016，第459—460页。

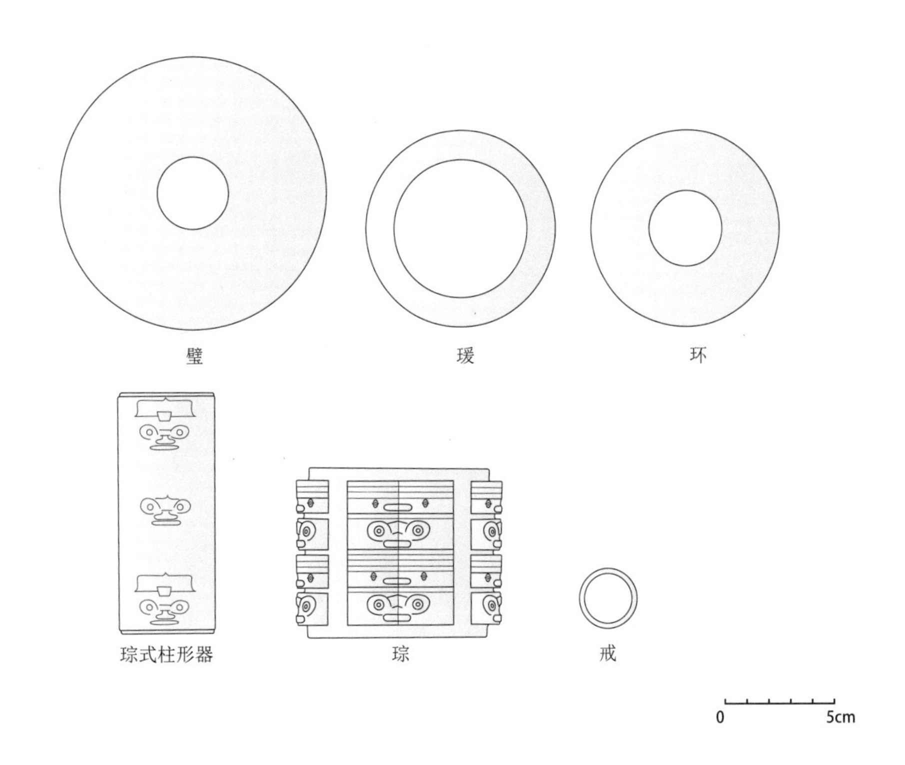

图 7-2-5　单体件玉器

较小的镶嵌件玉器，是指镶嵌入某一物体表面的玉器，多为体量较小的玉粒和玉片。

良渚文化的玉器大多出土于墓葬中，具有显著的礼器属性，玉器的数量和种类与墓主身份和社会地位、墓葬所在时期皆有所关联。有学者将良渚文化墓地划分五个等级：反山、瑶山、汇观山和寺墩遗址的墓地属于第一级，一般包括琮、冠状饰、璧和钺等高级玉礼器及其他种类丰富的玉器随葬品；福泉山、赵陵山和高城墩等遗址的墓地属于第二级，玉礼器在随葬品中也占有一定比例；荷叶亭、亭林、新地里、文家山等遗址的墓地为第三级；仅有极少量墓地出土玉璧、玉琮；达泽庙、大坟墩等遗址的墓地属于第四级；平丘墩、徐步桥等遗址的墓地为第五级。第四、第五等级的墓地随葬品皆以陶器为主，仅有少部分小件玉器[14]。从这五个等级中分别挑选一个较为典型的墓葬（主要依据墓葬的完整性和玉器的丰富性）：瑶山 M7（指 7 号墓）[15]、高城墩 M5[16]、亭林 M16[17]、达泽庙 M10[18]、徐步桥 M11[19]。对比这五座墓地随葬的玉器种类与数量，可以发现等级越高的墓

[14] 浙江省文物考古研究所编著《反山》，文物出版社，2005，第364—365页。
[15] 浙江省文物考古研究所编著《瑶山》，文物出版社，2003，第73—105页。
[16] 江苏省高城墩联合考古队：《江阴高城墩遗址发掘简报》，《文物》2001年第5期。
[17] 上海博物馆考古研究部：《上海金山区亭林遗址1988、1990年良渚文化墓葬的发掘》，《考古》2002年第10期。
[18] 浙江省文物考古研究所、海宁市博物馆：《海宁达泽庙遗址的发掘》，载浙江省文物考古研究所编《浙江省文物考古研究所学刊》，长征出版社，1997，第94—112页。
[19] 浙江省文物考古研究所：《浙江北部地区良渚文化墓葬的发掘（1978—1986）》，载浙江省文物考古研究所编《浙江省文物考古研究所学刊——建所十周年纪念（1980—1990）》，科学出版社，1993，第100页。

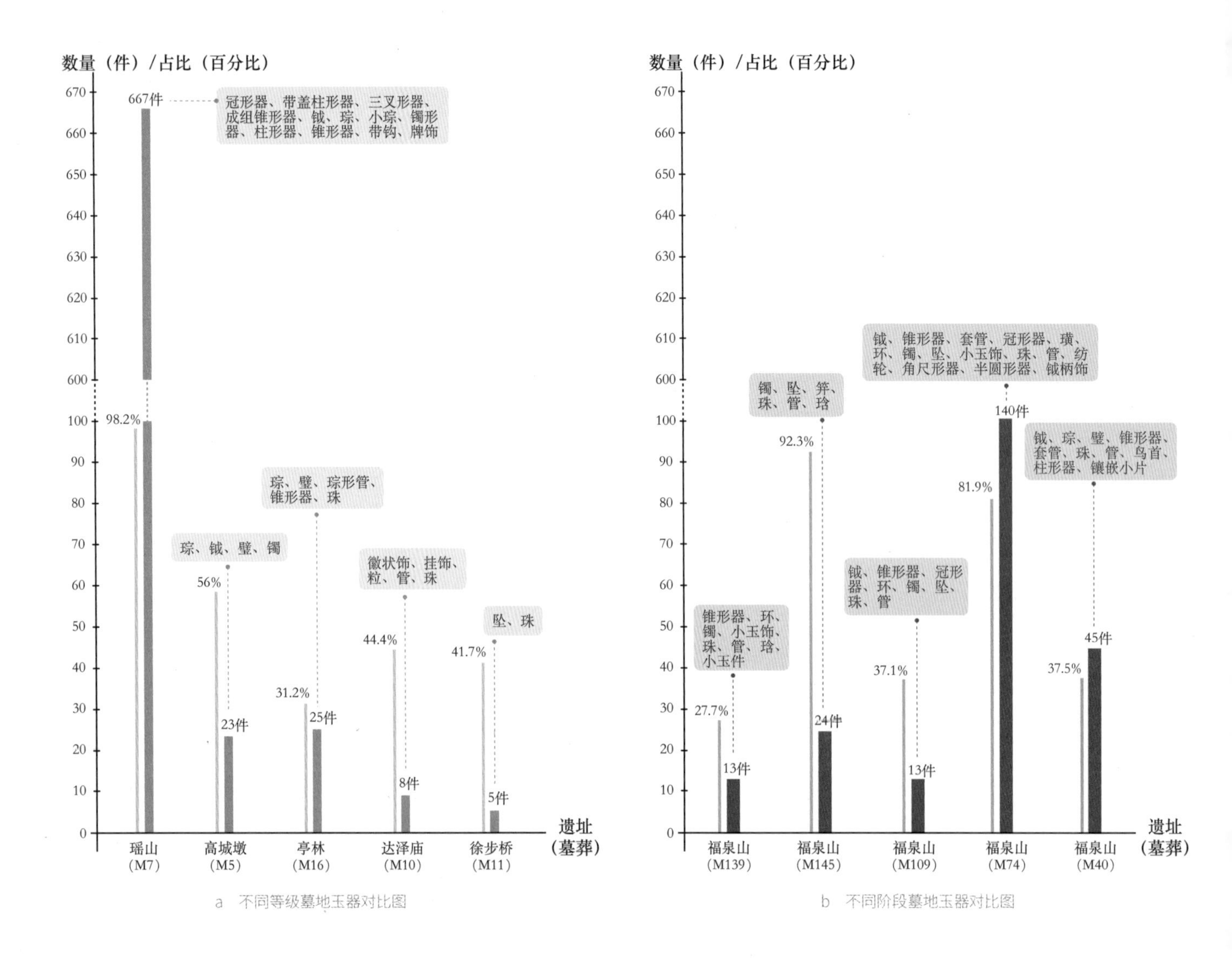

图 7-2-6　不同等级与阶段的良渚文化墓地玉器数量、占比与种类对比图（注："占比"指该墓出土玉器数量占随葬品总数之比）

地出土的玉器数量越多、种类越全、做工也越精致。（图 7-2-6a）

福泉山属于良渚文化中时间跨度最长的遗址之一，跨越了良渚文化的早、中、晚三个阶段，有学者将福泉山的 30 座墓按时间序列划分为五个阶段[20]。故这里以福泉山遗址为例，从其五个阶段中分别选取一个较有代表性的墓地：M139、M145、M109、M74、M40[21]。纵向对比这五座墓地的玉器种类与数量，可以发现其大致呈现出"由少到多，再由盛转衰"的趋势（图 7-2-6b）。

三、良渚文化玉器的设计面貌与制玉技艺——以"玉琮"为例

玉琮是良渚文化中最具特色的玉器种类之一，其以奇特的造型和雕琢精细

[20] 上海市文物管理委员会编著，黄宣佩主编《福泉山：新石器时代遗址发掘报告》，文物出版社，2000，第 126—127 页。
[21] 同上书，第 46—66 页。

的图案著称于世。清代《古玉图考》中记载了两例玉琮，并对玉琮的相关历史文献进行了梳理："大琮：青玉，满身黑文，水银浸。大琮：玉色纯黑。《考工记·玉人》云：'大琮，十有二寸，射四寸，厚寸，是谓内镇，宗后守之。'郑《注》云：'如王之镇圭也。'右琮二器，大澂得自都门，为三十二琮之冠。其一朴素无文，与镇圭第一器尺寸同；其一有驵刻者，与镇圭第二器尺寸同，皆十有二寸之大琮。盖时代有先后，制器之尺稍有出入耳。按璋与琮皆有射。康成于'大璋、中璋、边璋之射'《注》云：'射，琰出者也。'于'大琮之射'《注》云：'射，其外锄牙。'大澂以为璋之制，以剡上者为射。琮之制，以口圜者为射。今度是器，口径四寸，自口至肩一寸，以证《玉人》'射四寸，厚寸'之文，若合符节。戴氏《考工记图》绘作四方八角，惜未见大琮、驵琮之真器也。"[22]关于玉琮的起源和功能，研究者们各执一词，以林华东的论述较具整合性，他认为玉琮的形制源于玉臂圈或镯，后逐渐脱离了其原有的实用功能，成为集宗教、装饰、仪礼和政治等功能于一体的复杂玉器，既是当时氏族显贵的重要陪葬品，也是部落间交聘和馈赠的礼器[23]。下文将从玉琮这一良渚文化玉器的典型器出发，探究良渚文化玉器的设计面貌和制玉技艺。

（一）玉琮的形制分类与演变

玉琮属于良渚文化中较为常见的玉器种类，普遍存在于良渚文化早、中、晚期的较大墓葬中。本节筛选出56个保存较完好、尺寸数据详尽的样本作为研究对象，对玉琮的形制与装饰面貌做进一步探讨。这些玉琮分别来源于良渚文化早期的张陵山遗址的1个玉琮[24]，良渚文化中期的反山[25]、汇观山[26]、瑶山遗址墓葬的共32个玉琮[27]及良渚文化晚期的寺墩[28][29]、福泉山[30]、邱承墩[31]、亭林遗址的共23个玉琮[32]（表7-2-1）。

典型的玉琮主要由"中空圆柱体"与"环柱浮雕"两部分组成。玉琮的中空圆柱体古称"射"，其顶面为"射面"，其直径为"射径"。柱体中间的圆形贯孔由

[22]〔清〕吴大澂：《古玉图考》，杜斌编著，中华书局，2013，第74—76页。

[23]林华东：《论良渚文化玉琮》，《东南文化》1991年6期。

[24]文物编辑委员会：《文物资料丛刊》6，文物出版社，1982，第25—36页。

[25]浙江省文物考古研究所编著《反山》，文物出版社，2005，第35—59、102—108、170、189、207—210、230—233、305页。

[26]浙江省文物考古研究所、余杭市文物管理委员会：《浙江余杭汇观山良渚文化祭坛与墓地发掘简报》，《文物》1997年第7期。

[27]浙江省文物考古研究所编著《瑶山》，文物出版社，2003，第41—45、81、122、134—139页。

[28]周甲胜：《江苏武进寺墩遗址的试掘》，《考古》1981年第3期。

[29]汪遵国、李文明、钱锋：《1982年江苏常州武进寺墩遗址的发掘》，《考古》1984年第2期。

[30]上海市文物管理委员会编著，黄宣佩主编《福泉山：新石器时代遗址发掘报告》，文物出版社，2000，第78—80页。

[31]江苏省考古研究所、无锡市锡山区文物管理委员会：《江苏无锡鸿山邱承墩新石器时代遗址发掘简报》，《文物》2009年第11期。

[32]张明华、李峰：《上海金山区亭林遗址1988、1990年良渚文化墓葬的发掘》，《考古》2002年第10期。

表 7-2-1　文中采选玉琮样本汇总表

阶段	遗址名称	墓葬与器物编号
早期	张陵山	M4（共 1 个）
中期	反山	M12:90、M12:92、M12:93、M12:96、M12:97、M12:98、M14:179、M14:180、M14:181、M16:8、M17:1、M17:2、M18:6、M20:121、M20:122、M20:123、M20:124、M23:22、M23:126、M23:163（共 20 个）
	汇观山	M4:1、M4:2、M2:29、M2:34（共 4 个）
	瑶山	M2:22、M2:23、M7:34、M7:50、M9:4、M10:15、M10:16、M10:19（共 8 个）
晚期	寺墩	M1:3、M1:6、M3:43、M3:72、M3:15、M3:35、M3:26、M3:16、M3:22、M3:71、M3:25、M3:36、M4:1（共 13 个）
	福泉山	M65:49、M65:50、M9:14、M9:21、M9:26、M40:110、M40:91（共 7 个）
	邱承墩	M3:10、M5:3（共 2 个）
	亭林	M16:17（共 1 个）

两管钻对钻而成，故表现为孔外沿宽、内部窄的特征，其外沿直径为“孔外径”，内部最窄处直径为“孔内径”。玉琮的环柱浮雕有圆有方、或厚或薄，浮雕的厚度、层数和角度是各玉琮产生形制差异的重要参照。环柱浮雕大多为4组，对称地分布于玉琮四角，极少数有5组，均匀排布在柱体周围，浮雕层数为1至15层不等，柱体越高则层数越多。依据环柱浮雕两边的夹角，可将玉琮分为Ⅰ型、Ⅱ型和Ⅲ型，即“圆形”“方中带圆”“方形”三类。Ⅰ型角度范围为130° 至180° ，琮身基本为圆形；Ⅱ型角度范围为101° 至130° ，琮身为方中带圆造型；Ⅲ型角度范围为90° 至100° ，琮身显现出近似方体的特征。在56个玉琮样本中，圆形的玉琮（Ⅰ型）最少，共7个，占比12.5%，其次是方中带圆的玉琮（Ⅱ型），共23个，占比41.1%，最多的是方形玉琮（Ⅲ型），共26个，占比46.4%。着眼于各类型在早、中、晚期玉琮中的占比，可以发现良渚文化玉琮大致呈现出由圆到方的演变趋势。早期圆形玉琮1个，占比100%。中期圆形玉琮3个，占比9.4%；方中带圆形玉琮17个，占比53.1%；方形玉琮12个，占比37.5%。晚期圆形玉琮3个，占比13%；方中带圆形玉琮6个，占比26.1%；方形玉琮14个，占比60.9%（图7-2-7）。

与玉琮顶面形制相关的尺寸数据有射径、孔外径、孔内径、浮雕角度、浮雕厚度、柱体厚度、钻孔误差等。由于缺乏早期玉琮的尺寸数据，因此仅对中、晚期的55个玉琮的上述尺寸进行统计（图7-2-8）。总体来看，玉琮的射径均值约为8厘米，孔外径均值约为5.8厘米，孔内径均值约为5.1厘米，浮雕角度均值约为110.7度，浮雕厚度均值为0.7厘米。其中，射径均值与孔外径均值的差值

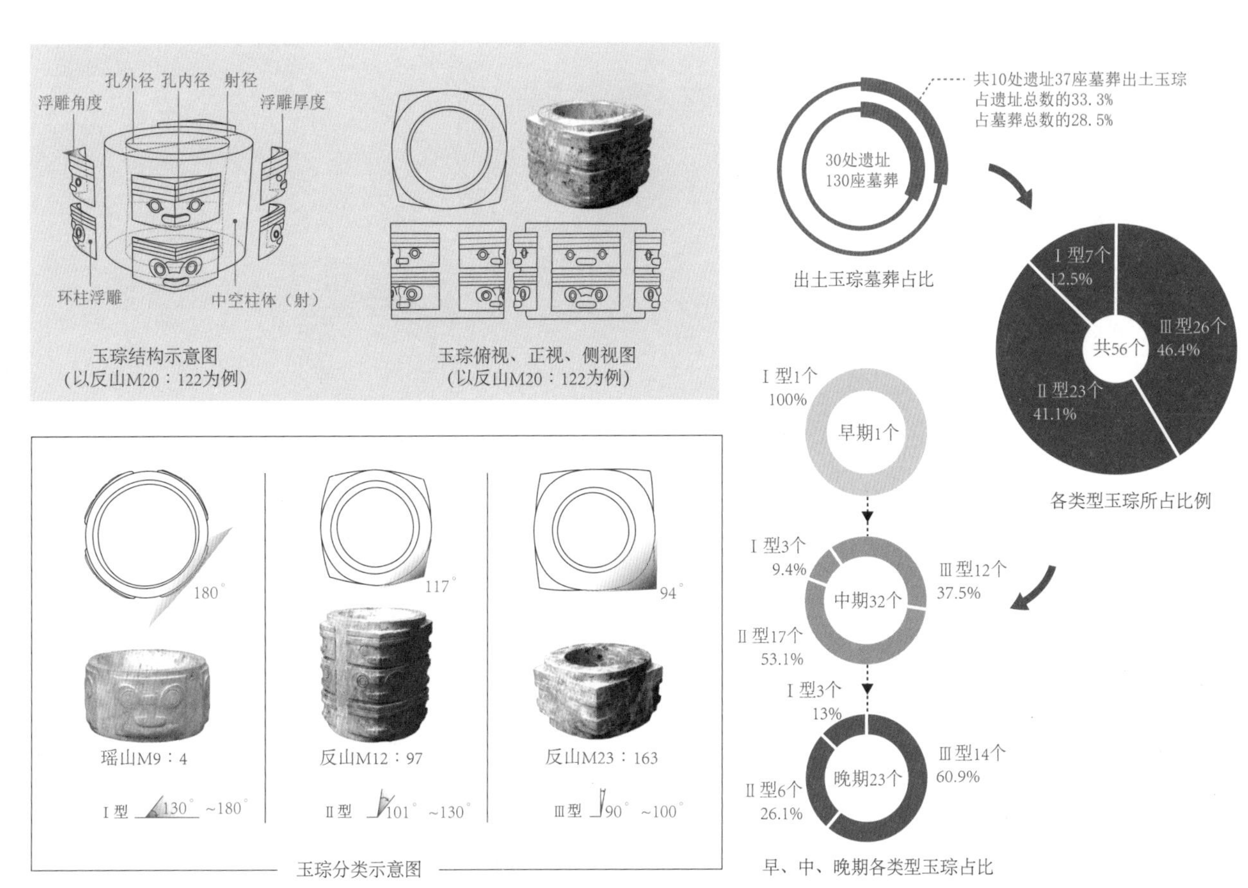

图 7-2-7　良渚文化玉琮结构、分类与占比示意图

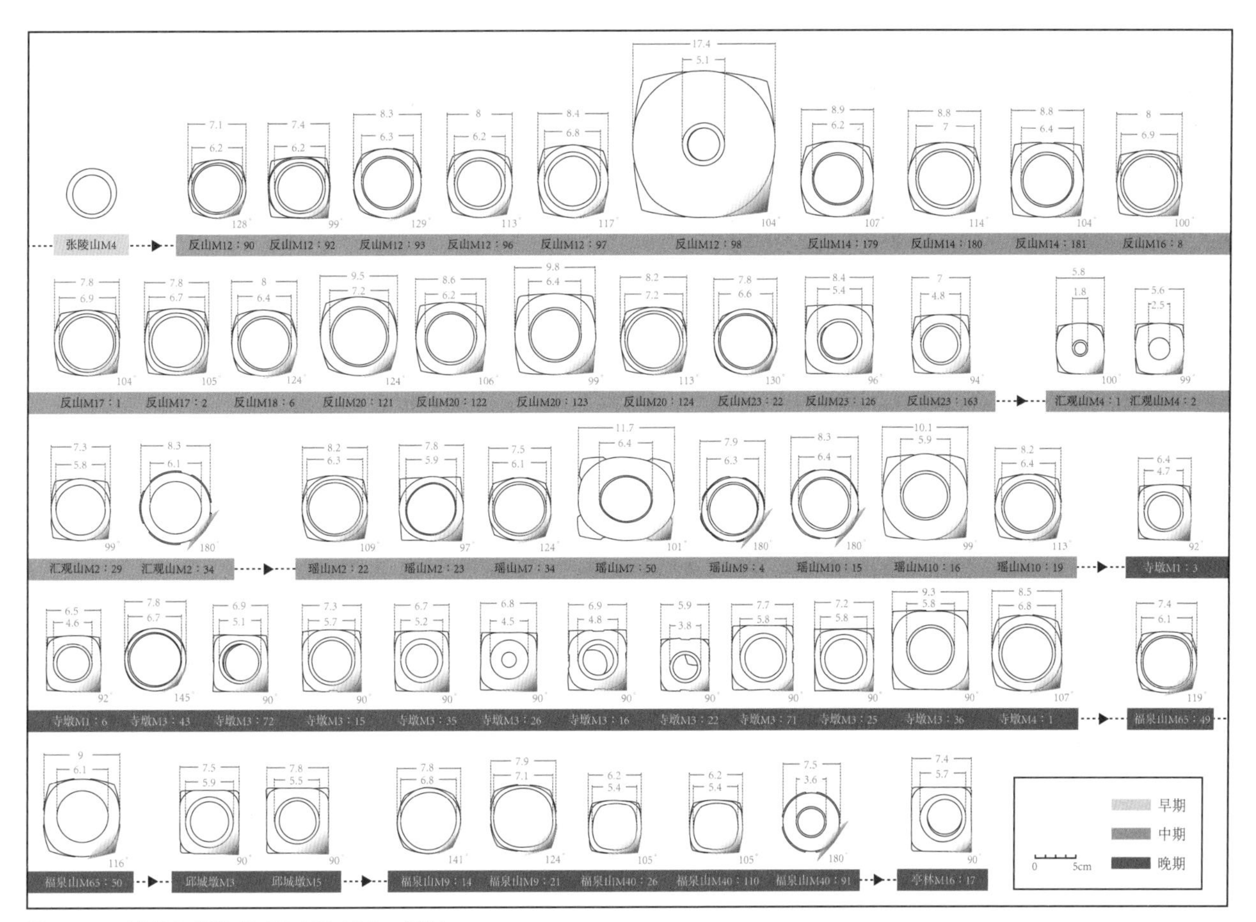

图 7-2-8　玉琮顶面形制与尺寸演变图（单位：厘米）

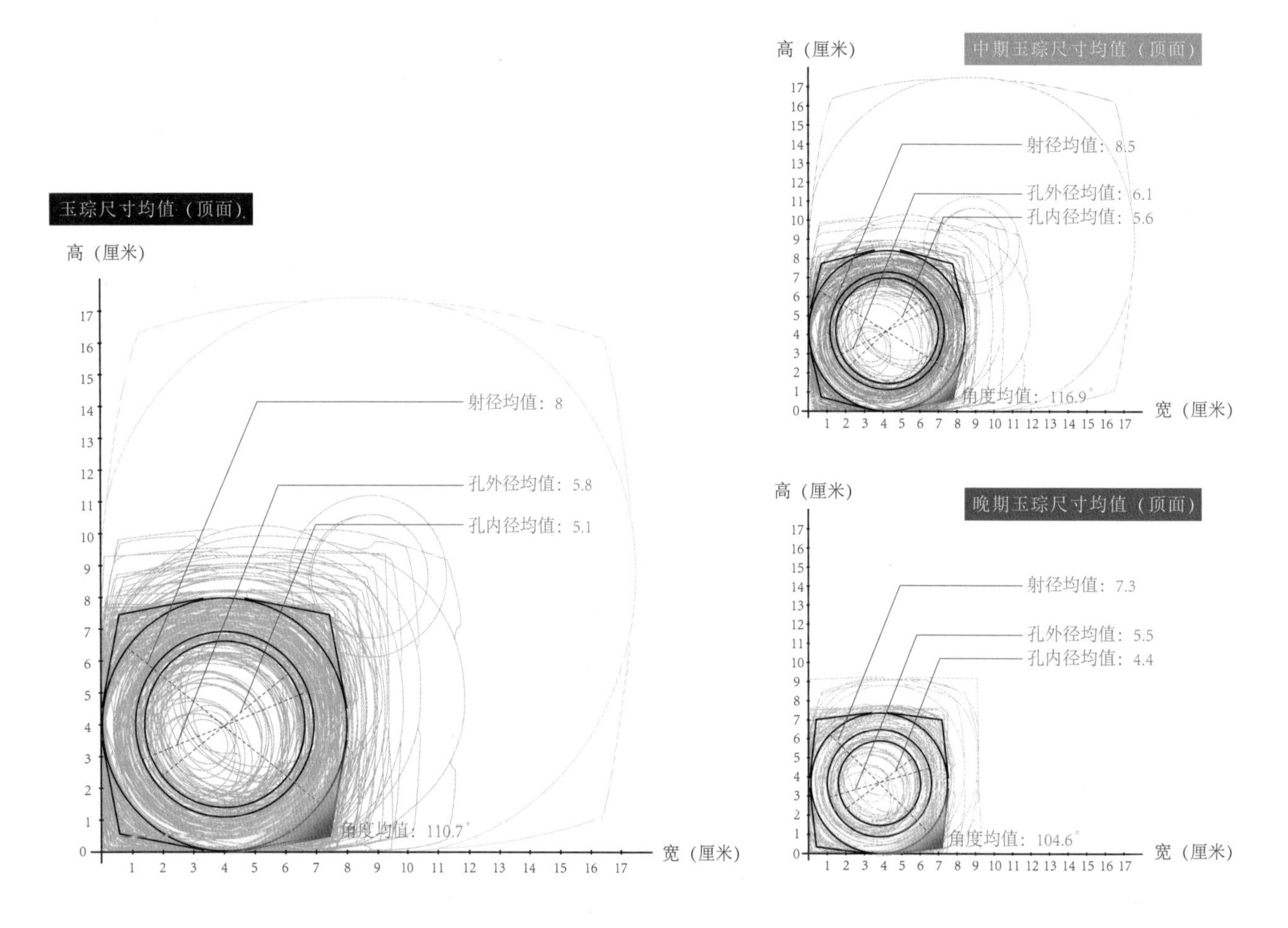

图 7-2-9　玉琮顶面尺寸均值图

除以2应为柱体厚度均值，约为1.1厘米。孔外径均值与孔内径均值的差值除以2应为钻孔误差均值，约为0.4厘米。中期玉琮的射径均值为8.5厘米，孔外径均值为6.1厘米，孔内径均值为5.6厘米，浮雕角度均值为116.9度，浮雕厚度为0.7厘米，射面厚度均值为1.2厘米，钻孔误差为0.3厘米。晚期玉琮的射径均值为7.3厘米，孔外径均值为5.5厘米，孔内径均值为4.4厘米，浮雕角度均值为104.6度，浮雕厚度为0.6厘米，射面厚度为0.9厘米，钻孔误差为0.6厘米。依据上述数据可发现，由中期至晚期玉琮的顶面形制显现出由圆变方，整体尺寸变小，但钻孔误差变大的演变趋势（图7-2-9）。

着眼于玉琮正面的形制演变，玉琮的高度总均值为9.8厘米，层数总均值为4层。中期玉琮的高度均值为5.6厘米，层数均值为2层。晚期玉琮的高度均值为15.6厘米，层数均值为6层（图7-2-10、图7-2-11）。由此可以发现，中期至晚期玉琮高度的增加及浮雕层数变多。中期至晚期玉琮钻孔误差的增加应与其高度的变化有关，更高的柱身增加了钻孔深度，钻孔越深，孔内外误差越大。结合玉琮顶面和正面各项尺寸数据的均值，可描绘出玉琮的典型形制，即内部为中空圆柱，外部为多层方角浮雕的器型。

图 7-2-10 玉琮正面形制与尺寸演变图

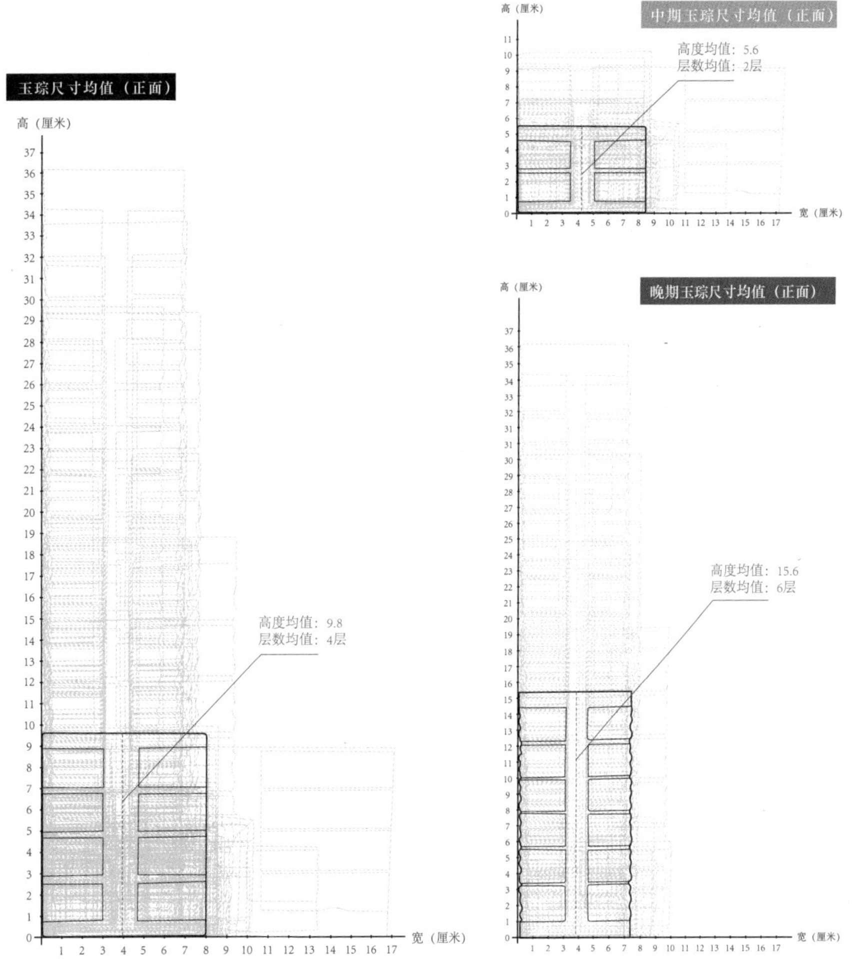

图 7-2-11 玉琮正面尺寸均值图

（二）玉琮的神人兽面纹

雕刻于玉琮环柱浮雕上的“神人兽面纹”是良渚文化玉器的重要装饰内容，有学者甚至认为玉琮即为承载这种神秘图像的躯壳[33]。神人兽面纹以各种变体形式反复地出现在良渚文化的各种玉器上，如玉琮、冠状饰、柱形器、三叉形器、半圆形饰等。多位学者对神人兽面纹的母题展开过探讨，一般认为其上部为头戴大羽冠的神人，是当时巫师或酋长形象的写实，下部为神兽，似为虎、鸟等动物的复合形象。神人兽面纹可能是一种象征氏族权贵身份的符号，或这为良渚人共同信仰的图腾，也可能是祈福消灾的神灵形象。

施刻于玉琮上的神人兽面纹主要有“神人兽面”组合纹、“神人”单体纹和“兽面”单体纹3种形式。以反山M12:98“琮王”为例，其不仅是体量最大的玉琮，还具有最为完整的神人兽面纹样式，集合了以上3种图案，共刻绘有24个图案，中空柱体四面凹槽处皆刻有2层神人兽面组合纹，每个琮角的环柱浮雕上皆由两组一上一下布局的神人单体纹和兽面单体纹构成（图7-2-12）。

神人兽面组合纹由上部的神人和下部的神兽组合而成，整体呈对称造型，有向两侧上方延伸的趋势。神人骑在兽背上，神人和神兽的面部表情凶狠，转折处多有向上的尖角造型，似描绘出一神人正驾驭神兽向前奔跃的情形。神人的头部和兽面的眼、口、鼻皆为以减地手法处理的浮雕，高于其他部位。神人的手臂与神兽的前腿皆为以线刻手法表现的阴线纹，显现出面部在前、躯干在后的纵深感，进一步凸显出神人与神兽向前的动势。神人面部为微内凹的倒梯形，

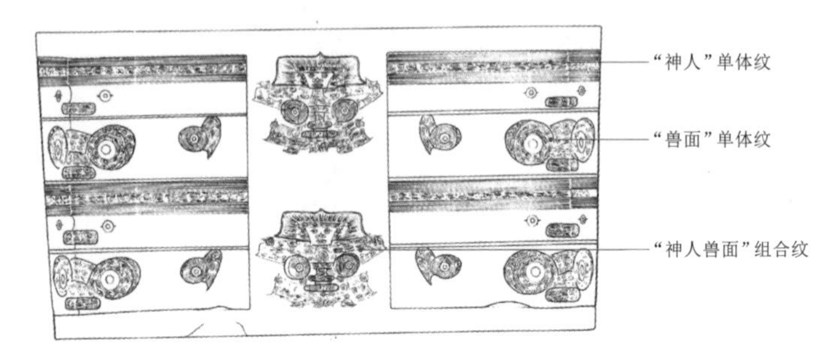

图7-2-12 反山“琮王”的图案布局与组合方式

[33] 刘斌：《神巫的世界：良渚文化综论》，浙江摄影出版社，2007，第94页。

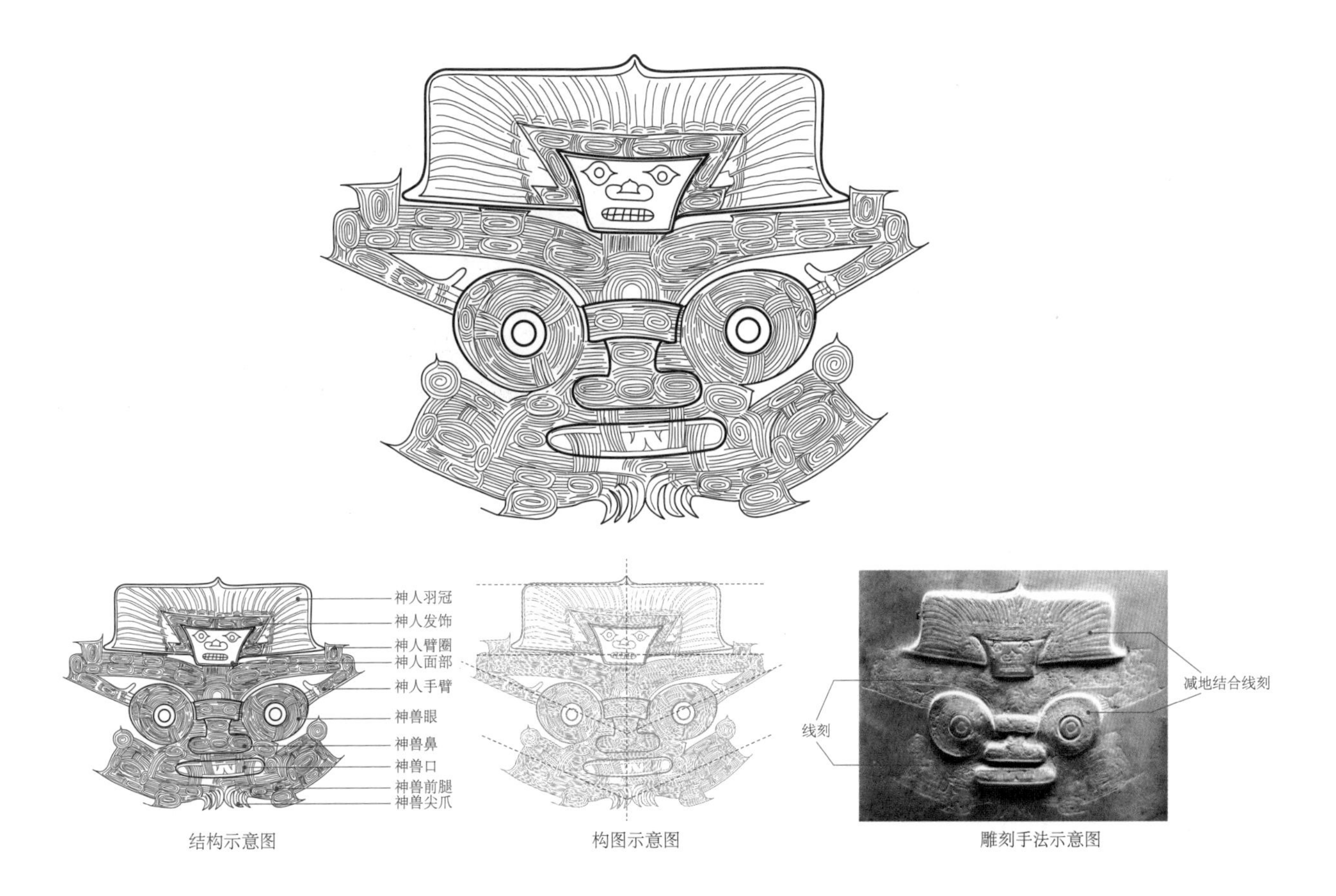

图 7-2-13 “神人兽面”组合纹

眼睛为重圈造型，两端有对称的眼角，鼻梁为较短的三角造型，鼻头和鼻翼圆润肥大，鼻孔以横线表现，嘴部呈龇牙状，露出两排牙齿。神人头戴一顶方形羽冠，面部周围有一圈螺旋纹头饰，羽纹以面部为中心呈发散状排列，头部顶端和左、右下角皆有一尖角。神人双臂为弯曲并向内抬起的动态，两侧肘关节处皆有尖角造型，两上臂后端皆穿戴有臂圈，皮肤上布满规则的螺旋纹。神兽的两眼巨大，眼睛也为重圈造型，外部有一圈线纹，由重圈圆心发散出的三组纵向线纹和三组横向线纹组成，侧上方的眼角处有螺旋纹。兽鼻上部有一条状未知结构，鼻梁呈坡状，鼻头及鼻翼呈条状椭圆形，皆刻有螺旋纹。嘴部也为条状椭圆形，呈龇牙状，内部刻有獠牙。兽的躯干向内折叠，上部关节处有带尖角的圆形造型，下部关节处有尖角，足部上端有类似神人臂圈的造型，足部似鸟禽动物的尖爪，全身布满规则的螺旋纹（图 7-2-13）。

神人单体纹和兽面单体纹为神人兽面组合纹在环柱浮雕上的方形变体，两者排列的方式符合神人兽面组合纹的位置关系，即神人纹在上、兽面纹在下，皆以环柱浮雕的转角为中线呈对称造型，保留了神人兽面组合纹的基本特征且以减地结合线刻手法表现。其中，神人单体纹保留了神人的羽冠、发饰、眼睛、鼻或嘴部的造型特征，上部以两组横向线纹中间夹一组螺旋纹表现神人羽冠和发

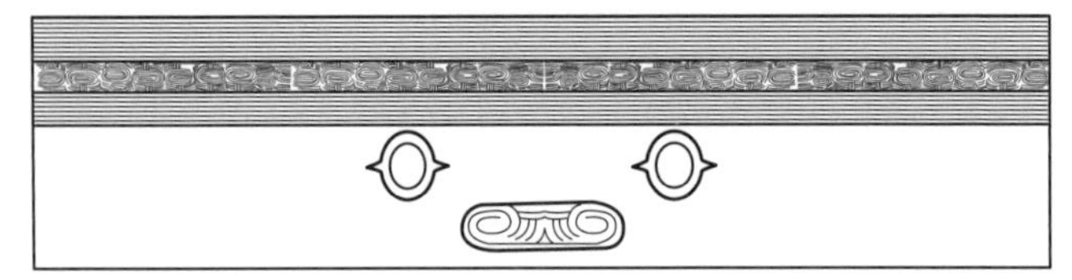
“神人”单体纹

“兽面”单体纹

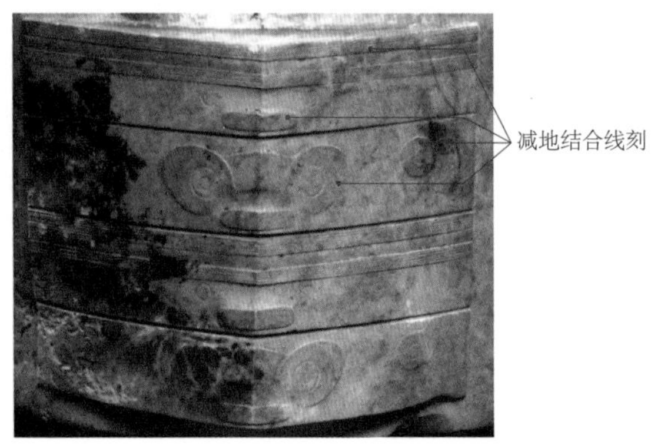

“神人”“兽面”单体纹雕刻手法示意图

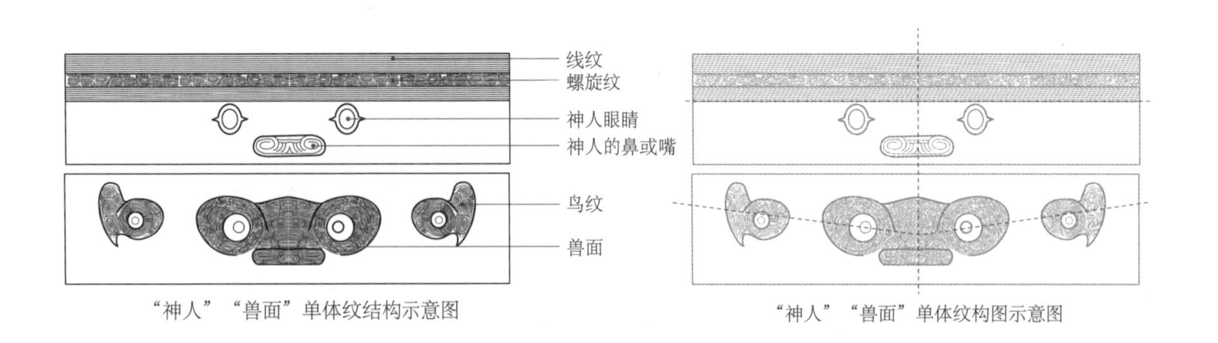

“神人”“兽面”单体纹结构示意图

“神人”“兽面”单体纹构图示意图

图7-2-14 “神人”“兽面”单体纹

饰，下部为神人的眼睛和简化的鼻或嘴部造型。兽面单体纹保留了兽面的眼睛、鼻和嘴部造型，眼部删减了眼白周围的线纹，眼角处增加了减地处理，鼻部简化为扇形，嘴部为一条状椭圆形，皆以螺旋纹装饰。兽面两侧皆增加了外形似鸟的图案，呈向上展翅飞翔的动态，鸟的翅膀处有类似兽面眼睛的重圈造型（图7-2-14）。

综观所收集的玉琮，按3种图案的组合方式可分为A、B、C、D、E型5种。A型包括神人兽面组合纹、神人单体纹、兽面单体纹3种图案，仅反山M12:98玉琮一例。B型包括神人单体纹和兽面单体纹2种图案，依据其简化程度又可分为2式，如反山M12:93玉琮为B型Ⅰ式，反山M12:124玉琮为B型Ⅱ式。C型与B型一样，都包括神人单体纹和兽面单体纹2种图案，但C型的兽面单体纹删去了鸟纹造型。依据图案的简化程度，C型又可分为8式，如瑶山M10:19玉琮为C型Ⅰ式，寺墩M4:1玉琮为C型Ⅱ式，反山M12:96玉琮为C型Ⅲ式，反山M12:97玉琮为C型Ⅳ式，反山M17:1玉琮为C型Ⅴ式，反山M17:2玉琮为C型Ⅵ式，反山M12:90玉琮为C型Ⅶ式，福泉山M9:14玉琮为C型Ⅷ式。D型仅有神人单体纹1种图案，据图案的简化程度，D型又可分为6式，如瑶山M10:16玉琮为D型Ⅰ式，反山M14:181玉琮为D型Ⅱ式，反山M23:22玉琮为D型Ⅲ式，福泉山M40:110玉琮为D型Ⅳ式，汇观山M4:2玉琮为D型Ⅴ式，

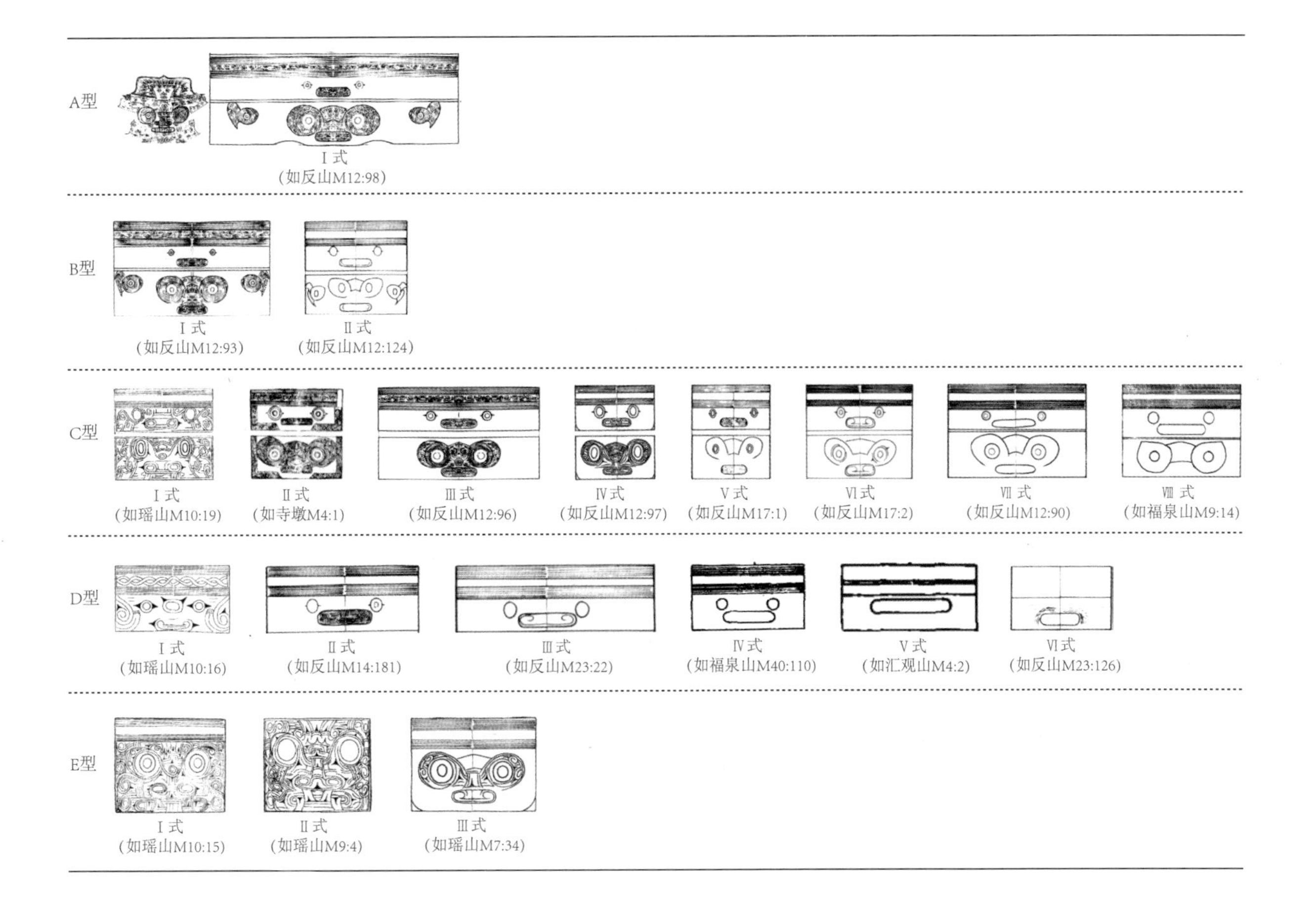

图 7-2-15　玉琮图案组合方式分类图

反山M23:126玉琮为D型Ⅵ式。E型仅有兽面单体纹1种图案，据图案的简化程度，E型又可分为3式，如瑶山M10:15玉琮为E型Ⅰ式，瑶山M9:4玉琮为E型Ⅱ式，瑶山M7:34玉琮为E型Ⅲ式。玉琮图案的复杂程度应与墓葬等级有关。墓葬等级越高，神人兽面纹的组合越完整，图案表现越复杂；反之，墓葬等级越低，神人兽面纹的组合越单一，图案表现越简洁。玉琮图案随着时间的推移也呈现出逐渐简化的趋势，晚期玉琮的神人兽面纹较中期更加抽象简练（图7-2-15）。

（三）玉器的取材

“玉，石之美者”。基于远古时期石作手工业的经验积累，人们早已认识到玉归属于石，并将其定义为品质上乘的石，主要依据玉与石的表征、质量和硬度等属性差异来加以区分，色泽均匀、细腻温润、致密坚韧等品质上乘的矿物皆为玉石。随着中国古代对玉石材料的广泛发掘与应用，人们对玉石的筛选标准与品质分类更加细致化，如宋代苏轼《书贾祐论真玉》一文讨论了真玉的鉴定标准：“步军指挥使贾逵之子祐为将官徐州，为予言：今世真玉甚少，虽金铁不可近，须沙碾而后成者，世以为真玉矣，然犹未也，特珉之精者。真玉须定州磁芒所不能伤者，乃是云。问后苑老玉工，亦莫知其信否”[34]。现代自然科学的地质学则将玉石定义为单个化合物的多晶材料，并依据化合物种类对其进行分类，主要分为软玉类玉石、蛇纹石类玉石、绿松石、青金石、独山石和翡翠（硬玉类玉石）等，是广义范畴的玉石。我国古代的“真玉”概念主要指现代地质学中的软玉类玉石，是狭义范畴的玉石。

良渚文化玉器用材主要为透闪石、阳起石等软玉，即“真玉”，少量为叶蛇纹石、滑石、玛瑙、硅质白云岩、玉髓、绿松石和白云母等“假玉”。根据色泽质地的不同，以透闪-阳起石软玉制作的良渚文化玉器主要有纯色料、杂色料和“鸡骨白”三种类型，少量“假玉”制作的玉器为黄、黄褐、红褐和茶褐色等。这种玉料的表观和品质差异主要源于其微观结构和化学元素的不同，其显微结构越细，杂质和矿物和元素越少，色泽越均匀纯净。关于良渚文化玉器的产地问题尚在研究之中，现有研究多倾向于“就地取材”和“就近加工”的观点，认为其开采地应集中在苏、浙、皖三省交界处的大面积山地区域，其加工地应为良渚遗址群中的塘山遗址和宁镇地区的丁沙地遗址等地[35]。

在新石器时代太湖流域的玉器造物文化发展中，软玉类玉石逐渐成为玉器制作材料的主流。河姆渡文化和马家浜文化主要使用玛瑙、白云母和长石制作玉器，仅有少量为软玉类玉石制作的玉器。崧泽文化时开始更多以软玉类玉石制作玉器，用料占比已达到40%。良渚文化早期软玉类玉石所制作的玉器占比已达到50%，晚期占比升高至80%，成为制作玉器的主流材料。软玉类玉石质地细腻、温润坚韧、硬度适宜且耐腐蚀。良渚人对透闪-阳起石软玉的广泛运用，是人们的玉石甄别经验积累到一定程度的体现，也是良渚文化玉器造物高度发展的材料基础。良渚文化玉器用料也显现出一定等级和品类差异。一方面，等级较高墓葬中出土的玉器多为透闪石所制，而等级较低墓葬中出土的玉器则多由品质较低的透闪石或以假玉所制；另一方面，礼器类玉器用料多为透闪石，而装饰品或实用器具类玉器用料多为假玉[36]。这种差异进一步表明当时的玉工已具备材料甄别的意识，同时反映出此时的玉器文化形成了聚焦于材料的审美意识及材料品质与物品属性的对应关系，即通过使用美丽的、上乘的、稀缺的材料制作较贵重的物品。

（四）玉琮的加工技艺

良渚文化玉器的加工技艺在玉器的大小、数量、精致度和形制种类上，较前

[34] 李之亮笺注《苏轼文集编年笺注（诗词附）》十，巴蜀书社，2011，第31页。

[35] 郭明建：《良渚文化玉器产地的综合分析》，《中国国家博物馆馆刊》2017年第7期。

[36] 干福熹等：《中国古代玉石和玉器的科学研究》，上海科学技术出版社，2017，第189页。

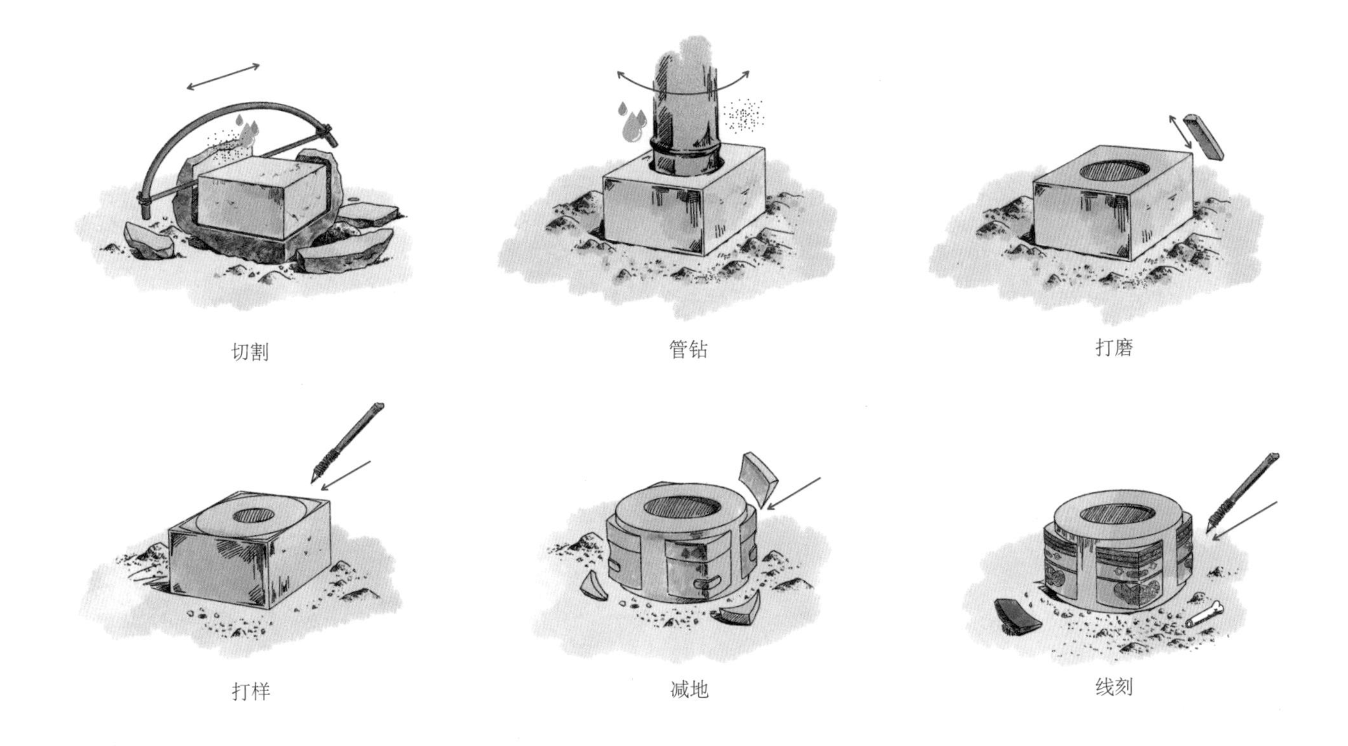

图 7-2-16　玉琮加工主要步骤示意图

代的崧泽文化有了较大进步，也是同时期制玉技艺的领先者。考古发掘的良渚文化制玉作坊主要有塘山、丁沙地、中初鸣遗址群等[37][38]，保有大量玉料、玉器半成品和加工工具的遗址应为制玉作坊，是探究良渚文化制玉技艺的重要物证。其中，玉琮整合了新石器时代玉器加工的多种关键技艺，是良渚文化高水平玉器加工技艺的集中体现。具体而言，玉琮加工包括“蘸水加砂、切割、管钻、打磨、打样、减地、线刻”等步骤（图 7-2-16），主要使用“片锯、线锯、水、解玉砂、管钻、石钻和砺石”等工具。

第一步，蘸水加砂。玉石较一般石料坚硬，故制作玉坯的各个环节皆需以一种坚硬的矿石砂砾（解玉砂）和水作为介质，即通过“蘸水加砂”增加各种成型工具的摩擦力以提高分解玉料的效率。

第二步，切割。良渚文化的玉料切割方式主要包括片切割和线切割两种，是将玉石原料塑造成方柱玉坯的开料方法。两种方法各有利弊，适用于不同类型的玉器。片切割是指用硬质的片状物（片锯）带动解玉砂切割玉料。这种片状工具应为木、骨或石料所制，如出土于丁沙地遗址的石片锯。运用片切割分解的玉料，其切割面会留下密集的直线或曲线浅痕，这些浅痕较容易被磨除，为后续的

[37] 陆建方、杭涛、韩建立：《江苏句容丁沙地遗址第二次发掘简报》，《文物》2001 年第 5 期。
[38] 朱叶菲、王永磊、周建忠等：《浙江德清县中初鸣良渚文化制玉作坊遗址群的发掘》，《考古》2021 年第 6 期。

打磨工作节省了不少人力。但片切割的切割范围受限于片锯尺寸，故常用于制作锥形器、柄形器、长管等条状柱形玉器，将条状柱形器继续分解，即可作为管、珠、片等小型玉器的玉坯。例如主要生产锥形器、玉管的中初鸣遗址，其中大多数玉料切割面上保留了片切割的密集直线或曲线痕迹。线切割是指用固定在弓上的软性线状物（弓锯）带动解玉砂切割玉料。线切割使用的弓和线状物皆无实物遗存，线状物推测为植物荆条所制，弓或为木、竹所制。与片切割的密集浅痕不同，运用线切割分解的玉料，切割面会留下多道弧形凹槽，需用砺石将其打磨平整。线切割的优势是不受玉坯的直径限制，可切割出体积较大的柱状玉坯，用于制作玉琮、柱形器等较大型柱状玉器的坯体，还可在此基础上将柱状坯分解成片状坯，用于制作玉璧、玉钺、玉璜等较大型片状玉器的坯体。此外，也有将线切割与片切割两种方式结合使用的情况，即先用片切割法为线切割开出走线入口，再以线切割分解玉料。丁沙地遗址出土的大量玉料中可见线切割、片切割和两者结合方式留下的三种不同痕迹。较之原先的打制开料法，良渚文化使用的切割开料法，既提高了开料效率，也为制作体积更大、种类更多的玉器提供可能。

第三步，管钻。这是从方柱坯的顶面和底面以管钻带动解玉砂向内钻出圆形贯孔的双向钻孔方式。目前暂未发现有管钻的实物遗存，学者一般认为是以竹子、动物骨头等天然的中空圆管制成的。玉琮圆形贯孔的两个圆心的位置常存在微小偏差，故上下两孔难以严丝合缝对准，且两孔皆呈现出“外径宽内径窄”的特征，或与管钻的弹性材质有关。多处遗址中发现有玉琮钻芯，是由两个不完全对齐的圆台组成的“两端窄、中间宽”的圆柱体，与圆形贯孔“外宽内窄”的形制正好互补。福泉山M67:4似为一停留在管钻步骤的玉琮半成品，其贯孔内壁上有管钻与解玉砂钻孔留下的密集圆圈划痕。基于崧泽文化时期已出现快轮制陶技术，及部分玉琮端面的同心圆划痕，推测管钻方式也利用了类似陶盘的某种旋转机械。

第四步，打磨。打磨指用砺石将玉坯表面的切割和钻孔痕迹磨除，形成平整干净的玉坯表面。砺石又称磨石，丁沙地遗址出土的一系列砺石，具有平面、凸弧面和凹弧面等多种形制，包含粗砂、中砂、细砂和极细砂等各种粗细，可以满足不同形制玉器和不同加工阶段的打磨需求。

第五步，打样。经过切割、钻孔和初步的打磨，玉琮坯体就已基本成型。“打样”是指玉工在玉坯上用石钻刻画出浅痕，框定出减地和线刻内容的大致范围。如吴家埠遗址出土的一件似停留在打样步骤的玉琮半成品，内圆外方的坯体已经成型，其端面刻有射面和环柱浮雕的打样线条。

第六步，减地。这是依据提前设计好的造型，用片锯磨砻多余玉料，使玉器表面呈现高低起伏的技艺。例如反山M23:126玉琮的射面、环柱浮雕和神人兽面纹上的凸起皆已显现且打磨光滑，但不见任何线刻痕迹，似为一个停留在减地步骤的玉琮半成品。

第七步，线刻。线刻指用石钻直接在玉坯上刻画出图案。石钻是钻孔和线刻的工具，有平头型（凿）和尖头型（锥）两种，常用于钻孔和雕刻图案。燧石是制作石钻的主要材料，其硬度大于一般的玉石，具有切削力强且耐磨的特点。磨盘墩遗址是一处良渚文化早期生产燧石钻工具的遗址，该地出土了422件石钻。按石钻的长短，可将它们分为长身钻、短身钻和微型钻等多种类型；按棱脊的特点，又可将其分为三棱钻和四棱钻。这些形制多样的燧石石钻可以用于满足多种情况的玉器雕刻[39]。

从技术的演进来看，良渚文化玉琮"外方内圆"的形制特征与其独特的柱状成坯技术关系密切，线切割、片切割技术塑造出玉器的方柱体外形，管钻技术催生出玉琮内部的圆形贯孔和神人兽面纹中的多处重圈造型，而高超的减地与线刻技术则为"神人兽面纹"在玉琮上的极致表现创造可能。不仅是技术上的创新，良渚文化玉器的高度发展也离不开制玉业的成熟。从上述制玉遗址中可以发现，良渚文化制玉业有专门负责制玉的人员和场所，有分类细致满足各种玉作需求的工具，且这种制玉作坊已经形成专门化、批量化的生产方式，多针对特定器型进行生产。

结语

通过研究新石器时代璀璨玉器文化之代表的良渚文化玉器，可以看到远古时期中华大地上的人们对设计的初步探索，即良渚人以玉器为载体开展的设计与技术、文化的互动。种类丰富、形制多样的良渚玉器，其既可作为巫师通神灵之媒介，也可以是象征领导者权力的器物，又可作为贵族装扮身体的服饰的组成部分，这种器物的丰富程度表明玉器在良渚文化社会中具有较高的参与度。从良渚文化墓葬规模与随葬玉器的种类和数量之间的正向关系来看，玉器本质上应是维系良渚文化社会秩序的一种物质媒介。虽然我们很难想象，在原始社会中就已经产生了如此多数量、高工艺水准的且远离人们生产和生活实践并具有象征意义的器物，但正是这种集合了大量人力、高水平石作技术和设计智慧

[39] 陈淳、张祖方：《磨盘墩石钻研究》，《东南文化》1986年第1期。

创造出的玉器，成为良渚文化引领者以类似宗教的形式组织社会的重要工具。以现代设计的思想分析这些远古的玉器，可以发现良渚文化的造物者已经具备榫卯相合、适人性、像生等形态设计思维，以及图形同构、对称布局和适合纹样等图像造型思路，走在了远古时期设计探索的前端。良渚文化的这些创造性设计，显示出早期造物者对玉器形态与图像设计的大胆尝试，为我们展示出一种来自远古的具有神秘色彩的审美模式，引得后世人们不断探寻、解密和复刻。例如其中最具代表意义的“玉琮”器型和“神人兽面纹”图案，一直在各个时代的物质文化中焕发着生命力，这可能源于远古异文化对人们所带来的一种莫名吸引力，也可能是后人对良渚人文明程度及其创造力的一种崇敬。

第三节　帝王将臣纪念性的仪卫

陵墓石刻是由石像生、石碑与石柱共同组合成的墓上建筑。与陵墓相关的古籍与绘画对这种景观进行了丰富的图像记载，如《长安志图》《帝乡纪略》《明十三陵图》《福陵图》等（图7-3-1）。最晚在汉代，中国古代帝陵成为集朝拜、祭祀与安葬功能于一体的综合空间，由墓上与墓下建筑共同构成。墓上建筑是举行朝拜与祭祀等礼仪活动的场所，具有典型的纪念意义；墓下建筑则是安葬逝者的空间，其空间设置和陪葬物品与逝者生前的生活方式有诸多联系，具有显著的陪葬属性。在各种墓上建筑中，位于神门外及神道两侧的一系列群落式石刻，具有威慑性、守护性和指引性等功能特征，是连接逝者与生者的物质通道和精神桥梁。其中，石柱是由柱顶、柱身和柱底三部分组成的柱状石刻，石碑是由碑身和碑座组成的扁平石刻，两者一般用于指引道路和铭刻逝者的身份生平。

石像生是立于古代帝王、将臣陵墓前的大型石刻群像，其以象征永恒的石材，雕刻出宏伟生动的人物、动物和神兽形象，有序地排列于通向祭祀区域的神道两侧和神门之外。它一方面通过人物形象再现逝者生前的仪卫景象，向世人宣告逝者身份的权威、正统和永恒性，另一方面通过设置具有象征意义的动物和神兽形象守护逝者灵魂以实现辟邪功能。另外，神道及其两侧的石刻不仅为逝者开辟出一条通往灵魂归处的道路，而且为前来凭吊的人们清晰地指引出一条前往祭祀空间的道路。石像生主要包含空间布局设计与造型设计两个要素。空间布局设计主要针对石刻的种类、数量、排列次序及其在整个陵园中的位置布局等问题。造型设计特指石像生的题材、尺度、轮廓、姿态、结构、装饰、材质和雕刻技法等相关因素。

出现在历代皇帝陵和将臣墓中的象征统治者权威的石像生，是中央集权制度与社会等级秩序在丧葬文化中的反映（图7-3-2）。其地域分布的时空演变路径基本契合历朝政治中心的迁移，如位于陕西、河南的汉代遗存，位于江苏南京及其周边地区的南朝遗存，集中在河南巩义的北宋遗存，分布在南京、北京两地的明代遗存及位于北京周围的清代遗存。也有部分石像生修筑于帝王祖籍地，如安徽凤阳的明皇陵、江苏盱眙的明祖陵和辽宁沈阳的清关外三陵等。另有

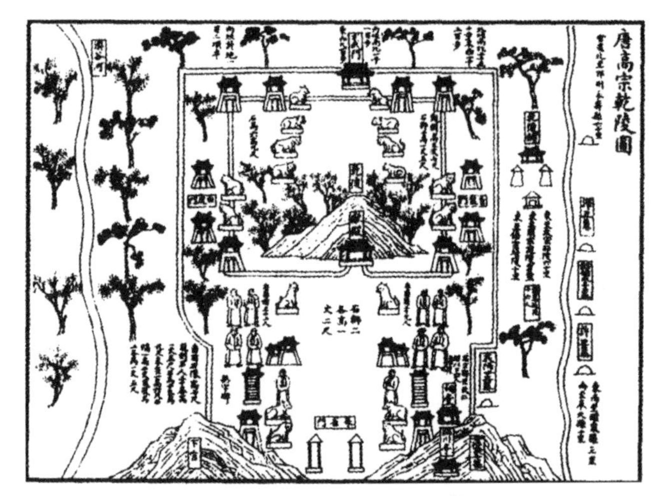

《长安志图》载唐高宗乾陵图[1]

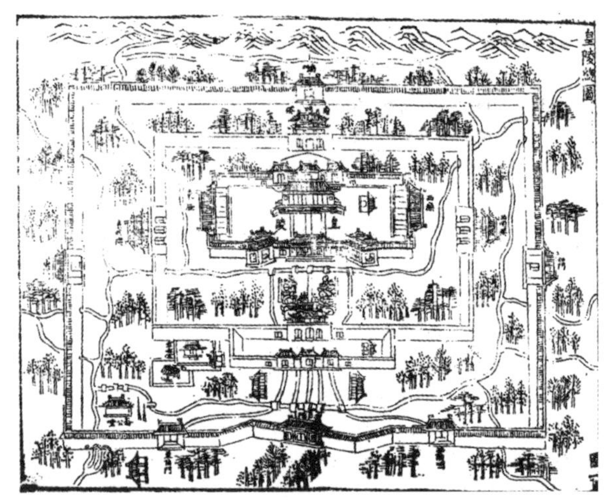

《帝乡纪略》载明皇陵平面图[2]

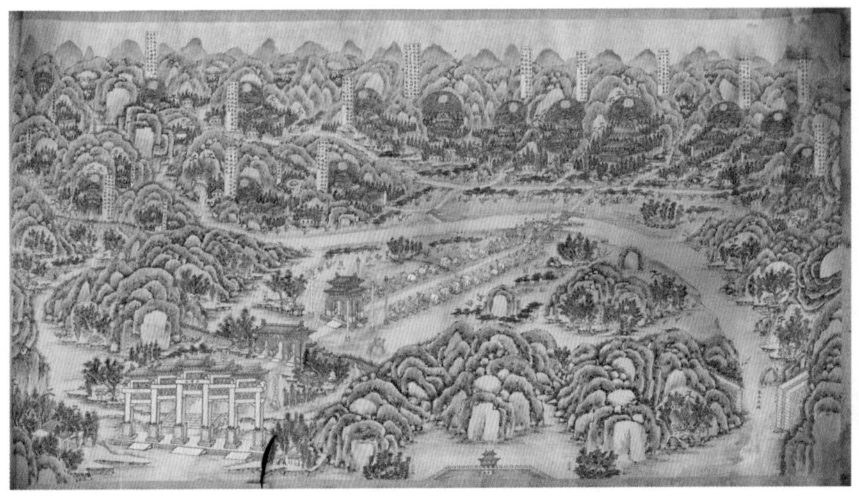

《明十三陵图》[3]

清乾隆《福陵图》[4]

图 7-3-1　古籍与绘画中陵墓石刻的景象

少量遗存位于都城以外的主要城市附近，如位于四川的汉代高颐、樊敏和杨君墓等。本节以石像生为研究对象，依据案例的初始性、完整性和差异性等原则，选取历代较典型的27座陵墓的石像生案例，主要针对石像生空间布局和造型设计两大问题，通过考察历代各设计要素的演变内容归纳出石像生的阶段性特征，同时探寻促成石像生演变的技术因素、文化语境及其所反映出的设计观念。

[1] 刘向阳：《唐代帝王陵墓》，三秦出版社，2003，第78页。

[2] 刘毅：《明代帝王陵墓制度研究》，人民出版社，2006，第55页。

[3] 中华珍宝馆，http://g2.ltfc.net/view/SUHA/608a6197aa7c385c8d94274e，访问日期：2023年9月1日。

[4] 王其亨：《中国建筑艺术全集（8）清代陵墓建筑》，中国建筑工业出版社，2003，图版13。

一、石像生诞生的礼俗与技术背景

“像生”是与逝者生前相关或具有象征意义的仿生形象，自秦代就已出现在墓室内放置“像生”作为陪葬品的做法，如秦始皇墓中的陶质兵马俑。汉代墓下陪葬的陶俑与秦代类似，同时出现了石质的墓上像生，即“石像生”。从石材的物理属性、隐喻意义来看，它都是修筑陵墓建筑最为合适的材料。就其物理属性而言，石材具有良好的稳定性，能经受室外长期的风吹日晒雨淋和不确定的地质活动。就其隐喻意义而言，石材本身所携带的“永恒”意义，与其作为一种纪念性建筑的属性相契合。西汉霍去病墓前的石像生，是现存可考较早的石像生实物遗存，故石像生考古意义上的起源应为西汉中期，这与当时墓葬文化的转变和石作技术的进步有关。

中国古代陵寝制度由丧葬礼制、陵墓建筑等内容构成，其起源自春秋战国之际，至秦汉时期逐步确立，后一直延续至清代，随帝王制度的瓦解而消逝。陵

西汉霍去病墓

南朝肖绩墓

唐代乾陵

宋代永定陵

明代十三陵

清代孝陵

图7-3-2　历代代表性石像生陵墓[5]

[5] 沈琍：《霍去病墓及其石雕研究的回顾及思考》，《考古与文物》2010年第6期；姚迁、古兵编著《南朝陵墓石刻》，文物出版社，1981，图版3；陈安利：《唐十八陵》，中国青年出版社，2001，插页2；巩义市文物和旅游局编著，赵玉安、赵延利、康孝本主编《解读宋陵》，河南科学技术出版社，2013，第40页；胡汉生：《明朝帝王陵（增订版）》，学苑出版社，2013，图版5；于善浦撰文、林京等摄影《清东陵》，中国建筑工业出版社，2013，第13页。

墓建筑由“陵、寝、庙”构成，“陵”是安葬逝者的墓室，“寝”用于陈列祖先生活用品，“庙”用于供奉祖先神主。蔡邕在《独断》中记述“宗庙之制，古者以为人君之居，前有‘朝’，后有‘寝’，终则前制‘庙’以象朝，后制‘寝’以象寝。‘庙’以藏主，列昭穆；‘寝’有衣冠、几杖、象生，总谓之宫……古不墓祭，至秦始皇出寝，起之于墓侧，汉因而不改，故今陵上称寝殿，有起居、衣冠、象生之备，皆古寝之意也”[6]，即指出了“寝、庙”的象征意义及其功能。“陵、寝、庙”三者经历了由分离到整合的过程。战国以前，帝王宗庙建在都城内，墓地则多位于都城外，宗庙与宫殿形成“前庙后寝”和“前朝后寝”的对应关系。战国以后，“寝”从宗庙中分离出来移至陵墓旁侧，“庙”也逐渐从都城中转移到陵园附近，形成“陵侧起寝、陵旁立庙”的布局。西汉时期，地方豪族中开始盛行“上墓祭祀”，“陵、寝、庙”三种建筑逐渐合并。这一地方风俗也影响了皇室的丧葬礼俗，东汉汉明帝为在原陵举行“上陵礼”和“酎祭礼”，整合了“陵、寝、庙”建筑并扩大陵园规模以适应盛大的礼仪活动，确立起以“朝拜、祭祀和安葬”等为主要内容的陵寝制度。陵墓建筑逐渐强化的礼仪功能使其地位显著提升，此时在墓前开辟一条便于皇帝与群臣前往朝拜祭祀的神道，在神道两旁设置象征皇家威严、祛除鬼怪的仪卫形象，修建诸如石像生、石柱和石碑等具有纪念意义的景观就顺理成章了。

就石材加工技术而言，我国新石器时代就已出现雕琢打磨精致的小、中型玉石器具，但大型圆雕石刻至西汉才出现。公元前120年左右的牵牛织女石雕为较早的案例[7]，其与霍去病墓石像生的修建时间十分接近。以石像生为代表的大型圆雕石刻在西汉中期的出现，应与此时石作工具的材质升级有所关联。本章第一节中提到，冶铁技术在汉代的全面发展带来石作工具的材质升级，铁质的石作工具不仅为石料开采创造了更有利的条件，也为石工提供更坚韧的加工工具以驾驭大型石构雕刻。

二、两汉至南北朝时期石像生建制的探索与确立

（一）西汉现实题材的石像生

西汉时期石像生遗存较少，以目前可考最早的霍去病墓石像生为例，共含11种题材的14个石像，种类驳杂、数量较多，在西汉其他陵墓中未见有类似设置，应为一新风始现的状况。《汉书》中载“去病自四年军后三岁，元狩六年薨。上悼之，发属国玄甲，军陈自长安至茂陵，为冢象祁连山”，颜师古对该文注释

[6]〔汉〕蔡邕：《独断》，中华书局，1985，第21页。

[7] 汤池：《西汉石雕牵牛织女辨》，《文物》1979年第2期。

道“在茂陵旁，冢上有竖石，冢前有石人马者是也”，对霍去病墓及其石像生进行了更详细的记载[8]。结合实物遗存来看，霍去病墓冢确系仿祁连山样式修建，石像生多位于墓冢之上，但由于地质活动的影响已排列散乱，在墓身山腰、山脚上皆有分布，已无法窥见当时的布局规则[9]。

霍去病墓石像生多接近自然形态尺度，但无论是体量较大的“马踏匈奴”还是较小的“石鱼”，都属前代鲜有的大型石刻。霍去病墓的这14座石像生整体造型差异较大，结合其他学者的观点，按其形象的写实程度，可分为“形象简略”“形象初显”“形象明确”三个类型（图7-3-3）。形象简略型以“蛙、蟾、鱼”石刻为代表。这类石像外轮廓变化较少且趋于平直，基本保留石块的原始形态，仅以简单的线刻手法勾勒出动物面部和部分躯干的形象特征。从其表面规则的粗线斧纹来看，这类石刻的加工工序停留在斫砟步骤，尚未对石料进行磨砻处理。形象初显型以“跃马、怪兽食羊、人、人与熊、野猪、卧象”为代表。这类石像的外轮廓初步显现出形象的造型特征，但起伏仍不显著，多以浅浮雕手法表现面部造型与躯干形态。这类石刻表面经过了磨砻处理，较“形象简略”型石刻更加平整光滑。形象明确型以“马踏匈奴、卧马、虎、牛”石刻为代表。这类石像外轮廓变化显著，整体形态圆润写实，有较强的立体感，以圆雕技法表现整体动态与局部肢体，结合线刻和浮雕手法添加细部装饰，表面打磨得也更加平整，显现出相对明确的造型特征和较为纯熟的加工技术。

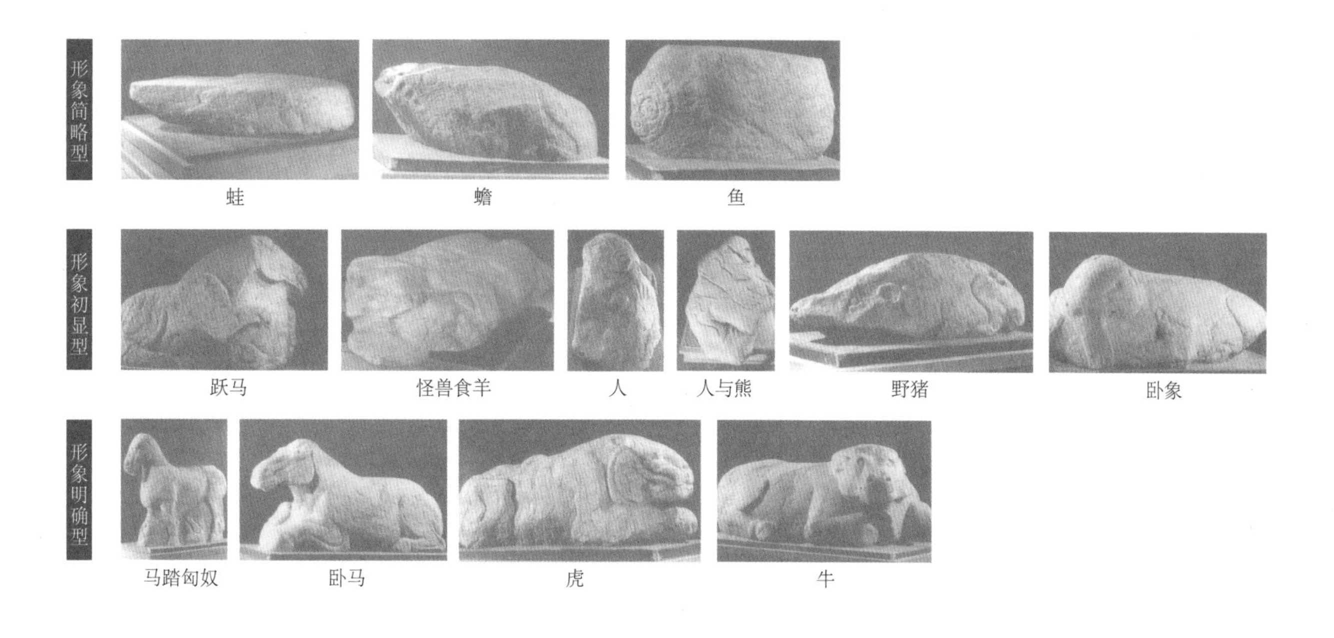

图7-3-3　霍去病墓石像生造型分类图[10]

[8]〔汉〕班固撰、〔唐〕颜师古注《汉书》，中华书局，2005，第1893页。

[9]程征：《为冢象祁连山——霍去病墓石刻群总体设计之探讨》，《西北美术》1984年第2期。

[10]王志杰：《茂陵与霍去病墓石雕》，三秦出版社，2005，第34—47页。

图 7-3-4 “马踏匈奴”雕刻手法示意图

霍去病墓石像生显现出的这种造型差异，部分学者认为与其所表现的题材有关，如温顺的动物多雕刻得工整精致，而凶猛的动物则雕琢得朴拙粗犷[11]。此外，也有学者认为这与霍去病墓营建时间仓促有关。仅一个月的制作时间，导致部分石像似未来得及处理完成[12]。从部分较完整的作品（如“马踏匈奴”）中可以看出，此时的石工确已初步掌握驾驭大型石构的能力，圆雕、浮雕和线刻三种主要的雕刻技法皆有显现，但造型的写实能力和做工的精致程度皆有限，呈现出浑圆粗犷的石刻面貌（图 7-3-4）。另外，霍去病墓石像生多为伏卧姿态，个别站立姿势的石刻底部也未做镂空处理，可能与此时石工尚未掌握大型石构的镂空技术有关。

（二）东汉神兽题材石像生的初现

东汉石像生相关文献记载较西汉显著增多。例如，《水经注》中记载了多处东汉时期墓前石刻：其一，“县故城西有汉桂阳太守赵越墓，冢北有碑。越字彦善，县人也……碑东又有一碑，碑北有石柱、石牛、羊、虎，俱碎，沦毁莫记”；

[11] 包亚明：《从霍去病墓石刻看汉代的美学思潮》，《复旦学报（社会科学版）》1985 年第 6 期。
[12] 孙琳：《霍去病墓石雕艺术风格的再探讨》，《南京艺术学院学报（美术与设计）》2016 年第 5 期。

其二，“径汉宏农太守张伯雅墓。茔域四周，垒石为垣，隅阿相降，列于绥水之阴庚门，表二石阙，夹对石兽于阙下，冢前有石庙，列植三碑。碑云：德字伯雅，河南密人也。碑侧树两石人，有数石柱及诸石兽矣”；其三，“城南有曹嵩冢，冢北有碑，碑北有庙堂，余基尚存，柱础仍在……夹碑东西，列对两石马，高八尺五寸，石作粗拙，不匹光武隧道所表象马也”；其四，“城北五六里，便得汉太尉桥玄墓，冢东有庙……庙南列二柱，柱东有二石羊，羊北有二石虎。庙前东北，有石驼，驼西北有二石马，皆高大，也不甚雕毁”；其五，“其南有蔡瑁冢，冢前刻石为大鹿，状甚大，头高九尺，制作甚工”；其六，“汉安邑长尹俭墓东。冢西有石庙，庙前有两石阙，阙东有碑，阙南有二狮子相对，南有石碣二枚，石柱西南有两石羊，中平四年立”[13]。这些文献分别记载了东汉桂阳太守赵越墓、弘农太守张伯雅、太尉曹嵩、太尉桥玄、长水校尉蔡瑁和安邑长尹俭的墓前石刻情况。相较于西汉，东汉时期的石像生实物遗存也显著增多，主要分布于山东中与部南部、安徽西北地区、河南中部与南部、河北南部及川渝地区[14]，其中保存较完好且较具有代表性意义的有河南孟津油坊村出土的石像生以及张骞墓、宗资墓和高颐墓前的石像生。

在位置布局上，东汉石像生从墓冢之上移动到墓前，并开始以成对的形式列于庙前神道两侧。以实物遗存张骞墓为例，墓南面约162.4米处列有一对石神兽，两石刻相距14.4米对立而置[15]，初步显现出石像生的布局秩序。东汉石像生的题材较西汉也有所变化，从《水经注》中的记载来看，既延续了西汉的人、马、牛、虎和羊等形象，也新增了神兽、驼和狮等形象，体现出各类题材石刻并存的局面。其中，以神兽题材石像生的出现最为典型，东汉时期的石像生实物遗存也多为神兽题材。以保存最完整的孟津油坊村出土的石神兽为例，其体量比西汉大，是一种以虎为原型的带翼有角神兽形象，其外轮廓多曲线且线条流畅圆润规整，整体呈站立昂首张口挺腹姿态，腹部呈“S”形动态，下方镂空，四肢两前两后，尾巴在身后自然弯曲下垂，与四足形成五个受力点，与底座相连构成稳定的支撑（图7-3-5a）。该石神兽的细部处理主要运用浮雕手法，如头部、双翼上规整的毛发线条和躯干上简洁的卷纹图案，结合细致的表面打磨工艺，显示出明显优于前代的精致做工。东汉早、中期石像生多集中于中原地区，东汉晚期的石像生则多出现于西南地区，地域变迁带来的用料变化也对石像的造型产生影响。前者如河南南阳宗资墓的一对石神兽，选用致密坚硬的花岗岩，表面打

[13]〔北魏〕郦道元：《水经注》，岳麓书社，1995，第136、323、345、358、429、461页。
[14] 秦臻：《汉代陵墓石兽研究》，文物出版社，2016，第30页。
[15] 卜琳、白海峰、田旭东等：《张骞墓考古记述》，《考古与文物》2013年第2期。

磨光滑，纹饰精雕细琢（图7-3-5b）；后者如四川雅安高颐墓的一对石神兽，选用质地疏松的红砂岩石材，形态平直概括，表面未经打磨较为粗糙，纹样较少，其材料的选择、加工手法和造型面貌显现出一定差异（图7-3-5c）。

神兽是设计者结合现实形态发挥想象力创造出的新形象，也是古代升仙理想、辟邪愿望和图腾崇拜等宗教意识在造物文化中的体现之一，自东汉开始其就作为一种重要类别存续于后世石像生中。作为造型延续性较弱的题材，历代

a 孟津油坊村出土石神兽[16]

b 宗资墓石神兽[17]

c 高颐墓石神兽[18]

图7-3-5 东汉石神兽

	汉代	南朝	唐代	宋代	明代	清代
整体动态						
视觉重心	1.9米	2.4米	4.5米	3.2米	2米	2.5米
局部造型						
造型来源	独角 虎身 翅膀	狮身 翅膀	独角 马身 翅膀	独角 鱼鳍 翅膀 狮身	鹿角 狮头 翅膀 鱼鳞 马蹄	鹿角 狮头 翅膀 鱼鳞 马蹄

图7-3-6 历代神兽题材石像生造型分析图

[16] 洛阳博物馆，http://www.lymuseum.com/bencandy.php?fid=49&id=96，访问日期：2023年9月1日。

[17] 孙琳：《雅安东汉石兽的年代序列与风格演变》，《南京艺术学院学报（美术与设计）》2017年第5期。

[18] 同上。

石神兽形态各异，仅在临近朝代间显现出部分关联与相似性。在整体造型上，东汉与南北朝神兽动态显著、曲线感强，多为仰视状态，躯干重心较低，自唐代开始，神兽动态线趋于平直，多呈平视或微仰视状态，躯干重心较高。在局部造型上，以神兽共有的“翅膀”元素为例，大多抽象且具装饰感，随着流畅曲线细节的增多，翅膀的飘逸感越发明显。另外，神兽的超现实程度有逐渐增强的趋势，早期石神兽形象来源较少，如由虎身、角和翅膀组成的东汉神兽，到了清代，石神兽杂糅了更多动物形态，如融合了鹿角、狮头、鱼鳞、翅膀、马蹄和牛尾造型的石麒麟（图7-3-6）。

（三）南北朝“像、柱、碑”陵墓石刻组合的确立

魏晋时期时局动乱、政权交替频繁，帝王一改汉代的厚葬风气，简化了陵寝制度。为推行薄葬，魏文帝甚至毁去了魏武帝的“高陵上殿屋”，下令“寿陵因山为体，无为封树，无立寝殿、造园邑、通神道。夫葬也者，藏也，欲人不得见也……故吾营此丘墟不食之地，欲使易代之后不知其处”[19]。西晋时基本沿袭魏的陵寝制度，东晋开始恢复东汉的上陵礼仪，但仍没有恢复到汉代的陵寝规模。这一时期的墓葬结构简单，文献与实物资料中皆未见有陵墓石像生。

南北朝时期，随着战乱的平定，陵寝制度逐渐得到恢复，陵墓前的神道上重新出现石像生。南方政权方面大体沿袭东晋的制度，同时开始恢复汉代在陵前开设神道并布置陵墓石刻的做法，南朝石像生遗存较多，主要分布在南京及其附近一带的帝王和王公贵族陵墓中，共计31处[20]。北方政权则一方面延续鲜卑族“凿石为祖宗之庙”的遗风，另一方面结合东汉的做法，在陵前修筑石庙、石阙、石兽和石碑等[21]，但实物遗存较少，主要有北魏孝文帝静陵的石人及河北内邱县（今称内丘县）的石神兽等[22][23]。

南北朝石像生在延续东汉石像生基本布局和造型特征的基础上，明确显示出其与“石柱、石碑”的标准化组合关系[24]，即以石神兽在前、石柱居于中间、石碑在后的顺序，成对排列于距墓室前500至1500米处的神道两侧（图7-3-7）。南北朝显现出的这种“像、柱、碑”墓前石刻组合关系，后确立为陵墓墓上建筑的重要元素，一直沿用于陵墓建设中，仅在具体的数量分配和位置次序上有所调整。以墓前石刻最完整的梁文帝建陵为例，其陵前有石神兽、石础（残）、石柱、

[19]〔晋〕陈寿著，〔南朝宋〕裴松之注《三国志》，中华书局，2011，第68页。
[20]姚迁、古兵编著《南朝陵墓石刻》，文物出版社，1981，第1页。
[21]杨宽：《中国古代陵寝制度史研究》，上海人民出版社，2016，第48页。
[22]黄明兰：《洛阳北魏景陵位置的确定和静陵位置的推测》，《文物》1978年第7期。
[23]巨建强：《河北内邱出土北朝石神兽》，《文物》2005年第7期。
[24]付龙腾：《试析南朝陵寝制度的两大取向》，《东南文化》2020年第4期。

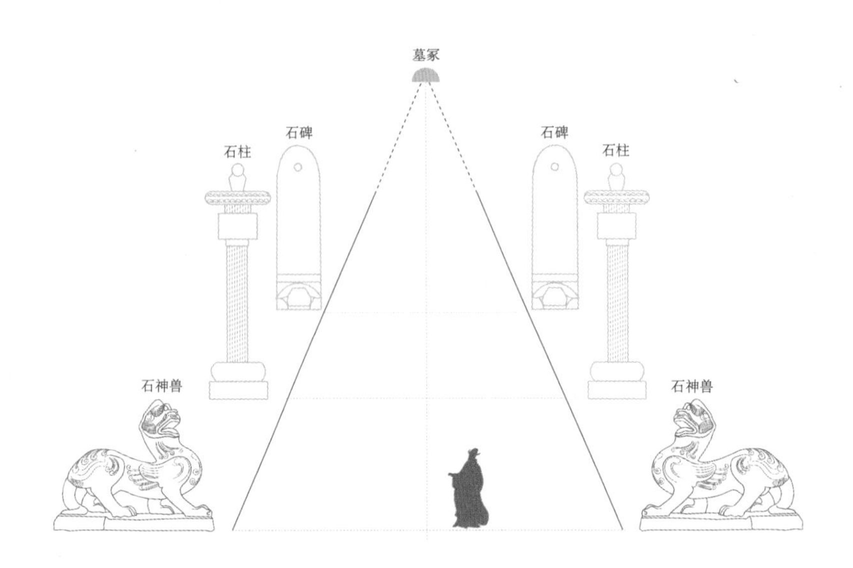

图 7-3-7 “像、柱、碑”与陵墓空间组合关系示意图

石龟趺（残石碑）各一对，依次排列于墓前约1千米处。其中，两个石神兽相距16.2米南北相对[25]。此外，根据墓主身份的不同，石兽种类有所区分，帝陵前石神兽为天禄、麒麟，如齐景帝修安陵前的一对石神兽[26]，王公墓前的神兽则多为翼狮，是一种以狮子为原型所设计的带翼神兽形象，如肖宏墓的一对石神兽[27]。

南北朝时期的神兽形象基本延续了汉代神兽的造型特征，也有部分变动。将东汉孟津油坊村出土的石神兽与齐景帝修安陵的石神兽造型相比较，在头颈肩动态上，后者脖子向上延伸，头部缩小，双眼视线上移，尾部弯曲程度更高，整个视觉重心向上移，头颈腹关系更舒展，造型较前者更灵动轻盈。细部装饰上，其延续了汉代石神兽“毛发线条、卷纹图案”的装饰内容及浅浮雕与线刻结合的装饰手法，仅在具体样式上稍有区别。南北朝石神兽尺度普遍比汉代大，无论是帝陵中的天禄、辟邪，还是王公墓中的翼狮，大多数都高达3米多，属于超现实尺度，对石工的造型和雕刻技术提出了更高要求。大型石像生的出现应与此时石窟造像的兴盛有关，使当时的石工积累了大型石刻的开凿和雕刻经验。

三、庄重威严和规模宏大的唐宋石像生

（一）唐代“神兽、动物与人物”题材组合的固化

随着社会经济的恢复和发展，唐代开始回归汉代的厚葬之风。唐代第一座帝陵献陵即参照了汉代的陵寝制度。唐高祖李渊遗诏：“其园陵制度，务从俭约，

[25] 卢小慧：《南朝陵墓建筑石刻及相关问题研究》，博士学位论文，南京大学历史系，2014，第58页。
[26] 姚迁、古兵编著《南朝陵墓石刻》，文物出版社，1981，图版17。
[27] 同上书，图版49。

斟酌汉魏，以为规矩。”[28]唐代的石像生遗存主要分布于18座唐代帝陵中，由于时间跨度较大及时局的变化等，使得帝陵石刻面貌呈现出一定差异。有学者综合其演变发展情况，将其分为四个阶段：第一阶段是唐高祖、唐太宗的两座陵墓，这个阶段陵墓石刻数量较少，未形成制度，在造型风格和雕刻手法上可见南北朝遗风；第二阶段是盛唐时期的唐高宗至唐睿宗的三座陵墓，这一时期陵寝制度基本确定，造型形象高大、气势雄壮，雕刻做工精细；第三阶段是唐玄宗至唐顺宗的五座陵墓，这一阶段石刻体量变小，造型较为写实；第三阶段是唐宪宗至唐僖宗的八座陵墓，这一阶段石刻种类减少，布局混乱，尺度变小，雕刻水平下降，线条粗简[29]。

唐代陵园仿长安城的布局设计，而墓前石像生是帝王生前仪卫的缩影，《封氏闻见记》中记载道：“皆所以表饰坟垄，如生前之仪卫耳。”[30]以规模最大的乾陵为例，其石像生数量达111座，属历代之最，翼马、鸵鸟石屏、马与马倌、翁仲、客使依次分布于从南向北的神道两侧，狮子成对列于陵园四门之外，北门狮子北侧列有马[31]。以乾陵为代表的唐代石像生确立起“神兽、动物和人物”的题材组合及成对列于神道两侧和神门外的基本布局，这种组合和布局方式不仅被之后的桥陵、建陵等唐代帝陵延续，也对后代石像生空间布局产生深远影响，显现出固化的题材组合与秩序性的布局模式。

自唐代确立起石像生“神兽、动物和人物”三类题材后，后代一直延续该题材组合关系，仅在各题材的数量分配和尺度比例上有所变化。就高度而言，宋代石像生最高，均值达2.85米，清代最低，均值为2.11米。唐代神兽题材石像生高于其他题材石像生，后逐渐降低，成为相对最低的题材；动物题材石像生在唐宋两代皆为高度最低，至明清两代成为居中高度的石像生题材；人物题材的石像生自宋代开始，一直是相对最高的石像生题材。从整体来看，无论是较高的宋代石像生，还是较低的清代石像生，从其与观者身高的关系来看[32][33]，都是超现实尺度的巨型石构雕刻，对观者而言会形成仰望的观赏视角，具有一定视觉震撼力（图7-3-8）。

就种类与数量而言，宋代石像生种类最多，如宋永昭陵，达14种[34]，唐代

---

[28]〔宋〕宋敏求编《唐大诏令集》，中华书局，2008，第67页。

[29] 刘向阳、王效峰、李阿能：《丝绸之路鼎盛时期的唐代帝陵》，三秦出版社，2015，第197—198页。

[30]〔唐〕封演：《封氏闻见记》，张耕注评，学苑出版社，2001，第143页。

[31] 杨正兴：《唐乾陵勘查记》，《文物》1960年第4期。

[32] 孙蕾、朱泓：《郑州地区汉唐宋成年居民的身高研究》，《人类学学报》2015年第3期。

[33] 原海兵、李法军、张敬雷等：《天津蓟县桃花园明清家族墓地人骨的身高推算（Ⅰ）》，《人类学学报》2008年第4期。

[34] 河南文物考古研究所编《北宋皇陵》，中州古籍出版社，1997，第135—160页。

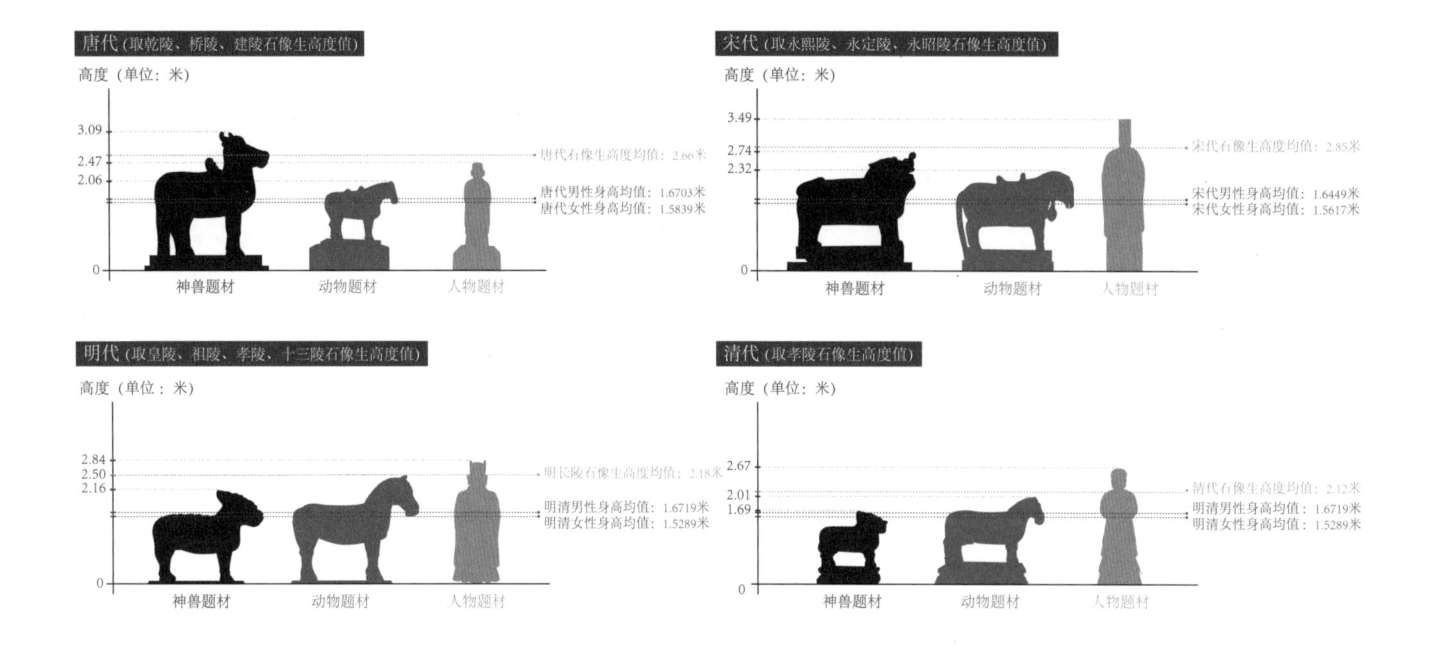

图 7-3-8 唐代以降石像生高度对比图

石像生数量最多，如唐乾陵，达111座[35]。从整体来看，帝陵石像生的数量，自唐代达到顶峰后显现出逐渐减少的趋势。从局部来看，石像生的数量变化也存在不规则的起伏。一是与帝王身份和王朝兴衰有关，如明显陵，其石像生数量较明代其他陵墓少，或者因显陵埋葬的朱祐杬生前为兴献王，后因其子朱厚熜继承皇位，朱祐杬被追封为恭睿献皇帝，这座王墓才改建为皇陵；二是与建设区域的地理因素有关，如清福陵，该陵初建时并未规划石像生，后增建石像生时因场地有限，仅设四对于陵前七孔桥上（图7-3-9）。

唐代石像生的造型设计呈现出以下五个特征：第一，唐代石像生体量大小各异，有类似自然形态的现实尺度，如乾陵的组合式石像“马与马倌”，马高1.8米，残马倌高1.3米；也有超现实的巨型尺度，如乾陵的10对翁仲的人物型石像，高度均值达3.88米。第二，唐代石像生的底座普遍变高且多为两至三层的多层结构，一般而言，第一层底座是石像的基座，与石像连为一体，第二、三层底座或作架高和稳固用。第三，唐代石像生新出现了浮雕立面石屏，如昭陵六骏石屏、乾陵和桥陵的鸵鸟石屏等，这一表现形式也延续至宋代石像生中。第四，相较于前代极具曲线感的外轮廓和富有动态感的姿势，唐代大多石像生的轮廓线更简洁且趋于平直，多呈端正的站立姿或蹲坐姿，更显端庄威严。第五，在细部处理上，其底座部位出现施加装饰的现象，如乾陵翼马底座上刻有行龙、獬豸、狮象等图案。唐代的石作表面平整技术显著提高，石料边部有褊子加工痕迹[36]，磨砻技术的进步使得唐代石像生表面较前代更加平整，精致程度更高。

[35] 杨正兴：《唐乾陵勘查记》，《文物》1960年第4期。
[36] 李浈：《我国隋唐及以后的建筑石作工艺探析》，《自然科学史研究》2009年第2期。

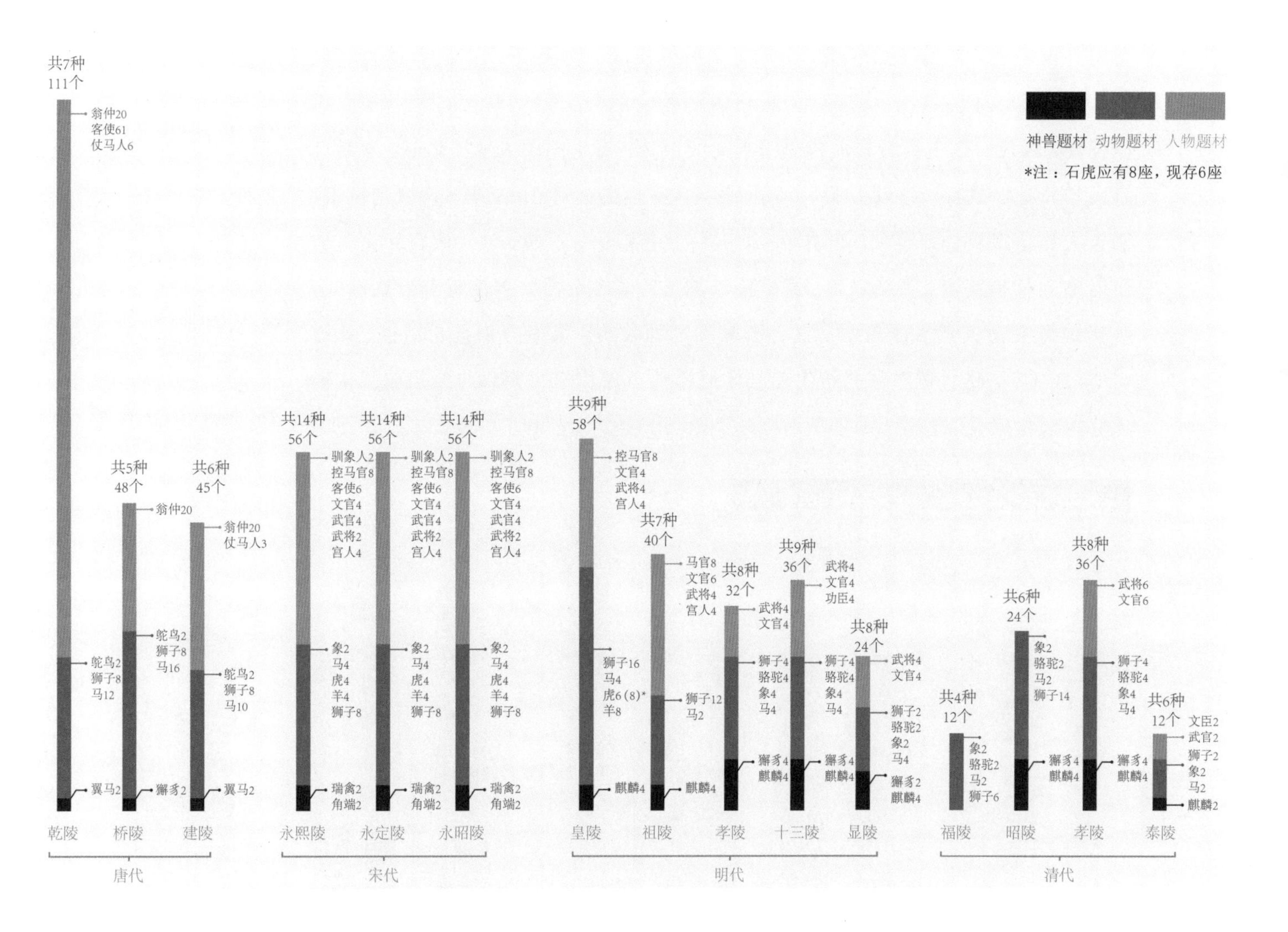

图 7-3-9　唐代以降石像生种类与数量对比图

（二）作为仪仗缩影的宋代人物题材石像生

宋代石像生以分布于河南巩义的北宋皇陵群遗存最为典型。位于浙江绍兴的南宋皇陵虽然与北宋皇陵建制大体相同，但是规模远不及北宋诸陵，其中也未修筑石像生。有学者就北宋诸陵石像生造型风格和细部装饰的差异，将其分为早、中、晚三个阶段：早期为宋宣祖至宋真宗的四座皇陵，该阶段石像生造型粗壮豪迈，保留唐代遗风；中期为宋仁宗、宋英宗两座皇陵，该阶段的石像生更加挺拔秀美，底座上不再刻画纹饰；晚期为宋神宗、宋哲宗两座皇陵，这一阶段的石像生形体较为修长，与早期的雄壮浑圆的造型形成鲜明对比[37]。

北宋皇陵的空间布局基本一致，皆由上宫（帝陵）、下宫、皇后陵和陪葬墓组合而成，显示出较唐代陵墓建筑更为严谨的组合规范与布局秩序。北宋皇陵的四个区域中皆包含石像生，其中以上宫中的数量最多，具有60座石雕（含56座石像生）。以保存相对完好的永昭陵上宫为例，象与驯象人、瑞禽石屏、角端、

[37] 河南文物考古研究所编《北宋皇陵》，中州古籍出版社，1997，第456—457页。

马与马倌、虎、羊、客使、武官、文官、武将依次成对地列于从南向北的神道两侧，陵园四门外各列一对狮子，南神门内与陵台前分别列一对宫人[38]。从中可以发现，宋代石像生具有较前代更为丰富的人物形象，不同人物的体貌、着装和身高与其身份具有一致性。其中，武将最高大，其次是武官、文官，再次是宫人、驯象人和马官及外邦客使。在着装上，武将身着铠甲、手持长剑，武官和文官皆身着宽袖长袍官服、头戴官帽。武官持长剑，文官持笏板；客使身着异族服装，手捧进贡宝物；驯象官和仗马倌身着圆领窄袖长袍，手中分别握长柄镐、执鞭（图 7-3-10）。这种群像式描绘生动立体地再现出宋代皇家朝拜与祭祀仪式中的人物风貌和仪仗队场景（图 7-3-11）。

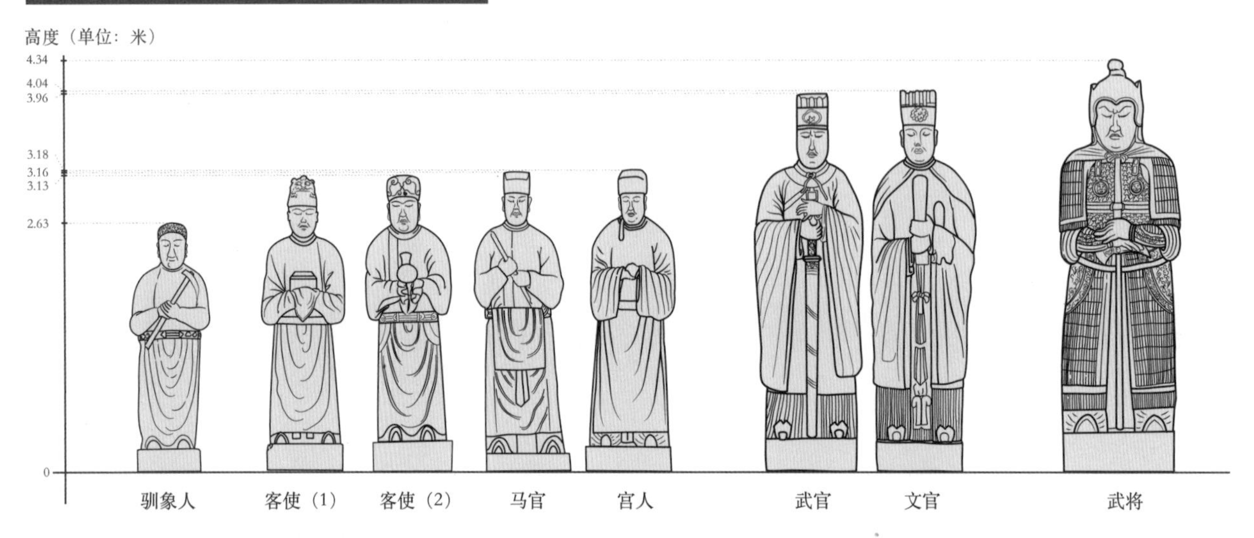

图 7-3-10 宋代人物题材石像生高度对比图

图 7-3-11 永裕陵神道全景[39]

[38] 河南文物考古研究所编《北宋皇陵》，中州古籍出版社，1997，第 21—22 页。

[39] 同上书，彩版 4。

历代文官石像生造型对比

唐代乾陵文官[40]　宋代永昭陵文官[41]　明代十三陵文官[42]　清代孝陵文官[43]

图 7-3-12　唐代以降文官造型对比图

纵向比较各朝代的人物造型，可以发现特定历史语境下的审美倾向。以文官为例，不同于其他朝代普遍圆润壮硕的人物形象，宋代文官石像的躯干修长纤细，头颈肩、臀部和四肢等转折处有弱化结构的处理，衣褶、服装纹饰、毛发和面部五官等局部结构的雕刻力度较浅，细节处理微妙，追求线条美感，凸显出宋代以清瘦为美的审美偏好和简洁细腻的艺术风格（图 7-3-12）。

[40] 由作者拍摄于陕西咸阳市乾陵遗址。

[41] 巩义市文物和旅游局编著，赵玉安、赵延利、康孝本主编《解读宋陵》，河南科学技术出版社，2013，第 72 页。

[42] 刘铁军编著《中国古代经典雕塑 · 陵墓雕塑》，辽宁美术出版社，2001，第 82 页。

[43] 于善濮撰文、林京等摄影《清东陵》，中国建筑工业出版社，2013，第 15 页。

着眼于宋代石像生的姿态，可发现其大多延续唐代的做法，仍以端正的站立、坐姿为主，也出现了个别新的姿势，如呈跪坐姿的石羊。另外，宋代石屏与唐代呈现出较大差异，如永熙陵的瑞禽石屏。不同于唐代的深浮雕手法，其以浅浮雕刻画瑞禽主体造型，结合线刻手法在背景中添加山脉纹装饰。

四、布局多样且雕镌生动的明清石像生

（一）明代石像生三种布局形式的共存

《天府广记·卷四十》记载："元人无陵，遇大丧，棺用楠木二片，凿空其中，类人形大小，合为棺，置遗体其中。"[44]元代没有采用宋代的陵寝制度，沿用的是蒙古族墓葬方式，未设石像生于陵墓中。明代恢复了宋代的陵寝制度并做出了一系列改革。较为典型的明代石像生分布在江苏泗洪祖陵、安徽凤阳皇陵、南京孝陵、北京十三陵和湖北钟祥显陵等皇帝、将臣陵墓中。明代早期的祖陵、皇陵两个陵墓的石像生，布局与造型大致延续宋代做法，但从明孝陵开始发生了较大改变，并对其后的石像生建制产生深远影响，形成了其独特的时代面貌。

石像生的布局经历了从"无序"到"有序"的演变过程，至南北朝逐渐确立起"中轴线式"布局形式，至明代新增了"弯曲式"和"分支式"两种石像生布局形式。值得关注的是，三种布局形式共存于明代帝陵中，这应与明代都城的多次迁徙及各陵选址的地貌差异较大有关。"中轴线式"布局是指神道位于陵园的中轴线上，石像生列于垂直通向祭祀区域的道路两侧，这种布局形式最早出现于南朝陵墓中，在唐代形成定式，北宋基本延续，明、清的部分帝陵中也有沿用，如明代的皇陵、祖陵、显陵和清代的福陵、昭陵，是时间跨度最长、运用最广泛的一种布局形式。"弯曲式"布局是指陵园神道建于弯曲的道路上，神道石刻的排列轨迹也随之弯曲。以最典型的明孝陵为例，其陵园主体由方形变为圆形，四周不再设神门，故删去了立于神门外的石像生，悠长的孝陵神道随山路转折分为西北和南北走向两个部分。"分支式"布局是指神道呈现出如枝干的分支状，石像生位于其中某一或多个路段的两侧。例如共享一组石像生的明十三陵，石像生位于从石牌坊至棂星门的总神道上，总神道由西南至东北走向向外扩散连接各陵。又如清东陵，整个陵园坐北朝南，建设于一环形盆地中，以孝陵为主体，左右分列景陵、裕陵，再往西为定陵，往东为惠陵。各陵皆设置单独的神道及其石像生。孝陵神道是陵园的主干道，其他各陵神道皆为孝陵神道的分支。三种不

[44]〔清〕孙承泽：《天府广记》，北京古籍出版社，1984，第605页。

同石像生布局形式适用于不同情况的陵墓建设，“中轴线式”适合平坦开阔的地貌，“弯曲式”布局适合蜿蜒起伏的山地地貌，“分支式”布局则主要应用于规模宏大的合葬帝陵的建设中（图7-3-13）。

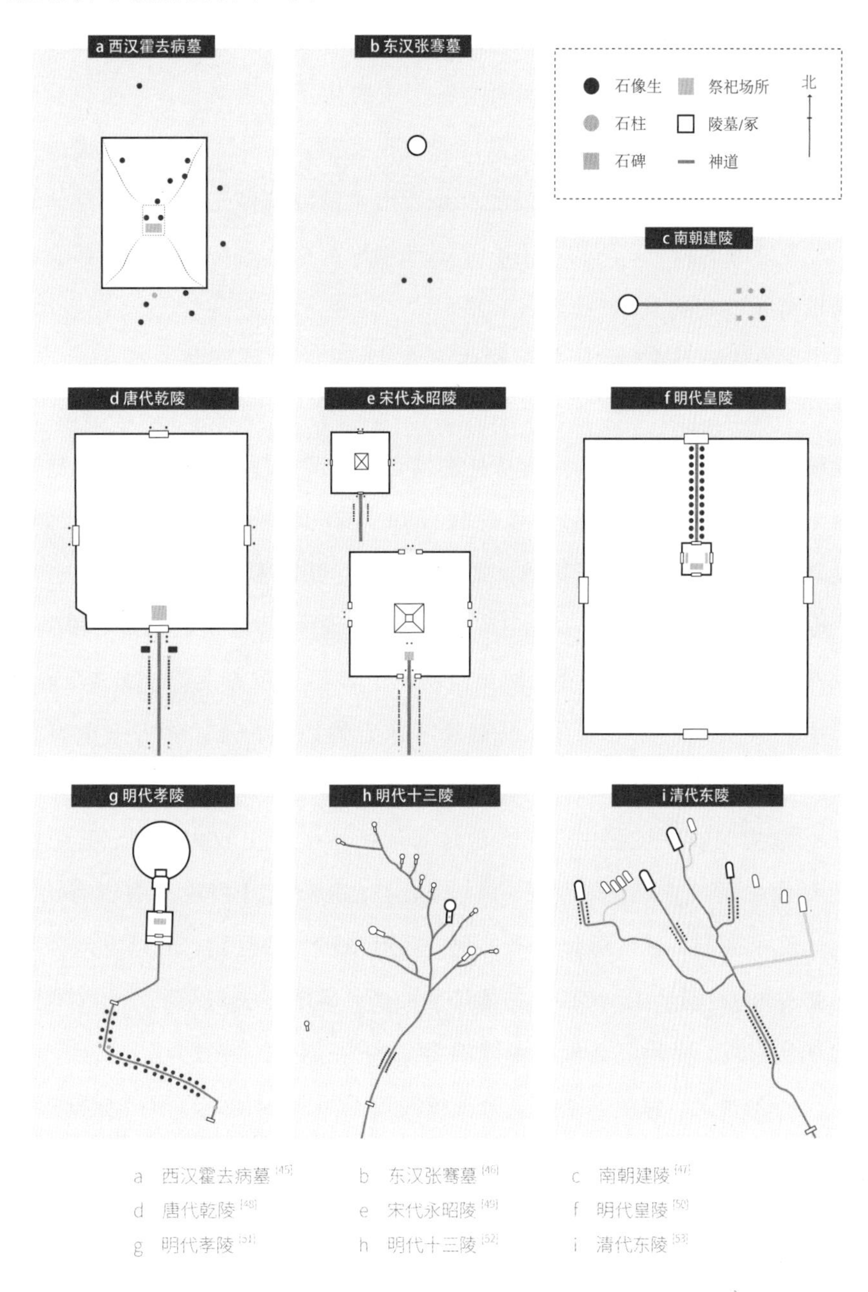

a　西汉霍去病墓[45]　b　东汉张骞墓[46]　c　南朝建陵[47]
d　唐代乾陵[48]　e　宋代永昭陵[49]　f　明代皇陵[50]
g　明代孝陵[51]　h　明代十三陵[52]　i　清代东陵[53]

图7-3-13　历代石像生布局形式对比图

[45] 程征：《为冢象祁连山——霍去病墓石刻群总体设计之探讨》，《西北美术》1984年第2期。
[46] 卜琳、白海峰、田旭东等：《张骞墓考古记述》，《考古与文物》2013年第2期。
[47] 卢小慧：《南朝陵墓建筑石刻及相关问题研究》，博士学位论文，南京大学历史系，2014，第58页。
[48] 傅熹年主编《中国古代建筑史·第二卷：两晋、南北朝、隋唐、五代建筑》，中国建筑工业出版社，2001，第423页。
[49] 河南文物考古研究所编《北宋皇陵》，中州古籍出版社，1997，第136页。
[50] 潘谷西主编《中国古代建筑史·第四卷：元明建筑》，中国建筑工业出版社，2001，第190页。
[51] 同上书，第192页。
[52] 同上书，第195页。
[53] 孙大章主编《中国古代建筑史·第五卷：清代建筑》，中国建筑工业出版社，2002，第259页。

在造型上，明代石像生则呈现出强于前代的写实性，镂空与细部雕琢技术也更加成熟。以前代多次出现过的“象”这一动物题材为例，明代石象雕刻在形体的刻画上更加写实。可以看出此时石工对雕刻对象面部表情、肢体动态的把握，及对其内部骨骼和肌肉结构的理解，较宋代有了较大进步，体块造型严谨、神态形象逼真。另外，从明孝陵开始，石像生弱化了底座结构，更加凸显出石像主体的视觉冲击力，仅以5厘米左右的底座作支撑，对镂空雕琢技术提出更高的要求。此外，长陵石像生在细部处理上显现出更精致的做工，如麒麟身体表面的鳞片、武将身着的铠甲、动物的毛发等细部结构都雕琢得一丝不苟，其表面的平整程度也有了一定提升。

（二）清代石作技术促进石像生写实性与立体感增强

清代石像生主要分布于三个清代皇帝陵园内，分别是清初的关外三陵、位于河北遵化的清东陵和位于河北易县的清西陵。清代皇陵石像生无论是在布局和造型上，都与明代有明显的继承关系，同时也在具体的人物造型、服饰着装和细节处理上显现出满族文化特色。就布局而言，以规模较大的清东陵之一孝陵为例，其包含8种石像题材，共计18对36个，与明代石像生的数量、种类、排列次序及布局形式基本一致。清东陵虽与明十三陵石像生都为“分支式”布局，但不同于十三陵仅设一组石像生，清东陵石像生为散状分布，除主干道有一组石像生之外，其他三个分支道路上也分别有一组石像生。

在石像生的发展过程中，不同题材的延续性呈现出较大差异，其中以马为题材的石像生延续性最强，西汉、唐、宋、明、清帝王将相陵墓中皆有出现。着眼于这一造型题材，对比历代石马的尺度、形态和装饰区别，可以发现其越发增强的写实性和镂空技术。就石马主体尺度而言，早期霍去病墓石马相对较小，类似马的现实尺度，唐代及其以后帝陵的石马多为超过2米的超现实尺度，其中以宋代帝陵石马最高。就形态而言，唐宋帝陵石马较为类似，外形简练概括，细部结构以线条造型为主，采用圆雕结合浮雕、线刻的手法表现。明清帝陵石马有显著的继承关系，马的骨骼转折和肌肉走势表达明确，写实性与立体感较强，采用纯熟的圆雕手法造型。与明清石马不同的是，清代帝陵石马对部分肌肉结构有夸张化处理，使其形象更显强壮有力。另外，从石马的底座变化可以发现其逐渐纯熟的镂空技术。最早的霍去病墓石马底部未做镂空处理，石像主体与地面的接触面积大，故石马四肢能雕刻得较细；唐宋帝陵石马腹部下方皆有镂空处理，底座较厚且多为二至三层，石马四肢与第一层底座相连形成稳定的支撑，体积更大的第二、三层底座以增强石像的稳定性和高度。另外，为增加石像的底面受力面积，唐宋帝陵石马的四肢处理得明显比霍去病墓石马粗。在唐宋时期的基

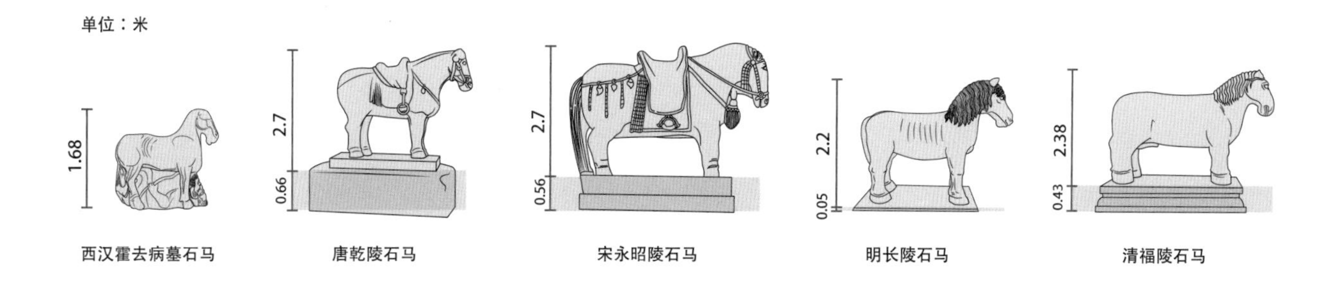

图 7-3-14　历代石马造型对比图

础上，明清两代帝陵的石马底座进一步变薄，甚至与石像主体分离，如清福陵石马，石像主体材料为青白石，须弥座样式底座材料为大理石，显现出更成熟的镂空技术。为了保证石像的稳定性，这两代帝陵的石马都有加粗四肢、放低重心的处理（图 7-3-14）。

结语

对石像生的研究，既是探寻大型圆雕石刻的设计与技术演变的途径之一，也可以给人们认识历代的丧葬文化、人文和审美观念提供线索。就雕刻技术而言，可以发现石像生逐渐增强的写实性和立体感，及底部镂空、细节处理和表面打磨等石作技术的进步，从石像生的角度进一步佐证了石作技术演进对石作器物设计面貌的影响。石像生的空间布局经历了由无序到有序的发展过程，逐渐统一为列于神道和神门两侧的基本布局制式：石像生与“石柱、石碑”的陵墓石刻组合方式，以及“人物、动物和神兽”的题材组合方式。自确立这种布局秩序后，后世石像生的布局方式基本统一。“事死如事生”的厚葬文化、皇权制度下严格的等级秩序一直延续于中国古代社会之中，故而诸如石像生布局的陵寝制度设计也得到延续。当然，古代的工匠们也会因地制宜，发展出“中轴线式”“弯曲式”和“分支式”等布局方式，即根据各地的地貌地形差异对石像生的布局方式做出调整。就石像生的造型特征而言，其以立体且恒久的形象记录了各个时期的不同身份人物的面貌、具有文化象征意义的动物及古典文化中富含想象力的神灵形象。各朝代不同的文化语境与审美观念必然带来历代石像生差异化的种类、姿态、神情和服饰等，而这些都是我们回溯中国古代设计与审美演进脉络的宝贵史料。

第四节　磐石之安的门第符号

门墩，又称为“门礅”“门枕”“门砧”等，其成对地位于门的左右下角，是中国传统建筑中典型的石质基础构件之一。在以木材为主要材料的中国传统建筑中，石材以其优于木材的稳定性、耐磨性和防潮性等特点，被广泛用作木构架的基础构件，同时成为室外建筑装饰的重要表现媒介。作为基础构件之一的门墩也多以石材打造，仅有少部分为木质。

随着社会等级的分化和家族意识的增强，人们对供群体生活与聚集的建筑空间产生了居住功能以外的象征诉求，即尝试根据家族的社会地位、族群的精神信仰等，追求与群体身份相匹配的各种建筑形式和装饰。而这种对建筑装饰的追求，又以石作技术的成熟为基础。中国传统建筑大多是多建筑构成的组合式院落，设置有多扇门扉，各处门扉的功能与重要性不同。一些位置显要的建筑大门，是整座建筑向外展示的视觉重点，故而在此处发展出了带有装饰的石质门墩。门墩的外部作为施加建筑装饰的重要区域，演化出各种雕琢精致的装饰形态与样式。门墩也逐渐成为一种象征门第的符号。具有装饰的门墩古有“抱鼓石、砷石、滚墩、石鼓、幞头鼓子等名称，其在门墩的基本形制上，于门外部分增加了丰富的石刻装饰。本节主要围绕具有装饰的门墩展开探讨，未做装饰的简易门墩不在本节的研究范畴内，故后文所提及“门墩”一词主要指具有装饰的门墩。

从功能上看，门墩既是门的基础构件，具有承托大门转轴、门框和固定门槛的实用属性，又是彰显居住族群身份地位和精神信仰的装饰区域，向内凝聚族群共识，向外展示族群标识。门墩与柱础虽同属于承托木柱的石质基础构件，但两者的受力和安装方式存在不同，故衍生出不同的形态特征。柱础承托的是依靠自身结构保持稳定的木架构柱子，主要承受柱子向下的重力，故多呈现为顶面平整的柱状形态。而门墩除承受门框向下的重力之外，还需消解门扉转动产生的晃动以保持门柱的直立状态，故相较于柱础而言，门墩的结构更加复杂，呈现出向门的内、外两端延伸，中部下凹的形态特征。具体而言，门墩可分为外、中、内三部分，由下凹的中部和上凸的内、外部分组成，中部凹槽用于安装门槛及门框，门内部分顶面凿有一方形或圆形的榫孔，俗称“海窝”，用于安装门轴，

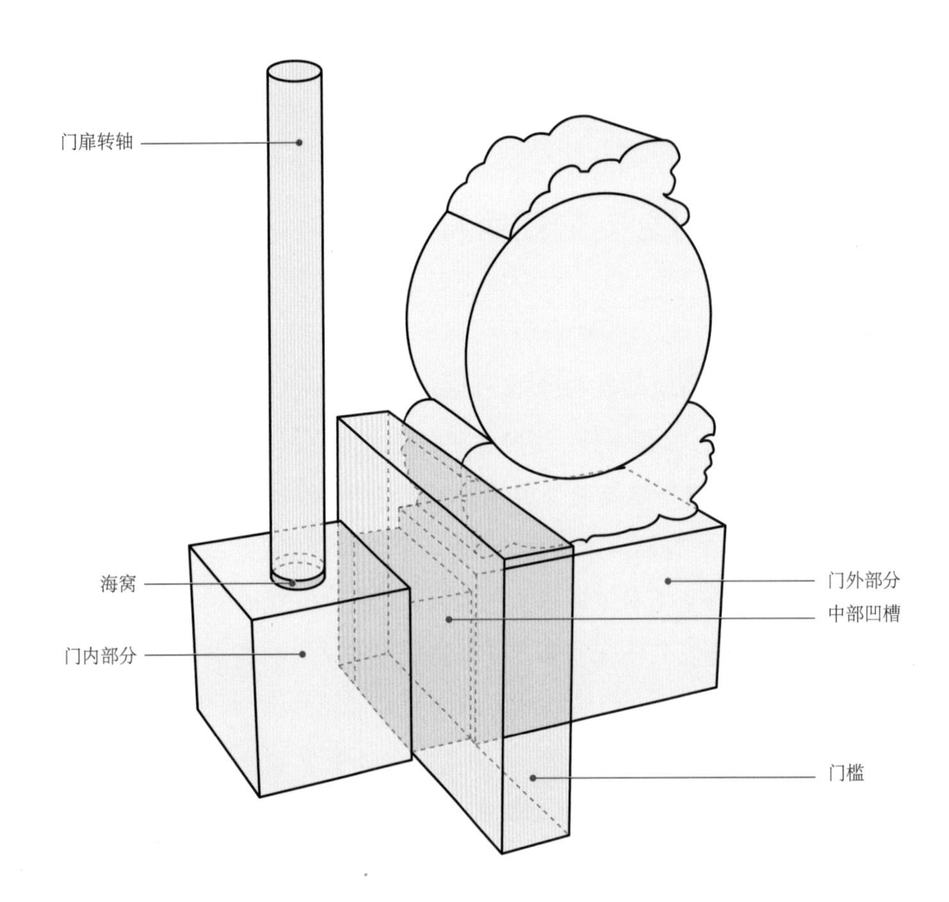

图 7-4-1 门墩结构与安装方式示意图

门外部分常高于门内部分，用于施加装饰。这种榫卯结构使门墩与门框、门扉和门槛等构件相互连接，形成稳定的基础结构以保持大门屹立不倒（图 7-4-1）。

关于门墩，古人较少对其展开专门论述，多为描述某一建筑时，连带提及其门扉处的门墩，如《汀州府志》载“天顺元年，知县吴中改建殿堂、棂星、两庑、斋坊、馔堂、厫宇。成化间，同知黄冕作仪门、石鼓”[1]。也有一些官方工程规范类著述中简略记载了门墩的制度、用料和劳动预算等信息，如《营造法式》的石作制度“门砧限”一节记载“造门砧之制：长三尺五寸；每长一尺，则广四寸四分，厚三寸八分”，谈石作功限的“门砧限”一节记载“门砧一段。雕镌功：造剔地起突华或盘龙，长五尺，二十五功。长四尺，一十九功。长三尺五寸一十五功。长三尺，一十二功。安砌功：长五尺，四功。长四尺，三功。长三尺五寸，一功五分。长三尺，七分功。门限，每一段，长六尺，方八寸”[2]，分别记述了门墩尺寸比例，及雕刻和安装不同尺寸门墩所需的人力。

[1]〔清〕曾曰瑛修、李绂纂《汀州府志》，王光明、陈立点校，方志出版社，2004，第279页。

[2]〔宋〕李诫撰，王海燕注译《〈营造法式〉译解》，华中科技大学出版社，2011，第60页，第240页。

直到清代晚期，才有学者对门墩进行了较为完整的针对性描述，即姚承祖在《营造法原》中的一段文字，“石料之用于室内，作为构造及装饰者，有……砷石数种。砷石除用于牌坊栏杆外，室内则用于门第将军门之两旁，砷石上部大都作圆鼓形，下部为长方形之石座，称砷座。因上部式样之不同，而称砷石为挨狮砷，纹头砷，书包砷，葵花砷等。而门第者多为葵花砷，上部圆鼓形，俗称盘陀石。其高低式样，以圆鼓径为标准，圆径约二尺至二尺四寸，厚约六七寸，全高约四尺余，其座约占全高四分之一。但其全部高低，也得视门之高低而定”[3]。这段文字较为详细地描述了门墩的基本特征、常见类型和尺度比例等内容，从中也可发现门墩的装饰形式丰富多样。本节以现存可考的门墩实物为基础资料，结合前人学者对门墩的分类思路，根据它们门外部分装饰内容的差异，将门墩大致分为“兽形、线刻方形、鼓形、方形和其他形”五种类型，并从形制、结构、尺度、与建筑的位置关系、表现题材等方面出发，阐释门墩设计面貌的演变，同时结合石作技术、建筑施工、文化和社会等角度理解其背后的设计原因，尝试从这一微观视角探析石作技艺在建筑领域的发展情况。

一、魏晋南北朝至隋代兽形门墩的滥觞与发展

从汉代画像石、陶楼和壁画描绘的建筑中，可窥见早期的简易门墩形象，如内蒙古和林格尔汉墓壁画描绘的幕府东门，门下两侧和中间似有三个方形门墩；再如河南焦作白庄41号墓出土的东汉早期五层灰陶仓楼，门下两侧和中间似有三个方形门墩；另有山东沂水汉画像石墓刻绘的住宅门楼，门下似有一个半圆形门墩（图7-4-2）。虽然缺少汉代门墩的实物遗存，但这些间接资料显示出汉代大门已经具有转动开合的功能，故可推测此时应已出现了类似门墩的某种结构。

内蒙古和林格尔汉墓壁画中的幕府东门[4]

河南焦作白庄41号墓出土的东汉早期五层灰陶仓楼局部[5]

山东沂水汉画像石墓刻绘的住宅门楼[6]

图7-4-2　汉代图像与明器资料中的门墩形象

[3]〔清〕姚承祖：《营造法原》，张至刚增编，刘敦桢校阅，中国建筑工业出版社，1959，第59页。
[4] 内蒙古自治区文物考古研究所编《和林格尔汉墓壁画》，文物出版社，2007，第50页。
[5] 河南博物院编著《河南出土汉代建筑明器》，大象出版社，2002，第19页。
[6] 李国新、杨蕴菁编著《中国汉画造型艺术图典·建筑》，大象出版社，2004，第51页。

较早的门墩实物多出土于魏晋南北朝时期的墓葬建筑中，如北魏永固陵两进墓道石门下各安装有一对门墩，该门墩外部雕刻成虎头状，是可考较早的具有装饰的门墩[7]，属于兽形门墩。兽形门墩门外部分多做狮、虎形象的石刻装饰，一般由圆雕兽身和方形底座两部分组成。从所收集的实物资料可见，兽形门墩是门墩发展初期的绝对主角，其滥觞于魏晋南北朝时期，在隋代得到持续发展。唐代及以后，兽形门墩不再是门墩的主要类型。此后，虽然独立表现兽身的门墩已较少出现，但兽的形象更多以配角的身份延续在其他类型的门墩中。

魏晋南北朝至隋代的门墩多出土于墓葬建筑，仅一例出土于古城遗址。这些墓葬大多为身份尊贵的王公将相的厚葬墓，如北魏文成帝拓跋濬之妻文明皇后冯氏墓（永固陵）、幽州刺史宋绍祖墓[8]、北齐太尉武安王徐显秀墓[9]、隋大将军九陇公郁久闾可婆头墓等[10]，表明此时的兽形门墩应是垄断于贵族阶级的建筑装饰。这些墓葬及遗址多位于魏晋南北朝至隋代的都城或重要城市，如：今山西大同、太原，陕西西安、三原，山东嘉祥及安徽合肥等地。可见兽形门墩的营造活动主要集中在经济发达、技术先进和交通便利的地区。这些位于政治经济中心、皇家贵族墓葬中的门墩，已经体现出门墩对高贵身份和门第意识的象征意义，具有鲜明的贵族造物属性。

就墓葬建筑中的门墩而言，兽形门墩在魏晋南北朝时期的出现与墓葬建筑的发展关系密切，其产生基于墓葬建筑的演变和墓门结构的逐渐完善。夏商时期的墓葬大多为土坑竖穴的木椁墓，此时的墓穴中尚未出现墓道结构。西周时期的墓葬在原先的基础上增加了墓道，但此时的墓道和墓室相接处未发现有任何形式的封门设施。到了秦代，墓葬开始在墓道和墓室相接处用土坯或木板作封门，但这种墓门还不具备开合结构，故应不具备门墩结构。到了西汉晚期至东汉时期，墓葬建筑中出现了可开合的结构完整的石墓门，其包含门楣、门柱、门扉和铺首等构件。北朝至隋唐时期，在使用石墓门的同时，还有一道或多道砖封门[11]。也正是在这一阶段，石墓门开始出现带有装饰的门墩构件，如北齐徐显秀墓，其墓道与墓室之间有一道石墓门，墓门下安装有一对兽形门墩，整体呈长方形，门外部分雕刻成虎头状（图7-4-3）。

墓门结构的完善与门墩的出现不仅是地下的墓葬建筑逐渐成熟的表现之

[7] 解廷琦：《大同方山北魏永固陵》，《文物》1978年第7期。
[8] 刘俊喜、张志忠、左雁：《大同市北魏宋绍祖墓发掘简报》，《文物》2001年第7期。
[9] 常一民、裴静蓉、王普军：《太原北齐徐显秀墓发掘简报》，《文物》2003年第10期。
[10] 刘呆运、李明、赵宝良等：《长安高阳原隋郁久闾可婆头墓发掘简报》，《文博》2018年第4期。
[11] 尹夏清：《北朝隋唐石墓门及其相关问题研究》，博士学位论文，四川大学历史文化学院，2006，第129—132页。

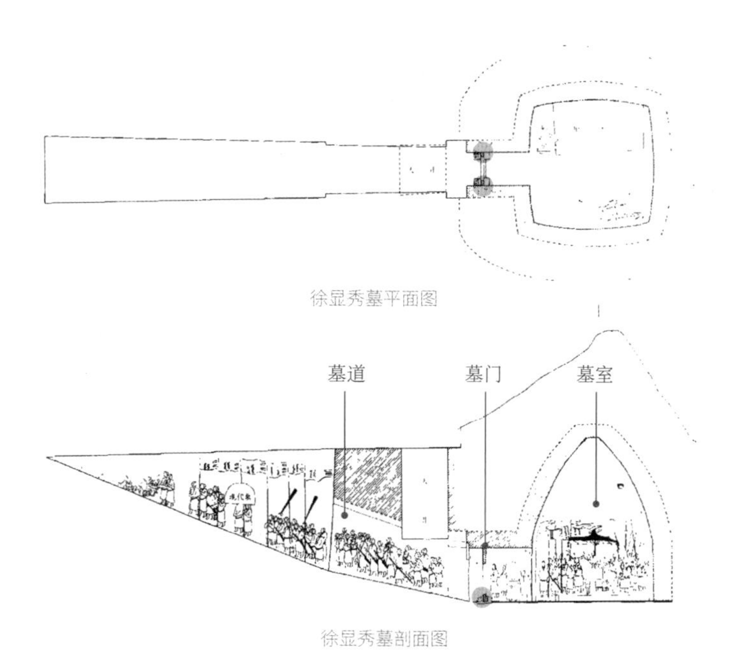

徐显秀墓平面图

徐显秀墓剖面图

徐显秀墓墓门立面图

图 7-4-3　门墩在墓室中的位置示意图（以徐显秀墓为例）[12]

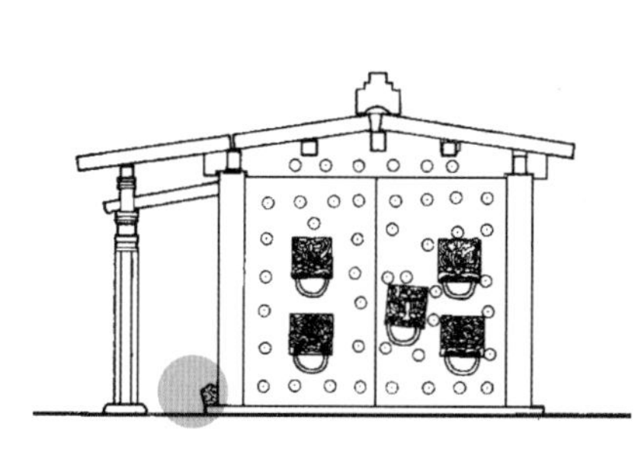

宋绍祖墓棺椁侧面图

宋绍祖墓棺椁立面图

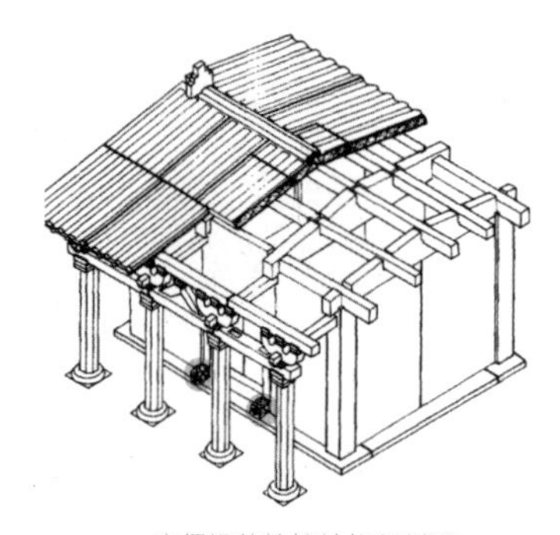

宋绍祖墓棺椁结构剖析图

图 7-4-4　门墩在棺椁中的位置示意图（以宋绍祖墓为例）[13]

一，而且是当时人居建筑形式的一种间接再现，这表明最晚在魏晋南北朝时期兽形门墩或已普遍应用于人居建筑中。此时的墓葬中还出现了一种模仿房屋造型的葬具，其中便有设置门墩的现象，如北魏宋绍祖墓的石棺椁外观呈木构三开间单檐悬山顶式殿堂建筑，明间设两扇石板门，门下两侧各置一兽形门墩，其门外部分做虎头状（图 7-4-4）。在极少的魏晋南北朝时期建筑遗迹中也发现了这种门墩，如古邺城遗址出土的一对石螭首，学者俞伟超先生推测其为东魏或北齐时期的遗物，位于铜爵台台前门楼根两木柱下，具有门墩的凹槽和海窝结构，门外部分雕刻成兽首状，可能为此时人居建筑中的兽形门墩实物[14]。

根据兽身的姿态差异，可将兽形门墩分为伏式和坐式两种样式（图 7-4-5）。

[12] 常一民、裴静蓉、王普军：《太原北齐徐显秀墓发掘简报》,《文物》2003 年第 10 期。

[13] 刘俊喜、张志忠、左雁：《大同市北魏宋绍祖墓发掘简报》,《文物》2001 年第 7 期。

[14] 俞伟超：《邺城调查记》,《考古》1963 年第 1 期。

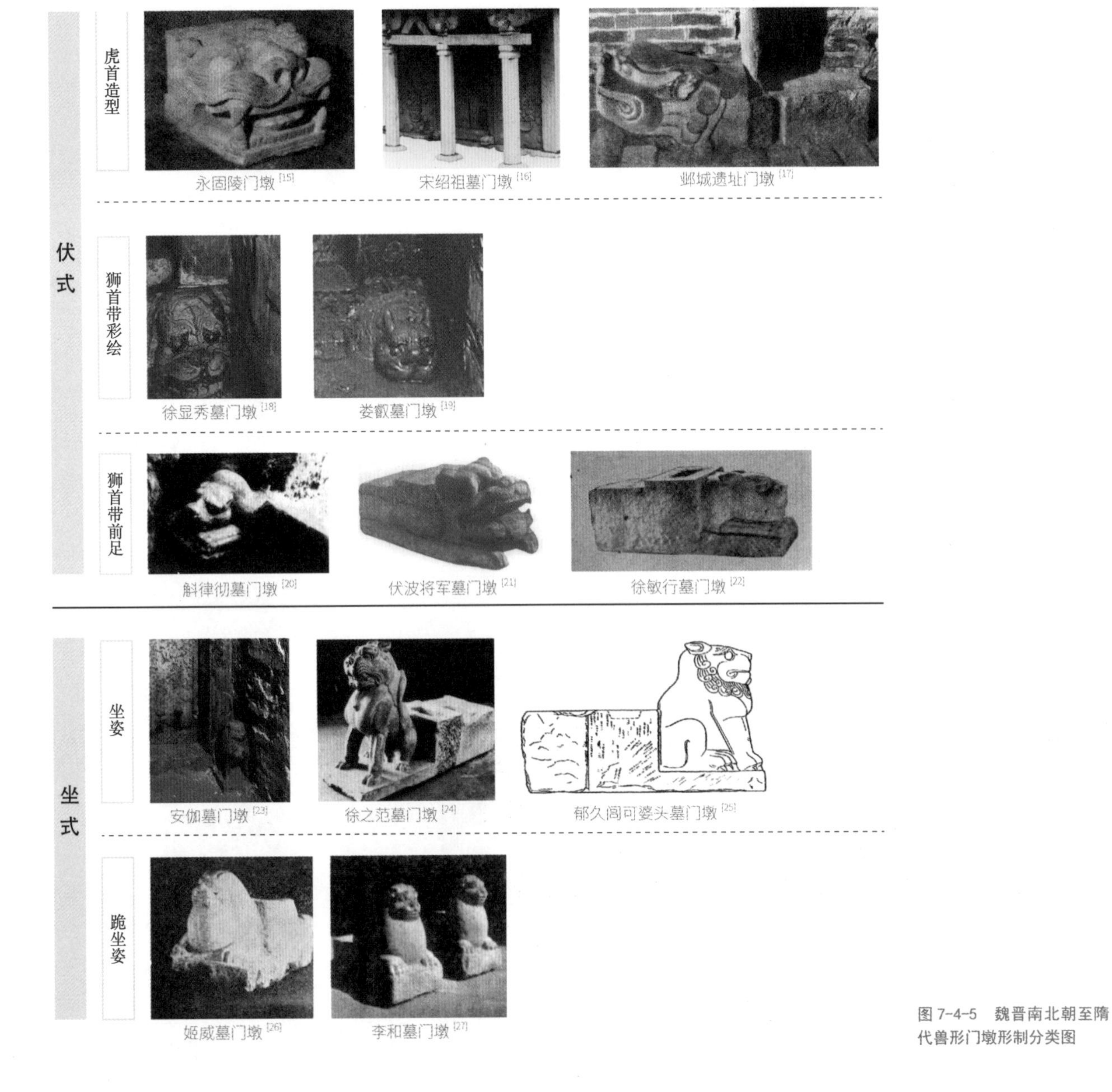

图 7-4-5　魏晋南北朝至隋代兽形门墩形制分类图

[15] 解廷琦：《大同方山北魏永固陵》，《文物》1978 年第 7 期。
[16] 山西博物院，http://www.shanximuseum.com/sx/collection/detail.html?id=733，访问日期：2023 年 9 月 5 日。
[17] 俞伟超：《邺城调查记》，《考古》1963 年第 1 期。
[18] 太原市文物考古研究所编《北齐徐显秀墓》，文物出版社，2005，第 21 页。
[19] 太原市文物考古研究所编《北齐娄叡墓》，文物出版社，2004，第 29 页。
[20] 朱华、畅红霞：《太原隋斛律彻墓清理简报》，《文物》1992 年第 10 期。
[21] 胡悦谦：《合肥西郊隋墓》，《考古》1976 年第 2 期。
[22] 山东省博物馆：《山东嘉祥英山一号隋墓清理简报——隋代墓室壁画的首次发现》，《文物》1981 年第 4 期。
[23] 陕西省考古研究所编著《西安北周安伽墓》，文物出版社，2003，图版 8。
[24] 李卫星：《山东嘉祥英山二号隋墓清理简报》，《文物》1987 年第 11 期。
[25] 刘呆运、李明、赵宝良等：《长安高阳原隋郁久闾可婆头墓发掘简报》，《文博》2018 年第 4 期。
[26] 田醒农：《西安郭家滩隋姬威墓清理简报》，《文物》1959 年第 8 期。
[27] 陕西省文物管理委员会：《陕西省三原县双盛村隋李和墓清理简报》，《文物》1966 年第 1 期。

伏式兽形门墩保留了简易门墩的长方体造型，仅将门外部分的方体结构雕刻成兽首造型，有的会在兽首下方增加前足。其中，北魏永固陵、宋绍祖墓、东魏北齐邺城遗址的三例较类似，门墩门外部分皆为虎头状圆雕。北齐徐显秀墓、娄叡墓的两例较相似，门墩门外部分皆为狮首圆雕且施加彩绘。隋代斛律彻墓、伏波将军墓、徐敏行墓的三例门墩较类似，狮首下皆增加了前足结构。坐式兽形门墩突破了门墩的长方体造型，增高门墩门外部分并雕刻成蹲坐姿或跪坐姿的狮子像。其中，北周安伽墓、隋代徐之范墓、郁久闾可婆头墓的三例门墩姿态更为相似，狮子皆成蹲坐姿势，腹部前与前足中间多做镂空处理。隋代姬威、李和墓的两例门墩较为相似，皆为跪坐姿的半身狮像。

兽形门墩的题材早期为虎，北魏后为狮子所取代。虎、狮都是极为凶猛的动物，古人在畏惧它们的同时，也敬畏它们的力量，寄希望于这些天生神力的猛兽以驱邪震恶。虎与狮蹲守在墓道和墓室相接处的墓门两侧，作为一种守卫亡灵的意志而存在。早在汉代，虎不但被奉为阳宅的门神，还是阴宅门户的守护神[28]。在这种文化语境下，以虎作为门墩的装饰就可以理解了。虎形门墩出现的时间较早且遗存数量较少，仅有北魏永固陵、宋绍祖墓、东魏至北齐邺城遗址门墩三例。此后，随着佛教在中原地区的普及，在佛教中具有特殊地位的狮子受到格外重视。狮子在佛教中的护法功能，引申为现实生活与亡灵空间中的守护者形象，伴随着佛教影响力的扩大，狮子取代虎成为人们心中主要的“守护神”形象。这种观念的变化也体现于门墩造物中，即为虎形门墩消失殆尽，狮子形门墩取而代之。

二、唐代线刻方形门墩的涌现

线刻方形门墩是指主要运用线刻手法刻绘装饰内容的门墩类型，它保留了简易门墩的方体造型，工匠们在门外方体方形门墩的两面或三面上施加平面化的装饰图案。本节共搜集到线刻方形门墩实物遗存14例，其中13例为唐代时期遗存，1例为元代遗存，初步推测线刻方形门墩主要流行于唐代，宋元时期有少量沿用。

与前代类似，唐代的线刻方形门墩也出土于身份显贵者的墓葬中，或者为身份显赫的皇亲国戚，如唐太宗长女新城公主[29]、第五女长乐公主[30]、唐睿宗

[28] 戴建增：《汉画中的虎崇拜》，《南都学坛》2004年第5期。
[29] 陕西省考古研究所、陕西历史博物馆、礼泉县昭陵博物馆编著《唐新城长公主墓发掘报告》，科学出版社，2004，第125页。
[30] 陈志谦：《唐昭陵长乐公主墓》，《文博》1988年第3期。

贵妃[31]、嫡长子李宪[32]、次子惠庄太子[33]、唐德宗长女唐安公主[34]、唐中宗长子懿德太子等[35]，或者为品级较高的朝廷要员，如唐代司空公上柱国淮安靖王李寿[36]、司徒并州都督上柱国鄂国忠武公尉迟敬德[37]、定远大将军安菩[38]、平凉都督尉骠骑将军史索岩[39]、银青光禄大夫驸马都尉上柱国汾阴郡开国公赠兖州都督薛儆[40]、唐散大夫遂州司马董务忠等[41]，表明贵族阶级对门墩建筑装饰的垄断延续至唐代。此外，这些墓葬的出土地点仍然主要集中在现陕西、河南、宁夏、山西等地的唐代重要城市中。

从隋代到唐代，兽形门墩转变为线刻方形门墩，其装饰手法从立体的圆雕转变为平面范畴的线刻，呈现出两种截然不同的装饰风貌。在这一转变过程中，唐初的李寿墓具有承上启下的意义。李寿墓门墩保留了兽形门墩的坐狮造型，同时在坐狮基座处施加了线刻的忍冬纹和动物纹，兼具兽形门墩和线刻方形门墩的特征，应为两种门墩转变过程中的过渡。此后，兽形门墩消失于唐代墓门中，为线刻方形门墩所取代（图7-4-6）。

着眼于唐代石墓门的整体风貌，门额、门楣、门柱、门扉和门槛上皆有丰富的石刻图案装饰，门墩形制的转变应是为了使门墩与墓门其他构件的装饰风格

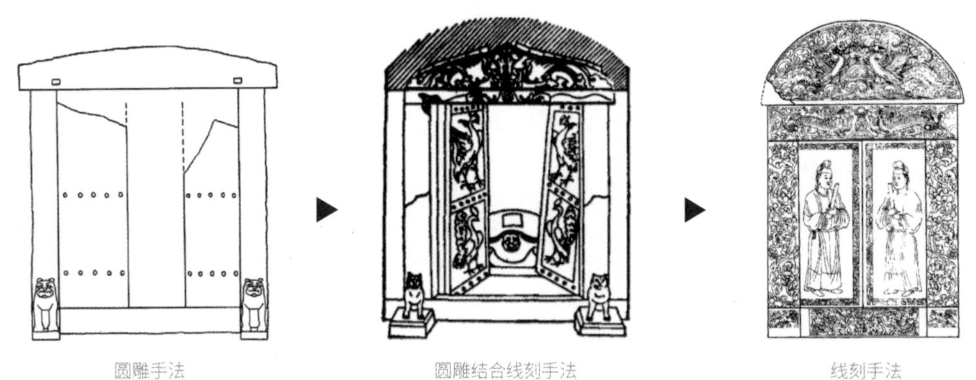

圆雕手法　隋郁久闾可婆头墓墓门墩[42]

圆雕结合线刻手法　唐李寿墓墓门墩[43]

线刻手法　唐李宪墓墓门墩[44]

图7-4-6　从隋至唐的墓门门墩形式转变

[31] 方孝廉、谢虎军：《唐睿宗贵妃豆卢氏墓发掘简报》，《文物》1995年第8期。
[32] 陕西省考古研究所编著《唐李宪墓发掘报告》，科学出版社，2005，第164—168页。
[33] 陕西省考古研究所、蒲城县文体广电局：《唐惠庄太子墓发掘简报》，《考古与文物》1999年第2期。
[34] 陈安利、马咏钟：《西安王家坟唐代唐安公主墓》，《文物》1991年第9期。
[35] 陕西省考古研究院、乾陵博物馆编著《唐懿德太子墓发掘报告》，科学出版社，2016，第34页。
[36] 陕西省博物馆、文管会：《唐李寿墓发掘简报》，《文物》1974年第9期。
[37] 昭陵文物管理所：《唐尉迟敬德墓发掘简报》，《文物》1978年第5期。
[38] 程永建、周立主编《洛阳龙门唐安菩夫妇墓》，科学出版社，2017，第152—153页。
[39] 罗丰：《固原南郊隋唐墓地》，文物出版社，1996，第40页。
[40] 山西省考古研究所：《唐代薛儆墓发掘报告》，科学出版社，2000，第24页。
[41] 程学华、程蕊萍：《唐遂州司马董务忠墓清理简报》，《文博》1996年第2期。
[42] 刘呆运、李明、赵宝良等：《长安高阳原隋郁久闾可婆头墓发掘简报》，《文博》2018年第4期。
[43] 陕西省博物馆、文管会编著《唐李寿墓发掘简报》，《文物》1974年第9期。
[44] 陕西省考古研究所编著《唐李宪墓发掘报告》，科学出版社，2005，第162页。

保持统一。论及线刻方形门墩的装饰内容与手法，就不得不将其置于整个墓门的装饰内容中。在石墓门上以石刻手法施加图像装饰的做法，早在东汉时期各地的画像石墓中就已出现，如山东沂南画像石墓的石墓门（图7-4-7a）。汉代画像石墓门图案多表现为：门楣上刻有车马出行、狩猎放牧、亭阁拜迎等仙界景色，门柱有东王公与西王母的图像，门扉上为铺首衔环大兽面和青龙、白虎、朱雀、玄武四神兽图像。其传达的中心内容是通过神话传说中具有神异力量的人物、动物和植物，来达到御凶辟邪、求祥升仙的目的[45]。魏晋南北朝至唐代石墓门图案更具现实性且更加丰富多样，包含四神兽、狮子、凤凰、鸟等动物图像，及门吏、武士、侍女、宦官、文官和武官等人物形象，还有云朵形的缠枝忍冬纹、缠枝蔓草纹、宝相花纹、牡丹花纹等极富装饰和变化的植物图案[46]。不同的是，魏晋南北朝时期的墓门装饰更多以彩绘形式表达，如北齐徐显秀墓和娄叡墓，其墓门各构件上皆有造型夸张、构图饱满的彩绘图案，应是魏晋南北朝兴盛的壁画艺术在墓门上的体现（图7-4-7b）。而唐代墓门则继承了汉代画像石墓门的石刻装饰手法，虽然增加了施工难度，但具有长久保存的优势，门墩也创造性地成为线刻图案的表现媒介，统一于整座墓门的装饰风格中（图7-4-7c）。

根据线刻装饰的区域，可将唐代的线刻方形门墩进一步细分为两种样式，即两面式和三面式（图7-4-8）。两面式线刻门墩是指门墩外部方体的“顶面、正面”两面具有线刻装饰，如唐长乐公主墓、新城长公主墓、惠庄太子墓、薛儆墓门墩等。三面式线刻门墩是指门墩外部方体的顶面、正面和内侧面三面具有线刻装饰，如懿德太子墓、豆卢氏墓、李宪夫妇合葬墓、安菩夫妇合葬墓、史索岩夫妇墓、嵩岳寺地宫门墩等。

图7-4-7　汉代、北齐、唐代的墓门装饰对比图

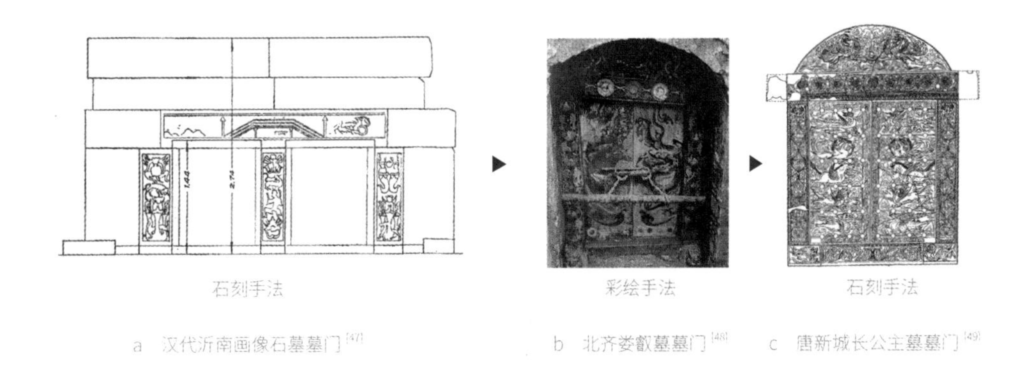

a　汉代沂南画像石墓墓门[47]　b　北齐娄叡墓墓门[48]　c　唐新城长公主墓墓门[49]

[45] 刘兴怀、闪修山：《南阳汉代门画艺术》，百家出版社，1989，第9—10页。
[46] 尹夏清：《北朝隋唐石墓门及其相关问题研究》，博士学位论文，四川大学历史学系，2006，第134—136页。
[47] 南京博物院、山东省文物管理处编著《沂南古画像石墓发掘报告》，文化部文物管理局，1956，第5页。
[48] 太原市文物考古研究所编《北齐娄叡墓》，文物出版社，2004，第29页。
[49] 陕西省考古研究所、陕西历史博物馆、礼泉县昭陵博物馆编著《唐新城长公主墓发掘报告》，科学出版社，2004，第126页。

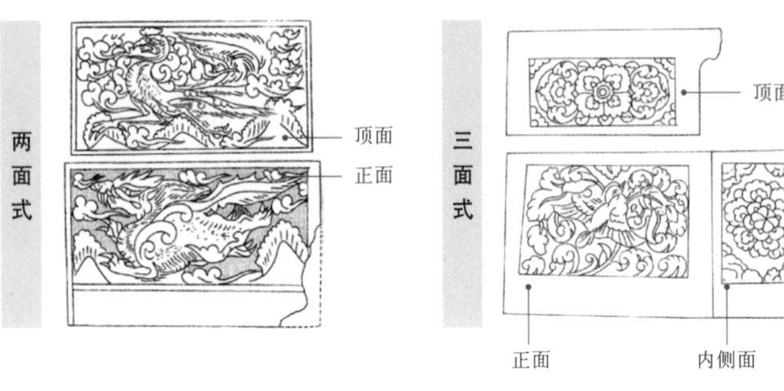

唐新城长公主墓门墩纹样线描图[50]

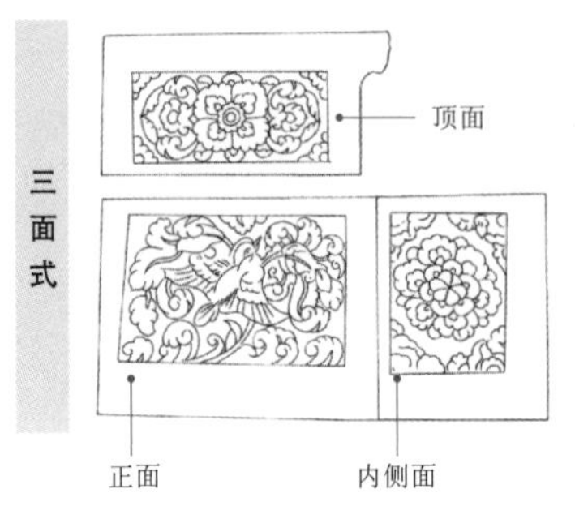

唐李宪墓门墩纹样线描图[51]

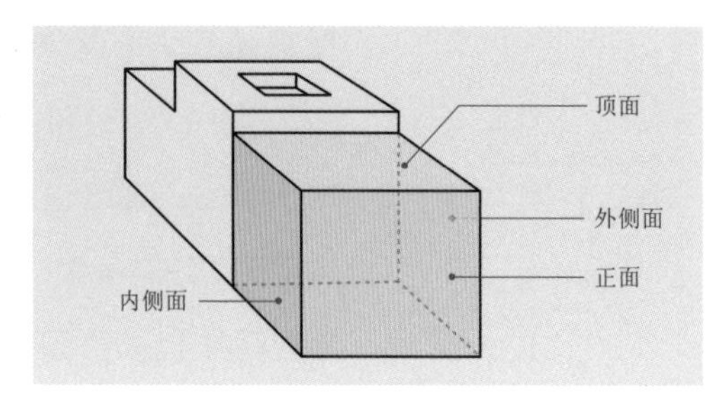

方形门墩装饰区域示意图

图 7-4-8 唐代线刻方形门墩的形制分类

門砧

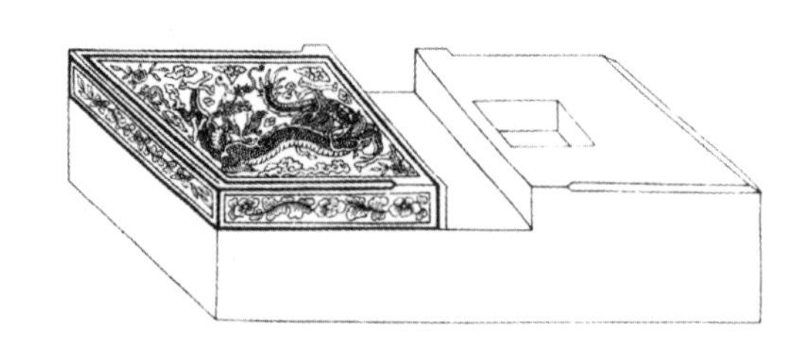

b 山西阳城汤帝庙门墩[53]

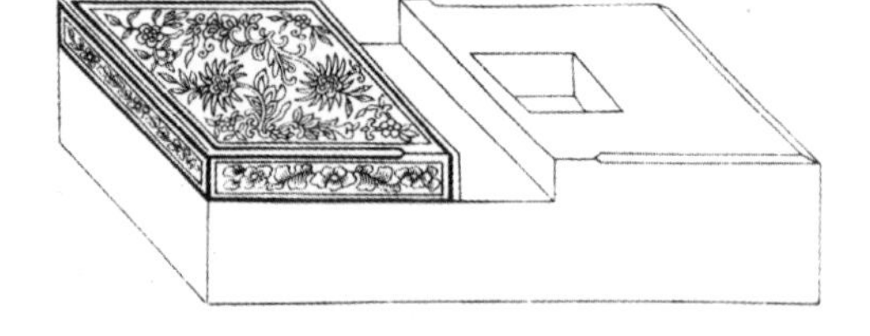

a 《营造法式》门墩图样[52]

c 山西泽州玉皇庙门墩[54]

图 7-4-9 宋元时期地上建筑中的线刻方形门墩

唐代以后，一些高级墓葬中还保有石墓门，但大多未做装饰，故线刻方形门墩从此在墓葬建筑中消失了。但这种流行于唐代的线刻型门墩延续到了宋元时期的地上建筑中。例如北宋《营造法式》中记载了两例描绘精致的门墩图样（图7-4-9a），其外部方体有三面作线刻图案装饰，中部有凹槽，内部顶面有方形海窝，内、外方体的转角处皆有斜切面，与唐代墓葬中的门墩实物极为相似，不同的是，这两例仅在外部方体的上沿部分做装饰。例如山西阳城汤帝庙的一对门

[50] 陕西省考古研究所、陕西历史博物馆、礼泉县昭陵博物馆编著《唐新城长公主墓发掘报告》，科学出版社，2004，第125页。

[51] 陕西省考古研究所编著《唐李宪墓发掘报告》，科学出版社，2005，第169页。

[52]〔宋〕李诫原著、中国建筑设计研究院建筑历史研究所选编《营造法式图样》，中国建筑工业出版社，2007，第23页。

[53] 卫伟林主编《三晋石刻大全·晋城市阳城县卷》，三晋出版社，2012，第18页。

[54] 王丽主编《三晋石刻大全·晋城市泽州县卷》，三晋出版社，2012，第109页。

墩，其外部三面刻有缠枝牡丹花卉图案，刻有楷书“至正二年五月廿三日记，石匠洸壁李泰同刘善元璧造”，从出土地点和铭刻文字来看，这对线刻方形门墩应属于元代寺庙建筑的遗物（图7-4-9b）。此外，山西泽州玉皇庙的门墩石与前者类似，两者应都属于《营造法式》中记录的这种线刻方形门墩（图7-4-9c）。从这些记载来看，广泛存在于唐代地下建筑中的线刻方形门墩，并非墓葬建筑所独有，也曾运用于地上的人居建筑中并且被沿用至宋元。

三、宋元时期鼓形门墩的初现

唐代以后，随着在石墓门上施加装饰做法的消弭，兽形和线刻方形门墩也随之在地下墓葬建筑中消失了，故仅能从现存的地上建筑遗址中找寻唐代以降门墩的踪迹。但现存古代建筑遗址多为明代及以后修建，较少建于宋元时期且其中大多数经过了后代的重建、整修，难以窥见其原始面貌，故可考的宋元时期门墩数量较少。正是在这些极少的宋元时期门墩样本中，出现了一种新型的鼓形门墩，对后来门墩的样式起到了极为重要的影响。

笔者共搜集到两例宋元时期的鼓形门墩：一是位于山西大同善化寺山门的一对门墩，二是位于广东潮州开元寺天王殿的一对门墩。这两处门墩虽然在地域上相距甚远，但它们都位于佛教建筑的山门中，且呈现出较为类似的设计面貌。山西大同善化寺山门前的这对门墩应是现存可考较早的鼓形门墩。该门墩外部从上至下分别为圆鼓、云纹鼓座和矮方形底座。圆鼓鼓身内侧面有以浅浮雕手法刻绘的、中心对称的四叶草图案，鼓身正面刻有两圈铆钉，鼓座上有飘逸的云纹，矮方形底座上刻有花草纹。梁思成先生根据该建筑的结构样式与相关文献记录，判断善化寺山门应为辽金两代的遗物。针对这一对石雕小品，梁思成先生为其拍摄下珍贵的影像资料，并记载到“立颊外侧之抱鼓，雕镌颇饶古趣”[55]（图7-4-10a）。广东潮州开元寺始建于唐玄宗开元二十六年（738），其天王殿为北宋康定元年（1040）重修开元寺时所建，现存天王殿前的门墩为20世纪80年代由吴国智先生根据原门墩造型复原设计而来[56]（图7-4-10b）。开元寺天王殿的鼓形门墩与前者形制类似，但不同于雕刻于一块整石的善化寺门墩，后者取自两块石料，其下部方形底座与上部的圆鼓和云形鼓座呈分离状态。两者装饰内容也有所差异，开元寺门墩的鼓面上为蝙蝠与云纹图案，鼓座上为云纹，底座则为素面。

[55] 梁思成：《梁思成全集·第二卷》，中国建筑工业出版社，2001，第109、150页。
[56] 吴国智：《广东潮州开元寺天王殿落架大修工程的勘测设计（一）》，《古建园林技术》1988年第4期。

a 山西善化寺山门鼓形门墩[57]

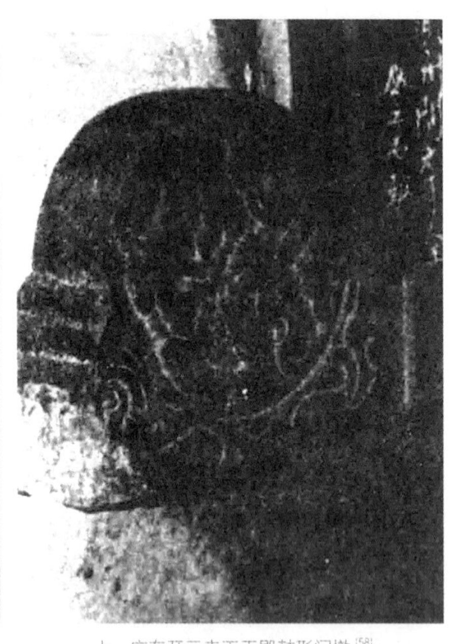

b 广东开元寺天王殿鼓形门墩[58]

图 7-4-10 宋元时期两例鼓形门墩

从这两例鼓形门墩实物来看，与后代典型的鼓形门墩尚有所差异。一方面，在位置上，善化寺山门门墩位于立颊柱下方，而典型的门墩多位于具有转轴功能的门柱下方；另一方面，在装饰内容上，善化寺山门门墩的底座较为简洁，而典型的鼓形门墩大多为须弥座样式底座。现存建筑始建于宋代的河北正定隆兴寺，其牌楼门下的一对鼓形门墩更加符合典型门墩的样式，门墩外部由圆鼓、云形鼓座和须弥座组成[59]。梁思成先生认为该牌楼门应为较古的建筑，但由于后代对隆兴寺皆有兴修，该门墩的具体设置时间仍不明确，因此对于宋代是否已经出现了这种典型样式的鼓形门墩仍然未知。但可以确定的是，两宋时期的门墩已经引入“鼓”的造型元素。这一创造性的样式设计，使得以“鼓”为原型的门墩沿用至后代，并逐渐发展为最常见的门墩装饰样式，广泛运用于全国各地、各种类型的建筑中。此外，宋代及以后，将“鼓”作为一种装饰元素应用于建筑中，不仅体现在门墩石上，也体在于其他建筑石作中，如牌楼、栏杆两侧的鼓形夹杆石，牌坊下的滚墩石，及鼓形柱础等。

关于鼓形门墩的造型来源，缺乏可靠的文本依据，现暂无定论，本节对此提出三种猜测，一是源于室内木质家具的支撑结构，二是源于古代衙门大门口的堂鼓，三是源于佛教鼓楼中的法器。其一，“仿木结构”是中国传统建筑石作

[57] 梁思成：《梁思成全集 · 第二卷》，中国建筑工业出版社，2001，第148页。
[58] 吴国智：《广东潮州开元寺天王殿落架大修工程的勘测设计（一）》，《古建园林技术》1988年第4期。
[59] 河北省正定县文物保管所编著《正定隆兴寺》，文物出版社，2000，第9、57页。

的显著特点之一，而鼓形门墩的造型可能来源于屏风的木底座。例如，传为五代顾闳中所绘的《韩熙载夜宴图》中描绘了三处屏风，屏风站牙由圆鼓和云纹底座组成，与善化寺山门的鼓形门墩较为相似，故推测鼓形门墩的造型可能借鉴了这种室内家具的支撑结构（图7-4-11）。其二，古代官衙门口大多会放置一面大鼓，主要用于召集衙役、发号施令、启闭衙门等事[60]，衙门前的"堂鼓"这一形象，传达着官方、威严等视觉印象。鼓形门墩或许是借用了堂鼓的这一形象及其背后的喻义，用来象征建筑所有者显赫的地位，以彰显家族或集体的正统性。其三，从鼓形门墩的装饰内容来看，鼓面镌刻图案和底座样式皆显现出显著的佛教元素，故推测鼓形门墩可能受到了佛教文化的影响，其造型来源可能与作为佛教法器的"鼓"有关。无论参考了以上何种器物的造型，或是受各种文化因素的综合影响，宋代新生的这种鼓形门墩，虽然在手法上综合继承了前代的线刻、浮雕和圆雕等，但其装饰内容和形式都与前代的兽形门墩、线刻方形门墩相比显得极为不同，是一种突变的设计现象。促使门墩装饰内容产生这种突变的原因及为何鼓形门墩在后来的建筑石作发展中，逐渐成为门墩样式的绝对主角，依旧是未解之谜。

图7-4-11　《韩熙载夜宴图》中的鼓形屏风站牙[61]

[60] 严昌洪、蒲亨强：《中国鼓文化研究》，广西教育出版社，1997，第240页。

[61] 中华珍宝馆，http://g2.ltfc.net/view/SUHA/6245794a67ac8c59e14b970a，访问日期：2023年9月6日。

四、以鼓形为主、多种样式并存的明清门墩

明清时期的门墩实物遗存数量众多，广泛存在于北京、山西、河南、安徽、山东等地的合院式建筑的大门中，其中又以寺庙、宗祠、书院和民居建筑中更为常见。以保存了较多门墩的北京合院式建筑为例，门墩一般位于合院的一门和二门处。一门是合院建筑中临街而设的正门，是整座建筑向外敞开的入口，也是外人观赏该建筑的重要窗口。一门的样式等级与居住者的身份相匹配，由高到低主要有王府大门、广亮大门、金柱大门、蛮子门、如意门和小门楼等类型[62]。不同样式的一门对应不同的门墩安装位置，一门的样式等级越高，门的进深越深，门墩的安装位置也随之越靠内。如等级较高的广亮大门的门墩位于大门房屋内的中间位置，等级次高的金柱大门的门墩则位于大门房屋内中间靠外的位置，而等级较低的如意门和小门楼等，其门墩多外露于临近街道处。二门位于合院建筑的中轴线上，在外院和内院之间，也是整个合院较为重要的门扉之一，一般做垂花样式，门墩多安装于垂花门的前檐柱下[63]（图7-4-12）。

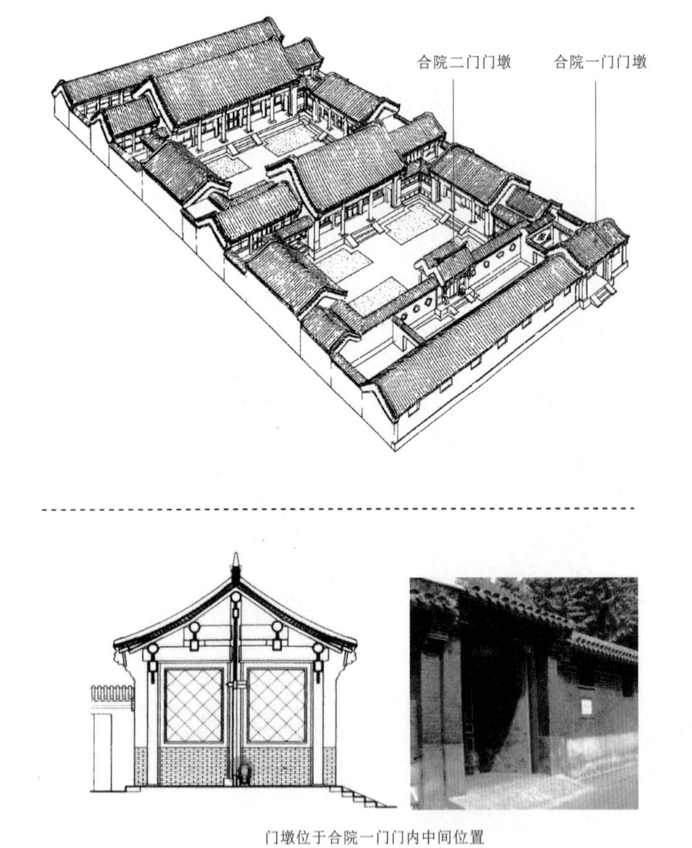

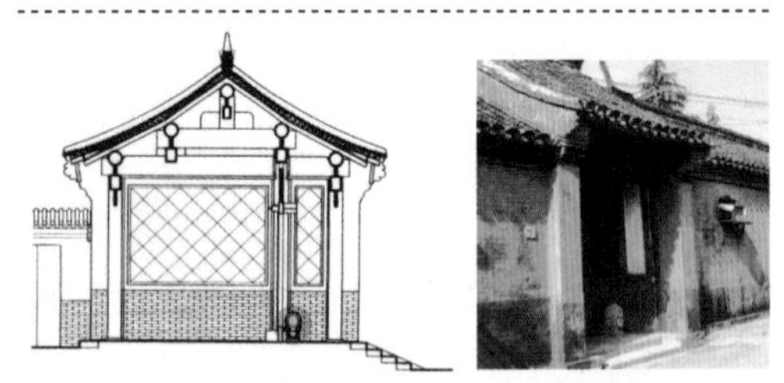

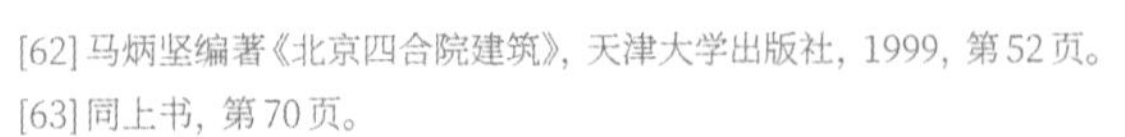

门墩位于合院一门门内中间偏外位置

图7-4-12　合院式建筑中的门墩[64]

[62] 马炳坚编著《北京四合院建筑》，天津大学出版社，1999，第52页。
[63] 同上书，第70页。
[64] 同上书，第19页，第53、55、56、74页。

不同于合院式建筑的其他门扉，一门或二门皆处于合院的显要位置，既是整个建筑与外界产生交流的区域，也是区隔建筑体内与外的界限。这一设置在建筑关键位置的门墩，既向外界展示出居住群体的身份地位，也寄托着每个家庭成员守护家族、开枝散叶的美好愿望。值得关注的是，宋代以来有部分等级较高的大门已具有完整的木构架，这削弱了门墩作为稳定构件的实用功能，但这些大门前仍保留了体积不小的门墩，表明这些门墩更多地是以其象征意义立于合院门前。从装饰内容和手法来看，依托于明清时期更为先进的石刻技艺，门墩继承并糅合了前代各种门墩的样式和技法，发展出多样化的形制类型、更为复杂的装饰元素和更精致的石刻面貌，呈现出以鼓形为主，多种样式并存的门墩面貌。

（一）明清时期的鼓形门墩

明清时期的鼓形门墩在宋元时期的基础上，发展出各种各样的亚型，逐渐成为最为主要的门墩装饰类型。典型的鼓形门墩由圆鼓、鼓座和底座三部分组成，常刻绘有各种题材的装饰内容。结合明清时期的门墩实物遗存，根据鼓形门墩的圆鼓、鼓座和底座三部分的位置与组合关系，可以将其再细分为垂直式和外伸式两种样式。

垂直式鼓形门墩的圆鼓、鼓座和底座由上至下垂直排列，三者共享一条中垂线，整体造型显得敦实、稳重。根据装饰手法和形式的不同，垂直式鼓形门墩呈现出繁简不一的装饰面貌。较简洁的如发掘于黑龙江富裕依克明安旗大智寺遗址的鼓形门墩，一侧鼓面的纹饰较为清晰，为浅浮雕的花纹，另一侧加工粗糙，鼓身上有两圈鼓钉，底座三面皆有纹饰，为两层卷云纹；山西解州关帝庙雉门前的一对鼓形门墩，则采用精湛的高浮雕手法，在鼓面上镌刻出生动的麒麟形象，包袱角和鼓架上也有夸张的云纹；位于北京某四合院大门下的一对鼓形门墩，则使用更加立体的圆雕手法，表现鼓顶狮子、鼓面花草、云形鼓座和包袱角造型。外伸式鼓形门墩的圆鼓、鼓座和底座也是上至下排列，但圆鼓结构向外部凸出，鼓座也向外延伸以支撑圆鼓，整体造型呈现出向上延伸的动感。根据装饰手法和形式的差异，还可将外伸式鼓形门墩做进一步细分。例如江苏扬州仙鹤寺门下的一对鼓形门墩，以浅浮雕手法表现通身的植物图案；山西运城解州关帝庙崇圣祠山门下的一对鼓形门墩，则以纯熟的高浮雕手法表现鼓面麒麟和鼓顶兽面；再如关帝庙文经门下的一对鼓形门墩，鼓顶卧狮则采用圆雕手法表现（图 7-4-13）。

（二）明清时期的方形门墩

明清时期的方形门墩应是由唐代方形门墩发展而来的，但与唐代低矮的门

垂直式

黑龙江大智寺门墩[65]

山西关帝庙雉门门墩[66]

北京某四合院大门门墩[67]

外伸式

江苏仙鹤寺门墩[68]

山西关帝庙崇圣祠山门门墩[69]

山西关帝庙文经门门墩[70]

图 7-4-13 明清时期鼓形门墩的形制分类

墩不同，明清时期的方形门墩的外部多向高处延伸，并糅合了多种雕刻手法，发展出多样化的装饰形式。按其形制的繁简程度，可将明清时期方形门墩细分为“一体式”“二层式”“三层式”等样式。“一体式”方形门墩，其门外部分呈长方体状，是在门墩基本形制上做简易装饰。例如河南巩义康百万庄园门下的一对方形门墩，门外部分与门内部分基本等高，其顶面、正面和内侧面皆有浮雕刻绘的图案（图 7-4-14a）。“二层式”方形门墩，其门外部分多由“方形箱体”和“底座”两部分组成，一般高于门内部分。例如北京某四合院的一处方形门墩，上部为三面皆做浮雕装饰的箱体，下部为带有包袱角的须弥座样式底座（图 7-4-14b）。“三层式”方形门墩，其门外部分多由“圆雕狮”“方形箱体”和“底座”三部分组成。例如山西襄汾丁村某宅的一方形门墩，门墩外部由上至下分别是狮子、方形箱体、底座，狮子呈昂首、张口、挺胸姿态，方形箱体三面皆刻有花鸟图案，底座三面刻有犀牛望月图案（图 7-4-14c）。

[65] 冯恩学、张伟、郝军军等：《黑龙江省富裕县依克明安旗遗址考古调查报告》，《北方文物》2014 年第 3 期。
[66] 柴泽俊：《解州关帝庙》，文物出版社，2002，第 265 页。
[67] 侯幼彬编著《中国建筑艺术全集（20）宅第建筑（一）（北方汉族）》，中国建筑工业出版社，1999，第 67 页。
[68] 陈从周：《扬州伊斯兰教建筑》，《文物》1973 第 4 期。
[69] 柴泽俊：《解州关帝庙》，文物出版社，2002，第 339 页。
[70] 同上书，第 261 页。

一体式

a　河南巩义康百万庄园五门墩[71]

二层式

b　北京某四合院门墩[72]

三层式

c　山西襄汾丁村某宅门墩[73]

图 7-4-14　明清时期方形门墩的形制分类

（三）明清时期的兽形和其他形门墩

明清时期也延续了魏晋南北朝时期至隋代流行的兽形门墩，遗存数量较少，零星见于各地的民居建筑中。明清时期的兽形门墩一般由狮子和底座两部分组成。其中，门墩上部的狮子造型大多类似，多为左母狮、右公狮的组合，两只狮子皆呈昂首、张口、挺胸并扭头向门内方向对视的蹲坐姿，以大门中线为界限呈中间对称格局，不同的是母狮左足下为一幼狮，公狮右足下为一绣球。底座造型的装饰内容和繁简程度则呈现出一定差异。例如山西襄汾丁村某宅大门下兽形门墩（图 7-4-15a）的底座较为简洁，为简易的方体造型，底座正面和内侧面上有浮雕的花草纹；山西灵石王家大院凝瑞居门下兽形门墩（图 7-4-15b）为须弥座样式底座，底座上刻有“鸳鸯荷花、锦鸡芙蓉”的浮雕图案；河南巩义康百万庄园三院大门下兽形门墩（图 7-4-15c）底座更加复杂，为底部镂空的四足须弥

[71] 赵海星主编，〔比利时〕克里斯多弗·戴斯克维摄影《康百万庄园》，外文出版社，2004，图 118—119。

[72] 侯幼彬编著《中国建筑艺术全集（20）宅第建筑（一）（北方汉族）》，中国建筑工业出版社，1999，第 70 页。

[73] 同上书，第 149—151 页。

座样式底座，且中部束腰做莲花造型。

明清时期还出现了少量造型别致的门墩，取材新颖且未见同类造型，或为宅院主人个性化的选择，故将其归为其他形门墩。例如北京东城锡拉胡同21号大宅（原为国子监祭酒王懿荣宅邸）门下的一对葫芦型门墩（图7-4-15d），由“葫芦”和“须弥座样式底座”两部分组成。葫芦是八仙之首铁拐李的随身器物，可见宅院主人对道教的崇信。类似的创新造型还有花瓶形（图7-4-15e）、六柱形等门墩，散见于北京四合院和山西宅院中。

兽形门墩

a 山西襄汾丁村某宅门墩[74]

b 山西灵石王家大院门墩[75]

c 河南巩义康百万庄园门墩[76]

其他形门墩

d 北京某四合院门墩[77]

e 北京某四合院门墩[78]

图7-4-15 明清时期的兽形和其他形门墩

[74] 张道一主编《中国古代建筑石雕》，江苏美术出版社，2006，第183页。

[75] 侯幼彬编著《中国建筑艺术全集（20）宅第建筑（一）〈北方汉族〉》，中国建筑工业出版社，1999，第137页。

[76] 赵海星主编，〔比利时〕克里斯多弗·戴斯克维摄影《康百万庄园》，外文出版社，2004，图114—116。

[77] 于润琦：《北京的门墩》，北京美术摄影出版社，2001，第82页。

[78] 同上。

纵观我国魏晋以来的传统门墩雕刻，各种样式此消彼长。兽形门墩出现并盛行于魏晋南北朝时期，发展至隋代仍占据主导地位，唐代及以后较少出现。线刻方形门墩出现并流行于唐代，宋元时期仍有少量沿用。萌生于宋元时期盛行于明清时期的鼓形门墩，在继承前代门墩雕刻手法和装饰题材的基础上，创造性地选取“鼓”这一造型，在明清建筑实践中逐渐发展为最为典型的门墩类型。明代的方形门墩是由线刻方形门墩演变而来的，至清代发展成为仅次于鼓形门墩的类型。清代出现的表现个性化题材的其他形门墩，虽然数量较少但丰富了门墩的表现内容，是一种创造性的造型探索。门墩这种多样化的演变趋势，一方面反映了我国逐渐丰富的造物文化，另一方面门墩作为一种家族或群体的身份标识，既为家族内成员提供共识符号，也是区隔家族内与家族外的界限，各家族追求差异化、个性化的装饰形式，表明家族门第意识的增强。

结语

门墩作为中国传统门的构件之一，它充当着承托门轴、固定门槛的实用功能，也以其多样化的门外部分石刻装饰体现着家族的身份地位。门墩在发展过程中，既显现出与其他建筑石作一样日趋精致的设计面貌和逐渐精湛的石作技术，也体现出功能符号化、形制多样化、使用者平民化的演变特征。具体而言，门墩由以实用功能为主转变为实用与象征功能并存的建筑构件，再到以象征功能为主的建筑装饰，逐渐增强的符号意义体现出随历史发展而逐渐叠加的文化内涵。而从门墩逐渐复杂的装饰元素来看，从魏晋南北朝时期具有通神意义的天门守护神，到唐代增加了更具有现实意义的花草图案，再到明清时期杂糅儒、释、道及本土文化中的各种元素，逐渐成为族群信仰表达的综合体，这种装饰元素的融合也是不同民族与文化相互交流的表现。从门墩使用者的身份来看，从早期为皇亲贵胄和将相高官建筑所垄断，到中期发展至宗教和宗祠建筑中，再到后来扩展至等级较低的民居建筑中，门墩的使用人群范围逐渐扩大到平民阶层，从中也可以洞察到中国古代的平民化进程在建筑领域的体现。简言之，通过梳理门墩的设计面貌及其演变，可以发现古人在构思这一建筑样式时，既有对于传统社会中身份等级秩序的维护与强调，也力图将人们对于生活的美好愿望通过各种形象寄托于生活空间之中，让门墩在家族迭代中始终扮演着守护者的角色。

第五节　文人园林中的山水图景

中国传统园林中的石景是最奇特之物，它具有半人工、半自然的特征，常置于人工制造的建筑与自然的植物之间，于静态建筑与脉动青翠之中，架起一道令人赞叹的桥梁[1]。叠石是指通过拼叠天然石料营造园林石景的做法，其与理水、花木和建筑共同构成中国山水式园林的四要素，是古人“以奇为美”的赏石文化、“隐逸山林”的生活理想和“道法自然”的设计观念在园林设计中的体现。正如李渔所言“幽斋磊石……然能变城市为山林”[2]，形态多样、大小各异的园林石景与水系花木一起，在有限的园林空间中再现出自然山水的微缩世界，但其不是对自然景观的直接照搬。造园如同山水画一般，是对各种山水地貌的抽象概括与主观提炼，表现出“咫尺山林”的艺术效果。在融合多种技艺的基础上，经历2000多年的叠石营造实践，园林石景逐渐成为中式山水园林的典型要素。在工程技术层面，依托中国传统营造中泥瓦作、石作的施工经验，逐渐形成了叠石的主要做法。在艺术审美层面，园林石景取法于山水画的笔墨技法、形态样式和构图思路，与山水画、山水诗文相互影响和渗透，形成“诗情画意”的园林意境。

从文献来看，唐代以前的叠石相关记载多为正史杂记中的只言片语，唐代开始出现专论赏石的文章著述，宋代出现了专述园林营造的文章和石谱类专著，明清时期出现多部与园林相关的重要论述，其中皆对叠石技艺有所论述。就图像资料而言，唐代以前的园林石像图像记载稀少，唐代以后绘画、刻本和壁画等类型图像逐渐增多，其中唐宋时期的图像多为园林石景的局部描绘，明清时期则出现了诸多展现园林全景的图像。就实物遗存而言，保存较完好的石景主要集中于明清时期的皇家、私家和寺庙园林中，主要分布于北京、江南和岭南三个地区。本节聚焦叠石技艺及其衍生的园林石景，主要从类型、布局、沿革和技艺四个部分展开论述。首先，从功能上对园林石景的主要类型进行划分。其次，透过古人关于石景在园林中的位置布局的基本理念，理解石景之于园林的规划意义。再次，通过梳理叠石技术背景下折射的石景审美范式演变，勾勒出中国园林发展史中叠

[1] 童寯：《东南园墅》，童明译，湖南美术出版社，2018，第63页。
[2]〔清〕李渔《闲情偶寄》，江巨容、卢寿荣校注，上海古籍出版社，2000，第220页。

特置于木架上　特置于水池中　特置于陶瓷盆中

散置于墙壁旁　散置于庭院中　散置于水池边

图 7-5-1　置石类型示意图（以《鸿雪因缘图记》为例）[3]

石技艺和石景形态的承袭与演变。最后，本节着眼于发展较为成熟的叠石技艺，对其各个施工环节的关键技术展开叙述，深入探析其中的技术内容和审美细节。

一、园林石景的主要类型

根据石景在园林中充当的主要功能，可分为观赏性石景和实用性石景两大类型。其中，观赏性石景又可分为置石和掇山两种做法。

置石是指在尽可能保留石头原始形态的前提下将其布置于园林中，其要点在于“置”，主要考虑石头的筛选、安放位置、组合和展示方式。根据展示方式的不同，又分为“特置”和“散置”两种（图 7-5-1）。特置是指选取造型奇特的石头进行独立展示，做法讲究者会将奇石安排在园林中视角绝佳的位置，如走廊转角处或庭院、水池中央，更有人还会为奇石增设围栏、石座、木架和陶瓷盆等设施，以突显其观赏性。散置手法多用来点缀其他园林中的景观，常选用形态较常规的石头成组地置于道路、台阶、墙壁、庭院和水池等附近，以增添建筑的自然感。

掇山是以多块石头蓄意地拼叠成特定的假山造型，其要点在于“掇”，需考

[3]〔清〕麟庆：《鸿雪因缘图记》，道光二十七年刻本。

虑山体形态、尺度、拼叠方式和位置布局等问题。对于假山类型，明代造园家计成归纳出“峰、峦、岩、洞”四种山体造型和“涧、曲水、瀑布”三种山水组合地貌[4]（图7-5-2）。“峰”型假山模仿拔地而起、高耸入云的山峰，多呈竖直状，山体瘦长挺拔。“峦”型假山模仿连绵起伏的群山。计成总结到，峦山之巅应高耸尖锐，各座山脉山头不能平齐，也不能像笔架那样呈对称造型，要高低起伏、形态多样，避免形成类似的山体形态。对此，著名山匠韩良顺认为峦山是园林中最能突显真山特征的区域，其好坏直接影响整座园林假山的成败[5]。“岩”型假山模仿高峻险要的悬崖，整体形态多呈“上大下小”的悬挑状。“洞”型假山模仿山林中呈窟窿、孔穴状的地貌，较大型假山洞可容纳多人在洞内举行集会，也可在山洞上方堆土植树。“涧”型假山模仿的是山谷，即两山之间有水流经过的地貌。“曲水”是指水流曲折的山谷，古代文人间流行“曲水流觞”，即借曲水水流传递酒杯并即兴创作诗文的游戏。“瀑布”是指水流由地势较高处直泻而下的自

明代周臣《山亭纳凉图》中的“峰”[6]

清代王云《休园图》中的“峦”[7]

清代宫廷画《十二月月令图》中的“岩”[8]

明代杜琼《友松图》中的“洞”[9]

清代宫廷画《十二月月令图》中的“曲水”[10]

南宋《纳凉观瀑图》中的“瀑布”[11]

图7-5-2 部分掇山类型示意图

[4]〔明〕计成：《园冶注释》，陈植注释，杨伯超校订，陈从周校阅，中国建筑工业出版社，1988，第216—223页。
[5] 韩良顺：《山石韩叠山技艺》，中国建筑工业出版社，2010，第47页。
[6] 中华珍宝馆，https://g2.ltfc.net/view/SUHA/62e38904be87396dba3158c6，访问日期：2023年5月19日。
[7] 中华珍宝馆，https://g2.ltfc.net/view/SUHA/609678ace2d4222ecd8c2d57，访问日期：2023年5月19日。
[8] 中华珍宝馆，https://g2.ltfc.net/view/SUHA/608a619eaa7c385c8d942eda，访问日期：2023年5月19日。
[9] 中华珍宝馆，https://g2.ltfc.net/view/SUHA/62bbbad51388e577fd8c680d，访问日期：2023年5月19日。
[10] 中华珍宝馆，https://g2.ltfc.net/view/SUHA/608a619eaa7c385c8d942eda，访问日期：2023年5月19日。
[11] 中华珍宝馆，https://g2.ltfc.net/view/SUHA/6089875ce2ac0350a8b113a6，访问日期：2023年5月19日。

宋代赵佶《听琴图》中的“石椅、石台”[12]

五代周文矩《文苑图》中的“石桌”[13]

明代仇英《园林清课图》中的“石桥”[14]

清代赵之壁《平山堂图志》中的“水池驳岸石”[15]

宋代赵大亨《薇省黄昏图》中的“卵石铺地”[16]

清宫廷画《十二月月令图》中的“石台阶”[17]

图 7-5-3 实用性石景类型示意图

然景观。瀑布型假山可以引高楼屋檐的雨水，流经假山再进入蓄水小池，待水满溢出从所开石口中泄流而下。

实用性石景是以天然石料拼叠成的、具有实用功能的园林设施，如水池驳岸石、乱石墙、卵石铺地、石道、石阶、石桥、石桌椅、石鱼缸等，既实现了其作为建筑构件的实用功能，也不会破坏周围景致的天然感（图 7-5-3）。以做法较复杂的水池驳岸石为例，石头成组地堆叠于水池周围，既可增添水池的自然野趣，也是稳固池岸的重要设施。计成在《园冶》“山石池”一节中记载了其做法：先用薄片石作池底，铺设时不能有空隙，否则不能蓄水；再在水池周围叠石，需将池底片石的四边或三边都压牢，否则容易致使石板破裂不能蓄水，即使再用油灰勾缝也不能制止池水流失。

二、“园之骨骼”：石景的位置布局

石景作为一种极具灵活性的空间构成要素，在园林中分布广泛、应用场景

[12] 中华珍宝馆，http://g2.ltfc.net/view/SUHA/6246c5bef244380e667e6d9e，访问日期：2023年9月8日。
[13] 中华珍宝馆，https://g2.ltfc.net/view/SUHA/608a619eaa7c385c8d942f26，访问日期：2023年5月19日。
[14] 中华珍宝馆，https://g2.ltfc.net/view/SUHA/608a6c12e11ca96100860732，访问日期：2023年5月19日。
[15]〔清〕赵之壁：《平山堂图志》，乾隆三十年刊本，第5页。
[16] 中华珍宝馆，https://g2.ltfc.net/view/SUHA/624567be67ac8c59e14b8948，访问日期：2023年5月19日。
[17] 中华珍宝馆，https://g2.ltfc.net/view/SUHA/608a619eaa7c385c8d942eda，访问日期：2023年5月19日。

颇多，其既可作为园林的主体景观，也可作为其他景观的点缀，或者用于分割组织园林空间，还可作为园林设施或构件，是园林室外景观的重要组成部分。学者端木山将园林石景的布局形式大致归纳为“庭园式”和“自由式”两种：庭园式布局多见于小型园林中，石景及其他景观皆沿着庭园四边布置，多给人以精致优美的感觉；自由式布局相对随意，山野气息浓厚，多见于规模较大的园林中[18]。园林石景的营造理念与中国传统山水画中“远”的空间意识联系紧密。前有北宋郭熙论述“山有三远，自山下而仰山颠，谓之高远；自山前而窥山后，谓之深远；自近山而望远山：谓之平远”[19]，后又有韩拙补充：“郭氏曰，山有三远……愚又论三远者，有近岸广水，旷阔遥山者，谓之阔远；有烟雾暝漠，野水隔而仿佛不见者，谓之迷远；景物至绝而微茫缥缈者，谓之幽远”[20]。两人总结的这“六远”不仅是对中国传统山水画构图理念的总结，也对中式山水园林的石景布局方式产生深远影响。

就石景与园林建筑的关系而言，两者主次此消彼长，或以建筑为主、石景为辅，或以石景为主、建筑为辅，或两者体量相当互为呼应。计成依据石景与园林建筑的位置关系，归纳出“厅山、楼山、阁山、书房山、池山、内室山、峭壁山”七种不同的叠石场景[21]。“厅山”是指置于厅堂前庭院中的石景，主要包含两种形式：一种以树木为主景，以玲珑怪石作为点缀；另一种是依靠墙壁堆叠峰山，山顶栽种爬蔓类植物，可形成深远的山林意境。“楼山”是指掇于楼前的假山，楼山越高越好，楼与山不宜离得太近，否则会产生压迫感，安置在较远的地方，更有远山的纵深感。“阁”是指四面敞开的建筑，“阁山”即位于阁下的假山，阁山坡度不宜过于陡峭，将阁建于山顶平坦处，便于行人登顶眺望，无须再修建阶梯。“书房山”即置于书房前的假山。计成提出三种“书房山”方案：一是依靠花草树木堆叠小山，摆放聚散有致；二是掇成悬崖峭壁状；三是以山石围池，从窗下俯瞰，有逍遥闲居的趣味。“池山”是指放置于水池附近的山石，主要有三种形式：一是在水中放置用来通行的石头，或者架起石桥；二是堆叠成小型洞穴，水流从岩石中穿过；三是在水中掇成峰峦，月色云景隐隐约约、若有若无，有如仙境。“内室山”是指置于建筑室内的山石，选择高峻的石料可延伸室内的空间感。另外，内室山需保证坚固稳定以避免儿童戏耍时发生危险。“峭壁山”是指依靠墙壁叠石，制作峭壁山如同以墙壁为画布、以石头作画，还可以种植松柏、古梅、修竹等植物，配合壁窗形成似镜中之景。例如清代袁江《瞻园图》

[18] 端木山：《江南私家园林假山研究——起源与形态》，博士学位论文，中央美术学院建筑系，2011，第183—185页。
[19]〔宋〕郭思编《林泉高致》，杨伯编著，中华书局，2010，第69页。
[20]〔宋〕韩拙：《韩氏山水纯全集》，商务印书馆，1939，第2页。
[21]〔明〕计成：《园冶注释》，陈植注释，杨伯超校订，陈从周校阅，中国建筑工业出版社，1988，第210—213页。

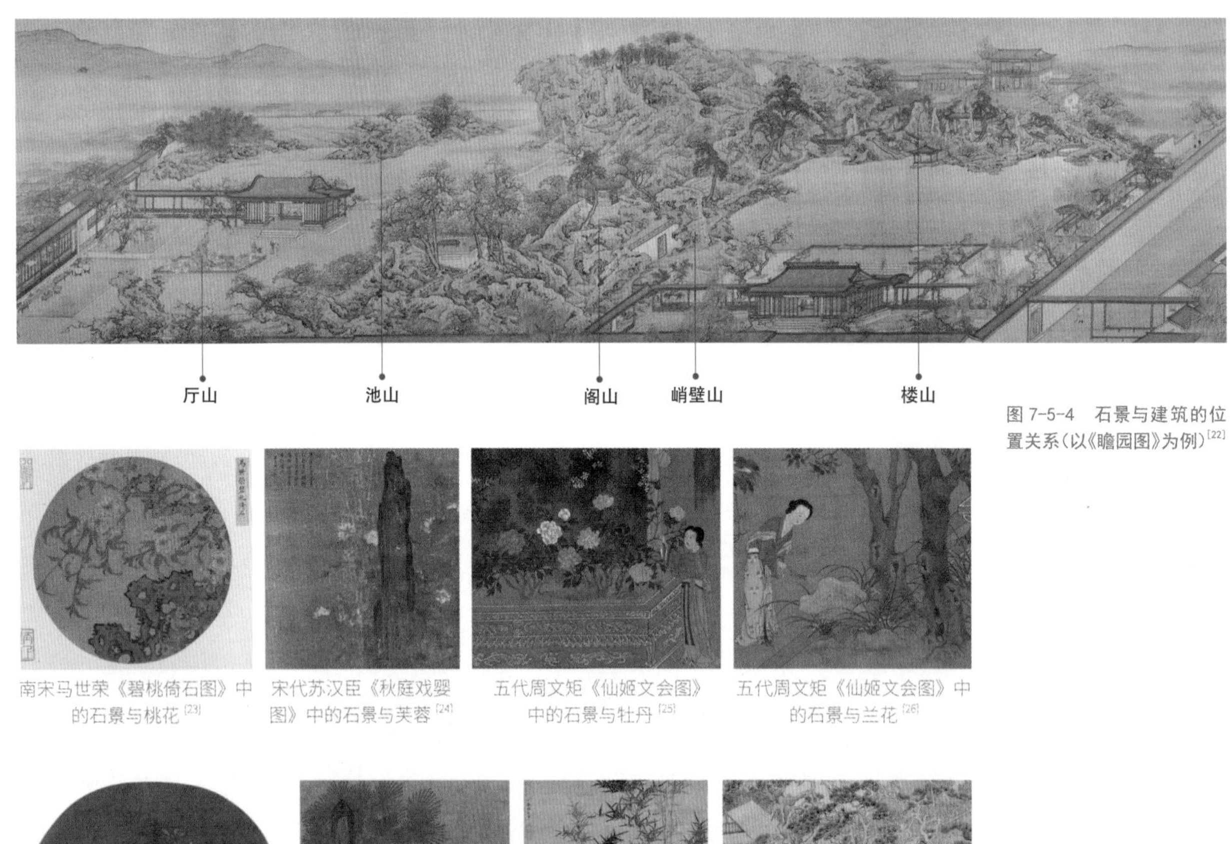

图 7-5-4 石景与建筑的位置关系（以《瞻园图》为例）[22]

南宋马世荣《碧桃倚石图》中的石景与桃花[23]　宋代苏汉臣《秋庭戏婴图》中的石景与芙蓉[24]　五代周文矩《仙姬文会图》中的石景与牡丹[25]　五代周文矩《仙姬文会图》中的石景与兰花[26]

南宋佚名《蕉石婴戏图》中的石景与芭蕉[27]

南宋刘松年《撵茶图》中的石景与棕榈树[28]

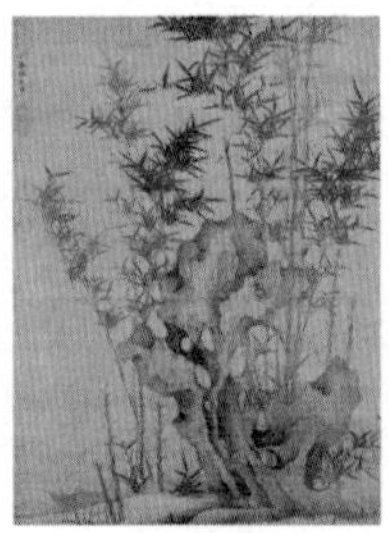

元代顾安《幽篁秀石图》中的石景与竹[29]

明代文徵明《东园图卷》中的石景与松树”[30]

图 7-5-5 石景与各种植物位置关系图

中即所绘的瞻园，即展示了该园“厅山、池山、阁山、峭壁山、楼山”五种石景与建筑的位置关系，与计成所述的石景布局方式较为契合（图 7-5-4）。

园林石景常与花草树木组合出现（图 7-5-5），依时节变化的植物景观与静态的石景形成动静对比，为石景增添自然生气，常用于搭配石景的植物品种有

[22] 美国纽约大都会艺术博物馆，https://www.metmuseum.org/art/collection/search/39714，访问日期：2023年5月19日。

[23] 中华珍宝馆，http://g2.ltfc.net/view/SUHA/6089880533ad8750e9a6c292，访问日期：2023年5月19日。

[24] 中华珍宝馆，http://g2.ltfc.net/view/SUHA/622c57beb98c587608057d4b，访问日期：2023年5月19日。

[25] 中华珍宝馆，http://g2.ltfc.net/view/SUHA/609678c2e2d4222ecd8c3000，访问日期：2023年5月19日。

[26] 同上。

[27] 中华珍宝馆，http://g2.ltfc.net/view/SUHA/608a61b2aa7c385c8d944912，访问日期：2023年5月19日。

[28] 中华珍宝馆，http://g2.ltfc.net/view/SUHA/62d0dfbd5781161b53e486f7，访问日期：2023年5月19日。

[29] 中华珍宝馆，http://g2.ltfc.net/view/SUHA/608a619faa7c385c8d942fe1，访问日期：2023年5月19日。

[30] 中华珍宝馆，http://g2.ltfc.net/view/SUHA/608a61a8aa7c385c8d943c0d，访问日期：2023年5月19日。

桃花、芙蓉花、牡丹花、月季花、兰草、芭蕉、铁树、梅树、竹子、松柏、柳树和爬藤类植物等。在选择搭配石景的植物时，一般从植物形态和生长习性两个维度出发。其一，石景的高矮、粗细和整体形态应与植物的美学语意相协调，如苍劲的松柏、秀丽的柳树、清逸的梅竹、妩媚的花卉等，应与其风格契合的石景相组合；其二，需充分考虑植物的生长习性，如水池石旁可种植喜湿润的柳树，假山群中可种植耐干旱的松树，梅竹适合种植于平坦的土壤中，小草可以点缀于散置的石缝中[31]。另外，由于气候差异，南、北方石景与植物的搭配景象也有所区别。北方气候干旱寒冷，植物较难在假山上生存，故常以临时性花卉、爬藤类植物或盆景作点缀；南方气候更适合植物生存，即使在狭窄的石缝中也能生长出茂盛的花草，如果不及时修剪花木甚至会完全遮挡住石景[32]。

三、叠石技术背景下折射的审美范式

中国传统山水式园林的发展可分为秦汉、魏晋南北朝、隋唐五代、宋元、明清五个阶段。按园林隶属关系划分，主要有皇家园林、私家园林和寺观园林三大类型，还有部分为公共园林、衙署园林和书院园林等。在中国传统园林的发展过程中，各类型园林此消彼长且互相影响。基于中国传统园林的发展阶段和类型划分思路，结合相关图像、文献与实物资料，下文尝试梳理叠石技术与石景设计的演变脉络，并探析其背后深层的审美范式和人文精神。

（一）土筑假山与以石造景的初步尝试

秦汉时期的园林从以狩猎、祭祀和生产为主要功能的场所，逐渐转变为具有观赏、休憩功能的居住场所，确立了“游赏”的关键属性。此时的造园活动主要集中于皇家，私家园林虽已少量出现，但多为对皇家园林的模仿，尚未与皇家园林形成显著差异。另外，基于原始的山岳崇拜、通神长生的理想和帝王的政治目的，秦汉时期的园林尚未形成崇尚自然的美学，更注重园林的规模和华美。就园林石景而言，这一阶段出现了“土筑假山”的园林景观及“以石造景”的初步尝试。

从文献记载来看，此时出现以土料堆筑假山的做法。例如秦始建造皇宫苑“筑土为蓬莱山”[33]，表明秦始皇时的皇家园林或已存在以土筑山的做法。此时的假山造型或以神话为蓝本，或写实自然真山。例如《三辅黄图》记载，汉武帝时营建的上林苑建章宫北部开凿有一名为太液池的水池，池中间堆筑有“瀛洲、

---

[31] 方惠：《叠石造山的理论与技法》，中国建筑工业出版社，2005，第163—170页。
[32] 冷雪峰：《假山解析》，中国建筑工业出版社，2013，第152页。
[33]〔唐〕徐坚等：《初学记》，中华书局，2004，第148页。

曲水石渠

弯月形石池

曲水石渠平面图

图 7-5-6　广州汉代南越国宫署遗址中的曲渠和水池[34]

蓬莱、方丈”三座神山[35]，即以“一池三山”的形式象征海上仙山。而《后汉书》记载东汉梁冀私园中的土筑山，模仿当时名山东、西二崤而做[36]，则是以真实地貌为题材的写实假山。对于这种园林中的假山形象，多数学者将远古的山岳崇拜和升仙理想及“天人合一”的哲学思想并称为其产生的动机[37]。

从实物遗存来看，这一阶段的园林营造已出现以天然石料构筑水景的做法。例如发掘于广州中山四路的汉代南越国宫署遗址，已经具备水系、桥、路和建筑等重要的园林要素，是现存较早且较完整的园林遗址。该遗址中的水池和曲渠已显现出一系列以石造景的做法，例如以块状石拼叠砌筑水池、曲渠的陂壁，以板状石平铺于池渠底部以蓄水，板石上散置有黄白色和深灰色砂岩卵石，以构成优美的池内景观（图 7-5-6）。

（二）特置奇石与以石筑山手法的运用

魏晋南北朝时期私家园林和寺观园林开始崭露头角，至此中国传统园林的三大类型并行发展。其中，受文人影响的私家园林是这一时期造园活动的典型成就。自南北朝始，文人的“隐逸”精神体现于各种艺术作品中，也对园林营造产生了深远影响，使其由通神场所转变为在城市中回归田园的空间，被赋予了“隐逸山林”的诉求，并形成了“本与自然而高于自然”的山水园林风格。石景作为构成山水式园林的重要元素，在这一阶段发展起来，出现了“特置奇石”“以石筑山”等重要做法。

[34] 冯永驱、陈伟汉、全洪、李灶新：《广州南越国宫署遗址 1995—1997 年发掘简报》，《文物》2000 年第 9 期。

[35]〔六朝〕阙名氏：《校正三辅黄图》，张宗祥校录，古典文学出版社，1958，第 33 页。

[36]〔南朝宋〕范晔：《后汉书》，张道勤校点，浙江古籍出版社，2000，第 331—332 页。

[37] 端木山：《江南私家园林假山研究——起源与形态》，博士学位论文，中央美术学院建筑系，2011，第 34 页。

崔芬墓西壁壁龛北侧壁画　崔芬墓西壁壁龛南侧壁画　崔芬墓北壁壁龛东侧壁画　崔芬墓北壁壁龛西侧壁画

图 7-5-7 崔芬墓壁画描绘中的奇石[38]

首先，这一阶段出现了“特置奇石”的做法。例如，发掘于山东临朐的北齐崔芬墓，其墓室中有多组描绘墓主人生前生活起居的壁画，其中15幅“屏风人物图”均是以奇石和树木为背景的园林图景，应是迄今为止最早的园林置石图像。图中奇石形似山峰，外形曲折多变，与树木交错布局，与后世园林置石的形态特征和布置形式已较为相似（图7-5-7）。另有《南齐书》中描述文惠太子宫苑“其中楼观塔宇，多聚奇石，妙极山水”[39]，从文献方面印证了特置奇石的出现，同时透露出此时的园林营造开始崇尚以自然山水为美。

其次，从文献记载来看，此时已开始运用天然石料构筑假山。例如《魏书》中记载建于天渊池西的假山，“采掘北邙及南山佳石”[40]；以及《陈书》中记载的张贵妃的临春、结绮、望仙三阁，“积石为山，引水为池”[41]，皆表明此时已出现以石筑山的营造现象。这一阶段的假山样式更加多样，且不再是对自然山体的简单模仿或同比例缩小，是对自然山体形态的抽象提炼与写意表达。以反映魏晋南北朝园林面貌的重要文献《洛阳迦蓝记》为例，文中记载“伦造景阳山，有若自然。其中重岩复岭，嵚崟相属，深蹊洞壑，逦逶连接。高林巨树，足使日月蔽亏；悬葛垂萝，能令风烟出入。崎岖石路，似壅而通；峥嵘涧道，盘纡复直。是以山情野兴之士，游以忘归”[42]，可见该园的假山形态十分丰富，也反映出当时文人借园林山水景观抒发寄情山水的自然野趣和隐逸山林的生活理想。但由于缺乏图像和实物资料，尚不能窥探此时石假山的具体面貌。

（三）奇石审美的盛行与石景面貌的显现

隋唐五代时期三种类型的园林皆有所发展，具有公共性质的园林开始出现，其中，私家园林的艺术性再次提升，基于山水审美体系的山水画、山水诗和山水

[38] 山东省临朐县博物馆编《北齐崔芬壁画墓》，文物出版社，2002，彩图15—18。
[39]〔梁〕萧子显：《南齐书》，周国林、李毅荣、张燕萍校点，岳麓书社，1998，第211页。
[40]〔北齐〕魏收：《魏书》，载《二十四史》6，中华书局，1997，第516页。
[41]〔唐〕姚思廉：《陈书》，载《二十四史》6，中华书局，1997，第37页。
[42]《洛阳伽蓝记校注》，范祥雍校注，上海古籍出版社，1978，第100页。

园林三种主要艺术形式出现相互渗透的迹象，园林审美显现出“诗情画意”的趣味倾向，为宋代文人园林的兴盛埋下伏笔。隋唐五代时期的文献、图像与实物相关资料相对增多，园林石景的面貌也更加清晰地呈现出来。

萌生于魏晋南北朝时期的奇石审美及其衍生的置石做法，在隋唐五代时期得到充分肯定并广泛运用于园林置景中。白居易所撰《太湖石记》对当时盛行于文人间的赏石文化进行了全方位诠释。他在文中描述形态多样的太湖石，将其类比于“仙云、神仙、玉器、剑戟”等事物，“则三山五岳，百洞千壑，诊缕簇缩，尽在其中”的表述[43]，则揭示出从一块微小奇特的太湖石中观赏到各种自然景象的趣味。白居易认为奇石可以纳自然之奇观，容山岳之美景，形成“百仞一拳、千里一瞬”的观感，这与“咫尺千里”的山水画审美有异曲同工之妙，他的这些观点也奠定了后世园林石景的审美倾向。唐代孙位绘《高逸图》、五代赵喦绘《八达春游图》和卫贤绘《高士图》等绘画作品皆对这种观赏性的园林石景有所描绘，从中可见此时的置石已经显现出以奇为美的筛选原则，其与园林建筑、花木的位置关系也颇为讲究（图7-5-8）。

《高逸图》 孙位 唐[44]

《八达春游图》 赵喦 五代[45]

《高士图》（局部） 卫贤 五代[46]

图7-5-8 唐和五代时期绘画中的园林石景

[43] 陈从周、蒋启霆选编《园综：新版 · 下册》，赵厚均校订、注释，同济大学出版社，2011，第228页。
[44] 中华珍宝馆，http://g2.ltfc.net/view/SUHA/62d3cc2e388c8a53ea64e487，访问日期：2023年5月19日。
[45] 中华珍宝馆，http://g2.ltfc.net/view/SUHA/6225c6738c4e8d6d17d34a08，访问日期：2023年9月11日。
[46] 中华珍宝馆，http://g2.ltfc.net/view/SUHA/62ba931138e2815770d1b396，访问日期：2023年5月19日。

着眼于隋唐五代时期的建筑遗址，可以初步发现园林假山与实用性石景的实物面貌。例如发掘于陕西西安的唐长安大明宫太液池遗址，其水池中间有一假山基座遗迹，一池一山面向紫宸殿、宣政殿正门，应为池中筑山的较早实物遗存[47]。又如发掘于河南的洛阳唐东都上阳宫园林遗址，该遗址由假山、水池、廊房、水榭和石子路组成，其池岸以天然石块层层垒砌而成，水池南岸铺设两条卵石路，西岸有三处卵石铺筑的坡状护岸，显现出较完整的实用性园林石景[48]。

（四）文人参与下的园林石景

宋元时期园林以文人风格的私家园林尤为突出，皇家园林与寺观园林面貌也深受其影响，三种类型园林皆呈现出文人化倾向。这一阶段园林与诗、书、画三种艺术的融合较前代而言更加显著，文人参与规划设计园林并为其著书立说，至此，写意化的造园艺术得以形成，达到中国古典园林艺术造诣与创造力的高峰。

首先，此时开始出现规模化的假山。例如《癸辛杂识》“假山”一节记载的卫清叔吴中之园“一山连亘二十亩”及俞子清私园“峰之大小凡百余，高者至二三丈”[49]。规模最大的还属宋徽宗时建造的艮岳，位于今河南开封景龙门以东，封丘门内以西，东华门内以北，景龙江以南，周长约3000米，面积约750亩[50]。构筑如此体量的大型石假山，将山水画中的奇峰异石实现于园林景观中，有赖于石作施工和交通运输的技术支撑。为了实现这种规模化的假山，宋徽宗赵佶从统治者层面组织大量人力实施艮岳的建设，在一定程度上促进了叠石工程的标准化与职业化。《艮岳记》对艮岳营造进行了记载，可知整个园林由宋徽宗赵佶总体规划，宦官梁师成负责执行，由朱勔在浙江开展“花石纲”以收集珍贵奇异的花木竹石，在今江苏苏州专设“应奉局”搜集太湖石和奇花异木，由东南监司、郡守和两广市舶负责的“神运”运输工程更是“舟楫相继，日夜不绝”[51]。这样看来，艮岳营造的规划设计、材料运输、工程实施与管理等各个环节皆由专人负责，涉及的人力、物资颇多，开创了叠石规模化、专业化施工的先河。

其次，宋元时期的山水园林与山水画产生紧密的互动，多位文人参与到园林营造活动中。例如《癸辛杂识》提及俞子清“胸中自有丘壑，又善画，故能出心匠之巧”，是对文人参与造园的较早记载。另相传元代山水画家倪云林（倪瓒）参与过苏州狮子林的设计，民国《吴县志》也说狮子林假山“元镇为之图，取佛

[47] 龚国强、何岁利：《唐长安城大明宫太液池遗址发掘简报》，《考古》2003年第11期。
[48] 王岩、陈良伟、姜波：《洛阳唐东都上阳宫园林遗址发掘简报》，《考古》1998年第2期。
[49]〔宋〕周密：《癸辛杂识》，王根林校点，上海古籍出版社，2012，第7页。
[50] 程国政编注《中国古代建筑文献集要·宋辽金元（上）》，同济大学出版社，2016，第240页。
[51] 同上书，第241页。

书狮子座名之”[52]。

另外，在延续前代的基础上，此时的文人雅士将赏石风尚理论化，形成了一系列石谱类著述，流传于世的有杜绾的《云林石谱》、祖秀的《宣和石谱》和范成大所著《太湖石志》等。在以文为贵的社会风尚和日趋精致的日常生活背景下，这些石谱类著述首次将产生于魏晋南北朝兴盛于隋唐的赏石文化进行系统的论述，为后世的园林用石、赏石提供了具体的操作指南。其中，以《云林石谱》的记载较详细、体例较完善，全书对110余种石头，从产地、开采方式、形态、色泽、质地、纹理和用途等方面展开介绍与赏析，对长久以来的赏石活动进行经验总结和审美提炼。后又有明代林有麟的《素园石谱》和清代王冶梅的《冶梅石谱》在前代的基础上增加插图，将赏石风尚进行图像学意义的记载，使其更清晰地展示于世人眼前。

（五）叠石技术与审美的集大成

明清时期进行了大量园林营造实践，留下诸多传世园林作品，同时，多位文人和造园家对造园艺术进行技术与审美层面的总结，形成了初期的体系化造园理论。此时的皇家园林吸收了江南私家园林造园技艺，形成南北风格的融合，以承德避暑山庄、圆明园和清漪园等较为典型。私家园林方面则形成了北方、江南和岭南三足鼎立的局面。北方的代表作品有半亩园、萃锦园、十笏园等，江南地区有拙政园、瞻园、寄畅园、个园、豫园等，岭南地区也有梁园、可园、余荫山房、清晖园等优秀的园林作品。在江南地区的造园活动中，涌现出一批文人和造园家，如计成、文震亨、李渔、张南垣、戈裕良等人，基于丰富的造园经验和深厚的文学修养，将过去仅在师徒间口口相传的造园知识总结为体系化的理论著作，如《园冶》《长物志》《闲情偶寄》等书籍，其中皆对园林石景有所论述，对叠石技艺进行了技术形态和设计面貌的理论总结。

以无锡寄畅园为例，从中可以看到明清时期园林石景的特征（图7-5-9）。寄畅园始建于明代，清代几经修整至今保存较好。其坐落于惠山东面山麓，面积约1公顷，保留了原始地貌的部分地形、水系和植被，整座园林的地势从西南部向东、北方向逐渐降低，较高的西侧是园林景观塑造的重点区域，有密度较高的假山和植被景观，低洼的东、北部引惠山二泉水作为水池、山涧等景观，厅堂、书房、祠堂和碑亭等建筑物多分布于园林南北两侧。寄畅园的石景广泛分布于园林各角落，如同园林之骨架为游园者构建出曲折悠长的观赏路线，在面积并不大的寄畅园中创造出丰富多样的自然景致。其主要包含四种类型的石

[52] 冷雪峰：《假山解析》，中国建筑工业出版社，2013，第63页。

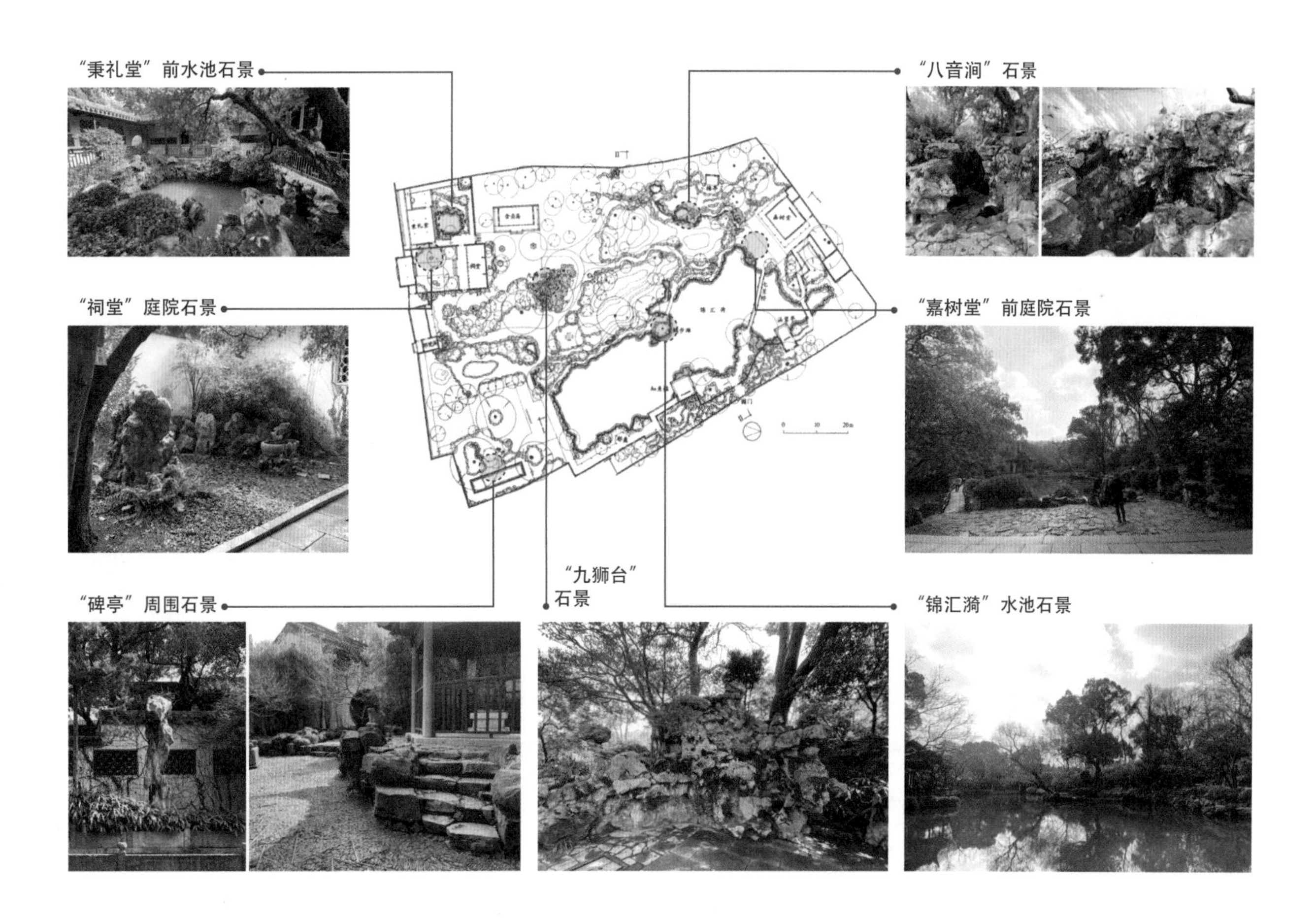

图 7-5-9　无锡寄畅园部分石景[53][54]

景。一是连绵起伏的假山群，其中，“九狮台”是整座园林中最壮观、规模最大的主景假山，模仿了惠山的地貌形态，与其遥相呼应。二是山水结合石景，如“八音涧”“锦汇漪”和“秉礼堂”水池石等。八音涧相传是清代著名山匠张南垣的作品，山涧深1.9至2.9米，长30余米，道路下方有沟渠引泉水经过，两侧为高低起伏的假山，整条水系走势曲折，设有八处小型瀑布形成八种不同音色的流水声，故名八音涧。三是寄畅园中有多处作为植物护栏的石景，最高者为2米左右，如祠堂前墙角的一处石景，由多块大小不一的石块相接组成植物护栏，护栏内部堆设土壤，用以养护种植其中的花草树木。四是寄畅园中还有大量特置和散置石用以点缀空间和过渡景致，如碑亭附近特置有一瘦长挺拔的奇石，被置于视角绝佳的庭院正中间水池之前。寄畅园的叠石材料多选用附近惠山的黄石，既节省了运输成本，也使石景面貌更契合本土地貌，与惠山景观衔接自然。

[53] 潘谷西编著《江南理景艺术》，东南大学出版社，2001，第172页。
[54] 由作者拍摄于无锡寄畅园。

四、“掇石成山”：假山的施工技术

以体量较大、工程较复杂的假山石景为例，其施工工序主要包含相地、画样和烫样、相石备料、立基、拼叠、加固等步骤。

（一）相地、画样和烫样

“相地合宜，构图得体”，在叠石施工前需要进行“相地、画样和烫样”等一系列活动，将园林的石景、水流、花木、建筑等要素进行统筹安排和布局规划。以皇家园林营造为例，“凡工程着手前，先由内务府校准五尺，命销算房丈量地面大小，交样式房拟具立样、地盘样，签注尺寸，呈堂听候旨意取决……待图、烫样决定后，发交销算房估计工料，行文各主管部院，领取应需物件，着手兴造”[55]（图7-5-10、图7-5-11）。叠石工程作为园林营造的重要内容，石景的基本造型、位置安排及其与其他园林要素的关系，都是前期园林规划需要考虑的内容。

当代山匠方惠根据其自身经验总结出构图园林石景的大致流程：首先构思主山的位置、朝向、高度和形态，其次构想水流走向和形状，再次结合建筑、道路和走廊等设施安排游赏路线，最后再设想作点缀用的副山和散置石。他还总结了“避、留、适、定、估”五个要点。“避”是指尽可能避开喧闹的公共区域。“留”是指根据地面高低起伏、水流走势和植被情况，保留可用的原始地貌，如在高处顺势布置石景，疏通水路，在低洼处挖坑作为水池及保留珍贵的花草古木。“适”是指石景的布局应尽可能让游览者感觉舒适：一是让园林景观逐渐由城市向山林过渡，景色之间的转变不宜过于突兀；二是在有限的园林空间中尽可能营造

图7-5-10（左） 清代样式雷绘长春园平面图[56]

图7-5-11（右） 同治重修万春园天地一家春烫样[57]

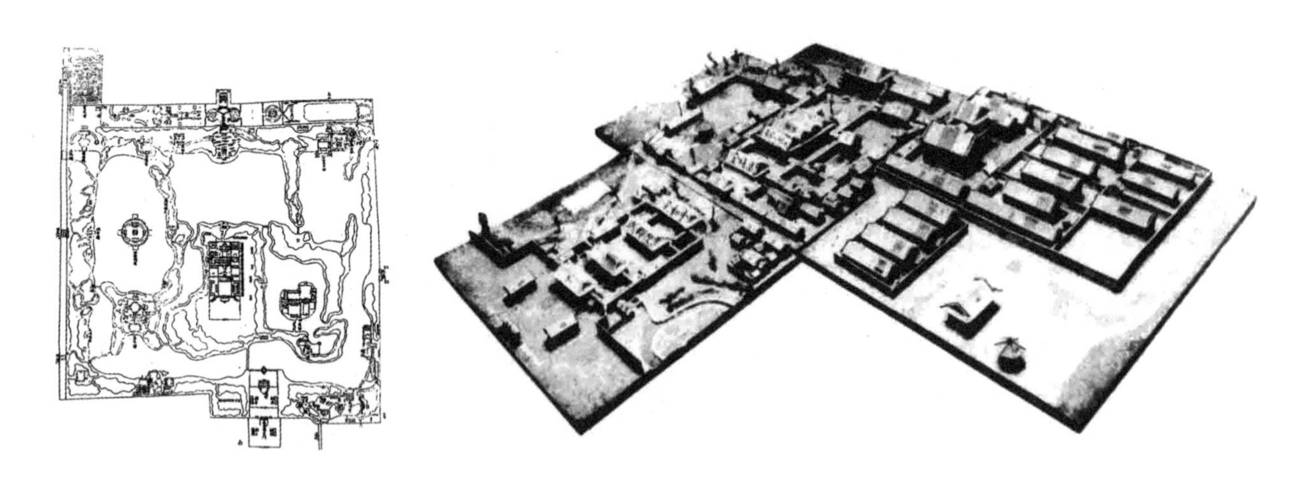

[55] 刘敦桢：《刘敦桢文集（一）》，中国建筑工业出版社，1982，第350页。

[56] 何蓓洁、王其亨：《清代样式雷世家及其建筑图档研究史》，中国建筑工业出版社，2017，第26页。

[57] 刘敦桢：《刘敦桢文集（一）》，中国建筑工业出版社，1982，第340页。

自然趣味，巧妙地隐藏人工痕迹。“定”是指确定园林中石景的位置布局、观赏角度、主宾节奏、层次变化、形态造型等。“估”是指根据规划的园林石景，对造园用石的品种、数量、人力、工期等进行成本估计，以免造价高于或不及预算[58]。

（二）从读石到相石

“叠山之始，必先读石”，在叠石前需根据事先构思好的图样或烫样，选择大小、形态合适的石料，即“相石”步骤。假山的营造材料主要有土、石和土石相间三种类型。土石相间的假山按两种材料的占比又可分为“土山带石”和“石山带土”两种。由于园林石景多位于室外，长年经受日晒雨淋，因此应尽量选择质地坚硬、耐磨抗压、无裂缝和不易风化的石材。但不同于光滑平整、色泽均匀的建筑石构和雕刻用石，叠石所用石料多形态曲折，具有明显的孔洞、坑陷、沟壑和纹理等表征，常用的品种有太湖石、昆山石、黄石、英德石、灵璧石、房山石、易县石、泰山石、蒙山石、雪浪石等[59]（图7-5-12）。各种石料的地质成因不同，如太湖石、昆山石是由地下水溶蚀、淋滤作用形成的，灵璧石、英石则是由风蚀、海蚀、河蚀形成的[60]。这些饱经风霜雨水侵蚀的奇石怪砾，其美学价值在园林置景中得到充分肯定。对此，学者方海总结道：“石景是中国园林中不可或缺的关键元素，尤其是以太湖石为代表的各类造型奇特的石头，千百年来受到知识阶层到普通百姓的痴迷热爱，因为它们体现出大自然能量对大地的塑造，这些曲率无限变化的湖石或各类山石产生的无穷尽的曲线构成不仅体现其自身与直线的对比关系，而且通过象征所带来的形象兴趣成为中国园林‘信仰’结构中的必要元素”。[61]

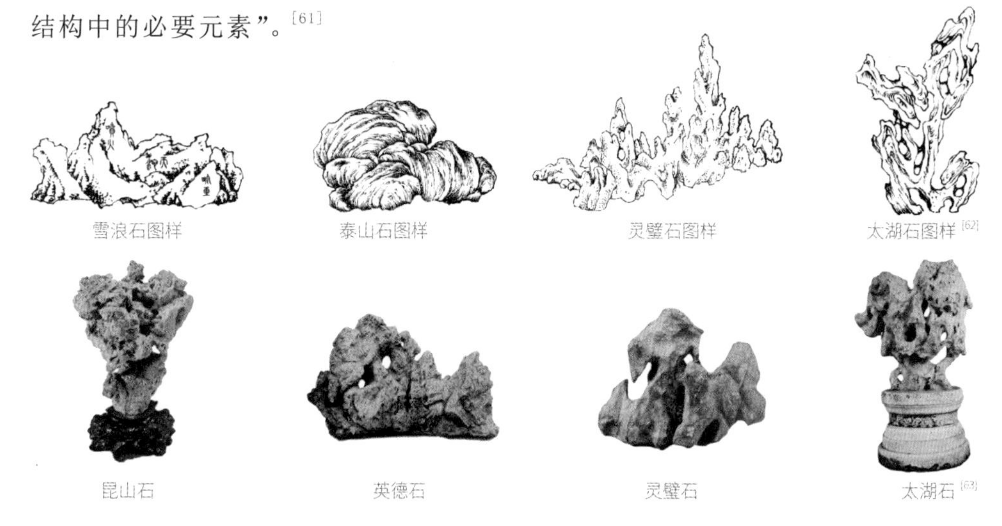

雪浪石图样 泰山石图样 灵璧石图样 太湖石图样[62]

昆山石 英德石 灵璧石 太湖石[63]

图7-5-12 叠石部分常用石料图样与实物

[58] 方惠：《叠石造山的理论与技法》，中国建筑工业出版社，2005，第62—65页。
[59] 韩良顺：《山石韩叠山技艺》，中国建筑工业出版社，2010，第139—143页。
[60] 袁奎荣、邹进福等编著《中国观赏石》，北京工业大学出版社，1994，第14页。
[61] 方海：《太湖石与正面体：园林中的艺术与科学》，中国电力出版社，2018，第52页。
[62]〔明〕林有麟：《素园石谱》，浙江人民美术出版社，2013，第72、74、106、107、145页。
[63] 丁文父编著《中国古代赏石》，生活·读书·新知三联书店，2002，第189页、第199页、第219页、第273页。

具体而言，石材的选择可从其质地、形态、皱纹、色泽等多方面进行考量。对于选石的标准，古代多位文人和造园家提出过见解。《渔阳公石谱》记载："近代士大夫如米芾亦好石……元章相石之法有四语焉：曰秀，曰瘦，曰皱，曰透。"[64]米芾所提出的"秀瘦皱透"四字相石法，被广泛接受和认可，成为后世鉴赏奇石的主要审美思路，并一直延续至今（图7-5-13）。李渔在米芾的观点上，删减了"秀""皱"，增加了"漏"："言山石之美者，俱在透、漏、瘦三字。此通于彼，彼通于此，若有道路可行，所谓透也；石上有眼，四面玲珑，所谓漏也；壁立当空，孤峙无倚，所谓瘦也。然透、瘦二字在在宜然，漏则不应太甚。若处处有眼，则似窑内烧成之瓦器，有尺寸限在其中，一隙不容偶闭者矣。塞极而通，偶然一见，始与石性相符。瘦小之山，全要顶宽麓窄，根脚一大，虽有美状，不足观矣。石眼忌圆，即有生成之圆者，也粘碎石于旁，使有棱角，以避混全之体。石纹石色取其相同，如粗纹与粗纹当并一处，细纹与细纹宜在一方，紫碧青红，各以类聚是也。然分别太甚，至其相悬接壤处，反觉异同，不若随取随得，变化从心之为便。至于石性，则不可不依；拂其性而用之，非止不耐观，且难持久。石性维何？斜正纵横之理路是也。"[65]

文震亨也曾对选石标准表达过看法："石以灵璧为上，英石次之。然二种品甚贵，购之颇艰，大者尤不易得，高逾数尺者，便属奇品。小者可置几案间，色如漆，声如玉者最佳。横石以蜡地而峰峦峭拔者为上，俗言'灵璧无峰''英石无坡'，以余所见，亦不尽然。他石纹片粗大，绝无曲折、屼嵂、森耸、峻嶒者。近更有以大块辰砂、石青、石绿为研山、盆石，最俗。"[66]此外，计成也有其独到的见解："夫识石之来由……取巧不但玲珑，只宜单点；求坚还从古拙，堪用层堆。须先选质无纹，俟后依皴合掇；多纹恐损，无窍当悬。古胜太湖，好事只知花石；时遵图画，匪人焉识黄山。小仿云林，大宗子久。块虽顽夯，峻更嶙峋，是石堪堆，便山可采。石非草木，采后复生，人重利名，近无图远。"[67]他们对相石提出了不同于前者的审美视角。

（三）基于察乎虚实的立基

为防止假山石的不规则沉降，与营造园林中其他建筑一样，在正式堆叠假山前，需先完成一系列基础工序。假山基础施工主要包含以下七个步骤。第一步"察乎虚实"，即考察立基环境。如果石景叠于平地上，需避开有墓窟、阴沟的区

[64]〔元〕渔阳公：《渔阳公石谱》，载〔宋〕杜绾等：《云林石谱：外七种》，王云、朱学博、廖莲婷整理校点，上海书店出版社，2015，第42页。
[65]〔清〕李渔：《闲情偶寄》，江巨容、卢寿荣校注，上海古籍出版社，2000，第223页。
[66]〔明〕文震亨著，赵菁编《长物志》，金城出版社，2010，第87—88页。
[67]〔明〕计成：《园冶注释》，陈植注释，杨伯超校订，陈从周校阅，中国建筑工业出版社，1988，第223页。

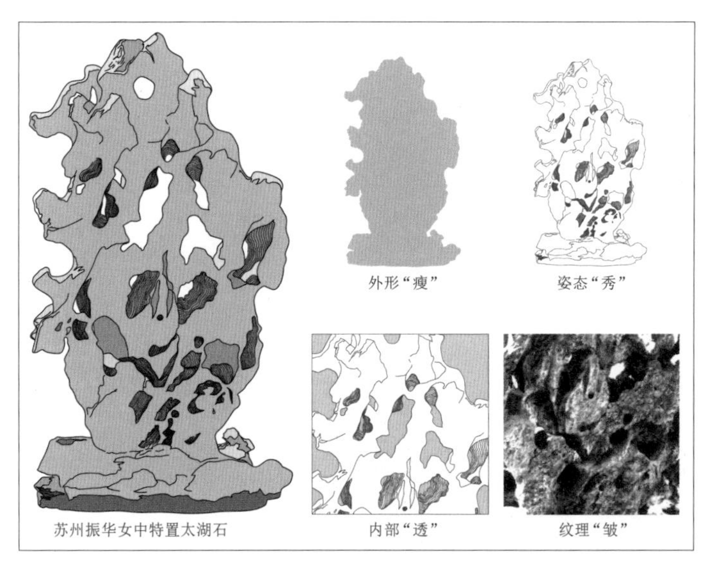

图 7-5-13（左）　米芾奇石审美标准示意图[68]

图 7-5-14（右）　苏州留园叠石地基示意图[69]

域，也需从土质强度、含水量及地下水位等方面考察地面的承重能力；若石景立于水池中，则地基应与水池底一同做底面处理，以免因两种地基连接不严而出现漏水现象；若石景附近栽种有高大的树木，则需为其留出足够的土壤面积和生存空间。第二步“放线刨槽”，即是在地面上划定区域挖掘凹槽作为假山地基，“先量顶之高大，才定基之浅”，地基的深浅面积依据假山的高矮和底面形态而定。第三步“夯硪”，即用硪子（四周系着绳子的圆形石饼或铁饼）或夯木砸打夯实土壤使其平整密实。对于体量较小的石景，到该步骤为止立基工序就已结束。第四步“下丁”，即将木桩或石钉垂直地插入地基中，相邻的木桩或石钉间需间隔一定距离。第五步“山石掐当”，即在木柱或石钉之间填充灰土、碎瓦和石碴等物料。灰土是石灰与土壤的混合物，一般以灰三土七的体积比例混合，遇水凝固并与地基融为一体，有强度大、耐冻防水的优点，是保证假山体稳固竖立的关键材料。第六步“条石盖顶”，即在柱头上覆盖条状石，使柱头隔绝空气、水分，起到保护木柱免于腐烂的作用。第七步“山石拉底”，即在条石上再覆盖一层拉底石作为假山基座，拉底石承受整个假山体的重量，需选用平整、不易风化、石质坚硬的材料。叠石地基由下至上分别为未经夯实的土、经过夯实的土、石钉或木桩、碎瓦、石碴或灰土、盖顶石、拉底石（图 7-5-14）。

（四）变化与平衡共存的拼叠

拼叠是指山匠以特定拼叠手法排列组合石料，构成富有美感的山体造型。拼叠多块石料时，应尽量选用质地、色泽和纹路类似的石材，相接石块的外轮廓及形态应衔接自然，使其看起来既富有变化又浑然一体。

[68] 童寯：《东南园墅》，童明译，湖南美术出版社，2018，第 68 页。
[69] 王昀：《中国园林》，中国电力出版社，2014，第 37 页。

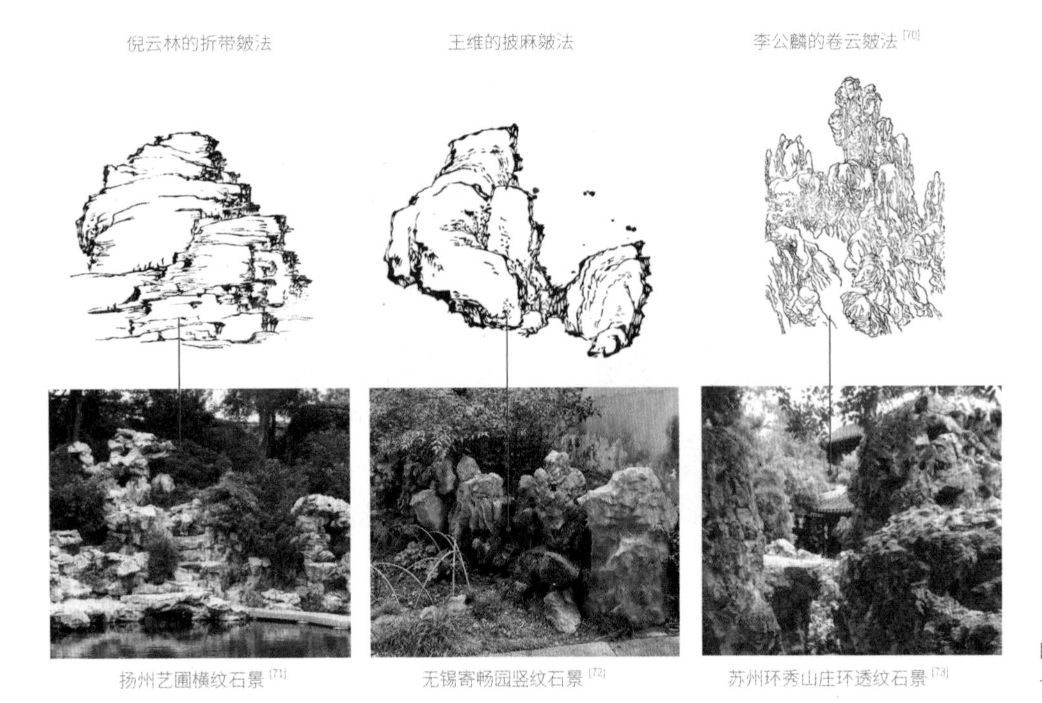

图 7-5-15　叠石纹理走势与山水画技法对比图

多位学者和叠石山匠对拼叠方法做出经验总结，按石材的纹理走势，可以将石材组合形式归纳为横纹、竖纹、环透等拼叠方式。横纹拼叠的纹理呈左右走向，石材层层向上堆叠，类似山水画中的“折带皴”笔法。竖纹拼叠而成的假山石，山石纹理呈纵向走势，类似“披麻皴、解锁皴和荷叶皴”等笔法。环透纹拼叠多用于组合呈弧形的湖石，按湖石的弯曲走势连接石块，呈现出透漏和涡状感，类似山水画中的“卷云皴”笔法（图7-5-15）。

取法于木架构中的榫卯连接方式，叠石常用的连接方式有拼、接、叠、挑、飘、斗、卡、挂、环、券、架、撑等。拼是将石料竖立相连接，接是将石料横向连接，叠是将石料层层向上铺，挑是将条状石向外伸出，飘是在挑石末端放置石料，斗是使两石相接并形成孔洞，卡是在两石之间夹一块较小石料，挂是指卡石呈下悬之势，环是三石相接呈环状，券是三个以上石料相连接成环状，架是两石之间架一长条状石料，撑是在石块间再塞小石辅助稳定[74]（图7-5-16）。韩良顺强调在拼叠大型假山的过程中，需从整体出发，注意石头间的主次、层次、起伏、曲折、凹凸、顾盼、呼应、疏密、轻重、虚实等关系[75]。另外，在组合不规则

[70] 王槩等辑摹《芥子园画传 · 卷之三》，清康熙时期芥子园刊本，第12、15、25页。
[71] 童寯：《东南园墅》，童明译，湖南美术出版社，2018，第40页。
[72] 由作者拍摄于无锡寄畅园。
[73] 童寯：《东南园墅》，童明译，湖南美术出版社，2018，第70页。
[74] 方惠：《叠石造山的理论与技法》，中国建筑工业出版社，2005，第121—126页。
[75] 韩良顺：《山石韩叠山技艺》，中国建筑工业出版社，2010，第36—42页。

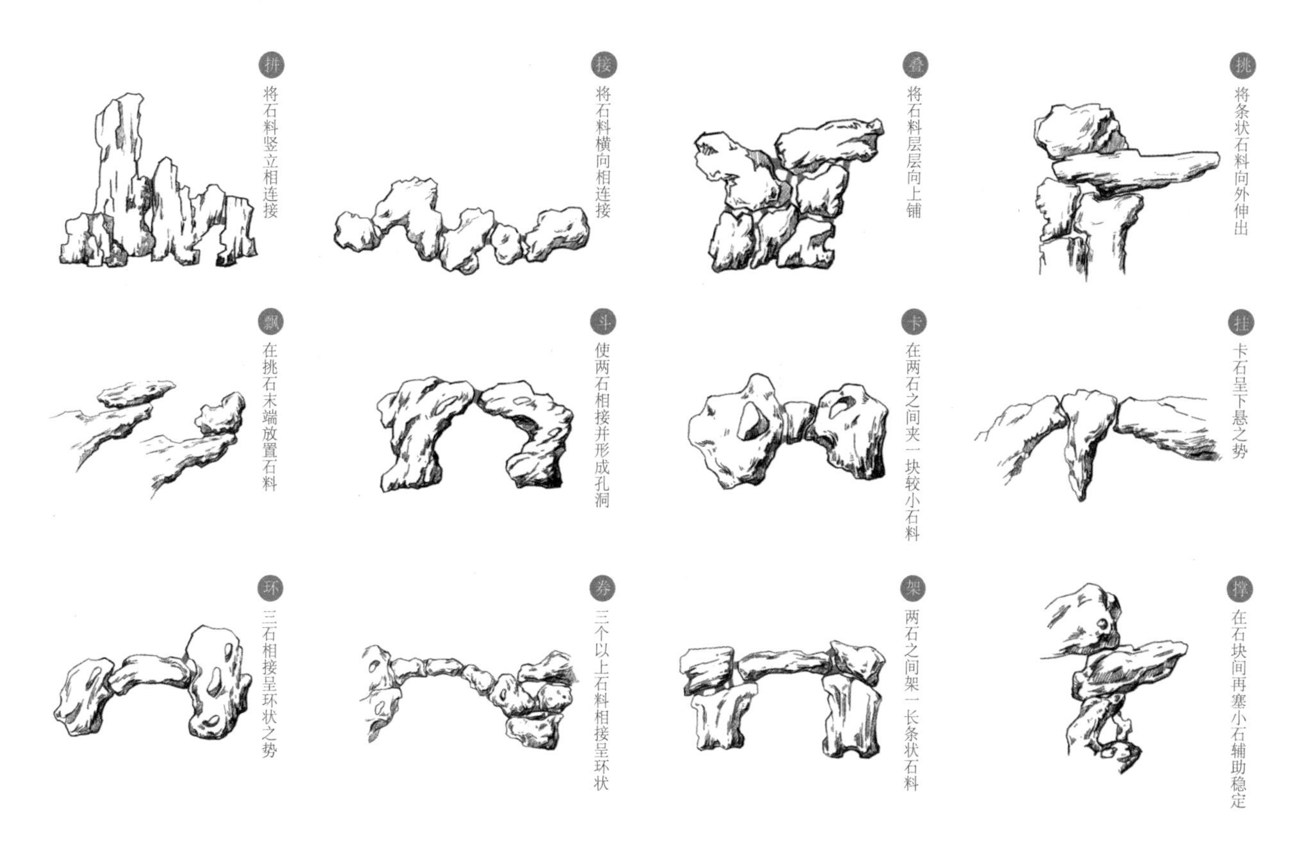

图 7-5-16　叠石连接方式示意图[76]

石料的过程中保持平衡是叠石的关键技术，计成在《园冶》的“山池石”“峰”“岩”三小节中皆提到“等分平衡法”以强调掌握平衡的重要性。

（五）拓缝和铁活的加固措施

叠石的最后一步是加固措施，主要包括“拓缝”和“铁活”两种做法，其目的有二：一是为增强石块间的黏合度，二是修饰美化连接处的造型以加强假山造型的整体感。叠石讲究“靠压不靠拓”，即石料间的稳定应主要靠堆叠倚靠的重力和相互间的摩擦力得以保持，最后的加固措施应在假山自身重心稳定的前提下进行。拓缝和铁活安装不仅用于加固假山石，还是古代瓦石作中用于细部连接的通用做法，清代《河工器具图说》中即记载了拓缝用到的铁钩、铁签、铁勺、竹把子和铁活安装用到的铁锭、铁锔、铁销、过山鸟和旧锔铁片等工具（图 7-5-17）。拓缝包括补石和勾缝两步。补石是用碎石填补拼叠时留下的大缝隙，所选用碎石应与叠山用石的色泽、纹样类似。勾缝是指向假山小缝隙中填充胶结物，以到达固定碎石和防水的目的。各地常用的胶结材料配方有所不同，主要有白灰、青白、油灰、草灰、糯米灰、盐卤等。为使勾缝处与假山的色泽衔接自然，古人还会在胶结物中添加其他材料，如铁粉、细砂、煤粉、纸浆、草灰等，以调配成与假山石类似的颜色。铁活加固即用铁质构件连接加固石料，常用铁件有银

[76] 方惠：《叠石造山的理论与技法》，中国建筑工业出版社，2005，第123—125页。

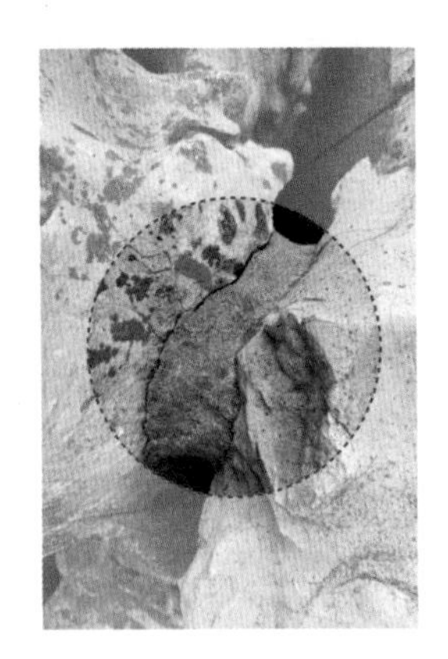

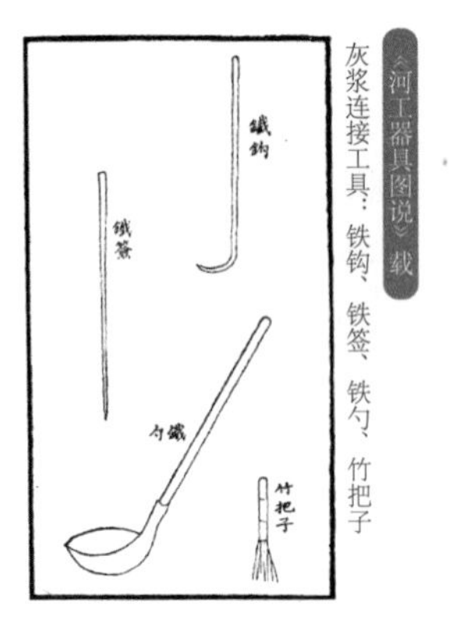

《河工器具图说》载
灰浆连接工具：铁钩、铁签、铁勺、竹把子

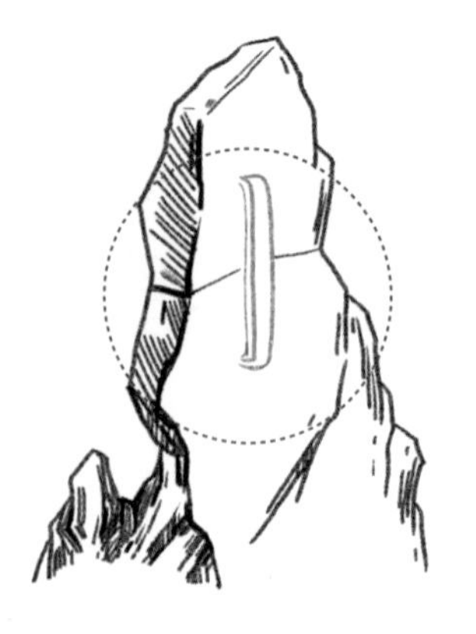

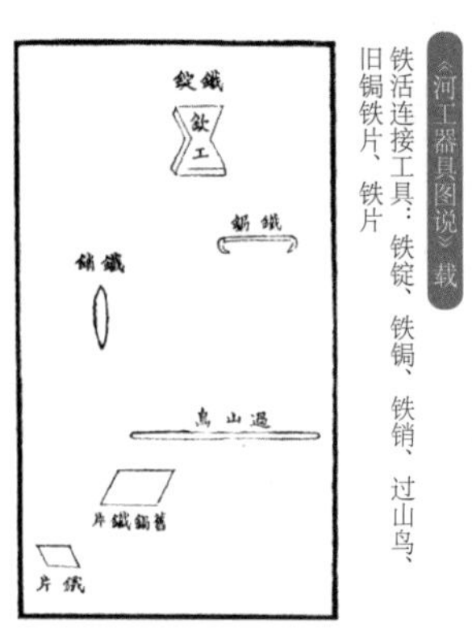

《河工器具图说》载
铁活连接工具：铁锭、铁锔、铁销、过山鸟、旧锔铁片、铁片

图 7-5-17 叠石加固方式示意图[77]

铁扣、铁扒钉和铁扁担等。银铁扣多用来加固水平方向相接的石料，铁扒钉兼作横向和纵向石料间的加固稳定，铁扁担多垫衬于山石底部。无论是拓缝还是铁活安装，这些加固措施都应尽量隐蔽施工，达到与天然石料浑然一体的观感。

结语

在中国山水式园林中，各种形态的置石、假山和具有实用功能的石景是塑造其山水风格的重要媒介。经由山匠反复考量石景的堆叠形态及其在园林中的位置布局，同水流、花木相配合构成野外山林景象，为几何规整的建筑线条增添自然气息，共同塑造出中国山水式园林的典型面貌。纵观中国传统山水式园林的石景面貌和叠石技艺的发展过程，可以发现园林石景由写实到写意的风格探索，使之成为中国山水艺术审美的一种空间式表达，也能发现内涵逐渐丰富的山水审美与赏石文化、日渐完善的石作技术和山匠代代相传的叠石经验，共同塑造了中国古代园林石景的独特艺术面貌。着眼于该技艺的具体内容，则不难看出园林石景的营造有赖于山匠、造园家和文人的艺术修养与工程经验，即这一过程既需要他们对山水构图和赏石审美的深刻理解，也需要通过“相地、制作图样、烫样、相石备料、立基、拼叠、加固”等一系列标准化、专业化的叠石工序得以实现。概言之，中国园林中极具表现力的各种石景，在城市中雕塑出抽象写意、微缩精致的山水世界，为园林的居住者和游览者在闹市中提供一片优美宁静的自然乐园。这种山水式园林及其山石景观，显示出中国古人对理想居住空间的一种探索，也是他们针对“人与自然和谐共生”这一命题所给出的答案，而其中所包含的设计范式与思想在当下仍然具有启发意义。

[77]〔清〕麟庆：《河工器具图说》，商务印书馆，1937，第115页、第117页。

第八章
技术视域下的金奢银华

金银是中国人最早开发与利用的金属材料，两种贵金属材料从古至今都被人类视为权势、财富、时尚审美及精神信仰的重要象征物。金银加工技术是中国古代社会生产领域中重要的手工技艺门类之一，早期成型方法源于本土青铜冶铸工艺，其后受到中亚、西亚与地中海沿岸等地区的金银加工技术的影响。东汉时期，这种技术在充分吸收外来锤揲与錾刻技术的基础上逐渐发展成为相对独立的工艺体系，至南宋时期基本实现了本土化。金银材料不仅被加工成首饰、器皿与货币，也被加工成箔片、珠粒与丝线等，在建筑、造像、器物、服饰及书画中进行附丽装饰。中国古代金银加工技术的发展不仅促进了器物形态与装饰的创新，同时在社会秩序、经济增长、艺术繁荣与思想观念等方面扮演着至关重要的角色。

历代金银工匠对材料特性、工艺技术和应用方法等整体认知水平的提升过程，整体呈现出技术交叉革新与器物多元拓展的良性演进特征，新技术促进器物的革新，器物的新需求促使技术改良与进步。金银器物与加工技术相互促进、互为驱动的关系，在金作领域产生了一系列重大且深远的影响。我们不禁要问：锤揲成型与錾刻装饰技术引进、吸收与转化的历程是什么？纤细繁复且极具观赏性的错金银装饰技术如何延续商周青铜器最后的辉煌？兴起于战国晚期的鎏金银技术为何逐渐取代错金银，成为后世最为通行的金属表面装饰技术？中国古代金箔如何实现从逐片锻打、形制各异的“材料装饰”到多层叠打、形制统一的“装饰材料”的转变？男性佩戴的步摇冠为何逐渐消失，而女性佩戴的步摇花为何最终融入簪钗之中？

不断发展的金银成型技术，创造了种类繁多、美轮美奂的金银器。锤揲与錾刻是质地柔软、延展性强的金银材料重要的成型与装饰技法，这种技术在环地中海沿岸、中亚等地区率先获得较大的发展。第一节为“金银的锤錾与成器”。南北朝至唐早期，中国金银的成型技术在中外技术交流的过程中逐渐由以高温液态冶铸为主转变为以低温固态锤錾为主。金银器物特征由厚重质朴转变为轻巧精致，纹饰由浅浮雕、低浮雕到高浮雕的变化，较大程度上丰富了金属器物的种类和风貌。在吸收转化外来技术的创新发展中，金银成型技术逐步改变了本土的金属冶铸技术体系，成为本土独立、专业的手工技艺门类，总体反映出我国金属加工技术兼容并包的特性。时至今日，金银加工技术并未随着工业化的发展产生重大变革，手工打造的金银器仍旧能够满足消费者多元化与个性化的需求，而对传统手工艺的关注与保护也日益成为人们延续文化传统的重要手段。

中国古代素来注重金属器物表面处理与装饰，这种需求使得装饰技术向更加多元化的方向发展。特别是错金银、鎏金与贴金等装饰技术应运而生，装饰材料变得更为多样、装饰手段更为丰富，装饰效果也更为精细，为中国古代金属器物的表面装饰带来了焕然一新的面貌，体现了中国古代金属装饰技术高超的发展水平。

错金银技术始于商代，兴盛于春秋战国时期，是金属器物表面处理及装饰技术的重要类型，为中国业已发达的金属加工技术带来了新的突破。第二节为“镂金错彩的表面装饰”。不同金属器物胎体的错嵌材料历经了由单一金属到多种金属的发展过程，错金、错银与金银混错技术的接续与升级，最终形成金属器物表面多材、多色与多变的装饰艺术风格，强化了青铜器的等级性和象征性。错金银技术的加工对象由“礼器”普及到“实用器”、装饰风格由“严谨的对称”样式转变为“浪漫的自由”样式。由金、银、铜等材质构成的复合金属材料及其工艺不仅延续了商周时期青铜器最后的辉煌，而且为其他手工艺门类树立了错金镂彩的工艺典范。

鎏金技术以封护严密、装饰华美且低损耗高效益等优势，成为中国古代金属器物表面最为通行的装饰技术，广泛运用于器物、造像及建筑等领域，传承和延续了其独特的魅力和价值。第三节为“黄金的火镀之法”。鎏金技术的发明与长期流行，一方面基于古代工匠对合金配比与特性的精准控制，另一方面满足了世人彰显社会身份与地位的心理需求。秦汉时期金属器物表面装饰逐渐由物理加工的错金银转变为化学加工的鎏金银。鎏金器物的胎体材料主要有铜、铁与银。鎏金不仅使用在器物表面，也常常运用于造像艺术，塑造各美其美、美美与共的奢华形象。鎏银器物相对较少，其技术主要运用在器物的表面。尽管现在火法鎏金的技术已被电镀技术所取代，但鎏金技术的原理、经验和智慧也为当代表面装饰技术的创新提供了宝贵的参照价值。

金箔是中国古代金属材料加工的典范，制箔技术具有较为清晰的技术演进路径，其转化与运用是中国古代黄金装饰普及的关键技术因素。第四节为“从材料装饰到装饰材料的金箔”。锤揲、錾刻与造纸技术的发展，使得金箔的制作方式由早期的逐片锤打变革为多层叠打，从而分化为“材料装饰”与“装饰材料”两大类型。作为“材料装饰”的金箔，伴随着锤揲与退火技术的发明及运用实现了金箔的初步加工，技术发展的不平衡性使其厚度、造型、纹饰与使用功能各不相同。作为“装饰材料”的金箔逐步实现了流程化、合理化和批量化的生产，在厚度、造型、工艺及应用范围方面的新突破。金箔的角色转变深刻地反映了我国古代装饰工艺与材料“极尽工巧”的设计思想。时至今日，具有普适性的金箔在现代电子、航天工业中也得到较为广泛的运用，其优异的延展性能使它成为人们探索金属极限加工能力的最佳载体。

金银首饰贯穿于人类的历史，人们将其视为珍宝并佩戴于身，既有自我装扮与吸引异性的重要心理动因，也具有彰显社会地位、身份及炫耀财富的意义。华美恒久的金银首饰是一部中国古代装饰美学史，也是一部视觉艺术形态的文化史。第五节为“步动则摇的头饰”。步摇是金银加工技术在社会民生领域中的典型例证，其鲜明的时代特色既反映了人们对美的追求，也体现了不同时期审美趣味和文化观念的变化。动静皆宜且极具展示性的步摇是金银加工技术精细化与艺术装饰复杂化共同作用的结果，也是折射生活时尚变迁的重要风向标。步摇起源于公元1世纪的西亚地区，西汉时期传入中国，并逐渐分化成中原及南方女子佩戴的步摇花与北方男子佩戴的步摇冠。女性佩戴的步摇花基本形成了由独立首饰到附属簪钗的发展脉络，其角色由宫廷典服的高等级首饰向民间日用普通首饰转变；男性佩戴的步摇冠主要流行于鲜卑贵族阶层，是特定时期流行的产物。步摇花受众广、流行时间长，展现了中国古代女性的精神面貌。步摇的产生、传播与风格演进既反映出人类在审美、技术等层面追求的趋同性，又体现出区域、民族和性别等方面的差异化特征。近年来，以步摇为代表的古代首饰被赋予新的文化意义，成为当代消费者凸显审美品位并实现价值认同与情感归属的文化产品。

中国古代金银加工的历史，与亚欧草原金银加工技术、社会风俗的东传紧密相关，从河西走廊、阿尔泰山脉、天山山脉、中亚绿洲、伊朗高原到地中海沿岸，横贯中西的黄金轴线是早期中国金银器造型与技术的主要来源。这种传播路线持续通过北方的游牧文化向中原与南方的农耕文化影响、渗透，中国金银加工技术因而成为与外来文化交往中重要的手工艺技术门类之一。战国至秦汉时期逐渐独立的金作体系、南北朝时期至唐早期外来金银器大量的涌入、明代宝石镶嵌的流行及清代金胎珐琅的出现，无不与中西文化交流的几个关键节点相契合。其间中国青铜器、漆器、瓷器对外来金银器造型的模仿体现出民间社会对异域奢侈品的向往，跨媒材、跨技术的交流互鉴也反映出中国工匠博采众长、勇于突破的专业精神。纵观中国古代金银器的发展史，实乃四千年中西文明与技术交流的缩影，我们不仅可以管窥民族文明进程与社会风尚，也可增进对本土文化多样性的认识与理解。

中国古代金银器由早期北方游牧民族的零星使用到逐渐融入中原文化，至汉代开始成为礼制、地位的重要象征。其使用范畴从单纯的首饰发展到涵盖首饰、服饰、器皿、武器、车马、货币及宗教、祭祀等诸多领域，成为权力、财富与信仰的重要载体。唐代以来金银器逐渐由高贵走向凡俗。伴随着城市工商业的日渐繁荣，唐代金银器早期以官方作坊样式与异域奢侈风格为主，之后造型与装饰本土化、制作流通商品化的民间器皿大量涌现。人们不断赋予造型精巧、纹饰精美的金银器更为丰富的人文意涵，体现出中国古代金银工匠巧师造化、精巧极致的造物思想。

中国古代金银加工技术、器物设计与社会需求密不可分，三者互为影响，均以金银材料的高利用率、金银器物的高质量发展及金银装饰的高附加值应用为最终目的。金银加工技术的内在连续性与金银器形及装饰的外在差异性交替发展，其专业性、科学性与系统性的技术，有力地促进了金银器由早期政治化到后期生活化的转变，其设计风格相应由形态丰盈、气势博大向精致雅观、奇巧玲珑转变。这些显著的变化综合反映了中国古代社会生产力的发展、社会结构的变迁及社会生活水平的提高。金银与人类社会生活紧密相连，在追求艺术性和个性化的当代社会，金银器是时尚与艺术的象征，如同其自身价值一样，成为人类文明中的永恒经典。

第一节　金银的锤錾与成器

锤揲与錾刻是古代金银器物加工成型过程中的两项核心技术，二者充分利用金、银质地柔软与延展性强的特点，通过锤头、錾头及模具等工具的机械外力作用，对金属进行锤锻、模压与錾刻，进而构成立体造型与高低起伏的浮雕及平面装饰纹样。锤揲，古称“椎鍱”或“槌鍱”，同锻造、锤打或打制，是锻造金银器物的特定术语。该技术是反复对金、银坯料的正面与背面进行锤击延展的加工过程。錾刻是指用特制的坚硬錾头对金属箔片连续锤錾制作深浅线条或镂空纹饰的方法。金银器物的制作过程一般是通过锤揲成型之后，再进行局部细节的錾刻装饰，这是金属器物成型与表面装饰技术融合创造的必然结果。相较于金属铸造成型的加工技术而言，锤揲与錾刻技术较大程度地提高了金、银材料的利用率，其加工过程通常为单人操作，也使得匠人得以充分施展其艺术创造性，所制器物省料轻巧又奢华精致。

中国先秦时期的金银器物以锤揲不同厚度的箔片为主要加工方法，部分采用模制法提高表面纹饰的制作效率，多作为其他物品的附属装饰。最迟在战国晚期的西北地区出现锤揲的银制器皿。相较于国外同时期品类丰盛的金银器物，国内金银器物数量稀少且种类单一，主要由于金银制作技术发展缓慢。汉唐时期随着频繁的对外交流，外来器物、工匠及金作技术的持续输入，本土工匠在不断地学习与吸收下，迎来了唐代金银器的繁荣。外来先进的锤揲与錾刻技术被吸收分解成打作、棱作、钑作（錾刻）等具体的加工环节，由此塑造金银器物的基本轮廓和复杂造型，完成高低起伏、玲珑透空的纹饰制作。两种主流金银制作技术的日益普及，逐渐取代了中国传统铸造成型的加工方式，使得胎体轻薄、造型写实、结构复杂、纹饰饱满的金银器物大量涌现。宋代城市商业经济的繁荣，进一步推动了金银器物制作走向商品化、批量化与大众化，民间私人作坊为降低材料成本、提升商品效益，创造出夹层技术。依托锤揲与錾刻技术的革新，中国古代金银器物经历了由少到多、由小到大、由平面箔片到立体器皿、由简朴素雅到精巧奢华的发展历程。

锤揲与錾刻技术决定了古代金银器物的制作水平，也是中国传统金属加工体系得以健全的重要组成部分。本节在梳理锤揲与錾刻技术起源和发展的基础上，探究了两种技术与金银器物之间的互为驱动的演进关系，并阐述了中外技术的交流、传播及其影响。

一、中国早期金银锤揲与錾刻技术的缓慢发展

金属的发现与利用是人类文明发展的显著标志之一。从世界范围来看，金属加工成型技术多延续了石器打制的技术，将拣选的天然金属反复锻造成型，以满足人们社会生产或生活中的某种需求。目前的考古发现表明，在甘肃广河齐家文化时期（约公元前2000年）已采用锤揲红铜、青铜等来制造小件铜器。相较于铜，金、银质地更为柔软，更加适合锤揲成型。目前已知考古发现较早的金、银实物，是甘肃玉门火烧沟四坝文化遗址76YHM47墓出土的金耳环（图8-1-1）、银鼻饮（图8-1-2）与银臂钏，造型整体呈钳形，较粗的一端采用锤揲技术捶扁为马蹄形，制作时间大约在公元前1800年至公元前1500年[1]。同一文化遗址的100余座墓葬中陆续出土了200余件同类金耳环[2]，一方面说明当时的人们已普遍利用黄金柔软易塑的特性进行设计加工，另一方面说明锤揲技术多运用在体形较小的耳饰制作中，尚处在发展的初始阶段。此后到商朝晚期，这些形制相近且均为锤揲制作的金耳环出现于陕西淳化、山西石楼、北京昌平与平谷、天津蓟县（今蓟州区）等地区，其自西向东的出土分布反映出与外来文化的密切关联[3]。同出的还有扁平螺旋状的金耳环（图8-1-3）及项饰、臂钏等首饰，这些体形较小、造型简单、锤揲而成的首饰，显示出中国早期金银饰品以人体装饰为主要功能的发展特征。

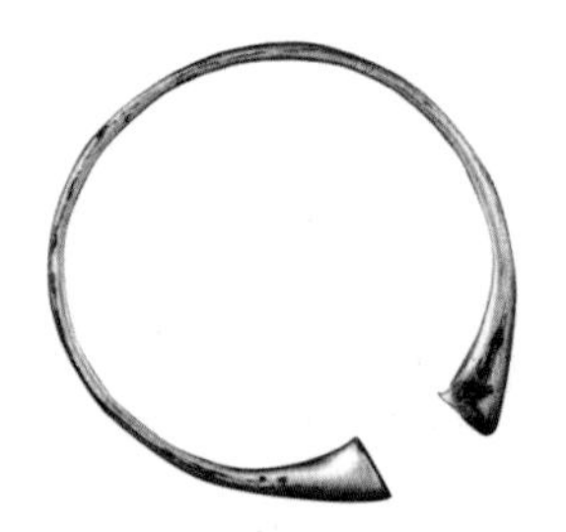

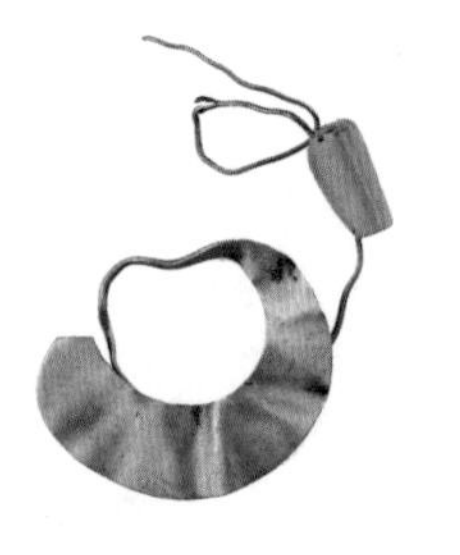

图8-1-1（左） 四坝文化遗址出土的金耳环[4]

图8-1-2（中） 四坝文化遗址出土的银鼻饮[5]

图8-1-3(右) 金耳环 商[6]

[1] 甘肃省文物考古研究所、复旦大学文物与博物馆系、中国社会科学院考古研究所：《甘肃玉门火烧沟四坝文化墓地发掘简报》，《考古与文物》2021年第5期。

[2] 许晓东：《黄金为尚：历史与交流》，载苏州博物馆编《黄金为尚：历史·交流·工艺》，江苏凤凰美术出版社，2020，第15页。

[3] 马健：《黄金制品所见中亚草原与中国早期文化交流》，《西域研究》2009年第3期。

[4] 甘肃省文物考古研究所、复旦大学文物与博物馆系、中国社会科学院考古研究所：《甘肃玉门火烧沟四坝文化墓地发掘简报》，《考古与文物》2021年第5期。

[5] 甘肃省文物局编《甘肃文物菁华》，文物出版社，2006，第149页。

[6] 苏州博物馆编《黄金为尚：历史·交流·工艺》，江苏凤凰美术出版社，2020，第99页。

商周时期中原[7]、南方及西南等地区逐渐形成以金箔为主、银箔为辅的发展格局，金、银箔多发现于高等级墓葬中，主要用作异质器物表面的附属装饰。随着锤揲工艺的不断提升，金、银箔的数量、面积与造型得到不断丰富与拓展，但在战国时期之前尚未发现采用锤揲技术制作的金、银器皿。值得一提的是，这一时期其他金属采用锤揲技术制作的器皿也十分稀少，其中甘肃崇信于家湾西周墓出土的四件形制相同的青铜盘是目前已知发现较早的锤揲成型青铜器皿（图8-1-4）。经检测这些青铜盘三件为铅锡青铜、一件为锡青铜，它们的含铜量为80.4%至84.4%、含锡量为12.2%至16.4%、含铅量为0%至5.0%，盘壁厚度为0.51至1.26毫米[8]。锤揲过程中同样采用了退火技术，方能反复锤打以实现薄胎青铜器的制作。

战国时期，在金、银箔的基础之上，锤揲银器的数量与种类开始有一定的增加，金器则较为稀少。虽然银矿的冶炼难度要高于金矿，银器的发展也晚于金器，但战国时期白银冶炼技术的提升及“重金轻银”社会等级观念的逐步确立，使银器的发展后来居上。目前我国考古发现较早的锤揲银质器皿是甘肃张家川马家塬战国晚期墓出土的两件形制较为相近的银杯套[9]。杯呈直筒形、单耳，壁厚0.1厘米，系由锤揲的银片卷曲铆接与焊接而成（图8-1-5）。上述器物集中反映出中国先秦时期金银锤揲工艺的缓慢发展，器物类型主要为金、银箔，部分地区存在较少数量的银质器皿。

先秦时期的金、银箔表面多有纹饰设计，主要以鸟首鱼纹、鸟纹、射鱼纹、夔龙纹与蟠龙纹等抽象动物，及口唇纹、斜线纹、米字纹与三角齿纹等几何纹样

图8-1-4（左） 西周时期的青铜盘[10]

图8-1-5（右） 战国晚期的银杯套[11]

[7] 河南省文化局文物工作队第一队：《郑州商代遗址的发掘》，《考古学报》1957年第1期；北京市文物管理处：《北京市平谷县发现商代墓葬》，《文物》1977年第11期。

[8] 张治国、马清林：《甘肃崇信于家湾西周墓出土青铜器的金相与成分分析》，《文物保护与考古科学》2008年第1期。

[9] 早期秦文化联合考古队、张家川回族自治县博物馆：《张家川马家塬战国墓地2008~2009年发掘简报》，《文物》2010年第10期。

[10] 国家文物局、中国科学技术协会编《奇迹天工——中国古代发明创造文物展》，文物出版社，2008，第94页。

[11] 甘肃省文物考古研究所编著《西戎遗珍——马家塬战国墓地出土文物》，文物出版社，2014，第110页。

作为装饰。构成形式主要按照轴对称或中心对称的结构连续排列，形成较为丰富的纹样组合。纹饰制作已使用单独的底模，目前考古所见较早的例证为河南郑州商王城出土的压印夔龙纹金箔。此类模具存世稀少，陕西西安战国晚期汉族铸铜工匠墓出土有数件鹰虎搏斗等纹饰的陶制凸形模具[12]，其脱模制纹的原理与金、银箔纹饰制作方法较为接近，可作为佐证。

二、汉代以降锤揲技术的引进与快速发展

在外来锤揲制品及其工艺的持续影响下，本土工匠逐渐吸取并将其融入本土的发展进程中，将其分解形成打作、棱作等工艺环节。至宋代，民间金银商品经济的发展，进一步发展出夹层技法。锤揲技术在中国获得了极大的发展，由此形成数量庞大、品类丰富、造型精美的金银器物。

（一）外来锤揲金银器的输入

汉代张骞出使西域，丝绸之路不断开拓与延伸，域外普遍采用锤揲技术制作的金银器物，逐渐经由陆地与海洋两条丝绸之路陆续传入我国。其中汉代较为典型的是裂瓣纹银盒与银盘（图8-1-6、图8-1-7），在广东广州、江苏盱眙[13]、山东淄博与安徽巢湖[14]等地区的西汉高等级墓葬中均有发现。这些墓葬临近江海，学界一般认为这些外来特征明显的器物产自西亚的安息帝国，经海路转运至中国[15]。其因稀有难得，故多为王侯等贵族所拥有。这些新式器物不仅扩充了银器的品类，而且域外精湛的锤揲技术，为提升中国金银器物的制作工艺带来了新的启示。其中安徽巢湖北山头1号墓中还出土了两件匜形银耳杯（图8-1-8），同样采用锤揲技术制作而成，可能直接受到外来锤揲工艺的影响。

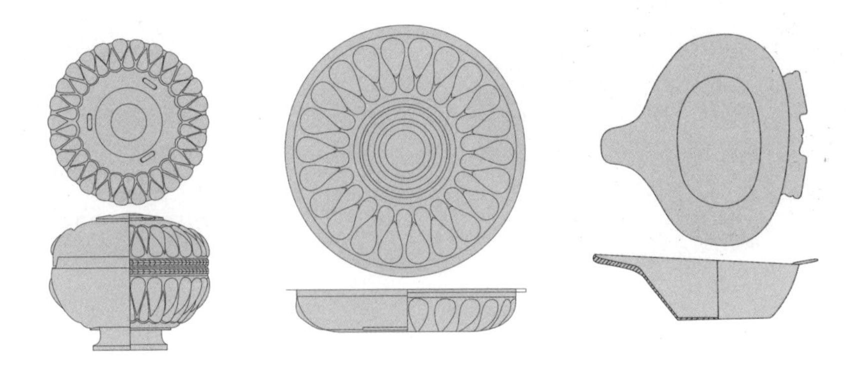

图8-1-6（左） 西汉时期裂瓣纹银盒线描图

图8-1-7（中） 西汉时期裂瓣纹银盘线描图

图8-1-8（右） 西汉时期匜形银耳杯线描图

---

[12] 陕西省考古研究所：《西安北郊战国铸铜工匠墓发掘简报》，《文物》2003年第9期。

[13] 南京博物院、盱眙县文广新局：《江苏盱眙县大云山西汉江都王陵一号墓》，《考古》2013年第10期。

[14] 安徽省文物考古研究所、巢湖市文物管理所编《巢湖汉墓》，文物出版社，2007，第107页。

[15] 孙机：《建国以来西方古器物在我国的发现与研究》，《文物》1999年第10期。

图 8-1-9　遂溪县出土的波斯萨珊王朝银碗[16]

三国两晋南北朝时期是我国与域外不断交流发展的重要历史阶段，尽管这一时期的金银器物目前出土数量较少，分布范围较为零散，但外来金银器物依然呈现出较为多元的发展面貌。典型如山西大同南郊北魏遗址出土的八曲银长杯、广东遂溪县出土的波斯萨珊王朝银碗等（图 8-1-9）[17]。这些多曲花口形器物，均是通过锤揲技术制作完成的，其表面丰富的浮雕表现出动植物与胡人形象，也采用了錾刻技术进行加工，为唐代金银器物的快速发展提供了良好的器型范本和技术支撑。

（二）锤揲工艺的细分与工具的完善

1. 基础的成型工艺——打作

锤揲工艺以锤打为主要技术特征，唐宋时期常概称此类工艺为“打作”。北宋《归田录》中记载“打”字的含义：“其本义谓‘考击’，故人相殴、以物相击，皆谓之打，而工造金银器亦谓之打可矣，盖有槌击之义也。”[18]结合唐宋时期的文献记载与出土实物可知，“打作”既是指金银器物的主流加工技术，又泛指制作各类金银器物的手工作坊。如陕西西安后村唐代窖藏曾出土一件晚唐时期的长条形银铤，右侧錾刻有“打作匠臣杨存实作下作残银”12 字（图 8-1-10）[19]。宋代民间私营金银作坊及工匠在器物上时有“周家造”[20]“打造匠人”“打造人”[21]等宣传性质的刻铭。另在江苏句容崇明寺大圣塔地宫出土的北宋晚期银椁底座上有“……大宋元祐癸酉岁（1093）八月日，刘滋舍手工钱打造，愿同打造匠人袁安奕”[22]等铭文，用于礼佛供养器物的制作也强调手工打造的特性。《宋会要辑稿》中专事宫廷金银器物加工的“文思院”中众多的作坊中已有负责制作金银器物“打作”的记载[23]。可见当时人们普遍认为金银器物是“打”制成型，而非传

---

[16] 福建博物院编《丝路帆远：海上丝绸之路文物精萃》，福建教育出版社，2013，第 97 页。

[17] 遂溪县博物馆：《广东遂溪县发现南朝窖藏金银器》，《考古》1986 年第 3 期。

[18]〔唐〕欧阳修：《归田录》，李伟国点校，载《唐宋史料笔记丛刊》，中华书局，1981，第 36 页。

[19] 朱捷元、李国珍、刘向群：《西安南郊发现唐“打作匠臣杨存实作”银铤》，《考古与文物》1982 年第 1 期。

[20] 沈仲常：《四川德阳出土的宋代银器简介》，《文物》1961 年第 11 期。

[21] 中国金银玻璃珐琅器全集编辑委员会编，杨伯达本卷主编《中国金银玻璃珐琅器全集 · 2 · 金银器（二）》，河北美术出版社，2004，第 96 页。

[22] 冉万里：《中国古代舍利瘗埋制度研究》，文物出版社，2013，第 308 页。

[23]〔清〕徐松辑《宋会要辑稿》，中华书局，1957，第 2988 页。

图 8-1-10（左） 晚唐时期银铤錾铭“打作匠臣杨存实作下作残银”

图 8-1-11（右） 十九世纪中国市井风情——三百六十行之打首饰

统的铸造成型。我国古代图像史料中罕有关于“打作”金银器物的画面。晚至19世纪初期广州地区流行的中国市井风情题材外销画中有“打首饰”的画面（图8-1-11）[24]。画中匠人右手持锤，左手握有金属材料，正在渐次捶制首饰。时至今日，传统金银匠人的加工方式也与之高度近似。

绝大部分金银器物的加工成型，一般均从锤打平面片材开始，反复锤打将坯料的平面形状不断向四周延伸、展薄，之后才能进一步打制成圆形、方形及弧面等其他形状。这一加工过程使用的工具主要是各种形状的锤子、铁砧和可伸缩的底衬材料。锤子与铁砧自古便是我国金属加工的必备工具，具有伸缩性的底衬则主要受到外来锤揲工艺的影响。域外特别是西亚地区用天然有机胶凝材料的沥青作为底衬，它有良好的防水、防潮和防腐特性，通过不断地热熔与冷却来固定金银箔片，其软硬适度，有较强的伸缩性能，是完成各类金银器物锤揲成型与细节纹饰的关键材料。虽然我国沥青资源相对较少，但在唐代以前漫长的金银制作工艺发展过程中，较少将沥青纳入加工环节，因此器形种类与纹饰也相对单一而刻板。究其原因，主要是我国深厚悠久的金属冶铸技术传统，通过高温液态冶炼与模范浇铸的方式完成金属器物的加工。这种方法未能将金银材料的优势性能充分发挥，难以使其走上独立发展的道路。虽然部分金属制品采用锻打成型的加工方式，但金、银材料的金属强度较弱，在铜、铁、石砧上进行锤揲延展，易造成开裂、破碎等问题，致使该技术始终在铸造的影响之下而徘徊不前，极大地限制了我国金银器物的制作与使用。外来锤揲技术在唐代得到进一步的发展，工匠一般采用蜂蜡、松香等材料替代沥青，并加入毛草或砥石粉合拌，作为金银锤揲成型工艺中必要的底衬材料。捶击金银箔片时底衬随之变形，以达到成型的目的。

[24] 黄时鉴、〔美〕沙进编著《十九世纪中国市井风情——三百六十行》，上海古籍出版社，1999，第228页。

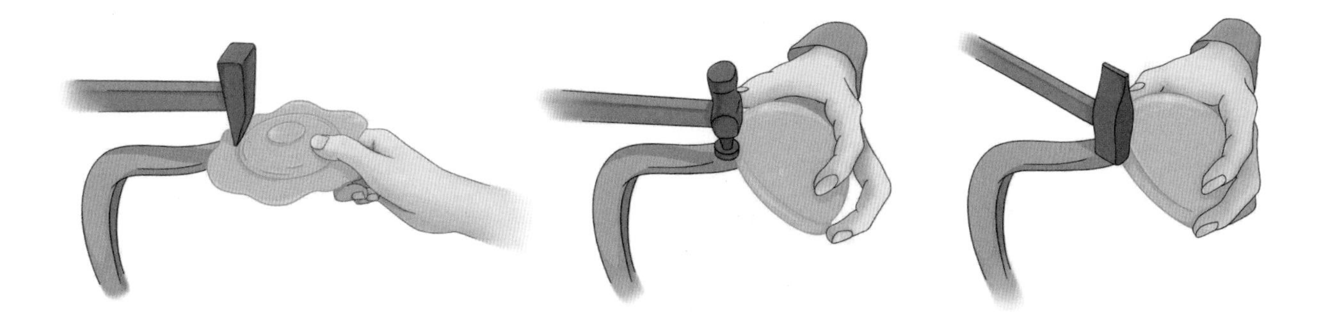

图8-1-12　传统锤揲工艺的加工过程

在此基础之上，锤揲技术逐渐发展出功能完善、种类齐全的工具。遗憾的是，目前我国尚未发现或辨认出金银制作工艺中所用的工具，对其研究多通过出土或传世实物制作痕迹的逆向分析，及传统金银工匠延传至今的制作经验而展开。传统金银工匠在锤揲金银器物时，主要使用升锤、球锤与平锤三种锤型，即可完成塑形、整形的作业（图8-1-12）。其中升锤锤首顶面呈两头宽、中间细的束腰形，两侧截面为长方形，下接直柄，其主要作用是通过不断地锤打，使金银坯料的正、反两面长宽度得以充分延展，使其不断受力挤压完成由厚渐薄、由平面到立体的起形加工处理过程。球锤锤首呈球形，下接曲柄，其主要作用是金银箔片起形后，对其内部进行锤打塑形的加工环节，由此形成丰富的曲面造型。平锤锤首顶面呈长方形，两侧截面为圆形，一头平底，一头圆弧，下接直柄，其主要作用是金银器物完成起形、塑形后，表面留有大量凹凸不平的锤打痕迹，使用平锤继续锤打，进一步完成找平与整平的工作，以得到表面较为圆润、光洁的器物。无论是金银坯料的延展成型还是整形找平，锤击力度的大小、砧子、底衬材料的配合使用是锤揲工艺的关键。锤打的过程中落点准确、速度均匀、力度适中是器物锤打成型的基本要求。

2. 富于灵动的成型工艺——棱作

棱作是指采用锤揲工艺将金银坯料打制成带有棱角的多棱面或多曲面的成型工艺。《宋会要辑稿》中记载文思院下设“稜（棱）作”，也是继“打作”之后的下一道加工环节，即按照预设的尺度大小与棱曲多少，进一步将器形锤揲成带有棱角或曲弧的复杂造型。因此，由“棱作”制作的多棱面或多曲面的器物也被称为“棱器”。唐代刘禹锡散文《为淮南杜相公谢赐历日面脂口脂表》中有“腊日面脂、口脂、红雪、紫雪，并金花银盒二，金稜盒二”的记载，宋代《太平广记》“八角井”条中也有同类记载：“唐元和初，有公主夏中过，见百姓方汲，令从婢以银稜碗就井承水。”结合陕西扶风法门寺地宫出土的《物账碑》记载与对应实物来看，“银稜（棱）函”是直角方棱的银函（图8-1-13）。

图 8-1-13 法门寺地宫出土的素面盝顶银函[25]

图 8-1-14（左） 何家村唐代窖藏出土的折腹银碗[26]

图 8-1-15（右） 盛唐晚期的葵花形凸棱高足银杯[27]

棱作加工打破了金银器物较为规整的外观造型，通过分棱分曲，制作并演化出相当丰富的器物类型。造型简单者如陕西西安何家村唐代窖藏出土的折腹银碗（图 8-1-14），碗腹外部有一周横向凸棱，内腹部对应为一周凹弦，其余部分光素无纹。造型复杂者如江苏丹徒丁卯桥银器窖藏出土的盛唐晚期葵花形凸棱高足银杯（图 8-1-15），不仅杯腹外部有一周横向凸棱，而且杯子口沿向腹底纵向等分为五曲，整体呈葵花形[28]。经过棱作锤揲的金银器物，比之规整的器物造型更富于灵动的变化，同时在制作中起到稳固胎体的作用。

在此影响下，唐宋时期出现各式花口造型的典型器物，器物类型主要包括金银盘、碗、杯、盒等，花形主要包括菱花、葵花、海棠花、芙蓉花、菊花及莲花等形态，形成品种多样、花形丰富的器物形态。以唐宋时期花口形平底银盘为例（图 8-1-16），盘形主要有菱花、葵花、海棠花、芙蓉花和菊花五种，其中菱花形又分为四曲、五曲、八曲三式，葵花形又分为四曲、五曲、六曲、八曲四式，菊花形又分为三十曲和三十二曲两式。花口形银盘的分曲逐渐增多，其艺术风格日渐写实。这些新的变化一方面较大程度地拓展了中国古代金银器物的类型，并

[25] 金维诺总主编、齐东方卷主编《中国美术全集 · 金银器玻璃器》卷一，黄山书社，2010，第157页。

[26] 陕西历史博物馆编，侯宁彬、申秦雁主编《大唐遗宝：何家村窖藏》，文物出版社，2021，第366页。

[27] 镇江博物馆编著《镇江出土金银器》，文物出版社，2012，第33页。

[28] 丹徒县文教局、镇江博物馆：《江苏丹徒丁卯桥出土唐代银器窖藏》，《文物》1982年第11期。

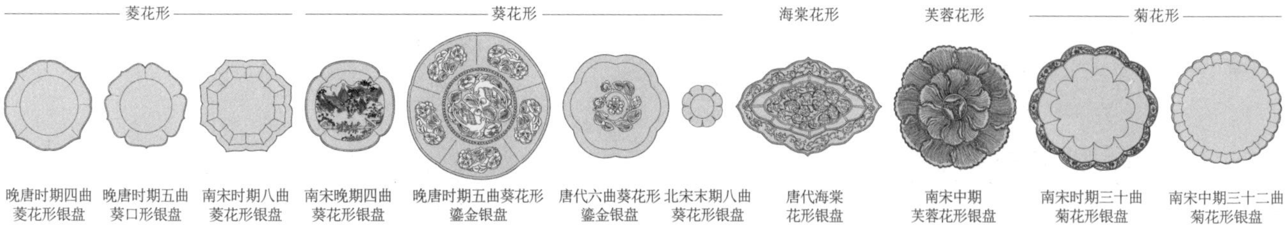

菱花形 葵花形 海棠花形 芙蓉花形 菊花形

晚唐时期四曲菱花形银盘 晚唐时期五曲葵口形银盘 南宋时期八曲菱花形银盘 南宋晚期四曲葵花形银盘 晚唐时期五曲葵花形鎏金银盘 唐代六曲葵花形鎏金银盘 北宋末期八曲葵花形银盘 唐代海棠花形银盘 南宋中期芙蓉花形银盘 南宋时期三十曲菊花形银盘 南宋中期三十二曲菊花形银盘

图 8-1-16 唐宋时期花口形平底银盘示意图

引发了本土陶瓷器、漆器、铜铁器对外来金银器物的仿制风潮；另一方面得益于对外来锤揲技术、沥青关键材料的引进与吸收，与传统铸造成型技术相互补充，构成更为全面的金银技术加工体系。

3. 脱模锤揲的成型工艺

脱模锤揲是通过预制底模，将锤打好的金银箔片置于其上锤揲成型的加工方法。底模可重复加工的特性，有效提升了器物成型的制作效率，为金银器物的批量制作提供了可能。作为金属加工过程中主要的受力物体，底模需要以较高硬度的石、陶、青铜或铁等材料制作。底模可分为凸模、凹模，及复合严密的凹凸模（又称为阴阳模），其发展有着由单独到复合、由简单到复杂的演化过程。在结构更为复杂的器皿成型加工中，先将预制好的金银箔片四周固定于底模之上，后使用较软的皮锤或木锤进行锤击，便大体形成所需的起伏结构造型，再用较为圆润的硬木沿凹陷结构进行下压整形，直至达到预期的设计标准。为防止模具与金、银材料在受力时发生断裂、破碎等问题，可在二者之间衬以较软的皮革或衬布。这种方法既完成了器物的成型，又避免了对器物造成直接的伤害，在金银器物的表面没有锤痕，这也成为判定脱模锤揲法的基本技术特征之一。

目前尚未发现唐宋时期脱模锤揲成型所用的模具实物。我国金属加工成型工艺自商周时期就已经普遍使用各类材质的内模与外范，唐宋时期同样延续了这一技术传统。从该时期丰富的金银器物遗存来看，特别是大量形制、大小几近一致的器物出现，推测当时应有较为完备的金银器物脱模成型工艺。其中陕西西安何家村窖藏出土盛唐时期圆形银盘44件，宝鸡扶风法门寺地宫出土晚唐时期鎏金团花纹葵口圈足小银碟、鎏金十字折枝花葵口小银碟各10件，河北易县金银窖藏出土北宋晚期素面平底花口银碟85件，江苏溧阳平桥乡窖藏出土南宋时期花卉纹银碟9件，江西乐安银器窖藏出土南宋时期双鱼银盘38件[29]。其中河北易县所出银碟的器形、尺寸与重量均极为相近，底部还有统一的计重、记

[29] 杨厚礼：《江西乐安窖藏银器》，《江西历史文物》1980年第3期。

图 8-1-17 北宋晚期的素面平底花口银碟

名铭文[30]。这些银碟内部有连续不断的月牙形锤揲痕迹，而外表面则未见痕迹（图8-1-17），应是采用单独外模的脱模成型工艺制作完成的。这些被大量制作的器形相同的器物，显示出较大的社会需求，有效利用模具加工，一方面可以提高生产效率，另一方面可以保证器物形制的相对一致性，进而保持相对稳定的品质。

（三）省料保质夹层技法的创制

宋代城市中的各金银商铺及工匠追求更高销量，积极改进制作工艺，为保持较好的产品形态，并达到省工省料的目的，发明了夹层技法。该技法充分结合并发挥锤揲与錾刻技术的优势，所制器物分为内外双层，内层以素面片材维持薄胎器体的结构，外层锤揲为不同形态的造型，其上多施以高浮雕的装饰纹样。典型如江苏溧阳平桥乡宋代窖藏出土双兽首耳鎏金银盏（图8-1-18），碗内壁光滑，外壁饰有上下交错的乳钉纹，周身以雷纹为地，即采用夹层技术制成。同类器物还见于福建邵武故县出土的南宋时期鎏金夹层八角杯[31]、四川彭州出土南宋中期龙纹夹层银杯[32]。这些器物形制、大小及纹饰均不一致，而制作工艺相同，表明其省料保质的技术革新为不同地区的金银商铺或工匠所采纳。

图 8-1-18 双兽首耳鎏金银盏 南宋

[30] 绍兴市上虞博物馆、易县博物馆编，黎毓馨、熊玮、方华主编《易水寒光：宋代宫廷金银器窖藏》，文物出版社，2022，第48—53页。

[31] 王振镛、何圣庠：《邵武故县发现一批宋代银器》，《福建文博》1982年第1期。

[32] 成都市文物考古研究所、彭州市博物馆编著《四川彭州宋代金银器窖藏》，科学出版社，2003，第62—65页。

三、金银器物表面装饰技术

金银器物是兼具实用功能与审美艺术的产物，而装饰技术是提升其品质与艺术效果的重要手段。錾刻技术因錾子有着各种不同形状的錾头，锤击时可以实现不同起伏程度的纹饰效果，因而被运用于最复杂而精巧的设计之中，成为金银器物表面纹饰加工的主流技术。根据纹饰的加工方式与深浅程度，又可分为浅浮雕、高浮雕与镂空三种纹样形式。浅浮雕与高浮雕不会造成金银材料的减少，镂刻则反之。

（一）借助模具进行纹饰锤揲

锤揲技术不仅是金银器物加工成型的主流技术，而且结合模具与錾刻技术可以完成表面纹饰的制作。陕西西安何家村窖藏出土的唐代鎏金舞马衔杯纹银壶（图8-1-19），其制作过程先是通过锤揲技术完成对壶体的成型，然后使用预制好的舞马模具由内向外进行捶击，从而完成制作。使用模具可大大提高制纹的效率，其方法大概可分为两类：一是在木、骨的表面做出凹凸图案，将金银材料覆盖其上，锤揲而成；二是制作阴阳模，将金银材料夹在两模之间，捶压出图案，之后采用錾刻的工具在表面修整，使图案细节更加清晰并增强立体感。典型如陕西西安何家村唐代金银窖藏出土的三件鎏金银盘（图8-1-20），三件银盘造型与纹饰各不相同，但其盘心纹饰凸花明显，内外壁的纹饰轮廓线完全一致，可知是通过预制的模具打造而成的。其中，鎏金双狐纹银盘，盘内高0.5厘米，其加工过程首先是将银箔片由中心向四周锤揲成为双桃形盘形，后借助模具从盘底固定位置进行锤击施力，再经过修边整形与鎏金完成银盘的制作。可见锤揲

图8-1-19（上）　唐代鎏金舞马衔杯纹银壶制作示意图

图8-1-20（下）　唐代鎏金双狐纹、龟纹、熊纹银盘的内外壁[33]

[33] 陕西历史博物馆编，侯宁彬、申秦雁主编《大唐遗宝：何家村窖藏》，文物出版社，2021，第170页。

技术不仅用于器物成型，也用于凸起纹样的制作，通过工具和技法的变化，在器物表面打造出高低起伏的层次。

（二）日臻丰富的錾刻纹饰

中国古代金银器物表面纹饰有着从浅浮雕到高浅浮雕组合发展的演进过程，这既表明人们审美意识的持续提升，也展现出錾刻技术的不断进步，为丰富纹饰效果提供基本的技术保障。根据纹饰的加工方式与深浅程度，又可分为浅浮雕、高浮雕与镂空三种纹样形式。其中浅浮雕与高浮雕的鼓凸效果通常为器物表里双向加工，其上还可进行阴刻的细节处理。

1. 錾刻技术的溯源

錾刻，在古代称其为“钑镂”，近现代业界称为“花活錾”“凸花（纹）”“敲花”或“镂花”，是指用特制的坚硬錾头对金属箔片连续锤錾制作深浅线条或镂空纹饰的方法[34]。东汉《说文解字》中释为“錾，小凿也”[35]，是指雕凿金石的重要工具，在金银器物锤揲成型之后，錾刻是其细部加工最为重要的手段之一。汉代的古籍文献中，“钑”初指短小的铁柄兵器矛[36]，“镂”出现较早且更加接近“錾刻”的本义。“镂”指坚硬的钢铁或镌刻纹饰的方法。西周《诗经·国风·小戎》中“虎韔镂膺”[37]，指在虎皮弓囊上雕刻花纹。战国《墨子》中“以其所书于竹帛，镂于金石，琢于槃盂”[38]、《荀子·劝学篇》中“锲而不舍，金石可镂”[39]、战国或两汉成书的《尔雅·释器》中的“金谓之镂，木谓之刻”[40]及《说文解字》中“刻，镂也”[41]等记载均表明，“镂”更多是指金石等坚硬材质上的雕刻技术，与玉器加工中的“琢”和木材加工中的“刻”有着相近的技术特征。

结合史籍文献与出土实物对照可知，“钑镂”一词表示金银器物上的雕嵌花纹，约从唐代开始。如《朝野佥载·卷三》中记载：“洛州昭成佛寺有安乐公主造百宝香炉，高三尺，开四门，绛桥勾栏，花草、飞禽、走兽……麒麟、鸾凤、白鹤、飞仙，丝来线去，鬼出神入，隐起钑镂，窈窕便娟。”[42]《唐国史补》卷上也记载有：“太原王氏，四姓得之为美，故呼为‘钑镂王家’，喻银质而金饰也。”[43]这也说明钑镂工艺已经较为普及。从陕西扶风法门寺地宫出土的《物账碑》记载可知，

---

[34] 许晓东、童宇：《中国古代九大黄金术》，《美成在久》2016年第6期。
[35]〔汉〕许慎：《说文解字》，中华书局，1963，第295页。
[36] 同上书，第297页。
[37]〔宋〕朱熹注解《诗经》，张帆、锋焘整理，三秦出版社，1996，第114页。
[38] 方勇评注《墨子》，商务印书馆，2018，第152页。
[39] 方勇、李波译注《荀子》，中华书局，2011，第5页。
[40]〔晋〕郭璞注《尔雅》，浙江古籍出版社，2011，第34页。
[41]〔汉〕许慎：《说文解字》，中华书局，1963，第91页。
[42]〔唐〕张鷟、〔唐〕刘悚：《朝野佥载·隋唐嘉话》，袁宪校注，三秦出版社，2004，第103页。
[43] 周坤：《〈唐国史补〉文学鉴析》，中国商务出版社，2015，第253页。

图 8-1-21　宋代鎏金镂花包边楠木经箱及其箱底墨书[44]

至迟在晚唐时，金银器物制作中已明确有“钑作”“钑花”等词汇。《宋会要辑稿》中记载文思院中已有独立的“钑作”，宋代《梦粱录》中也有“金银打钑作”的记载。南宋晚期《六书故·金部四·地理一》中则对钑镂工艺有着较为明确的定义，“细镞金银为文也”[45]，即在金银器物上细镞纹饰便是錾刻工艺。在江苏苏州虎丘云岩寺塔中发现的宋代鎏金镂花包边楠木经箱底部墨书有“手工镂花”（图 8-1-21）。由以上可知，唐宋时期“钑镂”一词主要指称金银器物表面的纹饰制作工艺。

2. 由单一到丰富的浅浮雕纹饰

錾刻是一种多变的技巧，金银工匠通常会配制几十到几百种不同形制大小的錾头，因而錾刻技术有着十分丰富的艺术效果，使得金银器物表面呈现出高低起伏、连绵不断的纹饰样态。錾头圆钝，所制纹样较为粗壮圆润，錾头不至于将金银材料打穿开裂；錾头尖锐，所制纹样较为精致细腻，錾刻时要防止用力过猛刺穿金银材料。錾刻时会留下一段段痕迹，这成为判断其技术使用与否的重要特征。錾刻纹饰时常将金银箔片翻转，并以可伸缩的底衬材料如松胶或沥青垫入，在背面以圆头工具锤出花纹。整个过程通常包括三个步骤：描线、敲块面与敲质感。这三个步骤在各时代的做法基本一致。描线是以细的錾头，在器物正面锤錾出图案的轮廓线条；敲块面则是以较大与较圆的錾头，在器物背面敲出面积；敲质感则是在器物的表面或背景创造肌理质感，锤平的錾头最后被拿来修整器物正面。通过组合使用这些不同的錾头，使得金银器物的正面呈现出高低起伏且精致细腻的纹饰图案。陕西扶风法门寺唐代鎏金双狮纹菱花形银盒（图 8-1-22）盒盖面内以联珠组成一个菱形，与周边呈斗方布局，内菱形中部錾两只腾跃的狮子，四周衬以西番莲与缠枝蔓草，内外菱的角隅饰背式西番莲纹样，腹壁上下均錾二方连续的莲叶蔓草，空白处满錾鱼子纹。其制作使用至少六

[44] 苏州博物馆编著《苏州博物馆藏虎丘云岩寺塔、瑞光塔文物》，文物出版社，2006，第30—33页。
[45]〔宋〕戴侗：《六书故》，上海社会科学院出版社，2006，第73页。

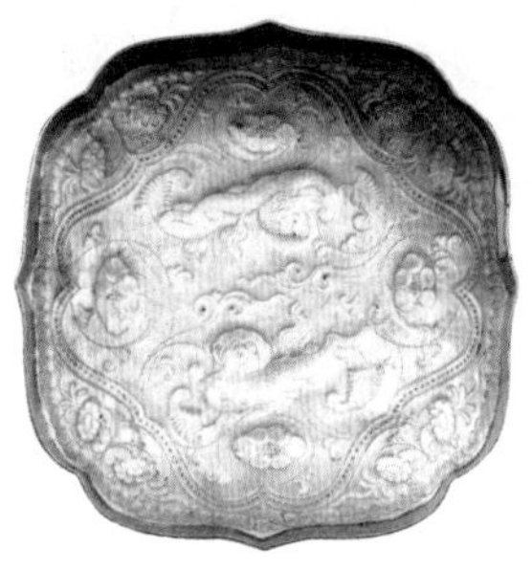

图 8-1-22 鎏金双狮纹菱花形银盒 唐[46]

种不同形状的錾子，通过不断的锤打，才能制作出不同样式、不同深浅、不同效果的纹饰。

除了主题纹样，唐代金银器上常在空白处施以鱼子纹。该纹样也称珍珠地纹，是用细圆形的錾头錾出细密的小圆点，相互之间排列紧密而整齐，使器物表面更加斑斓，光芒可以折射出强烈的金属质感。这种重复性纹样的制作既耗时又需要熟练的技术，同样也是唐代创新和特有的工艺，并一度影响至其他地区。唐代金银器上流行的珍珠地纹也随着时代的发展而呈现出不同的艺术特征，中晚唐以前纹饰紧致、细密而均衡，中晚唐以来随着器物日渐轻薄，珍珠地纹也变得粗浅稀疏，至宋代，珍珠地纹的运用则逐渐衰弱。

3. 宋代高浮雕纹饰的流行

在唐代金银器物制作工艺持续发展的基础之上，宋代錾刻技术开始出现并逐渐流行立体高浮雕的纹饰。部分器物突出的纹饰甚至远超器体本身的高度，通过与器形巧妙的结合构造出某种奇巧的造型，这意味着其实用性的降低和观赏性的增加，人们可在多个角度进行观赏。这类器物不见于唐代及以前诸朝代，至迟在南宋时期的江苏、四川、福建等地区逐渐流行开来，器物类型主要包括杯盏、盘等饮食器具。其中以圆形和八边形的银盘为典型器物，如江苏溧阳[47]、福建泰宁[48]出土的圆形盘。南宋至元代初期的银鎏金瑞果纹圆盘，板沿、浅腹、平底，盘高1.4厘米、口径16.5至16.8厘米、瓜果纹饰高1.6至1.8厘米。通过对盘底纹饰反复不断地錾刻加工，最终形成佛手、石榴、香橼及荔枝及繁茂枝叶等由高到低的立体纹饰，并进行表面鎏金处理，共同构成寓意“多福、多子、吉利”的瑞果图案（图8-1-23、图8-1-24）。同时，福建泰宁与福建邵武还分别出土有南宋鎏金八角银盘，上饰狮戏绣球和亭台楼阁及人物等纹样（图8-1-25、图8-1-26）。这些同时期的金银器物分布在不同地区，都錾刻了形式相近的高浮雕纹饰，可见此类纹饰在当时有着较高的流行程度。

[46] 陕西省文物局、上海博物馆编《周秦汉唐文明特集 · 法门寺卷》，上海书画出版社，2004，第328—329页。
[47] 肖梦龙、汪青青：《江苏溧阳平桥出土宋代银器窖藏》，《文物》1986年第5期。
[48] 李建军：《福建泰宁窖藏银器》，《文物》2000年第7期。

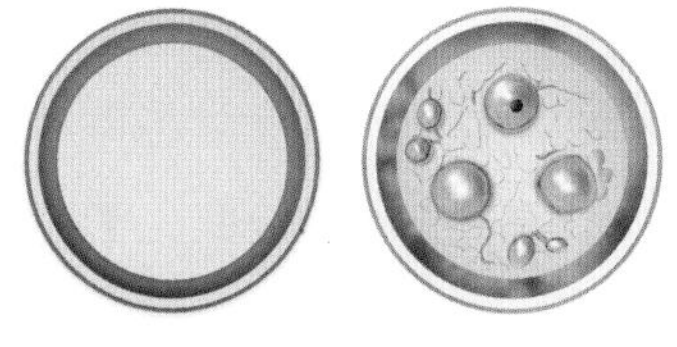
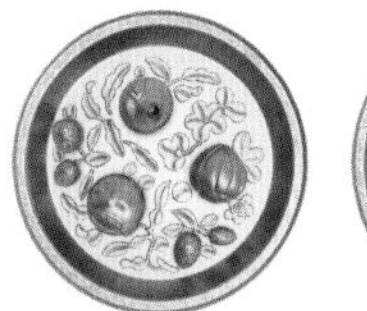
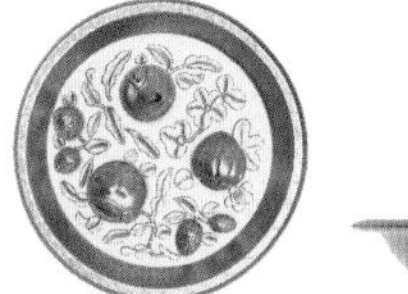

图 8-1-23　银鎏金瑞果纹圆盘制作示意图

图 8-1-24（左）　银鎏金瑞果纹圆盘

图 8-1-25（中）　银鎏金狮戏绣球纹八角盘

图 8-1-26（右）　鎏金银八角盘　南宋[49]

值得一提的是，唐宋时期金银器物较为发达的錾刻技术中，有些技术的名称及解释借用自石作技术[50]。在《营造法式》中有记载："雕镌制度有四等：一曰剔地起突；二曰压地隐起华；三曰减地平钑；四曰素平。"[51]对应现代雕刻的概念，"剔地起突"为高浮雕，"压地隐起"为低浮雕，但浮雕不超出石面，而在打磨平整的石面上，将纹饰空白的地凿去，留出与石面齐平的部分，加工雕刻。"减地平钑"为浅浮雕，是在石面上刻画线条图案花纹，并将花纹以外的石面浅浅去掉一层，以增加图案的空间立体感与层次感。"素平"是在石面上不做任何雕饰的处理。这种情形一方面说明金银器物及其表面纹饰的制作技术在唐宋时期获得了极为快速的发展，另一方面也表明本土的金银錾刻技术长期以来尚未形成较为完整的发展体系。

4. 由平面到立体的镂空纹饰

镂刻也称为镂空或透雕，是钑镂工艺的一种加工方法，指依照预先设计的图样，借助锐利工具对金、银箔片表面反复加工形成图底虚实的镂空纹饰。制作时需要錾刻剔掉设计中不需要的部分，形成透空的纹样。器饰上的镂空主要是出自实用功能的需要，但更多器物上采用镂空装饰实则是以装饰为主，提升虚实对比的艺术感。厚度较薄的金、银箔片可直接用竹木质、石质或金属质的刀、錾、锤等工具，反复刻画便可以形成镂空纹饰。商代晚期至春秋时期四川成都金沙遗址所出的商周太阳神鸟金饰已采用这种制纹方法完成制作。厚度较厚的金、银箔片则采用特制的錾子对不需要的部分进行"透空脱地"的"脱錾"。或者使用桯具、线具组合，通过实心金属桯钻孔定位与金属丝线或锼弓锯条的拉切镂空出相应的纹饰。

[49] 金维诺总主编，齐东方卷主编《中国美术全集 · 金银器玻璃器》卷二，黄山书社，2010，第296页。

[50] 杨伯达：《关于中国金银器隐起图案工艺定名的商榷》，《故宫博物院院刊》1995年第4期。

[51] 梁思成：《营造法式注释》卷上，中国建筑工业出版社，1983，第44页。

镂刻工艺的发明是为了满足某种具体实用的功能。镂空部分内外通透，不仅可以起到通风、透光的作用，也形成了虚实相间的装饰艺术效果。《安禄山事迹》中记载唐玄宗赏赐安禄山“银凿镂”[52]，可能即指此类工艺。根据目前的考古发现，唐宋时期采用镂刻工艺的金银器物多为各式首饰与日用器皿。日用器皿主要是各式香炉，及笼、碗、盒、勺等物品；首饰主要包括梳篦、帔坠、饰牌及冠饰等物品。所制器物的体积逐渐增大，所镂刻器物的形式也相应由平面逐渐转为立体。

这些香炉形制多样，制作精巧，既有局部镂空，又有整体镂空，但均是通过镂刻孔洞使炉内的焚香溢出。其主要形制有高足多层香炉、球形香炉两类，高足多层香炉长期流行于唐宋时期，球形香炉则主要流行于盛唐至北宋早期。由考古出土的高足多层香炉可知，其出土地点自西北向东南分布在陕西西安[53]与宝鸡[54]、江苏镇江[55]和浙江宁波[56]等地区，这与唐宋时期政权交替、经济重心南移的时代发展趋势高度吻合。唐代高足多层香炉多做镂刻如意云纹，镂空的线条较粗，典型如陕西西安何家村窖藏出土的唐代五足三层银熏炉（图8-1-27）；宋代镂刻纹饰更为烦琐细腻，典型如南宋天封塔层台银熏炉（图8-1-28）。此类香炉多在炉盖部分开孔，镂孔多，密度大，方便焚香产生的烟雾快速排出。炉身与器足底座也有部分镂孔，一方面便于排烟，另一方面也可以统一设计风格，强化视觉感受。

图 8-1-27（左） 五足三层银熏炉 唐

图 8-1-28（中） 天封塔层台银熏炉 南宋[57]

图 8-1-29（右） 葡萄花鸟纹银香囊 唐

[52]〔唐〕姚汝能：《安禄山事迹》，会贻芬校点，上海古籍出版社，1983，第6页。

[53] 陕西历史博物馆、北京大学考古文博学院、北京大学震旦古代文明研究中心编著《花舞大唐春——何家村遗宝精粹》，文物出版社，2003，第221—225页。

[54] 陕西省考古研究院、法门寺博物馆、宝鸡市文物局等编著《法门寺考古发掘报告》，文物出版社，2007，第123页、第125页。

[55] 丹徒县文教局、镇江博物馆：《江苏丹徒丁卯桥出土唐代银器窖藏》，《文物》1982年第11期。

[56] 林士民：《浙江宁波天封塔地宫发掘报告》，《文物》1991年第6期。

[57] 石超主编，浙江省博物馆编《错彩镂金：浙江出土金银器》，浙江人民美术出版社，2016，第281页。

图8-1-30（左） 镂刻银勺 唐

图8-1-31（中） 鎏金银笼子 唐

图8-1-32（右） 镂空银盒 宋

球形银香炉也称为银香囊，此类香炉形似圆球，由上下两个半圆体组成，整体做镂空处理，镂孔多、密度大，方便焚香快速溢出。目前我国考古发现球形银香炉共计七件，主要分布在陕西西安[58]与宝鸡[59]、江苏南京[60]等地区，在日本奈良正仓院北仓藏有一件盛唐时期凤狮纹银熏球[61]。这些香炉直径为4.5至12.8厘米之间，其造型小巧、玲珑精致，是镂刻技术成熟发展的典型器物（图8-1-29）。除香炉外，唐宋时期一些日用器皿也做镂空处理，如唐代镂刻银勺[62]、唐代鎏金银笼子[63]与宋代镂空银盒等（图8-1-30至图8-1-32）[64]，可以看出，镂刻技术得到了更为多元的运用。

唐宋时期的女性流行佩戴的饰品，特别是头饰，采用了镂刻的工艺。这样一方面是为了长时间佩戴而减轻重量，另一方面是佩戴在厚厚的发髻之上时起到通风透气的效果，精巧镂空的手工技艺还可以凸显高贵的社会身份。江苏扬州出土中唐时期金栉[65]（图8-1-33）、宋代金发梳正是在这样的背景之下发展而来的。中唐时期伎乐飞天纹金栉为马蹄形，下部呈梳齿状，用薄金片镂空錾刻而成。梳背中心主纹以卷云式蔓草作地，上饰两对称的奏乐飞天。飞天下方及周边饰如意云纹等多重纹饰。唐代妇女梳高发髻，梳便是插在发髻之上的饰物。金梳的錾刻工艺，难度在于镂空，镂空的部位非常细小，需将多余的部分完全脱除，方能成型。鉴于当时的工艺水平，此件金梳在没有过多辅助工具的情况下，就能錾刻出有浮雕感的图案与繁复细密的纹饰，充分显示了唐代镂刻制作工艺的高超水平。此外，辽

[58] 陕西历史博物馆编，侯宁彬、申秦雁主编《大唐遗宝：何家村窖藏》，文物出版社，2021，第324—326页。
[59] 陕西省考古研究院、法门寺博物馆、宝鸡市文物局等编著《法门寺考古发掘报告》，文物出版社，2007，第126—128页。
[60] 南京市考古研究所：《南京大报恩寺遗址塔基与地宫发掘简报》，《文物》2015年第5期。
[61]〔日〕正仓院事务所编《正仓院宝物·北仓》，朝日新闻社，1987，第254—255页。
[62] 金维诺总主编，齐东方卷主编《中国美术全集·金银器玻璃器》卷一，黄山书社，2010，第144页。
[63] 陕西省考古研究院、法门寺博物馆、宝鸡市文物局等编著《法门寺考古发掘报告》，文物出版社，2007，第130—131页，彩版七一。
[64] 沈仲常：《四川德阳出土的宋代银器简介》，《文物》1961年第11期。
[65] 徐良玉、李久海、张容生：《扬州发现一批唐代金首饰》，《文物》1986年第5期。

图 8-1-33（左） 中唐时期的伎乐飞天纹金栉[66]

图 8-1-34（中） 辽代早期的陈国公主鎏金花鸟镂空银冠[67]

图 8-1-35（右） 北宋时期的凤鸟纹金帔坠[68]

宋时期的冠饰与帔坠的制作与设计大量使用镂刻工艺，形成丰富多变的类型。其中以辽代早期陈国公主鎏金花鸟镂空银冠[69]（图8-1-34），及北宋凤鸟纹金帔坠（图8-1-35）、南宋时期双龙金帔坠为代表。

结语

锤揲与錾刻的加工方式适用于金银材料的物质特性，是金作领域中核心的加工技术。中国古代高温液态冶铸技术的发达和底模材料的稀缺，一定程度上限制了锤揲与錾刻技术及金银器的发展。汉代以来域外锤揲、錾刻技术及沥青底模的引入，提升了本土金银加工技术水平。唐宋时期金银器的加工方式逐步实现了由铸造到锤錾的转变，锤揲与錾刻工艺细分成为打作、棱作与钑作等专业加工方式，形成了独具中国特色的金银加工技术体系。金银器的品类与数量不断增加，器物造型也由早期简单的平面形态拓展为复杂的立体形态，纹饰由浅浮雕到高浮雕，整体呈现出精巧多变、奢华富丽的发展特点。

锤揲与錾刻技术是我国引进国外先进技术转化创新的典范，在此基础上与本土的铸造成型技术形成优势互补，进一步完善了中国古代金属加工体系。同时，造物设计的加工方法不断丰富，使得金银成为形塑人们日常生活和审美观念的重要材料。时至今日，金银加工技术并未随着工业化生产发生重大变革，手工打造的金银器满足了消费人群的个性化需求，同时唤起了人们对传统技艺的文化认同和情感共鸣。

[66] 金维诺总主编，齐东方卷主编《中国美术全集 · 金银器玻璃器》卷一，黄山书社，2010，第206页。

[67] 金维诺总主编，齐东方卷主编《中国美术全集 · 金银器玻璃器》卷二，黄山书社，2010，第236页。

[68] 同上书，第257页。

[69] 内蒙古自治区文物考古研究所、哲里木盟博物馆编《辽陈国公主墓》，文物出版社，1993，第25—47页。

第二节　镂金错彩的表面装饰

错金银又称为金银错，是依照预先设计的图样或铭文，将金、银丝或片填嵌在金属器物表面的凹槽中，用错石错平磨光，形成单独、两种或两种材料以上交错的装饰效果。该技术与错红铜、错漆及错绿松石等技术同源异流，都是强调不同材料的质感与色彩差异，不断尝试不同材料之间的混合方式，是金属器物处理及装饰技术的一个重要分支。

中国古代金属错嵌技术的发展基于铁、钢等更为坚硬的金属的冶炼与使用经验，在范铸成器后进行纹饰镂刻、错嵌异质材料，实现了金属器物表面纹饰加工技术的新突破。由目前所见实物可知，最迟在商代晚期的青铜兵器及车马器表面已有错金银、错红铜的装饰。春秋中期至战国晚期以带有错金铭文及纹饰的多种长刃击杀兵器为主。战国早期随着炼银技术的发明与运用，催生了错银技术，后渐与错金、鎏金银、贴金银、镶嵌及彩绘等装饰技术组合使用，多元的材料及组合装饰，明显提升了器物设计与表面装饰的发展水平。同时期错金银的材料形态也由单一金属丝线发展为丝线与箔片结合错嵌，并演化出“宽槽嵌错”与“嵌压錾断”两种方法。错金银器物的种类也相应拓展为青铜礼器及部分实用器物。错金银在材料、技术与装饰等方面的新变化，打破了商周时期以来由普通青铜礼器所构建的礼仪规范。在“礼崩乐坏”的社会背景下，各地方诸侯竞相模仿或探索新的技术组合，形成丰富多样的艺术形式，客观上推动了金属表面处理技术的发展。秦汉时期在此基础上更进一步，其器物类型一方面延续维护皇权的功能，以铜符节为代表的凭信用具通过“重金轻银”来区分等级差异；另一方面安定繁荣的社会环境使精细化的生活器物的数量与种类不断增加。汉代以后虽然错金银技术不再盛行，但依旧是威权贵胄彰显高等级身份的重要手段。

本节第一部分基于器物刻铭与文献记载，从造物与造字两个方面辨析“错”“金”“银”的金属与技术概念；第二部分和第三部分聚焦于错金银技术的历史演进，并探究技术与器物装饰之间的对应关系，首先阐述了青铜镂刻与错金技术的源起及其运用，其次探讨了错银、金银混错及其他表面装饰技术的组合运用与装饰风格；第四部分梳理了秦汉时期错金银器物等级化与精细化的两大发展方向，通过对错金银技术与器物装饰之间的对接关系与相互作用，剖析其技术演进、文化审美及功能价值等影响因素。

一、从“金”“银”“错”字说起

中国传统文字的创制以象形文字为基础，从具体的图式符号与字形字意出发，其中可以看到关于早期错金银技术的发展演变，及造物与造字的内在关联。先秦时期的“金”，通常是作为金属矿物的概称。东汉许慎《说文解字》中详载了金的不同分类，其中“黄金”“白金”“赤金”“恶金”，分别指代金、银、铜、铁四种金属[1]。

目前所见甲骨文与金文中均未发现“银”字的使用，而多以“白金”代称。该词可上溯自西周早期，在叔卣[2]和舍父鼎[3]等青铜器的铭文中均有使用，西周中晚期的㝬钟[4]的青铜器中也有沿用，春秋时期则暂未发现。战国时期前后成书的《尚书・禹贡》中记载荆、扬二州的贡物均有“惟金三品[5]”，古代学者多认为金属矿产组合中的“白金”是指白银，如西汉孔安国传“金、银、铜也”，唐孔颖达疏“金既总名而云三品，黄金以下，惟有白银与铜耳”[6]。先秦时期金文中的“白金”一词，可能专指白银，但也不排除是指同为白色的锡或铅等金属材料。白银对应的金属称谓何时从“白金”转变为“银”，尚需更多的资料证明。《史记》中记载秦始皇地下陵墓“以水银为百川江河大海”[7]，此处将汞比附于“银”，佐证了西汉时期的白银应该是一种常用的金属材料。东汉《说文解字》正式收录“银”字，意为“白金也”，以上表明至迟在西汉时期才出现与银对应的金属专称。

“错”字在文献中有“厝石”“鎏金”与“错嵌”三种含义，目前学界对此尚存争议。“错”字首先有厝石之意，即错磨后使得器物平整光洁的细砂岩石[8]。《诗经•小雅•鹤鸣》记载“他山之石，可以为错。”[9]《说文解字》中错、厝互通，“厝，厉石也，从厂昔声。诗曰：他山之石，可以为厝”[10]。清代文字训诂学家段玉裁

---

[1]〔汉〕许慎：《说文解字》，中华书局，1963，第293页。
[2]中国社会科学院考古研究所编《殷周金文集成》第八册，中华书局，1984，第14页。
[3]中国社会科学院考古研究所编《殷周金文集成》第五册，中华书局，1984，第56页。
[4]中国社会科学院考古研究所编《殷周金文集成》第一册，中华书局，1984，第37页。
[5]姜建设注说《尚书》，河南大学出版社，2008，第151页。
[6]〔唐〕孔颖达等：《四部丛刊三编・经部・尚书正义》，上海书店，1985，第293页。
[7]〔汉〕司马迁撰，〔宋〕裴骃集解，〔唐〕司马贞索隐，〔唐〕张守节正义《史记》，中华书局，2013，第265页。
[8]史树青：《我国古代的金错工艺》，《文物》1973年第6期。
[9]〔宋〕朱熹注解《诗经》，张帆、锋焘整理，三秦出版社，1996，第181页。
[10]〔汉〕许慎：《说文解字》，中华书局，1963，第194页。

注解："'错，错石也……错古作厝。厝石，谓石之可以攻玉者'……金部'鑢'下云'错铜铁也'，错也当作厝，谓划磢之。"[11] 其次，"错"字指代鎏金（古称金涂）技术[12]，此意源于《说文解字》中的解释："错，金涂也。"[13] 段玉裁注解："涂，俗作塗，又作搽，谓以金措其上也。"[14] 河北满城中山靖王刘胜墓出土的"楚大官"鎏金银铜壶一件，通体施以鎏金银的蟠龙纹[15]。学者研究表明其工艺为先鎏金后磨错，与错嵌金银丝片不同，此器是将金汞合金涂嵌入凹槽，后再磨错而成[16]。相似器物也见于湖南长沙汤家岭张端君墓出土的西汉中晚期鎏金铜博山炉，其腹部刻有铭文"张端君错卢一"[17]。此处"错"所指代的鎏金技术，可能是指鎏金纹饰与器体本色形成交相辉映的艺术效果。最后，"错"字是指错嵌技术，也包含错金银技术[18]。作为错嵌之意，错是《太平御览・器物部・卷一》中引东汉末期《通俗文》的释义"金银镂饰器"[19]，嵌，是在阴文图案里嵌以金属。

从造字的角度来看，"错"字始见于籀文大篆，最初字形为左边"金"字旁，右上方两道波浪线（可能表示凿刻的凹槽），右下方为某种器体（图8-2-1）[20]。秦代小篆经过简化，将连续的波浪线简化为两个"V"字形凹槽。至汉代定型，并为后世一直延续。其特征也贯穿体现在汉代的简帛文字、鸟虫篆书及《说文解字》的专业字书之中，可见字形已形成一定的共识。由此可以推论，"错"字的三个部分分别代表错金银技术的不同步骤及其含义。如图8-2-2所示，其形旁"金"指金属装饰材料，但不仅仅限于黄金；"昔"的上下部分分别表示错金银的装饰技术与被装饰器物。之后还引申为"磨错""交错""锉刀"等相关字义。

从器物刻铭与文献记载互证的角度来看，出土于河南洛阳西郊金谷园与七里河的东汉金错刀，刀身以黄金错篆文"一刀"。在《汉书・食货志》中也相应有金错刀的记载[21]。河北满城西汉刘胜墓中出土金银错鸟篆文铜壶，壶身及盖均为金银丝镶嵌，然后磨错，盖上有鸟虫篆铭文（图8-2-3）"有言三，甫金鯀，为

[11]〔清〕段玉裁：《说文解字注》，中华书局，2013，第452页。
[12] 梁书台：《"错金银"质疑》，《文物春秋》2000年第4期。
[13]〔汉〕许慎：《说文解字》，中华书局，1963，第295页。
[14]〔清〕段玉裁：《说文解字注》，中华书局，2013，第712页。
[15] 中国社会科学院考古研究所、河北省文物管理处编《满城汉墓发掘报告》上册，文物出版社，1980，第41—42页。
[16] 史树青：《我国古代的金错工艺》，《文物》1973年第6期。
[17] 湖南省博物馆：《长沙汤家岭西汉墓清理报告》，《考古》1966年第4期。
[18] 郑利平：《中国古代青铜器表面镶嵌工艺技术》，《金属世界》2007年第1期；齐东方：《中国早期金银工艺初论》，《文物季刊》1998年第2期。
[19]〔宋〕李昉等：《太平御览》第七册，上海古籍出版社，2008，第680页。
[20] 王浩滢、王琥：《造物与造字》，江苏凤凰美术出版社，2017，第155页。
[21]〔东汉〕班固：《汉书》，中华书局，2007，第172页。

秦 小篆
湖北云梦睡虎地秦墓竹简

西汉 帛书
马王堆帛书

西汉 鸟虫篆
金银错鸟虫书铜壶盖顶铭文

东汉 小篆
《说文解字》

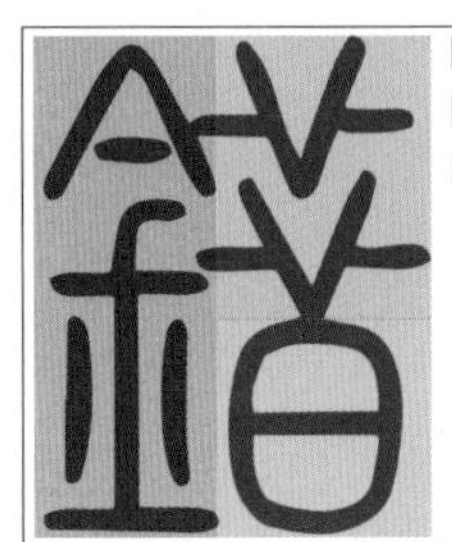

图 8-2-1（左） “错”的字源、字形演变图

图 8-2-2（右） “错”字形字义对应关系图

荃盖，错书之”[22]。另在中国国家博物馆藏的一件东汉永寿二年错金钢刀，刀身上有“金错待诏灌宜”的铭文（图 8-2-4），专供皇帝使用，施行了十分严格的“物勒工名”制度。除此之外，在陕西西安发现前凉时期金错泥筩一件，器底刻有铭文 47 字（图 8-2-5）：“灵华紫阁服乘金错泥筩，升平十三年十月凉中作部造，平章壂（同“殿”）帅臣范晃督，臣綦毋务舍人臣史，融错匠邢芶铸匠王虏。”[23] 该泥筩铭文表明是前凉时期封建帝王宫中用来装封泥的器物，系奏案、诏令的玺印封泥之用。除器物自铭外，另有掌内廷制作的“中作部”及承担具体制作事务的“融错匠邢芶”与“铸匠王虏”，其中“融错匠”的职责范围是把金银线片材料隐嵌在其他材料的器物中，也证明自春秋战国时期逐渐发展起来的金银错技术已形成独立专业的手工艺部门。

由上可知，在中国古代金属工艺的范畴下，结合出土文物、器物刻铭及相关历史文献，可以确定“错”是指错嵌技术，而非鎏金技术。错石是错嵌过程中，错嵌物与器物之间打磨找平的磨错工具。

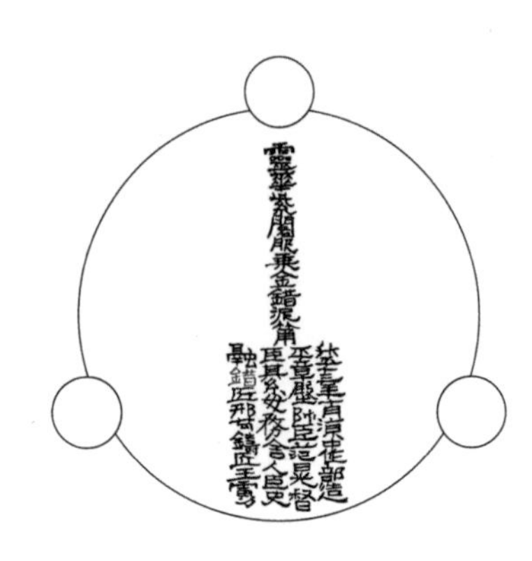

图 8-2-3（左） 西汉金银错鸟篆文铜壶盖顶铭文[24]

图 8-2-4（中） 东汉永寿二年错金钢刀铭文摹本[25]

图 8-2-5（右） 前凉金错泥筩器底铭文摹本[26]

[22] 中国社会科学院考古研究所、河北省文物管理处编《满城汉墓发掘报告》上册，文物出版社，1980，第 43 页。
[23] 秦烈新：《前凉金错泥筩》，《文物》1972 年第 6 期。
[24] 中国社会科学院考古研究所、河北省文物管理处编《满城汉墓发掘报告》上册，文物出版社，1980，第 43—44 页。
[25] 田率：《对东汉永寿二年错金钢刀的初步认识》，《中国国家博物馆馆刊》2013 年第 2 期。
[26] 秦烈新：《前凉金错泥筩》，《文物》1972 年第 6 期。

二、青铜镂刻与错金技术的萌兴

先秦时期彰显政治权威、规范文明礼仪的青铜器依靠政治优势得到大规模生产，为金属加工技术及表面处理技术的改良与创新提供了坚实的物质基础。商周时期镶嵌、鎏镀等多种金属器物表面处理技术逐渐萌生，提升了器物的艺术价值，也在一定程度上为改善其物理及化学方面的性能提供了日渐多元的技术手段。

（一）铁、钢质工具的出现与青铜错嵌技术的发展

中国古代青铜器的主流制作方法是通过块范法将器形、纹饰铸造成型，所以需在泥质母范上预制纹饰的凹槽，后经浇铸、冷却、修整坯件，最终完成青铜器体的纹饰制作。与此相对，嵌错器物纹饰的加工方式从范体预制凹槽转变为范铸成器后再进行描样镂刻（图8-2-6）。错嵌技术是借助锐利、坚硬的工具，在铸造好的青铜器表面深挖凿刻出凹陷的纹饰，后将金银或其他金属材料填入、锤打与磨错，最终完成纹饰的制作。面对薄胎器体、纹饰密集的青铜器物时，为防止损伤胎体与纹饰，应使用硬度较高的玉石或玛瑙的压子把金银挤入槽内。嵌错后的金银常高于器物表面，易起翘、掉落最终影响器物的观赏与使用，因此，需用错石磨错，使其与器物表面形成自然平滑的效果。最后，再用木炭加清水、或皮革在器表反复打磨，使两者光滑平整、融为一体。西周时期铁、钢质工具的出现与运用，是青铜器表面纹饰制作方法变革发展的重要基础。

通过比较青铜器表面两类纹饰的制作方式可以发现，器物上的纹饰逐渐由块范模铸向錾槽隐嵌的转变。二者均是借助外在工具进行纹样加工，其差异体现在两个方面：其一是工艺顺序的不同，模铸纹饰是在青铜成器前预制，而隐嵌纹饰则是成器后镂刻；其二是纹饰所用材质的不同，模铸纹饰与青铜器物材料一致，而隐嵌纹饰则是嵌入异质金属，以形成对比鲜明的色彩效果。

由目前所见实物可知，至迟在商代晚期青铜器的表面错嵌技术已初具雏形。现今国内外存世的商代错金银青铜器共计两件，其一是济南市博物馆所藏的商代晚期銎内式有铭错金目纹铜戈[27]（图8-2-7），其二是加拿大皇家安大略博物

图8-2-6　青铜器模铸纹饰与隐嵌纹饰制作对比图

[27] 同人：《刍议青铜错金工艺的鉴赏》，《艺术市场》2007年第7期。

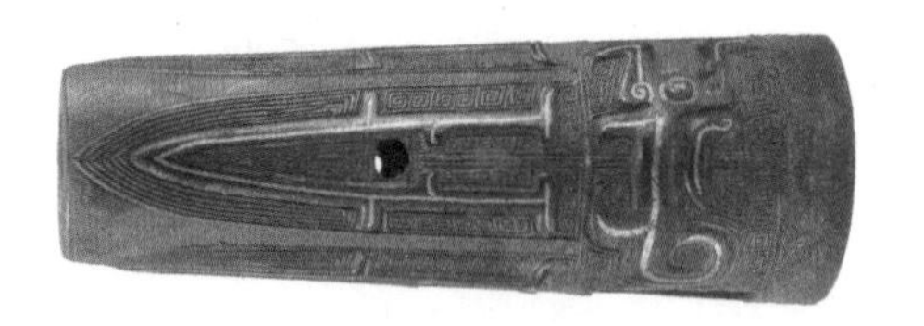

图 8-2-7（左） 銎内式有铭错金目纹铜戈 商[28]

图 8-2-8（右） 错金目纹戈 商[29]

馆所藏的商代晚期错金目纹戈[30]（图8-2-8）。两件器物均未经过考古发掘与科学检测分析，尚需有更多的考古材料证明错金银技术的起源问题。同期具有相近技术的错红铜青铜器，可作为佐证，如故宫博物院所藏商代错红铜花纹戈与美国旧金山亚洲艺术博物馆藏商代错红铜钺[31]。由上可见商代所出现的错金与错红铜技术较多地应用于青铜兵器之上。这些青铜器物的表面错嵌装饰表明，商代先民已开始注重不同金属矿物及相似金属矿物之间的材料差异，尝试通过材料混合、颜色搭配与纹饰加工，对金属器物进行更为多元的表面处理。

（二）铭文纪事的错金青铜器

春秋中期以来，随着冶铁技术的提升与铁、钢质工具的普及，错金青铜器开始逐渐增多，其中又以青铜戈为主要器物品种。目前所见春秋时期的错金青铜器均采用单一的黄金材料进行错嵌，尚未发现白银的使用。自然界中的黄金多为单质形式存在且易于采拣，为错金青铜器的率先出现创造了先决条件。戈是先秦时期最为流行的一种多面击杀兵器之一，结构一般为平头，横刃前锋，垂直装柄。其造型可上溯至石器时代的石镰、骨镰，后随着战术和兵器的发展，逐渐演变成一种具有政治象征意义的仪仗兵器，直到汉代才逐渐式微。青铜戈的使用在商代就较为普遍，本节从相关考古学期刊中（截至2020年）收集了春秋战国时期的错金青铜戈共计22件，其中春秋时期14件、战国时期8件，这些器物多分布在长江中下游的湖北、安徽等地区，黄河中下游的陕西、山西、河南与河北等地也有零星发现。

青铜戈的错金纹饰均位于戈头之上，多数为单面嵌错，部分为双面嵌错，两面所错内容的数量也并不相称。错金纹饰以铭文为主，图案为辅，二者常组合出现。铭文以篆书的形式错嵌在“援”“胡”两个部位。错金图案多错嵌在“内”的部位，其内容主要包括凤鸟纹、兽纹和卷云纹，个别戈上只有铭文。典型器物如山

---

[28] 济南市博物馆，http://3d.jnmuseum.com/des.html?id=181657791&museumCode=jinanMuseum，访问日期：2023年5月14日。

[29] 加拿大皇家安大略博物馆，https://collections.rom.on.ca/objects/339236/axle-cap?ctx=0a547708-f338-4ffb-937f-4e992ea443e4&idx=777，访问日期：2023年5月14日。

[30] 冯立昇丛书主编，张尉主编《中国传统工艺集萃 · 金银错 · 金镶玉卷》，中国科学技术出版社，2018，第13页。

[31] 贾云福、胡才彬、华觉明：《曾侯乙红铜铸镶法的研究》，《江汉考古》1981年第1期。

西万荣县庙前村后土庙出土的春秋晚期“王子于之用戈”[32]，戈正面援、胡及背面胡上嵌错有鸟形篆书“王子于（钦）之用戈”铭文，下方长方形的内上饰错金卷云纹（图8-2-9）。整体来看，春秋战国时期错金青铜戈的造型特征逐渐由厚重转变为轻巧，错金纹饰相应更为精致、细腻。胡部日益向外延伸，锋刃面积不断增大，援、胡之上的错金铭文的字面及整体铭文的面积也相应增大（图8-2-10），其内容均以国君、诸侯的名讳与所属兵器类别名称进行组合命名，少数几件还在内底部装饰有图案，两侧多以平行细线作为边界，注重与戈内之间的适配关系。错金铭文与图案之间一般没有必然的联系，二者分属于两种不同的装饰风格。至战国时期青铜戈上的错金篆书以更具装饰风格的鸟虫篆为主，字体装饰得到不断的强化。这表明该时期的错金内容依旧是通过铭文来彰显物品的所有权，注重信息记录与传达的同时，也逐步强调功能性与装饰性的融合，如春秋晚期的“许公之戈”与“玄翏之用戈”及战国早期的“曾侯昃之用戈”等兵器。

相较于造型较为复杂的青铜戈，矛、剑等锋刃尖长、造型简约的青铜兵器更青睐纯文字的错金装饰。如春秋晚期的吴王夫差与越王勾践的自用矛、剑，矛身与剑身正面近骹（格）处分别有“吴王夫差自乍（作）甬（用）矛”“攻吴王夫差自作其元用”“越王鸠（勾）浅（践）自作用剑”的鸟篆书错金铭文（图8-2-11），其嵌错位置一方面是有较厚的金属基体，易于加工，另一方面出鞘时也便于快速

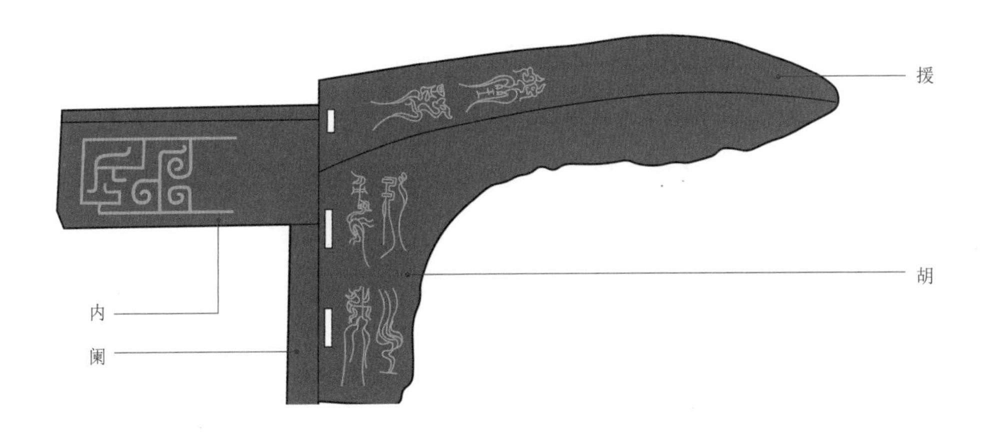

图8-2-9　春秋时期青铜戈错金纹饰布局示意图

图8-2-10　春秋战国时期青铜戈错金纹饰布局示意图

[32] 张颔：《万荣出土错金鸟书戈铭文考释》，《文物》1962年第Z1期。

图 8-2-11 春秋时期的错金青铜兵器[33]

识别与展示。《左传·成公十三年》中记载“国之大事，在祀与戎”[34]，这种兼具军事功能与性质的兵器，在长江中下游的楚、吴、越等地区多有精致的铭文装饰。其明显的私属性质，特别反映了自春秋时期以来，区域性的地方诸侯势力不断崛起，通过新的技术手段在青铜器的纹饰、铭文及制作工艺来彰显新获取的政治身份与地位。

除错金铜兵器之外，部分器皿也有错金铭文的运用。与近似平面结构的戈不同，立体的容器有内外空间之分。作器铸铭兴于商而盛于周，后世已成定制，其主要作用是标记器主族氏、器物名称、用途及颂祖表功等。铭文也经历了由商代短铭文至周代长铭文的演变过程，其位置也逐渐由器物边缘角落的位置转移至内底和口沿较为明显的位置。春秋时期错金青铜容器上的铭文开始由器内外移至器表，更加突显出新兴贵族的政治势力。如图 8-2-12 所示，以春秋中期专用于盛放酒浆或水的青铜礼器——缶为例，图 8-2-12a 所示的栾书缶通体仅在中央缶盖与器肩处嵌错铭文共计 40 字，而同时期河南淅川下寺出土的倗𬴊缶与孟縢姬浴缶[35]（图 8-2-12b、图 8-2-12c）器身分别饰双蟠虺纹与绳索纹，铭文则刻在缶盖与口沿的内侧。由此可见，错金铭文替代了青铜器表的原有纹饰，开始占据器表的视觉核心位置，色泽亮丽、笔画简易却饱满粗壮的错金字体，正在逐步打破以往青铜器物表面装饰的基本范式。

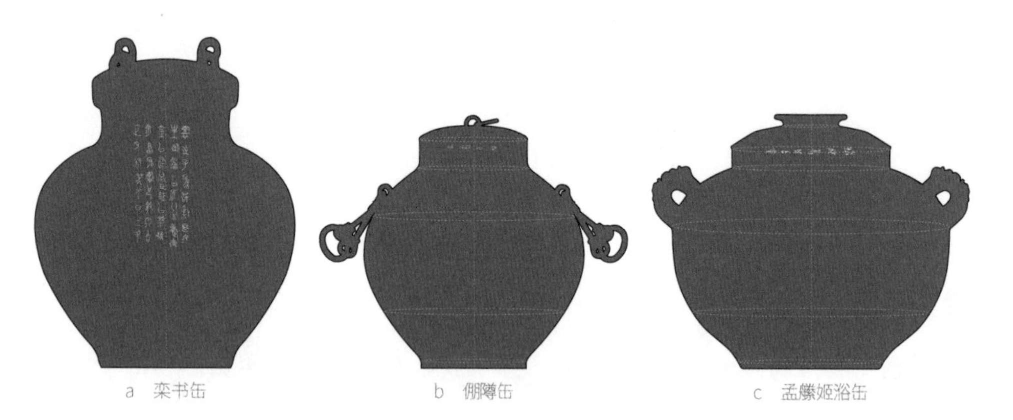

图 8-2-12 春秋中期青铜缶铭文位置对比图

[33] 中国青铜器全集编辑委员会编《中国青铜器全集·第 11 卷·东周 5》，文物出版社，1997，第 74、95 页。

[34]〔春秋〕左丘明：《左传》，蒋冀骋点校，岳麓书社，2006，第 141 页。

[35] 河南省文物研究所、河南省丹江库区考古发掘队、淅川县博物馆：《淅川下寺春秋楚墓》，文物出版社，1991，第 68—71 页。

三、金银混错的流行及其他表面装饰技术

战国时期金属器物表面装饰上的创新体现在三大方面：其一是银作为装饰材料的出现，错银技术与错金技术结合形成金银混错的金属表面装饰风格；其二是错金、错银技术与贴金、鎏金技术的综合运用，增强了线、面对比；其三是所装饰的器物类别与材质增多，除青铜器之外，还在铁质器物的表面应用了错金银技术。此时的青铜器种类，也逐步从祭祀的礼器拓展为实用器具，其种类、数量及嵌错面积均在日益增大。

（一）“铅炼银法”的技术发明与运用

白银及错银技术的运用，为青铜器的表面装饰带来了新的材料与色彩样式。白银在自然界中多以硫化物的形式伴生于铜、铅、锌等矿中，富含银的伴生矿物主要有银金矿、辉银矿等12种[36]。从这些化合物中还原单质银较为困难，这决定了其开采、冶炼与使用的难度，因此错银的出现要晚于错金。战国时期以前白银的产量与使用量较少。目前我国考古发现该时间段内的银制品仅有4处共计30余件，其时空分布特征具有较大的不均衡性。其中最早的银制品为甘肃玉门清泉乡火烧沟夏代遗址出土的1件银环[37]，其二为河南扶沟古城村西门石灰池窖藏出土的春秋中晚期三种类型共计18件楚国银布币[38]，其三为湖北当阳曹家岗5号楚墓出土的春秋晚期10余件甲片银箔装饰片[39]，其四为宁夏固原杨郎乡马庄青铜文化ⅢM3墓出土的春秋战国之交的四件圆形银耳环[40]，可见多为体形较小的装饰品与货币，而银布币的出现可以推断楚国可能率先掌握了较为基础的炼银技术。我国古代炼银技术发明于何时，目前尚无确凿资料，但在战国早期白银的产量已经开始迅速增加，银制品也随之增多，应与当时炼银术的发明与普及有着直接的关系[41]。

炼银技术一般是通过焙烧方式将硫化矿物中的银与硫及其他杂质进行分离、提纯的冶炼方法。复杂矿物中银的品位通常较低，冶炼过程中需加入氧化剂，并经过多次金属分离，才能还原出纯度较高的单质银。我国最迟在东汉时期发明出“铅炼银法”，俗称“灰吹法”，由炼丹家狐刚子在《黄帝九鼎神丹经诀》

---

[36] 李培铮编著《金银生产加工技术手册》，中南大学出版社，2003，第106—108页。

[37] 甘肃省文物考古研究所、复旦大学文物与博物馆系、中国社会科学院考古研究所：《甘肃玉门火烧沟四坝文化墓地发掘简报》，《考古与文物》2021年第5期。

[38] 河南省博物馆、扶沟县文化馆：《河南扶沟古城村出土的楚金银币》，《文物》1980年第10期。

[39] 湖北省宜昌地区博物馆：《当阳曹家岗5号楚墓》，《考古学报》1988年第4期。

[40] 宁夏文物考古研究所、宁夏固原博物馆：《宁夏固原杨郎青铜文化墓地》，《考古学报》1993年第1期。

[41] 何堂坤：《中国古代金属冶炼和加工工程技术史》，山西教育出版社，2009，第182页。

中的记载可知，“有银……若未好白，即恶银一斤和熟铅一斤，又灰滤之为上白银”[42]，此处的“恶银”是指未经冶炼的含银原生矿物。其原理是利用银铅互熔形成含银的“铅陀”，后经高温多次焙烧为氧化物后沉积渗入灰烬之中，最终达到分离、提纯白银的目的。“铅炼银法”是我国古代炼银的主流技术，一直沿用至近代，这为错银技术提供了充足、优质的银料。

（二）错银及金银混错风格的流行

白银的延展性仅次于黄金，因而错银与错金的技术也极为相近。战国时期嵌错器物的表面装饰更加强调对比鲜明的艺术效果，因此在错金的基础上新增了错银，其形态也由单一金属丝线拓展为丝线与箔片的结合（图8-2-13）。黄白色彩与线面对比，不仅丰富了金属器物的表面装饰，而且提升了镂刻技术、制作工具等方面的技术水平。由近年出土实物的技术检测与研究可知，战国时期嵌错箔片的技术存在着至少两种不同的加工方法。

其一是宽槽嵌错法，其工艺流程是加宽镂刻的凹槽，在边缘两侧加刻深槽，中间部分刻画数量不等的平行细线，后将剪裁好的箔片两侧回折嵌入，整块箔片得以固定，如陕西咸阳塔尔坡秦墓M48所出的错银铜带钩，及美国弗利尔美术馆所藏战国错金铁带钩[43]。其二是嵌压錾断法，其工艺流程是先将金银箔片嵌压在预制的器表凹槽中，并用圆凿在其边缘反复按压，最后用尖锐的刀具沿着凹槽四周依次錾去非纹饰的部分，如甘肃张家川马家塬战国时期西戎墓地出土的一系列错金银铁质车马器[44]。上述两种不同的金银箔片错嵌技术有着不同的来源，其中宽槽嵌错法是对本土既有错嵌技术的升级，而嵌压錾断法则是受到外来技术的影响[45]。针对该类技术的判定与传播，尚需更多的实物资料与技术分析，但战国时期金属器物表面逐渐流行金银箔片错嵌却是事实。

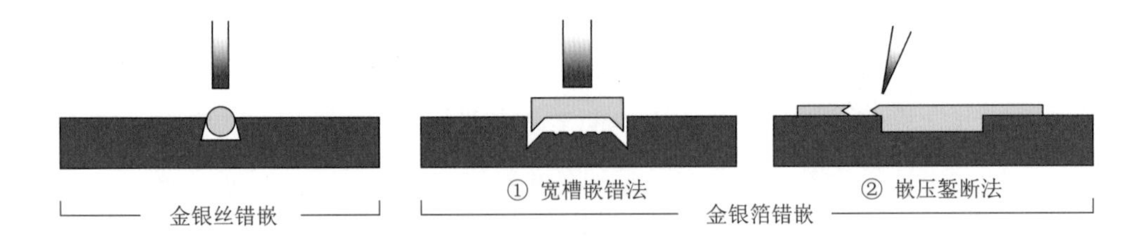

图8-2-13 金银丝、箔嵌错技术对比图

[42] 佚名：《黄帝九鼎神丹经诀》，载《道藏》第十八卷，文物出版社、上海书店、天津古籍出版社，1988，第823页。

[43] 许晓东、杨军昌主编《中国古代黄金工艺》，香港中文大学文物馆，2017，第68页。

[44] 甘肃省文物考古研究所、张家川回族自治县博物馆：《2006年度甘肃张家川回族自治县马家塬战国墓地发掘简报》，《文物》2008年第9期；早期秦文化联合考古队、张家川回族自治县博物馆：《张家川马家塬战国墓地2007—2008年发掘简报》，《文物》2009年第10期；早期秦文化联合考古队、张家川回族自治县博物馆：《张家川马家塬战国墓地2008—2009年发掘简报》，《文物》2010年第10期；早期秦文化联合考古队、张家川回族自治县博物馆：《张家川马家塬战国墓地2010—2011年发掘简报》，《文物》2012年第8期。

[45] 黄维、陈建立、王辉、吴小红：《马家塬墓地金属制品技术研究——兼论战国时期西北地区文化交流》，北京大学出版社，2013，第244—264页。

图 8-2-14（左）　错金银铜樽　战国[46]

图 8-2-15（中）　错金银镶绿松石铜带钩　战国[47]

图 8-2-16（右）　错金银虎噬鹿铜屏风座　战国[48]

战国时期所见的错金银器物仍以青铜器为大宗，也包含少量小型铁器。此类青铜器的出土分布主要集中于中原地区，河北、山东、山西、陕西、湖北、江苏、四川等地区也有少量分布，这一方面表明其政治权威的象征性得到延续，另一方面越来越丰富的错金银纹饰也在不断消解着这种正统性。错金银青铜器物种类以不同形式的器皿为主，也有部分带钩及动物造型的生活用具。器皿主要包括鼎、壶、樽、盒等器形，体形较大，周身满饰纤细的错金银纹饰，常见的纹饰有龙纹、凤鸟纹、四叶花纹和卷云纹等。如湖北荆门包山2号墓出土的战国中期错金银铜樽（图8-2-14），其盖顶与外壁均有画面分割，内施龙凤纹，其间穿插以云纹，形成龙腾、凤翔、云游的艺术效果，也显示出当时较为发达的错嵌技术水平。

错金银铜带钩多为细长弧形，一端作兽首状，钩身正面多以变形的几何形云纹进行装饰，部分纹饰之间还镶嵌有大小不等的绿松石与煤精片，如河南洛阳市西工区C1M3943战国墓出土的错金银镶绿松石铜带钩（图8-2-15）。此外，错金银的铁质器物多数为带钩，其纹饰与青铜带钩相同。动物形器物主要出自河北平山战国晚期中山国王兿墓，该地区为农牧交界地，北方游牧民族白狄长期生活于此，因而拥有着多民族文化交融下的各式器物。错金银的动物形器物主要包括四龙四凤铜方案、虎噬鹿与犀牛屏风座、牺尊以双翼神兽、双头神兽等陈设品。这些动物矫健有力，动势强劲，错金银纹饰精巧繁密，流畅斑斓。如虎噬鹿铜屏风座，猛虎弓身右曲，蹬足探身，正将一只小鹿吞入口中，通体用大小不一的金片模仿动物的皮毛纹理，并配有银丝的卷云纹装饰[49]（图8-2-16）。

[46] 绍兴博物馆、湖北省博物馆编《江汉吉金——湖北省博物馆典藏商周青铜器》，文物出版社，2012，第118页。

[47] 洛阳市文物工作队：《洛阳市西工区C1M3943战国墓》，《文物》1999年第8期。

[48] 河北博物院编《战国雄风：古中山国》，文物出版社，2014，第205页。

[49] 河北省文物研究所：《兿墓——战国中山国国王之墓》上册，文物出版社，1996，第261页。

（三）错金银与鎏金银、贴金银、镶嵌及彩绘技术的组合运用

战国中晚期金属表面处理技术逐渐由单一的错金银走向多种技术组合使用，其种类丰富的材料及金银变化的效果，进一步提升了器物设计与表面装饰的水平。由相关的出土实物可知，当时在错金银技术的基础上，还有贴金银、鎏金银、镶嵌及彩绘等技术。贴金银与鎏金银技术均以金、银为基础原料，其中贴金银技术是借助金、银箔自身的吸附力或胶结材料，将其整体或局部贴附在金属器体表面的加工方式，如甘肃张家川马家塬墓地出土的战国晚期错金银铁当卢（图8-2-17），是一种融嵌错和贴金为一体的综合技术。相关学者的技术分析认为是受到西北地区草原文化影响下的一种本土技术创新[50]。鎏金银技术是以金、银汞合金为原料，将其涂抹在金属器物表面，经火烘烤去汞留金、银的金属表面处理工艺。尽管二者加工原理不同，但最终的视觉效果较为接近，形成较大面积的块面装饰，与较为纤细的错金银装饰组成疏密互补的构图关系，如河南辉县固围村出土的战国中晚期错金银马首形青铜軏（图8-2-18），在鼻尖、眉骨与耳内等部分进行鎏金处理，其余部分则以错金银的方式装饰。

镶嵌、彩绘则多以绿松石、玻璃及朱砂为原料，其中镶嵌与错金银的原理相似，唯所嵌之物不同。如故宫博物院所藏战国时期错金嵌松石奁，筒形外壁通身以绿松石镶嵌成菱形、三角形纹饰，其间又以错金为饰（图8-2-19）。彩绘是通过各种颜料与绘制工具，在器物上进行描绘的一种装饰方法。例如，陕西宝鸡出土的战国中晚期嵌宝错金银云纹铜壶，通体饰错金银云气纹，间以珠形、水滴形装饰，内嵌绿松石，或在凹槽中用朱砂彩绘，再嵌入透明琉璃（图8-2-20）。这些器物因表面多种材料的装饰显得富丽堂皇，多种装饰技术的综合运用也体现

图8-2-17（左） 错金银铁当卢 战国[51]

图8-2-18（右） 错金银马首形青铜軏 战国[52]

[50] 刘艳、杨军昌、谭盼盼：《“错金银”新论》，《文物保护与考古科学》2019年第4期。

[51] 甘肃省文物考古研究所编著《西戎遗珍——马家塬战国墓地出土文物》，文物出版社，2014，第206页。

[52] 中国科学院考古研究所编著《辉县发掘报告》，科学出版社，1956，第78、208页。

图 8-2-19（左）　错金嵌松石奁　战国[53]

图 8-2-20（右）　嵌宝错金银云纹铜壶　战国[54]

出战国时期兼容并包和宽容开放的时代风气。金银错彩的绚丽形式逐渐突破了兵器、饮食器及乐器等固有的礼器范畴，开始在符节、灯、席镇、骰子等实用器物上进行装饰。

四、等级化与精细化的错金银器物

秦汉时期错金银技术得到更为广泛的普及，其器物类型随着国家统一与社会安定而呈现出集权化与生活化的双重时代特征。具体表现为一方面错金银技术延续了为威严皇权附丽装饰的功能，用金银贵金属材质来凸显并区分等级差异，如《后汉书·舆服志》中记载"诸侯王黄金错"[55]饰其佩刀，另一方面，精细化生活类器物的数量与种类不断增加，甚至在建筑构件中也有采用，如东汉《新论》中提及王莽兴建九庙，"以铜为柱甍，带金银错镂其上"[56]。

（一）错金银符节的高等级权威性

金银材料的高等级属性，自然成为装饰权力象征物的重要材料，官方颁发的符节是最能体现权力特征的信物之一。符节是中国古代帝王下达政令、征调兵将的一种凭信用具，其形态主要有竹节形、虎形等。其制作一般由青铜材料铸造成平剖的两半，通过子母口相合，上有铭文，使用时君臣各执一半，合之以验真假。我国的符节在战国时期即已出现，如安徽寿县邱家花园出土的鄂君启金节[57]和陕西西安北沉村出土的战国杜虎符[58]，其表面的错金铭文有彰显等级、

[53] 故宫博物院，https://digicol.dpm.org.cn/cultural/detail?id=0ba39747c0664cc69f09b3b70621e526&source=1&page=1，访问日期：2023年5月14日。

[54] 冯立昇丛书主编，张尉主编《中国传统工艺集萃·金银错·金镶玉卷》，中国科学技术出版社，2018，第28页。

[55]〔南朝宋〕范晔：《后汉书》，刘龙慈等点校，团结出版社，1996，第1029页。

[56]〔汉〕桓谭：《新辑本桓谭新论》，朱谦之校辑，中华书局，2009，第50页。

[57] 殷涤非、罗长铭：《寿县出土的"鄂君启金节"》，《文物参考资料》1958年第4期。

[58] 黑光：《西安市郊发现秦国杜虎符》，《文物》1979年第9期。

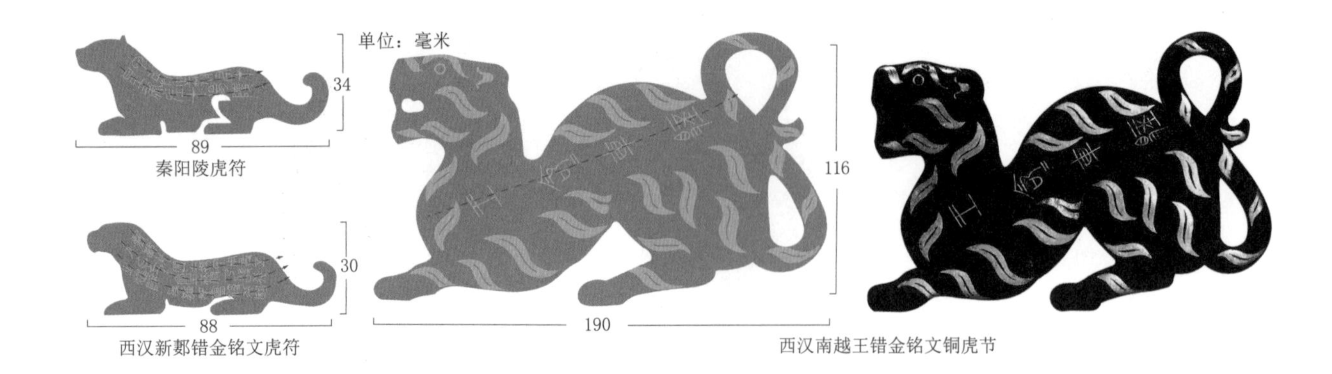

图 8-2-21 秦汉时期的错金虎符示意图

防伪与纪事的多重作用。

秦汉时期符节的作用得到进一步强化，为实现政令高效传达的目的，要求嵌错字体造型简洁、笔画清晰且易于识读。本节从相关考古学期刊中（截至2020年）收集了秦汉时期的错金银铭文铜虎符共计六件，其中秦代两件均为错金，汉代四件（两件错金，两件错银）。汉代错银铜虎符的所有者分别为西汉齐郡太守和东汉东莱太守。这些错金银的铜符节不仅延续了自战国以来的虎符形制与嵌错铭文的传统，而且新增了白银嵌错的样式。结合西汉南越王错金铭文铜虎符来看，太守一职的错银铜虎符显然要低其一等，因而金银同时具备了区分高低社会等级的作用。随着技术的进步，所错铭文的笔画粗细也日渐精细，铭文嵌错的布局方式也随着左右剖半的虎符而以半字、居中分布，强化军事权力在虎符验合过程中的严密性（图8-2-21）。

（二）生活类错金银器物的精细化发展

秦汉时期错金银技术不仅在鼎、尊、壶、钫等传统礼器上延续使用，同时进一步拓展至灯、炉、杯、席镇、刀、尺子、骰子及货币等更多类型的实用器物中，还运用在加固与装饰器体的扣器（即“釦器”，“釦”为“扣”的异体字，今从“扣”，下同。引文和注释中的“釦”保持原写法）之上，并与漆、玉等异质器物进行结合，形成精致而繁复的器物装饰，这些变化是该时期错金银技术精细化与社会生活化的直接写照。扣器是指以金属箍施于器物的口沿、底部、转角、腹部或附加钮、环、鋬、足、铺首等金属构件[59]。如陕西西安北郊枣园南岭西汉墓出土的9件错金银铜扣均为漆器部件，其大小、纹饰各不相同，通高为1.1至3.5厘米，壁厚0.2厘米，其上满错精细、复杂且交叠的变形勾云纹，显示出当时较高的金属加工水平[60]（图8-2-22），同时期安徽涡阳稽山汉墓还出土了错金的铜质、银质

[59] 刘芳芳：《釦器考略》，《东南文化》2017年第2期。
[60] 陕西省考古研究院：《西安北郊枣园南岭西汉墓发掘简报》，《考古与文物》2017年第6期。

图 8-2-22　错金银铜扣
西汉

扣器各一件，分别运用于玉杯和漆耳杯之上[61]。尽管这些器物仅供少数王侯贵族享用，但其奢华富丽的装饰风气也随着汉代社会的发展而不断蔓延。西汉《盐铁论・散不足》中记载："今富者银口黄耳，金罍玉钟。中者野王纻器，金错蜀杯。"[62]东汉《潜夫论・浮侈》中也记述道："金银错镂，獐麂履舄，文组彩褋，骄奢僭主，转相夸诧。"[63]这也从侧面反映出这一时期国家繁荣稳定、生活富足安康的社会现实。

汉代以后青铜器不再盛行，制作数量也大幅减少，仅有造像、铜钱及铜镜等制品，铜器表面装饰技术的运用也相应较少。与铜器相比，错金银铁器的数量与种类更为稀少。后世错金银技术依旧主要运用在彰显社会身份地位的器物之上，如唐代错金银铜带銙、辽代错金银马络头饰件等。此外，元明清时期也有部分仿制三代时期的青铜礼器，如簋、壶、钫、炉、盉、鼎等器物，表面有着错金银的装饰，这是对早期错金银技术审美的一种延续。

结语

错金银技术的产生是金属冶炼、加工与表面处理等技术综合发展的必然结果。错金、错银及金银混错的技术在商周时期相继出现，丰富了金银加工技术种类，扩大了其运用范围，为金属器物提供了新的设计灵感与装饰手段。金属器纹饰制作由块范模铸到錾槽隐嵌的转变，摆脱了铸造一体成型的技术传统，开创了金属表面处理领域新的技术发展路线。

错金银纹饰通过纹理大小、色彩搭配、装饰图案等方式形成灵动活泼的装饰风格，纹饰纤细繁复，虽然制作费工耗时，但具有很强的装饰性和观赏性，促进了金银器由礼器向实用器转变。错金银技术的创新性发展冲破了道德礼仪所构建的规范准则，重新关注人性与社会现实，因而表面装饰呈现出由单一秩序

[61] 刘海超、杨玉彬：《安徽涡阳稽山汉代崖墓》，《文物》2003年第9期。
[62] 陈桐生译注《盐铁论》，中华书局，2015，第303页。
[63]〔东汉〕王符：《潜夫论》，王健注说，河南大学出版社，2008，第148页。

到多元自由的演变特征。尽管秦汉时期错金银逐渐被更具技术优势的鎏金银所取代，但错金银为提升中国古代金属加工技术水平与器物外观形象树立了良好的典范。其质材兼备、形色相谐的工艺美学充分体现出“极尽工巧”“美美与共”的设计思想。

第三节　黄金的火镀之法

由于古人对鎏金技术加工方式的不同理解，在历史中相继产生了“金（黄）涂”“金银涂章”“金花”“镀金”“金镀”“火镀金”或“汞镀金”等称谓。鎏金技术在先秦时期尚无文字或实物铭文的资料可以佐证，汉代始有记载，《列女传·续列女传》[1]、《汉书·外戚列传》[2]、《西京杂记》[3]皆称之为“黄金涂”，《释名·释车》[4]称之为“金涂”。陕西茂陵1号墓出土的西汉鎏金银铜竹节熏炉刻铭称为“金黄涂”[5]。东汉《说文解字》中将“错”字解释为“金涂”[6]，有学者认为这可能是一种冷汞贴金的技术，而非本节所指的火法鎏金。三国至唐宋时期沿用该名，并时常简称为“涂金”或“金涂”。这些名称语序有别但词意基本一致，都是以鎏金技术中“涂抹”的动作进行命名。南朝医药学家陶弘景也用“镀”字指代鎏金，《唐六典》《宋史》等官修典籍中也有沿用，表明“镀金”与“涂金”的称谓长期并行使用。“鎏金”一词最早见于北宋音韵学著作《集韵》“美金谓之鎏”[7]，形容其兼具“存留”和“华美”的含义，后世多有沿用。近代文物修复行业中，又把这种技术称为“火镀金”或“火法镀金”，一方面是由于强调这种技术的关键环节是在高温下进行的，另一方面以区别于现代的电镀技术。时至今天，业内多以“鎏金”一词通指古代的鎏镀工艺。从涂金、镀金到鎏金，其技术名称的沿革不仅反映出日益丰富的语汇与词义变化，而且也体现出古人的工艺认知也在不断深化。

鎏金以制作高效、节约成本、视觉美观等多重优势，成为我国古代沿用时间最长、使用范围最广的金属表面化学处理技术之一。鎏金技术是以金汞合金为原料，将其涂抹在金属物器表面，经火烘烤去汞留金的金属表面处理工艺。该工艺的发明及运用以金属汞的冶炼为首要前提。黄金具有抗氧化、抗腐蚀、化学性能较稳定等物质特性，至迟在战国晚期，工匠已经学会利用金属汞良好的化学

[1]〔汉〕刘向、〔晋〕皇甫谧：《列女传·高士传》，刘晓东校点，辽宁教育出版社，1998，第88页。
[2]〔汉〕班固：《汉书》，中华书局，2007，第997页。
[3]〔晋〕葛洪：《西京杂记》，周天游校注，三秦出版社，2006，第45页。
[4]〔汉〕刘熙：《释名》，中华书局，2016，第108页。
[5]咸阳地区文管会、茂陵博物馆：《陕西茂陵一号无名冢一号从葬坑的发掘》，《文物》1982年第9期。
[6]〔汉〕许慎：《说文解字》，中华书局，1963，第295页。
[7]〔宋〕丁度：《集韵》，中国书店，1983，第551页。

活性，将黄金化合形成半液态的合金产物。随之将其运用在易氧化、易腐蚀的金属器物表面之上，逐渐形成了封护器物外观与装饰美化表面的鎏金技术。中国古代鎏金技术随着金属器物的发展而发展。战国时期在尚武精神的影响下，鎏金器物多为小型的车马器、兵器与生活用器，安装于车马或佩戴于身体之上，成为高贵身份的象征；秦汉时期社会稳定，日常生活类鎏金器物的数量与种类明显增多；三国两晋南北朝时期随着佛教的传入，用以弘法、礼敬的鎏金佛像开始盛行；唐宋时期金银器取得长足进步，由鎏金银器模仿金器的质感，或对银器纹饰进行局部鎏金，黄白相间、富丽堂皇的艺术效果为世人所追捧；元明清时期鎏金器物回归宗教领域，三教融合与家庭祭祀等因素催生了组合式的鎏金法器，并逐步从寺庙走向家庭。常见的金属胎体包括青铜、铁和银等材质。该技术被广泛运用在车马器、兵器、生活用器、宗教造像及法器等方面，较好地满足了人类社会对于等级身份、装饰审美、礼俗祭祀等方面的需求。

一、鎏金技术的起源、运用与工艺

（一）汞合金及鎏金技术的发明与运用

鎏金技术的发明与运用离不开金属汞的使用，金属汞是少数可溶解黄金的物质，其良好的化学活性与黄金化合形成金汞合金，主要作为金属器物表面处理的特殊涂料使用。金属汞具有亲硫而不亲氧的化学特性，在自然界中多以硫化汞的形式进行分布。

天然硫化汞多呈粉末状，其色泽鲜红，故又称为朱砂、丹砂、赤丹或汞砂，常作为颜料使用，在器物表面与空间中加以运用。例如，湖北宜都背溪文化遗址出土的一件陶盘是目前已知我国最早使用硫化汞进行装饰的实例，距今6400至5300年[8]。古代葬仪中常常以硫化汞涂抹、绘制或铺设丧葬空间。在黄河中下游的仰韶文化、大汶口文化和长江中下游的崧泽文化、凌家滩文化及良渚文化等地区，均有较为广泛的分布[9]。

人工金属汞是一种稀有金属，在常温常压下以重质液态的形式呈现，因其闪亮的银白色泽，又称为“水银”。文献记载春秋早中期“齐桓公墓在临菑县……次得水银池”[10]，春秋晚期吴王“阖庐冢，……铜椁三重，坟池六尺”[11]。战国

[8] 湖北省文物考古研究所编著《宜都城背溪》，文物出版社，2001，第41页。
[9] 方辉：《论史前及夏时期的朱砂葬——兼论帝尧与丹朱传说》，《文史哲》2015年第2期。
[10]〔汉〕司马迁撰，〔宋〕裴骃集解，〔唐〕司马贞索隐，〔唐〕张守节正义《史记》，中华书局，2013，第1495页。
[11]〔东汉〕袁康、吴平辑录《越绝书全译》，俞纪东译注，贵州人民出版社，1996，第35页。

晚期已经具备规模化生产金属汞的能力，现代科学探测证实，秦始皇地下陵墓中心有高达12000平方米的“汞异常范围”[12]。可见，水银也大规模运用于高等级墓葬之中，说明金属汞的产能也有了较大的提升。天然硫化汞到人工金属汞的转变，使得汞成为一种便于获取的金属资源，这为金汞合金及鎏金技术的出现奠定了坚实的基础。

从世界范围来看，汞合金及鎏镀技术的发明最早起源于中国的西周早期，目前经考古发掘并有金相学证据的是甘肃灵台白草坡墓地出土的西周早期鎏锡铜戈[13]，经模拟实验认为，使用锡汞合金进行鎏锡的可能性较大，但其具体加工方法目前尚不明晰[14]。从合金的制作实践来看，锡的熔点相较于黄金更低，更易合成。

金汞合金的产生，最早可能源自混汞提金技术。金矿一般含有汞元素，通过矿物精炼，使金矿中的汞元素向金粒内部扩散并形成金汞合金，再经过煅烧可以提炼高纯度的自然金。安徽蚌埠双墩1号春秋墓出土有数件金箔饰件（图8-3-1）[15]，正面突起呈泡状，背面内凹附着在铜片上。这些金箔经技术检测含汞量高达6.76—13.27wt%，为我国先秦时期同类器物中含汞量最高的实物证据[16]。结合工艺分析和遗址周边金矿特点来看，该遗址中的金箔也是目前已知世界上最早可能采用混汞技术提炼黄金的实物[17]。无独有偶，四川绵阳双包山2号西汉墓后室出土有一件银白色金属质膏泥状物（图8-3-2），质地柔软，在放大条件下观察发现有固体颗粒存在其中，经技术检测其金属成分包含金汞、银汞及铜汞合金，是世界上最早的金汞合金实物[18]。汉代《神农本草经》记载“水银……杀金银铜锡毒”[19]。明代《本草纲目》在“水银条”中引南朝医药学家陶弘景的论述，首次明确指出水银“能消化金银。使成泥，人以镀物是也”[20]。这些记载表明在我国古代冶金和医药学的长期实践发展中，古人逐渐认识到金属汞可与黄金发生化学反应，形成液态或泥膏状的金汞合金。在金属器物表面处理的技术创新中，逐步发展出了鎏金技术。

---

[12] 王学理：《秦始皇陵墓中的水银及其来源》，《文博》2013年第3期。

[13] 甘肃省博物馆文物队：《甘肃灵台白草坡西周墓》，《考古学报》1977年第2期。

[14] 马清林、〔美〕大卫·斯科特：《甘肃灵台白草坡西周早期青铜戈镀锡技术研究》，《文物》2014年第4期。

[15] 安徽省文物考古研究所、蚌埠市博物馆：《春秋钟离君柏墓发掘报告》，《考古学报》2013年第2期。

[16] 秦颍、黄凰、李小莉等：《蚌埠双墩一号墓出土春秋晚期金箔研究》，《文物》2011年第5期。

[17]Olaf Malm, “Gold Mining as a Source of Mercury Exposure in the Brazilian Amazon,” *Environmental Research, Section A*, no.77(1998):73—78.

[18] 孙淑云、何治国、梁宏刚：《四川绵阳双包山汉墓出土金汞合金实物的研究》，载四川省文物考古研究院、绵阳博物馆编著《绵阳双包山汉墓》，文物出版社，2006，第190页。

[19]〔魏〕吴普等述，〔清〕孙星衍、孙冯翼辑《神农本草经》，科学技术文献出版社，1996，第55页。

[20]〔明〕李时珍编著《本草纲目》，人民卫生出版社，1957，第405页。

图 8-3-1 安徽蚌埠双墩 1 号春秋墓出土的金箔饰件[21]

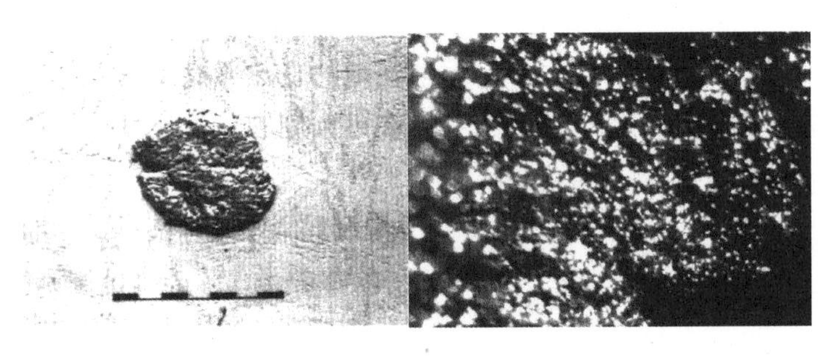

图 8-3-2 四川绵阳双包山 2 号西汉墓出土的金汞合金[22]

鎏金技术在中国的起源年代目前尚未形成统一的共识，其中关于鎏金技术的起源分别有二里头时期、晚商时期、西周晚期、春秋时期或战国时期等不同观点。河南偃师二里头第三期遗址出土一件铜刀，考古人员发现刀背细部纹饰间有鎏金痕迹[23]。瑞典考古学家约翰·古纳·安特生在其著述中，记录了一件20世纪30年代在河南安阳商代晚期遗址出土的一件铜钺，其表面亦有鎏金的痕迹[24]。相关学者从考古学[25]、历史学[26][27]和文物修复与保护[28]等方面分析认为，甘肃地区西周墓葬出土的一些青铜戈较早采用了鎏金技术。与此类观点相近，有学者根据墓葬出土的鎏金器物，推断中国的鎏金技术的起源约在春秋时期[29]。目前针对鎏金技术的起源，中国学术界的主流观点认为该技术产生于

[21] 安徽省文物考古研究所、蚌埠市博物馆：《春秋钟离君柏墓发掘报告》，《考古学报》2013 年第 2 期。

[22] 孙淑云、何治国、梁宏刚：《四川绵阳双包山汉墓出土金汞合金实物的研究》，载四川省文物考古研究院、绵阳博物馆编著《绵阳双包山汉墓》，文物出版社，2006，第 190 页。

[23] 郑光：《二里头遗址与我国早期青铜文明》，载《中国考古学论丛》，科学出版社，1993，第 191 页。

[24]Johan Gunnar Andersson, "The Goldsmith in Ancient China," *Bulletin of the Museum of Far Eastern Antiquities* 7(1935):4—7.

[25] 庆阳地区博物馆：《甘肃宁县焦村西沟出土的一座周墓》，《考古与文物》1989 年第 6 期。

[26] 白黎璠：《夏商西周金器研究》，《中原文物》2006 年第 5 期。

[27] 高西省：《战国时期鎏金器及其相关问题初论》，《中国国家博物馆馆刊》2012 年第 4 期。

[28] 潘慧琳：《文物修复与养护》，万卷出版社，2005，第 136—137 页。

[29] 齐东方：《中国早期金银工艺初论》，《文物季刊》1998 年第 2 期。

战国时期[30]。以上五种观点主要以考古发掘的鎏金实物为依据，结合黄金工艺发展、器物类型及其出土分布，较为粗略地推断出鎏金技术产生的历史时期。上述鎏金实物绝大多数尚未经过科学技术的检测分析，因而不能精确判定鎏金技术的真正起源。此外，长期以来学界对鎏金技术的判定以金属基体中是否含汞元素为单一标准。古代粗炼的金属矿物及墓葬环境中常含有汞元素，国外学者还发现古代有冷汞贴金的技术存在[31]，在鎏镀过程中加热不充分也可能导致汞的残存[32]，这些复杂的因素都可能影响人们对金属表面处理工艺的准确判断。

随着科学检测技术与检测方法的发展，分析器物鎏金层中金汞合金的均匀度及加热痕迹，成为判定鎏金技术运用与否的重要科学依据。基于以上情形，相关学者对西安北郊战国晚期秦墓出土的四件鎏金带钩[33]、山西长治分水岭墓地出土的一件鎏金带钩[34]进行技术检测，可以明确知晓中国鎏金技术最迟在战国晚期已经出现。其实际出现时间应该更早，这有待于更多考古实物出土及更为先进的检测分析证实。

相比较而言，西方鎏金技术的出现时间晚于中国，中西之间有无传播鎏金技术的可能，也尚待进一步研究。目前国外发现较早的鎏金器物多为具备祭祀特征的各式器皿和人物雕像。阿富汗阿伊哈努姆的神庙遗址中出土一件公元前3世纪的二神驾车图像饰板（图8-3-3），盘中三位古希腊神和星月的浮雕图像均采用了鎏金技术进行表面装饰，以凸显其非凡的形象。除此之外，与阿富汗接壤的巴基斯坦一带发现了一尊青铜鎏金佛坐像，时间为公元1世纪至2世纪中期[35]，这是迄今为止全世界发现较早的表面鎏金佛像[36]。这尊佛像的头边缘呈锯齿状，其形体外貌和服装特征明显具有希腊雕像的艺术风格，不仅显示出亚欧大陆之间频繁的文化交流，而且表明鎏金技术也达到了一定水平。此后，鎏金技术在西方得到广泛运用，逐渐成为贵族阶层铜铁一类的家居用品、雕塑摆件以及建筑构件的主要装饰手段。

[30] 北京钢铁学院冶金史组：《鎏金》，《中国科技史料》1981年第1期；叶小燕：《我国古代青铜器上的装饰工艺》，《考古与文物》1983年第4期；王海文：《鎏金工艺考》，《故宫博物院院刊》1984 年第2期；朱凤瀚：《古代中国青铜器》，南开大学出版社，1995，第556—557页；吴来明、周亚、廉海平等：《雄奇宝器：古代青铜铸造术》，文物出版社，2008，第113—117页。

[31]Ottavio Vittori, “Pliny the Elder on Gilding,” *Endeavour new series*, no. 3(1979): 128—31.

[32]P. A. Lin and W. A. Oddy, “The Origin of Mercury Gilding,” *Journal of Archaeological Science*, no.2(1975): 365—373；成沛然：《吹风置换法——蒸汞作业的有效安全防护措施》，《黄金》1989年第9期。

[33] 陈建立：《中国古代金属冶铸文明新探》，科学出版社，2014，第408页。

[34] 许晓东、杨军昌主编《中国古代黄金工艺》，香港中文大学文物馆，2017，第78页。

[35]Kurt A.Behrendt, *The Art of Gandhara in The Metropolitan Museum of Art*(New Haven and London：Yale University Press, 2007), p.49.

[36] 李婧、张晶：《梵像金装从何来？——中国早期佛像饰金探源》，《南京艺术学院学报（美术与设计）》2021年第3期。

图 8-3-3　阿富汗阿伊哈努姆的神庙遗址中出土的二神驾车图像饰板[37]

（二）鎏金技术的工艺流程

有关于鎏金技术的记载，在中国古代出现较晚。明代自然科学著作《物理小识》较为详细地记载了其名称与工艺流程："镀金法：以汞和金涂银器上，成白色，入火则汞去而金存，数次即黄。"[38]其中着重强调了该工艺的基本步骤，及由此产生的化学反应、颜色变化和鎏金次数等问题。根据相关学者对传统鎏金技术的考察与研究，可将其工序大体分为平整胎体、制作金泥、抹金拴金、高温烘烤、刷洗找色与压光增亮六大步骤。

一为平整胎体。鎏金技术首先是对金属胎体表面进行预处理。古代用盐、矾等物质混合成液体对其表面进行刷洗，清除杂质污物，做到光洁平整，便于鎏金层与金属胎体表面粘接、附着紧密，以保证后续鎏金的质量。

二为制作金泥。金泥为"金汞合金"或"金汞齐"的俗称，是鎏金技术中的关键原料。其制作须预制金箔，厚度越薄的金箔越容易熔化加工。后裁条剪碎，再与金属汞按 1 ∶ 7 的比例混合搅拌，在 400℃的高温下熔融为银白色泥膏状的金泥。在制作中汞因受热而不断蒸发，并冒出浓烈白烟。待白烟逐渐下沉，坩埚中的汞冒起很多小泡时，表明黄金已全部熔解。在此过程中，精准地控火控温是关键。火候不到，黄金与汞没有充分熔融，合金颗粒较大较硬，不便于金泥的涂抹施用；火候过了，汞蒸发过量，泥膏状的合金干涸，同样影响鎏金的质量。金泥制成后，迅速倒入盛有清水的容器中，清除浮在水面上的污物，再把金泥倒入另一容器中，用清水封存待用。

三为抹金拴金。用特制的扁头铜棍（俗称"金棍"），或棕刷将金泥均匀地涂抹在需要鎏金的纹饰或整器表面之上。在涂抹的过程中要边抹、边推、边压，鎏

[37] 清华大学艺术博物馆编，谈晟广主编《器服物佩好无疆：东西文明交汇的阿富汗国家宝藏（增订典藏版）》，上海书画出版社，2022，第 25 页。

[38]〔明〕方以智录《物理小识》，商务印书馆，1937，第 164 页。

金工匠将这种推压的技法称为“拴”，且有“三分抹，七分拴”的说法。“拴”是鎏金技术中的重要环节，是保证鎏金层组织致密和金属胎体结合紧密的技术关键。推压之后再分别用热水和清水冲刷洗掉残留在器物表面的硝酸盐。

四为高温烘烤。将涂抹好金泥的金属器物放在敞开式的火炉中进行加热烘烤，当温度达到300℃至500℃时，汞开始遇热蒸发，颜色变亮，并以小水珠的颗粒形态在器物表面不停地滚动。此时需用棕刷快速轻拍按压滚动的颗粒，或者用脱脂棉将其轻擦，一方面防止小颗粒滚离器物表面，导致最后的鎏金层厚度不均，另一方面防止滚动的小颗粒遇冷凝结，在器体表面形成凸起的金粒从而影响鎏金层的表面光洁度。随着炭火炉温维持在400℃左右时，鎏金层的颜色逐渐由银白色转变为金黄色。这个烘烤变色的过程俗称“开金”。在此环节，金属器物的鎏金过程中还需注意使其均匀受热，以防器物表面颜色深浅不同。另外，因金属汞含有剧毒物质，大剂量汞蒸气吸入或汞化合物摄入，会造成人体的急性汞中毒。因此，高温炉中要设置好鼓风与抽风装置，以保证充足的火力供应及汞蒸气的及时排出。

五为刷洗找色。在烘烤的过程中，鎏金器物表面常常会附着一层氧化汞的白霜，可先用酸梅水、杏干水等弱酸分别进行表面清洗，再用铜丝刷蘸皂角水溶液轻轻刷洗，使器物表面发出闪闪金光。由于器物表面手工抹金与受热不均等问题，鎏金层难免会呈现出浅黄、深黄等色彩不一致的情形。特别是同一批鎏金器物更会出现这种情况。因此，需要选择一个标准色，其他件以此为准，对表面深浅颜色不同的鎏金器物再次进行局部抹金和回火烘烤处理。边烤边对照标准颜色，使彼此颜色趋于接近。一件理想的鎏金器制成，往往需要重复涂抹几次，次数的多少根据实物金层所需的厚度而定，一般少则反复三次，多则反复七次，但每次入火时间不宜过长。

六为压光增亮。最后为使鎏金器增加亮度和反射光的能力，可用硬度较高的玛瑙压子或钢压子（形状似刀的磨压研光工具）蘸皂角水，沿着鎏金器物的表面顺序均匀往返摆动进行磨压，这样可以压平由于汞蒸发而形成的极小颗粒，挤掉表层存留的细小空隙，使金层致密，与胎体结合紧密牢固，才不致产生金层脱落的现象，从而达到理想的效果。

鎏金技术的整个过程对工具、金汞合金的安全使用及控火控温技术有着较为严苛的要求。工匠与技术的专业化程度提升，使得鎏金器物的产品质量与品类日趋精细化和多元化。

（三）金属表面处理最为通行的鎏金技术

先秦时期我国形成了以黄金为主要原料的多种金属表面处理技术，主要包括包金、贴金、错金与鎏金技术。从金属表面处理后的外观效果来看，四种技术加工后的效果高度接近。其中包金、贴金与错金技术均属于物理加工，而鎏金技术则属于化学处理的加工方式。在具体制作过程中，鎏金技术的制作效率、牢固程度、最终效果及经济成本一般都优于前三者。如图8-3-4所示，包金、贴金是将金箔整体或局部包贴附着在金属器物表面的加工方式，贴金有时也会使用胶结材料来加强吸附力。这两种技术效率相对较慢、贴合度差、与基体有接缝，长期使用容易起翘、剥落。错金技术需先用铁、钢材质的工具在金属器物表面錾出上小下大的槽，以便将金箔、金丝镶错在内。该技术制作效率低，不能将黄金进行大面积的镶错，最终仅能完成局部的装饰效果。鎏金技术则通过均匀涂抹金汞合金，经火烘烤即可完成鎏金器物的制作。无论是通体鎏金，还是局部鎏金，均可快速完成，并达到金层牢固、外观光洁的视觉效果。

这些不同的金属表面处理技术，都可以将珍贵易塑的黄金附着在金属器物的表面，而鎏金技术以高效率、高品质、高效益的技术优势逐渐取代了费工耗时、效果较弱的其他黄金技术。这在考古发现中也可以得到印证，先秦时期包金、贴金器物近800件，错金器物近600件，鎏金器物则不足200件。至秦汉时期，包金、贴金与错金器物均不足1000件，而鎏金器物则多达近4万件[39]。自此，包金、贴金与错金技术逐步让位于更为先进的鎏金技术，并在后世得到更为广泛的发展。

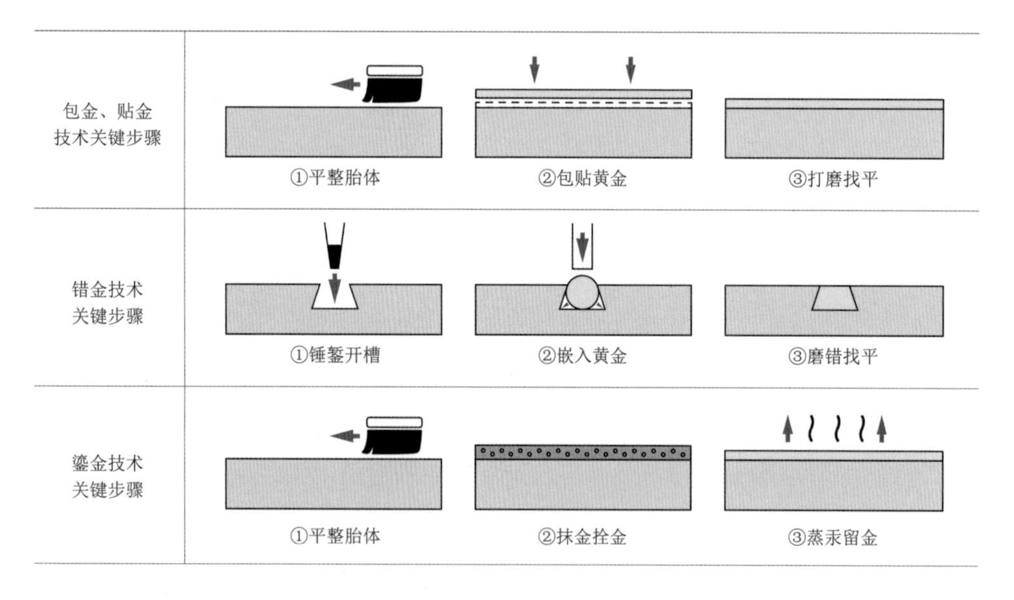

图8-3-4　包金、贴金、错金与鎏金技术对比图

[39] 江楠：《中国早期金银器的考古学研究》，博士学位论文，吉林大学文学院，2015，第59—60页、第195、215页。

二、彰显身份的鎏金车马器、兵器与生活用器

战国晚期鎏金器物的主要类型为车马器，也有部分兵器与生活用器，这些器物通常是在形制较小的青铜胎体上进行鎏金。考古出土的鎏金车马器主要分布于甘肃、内蒙古、河北、河南、湖北及四川等地区，其中又以楚国境内的湖北、湖南及河南等地所出的车马器最为突出，仅当阳赵家湖[40]、金家山[41]两地楚墓所出的鎏金铜络饰就多达202件。车马器中又以节约、辔饰、扣饰、泡饰等马络饰为主，部分为盖弓帽、车軎等车器。鎏金兵器零星分布于甘肃、内蒙古、浙江、四川、云南及广西等地区，器物类型多为剑，主要是在剑格、剑首等突出部位进行鎏金。鎏金生活用器零星分布于陕西、河北、河南、湖北、湖南及山东等地区，器物类型多为带钩。上述鎏金器物的分布多集中在周朝边缘的诸侯国及少数民族地区。

车马器、兵器与生活用器是战国时期贵族日常出行与生活的必备器物，其选料、工艺及数量可以较好地彰显使用者的社会身份。《诗经》注本《毛诗故训传》中记载周代“天子玉琫而珧珌。诸侯璗琫而璆珌”[42]，天子佩剑以玉为装饰，诸侯次之，以青铜为装饰，以此来别尊卑。战国晚期诸国纷争，社会推崇尚武精神，掌握更多政治势力的地方诸侯，开始制作鎏金青铜器物，来强调其显赫的身份与功业，这与其分布特征高度吻合。在此背景下，这些形制较小的青铜器物多采用通体鎏金的方式进行制作，将其安装、佩戴于车马与人身之上，形成一种显耀的身份标识。

三、日常生活类鎏金器物逐渐增多

秦汉时期鎏金青铜容器获得较大发展，与前一时期相比，此时该类器物的数量与种类日渐增多，分布范围相应扩大，并呈现出生活化的发展倾向。因其材料与技术的稀缺性，鎏金器物依旧为少数贵族所享用，这从考古发现也得到了证实。这些鎏金器物基本涵盖了绝大部分日常生活所用的青铜器物类型，主要包括饮食器、盥洗器、乐器及杂器等种类。其中饮食器包括鼎、壶、盉、钫、樽、耳杯、卮、盘、勺、釜、甑等；盥洗器包括匜、盆、洗、水注等；乐器包括钟、铃、錞于等；杂器包括铜镜、博山炉、铜灯、奁、贮贝器、货币、玺印等。这

[40] 湖北省宜昌地区博物馆、北京大学考古系：《当阳赵家湖楚墓》，文物出版社，1992，第143页。
[41] 湖北省宜昌地区文物工作队：《湖北当阳县金家山两座战国楚墓》，《文物》1982年第4期。
[42]〔汉〕毛氏传，郑氏笺：《毛诗》，山东友谊书社，1990，第526页。

些鎏金器物的造型逐步由抽象型逐渐拓展为写实型。如河北满城2号汉墓出土的长信宫灯，灯体为一跽坐的宫女（图8-3-5），其鎏金范围由通体鎏金逐渐拓展为局部鎏金，以构成特定的图案装饰；如满城1号汉墓出土的鎏金乳钉纹铜壶（图8-3-6）[43]，壶的颈、腹部饰有相对的鎏金锯齿宽带纹，上嵌银乳钉，交错形成方格内满嵌绿琉璃，其表面效果由单一的鎏金逐渐拓展为二元的鎏金银，形成更为丰富的艺术效果；如陕西茂陵1号汉墓出土的鎏金银铜竹节铜熏炉（图8-3-7）[44]，炉圈足底座与承托炉盘上的龙身与龙爪满饰鎏金、银的细密纹饰。

此外，该时期的鎏金技术较多运用在一些青铜器物的部件之上。这些部件是对器体起到支撑、加固及便于使用的小型组件，主要包括箍扣、器耳、器足、器钮、铺首、环、泡、泡钉等类型（图8-3-8）。在青铜器应用之余，也常与铁质、玉石、漆木等异质胎体的器物进行结合，对其口沿、器耳、器身及器底等部位进行加固与装饰。秦汉时期鎏金器物的多元化发展表明，一方面鎏金器物的数量与种类均有较为明显的增加，另一方面其应用范围从青铜器物进一步向外拓展，特别是与非金属类的器物进行结合，更加强调不同色彩的对比装饰效果。上述情形反映出秦汉时期人们更多关注现实生活，注重艺术表现和审美体验的现象，绚丽光明的鎏金器物大量出现，正是这种现象的直接写照。

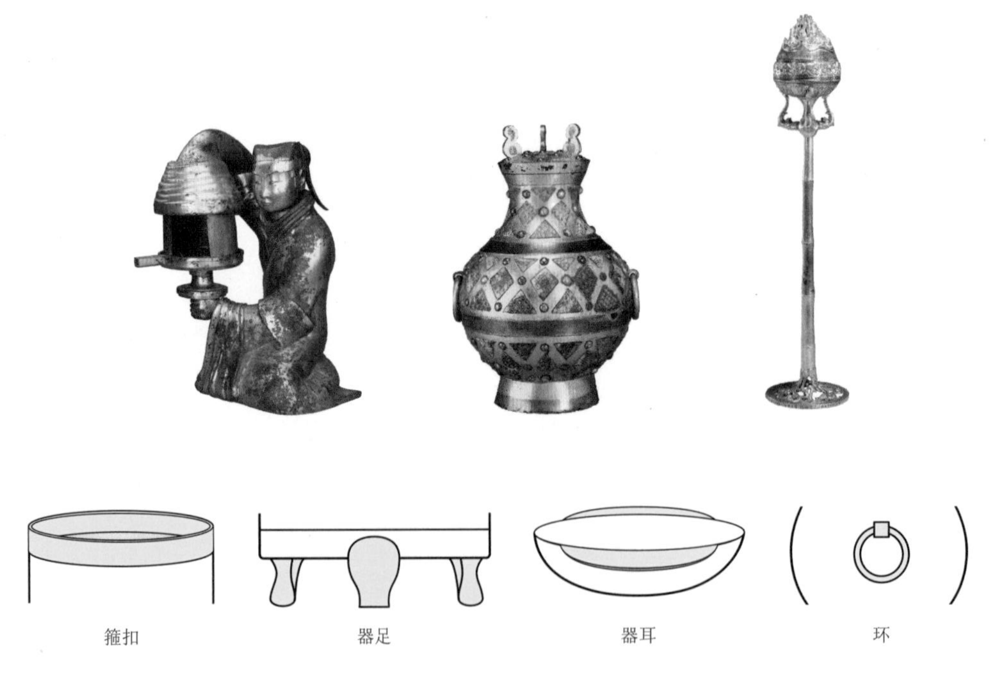

图8-3-5（左） 鎏金长信宫灯 西汉[45]

图8-3-6（中） 鎏金乳钉纹铜壶 西汉[46]

图8-3-7（右） 鎏金银铜竹节铜熏炉 西汉[47]

图8-3-8 秦汉时期的鎏金器物部件示意图

[43] 中国社会科学院考古研究所、河北省文物管理处编《满城汉墓发掘报告》上册，文物出版社，1980，第38—39页。
[44] 咸阳地区文管会、茂陵博物馆：《陕西茂陵一号无名冢一号从葬坑的发掘》，《文物》1982年第9期。
[45] 中国青铜器全集编辑委员会编《中国青铜器全集·第12卷·秦汉》，文物出版社，1998，第99页。
[46] 同上书，第65页。
[47] 同上书，第132页。

四、鎏金佛像的盛行

佛教自东汉进入中国以来，用于礼佛的鎏金佛像也随之增多，这成为三国两晋南北朝时期鎏金器物最为显著的变化之一。东汉桓帝永兴二年（154），便有“帝铸黄金浮屠老子像，覆以百宝盖，在宫中奉祠”[48]。汉末至三国时期地方豪强笮融在下邳郡（今江苏徐州）“乃大起浮图祠，以铜为人，黄金涂身，衣以锦采，垂铜槃九重”[49]。这是中国较早关于鎏金铜佛像的记载，可能也是最早运用本土成熟的鎏金技术对金属佛像进行表面处理的案例。

十六国时期鎏金佛像逐渐在中原地区流行，现存典型佛像有40余件，其中多为具有域外犍陀罗风格的小型立像或坐像，这些佛像为西域传入或在汉地仿造。其中美国旧金山亚洲艺术博物馆所藏后赵建武四年（338）造的鎏金铜佛像是中国现存纪年较早的佛像（图8-3-9）。南北朝时期皇帝也加入了制作各类佛像的行列，鎏金佛像的数量与体量不断攀升，并开始长期占据鎏金器物的主流位置。史载南朝宋明帝造丈四金像[50]，北魏献文帝时造巨型释迦立像，“用赤金十万斤，黄金六百斤”[51]。《洛阳伽蓝记》记述同时期洛阳城内1000余寺，规模最大的永宁寺就有金像40余尊[52]。美国纽约大都会艺术博物馆所藏北魏太和十年（486）鎏金弥勒铜佛像，高140.3厘米，是目前现存已知最大的一尊（图8-3-10）。佛教至南朝梁武帝达到全盛，其在位48年，几可谓为以佛化治国，帝造金银铜像甚多[53]。后世为佛像着金装的热情依旧高涨，据中国佛教协会统计，仅隋代开皇初至仁寿末年（581—604）期间就建造金、铜、檀香、夹纻、砾石等佛像16580躯，修治故像1508940余躯，其中有一大部分为鎏金铜像[54]。这些大批量制作的鎏金佛像，一方面表明佛教在中国的兴盛，外来宗教艺术拓展了本土鎏金技术的应用范围；另一方面大量金属造像的出现也导致了社会金属资源分配的失衡。随着佛教中国化进程的不断加深，融合不同地区的社会文化形成了不同教派及教义内容，但为佛像着金装却有着高度的统一性。佛教常见的鎏金造像门类日渐完备，主要包括佛像、菩萨、护法、金刚及罗汉类等造像。由此可见，鎏金佛造像在中国的发展由单一佛陀逐渐拓展为多元群像，呈现出谱系化的发展特征，这充分体现了黄金与佛教之间的密切关系。

---

[48] 张帆：《胡朝佛风：十六国时期鎏金佛像艺术的发展》，《美术研究》2018年第5期。
[49]〔晋〕陈寿撰，〔南朝宋〕裴松之注《三国志》，中华书局，1959，第1185页。
[50]〔梁〕释慧皎：《高僧传》，汤用彤校注，汤一玄整理，中华书局，1992，第493页。
[51]〔北齐〕魏收：《魏书》，中华书局，1974，第3037—3038页。
[52]〔北魏〕杨衒之：《洛阳伽蓝记校笺》，杨勇校笺，中华书局，2006，第1—2、11—12页。
[53] 汤用彤：《汉魏两晋南北朝佛教史》，商务印书馆，2015，第384—385页。
[54] 中国佛教协会编《中国佛教》第一辑，东方出版中心，1980，第55页。

图 8-3-9（左） 后赵建武四年造鎏金铜佛像（正面和背面）[55]

图 8-3-10（右） 北魏太和十年鎏金弥勒铜佛像[56]

从文献与现存实物来看，黄金装饰的佛像在佛教东传与发展的过程中是一种常见的造像装饰工艺，而鎏金技术则是实现金属佛像“着金装”的主要手段之一。外表鎏金不仅起到封护金属胎体的作用，而且符合佛教中关于“塑金身”的造像标准。佛像正是借助黄金光泽闪耀、色调温暖的物质特性，来强化其造像艺术的视觉冲击力与宗教体验感。这种宗教造像的设计灵感与装饰技艺，将信众膜拜供养的佛陀具象化、神格化，并逐渐成为宗教造像中的一种标准范式。这为佛教的发展与传播创造了良好的条件，同时也影响了中国道教的造像及装饰，如陕西三原县出土的两件唐五代鎏金天尊铜像[57]，铜像背有头光、火焰纹，足踩莲花座，下设四足床，明显受到了佛教的影响。

五、金花银器的多样化与精细化发展

唐宋时期是中国古代金银器发展的鼎盛期，形制多样、制作精巧的金银器开始大量出现。此时银质器物的数量与种类远超金质器物，大量银器通过整体或局部鎏金的方式，来模仿金器的质感。其中银胎表面纹样鎏金的器物，便是唐宋时期史籍中所谓的“金花银器”，这是将器物质地与装饰效果结合在一起的特有称谓。这种鎏金银器早在战国晚期的秦国就已出现，但直到唐代才得以盛行。典型如山东淄博西汉齐王刘襄墓中出土的战国晚期秦国龙凤纹鎏金银盘（图

[55] 美国旧金山亚洲艺术博物馆，https://collections.asianart.org/collection/seated-buddha-dated-338/，访问日期：2023年5月14日。

[56] 美国纽约大都会艺术博物馆，https://www.metmuseum.org/art/collection/search/42733，访问日期：2023年5月14日。

[57] 冉万里、习通源：《陕西三原县发现唐五代鎏金佛道铜造像》，《收藏家》2010年第1期。

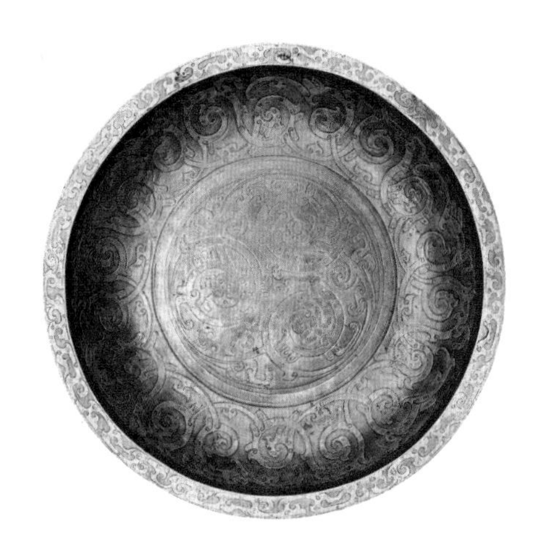

图8-3-11　龙凤纹鎏金银盘
战国[58]

8-3-11）[59]，其辗转流传最终成为陪葬品，更显稀缺珍贵。

唐宋时期鎏金银器的文献记载日益增多，并且在同时期一些重要遗址中得到印证。盛唐时期玄宗赐予安禄山“金花大银盆二、金花银双丝平二、金镀银盖碗二”[60]。晚唐时期法门寺塔地宫物账碑中记载皇帝施舍寺院的“银金花合、银金花盆”等器物。

唐宋时期重要遗址出土了大量的金器、银器及鎏金银器（图8-3-12）。陕西西安何家村唐代窖藏出土金银器物共计270件（组），其中金器38件、银器232件、鎏金银器26件，主要包括碗、盘、盒、匜、碾、熏炉等器物[61]。江苏丹徒（今镇江市丹徒区）丁卯桥唐代窖藏出土银器共计956件，其中鎏金银器有80余件，主要包括碗、盘、盆、盒、瓶、熏炉、酒令筹等器物[62]。随后在陕西扶风法门寺地宫出土唐代金银器物共计121件（组），其中金器7件、银器114件、鎏金银器53件，主要包括棺椁、宝函、盒、碗、碟、盆、茶具、香炉、香匙、菩萨像、如意、锁等器物[63]。这三批金银器物的数量众多、质量上乘，不仅代表了唐早期与中晚期的发展面貌，也反映出中央与地方、北方与南方的制作情况[64]。从中可以看出，鎏金银器的发展一直贯穿整个唐代，器物数量、种类呈不断增多的态势。宋代重要遗址出土鎏金银器同样占有较大比重，典型如江苏南京北宋早期大报恩寺遗址塔基地宫出土金银器共计22件，其中金器1件、银器20件、鎏金银器

[58] 中国国家博物馆，https://www.chnmuseum.cn/zp/zpml/kgdjp/202111/t20211126_252431.shtml，访问日期：2023年5月14日。

[59] 山东省淄博市博物馆：《西汉齐王墓随葬器物坑》，《考古学报》1985年第2期。

[60]〔唐〕姚汝能：《安禄山事迹》，会贻芬校点，上海古籍出版社，1983，第10页。

[61] 陕西历史博物馆、北京大学考古文博学院、北京大学震旦古代文明研究中心编著《花舞大唐春——何家村遗宝精粹》，文物出版社，2003，第287—293页。

[62] 丹徒县文教局、镇江博物馆：《江苏丹徒丁卯桥出土唐代银器窖藏》，《文物》1982年第11期。

[63] 陕西省考古研究院、法门寺博物馆、宝鸡市文物局等编著《法门寺考古发掘报告》，文物出版社，2007，目录第6—8页。

[64] 齐东方：《唐代金银器研究》，中国社会科学出版社，1999，第12页。

15件，主要包括佛塔、棺椁、宝函、盒、瓶、香炉、香匙、首饰等器物[65]。江苏溧阳平桥南宋窖藏出土银器共计27件，鎏金银器12件，主要包括盏、盘、盆等器物[66]。此外，在唐、宋两朝的持续影响下，辽国结合其游牧民族习俗，相应形成了鎏金银冠、银靴、银捍腰、银蹀躞带、银枕、银皮囊壶及鎏金银鞍马饰件与马具等特色器形。上述各类鎏金银器呈现出多样化的发展趋势，无论是日常使用还是佛事供奉，都得到了较为广泛的运用。

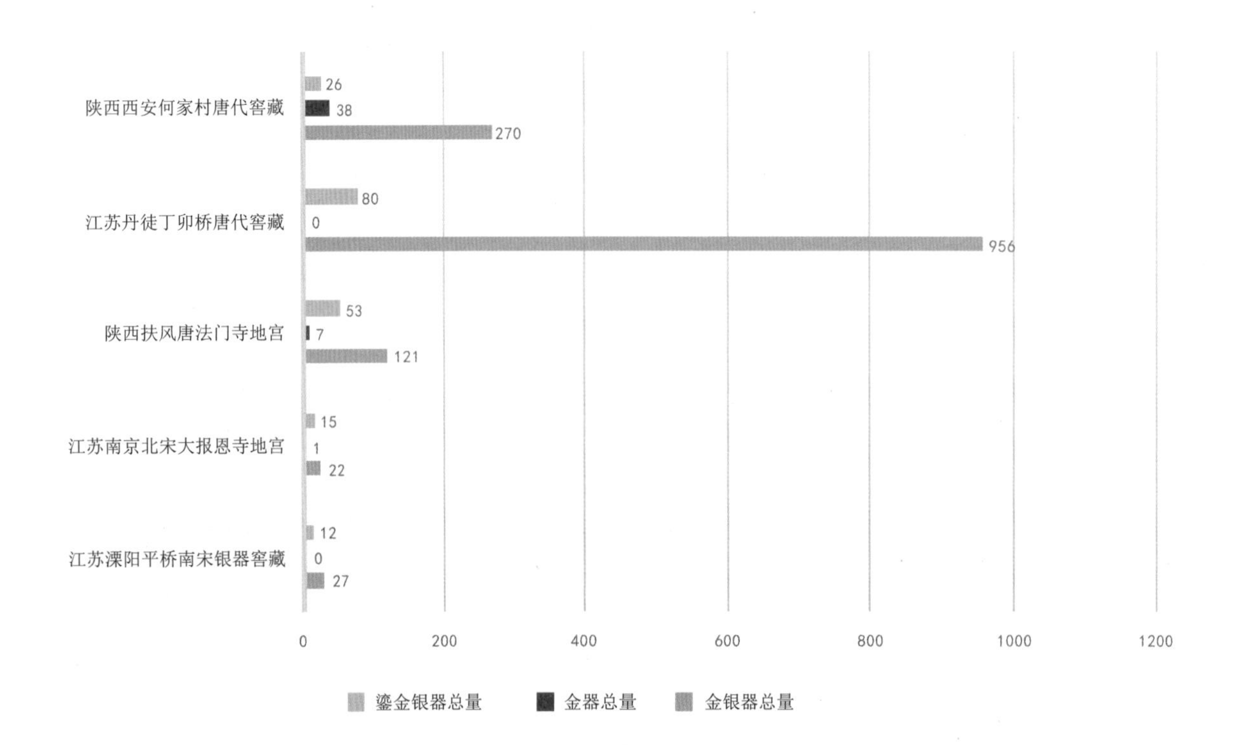

图8-3-12　唐宋时期重要遗址出土金器、银器及鎏金银器数量统计图

唐宋时期鎏金器物从铜胎拓展为银胎，主要源自金银工艺的进步。铜器的形制与纹饰多采用本土铸造技术，银器的形制与纹饰则多采用外来锤揲技术，后者的加工方式更适宜白银的强延展性，从而制作出层次更加丰富的银质器物。对其细节纹样进行鎏金处理，形成黄、白对比的艺术效果，精细化的技术风格也体现出此时繁盛的时代风貌。

相较于通体鎏金，局部鎏金具体可分为两种方法：一是将器体上的纹饰錾刻好之后进行鎏金；二是鎏金之后再对纹饰进行錾刻。前者主要流行于唐早期，后者则多见于唐中叶以后。其原因可能是唐早期器物纹饰为华丽繁复的满地装，先錾刻后鎏金以便于制作，唐中叶以后满地装的纹饰日渐减少，器体上以局部纹样为主，其制作方式相应改为先鎏金后錾刻（图8-3-13）。

[65] 南京市考古研究所：《南京大报恩寺遗址塔基与地宫发掘简报》，《文物》2015年第5期。
[66] 肖梦龙、汪青青：《江苏溧阳平桥出土宋代银器窖藏》，《文物》1986年第5期。

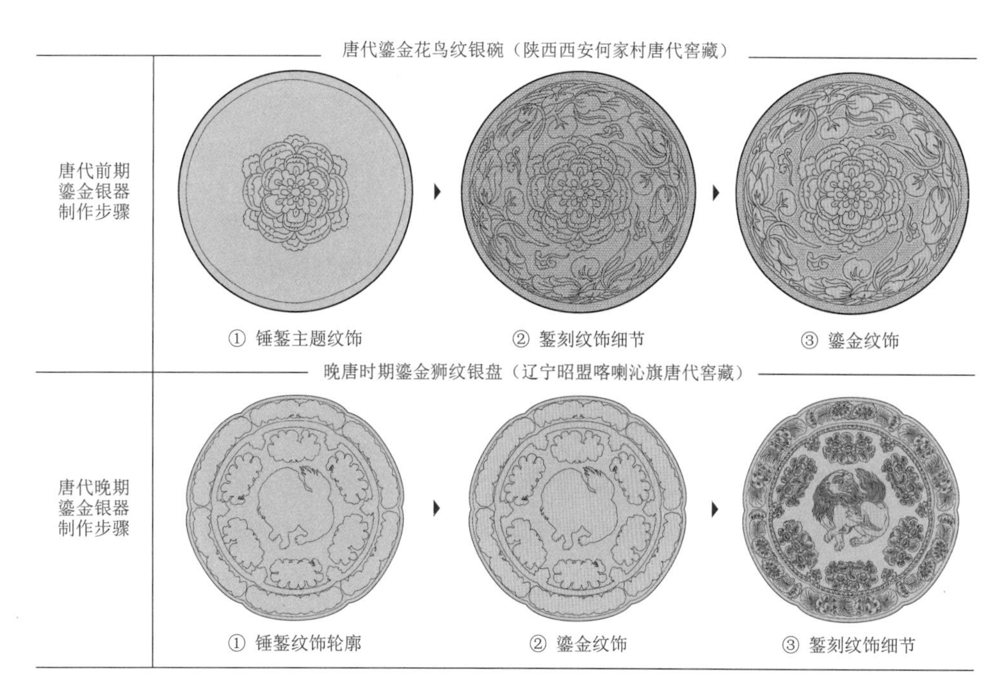

图 8-3-13　唐代前期与唐代晚期鎏金银器制作步骤对比图

六、组合式鎏金法器从寺庙走向家庭

元明清时期的鎏金器物回归至宗教领域，各类造像与香炉、烛台等器物形成的组合式法器，其使用范围也逐渐从寺庙走向家庭，鎏金技术得到了更为全面的发展。法器又称为道器、法具或道具，是修行者在祈请、修法、供养、法会等各类宗教事务中所用器物的统称。这些器物普遍存在于不同宗教中，其中以佛教最为繁盛。法器是佛教各种仪轨中的必备器物，不仅具有弘法的实际功用，其特有的造型与装饰也体现了佛教的思想。其种类与数量随着佛教的发展而不断扩充，其材质、形制及功用各自不同，根据其不同的功用，法器大体可分为礼敬、称赞、供养、持验、护身、劝导六大类。除礼敬类之外，其余五类均有大量的铜胎鎏金器物，如称赞类中的钟、鼓、磬和海螺等，供养类中的华盖、“五供”（香炉及成对的烛台、花觚或花瓶）、“七宝”（金轮宝、明珠宝、玉女宝、主藏臣宝、白象宝、绀马宝、主兵臣宝）和“八吉祥”（又称“八宝”，包括宝伞、莲花、宝瓶、金鱼、盘长等），持验类中的净水瓶，护身类中的金刚铃、金刚杵等，劝导类中的嘛呢轮、转经筒等器物。这些法器原本各自独立，在佛教仪轨的不断完善中逐渐形成了固定的组合，其中较为典型的为“五供”。

佛教经典《阿含经》《法华经》中有关于香炉、烛台、净瓶等供养器物的记载，主要是用其烧香、燃灯和供花来供养佛[67]。如佛经中常有“共持香华（花），来

[67] 杨维中、吴洲、杨明等：《中国佛教百科全书·仪轨卷》，上海古籍出版社，2001，第215—216页。

供养佛”，即以香料、鲜花作为供品祭祀。佛教规定供养器物的材质为“其供养器皆用金银铜铁瓷等，余者悉不堪用”[68]，而鎏金器的外观效果则接近最高等级的黄金。宋代儒、释、道三教充分融合，至元代佛教供养器物逐步形成了“三供”与“五供”两类组合。前者一般包括一个香炉和成对的花瓶或花觚，后者在此基础上新增了成对的烛台。元代成组的鎏金铜供器尚未发现，浙江海宁智标塔地宫石函中所出土的铜质“三供”可做参考[69]。明清时期“五供”渐成主流，并逐步从寺庙走向家庭，结合祭祖文化，呈现出新的发展局面。如湖北武汉江夏楚昭王朱桢[70]、四川成都蜀悼庄世子朱悦燫[71]、四川成都蜀怀王朱申鉁[72]等明代藩王墓中均有用“五供”设祭的现象出现。清代鎏金供器的发展主要集中在宫廷之中。至乾隆时期，宫廷之中设有中正殿、梵华楼、佛香阁等大大小小的佛堂几十处。佛堂遍布，对各类佛教法器的种类与数量产生了极大的需求。内务府造办处直接由皇帝管理，不惜工本制作出奢华的鎏金供器，典型如錾珐琅五供（图8-3-14）。

除供器之外，根据清宫现存佛堂陈设来看，佛堂供案上还常设有七宝、八吉祥、佛塔、坛城等器物，如故宫雨花阁佛堂正间供案陈设，由前向后依次摆放香池、五供、七宝及八吉祥。七宝与八吉祥一字排开，五供是以香炉为中心，成对的烛台和花觚分列两侧。有时供案的两端还会放置佛塔、坛城或满达。皇室贵胄在宫廷与府邸中开辟佛堂，陈设诸多佛教法器，民间家庭随之效仿，组合式鎏金法器相应也在社会上日渐风行。

图8-3-14　錾珐琅五供　清[73]

[68] 张婧文：《元明清组合式陶瓷供佛器研究》，《中原文物》2017年第5期。

[69] 浙江省文物考古研究所、海宁市文化广电新闻出版局编著《海宁智标塔》，科学出版社，2006，第64—68页。

[70] 湖北省文物考古研究所、武汉市文物考古研究所、武汉市江夏区博物馆：《武昌龙泉山明代楚昭王墓发掘简报》，《文物》2003年第2期。

[71] 中国社会科学院考古研究所、四川省博物馆成都明墓发掘队：《成都凤凰山明墓》，《考古》1978年第5期。

[72] 成都文物考古研究所：《成都市三圣乡明蜀“怀王”墓》，载《成都考古发现2005》，科学出版社，2007，第382—428页。

[73] 沈阳故宫博物院编著《沈阳故宫博物院院藏文物精粹·珐琅卷》，万卷出版公司，2007，第72页。

结语

鎏金是中国独有的金属表面处理技术，其发明与运用充分反映了古人对金、汞两种金属特性的综合认知水平。战国晚期发明鎏金技术的先决条件是春秋时期炼汞技术的发明及金汞合金的生成。鎏金凭借易操作、省料省时等特点，逐渐成为秦汉时期最为通行的金属表面处理技术，此后一直延续至清代。鎏金技术广泛运用在青铜、铁与银等材质的器物上，不仅延缓了金属器物表面的氧化与锈蚀的速度，而且有效美化了器物表面的艺术形象。鎏金技术的应用范围由早期形制较为简单的车马器、兵器向更为复杂的生活用器、宗教佛像及法器发展，总体呈现出多元化与精细化的演进特征。

通体鎏金的器物与纯金器物的视觉感知高度接近，因此鎏金技术也成为历代彰显社会地位与财富的重要设计手段。鎏金技术充分发挥出黄金独特的物性特征和丰富的象征含义，不断塑造、美化着中国古代的物质生活和精神生活，充分体现了“材美工巧”“适度节用”的设计思想。

第四节　从材料装饰到装饰材料的金箔

黄金在自然界主要以单质形式存在，具有比重高、塑性变形能力强、化学性质稳定与耐腐蚀等特性，故金箔是较为理想的装饰材料。金箔是将黄金经过反复捶锻制成的特薄金片，是黄金工艺中的核心技术，也是其他细金工艺的基础。《后汉书·志·舆服上》中“乘舆、金根、安车、立车，轮皆朱班重牙，贰毂两辖，金薄缪龙”[1]，是较早关于金箔的文献记载。其在历代的建筑、造像、器物、服饰及书画中运用十分广泛，常与漆木、玉石、金属及植物纤维等材质混合使用。相较于西方国家，中国的制箔技术出现相对较晚。由于不同地域的制箔技术发展极不平衡，造成了厚薄不一、造型各异的金箔制品，由此又可称为“金薄”“薄金”“金叶”“金页”“金片”“金饰片”等。

中国出土及其他遗存的金箔整体呈现出“散点—集聚—弥散”的分布规律。依据金箔厚度、造型及工艺将其分为“材料装饰”与“装饰材料”两种类型。其角色在春秋中期之前以“材料装饰”为主，春秋晚期至两晋时期率先在楚国实现了由“材料装饰”到“装饰材料”的过渡。南北朝之后随着佛教日益兴盛，金箔制品渐以“装饰材料”为主。其制作由逐件锤打转变为运用隔垫材料与多层叠打的锤揲工艺，其应用在多材质混合中由包金与镶错工艺转变为更为精细的贴金、金线、洒金与戗金等装饰工艺。

贵重易用的金箔是社会权势、地位和富贵的重要象征物。随着物质生活水平与精神文化需求的不断增长，金箔实现了从材料装饰到装饰材料的角色转变，其制箔技术与装饰技术的变革升级，从另一个侧面反映了中国古代黄金加工技术的进步与提升。

一、中国古代金箔的分布与分类

新疆温泉县阿敦乔鲁遗址出土的包金铜耳环，是目前中国已知考古发现最早的金箔制品，时间在公元前19世纪至公元前17世纪[2]。随着人们对金属的认知

[1]〔南朝宋〕范晔、〔西晋〕司马彪：《后汉书》，陈焕良、李传书标点，岳麓书社，2008，第1284页。
[2] 中国社会科学院考古研究所、博尔塔拉蒙古自治州博物馆、温泉县文物局：《新疆温泉县阿敦乔鲁遗址与墓地》，《考古》2013年第7期。

能力与锻造技术的不断提升，商代中期在河南郑州[3]与北京平谷[4]等地出土了面积更大的金箔制品。此后金箔的数量与种类不断增多，其分布范围日益扩大。依据其厚度、造型及工艺等因素，可将金箔分为材料装饰与装饰材料两大类型。

（一）金箔“散点—集聚—弥散”的分布规律

本节从相关考古学期刊中（截止到2020年）收集了国内223个出土金箔的遗址，主要分布在23个省（区）市范围内。其地域分布与历代政权所在地十分契合，发展总体呈现出“散点—集聚—弥散”的分布规律。

先秦时期：共收集104个金箔遗址，具有散点分布的特征，其中先商时期呈现出自西向东零星分布的路径。商代中晚期主要集中在河南郑州、安阳，及四川广汉、成都等地区。至战国时期逐渐扩散到各诸侯国都城及周边地区，涵盖了西北、华中与华北大部分地区。

秦汉时期：共收集65个金箔遗址，具有零星分布的特征，呈现出由西北向东南方向延伸的分布规律，同时广西、西藏、新疆、内蒙古等边疆地区也偶有出土。

三国两晋南北朝时期：共收集16个金箔的遗址，具有散点分布的特征，但大同与西安等地出土数量相对较多。

唐宋辽金时期：共收集29个金箔遗址，具有集聚分布的特征，主要集聚在西安与杭州等地。其中唐代主要通过河西走廊向西北边疆地区延伸，宋代主要由杭州向沿海地区延伸。

元明清时期：共收集9个金箔遗址，主要分布在北京地区。由于该时期金箔主要运用在佛像与高级别的建筑上，在西南、华中与华东等地区较为分散，因此总体上呈现出弥散分布的特征。

中国历代金箔制品的地域分布与黄金加工技术的主要传播路径较为吻合，基本呈现出由西到东、由北向南发展的特点[5]。但商代晚期四川广汉、成都与春秋晚期的湖北等地区，因盛产黄金而有着较为独立的发展体系。

（二）作为材料装饰与装饰材料的金箔

黄金的密度为19.3克/厘米^3（20℃），金的延展性为各金属之冠[6]。这种特殊性能使其在冷加工中甚至无须退火仍可连续捶薄。商代晚期已能制作出厚度仅0.01毫米的金箔[7]。在我国现行的国家轻工行业标准下，规定每百张金

---

[3] 河南省文化局文物工作队第一队：《郑州商代遗址的发掘》，《考古学报》1957年第1期。

[4] 北京市文物管理处：《北京市平谷县发现商代墓葬》，《文物》1977年第11期。

[5] 马健：《黄金制品所见中亚草原与中国早期文化交流》，《西域研究》2009年第3期；许晓东：《黄金为尚：历史与交流》，载苏州博物馆编《黄金为尚：历史·交流·工艺》，2020，第43页；齐东方：《唐代金银器研究》，中国社会科学出版社，1999，第197—198页。

[6] 李培铮编著《金银生产加工技术手册》，中南大学出版社，2003，第45页。

[7] 北京钢铁学院等编《中国冶金简史》，科学出版社，1978，第34—35页。

箔的单张平均厚度为0.00011±0.00002毫米[8]。因此，黄金锤锻的厚度是金箔品质的核心指标，同时，现代学者也多依据其厚度数值来界定金箔。国内学者认为厚度小于0.5毫米的薄金片即为金箔[9]，国外学者则认为小于0.001毫米才能称为金箔[10]。二者数值存在一定的差异，分类的数值标准既不统一又缺乏样本数据和实证分析，因而难以对金箔进行合理有效的分类。

本节从223个遗址中选取了有厚度数据的171件金箔，发现0.04至0.5毫米的金箔可支撑自身结构，表面也能承受二次锤錾加工。如四川成都金沙遗址的蛙形金箔[11]，0.04毫米以下的金箔则需贴附于他物而存在，其表面仅能承受轻压或完全不能施力。据此，可将其分为“材料装饰”与“装饰材料”两类金箔。其中作为材料装饰的金箔，厚度为0.04至0.5毫米，厚薄不一、造型较为特殊，加工形式以单件制作为主，后续可采用锤錾、模冲等方法制作纹样，常运用于首饰、饰牌和货币，或附着于日用器具、武备和棺椁等器物的表面。该类型在先秦时期出土的数量最多、形式与纹饰类型最为多样，秦汉时期虽有零星发现，但整体呈现衰退趋势。

作为装饰材料的金箔，厚度在0.04毫米以下，其厚薄均匀、造型统一，加工形式以批量制作为主，常作为一种装饰的材料，借助胶结材料，贴附于建筑、造像、车马器、兵器及书画的表面，或制作成金线织造于服饰之中。该类型最早出现在商代晚期的殷墟，作为黄金主要产地的楚国，率先在春秋晚期实现了由材料装饰到装饰材料的转变。南北朝时期随着佛教的兴盛，装饰材料成为金箔制品的主流用途，巨大的需求促进了金箔加工技术的发展。

二、作为材料装饰的金箔

作为材料装饰的金箔厚度为0.04至0.5毫米，共收集有131件。其中先秦时期有114件（商代67件、西周17件、春秋2件、战国28件）、西汉7件、唐代2件、辽代2件、南宋6件。该类型金箔早在商代晚期就迎来发展的高峰，其中河南安阳殷墟的高等级墓葬中就出土了55件。由于该类型的金箔主要采用锤揲工艺逐件锤打，厚薄不一。单一材质的金箔表面可以通过锤錾或模冲工艺制作纹

[8] 参见中华人民共和国轻工行业标准QB/T 1734-2008,《金箔》, 第1页。

[9] 安志敏、安家瑗：《中国早期黄金制品的考古学研究》,《考古学报》2008年第3期。

[10]David A. Scott, *Metallography and Microstructure of Ancient and Historic Metals*, (CA: Getty Conservation Institute in Association with Archetype Books, 1991), p.141.

[11] 成都市文物考古研究所、北京大学考古文博学院编《金沙淘珍——成都市金沙遗址出土文物》, 文物出版社, 2002, 第32页。

饰，与多材质的混合中主要通过包金与镶错工艺进行装饰。

（一）厚薄不一、造型特殊的单件金箔

据样本厚度均值的数据统计可知（图8-4-1），作为材料装饰的金箔集中出现在先秦时期，其厚薄极值在0.04至0.5毫米，多数集中于0.1至0.3毫米区间。该时期金箔数量多，品类较为丰富。秦汉时期金箔的厚薄极值主要集中在0.067至0.24毫米区间。该时期金箔厚度大幅降低且波动较小。唐、辽及南宋时期的金箔厚度变化较大，其厚薄极值在0.1至0.5毫米区间。相较于前两个时期，此时金箔不仅厚度波动大，阶段性的变化特征明显，而且数量锐减，体现出该类金箔制品日渐衰退的趋势。

商周时期的金箔，装饰于器物的关键结构或显著部位，其在礼制文化上的地位却仍然有限[12]。随着锤揲、退火工艺的发明与运用，金箔数量开始增多，

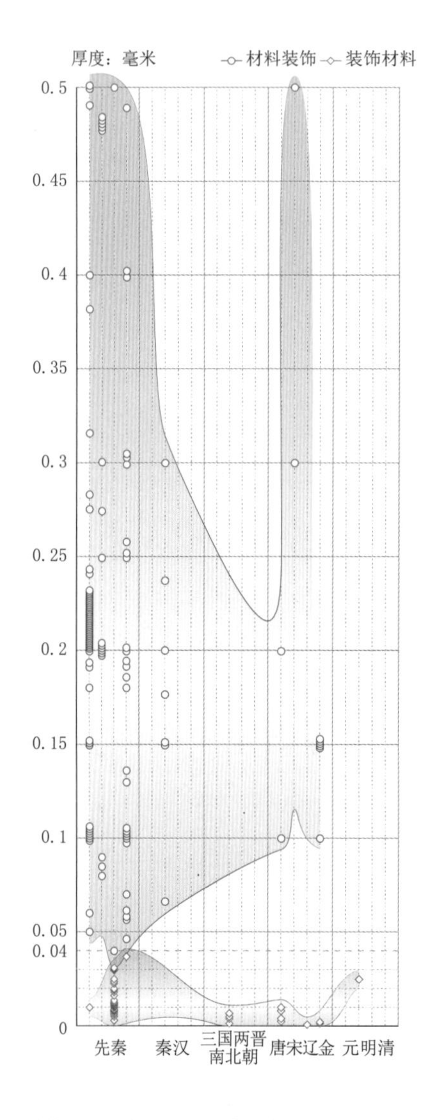

图8-4-1 两类金箔厚度点阵坐标图

[12] 许晓东、杨军昌主编《中国古代黄金工艺》，香港中文大学文物馆，2017，第20页。

图 8-4-2　四川成都金沙遗址出土的商周蛙形金箔

造型也更为复杂多样，面积也相应扩展（图 8-4-2）。该类型金箔的形态、表面纹饰与使用功能各不相同，其厚度及大小尺度有着明显的差异，是制箔技术早期发展的必经阶段。

（二）逐件锤打的锤揲工艺与退火工艺

锤揲是作为材料装饰的金箔的主要加工工艺，通常借助铁锤、木锤等工具，反复对块状黄金的正面进行锤击展开，对背面进行揲收延长拔高[13]。该工艺主要是通过改变黄金材质中夹杂物的数量、大小和组织结构来加工金箔制品。单件金箔需充分锤打才能加工成型，因此成批金箔的加工形式只能通过依次逐件的锤打来完成制作。

金箔在锤揲过程中还采用了中间软化的再结晶及锻后退火的热处理工艺。该工艺可细化晶粒，降低金料残余应力，减少裂纹倾向，不断恢复黄金的塑性变形能力，以提高金箔的成品率。四川广汉三星堆遗址出土的商代晚期金箔是现知最早运用退火工艺的物证，在其他金箔遗址中发现多处有退火工艺的痕迹，可见其应用的普遍性。

（三）单一材质金箔的纹饰与制纹工艺

纹样的制作与装饰，实质上是源于一种装饰性的文化行为[14]。在单一金质材料上制作纹饰，按其题材形式可分为图形与文字两种类型，制作方式可分为锤錾和模冲两类制纹工艺。

1. 金箔纹饰由繁至简的演变特征

本节从 131 件作为材料装饰的金箔中选取了有纹饰图案的 29 件，其中先秦时期 17 件、秦汉时期 4 件、辽至南宋时期 8 件。金箔纹饰在先秦两汉时期以图案为主，辽至南宋时期逐渐以文字为主。先秦时期的纹饰以鸟首鱼纹、鸟纹、射鱼纹、夔龙纹与蟠龙纹等抽象动物为主，构成形式主要按照轴对称或中心对称的

[13] 樊进：《辽代金银器设计研究》，博士学位论文，南京艺术学院设计学院，2017，第 133 页。
[14] 李砚祖：《装饰之道》，中国人民大学出版社，1993，第 5 页。

结构连续排列，形成较为丰富的纹样组合。个别金箔以口唇纹、斜线纹、米字纹和三角齿纹等几何纹样作为装饰。秦汉时期的纹饰以羊角纹、盘羊纹等具象动物为主，构成形式主要按照轴对称的结构排列。两类纹饰在魏晋时期逐渐衰退。辽至南宋时期的金箔纹饰以文字为主，构成形式主要按照水平、垂直线性的结构分割排列，形成符合书写与阅读习惯的文本形式。作为材料装饰的金箔，纹饰题材由图案到文字，构成形式由复杂到简洁，其发展总体呈现出由繁至简的演变特征（图8-4-3）。

2. 锤錾制纹工艺

锤錾制纹是借助刀、錾、锤等工具，依照预先设计的图样修整金箔外形与凿刻纹样，根据纹饰的深浅程度，又可分为刻画、錾刻与镂刻三种方法（图8-4-4）。刻画在金箔平面形成较浅的线纹，相互衔接构成完整的平面纹饰。錾刻是借助坚硬錾头，在金箔双面连续锤錾制作深浅纹饰的方法。镂刻是经过反复刻画或使用锐利工具，在箔片表面制作出图底虚实的镂空纹饰。商代晚期至西周时期四川成都金沙遗址的部分金箔，已同时具备以上三种制纹方法。从金箔纹饰的加工方式与受力程度来看，錾刻因其錾头种类多，可以双面加工，纹饰起伏程度大等优势，成为金器表面纹饰加工的主流工艺。刻画与镂刻的工具较为单一，以单面加工为主，纹饰起伏程度小，因此二者在秦汉时期逐渐呈现出衰退的发展趋势。

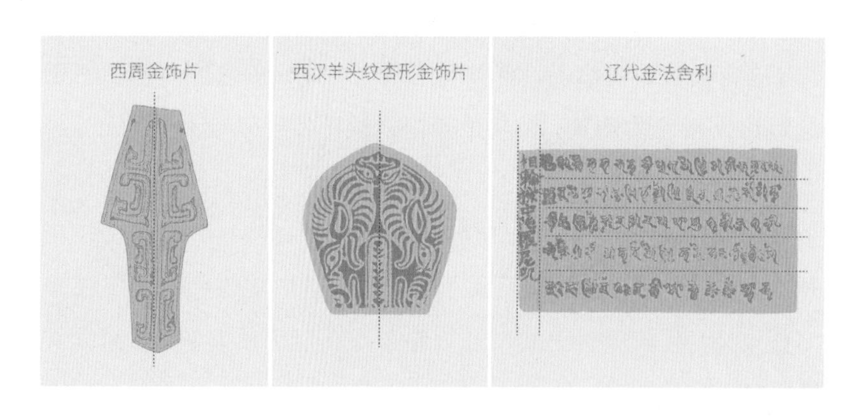

图8-4-3 金箔的纹饰题材与构成形式示意图

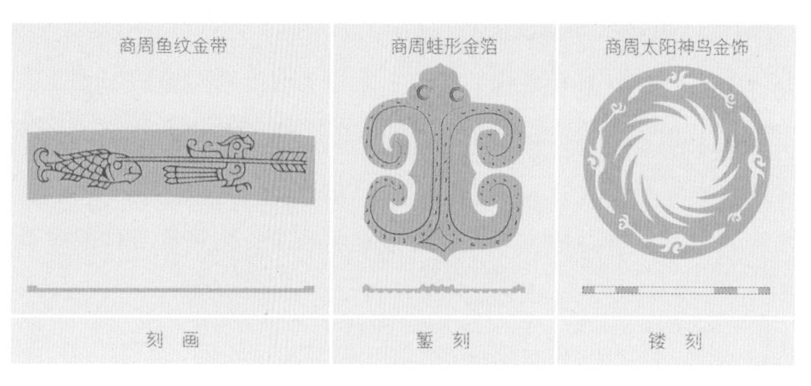

图8-4-4 刻画、錾刻与镂刻制纹的工艺特征

图8-4-5（左）　鹰虎搏斗纹饰牌模具　战国

图8-4-6（右）　金箔货币　南宋

3. 模冲制纹工艺

相较于效率较低的锤錾制纹，模冲制纹只需一次锤击便可挤压成型。这为金箔的立体纹样与加工效率提供了简便的方法。早期多使用单独的凹模或凸模，最早为河南郑州商王城出土的压印夔龙纹金箔。战国至汉代流行于中国西北斯基泰风格的动物纹金箔，图案高度对称吻合，使用了阴阳模具制纹工艺[15]。该工艺也传播至关中地区。西安北郊战国铸铜汉族工匠墓出土了鹰虎搏斗纹饰牌模具[16]（图8-4-5）。南宋时期，模冲制纹开始应用于金箔货币上（图8-4-6）。

（四）多材质混合使用的包金与镶错工艺

作为材料装饰的金箔，在与异质材料混合中发展出包金与镶错两类工艺。包金工艺是将金箔整体或局部包裹在异质物体表面的加工方式。前文所述新疆温泉县阿敦乔鲁遗址的包金铜耳环是现知国内考古发现最早的包金制品。此工艺在战国时期广泛运用于漆木、铜铁与玉石等器物的表面，战国之后使用程度与频率均大为降低。镶错工艺是将金箔镶错于器物表面的加工方式，依据工艺的差异又可分为错金与镶嵌。收藏于美国弗利尔美术馆的战国错金铁带钩是目前已知最早镶错金箔的器物。湖南长沙风篷岭西汉中期长沙王后墓的椭圆形金扣漆盒，是现知国内考古发现最早镶嵌金箔的漆器。两种工艺主要流行于战国至两汉时期，至魏晋时期逐渐式微。

三、作为装饰材料的金箔

作为装饰材料的金箔厚度在0.04毫米以下，本节从相关考古学期刊中（至2020年）共收集了40件，其中春秋时期数量最多，其他时期数量相对较少。此

[15] 童宇：《从四种基础工艺看中国古代金工的发展》，载苏州博物馆编《黄金为尚：历史·交流·工艺》，江苏凤凰美术出版社，2020，第55页。

[16] 陕西省考古研究所：《西安北郊战国铸铜工匠墓发掘简报》，《文物》2003年第9期。

类金箔在考古发掘结果中减少的原因主要是南北朝时期以来，大量的金箔从一般器物的装饰转向大型建筑和宗教造像的装饰，多数未做统计。在实际生活中装饰材料的金箔运用十分广泛，史载唐敬宗修建宫殿用金箔10万件[17]。北宋时期敦煌地区的佛像贴金10万件[18]。清代重庆潼南石窟大佛所用金箔更高达36.9万件[19]。由于隔垫材料乌金纸的发明与运用，金箔制作由逐件锤打变革升级为多层叠打，厚薄均匀。金箔与多材质的混合中主要通过贴金、金线、洒金与戗金工艺进行装饰。

（一）厚薄均匀、造型统一的批量金箔

据样本厚度均值的数据统计可知（见图8-4-1），该类型金箔集中出现在先秦时期，其厚薄极值在0.001至0.038毫米区间，多数集中于0.007至0.02毫米区间。该时期金箔数量多，品类较为丰富。两晋时期金箔的厚薄极值主要集中在0.002至0.005毫米区间。该时期金箔厚度大幅降低且波动相对较小。唐宋时期的厚薄极值主要集中在0.00016至0.01毫米区间。该时期金箔尽管厚度变化相对较大，但其厚度持续变薄。元明清时期有厚度数据的金箔仅有1例，厚度为0.025毫米。明代《天工开物》中记载当时金箔的厚度仅有0.00015毫米[20]，已十分接近现代标准[21]。该类型金箔厚度波动微小，总体呈现出持续变薄的发展趋势。

南北朝时期的金箔广泛装饰于大型建筑与宗教造像的表面。随着新的隔垫材料的运用与多层叠打的锤揲工艺，金箔数量开始增多，造型与尺寸也逐渐得到统一。清代《绘事琐言》中记载苏州地区制售边长为“三寸三分”与“一寸一分”见方的两种规格金箔[22]，这与现代金箔产品的常规尺寸十分接近。该类型金箔的形态与使用功能逐渐趋同，表面纹饰取决于贴附物体的固有纹理，其厚度及大小尺度差异日益缩小，表明制箔技术正向着更为合理、规范的方向快速发展。

（二）新的隔垫材料的运用与多层叠打的锤揲工艺

新的隔垫材料不仅有助于金箔均匀分散锤打力量，也便于批量制作。最早的隔垫材料可能取自某种牲畜皮，后改用植物纤维制作的纸张。何时使用牲畜皮、纸张及多层叠打，至今尚不清楚[23]。如用纸作为隔垫，应在东汉蔡伦研制

[17]〔宋〕李昉等：《太平御览》，上海古籍出版社，2008，第203页。

[18]〔清〕徐松辑《宋会要辑稿》，中华书局，1957，第7768页。

[19]徐林、廖学琼：《潼南大佛妆金史料调查与研究》，《石窟寺研究》，2020，第92—96页。

[20]王克智：《我国古代金箔生产》，《上海有色金属》1980年第4期。

[21]参见中华人民共和国轻工行业标准QB/T 1734-2008，《金箔》，第1页［注：中国国家行业标准规定金箔的厚度为每百张产品的单张平均厚度为（0.00011±0.00002）毫米］。

[22]〔清〕迮朗：《绘事琐言》卷四，清嘉庆刻本，第27—28页。

[23]卢嘉锡总主编，韩汝玢主编《中国科学技术史·矿冶卷》，科学出版社，2007，第799页。

木本韧皮纤维的皮纸之后[24]。南宋《法帖谱系》记载：“当时御府拓者，多用匮纸，盖打金银箔者也。”[25]清代《得树楼杂钞》中辑录南唐《升元帖》，也用此纸摹拓碑文[26]。这表明制箔的“匮纸”结实耐打，也被用于摹拓碑文，其颜色应为白色。明代《天工开物》首次记载了此类纸张的制法：“凡乌金纸由苏杭造成，其纸用东海巨竹膜为质。用豆油点灯，闭塞周围，只留针孔通气，熏染烟光，而成此纸。”[27]该纸纯黑油亮，专用制箔，故称为乌金纸。其韧薄质轻，填料以消除纸面凹窝，涂上油漆、烟炱以增其滑性，再加以适当的滚压，使其厚度均匀、表面平滑、经打不破[28]。因为其具有极高的耐热性、耐磨性和耐冲击性，所以是金箔实现多层叠打、批量制作的关键材料。

多层叠打是装饰材料的金箔的主要加工形式，借助乌金纸装整成叠后进行规律性的锤打，有效提升了金箔制作的质量与效率。通过对国家级非物质文化遗产江苏南京龙潭地区金箔锻制技艺的调研发现，多层叠打的锤揲工艺在既有的打箔和退火两道工序上，扩展完善为配比、化条、拍叶、制捻、落开、旦研、打开、下料、烘干、打箔、出具和切箔等12道工序（图8-4-7）。其中，多层叠打需经过“打开”与“打箔”两次锤揲，才能完成金箔的批量制作。其工艺流程是先将黄金制作成约1厘米见方的金捻，置于边长为10厘米见方的乌金纸中心，层层叠摞装为一包。“打开”是工匠按照顺时针方向，由内向外反复锤打乌金纸包，将金捻延展成直径9厘米左右的金箔。之后用竹刀轻吹挑起每一张金箔，转移至20厘米见方的大乌金纸中心，再次叠摞成包并进行退火处理。“打箔”是由两名工匠沿着同样的方向与路径，反复交替锤打乌金纸包，最终制作成直径16厘米左右、厚0.00012毫米的金箔。现代学者对我国南京[29]、福州与泉州[30]等地区的传统制箔工艺调查发现，采用乌金纸一次至少可制成1792至2048张金箔。制箔工艺日渐流程化与合理化，高质高效的加工能力，使金箔得到更为广泛的普及与应用。

南京龙潭地区的传统制箔工艺相传是由东晋时期的炼丹家和医药学家葛洪所创制。葛洪受道教养生思想的影响，主张“假求外物以自坚固”，其著作《抱朴子》记载了多种以黄金为原料的炼丹术，期望饵服金丹而“令人不老不死”。南

[24] 卢嘉锡总主编，潘吉星著《中国科学技术史·造纸与印刷卷》，科学出版社，1998，第86页。
[25]〔宋〕曹士冕：《法帖谱系》，商务印书馆，1939，第2页。
[26]〔清〕查慎行：《查慎行集》第二册，张玉亮、辜艳红点校，浙江古籍出版社，2018，第151页。
[27]〔明〕宋应星：《天工开物》，钟广言注释，广东人民出版社，1976，第340页。
[28] 陈允敦、李国清：《传统薄金工艺及其中外交流》，《自然科学史研究》1986年第3期。
[29] 王克智：《我国古代金箔生产》，《上海有色金属》1980年第4期；廉海萍：《传统金箔制作工艺调查研究》，《文物保护与考古科学》，2002年第S1期。
[30] 陈允敦、李国清：《传统薄金工艺及其中外交流》，《自然科学史研究》1986年第3期。

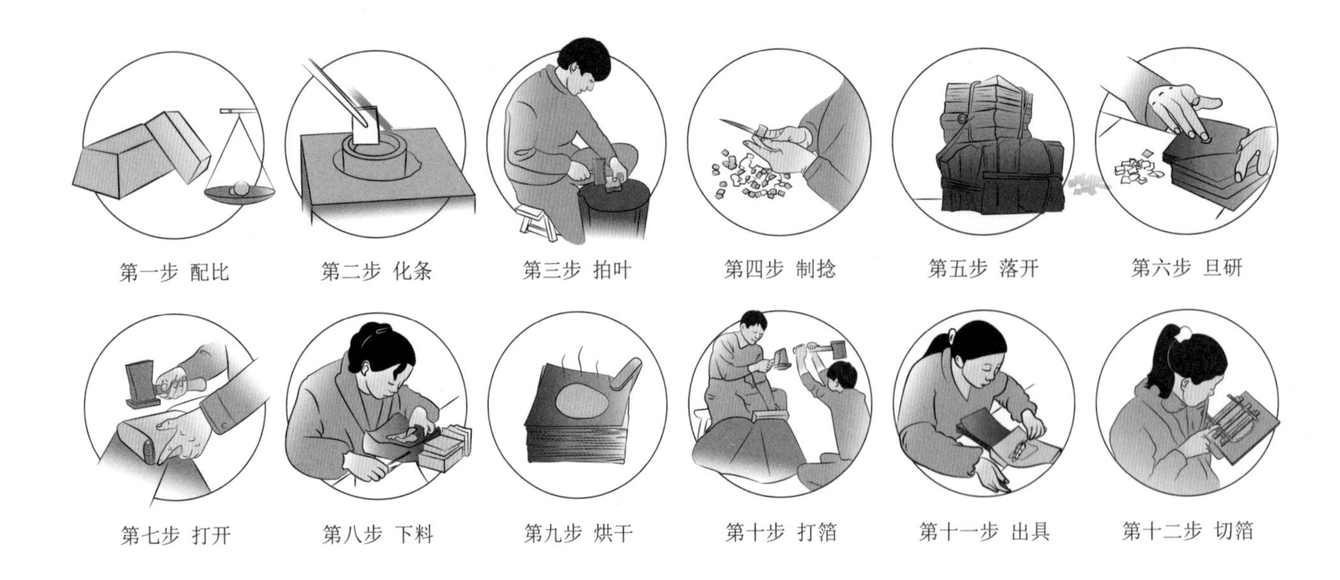

图 8-4-7 南京龙潭地区传统金箔制作工序图

北朝时期的道教炼丹术，已能“铁质锻金成薄如绢”[31]。为佛像塑金身的风气长盛不衰，这导致用金量的大幅上升，也促使工匠寻求更为节俭的用金方式和更为快捷的制箔技术[32]。南京龙潭地区所产的青石、竹子及句曲山的黄金，应是该处金箔发展的客观有利条件。古代工匠在制作工具与锤揲工艺上进行革新，催生了更为合理、高效的制箔技术。

第一步，配比。加工金箔的原料主要是黄金，辅料为银与铜。从金库中取出原料黄金，根据产品品种的特殊要求，加入定量比例的银、铜元素进行配比，符合成品规定的含金量值和色泽倾向。

第二步，化条。俗称“倒条”，是将配比好的金料，放入1100℃的熔金炉内煅烧，用搅棒搅拌，使配比的银、铜元素得以充分均匀的熔合。后加入硼砂析出渣滓，再将金水倒入铁槽冷却形成金条。

第三步，拍叶。俗称“撩剪”，用拍叶锤将冷却处理好的金条锤打延展成薄金叶，后用剪刀修剪为5厘米见方，并以每120张为一组（作）。

第四步，制捻。将金叶四次对折，用薄竹刀裁为约1厘米见方的小金片（图8-4-8），俗称“金捻子”。每个金捻子都将锤打为一张金箔，其尺寸取决于金箔延展与黄金损耗之间的平衡。

第五步，落开。俗称“落金开子”，是准备锤打金箔所需的隔垫材料乌金纸，边长一般为10厘米见方。乌金纸是制箔过程中最为关键的核心原料，其质量直接决定了金箔产品的最终质量。所有金捻子都要夹在层层乌金纸中，整理成叠，外面包牛皮纸。每开子中的金捻子都需要经过约三万次的锤打才能制成金箔。

[31] 佚名：《抱朴子神仙金汋经》卷上，载《道藏》第十九卷，文物出版社、上海书店、天津古籍出版社，1988，第204页。
[32] 郭文钠：《金箔再定义及其技术脉络概述》，《佛山科学技术学院学报（社会科学版）》2014年第6期。

第六步，旦研。用手指将制好的金捻子粘放在每层乌金纸的中心，通常以1792至2048层为一组（作）。每作的层数是长期打箔实践获得的经验数据，在此层数下金箔的成品率相对较高。

第七步，打开。俗称"打金开子"，工匠一手挥锤一手旋转包有金捻子的乌金纸包，按照由内向外的"撇心、内角头、外角头、十字头、八字头"等五个落锤点进行移动锤打，使本已很薄的金捻子打得更开更薄。沿着5个落锤点的击打顺序，形成一条锻打轨迹图，如此往复数次，便完成了金开子的制作（图8-4-9）。

第八步，下料。经过打开，边长1厘米的金捻，延展为9厘米左右的金箔，厚度也薄至0.001毫米。之后由工人用竹刀轻吹挑起，转移至20厘米见方的大乌金纸的正中心，留待后续处理。

第九步，烘干。俗称"炕炕"，一作金开子装整成叠后，送至80℃左右的炉内加热一个半小时左右。目的是细化其晶质颗粒，消除组织缺陷，降低金箔残余的内应力，同时防止打好的金开子不受潮，有效预防金箔在最后的锤打过程中，粘连在乌金纸上影响金属延展。

图8-4-8　金捻子幅面尺度制作示意图

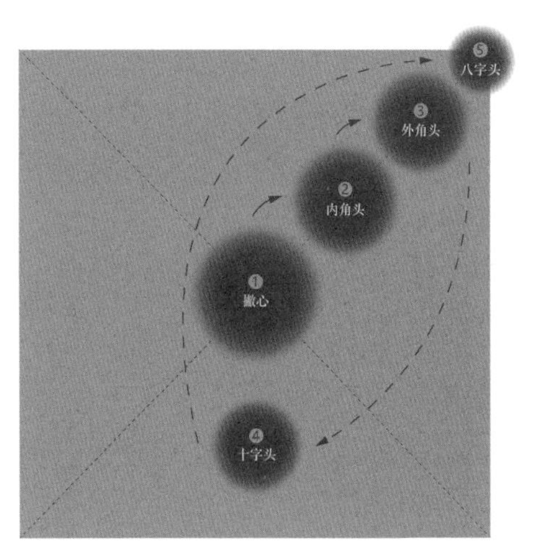

图8-4-9　打金开子落锤点轨迹示意图

第十步，打箔。俗称“打了细”，意为完成。此道工序最为费力也最具技术含量。具体做法是将金箔纸包置于青石碾，上下对坐主锤、副锤两名工匠，分别手持重约3.75千克（七斤半）和2千克（四斤）的宽面铁锤交替击打，增加受力面积，减少压强。石碾呈正三角形，圆润的顶端作为打箔的作业面，有利于金箔的集中受力。两人沿着撇心、二路与边缘捶“三路”顺序，对纸包的正反面轮番锤打各七次（图8-4-10）。这样才能确保张张金箔得到充分延展，保持受力均匀。这种规律性的锤打，锤面、箔面与石面之间的整合度越高，则金箔的质量与效率就越高。

第十一步，出具。也称“出起”，经过锤揲，金箔制作为直径16厘米左右、厚度0.00012微米的成品。此工序要求操作空间密不透风，切箔工用口风将金箔轻轻吹起，再用近18厘米长的鹅毛挑放至特制的包装纸内。鹅毛选用家养老鹅左翅的第三根、第四根，因其有足够长度且不产生静电。出具对工匠的要求是“口要闭、手要快、气要平”，达到口风成线的本领。

第十二步，切箔。切箔工手持绷着猫皮的木质方板和特制竹刀，将金箔挑至方板之上，横竖修剪成正方形。最后将其移至专用的存纸内，整装成叠便完成了整个制箔的过程。猫皮表面组织结构平整细腻，有细微气孔，不带静电，经芒硝等硫酸盐矿物鞣制后皮质柔软，不易对金箔产生物理损伤或粘连致损。切箔竹刀由竹木架构而成，可增减刀片及调整刀头位置，便于切成各类规格的金箔。刀口取材自福建武夷山的刀竹，其组织致密，刀口锋利。切箔时可快速下刀，提高切箔效率。

金箔在被锤打的过程中箔片尺寸会延展变化（图8-4-11），经过拍叶裁切边长为1厘米的金捻子，再经历两次锻打成为直径近9厘米与18厘米的金箔，其

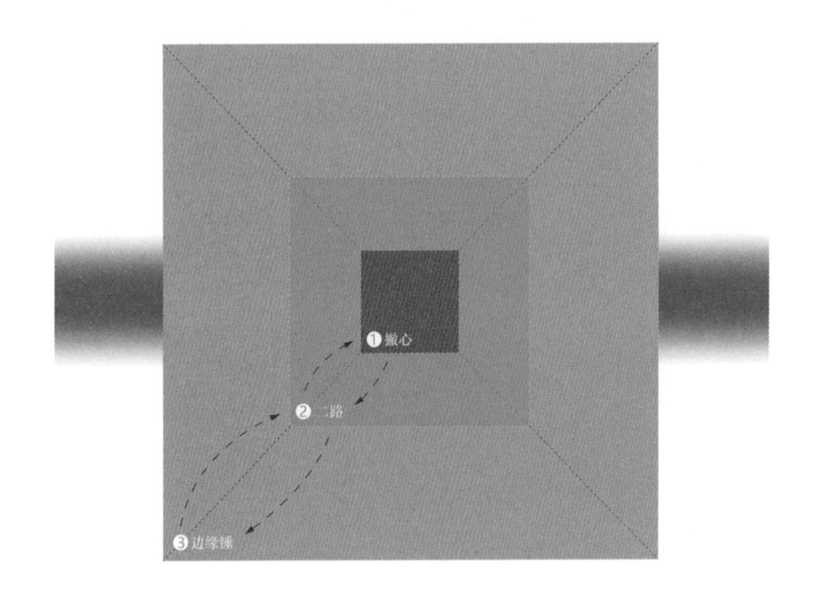

图8-4-10 打箔“三路七打”顺序示意图

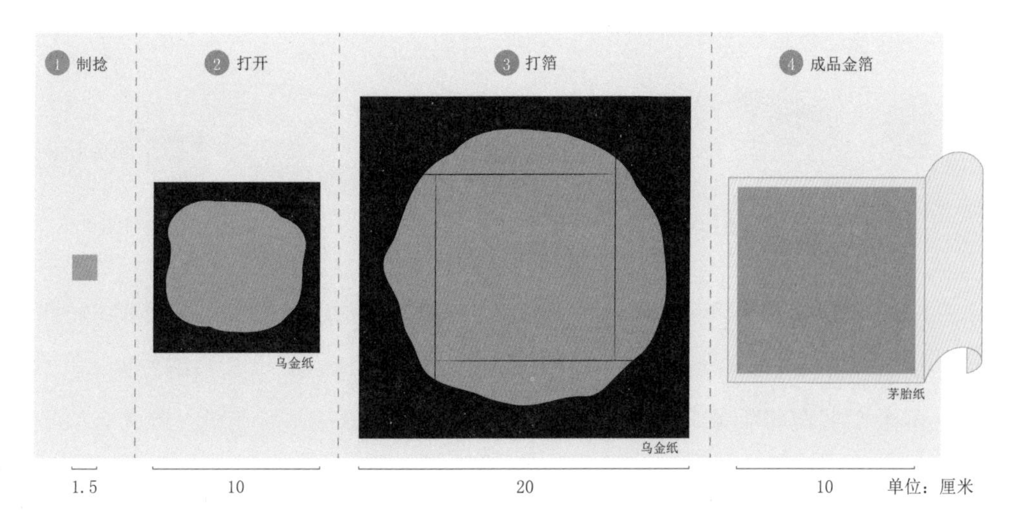

图 8-4-11　金箔锤打过程中箔片尺寸延展变化图

延展了将近18倍。其尺寸变化有赖于黄金极佳的延展性能，通过人力锤击锻打，并辅以特殊加工的乌金纸与特制的石碾，使金箔充分受力，充分延展。在薄的基础上，更开、更轻、更柔，故而被清代迮朗称为“飞金”。相关的制箔工具，也因此呈现出“重、耐、轻”的适用特征。“重”是指锻打的铁锤，以铁为原料，以2至4千克为重量，通过人力的不断击打，使得金箔逐步变薄。“耐”是指锻打过程中起到衬托作用的砧子、乌金纸及石碾，尤其是乌金纸的造纸与熏制，使其具有超高的耐冲击性。“轻”是指锻打结束后，提取裁切金箔的竹刀、猫皮木板、鹅毛等工具，均具有致密、轻盈、不带静电的特征，为金箔的最后成品提供了不可或缺的帮助。

由上可知，“薄、匀、多”成为传统制箔技术演进的总体特征，也是衡量制箔技艺高低的标准。在传统社会的生产条件下，制箔工艺日渐流程化与合理化，其制作方式由逐片锤打发展成为多层叠打，并形成一套较为科学、合理的制箔工具，高质、高效的加工能力，使金箔得到广泛普及与应用。

（三）多材质混合使用的贴金、金线、洒金与戗金工艺

作为装饰材料的金箔，材料化特征明显，应用场景更为普遍，使用范围更大，特别是在大型建筑与宗教造像中使用最多，同时，在服饰织造和文房用纸等领域也有较多的应用。这些新变化催生出更为精细的装饰工艺（图8-4-12）。

贴金工艺是借助金箔自身的吸附力或胶结材料，将金箔整体或局部贴附在异质物体表面的加工方式。此工艺流行于春秋晚期楚国的棺饰、车马饰件及甲片的表面。南北朝时期随着佛教的兴盛，金箔在寺庙建筑和佛像中得到规模化的应用并延续至今。

金线工艺是将金箔贴在纸等介质上，裁条搓捻或粘贴于异质芯线的外表，包括捻金与片金两种工艺。新疆尉犁县营盘东汉中晚期15号墓出土的织金罽和织

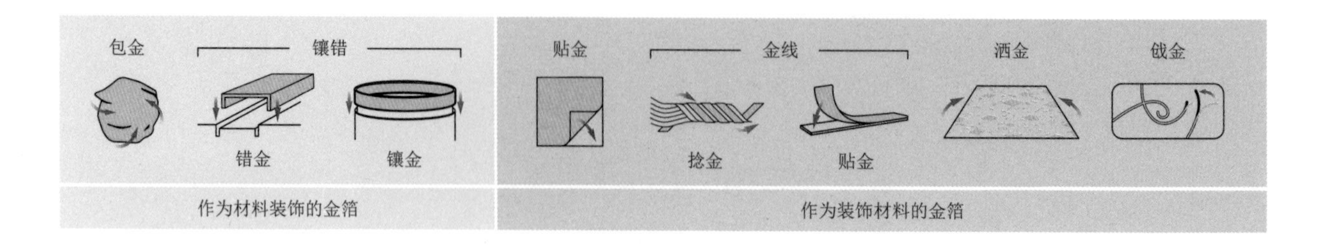

图 8-4-12 多材质混合使用的金箔装饰工艺分类图

金锦[33]，是现知国内考古发现较早的应用金线工艺的制品。在唐宋时期，纺织用金线已经开始专门化生产，且在元代及后世得到迅速且更大规模的发展[34]。

洒金工艺是将金箔碎片自然抛洒到异质物体表面的加工方式。此工艺兴于北宋盛于明清，多用于书画用纸、扇面及铜香炉等文房用品。浙江安吉明代中期吴麟夫妇墓出土的洒金折扇[35]，是现知国内考古发现最早的洒金器物。

戗金工艺是将金箔隐嵌于漆器表面线槽的加工方式。该工艺兴于三国而盛于宋元时期，安徽马鞍山东吴朱然墓出土的戗金漆盒盖[36]，是现知国内考古发现较早的戗金器物。

结语

我国古代工匠对黄金物性认知逐步加深，并充分利用锻造技术将黄金延展成箔，促进了中国传统制箔技术的发展。金箔凭借其奢华贵重与易于制用等优势成为较理想的装饰材料，并发展成为权势、地位和富贵的象征物。其地域分布随着历代政权所在地发展而发展，总体呈现出“散点—集聚—弥散”的分布规律。金箔角色转变历经了两次重要的转折点，前者率先在春秋晚期的楚国实现了由“材料装饰”到“装饰材料”的过渡，后者在南北朝时期逐渐确立了以“装饰材料”为主的发展。春秋晚期楚国黄金加工技术与南北朝时期佛像贴金技术推动了上述变化，这也是制箔技术变迁、工具革新与装饰工艺等技术因素之间互为驱动的发展结果。

从技术变迁、工具革新与装饰工艺等方面对两类金箔进行比较分析可知，新的隔垫材料乌金纸的出现，制箔技术由逐件锤打变革升级为多层叠打，加工形式相应由单件制作提升为批量制作，这些显著的进步为金箔的装饰应用提供了更为广阔的发展空间。其装饰工艺在与多材质混合使用中，两类金箔由包金、

[33] 胡霄睿、于伟东：《从金丝的起源到纺织用金线的专门化》，《纺织学报》2017 年第 11 期。

[34] 同上。

[35] 周意群：《安吉明代吴麟夫妇墓》，《东方博物》2014 年第 2 期。

[36] 安徽省文物考古研究所、马鞍山市文化局：《安徽马鞍山东吴朱然墓发掘简报》，《文物》1986 年第 3 期。

镶错拓展出更为精细的贴金、金线、洒金与戗金等工艺，装饰载体由平面到立体，装饰应用范围由单一到多元。金箔的制作有效地提高了黄金加工的生产效率、降低了黄金资源的损耗，用少量黄金贴附器物即可获得富丽堂皇的外观装饰。金箔制作技术的成熟，一方面凸显了锤揲工艺的金属加工优势，对银、锡、铜、铁等较低等级金属材料的加工带来了新的启示，促进了银箔、锡箔、铜片及铁片的发展；另一方面金箔的批量制作，使其生产与消费成本大为降低，物美价廉的装饰材料逐渐从贵族阶层走向百姓的日常生活。

在技术、工具与装饰互为驱动的演进中，制箔技术向系统化、合理化与批量化的方向发展，装饰技术向精细化与多元化的方向演进。金箔角色的转变不仅提升了中国古代黄金加工技术，也满足了不断增长的精神文化需求，最终实现了物质与精神的双重发展。

第五节　步动则摇的头饰

“步摇”一词，始见于战国晚期楚国《讽赋》中：“主人之女，翳承日之华，披翠云之裘，更披白縠之单衫，垂珠步摇。”[1]《周礼》中记载“掌王后之首服，为副、编、次”[2]。东汉经学家郑玄认为“副，首饰也，今之步摇是也。”[3]结合考古发现可知，步摇是佩戴于头髻上移步而摇晃的头饰统称，其兴于东汉而盛于南北朝时期。依据步摇的出土分布与形制可将其分为中原与南方女子佩戴的“步摇花”与北方男子佩戴的“步摇冠”两大类。

步摇花是源于对异域摇叶的一种移植，实则是中国古代簪钗发展过程中的特异现象。中国现知较早的步摇花出土于甘肃武威韩佐红花村东汉墓，其形制是由金花、摇叶组合形成花树饰物并附加在簪钗上。其流行于南北朝时期，至唐代以后回归于原本簪钗样式的发展线索，宋元明清时期的簪钗在此基础上发展出多种形制。外来步摇花在汉代纳入典服制度，成为女性高等级身份的象征，唐代以后渐与本土簪钗融合，其使用范围逐渐由宫廷走向民间，成为大众女性的日常佩饰之一。

步摇冠来自异域，目前国外考古发现较早的是出土于俄罗斯新切尔卡斯克市公元1世纪的萨尔玛提亚王陵，后东传至中国北方及朝鲜半岛与日本列岛，主要流行于东汉至南北朝时期燕代地区的鲜卑民族之中。目前中国境内出土较早的实物是内蒙古通辽科尔沁左翼中旗东汉早中期鲜卑墓葬的凤鸟形步摇金冠饰。三国两晋南北朝遗存中多为构件，其主体样式与摇叶造型在不同地域存在一定的差异。由国内外出土步摇冠饰可知，其形制一般由冠顶步摇、十字形框架、环形带状基座与花树装饰四部分构成。中国步摇冠随着鲜卑民族的兴衰而兴衰，唐代以后基本消失。步摇在历代的演变与发展中逐渐形成多种形制与装饰效果，无论是招展的步摇花还是庄重的步摇冠，其特有的摇颤特征被中国首饰积极吸收并加以创新发展。

[1]〔战国〕屈原、〔战国〕宋玉：《屈原宋玉辞赋译注》，袁梅译注，黄山书社，2017，第472页。
[2] 钱玄、钱兴奇、王华宝、谢秉洪注译《周礼》，岳麓书社，2001，第74页。
[3]〔汉〕郑玄注、〔唐〕孔颖达正义《礼记正义》，吕友仁整理，上海古籍出版社，2008，第1264—1265页。

一、步摇花与步摇冠的分布与分类

根据考古发掘报告及其他著录资料的整理，本节系统地收集了中国境内考古出土及传世的相关步摇实物，其中考古出土的历代步摇主要集中于我国中、东部地区，在新疆、西藏、云南、重庆、广西、广东与福建等地区暂未发现。根据步摇的形制特征可分为“步摇花”与“步摇冠”两类，其中步摇冠主要集中分布在辽宁、内蒙古等地区，步摇花主要分布于河南、安徽、江苏等地区。

步摇花与步摇冠主要出土于甘肃武威与内蒙古通辽等农牧过渡地区东汉时期的遗址中，同时期的器物在中原及南方地区尚未发现，这种分布显示其具有一定的外来传入的可能。三国两晋南北朝时期江苏南京与辽宁朝阳分别为步摇花与步摇冠的主要分布地区，二者均为当时的都城，反映出步摇具有高等级的社会特征。唐代以后步摇花渐与本土簪钗相融合，随着政权迁移呈现出由北向南散点分布的特征，其实物在陕西、河南、浙江、江西、湖南等地区均有发现。宋代以后具备步摇花特征的簪钗显示出更多的本土化与大众化特征，进一步发展成为花树簪钗、垂珠簪钗与缀饰簪钗三种形制，由此形成差异化的发展趋势。花树簪钗主要流行于宋元明时期，分布于湖南、浙江及江苏等地区，如湖南临湘陆城南宋墓出土的花树金簪[4]（图8-5-1）；垂珠簪钗主要流行于元明清时期，分布于湖南与北京等地区，如北京昌平明代定陵孝端皇后陪葬墓出土的镶珠宝垂珠金银簪（图8-5-2）；缀饰簪钗主要流行于宋元明清时期，其分布范围较为广泛，包括北京、河北、陕西、四川、湖北、安徽、江西与浙江等地区，如江西德安南宋周氏墓出土的缀饰香囊金钗（图8-5-3）[5]。步摇冠主要流行于东汉至南北朝时期，主要分布在鲜卑民族聚居的地区，后来随着北魏、北燕的建立而流行于部分中原地区，至唐代日渐衰弱，唐代以后便基本消失。

图8-5-1（左） 花树金簪 南宋[6]

图8-5-2（中） 镶珠宝垂珠金银簪 明[7]

图8-5-3（右） 缀饰香囊金钗 南宋[8]

[4] 湖南省博物馆：《湖南临湘陆城宋元墓清理简报》，《考古》1988年第1期。

[5] 江西省文物考古研究所、德安县博物馆：《江西德安南宋周氏墓清理简报》，《文物》1990年第9期。

[6] 扬之水：《中国古代金银首饰》，故宫出版社，2014，第193页。

[7] 金维诺总主编，齐东方卷主编《中国美术全集·金银器玻璃器》卷二，黄山书社，2010，第339页。

[8] 王宣艳主编，浙江博物馆编《中兴纪胜：南宋风物观止》，中国书店出版社，2015，第173页。

二、异域摇叶移植而来的步摇花

（一）汉晋时期金花摇叶构成的步摇花

依据东汉刘熙《释名》“释首饰”条中记述“步摇，上有垂珠，步则摇也”[9]的记载，可以判定湖南长沙马王堆1号汉墓出土帛画辛追夫人的头部佩戴一树枝状发饰，上串白色珠饰垂于额前[10]，其特征与步摇花高度相似（图8-5-4）。东晋顾恺之《女史箴图》《列女仁智图》中所描绘的贵妇头部有两个弯曲花树组成的头饰，枝上似有摇叶（图8-5-5、图8-5-6），其形制与后世步摇花多有相似之处，由此可以推知应是步摇的早期样式。

目前我国考古出土的步摇花实物最早可以上溯到东汉时期，其中甘肃武威韩佐红花村出土的东汉步摇花由四枚披垂的花叶碰触一簇八分弯曲的细枝，中间耸出一茎，顶端一只小鸟，鸟嘴衔一枚下坠圆形金叶的小环。四朵花叶下边也分别用纤细的小圆环缀着金叶（图8-5-7）。同类步摇花也在甘肃张掖高台地魏晋墓葬中出土，其形制是五枚叶片合抱的一束，五根花茎从中心婉转探出，穿起金箔制成的花朵，然后在花心里绕做环状，此环应当是用于悬缀摇叶（图8-5-8）。尽管两件步摇花茎管下的部件均不完整，但不难发现其早期基本构造是在簪钗上附加花树饰物与金花和摇叶组合形成的步摇花。

图8-5-4（左）　马王堆1号汉墓帛画中的辛追夫人

图8-5-5（中）　东晋顾恺之《女史箴图》中的女性形象

图8-5-6（右）　东晋顾恺之《列女仁智图》中的女性形象[11]

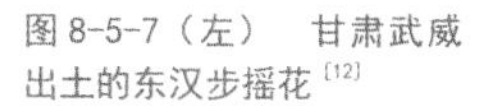

图8-5-7（左）　甘肃武威出土的东汉步摇花[12]

图8-5-8（右）　甘肃张掖出土的魏晋时期步摇花[13]

[9] 王国珍：《〈释名〉语源疏证》，上海辞书出版社，2009，第167页。

[10] 湖南省博物馆、中国科学院考古研究所编《长沙马王堆一号汉墓》，文物出版社，1973，第39—41页。

[11] 故宫博物院，https://minghuaji.dpm.org.cn/paint/appreciate？ id=lu1jr0lz36jyf9g53rftxm2mabhu0u85，访问日期：2023年5月14日。

[12] 成都金沙遗址博物馆、成都文物考古研究院编《金色记忆：中国出土14世纪前金器特展》，四川人民出版社，2019，第134页。

[13] 扬之水：《中国古代金银首饰》，故宫出版社，2014，第35页。

图8-5-9　山西大同北魏司马金龙墓漆画彩绘人物屏风中的步摇花佩戴方式示意图

（二）南北朝步摇花发展的黄金时期

南北朝时期步摇花的样式与东汉至魏晋时期相比有较大的变化，主要表现在花枝数量逐渐增多，共同搭配形成一组较为完整、丰富的步摇头饰。这种成组佩戴的步摇花可以从山西大同北魏司马金龙墓出土的漆画彩绘人物屏风中得到印证，画中共有九位女子头戴多枝缀系花瓣与摇叶的步摇花，整体呈扇状分布（图8-5-9），应当是一种较为流行的样式。同时期南朝梁刘遵在《相逢狭路间》中描述“所恐惟风入，疑伤步摇花”，侧面反映出丰富的细节装饰，随风摇曳而极易损伤的特质。

目前中国境内考古出土南北朝时期的步摇花实物通常为形制不一的部件，其遗存主要集中在中原和南方地区。部件主要包括花瓣、花钿、摇叶及长短粗细不等的细丝，其中绝大多数为金质，极少为银质。步摇花瓣均为漫圆连弧构成的葵花形，直径为1.2至2厘米，中心有穿孔，根据其瓣数多少，可分为六瓣花与八瓣花两种。其中六瓣花出土数量较多。六瓣花多为金质，中心孔径相对较小，部分表面四周錾刻有点状纹饰，或用细金丝掐成叶瓣形，内部满填小金珠，典型如江苏南京郭家山东晋墓M1出土的24件梅花形金饰片（图8-5-10）。八瓣花目前仅见一例，为湖北鄂城三国吴墓M1002出土的一件银花，直径为1.3厘米，中心孔径较大，表面光素无纹[14]。步摇花钿是在金银花瓣表面镶嵌宝石而形成的花形饰品，《全梁文》中所描述“金钿设翠，步摇藏花”是指花钿在步摇中的运用。该时期的花钿目前仅见于江苏南京仙鹤观东晋墓出土的九件六瓣金花，每瓣表面原来都镶嵌有绿松石或红色玉石小粒[15]。摇叶多为上尖下圆的桃形金叶，长度为1至2.1厘米，宽度为1至1.6厘米，尖端处有穿孔，为步摇缀系数量最多的部件。其形态单薄细小，多数表面没有装饰，部分摇叶表面压印花纹、文字或四周錾花纹样。如前述郭家山东晋墓M1出土的52件桃形金饰片（图8-5-11），及湖北鄂城三国吴墓M2137出土的一件压印有“吉宜子”三字的桃形金摇叶[16]，两侧和周围錾刻以细密的联珠纹。

[14] 南京大学历史系考古专业、湖北省文物考古研究所、鄂州市博物馆编著《鄂城六朝墓》，科学出版社，2007，第256页。
[15] 南京市博物馆：《江苏南京仙鹤观东晋墓》，《文物》2001年第3期。
[16] 南京大学历史系考古专业、湖北省文物考古研究所、鄂州市博物馆编著《鄂城六朝墓》，科学出版社，2007，第256—257页，彩版14。

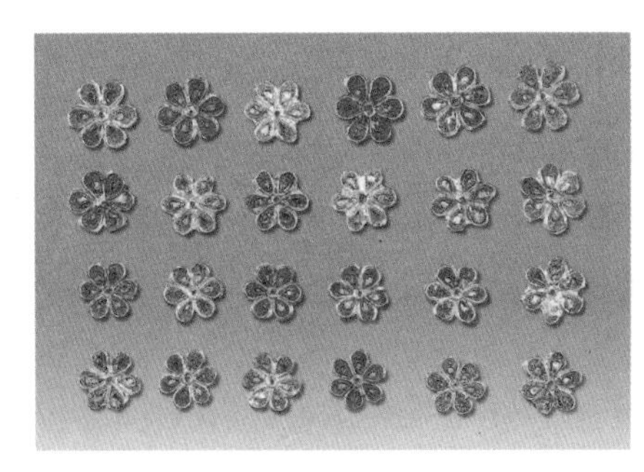

图 8-5-10（左）　江苏南京郭家山东晋墓出土的梅花形金饰片

图 8-5-11（右）　江苏南京郭家山东晋墓出土的桃形金饰片[17]

（三）隋唐时期由盛转衰的步摇花

隋唐时期是步摇花由盛转衰的过渡期，其形制愈加繁复，并与花钗、花钿进行组合，成为典服制度中最高等级的首饰之一，晚唐时期逐渐融入簪钗并走向民间。目前我国考古发现的典型的一件隋唐时期的步摇花出自陕西西安隋代李静训墓，其形制精巧、富丽奢华，不仅是该时期步摇花的典型实例，也可视作该类型步摇的终曲（图 8-5-12）。步摇花由金银制成，整体呈椭圆形的花丛状，花叶为六瓣形和三角形，花茎从花心穿入，下有三叉形插。用作钗托的金片以联珠纹勾边，边框内錾刻花叶，中间焊一个扁管，钗脚三枝相连，上方挺出一股插入扁管，不过均已残断。花丛中有两个含苞待放的蓓蕾，分别内嵌宝石、玉石一枚，其余花蕊中均嵌有珍珠，另有五条飘带点缀其间。花丛之上由一根银丝挑出一只采花蝶，蝶身同样缀饰珍珠[18]。

唐代步摇花则多出现于诗词歌赋中，“步摇”的名称一般特指簪钗附带的垂饰，从中也可以看出其发展回归至原本簪钗的历史脉络中。如唐代《宫中乐五首》“翠匣开寒镜，珠钗挂步摇”[19]、《比红儿诗》“妆成浑欲认前朝，金凤双钗逐步摇”[20] 等诗句，都反映出该时期步摇花与簪钗融合发展的过渡特征。缀饰各

图 8-5-12　隋代李静训墓出土的金银步摇花[21]

[17] 南京市博物馆：《六朝风采》，文物出版社，2004，第182—183页。
[18] 唐金裕：《西安西郊隋李静训墓发掘简报》，《考古》1959年第9期。
[19] 黄勇主编《唐诗宋词全集》，北京燕山出版社，2007，第1168页。
[20]〔清〕彭定求等编《全唐诗》，延边人民出版社，2004，第4137页。
[21] 中国国家博物馆，https://www.chnmuseum.cn/zp/zpml/kgdjp/202104/t20210419_249889.shtml，访问日期：2023年5月14日。

种形态装饰物的步摇花，为本土簪钗首饰的进一步发展带来了新的活力。

（四）宋元明清时期融入步摇花的簪钗

宋元明清时期，随着锤揲、焊接、镶嵌、花丝与累丝等细金加工技术均得到充分发展，结合点翠、珐琅等装饰技术，步摇花与簪钗结合，形成了精巧秀丽、形制多样的首饰。融入步摇花的簪钗逐渐增多，根据步摇花的不同形态，可分为花树簪钗、垂珠簪钗与缀饰簪钗三种形制，三者均保留有步动则摇的特征。其中花树与垂珠多饰于簪首，缀饰则多饰于钗首。花树簪钗延续使用花朵、枝叶进行装饰，其余二者则转变扩展为动物、瓜果、珠串或香囊等形态的垂缀饰物。相较于步摇花而言，融入步摇花的簪钗，其佩戴形态也逐步由向上绽放的花束状转变为向下垂饰的流苏状。

1. 形制简化、装饰丰富的花树簪钗

花树簪钗多附加在簪首，其造型通过植物与动物等元素进行表现，以细丝将步摇饰件垂直缠绕在簪首，形似一束盛开的花朵。该类簪钗的材质多以金、银为主，部分花蕊中镶嵌有珠宝玉石。花树簪钗的整体形制逐渐变小，花枝数量逐步减少，但花树形态由较为单一的四叶花、水仙花逐步扩展为多种不同类型的花卉集合，花丛中也相应出现如蝴蝶、蜻蜓、鸟、松鼠等昆虫或动物元素（图8-5-13）。花树簪钗是保留较多步摇花特征的首饰，其形制尽管日渐简化，但装饰题材日渐丰富。繁盛多样的花卉植物装饰与各类昆虫、动物装饰融为一体，形成一幅幅生动的生活场景，装点了女性的发髻，提升了其妆容形象。

2. 不同材质与形式的垂珠簪钗

垂珠簪钗多附加在簪首，其下连缀有不同材质与形式的垂珠。该类簪钗的材质多以金、银为主，表面纹饰錾刻细密，金花与各类珠玉宝石则通过细丝穿缀连接。簪首与垂珠的造型有着较为明显的对应关系，簪首主要分为凤鸟形和花

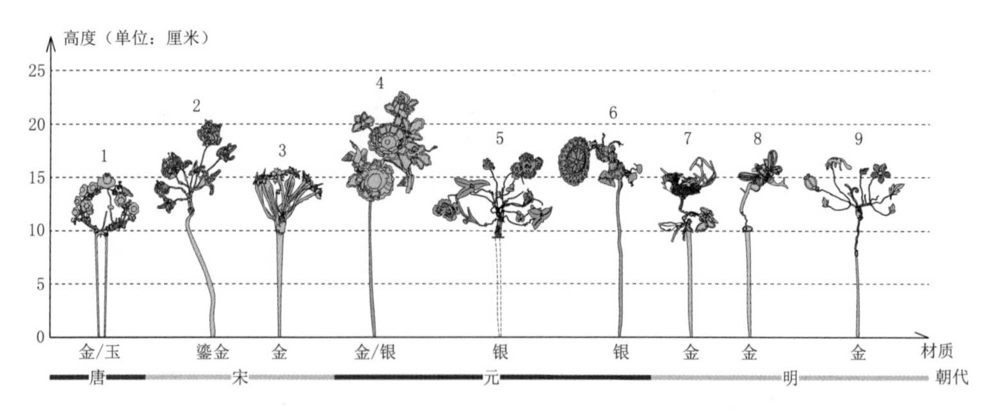

1. 陕西西安唐李倕墓花环金饰件；2. 安徽南陵宋代银步摇；3. 湖南临湘宋代金簪；4. 湖南株洲元代金花鸟银脚步摇；5. 湖南益阳元代银步摇（簪首）；6. 湖南石门元代银步摇；7. 浙江临海明代王士琦墓金累丝蝴蝶凤凰步摇；8. 浙江临海明代王士琦墓金累丝镶珠蜻蜓步摇；9. 江苏南京明代石榴松鼠金步摇

图 8-5-13　花树簪钗尺度分析图

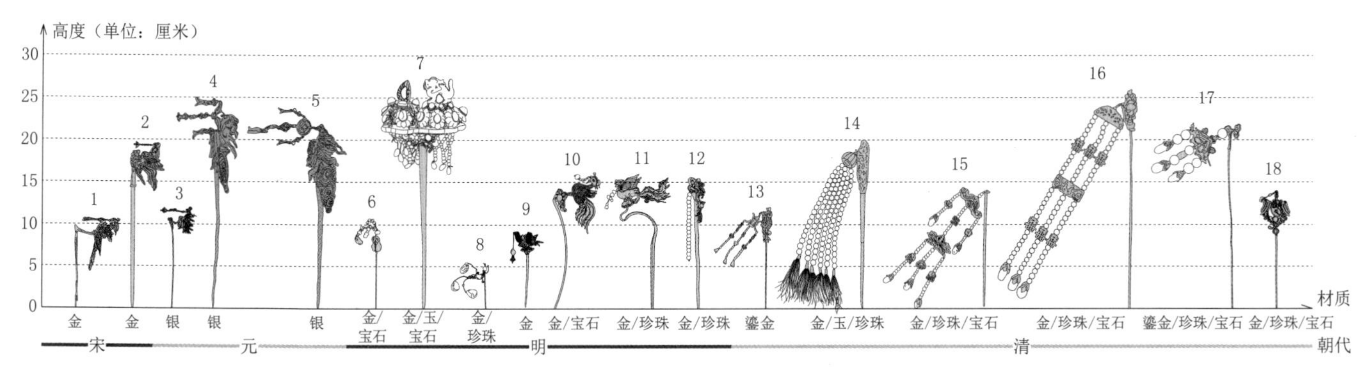

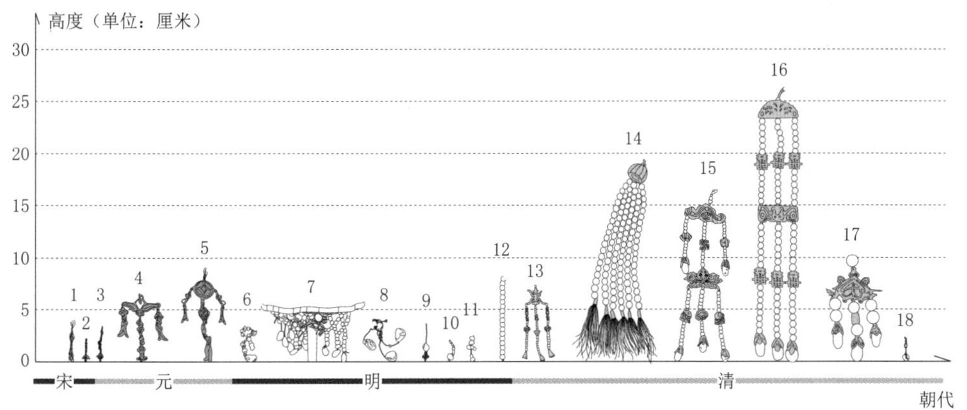

图 8-5-14　垂珠簪钗整体尺度分析图（上）、垂珠尺度分析图（下）

1. 香港承训堂藏宋代凤衔珠金钗；2. 香港承训堂藏宋代凤展翅金簪；3. 湖南株洲元代衔挑牌银凤簪；4. 湖南石门元代衔挑牌银凤簪；5. 湖南石门元代衔挑牌银凤簪；6. 北京明代定陵镶珠宝系串饰金簪；7. 北京明代定陵镶珠宝金簪；8. 北京明代定陵镶珠宝金簪；9. 北京明代定陵镶宝金簪；10. 北京海淀明代累丝嵌宝衔珠金凤簪；11. 江西南城明代益宣王夫妇墓衔珠金凤步摇簪；12. 香港承训堂藏明代龙衔珠金步摇簪；13. 私人收藏清代掐丝珐琅鎏金银步摇；14. 台北故宫博物院藏清代珊瑚珠玉步摇；15. 台北故宫博物院藏清代点翠嵌珠宝凤首鎏金银步摇；16. 故宫博物院藏清代点翠穿珠流苏鎏金银步摇；17. 故宫博物院藏清代吉庆纹流苏鎏金银步摇；18. 清代金点翠凤纹金簪

卉形两种形制，垂珠饰物对应为长短不一的花结和珠串。宋元明时期多为体形较大的凤鸟形簪首，其喙下有较短的连环金丝与金花构成的珠结，其数量有单串与多串，共同形成凤鸟衔花的纹饰题材。明代晚期流行花卉形垂珠簪，至清代垂缀珠串的数量明显增多、长度增长，珠串材质相应由单一的黄金进一步拓展为玉石、石榴石、红宝石、珍珠、珊瑚、琉璃等，其数量有单串、多串及网状，组合形成连珠缀饰的艺术效果（图 8-5-14）。

两类垂珠簪钗的交替流行与具体的时代风尚息息相关。宋元时期吉祥的凤鸟尚未演变成为皇权的象征物，因此世人多有取用，制作为形态复杂的凤鸟，下缀以材质与形态均较为单一的花结。明清时期凤鸟形垂珠簪钗则迅速减少，取而代之的是更为常见的花卉形垂珠簪钗。其首部较为简单，而垂饰的材质与形态则大为丰富。

3. 注重装饰与功能的缀饰簪钗

缀饰簪钗在唐宋时期多附加在钗首，明清时期也常出现在簪首，其下垂缀有不同材质与形式的饰物。该类簪钗的材质以金为主，以银、水晶、珠宝为辅。

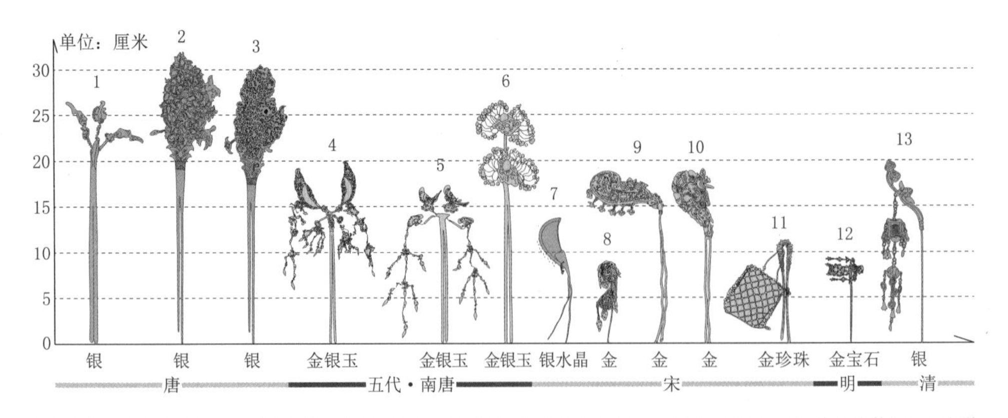

1. 河北定州唐代银步摇；2. 浙江长兴晚唐镂空缠枝三凤石榴纹银花钗；3. 浙江长兴晚唐镂空三凤石榴纹银花钗；4. 安徽合肥南唐蝶翼形金镶玉钗；5. 安徽合肥南唐双蝶钗；6. 安徽合肥南唐四蝶银钗；7. 江西永新宋代银镶水晶步摇；8. 湖北蕲春凤衔瓜果金簪；9. 四川阆中宋代扇形金钗；10. 湖北蕲春南宋龙凤瓜果金步摇；11. 江西德安南宋周氏墓金步摇；12. 西安曲江艺术博物馆藏明代累丝镶宝花篮金簪；13. 私人收藏清代银如意莲蓬坠香囊步摇

图 8-5-15　缀饰簪钗图尺度分析图

簪钗首与垂缀饰物均有多种类型，二者形成丰富多样的造型，但无明显的对应关系。根据簪钗首的形制主要分为蝶翼形、扇形、凤鸟形和牡丹形四种，垂缀饰物主要有蝶鱼、链串和块状香囊等，部分有细丝连接或镶嵌金片珠玉，其垂缀方式有单体式、对称式与连缀式三种类型。该类簪钗的尺寸随着时代的发展逐渐变小，而其垂缀饰物的数量与装饰题材愈加丰富（图8-5-15）。

唐宋时期缀饰簪钗的钗首大而缀饰小，缀饰仅作为钗首的点缀之物，如浙江长兴窖藏出土的两件晚唐时期镂空凤鸟银步摇，钗首为镂空状的衔花双鱼纹和凤鸟牡丹纹，四周悬有缀饰游鱼和菱角。明清时期的钗首小而缀饰大，缀饰物品不仅具有明显的装饰特征，也有一定的功能特征，如清代如意莲蓬坠香囊银步摇，缀饰物品与香囊结合，兼具装饰性与功能性。

整体来看，步摇花逐渐从域外的独立首饰转变为本土簪钗的附属部件，是中外文化交流的典型代表。步摇花花枝摇叶、移步摇颤的特征，不仅演变出丰富多彩的首饰类型与样式，而且与女性体态相结合，着重展现其身姿的灵动之美。正因如此，步摇花最终成为女性妆容佩饰中不可或缺的组成部分。

三、鲜卑民族引入的步摇冠

步摇冠由基座和摇叶组成，摇叶缀于枝干或基座上。其在东汉至南北朝时期主要流行于鲜卑民族之中。目前在东汉至南北朝时期的遗存中尚未发现完整形制的步摇冠，多为构件，其主体样式与摇叶造型在不同地域中存在一定的差异，具体的样式尚不可知。目前中国境内考古出土较早的步摇冠实物出自内蒙古通辽科尔沁左翼后旗的东汉早中期鲜卑墓葬中（图8-5-16），结合俄罗斯新切

图 8-5-16（左） 凤鸟形步摇金冠饰 东汉[22]

图 8-5-17（右） 北燕冯素弗墓出土的步摇金冠残件[23]

尔卡斯克市萨尔玛提亚王陵到日本奈良出土的步摇冠来看，其传播路径从公元1世纪的西亚顿河地区经中国北方地区，一直向东延伸至6世纪的朝鲜半岛与日本列岛。根据这些地区与国家出土的步摇冠饰形制，我们基本可以描绘中国步摇冠的形制特征：它由冠顶步摇、十字形框架、环形带状基座与花树装饰四部分构成，摇叶可在冠顶、基座与花树上进行装饰。如辽宁朝阳北票北燕冯素弗墓出土有一件步摇金冠残件[24]，其冠顶六枝花形步摇和下方十字形框架构成了主体结构（图 8-5-17）。

目前中国境内考古出土北燕与北魏时期的一些带有山题基座（形状似山的步摇底座）的步摇冠饰，根据其造型的差异可分为矩形和动物形的两类山题。矩形山题共发现五件，集中出土于辽宁朝阳地区北燕时期的遗存中，其两侧对称镂空四个变形蒂叶纹，镂孔周围及山题边缘均錾粟粒纹，山题上顶中央为主干，主干周围又分出枝干，枝干上绕环，缀摇叶（图 8-5-18）。动物形山题共发现两件，牛首、马首形象各一件，主要出土于内蒙古包头地区北魏时期的遗存中，其顶部向上伸出主枝，再分杈，枝端缀桃形金叶（图 8-5-19）。尽管两类步摇冠饰在形态特征、地区分布与所属年代等方面有着较大的差异，但二者共属鲜卑一族，反映其民族审美文化的高度一致性。鲜卑民族本为众多北方游牧民族之一，在欧亚大陆东西方文化的频繁交流中，步摇冠成为文化融合的产物。《晋书·慕容廆》中载："曾祖莫护跋，魏初率其诸部入居辽西……燕代多冠步摇冠，莫护跋见而好之，乃敛发袭冠，诸部因呼之为步摇，其后音讹，遂为慕容焉。"[25]步摇冠随着鲜卑族势力在中原地区的兴衰而兴衰，中唐时期白居易在《霓裳羽衣歌》一诗中尚有记载"虹裳霞帔步摇冠，钿璎累累佩珊珊"[26]，唐代以后便基本消失。

[22] 金维诺总主编，齐东方卷主编《中国美术全集·金银器玻璃器》卷一，黄山书社，2010，第70页。

[23] 同上书，第83页。

[24] 辽宁省博物馆编著《北燕冯素弗墓》，文物出版社，2015，第204—208页，彩版六九、七〇。

[25]〔唐〕房玄龄等：《晋书》，曹文柱等标点，吉林人民出版社，1995，第1697页。

[26] 王贺、赵仁珪选注《白居易诗》，中华书局，2013，第166页。

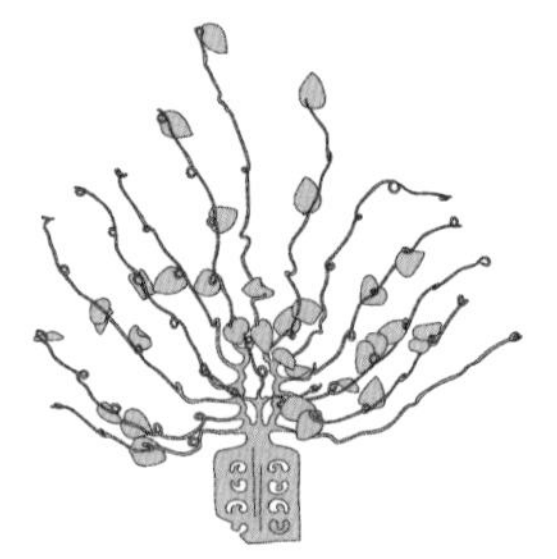
辽宁北票北燕金步摇冠饰

辽宁北票北燕花树金步摇冠饰

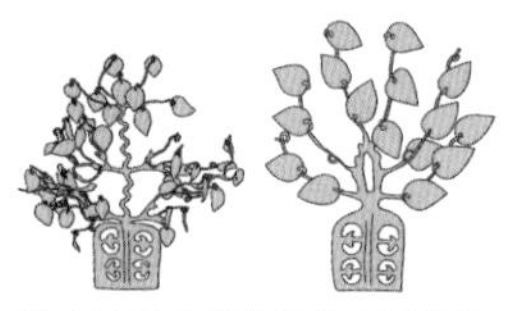
辽宁朝阳北燕花树金步摇冠饰

图 8-5-18 矩形山题步摇冠饰

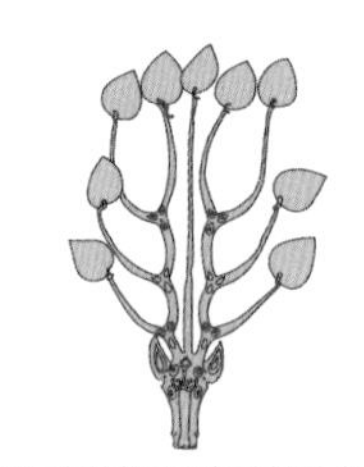
内蒙古包头达茂旗北魏马首鹿角金步摇冠饰

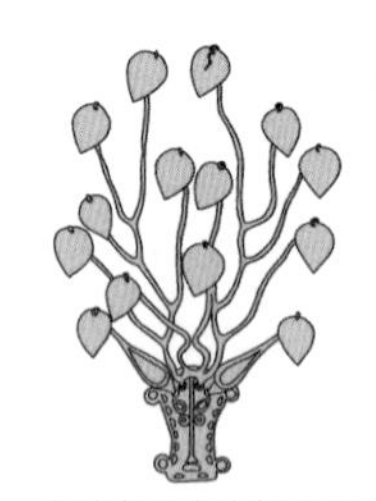
牛首鹿角金步摇冠饰

图 8-5-19 动物形山题步摇冠饰

四、步摇的典服制度与佩戴方式

步摇传入中国后，因其繁盛华丽、步动则摇的佩戴效果，自然成为一种象征社会等级身份高低的重要首饰。相较于短暂流行的男性步摇冠，女性佩戴的步摇花延续时间更长，使用范围更广。其发展伴随着中国古代典服制度的兴衰而变化，逐步从皇后专属到妃嫔使用再到普通女性的日常佩戴，完成了自上而下的大众化历程。

（一）步摇花以别女性尊卑等级

《周礼》及经学家郑玄的记述表明至迟在东汉时期，步摇花已经成为皇后祭祀时所佩戴的专用头饰。在《后汉书》中有着更为明确的规定："假结。步摇，簪珥。步摇以黄金为山题，贯白珠为桂枝相缪，一爵九华，熊、虎、赤罴、天鹿、辟邪、南山丰大特六兽，《诗》所谓'副笄六珈'者。诸爵兽皆以翡翠为毛羽。金题，白珠珰绕，以翡翠为华云。"[27] 皇后步摇花犹如"副笄六珈"，一方面说明步摇花是作为笄的辅助佩饰而存在；另一方面表明其较大的装饰空间以别尊卑。《后汉书》中记载邓太后"又赐冯贵人王赤绶，以未有头上步摇、环佩，加赐各一具"[28]。历史笔记小说《西京杂记》中描写赵飞燕获封皇后时，也得到相应的"黄

[27]〔南朝宋〕范晔、〔西晋〕司马彪：《后汉书》，陈焕良、李传书标点，岳麓书社，2008，第1294页。
[28] 同上书，第148页。

金步摇”[29]。可见东汉时期金质的步摇花是一种宫廷首饰，佩戴者多为皇后，一般妃嫔尚无资格拥有和佩戴。这一制度一直延续至唐代，其间多有损益，唐以后随着步摇花与簪钗逐渐融合而消退。

三国两晋南北朝时期，步摇花的佩戴者由皇后扩展至后妃、命妇等社会上层女性群体，而民间女性则一律不得佩戴，并将其与“蔽髻”列为禁物。《晋书·志第九·礼上》记载“皇后著十二笄步摇，依汉魏故事……公主、三夫人、九嫔、世妇、诸太妃、太夫人及县乡君、郡公侯特进夫人、外世妇、命妇皆步摇、衣青”[30]。北齐、隋代皇后的步摇花皆依前制，其形制由东汉“一雀九花”增加为“八雀九花”，更显富丽堂皇。

唐代的典服制度有所变化，通过步摇花、花钗与花钿的多元组合以别尊卑。初唐时期《旧唐书·舆服志》中规定“武德令，皇后服有袆衣、鞠衣、钿钗礼衣三等。袆衣，首饰花十二树……皇太子妃服，首饰花九树……内外命妇服花钗，第一品花钿九树，第二品花钿八树”[31]，如是依次递减。步摇花与典服制度的关系表明，一方面象征阶级地位的步摇花成为最高等级的首饰，其地位在花钗与花钿之上，三者均以花为饰，首饰形制装饰与华丽程度的差异构成女性身份尊卑的标准；另一方面步摇花的装饰数目与等级身份成正相关，等级越高，花树越多，装饰越华丽。宫廷中的流行风尚，常为下级官吏及民间所效仿，《新唐书·志第二十四章·五行一》中记载“天宝初，贵族及士民好为胡服胡帽，妇人则簪步摇钗，衿袖窄小”[32]。《唐语林·补遗二》记载晚唐时期“京城妇人首饰，有以金碧珠翠，笄栉步摇，无不具美，谓之‘百不知’”[33]。“金碧珠翠”可能就是系缀在步摇花上的装饰部件，其与笄、栉（梳篦）等传统首饰共同构成唐代及后世女性的日常佩饰。

宋代典服制度中的步摇花已渐与簪钗相融合，而其规制则与前代相差无几，均是通过纹饰及数量以作区分。例如《宋史》中的《舆服》部分记载了皇后及皇太子妃佩戴不同数量的步摇花簪钗[34]。此际，民间富庶家庭的女性佩戴步摇花簪钗的人数也逐渐增多，其典服制度的社会等级身份也进一步消解。步摇花作为中国古代女性的重要头饰之一，其材料贵重、造型华丽，自然成为区分社会等级的一个重要载体。步摇花及其簪钗形制与佩戴方式的发展，成为古代社会典

---

[29]〔晋〕葛洪：《西京杂记》，周天游校注，三秦出版社，2006，第63页。
[30]〔唐〕房玄龄等：《晋书》，曹文柱等标点，吉林人民出版社，1995，第328页。
[31]〔后晋〕刘昫等：《旧唐书》，中华书局，1975，第1955—1956页。
[32]〔宋〕欧阳修、宋祁：《新唐书》，中华书局，1975，第879页。
[33]〔宋〕王谠：《唐语林》，古典文学出版社，1957，第223页。
[34]〔元〕脱脱等：《宋史》第一一册，中华书局，1977，第3535页。

服制度发展兴衰的一个缩影。

（二）步摇花从发髻插戴到簪钗装饰

东汉时期步摇花常与假髻并用[35]，在茂密秀发上插戴绽放的步摇花，黑金二色相得益彰。《后汉书》中也记载有“妇人至嫁时乃养发，分为髻，著句决，饰以金碧，犹中国有簂步摇”[36]。“簂”即巾帼，是一种假髻，是用假发等编制而成的类似于假髻的饰物，也指一种妇女专用的头圈，或圆形，或花瓣形，戴到发髻上。《三国志》中的注提到“使尚方以金作华燧、步摇，假髻以千数，令宫人著以相扑”[37]，可见假髻是佩戴步摇花的必备之物。

根据汉代至魏晋时期步摇花的图像资料，可总结其三种佩戴方式：其一，梳垂髻，将头发分成两半向后梳，尾绾成束，再接假发髻作为装饰，头中直插步摇花垂于额前（图8-5-20）；其二，梳高髻，留蝉鬓，或梳缬子髻、反绾髻，其上双插步摇花，如《列女仁智图》中所绘人物（图8-5-21）；其三，梳垂髻，步摇花佩戴于头两侧，如《女史箴图》中所绘人物（图8-5-22）。汉代步摇花插于发髻正前方或两侧，花树前倾，其数量既有单枝也有成对，这可能是早期的佩戴样式。东晋时期步摇花常插于发髻顶部，花树向上，其数量以成对双插为主。

南北朝时期步摇花的文献、实物与图像资料相对较少，根据山西大同北魏司马金龙墓漆绘屏风可知其佩戴方式为：梳缓鬓倾髻，步摇花由左至右佩戴在头部正中，呈扇状分布，形成多枝搭配、成组装饰的视觉效果（图8-5-23）。

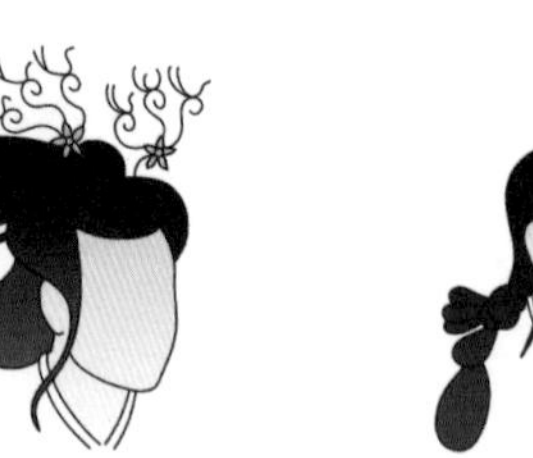

图8-5-20（左） 湖南长沙马王堆1号汉墓帛画中的步摇花佩戴方式

图8-5-21（中） 东晋顾恺之《列女仁智图》中的步摇花佩戴方式

图8-5-22（右） 东晋顾恺之《女史箴图》中的步摇花佩戴方式

图8-5-23 山西大同北魏司马金龙墓漆绘屏风中的步摇花佩戴方式

[35] 武晓红：《唐五代诗词名物专题研究》，博士学位论文，浙江大学人文学院，2016，第234页。

[36]〔南朝宋〕范晔、〔西晋〕司马彪：《后汉书》，陈焕良、李传书标点，岳麓书社，2008，第1099页。

[37]〔晋〕陈寿撰，〔南朝宋〕裴松之注《三国志》，吴金华标点，岳麓书社，1990，第952页。

隋唐时期，步摇花逐渐与簪钗融合，伴随着妇女髻、鬟、鬓三类发型近百种组合方式的发展，其佩戴方式也相应地丰富而多样。根据这一时期相关的文献与图像资料，可总结其五种佩戴方式：其一，梳高髻，在唐代称为峨髻，髻式高耸，样式变化无穷，缀饰簪钗戴于头上正中，如周昉《簪花仕女图》中所绘（图8-5-24）；其二，梳倭坠鬟，其形似倒垂侧向一边，发髻低绾，凤鸟形垂珠簪戴于头上正中，也可再侧插一支，如陕西西安唐贞顺皇后石椁线刻画中所绘（图8-5-25）；其三，梳凤髻，体积大，用细绳和发胶之类缚粘成，或者戴假发髻，上饰珠玉，垂珠簪插于两侧，如甘肃敦煌莫高窟第98窟于阗皇后曹氏的垂珠簪佩戴方式（图8-5-26）；其四，梳椎状髻，螺髻、半翻髻等，把头发梳向上，再倒卷下来，花枝形垂珠簪可斜插单支佩戴，也可成双佩戴，如陕西咸阳唐章怀太子墓、山西太原赤桥村唐墓石椁线刻画中所绘（图8-5-27、图8-5-28）；其五，冠两侧嵌花枝形垂珠簪，为冠饰组成部分，如陕西唐李重润墓中石刻所绘（图8-5-29）。由上可知，此时具有步摇花特征的簪钗逐渐增多，其数量既有单支也有成对，对应插戴于发髻的左侧或两侧。

宋元时期各式步摇花的簪钗佩戴方式也与冠饰密切相关。根据目前现存宋元时期的相关图像资料可知，步摇花多为成对戴于冠饰两侧，数量多少同样象征着社会地位的高低，如《宋钦宗后坐像》中所绘（图8-5-30），皇后戴冠饰，两侧配有数量相同的多支垂珠簪。

明清时期妇女发型不及唐宋时期多样，簪钗之上步摇花的特征也显著减弱，

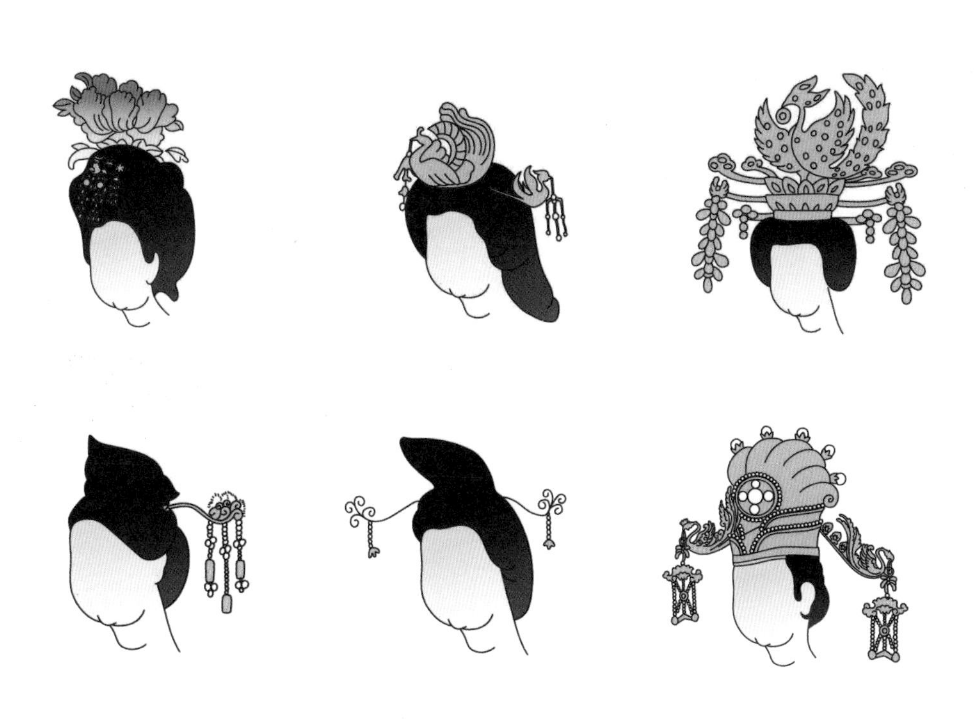

图8-5-24（左上）　唐代周昉《簪花仕女图》中的缀饰簪钗佩戴方式

图8-5-25（中上）　陕西西安唐贞顺皇后石椁线刻画中的垂珠簪佩戴方式

图8-5-26（右上）　甘肃敦煌莫高窟第98窟于阗皇后曹氏的垂珠簪佩戴方式

图8-5-27（左下）　陕西咸阳唐章怀太子墓石椁线刻画中的垂珠簪佩戴方式

图8-5-28（中下）　山西太原赤桥村唐墓石椁线刻画中的垂珠簪佩戴方式

图8-5-29（右下）　陕西唐李重润墓石刻中的垂珠簪佩戴方式

此时多流行垂珠装饰，并以多支组合的方式构成高等级女性的一副头面首饰。与此相对，民间女性也可佩戴同类簪钗，只是形制及装饰更为简洁。根据明清时期相关的文献、实物与图像资料，可总结其三种佩戴方式：其一为冠上的垂珠簪钗，如明代仁孝文皇后画像中皇后所戴凤冠（图8-5-31），左右凤衔珠结，三博鬓，还有《明人画女像》中的冠饰（图8-5-32），左右凤鸟衔珠结，共七凤；其二为特髻、狄髻上的垂珠簪钗，如《吴氏先祖容像》中所绘（图8-5-33）；其三为普通发髻上的缀饰簪钗，如《唐崔莺莺真》中所绘（图8-5-34）。

步摇花及簪钗的佩戴方式与当朝流行的发型紧密相关。汉晋时期步摇花常与垂髾、假发配合使用，将其插于发髻正前方、两侧及髻顶，其数量渐由单枝向成对发展。南北朝时期步摇花为多支搭配，呈扇状插于髻顶。此后步摇花渐与簪钗融合，隋唐时期融入步摇花的簪钗与多种高发髻的组合佩戴方式更为灵活，发髻前与两侧皆可佩戴。宋元时期此类簪钗多插戴于发簪两侧，作为女性冠饰的基本部件。明清时期簪钗多以垂珠的形式表现，与当时流行的特髻、狄髻组合佩戴。

图8-5-30（左）《宋钦宗后坐像》中的垂珠簪佩戴方式

图8-5-31（右）明代仁孝文皇后画像中的垂珠簪佩戴方式

图8-5-32（左）《明人画女像》中的垂珠簪佩戴方式

图8-5-33（中）《吴氏先祖容像》中的垂珠钗佩戴方式

图8-5-34（右）《唐崔莺莺真》中的缀饰簪钗佩戴方式

结语

步摇通常以金花摇叶为基本部件，上缀银与各类珠宝构成头饰，佩戴时因移步摇颤而得名。该类首饰是亚欧大陆装饰美学互鉴融通的典范，其形制有步摇花与步摇冠两大类。东汉时期中原及南方女子开始流行步摇花，唐代逐渐融入了中国古代簪钗。宋元明清时期演化为花树簪钗、垂珠簪钗和缀饰簪钗三种新的形制。南北朝时期，北方游牧民族男子流行佩戴步摇冠，成为亚欧草原地区文化交流的重要见证。步摇由域外独特的首饰样式发展为中国古代簪钗的辅助部件，这种转变不仅拓宽了中国古人的审美视野，也提升了金银加工技术。

传入中国的步摇集华贵精致和审美时尚于一身，步摇花与步摇冠也成为女性和男性的身份标识。步摇花从贵族阶层走向大众的日常生活，成为民间女性重要的佩戴首饰。盛行于北方游牧民族的步摇冠，随着其统治政权的没落而逐渐消失，唐代以后就不再流行。

步动则摇的头饰不仅塑造了人们容光焕发的精神面貌，而且反映了亚欧大陆装饰美学的交流史。步摇在中国的发展与演进展现了中国古人的妆容形象，并将中国传统审美文化推到了新的高度。

第九章 以纸张为载体的文明传播媒介

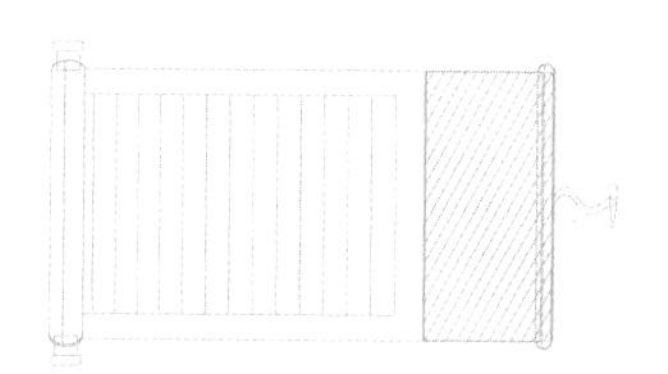

纸张是人类文明传播的重要载体。中国古代造纸技术由西汉时期的探索至东汉时期的改良而基本定型。造纸术主要涉及原料获取、工具改进、工艺进步等方面，以促进生产效率提升、纸品性能完善与纸张品类扩充。纸业的整体发展有赖于纸品品质及其应用等环节的通力合作，在日常生活与特定礼俗空间中纸的需求也促进了造纸技术的发展。

综观国内外关于中国传统纸作技术的研究成果，一方面依据文献资料与历史图像进行考证，另一方面通过多学科融合进行纸品技术指标、工艺复原等角度的梳理。从学科发展角度而言，研究者亟须对中国传统纸作技术进行多语境下的整体观察，尤其应对特定区域内文化地理空间下造纸技艺的发生和继承等问题进行更为深入的探究：纸张产生的技术背景是什么？剪纸的运用如何提升人们生活中的审美情趣？祷后即焚的纸马如何实现生死之间的精神沟通？纸张的装饰性与符号性是如何体现个人身份的？经卷的装帧如何实现从卷轴形制到册页形制的转变？

造纸技术自汉代创制以来，历经改良，使纸张作为一种更便捷的传播媒介，逐渐取代了竹木简牍等传统的记事载体，造纸术通过丝绸之路等贸易通道向全球传播，为东西方文明的交流与融合及全球文化多样性做出了卓越贡献。第一节为“从中国出发的古代造纸技术”。记事载体的更替都是在旧材料基础上的发展，工匠通过对各类混合原料的纤维特性加以精确掌握，从依赖单一原料到多种原料的充分利用，使得纸张在信息传播中更加简便与稳定。随着造纸工具的不断改进，为巨幅匹纸的制作提供了技术保障。湿纸分离和纤维分布不均等问题的解决，提升了纸张的生产效率与纸品性能，促使造纸技术趋于完善。纸张的大量生产与广泛运用，使各阶层民众获得了读书的可能与自由，造纸和印刷技术的广泛传播也助推了欧洲文艺复兴的蓬勃发展。

剪纸与纸马是为人所熟知的民间艺术形式，此种大众化纸品造价低廉、图案形象生动，在融入民俗的过程中不仅凝结了劳动者的智慧，也起到了传播道德伦理、维系群体关系、满足精神需求的作用。

剪纸是农耕文明的一种重要的原生性艺术，它依托剪像招魂的传统礼祭活动而生，在春节、婚庆等场合集中张贴，成为民众传达质朴情感、营造礼俗空间的重要手段。第二节为“剪纸里的礼俗空间”。剪纸的发展伴随造纸原料种类的增加与抄纸技术的提升，而剪制工具的不断改良和刻制工具的加入，则为剪纸艺术表现力的提升奠定了基础。随着折剪、贴饰、镞镂及多色相拼等剪纸技术的演进，剪纸类别也从功德剪纸扩展至岁时剪纸、花样剪纸等。剪纸在中国民间扎根深厚、应用范围广，通过折剪和阴阳镂刻技法在方寸间展现大千世界，并将生命符号具象化融入民俗事项之中。

纸马的出现源于以纸张为载体的祭祀鬼神、祝祷逝者活动。中国人把死亡和祭祀等沉重的话题和活动转化为独特而浪漫的情感表达方式，体现出“事死如事生”的观念。第三节为“俗信空间中的纸马”，以观赏性与祭祀功能兼备的版刻印刷纸张为主线进行阐述。早期产生了崇马图像系统与祷后即焚礼仪，随后专营性纸马铺的普及使纸马趋于标准化和品类化，而版刻业的推动和应用空间的拓展使纸马的版式更丰富，体现出系统化特征。纸马的发展与繁荣有赖于传统造纸术与印刷技术的持续普及。纸马的印制工具与材料的简便使其广泛渗入民众的日常生活。纸马的使用过程就是中国传统宗教信仰的活态传承过程，人们焚化纸马，将朴素的愿望附着于纷飞的纸片。同时，作为中国民间重要的信仰实践的产物，纸马上的神像图式对培养民众道德感、维系生产生活秩序起到了不可估量的积极作用。

纸品除满足日用需求和大众化礼祭外，也参与了雅居空间的构建。人们借助纸张精加工技术，充分挖掘其肌理之美，并加以巧妙组合，形成了文人必备的笺纸和满足宗教需求的经卷，使纸张的审美价值得到了较大的提升。

书写装饰观念的萌芽在竹简的表面和端口出现，之后为使原纸细密均匀，开启了以麻纸和皮纸为主导的纸张精加工技术的变革。此后由于“悦目求巧”和“重神尚雅”的文人观念的介入，文人群体需要纸张具有较强的个人身份识别性，对纸张的美观程度提出了更高的要求。第四节为“书斋里的笺纸”，主要探讨加工制作面向文人的个性化装饰性纸张。笺纸作为常用于书信酬答、商业柬帖、名刺拜帖等的加工纸张，其制作完整工序有纹饰设计、影写勾描、刻笺雕版与压制印刷四大步骤。《萝轩变古笺谱》和《十竹斋笺谱》的刊印更将饾版与拱花技艺推向顶峰。笺纸偏于窄小的尺幅、灵活的图文布局、舒适雅致的色彩体现出实用与审美的统一，是我国纸作高超技艺的体现，也是文人群体追求审美的必然结果。

在佛教传入中国并逐渐融入本土文化的过程中，佛经大量的传译不仅推动了印刷工艺、书籍制作及装裱技术的全面提升，也塑造了装帧形制的基本风貌与设计范式。第五节为“从《妙法莲华经》看古代书籍装帧的演变”。大乘佛教《妙法莲华经》是在传播范围、形制种类与现存数量等方面极具典型性的经书之一。中国古代佛经装帧设计的规范在文本形态上体现为从写本到刻本再到写本的交替转换的发展轨迹，在装帧形制上则呈现出从以卷轴装为主到以经折装为主的演进路径，并在这个过程中与宗教发展状况、造纸技术、印刷和装订技术相适应，展现了佛经装帧的“因事制宜”与“因时而异”的设计理念。佛经的装帧在阅读体验与美学建构等方面为中国古代书籍装帧提供了养分，它通过柔和典雅的色彩和多种类型的形制，给读者更加舒适的视觉和阅读体验。此外，佛经使用环境和使用方式的仪轨，启发着虔诚敬造与敬惜字纸的文化传统，形塑着中国古代书籍装帧的外在形态与内在气韵。

中国纸张在俗信空间和雅居空间中的制作和应用极大地推动了文明的传播和交流。纵观中国传统纸作技术的发展，无论是原料的扩展、后期处理技术的进步，还是使用范围的扩大，皆体现出传承有序的工艺技术体系和不断升华的设计思想。

中国纸张历经各个时期不同的发展，表面渐趋平整、质地倍加柔韧、色彩纹理逐渐丰富，为各类文化活动和手工艺产品提供了质量稳定、性能多样的原材料。流通性较强的大众化纸品在技艺上呈现出简便易制和灵活多变的特点，而精加工纸张的制作工艺则体现出纸作技术的最高水准，标志着我国古代传统纸作技艺走向更为成熟的阶段。纸品在俗信空间中时，其随物赋形的特点和焚烧后向天空的扩散形态，在不同场景下规约着人们的行为，构建出众神庇护的神性空间。纸品在雅居空间中时，丰富的底纹、图案与文人的审美取向紧密勾连，独特的装帧方式优化了读者在阅读时的操持体验。而不惜工力、不厌烦琐地采用贵重材料、特殊工艺敬造的宗教纸张，赋予纸品独特的形式和精神内涵。

中国的造纸技术在促进传统信息传递和知识传播能力提升的同时，引发了文化、宗教、商业等领域的变革。值得一提的是，从中国出发的造纸技术历经1700余年传遍五大洲，其影响跨越地域、种族，散播至全球各个角落，在保存人类文化遗产方面做出了巨大贡献，推动着人类在信息传播方式上的不断进步。

第一节　从中国出发的古代造纸技术

造纸术作为中国古代四大发明之一，不仅是文化发展的物质载体，更是文明传播的重要媒介。从“纸”字的演变梳理纸张的发展脉络，可看出造纸技术与丝、帛等纺织物品具有一定的渊源，造纸技术的起源在一定程度上可能受到漂絮法等制丝技术的启发。“纸”，最早见于青铜铭文，篆文作“紙”，即“糸”旁加“氏”。“糸”像束丝之形，表示细丝，意指经过漂洗的粗绢与杂丝，可用于书写作画。篆文又作“帋”。“氐”意为末、低等，“巾”为“帛”的省略，意为低劣的帛布，是一种用于书写的材料。繁体楷书为“紙”，由篆文中的“糸”改为“糹”，“氏”改为“氏”形成，后依据文字简化原则，将“糹”简化成“纟”，即成为“纸”，字义延伸为所有使用植物纤维所制纸张。

汉代许慎《说文解字》中记载：“纸，絮一箈也。”[1] 段玉裁对其诠释道：“下曰，澈絮箦也。澈下曰，于水中击絮也。”[2] 即在水中击打丝絮，竹席上残存的片状薄絮层即为纸。其中所涉及的浸泡纤维使之润涨、反复锤打使其分散、置于席或筐上使其贮存成片等三个重要工序，与缫丝业中加工蚕茧的工序十分相似，应当是对漂絮法的一种运用，可见中国古代的生产实践为其提供了良好的实践经验与技术背景。

造纸技术经由西汉时期的创制、东汉时期的革新、三国两晋南北朝与隋唐五代时期的普及与推广、宋元明清的繁盛与衰微，形成了独特的造纸技术与文化体系。依托于历代发达的商品经济、繁荣的文化事业，及先进的雕版印刷技术与活字印刷术等，纸张突破传统意义上的文化载体的界限，形成了独特的“纸市场”“纸经济”“纸文化”。其渗透至中国古代社会文化艺术、物质生产等领域，成为芸芸学子视若珍宝的书籍、文人墨客直抒胸臆的画卷、广大商民消费交易的钱币，是中国古代物质文化与精神文明发展的重要见证，客观地反映了技术演进与中华民族的造物理念。

---

[1]〔清〕段玉裁：《说文解字注》，中华书局，2013，第666页。

[2] 同上。

一、从记事载体的演变看文明传播媒介的转变

新媒介的出现并非独自发生或孤立存在的，它是从原有媒介中迭代或演化而来的[3]。从结绳记事到纸张的发明与运用，人们对交流传播与信息记录的媒介进行了漫长的探索，因而对绳、土石、竹木、帛等早期的记事材料的梳理，有助于人们对纸张起源与演变的理解。

结合文献考古资料可知，在造纸术发明之前，人类所用的常见记事载体有绳索、陶器、龟壳、兽骨、铜器、石片、竹木、缣帛等。具体而言，旧石器时代人们对山石、植物等自然物质进行简单加工，创造出结绳记事、石器刻图等原始的记录方式，其具有信息容量较少、使用灵活性较低等特性。打磨石器、烧制陶器等成为新石器时期刻写记事信息的主要载体。在我国，甲骨、竹木简牍与缣帛是西周至秦汉时期重要的书写载体，为纸张的出现与运用奠定了重要的基础。

世界其他地区在记事材料上进行了一些不同的探索，其中历史悠久且影响深远的主要有泥板、纸莎草（又称纸草）、动物皮、贝多罗叶等。使用泥板作为文书出现于公元前4000年左右的两河流域，而后广泛影响至伊朗高原以西的广大地区。纸莎草纸始于公元前3000年左右的尼罗河流域，“从不列颠到两河流域的广袤疆域里都使用纸莎草纸”[4]，是信息载体发展中的重要成就。现存以羊皮等动物皮制成的文书实物可追溯至公元前2世纪[5]，是继纸莎草纸使用量锐减后的又一新型材料，也是彼时欧洲地区最主要的书写载体。使用贝叶制作的经书源于公元前1世纪左右的印度河流域，随佛教的传播深刻影响着东南亚、南亚、东亚等地区的信息载体发展。

根据以上分析，总结出造纸技术发明前的记事载体具有以下特点。

其一，在载体形式上呈现出由自然赋形到人为赋形的特征。在原始社会，人们使用最简单的工具对自然界原生态的矿物、植物进行加工作为书写的媒材，其形态有着原始的自然特征，如用麻搓捻成的麻绳、天然的石壁、整理打磨的甲骨，还有经过备料、制坯、烧造等制成的陶器。西周以后随着社会生产力与技术水平的提升，人们将自然界的铜、锡等矿物质开采出来，经过冶炼、制范、熔铸及打磨等工序铸造成鼎、樽等各种类型的青铜器具。可见书写载体在演变过程中，逐渐摆脱自然赋形的束缚，形态特征介入了更多人的因素。

其二，在传播能力上呈现出由弱到强的演进特点。人类社会在生产劳动过

[3]〔美〕罗杰·菲德勒：《媒介形态变化：认识新媒介》，明安香译，华夏出版社，2000，第19页。
[4] 吴满意主编《网络媒体导论》，国防工业出版社，2008，第22页。
[5]〔加〕阿尔维托·曼古埃尔：《阅读史》，吴昌杰译，商务印书馆，2002，第156页。

程中创造和积累了大量的知识信息，开始有意识地探索和创造各种记事材料，将这些信息在更广泛的时空内进行传递与共享，推进人类社会文明发展。此外，中央政权为满足对基层稳固统治的客观需要，通过增强文化信息的传播提升社会文化普及程度，培养大批文化知识分子参与地方治理，也进一步促进了传播能力更强的信息载体的普遍发展。

其三，在空间分布上呈现出较强的地域性特征。国内外在有关信息载体方面的探索上存在一定差异性，究其原因，各类载体的发展与当地自然环境条件密切相关，并随着与自然的相互关系及历史条件的变化而不断演进。如泥板文书、莎草片及贝多罗叶等分别产生于遍地黏性泥土的两河流域、莎草丛生的尼罗河流域及贝多罗树繁茂的印度地区，并且在旧载体资源减少、原料分布更广且质地更加优良的新载体产生之际，往往发生新旧信息载体的更替。如在埃及纸莎草纸禁运之时，人们便开始探索用动物皮书等新的材料取而代之。[6]

总而言之，任何一种用于记载信息与传播交流的媒介都是当时社会生产力与生产关系共同作用的结果，也是社会需求、社会革新、技术革新、旧有的媒介形态等汇聚的结果。记事载体的演变呈现出制作材料由自然赋形到人为赋形、信息容量由少到多、传播能力由低到高的演进特征，在空间分布上呈现出较强的地域特征，并且向着信息传播更强的稳定性和时空的超越性方向发展。当然，新媒介是对旧媒介的解构与重组，并在旧媒介的基础上结合社会的新需求，利用新技术形成全新的媒介，进而催生了造纸技术的出现。

二、纸张起源的争议及造纸工序的基本确立

针对造纸技术是否起源于西汉时期的问题，学界主要存在两种说法。其中以程学华、潘吉星、许鸣岐等为代表的学者认为造纸技术起源于西汉，东汉蔡伦是造纸技术发展过程中最为重要的革新者。但以荣元凯、陈大川、王菊华等为代表的学者认为造纸技术为东汉蔡伦所发明。近年来通过对20世纪30年代以来"罗布淖尔纸"[7]"灞桥纸"[8]"居延肩水金关纸"[9]"扶风中颜纸"[10][11]"放马

[6]〔美〕M.H.哈里斯：《西方图书馆史》，吴晞、靳萍译，潘永祥校，书目文献出版社，1989，第48页。

[7] 田雨：《谈我国古代造纸术的发明》，《史学月刊》1984年第5期。

[8] 中国科学院自然科学史研究所物理—化学史研究室主编《科技史文集（十五）（化学史专辑）》，上海科学技术出版社，1989，第17页。

[9] 初仕宾、任步云：《居延汉代遗址的发掘和新出土的简册文物》，《文物》1978年第1期。

[10] 罗西章：《陕西扶风中颜村发现西汉窖藏铜器和古纸》，《文物》1979年第9期。

[11] 甘肃省文物工作队：《甘肃省敦煌马圈湾烽燧遗址新发现西汉麻纸》，载李侃主编《中国历史学年鉴》，生活·读书·新知三联书店，1990，第375页。

滩纸”[12]“悬泉置纸”[13]等一系列西汉古纸的检测，发现造纸技术可追溯至西汉时期，只不过那时造纸技术尚未成熟。

东汉时期蔡伦利用麻布、渔网等材料来丰富植物纤维的资源，同时还开创了树皮造纸的方法。根据潘吉星先生所作的东汉造纸的模拟实验，可知蔡伦的造纸工艺已较为成熟，造纸主要有以下关键步骤：浸湿、切碎、洗涤、浸灰水、蒸煮、舂捣、打槽、抄纸、晒纸、揭纸[14]（图9-1-1）。首先将麻类植物原料在水中充分浸湿，然后切成小块并洗除陈杂。之后进行浸灰水、蒸煮等处理，以去除纤维中的杂质并使之软化。清洗后进行舂捣，使纤维发生分丝帚化，以促进纤维的紧密交结。随后重复舂捣与洗涤，再将已变成白色絮状的原料倒入纸槽中，加入适量净水进行搅拌，使纤维均匀分散至水中，然后使用纸帘抄制成湿纸。最后利用日光使湿纸干燥脱水，揭下后即成纸。由此可以推断东汉时期中国传统造纸技术流程基本定型，奠定了后世造纸技术的基本面貌。

不过东汉时期造纸技术并未得到广泛推广，简牍与缣帛仍为主要的书写载体。如甘肃敦煌马圈湾汉代烽燧遗址出土简牍共1217枚，出土的纸张只有5件8片。[16]敦煌悬泉置遗址出土竹木简牍35000余枚、帛书10件（图9-1-2）、纸

图9-1-1 汉代造纸工艺流程图[15]

[12] 田建、何双全：《甘肃天水放马滩战国秦汉墓群的发掘》，《文物》1989年第2期。
[13] 何双全：《甘肃敦煌汉代悬泉置遗址发掘简报》，《文物》2000年第5期。
[14] 卢嘉锡总主编，潘吉星著《中国科学技术史·造纸与印刷卷》，科学出版社，1998，第101页。
[15] 同上书，第99页。
[16] 甘肃省博物馆、敦煌县文化馆：《敦煌马圈湾汉代烽燧遗址发掘简报》，《文物》1981年第10期。

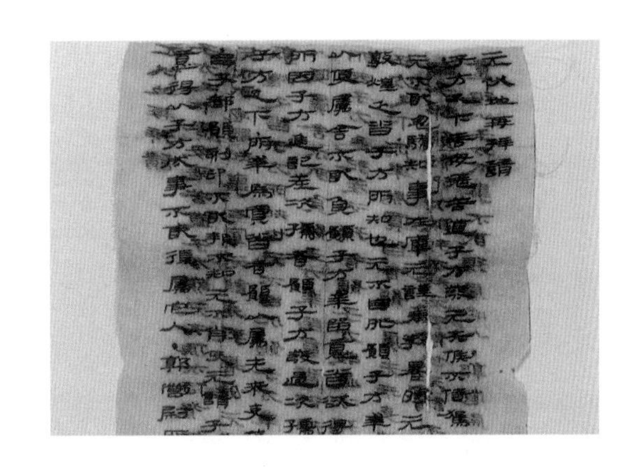

图 9-1-2　甘肃敦煌悬泉置遗址出土汉代帛书（T0114③:611）局部[17]

文书仅10件，其中汉纸9件、晋纸1件。这一现象的出现主要有以下两方面的原因：其一，任何新事物的产生都有一个逐渐为人接纳的过程，使用简牍与缣帛书写的习惯难以在短时间内改变；其二，东汉时期造纸技术尚处于初期阶段，难以有效去除植物纤维中的木质素，纸质较为粗糙，质量仍待提升。

三、可拆卸帘床抄纸器的创制

魏晋南北朝时期，纸张成为官方指定的书写材料，逐步取代了传统的竹简。晋楚帝诏令："古无纸，故用简，非主于敬也。今诸用简者，皆以黄纸代之。"[18]这表明纸张作为最主要书写材料的地位得到官方机构的肯定，并且能够基本满足人们对书写材料的需求。该时期在造纸原料、造纸设备与加工工艺上相较汉代也有了新发展。造纸原料除了以麻料为主，还辅以楮皮、藤皮、桑皮等原料。如西晋陆机所作《平复帖》（图9-1-3）即使用麻纸所书，因年代较为久远，纸面已有裂纹，呈现浅黄色间灰色。又如，1964年在新疆吐鲁番出土的东晋纸本绘画《墓主人生活图》（图9-1-4），其用纸也为麻纸，是现存最早的纸质绘本。另北魏贾思勰《齐民要术》记载："煮剥卖皮者，虽劳而利大。自能造纸，其利又多。"[19]1973年在甘肃敦煌千佛洞出土的北魏《大悲如来告疏》用纸即楮皮纸，反映了魏晋南北朝以楮皮造纸的情况。

在造纸工具方面，该时期对纸张抄造过程中最为关键的工具——抄纸器进行了改造，提高纸张生产效率的同时也促进了纸张质量的提升。抄纸器主要有固定式与可拆合式两种类型。固定式纸帘源自汉代，结构特点是用木框将编制好的帘子固定住，木框与帘子不可拆卸。抄完纸后纸帘需同湿纸一同晾晒，待湿

[17] 何双全：《甘肃敦煌汉代悬泉置遗址发掘简报》，《文物》2000年第5期。

[18]〔唐〕徐坚等：《初学记》，中华书局，2004，第517页。

[19]〔北魏〕贾思勰：《齐民要术》，李立雄、蔡梦麒点校，团结出版社，1996，第179页。

纸晒干后，该纸帘方可进行下次抄纸。魏晋时期的可拆合式纸帘，由帘子、帘床及边柱三部分组成，其中帘床是为支承帘子用的木质阶梯框架。该纸帘的结构特点是将编织好的帘子放到帘床上，使用可移动的边柱将帘子左右两边固定住，抄完纸后纸帘无须与湿纸一同晾晒，将湿纸取下后可以直接进行下次抄纸。可拆合式纸帘极大地降低了设备成本，成为其后中国传统造纸工艺中最为通行的抄纸器。

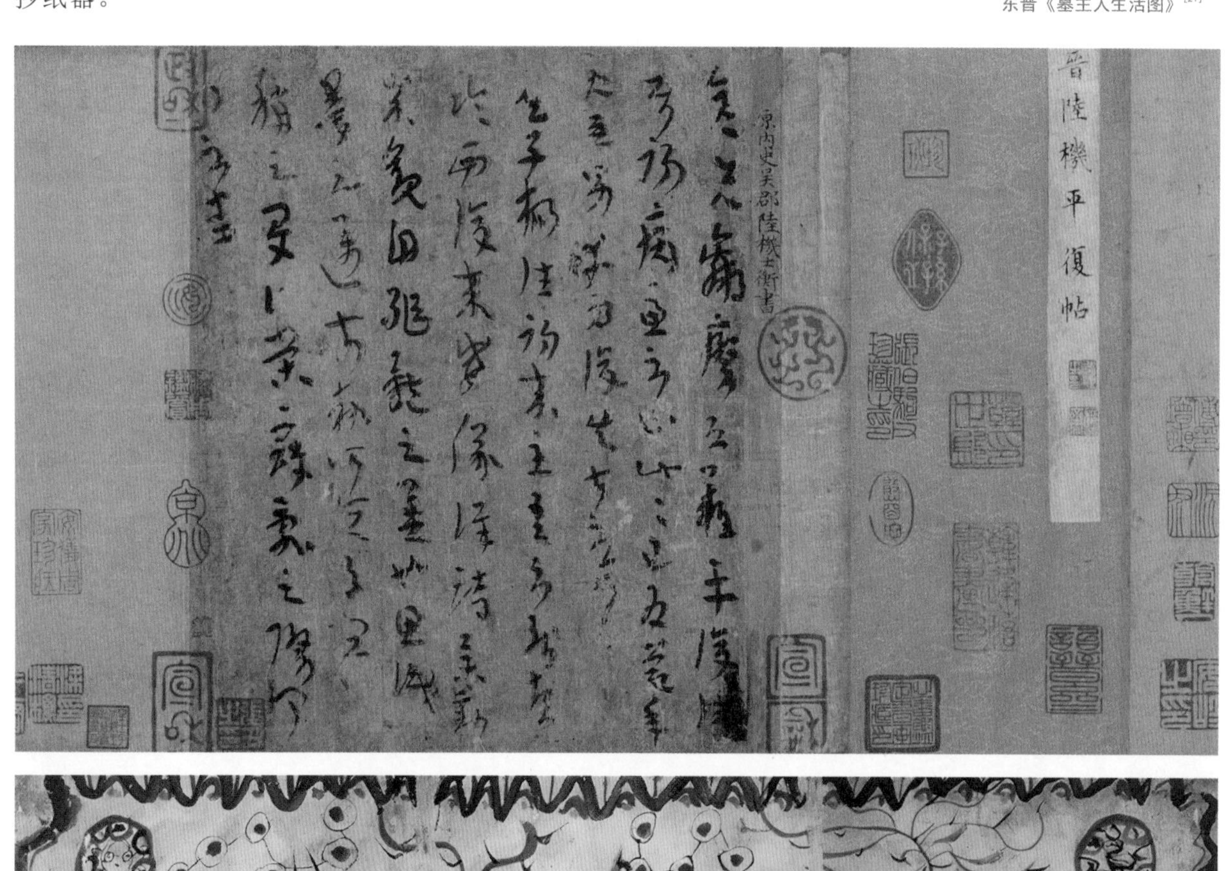

图 9-1-3（上）　麻纸本的西晋陆机《平复帖》[20]

图 9-1-4（下）　麻纸本的东晋《墓主人生活图》[21]

[20] 故宫博物院，https://digicol.dpm.org.cn/cultural/detail?id=c2ad043193ca4ce3b2553fee8a22297b&source=1&page=1，访问日期：2023 年 5 月 30 日。

[21] 新疆维吾尔自治区博物馆藏。

纸帘是抄纸器的关键部件，由较细竹条或其他植物茎秆与丝线配合编制而成，包括帘条纹与编织纹两种帘纹，两种条纹垂直相交（图9-1-5）。帘条纹又称为竹丝纹，其纹与纹之间连接紧密；编织纹又称为线纹，纹与纹之间间距较大，约为1.5至2.5厘米。纸帘的帘条纹越粗，所抄造的纸张越厚，纸帘的编制难度越低；反之，帘条纹越细密，所抄造的纸张越薄，对纸帘编制技术的要求越高。通过检测各历史时期近百种纸张帘条纹，学者潘吉星将纸帘划分为粗纹、中等纹、细纹、特细纹四个级别，每纹宽分别为0.2厘米、0.15厘米、0.1厘米、0.05厘米。[22]根据潘吉星对魏晋南北朝古纸帘纹的测量数据[23]，可以推算该时期由细竹条编织的纸帘每纹宽为0.07至0.1厘米，由较粗竹条或茎秆等编织的纸帘每纹宽为0.14至0.2厘米，表明此时以粗帘条纹与中等帘条纹为主，细帘条纹甚为少见。

魏晋南北朝时期在纸张加工方面，表面涂布技术成为主要加工方法之一。这种技术是在纸面上涂刷矿物细粉，然后用石研光，使得纸面更加洁白平滑，纸质更加紧密，出现了“妍妙辉光，一点如漆”的左伯纸。另外，新疆出土的东晋写本《三国志·孙权传》[24]、中国国家图书馆藏敦煌石室出土的西凉（400—421）建初十二年（416年，相当于东晋义熙十二年）写本《律藏初分》[25]（图9-1-6）等均经过表面涂布处理，表明涂布技术在当时已较为成熟。此外，染色技术也在这一时期得到发展，如东晋葛洪在《抱朴子》中提及“黄檗染纸”，《初学记》中引《桓玄伪事》称：“诏命平淮作青、赤、缥、绿桃花纸。”[26]另外“张永纸”“销金纸”“五彩纸”等名纸也证明了该阶段在纸张加工上的成就。

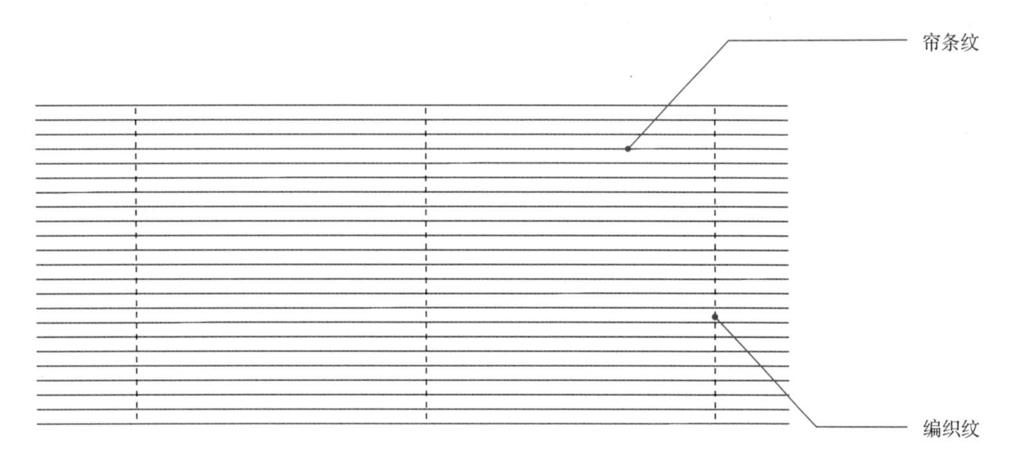

图9-1-5　帘条纹与编织纹示意图

[22] 潘吉星：《中国造纸史》，上海人民出版社，2009，第221页。
[23] 同上书，第165页。
[24] 潘吉星：《中国造纸史话》，商务印书馆，1998，第31页。
[25] 卢嘉锡总主编，潘吉星著《中国科学技术史 · 造纸与印刷卷》，科学出版社，1998，第123页。
[26]〔唐〕徐坚等：《初学记》，中华书局，2004，第517页。

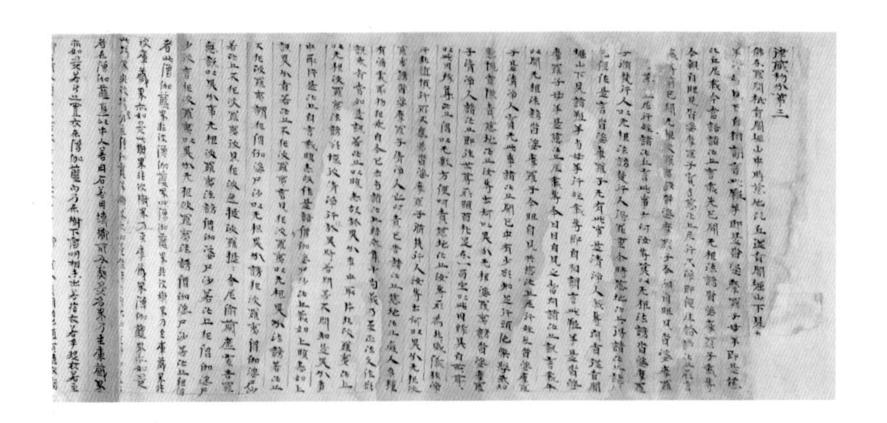

图 9-1-6 敦煌石室出土的写本《律藏初分》[27]

四、源于植物的神秘纸药

隋唐时期，国力强盛，经济繁荣，文化发达，造纸行业也得到空前开拓与发展。唐代著经立说、印抄经籍之风盛行，对纸张的需求非常旺盛，如咸亨元年（670）至仪凤二年（677），官方抄经机构抄写《妙法莲华经》达3000部，共21000卷。巨大的纸张需求量，刺激了造纸产业的发展，造纸作坊陆续兴办，纸铺也遍及全国。随着国家疆域与造纸产区的扩大，造纸原料也随之扩充，除麻、藤、桑、楮之外，还出现了月桂、木芙蓉等皮类原料，多种原料混合制纸的技术也趋于成熟。此外，此时纸张的装饰十分讲究，纸张加工技术已经发展到很高的水平。

唐代造纸技术的进步还体现在对纸药的运用上。纸药又名“滑水”，是从植物中提取出来的黏性液体，周密《癸辛杂识》中首次记录了在抄纸时加入植物黏液的情况。抄纸时必须加入制取的新鲜黄蜀葵黏液，若是不加则无法将湿纸页分开，也可以用杨桃藤、槿叶、野葡萄代替黄蜀葵进行抄纸[28]，“但取其不粘也”[29]。且抄制纸幅尺寸较大及厚度较薄的纸张时，尤其需要纸药的加入[30]。另在十件唐代书写用纸的检测中，均发现有使用纸药的迹象[31]。可知唐代已开始利用纸药的“滑”性，解决抄造过程中湿纸粘连与纸张纤维不匀的问题。后世诸多文献也都提及了黄蜀葵、杨桃藤、榆皮等植物纸药用于抄造纸张的情形，为了解纸药的特性与作用原理提供了重要依据[32]。如明代方以智在《物理小识》中详细记述了使用杨桃藤抄纸的情形：“治楮者沤之，投黄（蜀）葵之根，

---

[27] 中国国家图书馆，http://open.nlc.cn/onlineedu/course/play.htm?id=9727，访问日期：2023年11月28日。

[28]〔宋〕周密：《癸辛杂识》，载上海古籍出版社编《宋元笔记小说大观（四）》，上海古籍出版社，2001，第5835页。

[29] 同上。

[30] 荣元恺：《纸药——发明造纸术中决定性的关键》，《中国造纸》1988年第6期。

[31] 王菊华：《中国古代造纸工程技术史》，山西教育出版社，2008，第195页。

[32]〔明〕汪舜民：《徽州府志》，上海古籍出版社，1964，第50页。

则释而为淖浆，酌诸槽，抄之以帘。……或用榆皮，……广信（府）用羊桃藤水，皆取其滑。”[33]20世纪学者罗济通过考察江西造纸工艺，于《竹类造纸学》中系统总结了黄蜀葵的加入对造纸工艺的重要影响。黄蜀葵具有色泽纯白透明、稳定性强、黏度大、使用便捷、易于混合的特性，这些特性促使产出的纸张质地更为细腻。

关于纸药悬浮作用的具体原理，小栗舍藏等日本学者曾对黄蜀葵进行了实验分析。经显微观察发现，黄蜀葵黏液结构呈网状，网目形态呈五角、六角至圆形不等。将纸浆与黄蜀葵黏液混合后，这种网状结构可以有效减缓纤维在水中的下沉，提高纸浆表面的张力及纤维的悬浮力。[34]具体而言，纸药黏液一方面通过促进纸浆纤维均匀地悬浮在水中，防止纤维聚集成团及沉入槽底的现象，以提高抄成纸张的均匀度；另一方面，在荡帘过程中，通过减缓纸浆通过纸帘的速度，提升纤维均匀分布在纸帘上的能力。纸药加入前后纸浆内植物纤维分布状态不同（图9-1-7）。

黄蜀葵滑汁含量在冬季最高，最适宜在冬季采摘。黄蜀葵黏液会随着存放时间的延长及温度的提升，其网目数量会减少，比黏度也会降低[35]（图9-1-8），后世纸工在唐代造纸经验的基础上，已经充分掌握了纸药的这一特性，如北宋周密《癸辛杂识》中所言“必用黄蜀葵梗叶新捣，方可以撩”[36]，即说明添加纸药进行抄纸时，需要采用新鲜的纸药黏液，以发挥其最大的效能。另据北宋梅尧臣诗中所云“腊月敲冰”[37]的情形，可知宋人使用寒冬的溪水沤煮楮皮，并制成纸浆用以抄纸，足见宋代纸工对造纸过程中水温的重视：一则冬季冰水所含微

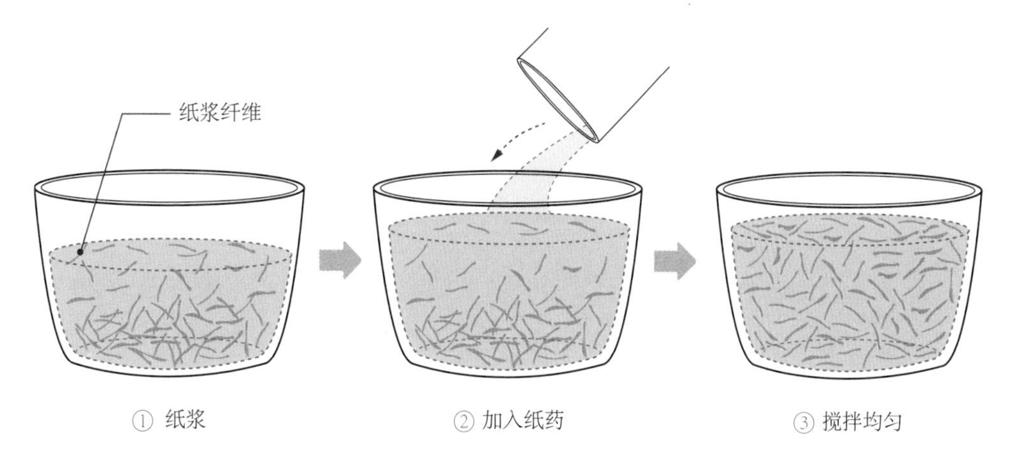

图9-1-7　纸药加入前后纸浆内植物纤维分布状态示意图

[33] 潘吉星：《中国造纸技术史稿》，文物出版社，1979，第206页。
[34] 同上书，第207页。
[35] 小栗舍藏、苫米地和雄：《日本紙に關する研究（第4報）黃蜀葵根粘液の網状組織に就て》，《工業化学雜誌》，1943年46卷2号。
[36]〔宋〕周密：《癸辛杂识》，载上海古籍出版社编《宋元笔记小说大观（四）》，上海古籍出版社，2001，第5835页。
[37] 北京大学古文献研究所编《全宋诗·第五册》，北京大学出版社，1991，第3150页。

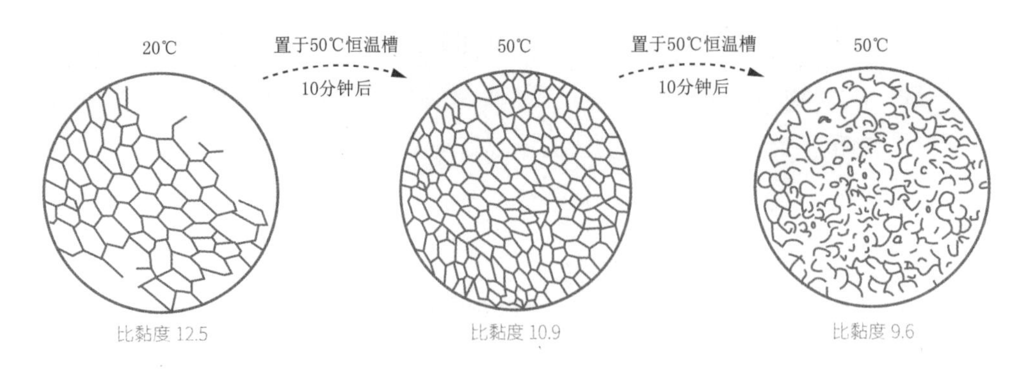

图 9-1-8 不同环境下纸药比黏度对比示意图

生物及杂质较少，二则低温可以更好发挥纸药的功效。值得注意的是，随着后世纸工对纸药的深入探索，开发出更多纸药原料，使纸药的采伐逐渐摆脱时节的限制，无论冬夏均有适宜的纸药可用。

纸药还可以有效解决湿纸间相互粘连的问题。早期抄出的湿纸叠放后难以揭开，故采用一帘一纸一晒的生产方式。而在纸浆中加入纸药后，可以将多张抄出的湿纸依次叠放，然后进行集中压榨，这种一帘多纸的生产方式极大提高了纸张的生产效率。至公元8世纪，西亚、欧洲等地区尚未知晓纸药的妙用，只能使用毛毯将湿纸页分隔开来，并逐一焙干，纸张的生产质量与效率较低。我国少数地区也存在不用纸药抄纸的情况，不过通常所造之纸厚薄不匀，较为粗糙。总之，纸药的发明与应用，是造纸技术发展历史上的重要革新。

相关史料文献对于纸药的加工情形记载寥寥，不过根据现代传统手工造纸经验可知，纸药提取过程并不繁复。以杨桃藤汁液的制备为例，首先选取新鲜杨桃藤茎秆，锤破后切断成适当长度，放入木桶等盛水器具中浸渍，待充分浸渍后进行揉搅，然后将浸出的黏液放入纱布袋等过滤器中进行过滤，最后进行适当的稀释即可使用（图 9-1-9）。

五、机械水碓与巨幅纸张的技术突破

舂捣工具是促进植物纤维紧密交结进而提升纸张强度的关键设备。宋代以前的舂捣设备主要有杵臼（图 9-1-10a）、踏碓（图 9-1-10b），分别运用人的手力与足力进行加工。最早有关利用石臼打浆的文献始于晋代，据《湘州记》记载，

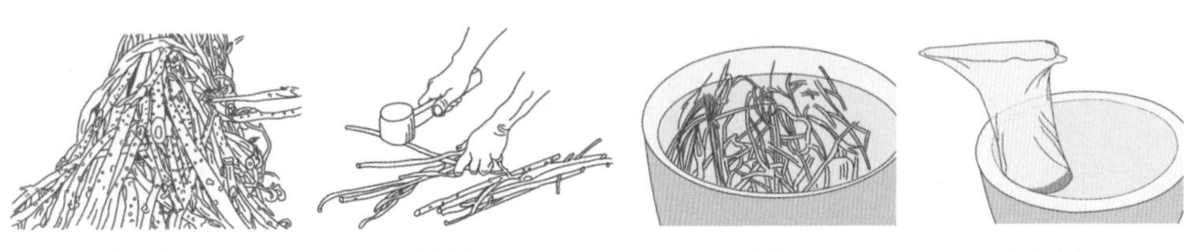

图 9-1-9 纸药加工示意图

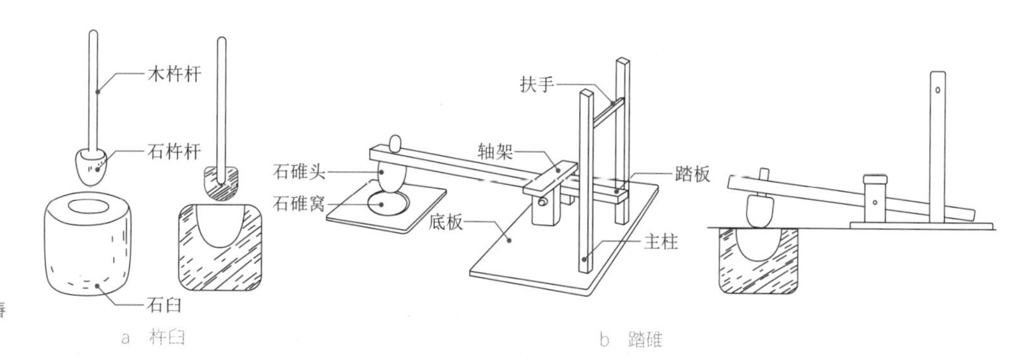

图 9-1-10　西汉时期的舂捣麻料设备示意图[38]

在蔡伦住宅的西面存有一个石臼，“云是伦舂纸臼也”[39]。由人力操作杵臼加工原料非常辛苦，并且需要两人配合完成。为提高生产效率，至迟在宋代开始将水碓引入到造纸制浆环节中，水碓即利用水力带动进行原料加工。《资治通鉴》的注中有较为细致的描述：“为碓水侧，置轮碓后，以横木贯轮，横木之两头，复以木长二尺许，交午贯之，正直碓尾。木激水灌轮，轮转则交午木戛击碓尾木而自舂，不烦人力，谓之水碓。”[40]水碓在制浆环节中的应用，在节省人力与提高生产效率的同时，极大提高了原料的舂捣质量。

（一）机械水碓在宋代造纸制浆中的广泛应用

关于宋代水碓打浆的众多文献、诗词记载及造纸遗址的发掘报告，证明利用水碓打浆已普及。譬如南宋造纸论著《笺纸谱》记载，在四川成都浣花溪旁，“以浣花潭水造纸故佳，其亦水之宜矣。江旁凿臼为碓，上下相接。凡造纸之物，必杵之使烂，涤之使洁。”[41]。陆游《江楼》诗曰：“日依平野没，水带断槎流。捣纸荒村晚，呼牛古巷秋。”[42]江西高安市华林造纸遗址的发掘简报指出，位于福纸庙上游的3号水碓的最早始建年代可能为南宋，也印证了水碓在宋代的普遍应用。[43]元代王祯《农书》中有最早的水碓打浆的图像记录，其中所反映的连机水碓的原理与上述工作原理一致。

（二）机械水碓的结构与原理分析

水碓是利用杠杆原理传送动力进行纸浆加工的，主要由碓与水车两部分组成。本节根据文献及图像资料，绘制了连机水碓的复原示意图、结构示意图与三视图（图9-1-11）。碓部主要包括碓杆、碓头、碓臼、轴架四个部分，水车主要包括水轮、传动轴与拨板三个部分。碓的主要功能是利用水车传输的水力对原

[38] 潘吉星：《中国造纸技术史稿》，文物出版社，1979，第48页。

[39] 转引自杨巨中：《中国古代造纸法的渊源及蔡伦在造纸史上的地位》，《陕西师范大学学报（哲学社会科学版）》2001年第1期。

[40]〔宋〕司马光编著、〔元〕胡三省音注《资治通鉴》，“标点资治通鉴小组”校点，古籍出版社，1956，第2469页。

[41] 转引自陈启新：《水碓打浆史考》，《中国造纸》，1997年第4期。

[42] 刘逸生主编《陆游诗选》，广东人民出版社，1984，第100页。

[43] 王意乐、刘金成、肖发标：《江西高安市华林造纸作坊遗址发掘简报》，《考古》，2010年第8期。

连机水碓复原示意图

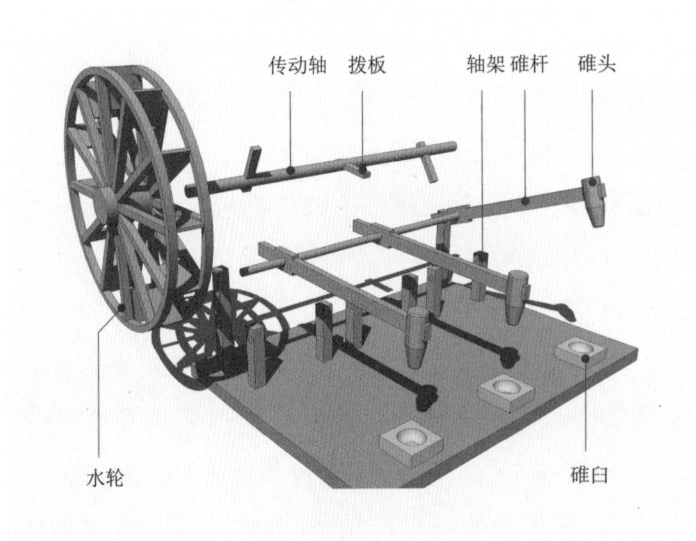

连机水碓结构示意图

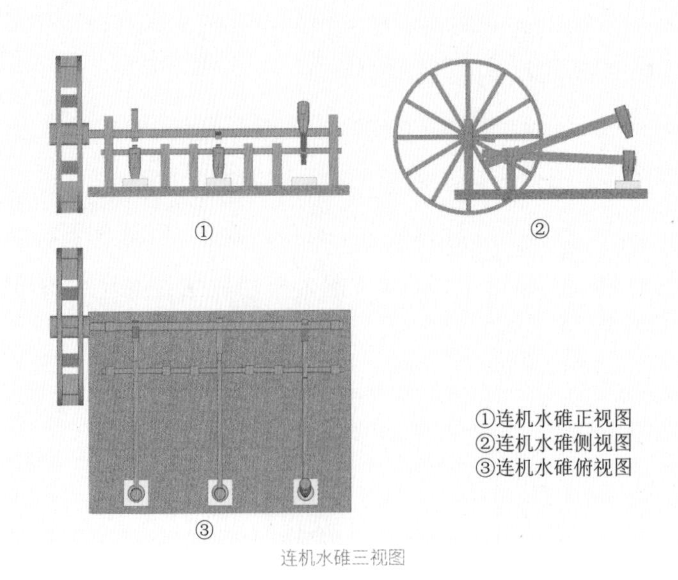

连机水碓三视图

图 9-1-11 连机水碓的复原示意图、结构示意图与三视图

料进行舂捣，水车的主要功能则是利用传动轴带动拨板，将水力传送到拨板上。

以下利用杠杆原理对连机水碓工作过程进行分析（图9-1-12）。首先将传输到拨板的水力作为F_1，轴架到轴尾的距离作为动力臂L_1，碓头的重力作为F_2，轴架到碓头的距离作为阻力臂L_2。当水流驱动水轮转动时，带动传动轴上的拨板作连续性转动，当拨板下压至碓尾时，根据杠杆原理，F_1乘以L_1大于F_2乘以L_2，使得碓头向上翘起，而碓尾向下倾斜；之后拨板逐渐离开碓尾，此时F_1乘以L_1小于F_2乘以L_2，碓杆利用自身重力向碓臼下舂。当拨板再次下压至碓尾时，便开始了第二轮的舂捣动作。水碓就是如此借助水力往复循环地对纸料进行舂捣加工的。水碓在当今传统造纸工艺中仍有迹可寻，如贵州铜仁印江土家族苗族自治县合水镇兴旺村在制作皮纸过程中，于印江河畔使用水碓进行造纸皮料的舂捣（图9-1-13）。

图9-1-12 连机水碓工作原理示意图

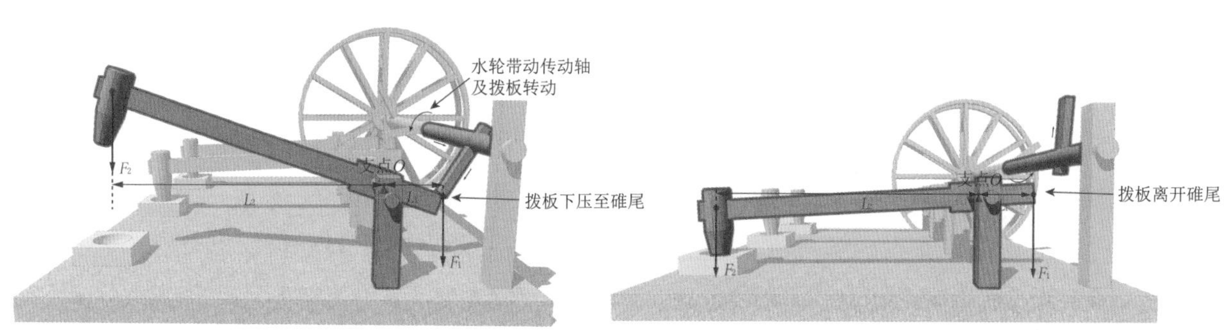

拨板下压至碓尾，$F_1L_1>F_2L_2$示意图　　拨板离开碓尾，$F_1L_1<F_2L_2$示意图

图9-1-13 贵州省铜仁市印江河畔造纸用水碓[44]

（三）同力协帘的抄造方式

宋代抄纸技术与工具的进步还表现在巨幅匹纸的成功抄造，古籍文献中多有记述，如北宋陶穀《清异录》记载“先君子蓄纸百幅，长如一匹绢”[45]。据明代屠隆《纸墨笔砚笺》中载宋代匹纸“长三丈至五丈”。可见宋代已抄造出长达3米

[44] 汤书昆、陈彪主编《中国手工纸文库·贵州卷》下卷，中国科学技术大学出版社，2019，第241页。

[45]〔宋〕陶穀、吴淑撰《清异录·江淮异人录》，孔一校点，上海古籍出版社，2012，第93页。

的巨幅匹纸，表明了宋代纸帘制作技术与抄造技术水平的高超，造纸工具比前代有很大提高和改良。宋代所造匹纸尚有实物留存，如辽宁省博物馆藏宋徽宗赵佶草书《千字文》，一纸纵31.5厘米、横1172.2厘米，朱色纸面上绘有泥金云龙纹图案。另有故宫博物院藏南宋法常《写生蔬果图》，明代沈周在此图作跋曰“纸色莹洁，一幅长三丈有咫，真宋物也”。[46] 潘吉星先生对此纸检验后，认为此纸为白色皮纸，纵47.3厘米、横814.1厘米。

在巨幅纸的制作中，由一人或两人操作纸帘的传统方式已不能完成，于是出现了由多人共同协作的抄造方式。北宋苏易简在《文房四谱》中还原了巨幅纸的抄造场景：“黟、歙间多良纸，有凝霜、澄心之号。复有长者，可五十尺为一幅。盖歙民数日理其楮，然后于长船中以浸之，数十夫举抄以抄之，傍一夫以鼓而节之，于是以大薰笼周而焙之，不上于墙壁也。由是自首至尾，匀薄如一。”[47] 即抄造巨幅纸时，首先需要巨幅纸帘、似船一般狭长的纸槽及大熏笼等制作难度较高的工具，其次需要数十人同步协作，以保证纸张的厚薄均一。

安徽地区历来有抄制宣纸的传统，《文房四谱》中记载的凝霜、澄心这两种优良的纸张产自黟、歙二地，二地得名于隋唐时期，宋代属于徽州管辖范围。为了满足市场对特殊纸张的需求与保护和弘扬中国传统造纸技艺，安徽两家大型纸业公司先后对宣纸抄纸发起了挑战。2015年11月至12月，中国宣纸股份有限公司组织了100名技艺高超的造纸工人复原巨制“三丈三”的宣纸。主要的工种和人数包括44名熟练的捞纸工人、8名辅助的捞纸工、20名晒纸工、4名剪纸工等。在捞纸的操作过程中，巨大的纸槽两侧共站40多名捞纸师傅，他们首先进行荡料（图9-1-14a）及移帘（图9-1-14b）的准备，然后动作一致荡起巨大的竹帘（图9-1-14c）。该竹帘长11.4米、宽3.6米，重达500千克。在抄纸过程中，纸浆的水线保持水平是十分重要的，任何一个微小的波动都可能导致抄纸的失败，所以抄纸时需要全体工人全神贯注、一气呵成的抄纸动作及高度的默契，这样纸浆才会均匀地铺在纸帘之上。湿纸抄造完成后由8名捞纸辅助工将纸帘抬至落纸处（图9-1-14d），经压榨处理后移至焙墙处，由20名晒纸工相互配合将纸张焙干（图9-1-14e）。该晒纸焙墙高至4米，长达12.1米。随后由4名剪纸工裁剪毛边，最后由检纸工进行检查（图9-1-14f），完成一张长11米、宽3.3米的宣纸。总之，抄造巨幅匹纸时，纸帘、纸槽、焙墙等系列工具都需要配套升级，抄纸、焙纸、剪纸各工种人员默契协作，足见宋代已经具备制造巨幅纸的物质基础，且宋代造纸技术水平十分高超。

---

[46] 戴家璋主编《中国造纸技术简史》，中国轻工业出版社，1994，第122页。

[47]〔宋〕苏易简著，石祥编著《文房四谱》，中华书局，2011，第197页。

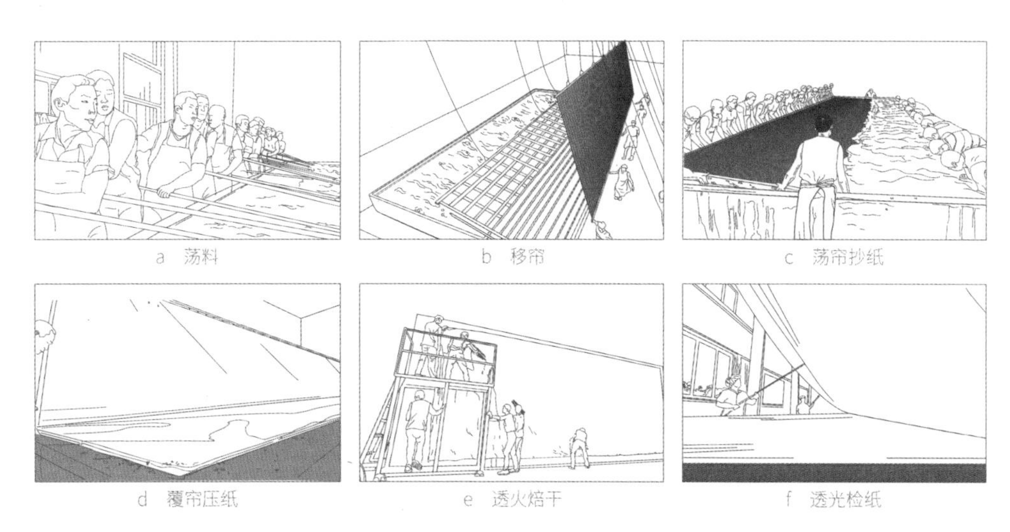

图 9-1-14　"三丈三"宣纸抄制示意图（注：作者参考《中国影像方志》绘制）

六、造纸原料的多元化与纸品性能的多样化

明清时期，承继历代造纸技术的实践经验与理论总结，纸业发展在原料制备、纸面装饰、纸品应用及生产规模等方面均进入鼎盛阶段。纸之制造，首在于料。在造纸技术发展史上，原料的充足与否深刻影响着造纸业的发展，明清时期纸业的繁荣及纸品的广泛应用与丰富的原料供应也密切相关。通过对学者李涛所搜集的168例明清古纸样本数据的分析[48]，可知中国古代造纸所用的主要原料发展至明清时期均较为充足，呈现出多元化特点。其中所采用的麻、皮、竹、草及混合类原料，分别占总量的4.17%、14.88%、43.45%、1.19%、36.31%（图9-1-15）。可见明清各类造纸原料的应用频率较为均衡，表明该时期纸张原料来源广泛，对于单一原料的依赖性降低，且以竹类原料与混合原料为主，皮类原料次之，麻类及草类原料最少。

其中，竹类原料具有地域分布广、成长周期短、单位产量高的特点，并且在种植之后可多年不间断采伐，可以为造纸提供充足的原料。根据李肇《唐国史补》中有关"韶（今广东韶关）之竹笺"[49]与段公路《北户录》所提"竹膜纸"的记载[50]，可知利用竹料造纸可以追溯到中唐时期，不过此时竹纸产量较小且纸质较差。根据明代《天工开物·杀青》、清代《三省边防备览·山货》等古籍文献

图 9-1-15　明清纸张原料统计图

[48] 李涛：《古代造纸原料的历时性变化及其潜在意义》，《中国造纸》2018年第1期。
[49] 转引自戴家璋主编《中国造纸技术简史》，中国轻工业出版社，1994，第123页。
[50] 同上。

中有关竹纸加工工艺的详细记载，可知明清时期竹茎纤维软化技术已发展至成熟，出现诸如连史纸、官堆纸、元书纸、玉扣纸、毛边纸、毛太纸等久负盛名的竹纸品类。

随着竹纸质量的提升与品类的增多，其应用范围扩展到书籍印刷、书写绘画、字画装裱、卫生日用等文化及生活领域。在书籍印刷的选择方面，出于对刊印流通性及成本等因素的考量，除少量质量较高的竹纸品类用于宫廷刊书外，物美价廉的竹纸多用于印制民间坊刻本。如明末兴起的毛晋汲古阁印书多采用毛边纸与毛太纸印制，据《常昭合志稿·毛凤苞传》中载："构汲古阁、目耕楼，藏书数万卷，延名士校勘，开雕《十三经》《十七史》、古今百家及从未梓行之书……所用纸岁从江西特造之，厚者曰'毛边'，薄者曰'毛太'，至今犹沿其名不绝。"[51]可以窥见当时使用竹纸印书的盛况。汲古阁《津逮秘书》所刻明末《洛阳伽蓝记》即为竹纸印刷。在装裱用纸的运用方面，正如清代周嘉胄所言"竹料研易光，舒卷之间，与画有益"[52]，即竹纸易于研光且质地绵软光滑，因而宜作书画裱褙之用。根据学者刘舜强等对明清时期10件书画装裱用纸的检测，可知竹料或含竹混合原料所制纸张是重要的书画装裱用纸。[53]如中国重庆三峡博物馆藏明代《夏昶墨竹图卷》、山西芮城县博物馆藏清代王杰《草书轴》等均为竹纸装裱。

皮类原料是中国古代造纸使用时间最长的造纸原料之一，主要有楮皮、桑皮、藤皮等。楮皮纸与桑皮纸质地坚牢、柔韧耐用，防虫抗蛀。藤皮纸则以光滑细密见长，如宋代米芾所言："台藤背书滑无毛，天下第一，余莫及。"[54]总体而言，皮纸发展至宋元时期达到顶峰，那时皮纸产量及质量远超隋唐五代时期，广泛应用于书画、刻书、钱币及契约等，尤其在高级文化用纸方面逐步占据首位，也造就了宋版书。现存实物如米芾《苕溪诗卷》（图9-1-16a）、毛益《牧牛图》（图9-1-16b）等。直至清朝末西方机制纸大量涌入，皮纸发展受到冲击，但因

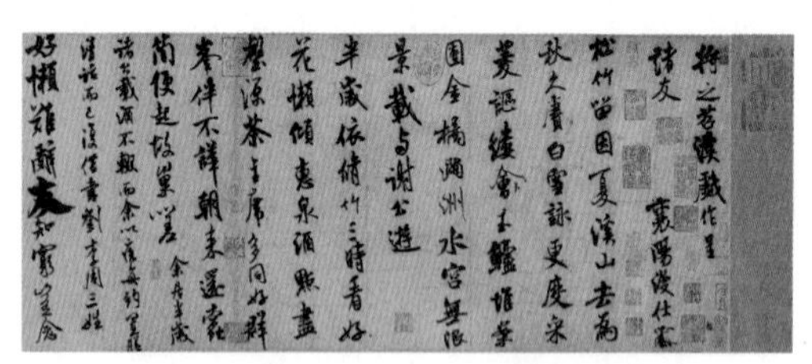

a 《苕溪诗卷》（局部） 米芾 北宋[55]

b 《牧牛图》（局部） 毛益 南宋[56]

图9-1-16 使用皮纸的书画作品

[51]〔清〕庞鸿文等纂，〔清〕郑钟祥、张瀛修《中国地方志集成·江苏府县志辑·22·光绪常昭合志稿》，江苏古籍出版社，1991，第559页。

[52]〔明〕周嘉胄著、田君注释《装潢志图说》，山东画报出版社，2003，第27页。

[53]刘舜强、张旭光、王璐：《几件明清时期书画装裱用纸的检测和相关问题分析》，《文物保护与考古科学》2014年第2期。

[54]〔宋〕米芾、〔宋〕李之仪：《书史·姑溪题跋》，中华书局，1985，第20页。

[55]故宫博物院藏。

[56]中华珍宝馆，http://www.ltfc.net/img/5be396fd8ed7f411e26a49e4，访问日期：2023年5月31日。

其耐久性强、润墨性能好等特点，使其在书画领域仍备受重视。

麻类原料所制麻纸是中国古代造纸技术发展的初期最主要的纸张品类，具有纸面粗涩、纸质坚韧、历久不易变脆、不易变色、不易透水的特点，唐代时多用作政府诏令和文书。但随着原料供应更加充足、生产成本更为低廉的纸张新品类的发展，麻纸在文化用纸市场的竞争力逐渐降低，逐渐为其他原料的纸张所替代。虽然麻纸纸面较为粗糙，但其具有保存时效长且保存效果良好的优点，仍有少量麻纸在民间使用。如山西芮城县博物馆所藏清代《设色工笔水陆神像图》《康熙绢本着色释迦牟尼坐像水陆画轴》《清阎敬铭行草格言四条屏》等均为麻纸裱褙[57]。

造纸所用草类原料一般为稻秆或麦秆，此类植物产量极高，因此草类原料成本较低且供应充分，可以缓解麻料、皮料供应不足的问题。北宋苏易简曾提到“浙人以麦茎、稻秆为之者脆薄焉”[58]。可见使用麦秆、稻穰作为造纸原料造纸的情况在宋代已十分普遍。草类纤维较为柔软易于提炼，稻草与麦秆纤维较短，平均长度分别为1.14至1.52毫米、1.3至1.7毫米，所造纸张相对“脆薄”，质地粗糙，不宜书画，多用作包装纸、火纸与卫生纸等。明清时期常与皮料混合，制作品质优良的书画用纸。

混合原料是将两种或两种以上的原料按照一定比例混合来打浆制纸。通过不同原料的混合可以提高纸的质量与产品性能，弥补单一材料自身的不足。如竹纤维平均长度为1至2毫米，较为细短，在耐折度、撕裂度上均低于皮纸，[59]在竹纤维中适量加入皮纤维，既能保留竹纤维本身的柔韧性也能提高纸张强度（图9-1-17）。明清之际在全国影响力较大的皖南“宣纸”，即为青檀皮料与沙田稻草料混合所制，自明代逐渐被广泛应用于书画的创作中。具体而言，青檀皮韧皮纤维内部表面积大，成纸后润张作用强，吸附墨粒的性能高，且青檀皮表面褶皱较多，能够分层次地吸附不同数量的墨粒，因此具有良好的润墨性能，而沙田

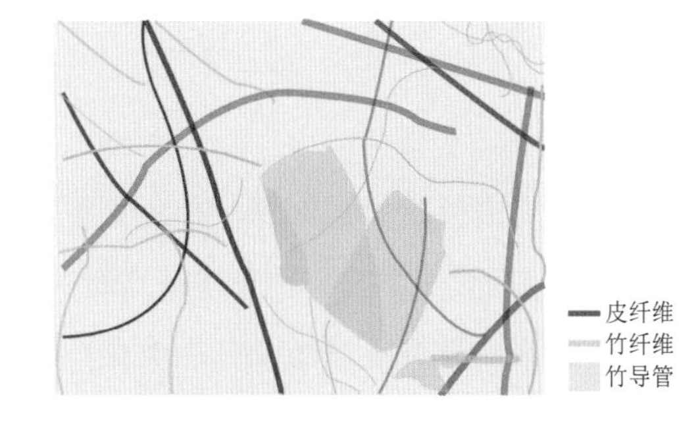

图9-1-17　竹料与皮料混合示意图

[57] 王欢欢：《明清时期文化用纸材质初探》，《中国造纸》2016年第9期。
[58]〔宋〕苏易简著，石祥编著《文房四谱》，中华书局，2011，第198页。
[59] 陈晓琳：《手工书画纸的理化性能研究》，博士学位论文，复旦大学文物与博物馆学系，2014，第27、34页。

图 9-1-18（左）《潇湘奇观图》（局部） 米友仁 南宋[60]

图 9-1-19（右）《仿米山水图卷》（局部） 陈淳 明[61]

图9-1-20(左)《墨竹图卷》（局部） 柯九思 元

图9-1-21(右)《墨竹图》（局部） 王右 明

稻草料系短纤维，其匀整性优于普通草料，能够填充青檀皮纤维间的空隙，使得纸张纤维交结紧密且匀整，故而二者结合所制纸张质地细腻柔韧，并能极好呈现地出用笔的轻重缓急及墨色的自然变化。

宣纸极佳的润墨性在该时期墨韵万变的绘画作品中得到了充分的展现。如南宋米友仁《潇湘奇观图》(图9-1-18)与明代陈淳的《仿米山水图卷》(图9-1-19)两幅山水画作品，分别采用生皮纸与宣纸绘制。《潇湘奇观图》画面中烟霭缥缈，层峦叠嶂，但笔墨稍干且线条及皴擦痕迹不显，以写实的手法进行写意的表达，而《仿米山水图卷》墨色清润且笔迹清晰，无须层层积染即可达到丰富的层次变化。又如元代柯九思(图9-1-20)与明代王右所作《墨竹图》(图9-1-21)，分别选用楮皮纸与宣纸绘制，柯九思所画墨竹浓淡干湿的变化较少，而王右所绘墨竹墨色相互融合而又层次鲜明，充分利用宣纸的润墨性表达画面的远近虚实。

结语

上述分析表明，中国古代造纸技术自西汉时期的探索，至东汉蔡伦改革而基本定型，其后在各历史时期的发展主要集中在造纸原料获取、工具改进、加工工艺等有关纸张生产效率、纸品性能提升与纸张品类扩充等方面。为发展出更

[60] 故宫博物院藏。
[61] 同上。

轻便、耐用与经济的纸张品类，解决造纸原料短缺的问题，对原料来源进行了持续的探索与扩充。同时，在加工工艺方面，不断扩大纸张生产规模和提升纸品性能，通过染色、研光、染黄等装饰技术的发展，对历代遗珍的仿制与改造等，创造出品类繁多的精妙纸张。

依托于历代发达的商品经济、繁荣的文化事业及先进的雕版印刷技术与活字印刷术等，纸张历经千年，一步步突破了传统意义上的文化载体的界限，形成了独特的“纸市场”“纸经济”“纸文化”。其渗透至中国古代社会文化艺术、物质生产等领域，成为芸芸学子视若珍宝的书籍、文人墨客直抒胸臆的画卷、广大商民消费交易的钱币等，是中国古代物质文化与精神文明发展的重要见证，客观地反映了丰富的技术演进与造物理念。尽管中国传统手工造纸行业自清代后期逐渐式微、现代造纸工业发展迅猛，但基本原理在中国古代造纸体系中均能找到最初的发展依据。

第二节　剪纸里的礼俗空间

剪纸又名“剪画”，是以纸张为主要依托，通过剪刀、刻刀等工具，运用剪、刻、贴、绘、染等多种手法制作而成的平面镂空的艺术形式，是纸作为文明载体在特定礼俗空间中渐进式拓展的产物。

剪纸传统工艺根植于中国古代的农耕文明，是先民浸润于生活的艺术创作与表达，其发展与民众社会生活、民俗文化密不可分，创作题材非常广泛，包含山水景色、动植物、劳动场景、生活风俗及神话传说、故事见闻等方方面面。剪纸根据其功能特点、应用场景被分为不同种类，在功能上主要从岁时节令、婚丧嫁娶、祭祀礼仪等进行划分，同时根据不同的使用场景可进行更为细致的分类，如窗花、门笺、墙花、顶棚花、灯花等。人们构思并剪刻出具有特定含义的图案符号或故事情节，以此来寄托人寿年丰、禳灾避凶等美好愿望。剪纸凭借其材料易得、制作简便、造型多样等特点，历经朝代更迭延续至今。同时，剪纸因制作快速、效果直观，作为创作的辅助手段被广泛应用于刺绣、瓷器等艺术门类中。因剪纸所用材料易受潮、破损与腐蚀，留存实物稀少，故探求剪纸的源流发展主要依凭文献史料的记载。

一、剪制工具的迭代升级与“类剪纸”的出现

“剪纸”意为运用以剪刀为主的剪制工具对纸张材料进行裁切加工，其作品的优劣和制作者所用工具息息相关。《韩非子・五蠹》有云：“尧之王天下也，茅茨不翦。”[1] 通过对贤明统治者疏于修裁茅草屋顶的俭朴生活的描述，可从侧面洞悉剪刀早在先商时期便已出现并得到充分运用。《诗经・国风・甘棠》曰：“蔽芾甘棠，勿翦勿伐，召伯所茇；蔽芾甘棠，勿翦勿败，召伯所憩；蔽芾甘棠，勿翦勿拜，召伯所说。”[2] 文中多处提到的“翦”即为修剪之意。春秋时期随着材料冶炼技术的发展与提高，剪刀等铁器已经开始在人民的生产生活中扮演重要角

[1]《韩非子》，高华平、王齐洲、张三夕译注，中华书局，2010，第700页。
[2]《诗经》，刘毓庆、李蹊译注，中华书局，2011，第39页。

色。随着人们对剪制作品造型要求的提升，剪刀从交股型向双股支轴型转变，此后更因刻刀的加入而使剪纸作品朝向精细化与多元化方向发展。

（一）从交股型向支轴型转化的剪制工具

西汉早期南越国墓出土的铁剪是迄今为止所发现的最早的剪刀实物（图9-2-1）。此时期剪刀也称“铰刀”，主要材料为铁，细长扁平、直背直刃，器型为交股“α”形，两股中部无固定连接，制作时将一根铁条从中间弯折，然后在两端打制出刃部。在使用时以手按压剪背利用铁条的弹性进行剪切，通过惯性进行开合，故又称为“弹簧剪”。

从西汉至东汉“α”形剪刀的形制流变过程可直观看出，刀刃由平直向尖细过渡，刃背由直背向弧背变化（图9-2-2）。从形制演变对剪纸的影响而言，尖刃弧背更有利于制作者对纸面进行细化操作，避免因刀刃过平对纸张造成损坏。同时，此种剪刀也存在弊端，其在弛态时两刀刃相对距离较远，不易进行控制，剪制薄片状物时较为吃力，故东汉时期，剪刀在交股形态上加以改善，使剪制薄片状物的使用体验得以提升，为剪制纸类作品奠定了坚实基础。

图9-2-1 广州淘金坑南越国墓葬铁剪 西汉[3]

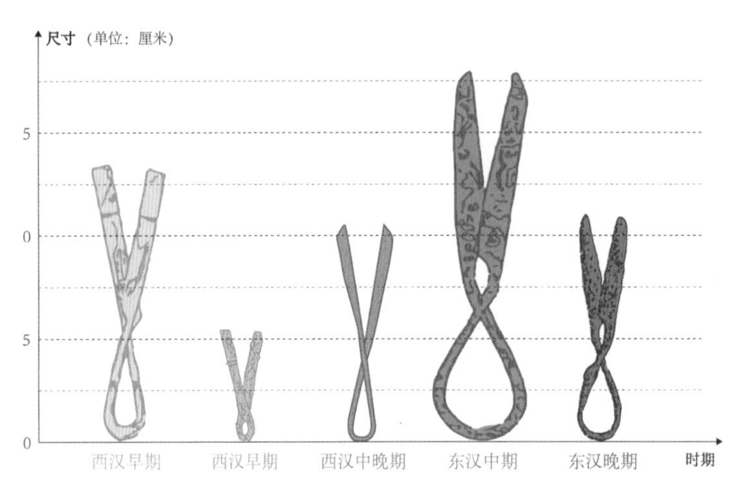

图9-2-2 “α”形剪刀形制流变过程

[3] 麦英豪：《广州淘金坑的西汉墓》，《考古学报》1974年第1期。

东汉以降，剪刀在“α”形基础上持续优化，肩部与刀柄均呈现环状，及至唐朝，“8”字形交股剪刀形态得以固定，由剪尖、刃口、外口、剪面、剪背与“8”字把环构成（图 9-2-3），剪刀在弛态时相对距离较近，通过按压实现对纸面的剪切时相对省力，更易进行精细化操控。随着唐代钢铁冶炼技术的迅猛提升，其剪刀在刃质的锻造、淬炼及剪切的手感上均达到相当高的水平。

同时，此时期的“8”字形剪刀，其受力点在把环的前端，两受力点呈对向分布，与前代相比更易控制刀刃的开合，可制作折剪作品中的精细纹饰（图 9-2-4）。

从东汉至唐“8”字形剪刀的形制流变过程可见（图 9-2-5），剪身长度由西汉至东汉时期的普遍 20 至 25 厘米左右延长到唐代普遍 20 至 30 厘米左右，至唐晚期剪身达 35 厘米及以上[4]，可实现对不同规格剪纸作品的创作。同时，此种剪刀结构虽经改进增强了剪切性能，但仍存在剪刃张口角度有限，反复按压剪背易使金属材料弹性消退，剪切时容易错位等缺陷。为实现更为精准、持久、省力的裁剪，约 11 世纪始，支轴剪刀应运而生。

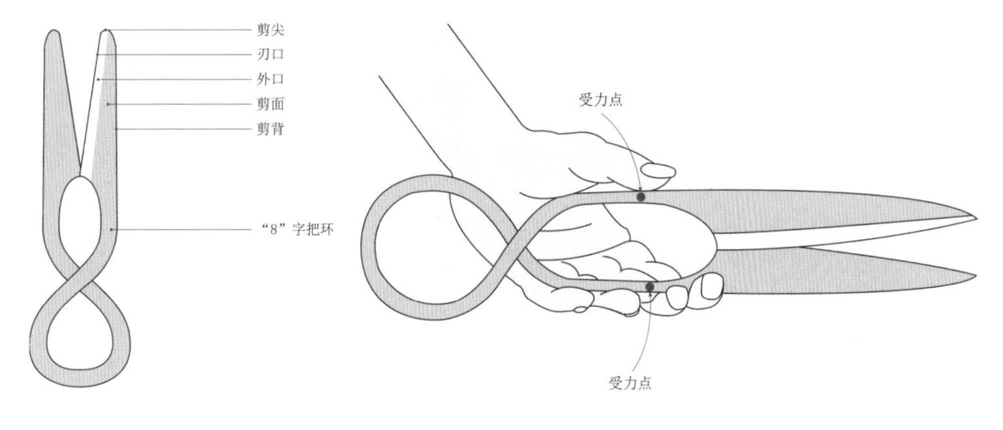

图 9-2-3（左）“8”字形剪刀结构示意图

图 9-2-4（右）“8”字形剪刀受力分析图

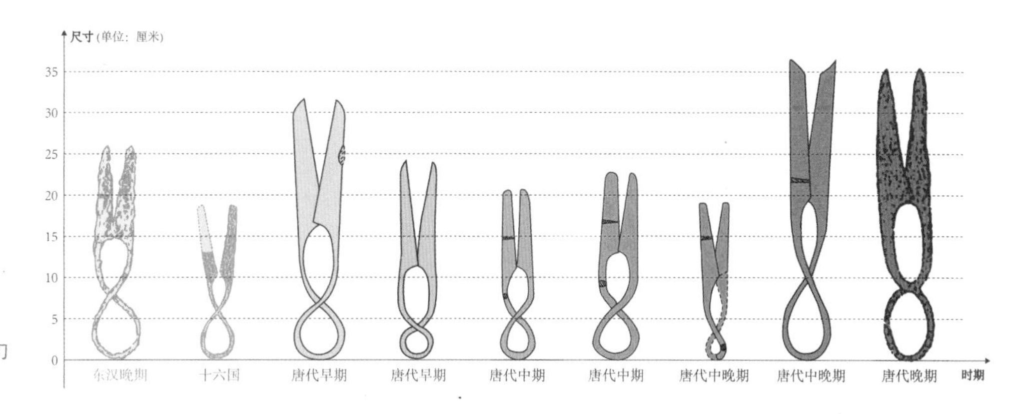

图 9-2-5 “8”字形剪刀形制流变过程

[4] 陈巍：《11~13 世纪中国剪刀形态的转变及可能的外来影响》，《自然科学史研究》2013 年第 2 期。

随着宋朝剪制需求的提升，剪刀不再通过按压铁条实现刀刃的开合，而是在两股中间采用铆钉进行钉连，手握处呈双环形，演化为双股支轴剪刀，由剪尖、刃口、外口、剪面、剪背、销钉和把环构成（图9-2-6）。此时剪刀因加入销钉和丰满对称的把环，在剪制时实现了刀刃开合的灵活性及手部握持的舒适性，为剪裁更加繁复的纹样提供了技术支撑。此时期流行的双股支轴剪刀，因销钉与把环的存在实现了剪刃的随意开合，使得剪制小型化作品成为可能（图9-2-7）。

从剪刀形制流变过程（图9-2-8）可以看出，宋代以降，剪股一分为二的设计方式得以固定，因向内弯转型剪股仅能容纳一到两枚手指，握持舒适性不足，故向外弯转型剪股逐渐占据主导地位。

同时，从历代剪身长度演变计量图（图9-2-9）可知，自汉代至明清时期，剪刀在漫长的演变历程中呈现小型化、灵活化趋势，剪刃打制的角度、剪股弯弧的饱满度皆不断提升，反映出剪刀制作技艺的纯熟化，也与剪制材料的不断丰富有着密切关联。

除剪刀之外，自元代开始，人们逐渐依托蜡盘和刻刀，将刻镂技术运用于剪纸中。剪纸艺人在蜡盘上双手操作刀口尖薄锋利的刻刀（图9-2-10），刃口为斜面，可灵活转动，于方寸纸面刻出细如发丝的线条，使作品整体呈现出纤细工整的视觉效果。

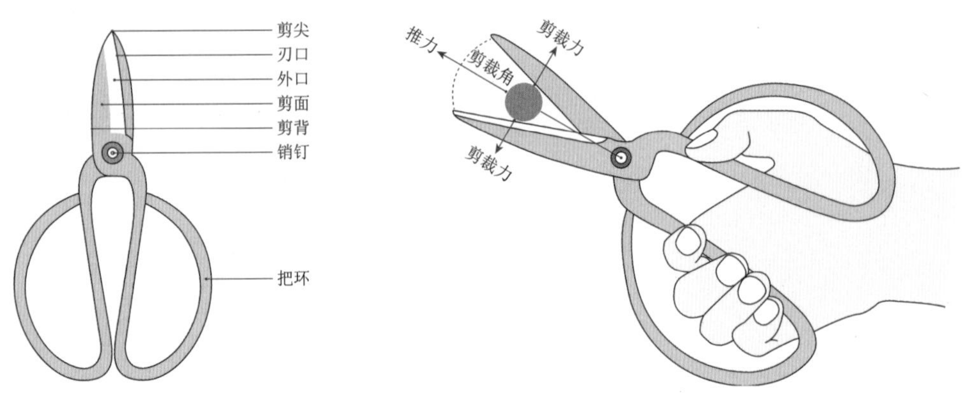

图9-2-6（左） 双股支轴剪刀结构示意图

图9-2-7（右） 双股支轴剪刀受力分析图

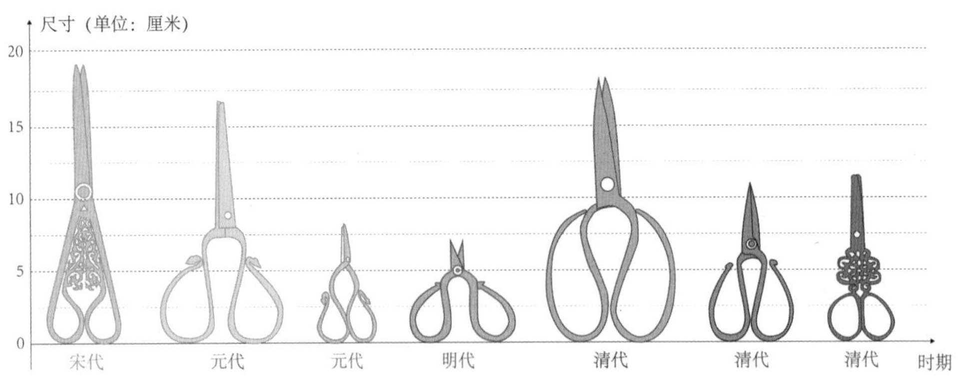

图9-2-8 双股支轴剪刀形制流变过程

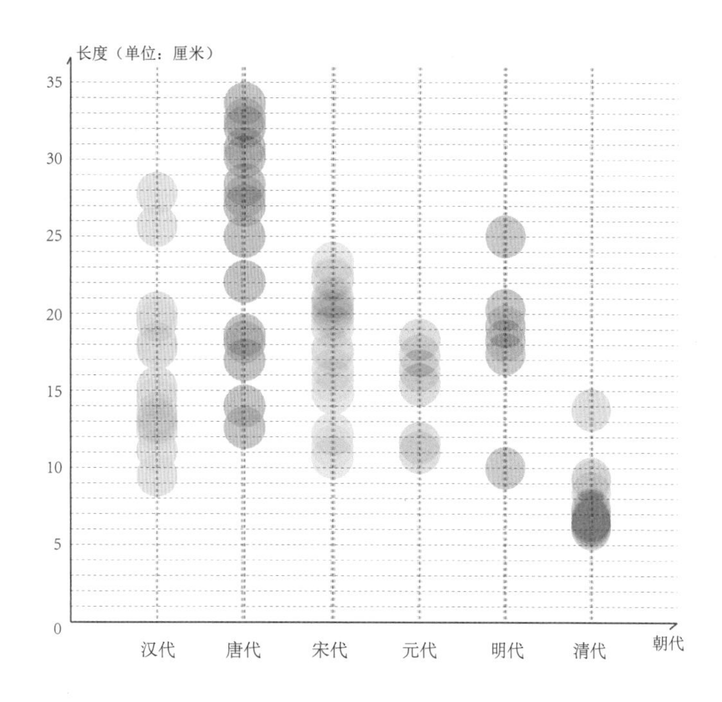

图 9-2-9 历代剪身长度演变计量图

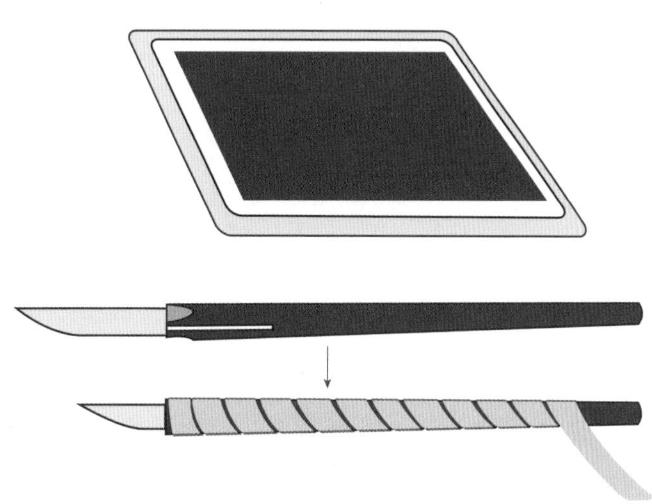

图 9-2-10 蜡盘及刻刀示意图

（二）依托于薄片状物的剪纸观念的萌芽

剪纸传统工艺的提升除与剪制工具的迭代升级相关之外，也受剪制材料变迁发展的影响，从先秦时期的金属等薄片状物到汉代造纸术发明后的各色纸张，剪纸艺人通过不同的媒材精进技艺、优化作品。

先秦时期虽尚未出现纸质媒材，但依托金箔、树叶等类纸张的薄片状物，初步呈现出了纹样的曲直变化和饰件设计的精巧趣味性，为后世剪纸艺术的发展奠定了牢固的基础。

金银箔片作为质料稳定、光滑平薄、便于剪贴的贵金属材料较早进入当时人们的视野，镂刻金箔由此成为先秦一种较为华贵的装饰工艺，并被贵族阶层普遍接纳采用。现存最早的考古实物为四川成都金沙遗址出土的商周太阳神鸟金饰，整体为圆形镂空金片。整张箔片生动再现了《山海经·大荒东经》所云“汤谷上有扶木，一日方至一日方出，皆载于乌”[5]的景象，是原始先民崇日观念的产物。在商代箔片的基础上，江西南昌晋墓和湖南长沙黄泥塘晋墓出土的“双凤纹金饰片”呈现双凤旋颈对望的对称形象。从制作工艺而言，此类金箔采用镂刻加工手法，由多种圆形、弧形、三角形、锯齿形等镂空图案构成，与后世所惯常使用的月牙纹、锯齿纹、几何纹、圆眼纹等剪纸语汇十分近似，且已懂得采用适合纹样作为图案的构成形式，足可见镂刻金箔饰片等古老工艺对剪纸艺术的影响（图9-2-11）。

图9-2-11　金箔饰片与剪纸典型纹样对照示意图

除贵金属箔片之外，树叶也可作为裁剪的对象[6]。《史记·晋世家》记载：“成王与叔虞戏，削桐叶为珪以与叔虞，曰：‘以此封若。’”[7]周成王通过削制技法，将桐叶剪为“圭”形，并作为信物分封赐赏予其弟叔虞。可见，先秦至西汉的“类剪纸”在材质选择上偏重于薄片状物，在制作手法上多采用裁剪、镂刻工艺，在图案选择上多倾向于适合纹样，此工艺手法后被应用于剪纸艺术中。

汉代以降，工匠主要依托木本植物树皮内侧部分的韧皮、麻类、竹类、其他野生植物等，将其中的植物纤维原料经提纯、分散、成浆、抄造及干燥定型等工序制成纸张，为剪纸艺术提供了最为合适的承载物。在朝代更迭中纸张表面渐趋平整、质地倍加柔韧、色彩纹理丰富，为创作剪纸作品提供了质量稳定、选择性多样的原材料。

[5]〔清〕郝懿行笺疏，范详雍补校《山海经笺疏补校》，上海古籍出版社，2013，第341—342页。
[6]〔汉〕司马迁：《史记》，中华书局，2006，第240页。
[7]同上。

二、魏晋至唐礼祭剪纸的传播

（一）同质化的丧葬剪纸

“事死如事生”的观念长期存在于中国民众的礼俗仪式之中，即：“卒礼者，以生者饰死者也，大象其生以送其死也。故如死如生，如存如亡，终始一也。”[8] 在先民的意识形态中，灵魂可超脱肉体独立存在，魂魄被视为凌驾于万物之上的不灭的精神性部分。由此，时人充分发挥主观能动性，将剪纸作为灵魂的承载物，通过剪像招魂或作为随葬之物表达对逝者的缅怀。

剪像招魂早在汉代便有方士少翁夜设帐幔，用纸剪李夫人影像招引亡灵慰藉武帝之说。而在作为随葬之物方面，现存最早的纸质剪纸实物为出土于新疆吐鲁番阿斯塔那墓葬群的北朝时期团花剪纸作品，尤以对马团花最具代表性。通过对阿斯塔那306号墓葬出土的编号为59TAM306的对马剪纸残片[9]进行复原，可知对马所站边线合围而成的几何图案为正八边形，每对马身相背而立，共16匹环绕一周，内圈环状排列对称镂空菱形，中心为齿轮状（图9-2-12）。此种对折型剪纸图案对称、匀整，多层镂空图案的嵌套组合可见时人对剪纸工具的使用已十分纯熟。从纹样寓意进行考量，通过阿斯塔那306号墓主人的将军身份及用马殉葬、祭祀的丧葬风尚判断，团花中的群马纹样喻指墓主人生前煊赫战功，此类剪纸作品除作为装饰之用外，也可达到祭奠逝者、引魂升天的目的。

从具体剪制技法来看，综览此时期团花剪纸皆具有同质性，即依托“折剪”呈现对称性和连续感。具体而言，根据折叠角度和层数的不同，通过先“折”后

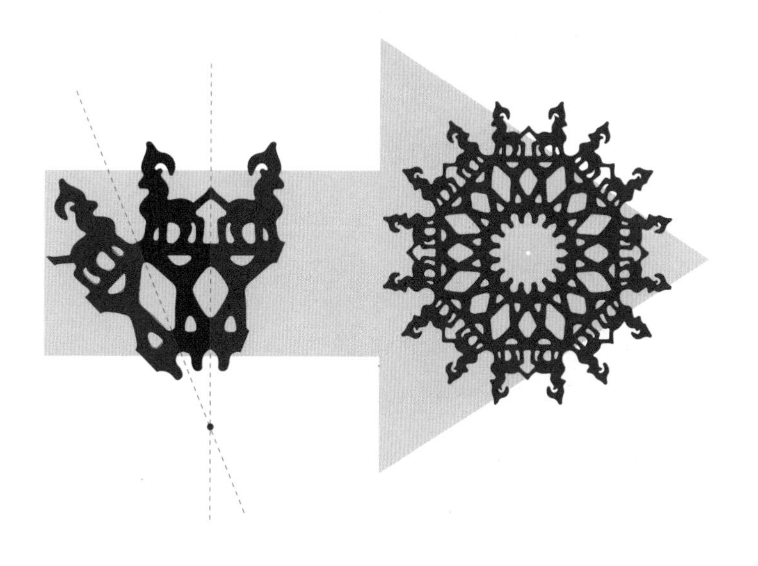

图9-2-12　对马团花剪纸复原图[10]

[8]〔战国〕荀况：《荀子校释》（修订本），王天海校释，上海古籍出版社，2016，第786页。
[9] 新疆维吾尔自治区博物馆：《新疆吐鲁番阿斯塔那北区墓葬发掘简报》，《文物》1960年第6期。
[10] 张玉平：《吐鲁番阿斯塔那墓葬〈对马团花剪纸〉考略》，《丝绸之路》2019年第4期。

“剪”产生连绵图案。以折剪技法在团花剪纸上的运用为例（图9-2-13），剪纸艺人将正方形纸张进行四次对折，使纸面形成十六等分，在确定单元纹样后着手剪制，最后将纸张伸展，可见中心图案为八角花形，依次向外为两圈菱形花纹，交叉错落，排列有序，最外圈为梯形锯齿状纹组成的三角形边饰，整体在空间构成中呈现对称圆满包容之态。此外，“折剪”技法也可高效创造各式连续纹样。如作为包含有辟邪招魂之意的抓髻娃娃，通常以二方连续图形呈现。在实际操作时，定局部而窥全貌，依据所需作品长度对纸张进行多次对折后，剪出抓髻娃娃的半边造型，展开后即可得到娃娃牵手而立的场景（图9-2-14）。此种通过不断对折复现单元纹样的方法，使剪纸作品呈现连绵不绝之势。

此外，剪纸的同质性体现在作品线条上则表现为“线线相连”的阳刻剪纸和“线线相断”的阴刻剪纸。通过阳刻剪出的作品保留线而省略面，可清晰辨认出原稿的轮廓；与之相反，阴刻剪纸则要求保留面而弱化线，通过留白引导观者将作品在头脑中补全。以对莲花的塑造为例，阳刻即剪除主体莲花外的多余之处，阴刻则要求剪去图案自身，保留图底（图9-2-15）。实际剪纸过程中通常将

图9-2-13　折剪技法在团花剪纸上的运用

图9-2-14　折剪技法在二方连续纹样上的运用

图 9-2-15　阳刻剪纸与阴刻剪纸表现形式对比图

二者进行结合，达到图底相衬、形象互补、疏密有致的画面效果。

除丧葬剪纸之外，魏晋南北朝时期，《荆楚岁时记》对民间节日剪纸活动进行了翔实记载："正月七日为人日，以七种菜为羹。剪彩为人，或镂金薄为人，以贴屏风，亦戴之头鬓。……立春之日，悉剪彩为燕以戴之。亲朋会宴，啗春饼、生菜，贴'宜春'……七月十五日，僧尼道俗悉营盆供诸佛……饴蜡剪彩，模花叶之形，极工妙之巧。"[11] 剪纸作品在不同的节日被普通民众赋予特定的造型，以表达对未来的美好期许。如民众正月七日将纸剪为人形，以求吉利；立春剪成燕子，以求美满，或贴"宜春"二字，迎春祝吉；七月十五日剪成花叶，敬献神佛。剪纸与礼俗活动的结合赋予了此种艺术形式蓬勃的生命力，并为隋唐时期功德剪纸与岁时剪纸的勃兴奠定基础。

（二）层叠繁复的功德剪纸

隋唐时期四海昌平，文教繁荣。其一，稳定的社会政治、经济环境促使匠人进一步精进技术，金银平脱等多种金属加工工艺的提升从侧面助力了剪纸技艺的发展。其二，自汉代佛教传入中国始，至唐代真正进入了鼎盛时期，礼佛之风甚厚，信众将尊崇敬奉之意融入剪纸等作品中，装点佛事场域。其三，节日在唐代呈现出了较为鲜明的娱乐倾向，节令习俗的宗教祭祀意味逐步弱化，世俗化和娱乐化倾向凸显。人们乐于通过各种方式美化节日空间，剪纸由此越来越广泛地渗透进日常生活中。

隋唐时期平脱的主要做法，系用薄金片或薄银片按照所需装饰花纹的要求，剪成图案粘贴于素胎表层后上漆反复研磨，使花纹与器壁处于同一平面。如唐代金银平脱鸾鸟绶带纹铜镜，主题纹饰为四只金花鸾鸟口衔绶带，作同向展翅飞翔状，其间配置四组带叶花瓣，镜边缘饰金丝同心结纹一周。与之工艺相仿的金银平脱宝相花铜镜为六出葵花形，纽周围饰六出重瓣形金片，每瓣为三重，镜边缘为六个心形银片嵌套宝相花纹金片，间缀瓣纹图案（图 9-2-16）。此类工艺的流行使剪纸技艺成为一门普遍被匠人所接纳学习的技术类别。由此也可看出，

[11]〔梁〕宗懔撰，〔隋〕杜公瞻注《荆楚岁时记》，姜彦稚辑校，中华书局，2018，第 11、14、61 页。

图 9-2-16 包含剪纸造型元素的唐代金银平脱铜镜[12]

为适应封建经济上升期对物品及其所处空间富丽辉煌的要求，各类工艺品均呈现繁复华美的装饰性，此种倾向在功德剪纸中有较为突出的体现。

功德剪纸作为敬供神佛的剪纸作品，一是在佛教节日庆典时，僧侣用剪纸彩花、彩幡布置佛堂，装饰会场；二是在佛教节日集会中，信教民众把剪纸佳作当成供品，礼敬上苍。敦煌莫高窟第17窟所出五朵纸花，连同一件剪花图样，即为功德剪纸的代表（图9-2-17）。依据残边加以复原后可知：Ⅰ式纸花对角直径13厘米，为方形多层团花；Ⅱ式纸花对角直径12厘米，为圆形多层莲花；Ⅲ式纸花对角直径9厘米，也为圆形多层莲花；Ⅳ式纸花横11.7厘米、纵13.5厘米，为方形多层团花；Ⅴ式纸花为手绘花样，剪成后应为方形多层莲花；Ⅵ式纸花横13.2厘米、纵10.8厘米，为方形多层团花。此六件以纸张为材料的剪纸实物均为多层彩色纸花，首先将彩纸剪成不同形状的花瓣，随后依照花形，层叠粘贴为完整花样，呈现出较强的立体感与精巧华丽的视觉效果。

隋唐时期的崇佛之风为功德剪纸提供了成长的空间，而时人对器具装饰性要求的提升则促进了多层拼贴等剪纸技术的精细化发展，进一步催生出宋代大量的花样剪纸作品。

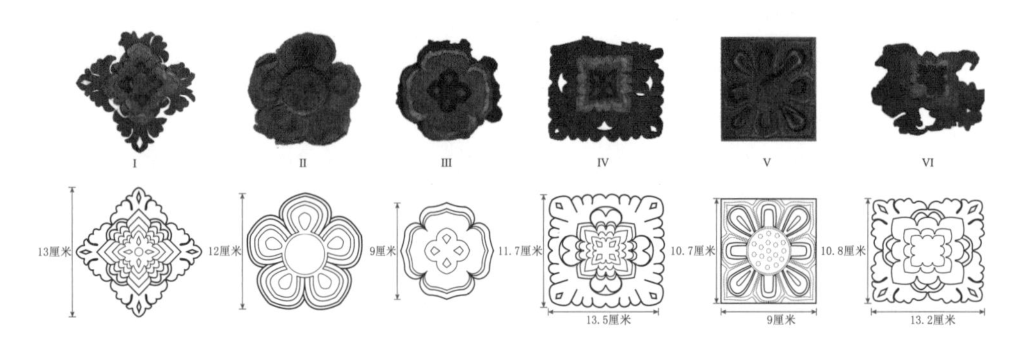

图 9-2-17 唐代敦煌莫高窟第17窟多层花形功德剪纸复原线描图

[12] 陕西历史博物馆，https://www.sxhm.com/collections/detail/444.html，访问日期：2023年5月21日；济南市博物馆，http://www.jnmuseum.com/#/collection/imagelist?id=f63e90a467b19ba70167b672264329c0，访问日期：2023年5月21日。

三、宋代至明代装饰剪纸的流行

（一）随物赋形的花样剪纸

随着宋代民间娱乐文化的兴起和繁盛，以“瓦肆”为代表的商业聚集场所大量涌现，“瓦”取“来时瓦合，去时瓦解，易聚易散”之意。在瓦肆中从事的小商品买卖被统称为“小经纪”，其中剪纸作为兼有展示和贩卖属性的商品受到时人青睐，众多专售剪纸作品的摊位随之涌现，艺人们不再局限于固有的剪制方式，开始对剪纸纹样进行更为多元化的艺术创作，甚至同行间同台竞技。

宋代剪纸的商业化发展，使民众无论是节日抑或是人生重要阶段皆可选购到各色剪纸作品。对节日而言，此期民众于元旦在正门入口处悬挂春幡胜以庆新年。吴自牧《梦粱录》中有“街市扑买锡打春幡胜，百事吉斛儿，以备元旦悬于门首，为新岁吉兆。”[13]这种普及的春幡胜、年幡为剪制有吉祥图案和文字的长方形剪纸，作为最早的门笺悬挂于门楣上，已成为民众在元旦日必不可缺的吉庆装饰。另有五色瘟纸，即五毒剪纸，民间用色纸剪镂蛇、蝎、蜈蚣、蜘蛛、蛤蟆五种毒虫的图像，贴于门窗床榻等处，或者系于儿童手臂，以避诸毒。可见宋代已普遍形成在端午节剪纸禳灾的习俗。除节日外，宋代凡是人生重要阶段皆有剪纸作品的参与。孟元老《东京梦华录》载“凡孕妇入月，于初一日父母家以银盆，或镂或彩画盆，盛粟秆一束，上以锦绣或生色帕複盖之，上插花朵及通草帖罗五男二女花样，用盘、合装送馒头”[14]。这种随礼品剪制的通草花样，也称为“喜花”“礼花”，寄寓了家人对新生命的殷切期盼。凡上所举皆标志着剪纸不再只是节令礼祭时的随俗点缀，而作为一种新兴的行业被世人所认可。

宋代剪纸与装饰工艺的结合主要表现在瓷器的贴饰烧制上。以江西吉州窑剪纸贴花瓷器（图9-2-18）为例：早期工艺是把剪纸花样直接贴于瓷胎，后施

图9-2-18　吉州窑剪纸贴花瓷器　南宋[15]

[13]〔宋〕吴自牧：《梦粱录》，张社国、符均校注，三秦出版社，2004，第87页。

[14]〔宋〕孟元老：《东京梦华录译注》，王莹译注，上海三联书店，2014，第142页。

[15]韩力：《南宋吉州窑剪纸贴花盏赏析》，《收藏与投资》2021年第9期。

黑釉，揭起剪纸图案入窑烧制，烧成后黑釉为底色，胎色为花色，呈现黑底白花的特征；后期工艺是将各色剪纸纹样贴在黑色底釉干后的器物表面，再上一层蛋黄色釉，将剪纸揭开后，被纸张覆盖未刷涂淡黄色釉的地方自然显露出黑色剪纸纹样，入窑烧成后的器物表面因窑变而出现根根细纹等。与手工绘制纹样相比，此种制作工艺速度更快且增强了纹饰的统一性。

从吉州窑瓷器剪纸装饰纹样的组织结构上看，依托瓷器本身造型，主要分为散点式、开窗式、环绕式、独立式四种构图方式（表 9-2-1）。散点式构图的特征为多个相同纹样的重复松散排列，器表分布面积较大，呈现出较强的韵律感；开窗式构图为纹样在用曲线围成的封闭图形中展开，形似窗框，界限范围明确，装饰主题突出；环绕式构图的呈现往往围绕器物的内壁中心点展开，相似图案呈顺时针或逆时针旋转，具有较强的视觉流动性；独立式构图只存在一种纹样且无严格的外轮廓限制，装饰于器物最明显之处，主题特征最为鲜明。

简言之，剪纸在宋代与民众的日常生活呈现出更为紧密的关联性。其一，随着从事剪纸艺术的制作、展示与销售等商业活动的专业艺人的增多，剪纸的普及面进一步拓宽，无论是在节俗庆典或是在满月、嫁娶等活动中，皆可见剪纸作品的参与。其二，由于剪纸自身所具有的材料易得、制作便捷、造型多样、效果立见等特点，花样剪纸作品与各类装饰工艺紧密结合，以瓷器烧制为代表，不仅可降低生产成本，同时由于随物赋形，提高了瓷器的美观度。

表 9-2-1 吉州窑瓷器剪纸装饰纹样代表性组织结构

构图方式	散点式	开窗式	环绕式	独立式
剪纸图案呈现				
剪纸纹样提取				
剪纸图案呈现				
剪纸纹样提取				

（二）组织规范的细纹刻纸

及至元代，剪纸朝更加精细化的方向发展，除剪制之外，人们愈加注重刻镂技术的运用，其中以浙江东南沿海乐清地区的细纹剪刻工艺为个中翘楚。元大德年间（1297—1307）的乐清县志记载"社里筀歌达旦，通衢剪彩为众共赏，与民同乐"。文中"剪彩"即为剪刻彩色纸张之意。分而论之，元代细纹刻纸作品较强的视觉冲击力来自其精细的刻制技艺与作品主题图案纹样所呈现出的鲜明形式感与装饰性。

其一，技艺的呈现方面，主要依靠所用刻制工具及口耳相传的刻制口诀以达到较为精细的纸艺展现效果。细纹刻制的工具主要为尖端锋利的刻刀。当一次性刻制数量较少的纸张时，在刀法的运用上，通过划刻法，用力拉划，使刻刀力透纸面；当同时刻制数量较多的纸张时，采用锯条法，发力以上下切动为主，以避免刻制时线条出现断裂。除刻刀外还需辅以竹制"挡柱"，在具体操作中，右手持刀进行划刻时，左手握挡柱按压纸面，以固定纸张位置不使移位，便于开展较为精细的操作（图9-2-19）。双手既各有分工又需协调一致，心静、手稳、眼准、刀快方可刻画出连续不断的线条。其二，主题图案纹样的呈现方面，元代肇兴的细纹刻纸呈现出极为规范严密的组织构成，主体部分为大面积几何图案，以二方连续或四方连续的单元重复纹样通过不同的排列组合进行装饰。随着时代的发展，细纹刻纸不再局限于重复的连续纹样，而是把花鸟走兽、人物神怪等题材融入其中，既可以装饰屋宇窗棂，又依托所处地沿海多水的特性，将其贴在船灯之上，起纳福之意。

可见，剪纸工艺在元代呈现出更为多样的发展路径，除剪刀之外，愈加注重刻刀及其辅助工具的使用，一方面使得剪纸作品的可观赏性迈上新的台阶，另一方面促使剪纸艺人剪刻技艺愈加精进，为剪纸在明代的进一步工艺革新奠定基础。

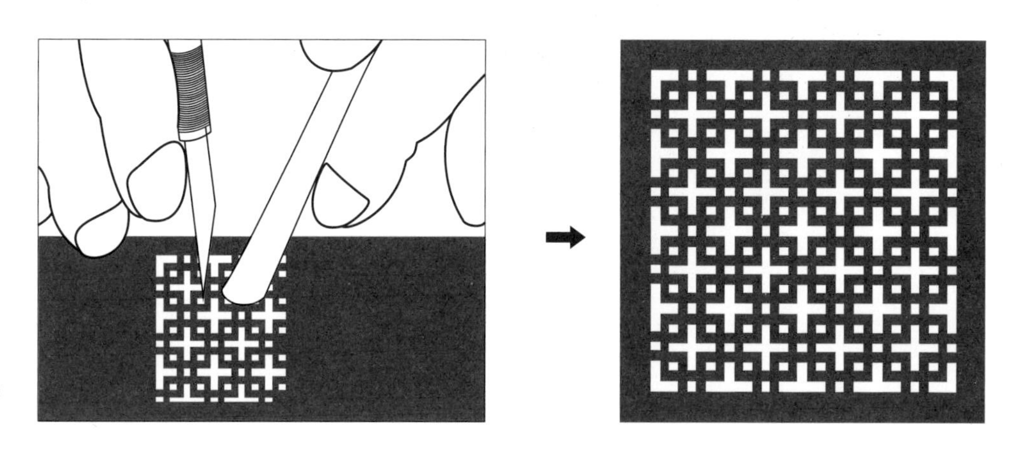

图9-2-19　元代细纹刻纸刻制过程示意图

（三）俗中求雅的扇面剪纸

明代以降，随着社会经济的发展和资本主义萌芽的出现，人口向城镇集中，人们在温饱之余“追新慕异”，文化娱乐消费需求旺盛。剪纸已从不登大雅之堂的俗信之物，逐渐渗入士人阶层的生活，在折扇中展现出雅致的审美取向。剪纸与折扇产生勾连的原因：其一，折扇在明代不仅是消暑纳凉的工具，还成为展现独特品位与修养的重要道具；其二，则与统治阶层的审美观密切相关，自明成祖朱棣始便命内廷工匠仿制高丽、日本上贡折扇，供内宫使用，后又以之赏赐臣下百官，明宣宗朱瞻基更是曾亲自为折扇赋诗，自此上行下效。至明宣德、弘治时，折扇已成为备受士人和平民所喜爱的怀袖雅物。故此，人们将巧思灌注进折扇，发展出夹层扇面剪纸这一新的剪纸样式。

扇面剪纸，顾名思义即依据折扇形状进行适合纹样的剪制，其中保存最为完好的扇面剪纸作品为1965年江苏江阴长泾乡出土的明代剪纸折扇（图9-2-20）。折扇扇骨为竹制，净重19.2克，通长27.5厘米，高17.3厘米，扇面以双层丝绵纸双面裱成，两面皆有洒金。中间夹粘扇形剪纸图案“梅鹊报春图”作为主体装饰，其上线线相断的阴刻与线线相连的阳刻两种手法并用。外框阳刻部分采用了明锦上常见的“龟背”纹和万字纹，阴刻部分选择缠枝纹、花卉等图案，寓意福气绵长。内框通过白描阳刻喜鹊立于梅枝，有“喜上眉梢”之意。从应用角度考量，因剪纸纹样夹于两层纸张之间，故表面呈素色，举扇遮阳时全部图案方可显现，具有含蓄雅致之美。

总体而言，明代剪纸在文人风雅之气的引领下，整体呈现出俗中求雅的特点。剪纸艺人剪技纯熟，所制作品精细秀丽，将剪纸的应用场景不断加以扩展，及至清代，俗信剪纸艺术逐渐渗入民众生活的各个角落，最终形成全面繁荣的局面。

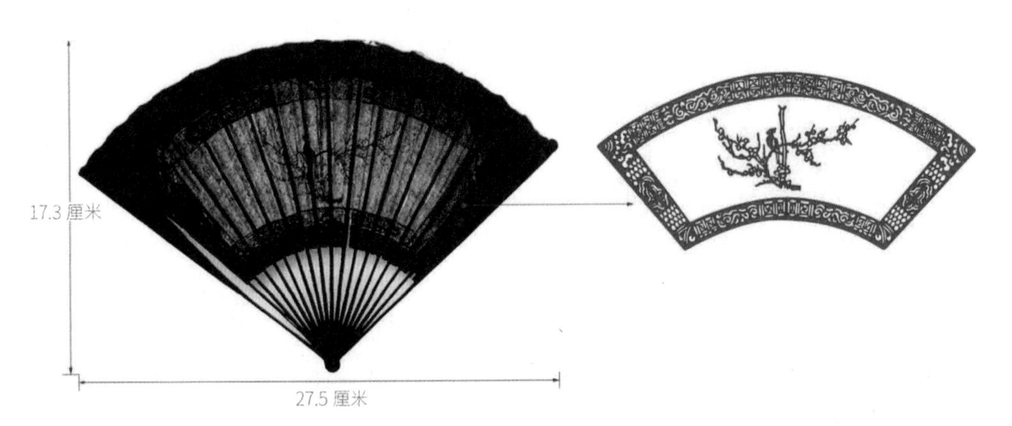

图9-2-20　江苏江阴长泾乡出土的明代剪纸折扇夹层剪纸纹样提取示意图[16]

[16] 周利宁：《祛灾雅制，却暑芳姿——从一件明代墓葬出土的剪纸折扇说起》，《大众考古》2013年第2期。

四、色彩绚丽的清代剪纸及其地域差异

（一）悦目的多色相拼剪纸

清代以降，满汉两族的文化交融使得各种节日和礼仪的流程与细节更加丰复。农耕时代，民俗艺术的产生和发展皆伴随着祭祀神灵等蕴含神秘色彩的活动，但随着社会的演进，此类活动更多作为一种民俗传统被保留下来，在民间转化为更强调表层形式的仪式，其实质意义不断被削弱。人们对剪纸的装饰功能提出了更高的要求，多色相拼工艺由此产生，营造绚烂多姿的审美感受。多彩相拼工艺除可将不同色纸根据画面构思进行拼合之外，也可将剪刻后的作品施以彩色渲染，使不同色彩的剪纸图案在一幅作品中呈现拼合效果，从“以形为上”发展为“以色取胜”。清代最具代表性的为挂笺和蔚县染色笺纸。

挂笺是较为重要的门面剪纸装饰，也称为“门笺”“挂钱”。历代每逢立春，剪彩绸为花、燕等状，插于妇女之发或缀于花枝之下。清代将此种活动正式演化为将剪纸张贴于门楣，迎祥纳福。光绪年间（1875—1908），人们多剪五色纸形如旗脚，贴于门额，上书“风调雨顺”“国泰民安”等语，曰“门彩”，也名“斋牒”。彩笺五张为一堂，中凿连钱文，贴梁间以压胜，曰“挂钱”。清人富察敦崇在《燕京岁时记》云：“挂千者，用吉祥语镌于红纸之上，长尺有咫，粘之门前，与桃符相辉映。”[17] 此外，清代挂笺在新屋建成时也贴挂于堂屋二梁之上，借以祈望平安。整幅挂笺一般以红纸剪制，再将中间主题图案施以彩绘，如小福字挂笺、天官赐福挂笺、四季花篮挂笺、凤戏牡丹挂笺等。在达官望族家门前粘贴更为繁复的挂笺，如三星降福挂笺等，也皆以红纸镂刻，但图中往往增加内嵌金色“福”字“斗方”，两边剪制对联，下方增加“福禄寿三星”图相配。

而河北蔚县清代染色剪纸多为花鸟、生肖、戏曲人物等，以阴刻和色彩点染为主，故有“三分工七分染”之说。剪纸用色主要为红黄青蓝黑五色，基本制作工艺为造型、剪刻、染色三步，即以宣纸为载体，经剪刀剪出外廓，刻刀雕刻细节，再点染明快绚丽的颜色而成。通过对蔚县清代染色剪纸的色彩提取及分析（图9-2-21），可知红色为主色，绿色、蓝色、紫色等为辅助色，黄色、淡红色、白色等为点缀色。其色彩的色相色域分布较广，色彩的明度主要集中于中明度，纯度多属于高纯度，在色彩对比关系中主要采用红绿互补色为作品奠定鲜明的色彩基调，但同时邻近色的运用和镂空的白色也使艳丽的色彩趋于柔和，虽多用原色但鲜明不刺激，纯正典雅、中和温润。

---

[17]〔清〕富察敦崇：《燕京岁时记：外六种》，王碧滢、张勃标点，北京出版社，2018，第118—119页。

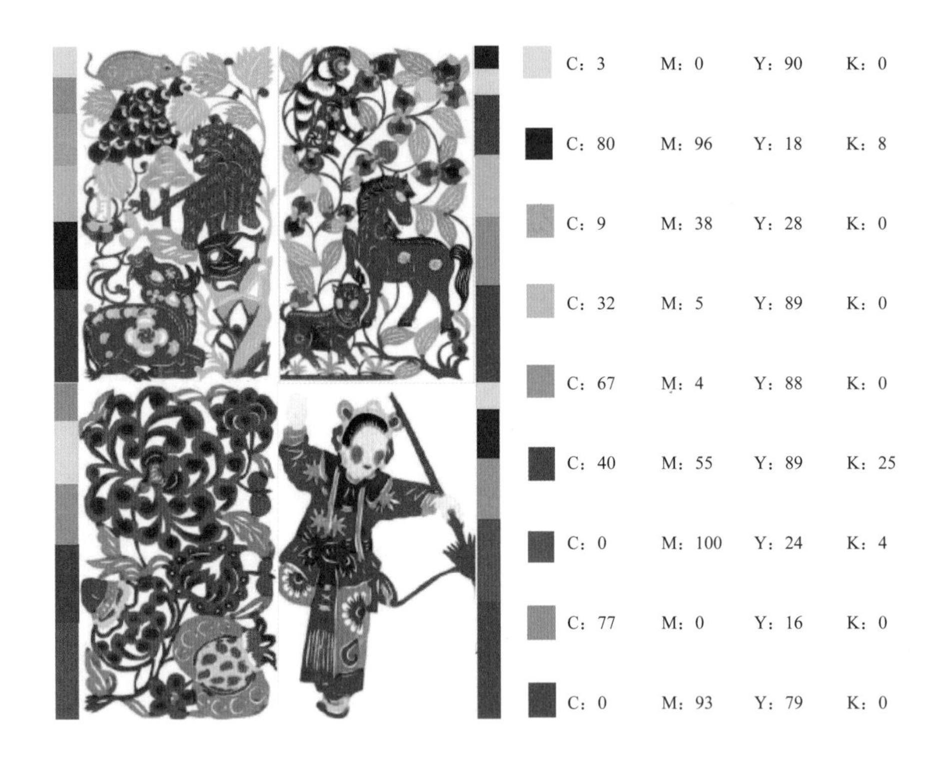

图 9-2-21　河北蔚县清代染色剪纸色彩提取示例

（二）南北地理空间中剪纸的差异化表达

历经朝代沿革至清代，中国民间剪纸艺人除将剪纸艺术的同质化因素发扬光大之外，充分调动此种特定艺术形式的表现性能，结合不同的文化空间，使作品呈现出从北至南的鲜明的地域差异化特征。

东北长白山区是满族文化的发祥地，该区域剪纸彰显着浓厚的满族文化特征。以人物剪纸为例，男子留长辫穿马褂，女子梳发髻着长袍。因满族剪纸与萨满教有关，剪纸是进行巫术祝祷、表达神灵崇拜的一种主要形式。同时，在造型语言上，此地剪纸具有北方线条粗犷、对比强烈、整体感强的艺术特征。

黄河流域是北方剪纸的源头，因其处于南北交融、东西过渡的汇聚点上，受多元文化的影响，整体呈现出内容丰富多彩，样式繁多，雄强与秀雅并存的格局。如甘肃剪纸整体呈现豪放粗犷的风格，但其中的天水剪纸则颇有工巧细腻之风；陕西延安剪纸朴拙外放，而关中地区的戏曲人物剪纸又格外精致秀丽；山西吕梁地区剪纸粗豪大气，晋南平川地区剪纸却秀媚精巧。

长江流域的剪纸艺术整体呈现出南方剪纸细腻精工的特点，在剪刻技法上追求锐意创新，不同区段各自保留着独立的风格。如四川自贡以灯花剪纸称绝；仪陇以圆润、洗练、素雅的剪纸绣样和窗花为佳；湖北剪纸承载楚文化的剪镂雕刻风俗和南北朝时人日节装饰之遗风，以武汉、孝感等地雕花最具特色；浙江剪纸则以乐清细纹刻纸最为著名；江苏剪纸将纸张与生活雅玩相结合，创造出剪纸折扇、喜花等，丰富了剪纸的品类。

东南沿海地区因手工业、商业的区位优势，极大促进了剪纸艺术的深加工工艺的发展，使剪纸艺术除作为独立艺术品之外，也是其他手工业发展的辅助工具，广泛运用于纺织业、陶瓷业、建筑业等，以服饰花、礼品花、祭祀花最具代表性，极大扩展了剪纸的应用领域。而零星分布的西北、西南少数民族剪纸则根植于本民族独特文化，与边地的生活信仰、礼俗活动紧密相连，独具异域性。

概而论之，剪纸在地理空间中呈现出“雄”与“秀”的差异化特征（表9-2-2），如东北长白山区的剪纸以“雄”为主，而黄河流域和西部少数民族地区的剪纸则呈现出“雄”与“秀”的交融，长江流域及东南沿海地区等则大多以“秀”作为造型准则，共同形成了传统剪纸百花齐放的格局。

不同地理空间可孕育出差异化的生活空间，在南北不同的生活场景下，剪纸的样式、种类、题材都会加以改变。以黄河流域的陕西剪纸为例，依托北方传统砖木结构的房屋和土木结构的窑洞，在居室空间内，剪纸艺人们最常制作的剪纸为窗花、墙花、炕围花、顶棚花四种。

窗花是陕西民居中张贴最多的剪纸种类。陕西窗花的题材多为花果、动物和戏文人物。窗花颜色根据不同的表现对象选用红、绿、紫、黑诸色彩纸进行剪制。同时，为不影响采光，多以阳刻为主，依靠轮廓与内部装饰线条刻画形象，讲求阴阳、疏密关系，具有造型与装饰的双重美感。陕西人裱糊木窗多用质地柔

表9-2-2　剪纸在地理空间中的差异化特征

区域	东北长白山地区	黄河流域	长江流域	东南沿海地区	西部少数民族地区
剪纸作品					
视觉流程					
图底关系					
局部造型					

软细腻的白麻纸，每逢年节喜事皆需在纸窗上粘贴窗花以增欢乐喜庆，无论是天窗、坐窗抑或大小耳节窗皆贴满色彩鲜艳的剪纸，且每张剪纸的尺寸、形状及与其他单幅剪纸的组合搭配皆要与窗格所划分出的空间相匹配（图9-2-22）。

除窗花之外，其他类型剪纸皆依托环境居室空间而存在。墙花为美化墙壁的剪纸作品，因不受窗格的限制，尺寸灵活，线条粗犷，内容多为日常生活的复现、戏剧人物和传说故事。

在陕西北部有剪制上山虎贴于堂屋用于镇宅的习俗。炕围花即为装饰土炕的剪纸类别。陕西农家一般皆盘有土炕，民众习惯以纸糊土炕四周以装点家居。富户多根据辈分的不同选用不同的印花纸裱糊，周围再以彩纸剪花边、角花进行装饰；而生活拮据的农家则以白纸裱糊炕围，后剪贴各色花果、飞鸟、蝴蝶等进行装饰。

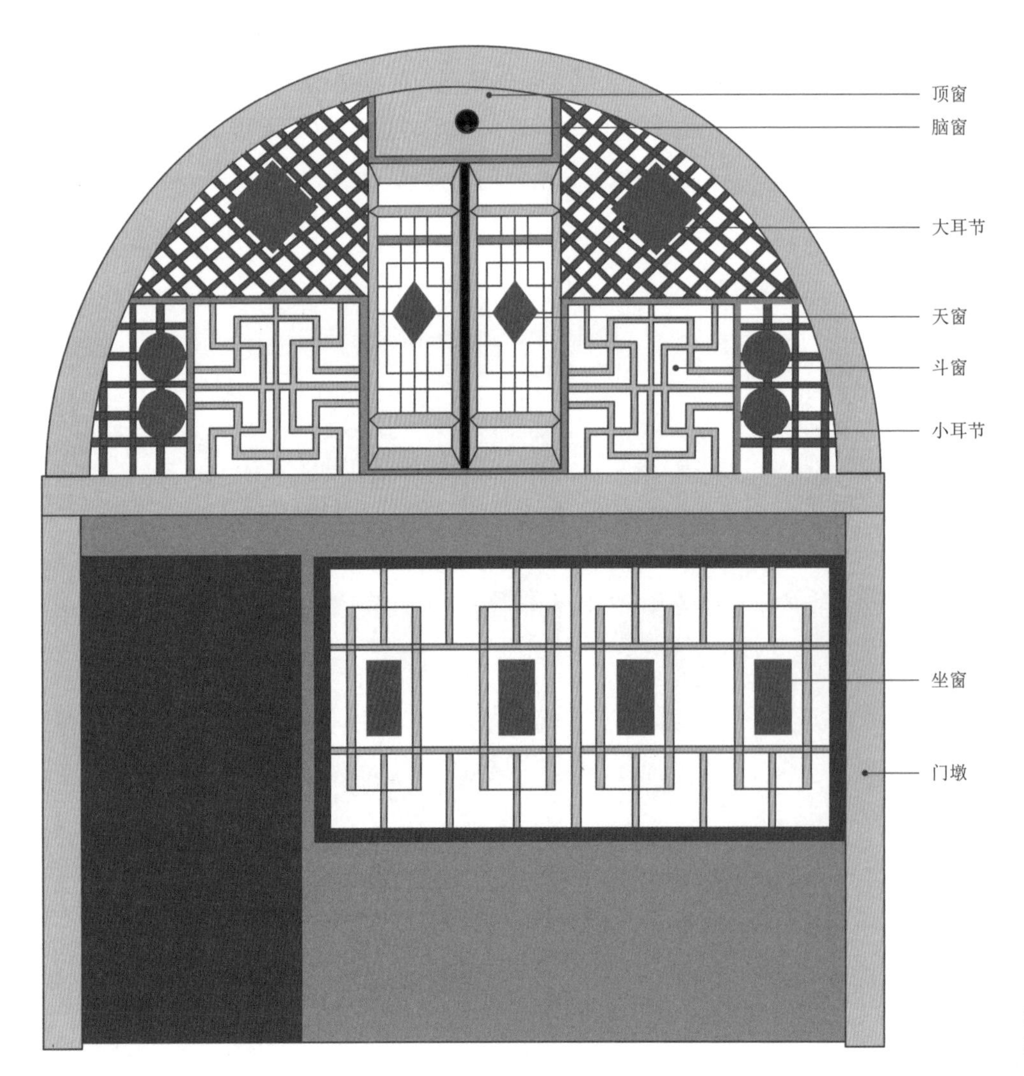

图9-2-22　陕北窑洞窗格空间划分示意图

顶棚花是美化顶棚的剪纸作品。陕西农村房屋建筑以土木结构居多，人们在年节、婚嫁之时用芦苇与席子扎顶棚，后用白纸裱糊一新，粘贴顶棚花。为讨得吉祥彩头，顶棚花需请裱糊匠和剪技精深之人剪制，花样中心多为圆形大团花，内容以“凤穿牡丹”“麒麟送子”“五福捧寿”等居多，顶棚四角角花多剪蝴蝶、蝙蝠、石榴、花卉等，四周剪贴连续纹样，寓意吉祥如意、美满团圆。

总之，清代礼俗空间下多色相拼的工艺使得剪纸作品具有更强的装饰感和悦目性，不同的地理区位及生活场域所构筑的差异化空间则使剪纸题材日益丰富，种类不断增加，形式更加多样。

结语

剪纸的诞生依托造纸原料种类的增加与抄纸技术的提升，而从交股型向支轴型转化所带来的剪制工具的不断改良和刻制工具的加入，则为剪纸艺术表现力的提升奠定了基础。其作为农耕文明所形成的原生性艺术体系的重要分支历经各个朝代而未消陨，成为民众传达质朴情感、营造礼俗空间的重要手段。“事死如事生”和“引魂升仙”思想使丧葬剪纸大量出现，表达赋形引魂、以慰逝者之意。人们将剪纸融入节日礼俗庆典，进而带动了岁时剪纸的勃兴。同时，功德剪纸也大量出现在佛教礼祭中。随着商业性市镇的不断涌现，商品生产和经营方式得以丰富，各种剪纸花样融入灯彩、瓷器等的制作，细纹剪纸和扇面剪纸的出现极大促进了剪纸艺术的多样化发展，而窗花、门笺、炕围花等形式最终将剪纸艺术渗入到民俗生活的各个角落，在南北地理区位中呈现“雄”与“秀”的差异化特征。

总之，剪纸在技艺上从单一剪制转为剪与刻的灵活运用，在造型上从对称性和均衡感转为随物赋形和灵活表达，在使用场域上从礼祭空间走向了生活空间。深入研究剪纸的造型艺术、工艺特征、应用场景及文化内涵等内容，总结其发展演变的历史规律，可厘清纸作技术融入大众生活的路径，也可进一步深入了解古代岁时节令、婚丧嫁娶、宴客送礼等社会风俗活动所包含的文化价值。进入当代，剪纸依然作为装饰媒介和情感载体出现在广大民众的日常生活中，人们借用剪纸装点不同的生活空间，同时提取其元素和符号，融入家具、舞美、公共设施等的设计中，以全新的方式将剪纸的魅力继续延续下去。

第三节　俗信空间中的纸马

纸马旧称“神码”或“甲马”，是呈现各类神祇形象、兼具观赏性与祭祀性的版刻印刷品，常用于敬神祭祖、祈福禳灾、丧葬祝祷等，根据纸面图式主要可分为天神、家神、人杰神、道仙神四大类。其加工技艺有赖于传统造纸术与印刷技术的持续普及，分为刻版、印版（彩色套印、单版印刷）、勾线、彩绘等步骤，使用方式主要为粘贴祈愿与焚烧祭祀。纸马流延至今，以河北内丘、江苏无锡、云南三地最具特色。

人们早期祭祀时在画像石、画像砖与一些立体器物纹饰中描画神像，另绘马匹作为仙家往返天地的坐骑，把马腾跃奔驰的习性升华为驱鬼护佑的神性。当祷后即焚仪礼在民间普遍流布时，马作为可沟通天地、驱鬼去魅的象征符号被绘制于纸面参与祝祷活动，此种通过焚烧连接人神的纸品被称为“纸马”。后期匠人在制作时并不囿于在画面中表现马的形象，而是推而广之，将各类神灵图像印于纸面，在特殊时间张贴或于祝祷后焚化，达到沟通人神的目的。纸马作为中国民间重要的信仰实践产物，对民众道德感的培养和生产生活秩序的维系起到了积极作用。

一、先秦至唐：崇马图像系统的建构与祷后即焚仪礼的产生

（一）从驰驭性向驱魅性转化的崇马图像系统

《左传·庄公二十九年》有载：“凡马日中而出，日中而入。”[1] 由古籍所载可见，马最初被视为可连接阴阳、邀送鬼神的神兽。同时，马在统治阶层及民众的生产生活中作为参与交通、战争、农事等活动的重要畜类为人所喜爱。周代时人已掌握御马技巧并将之作为统治阶层子弟需掌握的重要技能录入仪典，“六艺”中的“御”[2] 即为驯马之术。《史记·秦本纪》载“造父以善御幸于周缪王，得骥、温骊、骅骝、騄耳之驷，西巡狩，乐而忘归。”[3] 人们对良驹的推崇随着时

[1] 李梦生：《左传译注》，上海古籍出版社，1998，第164页。
[2] 李玲璞主编《古文字诂林》第二册，上海教育出版社，2000，第516页。
[3]〔汉〕司马迁：《史记》，中华书局，2006，第29页。

间的流逝自然被赋予了神性而呈现在图像系统中。

秦汉良马图像主要存在于画像石、画像砖与一些立体器物纹饰中。通过系统整理此类图式，可发现无论是独立的奔马、持鞭御马还是马拉车等，马匹的共同特点是身体较为宽肥，腿部细长，头部高昂，扬尾御风，四蹄腾空，胸肌宽广，腹部平坦，臀肌圆厚，蹄大，腕细，颈长，腿部细长开张，马的形象摒弃了静止的轮廓，基本皆以运动的状态呈现，给人以较强的韵律感，着意凸显出马的健硕和在奔驰时的迅疾性。

在马已经具备基本驰驭功能的基础上，人们在图像上随之赋予其沟通天地的神性。如汉代金银错铜车饰的装饰纹样，第一节展开图中可见侧生两翼、振翅而飞的骏马，第二节展开图则描绘骏马腾跃于空，御者回身弋射的景象。两匹马周身皆密布云气，间杂以飞鸟、腾龙，此时人们已经有意识地在崇马图像中为马增加神性因素（图9-3-1）。司马迁于《史记》中描述汉武帝将马神化并作诗赞颂之："太一贡兮天马下，沾赤汗兮沫流赭。骋容与兮跇万里，今安匹兮龙为友。"[4] 帝王希望借助天马的力量翱翔九天，飞往仙家居所。东汉以降，骏马在

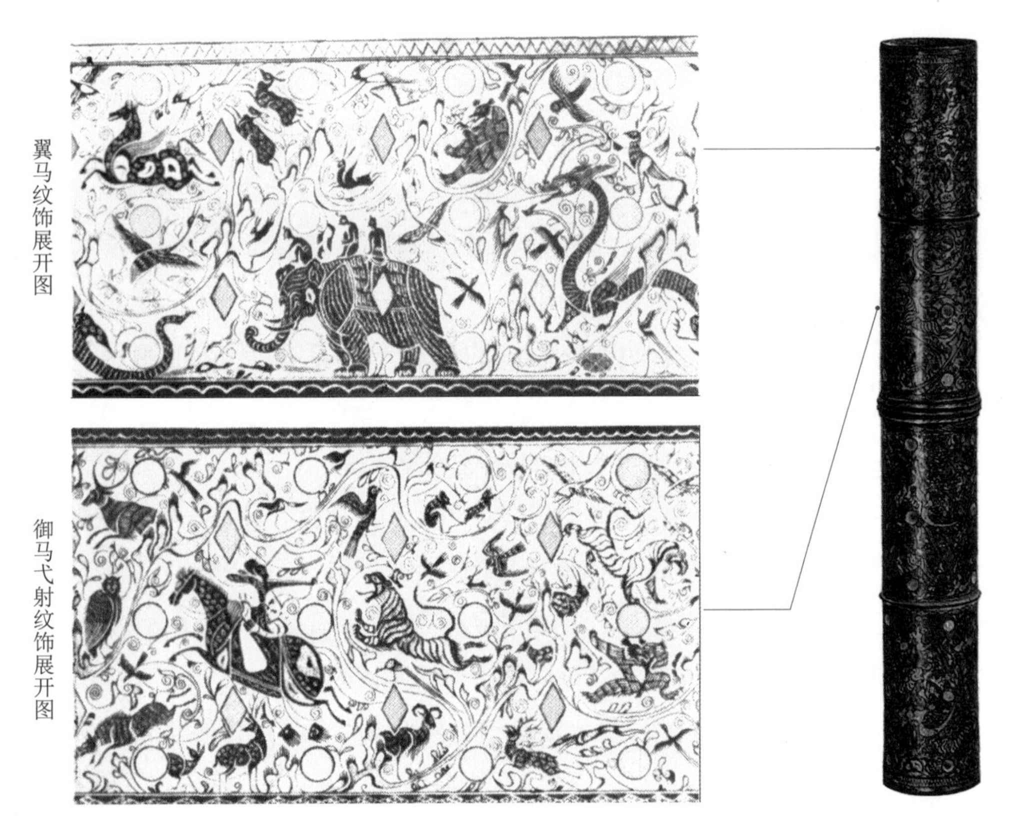

图9-3-1　西汉金银错狩猎纹铜车饰崇马纹展开图[5]

[4]〔汉〕司马迁：《史记》，中华书局，2006，第126页。
[5] 史树青：《我国古代的金错工艺》，《文物》1973年第6期。

图 9-3-2　天马·虎食鬼魅画像石拓片　东汉[6]

图像中除了可以上达天界，同时被赋予了驱鬼去魅的功能。如在东汉的天马·虎食鬼魅画像石纹样中，左侧一猛虎正撕咬鬼魅的左腿，鬼魅奋力挣扎而不能脱，右侧一匹带翼天马四蹄开张向左侧奔来，似是为猛虎助力（图 9-3-2）。人们已经不满足于马匹腾跃奔驰的作用，逐渐赋予其驱鬼去魅的神性，为后世沟通人神的纸马的诞生奠定基础。

（二）从地下埋葬向地上焚烧转变的唐代丧仪

纸马的出现源于以纸张为载体的享祀鬼神、祝祷逝者活动。中国人自古便有“事死如事生”的丧葬习俗。唐代《封氏闻见记》有云：“按，古者享祀鬼神有圭璧币帛，事毕则埋之。后代既宝钱货……率易从简，更用纸钱。纸乃后汉蔡伦所造，其纸钱魏、晋以来始有其事。今自王公逮于匹庶，通行之矣。凡鬼神之物，取其象似，亦犹涂车刍灵之类。古埋帛，今纸钱则皆烧之，所以示不知神之所为也。”[7] 可见先秦始，人们将大量葬仪埋于地下以寄托哀思。汉代廉价易得的纸张的出现促使民间祭祀方式在唐代普遍由地下埋葬转为地上悬挂、焚烧，既可用于祭祖，也可用来祀神。

如唐人于清明祭祀时普遍焚烧纸钱，唐诗中常见对此类场景的吟诵。白居易《寒食野望吟》：“风吹旷野纸钱飞，古墓累累春草绿。”[8] 薛逢《君不见》：“清明纵便天使来。一把纸钱风树杪。”[9] 张籍《北邙行》：“寒食家家送纸钱，乌鸢作窠衔上树。”[10] 除祭奠逝者之外，纸品在迎神、送神活动中也扮演了重要的角色。另有白居易在《游悟真寺诗》中将祀神场景描述为：“道南蓝谷神，紫伞白纸钱。”[11]

[6] 中国画像石全集编辑委员会编《中国画像石全集（6）·河南汉画像石》，河南美术出版社，2000，第 176 页，图版二一四。
[7]〔唐〕封演：《封氏闻见记》，张耕注评，学苑出版社，2001，第 147 页。
[8]〔清〕沈德潜选注《唐诗别裁集》，上海古籍出版社，2013，第 265 页。
[9]《全唐诗》，中华书局，1979，第 6320 页。
[10]〔清〕沈德潜选注《唐诗别裁集》，上海古籍出版社，2013，第 274 页。
[11] 谢思炜：《白居易诗集校注》，中华书局，2006，第 559 页。

焚烧纸品的风俗自唐代得以普及，究其原因有二：其一，民众对丧葬、祭祀物品的需求量逐渐增大，廉价易得的纸张使纸品的大批量生产成为可能；其二，与将祭品埋于地下相比，纸张焚烧后成灰烬向天空散去，给人以抵达幽冥、天界之感，更易激发参与祭祀活动之人的想象，为丧葬仪式的进行提供了最为合适的承载物。

自先秦至唐，以纸张为载体的祷后即焚礼仪在民间普遍传播后，马作为可沟通天地的图像符号自然进入了民众视线，人们将之作为神仙乘骑、驱鬼除魅的象征绘于纸面进行祝祷，而唐代更是把此种焚烧连接人神的纸品统称为"纸马"。

二、宋元纸马的规范化与商品性

宋元时期，商品经济带动人们物质生活的丰富，同时刺激了纸马的消费。纸马从此前对纸品的统称变为对通过刻印与绘制渲染而成的平面化纸品的专有称谓，其稳定形态也使纸马具有了更强的商品性与流通性。

（一）纸马题材与制作的规范化

宋代前，人们并未对纸马形制进行过明确的界定。谷神子《博异志》载："开元中，琅邪王昌龄自吴抵京国。……舟人云：'贵贱至此，皆合谒庙，以祈风水之安。'昌龄不能驻，亦先有祷神之备，见舟人言，乃命使赍酒脯、纸马献于大王，兼有一量草履子上大王夫人，而以一首诗令使者至彼而祷之。"[12]纸马在唐代作为纸质祭祀物品的泛称未能明确其具体样貌。宋代以降，君主对道教和迎祥纳福礼仪极为尊崇，上行下效，在民间沉淀为广泛的迎神敬神民俗心理，同时，由于彩色套印的兴起，民间刻印神像用以祭神的纸马形态渐趋稳定。

1. 刻印与绘制并行的纸马制作

纸马在制备时大多采用木刻套印和绘画渲染的方式。沈括在《补笔谈》中描述："熙宁五年（1072），上令画工模榻吴道子钟馗像镌版，除夜遣内供奉官梁楷就东西府给赐。"[13]可见至宋代，纸马已经演化为单幅的木刻画，具有镇宅辟邪之意。而此期李心传在其《建炎以来朝野杂记》中记载"盖蜀人鬻神祠所用楮马，皆以青红抹之，署曰'吴妆纸马'"[14]。时人喜用青、红两色进行套色印制，有的作品在套印结束后为达到美观的效果，会再用毛笔加以渲染。此种"以青红

[12]〔唐〕谷神子、〔唐〕薛用弱：《博异志、集异记》，中华书局，1980，第31页。
[13]〔清〕顾禄：《清嘉录》，王湜华、王文修注释，中国商业出版社，1989，第121页。
[14]〔宋〕李心传：《建炎以来朝野杂记》，徐规点校，中华书局，2000，第859页。

抹之”的绘制方法直至清代北京纸马仍在沿用，足见纸马制备在宋代已趋于稳定的事实。以我国现存最早的北宋木刻套印纸马作品《蚕母》为例，蚕母身着宽袖对襟天衣，肩搭石绿色披帛，在制作上即为先以墨版印出线条轮廓，再用朱红、石绿等色套印，可见木刻套印方式在当时的典型性（图9-3-3）。

在刻印与绘制方式上，此后历代，纸马的制作均沿用此种模式。值得一提的是，至清朝，套色与绘制的流程更为繁复，在南方地区呈现出交替进行的工序。以无锡五路大神纸马制作过程为例：首先在版印阶段，将墨色均匀涂抹于木版表面，后用红色纸覆盖其上，使用棕刷将线条压印于纸面，复用黄、绿色版加以套印，使人物与场景的主色调得以呈现；其次为涂绘环节，使用白色颜料涂绘人物面部、手部及其他细节处，将脸部从神像的位置凸显出来；再次为戳印五官，通过使用眉、眼、须等小块印版，通过戳盖按压的方式将五官呈现于白色的面部；随后再次使用墨色，通过手绘渲染进一步强化五官、胡须；最后将红色颜料涂于面部，意为染酒色，复以白色点睛（图9-3-4）。整个流程表现为印、绘、印、绘的交替性，最后呈现出的纸马造型摆脱了生硬刻板，富于立体感和装饰性，延展了纸马的制作路径。

图9-3-3　《蚕母》纸马（残本）　北宋[15]

[15] 温州博物馆，https://www.wzmuseum.cn/Art/Art_18/Art_18_3787.aspx，访问日期：2023年5月21日。

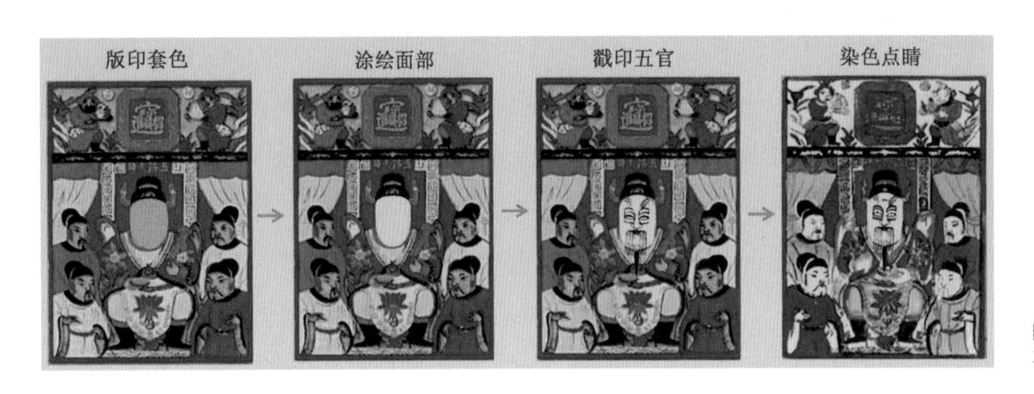

图 9-3-4 清代五路大神纸马制作工序

2. 平面化与便携性的纸马形态

纸马除在宋代表现为平面化的民间纸品祭祀用物之外，随着朝代更迭，至元代衍生出缚于身上的使用方式，进一步强化了纸马的便携性。彼时称纸马为“甲马”，施耐庵在《水浒传》中对元代纸马如何使用进行了细致描述，第三十九回中，戴宗“身边取出四个甲马，去两只腿上每只各拴两个，肩上挑上两个信笼，口里念起神行法咒语来”[16]。第四十四回，戴宗“当时取两个甲马，替杨林缚在腿上，戴宗也只缚了两个。作用了神行法，吹口气在上面，两个轻轻地走了去”[17]。清代昭梿在《啸亭杂录》中考证其法云：“金史载金将乌谷与突合补征宋，遇步军转战，突合补欲令军士下马，乌谷云闻宋人有妖术，画马缚于足下，疾甚奔马，我军岂可步战之语。是当时有此术，非耐庵之妄造也。”[18] 明末清初画家陈洪绶根据《水浒传》绘制戴宗人物形象时也刻意强化了腿缚纸马这一细节（图 9-3-5），可见时人利用平面纸张便于卷曲的特性将纸马随身携带，而元代作为游牧民族建立的政权，民众进一步强化了纸马的神性，希望获得迅疾如风的脚力。

图 9-3-5 陈洪绶《水浒叶子》中腿缚纸马的戴宗[19]

[16]〔明〕施耐庵：《水浒传》，人民文学出版社，1997，第519页。

[17]同上书，第586页。

[18]〔清〕昭梿：《啸亭杂录》，何英芳点校，中华书局，1980，第519页。

[19]〔明〕陈洪绶：《水浒叶子·水浒全传》，河北美术出版社，1996，第28页。

（二）纸马售卖与流通的商品性

纸马制备与形态的稳定为其大批量商品化生产提供了可能，在宋元时期表现为大量纸马铺的涌现。

史籍中对纸马铺的记载始见于北宋孟元老所著《东京梦华录》：清明节“士庶阗塞诸门，纸马铺皆于当街，用纸衮叠成楼阁之状。”[20]又有“近岁节，市井皆印卖门神、钟馗……七月十五日，中元节。先数日，市井卖冥器、靴鞋、幞头、帽子、金犀假带、五彩衣服，以纸糊架子盘游出卖。……及印卖《尊胜目连经》”[21]。尊胜目连经为超度亡魂的纸马，祭毕焚化烧送。从以上描述可以看出，北宋时期，每当临近清明节、中元节等特定节日时，民间对纸马的需求激增，民众皆会至纸马铺选购相应纸马进行乞神活动，而市井间的纸马铺也会应时提前印制各种功用的纸马以备民众采选。在宋代吴自牧的《梦粱录》中，列出了此类纸马铺所售物什的清单：“岁旦在迩，席铺百货，画门神桃符、迎春牌儿，纸马铺印钟馗、财马、回头马等，馈与主顾。”[22]

纸马铺的图像资料见于宋代张择端所绘《清明上河图》中。此间纸马铺位于汴河上方街的十字街口，面朝汴河，店门开敞，一侧竖立“王家纸马”招牌，并于摊位正中延伸向街道处放置楼阁状冥屋，与“纸马铺皆于当街用纸衮叠成楼阁之状”的记载十分贴合。而《清明上河图》中另一处的纸马摊位则呈现出熙熙攘攘的售卖场景，纸马摊贩面前摆满各色纸品，货品齐全，以供选择（图9-3-6）。其后历代，纸马铺在规模和数量上持续增长，及至明清，流入市场的多种纸马品类形成了体系化的视觉系统元素，为民俗活动注入了新的活力。

王家纸马铺

纸马摊贩售卖纸品

图9-3-6　张择端　《清明上河图》[23]中的纸马铺场景

[20]〔宋〕孟元老：《东京梦华录笺注》，伊永文笺注，中华书局，2007，第626页。

[21]王莹译注《东京梦华录译注》，上海三联书店，2014，第292、228页。

[22]〔宋〕吴自牧：《梦粱录》，张社国、符均校注，三秦出版社，2004，第87页。

[23]故宫博物院藏。

三、明清纸马的体系化表达

明清时期，民间信仰活动发达，究其原因，一方面因为刻版印刷业的发展使得一众神怪小说的刊印量和流通量大幅提升，鬼神之说深入人心，为神灵信仰提供了赖以生存的社会土壤，另一方面节俗活动的繁杂和行业分工的细化使各色纸马拥有了可发挥作用的不同空间，张贴纸马成为家家户户竞相效仿的年节习俗。通过对清代留存纸马进行量化分析，纸马尺幅的宽从10厘米至43厘米，高从约17厘米至110厘米不等，呈现出较大的波动范围（图9-3-7）。可看出纸马在此时期通过较为成熟的批量化生产，已经具备了多种规格，民众可以根据自身需求选择或简单或繁复的纸马作品，完成各种礼祭活动。统而观之，此时期纸马具有节奏感与秩序性兼备的视觉系统元素和散点式与集中式并重的张贴仪规。

（一）节奏感与秩序性兼备的视觉系统元素

视觉语言的呈现是纸马艺术的重要环节，从外观效果看，纸马因构图简繁、刀法精粗、木版新老、印技生熟、套版多寡等使图幅呈现出不同的效果。而人物是纸马中最惯常表现的题材，从其造型与组合上可见节奏感与秩序性兼备的视觉系统元素。

1. 多元造型与分层构图

一方面，纸马的节奏体现在多元造型上，由线条与色彩共同助力完成。

其一，纸马的线条具有灵活排列、粗率稚拙的特点。将河北内丘、江苏无锡和云南三地的门神纸马并置而观，在表现人物的英武姿态时，使用了不同的刻版线条（图9-3-8）。内丘纸马中的门君头戴武将帽，蓄络腮胡，手持大刀，帽缨、

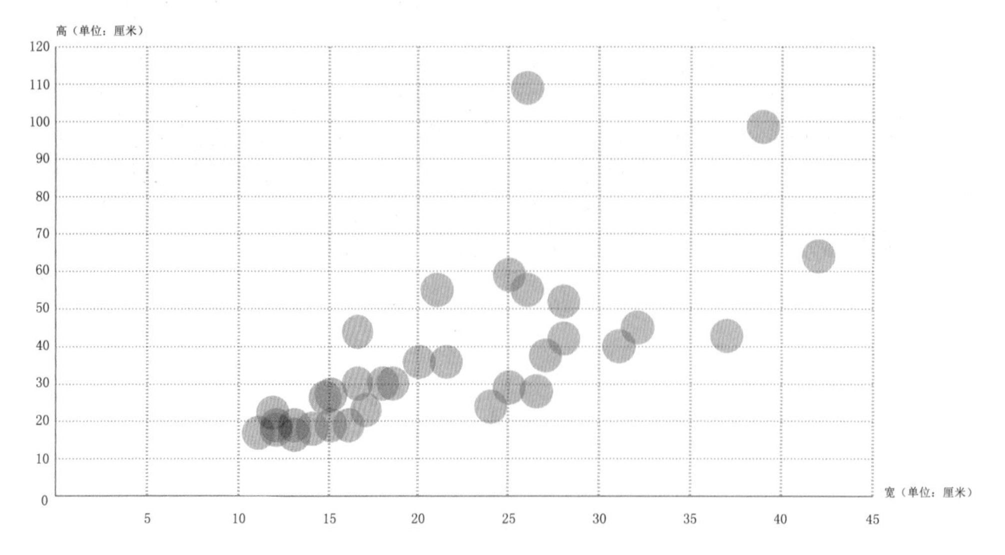

图9-3-7　清代纸马尺寸量化分析图

内丘纸马　门君

云南纸马　门神护卫

无锡纸马　门神

图 9-3-8　门神纸马中的线条构成

胡须与着装皆使用短线排列，其余线条弯曲盘绕。云南纸马中的门神护卫与之相似，以密集的点构成盔甲，短排线刻画帽饰和护腕，整体用线稀疏短小、粗率简易。而无锡纸马在塑造门神形象时，除使用短线之外，另大量加入飘逸流畅的曲线使整体形象具有秀雅之美，凸显江南特色。三地纸马在塑造人物五官时均做几何化处理，粗细得宜，在随意自然中体现出秩序感。

其二，纸马的色彩具有南北差异和秩序特点。首先，纸马的色彩具有南北差异。通过提取自北至南的北京、无锡、苏州、云南四地代表性纸马的色彩元素，可发现北方纸马多保留纸张底色，用墨多、着色少，而以无锡、苏州为代表的南方纸马则多选择彩纸印制，着色多、用墨少（图 9-3-9）。具体而言，北方在选用纸张上多采选黄麻纸，将其覆盖在墨线版上直接印制，后于边框或主要人物上草草刷涂小面积色块，故整体观感除墨色外趋近于纸张本色，简略质朴。《燕京岁时记》在记述北京祭神活动时有这样的描述："每至端阳，市肆间用尺幅黄纸，盖以朱印，或绘画天师、钟馗之像，……悬而售之。"[24]南方在纸张的选择上则倾向于彩色光面纸，墨色印制轮廓后再用高纯度、强对比度的艳丽色彩，如红、绿、黄、紫、蓝，及黑、白二色等细细勾描，将大面积使用和小范围点涂用色相结合，具有精致细腻的观感。潘宗鼎在《金陵岁时记》中有云："取红纸，长约五尺，墨印财神、仙官或莲座等状。"[25]江浙纸马因制作相较繁杂且装饰性强，故而许多作品被用于粘贴祈愿，免于焚祷。除此之外，云南纸马较为特殊，多于黄

[24]〔清〕富察敦崇：《燕京岁时记：外六种》，王碧滢、张勃标点，北京出版社，2018，第 87 页。

[25]〔清〕潘宗鼎：《金陵岁时记》，载〔清〕潘宗鼎、〔民国〕夏仁虎《金陵岁时记 · 岁华忆语》，南京出版社，2006，第 15 页。

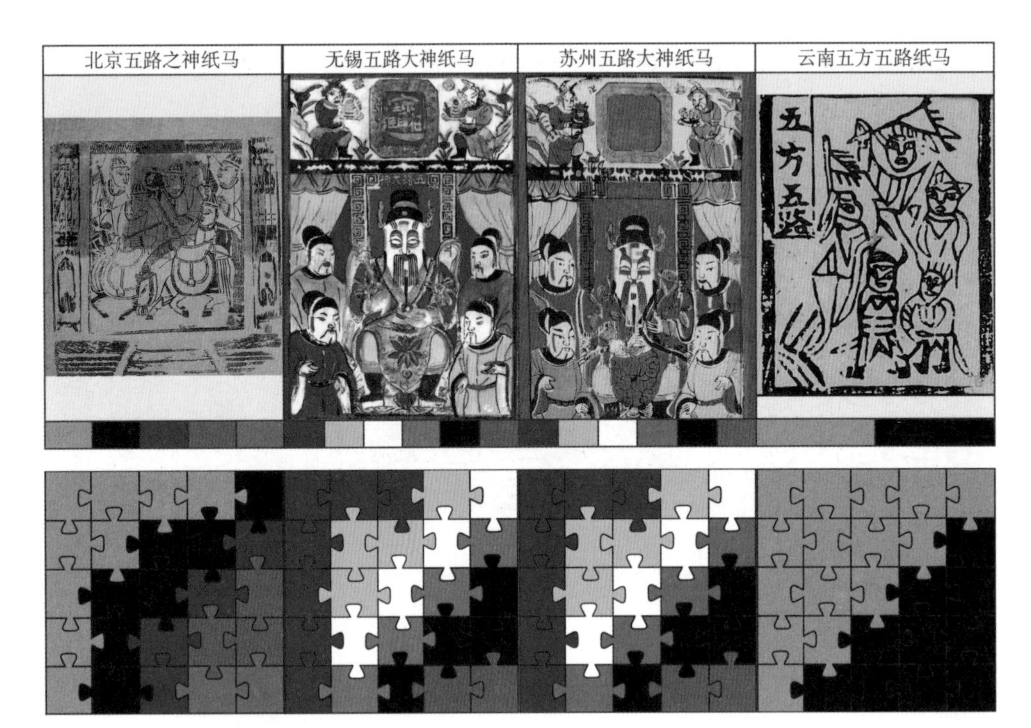

图 9-3-9　四地代表性纸马的主要色彩元素

麻纸上直接印制墨线，别无他饰。其次，纸马的色彩具有规约性特点，通过选择特定墨线版，将其套印在不同色纸上会迅速呈现出差异化视觉观感。以无锡纸马为例，将雕刻出人物轮廓的木刻线版分别刷印在红、绿、黄、紫四种颜色的纸张上，变为四种不同的八仙彩像：吕洞宾背景以红色衬托，何仙姑背景为绿色，铁拐李背景配以黄色，韩湘子背景为紫色。在不同色纸的衬托下，将面部和身体配饰略加勾画，可迅速完成人物形象的转换，不同的色彩被规约在相似的头身比例中，体现出较强的程序化特点。

另一方面，纸马的节奏体现在分层构图上。人物组合关系主要分为独神图和众神图，呈现出顶天立地式和一主多仆中心对称式构图。

其一，在顶天立地构图中，人物形象占据画面大部分空间，其余空白通过几何形状或局部装饰补全。如独神图花神纸马中的花神为三角形构图，通过舒展其肢体填充主体画面，占据三分之二空间，余下留白则通过抬头长方形题款、花卉、叶片等加以补全，整体仅剩少量空白。而众神图天地三界十方真宰众神纸马中，天地三界指天、地、人三界，十方为东、南、西、北，东南、西北、西南、东北、上方、下方十个方位，真宰为君主帝王之意。此图集中了天上、地下、人间的芸芸众神，在整体构图上采取纵向与横向分割的方式，自上而下使众多神祇充斥整幅画面，既保证了空间的饱满又呈现出杂而不乱的观感（图 9-3-10）。

其四，一主多仆中心对称式构图主要在众神图中呈现。以家宅神纸马的代表三殿太均纸马为例，太均娘娘作为妇幼守护神着宽袍大袖居中而坐，左右仆

图 9-3-10　顶天立地式构图

从各两人分立两侧，上题“送子”“催生”等语，最下部为一女子产婴的缩小场景；而天神纸马的代表王母纸马图像中，王母位于画面中央，两侍女各立于左右，手举障扇，下方寿星手捧仙桃，仙鹤环绕，寓意长寿，另有人杰神纸马鲁班先师等的图像也遵从以上排列仪规。可见在天神、家宅神、人杰神等一众纸马作品中，主神位居正中间，或坐或立，仆从或多或少，均等地分立两侧，通过身姿体态和眼神与主神建立关联，且共同体现出“主大从小，尊大卑小”的特点（图 9-3-11）。

2. 生活神与行业神所呈现的秩序性

明清时期，由于版刻业的快速发展，及民间对多样化祝祷仪式需求的增多，各类纸马作品应运而生。《燕京岁时记》中记述了一系列与北京祭神相关的民俗活动。“每届初一，于子初后焚香接神……每至二十五日，粮商米贩致祭仓神……马王者，房星也……均于六月二十三日祭之……二十三日祭灶……民间祭灶惟用南糖、关东糖、糖饼及清水草豆而已。……祭毕之后，将神像揭下，与千张、元宝等一并焚之……除夕……列案焚香……将百分焚化。”[26] 此番描述隐含了贴近生命更替的生活神与关联生计的行业神纸马。生活神类纸马贯穿于民众一生的

[26]〔清〕富察敦崇：《燕京岁时记：外六种》，王碧滢、张勃标点，北京出版社，2018，第67、72、93、116、117、119页。

图 9-3-11　一主多仆中心对称式构图

婚丧嫁娶等活动中，行业神纸马则在社会经济贸易大繁荣、行业分工愈加细化的前提下基于不同行业的具体需求如井喷般涌现，体现出祝祷有序的特点。

一方面，生活神纸马的使用场景从婚嫁、求子、育儿、祝寿，直至丧葬，纵贯人的一生，在每阶段都有与之匹配的纸马供信众祈福纳祥（图 9-3-12）。婚嫁活动进行中，如新婚敬拜天地后应焚烧天地龙车纸马，天空中显现日光星君、月光星君等道教诸神，玉皇大帝高坐于龙辇之中，周身环绕护驾天神、上元天官、中元地官和下元水官等。新婚祈求和睦有和合二仙纸马，两位蓬头散发的童子赤足着绣衣或芒履，一手捧彩盒，一手持荷花，表达希冀夫妻百年好合之意。婚后祈求生育应准备子孙娘娘、眼光娘娘、送生娘娘纸马，三神像皆头戴凤冠和玉步摇首饰，端坐香案前，手捧婴儿、眼睛、玉圭，以达到祈求子孙和明目之效。在育儿阶段，小儿生病出痘时一般会焚烧痘儿姐、痘儿哥纸马，痘儿姐即为痘疹娘娘，在画面中惯常左手持物形如莲蓬，上有斑点代指天花，另痘儿哥挑水而行，意为早日驱祟祛痘。小儿出行祈求平安有五路通达吉祥如意纸马。护佑孩童入睡安稳、日日平安的有床公床母纸马，民众在婴儿出生后第三天，祭祀床神，以期避免孩子日后作息晨昏颠倒。当人步入暮年，在祝寿时应供本命星君纸马，一般于生辰之日燃烛上香，祭拜寿星南极仙翁，纸马图像正中端坐隆额阔首、满

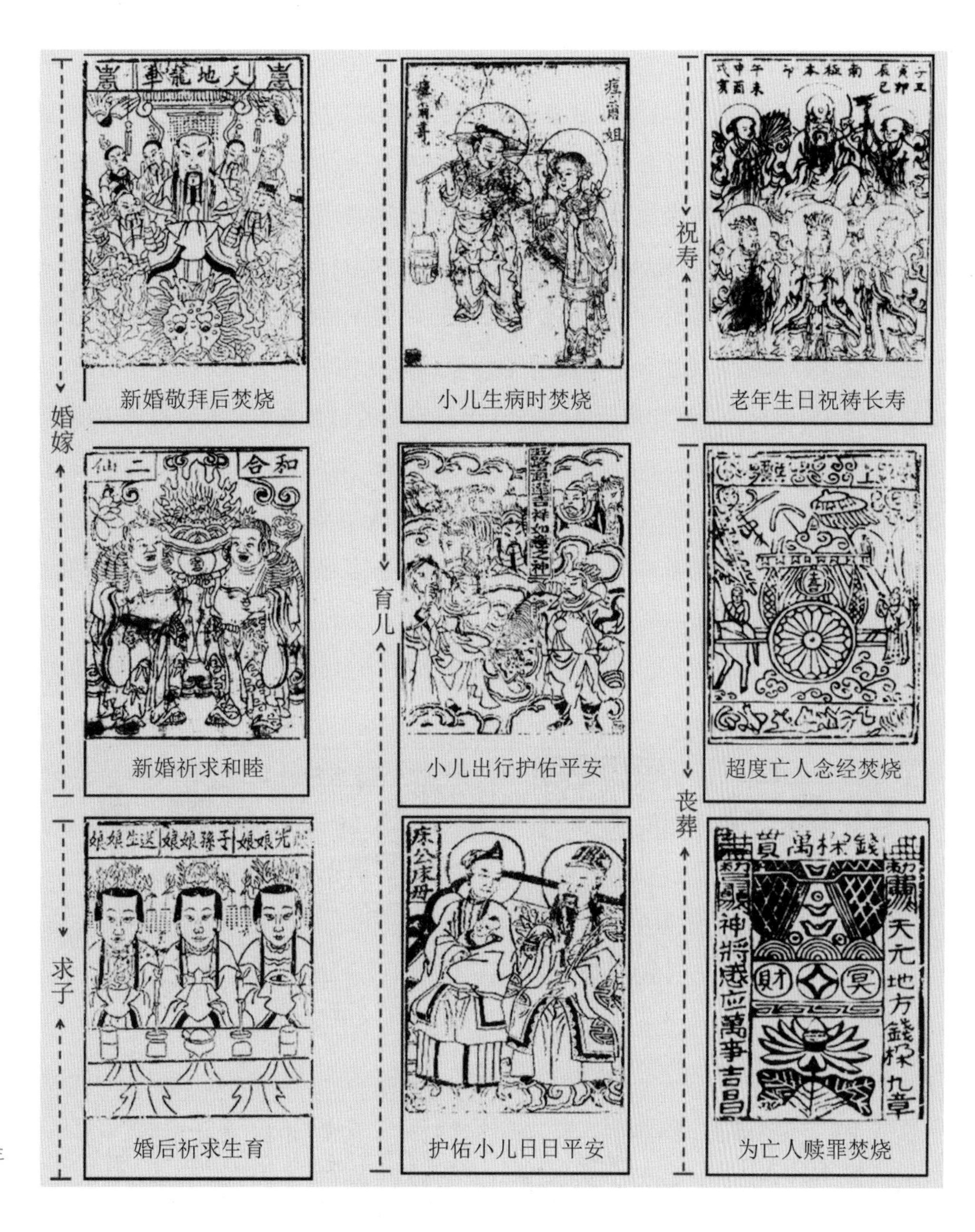

图 9-3-12　纵贯一生的生活神纸马

面长须、手握如意的寿星，两侧有日月星君诸神，于生日后焚化，祝祷福寿延年。而在去世后的丧葬阶段，则会焚烧上绘金银、华盖、马车等的钱垛万贯纸马，以表达逝者安息、永登极乐之意。可见纸马与民众的日常生活关联密切，因此其图式方有极强的生命力和延续性。

另一方面，行业神纸马是手工业劳动者每逢年节或本行祖师，即行业创始人诞辰时的必备之物，通过在秩序规范下祭拜、焚烧行业神纸马表达生意兴隆、家业顺遂的愿望。明清时期，各行业皆可找到与本行当相对应的神祇，如孔子受教育、梨园业供奉，关羽受屠户、军士供奉，药王爷受医药行业供奉，羊王受畜牧业供奉，司命灶君受庖厨、茶行、糕点业供奉，山神受猎户、采掘业供奉，青苗之神受躬耕业供奉，车神受车夫、搬运行、运输业供奉等。《燕京岁时记》有载：“每至二十五日，粮商米贩致祭仓神，鞭炮最盛。居民不尽致祭”。[27] 劳动者在进行纸马创作时，除孔子、关羽等历史确有其人的形象可根据口耳相传的特征加以借鉴之外，其余大多数行业神纸马上的神祇往往来自民间想象，多为宽袍大袖、长眉长须者，给人以仙风道骨之感（图9-3-13）。

此外，行业神纸马因与各行业劳动者的日常劳作密切相关，在画面处理上，表现为微观祥瑞符号的呈现和宏观祥瑞场景的表达两种类型。以船运业保护神纸马为例，明清时期，随着漕运的兴起及商品贸易的日益繁荣，人们的日用物品愈加依赖船舶的运输，从事此业的人数也与日俱增。同时，因船舶航运的危险性与不确定性，各地开展形式多样的祝祷仪式以保人财平安。船运业保护神纸马如金龙四大王（黄河福主）、随粮张大王、平浪王小圣爷、九龙将军、随粮漳爷、

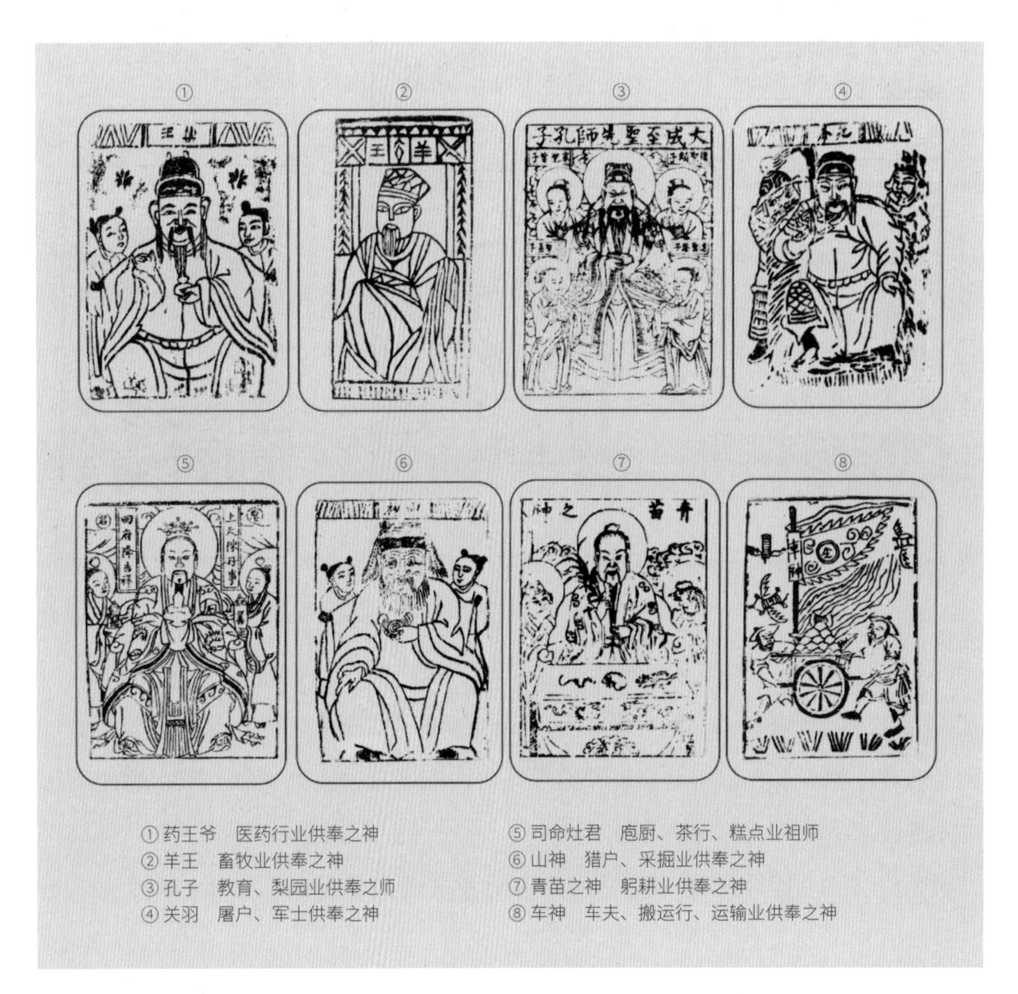

图9-3-13　祈望家业顺遂的行业神纸马

[27]〔清〕富察敦崇：《燕京岁时记：外六种》，王碧滢、张勃标点，北京出版社，2018，第72页。

四海龙君等根据河运、海运等运输远近的差异出现在不同的祝祷仪式中，画面多聚焦于室内空间，上有幔帐和榜题，神祇居中端坐，多身着盔甲、两眉高挑、双眼圆睁，脑后有背光，整体威严肃穆，是微观的符号化呈现（图 9-3-14）。

另一部分纸马画面则由室内转移向室外航运空间，如顺风大吉纸马中，画面的重点已经由对具体神像的刻画转为广阔的航运场面，船只桅杆上风帆高扬，于醒目处张挂“顺风大吉”幌子，船运保护神顺风将军脚踩祥云现身于空中，在图幅中，神祇只占据不到三分之一的空间，以乘风而行的船只为主体，呈现出宏观的祥瑞场景。通过结构分层图可知，此类画面可分为以船只为主的前景、大片留白的中景，隐现于云层中的各路神仙构成远景。因乘风而立的神祇多位于画面第三层的左上角，船只位于第一层且帆体巨大，人与神的身形虽不具备近大远小的透视关系，但在船只的对比映衬下，依旧能使观者感受到鲜明的纵深感（图 9-3-15）。

（二）散点式与集中式并重的张贴仪规

纸马在明清人居生活中扮演着纵贯一生的重要角色，人们将其散落张贴在门关、院落、圈舍、仓房、工房、灶房、堂屋、内堂、卧房等处，呈现出散点式布

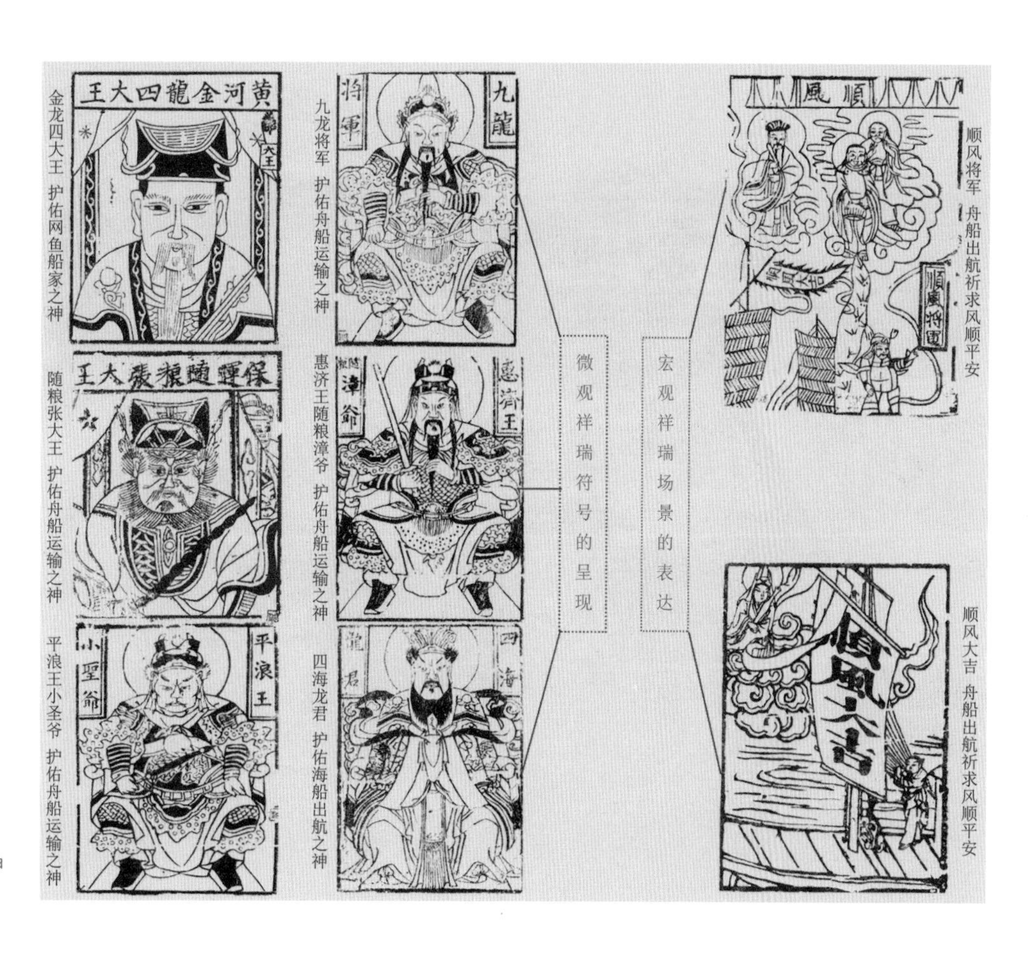

图 9-3-14　船运业保护神纸马

图 9-3-15　宏观场景下的纸马结构分层图

局，同时，在特定空间内，人们又将属于此空间的不同功能纸马并贴于一处，表现为集中式的张贴仪规。

以传统北方民间院落为例，在室外院落空间中，人们首先自门户始便张贴门神、喜神、路神等纸马，许多民众更是结合自身劳作习惯，将纸马贴饰于窑洞、田间、谷场等特定生产空间中（图 9-3-16），借此祈求年丰岁稔、顺遂无虞。以各家各户最常张贴的纸马而言，喜神纸马一般张贴于街门两侧，民众于腊月二十三张贴，至正月初一凌晨由家长主祭焚香；路神纸马与喜神类似，张贴于街门两侧墙壁或树上，自春节前请神起，供奉至正月十七早晨；门神纸马作为

图 9-3-16　纸马空间张贴位置示意图[28]

[28] 耿涵：《中国民间造神：内丘神码与民间信仰实践》，广西师范大学出版社，2016，第 310 页。

家居保护神，每年腊月二十八同春联一并张贴在两扇街门之上，由家中年长者双手捧贡品并在门墩石旁点烛焚香供奉，正月初三夜将门神门笺等一并焚化，以示送年。

由院门至院内，可见天地三界十方真宰、土神、猪神、鸡神、圈神等纸马。天地神是家居神中的领袖神，人们在庭院正房门前右侧或左侧设天地桌，坐北朝南，上设天地牌位，腊月二十八于中午前或天黑前张贴天地三界十方真宰纸马，焚香跪拜，至正月十七早晨于天地桌上焚香点烛，烧化纸马，意为恭送天地神上天归位；为保阖家安康，在天地桌下方近地处张贴土神纸马，自春节请神起供奉至正月十七早晨；圈神纸马一般贴于院落中家畜饲养之地，同时可根据圈养畜类的不同进行更为细致的分类张贴，如猪神纸马贴于猪圈墙上、鸡神纸马贴于鸡窝上，一并供奉至正月十七早晨。此外，旧时往往将灶房与仓房空间设置在院落的一侧，灶房内主要贴灶王纸马，贴在锅灶旁的神龛内，春节、婚丧、祈神还愿均祭拜灶王，而火神贴于炉灶上，春节期间自请神起供奉直至年初一首次生火做饭时将其揭下焚烧。仓房内主祭仓官神，多张贴在仓房壁上或粮囤、粮瓮上，自春节前请神起，供奉至正月十七早晨，以示对丰收的企盼。

在室内空间中，人们将纸马按照功能的不同分别张贴在堂屋、内堂、卧房、工房等处，形成了层级分明、司值有序的神祀系统。首先在进入正房的堂屋空间中，家堂神纸马被张贴于迎门位置，家堂神一侧同时供奉地藏神纸马，自腊月二十八请神张贴后供奉至正月十七早晨；自堂屋向内，财神纸马多张贴在里屋西墙，面东背西，老母纸马则多贴于里屋南墙之上，同样从春节前请神起供奉至正月十七早晨止，共同达成富足、多子的生活愿景；堂屋旁若有工房则需在墙壁或工具箱外侧张贴鲁班纸马，从春节请神起至正月十七进行供奉，祈求匠作顺利；最后在供人休憩的卧房内，同时供奉药王、炕神纸马等，其中炕神张贴于床头上方墙壁处，祈求多福康健。

结语

千载寂寥，披图可鉴。纸马从诞生之初，便承载了民众对理性世界和有限经验的超越。纸马中的“马”经历了从神兽到坐骑符号，最后代指各类神灵图像的过程。在技术层面，套色木刻的兴起使纸马的制作过程趋于固定，刻印与绘制的融合也使画面具有更为丰富的视觉元素。民间涌现出的大量纸马铺使各色纸马迅速商品化。纸马从此前对纸品的统称转变为对刻印与绘制渲染而成的平面化纸品的专有称谓。在思想层面，纸马的发展演化过程是民众信仰的逐渐世俗化过程，其图像元素从最初的多元神灵崇拜转向焚烧祈愿的实用主义。人们推崇马的健硕和奔驰的迅疾性，并有意识地在图像中增加神性元素，赋予其巫术功能，纸张的廉价易得性和焚烧后向天空的扩散形态使丧仪活动从地下埋葬转为地上焚烧，形成了祷后即焚这一全新的祭祀方式，也折射出中国古代民众“事死如事生”的世界观。

简言之，一方面，纸马的视觉元素系统体现出节奏感与秩序性，其中多变造型与分层构图展现出节奏感，生活神与行业神呈现出秩序性；另一方面，纸马在张贴过程中遵循散点与集中并重的特点，在节俗中规约着人们的行动，构建出众神庇护的神性空间。及至当代，纸马仍流布于大江南北，通过集体祝祷仪式建立传统村落中民众的情感纽带，维系生活秩序。

第四节 书斋里的笺纸

笺纸旧称纸笺或加工纸，是兼具实用性、艺术观赏性与人文内涵的有特殊功用的小幅纸张，常用于书信酬答、商业柬帖、名刺拜帖等。笺纸主要属于文人的雅趣清供，它的出现源于士大夫阶层对富有美感的生活方式的追求，根据纸面纹饰题材主要可分为山水笺、花鸟笺、博古笺、人物笺四大类。其加工技艺有赖于传统造纸与印刷技术的持续精进，饾版分色与拱花压凸技术是制笺工艺成熟完备的标志。

“笺”初指可用于书写的狭长竹片，后引申出文体名，即统称为“书”的公文，继而被东汉郑玄用作注解、训释之义，史称“笺注”。汉代出现纸张后“笺”的含义愈加丰富。当书法与绘画作为成熟的艺术品为风雅之士所欣赏时，他们对纸品的要求不再满足于精良的质地，更希望提升纸张表面装饰性，以生发更多的闲情逸趣。笺纸，即由历代多种名纸催生而来。从历史的演替梳理笺纸的发展脉络，可看出其加工技艺有赖于传统造纸与印刷技术的持续精进，丰富的底纹、图案与文人的审美取向紧密勾连。随着文人群体的不断壮大，士大夫阶层对朝夕相伴的文房用品的质量与外观在每个历史时期皆提出不同的要求。聚焦于纸，匠人逐渐设法增染色彩、施加图案、洒以金银细粉等，研制出繁多品种，使笺纸朝着华丽缤纷的方向发展。

一、早期书写装饰观的萌芽与纸张精加工

（一）书写装饰观在竹简上的体现

在纸张发明之前的先秦时期，人们已经开始有意识地对书写载体进行装饰。湖北枣阳九连墩战国楚墓出土的竹简四周绘有交错卷云墨线纹饰（图9-4-1），即为有力佐证。考察此期出土的战国简牍可发现，除在竹制材料表面进行绘饰之外，使用者也对每根片状竹简的端口进行加工，简端主要有平齐、梯形、弧形三种形态。《老子》甲本及《缁衣》《鲁穆公问子思》《穷达以时》《五行》《成之闻之》《尊德义》《性自命出》《六德》等简牍竹材端口皆修治为梯形，而《孔子诗论》简端则修治为弧形。此两种形状可保护竹简，使其受到外力时不易破裂（图9-4-2）。

图 9-4-1 湖北枣阳九连墩战国楚墓出土的竹简[1]

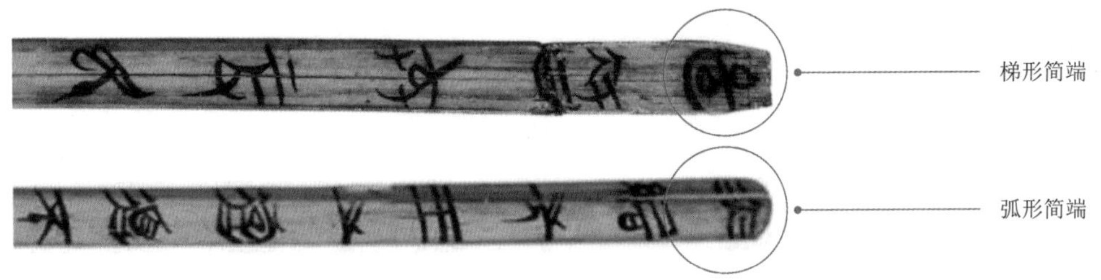

图 9-4-2 梯形简端和弧形简端对比图[2]

同时，简端形态与抄写内容并不明确对应，多依个人所好而择，可见彼时的使用者除关注实用性之外，逐渐倾向于使用边棱分明、平整美观的竹材，可视为后期书写载体装饰观念逐步完善的萌芽。

（二）纸张精加工技术的改革完善

笺纸制作讲求原纸细密均匀，纸面无杂质、疵点，纸质宜柔韧，有较强拉力和抗老化性。自汉代以植物纤维制成纸张始，对纸张表面精加工技术的探索便从未停止脚步。首先，原料的纤维品质和纸质的优劣密切关联。大麻、苎麻纤维的长度和直径的比值达1000至3000，青檀、桑皮、楮皮等为222至290，竹类纤维为123至133，草料则仅为102至114[3]。南宋袁说友所撰《笺纸谱》中称："今天下皆以木肤为纸而蜀中乃尽用蔡伦法。笺纸有玉版，有贡余，有经屑，有表光。玉版、贡余杂以旧布、破履、乱麻为之，唯经屑、表光非乱麻不用。"又云："广都纸有四色：一曰假山南，二曰假荣，三曰冉村，四曰竹丝，皆以楮皮为之。"[4]结合纤维品质与史料记载可知，历代文士选择笺纸写书作画、传情达意时，将纸张原料的高下作为重要判断依据，一般以麻纸、皮纸为上，竹纸次之，草纸只能作为包装纸和手纸，难登大雅之堂。

[1] 湖北省文物考古研究所：《湖北枣阳九连墩M2发掘简报》，《江汉考古》，2018年第6期。
[2] 荆门市博物馆，http://www.jmmuseum.com/pic/detail/id/337.html，访问日期：2023年5月21日。
[3] 华觉明等编著《中国手工技艺》，大象出版社，2014，第408页。
[4]〔宋〕袁说友：《笺纸谱》，榭元鲁校释，载《巴蜀丛书》第一辑，巴蜀书社，1988，第156、182页。

选料后，便是纸张精加工技术的不断改革完善。东汉时期，加工纸业即出现研光、染潢、防蛀及染色工艺。及至魏晋南北朝，出于实用性考量，因时人所用纸张纤维较粗、空隙较大，直接书写较易洇渗，故而纸匠采用了填粉和胶加研光的工艺创造出“粉笺”。

演进至唐，造纸匠人为提升纸张的易书写性和耐腐性，创制出黄、白蜡笺、粉蜡笺等，即将纸张用黄檗汁染成淡黄色，再以黄蜡涂布、细石研光，此种经过加蜡研光处理的加工纸张名曰“硬黄”或“黄硬”，即后世所谓“黄蜡笺”。此纸质地硬密、防蛀抗水、便于书写，也可用来摹拓汉晋法帖，并用于书画卷轴引首[5]。同时期的白蜡笺双面加蜡，研光，纤维匀细，纤维束少见，与硬黄相比纸张略厚且未染黄色，防水性极佳。粉蜡笺兼收魏晋时期的粉纸和唐代蜡纸的优点，将白色矿物细粉涂布于纸面，再施蜡，最后研光，纸张白度和厚度大大增加，在保证纸面更加紧密光滑的基础上，抗水性得以再次提升。可见，隋唐时期涂布技术和染黄技术更加精深，纸张的加工工艺在实用性和美观性方面皆有跨越式提升。

宋元时期笺纸厚密度大为提升。此时期涂布和染黄工艺成熟后，唐代著名的黄、白蜡笺演变为黄白蜡经笺，在抄纸、加蜡、涂粉、染黄檗等技术的加持下，除纸张厚度增加外，因不显露帘纹而使纸面愈加细腻光滑。此外，竹纸和麦稻秆纸的生产技术在这一时期日趋完善，大幅匹纸的成功抄造。《纸谱》《天工开物・杀青》等造纸技术著作的问世，都是我国古代造纸技术的普及带动加工纸发展的见证。

明清时期在加工纸技艺方面集历代之大成，不仅能够仿制前代名纸，还力求创制新的品类。工匠使用成熟的洒金、染色、研光、涂布等工艺，增添了笺纸的艺术性，体现出明代造纸技艺的最高成就。其中色笺首推瓷青纸（亦称磁青纸，本书统称“瓷青纸”），因染色均匀，色泽如瓷器的青釉，故称瓷青。此种笺纸所含靛蓝等植物染料具有杀虫的功效。明代皇家御用工匠在瓷青纸的基础上创制羊脑笺，即把窖藏后的顶烟墨和羊脑涂在瓷青纸上后研光，称为涂布技法，若以泥金写经题签，虫不能蛀，历久不坏，达到实用性与审美性的完美统一（图9-4-3）。

清代工匠善于综合多种纸张加工技艺制成上乘笺纸。如康熙年间（1662—1722）以粉蜡笺为底纸，用泥金或泥银绘以冰梅图案的梅花玉版笺，纸浆中加入长纤维，形成发状纹路的发笺玉版宣纸，染以缤纷色彩的虎皮宣纸等。各色笺纸用途历千年不断扩展，除谱诗写信、图绘丹青外，笺纸进而可以作为馈赠收藏及欣赏把玩之物。

---

[5] 卢嘉锡总主编，潘吉星著《中国科学技术史・造纸与印刷卷》，科学出版社，1998，第168页。

图 9-4-3 明代瓷青纸《观世音菩萨普门品册》[6]

二、由唐至元个性化笺纸的大量涌现

笺纸是古代文人书房的必备品。出于对纸面色泽的审美性欣赏，魏晋文人使用单色漂染后的纸张作为信笺、诗笺。魏晋文士讲求风度，写信必遵书仪，字迹力求正斜有度。王羲之、王献之父子的信札被后人奉为圭臬，刻入法帖。“二王”所用纸张多为上乘麻纸，“薄如金叶，索索有声”[7]，且偏好使用漂染后的紫色笺纸，带动彼时用纸风尚。唐代之后的风雅之士在书画酬答等圈层交往中更是为凸显个人身份的辨识度与工匠合作，参与纸张的加工过程，着力增强笺面的美观性，其中名家对笺纸的设计和提倡推动了笺纸的发展。笺纸的设计与工艺继而随着文化的欣荣愈加出彩。

（一）“熟纸匠”的设置与“悦目求巧”下的唐代笺纸

隋唐时期作为加工纸业的大发展阶段，是蒸蒸日上的宗教文化事业和开拓创新的行业内部氛围相互作用的结果。隋代以降，宗教传播和文化教育方面的用纸需求激增。隋文帝统一中国后，不同阶层的民众对宗教经典文献的需求与书籍复制数量不足的矛盾从某种程度上催生出雕版印刷技术，也促进了造纸业的快速发展。唐代对高品质纸张日益提升的需求促使国家在皇宫内府三省三馆中设置“熟纸匠”一职，培养、遴选技艺精湛的造纸工匠。宋代邵伯温《邵氏闻见后录》卷二十八云：“唐人有熟纸、有生纸。熟纸，所谓妍妙辉光者，其法不

[6] 安徽博物院，https://www.ahm.cn/Collection/Details/qtq?nid=236，访问日期：2023年5月21日。
[7]〔宋〕米芾：《书史》，赵宏注解，中州古籍出版社，2013，第74页。

一；生纸，非有丧故不用。”[8]唐代使生纸变成熟纸的工艺一般要经过施胶、染色、加蜡、填粉等技术处理。熟纸匠即采用各种方法阻塞纸面纤维间的无数毛细孔，防止书写或印刷时洇染或绘画时漫浸，改善纸张品质和形象。匠人们锐意创新，不囿于成规，将巧思灌注于笺纸的制作中，为满足文人“悦目求巧”的要求，创制出流沙笺、砑花笺等。

苏易简《文房四谱》卷四《纸谱》有关于流沙笺的记载：“亦有作败面糊，和以五色，以纸曳过，令沾濡，流离可爱，谓之流沙笺。亦有煮皂荚子膏，并巴豆油，傅于水面，能点墨或丹青于上，以姜揾之则散，以狸须拂头垢引之则聚。然后画之为人物，砑之为云霞及鸷鸟翎羽之状，繁缛可爱，以纸布其上而受采焉。必须虚窗幽室，明椠净水，澄神虑而制之，则臻其妙也。”[9]从苏易简的描述中可知，流沙笺的制作需要用到各色颜料或墨汁、有浓度的液体及纸张。具体制作流程为：首先将面糊和好，静置几天任其腐败；其次以笔分别蘸取不同色彩的颜料或墨汁加入腐败后失去黏性的面糊中，适当搅拌后使液体表面呈现出形态各异的花纹；随后将纸张覆于液体表面，使之染色，最后竖直捞起晾干即可（图9-4-4）。流沙笺于唐时传至日本后偏向繁缛化发展，在流动性纹样的基础上添加金银箔并饰以彩绘，与恣意狂放的书法艺术相结合，呈现出精雅秀美的视觉效果。

砑花纸，顾名思义把纸张铺在刻有各种图案的木版上，然后使用工具磨压，在纸面留下凸起的花纹，以四川所产砑花水纹纸“鱼子笺”最受文士推崇。北宋苏易简《文房四谱·纸谱》提到“然逐幅于方版之上砑之，则隐起花木麟鸾，千状万态。又以细布，先以面浆胶令劲挺隐出其文者，谓之鱼子笺”[10]。纸匠通过挤压，在纸面上呈现出布面经纬线交叉形成的小方格，如同鱼子，故名“鱼子笺”。后世流行于明清的“拱花”将压印技术进一步发扬光大。

图9-4-4　唐代流沙笺制法示意图

[8]〔宋〕邵博：《邵氏闻见后录》，刘德权、李剑雄点校，中华书局，1983，第218页。
[9]〔宋〕苏易简著，石祥编著《文房四谱》，中华书局，2011，第199页。
[10]同上。

具有个人身份识别性纸张的创制在唐代除男性外，也吸引了众多女性文人的参与，其中以所制薛涛笺最为著名。

薛涛笺为红色小幅诗笺，因中唐女诗人薛涛而得名，其居住于成都东南郊岷江支流浣花溪，故此笺纸又称“浣花笺”。明代何宇度在《益部谈资》中云：“蜀笺，古已有名，至唐而后盛，至薛涛而后精。”[11] 薛涛笺鲜明的文人参与性主要体现在笺纸的精巧尺幅和独特色彩上。苏易简《文房四谱·纸谱》道：“元和之初，薛涛尚斯色，而好制小诗。惜其幅大，不欲长剩之，乃命匠人狭小为之。蜀中才子既以为便，后减诸笺亦如是，特名曰薛涛笺。”[12] 薛涛素以作八行短诗著称，故将诗笺裁成较小尺幅自用，文人惜其才华遂纷纷仿效，此笺的精巧便携性由此固定下来。明代宋应星《天工开物·杀青》记载：“四川薛涛笺亦芙蓉皮为料煮糜，入芙蓉花末汁。或当时薛涛所指，遂留名至今。其美在色，不在质料也。”[13] 薛涛偏爱红色，故制笺时授意以木芙蓉树皮为料，煮烂后加入芙蓉花汁染色，色彩倾向上具有鲜明的个人好恶。薛涛在《笔离手》一诗中便提及自己制作的笺纸：“越管宣毫始称情，红笺纸上撒花琼。都缘用久锋头尽，不得羲之手里擎。”[14] 诗人韦庄更有“浣花溪上如花客，绿暗红藏人不识。留得溪头瑟瑟波，泼成纸上猩猩色。手把金刀擘彩云，有时剪破秋天碧。不使红霓段段飞，一时驱上丹霞壁”[15] 的名句，可见薛涛笺虽只有浑红一色，但纸面艳丽精巧，为后人所喜爱。

（二）抄经礼佛之俗与“重神尚雅”的宋元笺纸

佛教与民众关联紧密，各禅寺皆大量抄写经卷，所用纸张在文人的推动下日益精美。“有宋一代佛教炽如烈火，禅宗更是争奇斗妍，色彩纷呈。”[16] 代表性笺纸为金粟山藏经纸和《宝箧印陀罗尼经》用纸。此纸为黄蜡笺，因发现于浙江海盐金粟寺，为抄写佛经而特制，故每幅纸上皆有朱印“金粟山藏经纸”。纸张表面内外加蜡研光愈显坚挺平滑。此纸纸张较厚且极为珍贵，后人偶得便层层揭开用于印书、写经、做书画手卷引首等。《宝箧印陀罗尼经》纸张为白蜡笺，双面加蜡，纤维交织匀细、纤维束少，纸张同样较厚可分层揭开，因其洁白平滑，质地坚固且显现光泽而享誉后世（图9-4-5）。

[11]〔明〕何宇度：《益部谈资校注》，崔凯校注，西南交通大学出版社，2020，第34页。
[12]〔宋〕苏易简著，石祥编著《文房四谱》，中华书局，2011，第220页。
[13]〔明〕宋应星：《天工开物译注》，潘吉星译注，上海古籍出版社，2008，第232页。
[14]〔唐〕薛涛：《笔离手》，载《全唐诗》卷八〇三，中华书局编辑部点校，中华书局，1999，第9141页。
[15]〔唐〕韦庄：《乞彩笺歌》，载《全唐诗》卷七〇〇，中华书局编辑部点校，中华书局，1999，第8120页。
[16]麻天祥：《中国禅宗思想发展史》，湖南教育出版社，1997，第50页。

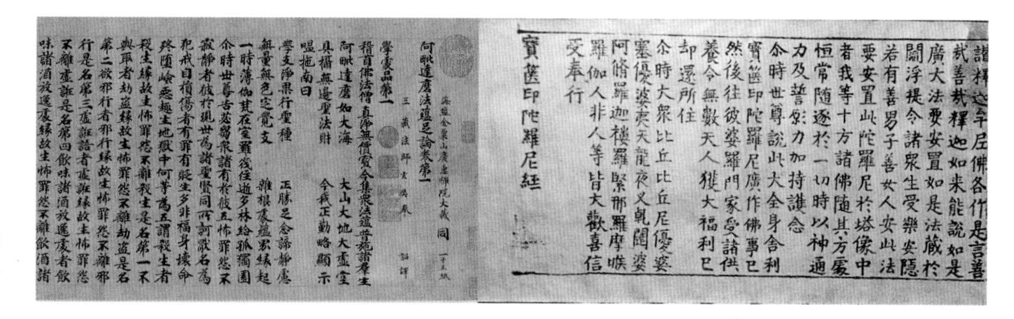

图 9-4-5　宋代金粟山藏经纸（左）和《宝箧印陀罗尼经》（右）[17]

宋元笺纸与文人“重神尚雅”的审美取向相勾连，从色彩到纹样为文人提供了更多的可选择性，文人参与性得以进一步加强。

一方面从色彩角度考量，除权贵多使用红笺进行书信酬答往来之外，文人们在此时期喜用“谢公笺”。谢公笺以红、黄、蓝三种染料调制多色而成，与唐代单色薛涛笺相比，色彩的丰富程度大大提升，文人可灵活选择符合自身审美的纸张。

另一方面从纹样角度而言，由唐代兴起的砑花纸在此时期也得以快速发展。北宋苏易简在《文房四谱·纸谱》中说：“然逐幅于方版之上砑之，则隐起花木麟鸾，千状万态。”[18] 宋元文士强调不加巧饰的天趣，而砑花为在阳刻的木版上放置纸张，用表面光滑的碾石于纸背用力碾砑，使纸张与砑花版花纹的接触部分变紧变薄，即能产生花纹。此种技艺所呈现纹样若有似无，表面并不凸起，只有迎光时方可分辨，呈现出含蓄之美，因而备受推崇。此时期出现了山林、折枝花鸟、狮凤、虫鱼、寿星、八仙、钟鼎文等异彩纷呈的砑花图案，使笺纸愈趋雅致。

三、“二谱”的风行与笺纸的流程化生产

（一）《萝轩变古笺谱》和《十竹斋笺谱》的风行

笺纸真正的黄金时代为明中后期，文人将大量心力倾注于改良创制笺纸品类、丰富书斋生活上。学者邓之诚《骨董琐记》对笺纸作出如下描述：“明大内各笺，洒金五色粉笺、印金花五色笺、青纸，俱不如宣纸。有楮皮者，茸细而白。有‘宣德五年造素馨纸’印。元有绍兴蜡笺、黄笺、花笺、罗纹笺，江西白藤观音、清江等纸。宋有藏经纸、匹纸、碧云春树、龙凤团花、金花等笺，藤白、鹄白、蚕

[17] 安徽博物院，https://www.ahm.cn/Collection/Details/qtq?nid=227，访问日期：2023年5月21日；浙江省博物馆，https://www.zhejiangmuseum.com/Collection/ExcellentCollection/578zonghepingtaiexhibit/578zonghepingtaiexhibit，访问日期：2023年5月21日。

[18]〔宋〕苏易简著，石祥编著《文房四谱》，中华书局，2011，第199页。

茧等纸，蒲圻纸，蜀中贡余。唐有浆硾六合漫麻经纸，入水不濡，硬黄纸以黄蘖染，可辟蠹。”[19] 自明代始，制笺者除在笺纸质地、色彩上下功夫外，更注重纸面花纹装饰设计的丰富性，由此带来制笺工艺的精细化发展。此种特点集中体现于明代知名度最高的《萝轩变古笺谱》和《十竹斋笺谱》两本笺纸合集。通过对二笺谱每幅作品中所呈现的刻印技术进行汇总分析，可知饾版分色与拱花压凸技术的应用，是此时期最显著的工艺特征（图9-4-6）。

《萝轩变古笺谱》成书于明代天启六年（1626），被学界认为是目前已知存世最早的笺谱，不仅有无色拱花的“白拱”，还有将饾版与拱花相结合的“色拱”，堪称我国古代拱花木刻彩印笺谱之首。其后，《十竹斋笺谱》于崇祯十七年（1644）刊行，设计刊印时更加熟练运用色拱技术，将饾版与拱花两项技艺提高至新的水平。

从主题角度分析，文人在选择叙寒温、沥情愫的笺纸时，往往将能否体现其身份特征及个人雅趣作为衡量标尺。随着笺纸加工技艺的不断提升，明代以降，雕版印刷术应用于笺纸制作，以山水、花鸟、人物等图案入笺，笺纸品类空前丰富，为文人提供了极大的选择空间。私人制笺、用笺的风气在明清两朝也达到极盛，其中用笺者对主题的选择从庞杂多元转向凝练聚焦，作为流通的信笺尤以博古笺与墨戏笺最具特色。

“博古”是指绘制古代器物形状。博古笺上所刻印图案最初为青铜器皿，在晚明文人好古、习古风气的影响下，扩展至各色古器物与花鸟蔬果的搭配。画坛领袖董其昌有言“先王之盛德在于礼乐，文士之精神存于翰墨。玩礼之器，可以进德；玩墨迹旧刻，可以精艺。居今之世，可与古人相见”[20]。文人将使用带有博物古玩纹饰的信笺作为彰显身份、体现雅趣的方式，因主要用于亲友间的书信酬答，故有意弱化先秦青铜器物的凝重风格，转向设计刻印清丽纤巧的图样。

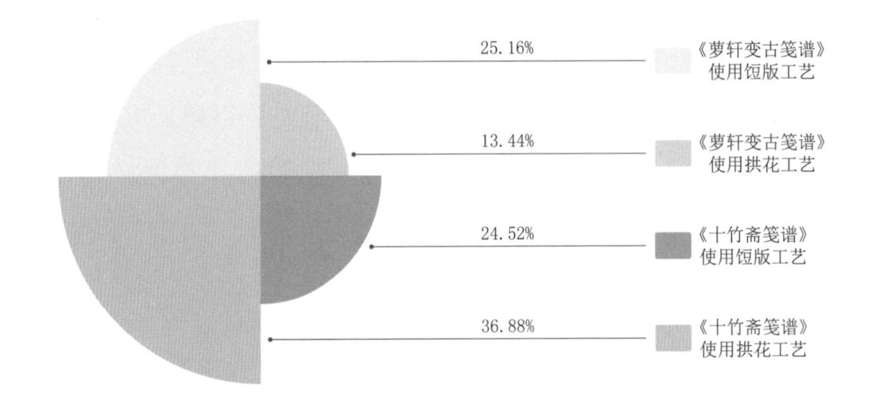

图9-4-6 《萝轩变古笺谱》与《十竹斋笺谱》刻印技艺占比图

[19] 邓之诚：《骨董琐记全编：新校本》，乐保群校点，人民出版社，2012，第31页。
[20]〔明〕周高起、〔明〕董其昌著，司开国、尚荣编著《阳羡茗壶系·骨董十三说》，中华书局，2012，第191页。

以明代胡正言刊刻于崇祯十七年（1644），展现出水印木刻技艺最高成就的《十竹斋笺谱》为例，其收录的笺画题材已不只限于飞禽走兽、梅兰竹菊，更多地着眼于人文典故的绘刻，呈现出独特的文化视角。《十竹斋笺谱》每卷皆有各式古雅器物，呈现出不同的刻印技术。在印制包括酒爵、玉璧、壶、罐、玺、乐器、佩饰、文房用品等内容时，均采用拱花法印出轮廓及纹饰，以饾版分色法略施色彩，部分器皿局部完全不事勾描，纯以拱花技法素色印出，凹凸之感跃然纸上，款识为“十竹斋珍藏”，备受文人群体的推崇（图9-4-7）。

“二谱”的流行同时带动了墨戏笺的使用风潮。“墨戏”是指各种文字的变体形态。墨戏笺体现出传统文人自制个性化信笺的风潮，其中晚清经学家俞樾的自制墨戏笺数量最庞大、特色较鲜明。俞樾《春在堂全书》中有《曲园墨戏》一卷，收录其墨戏之作20幅，用于制笺参考。以具体信笺为例，俞樾在致友人的信札中，均曾使用过福寿笺。信笺上的字形以“福”字为中心，经拉伸变化后呈纵向长方形，线条形似遒曲苍劲的树干，另将骑鹿寿星隐于字体中央，图文相映成趣。其曲园拜上笺则竖向草体联书“曲园”二字，“曲”字稍向前伸，“园”字外框下部的方形向左倾斜，“拜上”二字书于中部偏左处，整体形似低头弓背、抄手作揖的长袍老者。另有鹤笺、雁笺等禽式笺（图9-4-8）。整体而言，墨戏笺将文字图案化，统一的纵向图示适应了笺纸的竖长样式，达到和谐的视觉效果。同时，用笺者通过不同于流俗的笺纸传递出身份特征与生活雅趣。

简言之，饾版与拱花体现了刻印技术的极大提升。以笺纸典型题材山水笺为例，《萝轩变古笺谱》中用五言诗呼应山水画，自然环境多用单线勾勒，内部填充较浅色块，采用无色凸版压印法呈现波光等效果，有清丽平淡的韵味。而《十竹斋笺谱》在刻印山水笺刷色后，根据画面需要另加墨色渲染，丰富画面的

十竹斋笺谱 卷三 伟度 一

十竹斋笺谱 卷三 伟度 二

十竹斋笺谱 卷四 文佩 五

十竹斋笺谱 卷四 文佩 八

图9-4-7　《十竹斋笺谱》博古笺图例[21]

[21]〔明〕胡正言辑《十竹斋笺谱》，中国书店，2017，第214、215、273、276页。

图 9-4-8 清代俞樾自制墨戏笺图例[22]

色彩层次，此种技法被称为“撢”。除山水笺之外，花鸟笺和博古笺亦可见如此技法。

李克恭在《十竹斋笺谱》序文中称：“自十竹斋之笺后先叠出，四方赏鉴，轻舟重马，笥运邮传，不独江南纸贵而已。”[23] 从《十竹斋笺谱》体现出的画面浓淡相宜、色彩绚烂，过渡自然、立体感强等特点，可窥见我国古代加工纸制作技艺的长足发展，同时标志着中国古代彩色雕版套印技术的高峰。

（二）笺纸的流程化生产与流通应用

明清以降，笺纸从生产到流通已形成较为完备的体系，从制作流程分析，完整工序可概括为设计纹饰、锯切备版、勾描转印与刻笺印刷四个步骤。从文化传承的角度看，具体到笺纸的设计制作、笺纸色彩的敷设印制等，纯手工制造有着机器生产无可替代的个性化优势。

第一步为设计纹饰。笺纸作为文人寄情的物质载体，在制作工艺中首先便是设计用作底纹的图案，以便于后期的影写雕刻。笺纸上的纹饰因追求题材的不同而呈现出绘饰之美（图 9-4-9），其题材主要可分为山水笺、花鸟笺、博古笺、人物笺四类，其中又以山水笺最为文士所推崇。山水是文人画的主要题材，文人雅士借此抒发性灵、标举士气、布局意境。

第二步为锯切备版。在原材料的准备上，先是将原木锯切，制成版片。锯切分为顺着树木纹理直切或横断面截开两种。西方多从树木的横断面截开，称“木口木刻”；中国传统是顺着树干纹理竖向直切，称“木面木刻”，此种方式得到的木版面积较大，且能规避树干的节疤和当中难以镌刻部分。木版经过前期处理，

[22] 上海书画出版社编《俞樾手札》，上海书画出版社，2007，第13、25页。
[23]〔明〕胡正言辑《十竹斋笺谱》，中国书店，2017，第9页。

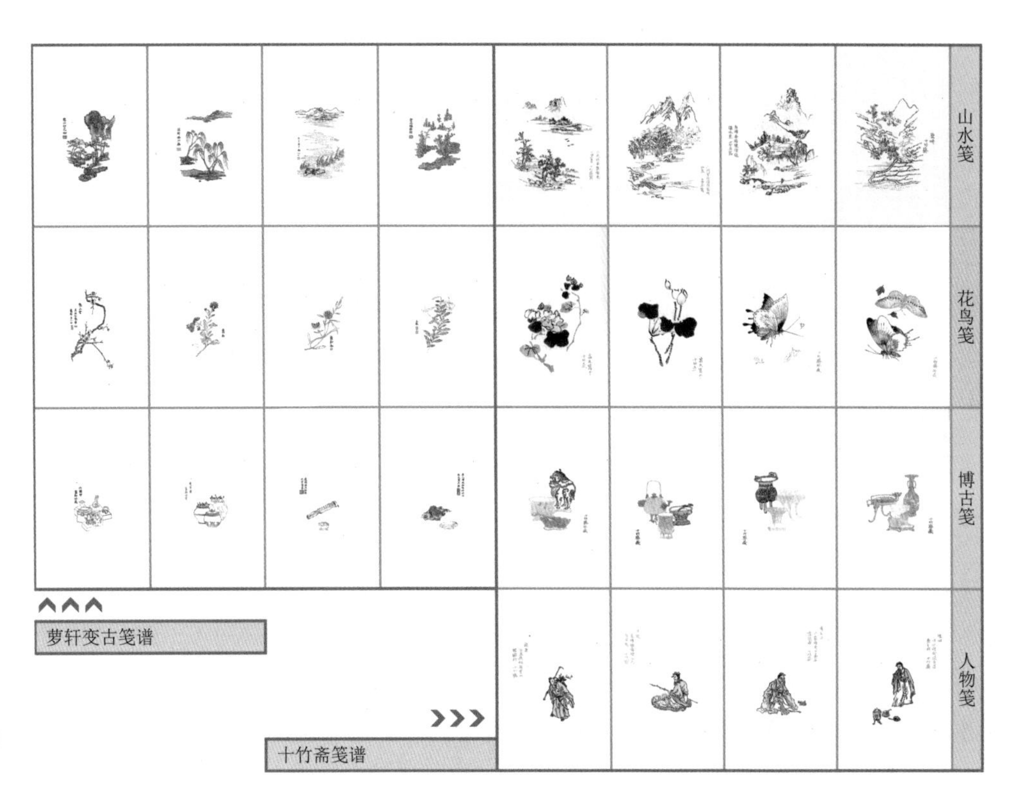

图 9-4-9　明代笺谱典型图案纹饰举要[24]

光滑平整后，方可进行图文转印。

第三步为勾描转印。勾描也称“描摹”，即用半透明纸蒙于原画稿上进行影写，共分三种情形：一是白描，单独用墨线勾勒描摹，不饰色彩；二是双勾，按照色彩多寡，每色一图，便于逐张雕刻；三是没骨，按照原稿色彩重现画面，隐去线条笔迹。此阶段与雕刻环节直接勾连，密切关系到线条与色泽的精准。通过此道“写样”工序后，将半透明纸张反贴于木版表面，以棕刷轻拭纸背，待糨糊干燥，擦去纸背底层，再加打磨，使纸面图文转印于木版，即可雕刻，俗名“贴样”。同时，也可采用“墨浸法”，即将纸样反贴于潮湿木板，压平后将纸揭去，待墨迹完全吸入木版后方可准备刀、錾、凿、铲等工具雕刻。

第四步为刻笺印刷。这一步需要印工凭借艺术悟性与多年的经验积累加以实现，最能体现其精深技艺的方式，是饾版分色与拱花压印技术的结合。

饾版是为分色印刷而做的各块分版，其滥觞于单色雕版印刷。五代时于单

[24] 邵文菁：《中国笺纸笺谱》，浙江摄影出版社，2017，第94—123页、第134—167页。

色印本上以手工着色。为丰富纸面色彩且提高笺纸制作效率，五代以后分色雕版应运而生。分色雕版，即一色雕一版，或同种色彩按照画稿中深浅浓淡、阴阳向背雕成几片形成一组版片，各版片再组成整幅图片所需的完整雕版。一幅待印制画面备版最多可达上百版，这些版片状似琐碎饾饤，故名“饾版”。如《十竹斋笺谱》卷二共八幅“折赠”中，一幅为俯仰生姿的折枝玉兰。刻印良工们在呈现隐于主枝背后的旁枝时，以分色雕版的形式于单版之上雕刻枝叶，后涂饰绿色，印于纸端（图9-4-10）。

拱花作为现代凹凸印刷术的先驱，在胡正言刻印《十竹斋笺谱》时达到高峰，根据幅面所需呈现的艺术效果分为“白拱”与“色拱”两种。“白拱”即“无色拱花”，在印制过程中版面无须任何墨色涂染，凭借施压使纸面产生立体效果，观者最终所见仅为纸本色和凸于纸面的拱花图案。《十竹斋笺谱》卷四分“建义”“寿征”“灵瑞”“香雪”“韵叟”“宝素”“文佩”“杂稿”共八类，其中“宝素”类各幅笺纸纯以无色拱花技艺印制而成，如纸上浮雕，印痕在光影变幻间若隐若现。

“色拱”为饾版与拱花工艺的结合，依照先饾后拱的次序，于色笺上压印纹样，呈现彩色浮雕的效果。《十竹斋笺谱》在“折赠”“博古”“杂稿”等类别中使用此技法处理山水云气、草虫翎羽和鼎彝纹饰，使笺面整体呈现出活泼灵动的特点（图9-4-11）。

《十竹斋笺谱》序有云：“饾版有三难。画须大雅，又入时眸，为此中第一义。其次则镌忌剽轻，尤嫌痴钝，易失本稿之神。又次则印拘成法，不悟心裁，恐损

图9-4-10 饾版分色印刷呈现效果示意图

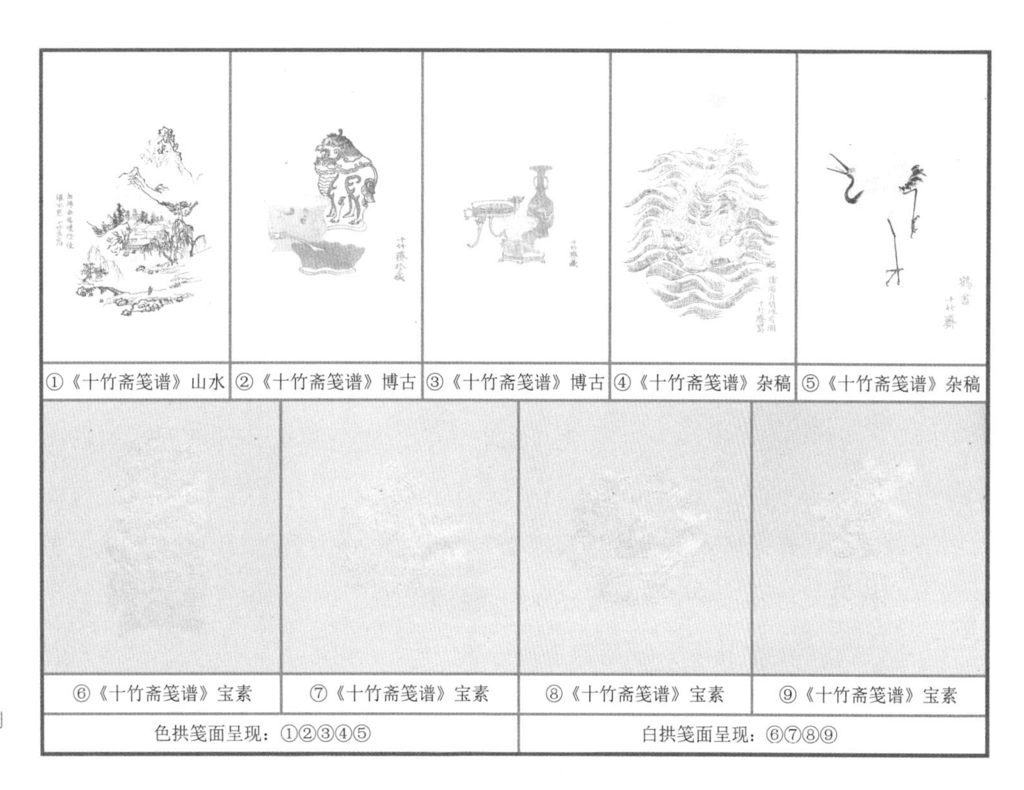

图9-4-11　拱花压凸印刷呈现效果示意图[25]

天然之韵。去其三疵，备乎众美，而后大巧出焉。”[26]判断工匠高下的标准为观其是否将审美悟性融于刻印技巧之中。印制时，原作应该放于桌前，时时斟酌所印颜色是否精准，取用空白宣纸铺在用毛笔着色后的版面上，用刷子拭刷时，应参照原作的浓淡深浅，在不同部位给以轻重缓急的对应着力度。同时，根据颜料不同和效果要求，有时印完一色需待干燥后再印他色；或反之，在此色未干前快速印上余色，旨在晕染出丰富层次。因此，笺纸作为高档纸品，其成品已超出单一的实用层面，而上升为映射文人审美取向的物质载体。

除流程化生产外，从笺纸的流通角度进行考量，其作为书写材料，可将文字的寓意和图案的美观相融合，承载并传递信息，被当作重要遗存物收藏、欣赏并研究。笺纸用作书札，称“信笺”；用以题咏写诗，名“诗笺”。作为多用于书信酬答的小幅纸张，笺纸在幅面上遵循着窄小的特点。以明代纸张尺寸为例，小幅纸的宽度区间为26至40厘米，长度区间为90至120厘米，与明代崇祯十七年刊《十竹斋笺谱》中笺纸幅面进行类比可知，十竹斋笺纸纵30厘米、横18厘米，版心纵20.6厘米、横13.7厘米，远小于明代书写用纸的通用尺寸，呈现出精巧便携的特点（图9-4-12）。

[25]〔明〕胡正言辑《十竹斋笺谱》，中国书店，2017，第39、44、50、第261—264页、第277—278页。

[26]同上书，第14页。

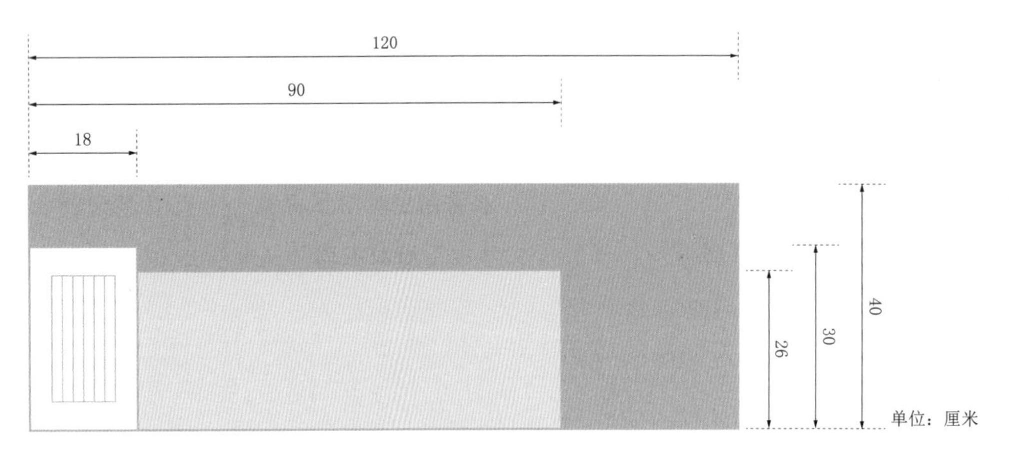

图 9-4-12 明代书写用小幅纸尺寸统计分析图

同时，制笺者遵循不同的使用规约和时尚好恶，对主题选择、版式设计、色彩呈现等环节加以把控，便于其更好地为人所用。

1. 版式设计：栏格笺与花笺的合理排布

从版式设计角度分析，信笺可分为印有版框或界栏的栏格笺和印有图案的花笺两大类。栏格笺中又以六行笺至十行笺为典型。花笺多请知名画家绘制，题材多样，供笺铺成套出售。一套通常有同一图案的各色信笺，或是主题相同图案各异的多张信笺，也有将栏格与图案相结合的花笺，追求形式的丰富性。

进行版式设计时，需将小幅纸张进行合理分割，通过有效排布栏格和图案，达到适应用笺者和读笺者规约性的书写习惯和审美需求的目的。

一方面，在栏格笺中，版框、界栏与图案可以灵活组合，无一定之规。早期书信较少使用栏格笺，个别信笺仅有界栏，无外框。至明嘉靖年间（1522—1566），随着文人雅士对书写用纸要求的不断提升，栏格笺纸开始逐渐增多，一般为浅色栏线，四周花框，版框为狭长横向长方形。如黄姬水所用信笺，印制十行蓝色界栏，四周饰以浅蓝色缠枝纹外框，别无他饰，版框整体横向延伸，呈现出早期栏格笺的版式特征。通过笺面元素分层示意图（图 9-4-13）可见，栏线与花框的叠加划分了素纸的书写区域，明确了书写范畴，使书法的最终呈现具有

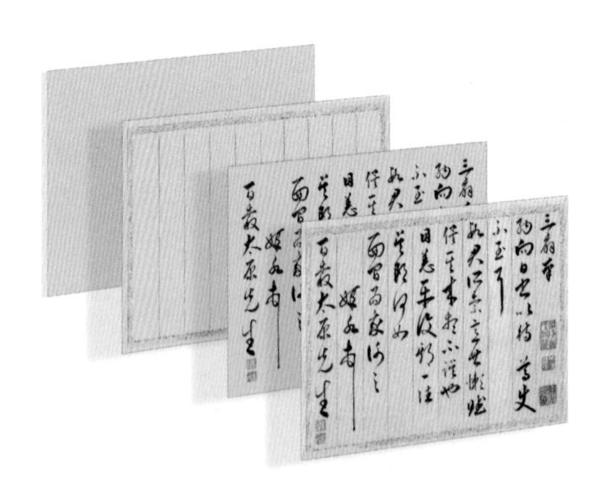

图 9-4-13 笺面元素分层示意图

规约性的同时兼具审美性。

因早期信笺呈横长形，书写未完往往根据篇幅大小裁开，故多数栏格笺纸仅有右框及上下边框，偶有左框，版框完整者较少。万历后，《萝轩变古笺谱》《十竹斋笺谱》等笺谱陆续出版，人们对信笺的欣赏水平大幅提升，素笺数量因此逐渐减少。及至清代，栏格信笺使用更为广泛，并伴有各色点缀图案，在行格、框栏式样上不拘形式，整体版型也由横向变为竖向狭长形，保证信笺呈现效果的完整性。

另一方面，在印有图案的花笺中，浅淡的大幅花纹适合直接映衬于文字下方，同时考虑到中国古代自右向左的竖式书写习惯，精巧艳丽的小幅图案往往位于笺纸左下角，可方便书写者把握好图与文的布局，做到图文分离，又互为装饰。在使用花笺时，因为往往没有栏格，书写行数、间距完全依据各人习惯和心境随机决定，体现出个性化特征，留给使用者较大的发挥空间（图 9-4-14）。

2. 色彩呈现：追求素雅与色墨浑融的用色观

从色彩呈现角度分析，信笺作为文人之间往来酬答的重要载体，兼具案头欣赏功能，为避免与墨迹文字产生冲突，色彩选择以清淡素雅为主。分别将明代《萝轩变古笺谱》中的笺纸色彩和清代著名笺铺松茂室所产笺纸的色彩进行提取后可见，文人青睐和使用的信笺色彩纯度相对较低，色相对比适度，给人以舒适雅致的视觉感受，突显了用笺者自身不同于流俗的高逸之气，完成视觉审美的需要（图 9-4-15）。

整体而言，文字、图样与底色应彼此独立又相互融合，即使不关注信札内容，仅就感观效果而言，也应不失为一幅书画合璧的精品。笺纸上色彩的丰富变

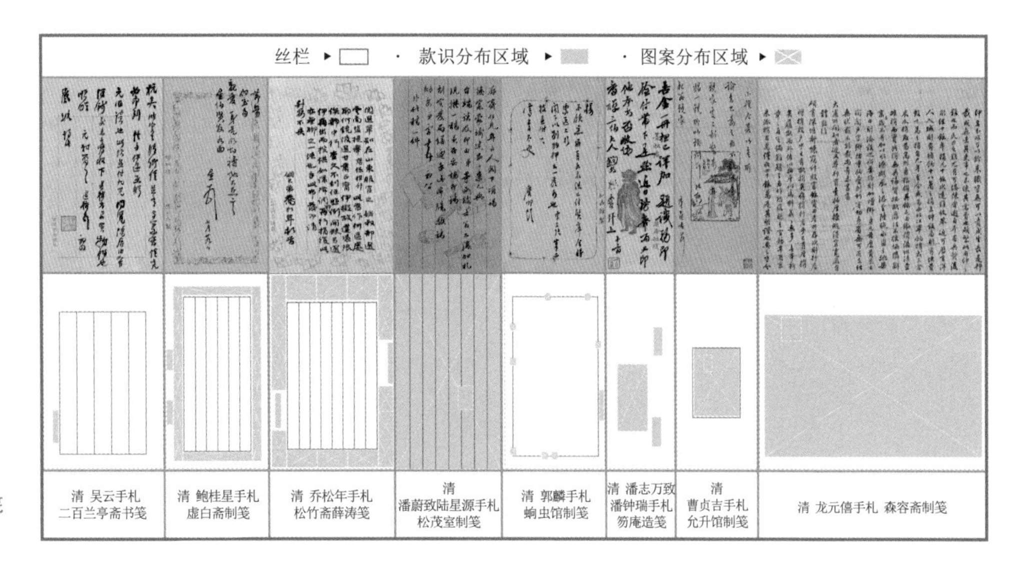

图 9-4-14　栏格笺及花笺版式设计图例

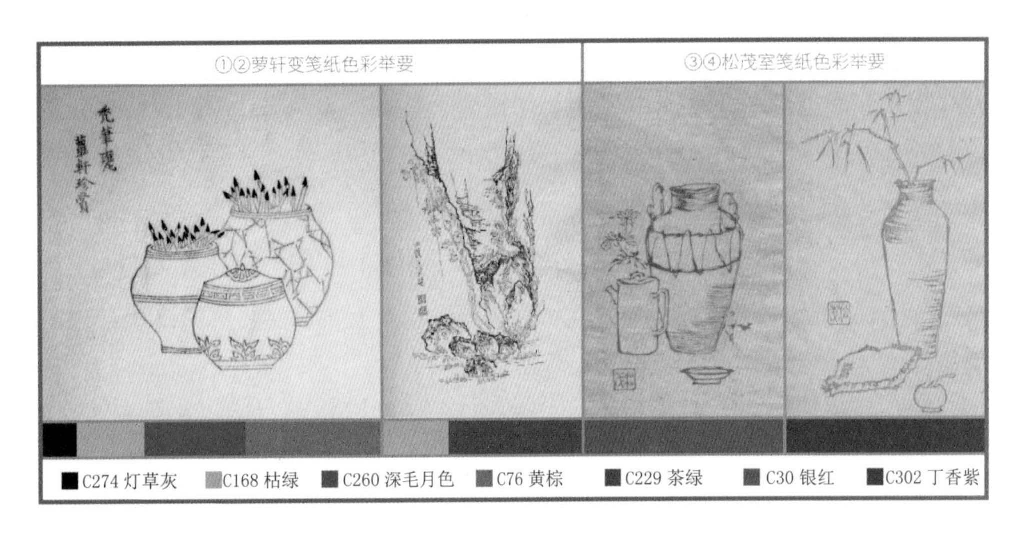

图 9-4-15 笺纸色彩提取示例[27]

化说明制笺者已能灵活运用单版多色敷彩套印和分版分色的饾版套印技巧，藏书家叶德辉形容其魅力为："斑斓彩色。娱目怡情。能使读者精神为之一振。"[28]

结语

笺纸伴随着中国人传统的信息传递方式的发展而发展。从笺纸的历史演替可以看出，在技术层面，虽幅不满尺，但汇集了中国传统造纸、雕版印刷技术两大重要发明，其加工技艺有赖于二者的持续精进，为使纸张细密均匀，开启了以麻纸和皮纸为主导的纸张精加工技术的变革，《萝轩变古笺谱》和《十竹斋笺谱》的刊印将饾版与拱花技艺推向顶峰。同时，笺纸的制作过程形成设计纹饰、锯切备版、勾描转印、刻笺印刷四大完备步骤。在思想层面，笺纸丰富的底纹、图案与文人的审美取向紧密勾连。由于文人审美趣味对工匠制作的强势介入，悦目求巧和重神尚雅的美学观念使纸张具有较强的个人身份识别意义，极大增强了笺面的美观性。从笺纸的流通过程可见，其偏于窄小的尺幅、灵活的图文布局、舒适雅致的色彩选择是文人将实用性与审美性统一后的必然选择。

总之，笺纸是古代文人书房的必备品，笺谱的产生已能佐证古人对这一艺术形态的重视与珍爱，它的实用性令其长盛不衰，它的艺术性使其瑰丽多变，它的设计工艺随着文化的欣荣而愈加夺目。

---

[27] 对笺纸色彩的提取及近似色的选择标准为DIC中国传统色色卡（第三版）（DIC COLOR GUIDE DIC Traditional colour ot China Ver.3），收录色彩编号：C1至C320。

[28]〔清〕叶德辉：《书林清话》，中华书局，1957，第215页。

第五节　从《妙法莲华经》看古代书籍装帧的演变

书籍是以记录信息、阐释思想、传播知识与文化为主要目标，将文字写、刻、印在一定材料上，再经过有意的整理与编制形成的著作物[1]，它的出现推动着人类从愚昧走向文明。书籍装帧则承担着构成书籍物质形态的重要任务，包含对书籍载体材料、制作工艺、结构形态、存放状况与使用方式等方面的考量。中国古代书籍装帧的历史演变与书籍本体紧密相关，其发展大致经历了原始、卷轴和册页三种装帧形态的转变过程。古代书籍装帧的原始形态始自旧石器时代的结绳书，其包括同时期刻在岩石上的图画文书、新石器时代刻在陶器上的陶文书、商代刻在甲骨上的甲骨文书等。此类文书主要用于具有档案性质的文字记录，尚未形成固定的外部形态。卷轴形态源于西周时期的简策书。简策书是用绳子将竹简编连起来的书，它已经具备规范的外部形态与有意的装帧设计，其卷收的形制推动了春秋时期的帛书和汉代的纸书卷轴装的出现与长期流行。册页形态自汉代由西域传入的梵夹装改制而生。中国化之后的梵夹装是用线将纸张装订成册的一种形制，它的产生启发了装帧形式多样化的发展趋向，促进了经折装、蝴蝶装、包背装与线装等多种册页形态的装帧形制的出现。中国古代书籍装帧设计的变迁与科学技术的发展、材料工艺的进步及文化思想的变迁密切相关，可以说中国书籍装帧史的变迁反映了中华文明的延续与革新。

中国古代书籍装帧形制受到佛经的影响。佛经是佛教传播教义、修习功德的重要载体。自东汉时期随佛教传入中国以来，一方面，佛经在与中国本土文化的融合之中，与非佛教主题书籍相互交织与渗透，成为中国古代书籍的重要组成部分。另一方面，佛经受到佛教自身发展轨迹与理念的影响，又有其独特的形态发展特征和路径。因此，研究佛经典籍，对掌握中国古代书籍装帧的演变特征具有重要意义。在各类佛教典籍中，《妙法莲华经》是地位较高、流布较广、存量较多的经书之一。

[1] 孙婷编著《书籍装帧设计》，安徽美术出版社，2019，第48页。

一、《妙法莲华经》装帧形制的演变

《妙法莲华经》又名《法华经》《妙法华经》，是释迦牟尼晚年于古印度摩揭陀国王舍城灵鹫山所说教法，成书于公元元年前后[2]，于东吴时期传入中国汉地。该经文作为佛陀一代教法的总结，统摄一切佛法[3]，被誉为“诸经中王”[4]“统诸佛降灵之本致也”[5]。唐释道宣《妙法莲华经·弘传序》云：“自汉至唐六百余载，总历群籍四千余轴，受持盛者无出此经”[6]。据不完全统计，在现存较为完整的30000号敦煌汉文经卷中，《妙法莲华经》数量超出5000号，约占总量的六分之一，是所存数量最多的一种[7]，可见其在中国古代佛教典籍中极具代表性与典型性。

本节共收集了75例《国家珍贵古籍名录图录》（第一、二、三批。本节简称《图录》，本节提到的收集的《妙法莲华经》都是指这75例）中所收录保存良好、信息较为完整的《妙法莲华经》，以此探讨中国古代佛经装帧形态特征及其演变规律。结合文献资料与所收集的《妙法莲华经》装帧形制信息，将其分为卷轴形态与册页形态。卷轴形态主要包括卷轴装与龙鳞装等形制，该形态书籍以“卷”为单位粘接成书。册页形态主要包括梵夹装、经折装、蝴蝶装、包背装、线装等形制，以“页”为单位装订成册，较之卷轴形态的书籍更易于携带、查阅与储存，还改变了中国存续千年“揽之则舒，舍之则卷”的阅读习惯。其中已发现的《妙法莲华经》的梵夹装本与卷轴装本可追溯到南北朝时期，尔后贯穿于该经发展的全部历程；经折装本创制于唐代末期，繁盛于宋元明清；旋风装本短暂出现于唐代末期；蝴蝶装本起源于北宋，包背装本起于南宋，二者均沿用至明清；线装本作为中国古籍装帧中较晚出现的一种形制，定型并流行于明清（图9-5-1）。

通过统计《图录》中所收录的不同装帧形制《妙法莲华经》的数量可知，其采用的装帧形制主要有卷轴装、梵夹装、经折装、蝴蝶装四种，分别占总量的58.67%、4%、33.33%、4%（图9-5-2）。其形制发展呈现出阶段性、延续性与多样性的特点。从阶段性而言，魏晋南北朝至北宋初期卷轴装为主流形制，北宋中

[2] 李媛：《一念三千：天台宗及其祖庭》，西安电子科技大学出版社，2017，第3页。

[3] 定广：《法华经四要品解读》，上海辞书出版社，2010，第1页。

[4]〔后秦〕鸠摩罗什译、〔隋〕智者大师说、〔唐〕章安大师记《妙法莲华经文句校释》，朱封鳌校释，宗教文化出版社，2000，第923页。

[5] 莫伯骥：《五十万卷楼群书跋文》，曾贻芬整理，中华书局，2019，第422页。

[6] 同上书，第423页。

[7] 方广锠：《敦煌遗书中的〈妙法莲华经〉及有关文献》，《中华佛学学报》1997年第10期。

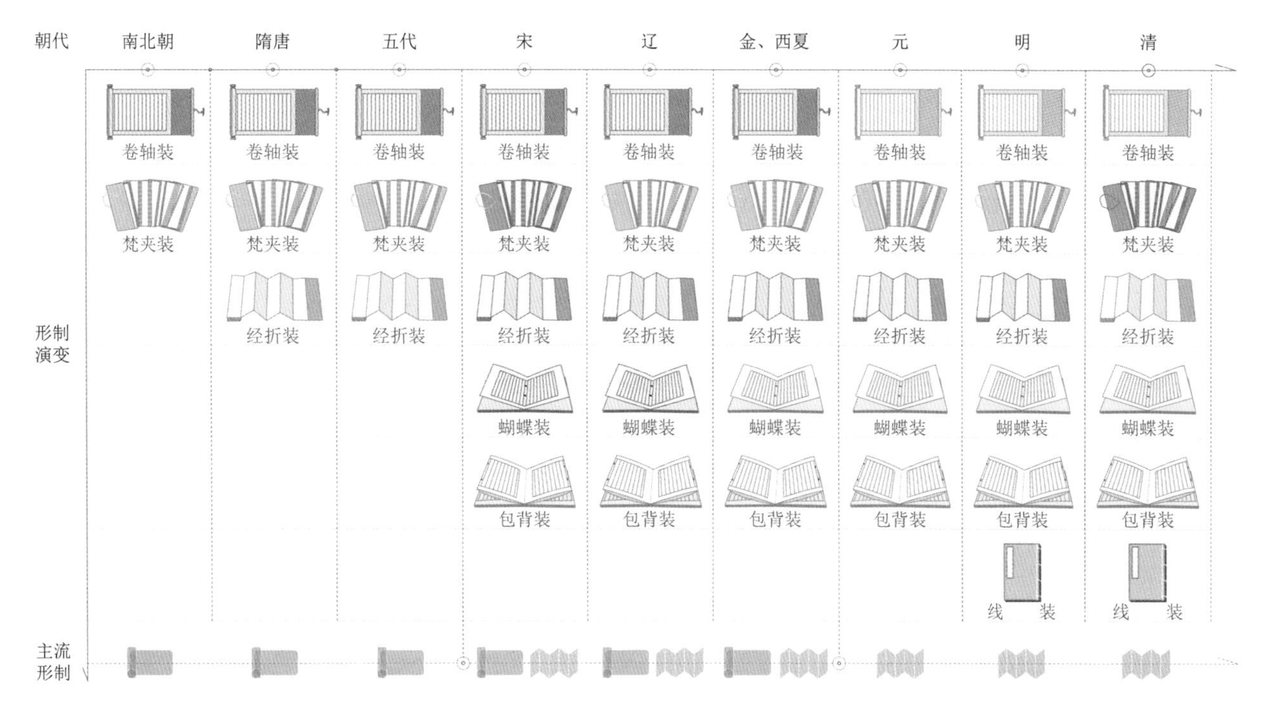

图 9-5-1　《妙法莲华经》装帧形制演变

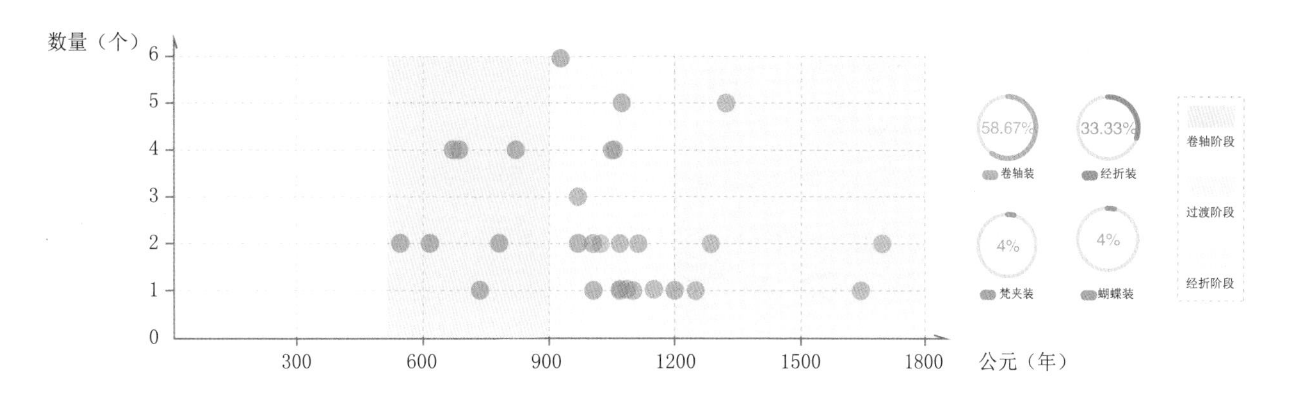

图 9-5-2　《国家珍贵古籍名录图录》中收录古代各装帧形制《妙法莲华经》数量统计图

期以后经折装则最为盛行；从延续性来说，经折装是对卷轴装与梵夹装扬弃与融合的产物，蝴蝶装则是在经折装基础上结合雕版印刷技术而生；从多样性来看，在各历史阶段不同的制作技术、装帧材料及文化背景的影响下，装帧形制由卷轴装与梵夹装发展出龙鳞装、经折装、蝴蝶装、包背装与线装等多种形制。尽管《图录》中未收录龙鳞装、包背装、线装等形制，一则其作为佛经的非主流形制应用较少，二则有些佛经历久不易留存，但它们仍是佛经装帧形制不可缺少的部分，本节将通过文献资料或其他佛经遗存进行补充。

为探究中国古代《妙法莲华经》装帧形制的历时性特征与内在动因，以下对其在各历史时期的应用与演变展开分析。

（一）中国传统卷轴装装帧形制的借用

魏晋南北朝时期，《妙法莲华经》始入汉地，沿袭中国传统卷轴装装帧形制。卷轴装起源于东汉时期[8]，由简策装的装订形式演变而来（图9-5-3），其装订方式是先将纸张用糨糊粘成长卷，然后以木棒、竹棒等制作成轴粘于纸卷左侧，最后自左向右卷成一束[9]（图9-5-4）。从文献记载中可见，魏晋南北朝卷轴装的应用十分普遍。如《高僧传》载“（南朝慧进）蔬食素衣，誓诵法华。用心劳苦，执卷辄病”[10]。又如《续高僧传》所记“（南朝真观）始诵法华，日限一卷”[11]。现存实物如辽宁旅顺博物馆所藏南北朝时期的《妙法莲华经·信解品》写本与大英博物馆所藏北魏晚期的《妙法莲华经》第七卷写本等，均采用卷轴装。

隋唐时期，卷轴装的使用进入高峰。在本节所收集的历代44例卷轴装经卷中，数量最多的出现在隋唐时期，约占总量的五分之二。如武则天时期抄制的3000部《妙法莲华经》均为卷轴装。此外，也有图像资料留存，如莫高窟第280窟隋代比丘诵经图（图9-5-5）。

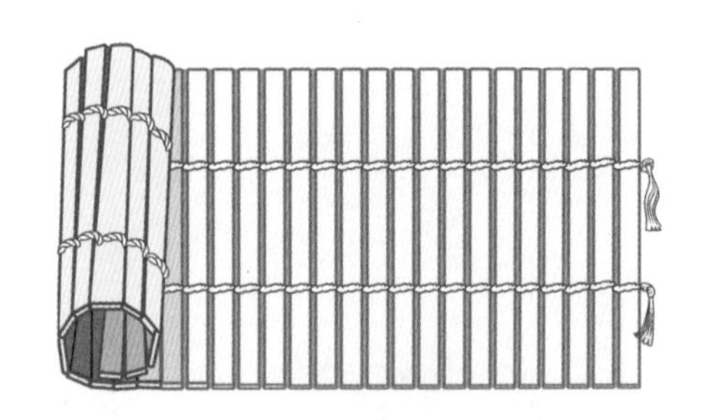

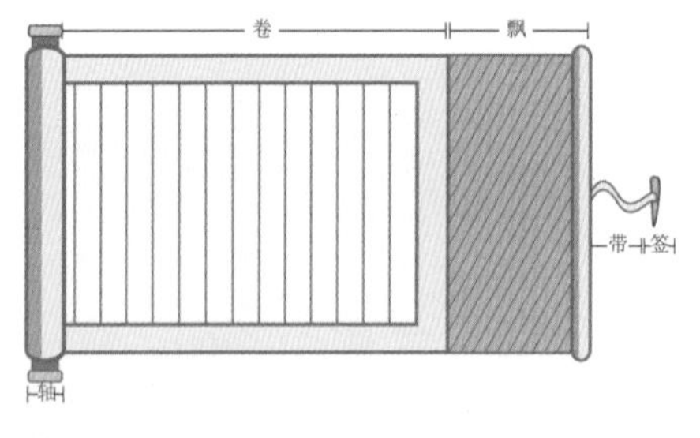

图9-5-3（左） 简策装形制图

图9-5-4（右） 卷轴装形制图

图9-5-5 莫高窟第280窟比丘诵经图 隋[12]

[8] 潘美娣：《古籍修复与装帧（增补本）》，上海人民出版社，2013，第200页。
[9] 杨永德：《中国古代书籍装帧》，人民美术出版社，2006，第73页。
[10]〔梁〕释慧皎：《高僧传》，汤用彤校注，汤一玄整理，中华书局，1992，第468页。
[11]〔唐〕释道宣：《续高僧传校注》，苏小华校注，上海古籍出版社，2021，第917页。
[12] 段文杰主编，中国壁画全集编辑委员会编《中国壁画全集·敦煌·隋》，天津人民美术出版社，1991，第133页。

宋辽时期，卷轴装经书的数量开始减少，至明清时期则逐渐退出历史舞台。如山西应县佛宫寺释迦塔（又称为应县木塔）1974年发现的辽代雕版印刷品中，包括官刻本《辽藏》与单刻本47卷佛经，所存16件《妙法莲华经》中2件由卷轴装改装成经折装，正是《妙法莲华经》由卷轴形态逐渐向册页形态过渡的真实反映。

（二）以纸易叶的梵夹装

梵夹装为古印度梵文佛经的经典装帧形制，在魏晋南北朝时期已随佛经传入中国。据《出三藏记集》记载："遂以魏甘露五年（260），发迹雍州，西渡流沙。既至于阗，果写得正品梵书，……遣弟子不如檀，晋言法饶，凡十人，送经胡本还洛阳。"[13] 该形制以贝多罗树叶作为制作材料。南印度恭建那补罗国"城北不远，有多罗树林，周三十余里。其叶长广，其色光润，诸国书写，莫不采用。"[14] 其装订方式是先将贝多罗树叶裁为长方形晾干，写好经文后逐页叠置，打孔穿绳绕缚，上下分别加上护板（图9-5-6），相较于卷轴装更便于翻阅。

然而，在《妙法莲华经》的装帧发展历程中，并未广泛采用梵夹装。究其原因，其一，贝多罗树生长在低纬度的热带地区，在我国仅分布于云南、贵州等地。若以贝多罗树叶制作梵夹装，原料十分有限，不利于佛经的普及。因为这种特殊的地理原因，梵夹装的经书多为藏文本。此外，贝多罗树叶厚实坚挺，厚度约0.5毫米[15]，而南北朝的纸张相对较薄，一般为0.15至0.2毫米[16]，这导致一方面书孔与绑绳相交处相互摩擦，极易破损；另一方面，不适宜采用梵夹装的正反双面书写。其二，随着造纸技术的革新，制作出厚薄适中的纸张代替贝多罗树叶，使梵夹装逐渐演变为具有中国特色的装帧形制，并得以在历朝历代有所沿用。如内蒙古自治区图书馆所藏的北元（1368—1635）末年版本（图9-5-7）与中国国家图书馆所藏清康熙五十年（1711）版本的《妙法莲华经》（图9-5-8），均采用了藏文纸本的梵夹装。

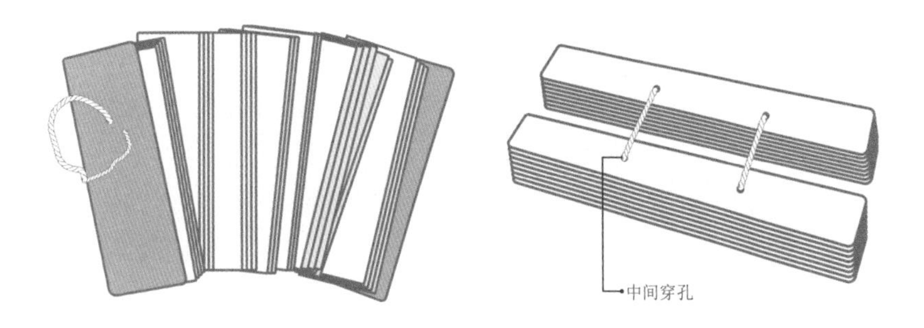

图9-5-6　梵夹装形制图

[13]〔梁〕释僧祐：《出三藏记集》，苏晋仁、萧炼子点校，中华书局，1995，第515页。
[14]〔唐〕玄奘：《大唐西域记》，董志翘译注，中华书局，2012，第650页。
[15] 马洁：《贝叶与贝叶经书》，《大自然》1988年第3期。
[16] 卢嘉锡总主编，潘吉星著《中国科学技术史·造纸与印刷卷》，科学出版社，1998，第112页。

图 9-5-7（左） 内蒙古自治区图书馆藏北元末年《妙法莲华经》[17]

图 9-5-8（右） 中国国家图书馆藏清康熙五十年《妙法莲华经》[18]

（三）经折装成为中国佛教正统装帧形式

经折装创制于唐代末期，它是中国传统卷轴装与西域梵夹装综合的产物，也是由卷轴形态向册页形态转变的最早形制。其制作方式是将纸幅长卷一正一反均匀折叠成数页，并在前后各加一张硬板作为封面（图 9-5-9）。经折装的外形保留了卷轴装的长卷形制，内部又吸收了梵夹装的折页的特点，既方便读者快速地查阅所需内容，又符合中国人的阅读习惯，因此成为中国本土佛经的正统装帧形制。自宋代开始，经折装逐渐取代卷轴装，成为《妙法莲华经》的主流装帧形制。

经折装的出现受到多方面因素的影响，主要包括佛经的使用方式、纸张品质的变化及佛教在中国本土化的发展。首先，佛教弟子通常采用结跏趺坐等姿态诵经，然而，卷轴装经书因长期处于卷曲状态，使得僧众在保持正襟危坐时翻阅不便。尤其在唐代末期，佛教兴盛，佛经展读更加频繁，亟须探索更为适人的装帧形式。其次，由于社会动荡等原因，唐代后期的纸张质量下降，质地不匀且疏松，较前期更厚，不利于卷轴装纸张卷曲[19]。最后，由于文化差异，佛教传入中国后，中国人多用本土思想来理解佛学的概念，以达到佛教中国化的目的。由此可见，经折装的出现在某种意义上体现了佛教典籍装帧形制的中国化。正如学者方广所言："卷轴装是中国书籍的正统，梵夹装是印度佛典的正统，由两者

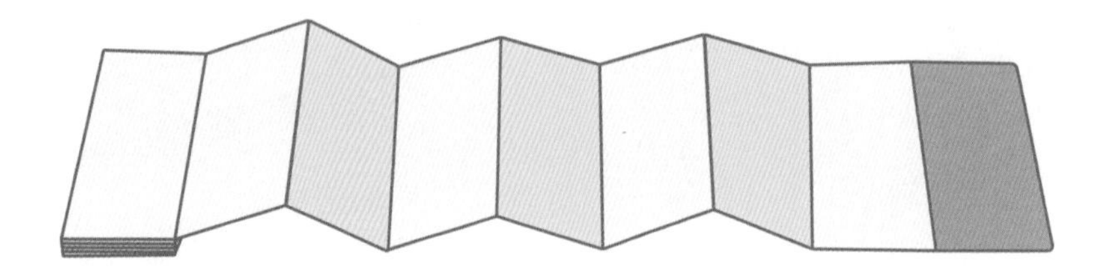

图 9-5-9 经折装形制图

[17] 中国国家图书馆、中国国家古籍保护中心编《第二批国家珍贵古籍名录图录》第十册，国家图书馆出版社，2010，第148—149页。

[18] 中国国家图书馆、中国国家古籍保护中心编《第三批国家珍贵古籍名录图录》第八册，国家图书馆出版社，2012，第138页。

[19] 钱存训著，郑如斯编订《中国纸和印刷文化史》，广西师范大学出版社，2004，第45页。

结合而产生的经折装，自然也就成了中国佛教典籍最正统的装帧形式，绵延千年。”[20]

（四）北宋蝴蝶装俗书在经书装帧中的少量运用

蝴蝶装是北宋时期雕版印刷技术的产物，一版一页的印制方式促进其相对于卷轴、经折等形制产生巨大变革，其制作过程是将印有文字的页面向内对折，再将多页叠加对齐，最后用糨糊将中缝粘于书背，制作成册（图9-5-10）。因较之卷轴装更便于展阅，成为北宋俗书[21]的主流装帧形制。

然而，仅有少量蝴蝶装应用在《妙法莲华经》的装帧中，如《图录》中所收录的20例宋代《妙法莲华经》，经折装占60%，卷轴装占30%，蝴蝶装与梵夹装仅占5%。究其原因，中国佛教典籍一直以经折装作为正统装帧形制，这一选择受到佛教固有观念的高度推崇。经折装是专门为佛教经书而创制的装帧形制，在佛教信仰中具有难以取代的正统性和权威性。正如学者洪湛侯所言：“佛教徒们甚至认为若非此装（经折装），不足以昭崇敬。”[22]因此，自经折装确立以来，蝴蝶装等其他装帧形制被采用的数量相对较少。尤其宋代以降佛教沉滞，佛经的读者减少，《妙法莲华经》多为虔信者供养所用，使得这一特征更为明显。

（五）旋风装、包背装、线装等装帧形式对经书的影响

《图录》中所收录《妙法莲华经》并未出现旋风装、包背装、线装等装帧形制，因而本节结合考古文献资料与其他佛经遗存对其进行分析。

旋风装于唐末五代出现，主要是为了解决经折装易于散乱丢失的问题改进而成。旋风装保留了卷轴装的外部形制，内部却突破卷轴装的局限，设计了一种在底纸上从右至左或从左至右依次粘贴书页的形式（图9-5-11）。这一设计开创了双面书写的先河，使得佛经的文字储存能力跃升，同时更加方便人们检阅。这种装帧中层层叠加的书页似鳞状，因此被称为龙鳞装。现存实物如故宫博物院

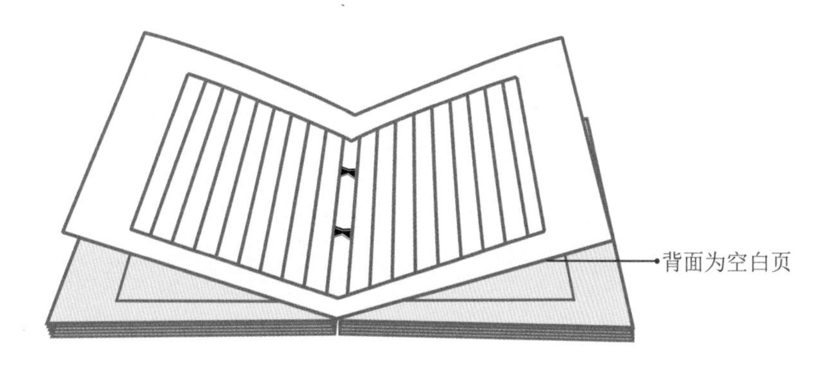

图9-5-10　蝴蝶装形制图

[20] 方广：《金陵刻经处与方册本藏经》，《法音》1998年第5期。

[21] 本节所述俗书，是指佛教经典以外的书籍。见姚红卫：《〈玄应音义〉词汇论稿》，河北大学出版社，2014，第220页。

[22] 洪湛侯：《中国文献学新编》，杭州大学出版社，1994，第97页。

藏的唐王仁煦撰、吴彩鸾写本《刊谬补缺切韵》，首页全幅贴于底纸右端，其后各页自右至左依次相错1厘米进行粘接。又如，大理国时期的（相当于宋代）凤仪北汤天大理旋风装写经，它与《刊谬补缺切韵》略有不同，自左至右依次相错0.3厘米粘贴书页，体现出精湛的接纸技术。此外，在右侧粘接窄条包纸，增加页目，更易翻检[23]。尽管旋风装使经书便于检阅且不易断裂，但同卷轴装相似，纸张长期处于卷曲状态，需要随时抚平纸页，且每卷较厚，仍然不便阅读，因此并未广泛普及。

包背装于南宋中后期创制，其制作过程与蝴蝶装相似，不同的是将蝴蝶装中的空白页向内对折，使有字页向外（图9-5-12），解决了蝴蝶装在书籍阅读时需连续翻页以跳过空白页的问题。包背装在明清时期俗书中十分盛行，《妙法莲华经》的装帧也受其影响，加拿大多伦多大学图书馆藏清乾隆《妙法莲华经·指掌疏事义》即采用此装帧形制。然而，与蝴蝶装相似，包背装在佛经中的使用数量较少，并未得到广泛普及。

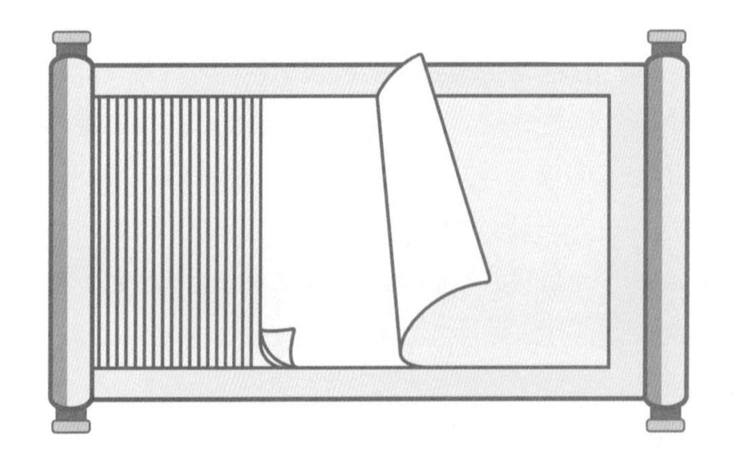

图9-5-11 旋风装形制图

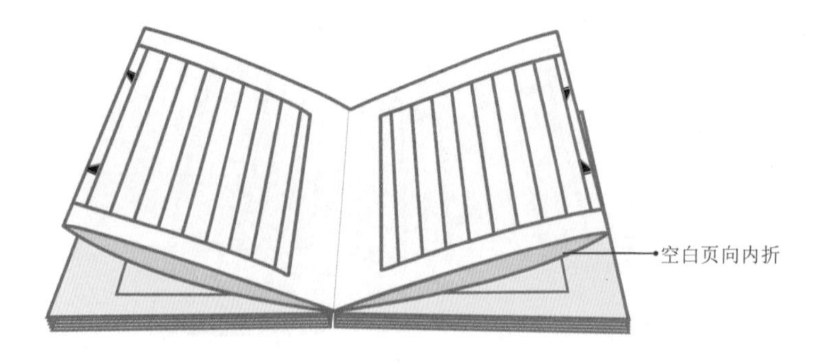

图9-5-12 包背装形制图

[23] 侯冲：《从凤仪北汤天大理写经看旋风装的形制》，《文献》2012年第1期。

线装书的装订方式与包背装相似，但不以整张纸做封面，而是在书页前后各加一张封面，并用打孔穿线的方法将它们装订成册（图9-5-13）。该形制可追溯至五代时期，如《敦煌遗书总目索引》S5536号五代时期《金刚般若波罗蜜经》，沿书脊右侧打有两孔，用两股绳线竖穿书背，横索书脊，并在下方孔处打蝴蝶结。南宋张邦基《墨庄漫录》也有记载："若缝缋，岁久断绝，即难次序。初得董氏繁露数册，错乱颠倒，伏读岁余，寻绎缀次，方稍完复，乃缝缋之弊也。"[24]这表明在南宋前已经有了线装书的装订方法，当时被称为"缝缋装"，但由于工艺尚未成熟，未能得到推广。直至明中期，人们在包背装的基础上进行改进，采用了较为完善的打孔和穿线技术，形成了既便于翻阅又牢固美观的线装书。

明代晚期，高僧紫柏深感"大藏卷帙重多，致遐方僻陬，有终不闻法名字者"[25]，为使佛典易于流通，他主持刊刻了第一部线装大藏《嘉兴藏》（图9-5-14），这一举措在汉文佛经典籍的装帧发展中具有重大意义，对清代佛经的刊刻也有较深的影响。清末金陵刻经处所刻的包含《妙法莲华经》在内的佛经，装帧形制均采用线装以便民众阅读。及至民国五年（1916）天津佛经流通处所刻经书，遵循金陵刻经处装帧，也采用线装。所刻经书如周雍静1923年为悼念先母所施刻的线装《妙法莲华经游意二卷》[26]。

明清时期佛经装帧形制对线装的尝试与积极态度，一方面由于佛教渐衰，社会对佛经刊刻的经济支持减少，而线装书籍在印制过程中，相较经折装更加节省材料可降低成本。另一方面，因线装书便于翻阅与携带，在俗书中十分盛行，因此，采用线装更利于佛经在民众中的流通。这表明佛教对经书的尊敬并不囿于供养形式，更加重视经书在民众中的传播。

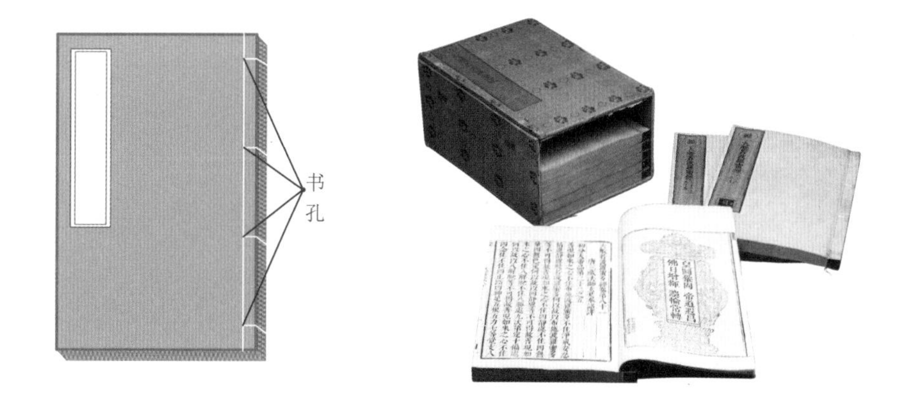

图9-5-13（左）　线装形制图

图9-5-14（右）《嘉兴藏》[27]

[24]〔宋〕张邦基：《墨庄漫录》，孔凡礼点校，中华书局，2002，第129页。
[25]五台山佛教协会《清凉文化丛书》编委会编著《五台山碑文》（上），山西人民出版社，2016，第636页。
[26]方广：《金陵刻经处与方册本藏经》，《法音》1998年第6期。
[27]故宫博物院，https://www.dpm.org.cn/ancient/special/144084.html，访问日期：2023年5月31日。

二、中国古代《妙法莲华经》尺寸演变

经书的尺寸作为经书形制的一个显著方面，在一定意义上反映着书籍形制的演变。为探究古代《妙法莲华经》的形制发展规律，本节运用统计学的方法，对不同装帧形制的经书的高度与长度进行纵向梳理，利用数据与图表展开《妙法莲华经》经书尺幅的量化分析。

（一）由隋唐至宋辽金的卷轴装经书尺寸

本节提取所收集的44例南北朝至金代卷轴装经书的高度轮廓数值，以经书高度轮廓的底部水平线为横轴，右侧垂直线为纵轴，按时间演进依次相错透叠，绘制卷轴装经书高度的统计分析图（图9-5-15），在此基础上探究卷轴装在各历史时期的高度演变特征。由于卷轴装经书是根据经文篇幅由多张纸粘接而成的，其长度集中在47.3至1407厘米，变化幅度较大，因此不将长度作为分析对象。

由图可知，自南北朝至金代，卷轴装的经书高度呈现逐渐增加的趋势。具体而言，南北朝至唐代的卷轴装经书高度主要集中在23.5至27.3厘米，变化相对稳定，这一特点在唐代表现得最为显著。然而，宋代以后，卷轴装经书高度的波动幅度明显增加，尤其是在宋辽金时期，高度集中在17.1至32.4厘米。南北朝至唐代卷轴装经书高度仅有较小变化的原因有两个方面。首先，卷轴装的经书通常以整张纸为单位进行制作，因此其高度受到纸张尺寸的限制。例如在隋唐时期，纸张的高度为20至30厘米[28]，尺寸较为集中，因此经书的高度也趋于稳定。其次，唐代已经建立了相对完善的写经制度，进一步规范了经书纸张的尺幅，例如，唐代的标准宫廷写经纸张尺寸为28厘米×48厘米[29]，这促使唐代卷轴装经书高度更加集中。然而，宋辽金时期，随着造纸工具和设备的不断改

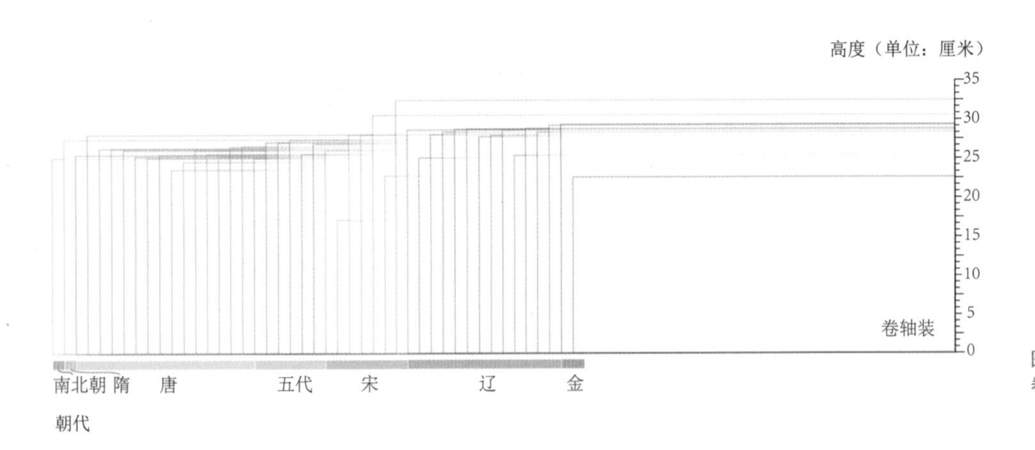

图9-5-15 《妙法莲华经》卷轴装高度统计分析图

[28] 杜川、杜恩龙：《出版学视角下的"抄经列位"——中国最早的"版权页"》，《现代出版》2017年第4期。

[29] 钱蓉、周蓓：《唐代宫廷佛经出版考略——以敦煌写卷〈妙法莲华经〉为例》，《江汉论坛》2010年第5期。

进，生产出了更大尺幅的纸张，从而使更高的经书出现，如内蒙古自治区图书馆所藏的《妙法莲华经》高达38.3厘米。同时，随着雕版印刷技术的成熟，文字能够印刷得更小，这使得更小尺幅的巾箱本[30]经书出现。如南宋临安府贾官人经书铺的刻本《妙法莲华经》第七卷，高20厘米，即为宋代所盛行的巾箱本。因此，更大及更小尺幅的经书的出现导致了宋代以后卷轴装经书高度的多样化。

（二）多样化的经折装经书尺寸

本节对所收集的25例宋至明代的经折装经书高度数值进行分析，提取高度轮廓线绘制经折装高度的统计分析图（图9-5-16）。由于经折装与卷轴装同样具有“随事而长”的特点，开本长度集中在9至990厘米，波动幅度较大，故其长度也不作为分析对象。由图可知，宋至明代的经折装高度分布在18.7至38.3厘米，波动范围较大，这与部分学者关于“经折卷子的开本当然是非常多而没有一定之规的”[31]观点相符。不过，从经折装的高度统计分析图可以发现，其高度主要集中在18.7至22.3厘米、26.8至32.7厘米、33至38.3厘米三个区间，这表明经折装的高度虽未有严格的统一标准，但仍然有规律可循。在这25例经折装经卷中，有52%的经书高度集中在26.8至32.7厘米之间，说明在经卷的发展过程中形成了较为通用的尺寸标准。此外，20%为更小尺寸的经书，28%为较大尺寸的经书，可知经折装相较卷轴装的高度有所增长且更为多元。

经折装高度的规范化特征既受隋唐时期形成的抄经规范的影响，又与印刷批量化和规范化的印制方式相关。其高度多样化的特征在北宋时期主要受官方

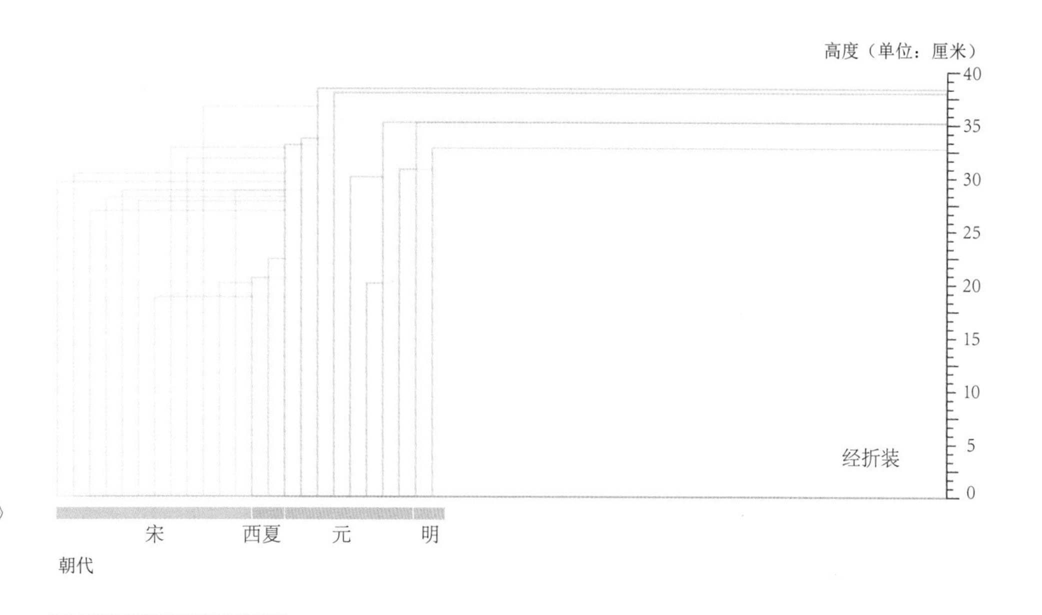

图9-5-16　《妙法莲华经》经折装高度统计分析图

[30] 巾箱本即中国古代所刻开本较小的书本，见叶德辉：《书林清话》，李庆西标校，复旦大学出版社，2008，第32页。
[31]〔法〕谢和耐、苏远鸣等：《法国学者敦煌学论文选萃》，耿昇译，中华书局，1993，第581页。

刻书管理政策的影响。具体而言，北宋熙宁元年（1068）后，政府撤销对民间刻书的禁令，使得民众刻经无须国子监的审批[32]，因此私刻坊刻兴起，发展至明中期以后更是空前繁荣，致使多种印刷版本的出现，促进了经书多样化尺寸的形成。

（三）开本高度逐步增大的梵夹装经书尺寸

对本节收集《妙法莲华经》梵夹装的尺寸进行统计分析（图9-5-17）可知，其长度集中在60至61.3厘米，发展较为稳定；其高度自北宋时期的9.5厘米增长至清代的22.5厘米，呈现出逐步增高的趋势。梵夹装最初以贝多罗树叶为制作材料，尺寸受制于树叶的长与宽。据记载，藏区最长的叶片长62.5厘米、高5.8厘米，最短的叶片长11.2厘米、高5.3厘米，绝大多数的叶片长约35.8厘米、高约4.7厘米。[33]梵夹装经书的尺寸与贝多罗树叶的大小基本吻合，如中国民族图书馆曾经所藏北宋元丰五年（1082）梵夹装《妙法莲华经》写本，每片贝叶高约5厘米、长约54厘米，与贝多罗树叶尺寸一致。

然而，自从中国用纸张取代贝叶制作梵夹装后，梵夹装在高度上得到突破。尤其为适应中国人自右至左、自上而下的阅读习惯，改西域梵夹装横写为竖写，并不断增加竖行的文字容量[34]，促使梵夹装的开本高度不断增长。如内蒙古自治区图书馆所藏的北宋末年梵夹装《妙法莲华经》纸本，开本纵9.5厘米、横60厘米。中国国家图书馆藏的清康熙五十年（1711）梵夹装《妙法莲华经》纸本，开本纵22.5厘米、横61.3厘米。由此可见，造纸技术的演进与书写形式的改变，使梵夹装经书尺寸逐渐突破原有局限，在开本高度上逐步增大。

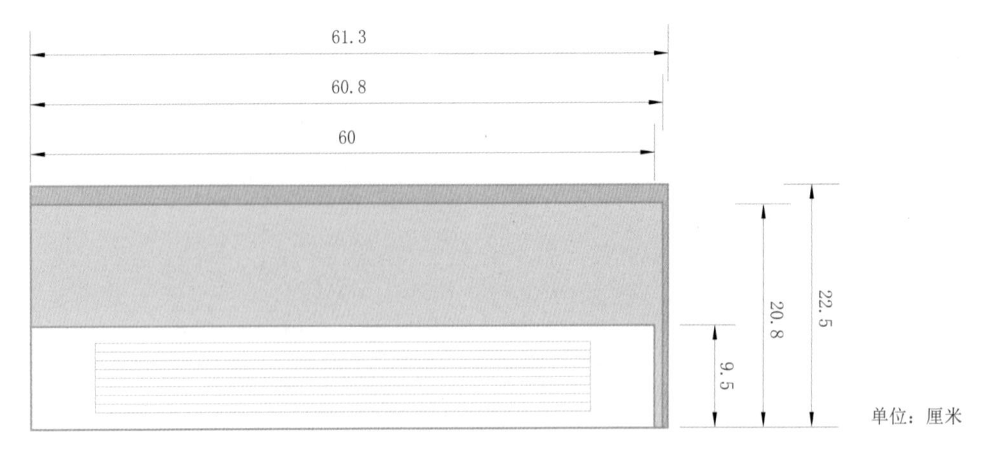

图9-5-17　《妙法莲华经》梵夹装尺寸统计分析图

[32] 陈建华、曹淳亮主编《广州大典·第八辑·碧琳琅馆丛书·第五册》，广州出版社，2008，第371页。

[33] 周懿：《从梵夹装装帧形制演变看唐蕃古道的文化融合》，《西藏民族大学学报（哲学社会科学版）》，2016年第1期。

[34] 李际宁：《佛经版本》，江苏古籍出版社，2002，第36页。

（四）波动幅度较小的蝴蝶装经书尺寸

根据本节所收集的《妙法莲华经》蝴蝶装的尺寸统计分析图（图9-5-18）可知，其长度集中在31.5至42.4厘米，高度集中在30.3至36.7厘米，长高比例稳定在1至1.4，尺寸的波动幅度较小，呈现出相对稳定的特点。蝴蝶装是为了适应雕版印刷一版一式印制方式的产物，与卷轴装、经折装相比，蝴蝶装在尺寸上有很大改变，也在一定程度上冲击着佛经抄写制式的执行[35]。蝴蝶装书籍尺寸由版面大小决定，不似手写书籍可随意剪裁，促使佛经的形制逐渐走向批量化、规范化，尺寸也随之相对稳定有序。如河北省唐山市丰润区文物管理所收藏的辽代咸雍五年（1069）燕京弘法寺《妙法莲华经》蝴蝶装刻本，开本纵31.5厘米、横36.7厘米，山西应县木塔发现的辽代《妙法莲华经》，开本纵30.9厘米、横42.4厘米，中国国家图书馆收藏的宋代《妙法莲华经》，开本纵30.3厘米、横41.1厘米。

综上所述，佛经的各种装帧形制在长期的发展过程中所形成的尺幅面貌，主要受装订、造纸、印刷等技术因素的影响。其一，各时期装订技术的不同使装帧方式呈现差异化，进而使佛经的尺寸各异。其二，各种装帧形制的高度呈递增态势，与中国古代纸张的高度及其增长幅度相吻合。由学者潘吉星对敦煌石室写经[36]和故宫博物院所藏历代书画用纸的测量[37]可知，中国古代纸张的尺幅随着造纸材料、工具与技术的更迭而有规律地向更大尺寸发展。其三，印刷技术的进步一方面促进佛经形制的规范化，另一方面当其广泛应用于民间刻经后，促使经书尺幅朝多样化的方向发展。

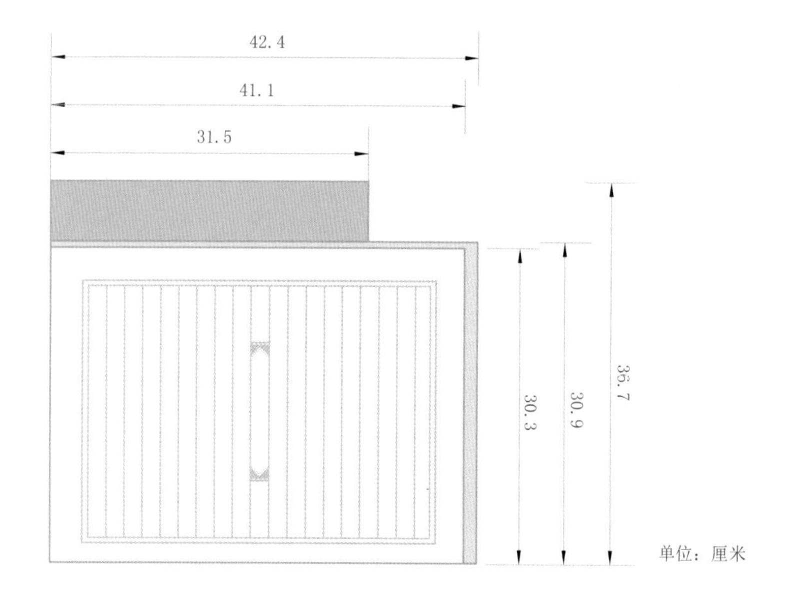

图9-5-18　《妙法莲华经》蝴蝶装尺寸统计分析图

[35] 赵青山：《佛经抄写制式的确立及其意义》，《世界宗教研究》2019年第5期。
[36] 卢嘉锡总主编，潘吉星著《中国科学技术史·造纸与印刷卷》，科学出版社，1998，第112、127页。
[37] 潘吉星：《敦煌石室写经纸的研究》，《文物》1966年第3期。

三、中国古代《妙法莲华经》文本形态演变

本节所述的文本形态是指采用不同工艺使文本附着于纸张所产生的书籍形态[38]，主要分为写本与印本。写本即由抄写而成的书籍，在唐以前多称为写本，唐以后多称为抄本[39]；印本又称“刻本”，即是由雕版印制而成的书籍。通过对写本与刻本的文本特征、行格字数等相关数据的统计分析，总结文本形态的历时性演进规律。

（一）写本与刻本交替并行的演进

由《妙法莲华经》文本形态演变图（图9-5-19）可知，该经的写本与刻本两种文本形态互补并行，并且呈现出由写本至刻本再至写本的发展路径。

在唐代及其前代，《妙法莲华经》以写本为主要文本形态。唐朝政府为稳固统治，大力推行佛教。作为佛教要义传播的重要载体，佛经成为政府宣传佛教最经济的工具。因此，政府组织大规模的抄经活动，并建立专门的抄经机构，甚至出现了以抄写经书谋生的“经生”。在咸亨元年（670）至仪凤二年（677），武则天为了给先父先母祈福，命令官方抄经机构组织官经生、书手、楷书手、群书手等抄写《妙法莲华经》，抄写数量高达3000部，共计21000卷。

宋代以后，刻本逐渐增多，而写本逐步减少，佛经的制作进入刻本阶段。这一现象主要源于写本的抄写周期较长、效率较低，难以满足民众对佛经的需求，进而推动更为高效的佛经制作方式——雕版印刷技术的产生与发展。其批量复制的功能提升了佛经的发行效率与流通能力，因而“书籍不待传抄……南北朝隋唐大规模的钞经抄书现象也就为之一遏”[40]。宋代便渐次刻印了《开宝藏》《崇宁藏》《思溪藏》等五部大藏经。

明清时期，《妙法莲华经》刻本的数量减少，写本有所增加。探其根源，时人将抄写经卷视为修身养性、获得功德的重要途径，如清高宗弘历自乾隆十四年（1749）至三十四年（1769），先后共亲笔书写六部《妙法莲华经》，赋诗赞叹：“偶

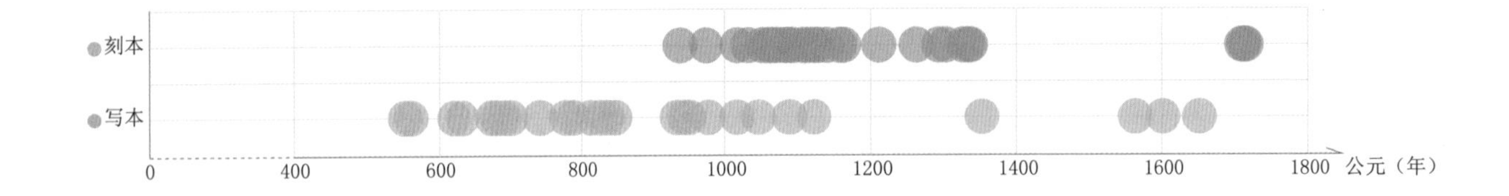

图9-5-19 《妙法莲华经》文本形态演变图

[38] 林世田、杨学勇、刘波：《敦煌佛典的流通与改造》，甘肃教育出版社，2013，第54页。

[39] 夏征农、陈至立主编《大辞海·语词卷》一，上海辞书出版社，2015，第385页。

[40] 龚鹏程：《墨林云叶》，东方出版社，2015，第123页。

至不妨结清习，炷香阅妙法莲华。”他还以莲花主人自居，以“莲花室”命名自己的书室，期望达到超脱自在的高深境界[41]。

（二）写刻本行格字数的演变

行格字数是佛经文本重要的细节体现。通过对写本与刻本的行格字数的梳理分析，可以更深入了解佛经文本形态的演进特征。卷轴装与经折装是《妙法莲华经》中存量最多、时间跨度最长的两种装帧形制。前者主要为写本经书，时间集中在南北朝至宋代初期，而后者主要为刻本经书，时间集中在宋代以后。因此，本节提取这两种形制的写本与刻本的行格字数与对应佛经开本高度的数据，依朝代更迭次序绘制统计分析图（图9-5-20）。

由统计图可知，在本节所收集的33件卷轴与经折写本中，有24件写本的每行字数为17字，占总量的72.7%，其余9件分布在14至20字，占总量的27.3%。这表明写本经书每行字数以17字为主，仅有少量16字或20字者，总体变化较为稳定。这一发展态势反映了南北朝时期佛经抄本的行格字数趋于统一，形成了标准化的抄写规范，并影响后世写本。现存浙江温州博物馆藏的宋代卷轴装、山西应县木塔藏的辽代卷轴装、云南省图书馆藏的明代经折装《妙法莲华经》等均保持每行17字的规范。在本节所收集的37例卷轴与经折刻本经书中，有14例行内字数为17字，占总数的37.8%。此外，有20件分布在10至20字，占总量的54.1%，有3件每行在20字以上，占总数的8.1%。可见刻本的行内字数相较于写本更加多元，呈现出不稳定性。

探本溯源，有38.1%的刻本经书仍以每行17字的标准进行印制，这主要受写本抄经规范的影响。据北宋孤山智圆所述：“又自古书经，行以一十七字为准，故古疏分释诸经，咸以行数为计，以行约数亦可知。故皇朝策试之式，计其纸数，盖以十七字为行，二十五行为纸也。”[42]可见每行写17字是官方开展各类考核时常用的规范，以保证每份答卷的每行的起止字相同，便于对答卷进行核查。宋

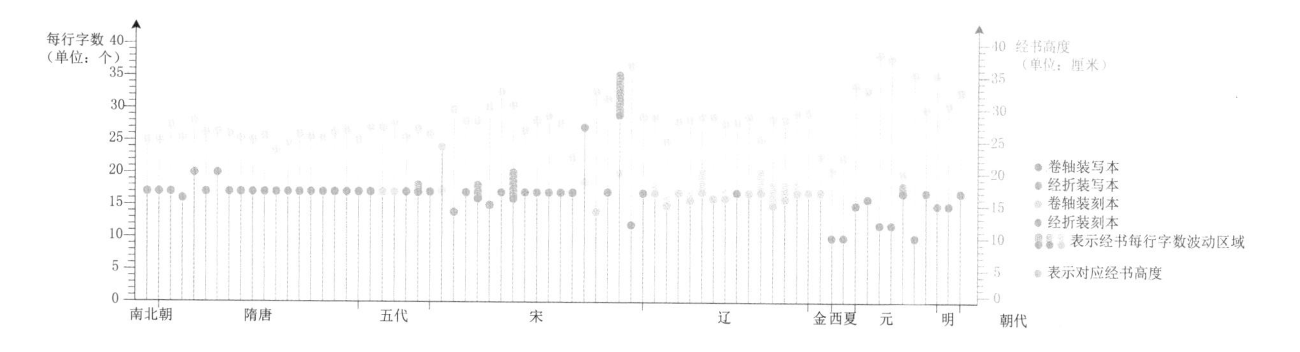

图9-5-20《妙法莲华经》写刻行格字数演变分析图

[41] 故宫博物院编《心清闻妙香——清宫善本写经》，紫禁城出版社，2009，第8页。

[42] 四川大学古籍整理研究所编，曾枣庄、刘琳主编《全宋文》第八册，巴蜀书社，1990，第211页。

代官府则承袭唐代的制式，譬如在佛教僧人选拔考核中，也将佛经每纸行数与每行字数作为佛教诵经考核的依据。宋代《云麓漫钞》有载："（宋代）释氏写经一行，以十七字为准，故国朝试童行诵经，计其纸数，以十七字为行，二十五行为一纸。"[43] 此外，刻经往往以前代的经书作为底本，故具有一定传承性，因而每行 17 字的规范仍占有一定比例。

然而，这一标准并未在全国推行。由于宋代出版机构众多、民众喜好不一、装帧形态多样等，刻本行内的字数也呈现出一定的变化，如宋代官方刊刻的《开宝藏》每行有 14 字，而私刻的《崇宁藏》《毗卢藏》则每行均为 17 字[44]。此外，中国国家图书馆所藏的南宋民间巾箱本《妙法莲华经》，每行 29 至 35 字，进一步佐证了这一特点。

（三）金银朱墨的特殊写刻形态

在本节所收录的 33 例写本和 42 例刻本中，有 8 例为金银写本，3 例为朱墨刻本（图 9-5-21），可见除满足读诵、保存与流通需要的经书之外，还发展出具有审美与艺术价值的丰富形式。

金银写本即采用金银材料缮写而成的典籍。唐代释道世《法苑珠林》载："震旦国（印度古代对中国的称呼）之一人书大毗尼藏及修多罗藏。及修多罗经，银纸金书，毗尼律金纸银书。"[45] 这表明唐代中国已出现金银写本的佛经。现存的苏州博物馆藏的唐至五代时期的卷轴装《妙法莲华经》（图 9-5-22）与四川泸州市图书馆所藏的明万历经折装《妙法莲华经》（图 9-5-23），均以瓷青纸为底，以胶液与金粉为墨，静谧深邃的蓝色与金色交相映衬，尽显佛经的肃穆与辉煌。

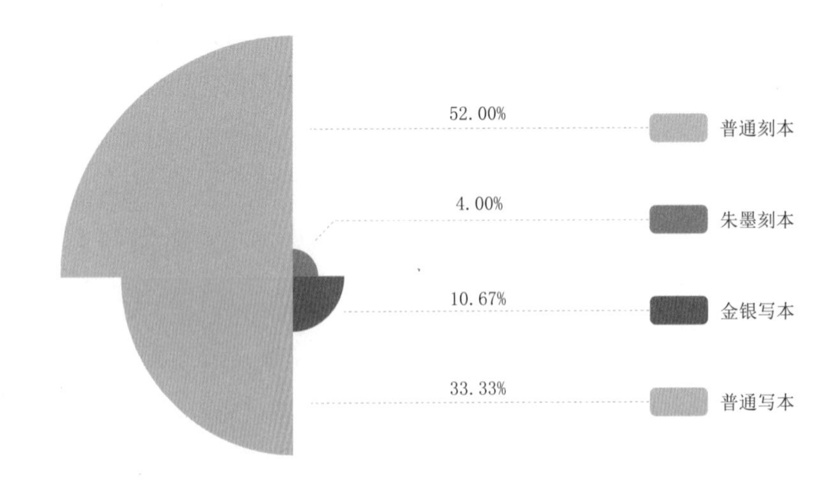

图 9-5-21　《妙法莲华经》写本与刻本统计图

[43]〔宋〕赵彦卫：《云麓漫钞》，古典文学出版社，1957，第 40 页。
[44] 李际宁：《佛经版本》，江苏古籍出版社，2002，第 56 页。
[45]〔唐〕释道世：《法苑珠林校注》，周叔迦、苏晋仁校注，中华书局，2003，第 432 页。

妙法蓮華經卷第二
姚秦三藏法師鳩摩羅什奉　詔譯
妙法蓮華經譬喻品第三
爾時舍利弗踊躍歡喜即起合掌瞻仰
尊顏而白佛言今從世尊聞此法音心
懷踊躍得未曾有所以者何我昔從佛
聞如是法見諸菩薩受記作佛而我等
不預斯事甚自感傷失於如來無量知
見世尊我常獨處山林樹下若坐若行
每作是念我等同入法性云何如來以
小乘法而見濟度是我等咎非世尊也
所以者何若我等待說所因成就阿耨
多羅三藐三菩提者必以大乘而得度
脫然我等不解方便隨宜所說初聞佛
法遇便信受思惟取證世尊我從昔來

图 9-5-22（左）　苏州博物馆藏唐至五代时期《妙法莲华经》[46]

图 9-5-23（右）　泸州市图书馆藏明代《妙法莲华经》[47]

朱墨刻本即采用红色和墨色两种颜色套印的书本。现存最早的套印本为元代朱墨双色合印的《金刚般若波罗蜜经注解》刻本[48]，其中经文用朱色印刷，注释用黑色印刷。胡应麟曾言："凡印，有朱者、有墨者、有靛者、有双印者、有单印者。双印与朱，必贵重用之。"[49]古代以朱砂制作朱色颜料，价格昂贵，且套印工艺复杂，因此朱印本及朱墨印本甚为少见。

此外，据现有资料记载，在佛经制作材料中，除采用金、银之外，还曾出现菩提叶、血液等特殊材料，在制作工艺中，除了应用套印技术制作朱墨刻本之外，还利用纺织技术制作织绣本、采用铸造技术凿刻出金银铜鍱本等。[50]在制作过程中，除了普通制经书者，还有极尽恭敬者，如唐尼法信为缮写《法华经》，"访工书者一人，数倍酬直，特为净室，令写此经。一起一浴，燃香薰衣，仍于写经之室凿壁通外，加一竹筒，令写经人每欲出息，辄遣含竹筒，吐气壁外。写经七卷，八年乃毕。供养严重，尽其恭敬"[51]。正是佛教信众不惜工力、不厌其烦地采用贵重材料、特殊工艺敬造佛经，从而赋予佛经以丰富的艺术形式。

沿波溯源，上述艺术形式的出现主要受大乘佛教"佛经供养"观念的驱动。大乘佛教偏向以经典及其承载的思想为中心传承与运作[52]，因而对佛经的供养高度重视。信众为了表达他们对佛教的虔诚信仰及获得更大功德，往往不计工本投入佛经的制作中。可以说，佛教的佛经供养理念直接推动了佛经艺术化形

[46] 中国国家图书馆、中国国家古籍保护中心编《第三批国家珍贵古籍名录图录》第一册，国家图书馆出版社，2012，第22页。

[47] 中国国家图书馆、中国国家古籍保护中心编《第二批国家珍贵古籍名录图录》第七册，国家图书馆出版社，2010，第129页。

[48] 杨殿珣：《略论王重民同志对于版本学的研究》，《中国图书馆学报》1982年第3期。

[49]〔明〕胡应麟：《少室山房笔丛》，上海书店出版社，2009，第43页。

[50] 方广锠：《关于汉文佛教古籍国家定级标准的几个问题》，《西南民族大学学报（人文社科版）》2015年第8期。

[51]〔唐〕唐临、〔唐〕戴孚：《冥报记·广异记》，方诗铭辑校，中华书局，1992，第7页。

[52] 张先堂：《古代佛教法供养与敦煌莫高窟藏经》，《敦煌研究》2010年第5期。

式的出现和发展，也是金银写本等特殊佛经文本形态能够经久不衰的重要推动力量。

结语

本节从形制特征、流传应用、发展动因等三个方面对《妙法莲华经》所采用卷轴装、梵夹装、经折装、旋风装、蝴蝶装、包背装及线装进行历时性梳理。总结出中国古代《妙法莲华经》装帧形制发展的三个主要阶段：南北朝至唐代以卷轴装为主，宋元时期由卷轴装向经折装过渡，宋代以后以经折装为主。在朝代更迭中深入分析《妙法莲华经》的发展规律，可得出以下结论。

从装帧形制来看，卷轴装是《妙法莲华经》传入中国后最早被使用的形制。梵夹装自西域随佛经传入中国，经历了以纸易叶的本土化发展历程。经折装在“融古汲西”的基础上，逐渐成为中国佛教典籍的正统装帧形制。旋风装作为中西结合的初步尝试，短暂出现于唐代末期。蝴蝶装、包背装与线装在不同程度上都被应用到《妙法莲华经》的装帧中，尤其在明清时期，线装得到广泛采用，以促进佛经的流通。通过对《妙法莲华经》主要装帧形制的高度与长度数据的提取、归纳与分析，总结出卷轴装的高度由规范化发展至多样化，经折装的高度融规范化与多样化为一体。此两种装帧形制的长度灵活多变，并无一定规约。梵夹装的长度增长趋于稳定，高度也逐渐增加，而蝴蝶装受到雕版印刷批量化生产的影响，尺幅相对稳定。基于对《妙法莲华经》写本与刻本的数据统计分析可知，文本形态呈现出由写本至刻本再至写本的发展轨迹。写本的行内字数较为统一，主要承担收藏、供养的精神性功能；而刻本的行内字数波动较大，主要承担便携、阅读、流通的实用性功能。而金银写本、朱墨刻本等则彰显了文本的内在精神、承载了美学价值。

《妙法莲华经》的装帧形制与不同历史时期的需求及造纸、印刷、装订技术相适应，展现了佛经装帧的因事制宜与因时而异。它对传统规范的遵循与维护、对多样形态的接纳与探索，体现了佛教文化的包容性，也体现了佛经形制的规范性与多样性。它满足人们不断变化的物质与精神需求，最终实现了佛经物质性与精神性的共融。同时，佛经装帧在阅读体验与美学建构等方面为中国古代书籍装帧提供了养分。其一，佛经除了满足日常阅读需求，通过使用黄檗染黄使经卷达到良好的防蛀效果，同时提供柔和典雅的色彩给予读者更加舒适的视觉体验，又通过从卷舒不便的卷轴形态至易翻便诵的册页形态的变革，进一步优化了读者的阅读体验，同时为中国古代俗书经典的蝴蝶装、包背装及线装等册页形态书籍的出现奠定了基础。其二，佛经中所包含的仪式感，也推动了古代书籍形式美学与精神美学的构建。无论是正念端坐与口诵心惟的规约，抑或是刺血为墨与泥金粉字的供养，都启发着虔诚敬造与敬惜字纸的传统文化思想。

四造六作

第十章
千磨万髹的漆作技术

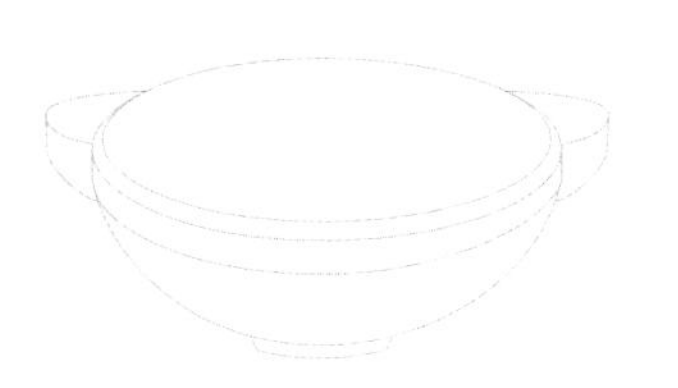

漆器是指用生漆涂抹髹饰器物表面所制成的日常器具、工艺品及美术品等。漆器制作工艺是中华民族对世界文明的巨大贡献，其独特的物质属性与加工技术成为我国古代造物活动中的一项重要创举。中国是世界上最早发现并使用天然漆的国家，早在7000多年前的河姆渡文化中就有漆器出现。据文献记载与考古发现，漆器出现于新石器时代，兴盛于春秋战国至秦汉，其品类之多、工艺之精、功用之广、美学之深厚堪称历代造物中的典范，其卓越的漆艺成就不仅为宋元明清时期漆作技术体系的完善奠定了基础，更对周边国家和地区的漆作技术的发展产生深远影响。漆树作为东亚地区独特的产物，使得中国在数千年间孕育了精湛的漆工艺和悠远的漆艺人文历史，长久地诉说着东方文明的独特魅力。

我国漆作技术历经数千年的流变，不同的漆作工序形成别具一格的漆艺门类，在不同历史时期呈现出迭新有序、此消彼长、面貌迥异的发展状态。漆材加工、胎骨成型及表面髹饰这三大技术系统互为依托、彼此影响，共同成为驱动漆作技术演进、漆器风格转向、器用功能多元的关键因素。从战国秦汉时期质轻灵巧的夹纻胎骨工艺创制，到隋唐时期流光溢彩的镶嵌技艺成熟，再到宋元时期千文万华的雕漆艺术进阶，直至明清时期达到多种装饰手法综合运用的精致漆艺之大成，最终形成我国漆艺胎骨技术完备、髹饰工艺卓然、美学思想深邃的漆艺特质。

回望历史，我国古代传统漆工艺的发展在诸多方面都达到登峰造极的成就，不仅漆作生产分工有序，且工艺门类极为丰富，而且漆作技术与其他工艺并肩发展，协同促进，生发出举世瞩目的华夏漆作技术系统。面对流传至今的传统漆作文化遗产，其中的物质文化、技术要素、审美风尚与造物思想仍值得我们不断追问：夹纻工艺的出现形成了怎样的胎骨技术发展趋势与器物风貌？纷繁庞杂的漆作髹饰工艺在不同时代遵循着怎样的发展规律？精美而别致的漆器镶嵌工艺如何诠释着漆与材的交融？臻于极致的漆层剔刻技术如何将中国雕漆工艺推向巅峰？形饰兼备的漆耳杯体现了华夏漆艺怎样的技术高度？

夹纻而成的胎骨、万千华彩的髹饰、漆材交融的镶嵌与千文万华的雕漆是关于我国古代漆工艺发展的四个重要方面，也是不同时期漆作技术高度发展的体现。其中既有关于器之内核的塑造，也有关乎器之外表的雕饰，还有关涉器之精神的凝聚，这些共同构成了我国古代漆作文化中取材纯然、工巧繁华、器以载道的造物传统与思想意识。

夹纻是以胎骨质地直接命名的漆胎制作工艺，是我国漆器胎骨制作技艺中的重要组成部分，对漆作技术的整体性演进具有重要影响。第一节为“夹纻塑造的信仰”。夹纻胎骨制作技术源于漆工对棬榛胎技艺的熟练掌握，极大地推动了漆器胎骨制作技术的迭新。夹纻技术最初应用于形制相对简易的日用之器，随着漆作技术的提高及胎骨应用范围的外延，大型的佛教造像多采用夹纻工艺，完成了夹纻胎骨“由器及像”的关键变革，反映出“器以致用”到“器以藏礼”的技术追求。福州“脱胎”技术的发展及全面应用促进了漆器造型的多样化与精致化表现，完成了由单一品类到多元类型的转变，形成了脱胎工艺“守正与创新”的时代风貌。

髹饰是利用漆液或其他材料对胎骨、漆地表面进行装饰处理的技术手段，是漆作发展中表现力极强、手段最为丰富的技术，髹饰工艺对于漆器的外观美化、防腐储存等方面具有重要作用。第二节为“也髹也饰的华彩”。从材料与工艺发展历程来看，髹饰材料形成了由天然漆液到漆金交融的转变，髹饰技术也经历了漆液髹涂、堆叠、素髹与描金漆等多次技术转换及飞跃。其中成熟于宋代的素髹工艺贯穿于髹饰技术发展的不同阶段，形成了技术要素鲜明、艺术风格简约、审美追求极高的髹饰特点，尤其是推光漆与抛光处理等方面的重要技术突破，进一步实现了漆器表面平整光洁的美学诉求。我国漆器髹饰的历史演进与器物的风格变迁清晰地呈现出材料转化、工艺进阶、艺术与科技融合的技术路线与特点，共同造就了髹饰技艺的卓越风华与精致。

漆器镶嵌工艺是利用漆材与其他材料相互嵌合、包含而成的一种技艺复杂程度极高、表面纹饰华丽且极具视觉表现力的典型髹饰工艺。镶嵌漆工艺一经出现，便与其他髹饰技术产生互动关联，并受到镶嵌材料类型、材料加工技术等方面的影响。第三节为“包罗万象的镶嵌漆艺”。我国漆器镶嵌技术的演进贯穿于漆作工艺发展的各个历史阶段，在漆作工艺史上的影响极为深远。镶嵌器物的材料演进基本实现了从“蚌贝嵌合”到“镂金嵌银”直至“多材并举”的发展历程；工艺技术方面从“自然之物的粘贴”到“金属包裹的扣器加工”再到“艺术化的金银平脱”，及至“繁复精巧的百宝嵌合”，极大程度上呈现了镶嵌漆艺能够自由摄取来自其他工艺门类的技术灵韵。此外，成熟的漆层打磨与推光技术促进了螺钿加工技术的演进，形成厚螺钿向薄螺钿的不断变化，为镶嵌漆器艺术思想的表达积累了完善的材料及技术保证。纵观我国镶嵌漆艺的技术发展，材料加工技术的演进是影响镶嵌工艺发展的重要动力，伴随着材料类型的不断丰富与运用，镶嵌漆器也呈现出丰富多元的面貌。

雕漆是髹饰工艺技术之一，是指在器物胎体上髹涂色漆数道，使漆膜达到一定厚度后进行雕刻的漆工艺。雕漆也是髹漆、绘画与雕刻相互配合的独特工艺类型。第四节为“层叠有致的雕漆工艺”。雕漆技术的发展基本经历了由“粗陋雕琢”至“浅刻与印板”再到“堆叠与雕剔”与“精工与剔彩”的基本脉络，整体面貌呈现出由简约到繁复，由质朴到华丽的阶段性变化，形成浅薄漆层刻画、多层漆面交叠、多种技艺融合的复合型工艺技法，体现出雕漆技艺的渐进式转变及不同漆作技术间的融通与相互影响。此外，雕漆与其他材料的结合也进一步丰富了自身工艺技术的表达，展现出极尽工巧的精致效果，充分诠释了漆作工艺中追求质材兼备、技艺交融与寓理于物的造物意识。

漆耳杯是春秋至秦汉时期高度流行的饮食器具，也是我国古代漆器造型中最为常见的一类。漆耳杯的制作融合了我国漆作技术中胎骨成型、表面髹饰等多道漆作工序，是我国传统漆作工艺技术的集大成者。第五节为“日用与礼仪之间的飞羽流觞”。整体性的漆作技术发展极大程度影响着漆耳杯制作工艺与器物风貌的演进，也不断给予着漆耳杯新的物理状态与器用体验。此外，人们造物及用物意识的转向也一定程度上促进着漆耳杯多元化的外在表征，基本形成了由“朱黑素髹”到“刻绘交融”直至“银口黄耳”的髹饰工艺脉络，在保证实用的基础上为漆耳杯增添了华贵之美与人文内涵，形成了物与自然、社会、人与人之间的和谐共处及有效联动。

中国作为全球性漆文化流行的重要发源地，传统漆作技艺的形成为世界漆艺的发展打下了坚实的根基，为本土乃至世界各地漆作技术的提升带来了不同程度的影响，在众多国家和地区形成了各具风貌的漆作工艺，助推了世界漆文化的发展与勃兴。纵观中国传统漆作技术的发展，无论是先民对漆材开采、加工的精深认知，还是完备无缺的工艺体系与缜密有序的技术思想，都享誉古今中外，影响深远。

从物本体出发，求索其后所蕴含的技术演进规律、漆作工艺特点及文化思想，是探究我国传统漆作发展的有效路径。我国漆作技术的产生源于先民对于漆的发掘与认知，通过对漆作工艺技法的不断更新，逐渐产生了以精致胎骨为载体、华丽髹饰为形式、造物思想为内核的华夏漆作工艺面貌，总体呈现出外在艺术表现差异性与内在技术要素连续性的发展特点。此外，漆作技术的发展不仅与漆工对于材料特性、工艺技术、美学思想的认知提升关系密切，还离不开与其他工艺门类跨媒材、跨技术、跨文化的交流与互鉴。这在很大程度上为促进漆作技术的实践性、漆艺品种的多样性及漆器审美的艺术性奠定了坚实的基础。

我国辉煌的漆作工艺之成就是古代传统的造物思想的直观反映。漆作技术的革新离不开手工技术的进步，也脱离不了先民深远的造物思想，从整体的时代背景及技术发展规律出发，对不同时代社会文化与观念影响下的漆作技术思想进行内在阐发，可以清晰地认识到传统漆作工艺中人与物、工与艺、用与美的和谐统一思想。随着工艺技术的提高，物背后的思想内涵也在不断深化与外延，不同工艺门类的交流与互鉴极大程度地丰富了漆作由材精工巧到寓理于物的造物逻辑。此外，不同历史时期工艺技术思想的转变催生了与当时社会相适应的造物行为，既反映了漆作技术观念与世人心理、造物意识之间的紧密联系，又彰显出技术思想与器物风格之间的内在互动，更揭示出科艺融合、物尽其用、因材施工、器以载道等造物思想。

随着现代工业的飞速发展，传统漆作技艺在当代理应需要更多的保护与传承，提升人们对漆材特性的认识，这有助于人们认识漆器多元的、动态发展的技术路径与造物观念，也将为现代漆器作品创作和传统漆作技术的升级贡献设计智慧。

第一节　夹纻塑造的信仰

中国从新石器时代起就认识了漆的性能并用以制器，历经商周直至明清，中国的漆器工艺不断发展。最初的漆胎是斫木胎，如较早的漆器是1978年在浙江余姚河姆渡遗址中发现的木胎朱漆碗[1]（图10-1-1），距今有六七千年。战国至秦汉是我国漆胎工艺发展的鼎盛时期，漆器胎骨种类极其丰富，木胎是最常用的胎骨。随着材料技术的进步与工艺的发展，古代漆工将胎骨的范围逐渐拓展到陶、竹、皮、金属等材质。后来夹纻胎的出现极大地改变了漆器胎骨的材质与制作工艺。关于“夹纻”的记载最初见于器皿铭文上，起初不写为“纻”，而以“褚”字为替代。河北满城西汉刘胜墓出土的夹纻漆器铭文中的“褚”字，经过学者卢兆荫考证，是“纻”的借用字，写有“褚”字的漆器即为纻器[2]。湖南长沙马王堆汉墓发现的布缯胎双层漆奁，及安徽阜阳等地出土的汉末的麻布胎漆器，其铭文皆书有“布平盘”“布检”等字样。而后又在满城汉墓发现有布胎漆器，铭文书“御褚饭盘一”[3]。在西汉晚期，夹纻漆器铭文才真正出现“纻”字，东汉时期谓之“夹纻”“纻”“侠纻”。“夹纻”之“夹”主要有两层意思：一是指胎体内部的布有多层；二是指布层之间“夹”有其他的填充物[4]，如漆灰。据考证，汉代夹纻漆器灰层的成分多为黏土类矿物、骨粉、木屑、碳粉与漆等[5]。“纻”为苎麻、麻布的古称，泛指各类麻质编织物。“夹纻”两字，有重布之意[6]。这里特指汉代以来使用最多的亚麻布，具有纤维粗长、拉力强、不易变形等特性。夹纻胎，也称为“脱胎”，是以质地胎骨直接命名的漆胎制作工艺。其先以木或泥制模，再在模具周围用麻布和漆灰反复裱糊多层，最后去掉里面的模具，直接以漆布为胎，这种轻便结实的纻布胎在西汉中期以后成为漆器最常见的胎骨。魏晋南北朝至隋唐时期，夹纻胎骨的工艺技术因佛教文化的盛行有了巨大飞跃，夹纻佛造像盛极一时。至唐末，绝大多数的夹纻胎骨漆佛像几近被毁坏殆尽，

[1] 王世襄：《中国古代漆器》，生活·读书·新知三联书店，2013，第1页。

[2] 王晓戈：《从“夹纻”到“脱胎”：中国传统脱胎技艺的发展》，《艺术·生活》2008年第1期。

[3] 翁宜汐、戴睿琦：《“脱胎”名实考辩》，《装饰》2020年第8期。

[4] 张飞龙：《中国古代漆器制胎技术》，《中国生漆》2008年第1期。

[5] 刘恒之：《漆艺夹纻技法研究》，硕士学位论文，清华大学美术学院，2015，第1页。

[6] 王世襄：《髹饰录解说——中国传统漆工艺研究》（修订版），文物出版社，1983，第165页。

图 10-1-1 河姆渡文化木胎朱漆碗 新石器时代[7]

宋代漆艺佛像修造的夹纻胎骨工艺日渐式微。发展到元代，夹纻胎骨工艺有短暂复苏，佛像被称为“抟换”“抟丸”“脱活”，但胎骨工艺上并未有实质的改变[8]，所见夹纻作品尤属凤毛麟角。直至清代乾嘉时期，闽地福州沈氏家族再次复兴了夹纻漆艺，并衍生出具有轻盈、典雅、美观等特点的脱胎漆器工艺，根据漆器类型创制了阴脱技法和阳脱技法，极大地提高了脱胎漆器的制作效率和工艺技巧，成为近代中国享誉海内外的漆胎制作技艺。

一、胎骨精进：由棬榛胎到夹纻胎的转变

漆器成型主要是靠制胎，漆器胎骨或称为器骨，是漆饰的依托[9]。胎骨所体现出的材质之美是漆器艺术审美因素的重要方面[10]。在漫长的中国漆艺发展史中，胎骨技术不断革新，材料非常丰富，但凡有形之物，都可以用来做胎骨[11]。其胎骨大致依次经历了刳制漆器、棬榛漆器、夹纻漆器、脱胎漆器四个主要发展阶段[12]。

从史前漆器到近现代漆器，木胎一直是漆器制作中运用最广泛的胎体[13]。早期以木胎为主，晚期逐渐向薄木胎发展。木胎漆器的胎骨类型主要分为斫木胎、碹木胎和棬榛胎三种。大约在春秋时期，棬榛胎工艺开始在木胎漆器中出现，此时漆器产业的工匠们开始将薄木片浸软后卷成圆筒状器身，接口处用木钉钉接或用骨胶粘嵌定型，来制作圆筒形器物的腹壁，制成的器物轻薄灵巧，兼

[7] 浙江省博物馆，https://www.zhejiangmuseum.com/Collection/ExcellentCollection/733zonghepingtaiexhibit/733zonghepingtaiexhibit，访问日期：2023年5月20日。

[8] 翁宜汐、戴睿琦：《“脱胎”名实考辩》，《装饰》2020年第8期。

[9] 刘芳芳：《战国秦汉漆奁胎骨刍议——兼谈漆器胎骨的演变》，《中国生漆》2013年第3期。

[10] 刘芳芳：《战国秦汉妆奁研究》，博士学位论文，南京大学，2011，第7页。

[11] 刘芳芳：《战国秦汉漆奁胎骨刍议——兼谈漆器胎骨的演变》，《中国生漆》2013年第3期。

[12] 翁宜汐：《文质乾坤——近代福建漆艺物质与社会研究》，博士学位论文，南京师范大学，2019，第54—55页。

[13] 裘琤：《丹漆随梦——中国古代漆器艺术》，中国书店，2012，第23页。

具美观实用的优点。战国晚期，随着漆器类型的丰富，棬榛胎工艺使器型的外观受到了很大局限，难以表现许多细致、精巧的变化，而且器壁也不够结实，易损易裂[14]。为防止棬榛胎表面接口产生开裂，漆匠开始在薄木胎上用漆液裱上织物，一方面掩盖表面木钉与接痕，另一方面利用织物表面的张力提高胎骨的牢固性[15]。例如，1987年湖北荆门包山战国晚期2号楚墓出土的彩绘出行图夹纻胎漆奁（图10-1-2）。这种在胎体表面裱贴织物的做法直接导致了夹纻胎的出现。夹纻技术的出现打破了漆器胎骨制作的局限性，漆的使用也从简单的平面髹涂应用至立体塑形等领域。夹纻胎漆器轻巧结实，避免了木胎收缩、开裂变形的缺点，是漆器胎体制作工艺的一大进步[16]。秦汉时期，由于铁制工具的兴起，制胎技术向精细加工方向发展[17]。值得注意的是，西汉早期夹纻漆器多以复合胎骨成型，采用木底与夹纻器壁结合的制作工艺，如湖南长沙马王堆1号汉墓出土的双层九子妆奁，盖子和器壁为夹纻胎，双层底为斫木胎，可见此时夹纻胎骨多应用于器物的盖、壁等非主要承重或受力部位。相反，奁底则是早期常见的斫木制胎骨结构，用以凿出多个凹槽，嵌放多个子奁。这种胎骨组合方式是从器物不同部位的承重限度而进行特殊考量的，从而使夹纻胎骨作为独立胎骨做进一步尝试。除此之外，夹纻胎也常应用于漆奁内部的子盒，即体量轻盈的小奁胎体制作。

随着夹纻工艺技术的提高，漆匠开始尝试以黏土塑形，或者在木模上脱型，并在胎体上进行多次涂漆灰，然后用麻布或缯帛若干层附于胎体上，用漆液裱糊各种布料，待麻布或缯帛干实后去掉内胎，即“脱壳成型”[18]。据现有资料，

图10-1-2　彩绘出行图夹纻胎漆奁　战国[19]

[14] 王琥：《中国传统漆器的“经典之作”》，《东南文化》1999年第4期。
[15] 刘芳芳：《战国秦汉漆奁胎骨刍议——兼谈漆器胎骨的演变》，《中国生漆》2013年第3期。
[16] 陈春生：《西汉漆奁概述》，《南方文物》2001年第1期。
[17] 刘芳芳：《战国秦汉妆奁研究》，博士学位论文，南京大学，2011，第8页。
[18] 王琥：《中国传统漆器的“经典之作”》，《东南文化》1999年第4期。
[19] 湖北省博物馆，http://hbsbwg.cjyun.org/qmq/p/4983.html，访问日期：2023年5月20日。

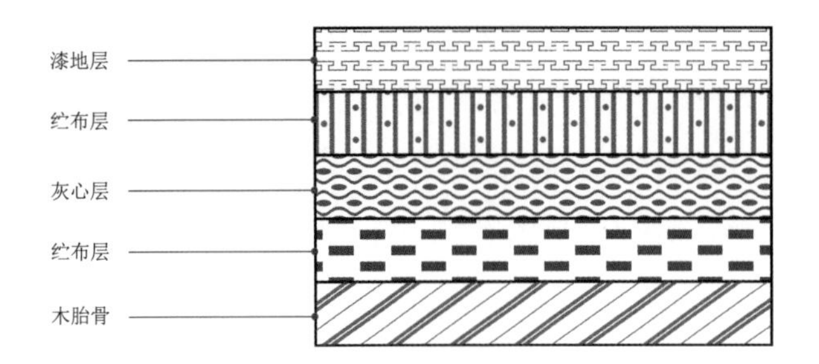

图 10-1-3 夹纻漆器质层剖面图

夹纻漆器质层的结构主要分为木胎骨、纻布层、灰心层、纻布层及漆地层（图10-1-3）。目前国内相关学者通过对夹纻工艺的复原及研究，将秦汉时期夹纻的标准技术分为六个步骤，即细泥塑形、胶料隔膜、麻布裱糊、生漆定型、细灰找平、上涂成器[20]。夹纻胎经长期实践与改良，这种全新的胎骨制作工艺在西汉日渐成熟，成为汉代漆器胎骨中的典型工艺。

魏晋南北朝至隋唐时期的寺庙大佛，多用“夹纻”法塑造，首先竖立木柱支架，竹篦绷扎，细麻、稻草、泥土及漆灰糊封，涂上漆泥，塑出骨肉、糙漆、磨光、漆彩漆、贴金饰，开光点睛。完成后，把像内木架等重物酌量拆除，减轻重量，以适应庙会出巡的需要[21]。这种“夹纻”胎骨工艺逐渐失传。宋元两代，夹纻胎骨工艺式微，目前国内留存的漆像几近消失。明代黄成在《髹饰录》一书中提及漆器的理论方法时，强调“巧法造化，质则人身，文象阴阳”[22]三法，“质则人身”即是将漆器的胎骨比喻为人的骨肉。骨指漆器的胎骨，肉指胎骨上的布、漆灰和漆。明人扬明注曰“质乃器之骨肉，不可不坚实也”[23]。由此可知漆器的胎骨质地对其后续制作有着重要的意义[24]。较其他胎骨而言，夹纻胎的应用让整个漆器或漆像的制作过程变得事半功倍，而且造型更加趋于自由和完美。

及至清代乾嘉时期，福州沈绍安与其后人共同复兴了战国、秦汉时期的夹纻技术，并将其发展成全新的福州脱胎漆器工艺。“脱胎漆器”是在前代“夹纻”工艺基础上的继承与创新，也是漆器胎骨的类型之一。“脱胎”意为“脱去胎质，空余布胎”。布脱胎的制作采用分模制作，再进行缝合，及在布胎制作完毕之后加入竹条来增加胎骨的坚固程度等[25]。沈绍安等人开创性地发明了近代漆器制作的两大工序：阴模脱胎和阳模脱胎[26]。沈绍安漆器主要有脱胎漆器和木胎漆器两大类，采用麻布及其他天然布料（布胎）或木材（木胎）和天然生漆、油类、

[20] 汪天亮：《巧夺天工艺等闲，脱胎非易漆更难——谈沈绍安与福州脱胎漆器》，《美术研究》，2006年第3期。
[21] 周亚东：《夹纻考析》，硕士学位论文，南京艺术学院，2007，第5页。
[22] 转引自朱立元主编《艺术美学辞典》，上海辞书出版社，2012，第32页。
[23] 王世襄：《髹饰录解说——中国传统漆工艺研究》（修订版），文物出版社，1983，第163页。
[24] 刘芳芳：《战国秦汉漆奁胎骨刍议——兼谈漆器胎骨的演变》，《中国生漆》2013年第3期。
[25] 翁宜汐、戴睿琦：《“脱胎”名实考辩》，《装饰》2020年第8期。
[26] 汪天亮：《巧夺天工艺等闲，脱胎非易漆更难——谈沈绍安与福州脱胎漆器》，《美术研究》2006年第3期。

入漆颜料、金属材料、镶嵌材料等，其工艺先以泥土、石膏、木材等制成胎型，以天然生漆为黏合剂，用麻布及其他天然布料逐层裱褙，阴干后脱去原模，保留布胎的基本形态，进而上灰底、打磨、髹漆研磨，并在其表面装饰各种纹样，形成丰富多样、明亮精致的脱胎漆器作品。在技法方面，沈绍安最早发明了小孔浸水脱胎法，沈氏后裔大胆创新，清末改进工艺，形成无底浸水脱胎法。民国时期变革工艺，形成聚散木模脱胎法、干打毁模脱胎法，极大缩短了脱胎漆器的生产周期，可以节省材料，降低成本，提高产品质量，丰富产品艺术表现力，推动了福州脱胎漆器的技术创新。

二、器以致用：夹纻胎实用器具日益增多

从造物需求的角度而言，随着造物技术的进步，在一定历史时期形成了特点鲜明的造物类型，成为当时社会流行文化及人们日常生活的一个缩影。先秦时期，造物活动的主要目的是服务于礼制传统，漆器是先秦礼器系统中的重要组成部分。自新石器时代末期萌芽起直至战国时代，一直存在相当一部分的漆礼器[27]。从目前考古发现可知，在距今四五千年的新石器时代末期，某些漆木器在出土环境、工艺形制方面，已迥异于一般器物，可视为漆礼器之开端[28]。例如，漆觚是良渚文化中大量发现的漆器类型，其具有等级差异的造型样式与华丽的装饰手法，具有典型的礼器特征。除此之外，在良渚文化范围内的一些高级墓葬中还出土有多件精美的杯状、盘状、囊形嵌玉漆礼器[29]。随着历史发展及造物思想的转变，曾在仪式典礼中占据着重要地位达千年以上的漆器，在战国晚期至秦汉时期开始更多地作为日常实用器皿出现。战国、秦汉时期礼制观念在漆具使用中的逐渐式微，对于此时的漆器类型发展产生了重要影响。漆器的功能开始向轻便实用方向发展，坚持“简易”与功能至上，器形由厚重到轻灵，造型由严正到奇巧，体现出新的器用追求与审美趣味。此时，大量的漆器以商品的形式进入市场，漆器已经融入人们的日常生活中，广泛应用于各个社会阶层，在中国许多地区均有考古发现。墓葬出土的陪葬品中，漆器逐渐增多，青铜器逐渐减少。东汉以后，青瓷开始兴起并广泛用于日常生活，实用漆器的发展由此进入低谷。魏晋南北朝至隋唐时期，夹纻工艺应用于佛像塑造，在实用器具中的占

[27] 卢一：《论先秦礼器中的漆器传统》，载北京大学中国考古学研究中心、北京大学震旦古代文明研究中心编《古代文明（第13卷）》，上海古籍出版社，2019，第28页。
[28] 同上书，第29页。
[29] 赵晔：《初论良渚文化木质遗存》，《南方文物》2012年第4期。

比明显减少。及至明清时期，福州沈绍安及其后人在恢复前代夹纻工艺的基础上，将全新的脱胎技术广泛应用于各种漆具类别中，尤其是对脱胎日用器皿的制作具有重要的技术改革，实现了脱胎日用漆具的多元化、实用化及精致化的追求。

目前学界通过对战国时期墓葬出土漆具的类型及其胎骨工艺分析可知，夹纻胎骨是战国至秦汉时期人们制造日常生活用品的常用载体，漆器制作偏向轻巧、实用的特点。夹纻胎骨的数量较前代有明显增多，仅次于木质胎骨数量，主要流行于贵族阶层。夹纻胎骨技术相较于木胎工艺来说更为复杂，夹纻工艺最初只是用来制作鞘、盘、耳杯、奁、卮等小型器物[30]。这一点从墓葬出土漆器情况可以得到印证。从四川、河南、山东、河北等地考古出土的漆器显示，战国漆器基本延续了春秋以来漆器制作的模式，以日常生活用具为主，包括餐饮及贮物容器。1964年发掘的湖南长沙左家塘三号墓为战国中期墓，墓中出土的黑漆杯及彩绘羽觞均为夹纻胎。

自汉代以来，夹纻漆器造型继承前代遗风，器物造型更加趋向以实用功能为主，造型品类较之前更加丰富，表现出鲜明的生活化倾向，类型主要有小型生活用品，器形以圆形或方形为主，胎体质地以木骨结合纻布居多。此时，漆具在日常生活中的占比增多，与当时夹纻工艺水平的进一步提高有关。漆匠利用夹纻工艺的材质属性与塑形的灵活性特点，在造型样式方面有所创新，西汉夹纻漆器经由春秋战国常见的平盘类器物逐渐向盒、奁、卮、碗、尊等立体器物造型转变，形制方面也经历了从圆器到不规则形制再到复杂造型结构的多样化发展。从西汉马王堆汉墓及海昏侯刘贺墓出土的夹纻漆器来看，它们多为实用器，依据功能可分为饮食用器、生活用器两大类。饮食用器有耳杯、锺、卮、盘、碗、壶、樽等。生活用器有盒、奁、笥、匜等。从马王堆汉墓出土的漆器来看，西汉时期夹纻胎骨技术的提高还表现在漆奁造型、结构方面的创新。其中双层漆奁比例增大，及五子奁和九子奁的出现，则表明漆奁盛装物品的功能更为完备[31]，漆奁的胎体制作工艺也逐步趋向轻巧实用，较西汉初有明显进步。

漆奁是西汉夹纻漆器的重要品类，据不完全统计，全国近20个省、市、自治区出土的西汉漆器中，漆奁在许多地区均有发现[32]。战国时期，无论楚漆奁，还是巴蜀或秦漆奁，均盛行单层结构。至西汉时期，漆奁在沿袭前代制作工艺的基础上，创新出双层或多层结构，造型样式更加多元，具有典型的时代特征。例

[30] 刘芳芳：《战国秦汉髹漆妆奁研究》，文物出版社，2021，第11页。
[31] 陈春生：《西汉漆奁概述》，《南方文物》2001年第1期。
[32] 同上。

如，1972年湖南长沙马王堆1号汉墓出土的双层九子漆奁（图10-1-4），器身分上、下两层，连同器盖共三部分。盖和器身为夹纻胎，双层底为斫木胎。器表髹黑褐色漆，再在漆上贴金箔[33]，在金箔上又施油彩绘。盖顶、周边和上下层的外壁、口沿内及盖内与上层中间隔板上下两面的中心部分均以金、白、红三色油彩绘云气纹，其余部分涂红漆，堪称汉代夹纻漆器的精品。另外，江西南昌西汉海昏侯刘贺墓出土一套（4件）夹纻胎漆奁（M1:341），一大三小，4个器盖均缺失，表髹黑漆，里髹朱漆，器里口沿处髹一圈黑漆[34]（图10-1-5）。除此之外，该墓还出土一件长方形盝顶式盖漆奁一件（M1:727），该器壁分内外层，外壁和器底为斫制木胎；内壁为夹纻胎，卷制，紧贴于斫制器壁，向上延伸为子口。器盖的平顶和四面坡为木胎斫制，盖的四壁为夹纻胎卷制，盖壁与盖顶之间以漆胶黏合，平顶边缘有一圈方形银箍，以漆胶粘贴。漆奁由盝顶式盖和弧角长方体盒身两部分组成[35]（图10-1-6）。从这两地西汉墓葬出土的夹纻胎漆奁造型及工艺特点可以看出，汉代漆器更加注重的是器物本身的结构与其功能的完美结合。马王堆汉墓所见双层九子漆奁虽外观造型简单，但双层设计比其他单层漆奁的空间更大，并将上下两层设计为不同的用途，体现出了设计者的巧思[36]。海昏侯刘贺墓出土的带盖长方形漆奁结构相对复杂，且器物不同部位采用多种胎骨技术，展现出此时夹纻胎骨在复杂结构器物中的结合与应用。

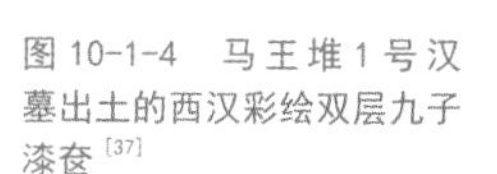

图10-1-4　马王堆1号汉墓出土的西汉彩绘双层九子漆奁[37]

图10-1-5（左）　海昏侯刘贺墓出土的西汉夹纻胎漆奁[38]

图10-1-6（右）　海昏侯刘贺墓出土的西汉盝顶式盖漆奁[39]

[33] 叶杰：《古代漆奁设计语言在现代包装设计中的演绎与应用》，硕士学位论文，陕西师范大学，2014，第9页。
[34] 江西省文物考古研究院、北京师范大学：《江西南昌西汉海昏侯刘贺墓出土漆木器》，《文物》2018年第11期。
[35] 同上。
[36] 李天一：《"美"与"用"：汉代漆艺的双翼》，《南方文物》2013年第2期。
[37] 湖南博物院，http://www.hnmuseum.com/fr/node/7288，访问日期：2023年5月20日。
[38] 江西省文物考古研究院、北京师范大学：《江西南昌西汉海昏侯刘贺墓出土漆木器》，《文物》2018年第11期。
[39] 同上。

由战国至秦汉时期墓葬出土的漆器情况可知，使用夹纻胎骨造型的器物比例较战国时期有明显提高，主要以实用漆具为主，如耳杯、卮、盘、碗等小型器物。但由于此时夹纻胎工艺仍处在初级阶段，其成型工艺受到相应技术条件的限制，主要应用于造型轻便、结构简易的器物之上，器物多以规则形态为主。西汉夹纻漆器相比战国时期品种更为丰富，且工艺技术更加成熟，造型较前代平盘类器物在出土数量上有明显增多。例如，单独使用夹纻工艺成型的立件器物也有少量出现，如壶、樽、锺等。除此之外，此时对于复杂结构与功能性漆具的设计有创造性的探索与开拓，尤其是在漆奁上的工艺进步最大，漆奁主要分为直壁直口圆奁和具有复杂结构的圆奁或方奁。直壁直口圆奁使用卷制方式成型，胎体为夹纻胎。具有复杂结构的圆奁内部含有多个子奁，有单层与双层两种，奁腹壁为夹纻胎，奁盖与底为斫木胎，具有一定厚度。西汉初期夹纻胎漆奁的出现说明漆匠对于器物类型与工艺技术的对应关系有了更深入的认知，由此揭示出器用需求、产品类型对于夹纻工艺的发展产生的重要影响，促进了夹纻胎骨技术的不断突破，也推动了夹纻技术应用范围的拓展。

三、由器及像：魏晋南北朝至隋唐时期夹纻造像的创制

西汉后期到魏晋南北朝是夹纻技术产生关键变革的过渡时期，这时无论是技术手段还是漆艺的整体风貌都较战国、秦汉时期有了较大的提高与转变。自魏晋南北朝以来，漆器从日常生活用具领域中大幅缩减，其地位已被瓷器取代。此时，夹纻工艺从简单的奁、匣、杯、羽觞等小型日用器具逐渐运用到宗教造像之上，即以漆材直接塑造体大质轻的佛像，实现了佛像从精致小巧到气势恢宏的转变。晚唐至宋代夹纻造像工艺逐渐失传。至元代喇嘛教艺术盛极一时，又推动了夹纻造像工艺新的发展。

文献中关于夹纻造像的记载见于南朝梁释僧祐《出三藏记集·大正藏》中“谯国二戴造夹纻像记”[40]。“二戴”指的就是戴逵和他的次子戴颙[41]。《法苑珠林》卷二十四载：“……晋世有谯国戴逵字安道……作无量寿，挟侍菩萨，研思致妙，精锐定制，潜于帷中，密听众论，所闻褒贬，辄加详改，核准度于毫芒，审光色于浓淡……委心积虑，三年方成，振代迄今，所未曾有……道俗观者皆发菩提心。”[42] 可以看出，正是因为戴逵对创作的严肃态度，才最终雕琢出极为精致

[40]〔梁〕释僧祐：《出三藏记集》，苏晋仁、萧炼子点校，中华书局，1995，第487页。
[41] 陈国勇：《映世菩提——现代夹纻佛造像艺术》，福建美术出版社，2022，第6页。
[42]〔唐〕释道世：《法苑珠林》，江苏广陵古籍刻印社，1990，第274页。

且流传百世的作品。此外，《法苑珠林》卷二十四载："逵又造行像五躯，积虑十年。像旧在瓦官寺。"[43] 戴逵为南京瓦官寺制作的五躯夹纻胎造像，和顾恺之画的《维摩诘像》及狮子国（锡兰岛）的玉像，并称为"三绝"。夹纻造像是因佛教的发展而兴起，又借助戴逵的手而广泛流行起来，为夹纻工艺的应用和传承奠定了基石。《洛阳伽蓝记·卷四·永明寺》载"晖逐造人中夹纻像一躯，相好端严，希世所有。"[44] 由此可见，此时夹纻像已经非常生动，形象逼真，人的情态塑造栩栩如生，才会被世人称赞"希世所有"。总体来看，夹纻佛像的制作方式与前代夹纻器物几乎无异，是在战国、秦汉漆器基础上的进一步开拓，以纻布和漆灰层叠相加制作，内部中空，十分轻便，满足了魏晋时期行像游行活动中对于佛像体积与质量的特殊要求。这种工艺技术和使用方式的革新与当时社会佛教礼俗的盛行和夹纻工艺的成熟紧密相关。

在佛教礼俗方面，魏晋南北朝时期，统治者崇尚佛教，大兴佛法，由此衍生出行像仪式。释道宣（596—667）所撰的《广弘明集》中记录的《梁简文：为人造丈八夹纻金薄像疏》中载："某甲久发誓愿，遍为六道四生造夹纻丈八佛像一躯。"由此可知，该佛像规模之大。北魏杨衒之《洛阳伽蓝记》中有许多关于"行像"的记载，这些行像皆用夹纻法制成。另《大宋僧史略》中记载："晋法显到巴连弗城，见彼用建卯月八日行像，以车结缚五层，高二丈许，状如塔。彩画诸天形……于阗则以四月一日行像，至十四日讫，王及夫人始还宫耳。今夏台、灵武，每年二月八日，僧戴夹纻佛像，侍从围绕，幡盖、歌乐引导，谓之巡城。"[45] 当时这种将佛像装置在具有装饰的花车上在城中巡游，接受人们瞻仰和膜拜的活动形式大大促进了夹纻造像技术的需求与发展。

隋唐时期是夹纻造像发展的重要阶段，据文献记载，这一时期的夹纻佛像体积十分庞大，技术也显然比魏晋时期更加精湛，如《辨正论》中记载，隋上柱国尚书右仆射鲁国公虞庆则造冲觉寺："大起法堂广罗佛殿，于襄州造卢舍那夹纻像。高一百二十尺，相好奇异，灵应殊常。"[46] 又如《朝野佥载》云："周证圣元年，薛师名怀义造功德堂一千尺于明堂北。其中大像高九百尺，鼻如千斛船，小指中容数十人并坐，夹纻以漆之。"[47] 由此可知，此时利用夹纻技术所制作的佛像体型宏大，实属罕见。在工艺技术方面，夹纻佛教造像的优劣取决于它的胎骨，胎骨乃是漆像的灵魂。其制作方法主要有三种。一是脱胎夹纻像。其制作的

[43]〔唐〕释道世：《法苑珠林》，江苏广陵古籍刻印社，1990，第274页。

[44]〔北魏〕杨衒之：《洛阳伽蓝记校笺》，杨勇校笺，中华书局，2006，第201页。

[45]〔宋〕赞宁撰、富世平校注《大宋僧史略校注》，中华书局，2015，第22—23页。

[46] 转引自张飞龙：《六朝髹漆工艺研究（下）》，《中国生漆》2016年第2期。

[47] 同上。

原理是用漆和纻布等材料制成一种中空体轻的塑像方式，先用黏土塑造一个泥模像芯，再将麻布和漆灰层错交叠地敷在内胎模上，待其荫干固定后去掉内模，剩下的麻布漆层就是夹纻像的底胎。元代洛阳白马寺的十八罗汉也就是以这种方法制成的。二是木骨夹纻像。现珍藏于美国大都会艺术博物馆的一躯唐代夹纻造像为一尊坐佛（图10-1-7），其制作方式与脱胎夹纻相似，也是先用黏土做像芯，再依次架构笼子、裱布、上漆，不同的是要在胎体内构造简单的木架作为骨柱，用以加固像身[48]（图10-1-8）。三是木心夹纻像。其制作方法是先将木料雕成大概的像芯，再依次裱布，成型后保留胎体模型，其优点是可以利用木心来承重，解决了夹纻胎造像的承重及变形问题，这样可以制作较大体积和尺寸的夹纻胎造像[49]。夹纻漆像工艺直接促进了佛像设计的规范化，夹纻胎作为模具可以重复使用来制作若干件佛像，因此解决了佛像设计规范化的难题。

图10-1-7　彩绘涂金夹纻漆阿弥陀佛像　唐[50]

构筑木骨内芯

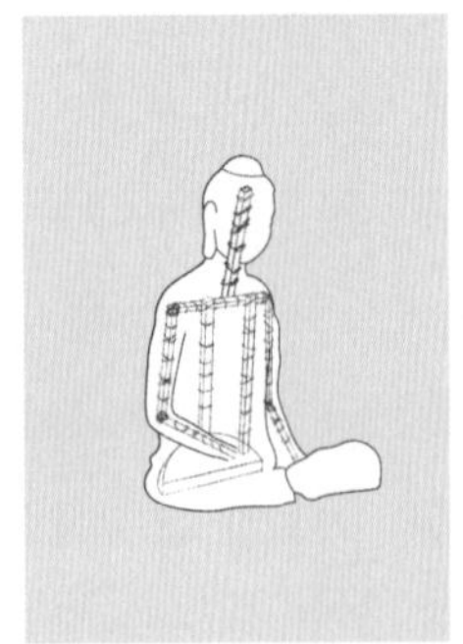

贴附黏土并塑形

像身表面裱糊纻布

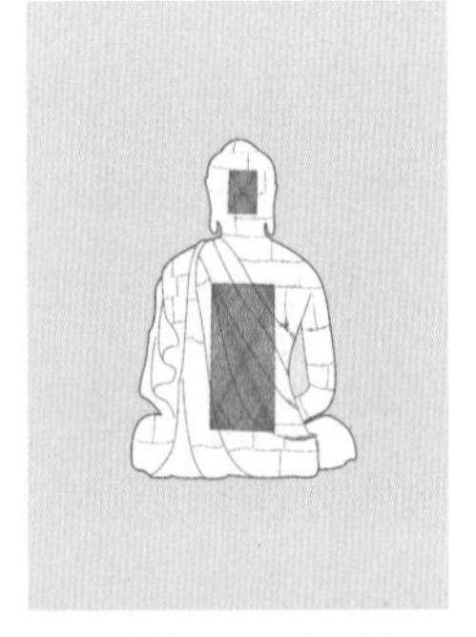

去除泥模与木芯胎骨

图10-1-8　干漆木骨夹纻佛像工艺流程图解

[48] 徐晶：《隋唐时期干漆造像艺术特征探究》，《新美域》2023年第8期。
[49] 张寒冰：《夹纻胎造像的造型及工艺研究》，硕士学位论文，南京艺术学院，2013，第26页。
[50] 美国纽约大都会艺术博物馆，https://www.metmuseum.org/art/collection/search/42163?ft=dry+lacquer&offset=0&rpp=40&pos=1，访问日期：2023年5月20日。

有学者以美国沃尔特斯艺术博物馆收藏的木心夹纻佛像为例（图10-1-9），对夹纻佛像所用漆材料的组成成分做了详细研究，列举了制作漆膏常用的材料，包括鹿茸灰、牛角灰、瓷灰、骨灰、猪血、煅烧的蚌壳和磨干漆。最好的漆器是由鹿茸灰和碎瓷混合而成的，中等质量的漆器是由骨灰和贝壳灰粉制成的，最便宜的是由砖和磨漆制成的。漆器中主要的无机物为骨头的主要成分，即钙、磷，此外，还有石英和氧化硅。使用光学显微镜和元素分析，大部分的夹杂物即是磨碎的骨头。通过反射光显微镜观察漆器横截面，可以看到该漆像由7层组成，每一层都含有不同比例颗粒大小不等的夹杂物，这也是漆层不透明的原因。

唐代是佛教造像发展的重要时期，此时的佛像在吸收魏晋佛造像风格的基础上不断演进，外来的佛教造像样式此时已不再作为中国造像模仿的样本。工匠们创造性地将中外造像的风格进行交融，生发出中国独有的造像风格。该时期夹纻造像的身躯比例合理，均为坐像，体态舒展自然，造型优美，面相丰满圆润，表情静谧平和，躯体丰腴，衣褶自然写实，呈现出典型的隋唐造像特点（图10-1-10）。此时期的夹纻造像已完全摆脱了早期头部偏大、体态略显僵板的感觉，明显充满了动感。

唐朝初年，鉴真和尚东渡促进了中日文化交流，夹纻造像工艺也随之传入日本并广泛流行。如日本奈良时期鉴真弟子所作的鉴真大师干漆夹纻像就是夹纻工艺在日本漆佛像上的应用实例（图10-1-11）。像通高80厘米，身披袈裟，衣褶柔和，在神态上双目闭合，唇含微笑，在姿态上手结定印，跏趺而坐，完全采用传统的写真手法，胎骨由数十层麻布糊成，分量较重。衣纹残缺的地方，露出堆在布面上的漆灰，可知衣纹、面部是用漆灰堆塑出来的。漆灰上面用黑漆、朱漆各一层打底，上贴金箔，最后罩漆。

图10-1-9（左）　木心夹纻释迦牟尼像　唐[51]

图10-1-10（中）　木心夹纻佛像　隋[52]

图10-1-11（右）　鉴真大师干漆夹纻像　唐[53]

[51] 美国巴尔的摩沃尔特斯艺术博物馆，https://art.thewalters.org/detail/11606/buddha-2/，访问日期：2023年5月20日。

[52] 美国史密森尼国立亚洲艺术博物馆，https://asia-archive.si.edu/object/F1944.46/，访问日期：2023年5月20日。

[53] 日本唐招提寺，https://toshodaiji.jp/about_mieidoh.html，访问日期：2023年5月20日。

唐宋时期，夹纻胎骨工艺除了在佛造像上应用，还常见于菩萨像身胎骨的塑造，已知存世的两件夹纻菩萨像分别藏于美国克利夫兰美术馆（图10-1-12）和中国国家博物馆（图10-1-13），二者均为菩萨半身坐像。前者为唐代制作，从坐像所佩戴的珠宝饰品可以看出，这是一尊菩萨而不是佛，是一位致力于众生灵性觉醒的觉悟者。该菩萨像以一种放松的姿势坐着，双目微垂，双目丰满圆润，表情祥和，身披袈裟，袒露右肩，璎珞珠宝，装点全身。可以看出这一时期的菩萨像一改前朝体态略显僵板、秀骨清像的范式，转而与中国传统造像风格相结合，动态自然。在服饰方面，唐代菩萨塑像多束高髻，上身袒露，束腰，重心向一侧扭曲，体态极为生动。所以可以推测这座干漆菩萨像的头上可能本来也束有高髻，但现已被损坏。这些造像身穿帔帛璎珞，珠宝刻画精致，颗粒也不似隋、初唐时期那样的沉重感。前代的装饰显得繁复沉重，遮盖了身躯的起伏和曲线。总体来说，唐代的菩萨形象日益具备现实中人的特征。

这两件菩萨坐像的高度相近，相比于同一时期的夹纻佛像体型、高度偏小，有学者研究认为隋唐时期夹纻佛像多被安放于大型寺庙佛坛中的主尊位置，且佛像身形高大，体态恢宏，而夹纻菩萨像作为次一级的供养塑像被安置在佛事空间的非中心位置，体型较小，故与主尊佛像在造型体量、空间位置上都形成区别。

晚唐之后佛教受限，宋代瓷器的大力发展代替了漆器在佛教造像中的应用，相应的夹纻造像也逐渐减少，夹纻工艺在这一时期走向衰败。元明时期夹纻工艺又有了一个短暂的回潮。夹纻造像在元代又被称为“抟换像”，或者称为“抟丸”“脱活”。这一时期最为出名的就是刘元所制的夹纻像。文献《辍耕录·卷二四·精塑佛像》中记载：“刘元，字秉元，蓟之宝坻人，官至昭文馆大学士，正

图10-1-12（左） 干漆夹纻菩萨坐像 唐[54]

图10-1-13（右） 干漆夹纻菩萨坐像 宋[55]

[54] 美国克利夫兰美术馆，https://www.clevelandart.org/art/1983.86，访问日期：2023年5月20日。

[55] 吕章申主编《近藏集粹：中国国家博物馆新入藏文物》，北京时代华文书局，2016，第203页。

奉大夫，秘书监卿。元尝为黄冠，师事青州杞道录，传其艺非一，而独长于塑。至元七年，世祖建大护国仁王寺，严设梵天佛像，特求奇工为之，有以元荐者。及被召，又从阿尼哥国公学西天梵相，神思妙合，遂为绝艺。凡两都名刹，有塑土范金，抟换为佛，一出元之手，天下无与比。所谓抟换者，漫帛土偶上而髹之，已而去其土，髹帛俨然像也。昔人尝为之，至元尤妙。”[56]从上述文献可知，至元七年（1270）建护国仁王寺时，刘元参与佛像塑造，在领会阿尼哥造像绝艺之后，融会贯通，精进制法，成为元代著名的雕塑家。

综上所述，魏晋南北朝至隋唐时期夹纻造像之法被广泛应用，夹纻造像盛极一时，主要归因于三方面：从技术因素的角度而言，夹纻工艺初创于春秋战国，成熟于西汉，至魏晋时期已经具备塑造大型佛像的技术条件，为造型自由提供了有利的技术支持与保证；从宗教文化的层面而言，这一时期佛教的流行使得行像、造像等活动得到了空前的发展，使得造像工艺走向多元化并主要服务于佛教造像；从实用的角度而言，中土寺院规模越来越大，佛像制作也变得高大，石材或木材取得不易，而利用夹纻工艺造像。既减轻了传统泥土造像的重量，使其质轻便，又利于行像抬运。

四、守正与创新：清代乾嘉时期福州“脱胎”技术发展及其全面应用

清代乾嘉时期，福州漆艺家沈绍安及其后人在传统夹纻胎工艺的基础上，经过改进材料和操作工艺研创出的“脱胎”技艺得到迅速发展。据史料记载，沈绍安回忆其“脱胎漆器”的发明，是因看见城楼匾额剥落露出的麻布纤维而受到启发[57]。沈绍安通过分析汉代夹纻工艺所需的基本材料，经过反复试验，将失传已久的“夹纻”工艺复原，并在制作手法、材料使用上有所创新，进而形成“脱胎”技艺，因此脱胎漆器的工艺原理与传统的“夹纻”技术紧密相关[58]。

福州漆器工艺独特，具有深厚的文化积淀，虽以脱胎漆器而闻名只有200多年，但其源流久远。三国时期以后，随着中原汉人大规模入闽，漆器工艺可能就已经在福建萌发。根据史料，福州漆艺的发端至少可以追溯到唐代[59]。日本唐招提寺内保存的卢舍那佛坐像的作者是鉴真大师的弟子昙静法师，他籍贯福建南

[56]〔元〕陶宗仪：《南村辍耕录》，文灏点校，文化艺术出版社，1998，第335—336页。

[57]汪天亮：《巧夺天工艺等闲，脱胎非易漆更难——谈沈绍安与福州脱胎漆器》，《美术研究》2006年第3期。

[58]同上。

[59]陈靖：《传承与创新：沈绍安漆器艺术》，《学术评论》2013年第05期。

安县[60]。这说明最迟在唐代时福建地区已经有人掌握脱胎佛像的制作工艺[61]。及至宋代，在官方的倡导与扶持下，福州漆艺制作开始形成规模。宋代《三山志》记载，宋景祐三年（1036）在福州设作院，熙宁元年至熙宁十年（1068—1077），扩充为都作院，内设十一作，其中有漆作[62]。据考古材料证实，这一时期墓葬出土的漆奁、漆粉盒、刻花髹漆木尺、剔犀圆漆盒等器物与脱胎工艺形成有机结合（图10-1-14、图10-1-15）。到元明时期，福州漆器又有新的发展，以雕漆工艺最具盛名，开始成为中国重要的漆器产地[63]，为之后清代脱胎漆艺的繁荣发展奠定了良好的条件。

清代乾嘉时期，福州脱胎漆器多以立体漆器艺术为表现模式，器物类型从前代单一的日用器具或佛教造像转变为多品类全面发展的新格局，器物形态自由，细节刻画精巧，整体风貌呈现多元化、精致化倾向。

沈绍安在借鉴和总结前代夹纻技术后，在脱胎方法上有所改进，创造性地发明了近代漆器制作的两大工序：阴模脱胎和阳模脱胎[64]。阴模脱胎，先由塑像店用泥土塑出实物，再用细麻布捆扎，用生漆调面粉贴在泥坯上，用牛角小刮刀耐心地把凹处填平，重复两次后，全身用生漆厚涂一遍，但不可失去原像神态，涂生漆一道后，土坯上的布胎已能坚硬，便可将土坯卸下。旧法浸于水中，湿透后，由底座把泥挖出，挖到土尽，仅剩布胎空壳为止。不过，惟布浸水中常有歪曲之弊，故新法多不浸水中，仅用木棰轻敲布胚外面各处，使其中土坯受震碎裂，逐渐落下。土坯敲落后，用生漆封固，干后磨光就基本完成了。故宫中珍藏的鸟兽、寿桃等各种漆具，多半采用上述方法。阳模脱胎的工序刚好相反，先

图10-1-14（左） 黑色纻胎漆圆粉盒 南宋[65]

图10-1-15（右） 黑色纻胎葵形漆奁盒 南宋[66]

[60] 陈靖：《传承与创新：沈绍安漆器艺术》，《学术评论》2013年第5期。

[61] 陈靖：《沈绍安脱胎漆艺》，福建美术出版社，2013，第8页。

[62] 陈靖：《传承与创新：沈绍安漆器艺术》，《学术评论》2013年第5期。

[63] 林娜：《福州漆器发展历程与对外交流》，《黑龙江史志》2015年第7期。

[64] 汪天亮：《巧夺天工艺等闲，脱胎非易漆更难——谈沈绍安与福州脱胎漆器》，《美术研究》2006年第3期。

[65] 福建博物院，https://www.fjbwy.com/articles/2021-01-07/content_8116.html，访问日期：2023年5月20日。

[66] 福建博物院，https://www.fjbwy.com/articles/2021-01-07/content_8099.html，访问日期：2023年5月20日。

用细泥塑出器物，再用浓肥皂水涂抹器物，干燥后，用石膏八成和水泥两成，翻成两块阴模。阴模干燥后。在模内涂抹浓肥皂水，上漆灰，裱麻布；内布平整完后，即用热水使肥皂溶化脱出，再将脱出的两半胚胎用生漆粘住，紧密合缝，成一整体。此工序多用于制作人像[67]。阴脱技法和阳脱技法分别创制，不但提高了产品的生产效率，而且提升了造型的精致化程度。在材料方面，从粗麻布脱胎转为夏布、丝绸脱胎，最终解决了各种复杂造型脱胎工艺。

脱胎技法问世后，沈绍安创新漆艺，结合脱胎技法与髹饰表现，不断制作出质地轻巧、造型美观、装饰典雅的新产品[68]。无论是瓶、盘、盒，还是挂屏、家具和人物塑像，工艺美观精细，一丝不苟。审视之，细洁平整，了无寸隙；抚摸之，如触凝脂，畅然欲化[69]。此外，沈绍安将传统常用的红与黑两种颜色的漆料，加以巧妙地调配，增加了黄、绿、蓝、褐等颜色，有的器物还使用银箔、贴金等技法，使漆器更加鲜艳美观，光彩夺目。沈绍安从设计到制作上都严格把关，精益求精，保证漆器的坚固性和稳定性[70]，尤其注重在器物的观赏性中注入美学原则，追求造型美观。此后沈绍安之后辈相继承袭祖业，并创新薄料彩髹技艺，形成独特的漆工艺面貌，如沈正镐所作脱胎荷叶瓶（图10-1-16）、脱胎提篮观音（图10-1-17）和脱胎竹根瓶（图10-1-18）被誉为福州脱胎漆器“三宝”。

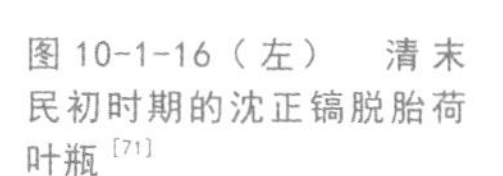

图10-1-16（左） 清末民初时期的沈正镐脱胎荷叶瓶[71]

图10-1-17（中） 清末民初时期的沈正镐脱胎提篮观音[72]

图10-1-18（右） 清末民初时期的沈正镐脱胎竹根瓶[73]

[67] 汪天亮：《巧夺天工艺等闲，脱胎非易漆更难——谈沈绍安与福州脱胎漆器》，《美术研究》2006年第3期。
[68] 陈靖：《传承与创新：沈绍安漆器艺术》，《学术评论》2013年第05期。
[69] 陈靖：《沈绍安脱胎漆艺》，福建美术出版社，2013，第72页。
[70] 陈靖：《传承与创新：沈绍安漆器艺术》，《学术评论》2013年第05期。
[71] 福建博物院，https://www.fjbwy.com/articles/2021-01-07/content_8104.html，访问日期：2023年5月20日。
[72] 福建博物院，https://www.fjbwy.com/articles/2021-01-08/content_8155.html，访问日期：2023年5月20日。
[73] 福建博物院，https://www.fjbwy.com/articles/2021-01-07/content_8100.html，访问日期：2023年5月20日。

结语

夹纻工艺是以发挥其材料特性与结构优势为主要技术手段的漆作工艺。夹纻技术的发展清晰地呈现出漆作材料组织结构的创新、功能适用的延伸及造物类型的拓展等多方面特点。夹纻技术的发明是对已有胎骨类型及制作工艺的进一步革新，其技术优势与文化意义深远，不仅满足了自身轻盈、可塑性强的技术追求，还与其他漆作技术产生紧密结合，实现了适应时需的技术拓荒，促进了漆作技术系统的完善。夹纻工艺的发展实现了造物者、用物者对器物功能追求的高度统一，解决了物用过程中存在的诸多痛点，弥补了漆器胎骨的材质缺陷，造就了精美的漆器作品，从而更好地服务于人。此外，我国传统夹纻工艺技术的传播远及周边国家和地区，为世界各地漆文化与漆工艺的革新注入了新的活力，形成了以中国漆工艺为主体，技术要素辐射外溢、流转互渗的全球性漆作技术格局。

夹纻工艺作为漆器胎骨的制作手法之一，其中蕴含着崇敬天道、自然和谐的生态价值观念，流露出材美工巧、自由随性、寓理于物的造物思想，在塑形、髹漆、绘饰等层面传递出化繁为简、可持续的技术思想，实现着华丽与质朴的完美协调，体现出人对自然物质的认识不断加深、追求人与自然和谐共生的天然智慧，长久地诉说着不同时代漆器作品中蕴含的设计巧思。

第二节　也髹也饰的华彩

中国漆器的髹饰工艺有着长达7000年以上的历史。髹饰工艺是漆器制作过程中对胎骨进行装饰的主要工序，是重要的漆器制作工艺。漆器的髹饰工艺源自天然漆液在器物胎体表面的髹涂。伴随漆工艺的发展与漆材的多元化应用，髹饰也在不同历史时期呈现出丰富的样貌，因此漆器的髹饰历史既是人类利用自然之物的装饰艺术史，也是关于髹饰演进的工艺技术史。“髹饰”一词，语出《周礼·春官·巾车》：“駹卓，雀蔽，然狠，髹饰。”郑玄注：“髹，赤多黑少之色也。”《汉书·赵争后传》：“殿上髹漆。”颜师古的注中说：“以漆漆物谓之髹。今关东俗，器物一再著漆者，谓之捎漆。捎即髹声之转耳。”可见，“髹”是一种颜色，类似鸟雀头颈部的朱褐色，又称为“雀色”，其颜色华贵而又温和。髹饰既能增强车辆的防腐能力以免构件受到腐蚀，又具有区分车主人身份等级和美化车辆的功能。“髹饰”一词后来则泛指一切涂漆装饰的工艺，成为历代漆艺专用的名词[1]。东汉以后，以漆器为主的漆工艺发生转向：一是朝着以雕饰为主的方向发展，如剔红、剔犀等；二是以髹涂为主，家具、器具的髹涂涉及面更广，使漆工艺成为一种普遍的装饰工艺[2]。

一、髹黑涂朱：从天然漆液的加工到色漆彩绘的成熟

古代漆器源自先民对于漆树的认知、利用及赋予生活功能属性的造物活动。彩绘是漆器最基本也是最重要的装饰手段。明代黄成《髹饰录》载“以笔为文彩，其明媚如画工之装点于物，如春日映彩云也”[3]。漆绘，就是将彩色漆绘制于表面已经髹漆的漆器之上。目前已发现较早的漆器实物是浙江萧山跨湖桥遗址（距今约8000年）出土的漆弓（图10-2-1），所用之漆为未加工或仅做粗加工的漆。浙江余姚河姆渡遗址（距今约6500年）出土的朱漆木碗则表明漆工已能将颜料

[1] 转引自吴廷玉主编《中国元素与工业设计》，浙江大学出版社，2012，第70页。
[2] 潘天波：《大漆王朝：汉代漆艺文化研究》，江苏凤凰美术出版社，2018，总序第3页。
[3] 转引自冯修文：《楚式漆器艺术风格与工艺探析》，《中国民族博览》2019年第4期。

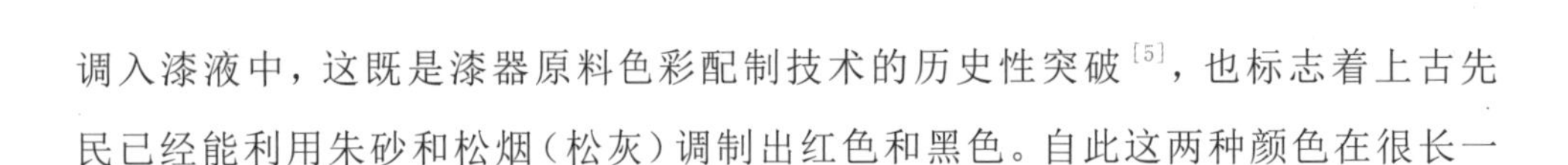
图 10-2-1 跨湖桥遗址出土的漆弓 新石器时代[4]

调入漆液中，这既是漆器原料色彩配制技术的历史性突破[5]，也标志着上古先民已经能利用朱砂和松烟（松灰）调制出红色和黑色。自此这两种颜色在很长一段时间内成为中国漆器的主色调。

至春秋战国时期，漆器的器物品种和髹饰技法经过长足的发展，漆工已能将各种矿物颜料与植物油混合调入漆液制成各种色漆，极大地丰富了漆器的色彩[6]。从出土的楚地漆器来看，多数器物均使用漆绘技法进行髹饰，各色漆施于一器，明亮鲜艳的色彩图案与素雅深沉的漆地似一动一静，形成对比强烈的视觉效果[7]。战国时期漆器颜色和纹饰多呈现出“朱画其内，墨染其外”的特点。器内涂朱红，明快热烈，外髹黑漆，沉寂凝重。彩色漆的制作方法较为复杂，工序烦琐，需先将生漆过滤、加热、加油等再经过熬制，加入朱砂，红土等天然矿物质色料，按比例配成有色漆。在出土的楚地漆器中大量的色漆原料使用了朱砂[8]。1955年在四川成都羊子山第172号战国墓发现的漆奁为木胎刷灰后再涂漆加朱绘。战国时期漆器装饰水平较高，用色丰富，典型的彩绘漆器有河南信阳长台关一号楚墓出土的锦瑟残片（图10-2-2）。研究者就实物进行观察，发现该器物至少彩绘鲜红、暗红、浅黄、黄、褐、绿、蓝、白、金9种颜色，尤其对于金、银的熟练使用，标志着髹饰技法的进步。

随着髹饰技术的提高，人们对漆器的评判标准从最初的色彩表现逐渐演化

图 10-2-2 战国时期的锦瑟残片[9]

[4] 浙江省文物考古研究所藏。
[5] 宋佳佳、姚政权、徐靖、杨娟、李华清：《从六安双墩一号汉墓出土漆器残片看其髹饰技法》，《文物鉴定与鉴赏》2020年第17期。
[6] 同上。
[7] 同上。
[8] 冯修文：《楚式漆器艺术风格与工艺探析》，《中国民族博览》2019年第4期。
[9] 河南省文化局文物工作队编《河南信阳楚墓出土文物图录》，河南人民出版社，1959，第41页。

为工艺水平，如有的漆器以造型取胜，有的以髹漆精良取胜。这个时期的装饰手法以彩绘为主，面漆常表现为纯正、庄重、深沉，而纹饰常用加入油料的精制漆绘制，色泽明亮、鲜艳，两者在同一器物上形成对比，相得益彰[10]。而对漆的肌理光泽也有两种不同的处理手法，即退光与揩光。前者的效果为光彩内敛，庄重典雅；后者则光彩照人，晶莹剔透。例如现藏于湖北荆州博物馆的战国漆木虎座鸟架鼓（图10-2-3）就是典型一例。该鼓主要采用了油漆、圆雕、绘画等工艺进行创作，做工精致，造型优美，器物表面的彩绘典雅别致，视觉效果独特，体现了战国时期中国漆器的艺术成就[11]。西汉时期，漆器彩绘技术继承战国漆器的纹饰艺术风格，并逐步发展成熟，以在漆胎表面髹涂朱、黑二色彩绘花纹为主流（图10-2-4）。

汉代漆绘工艺主要分为平涂彩绘与线描工艺两种类型。就色漆髹涂而言，所绘图像既有装饰意味的动植物纹样，也有写实性的情景绘画，其画风主要是线条画与平涂画相结合[12]。从绘画风格与笔法运用上看，色漆彩绘与青铜器冶铸的平块花纹和线条纹饰有某种姻缘关系。由于漆绘所用工具为毛笔，因此其彩绘笔法线条显得比较流畅。例如，山西大同北魏司马金龙墓出土的彩绘漆屏风（图10-2-5），屏风木板在朱地上分画人物四层，线条轮廓用黑漆勾成，人物面部敷白色，再用墨笔勾眉目，衣服器物则用红、黄、白、绿、灰、蓝、橙、红等多种颜色绘成，榜书及题字写在用黑漆打框并画栏的黄地上[13]，无论是髹涂技法还是艺术处理都具有较高价值。明清两代的漆绘工艺发展到达前所未有的高峰，发展出描漆、漆画、描油、描金、描金罩漆和识文描金等多种髹画技法，漆器地色除红、黑之外，还有黄、紫、白色及锦地[14]。

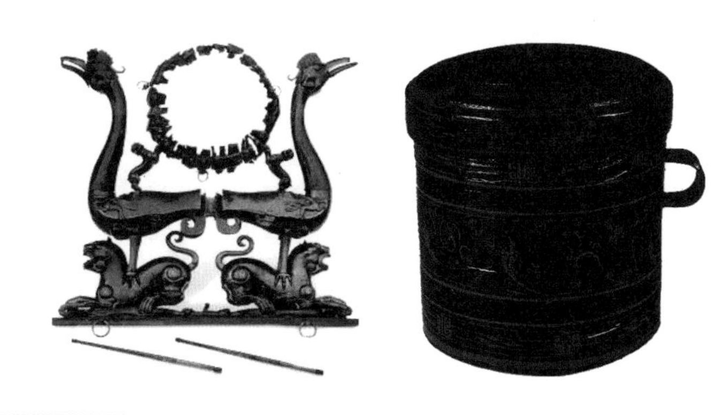

图10-2-3（左）　漆木虎座鸟架鼓　战国[15]

图10-2-4（右）　“君幸酒”云纹小漆卮　西汉[16]

[10] 张飞龙：《中国髹漆工艺溯源》，《中国生漆》2008年第1期。
[11] 同上。
[12] 同上。
[13] 同上。
[14] 同上。
[15] 湖北省博物馆，http://hbsbwg.cjyun.org/qmq/p/4966.html，访问日期：2023年5月22日。
[16] 湖南博物院，http://61.187.53.122/collection.aspx?id=1317&lang=zh-CN，访问日期：2023年5月22日。

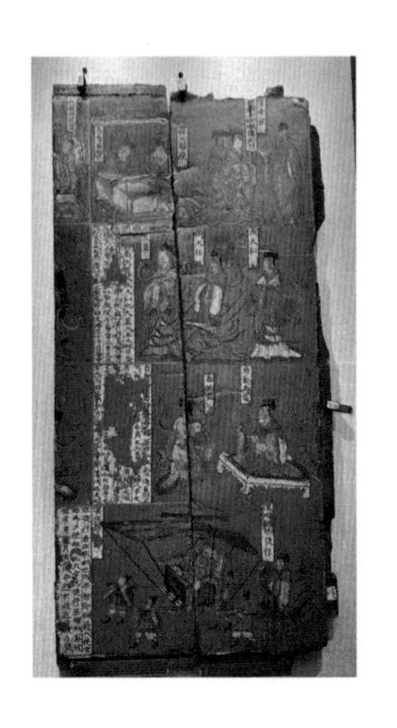

图 10-2-5　司马金龙墓彩绘漆屏风　北魏[17]

二、千层万叠：由堆漆展开的塑形

堆漆是传统漆艺中塑造纹饰与器型的重要技法之一，与雕漆作品相同的是纹样都凸出漆地；不同之处在于雕漆制作用的是减法，堆漆制作用的是加法。人们通常不以堆漆作为纹饰的终结手段，而是将它与其他纹饰技法结合，装饰器物或画面。例如堆漆与莳绘结合，便是“肉和莳绘”；堆漆与单色罩髹结合，便是“堆朱”；堆绿与夹纻或木雕结合，在日本称为“干漆造”。在器型制作上，堆漆是填补空隙、完善造型的常用技法，它与许多厚漆地的传统制作工艺、材料成分很相近。因此，能否较全面地掌握各种堆漆技术，是衡量作品中传统漆工艺水平的标准之一[18]。

《髹饰录》的“阳识”和“堆起”两章中，列有识文描金、识文描漆、揸花漆、堆漆、识文、隐起描金、隐起描漆、隐起描油 8 种堆漆装饰方法，这些传统的做法有的至今仍在运用[19]。堆漆，也称为堆髹、堆塑或堆饰，是指用漆或漆灰或胶灰等材料，在漆器底胎上将纹样堆塑出来，然后在堆塑的花纹上面进行装饰处理[20]。堆漆工艺主要包括“识文”和“隐起”两种。识文是直接用漆灰或稠漆在漆地堆出类似浮雕的纹样，“隐起”即指对堆塑的漆层加以雕琢。以上两种漆器做法均是利用堆漆使纹饰起伏，进而对纹饰进行色漆加彩。识文是中国传统漆艺最早的纹饰技法之一，也是堆漆最早运用于器物装饰的形式。在中国文法中，识为阳凸，款为阴凹。因识文是以漆液稠丝直接描线条成凸纹，故而得名。在殷商时期的器皿残

[17] 山西博物院藏，作者拍摄于良渚博物院。

[18] 王琥：《美术技法大全——漆艺概要》，江苏美术出版社，1999，第 173 页。

[19] 张飞龙：《中国髹漆工艺溯源》，《中国生漆》2008 年第 1 期。

[20] 同上。

片上，人们便发现了识文装饰的器纹、云纹图案。在东周至两汉的漫长时期，堆漆技术主要应用于胎骨漆地的恢复与修补。随着魏晋时期佛教在中国的发展，各地大兴土木，广修庙宇，夹纻造像开始流行起来，堆漆便与之紧密结合，专用于各种佛教塑像的胎骨制作。唐宋时期夹纻造像盛行，堆漆技术也随之发展，已成为佛像制作中五官及身躯细部造型的基本手段。同时，北宋时期，识文技法再度兴起，不少经函、神龛等佛教用具均有识文饰边。至明清时期，仿堆漆的堆朱胎骨也应用了堆漆技法，识文在纹饰中与罩金、彩绘结合表现出前所未有的表现力。识文是最简单，却是经常使用的堆漆纹饰技法。识文所用漆液以黑推光漆最佳。生漆凸起后，外膜起皱，内液难干，故而多调入色粉后再用。识文通常的做法是：在漆地上用黑推光漆以长锋描笔蘸漆描绘成纹，在描绘时，因黑推光漆质地稠粘，汁液成纹较饱满凸出，荫干后无甚变形；再罩薄漆一道，洒金粉用棉团搡擦至亮，再用水清洗，或者在色漆中调入金、银粉，用手拍击罩髹，从而完成漆地；待其他染色、彩绘罩清（罩清指在彩绘漆面上罩一层透明漆，从而柔和整体色调）完成荫干后，取长方形平面木块裹砂纸或细砂磨石块，平磨纹样中需要露出黑漆线纹部分，再推光、揩清。研磨时手法要轻、要细，木块或条石要平置，方可不损及其他罩金漆地。此外，也有不用罩清，待研磨显纹后，再施彩绘、修补后才罩清的做法。识文是堆漆中最直接的纹饰技法，其在殷商时期始见，北宋复兴，明清水平较高。识文多用漆丝成纹。中国绘画以线造型为主，所以在器物纹饰绘画样式的图形中，识文的应用确有独特的效果。清代乾隆年间的一具“罩金识文彩绘八仙图漆盒”是明清时期堆漆作品的代表作。画面中漆地凸起的山石树木水纹人物，结合了浅堆工艺，经罩金、染色彩绘后，识文处磨出黑地，浅堆处无一残破，扬图、设色、纹质对比皆属上乘意匠，可以说是世界堆漆类清器的经典作品[21]。

堆漆这种髹饰方法始于西汉早期。例如，湖南长沙马王堆三号西汉墓出土油彩双层长奁（图10-2-6），其做法是先用白色凸起的线条勾边，然后用红、绿、黄三色勾填云气纹。其白色凸起物应不是用漆，而是用胶或其他物质调制而成的[22]。唐代最典型的堆漆雕像是鉴真法师像，其五官及衣纹凸起部分均为漆灰堆塑。及至宋代，佛教在中国进一步发展，融入更多的汉文化要素。宋代堆漆技法日臻成熟，如现藏于浙江省博物馆的北宋描金堆漆舍利函，该器属于佛教用器，是盛放高僧火化后的尸骨的容器。此函底部有金书十一行，并署“大宋庆历二年壬午岁十二月题记”，可知是北宋时期制品。该舍利函通体描金，以堆漆手

[21] 王琥：《美术技法大全——漆艺概要》，江苏美术出版社，1999，第174页。
[22] 张飞龙：《中国髹漆工艺溯源》，《中国生漆》2008年第1期。

图 10-2-6 油彩双层长奁 西汉[23]

法装饰菊花、神兽等纹样，并镶嵌小珍珠，髹涂棕色漆。器体中部四面装饰有金色白描人物画各一幅：一幅是舍利瓶居中，神将侍卫、飞天环绕；一幅是神将侍立，乐器环绕，水云飘荡的礼乐图；另两幅分别是梵天、帝释、侍女礼佛场面。此函图案精致，工艺高超，运笔老练，布局疏密有致。

堆漆工艺立体感强，或高或低，随意加减，变化丰富，宛若一座浮雕、一片石刻，光莹晶亮又非浮雕石刻所能比拟。其方法又甚简易，不若戗嵌之费工费料。它用漆和灰堆起，低者一次堆成，高者二次三次不等。但每堆一次，必须要等第一次所堆的灰料完全干后再动手，不然中心不干，容易脱落。堆漆之前，应先糙漆与绘漆，堆成后便可琢磨、雕刻、上色。色分为单色、多色、描金等[24]。

三、洁素莹然：素髹工艺在漆器中的流行

及至宋代，漆器的身份和形式从奢侈品逐渐转向日用器具，表面装饰以清新淡雅的风格取代了唐代的丰满富丽。宋代最具代表性的漆器工艺为素髹工艺。素髹是中国最传统的髹漆技法，也称为单色涂，即单色漆器，在漆器表面不做任何纹样装饰，以突出表现各色漆地的质感[25]。在我国漆器制作的发展历史中，素髹器物是出现时间最早、风格最为简约、传承时间最久的漆器品种，历代均有制作。“素髹”这个概念最早见于战国时期《韩非子》：“此策之功非不微难也，然其用与素髹策同。”[26]从我国古代漆器装饰色彩的发展来看，经河姆渡文化时期朱漆木碗至秦汉漆器均以朱漆、黑漆两种色漆为主要色相。随着色漆调制技术的精进与审美风格的转向，漆器的色彩也更加丰富多样。至魏晋时期，以“绿沉漆”等冷色为主的漆器也开始流行[27]。唐代是生漆精制的成熟阶段，漆工们

[23] 湖南博物院，https://de.hnmuseum.com/collection/collectionDetails.html?id=1002229304806866944&type=index#，访问日期：2023年5月22日。

[24] 张飞龙：《中国髹漆工艺溯源》，《中国生漆》2008年第1期。

[25] 何振纪：《剔彩流变——宋代漆器艺术》，浙江古籍出版社，2022，第87页。

[26]〔战国〕韩非：《韩非子》，岳麓书社，2015，第103页。

[27] 张飞龙：《中国髹漆工艺溯源》，《中国生漆》2008年第1期。

已能加工较为透明的漆液，这一技术的突破也一定程度地影响了“金银平脱”工艺的发明，实现了使漆器表面平整光洁的重要技术进步，因而素髹工艺也成为当时的漆艺特色。唐琴就是当时素髹漆器的代表，其琴身纹饰经反复髹漆擦拭愈显光亮明晰。据现有资料显示，故宫博物院藏唐代“九霄环佩”琴（图10-2-7）即为素髹琴中的极品之作。《髹饰录》一书中也指出素髹漆器整体风格朴实无华，造型多以经典器型为原型，器形除圆者之外，起棱或分瓣较常见，往往与宋瓷造型有相似处，常见的有花口碗、盘等，漆塑则以佛像为多见。宋代素髹漆器胎体成型技术较前代有一定的提高，采用圈叠胶粘成型，不易豁裂、变形，胎体更加轻薄，易于实现造型的多样性。此外，两宋素髹漆器的色相整体差别不大，碗、盘、碟、钵、盒以黑漆最多，紫色次之，朱漆再次之，其中有表里异色的，但都无纹饰[28]。

宋代素髹工艺在推光漆与髹漆抛光技术方面有重要突破，抛光技术也称为退光技术[29]。清代祝凤喈《与古斋琴谱·退光明洁》：“所谓退光者，非徒以光漆刷上候干，而有光亮已也。乃于干透后，用飞过砖灰或磁灰，以老羊皮蘸芝麻油，沾灰按光擦之。初令去其外面浮光，再则推出内蕴之精光也。以愈推愈妙，致令须眉可鉴。惟砖磁灰中与所擦之羊皮，二者不可稍沾微细砂粒。一有擦成划痕，切宜慎之。指甲划着，亦致痕路。推擦时，须去指甲为妙。”[30]由此可知，退光技术工艺精巧，其制作过程需反复打磨，对工匠的漆艺技术及其对漆材特性的掌握有较高要求。元、明、清三代的素髹工艺技术卓然，出现了黑漆、朱漆、黄漆、绿漆、紫漆、褐漆和金色等素髹漆器[31]。尤其在明清时期，素髹工艺中经过退光和揩光的朱色、黑色漆器漆面光洁、色彩鲜亮，整体效果完美精致[32]。

素髹工艺以生漆自身的独特材质取胜，用色纯净，肌理深邃，意味古朴而醇厚，而漆膜本身却薄如蝉翼。这种工艺自出现后，便深受推崇，人们纷起效法，

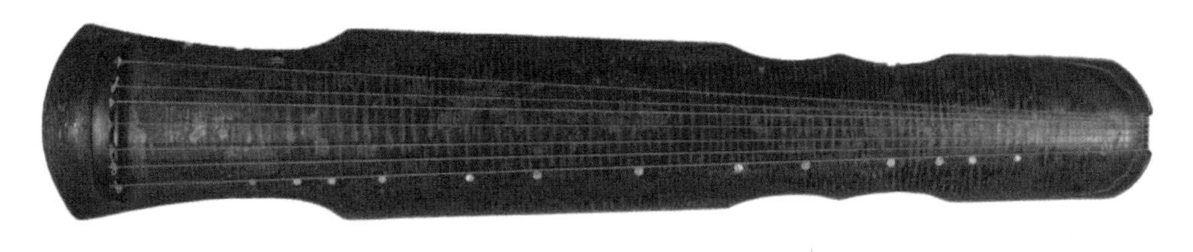

图10-2-7　唐代的“九霄环佩”琴　唐[33]

[28] 王世襄：《中国古代漆器》，生活·读书·新知三联书店，2013，第12页。
[29] 张飞龙：《中国髹漆工艺溯源》，《中国生漆》2008年第1期。
[30] 转引自王世襄：《髹饰录解说——中国传统漆工艺研究》（修订版），文物出版社，1983，第69页。
[31] 张飞龙：《中国髹漆工艺溯源》，《中国生漆》2008年第1期。
[32] 同上。
[33] 故宫博物院，https://www.dpm.org.cn/collection/music/231962，访问日期：2023年5月22日。

图 10-2-8（左） 葵口漆碗 北宋[34]

图 10-2-9（右） 宋元时期的黑漆盏托[35]

风行于世，体现出人们雅致精妙贴近自然的审美情趣（图10-2-8）。在南宋时期，素髹工艺日臻成熟，达到炉火纯青的境界，素髹设色简洁，通常为透红或黑色两种色相，多为日用器物，虽无纹饰之华美，但其制作工艺十分考究，质朴的造型中透着雅致，具有蕴润、含蓄的质感。这种天然的含蓄温润的质感，恰好符合了宋代上层社会流行的内敛审美取向，使得这种工艺广为流传，至宋元之际仍影响深远[36]（图10-2-9）。

四、金于漆上：描金漆艺的全面盛行

描金工艺是指在漆地上先用金胶漆描绘纹样，在未干之际撒播金银粉，再罩透明漆磨显其纹的技法，一般在黑漆地上最常见，其次是朱色漆或紫色漆。《髹饰录》载："描金，一名泥金画漆，即纯金花文也。"描金做法通常是用朱漆或黑漆在退光漆地上绘出花纹，待花纹干后，依照花纹打上金胶，再以贴金或描金方式饰之。描金原料的色彩种类常见的有赤金、苏大赤金、库金等不同色相，一般根据画面需要选择单一或多种金色交叠使用。利用这些颜色不同的金箔分贴不同的花纹，使金色花纹呈现出色泽的变化，犹如绘画之设色，《髹饰录》中称这种做法为"彩金像描金"。此外，还有用漆灰堆出凸起的花纹后再描金或贴金的识文描金做法[37]。通过已有考古发现可知，河南信阳长台关二号楚墓出土的彩绘漆棺上就有早期描金漆工艺的表现，且技艺高超。目前发现的汉代以后的描金漆器数量可观，及至明清时期描金漆已是髹饰技艺中的典型代表。

学者沈福文先生曾在《漆工资料》中将描金称为"描金银漆装饰法"，并具体介绍了描金漆装饰的制作过程："将打磨完的素胎涂漆，再髹涂红色漆或黑

[34] 合肥市文物保护中心，http://www.hfwenbo.cn/display.php?id=96，访问日期：2023年5月22日。

[35] 浙江省博物馆，https://www.zhejiangmuseum.com/Collection/ExcellentCollection/1057zonghepingtaiexhibit/1057zonghepingtaiexhibit，访问日期：2023年5月22日。

[36] 张飞龙：《中国髹漆工艺溯源》，《中国生漆》2008年第1期。

[37] 国家文物局主编《惠世天工：中国古代发明创造文物展》，中国书店，2012，第214页。

漆，这层漆叫上涂漆。干燥打磨平滑后，推光达到光亮后，用透明漆调彩漆。薄描花纹在漆器面上，然后放入温室，待漆将要干燥时，用丝棉球着最细的金粉或银粉，刷在花纹上，花纹则成为金银色。如果过早刷上金银粉，因漆尚湿，不但要粘着多量的金银粉，而且不会显出明亮的金银色泽。”[38] 因此其技术核心一方面是较高的纹样绘制水平，另一方面是要对金胶漆性能把握娴熟。熟练漆工的描金线条流畅且金色纯正光亮。

描金工艺起源于战国时期，最初用于漆器的表面装饰，考古发掘的战国中期楚国贵族墓中出土了相关器物，如河南信阳长台关二号墓的内棺、一号墓的锦瑟。尤其是后者，既用浓金作线条，又用淡金作平涂。隋唐时期，中国描金漆器伴随着遣唐使流传至日本，对日本的漆器产生了很大的影响。在此基础上，宋代描金花纹的漆器开始盛行。至明代，描金漆器日益完美成熟，并与其他装饰技法相结合，有了描金罩漆、识文描金等技法。识文描金是先以稠漆堆起花纹，然后再用金彩描绘，在日本发展成“莳绘”，后又反过来影响中国的描金漆器。此时的描金十分流行，画史上“明四家”中的仇英就极其擅长描金彩漆的制作。

清代以降，描金漆器迎来了继战国后的又一个繁荣期，雍正、乾隆两朝大量制作描金漆器，可分为传统技法和仿洋漆技法两种。清雍正时期流行单色髹涂技法，金髹就是其中一种。金髹即是在器物上贴金的做法，代表性器物如故宫博物院藏黑漆描金云龙纹雍正款长箱（图 10-2-10）与雍正款金漆缠枝莲纹圆盒（图 10-2-11）。乾隆时期描金漆器装饰题材丰富，以寓意吉祥和仿生题材为多，其档次之高、品质之精，达到当时描金漆器的较高水平。

明清时期，徽州漆业盛极一时，究其原因，主要得益于当时匠户制度的革新和徽商经济的崛起。在有关明清时期徽州髹漆工艺的记载中，明万历《歙志》中提及的徽州髹漆工艺中就包含退光罩漆、胎锡雕红、泥金螺钿等工艺。徽州的描金工艺不仅用于单独髹器，还常与螺钿、堆漆等工艺相结合，也就是如前所述

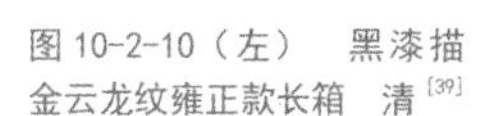
图 10-2-10（左）　黑漆描金云龙纹雍正款长箱　清[39]

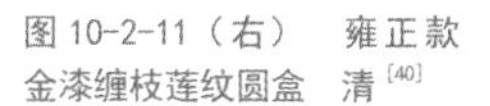
图 10-2-11（右）　雍正款金漆缠枝莲纹圆盒　清[40]

[38] 王世襄：《髹饰录解说——中国传统漆工艺研究》（修订版），文物出版社，1983，第 86—87 页。
[39] 故宫博物院，https://digicol.dpm.org.cn/cultural/detail?id=d79bb3fc73a344e6bd73baad66dbf2be&source=1&page=7，访问日期：2023 年 5 月 22 日。
[40] 故宫博物院，https://digicol.dpm.org.cn/cultural/detail?id=839759c4791747688b37bd4fe10508d2&source=1&page=1，访问日期：2023 年 5 月 22 日。

图 10-2-12（左） 朱漆描金桐叶封弟图墨盒 明[41]

图 10-2-13（右） 朱漆描金山水人物图墨盒 清[42]

的“泥金螺钿”。明代，徽州漆匠在吸收日本莳绘工艺的基础上发展而成的新描金工艺风靡一时，并且成为徽州漆艺中极具特色的一类。清代人纳兰常安在《宦游笔记》中载：“今江南产漆之土，十有七八，所作漆器，亦巧冠天下，而在休、歙者尤盛。凡大至屏几，小至盘盂，皆以金采描画，备极工细。”[43] 徽州髹漆工艺与制墨、制砚有密切的关系，燃漆取烟可制成漆烟墨，墨的装饰也需要用漆，“或髹、或雕、或刷丝、或错彩、或施金”[44]。例如，上海博物馆曾展出过两件明晚期至清初期的墨盒，皆以朱漆为地，上施描金花纹，金色阳纹上用黑漆勾边塑形，层次分明，浓厚妍丽（图10-2-12、图10-2-13）。

结语

髹饰作为我国传统漆作的技术基础，是推进我国漆作工艺发展经久不衰、持续创新的动力。在历代漆作工匠的努力之下，髹饰工艺一次又一次冲破技术壁垒，不断开创出中国漆作技术史上的诸多工艺成就，为世界漆作技术的发展建立了辉煌的历史丰碑。我国传统髹饰技术要素丰富，工艺要求极高，融汇多种工艺技术门类，展现出工艺进阶、材料转化、科艺融合等技术特点，是我国漆作工艺中最具有表现力、最引人注目的一种视觉表达形式，揭示出漆作工匠对自然物质材料的灵活运用，表达了设计者独具匠心的创意构思，印证了造物者极尽工巧的技术高度，反映了用物者极富理想的审美情趣，整体上形成了代表东亚漆文化、面向世界漆作文明的独特华夏漆作语言。

[41] 上海博物馆编《千文万华：中国历代漆器艺术》，上海书画出版社，2018，第248页。

[42] 同上书，第250页。

[43] 转引自吴艳：《安徽博物院藏徽州漆器精品赏析》，《艺术品》2015年第12期。

[44] 王世襄：《髹饰录解说》，文物出版社，1983，第15页。

在不同历史时期，随着用物者对于器物功能及审美需求的转变，不同程度地促进了造物者在漆器髹饰工艺中对于材料选用、技法创新、艺术表达等方面的突破，使漆作工艺不断走向重工重器、精美雅致的发展方向。通览我国传统髹饰技术的发展，其中蕴含了我国先民对于造物艺术兼收并蓄、百花齐放的技术观念，饱含以装饰意志为内驱力的造物思想，器物整体上形成了适应不同阶层趣味、功能导向、文化意蕴与审美诉求的髹饰风格，反映了与时代主流审美意识相契合的造物规律，从而造就了我国髹饰体系完备、工序缜密、技法庞杂的综合性技术格局。因此我国髹饰工艺也凭借其自然的材料属性、极致的色彩表达、系统化的形式自律、世俗化的精致典雅等特点成为体现中国古代漆作造物思想最为鲜明、直观的成就。

第三节　包罗万象的镶嵌漆艺

漆作镶嵌工艺是我国传统髹饰技艺中的重要门类，是利用漆液黏性与装饰材料的相互粘接、嵌合所形成的独特漆作工艺。随着整体漆作技术的提高，镶嵌漆工艺所采取的技术手段与镶嵌材料的选择与使用呈现出类型多元、用材丰富的整体面貌。其按照所镶嵌的材料可以分为螺钿、金银镶嵌与玉石骨料镶嵌等三种类型。

先秦时期的镶嵌漆艺器物可分为饮食器具与文化器具两大类别，其中饮食器具最为常见，其胎体多以木胎为主。战国时期开始零星出现夹纻胎镶嵌工艺。镶嵌材料常见的有玉石、螺壳、蚌片、蚌泡、金、银等。至秦汉时期，使用镶嵌工艺的器物类型更为多元，日用器具主要为形制各异的盒、奁等，饮食器具多采用夹纻胎骨，其样式有明显增多，镶嵌材料较以往更为丰富，新出现了玛瑙、琉璃、水晶、珍珠、玳瑁、象牙和绿松石等珍稀材质。镶嵌漆艺在唐和五代时期已经成熟，琴、琵琶、阮等文化器具的样式也有所增多。与此同时，形制各异的铜镜及多棱盒器丰富了前代日用器具之品类。另外，金银平脱工艺的流行促进了镶嵌漆艺的整体发展，其胎体也在前代基础上创新出金属胎、皮胎，镶嵌材料在沿用过去常见原料之外，还运用铜、骨料，并成为流行。宋元时期，材料加工技术的发展促进了薄螺钿的产生，极大程度地满足了镶嵌漆艺的新的工艺要求，形成多种漆作工艺并举的局面，不断推动着漆作镶嵌工艺技术的发展。其中饮食类器具镶嵌漆艺的造型样式在成熟的茶文化影响下更具特色，盘、碗、盏托样式不断推陈出新。镶嵌漆艺的材料基本延续前代之品类，各类常见材质饰品都得以广泛应用，胎体以木胎、夹纻胎、金属胎及皮胎最为常见。明清时期，镶嵌类漆器图案烦琐，工艺复杂，器物尺寸逐渐变大，从实用器具慢慢转向收藏品、艺术品。漆工艺的发展趋向精致、富丽的审美追求，器型样式也较为多元，以笔洗、笔筒、墨盒、笔为主的文房类镶嵌漆具增多。陈设类镶嵌漆具风靡一时，常见的有屏风、插屏、各式花器等。镶嵌材料也尽显奢华、昂贵之特点，如珊瑚、蜜蜡、翡翠及沉香等开始成为新饰物，并应用于多种类型的胎体之上。

由此可以看出，随着工艺技术的发展与审美风格的转向，镶嵌漆艺的器具类型从受先秦礼乐文化影响下的造型样式逐步转变为秦汉至唐宋时期日用、文化类器具的样式，明清以来陈设观赏类器具盛行，器物风貌与造型种类总体呈现出不断进阶的发展态势。所嵌之物类型不断丰富，一方面沿用早期常见的材料，另一方面在材质品级方面愈显稀有，胎体的材质由最初单一的木质胎演变为多种胎体并置的状态。总体而言，镶嵌漆艺对于不同器形样式、胎骨质地及各色材质、状貌的嵌合物具有较强的包容性与适应性，这种独特的工艺属性也使得镶嵌成为中国漆工艺史中经久不衰的一类重要技艺。

一、溢彩流光：螺钿镶嵌工艺的技术历史演进

螺钿，又称为“螺甸”，是一种用螺壳与海贝磨制成薄片、细丝，或者切碎成大小不同的颗粒，采用不同镶嵌手法，根据需要镶嵌在器物表面的装饰工艺，其工艺技术的演进与髹饰技艺的发展紧密相关。螺钿漆器是采用这种工艺制作的漆器的统称。在不同的历史阶段，螺钿的加工、应用及图案表现各具特色。在同一时代，也常因材料不同、器物不同、艺术要求不同，表现出不同的艺术面貌[1]。明代漆工黄成所著《髹饰录》对螺钿的解说为：“螺钿，一名甸嵌，一名陷蚌，一名坎螺，即螺填也。百般文图，点、抹、钩、条，总以精细密致如画为妙。又分截壳色，随彩而施缀者，光华可赏。又有片嵌者，界郭理皴皆以划文。又近有加沙者，沙有细粗。”[2]《周易译注》卷四坎卦的注释中有：“坎，卦名，下卦上卦均坎（☵），象征‘险陷’。《本义》：‘习，重习也；坎，险陷也。其象为水，阳陷阴中，外虚而中实也。此卦上下皆坎，是为重险。’”[3] 螺钿、陷蚌、坎螺、螺填等名称的使用就充分说明了以螺钿镶嵌工艺的特点[4]。此外，《周礼》中有记载：“掌敛互物蜃物，以共闉圹之蜃。祭祀，共蜃器之蜃。共白盛之蜃。”[5] 由文献可知，饰有蚌类的器物在西周时期的祭祀活动中已有应用。螺钿镶嵌工艺流程主要有：第一，提取原料，根据器型的需要，制作器物的底胎，上底漆；第二，加工蚌片；第三，根据设计的图案纹饰打磨、裁切螺钿，在完成中涂（中涂指制作底胎时所涂的第二道漆）的漆器表面复制图案纹饰；第四，髹漆粘贴螺钿，阴干，在螺钿粘贴完成的漆器表面整体髹涂漆液，再阴干，反复多次，直至满意为止，最后打磨，研磨出螺钿，至器物表面光滑平整，抛光完成（图10-3-1）。当然，商周早期的镶嵌

[1] 沈从文：《螺钿史话》，万卷出版公司，2005，第5页。
[2] 王世襄：《髹饰录解说——中国传统漆工艺研究》（修订版），文物出版社，1983，第101页。
[3] 黄寿祺、张善文译注《周易译注》，上海古籍出版社，2016，第301页。
[4] 郭立忠：《漆与材的互动——中国传统镶嵌漆工艺的历史传承性》，《创意与设计》2022年第6期。
[5]《周礼·仪礼·礼记》，陈戍国点校，岳麓书社，2006，第39页。

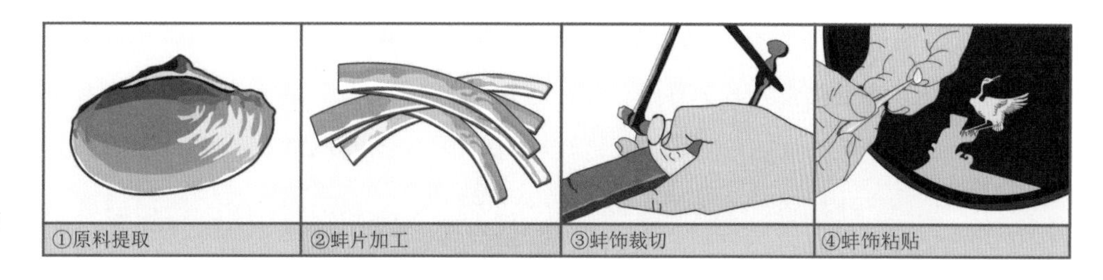

图 10-3-1　螺钿镶嵌工艺流程

类漆器工艺还没有完善到这个地步，更多的是髹漆封固胎体然后直接粘贴加工后的蚌贝等材料[6]。螺钿镶嵌工艺可以分为厚螺钿和薄螺钿两大类。厚螺钿又称为硬螺钿，主要为河蚌壳，多为白色，无斑斓绚丽色彩，厚度一般在0.5至2毫米[7]，一般镶嵌在体型较大、胎体较厚的器具上，如家具等[8]；薄螺钿又称为软螺钿，是与硬螺钿相对而言的，是取极薄的贝壳之内表皮做镶嵌物，体型较小、胎体较薄、轻巧的器具上多用薄螺钿，多为宋元时期以后所使用[9]。因此明代黄成的《髹饰录》扬明对"螺钿"条的注中有："壳片古者厚，而今者渐薄也。"[10]

厚螺钿是螺钿漆器装饰材料的主流，从商周到现在一直都有应用。根据现有考古资料，商周螺钿漆器主要集中在商代晚期和西周时期[11]，其中商代以河南殷墟为主，西周时期则以陕西最多，商周螺钿漆器上的色彩基本为黑红二色[12]。目前已知年代较早的螺钿漆器出土于河南安阳小屯村西北冈发掘的商代大墓，墓中随葬有螺钿装饰的漆器，器体虽已朽烂，但在遗存位置的土壤残痕中，就发现了漆器上曾经镶嵌着的经过雕琢磨制的蚌壳和小蚌泡[13]（图10-3-2至图10-3-4）。

西周时期，贵族有"蚌饰天下"的漆器审美风尚，轻巧奢华的漆器逐渐取代

图10-3-2（左）　豆的残片[14]
图10-3-3（中）　案的残片[15]
图10-3-4（右）　螺钿漆器[16]

[6] 郭立忠：《漆与材的互动——中国传统镶嵌漆工艺的历史传承性》，《创意与设计》2022年第6期。
[7] 同上。
[8] 郭立忠：《中国现代漆画研究》，博士学位论文，南京艺术学院，2021，第134页。
[9] 同上。
[10] 王世襄：《髹饰录解说——中国传统漆工艺研究》（修订版），文物出版社，1983，第101页。
[11] 郭立忠：《中国现代漆画研究》，博士学位论文，南京艺术学院，2021，第134页。
[12] 同上书，第135页。
[13] 傅举有：《厚螺钿漆器——中国漆器螺钿装饰工艺之一》，《紫禁城》2007年第10期。
[14] 洪石：《商周螺钿漆器研究》，《中原文物》2018年第2期。
[15] 同上。
[16] 何毓灵、李志鹏主编《殷墟出土骨角牙蚌器》，社会科学文献出版社，2018，第154页。

笨重的青铜器[17]，螺钿镶嵌工艺较商代晚期更加完备，主要表现在镶嵌材料加工与受嵌器物造型两个方面。首先，螺钿漆器镶嵌材料除常见蚌泡与加工切割的蚌片之外，还出现了绿松石、金箔等其他材料[18]。蚌饰的形状与表面纹饰也较之前更为丰富，经过裁切、打磨加工成长方形、圆形、三角形等形状，镶嵌成圆涡纹等纹饰，蚌片上还有划纹[19]。例如陕西长安县（今西安市长安区）张家坡西周墓遗址115号墓中出土4件镶嵌各种蚌饰的漆器，其蚌片出现了加工过的菱形，并且在蚌泡上进行了描绘[20]。其次，以螺钿为饰的漆器造型也更显多样。例如，1981—1983年北京琉璃河西周燕国墓地出土了大量以蚌片、蚌泡镶嵌作装饰的漆器[21]，器型主要有豆、觚、罍、壶、簋、杯、案、盘、俎、彝等，以豆居多，均为木胎[22]。因此可以看出，西周时期的螺钿工艺在镶嵌材料品类、器物造型式样两方面较商代晚期有明显变化，已经开始形成早期镶嵌漆器制作工艺的基本规范与流程。至春秋战国时期，在商周时期盛极一时的螺钿漆器也开始进入蛰伏期[23]，目前仅见河南三门峡上村岭虢国墓地M1704出土4件漆豆，盘外壁均嵌有6枚蚌泡。此后的秦汉镶嵌漆器中各种材质饰物频现，唯蚌片实少见。其主要原因不是原料难以技术加工，可能还是原料易得，不足为奇[24]。至南北朝时期，螺钿工艺又开始复苏，《资治通鉴》卷一百六十七记载，陈武帝“性俭素，常膳不过数品，私宴用瓦器、蚌盘，淆核充事而已；后宫无金翠之饰，不设女乐”[25]。

唐和五代时期，随着漆工艺的发展，螺钿技法进入成熟发展阶段，尤其作为铜镜背面的装饰，多用白色厚螺钿。此时，成熟的打磨推光工艺逐步使用在螺钿工艺的漆器上，螺钿工艺与金银平脱珠玉工艺相互融合，尤其在螺钿花纹图案的表现上凸显出与其他镶嵌工艺的联系。日本正仓院所藏的唐代文物中有唐代螺钿漆器，集中反映了螺钿漆器制作极高超的成就。例如，嵌螺钿紫檀五弦琵琶（图10-3-5），长108.1厘米，腹宽30.9厘米，面板嵌螺钿13朵花，以玳瑁饰花芯，贝片和玳瑁饰二重花瓣。面板拨弦部分贴玳瑁片，其上饰以贝片螺钿图案，图案上部为一株热带植物和五只飞鸟，下部为一胡人骑骆驼拨奏曲颈琵琶。背板以玳瑁和贝片螺钿饰上下两组大宝相花，其间饰两只含绶鸟和流云。此外，将螺钿镶嵌工艺用于铜镜的背部装饰可谓是唐代的一种创新，丰富了铜镜装饰的

[17] 郭立忠：《漆与材的互动——中国传统镶嵌漆工艺的历史传承性》，《创意与设计》2022年第6期。
[18] 郭立忠：《中国现代漆画研究》，博士学位论文，南京艺术学院，2021，第134页。
[19] 同上。
[20] 中国社会科学院考古研究所沣西发掘队：《1967年长安张家坡西周墓葬的发掘》，《考古学报》1980年第4期。
[21] 王巍、黄秀纯：《1981—1983年琉璃河西周燕国墓地发掘简报》，《考古》1984年第5期。
[22] 郭立忠：《漆与材的互动——中国传统镶嵌漆工艺的历史传承性》，《创意与设计》2022年第6期。
[23] 郭立忠：《中国现代漆画研究》，博士学位论文，南京艺术学院，2021，第134—135页。
[24] 沈从文：《螺钿史话》，万卷出版公司，2005，第9页。
[25]〔宋〕司马光编著，〔元〕胡三省音注《资治通鉴》，“标点资治通鉴小组”校点，古籍出版社，1956，第5188页。

图 10-3-5　嵌螺钿紫檀五弦琵琶　唐 [26]

图 10-3-6（左）　螺钿人物花鸟纹镜　唐 [27]

图 10-3-7（右）　云龙纹嵌螺钿铜镜　唐 [28]

手法。螺钿的裁切与细致的划纹清晰地表现了铜镜表面各类主题纹饰及辅助纹饰，如螺钿人物花鸟纹镜（图 10-3-6）与云龙纹嵌螺钿铜镜（图 10-3-7）。这两件作品中的螺钿都比较厚，属于厚螺钿一类。

宋元时期，螺钿髹饰技艺最大的特征表现在螺钿贝片由厚渐薄的技艺变化。在螺钿髹饰中，厚螺钿被称为“硬螺”，薄螺钿则称为“软螺”，厚薄之间是从 1 毫米到 0.1 毫米的差距。贝片厚度的转变源于取贝技术的革新——煮贝法的诞生，在改进贝片薄度的同时，使螺钿成色更为稳定。从考古发现来看，宋代的薄螺钿器物比较普遍，《髹饰录》所记的“壳片古者厚，而今者渐薄也”的薄螺钿（或称为软螺钿）工艺，一般认为就是在此时开始出现的，并逐渐占据主流位置。明代曹昭《格古要论》卷八中记载：“螺钿器皿，出江西吉安府庐陵县。宋朝内府中物及旧做者，俱是坚漆，或有嵌铜线者，甚佳。元朝时富家，不限年月做造，漆坚而人物细可爱。”[29] 薄螺钿主要为海螺贝壳，如夜光螺、珍珠贝、鲍鱼贝等，色彩艳丽，薄螺钿一般在 0.5 毫米以下，多为 0.1 至 0.3 毫米。将薄螺钿放入白

[26] 日本正仓院，https://shosoin.kunaicho.go.jp/treasures?id=0000010076&index=7，访问日期：2023 年 5 月 21 日。
[27] 中国国家博物馆，https://www.chnmuseum.cn/zp/zpml/kgfjp/202111/t20211116_252233.shtml，访问日期：2023 年 5 月 21 日。
[28] 中国国家博物馆，https://www.chnmuseum.cn/zp/zpml/kgdjp/202203/t20220322_254470.shtml，访问日期：2023 年 5 月 21 日。
[29]〔明〕曹昭撰，王佐补《新增格古要论》下卷，中国书店，1987，第 130—131 页。

醋中浸泡后，就会变软，可以弯曲，可以粘贴在曲面漆器上，因此薄螺钿又称为软螺钿[30]。软螺钿工艺以“点螺”技法为上。例如从传为北宋苏汉臣的《秋庭戏婴图》（图10-3-8）中也能观摩到宋代漆器的风采。画面中出现一对黑漆嵌螺钿家具，螺钿藤面座椅镶嵌青色螺钿间有霞光变色的螺钿纹饰，画者写实地描绘了纤细的唐草螺钿纹饰，极有可能就是薄螺钿片的技法。螺钿器至晚在这一时期的造物风格与之前的厚贝髹饰法大为不同，演变为点螺（薄螺钿）技法，例如创新了螺钿片的剥取方法，可以得到更为薄软的螺钿片，改变了唐和五代时期厚贝研磨的技法。这是螺钿髹饰技艺大为提高的关键因素。

宋内府官办漆器制作工艺精湛，在螺钿镶嵌的基础上加镶金银线，使纹饰更加绚丽。晚唐时期一度被禁止生产的金银平脱工艺得以继续发展。至南宋，国势衰微，官方也不再提倡使用金银器具，金银平脱工艺逐渐式微。取而代之的薄螺钿镶嵌工艺开始流行，由于薄螺钿相对柔软，弹性较好，任曲任直，便于成型，可以裁切成各种图案纹饰，再按照平脱工艺进行加工处理，从漆胎制作到螺钿原材料加工、粘贴、髹漆、打磨，已经具有较为先进的工艺体系，制作流程多达几十道，镶嵌制作工艺非常精湛[31]。王世襄先生更是将宋代的薄螺钿工艺作为划分古今漆器的分界线，具有分水岭的作用，可见宋代镶嵌工艺在中国传统漆艺术发展史中的地位。从器型上看，镶嵌工艺不仅用于日常器皿，还镶嵌于大件的家具，这类镶嵌类漆器多用于宫廷、重臣、商贾等。宋代漆器崇尚用色简洁、纯净、洗练、明快的风格，与宋代瓷器的艺术审美基本一致[32]。

图10-3-8 《秋庭戏婴图》（局部） 苏汉臣 北宋[33]

[30] 郭立忠：《漆与材的互动——中国传统镶嵌漆工艺的历史传承性》，《创意与设计》2022年第6期。

[31] 同上。

[32] 同上。

[33] 台北故宫博物院藏。

元代薄螺钿镶嵌工艺在宋代的基础上继承和发展，如1996年北京元大都后英房居住遗址考古发掘出土一件广寒宫图嵌螺钿黑漆盘残片（图10-3-9），螺钿为鲍鱼壳加工制作而成，全部采用片嵌的表现方式，这也是元代的平脱薄螺钿漆器在考古发掘中第一次发现[34]。漆盘胎骨为1至1.5毫米的木片，木骨上敷漆灰，将螺钿片直径嵌于漆灰之上，然后涂漆，再磨显出螺钿，使螺钿片与漆面相平，最后刻画细部纹饰[35]。这件嵌螺钿广寒宫黑漆盘残片的出土充分体现了明代黄成在《髹饰录》中所说的“以精细密致如画为妙”“随彩而施缀者，光华可赏”的艺术效果，可以说是螺钿镶嵌工艺的经典作品[36]。此外，上海博物馆所藏黑漆嵌螺钿楼阁人物图菱花形盒（图10-3-10）和黑漆螺钿人物图圆镜，其中黑漆嵌螺钿楼阁人物图菱花形盒在边缘部分用金属丝加固，充分考虑到了器具易损部分的保护，在达到美化效果的同时延长了漆器的使用寿命。明代以后在软螺钿基础上发展出“点螺”工艺，清中期开始流行，即用漆或胶将细若游丝的螺片黏着在器物表面形成纹饰。“点螺”又常与嵌金、银片结合应用，呈现光怪陆离的效果[37]。明代是“点螺”工艺高度发展的重要时期，工艺水平精湛，以明嘉靖、万历年间扬州籍漆艺大师江千里、周翥首屈一指。到了清雍正、乾隆年间，继江千里之后扬州漆工卢映之、王国琛又成一代宗师，他们的螺钿刻画功力超越前代。

图10-3-9（左）　广寒宫图嵌螺钿黑漆盘残片　元[38]

图10-3-10（右）　黑漆嵌螺钿楼阁人物图菱花形盒（正视图与俯视图）[39]

二、镂金嵌银：漆材与金银饰物的融合

金银镶嵌工艺主要是漆器表面采用金、银、铜、锡等金属材料，根据设计需要加工制作成各种图案纹饰，然后粘贴镶嵌在漆器表面作为装饰的漆工艺[40]。其制作工艺主要步骤为：第一，根据器型的需要，制作器物的底胎，上底漆；第二，

[34] 郭立忠：《中国现代漆画研究》，博士学位论文，南京艺术学院，2021，第136页。
[35] 中国科学院考古研究所、北京市文物管理处、元大都考古队：《元大都的勘查和发掘》，《文物》1972年第1期。
[36] 转引自郭立忠：《中国现代漆画研究》，博士学位论文，南京艺术学院，2021，第38页。
[37] 同上书，第136页。
[38] 中国考古网，http://kaogu.cssn.cn/zwb/kgyd/kgbk/201404/t20140422_3929168.shtml，访问日期：2023年5月21日。
[39] 上海博物馆，https://www.shanghaimuseum.net/mu/frontend/pg/article/id/CI00143731，访问日期：2023年5月21日。
[40] 郭立忠：《漆与材的互动——中国传统镶嵌漆工艺的历史传承性》，《创意与设计》2022年第6期。

根据器型的大小设计图案纹饰；第三，加工金银片，根据设计的图案纹饰裁切金银片，然后根据设计需要，在金银薄片上錾刻相应的纹饰；第四，在完成中涂的漆器表面复制图案纹饰，根据图案纹饰粘贴金银片，阴干；第五，整体髹漆阴干，反复数道，直至与金银片厚度齐平，最后打磨，显现金银片纹饰，抛光完成[41]。

对于金银材料与漆器的结合，常见的有金银扣器、金银贴花与金银平脱等三种工艺表现形式。战国晚期，加嵌金属的漆器增多，金银扣器成为战国漆器中的珍品。扣器就是用金属来镶嵌漆器的口沿，起到加固和装饰器物口沿的作用，同时延长了器具的使用寿命[42]。许慎《说文解字·金部》云："釦，金饰器口。""金"泛指黄金、白银、铜等金属。战国晚期的铜扣漆器上偶见银质附件，铜、银共饰一器。更加注重铜扣的装饰效果，铜扣除表层鎏金、镀银之外，还有错金银花纹或雕镂纹样。例如，四川成都羊子山172号战国墓出土的9件扣器，一件漆盒的铜扣上有错银纹样[43]。汉代《盐铁论》载"今富者银口黄耳，金罍玉钟。中者野王纻器，金错蜀杯，夫一文杯得铜杯十，贾贱而用不殊"。[44]这里的银口，即为汉代银扣器[45]。王世襄先生认为，扣器就是嵌金银漆器，它的进一步发展是从镶口的圆扣发展到粘贴在器盖上的叶片。[46]《后汉书》的注中说："釦音口，以金银缘器也。"两种解释的差异，说明扣器之扣最初主要镶嵌在器物的口部。入唐以后，扣器外延已扩大，器物凡镶扣者即可称为"扣器"。这类金属扣有"扣带""缘""箍""棱"等称谓。

汉代漆器镶嵌工艺的"贴"主要指金银箔贴花。金银箔贴花极为精细，工匠要把金银锤打成极薄的薄片，再在薄片上镂刻出各种图形、纹样，然后黏附在漆器表面。商代墓葬中已经有漆器贴饰了半圆形金片，金片上还阴刻云雷纹，已经初具金箔贴花的特征。这种技法直到西汉中晚期才兴盛起来。从考古资料可知，漆器金银贴花工艺可追溯至商代，即出土于河北藁城台西村商代遗址的四件漆器，漆器已腐朽损毁，但金箔贴花较为完整[47]。至秦汉时期，金银贴花，金银扣器等工艺发展较为迅速[48]。从考古发掘的汉代漆器来看，其镶嵌材料主要有金、银、铜、玉、骨、角、绿松石、玛瑙、琉璃、云母、水晶、螺钿、珍珠、玳瑁、象牙、琥珀等[49]。单从镶嵌的材料上看，汉代较先秦时期的镶嵌材料更加丰富。针对

[41] 郭立忠：《漆与材的互动——中国传统镶嵌漆工艺的历史传承性》，《创意与设计》2022年第6期。
[42] 同上。
[43] 刘芳芳：《釦器考略》，《东南文化》2017年第2期。
[44]《盐铁论校注（定本）》，王利器校注，中华书局，1992，第351页。
[45] 郭立忠：《漆与材的互动——中国传统镶嵌漆工艺的历史传承性》，《创意与设计》2022年第6期。
[46] 王世襄：《髹饰录解说——中国传统漆工艺研究》（修订版），文物出版社，1983，第106页。
[47] 郭立忠：《漆与材的互动——中国传统镶嵌漆工艺的历史传承性》，《创意与设计》2022年第6期。
[48] 同上。
[49] 傅举有：《中国历史暨文献考古研究》，岳麓书社，1999，第248页。

汉代的考古工作发现有大量金银扣器和金银贴花漆器出土，表明金银镶嵌工艺在当时已经达到很高的水平[50]。从考古发现来看，在汉代这一镶嵌工艺已经较为成熟，如1985年扬州邗江甘泉姚庄101号西汉墓出土的银扣金银贴饰彩绘云气鸟兽人物纹漆七子奁[51]与1994年扬州市邗江区杨庙乡昌颉村汉墓出土的贴金箔彩绘神兽云气纹五子漆奁（图10-3-11），其中五子漆奁均为夹纻胎。其外髹黑漆，内髹赭红色漆。各盖顶心饰四叶或六叶柿蒂，柿蒂中心和柿叶上嵌珠，柿叶四周贴金箔并刻成云气纹。顶部两道银扣，两道银嵌。每扣与嵌之间用金箔錾刻成云纹，云纹间饰有各种姿态的小鸟。圆盒呈圆筒形，直壁直口，平唇。在盒盖和器身上各有两道或三道银扣，口沿与转角处均用银片包镶，银扣之间以金箔镂切成花片状，其上再加刻并彩绘流云山水、人物禽兽图案，主要有西王母、羽人、孔雀、锦鸡等。盒底两道银片嵌成圈足。此外，镶嵌工艺还用于其他器物，《西京杂记》记载汉成帝皇后赵飞燕“有宝琴，曰‘凤凰’，皆以金玉隐起为龙凤螭鸾”[52]，从文字内容可知这是一件镶金嵌玉的漆琴。

唐代的金银平脱工艺是从汉代的金箔贴花、镶金银片及三国两晋南北朝的金银参镂等镶嵌工艺发展而来的[53]。金银平脱工艺较为复杂，工匠们通常先将金银熔化，再制成金银箔片并雕镂出各式花纹，裁剪成各种图案，再用胶漆粘贴，嵌入器物表面的漆灰内，然后髹漆数重淹没纹饰，待干后再细加研磨，使漆层下的金银箔片纹脱露出并与漆面持平（图10-3-12）。常见的金银平脱有两种类型：一是花纹与漆底在同一平面，二是花纹高出漆底。这种平脱工艺在唐代非常流行。作为唐代平脱类漆器的重要代表，金银、螺钿平脱铜镜形式多样、题材纹饰丰富，制造工艺也很新颖。平脱铜镜是我国古代重要的生活器具，其功能主要是用于梳妆打扮及整理妆容[54]。

图10-3-11 贴金箔彩绘神兽云气纹五子漆奁 西汉[55]

[50] 郭立忠：《漆与材的互动——中国传统镶嵌漆工艺的历史传承性》，《创意与设计》2022年第6期。

[51] 李则斌主编，扬州博物馆编《汉广陵国漆器》，文物出版社，2004，第120页。

[52]〔晋〕葛洪：《西京杂记》，周天游校注，三秦出版社，2006，第214页。

[53] 沈福文编著《中国漆艺美术史》，人民美术出版社，1992，第72页。

[54] 郭立忠：《从质朴古雅到绚丽奢华——中国传统螺钿镶嵌漆工艺研究》，《阜阳师范大学学报（社会科学版）》，2023年第3期。

[55] 扬州市博物馆，http://www.yzmuseum.com/index.php?g=home&m=collection&a=show&id=84，访问日期：2023年5月21日。

图 10-3-12　金银平脱工艺流程

从考古发现来看，河南偃师杏园村的六座纪年唐墓出土了方漆盒，该漆盒外表用银箔平脱工艺，錾刻缠枝花卉图案[56]，技法精湛，纹饰繁缛[57]。陕西历史博物馆收藏的四鸾衔绶纹金银平脱镜是典型的唐代金银平脱镜（图 10-3-13），从不同角度来看，能看到金银箔片的光泽变化，华丽夺目。镜背的主体纹饰是四只口衔绶带、昂首展翅的鸾鸟，用金片刻镂而成，四周以金丝同心结环绕，贴饰花叶形银片。鸾鸟自古被认为是带来幸福的吉祥鸟，“绶”与“寿”谐音[58]，象征着健康长寿。唐代中日漆文化交流频繁，现日本正仓院所藏唐代镶嵌类漆器非常丰富[59]，其中有金银平脱漆皮箱、平罗钿背八角镜、平螺钿背圆镜、银平脱八角镜箱、金银平脱背八角镜（图 10-3-14）、银平脱漆胡瓶（图 10-3-15）等。唐代平脱类镶嵌漆器，奢华富丽，精美绝伦，为宫廷所专用。唐玄宗时期曾大量制作平脱类漆器，并将金银器、玉器、丝绸等贵族物品赏赐给王公贵臣、四方藩属。《安禄山事迹》《酉阳杂俎》就有赏赐安禄山金银平脱漆屏风、银平脱胡床、金银平脱函等镶嵌类漆器记载[60]。由于其制作耗金费工、工艺复杂，《新唐书・肃宗本纪》和《旧唐书・代宗本纪》均记载，在肃宗至德二年（757）、代宗大历七年（772），官方先后两次下令禁止平脱类漆器的铸造，此后制作平脱镜就陆续减少，至宋代已绝迹[61]。

图 10-3-13（左）　四鸾衔绶纹金银平脱镜　唐[62]

图 10-3-14（中）　金银平脱背八角镜　唐[63]

图 10-3-15（右）　银平脱漆胡瓶　唐[64]

[56] 郭立忠：《中国传统漆绘发展研究》，《美术大观》2021 年第 2 期。
[57] 中国社会科学院、河南第二工作队：《河南偃师杏园村的六座纪年唐墓》，《考古》1986 年第 5 期。
[58] 李琼：《纽马克翻译理论视角下的青铜文本英译研究》，硕士学位论文，郑州大学，2021。
[59] 郭立忠：《漆与材的互动——中国传统镶嵌漆工艺的历史传承性》，《创意与设计》2022 年第 6 期。
[60] 郭立忠：《中国现代漆画研究》，博士学位论文，南京艺术学院，2021，第 135 页。
[61] 上海博物馆编《千文万华：中国历代漆器艺术》，上海书画出版社，2018，第 226 页。
[62] 陕西历史博物馆，https://www.sxhm.com/collections/detail/444.html，访问日期：2023 年 5 月 21 日。
[63] 日本正仓院，https://shosoin.kunaicho.go.jp/treasures?id=0000010124&index=14，访问日期：2023 年 5 月 21 日。
[64] 日本正仓院，https://shosoin.kunaicho.go.jp/treasures?id=0000010145&index=0，访问日期：2023 年 5 月 21 日。

三、华贵精雅：玉石与骨料镶嵌的艺术化迭新

玉石、骨料镶嵌漆工艺主要是指将玉、骨、角、珍珠、玛瑙、绿松石、玳瑁、象牙、琥珀、琉璃、水晶等作为装饰材料[65]，依据纹饰主题与基本形态对漆器表面进行粘贴、镶嵌的特殊髹饰工艺。良渚文化时期，木胎漆器的技术进一步发展，开了镶嵌技术之先河，嵌玉漆杯（图10-3-16）的发现表明良渚人已经熟练地掌握了生漆黏结的特性，能够使得髹漆与冶玉技术珠联璧合，相得益彰。这件嵌玉漆杯原是一瘦长形的宽把带流杯，器身用红漆和玉粒装饰，口沿外壁饰有弦纹带，器身以玉粒为中心，绘有重圈、螺旋纹，整器精致华美。中国文物研究所胡继高研究员对实物观察后发现，器物表面存在凹凸不平的状况，漆杯的胎骨是先经雕琢呈浅浮雕图样，再上漆、嵌玉，工艺极为复杂，是良渚文化时期木作、漆作和玉作的集成之品。制作繁复的嵌玉漆器，为良渚贵族大墓独有。目前发现的填嵌玉石、制作精良的漆杯、圆形器、囊形器只随葬于反山、瑶山等高等级大墓当中，中、小型墓葬中出土的漆器则仅仅是髹涂，而不使用填嵌工艺。而在非墓葬单位出土的漆器主要为日用容器，也不使用填嵌工艺。至商周时期，漆器与玉石、骨料镶嵌工艺进一步融合，形成丰富多样的镶嵌装饰，如河南安阳殷墟西北冈王陵区M1001出土的漆舆（抬盘），舆边立壁的蚌饰之间就有猪牙嵌片连成的波浪纹[66]（图10-3-17）。北京房山琉璃河西周燕国墓地M1043出土的漆觚，器身镶三道金箔，在下面两道金箔上镶嵌有绿松石[67]。历经汉唐、宋元时期的镶嵌漆艺发展，至明清时期，除了长期使用的螺钿、金银镶嵌工艺，玉石、骨料等材料镶嵌迎来了创新性发展[68]。

图10-3-16（左） 良渚文化嵌玉漆杯（复原后）[69]

图10-3-17（右） 商周时期的漆舆（局部）[70]

[65] 郭立忠：《漆与材的互动——中国传统镶嵌漆工艺的历史传承性》，《创意与设计》2022年第6期。
[66] 洪石：《商周螺钿漆器研究》，《中原文物》2018年第2期。
[67] 王巍、黄秀纯：《1981—1983年琉璃河西周燕国墓地发掘简报》，《考古》1984年第5期。
[68] 郭立忠：《漆与材的互动——中国传统镶嵌漆工艺的历史传承性》，《创意与设计》2022年第6期。
[69] 良渚博物院，https://www.lzmuseum.cn/QiTa/2019181220185.html，访问日期：2023年5月21日。
[70] 洪石：《商周螺钿漆器研究》，《中原文物》2018年第2期。

百宝嵌是在螺钿镶嵌工艺基础上发展起来的，由明末清初扬州手工艺人周翥首创，又名“周制镶嵌法”。百宝嵌漆器不惜工本，利用多种材料进行装饰，其表面装饰在光线的照射下呈现出变幻莫测的视觉效果，是上层社会追捧的漆器品类。清人钱泳在《履园丛话》中记载道：“周制之法，惟扬州有之，明末有周姓者始创此法，故名周制。其法以金银、宝石、真珠、珊瑚、碧玉、翡翠、水晶、玛瑙、玳瑁、砗渠、青金、绿松、螺甸、象牙、密蜡、沉香为之，雕成山水、人物、树木、楼台、花卉、翎毛，嵌于檀梨漆器之上。”[71] 百宝嵌是明清时期对玉石、骨料镶嵌工艺的统称，其制作手法主要是在继承前代珠宝、玉石、金银等镶嵌工艺技法基础上综合而成的，将各种奇珍异宝根据图案纹饰的需要[72]，经雕琢后镶嵌于漆胎之上，是将多种珍稀材料镶嵌于同一器表的复杂镶嵌漆艺手法，作品尽显珍贵与奢华之感。百宝嵌分两种形式：一种为凸嵌，另一种为平嵌。凸嵌工艺依循具体纹样，在表面刻出对应的凹槽，将所嵌之物置于凹糟之内，使所嵌之物高于漆地，犹如浮雕，并使漆地表面各种装饰媒材高低起伏，形成真实、立体的视觉效果，这种工艺多应用于素漆家具或硬木家具之上。平嵌，即所嵌之物与地子表面齐平。平嵌做法一般为先对胎骨反复髹涂生漆，再将镶嵌之物依照纹样布局粘贴，然后多次髹漆、反复打磨再上漆、打磨，直至漆层高于并包含镶嵌物，最终打磨至镶嵌之物显露，再上一道光漆，即可成器。这种镶嵌工艺中漆液除了胎骨封固，还作为粘贴珠宝玉石的黏合剂[73]。将多种不同材质的奇珍异宝嵌在一件漆具上，非常考验工匠的镶嵌技艺、颜色搭配与画面结构处理等综合能力。百宝嵌漆器制作工艺繁复，费时耗财，具有较高的经济价值与审美品位，表达了漆作工匠对于器物精奢、富贵华丽的精神追求，也在一定程度上反映了漆作创意的高超绝技。正如张岱在《陶庵梦忆》中对百宝嵌工艺赞叹道：“但其良工苦心，亦技艺之能事。至其厚薄深浅，浓淡疏密，适与后世赏鉴家之心力、目力针芥相投，是岂工匠之所能办乎？盖技也而进乎道矣。”[74] 目前已知存世的明清百宝嵌漆器数量多且工艺精美，如故宫博物院藏明代黑漆百宝嵌婴戏图立柜（图10-3-18）、清代百宝嵌花卉漆挂屏（图10-3-19）等。

台北故宫博物院藏清代百宝嵌加描金博古图八方漆盒即为此时百宝嵌工艺中的经典之作（图10-3-20）。盒盖作红褐漆地，侧面饰描金番莲纹，盒盖嵌饰各色玉石、料器及雕漆器，玉葫芦瓶上书“大吉”二字，瓶内插蜡梅、松枝和南天竺，

[71]〔清〕钱泳：《履园丛话》，张伟校点，中华书局，1979，第322页。
[72] 郭立忠：《漆与材的互动——中国传统镶嵌漆工艺的历史传承性》，《创意与设计》2022年第6期。
[73] 同上。
[74]〔明〕张岱：《陶庵梦忆·西湖梦寻》，夏咸淳、程维荣校注，上海古籍出版社，2001，第19页。

图 10-3-18（左）　黑漆百宝嵌婴戏图立柜　明[75]

图 10-3-19（右）　百宝嵌花卉漆挂屏　清[76]

图 10-3-20（左）　百宝嵌加描金博古图八方漆盒　清[77]

图 10-3-21（右）　百宝嵌加描金博古图八方漆盒制作工艺

加上盛开的水仙、石榴、磬等，构成春节的景象。该盒运用宝石天然的色泽，营造出吉庆欢乐的气氛。由此可见，其制作工艺是基础胎体的制作、表面色漆的髹饰及多种材料的镶嵌（图 10-3-21），其丰富多样的镶嵌材料足以凸显百宝嵌工艺的独特魅力。

随着社会经济、民族文化底蕴与人类造物意识的不断累积，传统以用为主的器物功能属性逐渐分化，形成器以致用、工巧器美、阅物怡情的不同造物追求。然而百宝嵌工艺的成熟是我国镶嵌类漆器从简约装饰向繁复技艺的巨大飞跃，也是镶嵌漆器趋向装饰化、艺术化表现的重要标志。

结语

作为我国漆文化的重要支撑，镶嵌工艺贯穿于中国漆工艺历史发展的各个时期，是髹饰技术中首屈一指的工艺手段。镶嵌工艺是通过对装饰材料的合理选择，在有各材料成分的分布设计与技术条件保障的前提下，对漆器表面进行

[75] 故宫博物院，https://www.dpm.org.cn/collection/gear/229567.html，访问日期：2023年5月21日。

[76] 朱家溍主编《国宝》，人民美术出版社，2014，第226页。

[77] 长北：《〈髹饰录〉与东亚漆艺：传统髹饰工艺体系研究》，人民美术出版社，2014，第186页。

艺术化的髹饰技术。髹饰技术的发展经历了对自然之物在器表的简单黏合到对特殊物材加工处理的精细化追求，最终达到选材自由、技法多元、意境深邃的综合性漆艺境界，整体上反映了镶嵌技术要素的延续性、物质材料的包容性、画面表达的艺术性等多方面工艺特质。镶嵌工艺打破了固有以漆液为主要髹饰材料的限制，消解了髹饰技术与其他工艺材料之间的区隔，逐步建立起了髹饰技术与艺术审美相融合的新型漆作范式。

在漆与材的交融方面，镶嵌工艺重在对镶嵌材料的把握。不同物材的组合、交叠犹如一座工艺素材宝库被突然打开，不同材料的绮丽色彩与其原本的物性给观者以极具视觉冲击、富含技术美学的感官享受。镶嵌工艺既追求视觉形式上的层叠隐起，也极力找寻内在肌理上的平整统一，综合构成错落有致、层次分明、包罗万象的审美规制。材质的多样与技艺的精湛一同赋予了镶嵌漆作产品极大的生命力，彰显出万物有灵、生动鲜活的漆、物交融之盛景。

镶嵌工艺作为漆作技术与髹饰艺术的双重体现，其材质之美、工艺之美、艺术之美令世人叹为观止。漆与材的相互承载造就了镶嵌工艺以“和谐包容”“相得益彰”为核心的技术思想，体现了“人为”与“自然”的适应关系，达成了“文”与“质”的高度统一，彰显出了“装饰自由”“寓理于物”“表达随性”的造物意识。

第四节 层叠有致的雕漆工艺

雕漆是剔红、剔黑、剔黄、剔绿、剔彩等的总称，其中尤以剔红最多，且又常常与其他色彩相同的雕漆相结合。朱漆多层重叠称为堆朱，黑漆多层重叠称为堆黑，黄漆多层重叠称为堆黄，三者都是雕漆通常惯用的打底形式。“剔”在《说文解字》可被释为分解骨肉或从缝隙或孔洞里往外挑拨不好的东西，即剔除不要的而保留需要的东西，从而形象地表达出雕漆工艺的特征。

早在殷商时代已有“石器雕琢，觞酌刻镂”的漆艺。在河北藁城台西村商代遗址中出土不少漆器残片，有盘、盒器，表面有朱地打地，黑漆绘制的雷纹、莲叶纹、夔纹、饕餮纹。有的还镶嵌方形、圆形、三角形等形状不同的绿松石。有的还先在木胎刻花，然后再表面涂漆，呈现浮雕效果。战国至秦汉时期是我国传统漆作技术繁荣发展的重要时期，漆匠将油加入大漆中用以缓解漆凝固的时间，使得髹涂后的漆层平整、细腻，这也为后来精细的雕漆技术奠定了基础。秦汉时期的奢华之风与厚葬之礼对漆作技术发展提出了新的要求，漆作技法日臻完善，胎体的种类与装饰工艺不断增多，剔犀工艺便是该时期最为重要的漆作工艺发明之一，如汉至三国时期的剔犀云纹圆盒（图10-4-1）即为目前已知最早的一件剔犀实物。隋唐五代时期，实用漆器发展繁荣，雕漆成为这个时期众多漆作工艺中的重要代表。漆器首次出现了用刀进行阳刻的手段，漆层不再仅仅是装饰他物，它也成为了雕琢的对象，这样漆器勇敢地突破了历来的平髹、勾填、彩绘、镶嵌的形式，迈进了浮雕艺术的大门，并成为独立的漆器门类。宋元两代，漆器由于戗金、雕漆技艺的发展而更加繁荣。特别是雕漆日臻成熟，应用范围迅速扩大，尤其适应封建统治者的需要而备受重视。雕漆因其高雅华贵的艺术表现力，占据了那个时代漆器的鳌头。宋代内府雕漆器较多使用金银制胎，甚至民间也有使用银胎的，在进行剔雕时，还有意把刻刀刻到胎体，露出黄金、白银的胎质，以示富贵豪华。可见当时雕漆地位之高甚于黄金，形成“雕漆是红花，黄金是绿叶”之感。正因为如此，宋代雕漆遭到后来的厄运，人们为了取得金银，不惜毁坏宋代雕漆制品，这种逐利毁艺之风，延续多年，对后来朝代的雕漆也多少带来厄运，致使现在存世的宋代雕漆寥寥无几。北宋灭亡后，大量漆匠南迁，苏州、嘉兴、扬州、杭州等地逐渐形成新的漆器制造基地，雕漆也随之振兴。继宋

图 10-4-1 汉至三国时期的剔犀云纹圆盒[1]

之后，元代雕漆又有了大的发展，主要集中于江浙一带，以浙江嘉兴一带的雕漆最出名，现在传世的元代雕漆大都是张成、杨茂的作品。值得注意的是，长期被人忽视、从唐代就已经发展起来的西南地区的雕漆，开始进入中原地区，即所谓云南雕漆。“云雕”是唐制雕漆在西南地区的新发展，反过来对后来的整个雕漆业产生不可低估的影响。明清两代是中国雕漆发展的全盛时期，其造型艺术与工艺技法较宋元制品有明显的突破和提高。雕漆产业由南方迁往北京，由皇家直接管辖和支持，此时雕漆几乎完全成为宫廷艺术品与馈赠外国友邦的贵重礼物，品种涉及家具、文房及日用器具等。

雕漆本身的材料特点及物质属性是形成其工艺技术发展的前提。漆材不同于常见的可被用于雕刻、琢磨的物质材料，一方面雕漆所用漆材不仅是源自天然之物，还兼具人工的成分，另一方面，在古代漆器中，使用油料的历史相当长久，传统髹饰往往掺入一定比例的油料，才能使髹饰效果达到理想的程度。《髹饰录》云：“油饰，即桐油调色也。各色鲜明，复髹饰中之一奇也，然不宜黑。”扬明注：“比色漆则殊鲜妍，然黑唯宜漆色，而白唯非油则无应矣。”[2] 由此可以说明，漆器多以黑色漆髹饰，白色、浅色用油来髹饰。雕漆器中却几乎没有白色或浅色，以色彩较浓重的黑、土黄、深绿、枣红、赤红色为多见，故雕漆制作中很少使用纯油来髹饰，而是多在大漆中加入一定比例的桐油进行髹涂，这成为雕漆器与其他漆器最为显著的区别。

雕漆的制作工艺是在器物的胎体上髹涂色漆数道，使漆膜达到一定的厚度后进行雕刻。其制作工艺是将色漆调制后，层层髹至器具的胎体，雕漆的髹涂与其他漆器不同，漆层不用十足干，摸上去发黏而不粘手即可髹下一道色漆，否则漆层会脱落。当漆层达到一定的厚度，最上面漆层达到“软干”时，即可进入雕刻阶

[1] 上海博物馆，https://www.shanghaimuseum.net/mu/frontend/pg/article/id/CI00005616，访问日期：2023 年 4 月 22 日。

[2] 长北：《〈髹饰录〉与东亚漆艺——传统髹饰工艺体系研究》，人民美术出版社，2014，第 468 页。

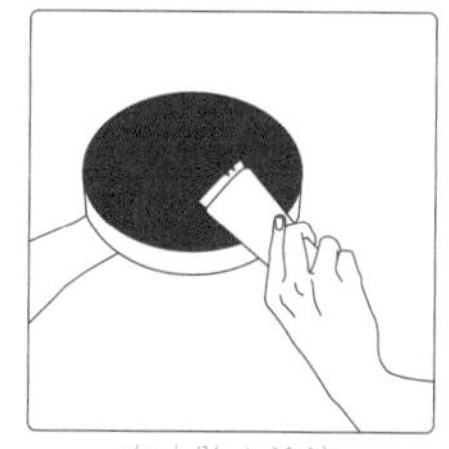

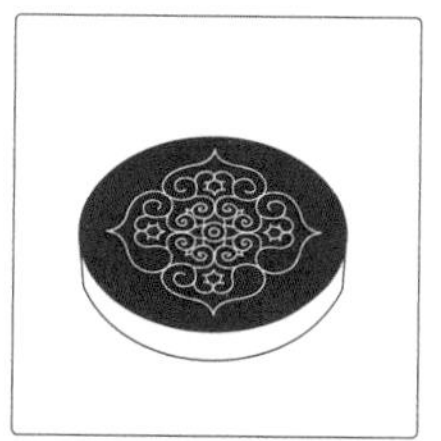

图 10-4-2　雕漆的工艺流程

段（图10-4-2）。雕漆最为基本的是用刀作刺、起、片、剔、挑、镗、刻、勾、铲、刮、磨等技法[3]。雕漆的工艺流程复杂，对各项漆艺技术的要求较高，通常一件雕漆作品的制作要经过设计、制胎、作地、髹漆、画工、雕刻及磨光、作里等多道工序。

一、浅刻与印板：雕漆技艺的初成

隋唐时期，漆作工艺几乎遍布全国，尤其在江南、云贵、四川等地区工艺品类更为纷繁，其中有部分漆器是专为宫廷所制的。追求精致奢华成为此时漆作的流行风尚。漆匠创新性地运用漆材料的独特属性，利用针刻髹饰的基础，增加漆层的厚度，当漆层达到一定的厚度时，采用雕刻工艺以增加漆语言更丰富的表现力，从而促使雕漆工艺在唐代创立与发展。可惜的是，唐代的雕漆因缺失现存实物，目前只能从现有的文字片段中大致推测分析。扬明注曰“唐制如上说，而刀法快利，非后人所能及。陷地黄锦者，其锦多似细钩云”[4]。晚唐诗人皮日休《诮虚器》曰：“襄阳作髹器，中有库露真。持以遗北虏，给云生有神。”[5]这虽是用于讥诮唐政府的诗句，但被当作礼物赠送给北方少数民族也充分说明“库露真”[6]漆作的精美。宋代薛季宣《还返释言》曰：“襄阳库露真，木器涂髹漆。髹漆厚以坚，札去移凡质。”[7]从“髹漆厚以坚”可以得知，“库露真”制作工艺需要在胎体上髹以厚坚的漆层，“札去移凡质”则是表明用锥刻技法去除多余的物体。这时的“库露真”被朝廷当作进贡和馈赠的物品，足以证明当时雕漆技艺的高超与精巧。《髹饰录》剔红条载“唐制多印板刻平锦朱色，雕法古拙可赏；复有陷地黄锦者”[8]。这是历史文献中最早描述唐代雕漆的文字。黄成所说的“印板刻”，与古代木板刻字、木板刻图的形式类似，是在漆平面的板面上，采取向下勾划刀

[3]〔明〕黄成著，〔明〕扬明注《髹饰录图说》，长北校勘、译注、解说，山东画报出版社，2007，第152页。
[4] 长北：《试论髹饰工艺与科技发明的同步轨迹》，《南京艺术学院学报（美术与设计）》2015年第2期。。
[5]〔唐〕皮日休：《皮子文薮》，萧涤非、郑庆笃整理，上海古籍出版社，1981，第110页。
[6] 潘天波、胡玉康：《“库露真”名实新释》，《文化遗产》2013年第6期。
[7]〔宋〕薛季宣：《薛季宣集》，张良权点校，上海社会科学院出版社，2003，第76页。
[8] 何豪亮、陶世智：《漆艺髹饰学》，福建美术出版社，1990，第139页。

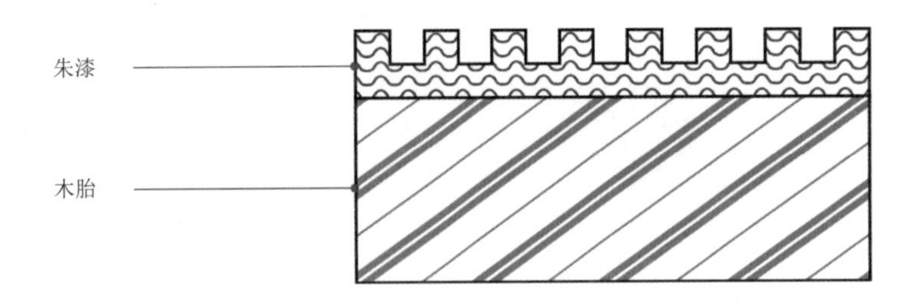

图10-4-3　唐代雕漆漆层剖面图

刻的技术，显现出线条与纹样，整个图案处在同一平面上（图10-4-3）。

唐代雕漆多为红地，借鉴古代木板雕刻的方法在漆平面雕刻锦纹，“复有陷地黄锦”说明雕漆有了双色。黄色漆为地，表面髹涂红色漆，用硬物在漆层表面刻画剔除多余漆面，凹陷处露出黄色漆锦纹，这种纹样多为云纹。云纹从其他工艺中用来陪衬主体图案的纹样成为雕漆中的主体纹样，按照不同的纹样，用色彩与雕刻的高低起伏来区分地子与花纹，突出的部分为主体。当然，大部分的剔红都是底纹同色，仅有高低而没有层次之分，这也正说明此时的雕漆工艺处于起步发展阶段[9]。

二、堆叠与雕剔：雕漆技艺的繁荣

宋代雕漆的发展与该时期重视文官政策有着紧密关联。文人墨客将文化的发展与时代的精神注入雕漆设计中，再由漆工制作出成品，同时翰林图画院对工艺设计的指导使得宋代雕漆图案风格偏重写实，这种由文化和绘画的双向影响给雕漆带来雅与美的结合[10]。丰富而精致的文化精神得到了充分的物质呈现，以发达的手工业形式呈现出来，再加上皇家的高度重视促使雕漆门类在宋代得以完善。总体而言，宋代雕漆有两种风格，一种是“隐起圆滑”的图案，一种是绘画效果的（或者分为“图案型”与“绘画型”两种）。器具种类开始出现盒、盘、匣、奁、瓶、碗、坠、柄等品种。宫廷所制作的雕漆器物除了用锡、木、竹等作为胎骨，还多使用黄金、白银作为胎骨。

宋代雕漆的漆层较唐代而言更为厚实。“宋人雕红漆器，如宫中用盒，多以金银为胎，以朱漆厚堆至数十层，始刻人物、楼台、花草等像，刀法之工，雕镂之巧，俨若画图。有锡胎者，有蜡地者，红花黄地，二色炫观。有用五色漆胎刻法，深浅随妆露色，如红花绿叶，黄心黑石之类，夺目可观，传世甚少。又等，以朱为地刻锦，以黑为面刻花，锦地压花，红黑可爱。”[11]正如明代高濂所说，宋

[9] 王世襄：《〈髹饰录〉解说》，生活·读书·新知三联书店，2013，第92页。
[10] 宋本蓉：《雕漆技艺》，文化艺术出版社，2013，第31页。
[11]〔明〕高濂：《遵生八笺》，巴蜀书社，1988，第485页。

代的雕红漆层达数十层，在这种厚度的漆层上可以运用浮雕技巧雕刻出人物、花草、楼台等具有高低起伏立体层次的形象。在色彩的使用上更为丰富，髹饰漆层时根据设计的图案，将色漆反复髹饰于雕刻的对应位置，如花的位置髹饰红色漆、叶子的位置髹饰绿色漆，之后通过雕刻将对应的色彩显露出来。在雕刻的技巧上更为讲究，有双色雕漆，上面漆层雕刻花草纹样，在地子上雕刻锦纹做配饰；也有在胎体上通体髹饰单色漆层雕刻，然后将部分漆层全部剔除，露出金、银器胎体，营造出多层次双色的工艺效果。宋代雕漆在刀法上也分为两种：一种是“藏锋”型——不露刀斧之工；另一种是“纤细精致”型——精雕细刻，刀工明露。明代张应文的《清秘藏》载“宋人雕红漆器，宫中所用者多以金银为胎，妙在刀法圆熟，藏锋不露，用朱极鲜，漆坚厚而无敲裂”[12]。由文献可知，这里运用的刀法应是“仰瓦”，即雕刻后横切面呈“U”形（图10-4-4），雕刻后垂直边的漆面与漆层处形成直角形的棱角，再将直角形的棱角削平表面为两个钝角形，这种片刻技法为“倒棱”。经过多次“倒棱”，直到看不见直角形边的刀痕，从而变为圆滑的边。“仰瓦”工艺特征与“刀法圆熟，藏锋不露”的不见刀痕特征刚好吻合，使得雕刻技法较容易地显现出漆层的厚度。从“漆坚厚而无敲裂”也可知宋代雕漆的漆层有数十层却坚厚无裂的工艺特征。此外，宋代堆漆工艺的发展促进了雕漆技术的进步，如北宋早期描金堆漆舍利函（图10-4-5）就是将堆漆花纹与旁边漆地一起上漆，这样花纹与漆地为同一颜色，而显现出如同浮雕般的效果。宋代雕漆在制作工艺上吸收了前朝的雕刻经验，漆层髹饰数十层，大胆融合传统绘画艺术，把平面绘画艺术变成浮雕艺术，画面整体优雅且有内涵，为后期雕漆的蓬勃发展奠定了基础。

现留存于世的宋代雕漆器在数量上屈指可数，目前可见的品种有剔红、剔犀、剔黑、复色雕漆、金银胎剔红等，其中剔犀数量较多，样式上多种多样。明代高濂在《遵生八笺·燕闲清赏笺》中记载：“宋人雕红漆器……然多盒制，而盘匣次之。盒有蒸饼式、河西式、蔗段式、三撞式、两撞式、梅花式、鹅子式，大

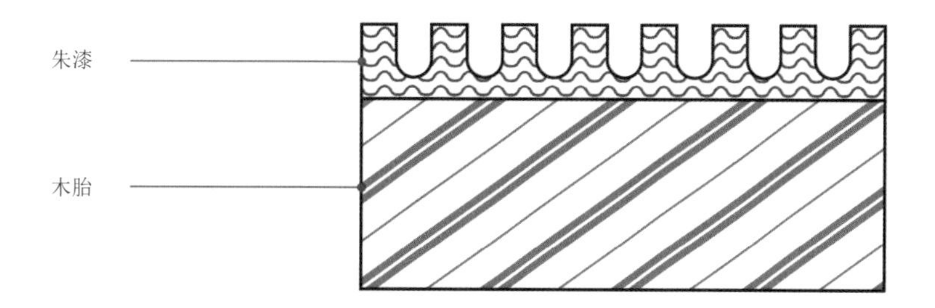

图10-4-4　宋代剔红漆器漆层“U”形剖面图

[12] 转引自张飞龙：《中国髹漆工艺溯源》，《中国生漆》2008年第1期。

图 10-4-5（左） 描金堆漆舍利函 北宋[13]

图 10-4-6（中） 剔犀执镜盒 南宋[14]

图 10-4-7（右） 婴戏图剔黑漆盘 宋[15]

则盈尺，小则寸许，两面俱花。盘有圆者、方者、腰样者，有四入角者，有绦环样者，有四角牡丹瓣者。匣有长方、四方、二撞、三撞四式。”[16] 其在纹样上多采用如意纹、回纹、雷纹、重圈纹等四方连续样式。例如，1977年在江苏常州武进村（今常州市武进区）前乡南宋墓出土的剔犀执镜盒（图10-4-6），该盒整体依照镜形而制，圆形带柄，木质胎体，镜盒盖面雕刻云纹图案，从横切面肉眼可观最上层髹涂黑色漆，在褐色漆地上用朱、黄、黑色漆层更迭髹刷，每种色漆都髹至一定的厚度，再用剔刀雕出8组云纹图案，刀口露不同色漆，粲然成纹。此外，还有使用山水、花鸟、故事、人物作为装饰的雕漆。例如，现藏于福建省福州市博物馆1986年出土于福州市北郊茶园山墓穴的南宋剔犀如意云纹葵形盒，该盒呈六瓣葵形，三层一盖子，上层较浅，有字母口，盖地口合严密，木质胎体。现藏于日本文化厅的宋代婴戏图剔黑漆盘（图10-4-7），该盘整体呈圆形，木质胎体，圆盘表层通体髹涂黑漆而微呈褐色，下有朱漆层，黄地。圆盘正、背两面雕刻花卉边纹。盘内中心刻楼阁三重，前为庭院，园中地面遍铺锦地，庭院以曲槛为匝，左侧的池塘中有鲤鱼游动，右侧是花圃，院中有10个神态不同的孩童正在嬉戏打闹，空中有月轮，其中刻有玉兔于丹桂下捣药，描绘的即是中秋之夜，雕刻的花纹起伏相差甚微。把有故事情节的场景设计为雕刻纹样的风格，多是文人将绘画思想引入其中的结果。

元代多元文化交融的社会环境为雕漆工艺的发展带来了新的机遇，雕漆名匠辈出，以张成、杨茂、周明等为杰出代表，明代曹昭《格古要论》卷八中记载“元朝嘉兴府西塘杨汇有张成、杨茂剔红最得名”[17]，可见该二人剔红工艺的精湛。由于元朝政府重视并鼓励手工行业发展，有不少为求生存的文人转行到手

[13] 浙江省博物馆，https://www.zhejiangmuseum.com/Collection/ExcellentCollection/59d65a981203ba586b45138c72470824/ecc86704ed1440e481e20369f6d765fd，访问日期：2023年4月22日。

[14] 常州博物馆，http://www.czmuseum.com/newsList/detail?id=738&cid=44&tname=gg&isDetial=true，访问日期：2023年4月22日。

[15] 日本文化厅藏。

[16]〔明〕高濂：《遵生八笺》，巴蜀书社，1988，第485页。

[17]〔明〕曹昭撰，王佐补《新增格古要论》下卷，中国书店，1987，第128页。

工业行业，给雕漆工艺赋予了文学、绘画的理念，并且也在这个时候出现了雕漆工匠留名于世的现象[18]。与前朝相比，元代雕漆在色彩上受文人影响颇深，一改多种色彩髹饰雕刻的局面，以髹素色为主，形成以剔红为主导的雕漆形式。在器型外观上又增加了碟子、钵、菜盆、盂、盏等品种[19]。在关于漆层厚度的记述中，《格古要论》载："元朝嘉兴府西塘杨汇新作者虽重数多，剔得深峻者，其膏子少有坚者，但黄地子者最易浮脱。"[20]另《清秘藏》中记载："元时张成、杨茂二家技擅一时，第用朱不厚，间多伤裂"。沈福文先生认为以上说法是不全面的，除杨茂的花卉渣斗用朱较薄之外，张成的作品，用朱均颇肥厚[21]。现藏于中国国家博物馆的元张成款剔红观瀑图漆盒（图10-4-8）、剔红栀子花纹圆盘（图10-4-9）为张成所制，经研究表明，这两个剔红圆盒前者髹漆80余道，仅在圆盒盖面上有三两处的细微裂痕，后者髹漆多达百余道；藏于故宫博物院的"杨茂造"剔红花卉纹尊（图10-4-10）、山水人物盘为杨茂所制，前者剔红至少髹漆50余道，后者迄今为止无一处断纹及裂痕[22]。

从目前已发现的元代雕漆可知，这一时期的漆层较以往明显更为厚重圆润，漆层厚度多达0.5至1厘米，一般来说，1毫米的厚度需要髹涂17道漆层[23]，百余道的漆层足以证明曹昭等人对张成、杨茂的雕漆评价不可尽信。但是据元代陶宗仪在《南村辍耕录》记载："如髹工自家造卖低歹之物，不用胶漆，止用猪血、厚糊之类，而以麻筋代布，所以易坏也。"[24]这时的一些民营漆作场使用猪血混合灰，即为料灰，是将猪血与灰混合。一般制漆器是使用漆灰，即大漆与灰混合，但成本相对较高，质量好，所以为了控制成本，民间确实有一些作坊开始偷工减

图10-4-8（左） 张成款剔红观瀑图漆盒 元[25]

图10-4-9（中） "张成造"剔红栀子花纹圆盘 元[26]

图10-4-10（右） "杨茂造"剔红花卉纹尊 元[27]

[18]宋本蓉：《雕漆技艺》，文化艺术出版社，2013，第46页。
[19]沈福文编著《中国漆艺美术史》，人民美术出版社，1992，第83页。
[20]〔明〕曹昭撰，王佐补《新增格古要论》下卷，中国书店，1987，第128页。
[21]沈福文编著《中国漆艺美术史》，人民美术出版社，1992，第90页。
[22]魏松卿：《元代张成与杨茂的剔红雕漆器——记故宫博物院重要藏品之一》，《文物参考资料》1956年第10期。
[23]陈又林：《元代雕漆工艺初探》，《美术教育研究》2011年第11期。
[24]〔元〕陶宗仪：《南村辍耕录》，文灏点校，文化艺术出版社，1998，第416页。
[25]中国国家博物馆编《中国国家博物馆馆藏文物研究丛书·杂项卷》，上海古籍出版社，2018，第35页。
[26]故宫博物院，https://www.dpm.org.cn/collection/lacquerware/234588.html，访问日期：2023年4月22日。
[27]故宫博物院，https://www.dpm.org.cn/collection/lacquerware/229431.html，访问日期：2023年4月22日。

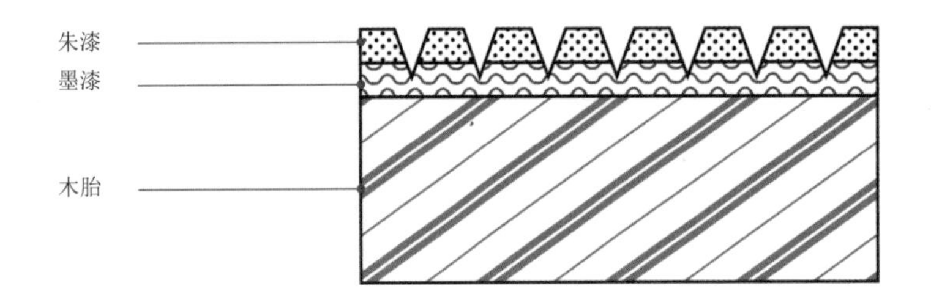

图 10-4-11 元代剔犀漆器漆层“V”形剖面图

料，从侧面也说明元代时的漆作已经量化生产。在图案上，不论是山水花卉、人物场景，还是历史故事，都在构图上主次分明、层次清晰，富有绘画的韵味。在雕刻工艺上，如明代黄成在《髹饰录》中描述“宋元之制，藏锋清楚，隐起圆滑，纤细精致”[28]，说明元代雕漆的雕刻工艺与宋代一样圆润。扬明在《髹饰录》剔犀条目下注：“剔法有仰瓦，有峻深。”[29]“峻深”即在雕刻后横切面呈“V”形（图10-4-11）。安徽博物院收藏的张成造剔犀圆盒就是采用“峻深”制法[30]，说明元代时这两种雕刻技法就已经有了。

三、精工与剔彩：雕漆技艺的鼎盛

明代帝王的喜好与匠作制度的完善为雕漆的发展提供了良好的条件，此时雕漆工艺的发展达到巅峰。明代沿用元朝政策，在工部设油漆局，选拔优秀工匠掌管并任命为工部官吏，充分表明朝廷对工匠群体的重视。

明代雕漆基本承袭宋、元风貌，漆的质感突出，刀法藏锋掩痕，图案简洁明快且具有整体性。明代雕漆风格主要分为以永乐、宣德为主的明早期与嘉靖朝以后的明中后期。早期多以浑圆、光润为主，凸显出漆质特有的莹润与光亮，富有玉质之感，构图简洁明快、写意为尚；到了明代中后期，漆匠摒弃了雕漆工艺中用刀过多的制作方式，以追求刀法简练快利为主，重视细节处理，锦纹突出，达到精工细刻、无处不刻、无刻不细的技术优势，具备了牙雕、木雕及石雕等工艺都难以企及的装饰效果。

直至明代中后期，由于云南雕漆再次成为内府的主导，因此雕漆技艺与整体风貌较明代初期产生了巨大转变。高濂在《遵生八笺》中提到：“云南以此为业，奈用刀不善藏锋，又不磨熟棱角，雕法虽细，用漆不坚，旧者尚有可取，今则不足观矣。”[31] 由此可知，云南漆匠的参与直接影响了明代中后期直至清代

[28] 王世襄：《髹饰录解说——中国传统漆工艺研究》（修订版），文物出版社，1983，第16页。
[29] 长北：《〈髹饰录〉与东亚漆艺——传统髹饰工艺体系研究》，人民美术出版社，2014，第178页。
[30] 王世襄：《记安徽省博物馆所藏的元张成造剔犀漆盒》，《文物参考资料》1957年第7期。
[31]〔明〕高濂：《遵生八笺》，巴蜀书社，1988，第485页。

雕漆发展的整体风格与基调。以嘉靖朝为例，雕漆的雕刻图案内容增多，刻工多转向纹样，而不重视修饰削圆，光滑圆润之感骤减。对漆质材料本身的色、质、料的艺术再现，兴趣远不如宋、元时期，也不如明代早期。据《万历野获编·第二十六卷》记载："元时下大理选其工匠最高者入禁中……嘉靖间又敕云南检选送京应用。"[32] 这种重技法轻质料、重具象形式轻抽象意境的风格，与统治者的审美取向有关，也与工匠的背景有关。明代初期，云南雕漆风格的器物在宫内独占，不久浙江嘉兴风格则占主导地位；但明代中期后，云南雕漆又成为内府的主导。不过，在这两方面的作用下，雕漆在内容和形式上发生了明显的变化，变得以结合创新为主。这种结合创新型产品偏重刀工，重在表现细节，具体形象趋向写实。云南雕漆因在宫中备受青睐，逐渐取代了江南派，果园厂作为嘉兴派的制作基地也慢慢失去往日"厂制"的光彩。云南风格终于成为雕漆艺术的主要潮流。

在彩漆的髹涂堆色上，明代比宋元时期更为复杂和多样，注重用彩漆来直接表达艺术内容，突破了平面漆饰用色的装饰方式，使彩漆也进入浮雕表现之中，因而产生了"重色雕漆""堆色雕漆"的新技术。《髹饰录》称：剔彩，就是雕彩漆。黄成记："剔彩，一名雕彩漆，有重色雕漆，有堆色雕漆，如红花、绿叶、紫枝、黄果、彩云、黑石及轻重雷文之类，绚艳恍目。"扬明注："重色者，繁文素地；堆色者，疏文锦地为常具。其地不用黄、黑二色之外，侵夺压花之光彩故也。重色，俗曰横色；堆色，俗曰竖色。"也就是说，为了与设计的图案相配应，除了用浮雕手段，还增加了色彩的手法。这种色彩手法不是事后涂抹上色，而是事先按图稿的布局，从层次上髹涂不同的彩漆。如最上层是红漆，往下第二层是绿漆，第三层是黄漆，第四层是黑漆，用这种层次上的色彩，来表现花朵、花叶、花枝、山石和地坡（图10-4-12）。这种涂漆方式是胎体通体髹漆，所以又称为"重色、横色雕漆"。例如，清代的剔彩双龙捧寿窝角盘、剔彩春寿宝盒均是横色雕漆的典型作品。另一种"堆色雕漆"则是按设计图稿，仅在局部上下髹涂所需的彩漆。其方法是，每涂一遍色彩，待干燥以后，又间髹一层局部的彩漆。这样交替髹涂，直至达到所需的厚度，再进行雕刻。局部髹涂的漆形成了上下垂直的厚漆，所以又称为"竖色"。明代发明的这种装饰方法，对当时及清代雕漆的影响是显而易见的[33]。例如，明宣德剔彩林檎双鹂图捧盒（图10-4-13）就是将重色与堆色两种雕漆工艺结合的典型实例。该器物整体髹涂彩色漆，由底至面漆色依次按红、黄、绿、红、黑、黄、绿、黑、黄、红、黄、绿、红13层髹涂上去[34]，

[32] 转引自沈福文编著《中国漆艺美术史》，人民美术出版社，1992，第98页。

[33] 李一之编著《雕漆》，北京美术摄影出版社，2012，第28页。

[34] 张源：《天水雕漆的发展现状与创新研究》，硕士学位论文，西北师范大学，2014，第45页。

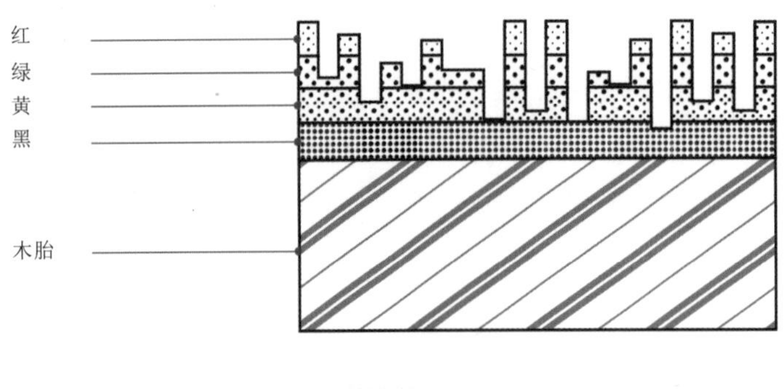

图 10-4-12 明代剔彩漆器漆层剖面图

图 10-4-13 剔彩林檎双鹂图捧盒 明[35]

面漆为朱红色。盒盖顶部开光处，先堆色髹涂，即竖色髹漆，当红漆达到一定厚度，再与盒的其他部分一起通体横色髹漆。

明代雕漆技术在前代基础上开始大量使用油料，在原料加工与制备方面取得了重要进步。明代雕漆所采用的桐油，其油质更清，与漆的调制更加融合，改变了以往漆器的用油类型。胎骨方面，明代雕漆的内胎主要以木、瓷、布为主，间有使用金、银、锡等金属胎。此外，明代雕漆始开铜胎之先河，以熟铜片来制作内胎，从而取代了其他金属胎的使用。

另外，漆器雕刻成像技术也有创新发展，即在雕漆制作中借鉴古代青铜器、陶器制作的翻模技术，并与其他漆作技术产生互动。例如，“堆红”工艺，《髹饰录》载：“堆红，一名罩红，即假雕红也，灰漆堆起，朱漆罩覆，故有其名，又有木胎雕刻者，工巧愈远矣。”[36] 扬明注：“有灰起刀刻者，有漆冻脱印者。”[37]“今有饰黑质，以各色冻子、隐起团堆、圬头印划、不加一刀之雕镂者，又有花样锦纹脱印成者，俱名堆锦，也此类也。”[38] 这里指出是堆红漆器首先是用灰团堆出成像，再经雕琢后再覆饰朱漆，其器与剔犀类作品效果极为相似。有的浮雕图像则用印模翻制出来，经修整表面之后，然后覆饰红漆，被称为“漆冻脱印”，此技

[35] 故宫博物院，https://www.dpm.org.cn/collection/lacquerware/234516.html，访问日期：2023年4月22日。
[36] 宋本蓉：《雕漆技艺》，文化艺术出版社，2013，第108页。
[37] 转引自长北编著《中国古代艺术论著集注与研究》，天津人民出版社，2008，第283页。
[38] 同上。

法流传至日本后极受推崇，被称为“堆朱”“堆红”“屈轮”。

清代是我国雕漆生产的鼎盛阶段，制漆业的繁荣促进了多项漆艺技术的进步，如雕漆、金漆等工艺都得到了飞速发展。尤其是乾隆时的雕漆器，更是清代雕漆最高成就的代表，器物品种增多，除盘、碗、盒、匣之外，还用以制造小型建筑、车辇、舟船，以至巨大的宝座屏风、案桌床几等[39]。乾隆时期的雕漆工艺形成了多材并举、技艺交融的局面，即出现了珐琅与瓷器结合、雕漆与珐琅结合、雕漆与木质家具结合、雕漆与金银器结合。与此同时，漆作工匠把不同漆作工艺串联起来，构成新的雕漆艺术品种，如堆漆与雕漆结合，填漆与雕漆结合，戗金、款彩、描金与雕漆结合。

在彩色雕漆器方面，剔彩工艺在此时盛行，也称为雕彩漆，虽然仍是红、黑、黄、绿四种主色调，运用却更加纯熟丰富，还增加了红色的过渡色，如大红、紫红、古红、紫色、棕色。前文所提及的黄成记录了两种剔彩工艺，即“重色雕漆”。黄成记录了两种剔彩工艺：“重色雕漆”与“堆色雕漆”。这两种技法非常注重与题材的自然配合，其共同的特点是雕为彩色图画，如剔绿加彩张果老渡海图桃式盒（图10-4-14），便是清代中期“竖色雕漆”的典型，不同在于重色雕漆在漆胎上逐层换髹不同颜色的厚料漆，待漆层软干，片取横面刻为彩色图画。堆色雕漆的常格是在厚料漆胎局部镶嵌雕成图案的彩色漆块，成品竖面可见彩色。扬明补充说，重色雕漆多繁纹素地，堆色雕漆多竖纹锦地。例如，剔彩万岁长春漆盘（图10-4-15）颜色很厚、色彩复杂，也是乾隆时期雕漆器的代表，它采用红色、绿色、黑色三种颜色，是典型的“剔彩”工艺。圆盘的中心刻有圆形古老的“寿”，周围有“万岁长春”字样。圆盘外缘的花朵和果实也象征着长寿。可以推测，这种漆盘很可能是用于存放生日礼物的托盘。

此外，“椿色法”也是清代雕漆的创新型技法，即在原来的红漆雕刻之上，用绿漆反复髹涂几层，待干涸后再用刀具仔细雕刻而成，如清代乾隆款剔红锦纹圭璧式盒（图10-4-16）就是把彩漆描漆技法运用到雕漆的剔彩之中，分为先刻后椿色、先椿色再雕琢。从中可以看到，清乾隆时期的雕漆制作，是一个开放创新、绝少禁忌的时期。

值得一提的是，工艺品日用化也成为清代雕漆最显著的一个特征。首先是实用功能上的增加，大至家具、小至生活的各个细节无处不用雕漆进行装饰。大型家具有金銮宝座、屏风、龙床、御案、棺椁、木榻、龙椅、匾额、柜子、箱子、箱几等，小型日用品有毛笔、笔筒、香盒、笔山、瓶、罐、口盂、炉、熏等，陈列品有五

[39] 王世襄编著《中国古代漆器》，文物出版社，1987，第34页。

图 10-4-14（左） 剔绿加彩张果老渡海图桃式盒 清[40]

图 10-4-15（中） 剔彩万岁长春漆盘 清[41]

图 10-4-16（右） 乾隆款剔红锦纹圭璧式盒 清[42]

供、七珍、八宝、鼎、觚等，这些日用化的器物都是在增强雕漆的实用性。其次是器型上的变化，如出现桃形、枫叶形、葫芦形、卷轴形等具象形态，增加了器形的多样性，在材料的运用上更加广泛，与多种材料工艺相结合，如珐琅、金、银、玉石、牙骨、竹等，这与竹雕、牙雕工匠承担雕漆工作有着非常重要的关系。最后在款式及题材上，乾隆皇帝十分喜欢仿制前朝的款式，如明嘉靖年间雕刻的红雕漆福字盘、剔彩春寿宝盒皆仿制同款，相差无几，也有在仿制过程中进行创新的，借鉴缂丝、织锦等装饰纹样，保留原有的主题纹样，新增加一些具有吉祥寓意的文字或图案等，然后雕刻款识为“大清乾隆年制”，以至于清代结束后，后人也争相模仿这一行为，造成“乾隆款制”雕漆数量巨大，鉴别难度增加。令人疑惑的是，从目前的雕漆实物中清代除了大量的“乾隆年款”和少量的“嘉庆年款”，再无其他款识雕漆，至今也未有人解惑。雕漆除了作为宫廷中的日用品，还会作为皇帝馈赠外来使者的礼物。英国使者马戛尔尼给乾隆祝寿来聘时，乾隆帝回赠英王雕漆数十件，如剔红小顶柜、剔红桃式盒、剔红诗意钟、剔红云龙盒等[43]。另外，还在不同的时间内分别赠送“荷兰国雕漆器四件”“琉球暹罗雕漆盘四件”等，足以说明延续千年的雕漆在此时仍然是珍贵之物。

结语

雕漆作为我国传统髹饰技艺中最为常见且广泛应用的方法之一，其精湛的刻镂技艺、丰富的画面表现力与超绝的审美趣味享誉古今中外。雕漆技术的发展始于先民在物上刻画的意识，经由唐人薄漆浅刻再到宋元厚漆镂剔的流行，及至明清剔彩工艺的大成，期间受到髹漆技术、院画风格及上流社会审美趣味

[40] 故宫博物院，https://www.dpm.org.cn/collection/lacquerware/228809.html，访问日期：2023年4月22日。

[41] 美国大都会艺术博物馆，https://www.metmuseum.org/art/collection/search/667287?ft=Carved+red+lacquer&offset=200&rpp=40&pos=225，访问日期：2023年4月22日。

[42] 故宫博物院，https://digicol.dpm.org.cn/cultural/detail?id=e5c2af81041d405aae16c6102920e428&source=1&page=1，访问日期：2023年4月22日。

[43] 沈福文编著《中国漆艺美术史》，人民美术出版社，1992，第106页。

的影响，刀刻手法、髹漆工艺等技术要素的相互作用与整合创新为雕漆工艺技术的演进带来了良好的条件，在雕漆作品上呈现出用料上的由俭及奢、刻法技艺上的由粗到精、画面内容上的由简而繁等工艺发展趋势。此外，漆匠对于漆层布局的突破、雕塑原理的把握与运刀走法的迭新为雕漆艺术带来了新的视觉效果和审美享受，实现了画面立体层次及浮雕效果的表现，达到了技与艺、工与巧、意与蕴的完美融合，雕刻手法也从早期单一质朴的浅薄漆层刻画发展至多层色漆交叠辉映、多种漆作技艺相互融通的复合型工艺技法，充分体现出雕漆技艺的渐进式转变以及不同漆作技术间的融通与相互影响，从而反映出我国漆作髹饰技术在不同历史时期的消长与更新迭代的发展态势。

雕漆工艺的兴起和繁盛离不开历代漆作匠师精深的技术造诣与极高的审美追求。雕漆在工艺上的精工细作、材料上的珍稀考究、审美上的艺术超绝等特色奠定了其作品精奢化、贵族化的倾向，在一定程度上体现出极尽巧思、美学至高的造物思想。此外，雕漆技艺集色彩对比、漆层参差、深凹浅浮等特点于一身，其极富艺术表现力的风格清晰地呈现出雕漆风貌与世人心理之间的紧密联系，彰显出帝王品位与匠作风格的内在互动，更揭示出我国传统漆作技艺中巧思精研、兼容并包、汲古出新的造物观念与审美意识。

第五节　日用与礼仪之间的飞羽流觞

有关曲水所流的“觞”，一般认为是一种称为“耳杯”的酒器，其基本形制由椭杯、舟演变而来，外形呈椭圆，浅腹平底，双侧有半月形双耳，有饼形足或高足，小而体轻，底部有托，可浮于水中，故名“耳杯”。有关耳杯其名之由来，一说是因其形状似爵（雀），双耳仿佛鸟的双翼，两耳像雀之双翼，一说是杯上可插羽毛，有催人速饮之意。因此长期以来人们将耳杯和典籍中时常出现的“羽觞”相对应，认为这种耳杯便是《楚辞·招魂》中所谓“瑶浆密勺，实羽觞些”、《汉书·外戚传》中“酌羽觞兮销忧”[1]的“羽觞”。其材质有漆、铜、金、银、玉、陶等，其中漆质最多，陶质则多为随葬的冥器。漆耳杯的初型目前尚不明确，但文献记录和考古成果表明，春秋以后逐渐进入民众的餐饮生活[2]与礼仪情境。直至战国秦汉时代。受远古淳朴传统和现实社会变革的双重影响，战国时期楚国饮酒风气日盛，加之楚国疆域内拥有丰富的漆树资源，并与南方各部族文化的长期交融，为楚国漆器的发展创造了优渥的条件。漆耳杯成为高度普及的饮食餐器，湖南长沙马王堆1号汉墓出土的漆耳杯上有漆书“君幸酒”和“君幸食”等字样，故可肯定耳杯为古代盛酒、羹或其他食物的器具[3]。西汉初期，酿酒规模大幅提升，上流社会宴饮成风，漆耳杯制作技艺也得到了空前的发展，达到鼎盛时期。从墓葬出土的漆器可以看出，漆耳杯制式与材质类别呈现出丰富多样的态势。统治阶级、贵族为彰显其地位和权力，漆耳杯开始流行制作附件，如铜扣耳、银扣耳和带有宝石镶嵌的耳杯开始出现。与之相对的普通百姓则使用陶耳杯、木耳杯、无纹饰或较少装饰的漆耳杯。

东汉时期制瓷业兴盛，漆耳杯等漆酒器逐渐被樽、扁壶等瓷制酒器取代。及至隋唐时期，漆耳杯仅作为上层贵族之饮酒器用，并逐渐被青瓷、玉、金等其他材质的耳杯所替代。宋代漆耳杯几乎淡出人们的视野，完全被瓷器取代。

---

[1] 游咏：《西汉铜座漆耳杯及相关问题的讨论》，《东南文化》1999年第2期。

[2] 吕静：《耳杯及其功用新考》，载《湖南省博物馆馆刊》第十四辑，岳麓书社，2018，第346页。

[3] 邵方素：《基于朴素观念的中式餐具设计研究》，硕士学位论文，武汉理工大学，2020，第31页。

一、漆耳杯造型结构与功用嬗变

漆耳杯产生于春秋战国，流行于秦汉，其器体椭圆若船形，圆唇，腹壁弧形内收，浅腹圜底，口缘两侧为双耳形，似羽翼或状如新月，一般为平底或有椭圆形假圈足，少数耳杯外底中心微向内凹。漆耳杯除大小尺寸各异之外，双耳造型的不同是决定耳杯器型的最主要因素。从楚墓出土的漆耳杯来看，其造型主要分为方耳杯和圆耳杯两种形态。方耳杯是春秋战国时期特有的器型，较圆耳杯原始，时代较早，出现于春秋，到战国时数量增多，至汉代则已绝迹。方耳杯造型特征显著，双耳呈方棱形，其耳外侧平直，中部有凹缺，两端呈波浪形，耳面作挑出之翼形，向外的一侧稍上扬[4]，酷似翅翼，也称为“蝶耳”或“凹形耳”。在河南信阳楚墓、湖北江陵望山楚墓、湖北荆州雨台山161号楚墓均有出土方耳杯（图10-5-1）。近年来，在战国中期偏晚墓葬中又出土极少量异形耳杯，如湖北老河口安岗一号楚墓发现的箭鱼形耳杯[5]（图10-5-2）。从出土数量与造型风格来看，该双耳形态可视作春秋战国时期从方耳杯到圆耳杯（图10-5-3）为主流的过渡造型。

至战国晚期，翼形方耳杯的数量式微，状如新月的圆耳杯开始流行，并逐渐取代方耳杯成为战国至秦汉时期漆耳杯的主要造型，在多地墓葬发掘中均有出土。不同阶段的圆耳杯在造型上也有明显差异，主要表现在耳面低于口沿、耳面与口沿齐平、耳面高于口沿等3种式样差异。直至汉代，漆耳杯在继承楚漆耳杯的基础上，外形更加精致[6]。西汉时期的杯耳微微上翘。东汉时期的杯耳多与杯口齐平，但杯口两端上翘。杯耳有铜质的、鎏金的，也有在杯口镶一圈银扣，并与错金的银杯耳铸成一体的，正与《盐铁论·散不足》所称“银口黄耳”相合[7]。

图10-5-1（左） 荆州雨台山161号楚墓出土的方耳杯[8]

图10-5-2（中） 箭鱼形耳杯示意图[9]

图10-5-3（右） 云纹漆耳杯 战国[10]

[4] 湖北省文物考古研究所：《江陵望山沙冢楚墓》，文物出版社，1996，第144页。

[5] 襄阳市博物馆、老河口市博物馆：《湖北老河口安岗一号楚墓发掘简报》，《文物》2017年第7期。

[6] 谢春明：《楚墓出土漆耳杯研究》，硕士学位论文，湖南大学，2015，第32页。

[7] 孙机：《汉代物质文化资料图说》，文物出版社，1991，第306页。

[8] 荆州博物馆，http://www.jzmsm.org/news-2423.html，访问日期：2023年4月22日。

[9] 襄阳市博物馆、老河口市博物馆：《湖北老河口安岗一号楚墓发掘简报》，《文物》2017年第7期。

[10] 湖南博物院，http://61.187.53.122/collection.aspx?id=2272&lang=zh-CN，访问日期：2023年4月22日。

至西汉晚期，少许漆耳杯下方出现了底座，整体造型发生了改变。

文献关于耳杯形制尺度与容量大小也有所记录，《说文解字》载："杯，赣也。""赣，小杯也。"[11]其容积一般为250至300毫升，供单人使用[12]，尚有大小不同的区分。据目前关于出土实物的研究可知，小型耳杯长径一般仅11厘米左右，中型耳杯大都在14厘米左右，超过15厘米的可称为大型耳杯。小杯，时称"匴"，如《说文解字·匚部》说："匴，小杯也。"大杯称为"閜"，如《方言》（卷五）说，杯"其大者谓之閜"。江苏扬州平山新莽时代墓葬中出土一件直径17厘米的圆形漆耳杯，据称是当时全国所见的最大的一件[13]。

据考古发现，西汉初期流行的椭圆形耳杯盒，皆以木胎挖制而成，形制大体相同，长径与短径相近，耳杯盒由上盖和器身两部分以子母口扣合而成，内部物品也仅见耳杯一种器物。盒内装小耳杯七件，其中六件顺叠，最后一件反扣。反扣杯为重沿，两耳断面呈三角形，恰好与六件顺叠杯严密相扣（图10-5-4）。在长沙马王堆汉墓出土的木简中，称这种小耳杯为"小具杯"，因此专为存放小耳杯的漆盒就被称为"具杯盒"（图10-5-5）。在制作技术上，除仰赖于西汉中期薄木胎技术、夹纻胎技术的高度成熟之外，奁式耳杯盒还借鉴了其他器物的造型结构。内嵌式双层分格耳杯盒与汉初广陵地区出现的内嵌式双层分格奁在设计风格上极其相似，很明显，这种耳杯盒在设计上受到了内嵌式双层分格奁的启发。多子奁式耳杯盒的设计理念与汉代流行的多子奁更是同源[14]。多子奁式耳杯盒比内嵌式双层分格耳杯盒出现略早，如同多子奁比内嵌式双层分格奁出现得更早。多子奁式耳杯盒的子盒早期为椭圆形，晚期出现了四曲花瓣形。不同的子盒存放不同大小的耳杯，物品的摆放呈现出极强的秩序感，体现了西汉中期以后江淮地区髹漆业卓越的造型能力[15]。

漆器的实用功能是设计首先要解决的问题，也是漆工艺制器的根本原则。

图 10-5-4（左）　具杯盒　西汉[16]

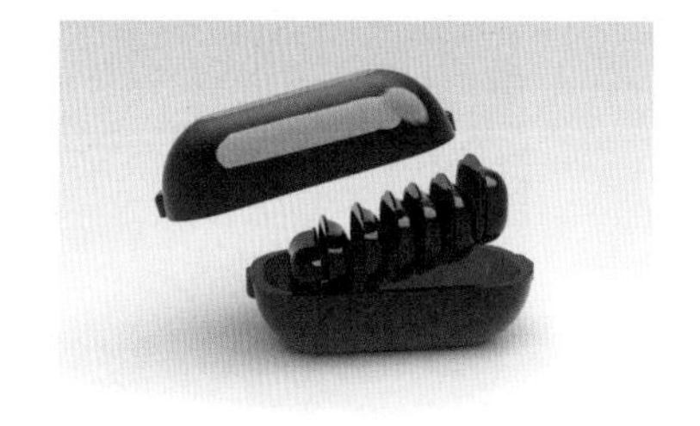

图 10-5-5（右）　具杯盒内耳杯存放示意图

[11]〔汉〕许慎《说文解字》，天津古籍出版社，1991，第122、268页

[12] 郑鑫、李丽主编《中国设计全集·第11卷·餐饮类编·厨具篇》，商务印书馆，2012，第150页。

[13] 孙机：《汉代物质文化资料图说》，文物出版社，1991，第306页。

[14] 刘芳芳：《漆耳杯盒源流考》，《东南文化》2022年第4期。

[15] 同上。

[16] 湖南博物院，http://www.hnmuseum.com/zh-hans/node/7073，访问日期：2023年4月22日。

漆耳杯因其实用功能而造型，并且是一定使用方式的产物。断定漆耳杯作为饮酒器具使用，是因为其出土时常与漆案、漆壶、漆勺等成套酒具同出，而且文献中也有多处记载，汉晋的辞赋中都见“羽觞”之称，如《汉书·外戚传》记载“顾左右兮和颜，酌羽觞兮销忧”，即指将酒倒入羽觞之中，饮酒可以解忧消愁。由此可知关于古人使用耳杯饮酒的场景。

《礼记·投壶》载：“请行觞”，是举觞劝酒之意。颜延之《陶征士诔》载：“念昔宴私，举觞相诲”、《吕氏春秋·达郁》载：“管子觞桓公”，都是敬酒的意思。天子饮酒用爵，公卿以下用羽觞。长沙马王堆1号汉墓出土的漆耳杯上有漆书“君幸酒”（图10-5-6）及漆书“君幸食”（图10-5-7）字样，这些图像资料都证明这类耳杯在当时都是作为饮食盛器使用。从以上实物资料及文献记述可以肯定漆耳杯为古代盛酒、羹或其他食物的器具。

耳杯有其具体的使用方式。两汉魏晋时期，古人饮宴，必伴以音乐鼓瑟，方能宾主尽兴。以双手执耳杯饮酒，这是当时贵族的社交礼节。《礼记·礼运》曰“污尊而抔饮”，孔颖达疏“以手掬之而饮，故云抔饮”，便描述了耳杯双手握持的方法，即将双手合掬呈椭圆形状以托住耳杯杯底，再分别扣住两侧双耳以使用耳杯。此法应为耳杯的传统使用方式[17]，体现出中国传统的礼制色彩。除此之外，依据漆耳杯的造型式样及结构特点，这类杯具还有多种手持使用方式（图10-5-8）。因此以不同时代漆耳杯造型风格的演进为基准，并借助考古学成果与方法对其使用原境进行还原，可以发现漆耳杯的主要功用也从早期的饮酒杯具向备综合功能的饮食器具逐步转变。

图10-5-6（左） “君幸酒”几何云纹木胎漆耳杯 西汉[18]

图10-5-7（右） “君幸食”木胎漆耳杯 西汉[19]

[17] 董淑燕：《百情重觞——中国古代酒文化》，中国书店，2012，第90页。

[18] 湖南博物院，http://61.187.53.122/collection.aspx?id=1308&lang=zh-CN，访问日期：2023年4月22日。

[19] 湖南博物院，http://61.187.53.122/Collection.aspx?id=1267&lang=zh-CN，访问日期：2023年4月22日。

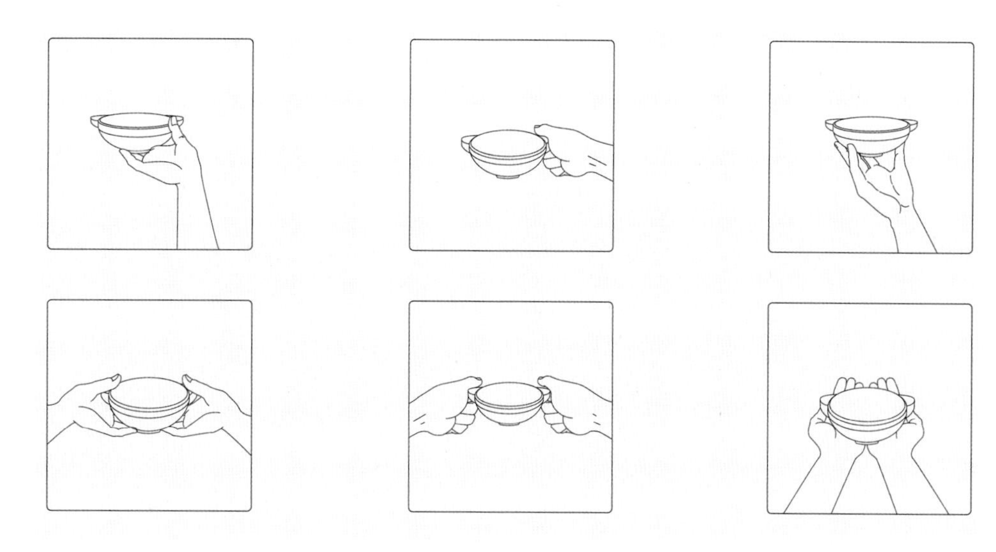

图 10-5-8　漆耳杯手持方式示意图

二、漆耳杯的胎骨类型与材料特性

耳杯有不同的材质，最主要的是木胎漆耳杯（包括斫制、棬制或夹纻胎）、铜耳杯和玉耳杯、陶耳杯[20]。秦汉以前多用“杯”字。到了汉代，“杯”出现了多种字形，有“棓”“娝”“杯”“盃”“桮”等。这些造字的共通点在于用木质材料作为胎体的意符或皿的形符，而“不”“音”“否”“丕”则为声符[21]。由此可见，木质胎体的漆耳杯是当时器用的主流。漆耳杯最早出现于战国时期，木质胎骨作为使用历史悠久且最为常见的漆耳杯胎骨类型之一，其优势在于木材价格低廉，易于加工成型，可满足不同社会阶层对器物的需求，劣势在于木材易腐朽、虫蚀，不利于保存。木胎漆耳杯的胎骨主要通过斫制、挖制、雕制等技法制作而成。工匠通常使用整木斫削（包括刨、削、挖、剜、凿等技法）出耳杯底胎，胎骨较厚、器物多显粗重[22]，如湖北枣阳九连墩M2出土的厚木胎漆耳杯[23]与湖北江陵裁缝乡望山一号墓中出土的战国中期的厚木胎漆耳杯（图 10-5-9）。随着木质胎骨技艺的精进，漆耳杯的胎体趋于轻薄，如安徽天长三角圩M19汉墓出土的10件西汉中期的木质漆耳杯胎壁厚度均在0.2至0.7厘米[24]。因此在挑选木材时，工匠大多选取木质细密、不易变形且具有一定韧性的硬质木材作为耳杯的底胎材料。除此之外，如樟木、榉木、水曲柳、青冈、柚木、色木等皆属

[20] 吕静：《耳杯及其功用新考》，载《湖南省博物馆馆刊》第十四辑，岳麓书社，2018，第346—347页。

[21] 同上书，第342页。

[22] 洪石：《战国秦汉漆器研究》，博士学位论文，中国社会科学院研究生院，2002，第44页。

[23] 湖北省文物考古研究所、襄阳市文物考古研究所、枣阳市文物考古队：《湖北枣阳九连墩M2发掘简报》，《江汉考古》2018年第6期。

[24] 安徽省文物考古研究所编著《天长三角圩墓地》，科学出版社，2013，第283—286页。

于硬木[25]，可用于制作耳杯底胎。

夹纻胎也是漆耳杯常见的胎骨之一。夹纻又称为脱胎或布胎，源于春秋时期的“棬素”工艺[26]。夹纻胎漆耳杯的制作方法即使用木板或泥土制成器物内模，然后用漆液将麻布或缯帛逐层裱附于内模上，利用漆的黏性和麻布的张力使其层层黏合重叠在内模外侧，达到一定厚度后阴干脱模，再在胎骨表面髹漆若干层，即完成夹纻胎骨[27]。夹纻胎漆耳杯最早出现于战国时期，但数量较少，如湖南长沙左家塘三号楚墓出土的战国中期黑漆杯和彩绘耳杯均为夹纻胎[28]。西汉时期夹纻工艺在前代基础上进一步发展成熟，胎骨逐渐变薄，且在漆耳杯胎骨制作中广泛应用并开始盛行，如在江苏盱眙大云山西汉江都王陵、江西南昌西汉海昏侯刘贺墓等均大量出土夹纻胎漆耳杯实物。夹纻胎耳杯胎薄轻盈、光洁美观、成型简便，相较于木胎耳杯胎质更轻且不受气候、温度变化影响而产生开裂和虫蛀，更为坚固耐用。在造型方面，夹纻胎造型更加灵活自由，可以更加方便地处理各种几何线条和曲线线条[29]。

皮胎漆器最早出现于战国时期，主要被用于制作盔甲、盾牌等防具，被作为漆耳杯底胎的情形见于安徽马鞍山东吴朱然墓出土的两件迄今发现的较早的犀皮漆器“犀皮黄口羽觞”[30]，即皮胎漆耳杯（图10-5-10），皮胎主要使用马皮、牛皮、羊皮作原料。皮胎的制作步骤为：第一步为制皮，需先将皮毛内侧的血肉刮净并用热水浸泡去除毛发，浸泡时水中还需加入一些木材灰或锅底灰以增加皮料本身的韧性；第二步为成型，工艺与夹纻胎制法类似，需将皮料依据器物形状、大小进行裁剪，并用绳子固定在预先制好的器物模型上，然后用木锤敲打平整，待阴干后取下皮套，将边缘加以切割修整，即初步完成皮胎制作[31]。继而对皮胎进行打磨、补平，使皮胎表面平整、没有孔眼或裂纹，至此皮胎骨才算制作完成。

除此之外，玳瑁胎等其他材质胎骨的漆耳杯数量较少，如江苏盱眙马坝镇云山村大云山西汉江都王陵一号墓出土的M1:4714即为玳瑁胎银扣耳漆耳杯，新月形耳，器内外通体髹黑漆[32]（图10-5-11）。其墓主为西汉第一代江都国国王刘非，故此耳杯为汉代诸侯的王室用品，实属罕见。

---

[25]路甬祥总主编，乔十光分册主编《中国传统工艺全集·漆艺》，大象出版社，2004，第105页。
[26]胡新地：《“夹纻胎”与“脱胎”：福州沈氏脱胎漆器技艺辨析》，《装饰》2017年第8期。
[27]王晓戈：《从“夹纻”到“脱胎”：中国传统脱胎技艺的发展》，《艺术生活》2008年第1期。
[28]后德俊：《光耀东方：楚国的科技成就》，湖北教育出版社，2000，第71页。
[29]路甬祥总主编，乔十光分册主编《中国传统工艺全集·漆艺》，大象出版社，2004，第129页。
[30]丁邦钧：《安徽马鞍山东吴朱然墓发掘简报》，《文物》1986年第3期。
[31]李亮：《彝族传统皮胎漆器工艺研究》，硕士学位论文，中国美术学院，2017，第11页。
[32]李则斌、陈刚：《江苏盱眙县大云山西汉江都王陵一号墓》，《考古》2013年第10期。

图 10-5-9（左）　厚木胎漆耳杯　战国[33]

图 10-5-10（中）　犀皮黄口羽觞　三国·吴[34]

图 10-5-11（右）　玳瑁胎银扣耳漆耳杯　西汉[35]

三、漆耳杯的髹饰技法与工艺特点

从考古发现来看，春秋至秦汉墓葬中出土的漆耳杯数量庞大，其髹饰技法富于变化，呈现出新奇独特、质材考究及精巧华贵的工艺特点。漆耳杯的髹饰技法主要包含髹漆、漆绘、锥画、犀皮与扣器五种类型。髹漆通常是对漆耳杯进行髹饰的首道工序，也是最为传统的髹饰技法。通过髹漆能进一步加强胎骨的强度，并体现漆器光滑、耐酸、抗潮、防腐的特性[36]。髹漆分为底漆和面漆。底漆一般较厚且不加彩，主要用于胎骨制作完成后对其进行加固和防腐处理，对湖南长沙风篷岭M1出土的夹纻胎耳杯残片进行的漆膜切片显微观察可知[37]，一般外部底漆厚度会厚于内壁底漆[38]。面漆一般较薄，主要用于对漆器进行初步髹饰，使其具有一定的基础颜色。耳杯的面漆大多数以黑、朱二色为主，西汉时期开始出现酱褐、黑褐、深褐、黑紫、紫褐等偏褐色或紫色的面漆。常见的面漆髹涂方式有全髹、套髹和叠髹三种[39]。全髹即将整个器物内外髹同一色漆，如湖北云梦睡虎地秦墓出土的50件战国晚期木胎黑漆素面耳杯（图10-5-12）。套髹则按照器物的不同部位有序髹漆，也是漆耳杯最为常见的髹漆手法，一般为外髹黑漆或褐色漆，内髹朱漆，如湖南长沙西郊望城坡西汉渔阳墓出土的数件木胎漆耳杯（图10-5-13），外髹黑漆，内髹红漆，即为此类。叠髹是指在全髹的基础上，为了突出表现纹饰带而另外髹涂的不同颜色的面漆，常见于耳杯口沿内，一般与外壁颜色一致，例如安徽天长三角圩墓地出土的西汉中期木胎漆耳杯M19:28（图10-5-14），外髹酱褐色漆，内髹朱漆，口沿内侧髹一道黑漆，上

[33] 湖北省博物馆，http://hbsbwg.cjyun.org/qmq/p/4959.html，访问日期：2023年4月22日。

[34] 马鞍山市三国朱然家族墓地博物馆，http://www.zrbwg.net.cn/index.php?m=content&c=index&a=show&catid=25&id=6895，访问时期：2023年4月22日。

[35] 刘芳芳：《汉代玳瑁器初步研究》，《东南文化》2021年第2期。

[36] 洪石：《战国秦汉漆器研究》，博士学位论文，中国社会科学院研究生院，2002，第46页。

[37] 佘玲珠、吴双成、蒋成光、莫泽、金普军：《西汉夹纻胎耳杯漆层分析》，《中国生漆》2015年第4期。

[38] 安徽省文物考古研究所：《天长三角圩墓地》，科学出版社，2013，第380页。

[39] 同上。

图 10-5-12（左） 木胎黑漆素面耳杯 战国[40]

图 10-5-13（中） “渔阳”木胎漆耳杯 西汉[41]

图 10-5-14（右） 木胎漆耳杯 西汉[42]

用红漆描绘一周单弦纹。

漆绘是战国至秦汉时期漆耳杯的主要髹饰技法之一。漆绘是指使用色漆在髹漆后的器物上绘制纹样的髹饰技法，一般分为先用青灰漆描绘再用色漆勾勒与直接在漆器胎骨上进行描绘两种基本方式，按色彩又可分为单色漆绘与多色漆绘。《髹饰录》中记载了关于入漆的颜料与染料：“云彩，即各色料，有银朱、丹砂、绛矾、赭石、雄黄、雌黄、靛花、漆绿、石青、石绿、韶粉、烟煤之等。”漆耳杯表面的漆绘以朱色为常见，也有少数器物在黑、褐等色漆地上辅以黄色、蓝色、褐色、金色、银灰色等。长沙楚墓出土的漆耳杯，有的绘有四叶形纹、变形龙凤图案，有的为黑地朱纹，口内外缘描线纹，耳面描绘奔鹿，另一端画四瓣花纹，并有灰蓝色图形的鹿与花瓣，纹饰华美，显出贵族气派。常见的有S形纹、点线纹、圆点纹、云纹、变形动物纹等。

战国初期漆绘耳杯的色彩主要以朱、黑二色为主，纹饰较为单一，器内外壁多为素面髹漆，两耳及口沿少见有简单纹饰。例如，河南信阳楚墓1号墓出土的30件战国早期木胎漆耳杯，外髹黑漆、内髹朱漆，口沿外侧绘朱红纹饰，翼面和沿外两端有两个S形纹[43]（图10-5-15）。至战国中期，漆绘在朱、黑二色基础上逐渐加饰其他色漆，如湖北江陵裁缝乡望山1号墓出土的木胎蝶形耳漆耳杯，外髹黑漆，内髹朱漆，在两耳及口沿外用红、黄、蓝三种色漆绘变形蝶纹、圆点纹等图案[44]（图10-5-16）。战国晚期，云纹和变形动物纹的使用频率增加，出现有卷云纹、水滴纹、鸟头纹、凤纹组合装饰的现象，如江陵沙冢一号墓出土木胎漆耳杯表面漆绘变形鸟头纹、卷云纹、勾连云纹三种纹样（图10-5-17）[45]。

秦至西汉早期，漆耳杯制作开始进入鼎盛时期，纹样题材更为丰富，装饰部位也不再拘泥于两耳及口沿周围，开始遍及整个器身，如湖南长沙望城坡西汉

[40]《云梦睡虎地秦墓》编写组：《云梦睡虎地秦墓》，文物出版社，1981，第168页。
[41] 洪石：《西汉饮酒具研究——以漆器为中心（上）》，《故宫博物院院刊》2020年第12期。
[42] 安徽省文物考古研究所：《天长三角圩墓地》，科学出版社，2013，第582页。
[43] 河南省文物研究所：《信阳楚墓》，文物出版社，1986，第35页。
[44] 湖北省文物考古研究所：《江陵望山沙冢楚墓》，文物出版社，1996，第85、89页。
[45] 同上书，第189页。

图 10-5-15（左） 木胎漆耳杯结构图[46]

图 10-5-16（中） 木胎蝶形耳漆耳杯结构图[47]

图 10-5-17（右） 木胎漆耳杯结构图[48]

渔阳墓出土的Ⅱ型漆耳杯有数件杯身绘有变形凤鸟纹[49]（图 10-5-18）。这一时期开始出现如柿蒂纹、四叶纹、云纹、动物纹的组合装饰，以条带状布局，如江陵凤凰山 168 号汉墓出土的漆木彩绘三鱼纹木胎漆耳杯（图 10-5-19），内底正中为四叶纹，分别涂朱、涂金，两两对称，四叶纹的外缘又以黄漆勾边，口沿内侧绘变形鸟纹，红、黄漆绘相间。西汉中期以后，漆绘技艺正式进入鼎盛时期，花纹样式更加趋于丰富，写实性的动物纹样被广泛使用，如天长三角圩汉墓出土的两件 E 型木胎漆耳杯杯底饰兽纹[50]，整体纹饰繁缛精致，反映出西汉时期高超的漆耳杯绘画工艺。

“锥画”多应用在夹纻胎漆器的表面[51]。“锥画”，也称为针刻，是一种以针尖在已髹漆的夹纻胎器物上刺刻纹样的装饰手法，常用于耳杯口沿、耳面等处的几何纹边饰[52]，锥画刻工精湛，线条细若游丝，且流畅清晰，层次分明。锥画技术以针代笔，在漆器上绘画。锥画是在彩绘图案上出现的新装饰手法，属于一种线刻装饰。有时还在刻线中嵌入金丝或银丝，从而形成一种类似青铜器上错

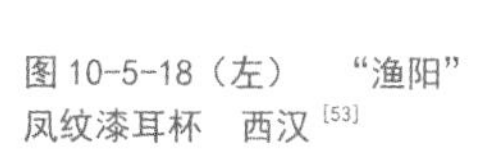

图 10-5-18（左） “渔阳”凤纹漆耳杯 西汉[53]

图 10-5-19（右） 三鱼纹木胎漆耳杯 西汉[54]

[46] 河南省文物研究所：《信阳楚墓》，文物出版社，1986，第 97 页。
[47] 湖北省文物考古研究所：《江陵望山沙冢楚墓》，文物出版社，1996，第 86 页。
[48] 同上书，第 189 页。
[49] 宋少华、李鄂权：《湖南长沙望城坡西汉渔阳墓发掘简报至正十一年铭青花云龙瓶》，《文物》2010 年第 4 期。
[50] 安徽省文物考古研究所：《天长三角圩墓地》，科学出版社，2013，第 285—286 页。
[51] 魏溥均：《汉代漆耳杯纹饰设计研究》，《设计》2020 年第 21 期。
[52] 同上。
[53] 长沙简牍博物馆，https://www.chinajiandu.cn/Collection/Details/yym?nid=249，访问日期：2023 年 4 月 22 日。
[54] 荆州博物馆，http://www.jzmsm.org/news-353.html，访问日期：2023 年 4 月 22 日。

金银装饰的效果。这种针刻纹，见于卮、奁、耳杯等小型器（图10-5-20），线条挺拔流畅。西汉普遍使用“锥画”与金属扣工艺，生产分工细密严格，实现了批量化生产。

锥画漆器是在战国、秦代漆器针刻文字的基础上发展而来的，并成为汉代漆髹饰工艺的一大发明，二者的差异在于针刻文字的笔画细而直，且更深，把漆膜几乎完全划破，而锥画则仅仅划破漆膜的表层，且线条比针刻文字婉转、柔和，能刻画出各种精美的图案。锥画的主要特点是笔画纤细，它能在很小的画面内刻画出极丰富的内容，因此，它最适合在小件日用漆器上作画[55]。这项漆艺技术在中国漆艺发展史上曾留下2000多年的空白，后经无数次实验，才最终发现针刻技术必须在漆器制作过程中的漆灰里用极细的针刻入，方可完成。锥画技法在漆耳杯上单独运用的情况较少，多是与漆绘技法交互使用，纹饰主题常见的有几何纹、云气纹及少量动物纹，如江苏盱眙县大云山江都王陵一号墓出土的夹纻胎漆耳杯上所绘花纹技法即为漆绘与锥画两种技法的体现（图10-5-21）。

至三国时期，犀皮漆技法开始在漆耳杯制作中运用。犀皮漆，又称为菠萝漆、虎皮漆。其制作过程是：先用稠漆在漆器表面堆起高低不平的地子，刷若干层不同的色漆，最后磨平。由此地子高出的地方经过磨研，便露出漆层的断面，出现类似片云、松鳞等自然物象的花纹[56]。如前文提及的朱然墓皮胎犀皮漆耳杯身髹黑、红、黄三色漆，利用颜色和层次的变化，光滑的表面呈现出回转旋涡状花纹，斑纹浮动，随意变幻，有行云流水之妙[57]。杯耳及口沿镶鎏金铜扣，起到加固器身与美化装饰的功用。

图10-5-20（左） 纻麻胎针刻红褐漆耳杯 汉[58]

图10-5-21（右） 夹纻胎漆耳杯花纹[59]

[55] 邵媛：《汉代漆器绘画研究》，博士学位论文，陕西师范大学，2020，第79页。
[56] 宋本蓉：《器以藏理——徽州漆器的造物思想》，《中国生漆》2020年第4期。
[57] 汪瑾：《中国古漆工艺“剔犀”与“犀皮”之流变》，《南通大学学报（社会科学版）》2014年第5期。
[58] 滁州市博物馆，http://www.ahczww.com/news/xwdt/2023-02-06/10072.html，访问日期：2023年4月22日。
[59] 李则斌、陈刚：《江苏盱眙县大云山西汉江都王陵一号墓》，《考古》2013年第10期。

西汉中后期，除在杯身上漆绘各种纹饰图案之外，还有用金属（如金、银、铜）敲击制成薄片镶扣在漆耳杯的口沿、转角及底足部位，即称为“扣器”，有的还用金属箔片剪成各种动植物图像镶嵌在漆耳杯表面，呈现出五彩缤纷、光辉照人的画像，即称为“平脱”。

漆耳杯上的扣器装饰一般多施于耳部，用以加固器物，增加漆耳杯的强度，延长使用寿命，并形成特殊的装饰效果[60]，故又称为“扣耳”。扣耳主要分为铜扣耳（古称黄耳）和银扣耳两种。铜扣耳相对于金、银来说属于廉价金属，所以一般不会在耳面进行镶嵌。部分铜耳会在耳面鎏金或鎏银以防止生锈并增强装饰效果，以鎏金铜扣最为常见，如湖南永州鹞子岭二号西汉墓出土的三件鎏金铜扣耳漆耳杯，双耳铜扣涂金，并饰有勾连卷云纹[61]（图10-5-22）。银扣耳作为贵重金属，是身份与权力的象征，《后汉书·祭祀志》中云：“大官尚食用黄金扣器。中官私官尚食用白银扣器，如祠庙器云。”[62]证实有一定地位的官员才可使用银扣器。故相比于铜扣器，银扣耳杯上常见彩绘、锥画、金银贴花、镶嵌玉石等多种工艺，装饰更加华丽，彰显出使用者身份。例如，江苏盱眙县大云山西汉江都王陵一号墓出土的银扣耳漆耳杯，银扣耳正面饰浅刻云气纹并对称嵌入玛瑙两颗与玉石三颗，外口边饰两道弦纹，夹饰波浪纹与云气纹，外壁饰四对变形凤纹间以云气纹，内口边饰一道弦纹与朱漆涡纹及云气纹，内底饰醒神兽云气纹，外圈饰银边，做工精美，装饰华丽[63]（图10-5-23）。仪征市龙河出土的这件铜座漆耳杯也属“扣器”之列，无疑是漆器中较昂贵的商品（图10-5-24）。

图10-5-22（左）　西汉鎏金铜扣耳漆耳杯线描图[64]

图10-5-23（中）　银扣耳漆耳杯　西汉[65]

图10-5-24（右）　铜座漆耳杯　西汉[66]

[60] 魏溥均：《汉代漆耳杯纹饰设计研究》，《设计》2020年第21期。
[61] 郑元日、唐青雕、邓少年：《湖南永州市鹞子岭二号西汉墓》，《考古》2001年第4期。
[62] 转引自刘芳芳：《釦器考略》，《东南文化》2017年第2期。
[63] 李则斌、陈刚：《江苏盱眙县大云山西汉江都王陵一号墓》，《考古》2013年第10期。
[64] 郑元日、唐青雕、邓少年：《湖南永州市鹞子岭二号西汉墓》，《考古》2001年第4期。
[65] 李则斌、陈刚：《江苏盱眙县大云山西汉江都王陵一号墓》，《考古》2013年第10期。
[66] 南京博物院，https://www.njmuseum.com/zh/collectionDetails?id=248，访问日期：2023年4月22日。

结语

秦汉时期，漆耳杯以其独有的材质特性与特殊的造型风格成为我国古代多元漆作技术综合转化的工艺集合物，反映了漆作技术发展、造物意识与社会文化之间的关系，极大程度地实现了器物上“质轻灵巧”、功能上“物为人用”、文化上“尚礼明德”等诸层面的联结。

从漆耳杯制作的技术演化逻辑来看，材料意识的更新与胎骨技术的突破成为漆耳杯“胎质轻薄”的先决条件，不断地赋予器物新的物理状态与技术要素；形制与功用的内在互动适应是漆耳杯技术转化的现实需求，长久地表达着造物与用物之间的内在关系；审美表达是技术之美转化的根本动力，持续地迸发出造物者对于装饰自由的心之向往；使用场域的限定为漆耳杯增添了特有的文化内涵，稳定地传达着“物境合一”的器用理念。漆耳杯作为集尺度协调、工艺卓然、审美超绝等特点于一身的设计产物，其阶段性设计特征与差异化技术表现不仅体现了器物从初具实用功能到附加仪礼功用再到复合效用交融的外向型设计发展趋势，也从一个侧面反映了我国先秦至秦汉时期漆器的胎骨成型、表面髹饰等漆作工艺在具体实物设计制作中的综合运用与成功实践。

造物活动是人与自然、社会关系不断联系、创造的过程，也是世人心性理想之真实写照。漆耳杯的产生源于中国传统造物中技术、艺术及思想等多层面的交织融合，也是理性与感性相结合的造物结果。漆耳杯致力于通过物的形态语言，并以其多元化、标准化、人性化等技术特点向世人诉说着蕴含其中的“以人为本”“以简驭繁”“极尽工巧”“器以载道”的造物思想。漆耳杯的创制不仅在我国漆作工艺技术史上留下了浓墨重彩的一笔，还对后世直至现今工艺美术的发展产生了深远影响。